AutoCAD 2016

机械设计全套图纸

绘制大全

麓山文化　编著

机械工业出版社

本书介绍使用中文版 AutoCAD 2016 绘制全套机械图纸的方法和技巧。

全书共 3 篇 18 章，第 1 篇为基础入门篇（第 1 章~第 10 章），主要讲解了 Auto CAD 2016 的基本知识和基本操作，包括机械制图基础、快速绘图工具、创建和编辑二维机械图形、文字、表格、尺寸标注、创建和编辑三维机械实体、打印与发布等；第 2 篇为二维机械设计篇（第 11 章~第 13 章），通过大量案例分别讲解了零件图、轴测图和装配图等二维机械图纸的基本知识和绘制方法；第 3 篇为三维机械设计篇（第 14 章~第 18 章），分别讲解了螺纹、齿轮、轴类、盘盖类及支架类等常见三维机械零件模型的创建方法。

本书附赠 DVD 多媒体学习光盘，配备了全书所有实例的高清语音视频教学，以成倍提高读者的学习兴趣和效率。

本书内容严谨，讲解透彻，实例紧密联系机械工程实例，具有较强的专业性和实用性，特别适合读者自学和大、中专院校作为教材和参考书，同时也适合从事机械设计的工程技术人员学习和参考之用。

图书在版编目（CIP）数据

AutoCAD 2016 机械设计全套图纸绘制大全/麓山文化编著. —2 版.
—北京：机械工业出版社，2016.5
ISBN 978-7-111-53980-3

Ⅰ. ①A… Ⅱ. ①麓… Ⅲ. ①机械设计—计算机辅助设计
—AutoCAD软件 Ⅳ. ①TH122

中国版本图书馆 CIP 数据核字(2016)第 126615 号

机械工业出版社（北京市百万庄大街 22 号 邮政编码 100037）
责任编辑：曲彩云 责任印制：常天培
北京中兴印刷有限公司印刷
2016 年 10 月第 2 版第 1 次印刷
184mm×260mm · 31. 75 印张 · 777 千字
0001－3000 册
标准书号：ISBN 978-7-111-53980-3
ISBN 978-7-89386-014-0（光盘）
定价：79.00 元（含 1DVD）

前言

■ AutoCAD 软件简介

AutoCAD 是美国 Autodesk 公司开发的专门用于计算机辅助绘图与设计的一款软件，具有界面友好、功能强大、易于掌握、使用方便和体系结构开放等特点，在室内装潢、建筑施工、园林土木等领域有着广泛的应用。作为第一个引进中国市场的 CAD 软件，经过 20 多年的发展和普及，AutoCAD 已经成为国内使用最广泛的 CAD 应用软件。2015 年 5 月，Autodesk 公司发布了最新的 AutoCAD 2016 版本。

■ 本书内容安排

本书系统、全面地讲解了使用中文版 AutoCAD2016 绘制全套机械图纸的方法和技巧，包括二维机械零件图、轴测图、装配图和三维机械零件图等。

篇 名	内 容 安 排
第 1 篇 基础入门篇 （第 1 章~第 10 章）	系统讲解了 AutoCAD 2016 的基本知识，使 AutoCAD 初学者能够快速掌握其基本操作，包括机械制图基础、快速绘图工具、创建和编辑二维机械图形、文字、表格、尺寸标注、创建和编辑三维机械实体、打印与发布等
第 2 篇 二维机械设计篇 （第 11 章~第 13 章）	讲解了二维机械零件图、轴测图和装配图等二维机械图纸的基本知识和绘制方法，包括弹簧、阀体、拨叉、传动轴、支架、阀盖、蜗轮等各类零件类型
第 3 篇 三维机械设计篇 （第 14 章~第 18 章）	讲解了使用 AutoCAD 进行三维机械零件设计的方法，包括螺纹、齿轮、轴类、盘盖类、支架类等常见三维零件模型

■ 本书写作特色

零点快速起步 绘图技术全面掌握	本书从 AutoCAD 的基本操作界面讲起，由浅入深、循序渐进，结合软件特点和机械行业情况安排了大量实例，让读者在绘图实践中轻松掌握使用 AutoCAD 2016 进行全套机械图纸绘制的技术精髓
案例贴身实战 技巧原理细心解说	本书所有案例精彩，经典实用，每个实例都包含相应工具和功能的使用方法和技巧。在一些重点和要点处，还添加了大量的提示和技巧讲解，帮助读者理解和加深认识，从而真正掌握，以达到举一反三、灵活运用的目的
五大图纸类型 机械绘图全面接触	本书绘制的图纸类型囊括了二维零件图、二维装配图、轴测图、三维零件图等常见机械图纸类型，使广大读者在学习 AutoCAD 的同时，可以从中积累相关经验，能够了解和熟悉不同机械领域的专业知识和绘图规范

80 多个实战案例 绘图技能快速提升	本书的每个案例都经过作者精挑细选，具有典型性和实用性，具有重要的参考价值，读者可以边做边学，从新手快速成长为 AutoCAD 机械绘图高手
高清视频讲解 学习效率轻松翻倍	本书配套光盘收录了全书 80 多个实例长达 500 分钟的高清语音视频教学文件，可以在家享受专家课堂式的讲解，成倍提高学习效率

■ 本书创作团队

本书由麓山文化组织编著，参加编写的有陈志民、江凡、张洁、马梅桂、戴京京、骆天、胡丹、陈运炳、申玉秀、李红萍、李红艺、李红术、陈云香、陈文香、陈军云、彭斌全、林小群、刘清平、钟睦、刘里锋、朱海涛、廖博、喻文明、易盛、陈晶、张绍华、黄柯、何凯、黄华、陈文轶、杨少波、杨芳、刘有良、刘珊、赵祖欣、毛琼健等。

由于编者水平有限，书中疏漏与不妥之处在所难免。在感谢您选择本书的同时，也希望您能够把对本书的意见和建议告诉我们。

联系信箱：lushanbook@qq.com

读者 QQ 群：327209040

麓山文化

目 录

第 2 篇　二维机械设计篇

第 3 篇 三维机械设计篇

第1篇　基础入门篇

第1章 机械制图基础入门

本章导读

为了统一机械制图规则，保证制图质量，提高制图效率，做到图面清晰、简明，符合设计、施工、审查、存档的要求，适应工程建设的需要，故需要了解机械制图基础。

本章主要对机械制图与机械设计的一些相关基础知识进行讲解，其中包括了解机械制图标准、机械工程图、机械图纸各要素、基本的机械加工工艺、常用的机械加工材料等内容。

精彩看点

- 了解机械制图标准
- 了解机械工程图
- 了解机械图纸各要素
- 了解基本的机械加工工艺
- 了解常用的机械加工材料

1.1　认识机械制图标准

机械制图是用图样确切表示机械的结构形状、尺寸大小、工作原理和技术要求的学科。图样由图形、符号、文字和数字等组成，是表达设计意图和制造要求以及交流经验的技术文件，常被称为工程界的语言。

工程图样是工程技术人员表达设计思想、进行技术交流的工具，也是指导生产的重要技术资料。因此，对于图样的内容、格式和表达方法等必须做出统一的规定。

为使人们对图样中涉及的格式、文字、图线、图形简化和符号含义有一致的理解，后来逐渐制定出统一的规格，并发展成为机械制图标准。各国一般都有自己的机械制图国家标准，国际上也有国际标准化组织制定的标准。我国的机械制图国家标准制定于 1959 年，后经过多次修订。

我国国家标准（简称国标）代号为 GB。我国的国家标准通过审查后，需由国务院标准化行政管理部门——国家质量监督检验检疫总局、国家标准化管理委员会审批、给定标准编号并批准发布。

机械制图国家标准的制定修改动态见表 1-1。

表 1-1　机械制图国家标准

1985 年起实施的国家标准		现行标准编号	现行标准名称
分类	标准编号		
基本规定	GB/T 4457.1—1984	GB/T 14689-2008	技术制图 图纸幅面及格式
	GB/T 4457.2—1984	GB/T 14690-1993	技术制图 比例
	GB/T 4457.3—1984	GB/T 14691-1993	技术制图 字体
	GB/T 4457.4—1984	GB/T 17450-1998	技术制图 图线
		GB/T 4457.4-2002	机械制图 图样画法 图线
	GB/T 4457.5—1984	GB/T 17453-2005	技术制图 图样画法 剖面区域的表示法
		GB/T 4457.5-2013	机械制图 剖面区域的表示法
基本表示法	GB/T 4458.1—1984	GB/T 17451-1998	技术制图 图样画法 视图
		GB/T 4458.1-2002	机械制图 图样画法 视图
		GB/T 17452-1998	技术制图 图样画法 剖视图和断面图
		GB/T 4458.6-2002	机械制图 图样画法 剖视图和断面图
		GB/T 16675.1-2012	技术制图 简化表示法 第 1 部分：图样画法
	—	GB/T 4457.2-2003	技术制图 图样画法 指引线和基准线的基本规定
	GB/T 4458.2—1984	GB/T 4458.2-2003	机械制图 装配图中零、部件序号及其编排方法
	GB/T 4458.3—1984	GB/T 4458.3-2013	机械制图 轴测图
	GB/T 4458.4—-1984	GB/T 4458.4-2003	机械制图 尺寸注法

1985 年起实施的国家标准		现行标准编号	现行标准名称
分类	标准编号		
基本表示法		GB/T 16675.2-2012	技术制图　简化表示法第 2 部分：尺寸注法
	GB/T 4458.5-1984	GB/T 4458.5-2003	机械制图　尺寸公差与配合注法
	—	GB/T 15754-1995	技术制图　圆锥的尺寸和公差注法
	GB/T 131-1983	GB/T 131-2006	机械制图　产品简化技术规范（GPS）技术产品文件中表面结构的表示法
特殊表示法	GB/T 4459.1-1984	GB/T 4459.1-1995	机械制图　螺纹及螺纹紧固件表示法
	GB/T 4459.2-1984	GB/T 4459.2-2003	机械制图　齿轮表示法
	GB/T 4459.3-1984	GB/T 4459.3-2000	机械制图　花键表示法
	GB/T 4459.4-1984	GB/T 4459.4-2003	机械制图　弹簧表示法
	GB/T 4459.5-1984	GB/T 4459.5-1999	机械制图　中心孔表示法
	—	GB/T 4459.8-2009	机械制图　动密封圈　第 1 部分：通用简化表示法
	—	GB/T 4459.7-1998	机械制图　滚动轴承表示法
	—	GB/T 19096-2003	技术制图　图样画法　未定义形状边的术语和注法
图形符号	GB/T 4460-1984	GB/T 4460-2013	机械制图　机构运动简图用图形符号

标准的编号和名称如图 1-1 所示。

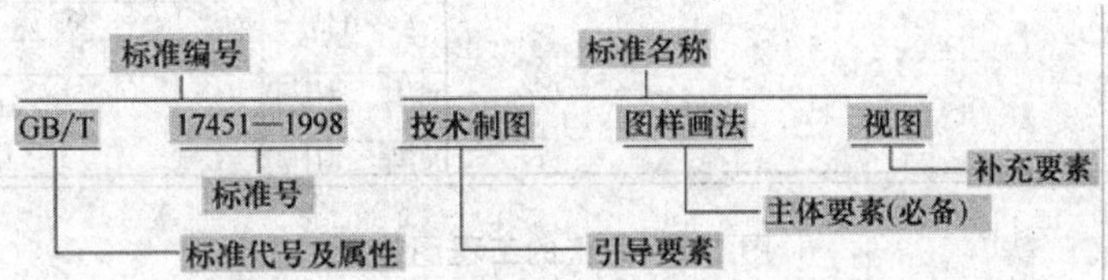

图 1-1　标准编号和名称

- GB——标准级别：标准级分为国家标准、行业标准、地方标准和企业标准。
- T ——标准属性："T"表示"推荐性标准"，无"T"时表示"强制性标准"。
- 17451——发布顺序号。
- 1998——发布年号。

1.2　认识机械工程图

在设计和生产中，各种机器、设备和工程设施都是通过工程图样来表达设计意图和制造要求的。本节介绍机械工程图的分类、绘制程序等相关基础知识。

1.2.1 机械工程图概述

机械图样主要有零件图和装配图，此外还有布置图、示意图和轴测图等。零件图表达零件的形状、大小以及制造和检验零件的技术要求；装配图表达机械中所属各零件与部件间的装配关系和工作原理；布置图表达机械设备在厂房内的位置；示意图表达机械的工作原理，如表达机械传动原理的机构运动简图、表达液体或气体输送线路的管道示意图等，示意图中的各机械构件均用符号表示，轴测图是一种立体图，直观性强，是常用的一种辅助用图样。

一套完整的机械工程图如图 1-2 所示，通常包含以下各项：

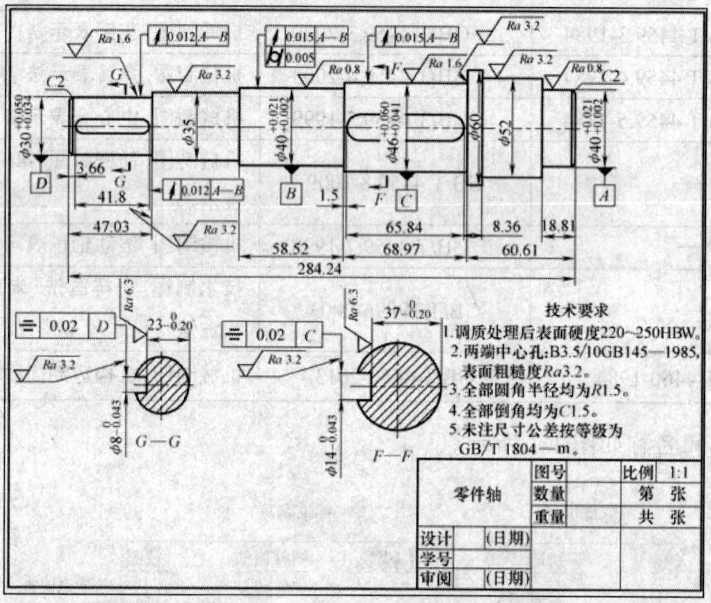

图 1-2 完整的工程图效果

- 图纸：说明机件各部位形状的全图。
- 尺寸：说明机件各部位的尺寸数字。
- 注释：用以规定材料、热处理或加工制造等细节。
- 图框和标题栏：每张图纸都应配合尺寸而有适当的图框和说明性标题，如图名、图号、生产单位、设计者、绘图者、比例、日期等。
- 组装图纸：说明机件各部位的装配关系。
- 另附部件表和材料表。

此外，如果零件属于批量生产的，则需要工具设计部门另制工程图和程序图来描述制造的步骤，说明所使用的特殊工具，以及钻模、夹具和量规的类别，以供制造部分使用。

1.2.2 绘制机械工程图的程序

当一位机械工程师要设计新的机件或新的机器时，其图纸生产相关程序如下：

- 将原有思想、设想、规划和发明绘制成草图的图样。
- 加上精密计算来证明所设计的机件或机器是实用且可行的。

- 由自己画出的草图和计算来准确画出设计图，要尽可能使用实际比例来表示各零部件的形状和位置；制定出主要尺寸，并注明材料，热处理、加工、间隙或干涉配合等一般规范；以及绘制各零件图时所需要的资料，以此来证明制造的可能性。
- 由设计图和注解说明来绘制零部件图，包括说明形状和大小所需要的图纸，以及标注必要的尺寸和注解等。
- 绘制零部件装配的组装图。
- 编订零部件表和材料表，完成全部工程图。

1.2.3 了解机械工程图的种类

机械工程图按图样完成的方法和使用特点进行分类，可以分为以下几种：

- 原图：原图是供制作底图或复制用的图样（文件）。
- 底图：底图是完成规定的签署手续，供制作复印图的图样（文件）。
- 副底图：副底图是与底图完全一致的底图副本。
- 复印图：复印图是用能保证与底图或副底图完全一致的方法所制作出的图样（文件）。
- CAD 图：CAD 图是在 CAD 过程中所产生的图样。是指用计算机以点、线、符号和数字等描绘事物几何特征、形状位置及大小的形式，包含与产品或工程设计相关的各类图样等。

按图样表示的对象进行分类，机械工程图可以分为以下几种：

- 零件图：零件图是制造与检验零件的图样，应包括必要的数据和技术要求。也指单一零件的图纸，能对机件的形状、尺寸和结构进行完整而精密的描述，使制造者能够简单而清楚地看懂并按图纸制造。零件图包括零件的大小、形状、材料、加工需要的工作场所应遵守的规则，以及所需制造件数等。其说明应精确详细，是制造该零件的重要依据，原则上一张零件图只能画一个零件；可根据实际情况选择适当大小的图纸，方便阅读及保管，如图 1-3 所示。

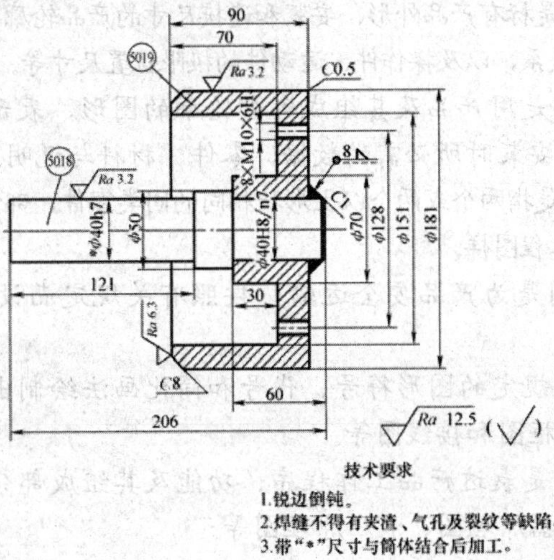

图 1-3　零件图效果

➢ 装配图：装配图是表达产品、部件中部件与部件、零件与部件，或零件之间连接的图样，应包括装配（加工）与检验所必需的数据和技术要求，如图 1-4 所示。其中，产品装配图也称为总装配图，产品装配图中具有总图所要求的内容时，可作为总图使用。

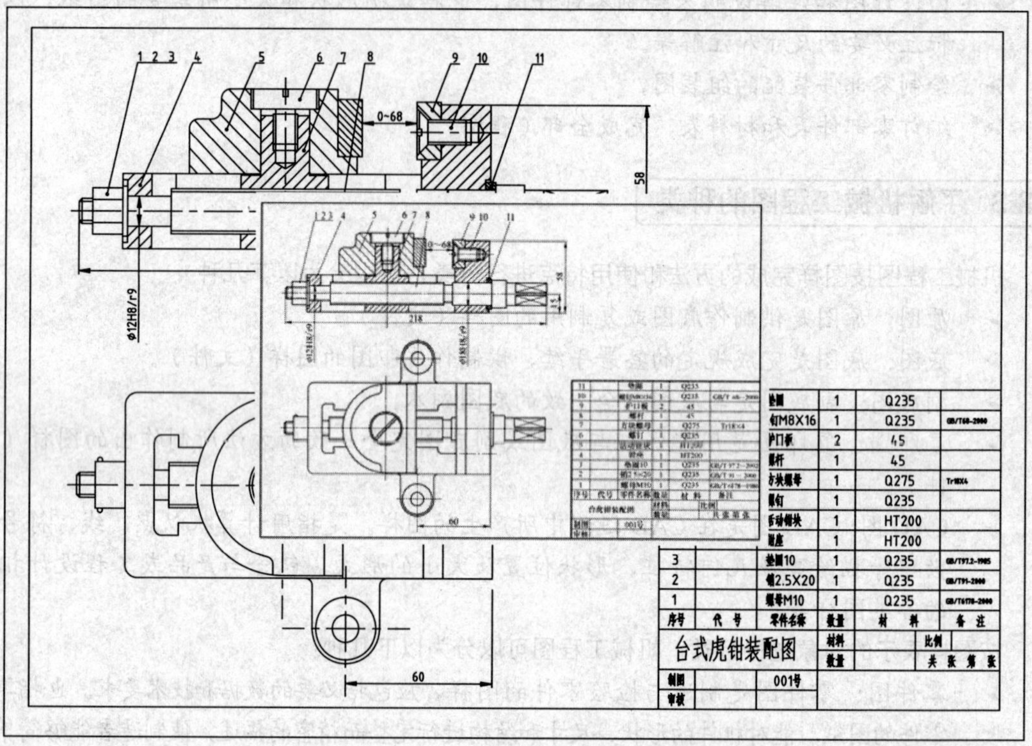

图 1-4 装配图效果

➢ 总图：总图是表达产品及其组成部分的结构概况、相互关系和基本性能的图样；当总图中注有产品及其组成部件的外形、安装和连接尺寸时，可作为外形图或安装图使用。

➢ 外形图：外形图是标有产品外形、安装和连接尺寸的产品轮廓图样。必要时，应注明突出部分的详细尺寸关系，以及操作件、运动件的极限位置尺寸等。

➢ 安装图：安装图是用产品及其组成部分轮廓的图形，表示其在使用地点进行安装的图样，并包括安装时所必需的数据、零件、材料与说明。

➢ 表格图：表格图是指两个或两个以上形状相同的同类零件、部件或产品，并包括必要的数据与技术要求的工程图样。

➢ 包装图：包装图是为产品安全运输，按照有关规定而设计、绘制的运输包装图样。

➢ 简图：简图是用规定的图形符号、代号和简化画法绘制出的示意图的总称，如原理图、系统图、框图和接线图等。

➢ 原理图：原理图是表达产品工作程序、功能及其组成部分的结构、动作等原理的一种简图。如电器原理图、液压原理图等。

➢ 系统图：系统图一般是以注释的方框形式，表达产品或成套设备组成部分某个具有完成共同功能的体系中各元器件或产品间连接程序的一种简图。

1.3　了解机械图纸各要素

机械图纸的要素一般包括图纸的幅面、格式、字体、比例、图线线型、图样画法、标题及明细栏等。

1.3.1　了解机械图纸的幅面

图纸以短边作为垂直边时应为横式，以短边作为水平边时应为立式。A0～A3 图纸宜横式使用；必要时，也可立式使用。在一个工程设计中，每个专业所使用的图纸不宜多于两种幅面，不含目录及表格所采用的 A4 幅面。基本幅面如图 1-5 所示。

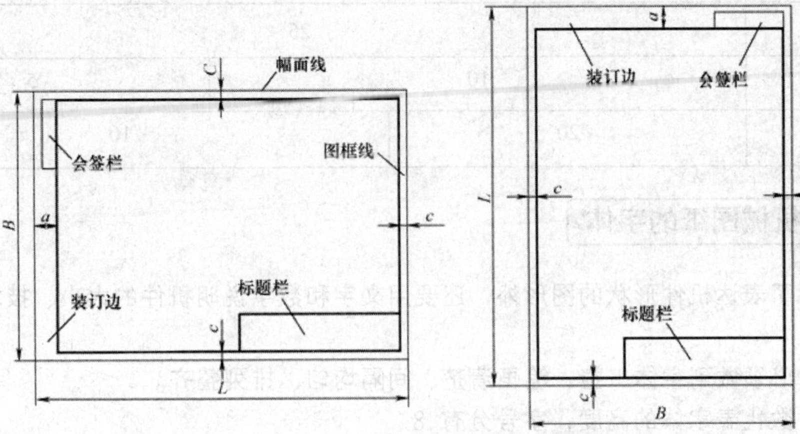

图 1-5　基本幅面

1.3.2　了解机械图纸的图框格式及图纸幅面

本节主要讲解机械图纸图框的相应格式规定以及一些常用的图纸幅面的尺寸大小，见表 1-2 和表 1-3 所示。

表 1-2　基本幅面的图框格式

图纸类型		X 型（横放）	Y 型（竖放）	说明
常用情况	装订型	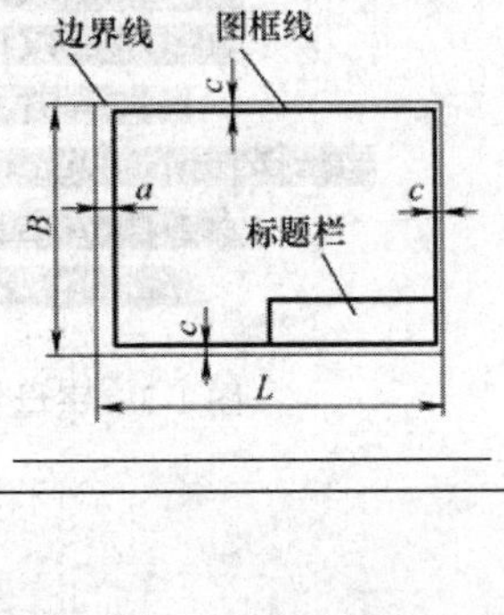	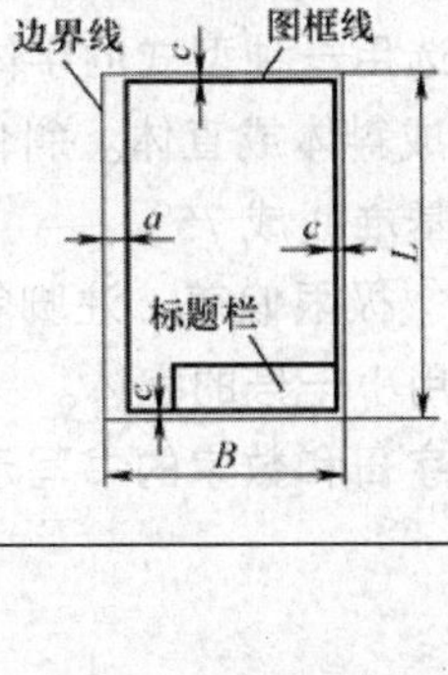	1.图样通常应按此图例绘制 2.标题栏应位于图纸右下方

图纸类型		X 型（横放）	Y 型（竖放）	说明
	非装订型	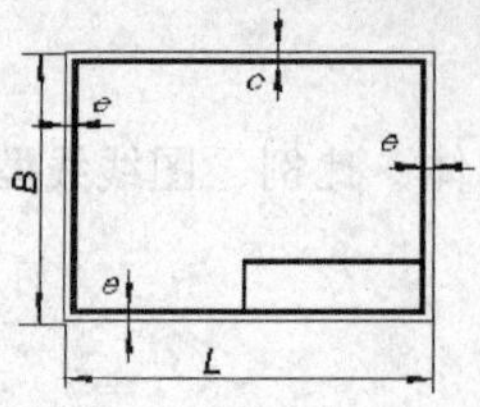	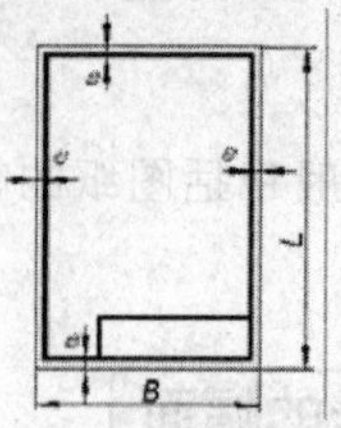	

表 1-3　图纸幅面（单位：mm）

幅面代号	A0	A1	A2	A3	A4
$B \times L$	841×1189	594×841	420×594	297×420	210×297
a	25				
c	10			5	
e	20		10		

1.3.3　了解机械图纸的字体

图样上除了表达机件形状的图形外，还要用文字和数字说明机件的大小、技术要求和其他内容。

书写字体必须做到字体工整、笔画清楚、间隔均匀、排列整齐。

字号的号数代表字体的高度，字号分有 8 种，即字体的高度分为 1.8、2.5、3.5、5、7、10、14、20（单位：mm）。如果需要书写更大的字，应按$\sqrt{2}$的比例递增。

汉字应写成长仿宋体字，并应采用中华人民共和国国务院正式公布推行的《汉字简化方案》规定的简化字。汉字的高度 h 不应小于 3.5 mm，其字宽一般为 $h/2$，如图 1- 6 所示。

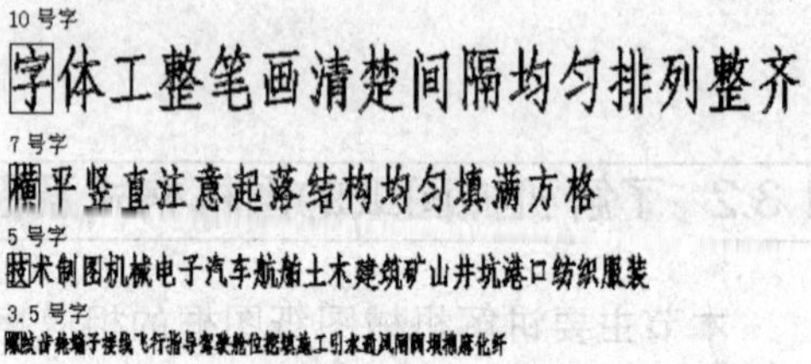

图 1-6　长仿宋体汉字示例

字母和数字分 A 型和 B 型。A 型字体的笔画宽度 d 为字高 h 的 1/14，B 型字体的笔画宽度 d 为字高 h 的 1/10。一般采用 B 型字体。在同一图样上，只允许选用一种型式的字体。

字母和数字可写成斜体或直体。斜体字字头向右倾斜，与水平基准线成 75°。

用作指数、分数、极限偏差、注脚等的数字及字母，一般应采用小一号的字体。

如图 1- 7 所示是字母和数字的书写示例。

图 1-7　字母与数字示例

1.3.4　了解机械图纸的比例

图样及技术文件中的比例，是指图形与其实物相应要素的线性尺寸之比，如表 1-4 所示。

表 1-4　常用绘图比例

种类	比例				
原值比例	1:1				
放大比例	2:1	5:1	10:1	(2.5:1)	(4: 1)
缩小比例	1:2	1:5	1:10	(1:1.5)	(1:3)

- 当表达对象的尺寸适中时，尽量采用原值比例 1∶1 绘制。
- 当表达对象的尺寸较大时，应采用缩小比例，但要保证复杂部位清晰可读。
- 当表达对象的尺寸较小时，应采用放大比例，使各部位清晰可读。
- 选用原则是：有利于图形的最佳表达效果和图面的有效利用，如图 1-8 所示。

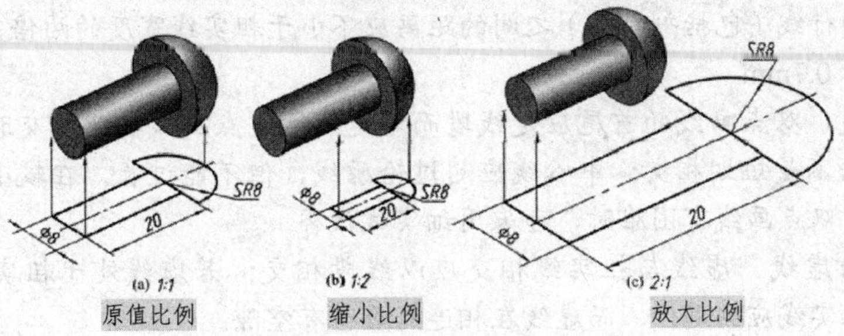

图 1-8　图纸的相关比例

1.3.5　了解机械图纸的图线线型

在进行机械制图时，其图线的绘制也应符合《机械制图》的国家标准。

1.　线型

绘图图样时不同的线型起不同的作用，表达不同的内容。国家标准规定了在绘制图样时，可采用的 15 种基本线型，如表 1-5 所示中，给出了机械制图中常用的 8 种线型示例及其一般应用。

表 1-5　常用的图线名称及主要用途

线型名称	图线型式	一般应用
实线	————————————	可见轮廓线
	————————————	尺寸线、尺寸界线、剖面线、引出线等
细虚线	- - - - - - - - - - - -	不可见轮廓线
细点画线	——— - ——— - ———	轴线、对称中心线
粗点画线	——— - ——— - ———	特殊要求的线
细双点画线	——— - - ——— - - ———	极限位置线、假想位置线、中断线
双折线	———∕\∕———	断裂处的边界线

线型名称	图线型式	一般应用
波浪线		断裂处的边界线、视图与局部视图的分界线

2. 线宽

机械图样中的图线分粗线和细线两种。图线宽度应根据图形的大小和复杂程度在 0.13～2mm 范围选择。图线宽度的推荐系列为 0.13 mm、0.18 mm、0.25 mm、0.35 mm、0.5 mm、0.7 mm、1 mm、1.4、2mm。

3. 图线画法

用户在绘制图形时，应遵循以下原则：

- 同一图样中，同类图线的宽度应基本一致。
- 虚线、点画线及双点画线的线段长度和间隔应各自大致相等。
- 两条平行线（包括剖面线）之间的距离应不小于粗实线宽度的两倍，其最小距离不得小于 0.7mm。
- 点画线、双点画线的首尾应是线段而不是短划；点画线彼此相交时应该是线段相交，而不是短划相交；中心线应超过轮廓线，但不能过长。在较小的图形上画点画线、双点画线有困难时，可采用细实线代替。
- 虚线与虚线、虚线与粗实线相交应以线段相交；若虚线处于粗实线的延长线上时，粗实线应画到位，而虚线在相连处应留有空隙。
- 当几种线条重合时，应按粗实线、虚线、点画线的优先顺序画出。

如图 1-9 所示为图线的画法示例。

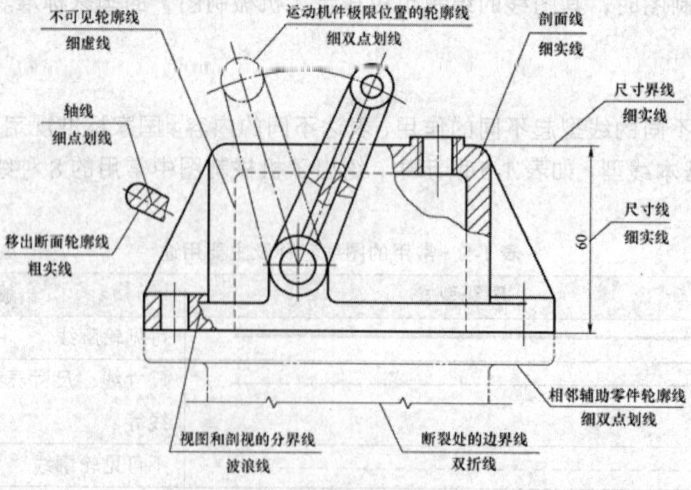

图 1-9　图线画法示例

1.3.6　了解机械图纸的标题栏及明细栏

本节主要讲解机械图纸标题栏及明细栏的一些相关尺寸及文字标注规定，其绘制的尺寸及文字标注规定如图 1-10 和图 1-11 所示。

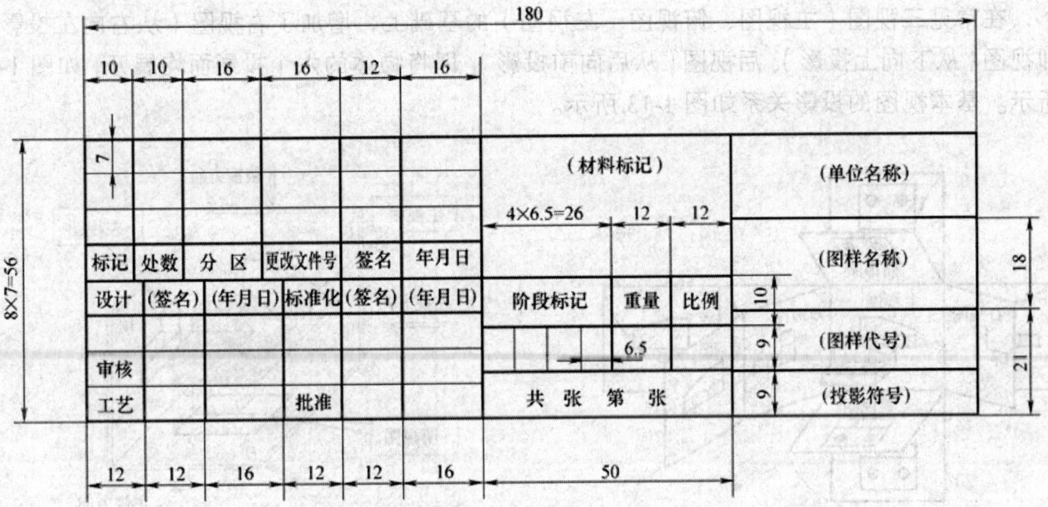

a)

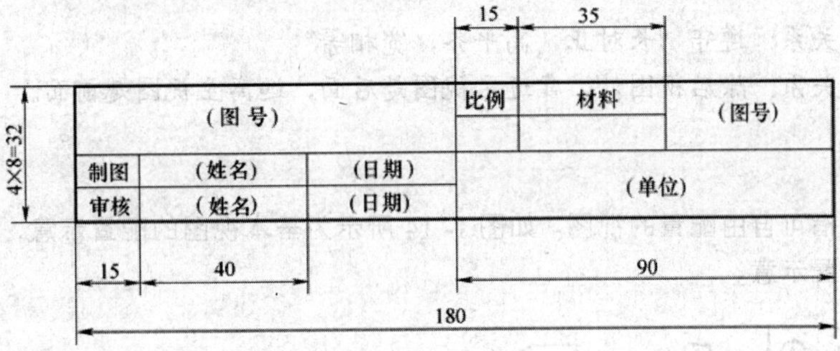

b)

图 1-10　标题栏

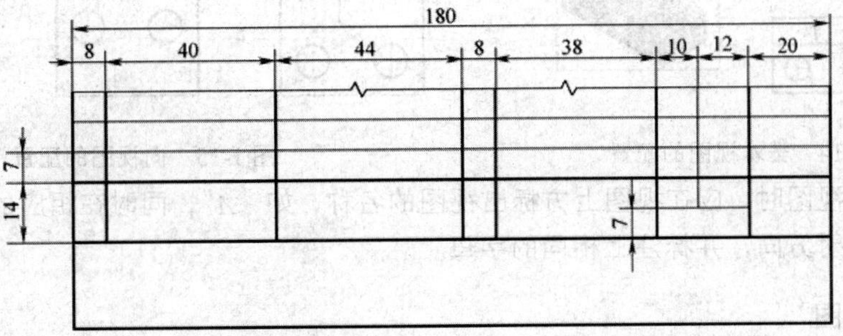

图 1-11　明细栏

1.3.7 了解机械图纸的图样画法

机械图纸的图样画法一般包括视图、剖视图、断面图及其他表达方法。

1. 基本视图

在常见三视图（主视图、俯视图、左视图）的基础上，增加了右视图（从右向左投影）、仰视图（从下向上投影）、后视图（从后向前投影），即将物体的六个投影面均展开，如图 1-12 所示。基本视图的投影关系如图 1-13 所示。

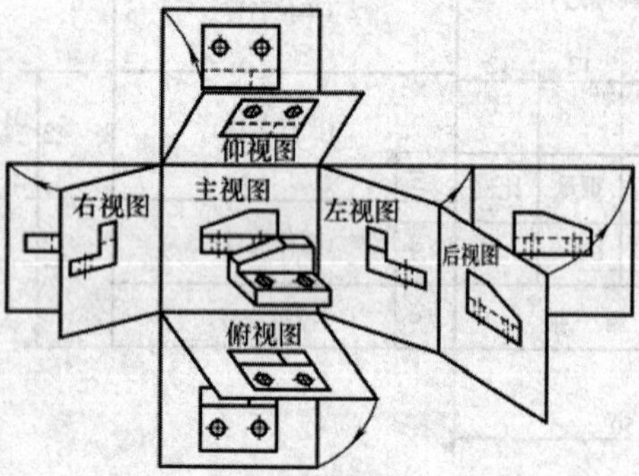

图 1-12　投影面示意图

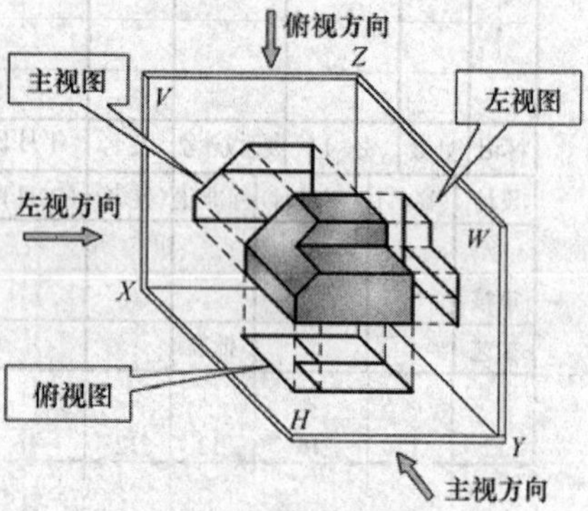

图 1-13　投影关系示意图

- 投影关系：遵守“长对正，高平齐，宽相等”。
- 方位关系：除后视图外，靠近主视图是后面，远离主视图是前面。

2. 向视图

向视图是指可自由配置的视图。如图 1- 14 所示为基本视图的配置示意，如图 1- 15 所示为向视图的配置示意。

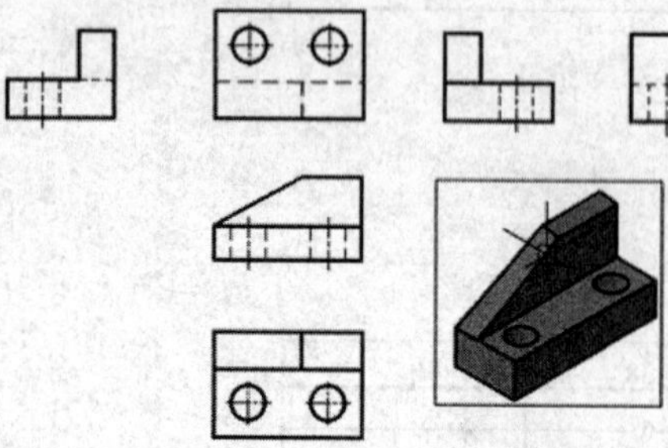

图 1-14　基本视图的配置

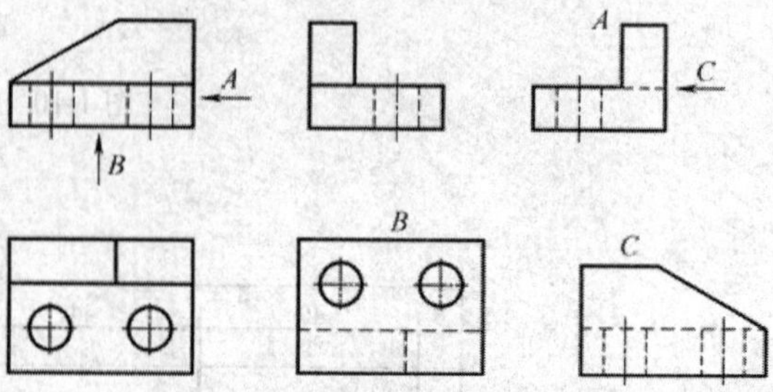

图 1-15　向视图的配置

在绘制向视图时，应在视图上方标出视图的名称，如“*A*”，同时在相应的视图附近用方向箭头指明投射方向，并标注上相同的字母。

3. 局部视图

将机件的某一部分（即局部）向基本投影面投射所得的视图，称为局部视图，如图 1-16 所示。画法及标注事项如下：

- 用带字母的箭头指明要表达的部位和投影方向，并标注视图名称“×”。
- 局部视图的范围用波浪线来表示。当表达的局部结构是完整的且外轮廓封闭时，波浪线可省略。
- 局部视图可按基本视图的配置形式配置，也可按向视图的配置形式配置。
-

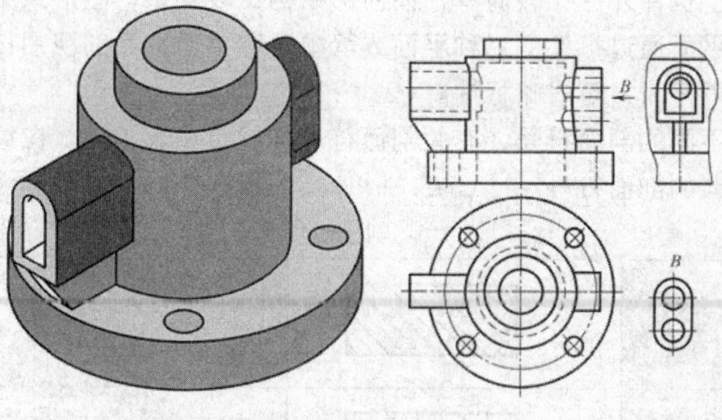

图 1-16　局部视图

4. 斜视图

机件向不平行于基本投影面的平面投影所得的视图，称为斜视图，如图 1- 17 所示。

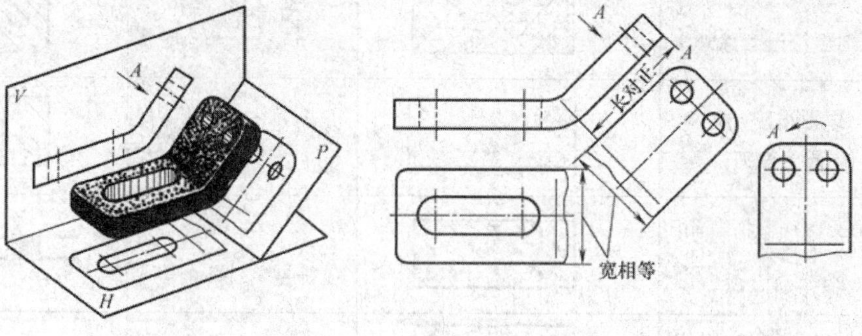

图 1-17　斜视图

画法及标注事项如下：

- 斜视图只使用于表达机件倾斜部分的局部形状。其余部分不必画出，其断裂边界处用波浪线表示。
- 斜视图通常按向视图形式配置。必须在视图上方标出名称“×”，用箭头指明投影方向，并在箭头旁水平注写相同字母。在不引起误解时允许将斜视图旋转，但需在斜视图上方注明。

➢ 斜视图一般按投影关系配置，以便于看图。必要时也可配置在其他适当位置。在不致引起误解时，允许将倾斜图形旋转以便于画图，旋转后的斜视图上应加注旋转符号。

5. 剖视图

假想用剖切面剖开机件，将处在观察者和剖切面之间的部分移去，而将其余部分全部向投影面投影所得的图形，称之为剖视图；并在剖面区域内画上剖面符号，如图 1- 18 所示。

全剖视图适用于机件外形比较简单，而内部结构比较复杂，图形又不对称时。

如果单一剖切平面通过机件的对称平面或基本对称平面，且剖视图按投影关系配置，中间又没有其他图形隔开时，可省略标注。

不同的材料有不同的剖面符号，有关剖面符号的规定见表 1- 6。在绘制机械图样时，用得最多的是金属材料的剖面符号。

表 1-6 剖面符号含义

金属材料（已有规定剖面符号者除外）	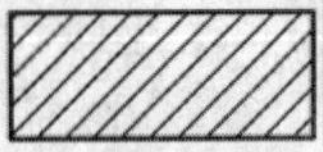	胶合板（不分层数）	
线圈绕组元件	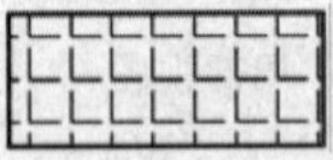	基础周围的混凝土	
转子、电枢、变压器和电抗器等的迭钢片		混凝土	
非金属材料（已有规定剖面符号者除外）		钢筋混凝土	
型砂、填砂、粉末冶金、砂轮、陶瓷刀片、硬质合金刀片等	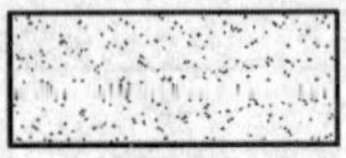	砖	
玻璃及供观察用的其他透明材料	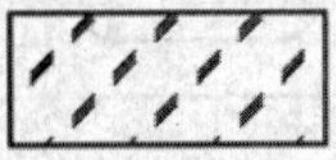	格网（筛网、过滤网等）	
木材 纵剖面		液体	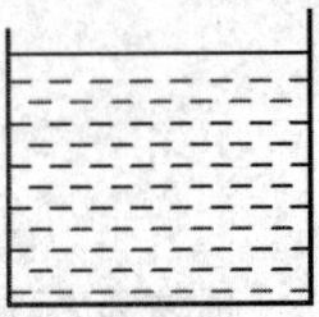
木材 横剖面	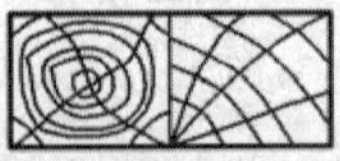		

6. 断面图

假想用剖切平面将机件的某处切断，仅画出断面的图形，这样的图形称为断面图，如图 1- 19 所示。

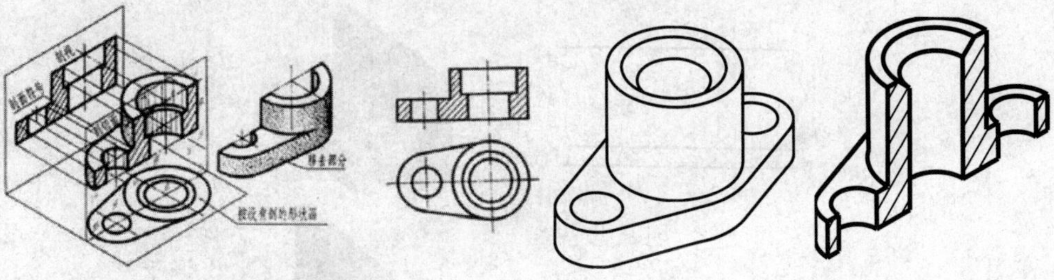

图 1-18　剖视图

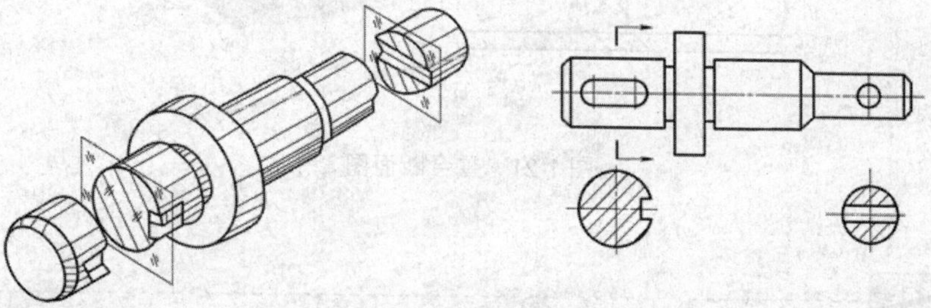

图 1-19　断面图

❑ 移出断面图

移出断面，就是将断面图配置在视图轮廓线之外。

其画法是：画在视图之外，规定轮廓线用粗实线绘制。尽量配置在剖切线的延长线上，也可画在其他适当的位置。

移出断面一般用剖切符号表示剖切的起止位置，用箭头表示投影方向，并注上大写拉丁字母，在断面图的上方用同样的字母标出相应的名称，如“*A*—*A*”，如图 1- 20 所示。

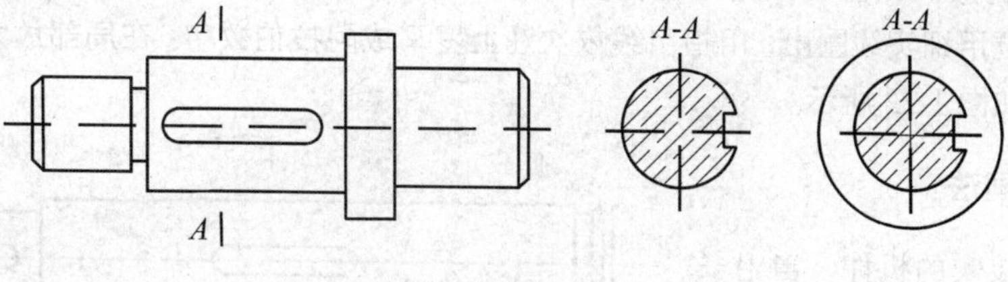

图 1-20　移出断面图

专家提醒

配置在剖切符号的延长线上的不对称移出断面，可省略名称（字母），若对称可不标注。
配置不在剖切符号的延长线上的对称移出断面，可省略箭头。
其余情况必须全部标注。

❑ 重合断面图

重合断面，就是将断面图配置在剖切平面迹线处，并与原视图相重合。

其画法是：重合断面的轮廓线用细实线绘制，当视图中的轮廓线与重合断面的图形重叠时，视图中的轮廓线仍需完整、连续地画出，不可间断，如图 1- 21 所示。

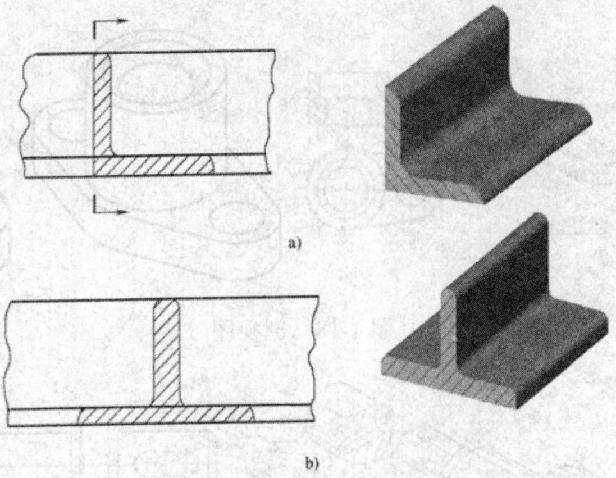

图 1-21　重合断面图

专家提醒

配置在剖切线上的不对称的重合断面图，可不标注名称（字母），如图 1-21a 所示。
对称的重合断面图，可不标注，如图 1-21b 所示。

7. 其他表达方法

❑　局部放大图

将机件的部分结构用大于原图形所采用的比例画出的图形称为局部放大图。它用于机件上较小结构的表达和尺寸标注。可以画成视图、剖视、断面等形式，与被放大部位的表达形式无关。

图形所用的放大比例应根据结构需要而定，与原图比例无关，如图 1-22 所示。

被放大部位用细实线圈出，用指引线依次注上罗马或阿拉伯数字；在局部放大图的上方用分数形式标注，如图 1-22 所示。

❑　简化画法

轴、杆类较长的机件，当沿长度方向形状相同或按一定规律变化时，允许断开画出，如图 1-23 所示。

当图形不能充分表示平面时，可用平面符号。如图 1-24 所示机件的平面，可在轮廓线附近用平面符号（相交两细实线）来表示。

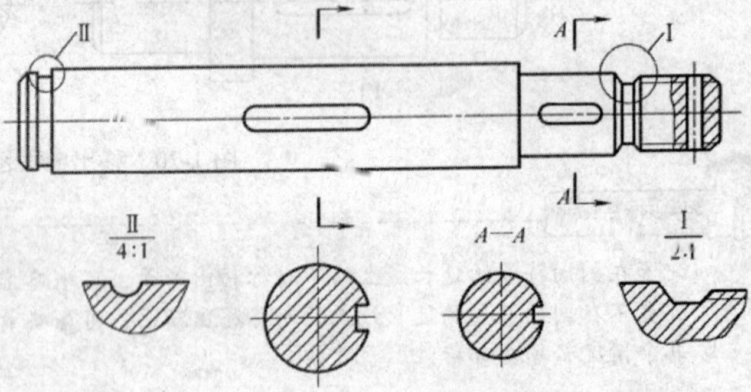

图 1-22　局部放大图

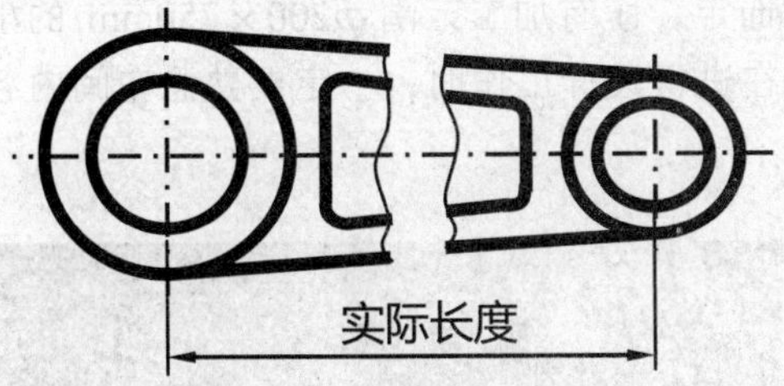

图 1-23　较长零件的简化画法

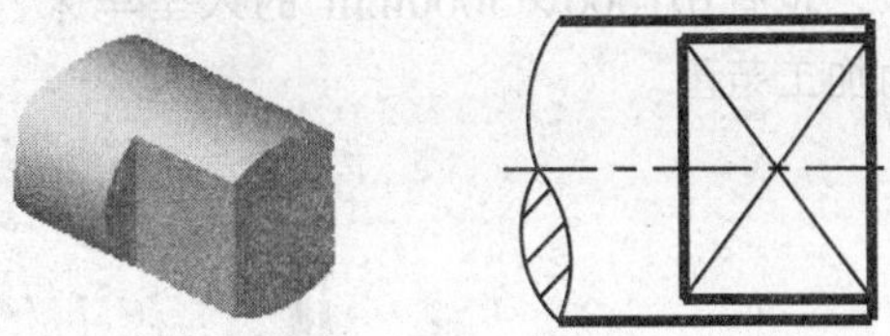

图 1-24　模型的简化画法

1.4　了解基本的机械加工工艺

机械设计的最终目的，就是要制作出能满足设计要求的机器。而机械的加工工艺，无疑是制造环节中重要的组成部分。机械加工是指通过一种机械设备对工件的外形尺寸或性能进行改变的过程，目前最常见的机械加工手段有车、铣、刨、磨、钻、加工中心等。作为一个设计人员，我们无须了解各种加工手段的工作原理，但是必须掌握各种加工手段的加工范围，以及它们所能达到的加工精度，这些在下面分别介绍。

1.4.1 了解车削加工

车削加工即指在车床上用车刀对旋转的工件进行切削加工，如图 1-25 所示。在车床上还可用钻头、扩孔钻、铰刀、丝锥、板牙和滚花工具等进行相应的加工，这是机械制造和修配工厂中使用最广的一类机床加工。

图 1-25　车削加工示例

1. 加工范围

车床主要用于加工轴、杆、盘、套和其他具有回转表面的工件（见图 1-26）。是主要的回转表面加工方法，也能进行一定的水平表面加工，如车端面（见图 1-27）。

车削加工的成形范围要根据具体的车床型号而定，既有加工范围 $\phi200\times750$mm 的小型车床，也有 $\phi1000\times5000$mm 的大型车床，因此在进行设计工作时，一定要熟悉车间内各车床的加工范围。

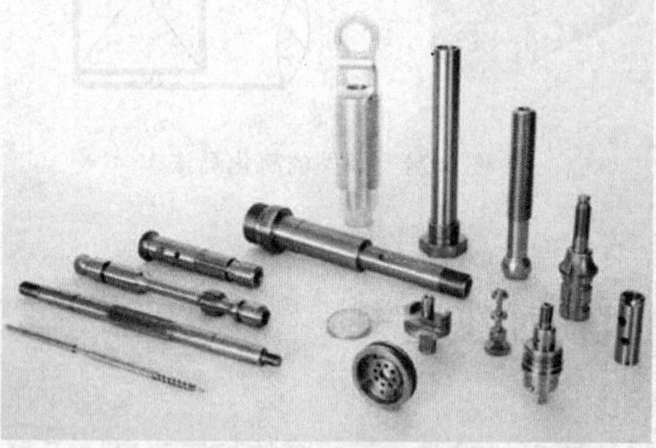

图 1-26　车削加工件

图 1-27　端面车削

2. 加工精度

车削加工精度一般为 IT8~IT7，表面粗糙度在 1.6~12.5μm 范围内。数控精车时，精度可达 IT6~IT5，表面粗糙度可达 0.1~0.4 μ m。总的来说车削的生产率较高，切削过程比较平稳，刀具较简单。

1.4.2 了解铣削加工

铣削加工是一种在铣床上使用旋转的多刃刀具切削工件的加工方法，属于高精度的加工，如图 1-28 所示。与车床“刀具固定，工件运转”的情况不同，铣床是“刀具运转，工件固定”。

图 1-28　铣削加工示例

1. 加工范围

铣床主要用于加工定位块、箱体等具有水平表面的工件，如图 1-29 所示。普通铣削一般能加工平面或槽面等，用成形铣刀也可以加工出特定的曲面，如铣削齿轮等，如图 1-30 所示。

铣削加工的成形范围与车床类似，也要根据具体的铣床型号而定。

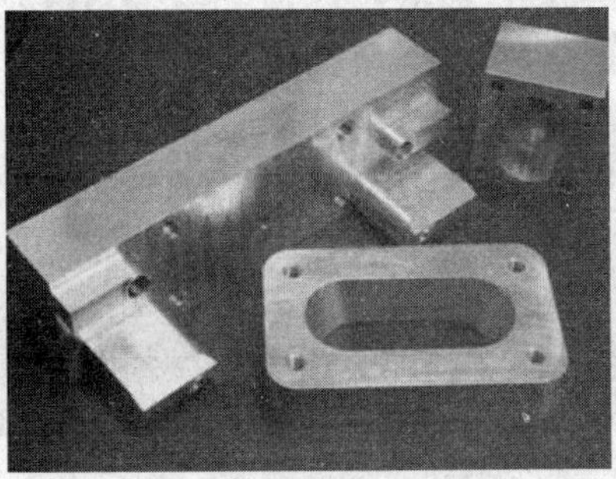

图 1-29　铣削加工件

图 1-30　铣削齿轮

2. 加工精度

铣削的加工精度一般可达 IT8~IT7，表面粗糙度为 0.8~6.3μm，数控铣床能达到更高的精度。

1.4.3 了解镗削加工

镗削加工是一种用刀具扩大孔或其他圆形轮廓的内径切削工艺，如图 1-31 所示。所用刀具通常为单刃镗刀（称为镗杆），某些情况下可以与铣刀与钻刀混用。

图 1-31　镗削加工示例

1. 加工范围

镗削一般应用在零件从半粗加工到精加工的阶段，可以用来加工大直径的孔与深尺寸的内孔，而且加工精度也一般比车床与钻床的要高。典型的深孔镗加工零件（如工程机械上的液压缸缸筒与军事国防上的枪筒、炮筒等）如图 1-32 所示。

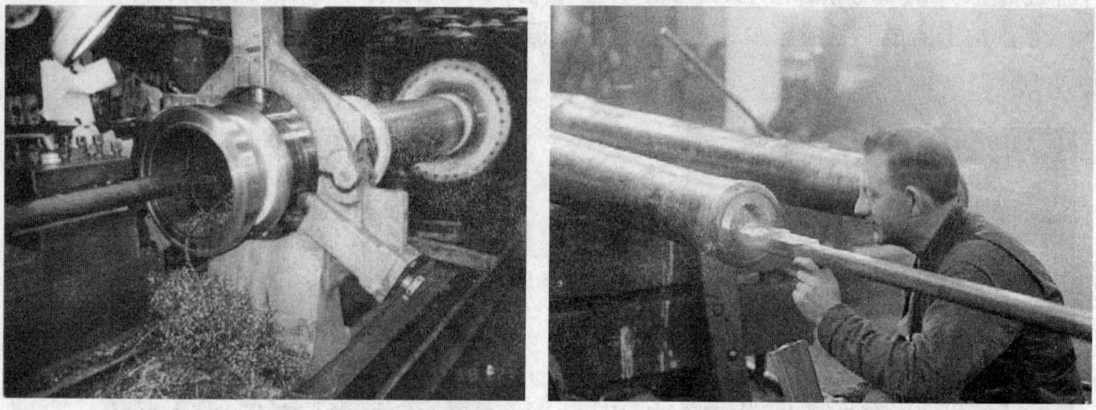

图 1-32　镗削加工件

2. **加工精度**

镗削加工的精度范围与车削类似。但使用新型刀具的深孔镗，集镗削、滚压加工于一体，可以使加工精度达到 IT6 以上，工件表面粗糙度达 0.4 ~ 0.8μm。

1.4.4 了解磨削加工

磨削加工是指用磨料、磨石磨除工件上多余材料的加工方法，如图 1-33 所示。磨削加工是应用较为广泛的切削加工方法之一。

图 1-33　磨削加工示例

1. 加工范围

磨削用于加工各种工件的内外圆柱面、圆锥面和平面,以及螺纹、齿轮和花键等特殊、复杂的成形表面。磨削加工与车、铣等常规加工不同的是，磨削不能大范围地除去零件的材料，只能加工掉 0.1～1mm 或更小尺寸的材料，因此属于精加工的一种。

2. 加工精度

磨削通常用于半精加工和精加工，精度可达 IT8～IT5 甚至更高，一般磨削的表面粗糙度为 0.16～1.25μm，精密磨削为 0.04～0.16μm，超精密磨削为 0.01～0.04μm，镜面磨削可达 0.01μm 以下，属于超级加工。

1.4.5 了解钻孔加工

钻孔加工是指用钻头在实体材料上加工出孔的操作，如图 1-34 所示。钻孔是机加工中最常见也最容易掌握的一种。

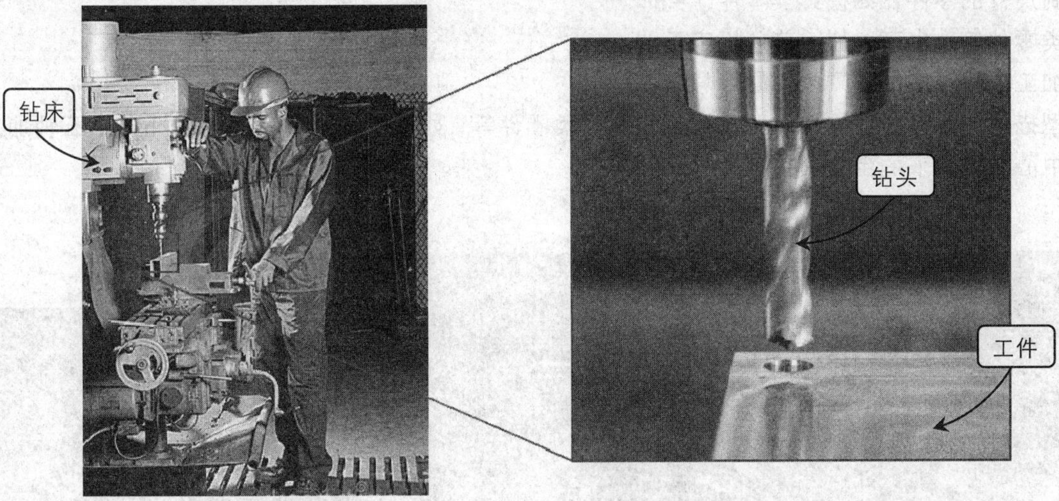

图 1-34　钻孔加工示例

1. 加工范围

在加工过程中，各种零件的孔加工，除去一部分由车、镗、铣等机床完成外，很大一部分是由钳工利用钻床和钻孔工具（钻头、扩孔钻、铰刀等）完成的，如沉头孔、螺纹孔、销钉孔等，总的来说形式较单一。

2. 加工精度

钻孔加工时，由于钻头结构上存在的缺点会影响到加工质量，因此加工精度一般在 IT10 级以下，表面粗糙度为 12.5μm 左右，属粗加工。

1.4.6 加工中心

加工中心是在普通机床（一般是铣床）的基础上发展起来的一种自动加工设备，两者的加工工艺基本相同，结构也有些相似。加工中心与普通机床的最大区别就是自带刀库，可以运行各种加工方式，如车、铣、钻等，如图 1-35 所示。

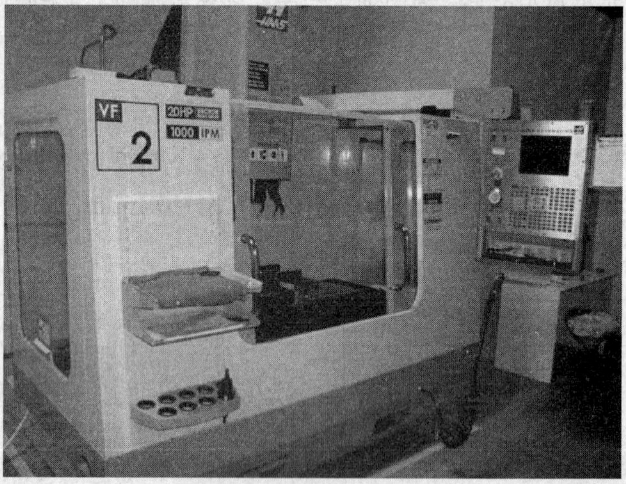

图 1-35 加工中心

1. 加工范围

加工中心是机加工中的一大突破，零件加工的适应性强、灵活性好，能加工轮廓形状特别复杂或难以控制尺寸的零件，如模具类零件、壳体类零件等；也可以加工普通机床无法加工或很难加工的零件，如用数学模型描述的复杂曲线零件以及三维空间曲面类零件等，如图 1-36 所示即为德国 hyper 五轴加工中心制作出来的全金属头盔。

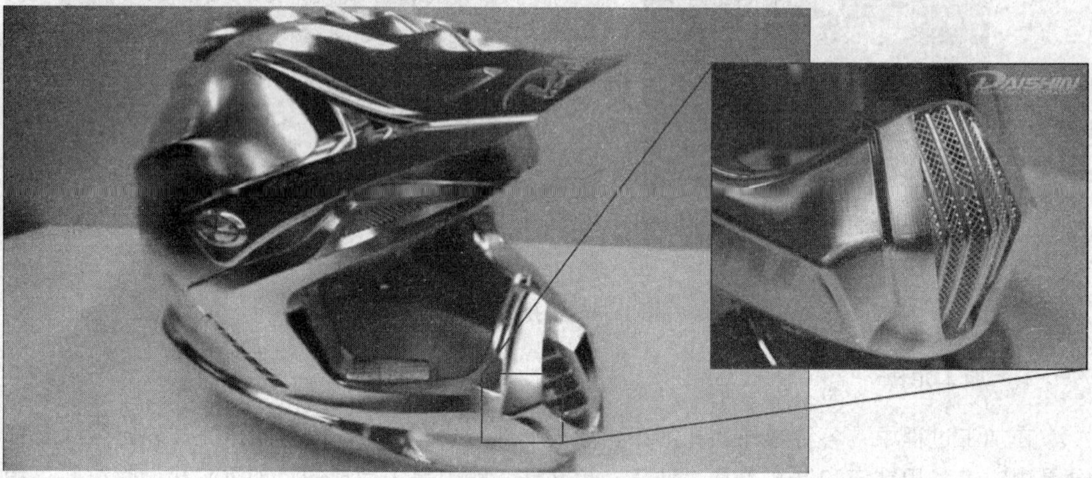

图 1-36 数控中心加工的曲面零件

2. 加工精度

加工中心的精度很高，而且加工质量稳定可靠。一般数控装置的脉冲当量一般为 0.001mm，高精度的数控系统可达 0.1μm。此外，由于是计算机控制的数控系统，从本质上避免了人员的操作失误，因此在理论上精度是所有加工中最高的。

1.5　了解常用的机械加工材料

对于机械设计工作来说，除了要了解加工工艺之外，还有必要了解制造机械零部件用的各种材料。这些材料在加工、力学性能、外观、稳定性方面均有不同表现，简单介绍如下。

1.5.1　钢

钢是对含碳量为 0.02%~2.06%（质量分数）的铁碳合金的统称，一般只含碳元素的钢称为碳素钢。钢是机械行业中应用最多的一种材料，下面介绍两种代表性的钢材。

1. 45 钢

即含碳量为 0.45%（质量分数）左右的钢材，属于优质碳素结构钢，是最常用的中碳调质钢。45 钢的综合力学性能良好，但淬透性低，水淬时易生裂纹。小型件宜采用调质处理，大型件宜采用正火处理。

该钢种性能中庸，但价格便宜，因此是最常见的机械设计用材料。被广泛用于制造轴、杆、活塞、齿轮、齿条、涡轮、蜗杆等受复杂应力，但总的来说要求不高的主要运动件。

2. Q235

即屈服强度为 235MPa 的钢材，是用途最广泛的钢材。Q235 的含碳量适中，综合性能较好，强度、塑性和焊接等性能得到较好配合。在生活中随处可见 Q235 的身影，比如建筑工地上的螺纹钢，步行天桥的铁板，以及常见的钢丝铁索等，均是 Q235 材质的。

1.5.2　铸铁

铸铁是指含碳量在 2.06%（质量分数）以上的铁碳合金。工业用铸铁一般含碳量为 2.5%~3.5%（质量分数），其中还含有 1%~3%（质量分数）的硅，以及锰、磷、硫等元素。下面介绍常用的两种铸铁。

1. HT150

HT150 是灰铸铁的一种，HT 即“灰铁”两汉字拼音的开头字母，150 是指该材料在 ϕ30mm 试样时的最小抗拉强度值为 150MPa。HT150 具有良好的铸造性能、良好的减振性、良好的耐磨性能、良好的切削加工性能、低的缺口敏感性。在机械设计工作中广泛用于各种外形结构铸件，如机座、支架、箱体、刀架、床身、轴承座、工作台、带轮、端盖、泵体、阀体等。

2. QT450-10

QT450-10 是球墨铸铁的一种，QT 即“球铁”两汉字拼音的开头字母。球墨铸铁中的碳以球状石墨的形态存在，其机械性能远胜于灰铸铁而接近于钢。QT450-10 具有优良的铸造、切削加工和耐磨性能，有一定的弹性，用于制造曲轴、齿轮、活塞等高级铸件及多种机械零件。

1.5.3 合金钢

加入除碳外其他合金元素的钢，就叫合金钢。合金钢的种类很多，相较于碳素钢来说，基本上有着高强度、高韧性、耐磨、耐腐蚀、耐低温、耐高温、无磁性等特殊性能。

1. 40Cr

40Cr 是机械行业中使用最广泛的合金钢之一，调质处理后具有良好的综合力学性能，良好的低温冲击韧度和低的缺口敏感性。该钢的淬透性良好，油冷时可得到较高的疲劳强度，水冷时复杂形状的零件易产生裂纹，冷弯塑性中等，回火或调质后切削加工性好，但焊接性不好，易产生裂纹。40Cr 由于其价格相对便宜，因此应用情况很多，调质处理后用于制造中速、中载的零件，如机床齿轮、轴、蜗杆、花键轴、顶针套等；调质并高频表面淬火后用于制造表面高硬度、耐磨的零件，如齿轮、轴、主轴、曲轴、心轴、套筒、销子、连杆、螺钉螺母、进气阀等；经淬火及中温回火后用于制造重载、中速冲击的零件，如油泵转子、滑块、齿轮、主轴、套环等；经淬火及低温回火后用于制造重载、低冲击、耐磨的零件，如蜗杆、主轴、轴、套环等；碳氮共渗处理后制造尺寸较大、低温冲击韧度较高的传动零件，如轴、齿轮等。

2. 65Mn

65Mn 是一种常见的弹簧钢，热处理及冷拔硬化后，强度较高，具有一定的韧性和塑性，但淬透性差，主要用于较小尺寸的弹簧，如调压调速弹簧、测力弹簧、一般机械上的圆、方螺旋弹簧或拉成钢丝做小型机械上的弹簧。

1.5.4 有色金属

有色金属通常指除铁（有时也包括锰和铬）和铁基合金以外的所有金属。有色金属可分为重金属（如铜、铅、锌）、轻金属（如铝、镁）、贵金属（如金、银、铂）及稀有金属（如钨、钼、锗、锂、镧、铀）。这里只介绍两种在机械设计中常用的有色金属。

1. 铜

铜具有很好的延展性与切削性能，而且具有不俗的耐磨性，因此在机械设计工作中经常被制成铜套等耐磨件。但是具体的工作中很少用到纯铜，一般选用的是铜合金，如黄铜、青铜、白铜等，因此铜对应的牌号有很多种，用途也不一样，请自行翻阅有关标准。

2. 铝

铝与铜一样，也具有很好的延展性，在潮湿空气中还能形成一层防止金属腐蚀的氧化膜，因此稳定性也不错。除此之外，铝还有一个不同于其他机械材料的最大优点，那就是质地轻盈。因此铝常用于飞机、汽车、火车、船舶等制造工业，例如，一架超音速飞机约由 70%的铝及铝合金构成，船舶建造中也大量使用铝，一艘大型客船的用铝量常达几千吨。

第 2 章 AutoCAD 2016 基本操作

本章导读

随着计算机辅助绘图技术的不断普及和发展，依靠计算机硬件设备的高性能优势，用计算机绘图全面代替手工绘图将成为必然趋势，越来越多的人可通过计算机来进行绘图、研究、科研等工作。只有熟练地掌握计算机图形的生成技术，才能够灵活自如地在计算机上表现自己的设计才能和天赋。

通过计算机的辅助绘图功能，用户在进行绘图设计时能够灵活完成绘制、修改、编辑、打印、发布等操作，其中 AutoCAD 2016 绘图软件是目前众多用户进行辅助绘图的首选。

精彩看点

- 初始 AutoCAD 2016
- 文件的基本操作
- 控制机械图形显示

2.1 初识 AutoCAD 2016

AutoCAD 是由美国 Autodesk 公司于 20 世纪 80 年代初为微机上应用 CAD 技术而开发的绘图程序软件包，经过不断的完善，具有易于掌握、使用方便、体系结构开放等特点，能够绘制二维图形与三维图形、标注尺寸、渲染图形以及打印输出图样，现已经成为国际上广为流行的绘图工具。它目前已经广泛应用在航空航天、造船、建筑、机械、电子、化工、美工、轻纺、冶金、气象等领域。

与 AutoCAD 之前的版本（即 AutoCAD 2015）相比，AutoCAD 2016 在性能和功能方面都有了更大的增强，同时又保证了与低版本完全兼容。

AutoCAD 2016 不支持 Windows XP 系统，需要在 Windows 7 以上系统才能支持运行。其安装时相关界面如图 2-1 ~ 图 2-6 所示。

图 2-1　AutoCAD 2016 安装（一）

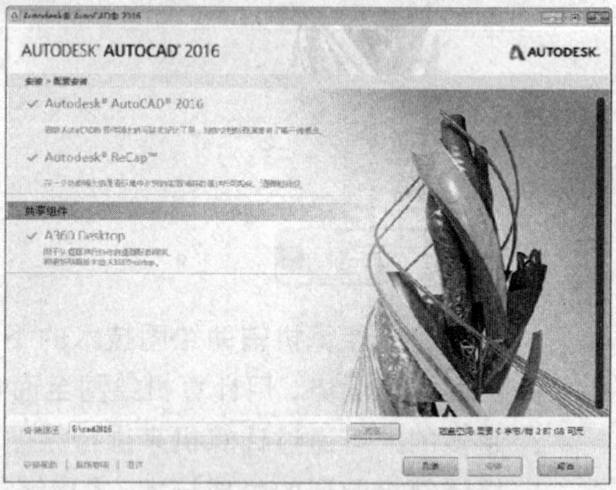

图 2-2　AutoCAD 2016 安装（二）

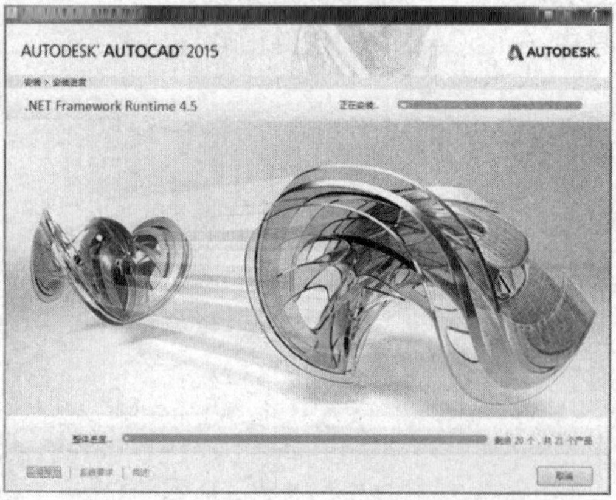

图 2-3　AutoCAD 2016 安装（三）

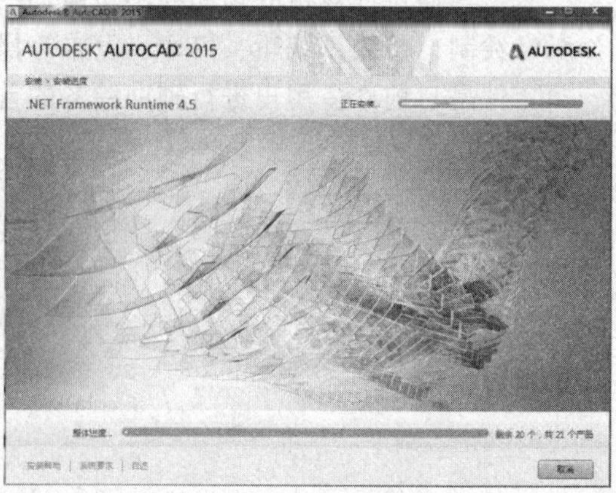

图 2-4　AutoCAD 2016 安装（四）

图 2-5　AutoCAD 2016 安装（五）

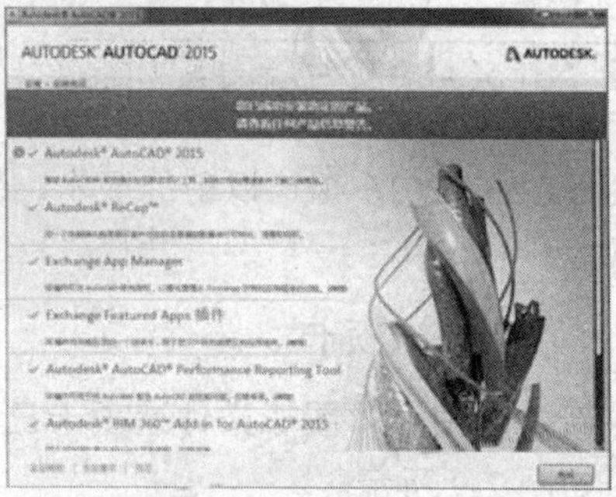

图 2-6　AutoCAD 2016 安装（六）

2.1.1 AutoCAD 启动与退出

安装 AutoCAD 2016 软件后，接下来了解该软件的启动与退出。

1. AutoCAD 的启动

安装好 AutoCAD 2016 软件后，可以通过以下任意一种方法来启动 AutoCAD 2016 软件，

- 依次选择“开始丨所有程序丨Autodesk丨AutoCAD 2016–简体中文（Simplified chinese）丨AutoCAD 2016”命令。
- 成功安装好 AutoCAD 2016 软件后，双击桌面上的 AutoCAD 2016 图标。
- 在目录下 AutoCAD 2016 的安装文件夹中双击可执行文件 acad.exe 图标。
- 打开任意一个扩展名为“.dwg”的图形文件。

2. AutoCAD 的退出

可以通过以下任意一种方法来退出 AutoCAD 2016 软件：

- 下拉菜单：单击左上角的图标，在出现的下拉菜单中，选择“退出 Autodesk AutoCAD 2016”命令，如图 2-7 所示。
- 命令行：输入“Exit”或“Quit”命令后，再按【Enter】键。
- 组合键：【Alt+F4】或【Ctrl+Q】。
- 工具栏：单击右上角的“关闭”控制按钮。

在退出 AutoCAD 2016 时，如果没有保存当前图形文件，此时将弹出如图 2-8 所示的对话框，提示用户是否对当前的图形文件进行保存操作。

图 2-7　退出 AutoCAD 2016

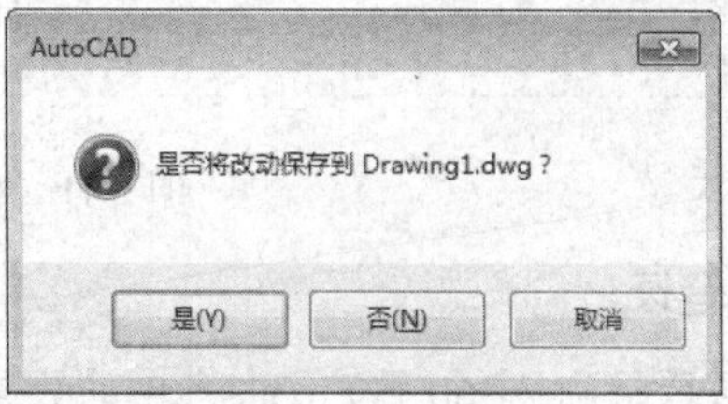

图 2-8　提示对话框

2.1.2 AutoCAD 2016 新增功能

AutoCAD 2016 相比以前的版本，新增了部分功能，使其功能更加的强大，相关内容有以下几点：

1．“文件”选项卡

“新建选项卡”图形文件选项卡已重命名为“开始”，并在创建和打开其他图形时保持显示，如图 2-9 所示。

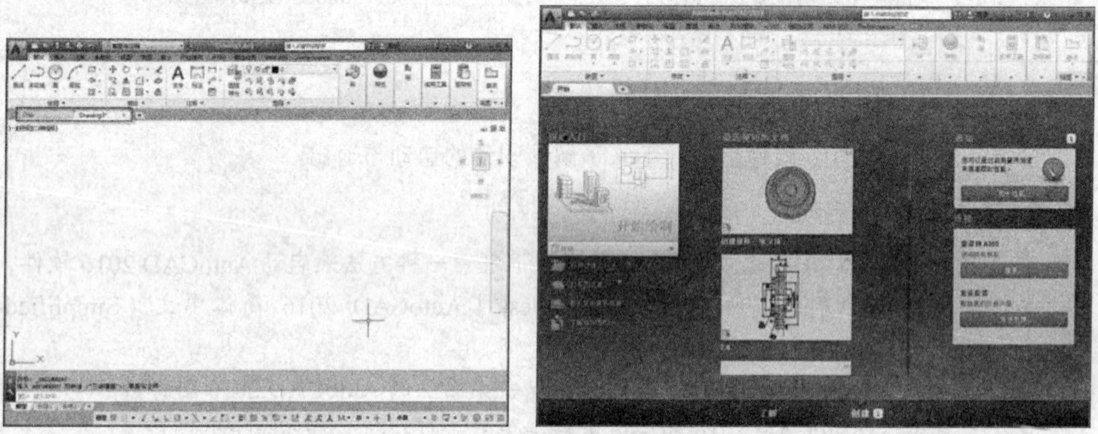

新建文件　　新建选项卡

图 2-9　AutoCAD 新建选项卡及文件

2．更灵活的布局及状态栏显示

布局现在支持通过拖放来将布局移动或复制到隐藏在溢出式菜单中的位置。随着您将选定的布局拖动到布局选项卡的右侧或左侧边缘，选项卡将自动滚动，以便您可以将布局放置到正确的位置，如图 2-10 所示。

状态栏现在可以在图标超过一行中适合显示的数目时自动换为两行，在任意给定时间，始终显示“模型”选项卡和至少一个布局选项卡，如图 2-11 所示。

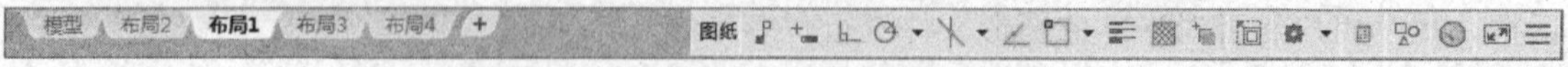

图 2-10　多个布局

图 2-11　状态显示栏

3．单点登录

用户如果登录到 A360 账户，也将自动登录到联机帮助系统。同样，如果登录到 AutoCAD 帮助系统，也将自动登录到用户的 A360 账户。

4. 标注命令增强功能

标注命令在 AutoCAD 2016 中得到了显著增强，现在可以从功能区中访问该命令，如图 2-12 所示。“标注”命令将根据选定对象的类型自动创建相应的标注。可以通过光标经过这些对象时所显示的预览查看生成的标注，然后再实际创建它。例如，如果启动“标注”命令，并将光标悬停在线性对象上，将会显示相应的“水平”“垂直”或“对齐”标注的预览。选择对象后，您可以放置标注，或将光标悬停在另一个非平行的线性对象上以显示并放置角度标注。编辑标注文字时，宽度尺寸控制将显示在文字上方，以便用户可以指定执行文字换行的宽度。

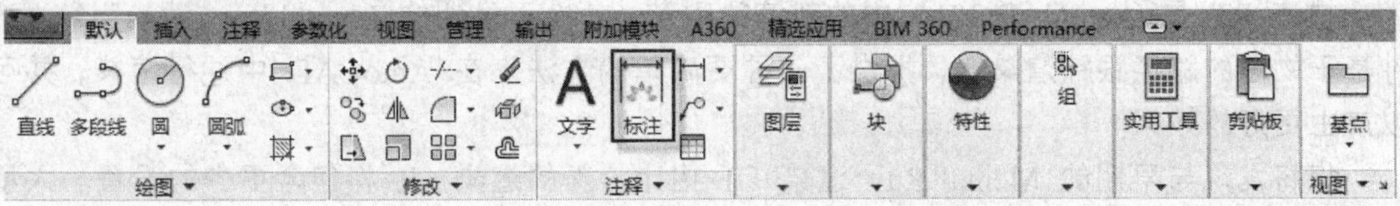

图 2-12　AutoCAD 功能区

5. 捕捉及文本增强功能

通过允许设置中心对象捕捉来捕捉到闭合多边形/多段线的几何体中心，以及不规则体的质心（质量中心）。新增的“文本框”特性已添加到多行文字对象，使您能够创建文字周围的边框，如图 2-13 所示。

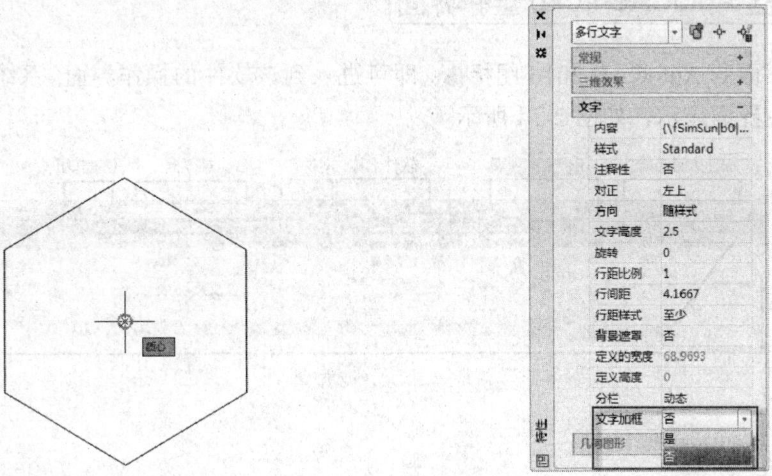

闭合多边形质心捕捉　　　　多行文字边框的添加

图 2-13　捕捉与文本增强的功能

6. 移动/复制增强功能

在 AutoCAD 2016 的二维线框视觉样式中将大量对象一起移动或复制时，系统会快速生成移动功能预览，使读者能够自由移动选定的对象而没有明显滞后。

7. PDF 增强功能

在 AutoCAD 2016 中，PDF 支持已得到了显著增强，以提供更好的性能、灵活性和质量。对于包含大量文字、多段线和填充图案的图形，PDF 打印性能也已得到改进。“输出为 DWF/PDF 选项”对话框已拆分为两个单独的对话框，一个用于 DWF，一个用于 PDF，这两者都可以从“输出”功能区选项卡进行访问。例如，其中可能包括指向图纸、命名视图、外部网站和文件的链接。它还支持来自不同类型的对象（如文字、图像、块、几何图形、属性和字段）的链接。书签控件将命名视图输出为书签，以便您可以在查看 PDF 文件时轻松地在它们之间进行导航。

8．快速 RT 渲染

快速 RT 是 AutoCAD 2016 中的新渲染引擎，替换了早期的 Mental Ray 渲染引擎。这种基于物理的路径跟踪渲染器，提供了一种更简单的方法来在 AutoCAD 中迚行渲染，并可以产生更好的效果。

您将发现与早期的 Mental Ray 渲染 UI 相比，新的渲染 UI 将包含更少的设置。大量的 Mental Ray 设置已被删除，因为它们对新的渲染引擎不再有效。您可以从“可视化”功能区选项卡的“渲染”面板中访问“渲染预设管理器”。

9．安全

文件密码保护功能已弃用，将不再使用密码保存 DWG 文件。现在可以使用 CAD 管理员控制实用程序锁定，也提供了新的“数字签名”对话框。

2.1.3 体验 AutoCAD 2016 全新界面

双击桌面的 AutoCAD 2016 图标，即可进入到该软件的操作界面。系统将以默认的“草图与注释”界面显示，如图 2-14 所示。

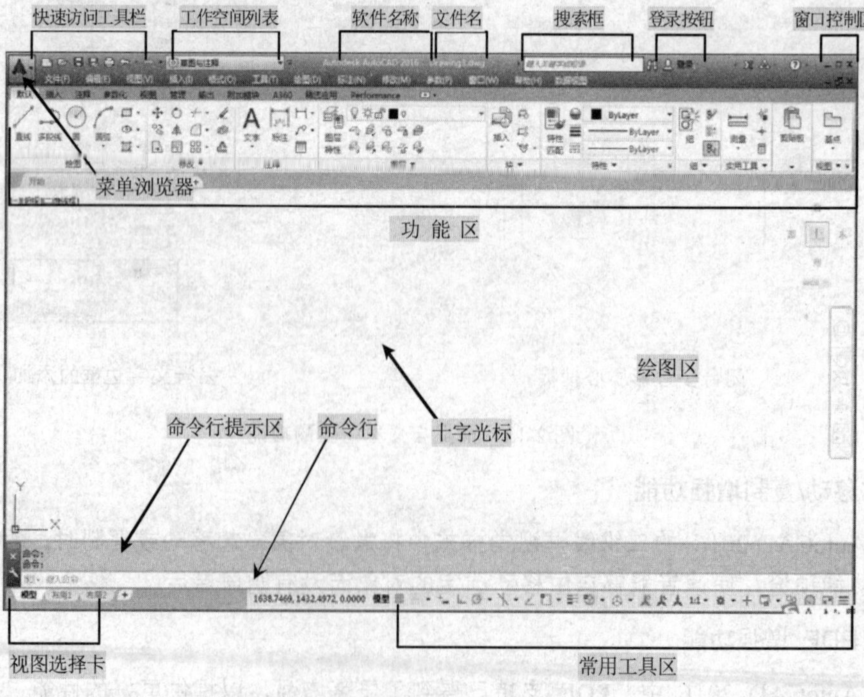

图 2-14 AutoCAD 2016 工作界面

❑　标题栏

在 AutoCAD 2016 窗口的最上面是标题栏，从左至右依次显示为快速访问工具栏、当前工作空间、软件名称及版本号、文件名、“最小化”按钮、“最大化/还原” 按钮、“关闭”按钮等，如图 2-15 所示。

如果该文件是新建文件，还没有命名保存，AutoCAD 会在标题栏上显示 Drawingl.dwg、Drawing2.dwg、Drawing3.dwg 等作为默认的文件名。

图 2-15　标题栏

❑　菜单栏

菜单栏位于标题栏的下方，单击 草图与注释 右侧的 按钮，将打开一下拉菜单，选择“显示菜单栏”命令，从而将显示 13 个主菜单，包括“文件”“编辑”“视图”“插入”“格式”“工具”“绘图”“标注”“修改”“参数”“窗口”“帮助”和数据视图，如图 2-16 所示。

图 2-16　菜单栏

在菜单栏中，每个主菜单又包含数目不等的子菜单，有些子菜单下还包含下一级子菜单，如图 2- 17 所示，这些菜单中几乎包含了 AutoCAD 全部的功能和命令。

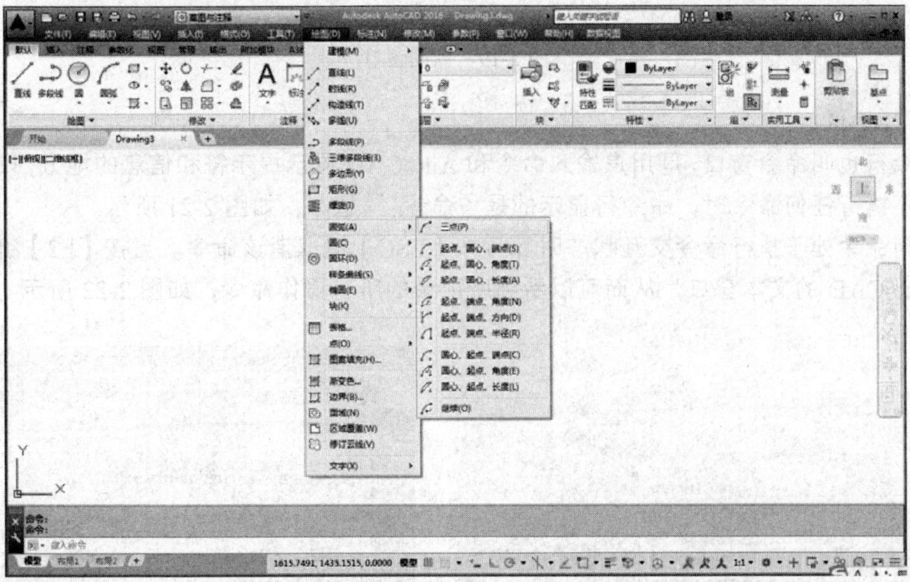

图 2-17　主菜单下的子菜单

❑　功能区

在 AutoCAD 2016 中，系统为用户提供了众多的标签，分别有默认、插入、注释、参数化、视图、管理、输出、附加模块、A360、精选应用、Performance 等。包含二维图形绘制及编辑的相关命令，从而使得应用程序窗口更加整洁，如图 2-18 所示。

图 2-18　功能区

❑ 绘图窗口

绘图窗口（也就是绘图区）是用户显示、绘制和编辑图形的工作区域，是十字光标活动的区域，如图 2-19 所示。

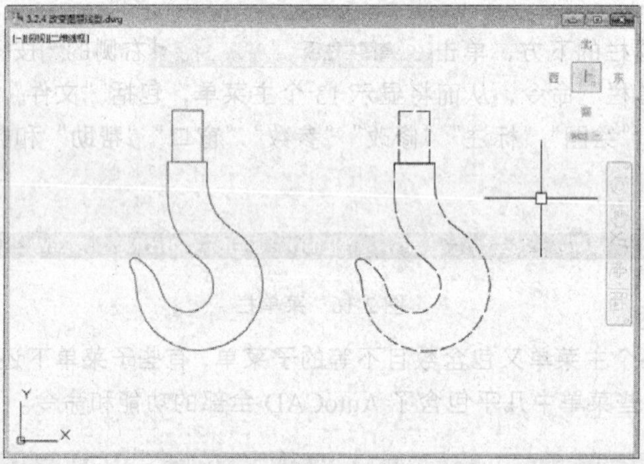

图 2-19　绘图窗口

❑ 命令行

命令行也叫命令窗口，是用户输入命令和 AutoCAD 显示提示符和信息的地方，如图 2-20 所示。不执行任何命令时，命令行显示的是“命令:”状态，如图 2-21 所示。

任何命令处于执行命令交互状态时都可按【ESC】键取消该命令。当按【F2】键，即可打开 AutoCAD 的文本窗口，从而可以看到所记录的所有操作命令，如图 2-22 所示。

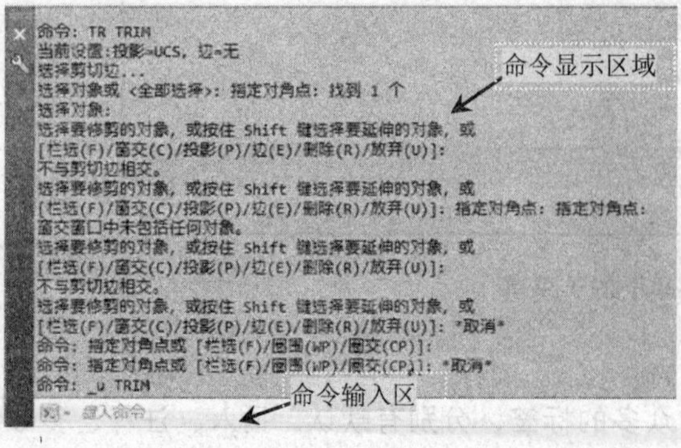

图 2-20　命令行

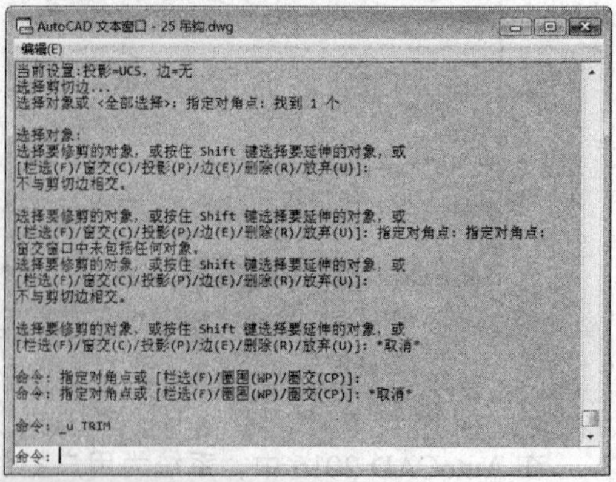

图 2-21　文本窗口

❑　状态栏

状态栏位于屏幕的最下方，用于显示当前 AutoCAD 的工作状态，它包含光标的视图选项卡、辅助绘图功能按钮、图形的注释状态、当前工作空间、图形单位、硬件加速、全屏显示等内容，如图 2-23 所示。

图 2-22　状态栏

2.1.4　了解 AutoCAD 2016 工作空间

AutoCAD 软件从 2015 版本开始，其界面发生了很大的改变，较之前所有的版本没有了“AutoCAD 经典”。只提供了 3 种工作空间模式，即“草图与注释”“三维基础”和“三维建模”，默认的工作空间为“草图与注释”，另外的两个空间主要用于绘制和编辑三维图形，如图 2-24 和图 2-25 所示。

专家提醒

若用户选择了“局部打开”选项，此时系统将弹出“局部打开”对话框，用户可在对话框右侧的列表框中勾选需要打开的图层对象，然后单击“打开”按钮，来加快文件装载的速度。特别是在大型工程项目中，这种做法可以减少屏幕上显示的实体数量，从而大大地提高工作效率。

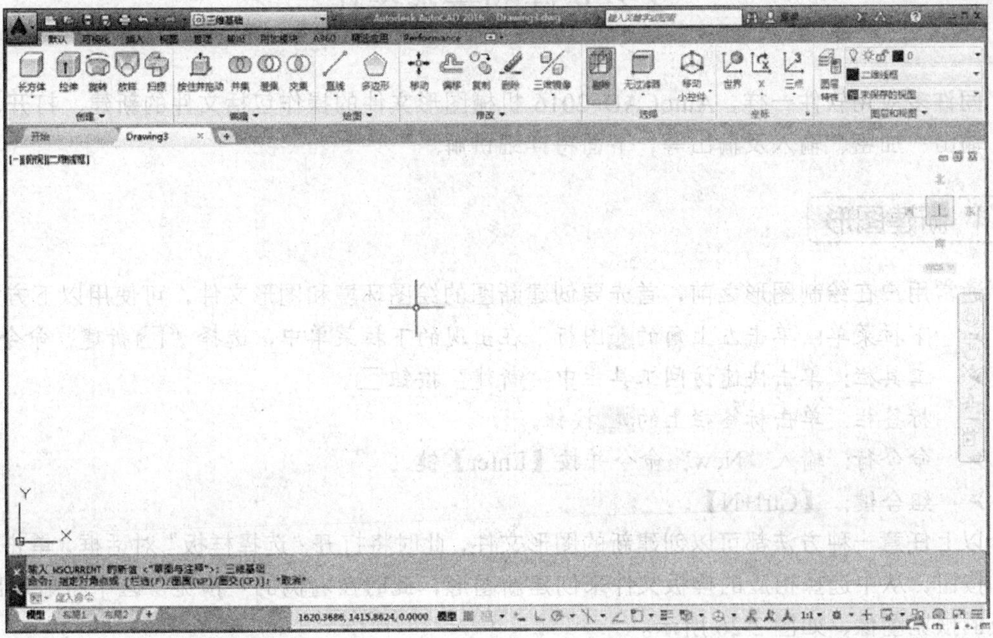

图 2-23　“三维基础”空间

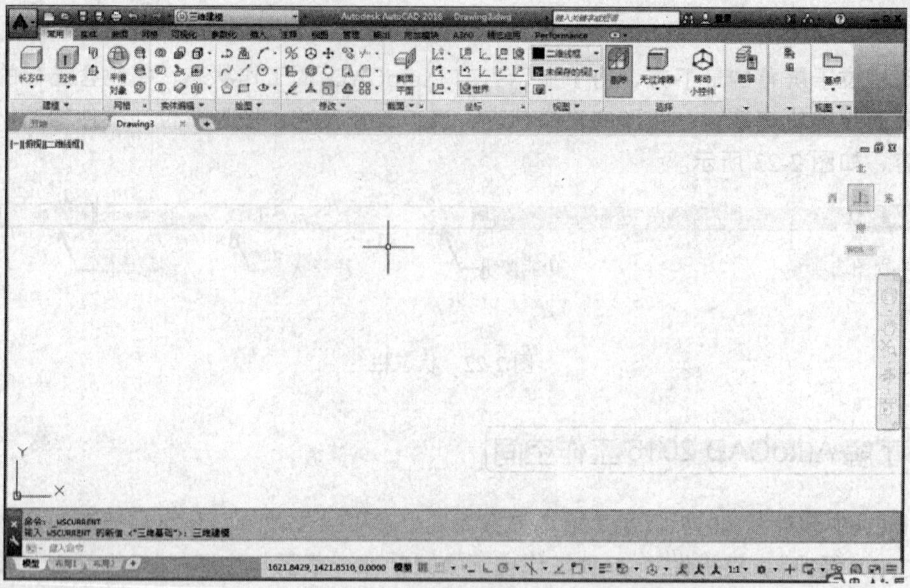

图 2-24 “三维建模”空间

专家提醒

如果执行的操作需要进行重生成且该操作可取消，将显示以下信息“准备重生成——是否继续？如果单击确定，将重生成图形；如果单击取消，将取消上一个操作，且不重生成图形。

2.2 文件的基本操作

同许多应用软件一样，AutoCAD 2016 机械图形文件的操作包括文件的新建、打开、保存、输出、加密、输入及输出等，下面将详细讲解。

2.2.1 新建图形

通常用户在绘制图形之前，首先要创建新图的绘图环境和图形文件，可使用以下方法：

- 下拉菜单：单击左上角的图标，在出现的下拉菜单中，选择“新建”命令。
- 工具栏：单击快速访问工具栏中“新建”按钮。
- 标签栏：单击标签栏上的按钮。
- 命令行：输入“New”命令并按【Enter】键。
- 组合键：【Ctrl+N】。

以上任意一种方法都可以创建新的图形文件，此时将打开“选择样板”对话框，单击“打开”按钮，从中选择相应的样板文件来创建新图形，此时在右侧的“预览”区中将显示出该样板的预览图像，如图 2-26 所示。

图 2-25　“选择样板”对话框

利用样板来创建新图形，可以避免每次绘制新图时需要进行有关绘图设置的重复操作，不仅提高了绘图效率，而且保证了图形的一致性。样板文件中通常含有与绘图相关的一些通用设置，如图层、线性、文字样式、尺寸标注样式、标题栏、图幅框等。

2.2.2 打开图形

要将已存在的图形文件打开，可使用以下的方法：

- 下拉菜单：单击左上角的图标，在出现的下拉菜单中，选择“打开”命令。
- 工具栏：单击快速访问工具栏中“打开”按钮。
- 标签栏：在标签栏空白位置单击鼠标右键，在弹出的右键快捷菜单中选择“打开”选项。
- 命令行：输入“Open”命令并按【Enter】键。
- 组合键：【Ctrl+O】。

以上任意一种方法都可打开已存在的图形文件，此时将弹出“选择文件”对话框，选择指定路径下的指定文件，则在右侧的“预览”区中显出该文件的预览图像，然后单击“打开”按钮，将所选择的图形文件打开，其步骤如图 2-27 所示。

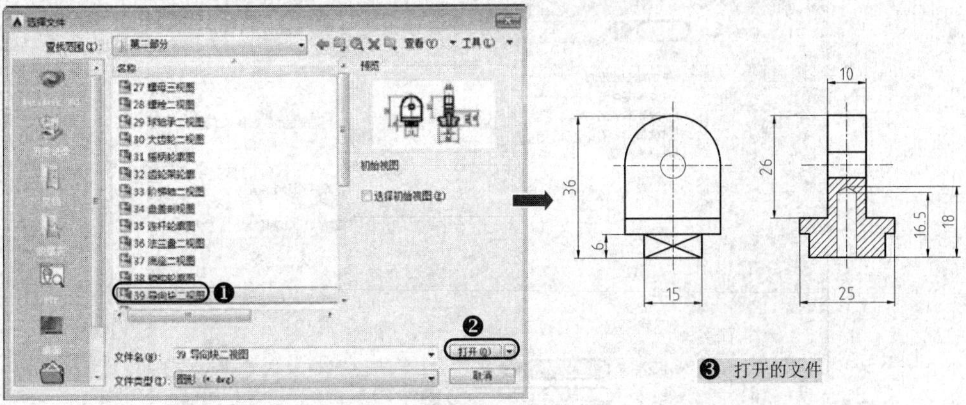

图 2-26　打开图形文件

在“选择文件”对话框的“打开”按钮右侧有一个倒三角按钮，单击它将显示出4种打开文件的方式，即：“打开”“以只读方式打开”“局部打开”和“以只读方式局部打开”，如图2-28所示。

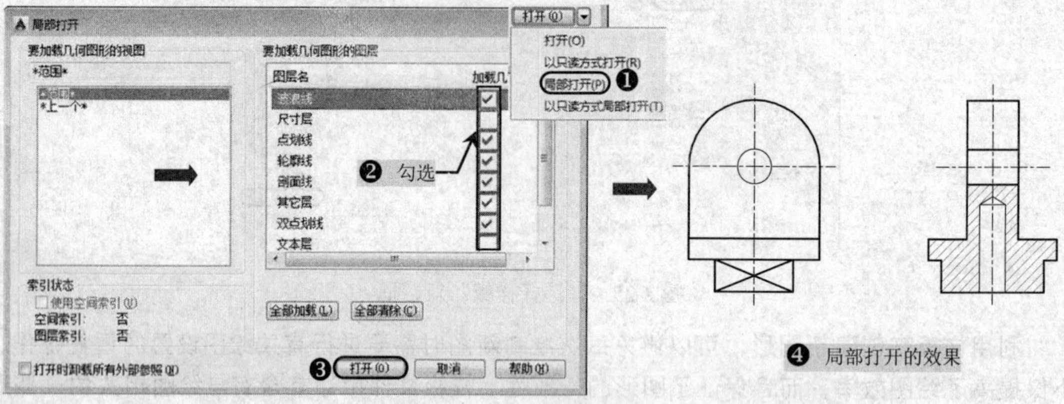

图2-27 局部打开图形文件

2.2.3 保存图形

对文件操作的时候，养成随时保存文件的好习惯，以便出现电源故障或发生其他意外情况时防止图形文件及其数据丢失。

要将当前视图中的文件进行保存，可使用以下方法：

- 下拉菜单：单击左上角的图标，在出现的下拉菜单中，选择“保存”命令。
- 工具栏：单击快速访问工具栏中“保存”按钮。
- 命令行：输入“Save”命令并按【Enter】键。
- 组合键：【Ctrl+S】。

通过以上任意一种方法，将以当前使用的文件名保存图形。如果选择“文件 | 另存为”命令，要求用户将当前图形文件以另外一个新的文件名称进行保存，其步骤如图2- 29所示。

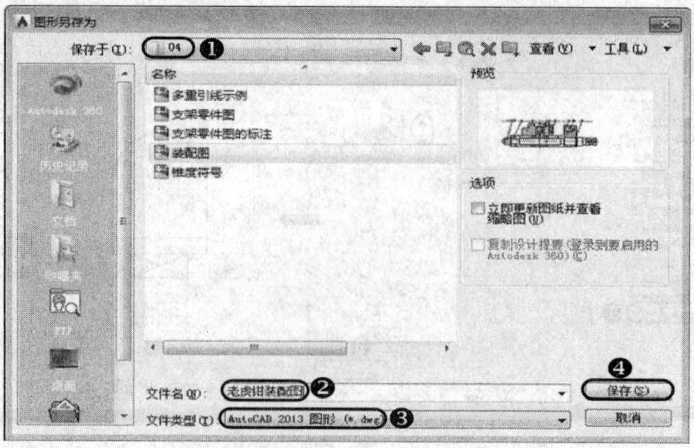

图2-28 “图形另存为”对话框

专家提醒

在绘制图形时，可以设置为自动定时来保存图形。输入“OP”命令，在打开的“选项”对话框中选择“打开和保存”选项卡，勾选“自动保存”复选框，然后在“保存间隔分钟数”文本框中输入一个定时保存的时间（min），如图 2-30 所示。

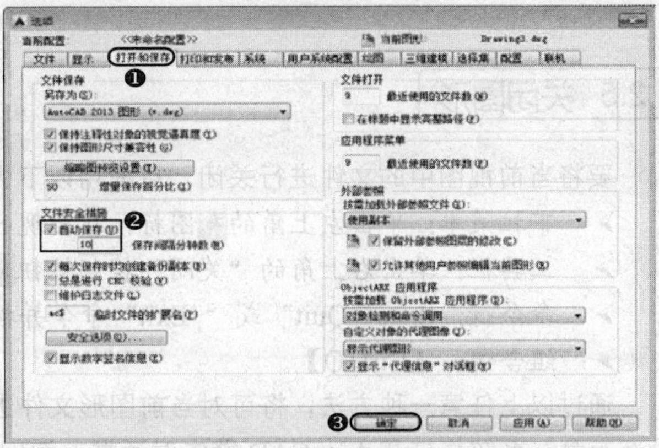

图 2-29　自动定时保存图形文件

2.2.4 输出图形

AutoCAD 2016 提供的图形输入/输出接口，不仅可以将其他应用程序中处理好的数据传输给 AutoCAD，以显示其图形，还可以导出其他格式的图形文件，或者把它们的信息传送给其他应用程序。

在 AutoCAD 环境中除了可以将打开并绘制的图形保存为 dwg 或 dwt 文件外，还可以将图形对象输出为其他类型的文件，如 dwf、wmf、bmp、pdf、dgn 等。使用方法如下：

➢ 下拉菜单：单击左上角的▲图标，在出现的下拉菜单中，选择“输出”命令，再选择文件的输出类型，如图 2-31 所示。

➢ 命令行：输入 Export 命令并按【Enter】键，将打开“输出数据”对话框，如图 2-32 所示。选择输出的路径、文件名、文件类型，再单击“保存”按钮，然后系统将提示选择要输出的对象。

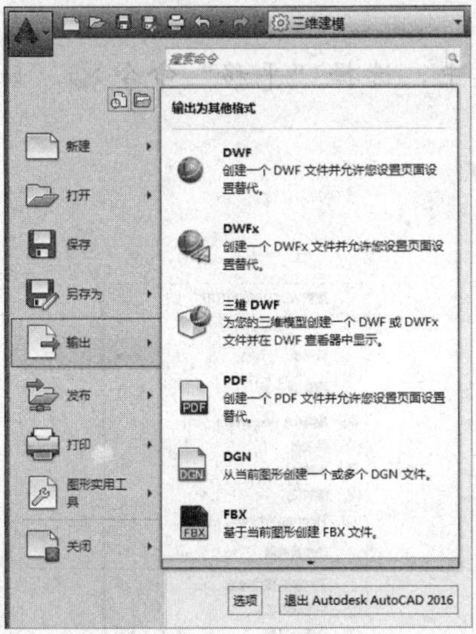

图 2-30　选择输出的文件类型

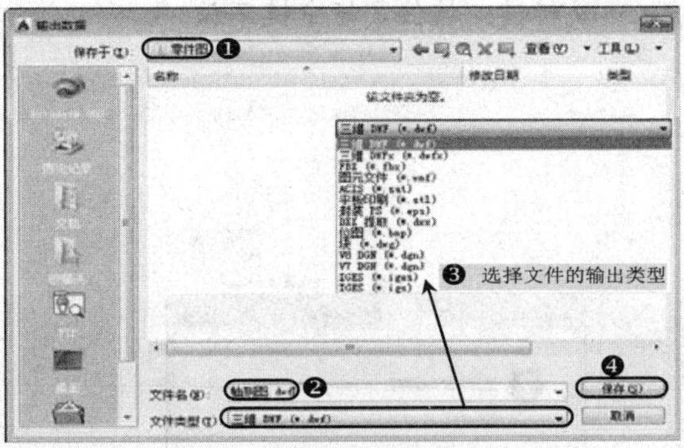

图 2-31　“输出数据”对话框

➢ 面板：单击【输出】|【输出为 DWF/PDF】，再选择 DWFX、DWF、PDF。

2.2.5 关闭图形

要将当前视图中的文件进行关闭，可使用以下方法：

- 下拉菜单：单击左上角的图标，在出现的下拉菜单中，选择“关闭”命令。
- 工具栏：单击右上角的“关闭”控制按钮。
- 命令行：输入“Quit”或“ Exit”命令并按【Enter】键。
- 组合键：【Ctrl+Q】。

通过以上任意一种方法，将可对当前图形文件进行关闭操作。如果当前图形有所修改而没有存盘，系统将打开 AutoCAD 警告对话框，询问是否保存图形文件，如图 2- 33 所示。

单击“是（Y）”按钮或直接按【Enter】键，可以保存当前图形文件并将其关闭；单击“否（N）”按钮，可以关闭当前图形文件但不存盘；单击“取消”按钮，取消关闭当前图形文件操作，既不保存也不关闭。如果当前所编辑的图形文件没命名，那么单击“是（Y）”按钮后，AutoCAD 会打开“图形另存为”的对话框，要求用户确定图形文件存放的位置和名称。

2.3 控制机械图形显示

用户绘制图形都是在 AutoCAD 的视图窗口中进行的，只有灵活地对图形进行显示与控制，才能更加精确地绘制所需要的图形。

2.3.1 平移图形

用户可以通过平移视图来重新确定图形在绘图区域中的位置。要对图形进行平移操作，用户可通过以下任意一种方法：

- 快捷菜单：右击鼠标，在打开的快捷菜单中，选择“平移”命令，如图 2-34 所示。
- 命令行：输入“Pan”命令并按【Enter】键。
- 鼠标键：按住鼠标中键不放。

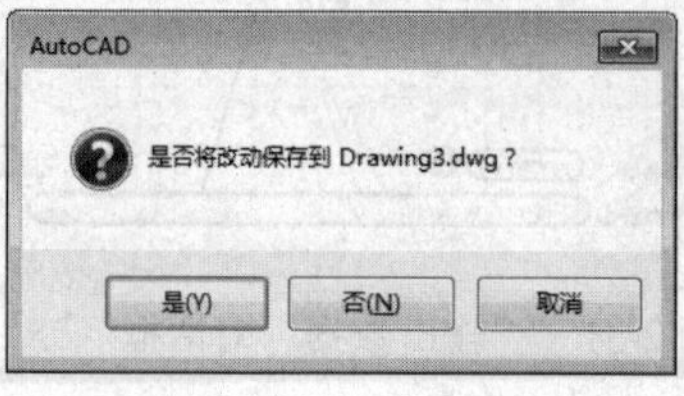

图 2-32　AutoCAD 警告窗口

图 2-33　快捷菜单

在执行平移命令的时候，鼠标形状将变为✋，按住鼠标左键可以对图形对象进行上下、左右移动，此时所拖动的图形对象大小不会改变。

例如，打开“案例\02\飞轮模型.dwg”文件，然后执行“实时平移”命令，即可对图形进行平移操作，如图 2-35 所示。

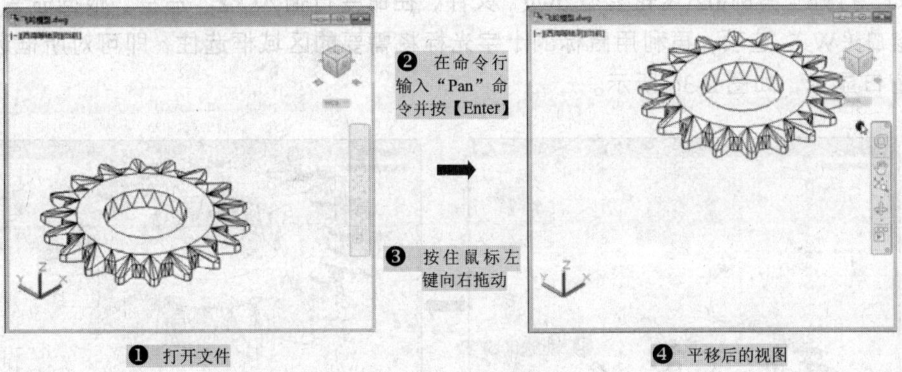

图 2-34　平移的视图

2.3.2 缩放图形

通常，在绘制图形的局部细节时，需要使用缩放工具放大该绘图区域，当绘制完成后，再使用缩放工具缩小图形，从而观察图形的整体效果。

要对图形进行缩放操作，用户可通过以下任意一种方法：

- 快捷菜单：右击鼠标，在打开的快捷菜单中，选择“缩放”命令。
- 命令行：输入“Zoom”命令并按【Enter】键。
- 鼠标键：按住鼠标中间的滑轮进行上下的移动。

若用户输入“Zoom”命令，其命令行会给出如下的提示信息：

```
命令：z/ZOOM
指定窗口的角点，输入比例因子 (nX 或 nXP)，或者
[全部(A)/中心(C)/动态(D)/范围(E)/上一个(P)/比例(S)/窗口(W)/对象(O)] <实时>:
```

在该命令提示信息中给出多个选项，每个选项含义如下：

- 全部（A）：用于在当前视口显示整个图形，其大小取决于图限设置或者有效绘图区域，这是因为用户可能没有设置图限或有些图形超出了绘图区域。
- 中心（C）：该选项要求确定一个中心点，然后指定缩放系数（后跟字母 X）或一个高度值。之后，AutoCAD 就可以缩放中心点区域的图形，并按缩放系数或高度值显示图形，所选的中心点将成为视口的中心点。如果保持中心点不变，而只想改变缩放系数或高度值，则在新的“指定中心点：”提示符下按【Enter】键即可。
- 动态（D）：该选项集成了“平移”命令或“缩放”命令中的“全部”和“窗口”选项的功能。在使用时，系统将显示一个平移观察框，拖动它至适当位置并单击，将显示缩放观察框，并能够调整观察框的尺寸。随后，如果单击鼠标，系统将再次显示平移观察框。如果按【Enter】键或单击鼠标，系统将利用该观察框中的内容填充视口。
- 范围（E）：用于将图形在当前视口内最大限度地显示出来。

➢ 上一个（P）：用于恢复当前视口中上一次显示的图形，最多可以恢复10次。
➢ 窗口（W）：用于缩放一个由两个角点所确定的矩形区域。
➢ 比例（S）：该选项将当前窗口中心作为中心点，并且依据输入的相关数值进行缩放。

例如，打开“案例\02\飞轮模型.dwg”文件，在命令行输入“Z”命令，根据命令行提示，选择“窗口（W）”选项，再利用鼠标的十字光标将需要的区域框选住，即可对所框选的区域以最大窗口显示，如图2-36所示。

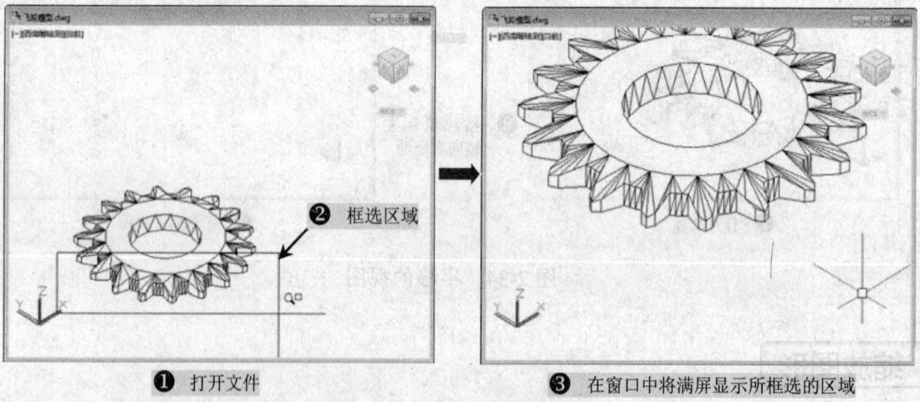

图2-35　窗口缩放操作

例如，打开“案例\02\飞轮模型.dwg”文件，在命令行输入“Z”命令，根据命令行提示，选择“比例（S）”选项，并输入比例值为2，则图形放大2倍后显示在视图中，如图2-37所示。

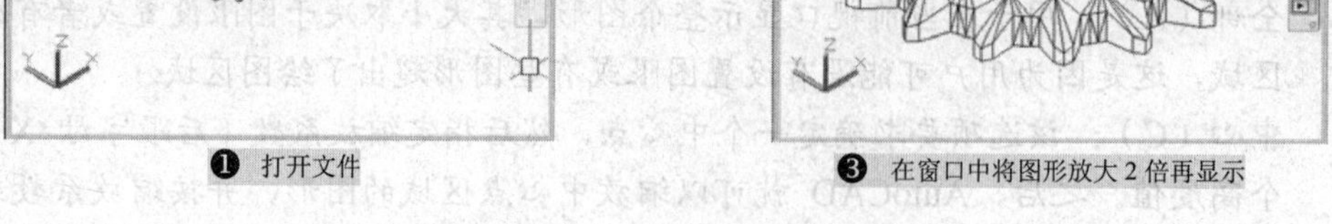

图2-36　从选择点进行比例缩放

2.3.3 重画与重生成图形

用户在绘制图纸的过程中，由于操作的原因，会使得屏幕上出现一些残留光标点。为了擦除这些不必要的光标点，使图形显得更加整洁清晰和美观，用户可以使用AutoCAD 2016中的重画与重生成功能来完成这些要求。而自动重新生成图形是重新生成整个新的图形。

1. 图形的重画

重画又称为刷新，用于从当前窗口中删除编辑命令留下的点标记，同时还可以编辑图形留下的点标记，是对当前视图中的图形的一种刷新显示。执行该命令后，屏幕上或当前视区中原有的图形消失，紧接着把该图形又重新画一遍。如果原图形中有残留的光标点，那么这些残留的光标点在重画后的图形中将不再出现。

执行方式如下：

➢ 命令行：输入“Redraw”或“Redrawall”命令，并按【Enter】键。

专家提醒

在命令行中输入“Redraw”命令，将从当前视口中删除编辑命令留下来的点标记；而输入“Redrawall”命令，将从所有视口中删除编辑命令留下来的点标记。

2. 图形的重生成

重生成功能用于在窗口中进行图形的重生成操作，包括生成图形、计算屏幕坐标、创建新索引等。通过在当前视口中重生成整幅图形并重新计算所有对象的屏幕坐标，还重新创建图形数据库索引，从而优化了显示和对象选择的性能。

执行该命令后，重新生成全部图形并在屏幕上显示出来。与“重画”命令相比，该命令所用的时间较长，这是因为“重画”命令只是把显示器的帧缓冲区刷新一次，而“重生成”命令则要把图形文件的原始数据全部重新计算一遍，形成显示文件后再在屏幕上显示出来，这样执行起来速度较慢。

执行方式如下：

➢ 命令行：输入“Regen”或“Regenall”命令，并按【Enter】键。

通过执行上述操作后，都可以对当前视口中的图形进行重新计算、优化显示和对象选择的性能，如图 2-37 所示。在命令行中输入“Regen”命令，将在当前视口中重生成整个图形并重新计算所有对象的屏幕坐标，而输入“Regenall”命令，将在所有视口中重生成整个图形并重新计算所有对象的屏幕坐标。

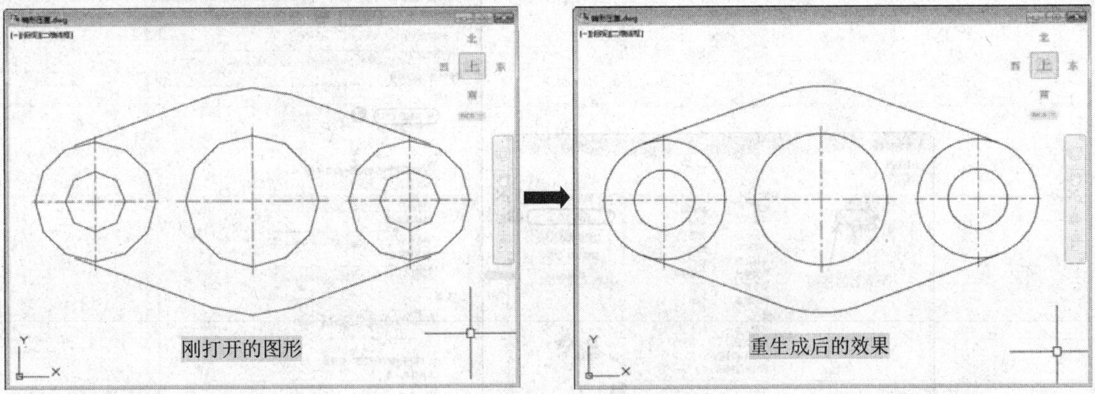

图 2-37　重生成图形的前后效果比较

3. 自动重新生成图形

与重生成图形功能不同，自动重新生成图形功能用于自动生成整体图形。下面来介绍相关功能定义以及执行方法。

在对图形进行编辑时，利用“RegenAuto”命令可以自动地再生成整个图形，以确保屏幕上的显示能反映图形的实际状态，保持视觉的真实度，其命令行提示如下：

```
命令：REGENAUTO
输入模式 [开(ON)/关(OFF)] <开>:
```

在执行“自动重新生成图形”命令时，有“输入模式开【(ON)/关(OFF)】<开>:”选项提示:

- “开（ON）”：表示如果队列中存在被禁止的重新生成操作，则立即重新生成图形。无论何时执行需要重新生成的操作，图形都将自动重新生成。
- “关(OFF)”：表示除非使用“REGEN”或“REGENALL”命令，或将“REGENAUTO”命令的输入模式设定为“开”，否则都将抑制重生成图形。如果执行的操作需要进行重生成且该操作不可取消（例如解冻图层），将显示“重生成被排入队列”信息。

2.3.4 创建与命名视图

命名视图是指将某一视图的状态以某种名称保存起来，然后在需要时将其恢复为当前显示，以提高绘图效率。

- 命令行：输入“View” / “V”命令。

1. 命名视图

在 AutoCAD 环境中，可以通过命名视图将视图的区域、缩放比例、透视设置等信息保存起来。

例如，打开“案例\03\零件图.dwg”文件，再执行“View”命令，打开“视图管理器”对话框，然后按照如图 2-38 所示将当前视图命名为“轴测图”。

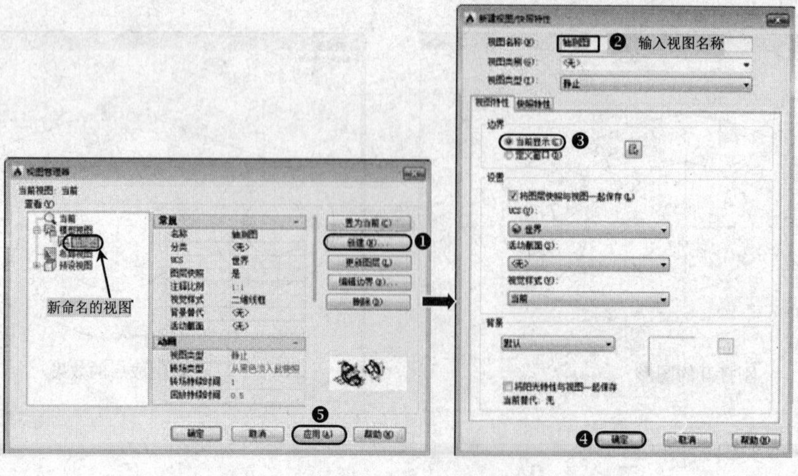

图 2-38　新命名视图

在“视图管理”对话框中，“当前视图”显示了当前视图的名称，“查看”选项组的列表框列出了已命名的视图和可作为当前视图的类别，各主要选项的含义介绍如下：

- 当前：显示当前视图及其“裁剪”特性。
- 模型视图：显示命名视图和相机视图列表，并列出选定视图的“基本”“查看”和“裁剪”特性。
- 布局视图：在定义视图的布局上显示视口列表，并列出已选定视图的“基本”和“查看”特性。
- 预设视图：显示正交视图和等轴测视图列表，并列出选定视图的“基本”特性。
- “置为当前”按钮：表示恢复选定的视图。
- “新建”按钮：表示创建一个新的命名视图。
- “更新图层”按钮：表示更新与选定的视图一起保存的图层信息，使其与当前模型空间和布局视口中的图层可见性匹配。
- “编辑边界”按钮：表示显示选定的视图，绘图区域的其他部分以较浅的颜色显示，从而显示命名视图的边界。
- “删除”按钮：表示删除选定的视图。

在创建新的视图时，单击“新键”按钮，弹出“新建视图/快照特性”对话框，如图 2-:39 所示。在该对话框中可命名名称，选择视图类型，定义视图边界及其他相关的设置。

- “视图特性”选项卡：可定义要显示的图形区域，并控制视图中对象的视觉外观以及为命名视图指定的背景。
- “快照特性”选项卡：可定义在使用【ShoeMotion】播放视图时用于该视图的转场和运动，如图 2-40 所示。

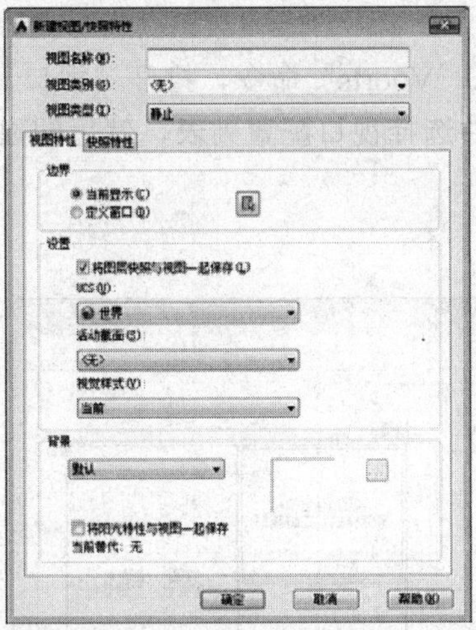

图 2-39　“新建视图\快照特性”对话框

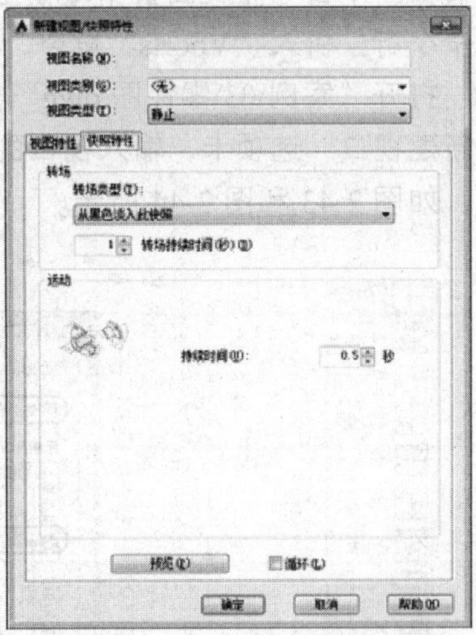

图 2-40　“快照特性“选项卡

2. 恢复命名视图

当需要重新使用一个已命名的视图时，可以将该视图恢复到当前窗口。执行“View”命令，弹出“视图管理器”对话框，选择已经命名的视图，然后单击“置于当前”按钮，再单击“确定”按钮即可恢复已命名的视图，如图 2-41 所示。

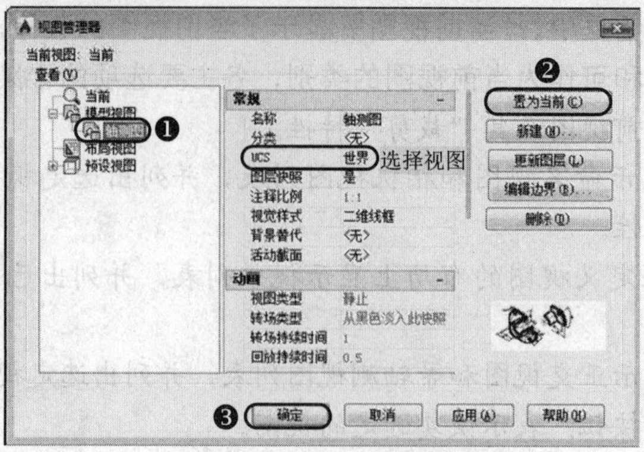

图 2-41　恢复命名视图

2.3.5 使用平铺视口

在 AutoCAD 中绘制图形，经常需要将图形的局部进行放大显示，但用户有时还需要显示图形的整体效果，那应该怎么办呢？AutoCAD 为用户提供了“平铺视口”功能，从而能够在一个界面环境中显示多个不同环境的视图。

1. 创建平铺视口

平铺视口是指定将绘图窗口分成多个矩形区域，从而可得到多个相邻又不同的绘图区域，其中的每一个区域都可用来查看图形对象的不同部分。

要创建平铺视口，用户可以通过以下几种方式：

- 面板：单击“【视图】|【模型视口】|视口配置”下拉列表，如图 2-42 所示。
- 命令行：输入“Vports”命令。

例如：打开“案例\03\零件图.dwg”文件，输入“Vports”命令，打开“视口”对话框，切换到“新建视口”选项卡，输入视口的新名称，并选择视口配置列表，然后创建并设置新平铺视口，如图 2-43 和图 2-44 所示。

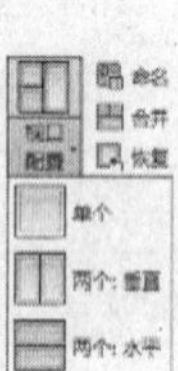

图 2-42　创建视口

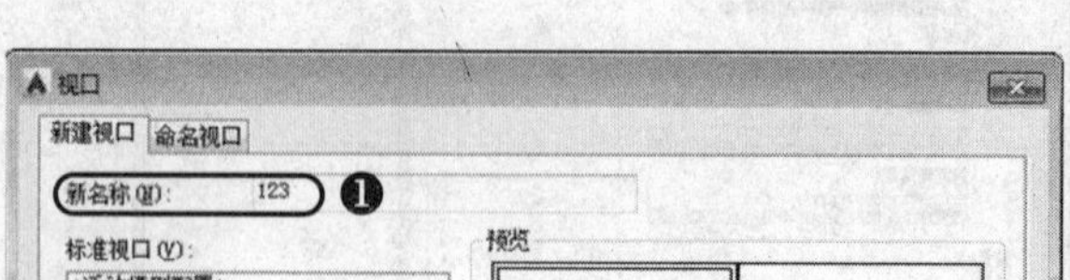

图 2-43　创建视口

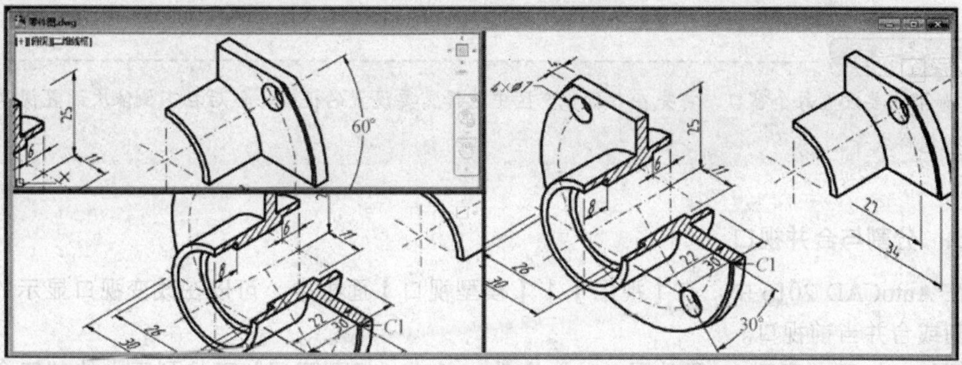

图 2-44 新建视口的效果

2. 设置平铺视口

在创建平铺视口时，需要在“新名称”中输入新建的平铺视口名称，在“标准视口”列表框中选择可用的标准视口配置，此时“预览”区将显示所选视口配置以及已经赋给每个视口的默认视图预览图像。

- “应用于”下拉列表框：设置所选的视口配置是用于整个显示屏幕还是当前视口，包括“显示”和“当前视口”两个选项，“显示”为默认选项。其中，“显示”选项卡用于设置将所选视口配置用于模型空间的整个显示区域，：“当前视口”选项卡用于设置将所选的视口配置用于当前的视口。
- “设置”下拉列表框：指定二维或三维设置。如果选择“二维”选项，则使用视口中的当前视口来初始化视口配置；如果选择“三维”选项，则使用正交的视图来配置视口。
- “修改视图”下拉列表框：选择一个视口配置代替已选择的视口配置。
- “视觉样式”下拉列框：可以从中选择一种视觉样式代替当前的视觉样式。

在“视口”对话框中，使用“命名视口”选项卡可以显示图形中已命名的视口配置。当选择一个视口配置后，配置的布局将显示在“预览”区中，如图 2-45 所示。

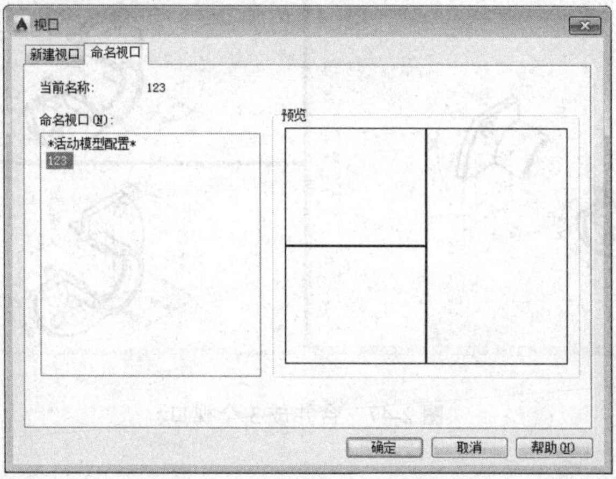

图 2-45 “命名视口”选项卡

专家提醒

如果需要设置每个窗口，首先在“预览”区中选择需要设置的视口，然后在下侧依次设置视口的视图、视觉样式等。

3. 分割与合并视口

在 AutoCAD 2016 中，在【视图】|【模型视口】面板中，可以在改变视口显示的情况下分割或合并当前视口。

例如：打开“案例\03\零件图.dwg”文件，单击“模型配置”下拉列表中的“四个：相等”按钮，即可快速将打开的图形文件分成 4 个窗口进行显示，如图 2-46 所示。

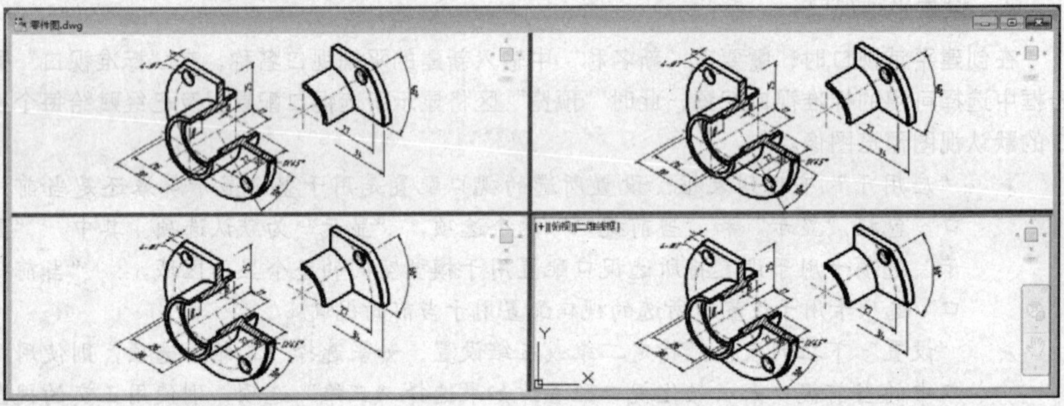

图 2-46 分割成 4 个视口

如果单击“模型视口”面板中的“合并”按钮，系统将要求选择一个视口作为主视口，再选择一个相邻的视口，即可以将所选择的两个视口进行合并，如图 2-47 所示。

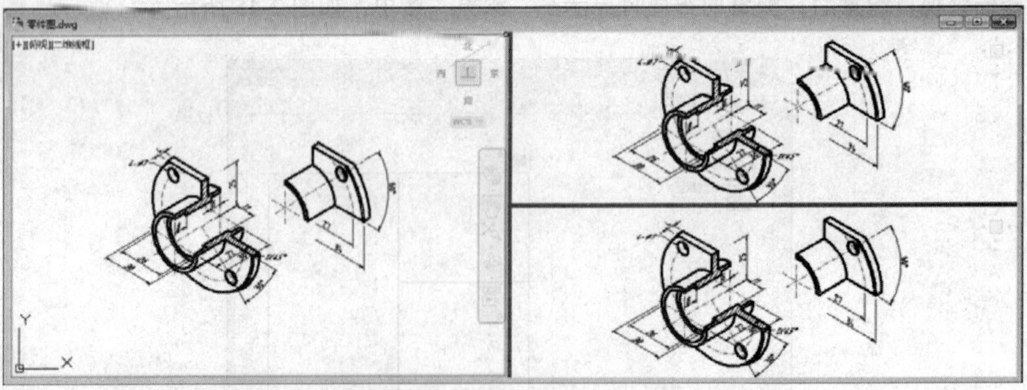

图 2-47 合并成 3 个视口

专家提醒

在多个视口中，其四周显示有粗边框的，则为当前视口。

第 3 章

使用快速绘图工具

机械设计

本章导读

使用 AutoCAD 软件绘制图形时，首先需要掌握一些能够快速绘制图形的工具来设置绘图环境、建立图层、进行对象捕捉和对象追踪，以及将图块添加到相应的图形中。

精彩看点

- 设置机械绘图环境
- 机械图层管理
- 设置图形定位及捕捉
- 应用图块和外部参照

3.1 设置机械绘图环境

通常情况下，安装好 AutoCAD 2016 后就可以在其默认设置下绘制图形了，但为了规范绘图，提高机械绘图效率，就应该设置好其绘图的环境。

3.1.1 系统参数

在使用 AutoCAD 绘图前，经常需要对参数选项、绘图单位和绘图界限等进行必要的设置。AutoCAD 是通过“选项”对话框来设置系统环境的，打开“选项”对话框有以下几种方式：

- 下拉菜单：单击左上角的▲图标，在出现的下拉菜单中，选择“选项”命令，如图 3-1 所示。
- 面板：单击“视图 | 界面”右侧的↘图标。
- 绘图区：单击鼠标右键，在弹出的快捷菜单中选择“选项”命令。
- 命令行：输入“Options” / “ Op”命令。

此时，系统将弹出如图 3-2 所示的窗口，在“选项”对话框中有“文件”“显示”“打开和保存”“打印和发布”“系统”“用户系统配置”“绘图”“三维建模”“选择集”“配置”“联机”等选项卡，从而可以有针对性地对系统环境进行详细的设置。

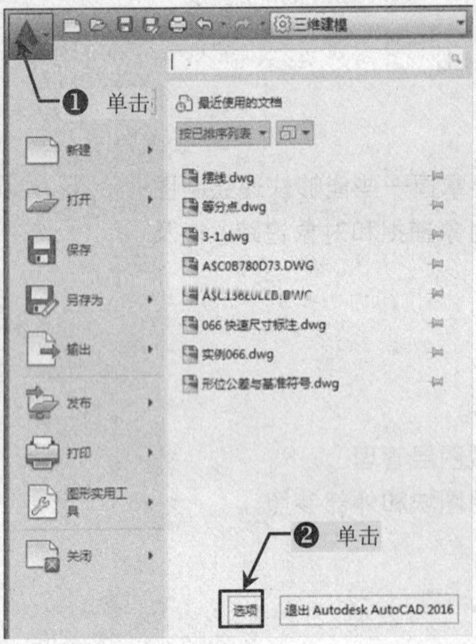

图 3-1 选择“选项”

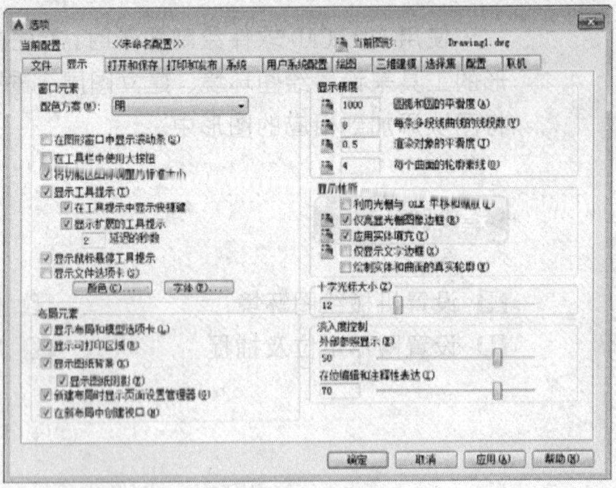

图 3-2 “选项”对话框

各选项卡的含义如下：

- 【文件】选项卡：用于设置字库、菜单文件、文本编辑器程序、日志文件等。
- 【显示】选项卡：用于设置窗口元素、布局元素、显示元素、显示精度、显示性能、十字光标大小等。例如：可以用该选项卡设置命令行窗口的文本行数设置模型空间、绘图窗口的背景颜色。

- 【打开和保存】选项卡：用于设置保存文件的默认版本号、是否自动保存文件以及自动保存文件的时间间隔、是否保持日志、显示最近打开的文件数量、是否加载外部参照等。
- 【打印和发布】选项卡：用于设置 AutoCAD 的输出设备。默认情况下，输出设备为 Windows 打印机，若需要输出较大幅面的图形，用户也可能需要使用专门的绘图仪。
- 【系统】选项卡：用于设置当前三维图形的显示特性，设置定点设备、是否显示所有警告信息、是否检查网络、是否显示启动对话框、是否允许长符号名等。
- 【用户系统配置】选项卡：用于设置 Windows 标准行为、插入比例、线宽、坐标输入数据的优先级等。
- 【绘图】选项卡：用于设置自动捕捉、自动追踪、自动捕捉标记框颜色和大小、靶框大小、工具栏提示外观等。
- 【三维建模】选项卡：用于设置三维十字光标、UCS 图标的显示、三维对象的曲面与网格数、动画设计等。
- 【选择集】选项卡：用于设置拾取框大小、选择集模式、夹点大小和夹点特性等。
- 【配置】选项卡：用于实现新建系统配置文件、重命名系统配置文件以及删除系统配置文件等。
- 【联机】选项卡：登录 Autodesk 360 账户，可远程同步在网页上进行工程图纸的查看、绘制、编辑、修改、打印等操作。

3.1.2 设置绘图界限

图形界限就是绘图区域，也称为图限。图形界限是标明用户的工作区域和图纸边界的。一般来说，如果用户不做任何设置，AutoCAD 系统对作图范围没有限制。用户可以将绘图区看作是一幅无穷大的图纸，但所绘图形的大小是有限的。因此，为了更好地绘图，需要设定作图的有效区域。

在 AutoCAD 中，可以通过以下方法设置图形界限：

- 命令行：输入 Limits 命令。

执行该命令后，其提示如下：

```
命令: LIMITS
重新设置模型空间界限:
指定左下角点或 [开(ON)/关(OFF)] <0.0000,0.0000>:
指定右上角点 <420.0000,297.0000>:
```

执行“图形界限”命令过程中，其命令行中的选项如下：

- “开（ON）”：打开图形界限检查以防拾取点超出图形界限。
- “关（OFF）”：关闭图形界限检查（默认设置），可以在图形界限之外拾取点。
- “指定左下角点”：设置图形界限左下角的坐标。
- “指定右上角点”：设置图形界限右上角的坐标。

3.1.3 设置绘图单位

在 AutoCAD 中，用户可以采用 1:1 的比例因子绘图，也可以指定单位的显示格式。对绘图单位的设置一般包括长度单位和角度单位的设置。

在 AutoCAD 中，可以通过以下两种方法设置图形格式：

➢ 命令行：输入“Units”/“Un”命令。

使用上面任何一种方法都可以打开如图 3-3 所示的“图形单位”对话框，在该对话框中可以对图形单位进行设置。

下面将该对话框中各部分的功能介绍如下：

➢ “长度”和“角度”：可以通过下拉列表框来选择长度和角度的记数类型以及各自的精度。

➢ “顺时针”复选框：确定角度正方向是顺时针方向还是逆时针方向，默认的正角度方向是逆时针方向。

➢ “插入时的缩放单位”：用于设置从设计中心将图块插入此图时的长度单位，若建图块时的单位与此处所选单位不同，系统将自动对图块进行缩放。

➢ “光源”选项组：用于设置当前图形中光度控制光源强度的测量单位，下拉列表中提供了“国际”“美国”和“常规”三种测量单位。

➢ “方向”按钮：单击“方向”按钮，弹出如图 3-4 所示的“方向控制”对话框，在对话框中可以设置起始角度（OB）的方向。在 AutoCAD 的默认设置中，OB 方向是指向右（即正东）的方向，逆时针方向为角度增加的正方向。在对话框中可以选中“北”“西”“南”3 个单选按钮中的任意一个来改变角度测量的起始位置，也可以通过选中“其他”单选按钮，并单击“拾取”按钮，在图形窗口中拾取两个点来确定 AutoCAD 中 OB 的方向。

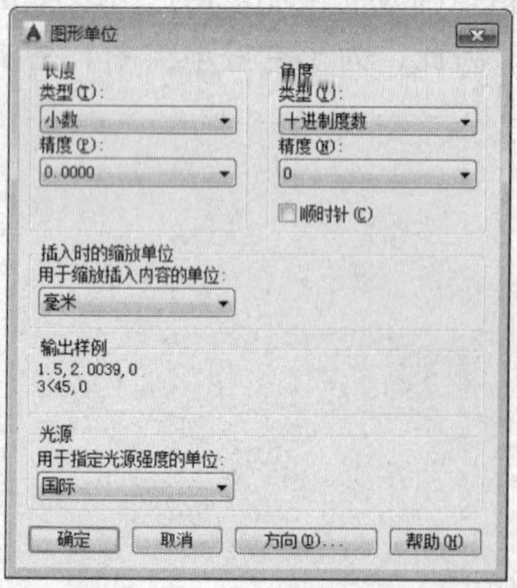

图 3-3 “图形单位”对话框

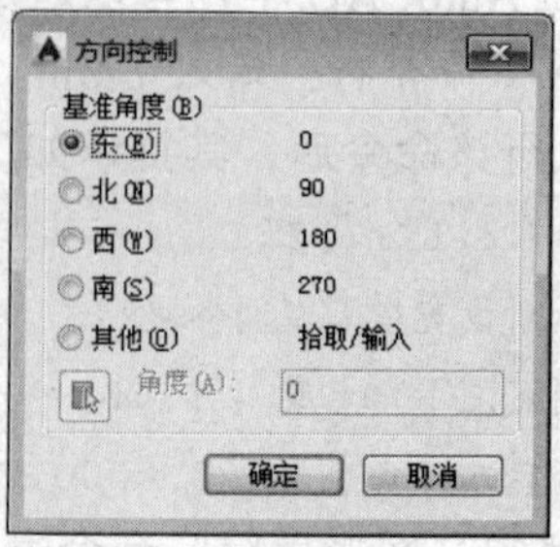

图 3-4 “方向控制”对话框

专家提醒

用于创建对象、测量距离以及显示坐标位置的单位格式与用于创建标注值的标注单位设置是分开的；角度的测量可以确定正角度方向是顺时针方向或逆时针方向，0°角可以设置为任意位置。

3.2　机械图层管理

确定一个图形对象，除了要确定它的几何数据外，还要确定如图层、线型、颜色、线宽等非几何数据。在 AutoCAD 中可以通过图层的设置，对各图层进行打开、关闭、冻结、解冻、锁定与解锁等操作，来决定各图层的可见性与可操作性。

每一个图形都可以包含多个图层，每一个图层都表示不同特性的图形对象，包括名称、颜色、线型等。

3.2.1　新建图层

默认情况下，图层 0 将被指定使用 7 号颜色（白色或黑色，由背景色决定）、Continuous 线型、“默认”线宽及 Normal 打印样式。在绘图过程中，如果要使用更多的图层来组织图形，就需要先创建新的图层。

用户可以通过以下方法来打开“图层特性管理器”面板，如图 3-5 所示。

➢　面板：单击【默认】｜【图层】｜【图层特性】按钮。

➢　命令行：输入“Layer”　/　“La”命令，并按【Enter】键。

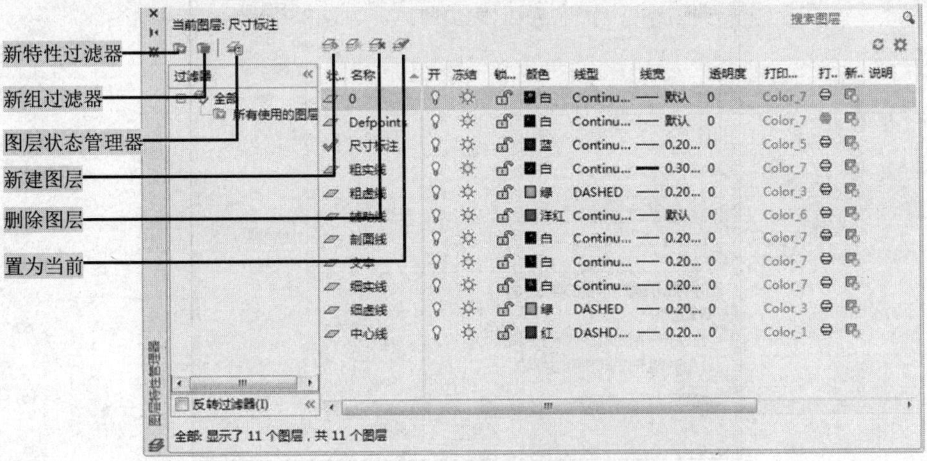

图 3-5　“图层特性管理器”面板

“图层特性管理器”面板中各按钮的含义如下：

➢　“图层特性管理器”状态栏：“开”（）是控制图层的显示和隐藏，处于关闭状态的图层在打印时是无法显示的。“冻结”（）是控制图层是否能执行各种命令，冻结后此图层上所有图形对象均不会显示在绘图区上，可以有效地提高在其他图层绘制图形的速度。“锁定”（｜）是控制图层是否能被编辑，锁定后的图层仍会显示在绘图区上，但是已经绘制的对象已无法被编辑，用户可以继续在此图层上绘制图形。“打印”（）控制此图层是否被打印。

➢　“新特性过滤器”：单击该按钮，可以从中增加一个或多个图层特性过滤器，如图 3-6 所示。

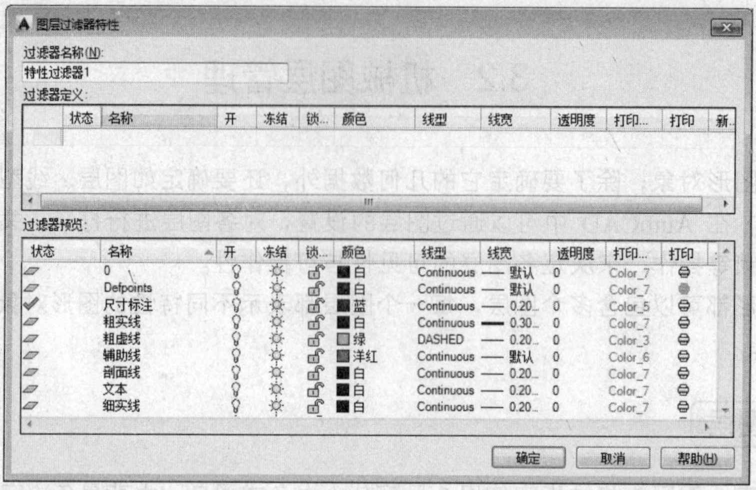

图 3-6 “图层过滤器特性”对话框

➢ “图层状态管理器”：单击该按钮，从中可以将图层的当前特性设置保存到命名图层状态中，以后可以再恢复这些设置，如图 3-7 所示。

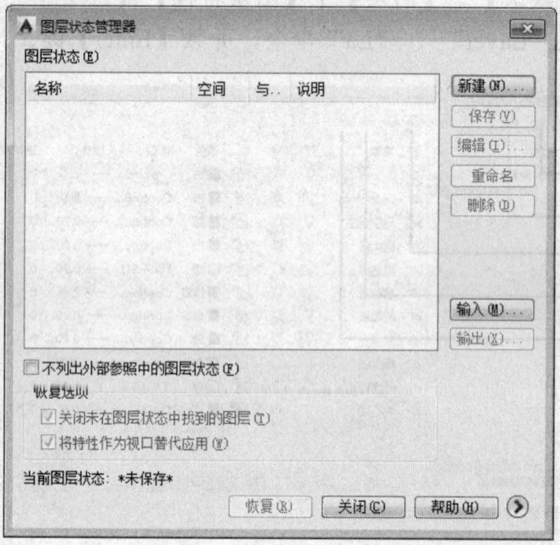

图 3-7 图层状态管理器

➢ “新建图层”：可以通过此命令建立一个或多个新的图层以辅助绘制图形，图层的名称在图层列表框中，如果要改图层名，单击该图层名，或者按【F2】键，然后输入新的图层名并按【Enter】键确认。

➢ “删除图层”：在图层列表中选中一图层，执行此命令，将删除此图层。

➢ “置为当前”：在图层列表中选中一图层，然后再单击该按钮，则把此图层置为当前图层。

在“图层特性管理器”面板中，单击“新建（N）”按钮，或者【Alt+N】组合键，在图层的列表中将出现一个名称为“图层 1”的新图层。默认情况下，新建图层与当前图层的状态、颜色、线性及线宽等设置相同。

3.2.2 重命名图层

如果需要更改名称的图层，可不连续双击该图层名，或者按【F2】键，或者右击鼠标，在快捷菜单中，选择“重命令图层”命令，分别选定“图层 1”“图层 2”“图层 3”图层，更改为“粗实线”“尺寸标注”“文字标注”图层，结果如图 3-8 和图 3-9 所示。

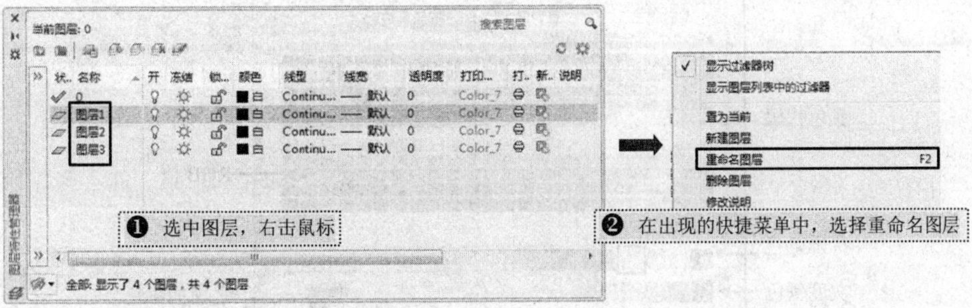

图 3-8　更改图层

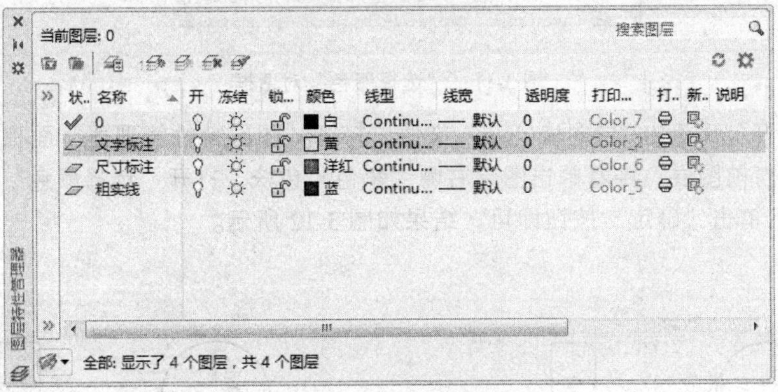

图 3-9　更改名称后的图层

专家提醒

若需要快速创建多个图层，可以选择用于编辑的图层名并用逗号隔开输入多个图层名。在输入图层名时，图层名最长可达 255 个字符，可以是数字、字母或其他字符，但不能允许有>、<、^、\、“”、:、?、|、=等，否则系统将弹出如图 3-10 所示的警告框。

图 3-10　警告面板

3.2.3 设置图层颜色

颜色在图形中具有非常重要的作用，可用来表示不同的组件、功能和区域。图层的颜色实际上是图层中图形对象的颜色。每个图层都拥有自己的颜色，通过对不同的图层设置相同的或不同的颜色，绘制复杂图形时就可以很容易区分图形的各部分。

在“图层特性管理器”面板中，在某个图层名称的“颜色”列中单击，即可弹出“选择颜色”对话框，从而可以根据需要选择不同的颜色，如图 3-11 所示。

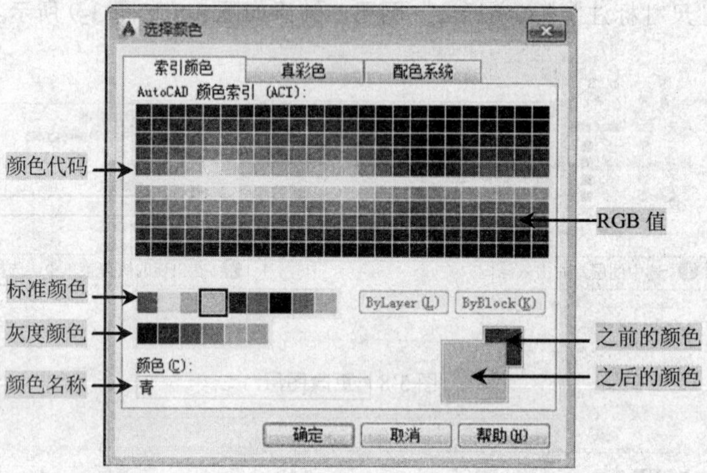

图 3-11 “选择颜色”对话框

用户可打开“案例\03\导向块.dwg”文件，打开“图层特性管理器”面板，将“尺寸标注”图层置为当前图层。接着单击图层右侧“颜色”色块，打开“选择颜色”对话框，选择“青色”，然后单击“确定”按钮即可，结果如图 3-12 所示。

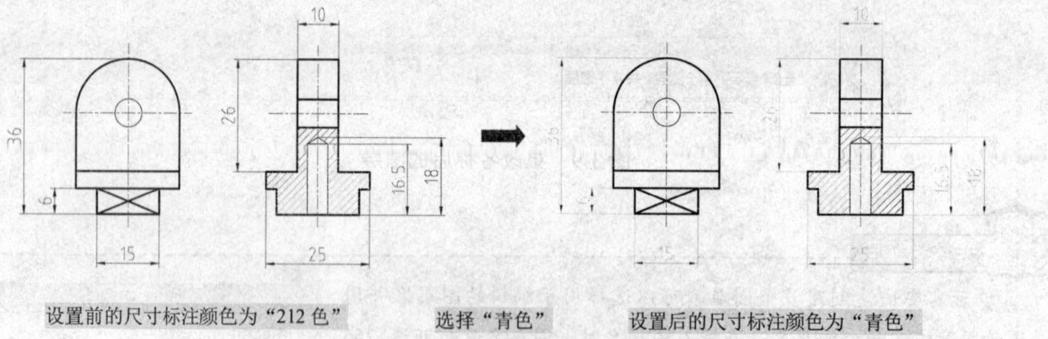

图 3-12 设置图层颜色

3.2.4 设置图层线型

线型是指图形基本元素中线条的组成和显示方式，如虚线和实线等。在 AutoCAD 中既有简单线型，也有由一些特殊符号组成的复杂线型，以满足不同国家或行业标准的要求。

用户可在“选择线型”对话框中单击“加载”按钮，将打开“加载或重载线型”对话框，从而可以将更多的线型加载到“选择线型”对话框中，以便用户设置图层的线型，如图 3-13 所示。

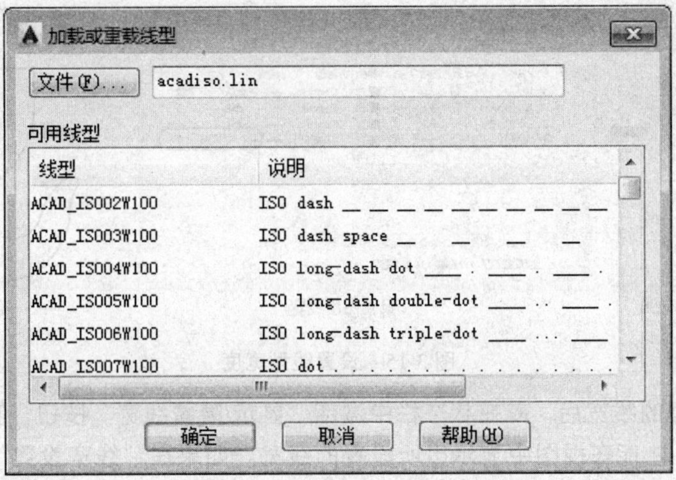

图 3-13　加载或重载线型

用户可打开“案例\02\吊钩.dwg”文件，在“图层特性管理器”面板中，在“线型”列中单击，即可弹出“选择线型”对话框，从中选择相应的线型，然后单击“确定”按钮即可，如图 3-14 所示。

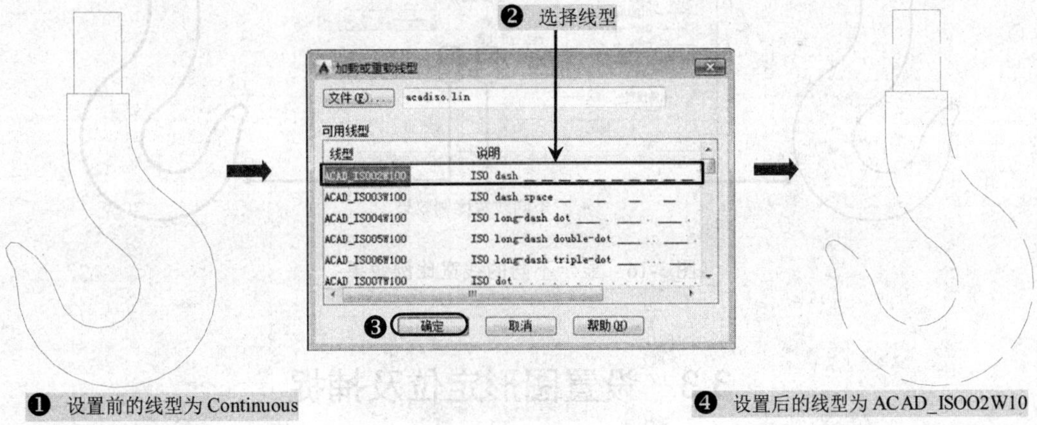

图 3-14　更改图层线型

专家提醒

在 AutoCAD 中所提供的线型库文件有 acad.lin 和 acadiso.lin。在英制测量系统下使用 acad.lin 线型库文件中的线型；在公制测量系统下使用 acadiso.lin 线型库文件中的线型。

3.2.5　设置图层线宽

用户在绘制图形过程中，应根据绘制的对象不同设置不同的线条宽度，以区分不同对象的特性。在“图层特性管理器”面板中，在某个图层名称的“线宽”列中单击，将弹出“线宽”对话框，在其中选择相应的线宽，然后单击“确定”按钮即可，如图 3-15 所示。

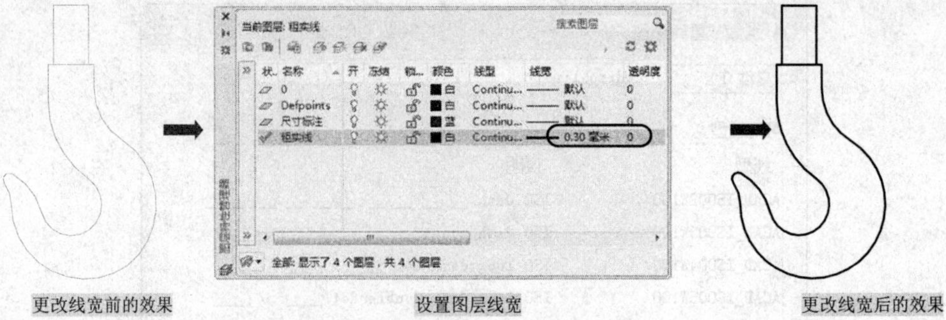

图 3-15　设置线型宽度

当设置了线型的线宽后，应在状态栏中激活“显示/隐藏线宽”按钮，使其由“灰色”变成“亮色”，才能在视图中显示出所设置的线宽。如果在“线宽设置”对话框中，调整了不同的线宽显示比例，则视图中显示的线宽效果也将不同。

用户可执行“线宽（LW）”命令，将弹出“线宽设置”对话框，从而可以通过调整线宽的比例，使图形中的线宽显示得更宽或更窄，如图 3-16 所示。

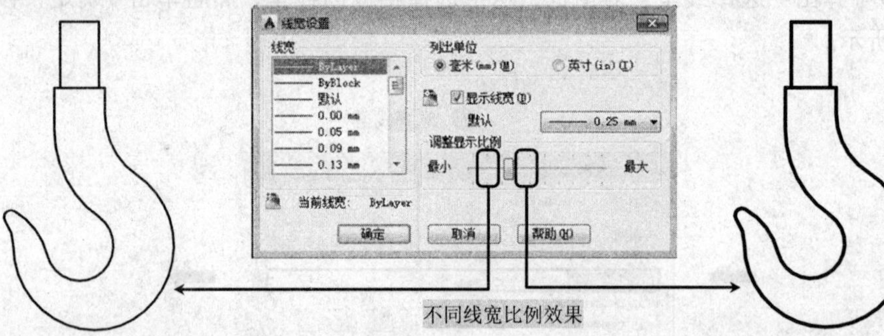

图 3-16　显示不同的线宽比例效果

3.3　设置图形定位及捕捉

在 AutoCAD 实际绘图中，用鼠标定位虽然方便快捷，但精度不高，绘制的图形很不精确，远不能够满足用户制图的要求，这时可以使用系统提供的绘图辅助功能。状态栏提供了多种辅助工具，以帮助用户快速精确地定位图形，进行下一步绘制，单击相应的功能按钮，对应的功能便能发挥作用。

辅助工具都是经图标显示的，没有文字，用户可以将光标置于任意的辅助工具按钮上，则功能按钮显示文字信息，如图 3-17 所示。

3.3.1　正交绘图模式

在机械绘图中，有相当一部分直线是水平或垂直的。针对这种情况，AutoCAD 提供了一个正交开关，以方便绘制水平或垂直直线。

打开和关闭正交开关的方法有：

➢ 功能键：【F8】键。
➢ 状态栏：单击"正交限制光标"按钮。
➢ 正交限制光标开关打开以后，系统就只能画出水平或垂直的直线，如图 3-18 所示。更方便的是，由于正交功能已经限制了直线的方向，所以要绘制一定长度的直线时，只需直接输入长度值，而不再需要输入完整的相对坐标了。

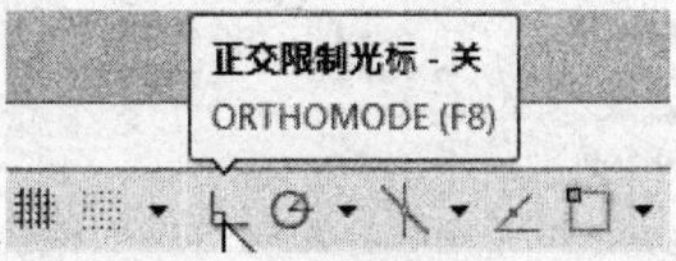

图 3-17　辅助功能按钮

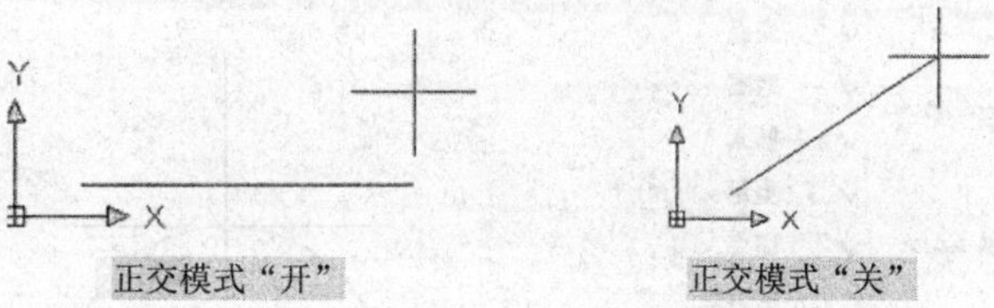

图 3-18　正交模式"开"与"关"

专家提醒

"连续按下"功能键或者"连续单击"功能按钮，则可以在开、关状态之间切换。

3.3.2 对象捕捉功能

所谓对象捕捉，就是利用已经绘制的图形上的几何特征点定位新的点，在状态栏的"对象捕捉"按钮上，右击鼠标，将弹出一快捷菜单，如图 3-19 所示。

使用对象捕捉可以精确定位现有图形对象的特征点，例如直线的中点、圆的圆心、象限点等，从而为精确绘图提供了条件。

1. 对象捕捉的开关设置

根据实际需要，可以打开或关闭对象捕捉，有以下 3 种常用的方法：

➢ 功能键：【F3】键。
➢ 状态栏：单击"对象捕捉"按钮。
➢ 命令行：输入"Osnap"命令并按【Enter】键。

或者在弹出的快捷菜单中选择"对象捕捉设置"命令，在"对象捕捉"选项卡中选中或取消"启用对象捕捉"复选框，也可以打开或关闭对象捕捉，但由于操作麻烦，在实际工作中并不常用。

启用对象捕捉后，将光标放在一个对象上，系统自动捕捉到对象上所有符合条件的几何特征点，并显示出相应的标记。如果光标放在捕捉点达 3s 以上，则系统将显示捕捉的提示文字信息，如图 3-20 所示。

2. 设置对象捕捉点

在使用对象捕捉之前，需要设置好对象捕捉模式，也就是确定当探测到对象特征点时，哪些点捕捉，而哪些点可以忽略，从而避免视图混乱。对象捕捉模式的设置在如图 3-21 所示的"对象捕捉"选项卡中勾选进行。

对话框共列出了 14 种对象捕捉点和对应的捕捉标记。需要捕捉哪些对象捕捉点，就选中这些点前面的复选框。设置完毕后，单击【确定】按钮，关闭“草图设置”对话框即可。

图 3-19 “对象捕捉”快捷菜单

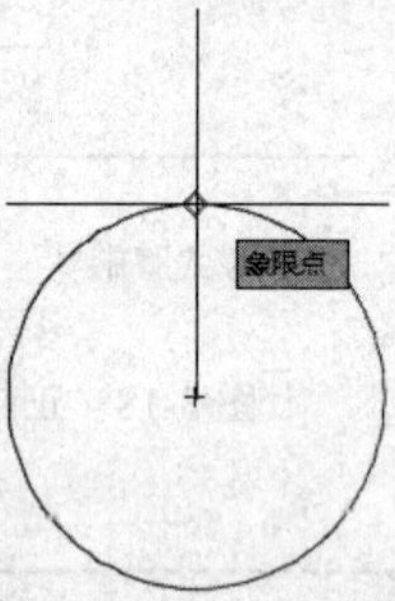

图 3-20 捕捉的提示文字信息

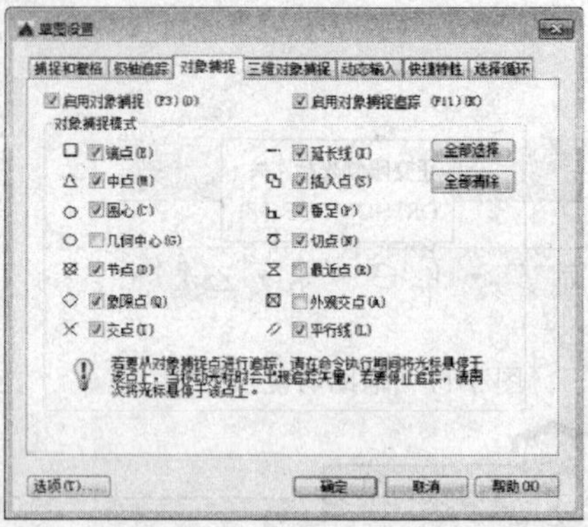

图 3-21 “对象捕捉”选项卡

部分对象捕捉点的含义见表 3-1。

表 3-1 对象捕捉点的含义

对象捕捉点	含 义
端点	捕捉直线或曲线的端点
中点	捕捉直线或弧段的中间点
圆心	捕捉圆、椭圆或弧的中心点
几何中心	AutoCAD 2016 新功能，可捕捉多段线、二维多段线和二维样条曲线的几何中心点
节点	捕捉用 POINT 命令绘制的点对象
象限点	捕捉位于圆、椭圆或弧段上 0°、90°、180° 和 270° 处的点
交点	捕捉两条直线或弧段的交点
延长线	捕捉直线延长线路径上的点
插入点	捕捉图块、标注对象或外部参照的插入点
垂足	捕捉从已知点到已知直线的垂线的垂足
切点	捕捉圆、弧段及其他曲线的切点
最近点	捕捉处在直线、弧段、椭圆或样条线上，而且距离光标最近的特征点
外观交点	在三维视图中，从某个角度观察两个对象可能相交，但实际并不一定相交，可以使用“外观交点”捕捉对象在外观上相交的点
平行线	选定路径上一点，使通过该点的直线与已知直线平行

3. 自动捕捉和临时捕捉

AutoCAD 提供了两种对象捕捉模式：自动捕捉和临时捕捉。自动捕捉模式要求使用者先设置好需要的对象捕捉点，以后当光标移动到这些对象捕捉点附近时，系统就会自动捕捉到这些点。

临时捕捉是一种一次性的捕捉模式，这种捕捉模式不是自动的。当用户需要临时捕捉某个特征点时，需要在捕捉之前手工设置需要捕捉的特征点，然后进行对象捕捉。而且这种捕捉设置是一次性的，不能反复使用。在下一次遇到相同的对象捕捉点时，需要再次设置。

在命令行提示输入点的坐标时，如果要使用临时捕捉模式，可按【Shift】键+鼠标右键，系统会弹出一快捷菜单。单击选择需要的对象捕捉点，系统将会捕捉到该点。

3.3.3 对象追踪功能

自动追踪可按指定角度绘制对象，或者绘制与其他对象有特定关系的对象。自动追踪功能分极轴追踪和对象捕捉追踪两种，是非常有用的辅助绘图工具。

1. 极轴追踪

极轴追踪是按事先给定的角度增量来追踪特征点。极轴追踪功能可以在系统要求制定一个点时，按预先设置的角度增量显示一条无限延伸的辅助线，这时就可以沿辅助线追踪得到光标点，可在“草图设置”对话框的“极轴追踪”选项卡对极轴追踪进行设置，如图 3-22 所示。

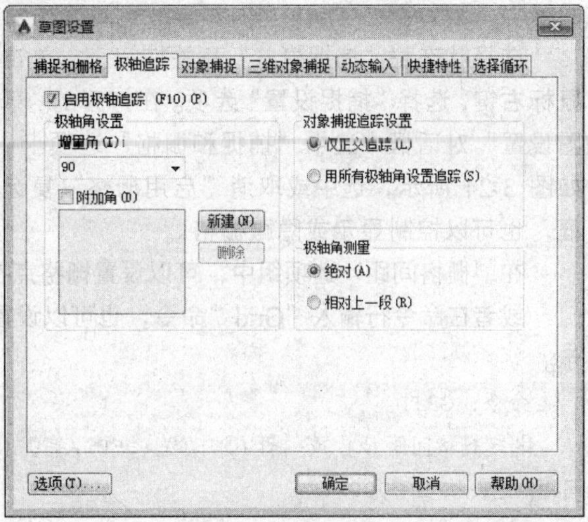

图 3-22　“极轴追踪”选项卡

2. 对象捕捉追踪

对象捕捉追踪是对象捕捉与极轴追踪的综合，启用对象捕捉追踪之前，应先启用极轴追踪和自动对象捕捉，并根据绘图需要设置极轴追踪的增量角，设置好对象捕捉的捕捉模式。

要执行该操作，可启用状态栏中的【对象捕捉追踪】功能，同样在“极轴追踪”选项卡中设置对象捕捉追踪的对应参数，如图 3-23 所示。

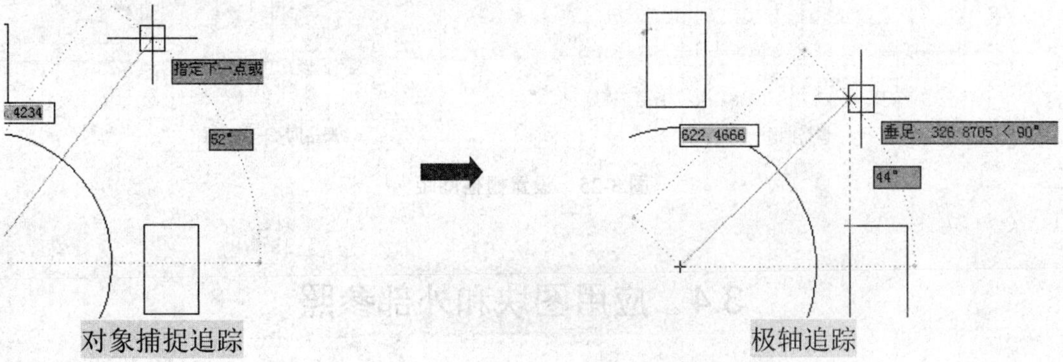

图 3-23　对象捕捉追踪与极轴追踪

3.3.4 对象栅格功能

栅格的作用如同传统纸面制图中使用的坐标纸，按照相等的间距在屏幕上设置了栅格点，使用者可以通过栅格点数目来确定距离，从而达到精确绘图的目的。栅格不是图形的一部分，打印时不会被输出。

控制栅格是否显示，有以下两种常用方法：

➢ 功能键：【F7】键。
➢ 状态栏：单击“显示图形栅格”开关按钮。

选择状态栏“捕捉模式”开关按钮，单击鼠标右键，选择“捕捉设置”选项。在打开的“草图设置”对话框中选中“捕捉和栅格”选项卡，如图 3-24 所示，选中或取消“启用栅格”复选框，也可以控制显示或隐藏栅格。

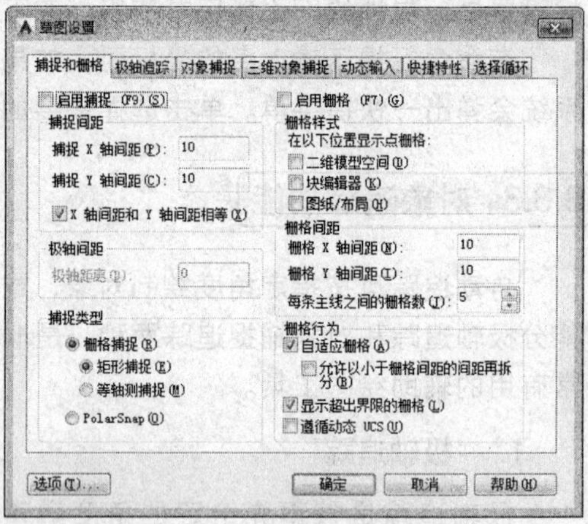

图 3-24 “捕捉和栅格”选项卡

在“栅格间距”选项组中，可以设置栅格点在 X 轴方向(水平)和 Y 轴方向(垂直)上的距离。

或者在命令行输入“Grid“命令，也可以设置栅格的间距和控制栅格的显示，如图 3-25 所示。

```
命令: GRID
指定栅格间距(X) 或 [开(ON)/关(OFF)/捕捉(S)/主(M)/自适应(D)/界限(L)/跟随(F)/纵横向间距(A)] <10.0000>:
```

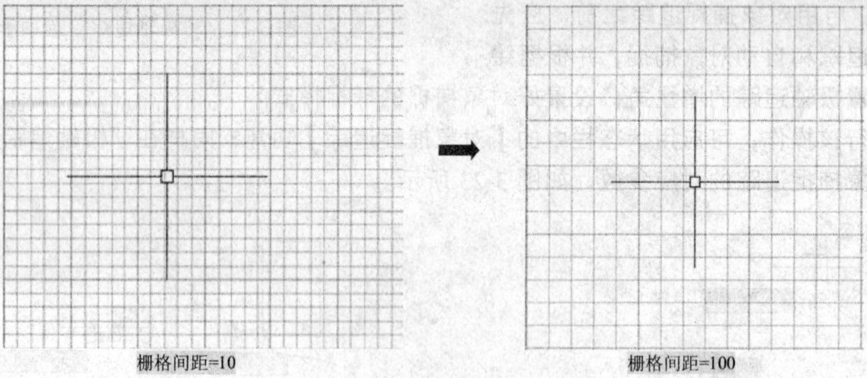

图 3-25 设置栅格间距

3.4 应用图块和外部参照

在绘制图形时，如果图形中有大量相同或相似的内容，或者所绘制的图形与已有的图形文件相同，则可以把需要重复绘制的图形创建成块，在需要绘制图形的地方直接插入；也可以将已有的图形文件直接插入到当前图形中，从而提高绘图效率。另外，用户可以根据需要为块创建属性，用来指定块的名字、用途及设计等信息。

在绘制图形时，如果一个图形需要参照其他图形或图像来绘制，而又希望能节省存储空间，这时就可以使用 AutoCAD 的外部参照功能，它是把已有的图形文件或图像以参照的方式插入到当前图形中。

3.4.1 创建内部和外部图块

图块是一个或多个连接的对象，可以将块看作对象的集合，类似于其他图形软件中的群组，组成块的对象可位于不同的图层上，并且可具有不同的特性，如线型、颜色，另外，用户可定义不同的块属性，从而适应不同参数变化的需要。

1. 创建内部图块

内部图块是定义在图形文件中以方便调用的，并与文件一起保存。这样它就被视作一个实体对象在图形中随时进行调用和编辑。

执行方式如下：

- 面板 1：单击【默认】|【块】|【创建块】按钮。
- 面板 2：单击【插入】|【块定义】|【创建块】按钮。
- 命令行：输入“Block” / “B”命令。

执行创建图块命令之后，系统将弹出“块定义”对话框，在“名称”文本框中输入图块的名称；单击“选择对象”按钮，将切换到绘图区中，然后选择构成块的对象后返回，再单击“拾取点”按钮，在对象上选择一个点作为特定的基点后返回，最后单击“确定”按钮即可，如图 3-26 所示。

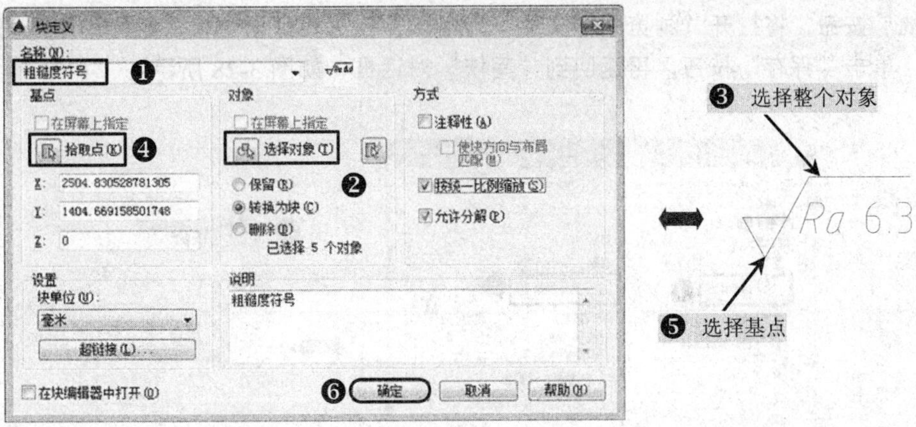

图 3-26　创建内部图块

在“块定义”对话框中各选项的含义如下：

- 【名称】文本框：输入块的名称，最多可使用 255 个字符，可以包括字母、数字、空格和 AutoCAD 没有用作其他用途的特殊字符。
- 【基点】栏：用于确定插入点位置，默认值为（0，0，0）。用户可以单击“拾取点”按钮，然后用十字光标在绘图区内选择一个点；也可以在 X、Y、Z 文本框中输入插入点的具体坐标参数值。一般基点选在块的对称中心、左下角或其他有特征的位置。

- 【对象】栏：设置组成块的对象。单击“选择对象”按钮，可切换到绘图区中选择构成块的对象；单击“快速选择”按钮，在弹出的“快速选择”对话框中进行设置过滤，使其选择组成块的对象；选中“保留”单选项，表示创建块后其原图形仍然在绘图窗口中；选中“转换为块”单选项，表示创建块后将组成块的各对象保留并将其转换为块；选中“删除”单选项，表示创建块后其原图形将在图形窗口中删除。
- 【方式】栏：设置组成块对象的显示方式。
- 【设置】栏：用于设置块的单位是否链接。单击“超链接”按钮，将打开“插入超链接”对话框，在此可以插入超链接的文档。
- 【说明】文本框：在其中输入与所定义块有关的描述性说明文字。

2. 创建外部图块

使用 Block 命令定义的块只能在定义该图块的文件内部使用。如果希望让所有的 AutoCAD 文档共用图块，就用写块命令“Wblock”定义为外部块。

定义外部块的过程，实质上就是将图块保存为一个单独的 dwg 图形文件，因为 dwg 文件可以被其他 AutoCAD 文件使用。

执行方式如下：

- 面板：单击【插入】|【块定义】|【写块】按钮。
- 命令行：输入 Wblock / W 命令。

执行写块命令后，系统将弹出“写块”对话框，然后再单击对话框中的相应按钮即可进行其外部图块的创建，其操作如图 3-27 所示。单击“写块”对话框中“文件名和路径”文本框右侧的按钮，将打开“浏览图形文件”对话框，在该对话框中输入名称和选择图块保存的路径，单击“保存”按钮，再返回到“写块”对话框，如图 3-28 所示。

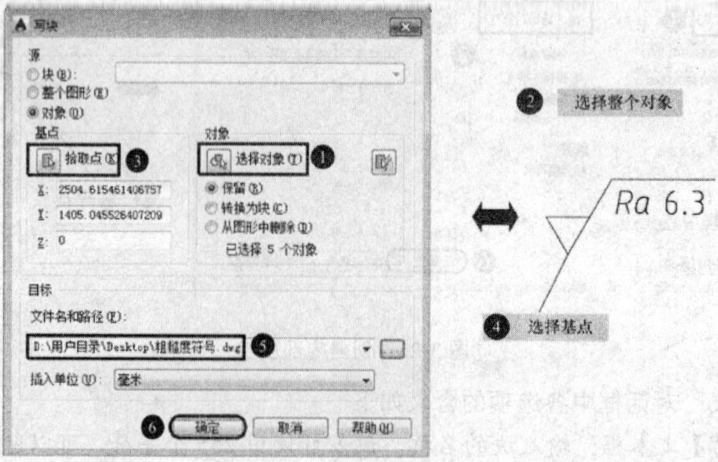

图 3-27　创建外部图块

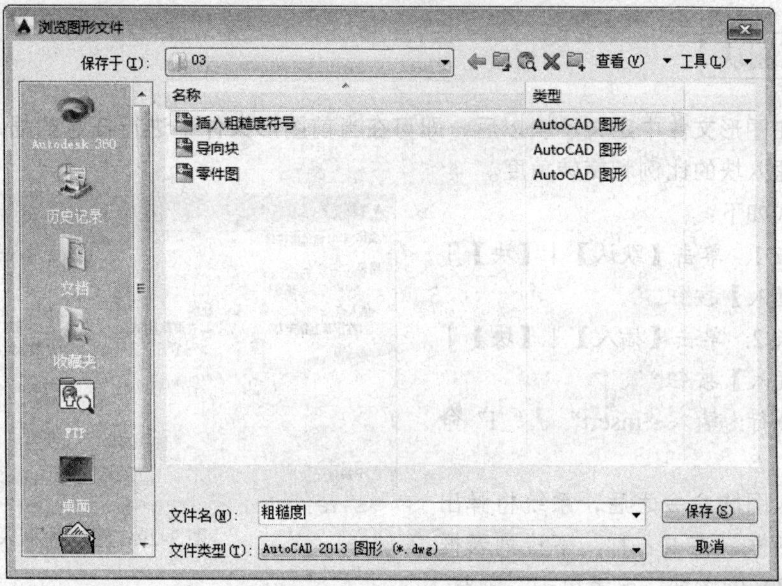

图 3-28 图块的路径和名称

专家提醒

在为图块命名时，一是图块名要统一；二是图块名要尽量能代表其内容；三是同一个图块插入点要一致，插入点要选插入时最方便的点。

3.4.2 属性图块的特点

图块属性是附属于块的非图形信息，是块的组成部分，可包含在块定义中的文字对象。在定义一个图块时，属性必须提前定义而后选定。通常属性用于在块的插入过程中进行自动注释。

在 AutoCAD 中，用户可以在图形绘制过程中或者绘制结束后，使用“ATTEXT”命令将图块属性数据从图形中提取出来，并将这些数据保存到一个文件中，从而就可从图形数据库文件中获取图块的数据信息了。图块属性具有以下特点：

块属性由属性标记名和属性值两部分组成。比如：可把 Name 定义为属性标记名，而具体的姓名 Marry 就是属性值，即属性。

定义图块前，应先定义该块的每个属性，即规定每个属性的标记名、属性提示、属性默认值、属性的显示格式（隐然/显示）及属性在图中的位置等。如果定义了属性，该属性将以其标记名在图形中显示出来，并保存有关的信息。

定义图块时，应将图形对象和表示属性定义的属性标记名一起用来定义块对象。

插入有属性的块时，系统将提示用户输入需要的属性值。插入块后，属性用它的值表示。因此，同一个块在不同点插入时，可以有不同的属性值。如果属性值在属性定义时规定为常量，系统将不再询问它的属性值。

插入块后，用户可以改变属性的显示可见性，对属性做修改，把属性单独提取出来保存到文件，以供统计、制表时使用，还可以与其他高级语言或数据库进行数据通信。

3.4.3 插入图块

当用户在图形文件中定义了块以后，即可在当前图形文件中进行任意的插入块操作，还可以改变所插入块的比例和旋转角度。

执行方式如下：

➢ 面板 1：单击【默认】|【块】|【插入】按钮。
➢ 面板 2：单击【插入】|【块】|【插入】按钮。
➢ 命令行：输入“Insert” /“I”命令。

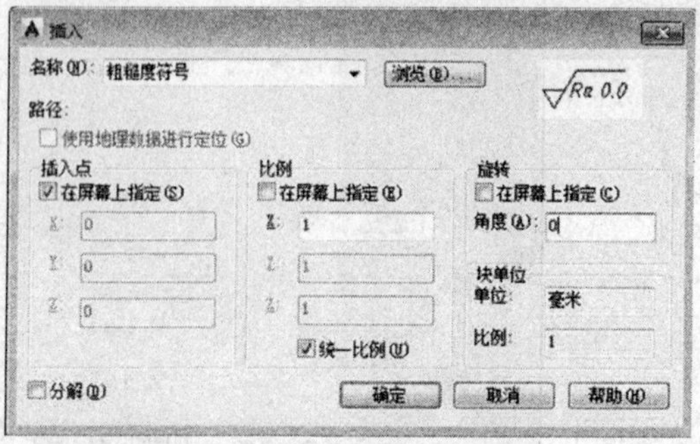

图 3-29 图块的插入

启动插入图块命令之后，系统将弹出“插入”对话框，在“名称”下拉列表框中选择已经定义的图块，或者单击“浏览”按钮选择已经定义的“外部图块”或图形文件，可在该对话框中设置插入块的基点、比例和旋转角度，然后单击“确定”按钮，如图 3-29 所示。

在“插入”对话框中各选项的含义如下：

➢ 【名称】下拉列表框：用于选择已经存在的块或图形名称。若单击其后的“浏览”按钮，打开“选择图形文件”对话框，从中选择已经存在的外部图块或图形文件。
➢ 【插入点】栏：确定块的插入点位置。若选择“在屏幕上指定”复选框，表示用户将在绘图窗口内确定插入点；若不选中该复选框，用户可在其下的 X、Y、Z 文本框中输入插入点的坐标值。
➢ 【比例】栏：确定块的插入比例系数。用户可直接在 X、Y、Z 文本框中输入块在 3 个坐标方向的不同比例；若选中“统一比例”复选框，表示所插入的比例一致。
➢ 【旋转】栏：用于设置块插入时的旋转角度，可直接在“角度”文本框中输入角度值，也可直接在屏幕上指定旋转角度。
➢ 【分解】复选框：表示是否将插入的块分解成各基本对象。

专家提醒

用户可以输入“Base”命令，或者单击【插入】|【块定义】|【设置基点】按钮，重新对该图块的基点进行设置。在插入图块对象后，可以单击“修改”面板的“分解”按钮对其进行分解操作。

操作实训 3-1：插入图块

01 启动 AutoCAD 2016 软件，单击“打开”按钮，打开光盘中“案例\09”文件夹下的“轴承座.dwg”文件，如图 3-30 所示。

02　单击【插入】|【块】|【插入】按钮，打开“插入”对话框，在“名称”下拉列表框中选择“粗糙度符号”，单击“确定”按钮，如图 3-31 所示。

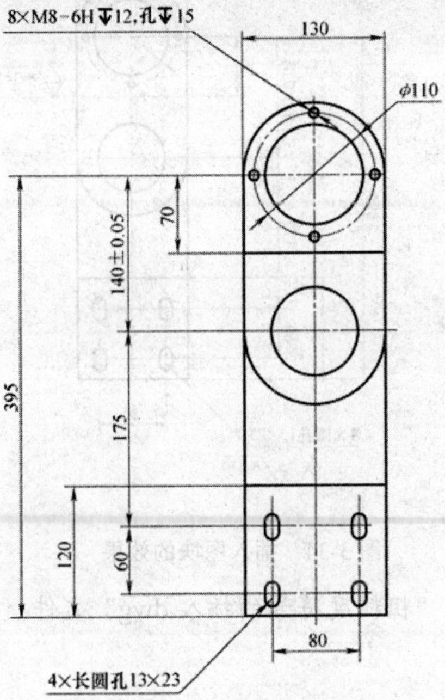

图 3-30　“轴承座.dwg”文件

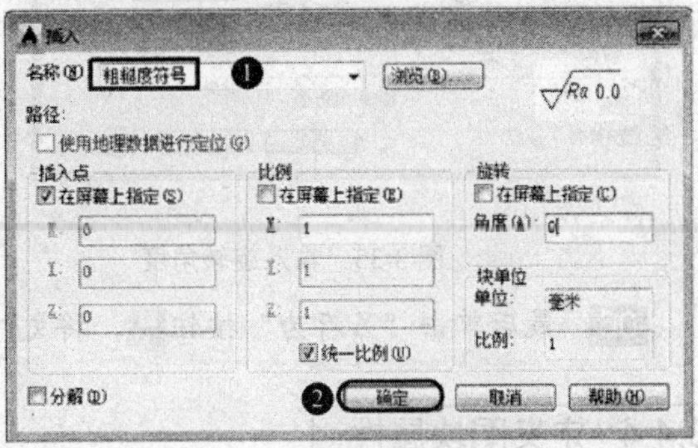

图 3-31　“插入”对话框

03　在图形左上侧尺寸标注位置确定图块的插入点，紧接着打开“编辑属性”对话框，输入属性值为 12.5，单击“确定”按钮，如图 3-32 所示。

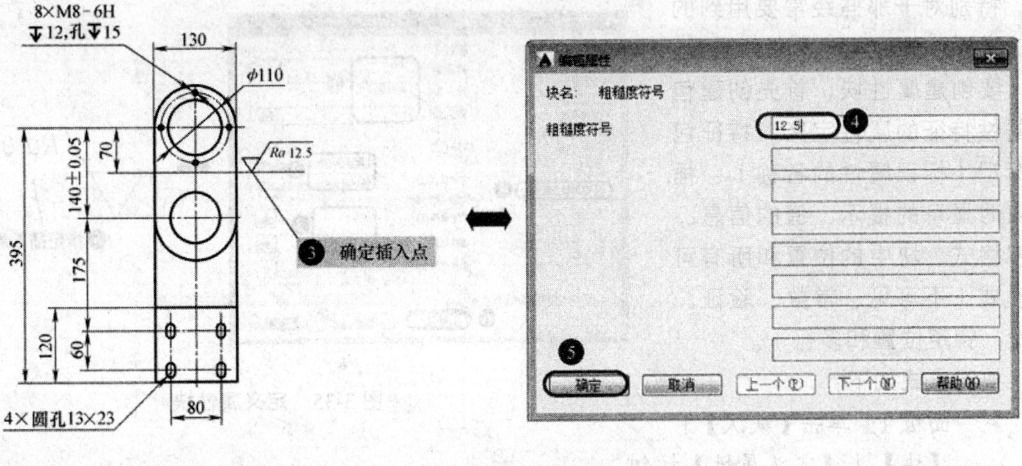

图 3-32　插入图块

04　再次调用“插入”命令，在“旋转”选项区域的“角度”文本框中输入0，然后单击“确定”按钮，如图 3-33 所示。

05　参考前面相同的步骤，继续插入“粗糙度符号”图块，最终效果如图 3-34 所示。

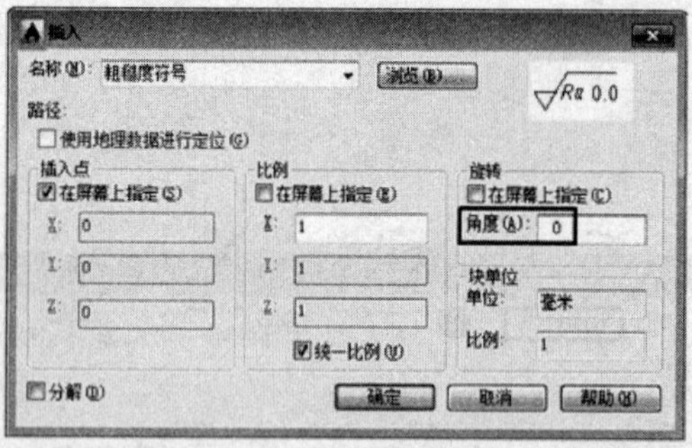

图 3-33　输入旋转角度

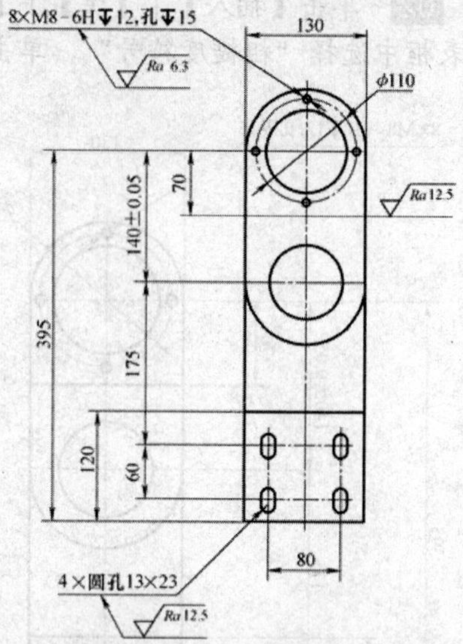

图 3-34　插入图块的效果

06　最后单击“另存为”按钮，将文件另存为“粗糙度符号的插入.dwg”文件。

3.4.4　定义图块属性

AutoCAD 2016 允许为图块附加一些文本信息，以增强图块的通用性，这些文本信息称为属性块。如果某个图块带有属性块，那么用户在插入该图块时可根据具体情况，通过属性块来为图块设置不同的文本信息。特别对于那些经常要用到的图块来说，利用属性块尤为重要。

要创建属性块，首先创建包含属性特征的属性定义。特征包括标记（标识属性的名称）、插入块时显示的提示、值的信息、文字格式、块中的位置和所有可选模式（不可见、常数、验证、预设、锁定位置和多行）。

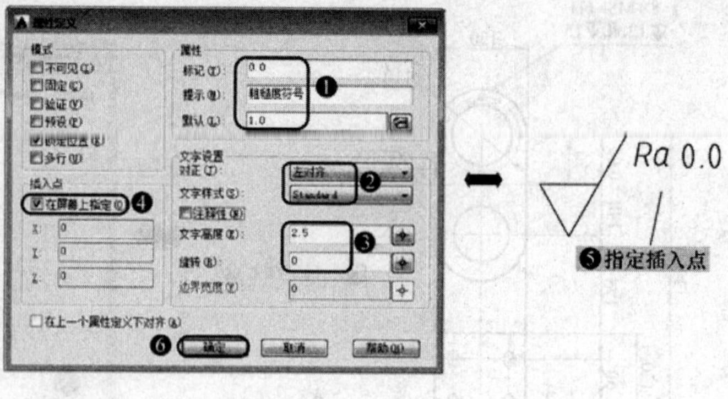

图 3-35　定义属性块

执行方式如下：

➢　面板 1：单击【默认】|【块】|【定义属性】按钮。

➢　面板 2：单击【插入】|【块定义】|【定义属性】按钮。

➢　命令行：输入“Attdef ”/“Att”命令。

当执行了定义对象属性命令之后，将弹出“属性定义”对话框，然后根据如图 3-35 所示来对当前的块对象进行属性定义。

在“属性定义”对话框中各选项的含义如下：

➢ “不可见”复选框：表示插入块后是否显示其属性值。

➢ “固定”复选框：设置属性是否为固定值。当为固定值时，插入块后该属性值不再发生变化。

➢ “验证”复选框：用于验证所输入属性值是否正确。

➢ “预设”复选框：表示是否将该值预置为默认值。

➢ “锁定位置”复选框：表示固定插入块的坐标位置。

➢ “多行”复选框：表示可以使用多行文字来标注块的属性值。

➢ “标记”文本框：用于输入属性的标记。

➢ “提示”文本框：输入插入块时系统显示的提示信息内容。

➢ “默认”文本框：用于输入属性的默认值。

➢ “文字设置”栏：用于设置属性文字的对正方式、文字样式、高度值、旋转角度等格式。

➢ “插入点”选项区域：用于设置属性值的插入点，即属性文字排列的参照点。用户可直接在 X、Y、Z 文本框中输入点的坐标，也可以单击“拾取点”按钮，在绘图窗口上拾取一点作为插入点。

3.4.5 插入属性图块

创建好图块后，接下来插入属性图块。

➢ 面板 1：单击【默认】|【块】|【插入】按钮。

➢ 面板 2：单击【插入】|【块】|【插入】按钮。

➢ 命令行：输入“Insert”命令。

执行上面任何一种方式，都可将保存的图块“插入”到当前图形中，此时将打开“编辑属性”对话框，该对话框中显示当前图块的名称，以及输入新的属性值，如图 3-36 所示。

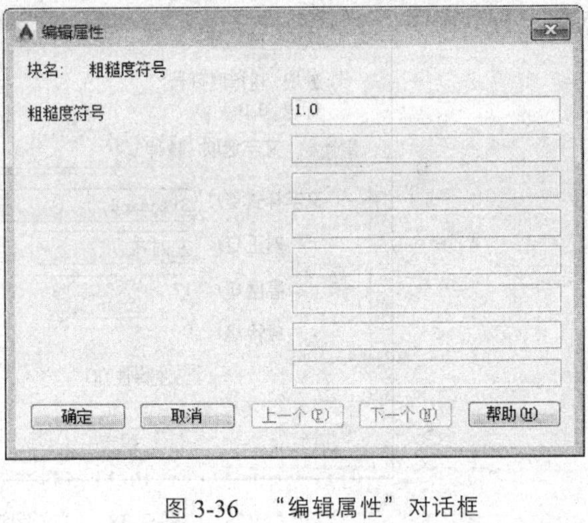

图 3-36　“编辑属性”对话框

3.4.6 修改图块属性

当用户插入带属性的图块后，可对其图块的属性进行修改。

➢ 面板 1：单击【默认】|【块】|【编辑属性】|【单个】按钮。

➢ 面板 2：单击【插入】|【块】|【编辑属性】|【单个】按钮。

➢ 命令行：输入 Eattedit / Ea 命令。

➢ 鼠标键：直接双击带属性块的对象。

在打开“增强属性编辑器”对话框中，默认选项卡为“属性”选项卡，其上面显示块的名称、编辑块中定义的属性标记，在“值”文本框中输入新的属性值，如图 3-37 所示。

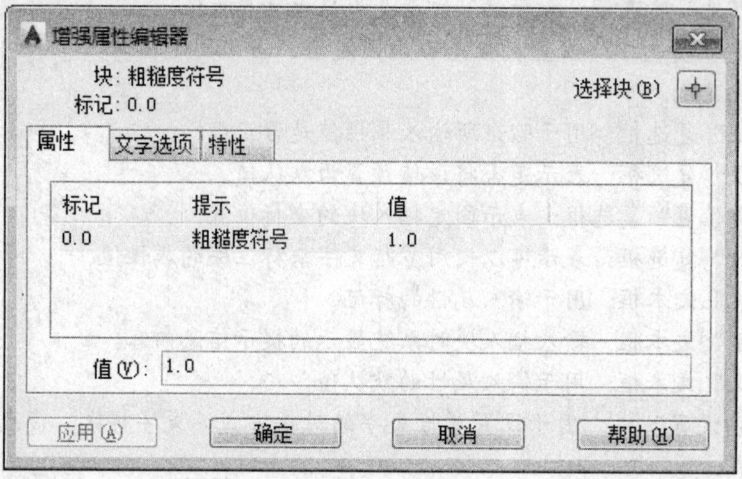

图 3-37 “增强属性编辑器”对话框

“增强属性编辑器”对话框各选项的功能与含义如下：

- 【属性】选项卡：其列表框显示了块中每个属性的标识、提示和值。在列表框中选择某一属性后，在“值”文本框将显示出该属性对应的属性值，用户可通过它来修改属性值。
- 【文字选项】选项卡：用于修改属性文字的格式，该选项卡如图 3-38 所示。

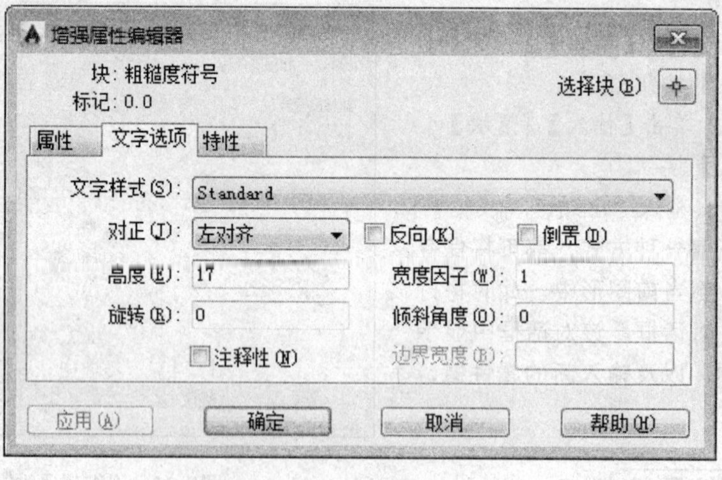

图 3-38 “文字选项”选项卡

- “文字样式”下拉列表框：设置文字的样式。
- “对正”下拉列表：设置文字的对齐方式。

专家提醒

在命令行中输入 ScaleText 命令，可以保持选定文字对象的位置不变，按同一缩放比例因子同时修改多个属性定义的比例，如图 3-39 所示。命令行提示如下：

```
命令: SCALETEXT
选择对象: 找到 1 个
```

选择对象：
输入缩放的基点选项
[现有(E)/左对齐(L)/居中(C)/中间(M)/右对齐(R)/左上(TL)/中上(TC)/右上(TR)/左中(ML)/正中(MC)/右中(MR)/左下(BL)/中下(BC)/右下(BR)] <现有>:
指定新模型高度或 [图纸高度(P)/匹配对象(M)/比例因子(S)] <2.5>:

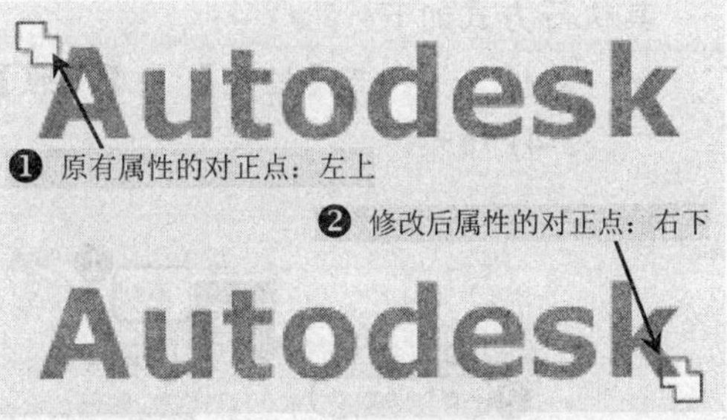

图 3-39　“属性定义”中“对正”

- “高度”文本框：设置文字高度。
- “旋转”文本框：设置文字的旋转角度。
- “反向”复选框：确定文字行是否反向显示。
- “颠倒”复选框：确定是否上下颠倒显示。
- “宽度因子”文本框：设置文字的宽度。
- “倾斜角度”文本框：设置文字的倾斜角度。
- 【特性】选项卡：用于修改属性文字的图层、线宽、线型、颜色及打印样式等。该选项卡如图 3-40 所示。
- “选择块”按钮：可以切换到绘图窗口并选择要编辑的块对象。
- “应用”按钮：确定已进行的修改。

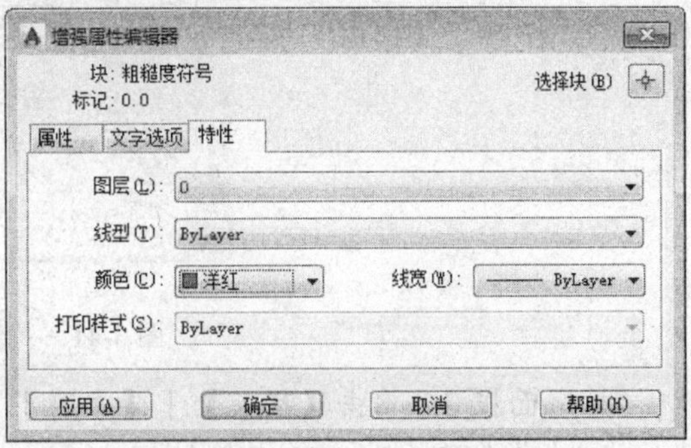

图 3-40　“特性”选项卡

专家提醒

在创建好带属性的图块后，使用“Eattedit”命令和“Ddedit”命令都可打开“增强属性编辑器”对话框。其中“Eattedit”命令选择的是“块”，而“Ddedit”命令选择的是“标注对象。

3.4.7　附着插入图块

外部参照是一种类似于块图形引用方式，它和块最大的区别在于块在插入后，其图形数据会存储在当前图形中，而使用外部参照时，其数据不增加在当前图形中，始终存储在原始文件中，当前文件中包含对外部文件的一个引用。因此，不可以在当前图形中编辑外部参照。

当把一个图形文件作为块来插入时，块的定义及其相关的具体图形信息都保存在当前图形数据库中，当前图形文件与被插入的文件不再存在任何关联。一旦插入了块，该块就永久性地插入到当前图形中，成为当前图形的一部分。

可以将任意图形文件插入到当前图形中作为外部参照。将图形文件附着为外部参照时，可将该参照图形链接到当前图形，打开或重新加载参照图形时，当前图形中将显示对该文件所做的所有更改。

一个图形文件可以作为外部参照同时附着到多个图形中。反之，也可以将多个图形作为外部参照附着到单个图形中。

在机械设计中需要协同各设计环节，采用外部参照可以保证各设计人员之间引用的数据都是最新的，从而节约更多的工作时间，提高工作效率和设计质量。

其执行方式如下：

➢ 面板 1：单击【插入】|【参照】|右侧的↘，将打开“外部参照”选项卡，如图 3-41 所示。

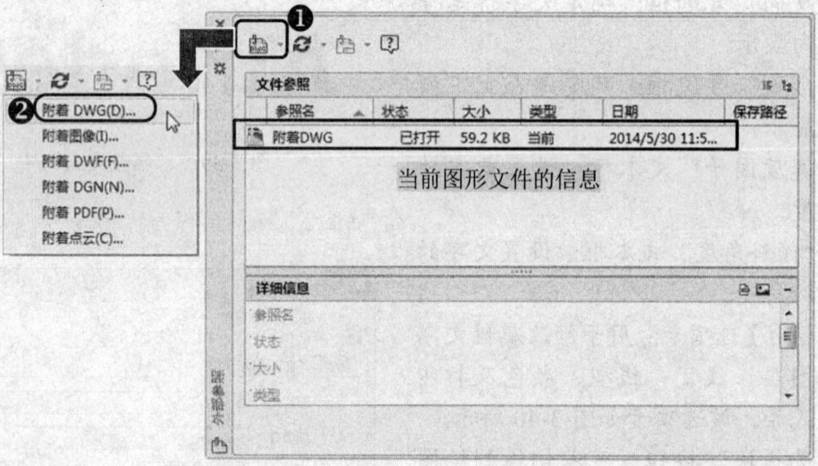

图 3-41　“外部参照”选项卡

➢ 面板 2：单击【插入】|【参照】|【附着】按钮，如图 3-42 和图 3-43 所示。
➢ 命令行：输入 Xref 命令。

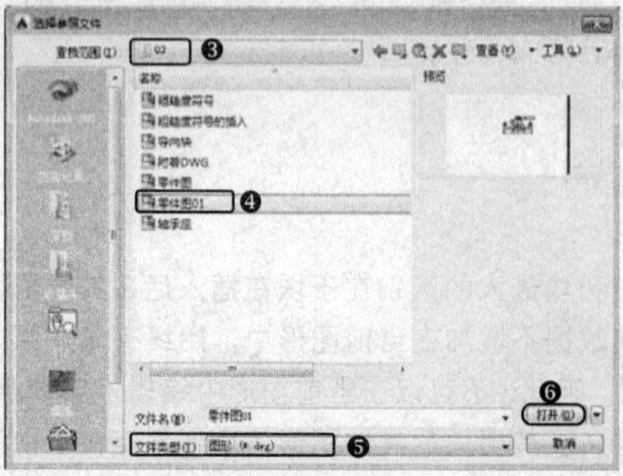

图 3-42　“选择参照文件”对话框

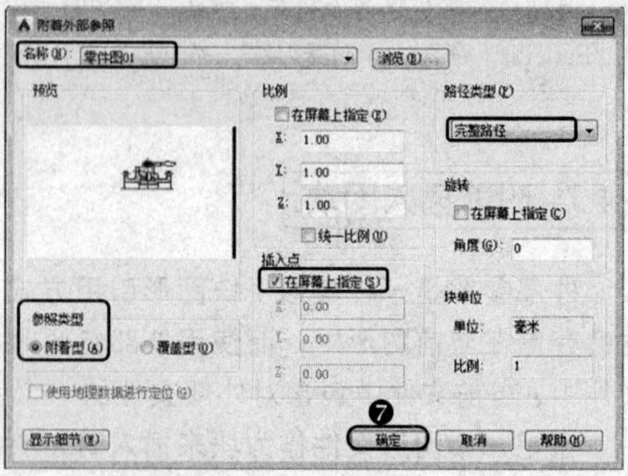

图 3-43　“附着外部参照”对话框

在图形中插入外部参照的方法与插入块的方法类似，只是在“附着外部参照”对话框中多了几个特殊的按钮。其主要选项功能与含义如下：

- “参照类型”选项组：可确定外部参照的类型。点选“附着型”单选钮，将显示出嵌套参照中的嵌套内容；点选“覆盖型”单选钮，则不显示嵌套参照中的嵌套内容。
- “完整路径”选项组：当使用完整路径附着外部参照时，外部参照的精确位置将保存到当前图形文件中。此选项的精确度最高，但灵活性最小。如果移动工程文件夹，AutoCAD 将无法融入任何使用完整路径附着的外部参照。
- “相对路径”选项：使用相对路径附着外部参照时，将保存外部参照相对于当前图形文件的位置。此选项灵活性最大。只要此外部参照相对当前图形的位置没有发生变化，即使移动工程文件夹，AutoCAD 仍可融入使用相对路径附着的外部参照。如图 3-44 所示。

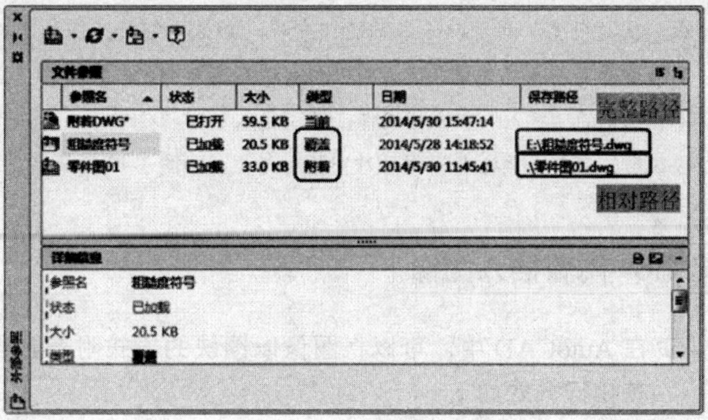

图 3-44　完整路径与相对路径

- “无路径”选项：在不使用路径附着外部参照时，AutoCAD 首先在当前图形的文件夹中查找外部参照。当外部参照文件与当前图形文件位于同一文件夹时，此选项十分实用。

操作实训 3-2：外部参照

01 启动 AutoCAD 2016 软件，单击“打开”按钮，将“案例\03\零件图.dwg”打开。

02 单击【插入】|【参照】|【附着】按钮，选择“零件图 01.dwg”作为被参照的文件，再如图 3-45 所示的步骤进行操作。

03 然后按下【F3】键，捕捉中点作为附着的基点，结果如图 3-45 所示。

04 最后，在键盘上按【Ctrl+S】组合键将文件保存为“附着 DWG.dwg”。

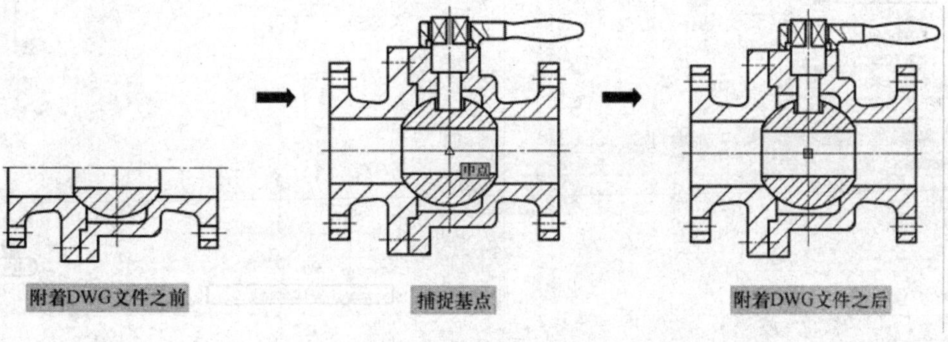

图 3-45　附着 DWG

当选中任意一个外部参照对象时，将新增“外部参照”选项卡，用户可根据实际需要，进行相应的操作，如图 3-46 所示。

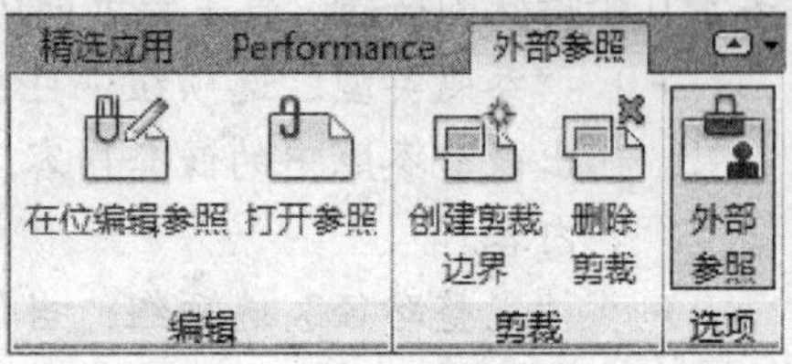

图 3-46　新增“外部参照”选项卡

专家提醒

所附着的外部 DWG 文件在当前图形文件中是一个整体对象，呈“灰度”显示，并且不能被分解。如果已经将某图形文件以“附着外部参照”的方式作为图块而出现在当前图形文件中，系统将不能正确的“插入”该图形文件，在“插入”对话框中单击“确定”按钮后，将出现“块-外部参照冲突”对话框，如图 3-47 所示。

图 3-47　警告信息

3.4.8 附着插入图像

在 AutoCAD 中，可以将图像以图块的方式附着到当前图形文件中。

其执行方式如下：

- ➢ 面板 1：单击【插入】|【参照】|右侧的 ↘，将打开“外部参照”选项卡。
- ➢ 面板 2：单击【插入】|【参照】|【附着】按钮。
- ➢ 命令行：输入“Xref”命令。

操作实训 3-3：外部参照附着启动

启动 AutoCAD 2016 软件，单击“新建”按钮，新建一空白文件。

01 在命令行输入“Xref”命令，打开“外部参照”选项卡，选择“附着图像（I）”命令，将打开“选择参照文件”对话框，选择“图像.jpg”作为被参照的文件，如图 3-48 和图 3-49 所示。

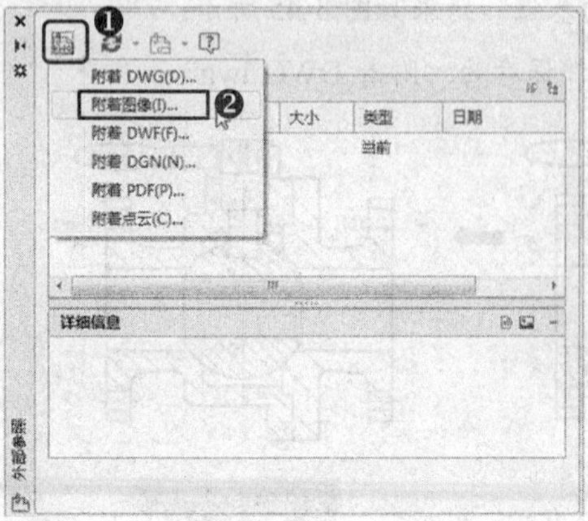

图 3-48　“外部参照”选项卡

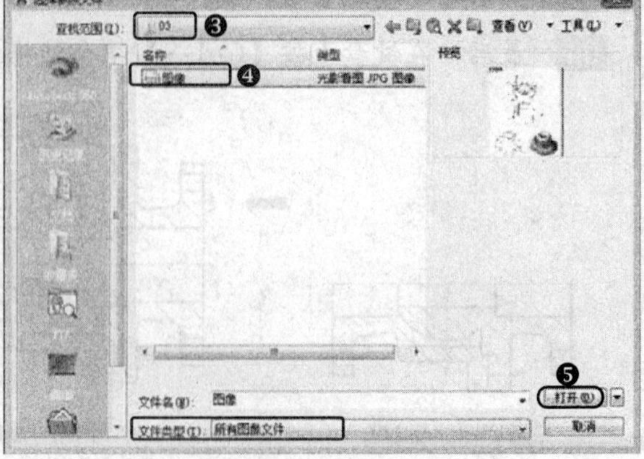

图 3-49　“选择参照文件”对话框

02 单击“打开”按钮，将打开“附着图像”对话框，在“插入点”位置取消“在屏幕上指定”复选框，分别设置 X、Y、Z 值为 0，然后单击“确定”按钮，如图 3-50 所示。

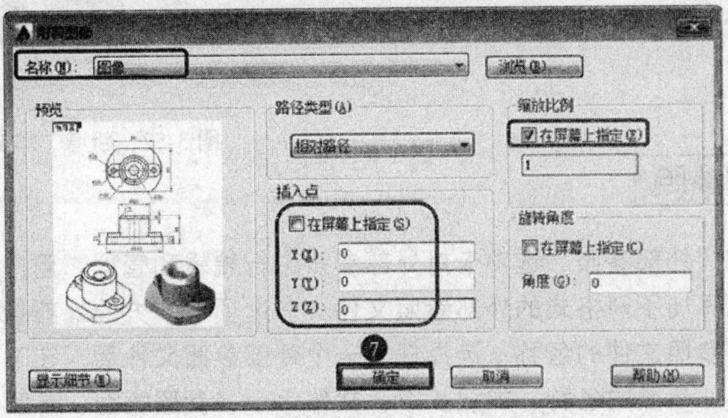

图 3-50　“附着图像”对话框

03 此时所插入的图像参照文件“图像.jpg”已经在当前视图的原点(0,0,0)位置存在，命令行的提示如下，输入比例为 5，结果如图 3-51 所示。

```
命令: _attach
基本图像大小: 宽: 76.199997, 高: 90.424004, Millimeters
指定缩放比例因子或 [单位(U)] <1>: 5
```

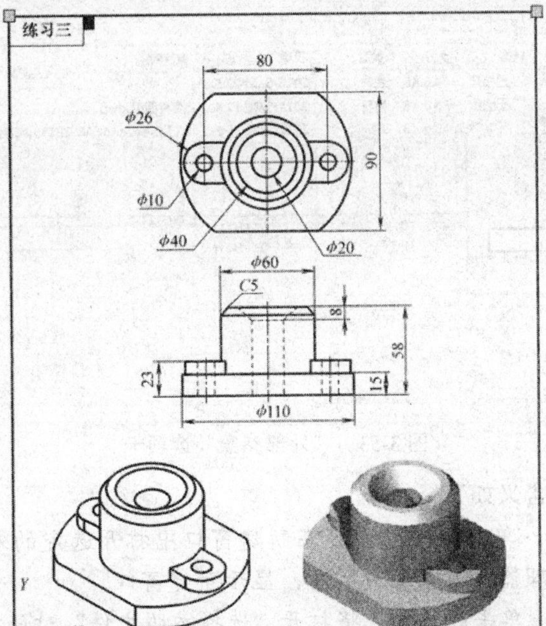

图 3-51　插入“图像.jpg”参照文件

04 最后，在键盘上按【Ctrl+S】组合键将文件保存为“附着图像.dwg”。

当选中任意一个外部参照图像时，将新增“图像”选项卡，用户可根据实际需要，进行图像透明度的设置、剪裁等相应的操作，如图 3-52 所示。

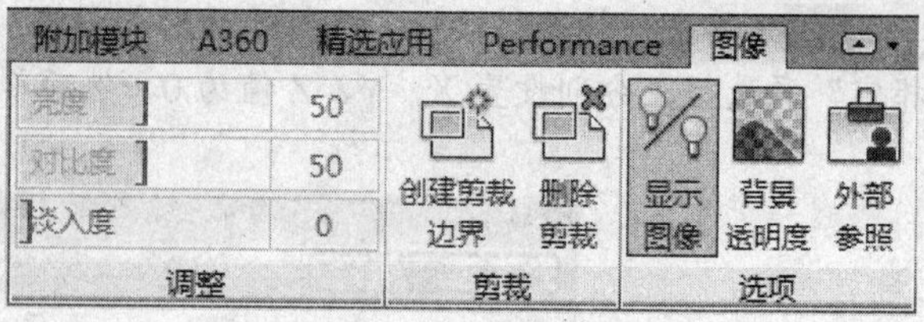

图 3-52　新增“图像”选项卡

3.4.9 拆离外部参照

用户可以使用“外部参照”选项卡对外部参照进行编辑和管理。用户单击选项卡上方的“附着”按钮可以添加不同格式的外部参照文件；在选项卡下方的外部参照列表框中显示当前图形中各个外部参照文件的名称；选择任意一个外部参照文件后，在下方“详细信息”选项区域中显示该外部参照的名称、加载状态、文件大小、参照类型、参照日期及参照文件的存储路径等内容。

当用户附着多个外部参照后，在外部参照列表框中的文件上右击鼠标，将弹出快捷菜单，如图 3-53 所示。在快捷菜单上选择不同的命令，可对外部参照进行相关的操作。

其执行方式如下：

➢ 面板：单击【插入】|【参照】|右侧的 ↘，将打开“外部参照”选项卡。
➢ 命令行：输入 Xref 命令。

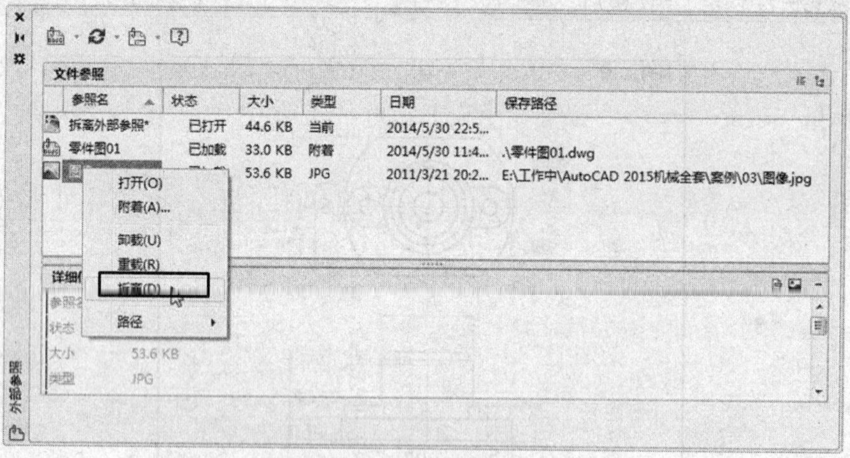

图 3-53　“外部参照”选项卡

其主要选项功能与含义如下：

➢ 【打开】命令：单击此按钮，可在新建窗口中打开选定的外部参照进行编辑。在“外部参照管理器”对话框关闭后，显示新建窗口。
➢ 【附着】命令：单击此按钮，将打开“选择参照文件”对话框，在该对话框中可选择需要插入到当前图形中的外部参照文件。
➢ 【卸载】命令：单击此按钮，可从当前图形文件中移去不需要的外部参照文件，但移去后仍保留该参照文件的路径，当用户希望下次参照该图形时，只需要再单击“重载”按钮即可。

- 【重载】命令：单击此按钮，可在不退出当前图形的情形下，更新外部参照文件。
- 【拆离】命令：单击此按钮，可从当前图形移去不再需要的外部参照文件。
- 【绑定】命令：单击此按钮，可将外部参照的文件转换成一个当前图形的标准图块，即将所参照的图形永久地插入到当前图形中。

操作实训 3-4：　拆离外部参照

01　启动 AutoCAD 2016 软件，单击“打开”按钮，将“案例\03\外部参照.dwg”打开，如图 3-54 所示。

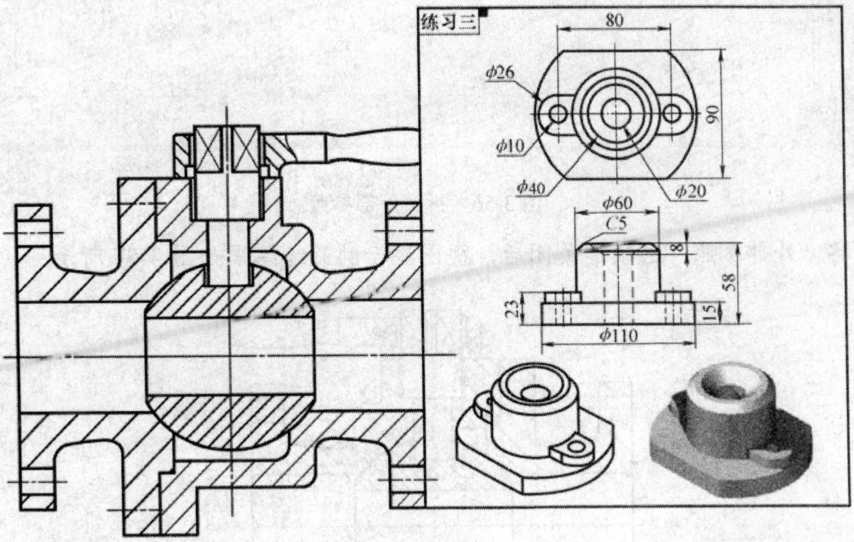

图 3-54　打开外部参照文件

02　在命令行输入“Xref”命令，打开“外部参照”选项卡，选择“图像”参照文件，右击鼠标，在打开的快捷菜单中选择“拆离”命令，如图 3-55 所示。

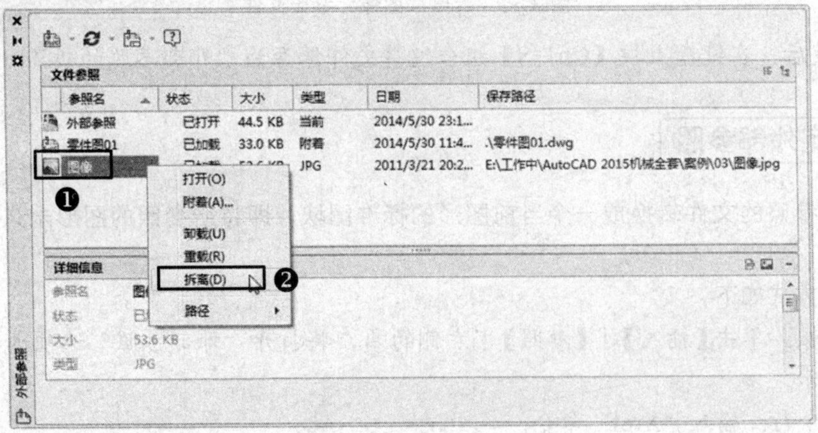

图 3-55　选择“拆离”命令

03 此时在“外部参照”选项卡中就没有了“图像”参照文件，如图 3-56 所示。

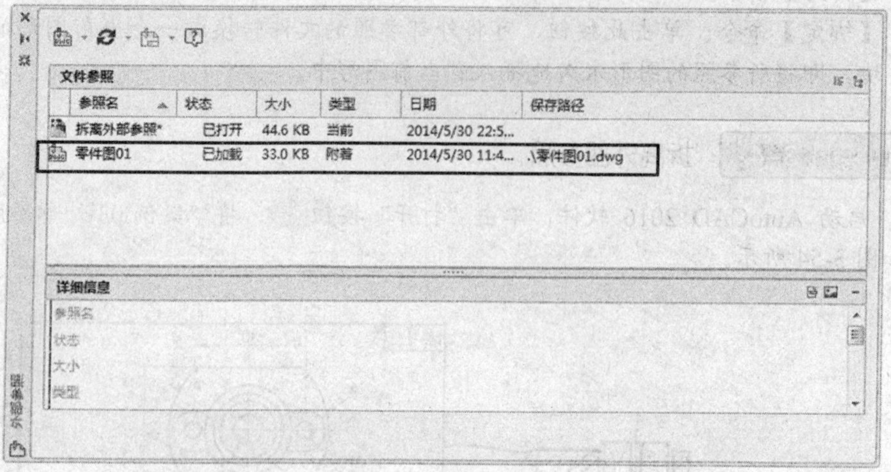

图 3-56 拆离外部参照

04 将“外部参照”选项卡关闭后，视图显示的最终结果如图 3-57 所示。

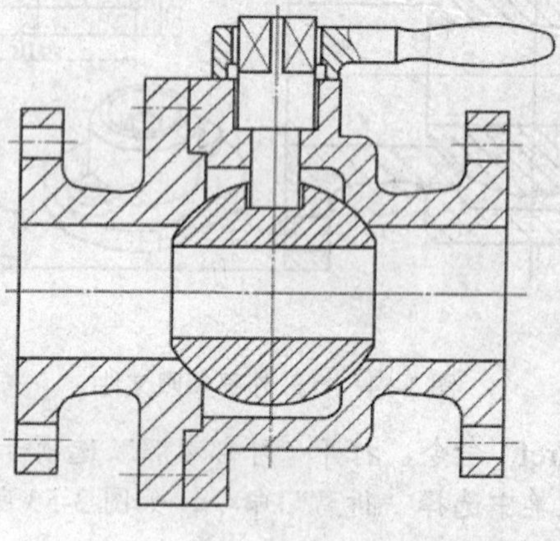

图 3-57 拆离“图像”参照文件

05 最后，在键盘上按【Ctrl+S】组合键将文件保存为“外部参照的拆离.dwg”。

3.4.10 绑定外部参照

将外部参照的文件转换成一个当前图形的标准图块，即将所参照的图形永久地插入到当前图形中。

其执行方式如下：

- 面板：单击【插入】|【参照】|右侧的 ↘，将打开“外部参照”选项卡，如图 3-58 所示。
- 命令行：输入“Xref”命令。

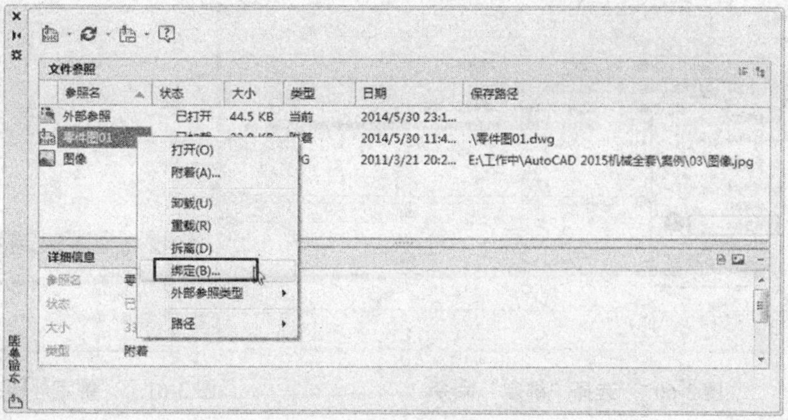

图 3-58　“外部参照”选项卡

操作实训 3-5：外部参照零件图

01　启动 AutoCAD 2016 软件，单击“打开”按钮，将“案例\03\外部参照.dwg”打开，如图 3-59 所示。

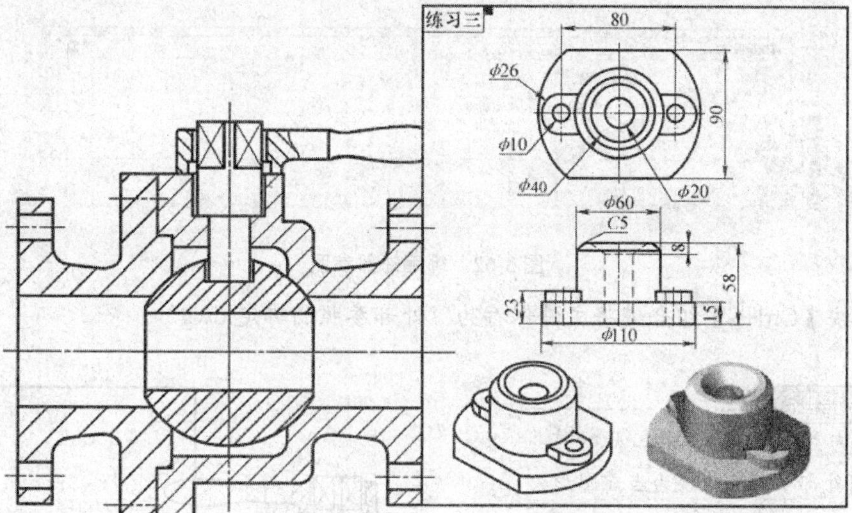

图 3-59　打开外部参照文件

02　在命令行输入“Xref”命令，打开“外部参照”选项卡，选择“零件图 01”参照文件，右击鼠标，在打开的快捷菜单中选择“绑定”命令，如图 3-60 所示。

03　接着在弹出的“绑定外部参照/DGN 参考底图”对话框中选择“绑定”选项，然后单击“确定”按钮，如图 3-61 所示。

04　此时在“外部参照”选项卡中就没有了“零件图 01”参照文件，如图 3-62 所示。

05　将“外部参照”选项卡关闭后，视图显示的最终结果如图 3-63 所示。

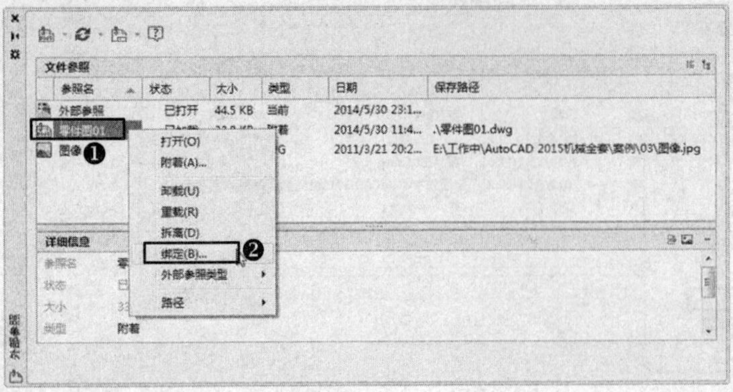

图 3-60 选择“绑定”命令

图 3-61 “绑定外部参照/DGN 参考底图”对话框

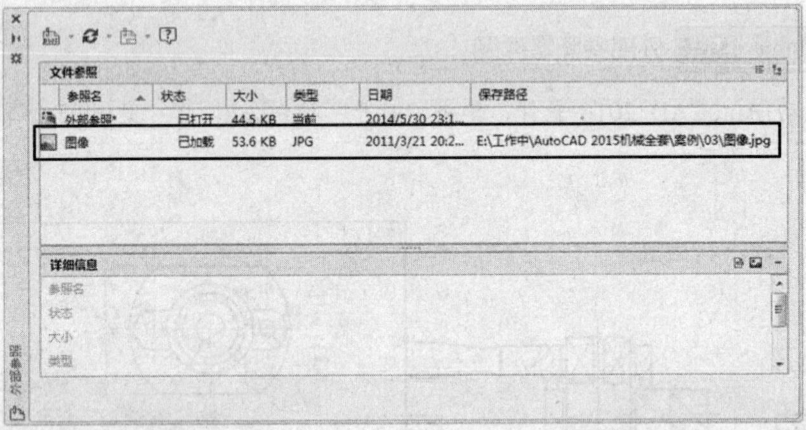

图 3-62 绑定外部参照

06 按【Ctrl+S】组合键将文件保存为“外部参照的绑定.dwg”。

专家提醒

“绑定”外部参照后，此时前面选中的外部参照已转换为当前图形文件的内部图块，不可以再重新使用“外部参照”选项卡来附着到当前图形中。

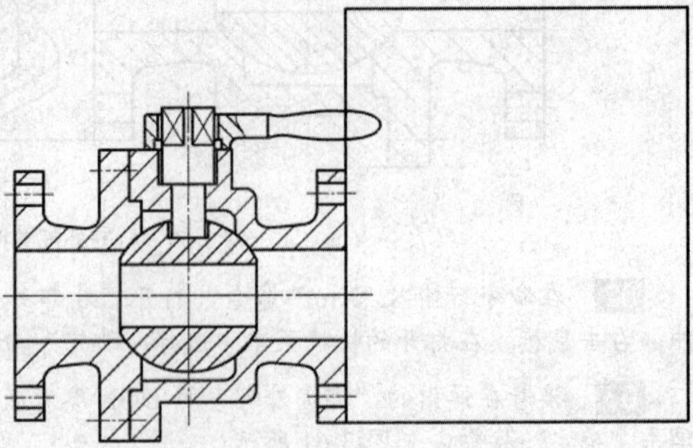

图 3-63 绑定“零件图 01”参照文件

第 4 章 创建二维机械图形

本章导读

二维平面图形是 AutoCAD2016 制图基础，对于每一个初学者来说，都是需要着重掌握的。只有熟练地运用二维平面图形的绘制方法与技巧，才能更好地绘制更复杂的图形。

本章主要介绍几种最常用的二维平面图形的创建方法，包括点对象、直线类对象、曲线类对象、填充对象等。

精彩看点

- 创建二维机械图形
- 创建直线类对象
- 创建曲线类对象
- 创建填充对象

4.1 创建机械点对象

在 AutoCAD 2016 中，点对象可用作捕捉和偏移对象的节点和参考点。点可以作为实体，用户可以像创建直线、圆和圆弧一样创建点，也可以对点进行编辑。

4.1.1 点样式

默认情况下，点是没有长度和大小的，在绘图区仅显示为一个小圆点，因此很难识别。在 AutoCAD 中，可以为点设置不同的显示样式，这样就可以清楚地知道点的位置，也使单纯的点更加美观和易于辨认。点包括“单点”“多点”、“定数等分点”和“定距等分点”4 种。

执行方式如下：

- 面板：单击【默认】|【实用工具】|【点样式】按钮，如图 4-1 所示。
- 命令行：输入 Ddptype 命令。

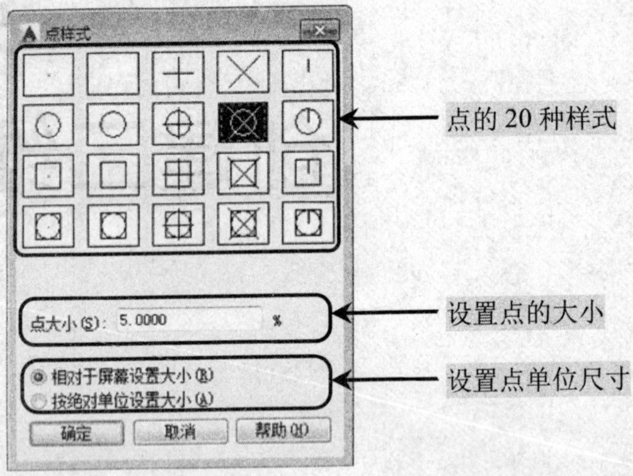

图 4-1 “点样式”对话框

在“点样式”对话框中，各选项的功能与含义如下：

- “点样式”：在上侧的多个点样式中，列出了 AutoCAD 2016 提供的所有点样式，且每个点对应一个系统变量（PDMODE）值。
- “点大小”：设置点的显示大小，可以相对于屏幕设置点的大小，也可以设置绝对单位点的大小，用户可在命令行中输入系统变量（PDSIZE）来重新设置。
- “相对于屏幕设置大小(R)”点选按钮：按屏幕尺寸的百分比设置点的显示大小，当进行缩放时，点的显示大小并不改变。
- “按绝对单位设置大小（A）”点选按钮：按照“点大小”文本框中值的实际单位来设置点显示大小。当进行缩放时，AutoCAD 点的显示大小会随之改变。

4.1.2 单点和多点

绘制单点首先需要执行“单点”命令，执行方式如下：

- 命令行：输入“Point” / “Po”命令，命令行的提示如下：

```
命令：PO POINT                              // 启动“单点”命令
当前点模式：  PDMODE=35  PDSIZE=0.0000      // 显示当前点的模式
指定点：
```

实例：调用“圆（C）”命令，绘制一个圆对象，然后捕捉圆的象限点，绘制一个点。

调用“圆（C）”命令，绘制一个任意大小的圆。

按下【F3】键，打开对象捕捉。

在命令行中输入 PO 命令，并按回车键，命令提示行将显示“当前点模式：PDMODE=35 PDSIZE=0.0000”。在绘图区捕捉圆的上侧象限点，单击鼠标左键，完成单点的绘制，如图 4-2 所示。

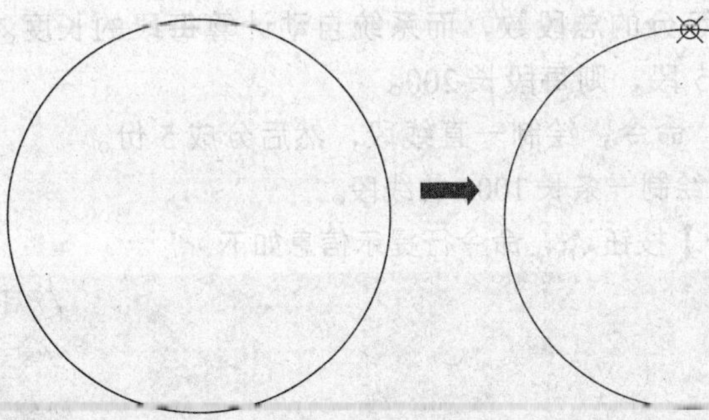

图 4-2　绘制单点

绘制多点就是指调用绘制命令后一次能指定多个点，直到按【Esc】键结束多点绘制状态为止。

➢　面板：单击【绘图】|【点】|【多点】按钮 ▫。

实例：调用“圆（C）”命令，绘制一个圆对象，然后分别捕捉圆的象限点，绘制多点。

调用“圆（C）”命令，绘制一个任意大小的圆。

按下【F3】键，打开对象捕捉。

单击【绘图】|【点】|【多点】按钮 ▫，命令提示行将显示“当前点模式：PDMODE=35 PDSIZE=0.0000”。分别用鼠标左键捕捉圆的四个象限点，完成多点的绘制，最后按【ESC】键结束多点的绘制，如图 4-3 所示。

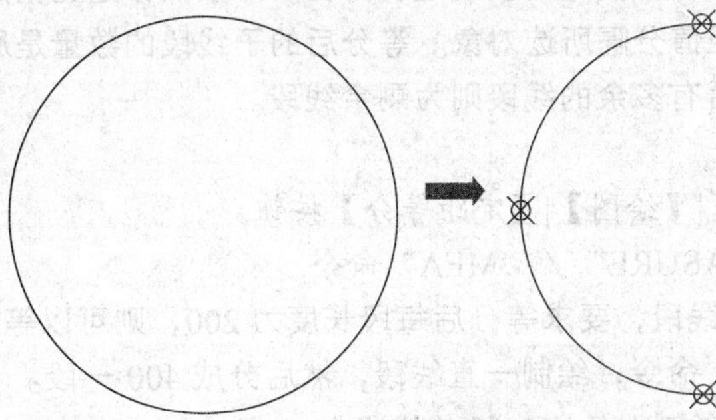

图 4-3　绘制单点

专家提醒

执行“单点”命令时，执行后自动结束命令；而执行“多点”命令时，直到用户按【ESC】键，才能结束该命令。

4.1.3 定数等分

绘制定数等分点是在指定的对象上绘制指定数目的点，每个点的距离保持相等。

执行方式如下：

➢ 面板：单击【默认】|【绘图】|【定数等分】按钮。

➢ 命令行：输入“DIVIDE” / “DIV”命令。

定数等分方式需要输入等分的总段数，而系统自动计算每段的长度。已经存在一条长1000的线段，现将其等分成5段，则每段长200。

实例：调用“直线（L）”命令，绘制一直线段，然后分成5份。

调用“直线（L）”命令，绘制一条长1000的线段。

单击【绘图】|【定数等分】按钮，命令行提示信息如下：

```
命令: _divide↙                                  //启动【定数等分】命令
选择要定数等分的对象:                            //单击选取绘制的线段
输入线段数目或 [块(B)]: 5↙                       //输入段数 5
```

线段等分的结果如图4-4所示。

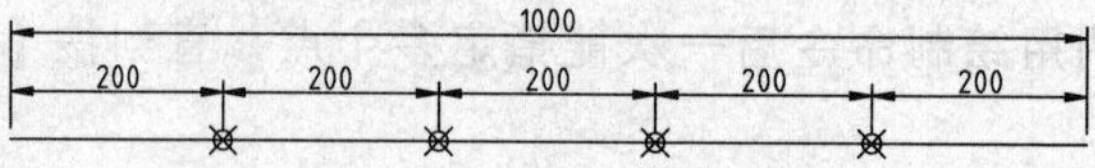

图4-4 定数等分线段

专家提醒

在输入等分对象的数量时，其输入值为2~32767。

4.1.4 定距等分

定距等分是在指定的对象上按确定的长度进行等分，即该操作是先指定所要创建的点与点之间的距离，再根据该间距值分隔所选对象。等分后的子线段的数量是原线段长度除以等分距所得的数量，如果等分后有多余的线段则为剩余线段。

执行方式如下：

➢ 面板：单击【默认】|【绘图】|【定距等分】按钮。

➢ 命令行：输入“MEASURE” / “MEA”命令。

已经存在一条长1000的线段，要求等分后每段长度为200，则可以等分为5段。

实例：调用“直线（L）”命令，绘制一直线段，然后分成400一段。

调用“直线（L）”命令，绘制一条长1400的线段。

单击【绘图】|【定距等分】按钮，命令行提示信息如下：

```
命令: _measure                                  //启动【定距等分】命令
选择要定距等分的对象:                            //单击选择绘制的线段
指定线段长度或[块(B)]: 400↙                      //输入等分后每段的长度
```

线段等分的结果如图4-5所示。

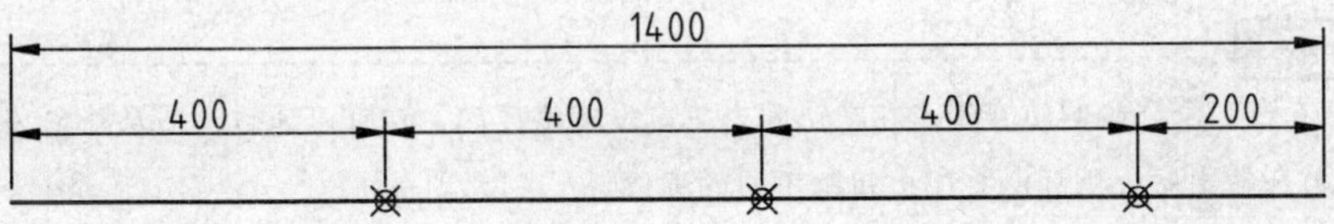

图 4-5 定距等分线段

专家提醒

在设置的起点一般是指定线的绘制起点。

4.2 创建直线类对象

直线类对象是所有图形的基础，在 AutoCAD 中直线类对象包括直线、射线、矩形、构造线、多边形等。它们具有不同的特征，应根据实际绘图需要选择不同的直线类对象。

4.2.1 直线

直线是所有绘图中最简单、最常用的图形对象，在绘图区指定直线的起点和终点即可会绘制一条直线。当绘制一条线段后，可继续以该线段的终点作为起点，然后指定下一个终点，反复操作可绘制首尾相连的图形，按【Esc】键或【Enter】键即可退出直线绘制状态。

执行方式如下：

➢ 面板：单击【默认】|【绘图】|【直线】按钮。

➢ 命令行：输入“LINE” / “L”命令。

执行上述任意一种操作后，命令行提示如下：

```
命令: _line 指定第一点:                    //执行【直线】命令
指定下一点或 [放弃(U)]:                    //在绘图区拾取一点作为直线的起点
指定下一点或 [放弃(U)]:                    //单击鼠标确定直线的终点
```

使用直线命令绘制正方形。

➢ 按下【F8】键，启动正交模式。

➢ 在命令行中输入 “L” 命令，执行 “直线” 命令。

➢ 在 “指定第一点：” 提示下，输入 “200，200” ，从而确定起点。

➢ 在 “指定下一点或[放弃（U）]:” 提示下，鼠标水平向右，输入 300。

➢ 在 “指定下一点或[放弃（U）]:” 提示下，鼠标垂直向上，输入 300。

➢ 在 “指定下一点或[放弃（U）]:” 提示下，鼠标水平向左，输入 300。

➢ 在 “指定下一点或[放弃（U）]:” 提示下，鼠标垂直向下，最后按 “闭合(C)” 选项，与起点闭合，从而完成正方形的绘制，如图 4-6 所示。

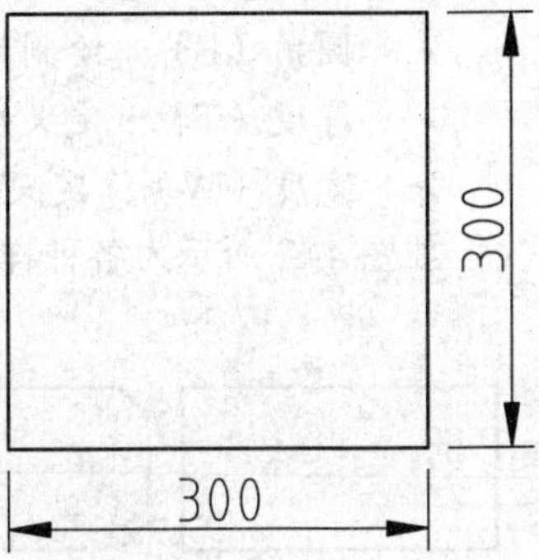

图 4-6 绘制的正方形

专家提醒

使用“直线”命令绘制的直线，在默认状态下是没有宽度的，但可以通过“图层”定义直线的线宽和颜色，在打印输出时，则可以打印出粗细不同的直线。

4.2.2 射线

射线是只有起点和方向但没有终点的直线，即射线为一端固定而另一端无限延长的直线。射线一般作为辅助线，绘制射线后按【Esc】键退出绘制状态。

执行方式如下：

➢ 面板：单击【默认】|【绘图】|【射线】按钮╱。

➢ 命令行：输入“RAY”命令。

执行上述任意一种操作后，命令行提示如下：

```
命令：_ray                                  //调用绘制【射线】命令
指定起点：                                  //在绘图区拾取一点作为射线的起点
指定通过点：                                //确定射线的方向
```

4.2.3 矩形

在 AutoCAD 中绘制矩形，可以为其设置倒角、圆角，以及宽度和厚度值等参数，在机械制图中比较常用。

执行方式如下：

➢ 面板：单击【默认】|【绘图】|【矩形】按钮□。

➢ 命令行：输入“RECTANG” / “REC” 命令。

执行该命令后，命令行提示如下：

```
指定第一个角点或 [倒角(C)/标高(E)/圆角(F)/厚度(T)/宽度(W)]：
```

其中各选项的含义如下：

➢ 倒角（C）：绘制一个带倒角的矩形。

➢ 标高(E)：定义矩形的高度。默认情况下矩形在 x、y 平面内。该选项一般用于三维绘图。

➢ 圆角（F）：绘制带圆角的矩形。

➢ 厚度（T）：定义矩形的厚度，该选项一般用于三维绘图。

➢ 宽度（W）：定义矩形的宽度。

如图 4-7 所示为各种样式的矩形效果。

图 4-7 各种样式的矩形效果

使用“矩形”命令，绘制 500×300 矩形。

执行“REC”命令，命令行提示如下：

```
命令:RECTANG↙                                              //调用【矩形】命令
指定第一个角点或 [倒角(C)/标高(E)/圆角(F)/厚度(T)/宽度(W)]:
指定另一个角点或 [面积(A)/尺寸(D)/旋转(R)]: d↙             //选择“尺寸(D)”选项
指定矩形的长度 <10.0000>: 500↙                             //输入矩形的长度
指定矩形的宽度 <10.0000>: 300↙                             //输入矩形的宽度
指定另一个角点或 [面积(A)/尺寸(D)/旋转(R)]:↙               //按【Enter】键退出命令
```

绘制完成的矩形如图 4-8 所示。

图 4-8　绘制的矩形

专家提醒

绘制矩形时，可采用坐标的方式快速绘制矩形，同样绘制 500×300 的矩形，命令行的提示如下：

```
命令:REC/ RECTANG
指定第一个角点或 [倒角(C)/标高(E)/圆角(F)/厚度(T)/宽度(W)]:
指定另一个角点或 [面积(A)/尺寸(D)/旋转(R)]: @500,300
```

4.2.4 构造线

构造线没有起点和终点，两端可以无限延长，常作为辅助线来使用。

执行方式如下：

- 面板：单击【默认】|【绘图】|【构造线】按钮。
- 命令行：输入“XLINE” / “XL”命令。

执行上述任意一种操作后，命令行提示如下：

```
命令: _xline                              //执行【构造线】命令
指定点或 [水平(H)/垂直(V)/角度(A)/二等分(B)/偏移(O)]:
指定通过点:                               //指定构造线所要经过的一点
指定通过点:                               //指定构造线所要经过的另一点或按 Esc 键结束构造线绘制
```

执行构造线命令过程中各选项的含义如下：

- 水平(H)：选择该选项，可绘制水平构造线。

- 垂直(V)：选择该选项，可绘制垂直的构造线。
- 角度(A)：选择该选项，可按指定的角度创建一条构造线。
- 二等分(B)：选择该选项，可创建已知角的角平分线。使用该选项创建的构造线平分指定的两条线间的夹角，且通过该夹角的顶点。绘制角平分线时，系统要求用户依次指定已知角的顶点、起点及终点。
- 偏移(O)：选择该选项，可创建平行于另一个对象的平行线，这条平行线可以偏移一段距离与对象平行，也可以通过指定的点与对象平行，如图 4-9 所示。

a)指定点　b)水平　c)垂直　d)角度　e)二等分　f)平行

图 4-9　不同类型的构造线

专家提醒

在绘制构造线时，若没有指定构造线的类型，则可在绘图区中指定任意的两点来绘制一条构造线。

4.2.5 多边形

由 3 条或 3 条以上的线段首尾相接形成的闭合图形称为多边形。若多边形的每条边相等，则称为正多边形。所绘制的多边形是一个整体，不能单独对每条边进行编辑。其边数范围在 3～1024 之间，如图 4-10 所示为各种正多边形效果。

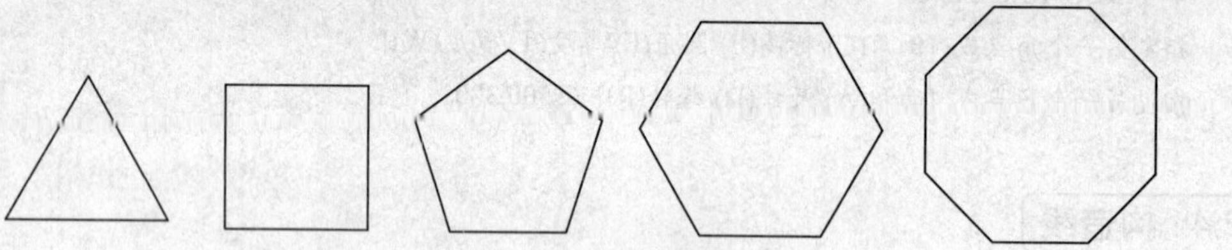

图 4-10　各种正多边形

执行方式如下：

- 面板：单击【默认】|【绘图】|【多边形】按钮⬠。
- 命令行：输入“POLYGON” / “POL”命令。

执行该命令并指定正多边形的边数后，命令行将出现如下提示：

```
命令：POL
输入侧面数 <4>：5
指定正多边形的中心点或 [边(E)]：
输入选项 [内接于圆(I)/外切于圆(C)] <I>：
```

其各选项含义如下：

- 中心点：指定某一个点作为正多边形的中心点。

➢ 边：指定多边形的边数。
➢ 内接于圆(I)：指定正多边形内接圆半径来绘制正多边形，如图 4-11 所示。
➢ 外切于圆(C)：指定正多边形外切圆半径来绘制正多边形，如图 4-12 所示。

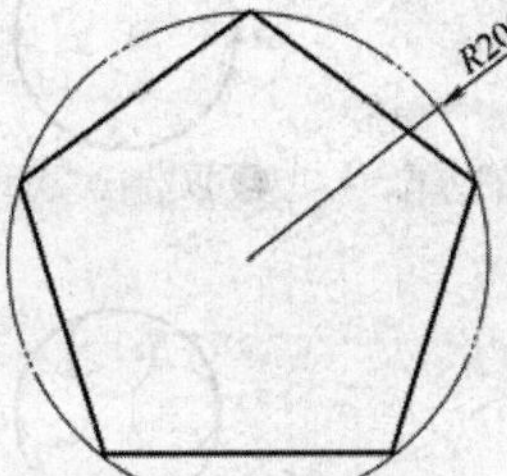

图 4-11　“内接于圆”绘制多边形

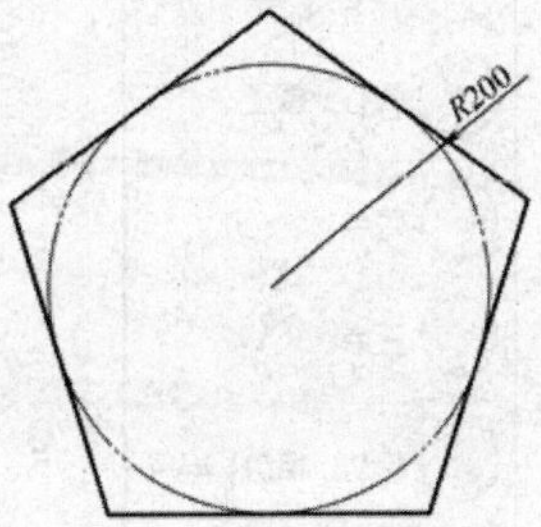

图 4-12　“外切于圆”绘制多边形

4.3　创建曲线类对象

在 AutoCAD 2016 中，圆、圆弧、椭圆、椭圆弧和圆环都属于曲线类对象，其绘制方法比直线类对象较复杂，也是使用较频繁的图形对象。

4.3.1　圆

圆是一种几何图形，当一条线段绕着它的一个端点在平面内旋转一周时，它的另一个端点的轨迹叫作圆。

执行方式如下：

➢ 面板：单击【默认】|【绘图】|【圆】按钮。
➢ 命令行：输入“CIRCLE”／“C”命令

执行圆命令后，根据以下命令行的提示，即可绘制一个圆对象。

```
命令：C CIRCLE
指定圆的圆心或 [三点(3P)/两点(2P)/切点、切点、半径(T)]:
指定圆的半径或 [直径(D)]: 10
```

单击【绘图】|【圆】下拉列表，如图 4-13 所示。其中提供了 6 种绘制圆的命令，绘制方式如图 4-14 所示，具体含义如下：

➢ “圆心、半径”：用圆心和半径方式绘制圆。
➢ “圆心、直径”：用圆心和直径方式绘制圆。
➢ “两点”：通过两个点绘制圆，系统会提示指定圆直径的第一端点和第二端点。
➢ “三点”：通过 3 点绘制圆，系统会提示指定第一点、第二点和第三点。
➢ “相切、相切、半径”：通过两个其他对象的切点和输入半径值来绘制圆。系统会提示指定圆的第一切线和第二切线上的点及圆的半径。
➢ “相切、相切、相切”：通过 3 条切线绘制圆。

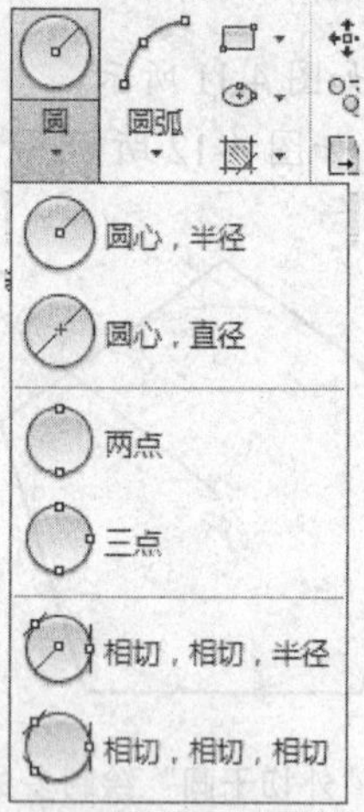

图 4-13 “圆”子菜单的相关命令

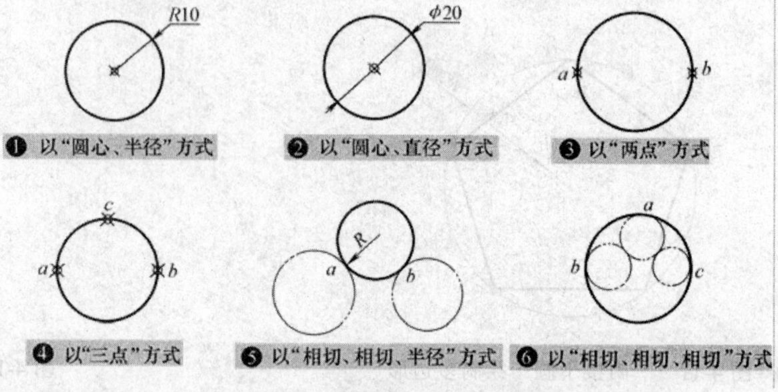

图 4-14 圆的 6 种绘制方式

4.3.2 圆环

圆环是由同一圆心、不同直径的两个同心圆组成的，控制圆环的主要参数是圆心、内直径和外直径。如果圆环的内直径为 0，则圆环为填充圆。

执行方式如下：

- 面板：单击【默认】|【绘图】|【圆环】按钮◎。
- 命令行：输入“DONUT”/“DO”命令。

执行圆环命令后，命令行的提示如下：

```
命令：DO/DONUT
指定圆环的内径 <0.5000>: 50
指定圆环的外径 <1.0000>: 100
指定圆环的中心点或 <退出>:
```

AutoCAD 默认情况下，所绘制的圆环为填充的实心图形。“FILL”命令可以控制圆环或圆的填充可见性。执行“FILL”命令后，命令行提示如下：

```
命令：FILL↙
输入模式 [开(ON)/关(OFF)] <开>:
```

选择“开(ON)”模式，表示绘制的圆环和圆要填充，如图 4-15 所示。选择“关(OFF)”模式，表示绘制的圆环和圆不要填充，如图 4-16 所示。

图 4-15 选择“开”(ON)模式

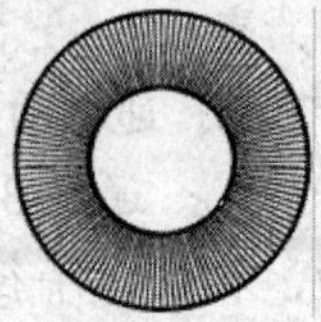

图 4-16 选择“关”(OFF)模式

专家提醒

当设置圆环的内径的值为 0 时，可绘制一个实心圆环，如图 4-17 所示。

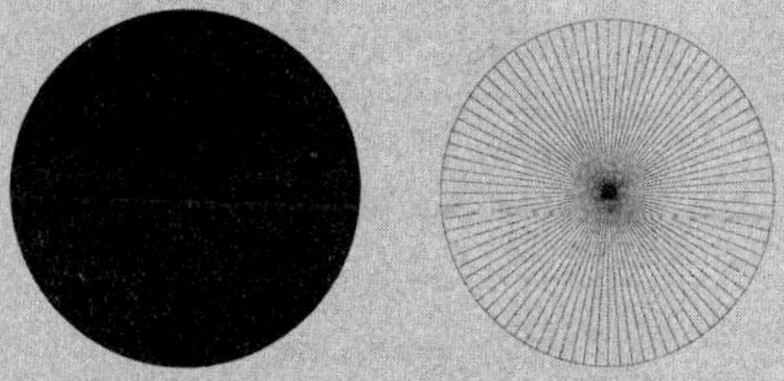

图 4-17　内径为 0 的圆环效果

4.3.3 圆弧

在 AutoCAD 2016 中，提供了多种不同的画弧方式，其可以为指定圆心、端点、起点、半径、角度、弦长和方向值的各种组合形式。

执行方式如下：

- 面板：单击【默认】|【绘图】|【圆弧】按钮。
- 命令行：输入“ARC” / “A” 命令。

单击【绘图】|【圆弧】下拉列表，如图 4-18 所示。其中提供了 11 种绘制圆弧的子命令，绘制方式如图 4-19 所示。各子命令的含义如下：

- “三点”(P)：通过指定圆弧上的三点绘制圆弧，需要指定圆弧的起点、通过的第二个点和端点。
- “起点、圆心、端点”(S)：通过指定圆弧的起点、圆心、端点绘制圆弧。
- “起点、圆心、角度”(T)：通过指定圆弧的起点、圆心、包含角绘制圆弧。执行此命令时会出现“指定包含角：”的提示，在输入角度时，如果当前环境设置逆时针方向为角度正方向，且输入正的角度值，则绘制的圆弧是从起点绕圆心沿逆时针方向绘制，反之则沿顺时针方向绘制。
- “起点、圆心、长度”(A)：通过指定圆弧的起点、圆心、弦长绘制圆弧。另外，在命令行提示的“指定弦长：”信息下，如果所输入的值为负，则该值的绝对值将作为对应整圆的空缺部分圆弧的弦长。
- “起点、端点、角度”(N)：通过指定圆弧的起点、端点、包含角绘制圆弧。
- “起点、端点、方向”(D)：通过指定圆弧的起点、端点和圆弧的起点切向绘制圆弧。命令执行过程中会出现“指定圆弧的起点切向：”提示信息，此时拖动鼠标动态地确定圆弧在起始点处的切线方向与水平方向的夹角。拖动鼠标时，AutoCAD 会在当前光标与圆弧起始点之间形成一条线，即为圆弧在起始点处的切线。确定切线方向后，单击拾取键即可得到相应的圆弧。
- “起点、端点、半径”(R)：通过指定圆弧的起点、端点和圆弧半径绘制圆弧。
- “圆心、起点、端点”(C)：以圆弧的圆心、起点、端点方式绘制圆弧。
- “圆心、起点、角度”(E)：以圆弧的圆心、起点、圆心角方式绘制圆弧。
- “圆心、起点、长度”(L)：以圆弧的圆心、起点、弦长方式绘制圆弧。

➢ “继续” (Q)：绘制其他直线或非封闭曲线后，单击【圆弧】|【继续】按钮，系统将自动以刚才绘制的对象的终点作为即将绘制的圆弧的起点。

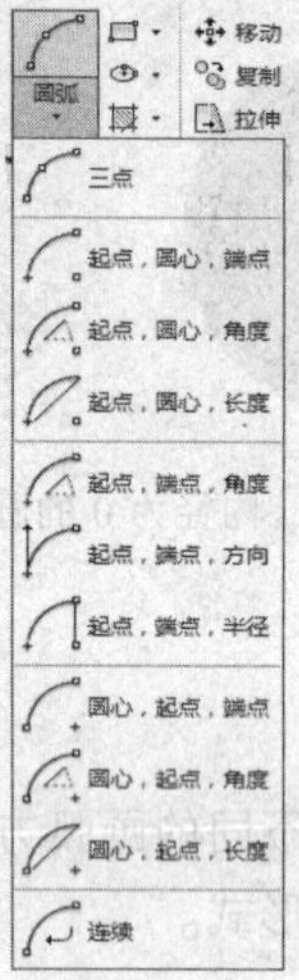

图 4-18 “圆弧”子菜单的相关命令

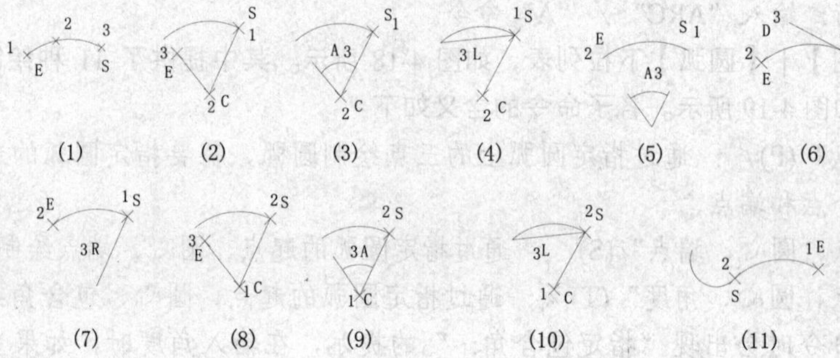

图 4-19 几种最常用的绘制圆弧的方法

专家提醒

绘制圆弧时，注意圆弧的曲率是遵循逆时针方向的，所以在选择指定圆弧两个端点和半径模式时，需要注意端点的指定顺序，否则有可能导致圆弧的凹凸形状与预期的相反。AutoCAD 2016 中，圆弧命令得到增强，当需要确定圆弧方向时，可以按住【Ctrl】键，根据光标进行方向的切换。

4.3.4 椭圆

椭圆是平面上到定点距离与到指定直线间距离之比为常数的所有点的集合，也是一种特殊的圆，它与圆的差别就是其圆周上的点到中心的距离是变化的。在 AutoCAD 中，椭圆主要是由中心、长轴与短轴这 3 个参数来控制的。

执行方式如下：

➢ 面板：单击【默认】|【绘图】|【椭圆】按钮。
➢ 命令行：输入“ELLIPSE” / “EL”命令。

绘制椭圆有两种方法，即指定端点和指定中心点。

❑ 指定“端点”方式

在【默认】|【绘图】|【椭圆】下拉列表中，单击【轴、端点】按钮，或在命令行中执行“ELLIPSE” / “EL”命令，根据命令行提示绘制椭圆。

如绘制一个长半轴为 100，短半轴为 75 的椭圆，其命令行提示如下：

```
命令：ELLIPSE                                  //调用 ellipse 命令
指定椭圆的轴端点或 [圆弧(A)/中心点(C)]：       //单击鼠标指定椭圆的一端点
指定轴的另一个端点:@200,0                      //用相对坐标方式输入椭圆的另一端点的距离
指定另一条半轴长度或 [旋转(R)]： 75            //输入椭圆短半轴的长度
```

如图 4-20 所示为所绘制的椭圆。

❑ 指定“圆心”方式

在【默认】|【绘图】|【椭圆】下拉列表中，单击【圆心】按钮，或在命令行中执行 ELLIPSE / EL 命令，根据命令行提示绘制椭圆。

下面绘制一个圆心坐标为（0，0），长半轴为 100，短半轴为 75 的椭圆。

使用圆心的方式绘制椭圆，命令行操作如下：

```
命令：ELLIPSE                                  //调用【椭圆】命令
指定椭圆的轴端点或 [圆弧(A)/中心点(C)]:C       //选择“中心点（C）”绘制模式
指定椭圆的中心点：0,0                          //输入椭圆中心点的坐标为（0，0）
指定轴的端点：@100,0                           //用相对坐标方式输入椭圆长半轴的一端点
指定另一条半轴长度或 [旋转(R)]:75              //输入椭圆短半轴长度
```

绘制完成的长半轴为 100、短半轴为 75 的椭圆如图 4-20 所示。

4.3.5 椭圆弧

椭圆弧是椭圆的一部分，与椭圆不同的是，它的起点和终点没有闭合。绘制椭圆弧需要确定的参数有：椭圆弧所在椭圆的两条轴及椭圆弧的起点和终点的角度。

执行方式如下：

- 面板：单击【默认】|【绘图】|【椭圆弧】按钮。
- 命令行：输入“ELLIPSE” / “EL”命令。

下面绘制一个椭圆。

单击【默认】|【绘图】|【椭圆弧】按钮。

根据命令行提示信息，使用中心点或者端点方式，并设置起始角度、端点角度，即可完成椭圆弧的绘制，如图 4-21 所示。

```
命令：_ellipse
指定椭圆的轴端点或 [圆弧(A)/中心点(C)]： _a    //调用【椭圆】命令
指定椭圆弧的轴端点或 [中心点(C)]：             //捕捉 a 点
指定轴的另一个端点：                           //捕捉 b 点
指定另一条半轴长度或 [旋转(R)]：               //鼠标向上任意指定长度
指定起点角度或 [参数(P)]： -149                //输入起点角度
```

```
指定端点角度或 [参数(P)/夹角(I)]: 141                    //输入端点角度
```

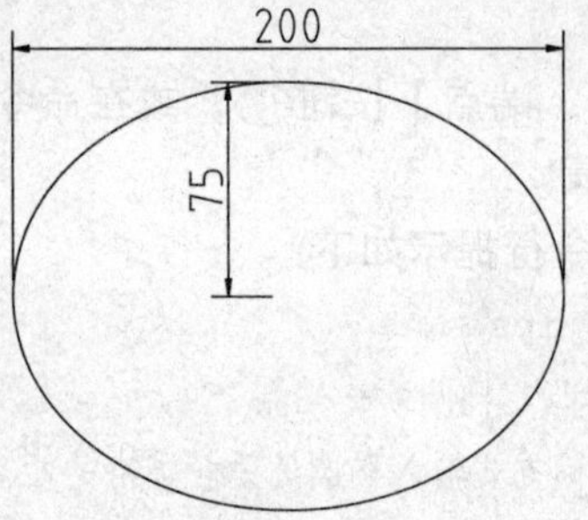

图 4-20　绘制椭圆

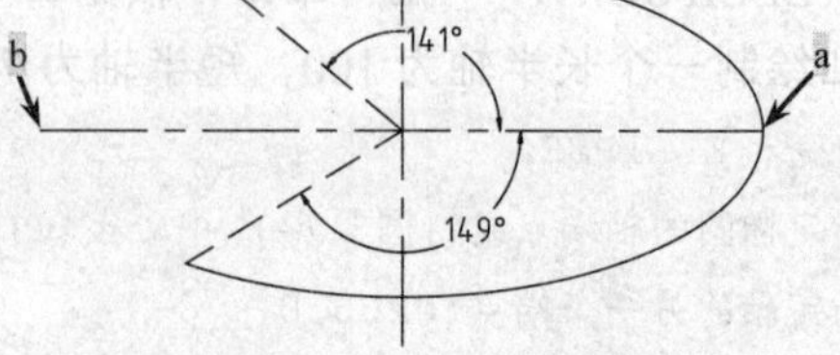

图 4-21　绘制椭圆弧

4.3.6　多段线

多段线是作为单个对象创建的相互连接的线段序列。可以创建直线段、圆弧段或两者的组合线段。它可适用于地形、等压和其他科学应用的轮廓素线、布线图和电路印制板布局、流程图和布管图、三维实体建模的拉伸轮廓和拉伸路径等。

多段线是由等宽或不等宽的直线或圆弧等多条线段构成的特殊线段，这些线段所构成的图形是一个整体，可对其进行编辑。

执行方式如下：

➢　面板：单击【默认】|【绘图】|【多段线】按钮。

➢　命令行：输入“PLINE” /“PL”命令。

执行上述任意一种操作后，命令行提示信息如下，如图 4-22 所示。

```
命令: PLINE↙                                            //执行【多段线】命令
指定起点:                                               //指定一点作为多段线的起点
当前线宽为 0.0000//显示当前多段线线宽为 0，即没有线宽
指定下一个点或 [圆弧(A)/半宽(H)/长度(L)/放弃(U)/宽度(W)]: 30
指定下一点或 [圆弧(A)/闭合(C)/半宽(H)/长度(L)/放弃(U)/宽度(W)]: W
指定起点宽度 <0.0000>: 5
指定端点宽度 <10.0000>: 0
指定下一点或 [圆弧(A)/闭合(C)/半宽(H)/长度(L)/放弃(U)/宽度(W)]: 10
指定下一点或 [圆弧(A)/闭合(C)/半宽(H)/长度(L)/放弃(U)/宽度(W)]:
```

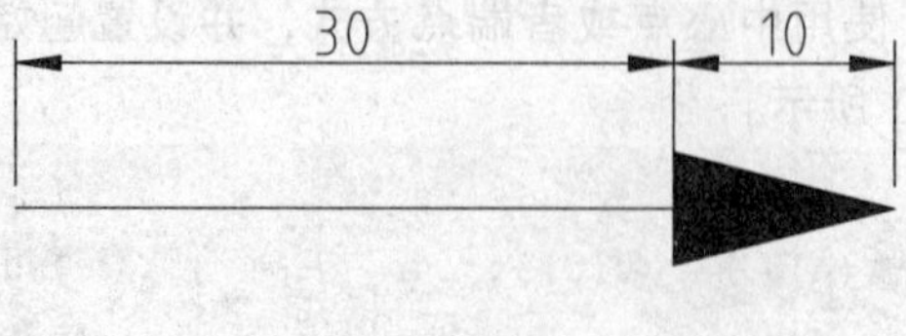

图 4-22　绘制多段线

执行 PLINE 命令过程中各选项的含义如下：

➢　圆弧(A)：选择该选项，将以绘制圆弧的方式绘制多段线，其下的“半宽”“长度”“放弃”与“宽度”选项与主提示中的各选项含义相同。

➢ 半宽(H)：选择该选项，将指定多段线的半宽值，AutoCAD 将提示用户输入多段线的起点半宽值与终点半宽值。
➢ 长度(L)：选择该选项，将定义下一条多段线的长度。AutoCAD 将按照上一条线段的方向绘制这一条多段线。若上一段是圆弧，将绘制与此圆弧相切的线段。
➢ 放弃(U)：选择该选项，将取消上一次绘制的一段多段线。
➢ 宽度(W)：选择该选项，可以设置多段线宽度值。

4.3.7 样条曲线

样条曲线是指给定一组控制点而得到一条曲线，曲线的大致形状由这些点予以控制，一般可分为插值样条和逼近样条两种，插值样条通常用于数字化绘图或动画的设计，逼近样条一般用来构造物体的表面。

在 AutoCAD 2016 中，样条曲线是通过起点、控制点、终点以及偏差变量来进行控制的，适合用于表达不规则变化曲率半径的曲线。

执行方式如下：

➢ 面板：单击【默认】|【绘图】|【样条曲线】按钮。
➢ 命令行：输入 SPLINE / SPL 命令。

执行样条曲线命令后，根据如下提示进行操作，即可绘制样条曲线，如图 4-23 所示。

```
命令：_spline                                                    \\ 执行“样条曲线”命令
当前设置：方式=拟合    节点=弦
指定第一个点或 [方式(M)/节点(K)/对象(O)]:                        \\ 确定 A 点
输入下一个点或 [起点切向(T)/公差(L)]:                            \\ 确定 B 点
输入下一个点或 [端点相切(T)/公差(L)/放弃(U)/闭合(C)]:             \\ 确定 C 点
输入下一个点或 [端点相切(T)/公差(L)/放弃(U)/闭合(C)]:             \\ 确定 D 点
输入下一个点或 [端点相切(T)/公差(L)/放弃(U)/闭合(C)]:             \\ 确定 E 点
输入下一个点或 [端点相切(T)/公差(L)/放弃(U)/闭合(C)]:             \\ 确定 F 点
输入下一个点或 [端点相切(T)/公差(L)/放弃(U)/闭合(C)]:             \\ 并按 3 次回车键结束
```

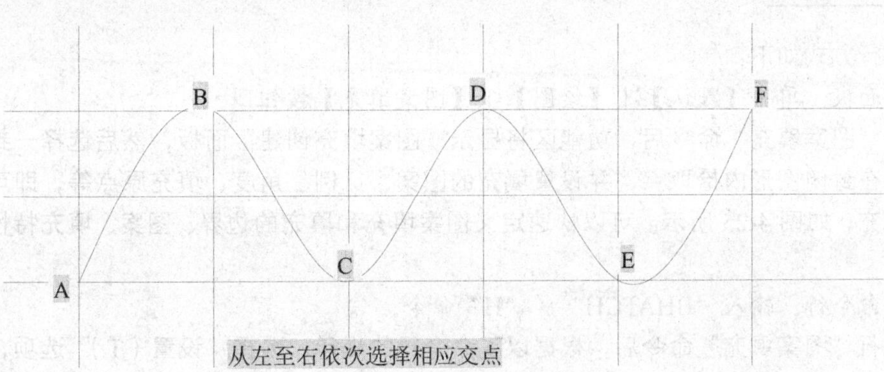

图 4-23　绘制样条曲线

执行样条曲线命令后，各选项功能说明如下：

➢ 起点切向：指定样条曲线起始点的切线方向。

➢ 端点切向：指定样条曲线端点的切线方向。
➢ 公差（F）：设置样条曲线的拟合公差值。输入的值越大，绘制的曲线偏离指定的点越远；输入的值越小，绘制的曲线偏离指定的点越近，如图 4-24 所示。

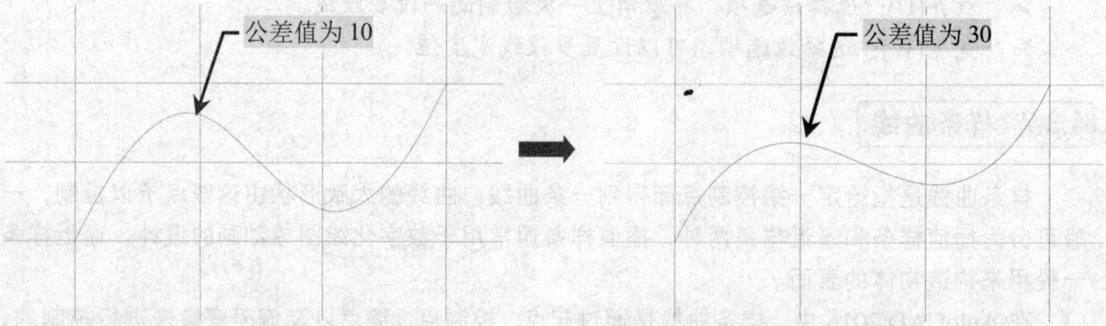

图 4-24　不同公差值区别

➢ 闭合（C）：封闭样条曲线，并显示"指定切向："提示信息，要求指定样条曲线的起点同时也是终点的切线方向。

4.4　创建填充对象

用户在绘制机械图形时，经常需要使用一些图案来对其封闭的图形区域进行图案填充，从而符合设计的需要。

通过 AutoCAD 2016 所提供的"图案填充"功能就可以根据用户的需要来设置填充的图案、填充的区域、填充的比例等。

4.4.1 使用填充

其执行方式如下：

➢ 面板：单击【默认】|【绘图】|【图案填充】按钮。

执行"图案填充"命令后，功能区将显示"图案填充创建"面板，然后选择一封闭的图形区域或在封闭图形内拾取点，并设置填充的图案、比例、角度、填充原点等，即可对其进行图案填充，如图 4-25 所示。可以快速定义图案填充和填充的边界、图案、填充特性和其他参数。

➢ 命令行：输入"BHATCH" / "H"命令。

或执行"图案填充"命令后，根据以下命令行的提示，选择"设置（T）"选项，将弹出"图案填充或渐变色"对话框，再进行相应的操作，如图 4-26 所示。

```
命令：H/BHATCH
选择对象或 [拾取内部点(K)/放弃(U)/设置(T)]：T
```

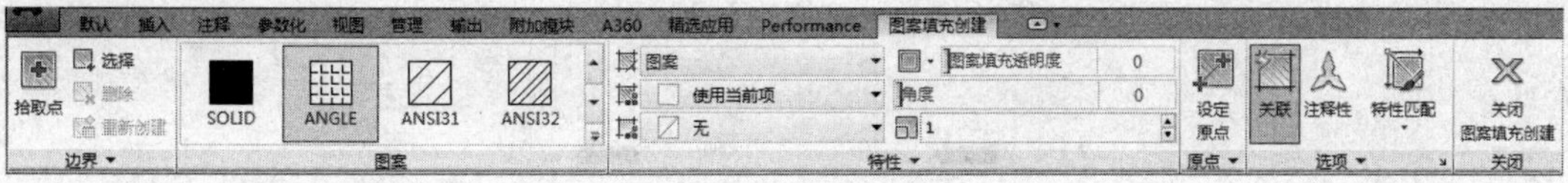

图 4-25　新增“图案填充创建”面板

图 4-26　图案填充

“图案填充和渐变色”对话框中各选项卡的选项含义介绍如下：

- “类型”下拉列表框：设置填充的图案类型，包括有预定义、用户定义和自定义 3 个选项。
- 预定义：其图案存储在随程序提供的以下文件中：AutoCAD：acad.pat 或 acadiso.pat；AutoCAD LT：acadlt.pat 或 acadltiso.pat。
- 用户定义：其图案基于图形中的当前线型。
- 自定义：其图案是在任何自定义 PAT 文件中定义的图案，这些文件已添加到搜索路径中。
- “图案”下拉列表框：设置填充的图案。若单击其后的[...]按钮，将打开“填充图案选项板”，如图 4-27 所示，从中选择相应的填充图案即可。

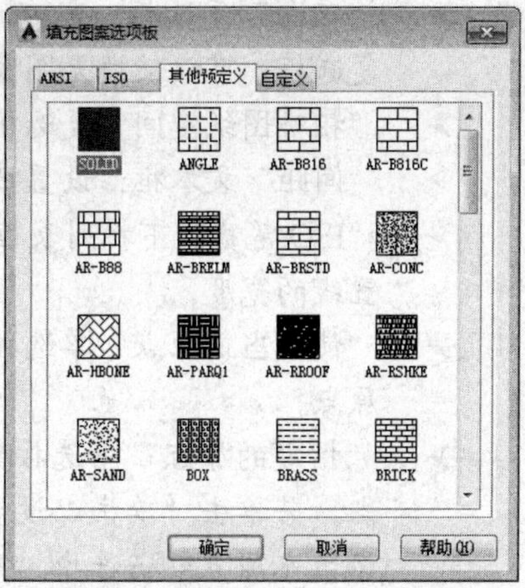

图 4-27　填充图案选项板

- “样例”预览窗口：显示当前选中的图案样例，单击所选的样例图案也可以打开“填充图案选项板”来选择图案。
- “自定义图案”下拉列表框：当填充的图案类型为“自定义”时，该选项才可用，从而可以在其下拉列表框中选择图案。若单击其后的[...]按钮，将弹出“填充图案选项板”，并自动切换到“自定义”选项卡中进行选择。
- “角度”下拉列表框：设置填充图案的旋转角度，根据不同图案要求设置角度值大小，如图 4-28 所示。

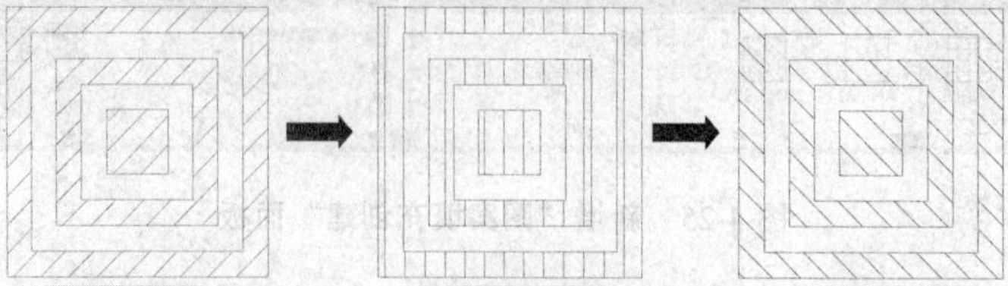

图 4-28 图案填充角度

专家提醒

图案填充角度值的起始角度为 0°（实际剖面线与水平线之间的夹角为 45°），而在实际输入的填充剖面线与水平线的实际角度为：填充角度+45°。

➢ “比例”下拉列表框：设置图案填充时的比例值，比值的大小可看出图案的稀疏度，如图 4-29 所示。

图 4-29 图案填充比例

➢ “双向”复选框：当在“类型”下拉列表框中选择“用户定义”选项时，选中该复选框，可以使填充图案为相互垂直的两组平行线；否则为一组平行线。
➢ “相对图纸空间”复选框：设置比例因子是否为相对于图纸空间的比例。
➢ “间距”文本框：设置填充平行线之间的距离.
➢ “ISO 笔宽”下拉列表框：当填充图案采用 ISO 图案时，该选项才可用，它用于设置线的宽度。
➢ “使用当前原点”单选按钮：可以使用当前 UCS 的原点（0，0）作为图案填充的原点。
➢ “指定的原点”单选按钮：选中该单选按钮，可以通过指定点作为图案填充的原点。若单击“单击以设置新原点”按钮，可以从绘图窗口中选择某一点作为图案填充原点；若选中“默认为边界范围”复选框，可以以填充边界左下角、右下角、右上角、左上角或圆心作为图案填充的原点。
➢ “添加：拾取点”按钮：单击该按钮切换到绘图窗口中，以拾取点的方式来指定对象封闭的区域中的点。
➢ “添加：选择对象”按钮：单击该按钮切换到绘图窗口中，选择封闭区域的对象来定义填充区域的边界。
➢ “删除边界”按钮：单击该按钮切换到绘图窗口中，选择需要删除的填充区域边界。

- “重新创建边界”按钮：单击该按钮切换到绘图窗口中，重新创建图案的填充边界。
- “查看选择集”按钮：单击该按钮，将切换到绘图窗口中，并可以将已定义的填充边界以虚线的方式显示出来。
- “注释性”复选框：用于将填充的图案定义为可注释性的对象。
- “关联”复选框：用于创建其边界随之更新的图案和填充。
- “创建独立的图案填充”复选框：用于创建独立的图案填充。
- “绘图次序”下拉列表框：用于指定图案填充的绘图顺序。
- “继承特性”按钮：可以将现有图案填充或填充对象的特性，应用到其他图案填充或填充对象。
- “孤岛检测”复选框：可以指定在最外层边界内填充对象的方法。

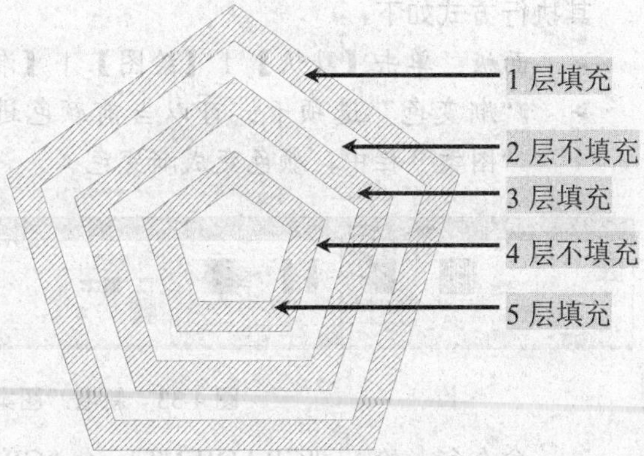

图 4-30 普通图案填充

- “普通”单选按钮：将从最外层的外边界向内边界填充，第一层填充，第二层不填充，第三层填充，依次交替进行填充，直到选定边界被填充完毕为止，如图 4-30 所示。
- “外部”单选按钮：将只填充从最外层边界到向内第一层边界之间的区域，其系统变量 HPNAME 设置为 0，如图 4-31 所示。
- “忽略”单选按钮：表示忽略边界，从最外层边界以内将全部被填充，如图 4-32 所示。
- “ 边界保留”复选框：可将填充边界以对象的形式保留，并可以从“对象类型”下拉列表框中选择填充边界的保留类型。

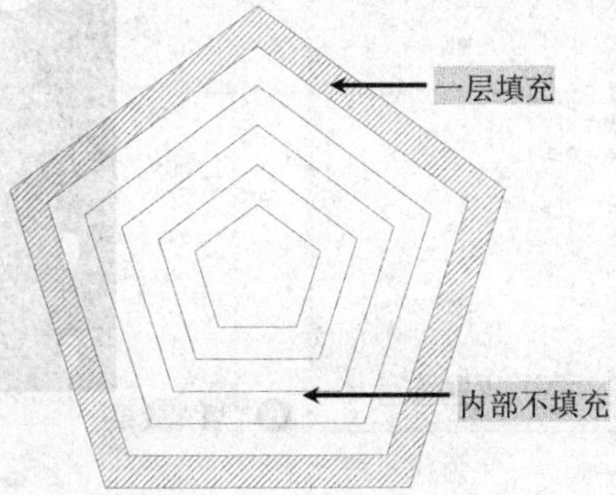

图 4-31 “外部”填充方式

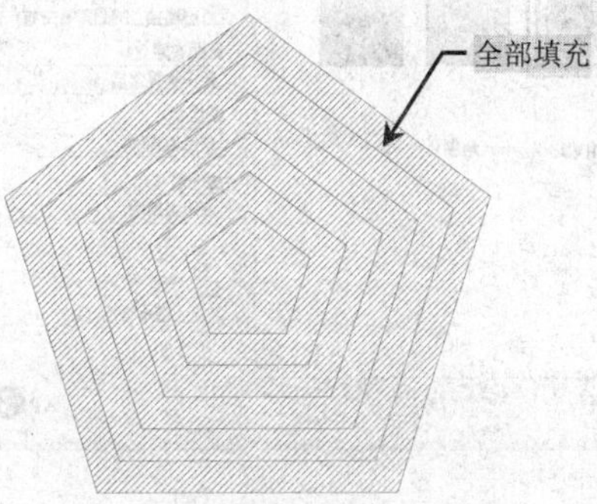

图 4-32 “忽略”填充方式

专家提醒

如果填充的图案与某个对象（例如文本、属性或实体填充对象）相交，并且该对象被选定为边界集的一部分，则“H”命令将围绕该对象来填充。如果单击“删除边界”按钮，并选择该文本对象，将该文本对象的边界删除，则在填充图形时，将忽略这个文本对象进行填充。

➢ “渐变色”选项卡：可以当前颜色进行颜色调整，后面做详细讲解。

4.4.2 渐变色填充

通过设置颜色的方式来填充图形。

其执行方式如下：

➢ 面板：单击【默认】|【绘图】|【渐变色】按钮，如图 4-33 所示。

➢ “渐变色”选项卡：可以当前颜色进行颜色调整，在“图案填充创建”面板的“图案”栏中，颜色变成渐变色。

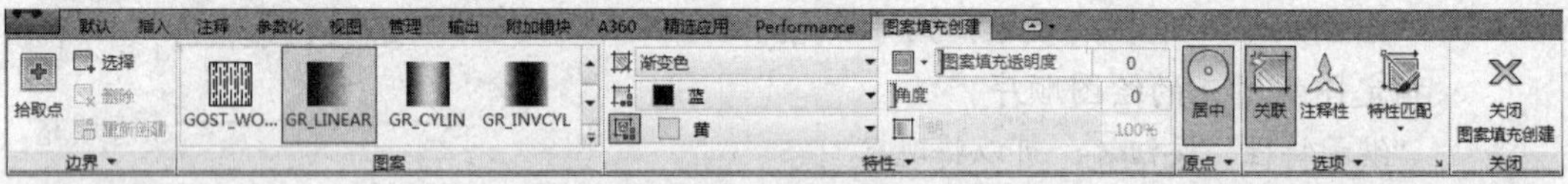

图 4-33 新增“图案填充创建”面板

➢ 命令行：输入“GRADIENT”/“GRA”命令。

或执行“渐变色”命令后，根据以下命令行的提示，选择“设置(T)”选项，将弹出“图案填充和渐变色”对话框，显示“渐变色”选项卡，再进行相应的操作，如图 4-34 所示。

```
命令：_gradient
选择对象或 [拾取内部点(K)/放弃(U)/设置(T)]：T
```

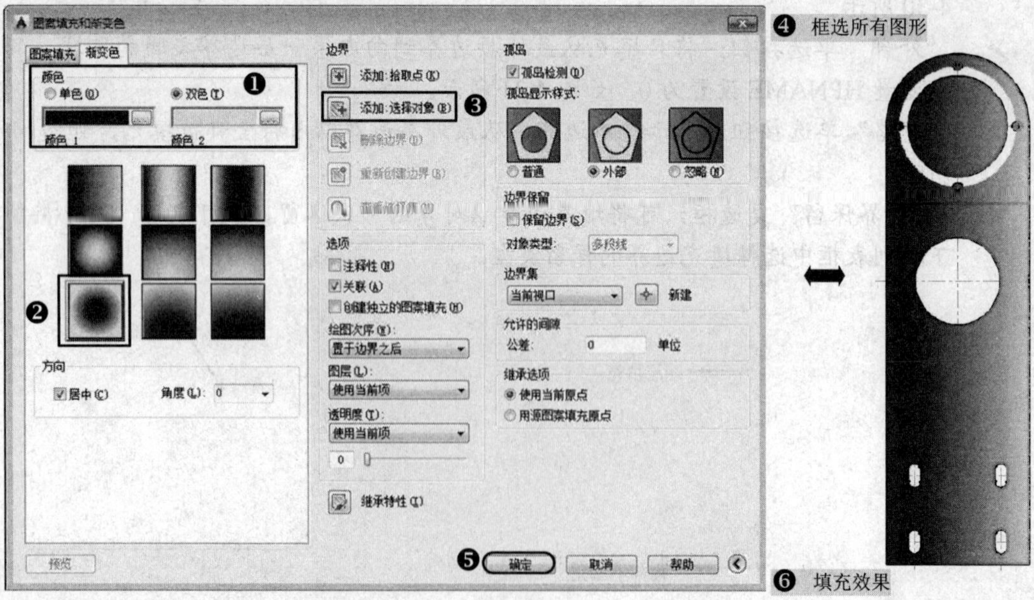

图 4-34 渐变色填充

“渐变色”选项卡中各选项的含义介绍如下：

➢ “颜色”选项组：指定是使用单色还是使用双色混合色填充图案填充边界，如图 4-35 所示。

■ 单色：指定填充是使用一种颜色与指定染色（颜色与白色混合）间的平滑转场

还是使用一种颜色与指定着色（颜色与黑色混合）间的平滑转场（GFCLRSTATE 系统变量）。

■ 双色：指定在两种颜色之间平滑过渡的双色渐变填充（GFCLRSTATE 系统变量）。

■ 颜色样例：指定渐变填充的颜色（可以是一种颜色，也可以是两种颜色）。单击浏览[...]按钮以显示"选择颜色"对话框，从中可以选择 AutoCAD 颜色索引(ACI)颜色、真彩色或配色系统颜色（GFCLR1 和 GFCLR2 系统变量）。

■ "着色"和"渐浅"滑块：指定一种颜色的渐浅（选定颜色与白色的混合）或着色（选定颜色与黑色的混合），用于渐变填充（GFCLRLUM 系统变量）。

➢ 渐变图案显示：用于渐变填充的固定图案。这些图案包括线性扫掠状、球状和抛物面状图案，如图 4-36 所示。

➢ 方向：指定渐变色的角度以及其是否对称。

■ 居中：指定对称渐变色配置（GFSHIFT 系统变量）。如果没有选定此选项，渐变填充将朝左上方变化，创建光源在对象左边的图案，如图 4-37 所示。

■ 角度：指定渐变填充的角度（GFANG 系统变量）。相对当前 UCS 指定角度。此选项与指定给图案填充的角度互不影响，如图 4-38 所示。

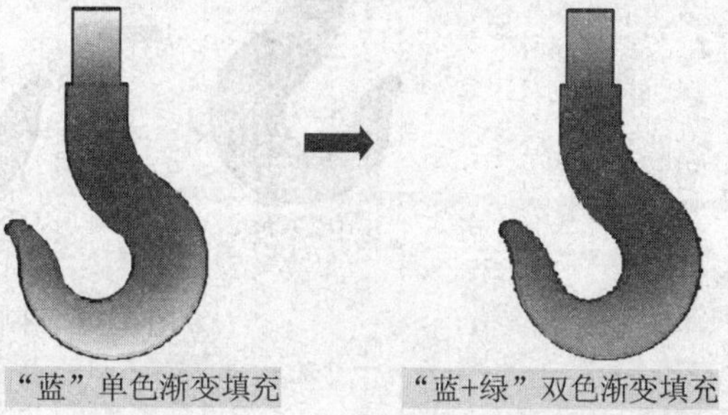

图 4-35　单、双色渐变填充

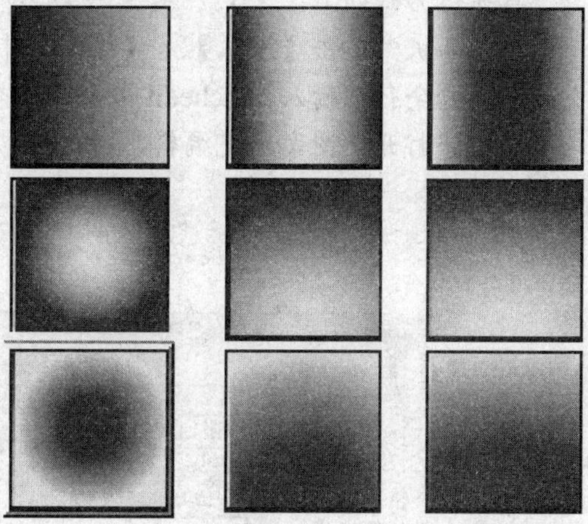

图 4-36　渐变图案

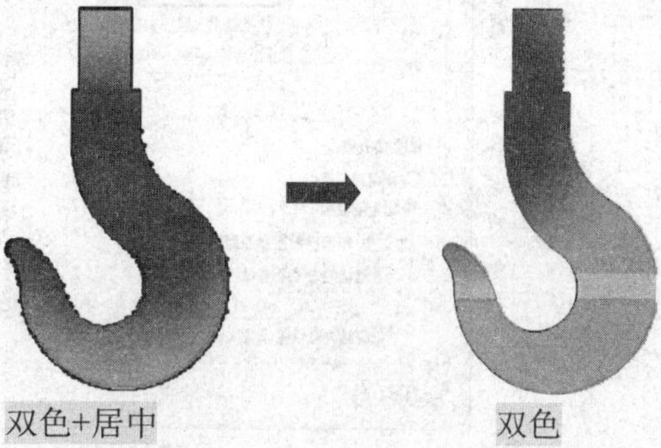

图 4-37　不同方向的渐变填充

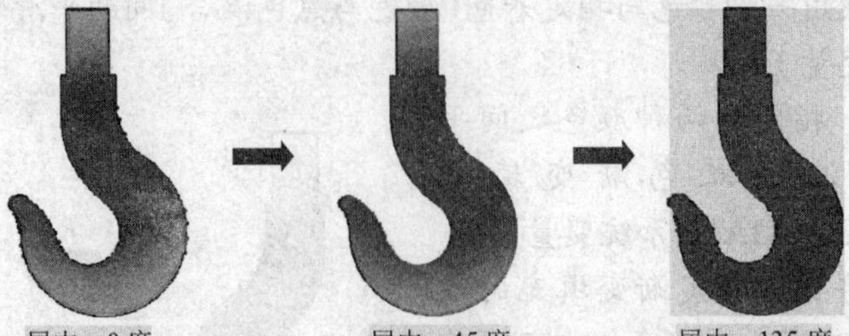

图 4-38　不同角度的渐变填充

4.4.3 图案填充比例

更改图案填充实际上就是对其填充的图案对象进行修改、重新进行编辑。设置图案填充时的比例值，比值的大小可看出图案的稀疏度。

其执行方式如下：

- 面板：单击【默认】|【修改】|【编辑图案填充】按钮。
- 命令行：输入 Hatchedit 命令，命令行的提示如下。选择需要更改比例的图案，此时将打开“图案填充编辑”对话框，如图 4-39 所示。

```
命令: _hatchedit
选择图案填充对象:
```

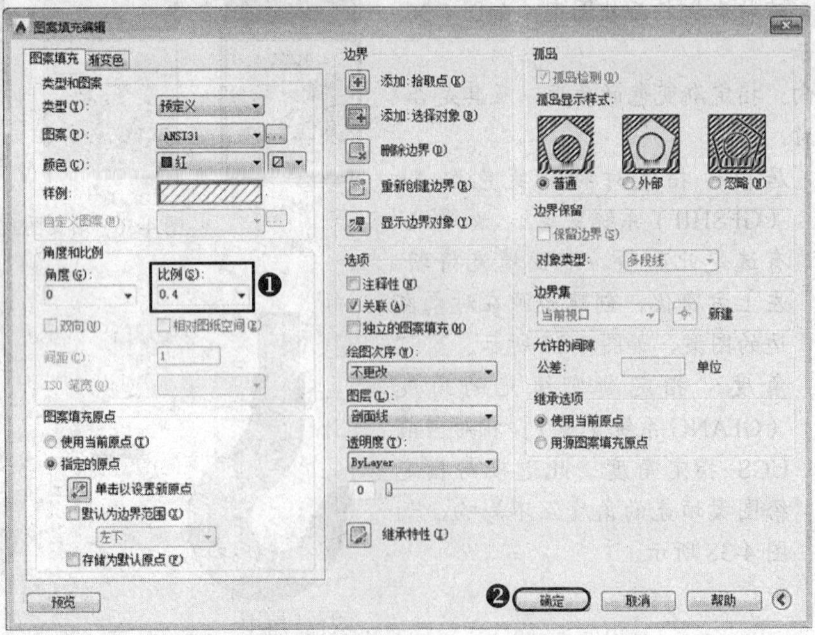

图 4-39　“图案填充编辑”对话框

- 鼠标单击：单击需要更改比例的图案，此时将新增“图案填充编辑器”选项卡，如图 4-40 所示。

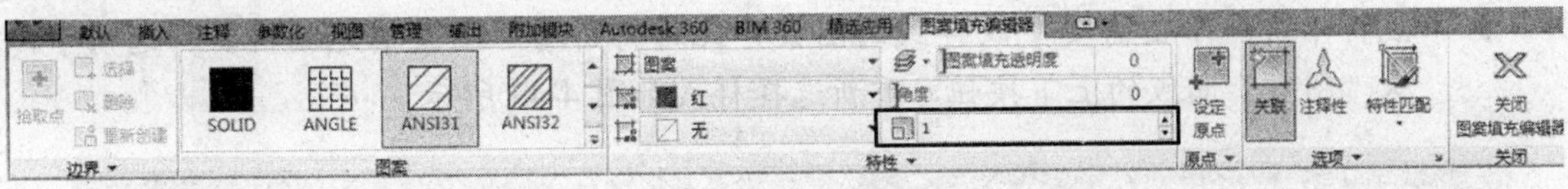

图 4-40　新增“图案填充编辑器”面板

- 鼠标双击：双击需要更改比例的图案，此时将打开“快捷特性”面板，显示当前填充图案的相关信息，如颜色、图层、类型、图案名、角度、比例等。

启动“图案填充编辑”命令后，根据命令行的提示，选择需要更改的填充对象，在“比例”位置输入新的比例，如图 4-41 所示。

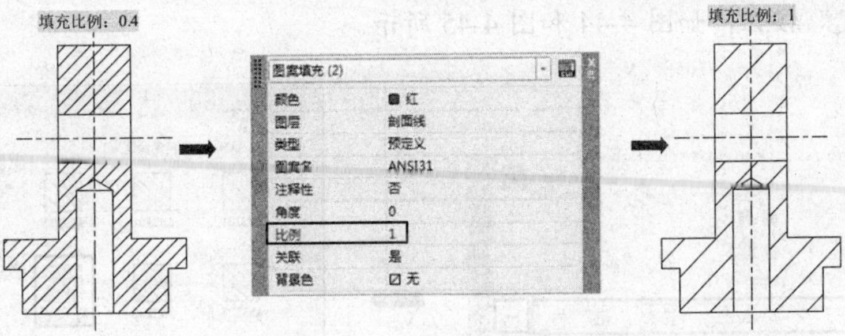

图 4-41　图案填充比例

4.4.4 图案填充样式

其执行方式如下：

- 面板：单击【默认】|【修改】|【编辑图案填充】按钮。
- 命令行：输入 Hatchedit 命令，命令行的提示如下。选择需要更改样式的图案，此时将打开“图案填充编辑”对话框，如图 4-42 所示。

```
命令：_hatchedit
选择图案填充对象：
```

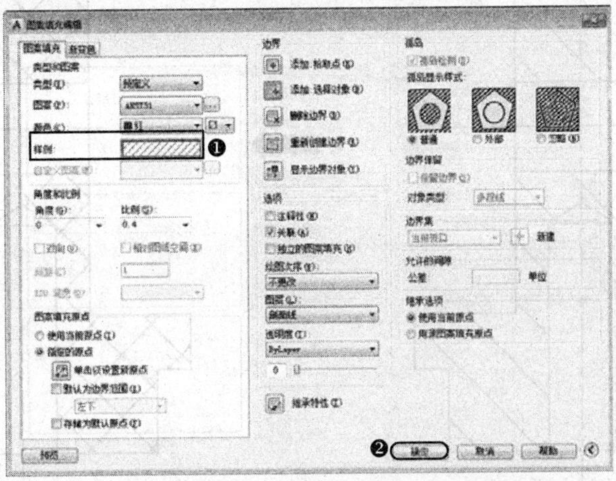

图 4-42　“图案填充编辑”对话框

➢ 鼠标单击：单击需要更改样式的图案，此时将新增“图案填充编辑器”选项卡，从“图案”面板的上下按钮，重新选择样式如图 4-43 所示。

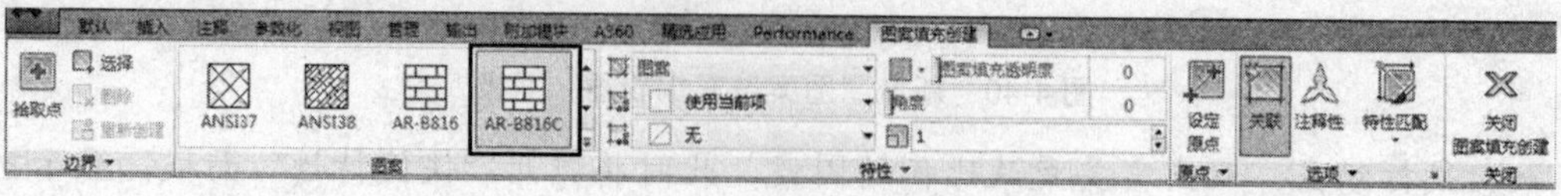

图 4-43　新增“图案填充编辑器”面板

➢ 鼠标双击：双击需要更改比例的图案，在“快捷特性”面板的“图案名”上单击右侧的▭，将打开“填充图案选项板”对话框，重新选择新的图案样式，单击“确定”按钮，如图 4-44 和图 4-45 所示。

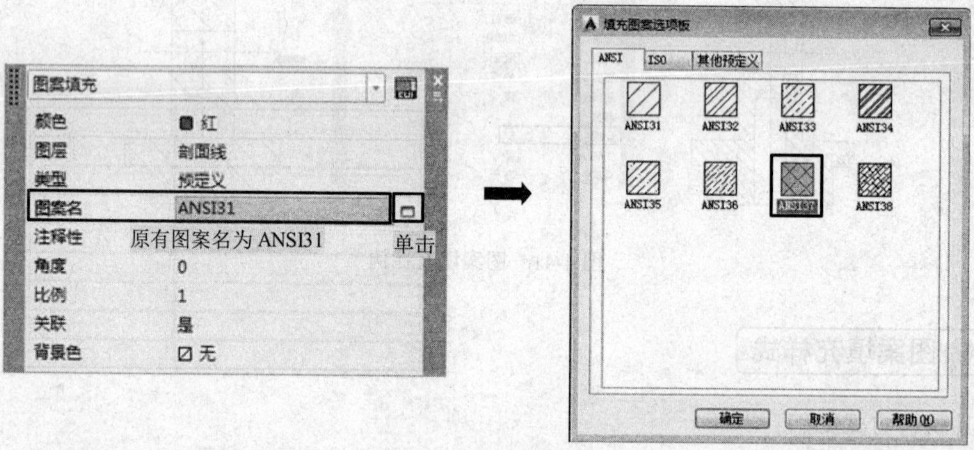

图 4-44　图案填充

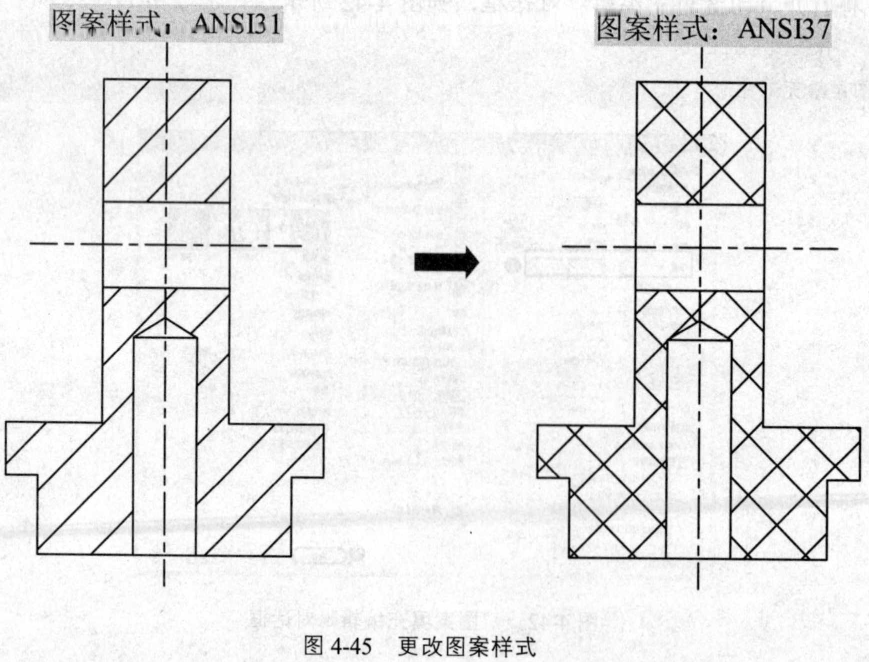

图 4-45　更改图案样式

4.4.5 图案透明度

其执行方式如下：

➢ 面板：单击【默认】|【修改】|【编辑图案填充】按钮。

➢ 命令行：输入“Hatchedit”命令，命令行的提示如下。选择需要更改透明度的图案，此时将打开“图案填充编辑”对话框，在“透明度”区域，通过左、右拖动滑块，从而设置不同的透明度，如图 4-46 所示。

```
命令：_hatchedit
选择图案填充对象：
```

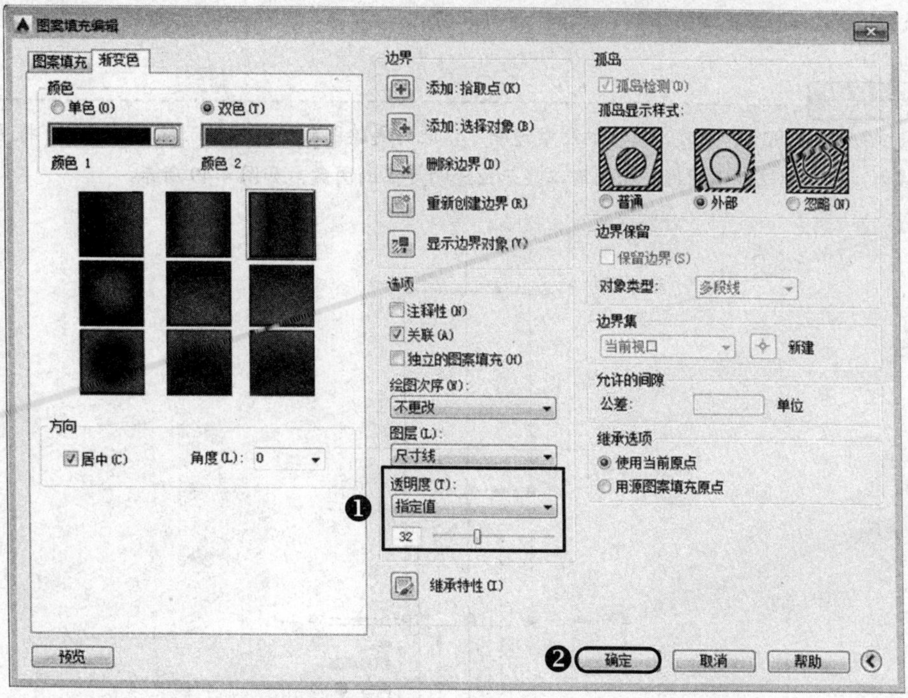

图 4-46　“图案填充编辑”对话框

➢ 鼠标键：单击需要更改样式的图案，此时将新增“图案填充编辑器”选项卡，在“特性”位置，越往左拖动滑块，值越小，图案越清楚；反之，向右拖动滑块，值越大，图案越透明，如图 4-47 和图 4-48 所示。

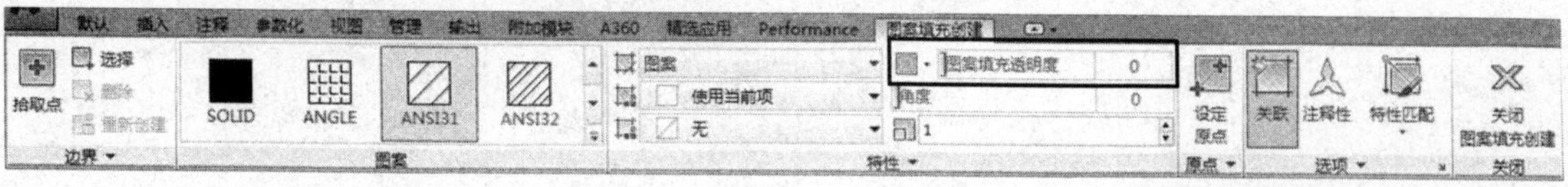

图 4-47　新增“图案填充编辑器”面板

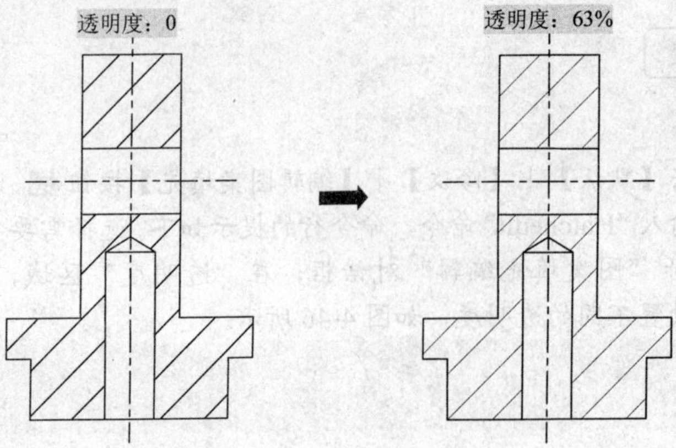

图 4-48　更改图案透明度

专家提醒

当透明度值在 90%以上时，填充的图案透明了，此时再绘图已经无法显示清楚图案，可将鼠标移动图案区域内，或者框选整个图形，从而可以显示出透明度高的图案，如图 4-49 所示。

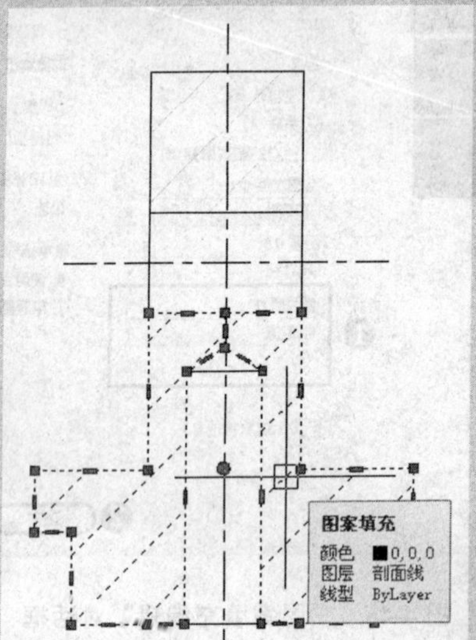

图 4-49　显示已经透明化的图案

第 5 章

编辑二维机械图形

本章导读

在 CAD 中绘制图形时，简单地创建一些二维图形对象已满足不了设计的需要，对于一些复杂、不规则的图形来说，可以借助一些具有编辑功能的按钮和命令进行修改，从而使图形更加准确和完善。在 AutoCAD 2016 中，为用户提供了如移动、旋转、删除、复制、偏移、阵列、拉伸、缩放、修剪、圆角、分解、合并等最常见的一些编辑命令，读者只要熟练掌握它们，就会对制图得心应手，提高工作效率。

精彩看点

- 选择图形对象
- 更改图形位置
- 删减或复制图形
- 图形的其他编辑操作

5.1 选择图形对象

在 AutoCAD 中，选择对象的方法很多，可以通过单击对象逐个拾取，也可利用矩形窗口或交叉窗口来选择；还可以选择最近创建的对象、前面的选择集或图形中的所有对象；也可以向选择集中添加对象或从选择集中删除对象。

5.1.1 选择图形方法

在绘图过程中，当执行到某些命令（如图案填充、复制、偏移、移动）时，将提示“选择对象:”，此时出现矩形拾取框□，将拾取框放在要选择的对象位置时，将亮显对象，单击则选择该对象（也可以逐个选择多个对象），如图 5-1 所示。

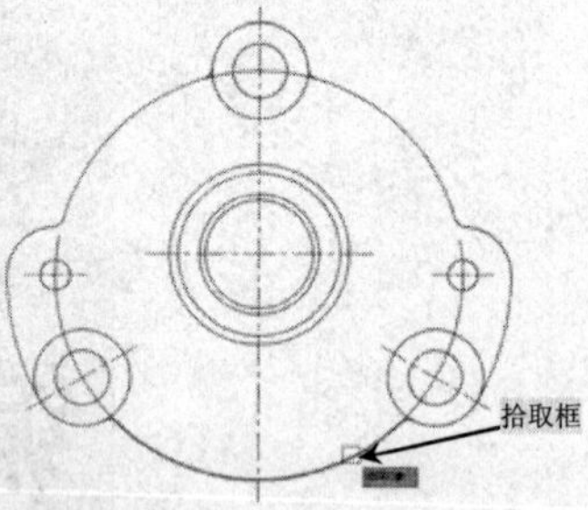

图 5-1 拾取选择对象

用户在选择图标对象时有多种方法，若要查看选择对象的方法，可在“选择对象:”命令提示符下输入“？”，这时将显示如下所有选择对象的方法。

```
选择对象：？
*无效选择*
需要点或 窗口(W)/上一个(L)/窗交(C)/框(BOX)/全部(ALL)/栏选(F)/圈围(WP)/圈交(CP)/编组(G)/添加(A)/删除(R)/多个(M)/前一个(P)/放弃(U)/自动(AU)/单个(SI)/子对象(SU)/对象(O)
```

根据命令行的提示，用户输入大写字母，可以指定对象的选择模式。该提示中主要选项的具体含义如下:

- 需要点：可逐个拾取所需对象，该方法为默认设置。
- 窗口（W）：用一个矩形窗口将要选择的对象框住，凡是在窗口内的目标均被选中，如图 5-2 所示。

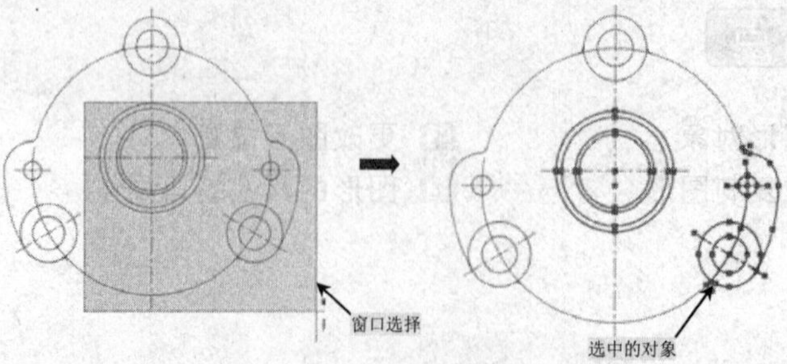

图 5-2 “窗口”方式选择

- 上一个（L）：此方式将用户最后绘制的图形作为编辑对象。
- 窗交（C）：选择该方式后，绘制一个矩形框，凡是在窗口内和与此窗口四边相交的对象都被选中，如图 5-3 所示。

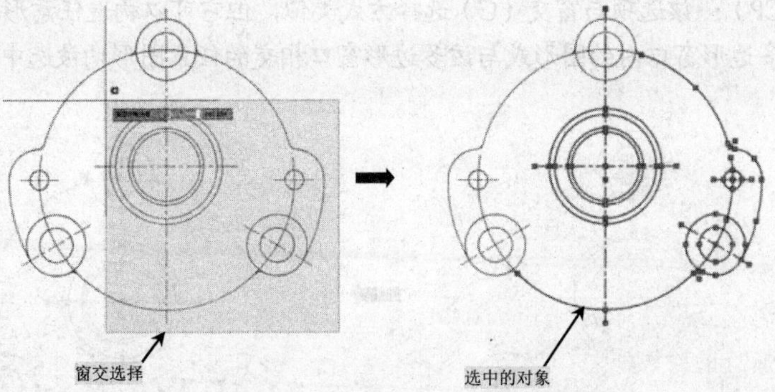

图 5-3 “窗交”方式选择

➢ 框（BOX）：当用户所绘制矩形的第一角点位于第二角点的左侧时，此方式与窗口（W）选择方式相同；当用户所绘制矩形的第一角点位于第二角点右侧时，此方式与窗交（C）方式相同。
➢ 全部（ALL）：图形中所有对象均被选中。
➢ 栏选（F）：用户可用此方式画任意折线，凡是与折线相交的图形均被选中，如图 5-4 所示。

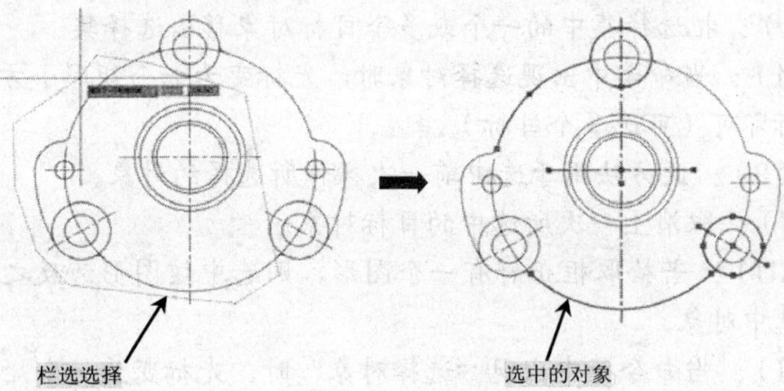

图 5-4 “栏选”方式选择

➢ 圈围(WP)：该选项与窗口（W）选择方式相似，但它可构造任意形状的多边形区域，包含在多边形窗口内的图形均被选中，如图 5-5 所示。

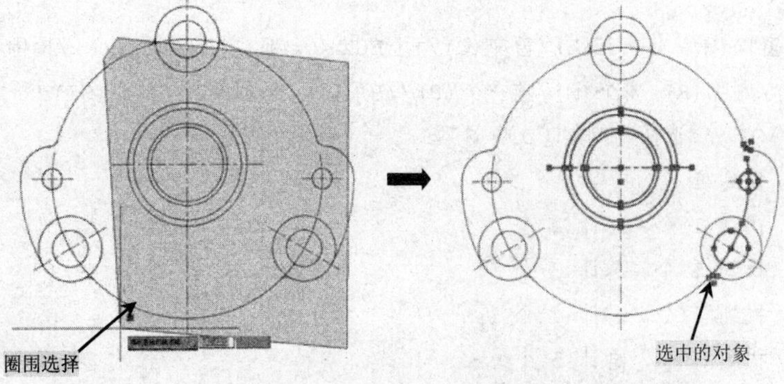

图 5-5 “圈围”方式选择

➢ 圈交（CP）：该选项与窗交（C）选择方式类似，但它可以构造任意形状的多边形区域，包含在多边形窗口内的图形或与该多边形窗口相交的任意图形均被选中，如图 5-6 所示。

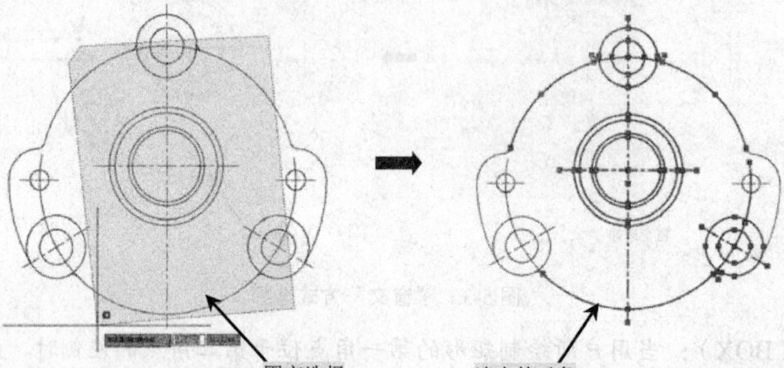

图 5-6 “圈交”方式选择

➢ 编组（G）：输入已定义的选择集，系统将提示输入编组名称。
➢ 添加（A）：当用户完成目标选择后，还有少数目标没有选中时，可以通过此方法把目标添加到选择集中。
➢ 删除（R）：把选择集中的一个或多个目标对象移出选择集。
➢ 多个（M）：当命令中出现选择对象时，光标变为一个矩形小方框，逐一点取要选中的目标即可（可选多个目标）。
➢ 前一个（P）：此方法用于选中前一次操作所选择的对象。
➢ 放弃（U）：取消上一次所选中的目标对象。
➢ 自动（AU）：若拾取框正好有一个图形，则选中该图形；反之，则用户指定另一角点以选中对象。
➢ 单个（SI）：当命令行中出现“选择对象”时，光标变为一个矩形小框□，点取要选中的目标对象即可。
➢ 对象（O）：当命令行中出现“选择对象”时，可依次单个选择需要操作的对象，如图 5-7 所示。

```
选择对象：？
*无效选择*
需要点或 窗口(W)/上一个(L)/窗交(C)/框(BOX)/全部(ALL)/栏选(F)/圈围(WP)/圈交(CP)/编组(G)/添加(A)/删除(R)/多个(M)/前一个(P)/放弃(U)/自动(AU)/单个(SI)/子对象(SU)/对象(O)
选择对象：O  //选择“对象(O)”选项
选择对象：找到 1 个
选择对象：找到 1 个，总计 2 个
选择对象：找到 1 个，总计 3 个
选择对象：找到 1 个，总计 4 个
选择对象：找到 1 个，总计 5 个                    //依次选择各个对象
选择对象：                                        //按下回车键结束选择对象
```

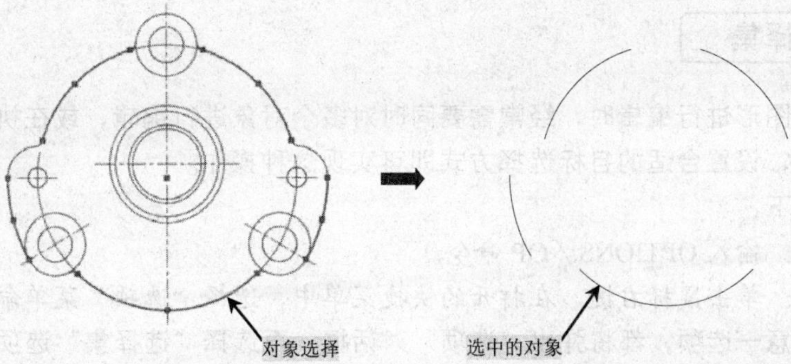

图 5-7　“对象”方式选择

5.1.2　快速选择图形

在 AutoCAD 中，当用户需要选择具有某些共有特性的对象时，可利用“快速选择”对话框，根据对象的图层、线型、颜色、图案填充等特性和类型来创建选择集。

执行方式如下：

➢ 面　板：单击【默认】|【实用工具】|【快速选择】按钮。

➢ 命令行：输入“QSELECT” / “QS”命令。

➢ 快捷键：单击鼠标右键，在打开的快捷菜单中，选择“快速选择”菜单命令。

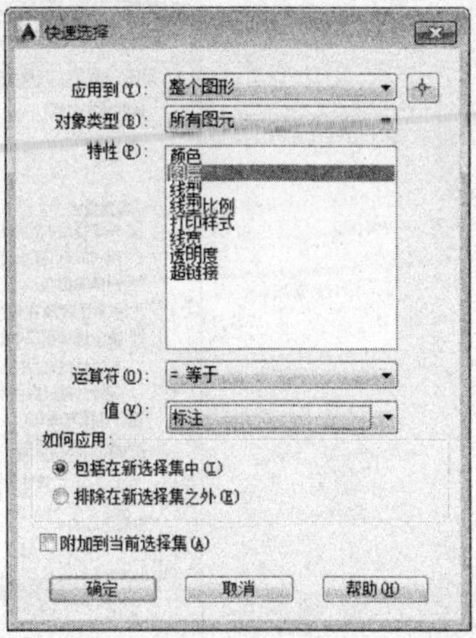

图 5-8　“快速选择”对话框

执行上述任意一选项，都将弹出“快速选择”对话框，从而根据设计的需要来选择相应的图形对象，如图 5-8 所示。

其对话框的各选项功能与含义如下：

➢ “应用到（Y）”下拉列表框：在下拉列表中选择所设置的过滤条件的应用范围，其默认情况下是应用于“整个图形”。

➢ “对象类型（B）”下拉列表框：在下拉列表中选择要过滤的对象类型，其默认情况下是应用于“所有图元”。

➢ “特性(P)”列表框：指定过滤条件的对象特征，包括颜色、图层、线型、比例、打印样式、线宽等。

➢ “运算符(O)”下拉列表框：其下拉列表控制过滤的范围，运算符包括“=、<、>、<>、全部选择等。

➢ “值（V）”下拉列表框：在下拉列表中设置过滤的特性值。

➢ “包括在新选择集中”单选钮：点选该单选钮，则由满足过滤条件的对象构成选择集。

➢ “排除在新选择集之外”单选按钮：点选该单选钮，则由不满足过滤条件的对象构成选择集。

➢ “附加到当前选择集”复选框：勾选该复选框，指定由“QSELECT”命令所创建的选择集附加到当前的选择集中去。

5.1.3 设置选择集

在对复杂的图形进行编辑时，经常需要同时对多个对象进行编辑，或在执行命令之前先要选择目标对象，设置合适的目标选择方式即可实现这种操作。

执行方式如下：

➢ 命令行：输入 OPTIONS / OP 命令。

➢ 快捷键：单击鼠标右键，在打开的快捷菜单中，选择“选项”菜单命令。

执行上述任意一选项，都将弹出“选项”对话框，再选择“选择集”选项卡，从而可设置拾取框大小、选择集模式、窗口选择方法、夹点尺寸、夹点颜色等，如图 5-9 所示。

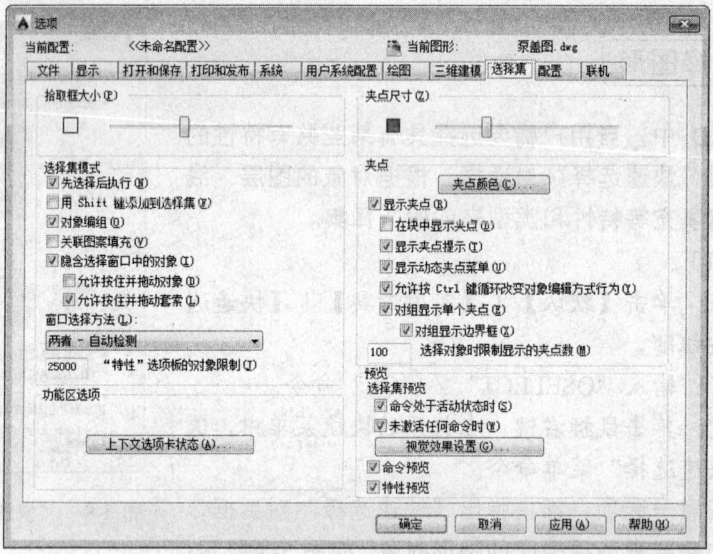

图 5-9 “选择集”选项卡

在“选择集”选项卡中，各主要选项的具体含义如下。

➢ “拾取框大小”滑块：拖动该滑块，可以设置默认拾取框的大小，如图 5-10 所示。

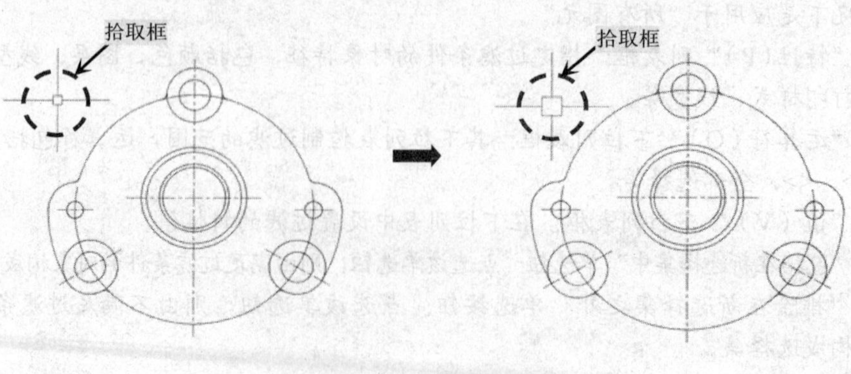

图 5-10 拾取框大小比较

➢ “夹点尺寸”滑块：拖动该滑块，可以设置夹点标记的大小，如图 5-11 所示。

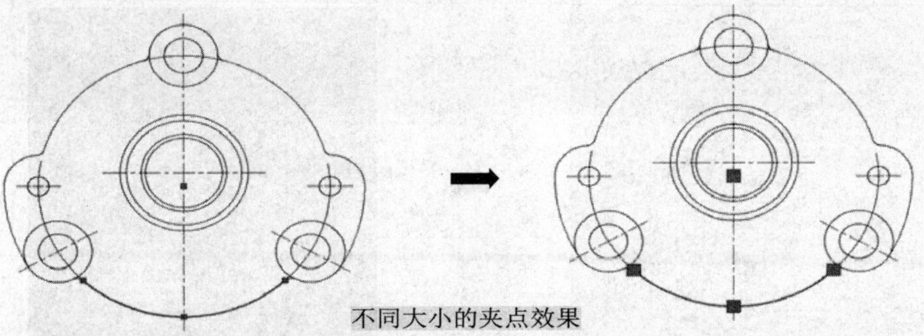

图 5-11 夹点大小比较

➢ “选择集预览”选项组：在“选择集预览”栏中可以设置“命令处于活动状态时”和“未激活任何命令时”是否显示选择预览，若单击“视觉效果设置”按钮，将打开“视觉效果设置”对话框，从而可以设置选择预览效果和选择有效区域，如图 5-12 所示。

图 5-12 “视觉效果设置”对话框

专家提醒

在“视觉效果设置”对话框中，在“窗口选择区域颜色”和“窗交选择区域颜色”下拉列表框中选择相应的颜色进行比较，如图 5-13 所示。拖动“选择区域不透明度”滑块，可以设置选择区域的颜色透明度，如图 5-14 所示。

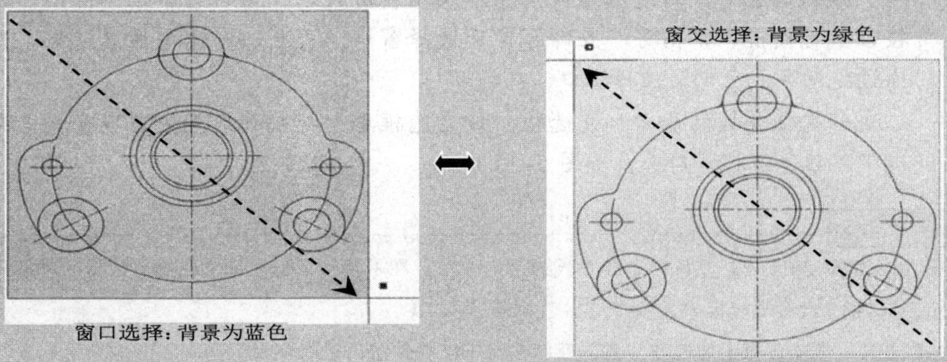

图 5-13 窗口与窗交选择

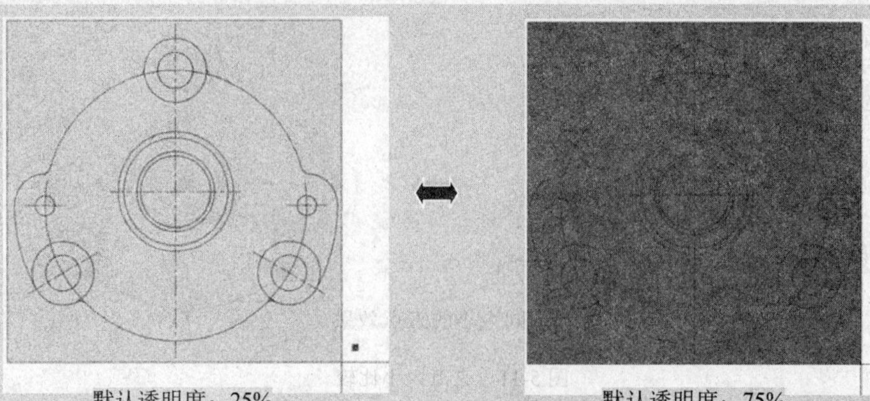

图 5-14 选择区域的不同透明度

- “先选择后执行”复选框：选中该复选框可先选择对象，再选择相应的命令。但是，无论该复选框是否被选中，都可以先执行命令，然后再选择要操作的对象。
- “用 Shift 键添加到选择集”复选框：选中该复选框则表示在未按住【Shift】键时，后面选择的对象将代替前面选择的对象，而不加入到对象选择集中。要想将后面的选择对象加入到选择集中，则必须在按住【Shift】键时单击对象。另外，按住【Shift】键并选取当前选中的对象，还可将其从选择集中清除。
- “对象编组”复选框：设置决定对象是否可以成组。默认情况下，该复选框被选中，表示选择组中的一个成员就是选择了整个组。但是，此处所指的组并非临时组，而是由“Group”命令创建的命名组。
- “关联图案填充”复选框：该设置决定当前用户选择一关联图案时，原对象（即图案边界）是否被选择。默认情况下，该复选框未被选中，表示选中关联图案时，不同时选中其边界。
- “隐含选择窗口中的对象”复选框：默认情况下，该复选框被选中，表示可利用窗口选择对象。若取消选中，将无法使用窗口来选择对象，即单击时要么选择对象，要么返回提示信息。
- “允许按住并拖动对象”复选框：该复选框用于控制如何产生选择窗口或交叉窗口。默认情况下，该复选框被清除，表示在定义选择窗口时单击一点后，不必再按住鼠标按键，单击另一点即可定义选择窗口。否则，若选中该复选框，则只能通过拖动方式来定义选择窗口。
- “允许按住并拖动套索”复选框：该复选框用于控制如何产生窗口套索。默认情况下，该复选框被勾选，如图 5- 15 所示。

专家提醒

在 AutoCAD 2016 中，默认的选择方式为“套索”。即不按住鼠标左键，在绘图区域的对象周围点一下后，按住拖曳就会出现套索。

如果用户习惯以前版本的选择方式，可以按一下空格键从而进行调换。

- “夹点颜色”按钮：用于设置不同状态下的夹点颜色。单击该按钮，将打开“夹点颜色”对话框，如图 5-16 所示。

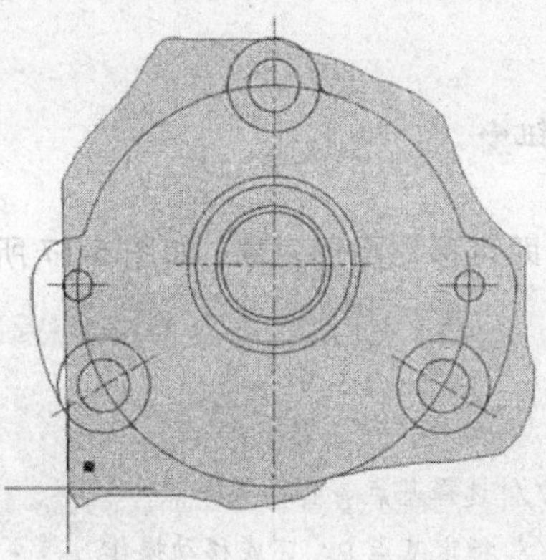

图 5-15 “套索”选择对象

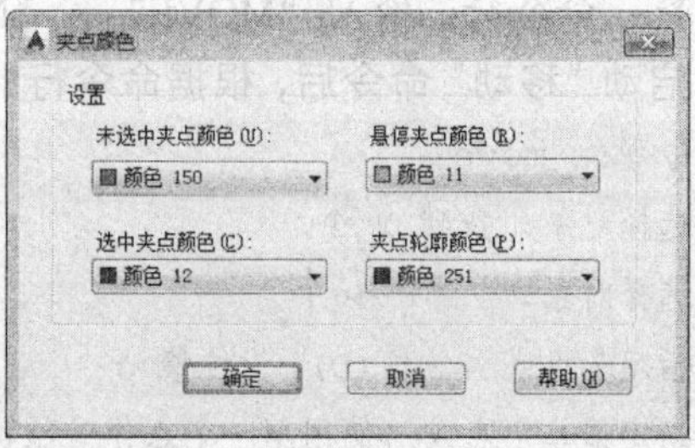

图 5-16 “夹点颜色”对话框

- “未选中夹点颜色”下拉列表框：用于设置夹点未选中时的颜色。
- “选中夹点颜色”下拉列表框：用于设置夹点选中时的颜色。
- “悬停夹点颜色”下拉列表框：用于设置光标暂停在未选定夹点上时该夹点的填充颜色。
- “夹点轮廓颜色”下拉列表框：用于设置夹点轮廓的颜色。
- “显示夹点”复选框：控制夹点在选定对象上的显示。在图形中显示夹点会明显降低性能。根据需要用户可不勾选此选项，就可以优化性能。
- “在块中显示夹点”复选框：控制块中夹点的显示。
- “显示夹点提示”复选框：当光标悬停在支持夹点提示的自定义对象的夹点上时，显示夹点的特定提示。但是此选项对标准对象上无效。
- “显示动态夹点菜单”复选框：控制在将光标悬停在多功能夹点上时动态菜单的显示。
- “允许按 Ctrl 键循环改变对象编辑方式行为”复选框：允许多功能夹点的按【Ctrl】键循环改变对象编辑方式行为。
- “对组显示单个夹点”复选框：显示对象组的单个夹点。
- “对组显示边界框”复选框：围绕编组对象的范围显示边界框。
- “选择对象时限制显示的夹点数”文本框：如果选择集包括的对象多于指定的数量时，将不显示夹点。可在文本框内输入需要指定的对象数量。

5.2 更改图形位置

用户在绘制图形对象时，经常会根据设计的需要对图形对象的位置进行更改。在 AutoCAD 中，相关的命令包括“移动（MOVE）”“旋转（ROTATE）”等。

5.2.1 移动图形

移动对象是指对象的重定位，可以在指定方向上按指定距离移动对象，对象的位置发生了改变，但方向和大小不改变。

执行方式如下：

➢ 面板：单击【默认】|【修改】|【移动】按钮。

➢ 命令行：输入“MOVE”/“M”命令。

启动“移动”命令后，根据命令行的提示进行操作，即可移动图形对象，如图 5-17 所示。

```
命令：_move                                          // 启动“移动”命令
选择对象：找到 1 个                                   // 选择两个小圆对象
选择对象：                                            // 确定选择的对象
指定基点或 [位移(D)] <位移>：                          // 选择基点 A 作为第一点
指定第二个点或 <使用第一个点作为位移>：                 // 指定基点 B，完成移动操作
```

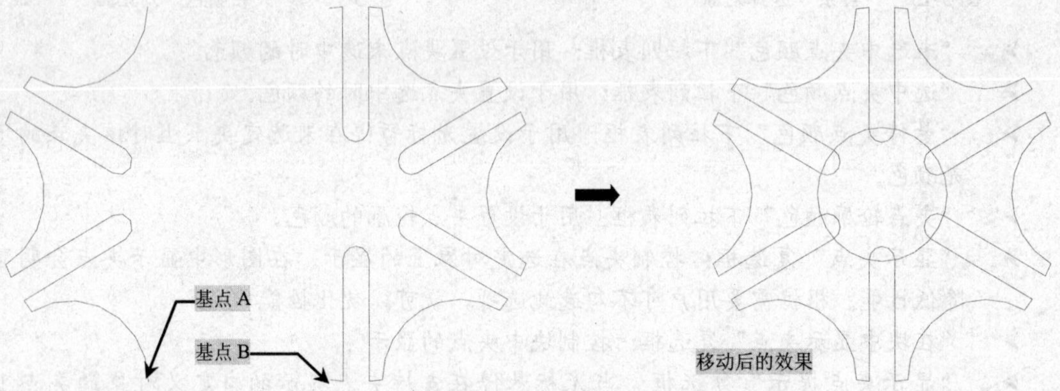

图 5-17 移动对象

➢ 指定基点：选择基点位移模式，直接移动光标来确定移动的位置。

➢ [位移(D)]：选择位移移动的模式，在命令提示行中“指定位移<0.0000, 0.0000, 0.0000>:”处输入数字，或不输入任何数字，直接移动光标来确定移动的位置，如图 5-18 所示。

```
指定基点或 [位移(D)] <位移>： D
指定位移 <0.0000, 0.0000, 0.0000>： 100
```

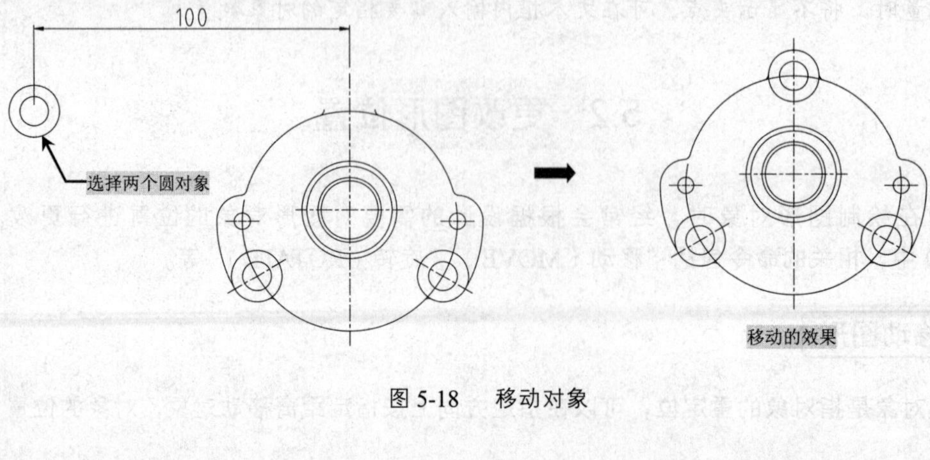

图 5-18 移动对象

5.2.2 旋转图形

旋转对象是指对象以指定的某一基点按照指定的角度进行旋转，但大小不改变。

执行方式如下：

- 面板：单击【默认】|【修改】|【旋转】按钮。
- 命令行：输入“ROTATE”/“RO”命令。

启动“旋转”命令后，根据命令行的提示进行操作，即可旋转图形对象，如图 5-19 所示。

```
命令: _rotate                                        // 启动“旋转”命令
UCS 当前的正角方向:  ANGDIR=逆时针  ANGBASE=0        // 当前旋转的方向为逆时针
选择对象: 找到 1 个                                  // 指定旋转的图形对象
选择对象:                                            // 确定旋转的图形对象
指定基点:                                            // 指定旋转的基点
指定旋转角度，或 [复制(C)/参照(R)] <170>:            // 指定旋转角度
```

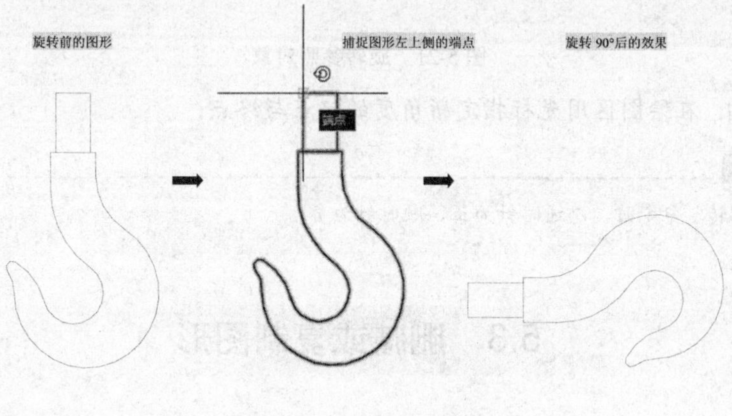

图 5-19　旋转对象

- [复制(C)]：旋转并保留源图形对象。

```
指定旋转角度，或 [复制(C)/参照(R)] <270>: c // 启动“复制”功能
指定旋转角度，或 [复制(C)/参照(R)] <270>: 90// 输入旋转的角度，结果如图 5-20 所示。
```

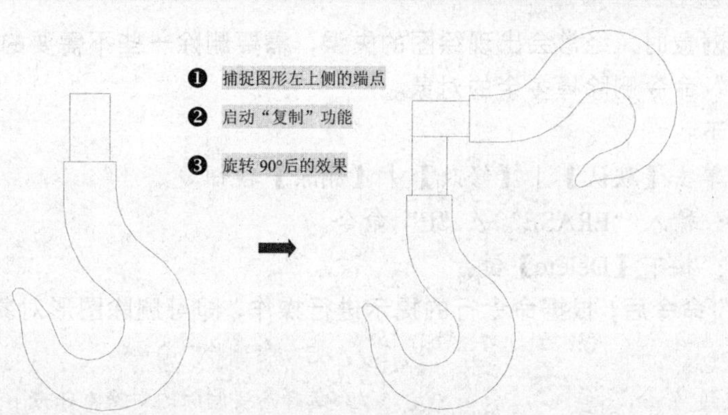

图 5-20　旋转复制对象

➢ [参照(R)]：以某一指定角度为基准，再进行旋转。

```
指定旋转角度，或 [复制(C)/参照(R)] <0>: r   // 启动“参照”功能
指定参照角 <60>: 45   \\ 输入参照的角度
指定新角度或 [点(P)] <60>: -45               // 输入新的旋转角度，结果如图 5- 21 所示。
```

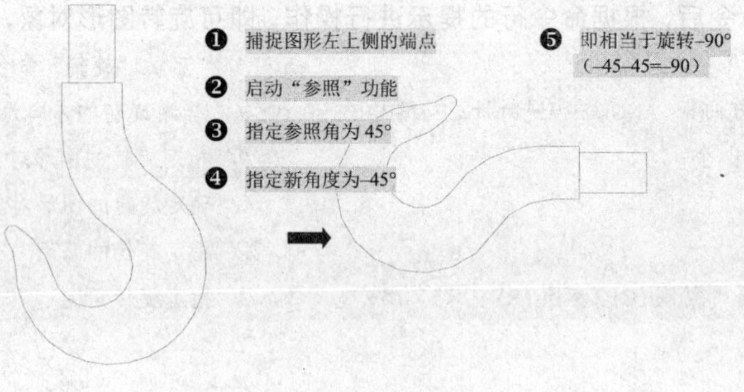

图 5-21　旋转参照对象

➢ [点(P)]：在绘图区用光标指定新角度的起点与终点。

专家提醒

在执行“旋转”命令时，以逆时针为正，顺时针为负。

5.3　删减或复制图形

在 AutoCAD 中，经常需要用到“删除”命令绘制不同类别、不同形状的机械图形对象；而复制类命令主要用于生成与已有图形对象具有相同性质的图形对象。

5.3.1　删除图形

在绘制图形对象时，经常会出现绘图的失误，需要删除一些不需要的图形对象，这时则可以借助“删除”命令删除掉多余的对象。

执行方式如下：

➢ 面板：单击【默认】|【修改】|【删除】按钮。
➢ 命令行：输入“ERASE”/“E”命令。
➢ 帮助键：按下【Delete】键。

启动“删除”命令后，根据命令行的提示进行操作，即可删除图形对象，如图 5-22 所示。

```
命令: _erase                          // 启动“删除”命令
选择对象: 找到 4 个                    // 选择需要删除的对象，并按下【Enter】键
```

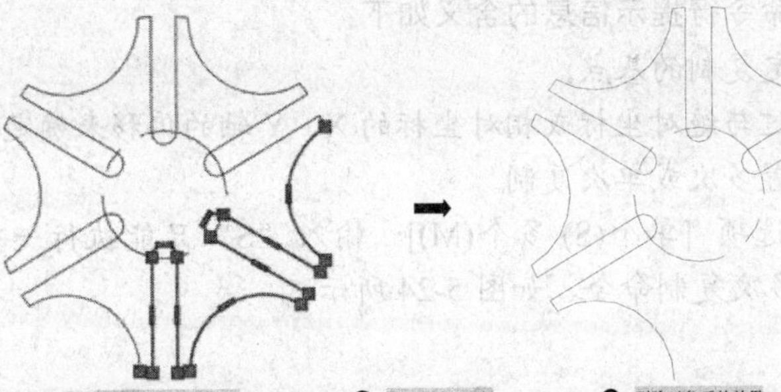

图 5-22　删除对象

专家提醒

在 AutoCAD 中，用“ERASE”命令删除对象后，这些对象只是临时性地删除，只要不退出当前图形或没有存盘，用户还可以用“Oops”或“Undo”命令将删除的实体恢复。

5.3.2 复制图形

复制是对当前选中的图形对象的一种重复使用，对于需要许多同一种图形对象的用户来说，“复制”命令能快速、便捷地生成相同形状的图形对象并且能达到再次绘制的目的。

执行方式如下：

➢ 面板：单击【默认】|【修改】|【复制】按钮。
➢ 命令行：输入“COPY”/“CO”命令。

启动“复制”命令后，根据命令行的提示进行操作，即可复制图形对象，如图 5-23 所示。

命令：_copy　// 启动复制命令
选择对象：找到 1 个　// 选中需要复制的圆对象
选择对象：找到 1 个，总计 2 个　// 按【Enter】键确定
当前设置：复制模式 = 多个　// 默认复制模式
指定基点或 [位移(D)/模式(O)] <位移>:　// 选中两个同心圆的圆心
指定第二个点或 [阵列(A)] <使用第一个点作为位移>:　// 移动捕捉到水平中心线与垂直中心线的交点.指定第二个点或 [阵列(A)/退出(E)/放弃(U)] <退出>:

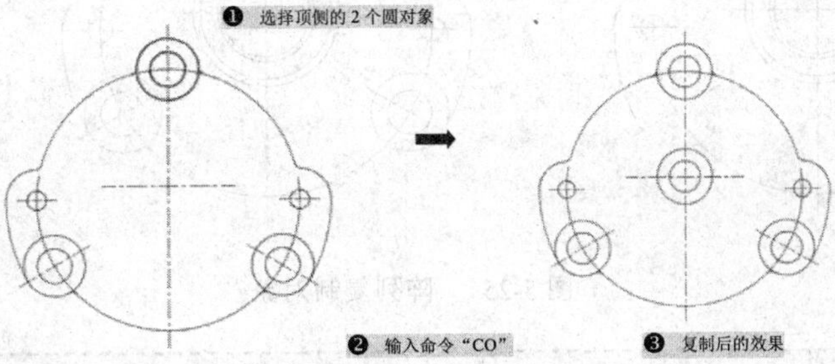

图 5-23　复制对象

执行复制命令后，命令行提示信息的含义如下：

- 指定基点：指定复制的基点。
- [位移(D)]：通过与绝对坐标或相对坐标的 X、Y 轴的偏移来确定复制到新的位置。
- [模式(O)]：设置多次或单次复制。
- 输入复制模式选项 [单个(S)/多个(M)]：输入“S”只能执行一次复制命令，输入“M”能执行多次复制命令，如图 5-24 所示。

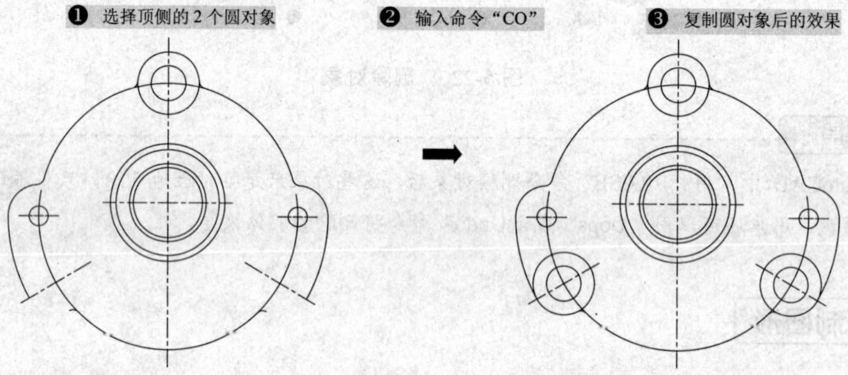

图 5-24　复制对象

- [阵列(A)]：按照一定的距离方式多次复制对象，如图 5-25 所示。

```
指定基点或 [位移(D)/模式(O)] <位移>:                // 捕捉左侧两个同心圆的圆心
指定第二个点或 [阵列(A)] <使用第一个点作为位移>:   //A
输入要进行阵列的项目数:                             //3
指定第二个点或 [布满(F)]:                           // 捕捉右侧斜线与圆弧的交点
指定第二个点或 [阵列(A)/退出(E)/放弃(U)] <退出>:
```

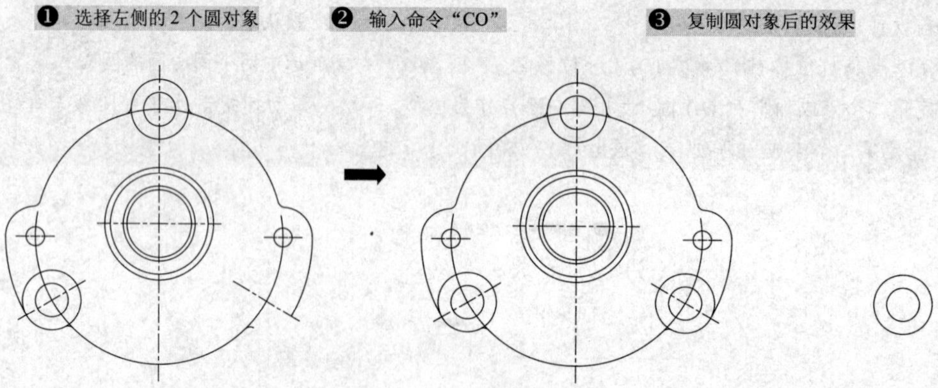

图 5-25　阵列复制对象

专家提醒

AutoCAD 中的图形对象可以直接使用【Ctrl+C】和【Ctrl+V】组合键复制、粘贴到 WORD 文档里。

5.3.3 镜像图形

镜像也是复制的一种特殊使用，其生成的图形对象与源对象关于一条基线对称，也是在绘图时会经常使用的命令，执行该命令后，可以保留源对象，也可以对其执行删除命令。

执行方式如下：

- 面板：单击【默认】|【修改】|【镜像】按钮。
- 命令行：输入“MIRROR” / “MI”命令。

启动“镜像”命令后，根据命令行的提示进行操作，即可镜像图形对象，如图 5-26 所示。

```
命令: MI MIRROR
选择对象: 指定对角点: 找到 21 个
选择对象:  指定镜像线的第一点: 指定镜像线的第二点:
要删除源对象吗? [是(Y)/否(N)] <N>: N
```

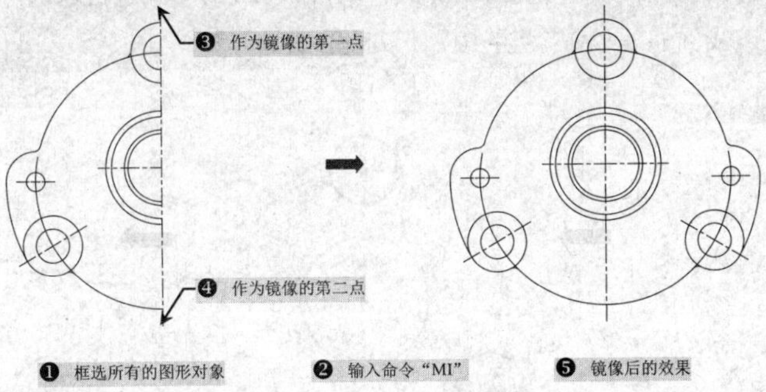

图 5-26　镜像对象

专家提醒

“镜像”命令通常针对具有共同对称轴的图形对象都可以进行操作。当被镜像的对象中含有文字时，系统默认镜像得到的文字也具有可读性。未镜像前的图形如图 5-27 所示。

可通过变量 MirrorText 来设置，当值为 0 时，镜像文字为可读；当值为 1 时，镜像的文字不可读，结果如图 5-28 和图 5-29 所示。

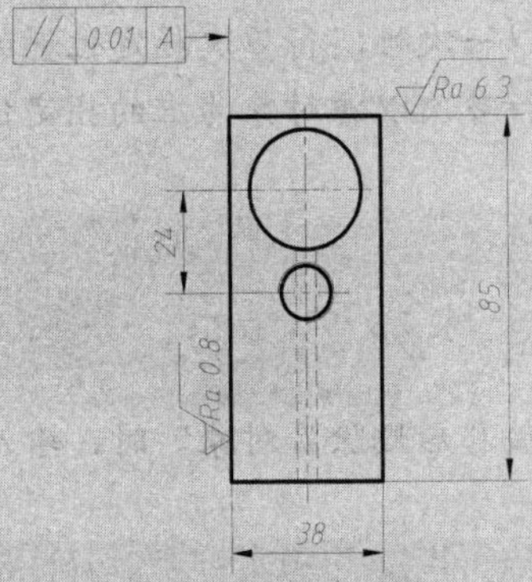

图 5-27　未镜像前的图形

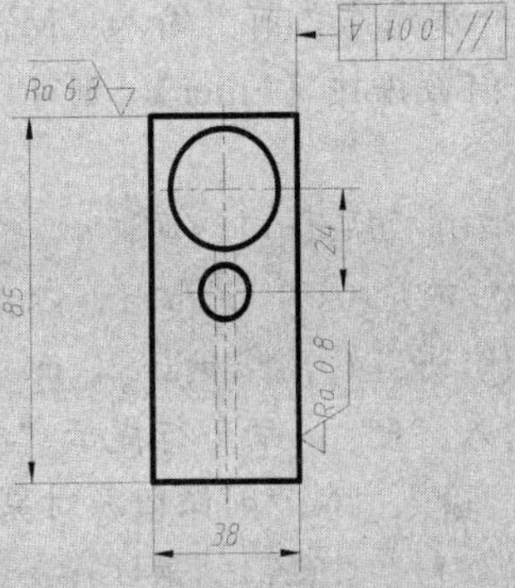

图 5-28　MirrorText 值=0

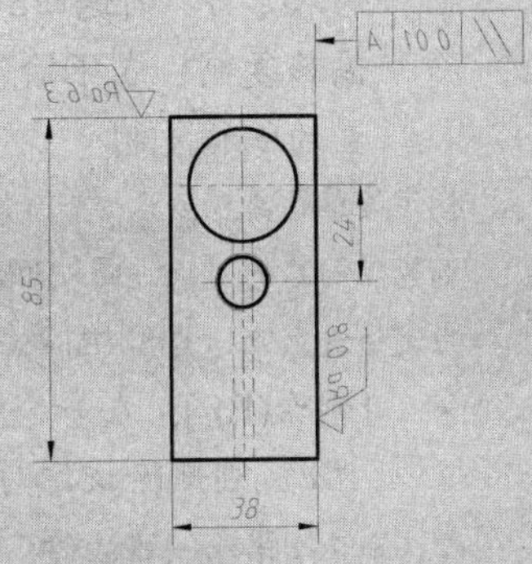

图 5-29　MirrorText 值=1

5.3.4 偏移图形

偏移是以指定的方位及距离来生成与源对象性质相同的图形对象，通常会用来绘制平行线或等距离分布图形对象等。

执行方式如下：

- 面板：单击【默认】|【修改】|【偏移】按钮。
- 命令行：输入“OPPSET” / “O”命令。

启动“偏移”命令后，根据命令行提示进行操作，即可偏移图形对象，如图 5-30 所示。

```
命令：O/OFFSET
当前设置：删除源=否　图层=源　OFFSETGAPTYPE=0
指定偏移距离或 [通过(T)/删除(E)/图层(L)] <0.0000>: 3.5
选择要偏移的对象，或 [退出(E)/放弃(U)] <退出>:
指定要偏移的那一侧上的点，或 [退出(E)/多个(M)/放弃(U)] <退出>:
选择要偏移的对象，或 [退出(E)/放弃(U)] <退出>:
```

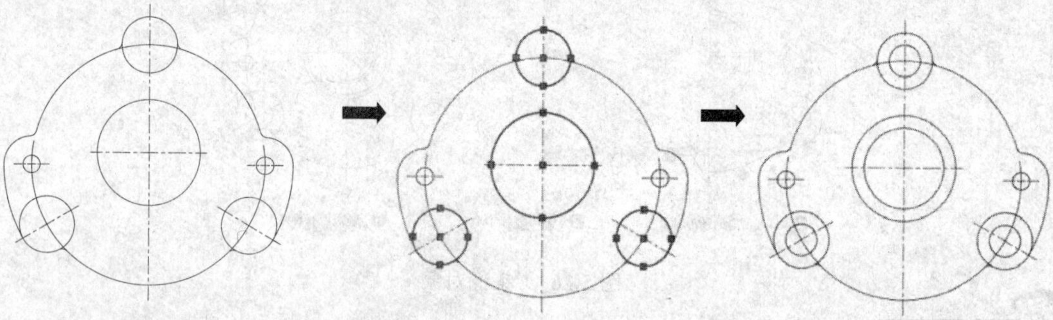

❶ 输入命令“O”　❷ 分别选择 4 个圆对象　❸ 输入偏移距离 3.5　❹ 偏移后的效果

图 5-30　偏移对象

命令行提示各选项含义如下：

- [通过(T)]：在命令行输入“T”，然后，选择需要偏移的图形对象，命令行提示“指定通过点或 [退出(E)/多个(M)/放弃(U)] <退出>”时，输入“E”则退出该命令；输入“U”则退回到上一步操作之前；输入“M”可以一次性实行多次指定位置的偏移复制；或不输入任何数据按【Enter】，则可以进行多次以源对象为准的指定位置的偏移复制。

```
指定偏移距离或 [通过(T)/删除(E)/图层(L)] <通过>:  t
选择要偏移的对象，或 [退出(E)/放弃(U)] <退出>:
指定通过点或 [退出(E)/多个(M)/放弃(U)] <退出>:  m
```

- [删除(E)]：在命令行输入“E”，命令行提示“要在偏移后删除源对象”时，输入“Y”则删除该源对象，输入“N“则保留源对象。

```
指定偏移距离或 [通过(T)/删除(E)/图层(L)] <通过>:  e
要在偏移后删除源对象吗？[是(Y)/否(N)] <否>:  n
```

- [图层(L)]：在命令行输入“L”，选择要偏移的图层，如图 5-31 所示。

```
当前设置：删除源=否　图层=当前　OFFSETGAPTYPE=0
指定偏移距离或 [通过(T)/删除(E)/图层(L)] <3.5000>:L
输入偏移对象的图层选项 [当前(C)/源(S)] <当前>:C
指定偏移距离或 [通过(T)/删除(E)/图层(L)] <3.5000>:5
选择要偏移的对象，或 [退出(E)/放弃(U)] <退出>:
指定要偏移的那一侧上的点，或 [退出(E)/多个(M)/放弃(U)] <退出>:
选择要偏移的对象，或 [退出(E)/放弃(U)] <退出>: *取消*
```

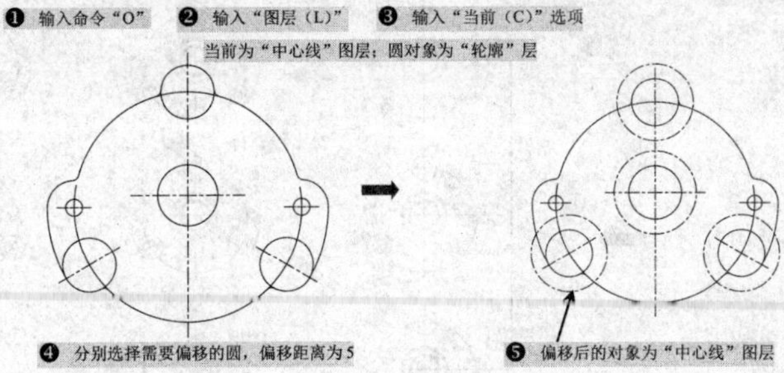

图 5-31　偏移对象

专家提醒

在使用偏移命令时，对圆类对象所偏移生成的图形对象会与源对象有所差异，其弧长或轴长会发生改变，并且，所有“偏移”命令所指定的偏移距离都必须大于 0。

5.3.5　阵列图形

阵列命令按矩形或环形方式多重复制指定的对象。使用“矩形阵列”则创建由选定对象副本的行和列数所定义的阵列；使用“环形阵列”则是通过围绕圆心复制选定对象来创建阵列；使用“路径阵列”则是将图形对象按照指定的路径曲线进行阵列。

执行方式如下：

- 面板：单击【默认】|【修改】|【阵列】按钮。
- 命令行：输入“ARRAY”/“AR”命令。

启动“阵列”命令后，其命令提示行如下：

```
命令：ARRAY
选择对象：找到 19 个
选择对象： 输入阵列类型 [矩形(R)/路径(PA)/极轴(PO)]
```

如果在上面的提示中选择任意一阵列类型，如“矩形(R)”，则出现“阵列创建”面板，如图 5-32 所示。

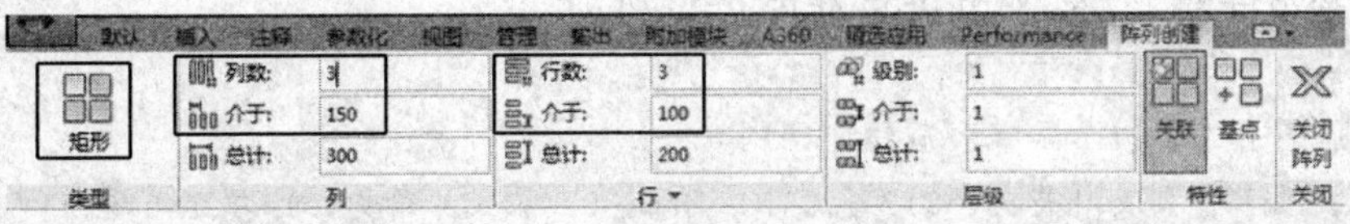

图 5-32　“阵列创建”面板

在命令行中各选项的含义如下：

➢ 矩形（R）：以矩形方式来复制多个相同的对象，并设置阵列的行数及行间距、列数及列间距，如图 5-33 所示，设置 3 行 3 列，间距分别为 100 和 150。

```
类型 = 矩形  关联 = 是
选择夹点以编辑阵列或 [关联(AS)/基点(B)/计数(COU)/间距(S)/列数(COL)/行数(R)/层数(L)/退出(X)]:
```

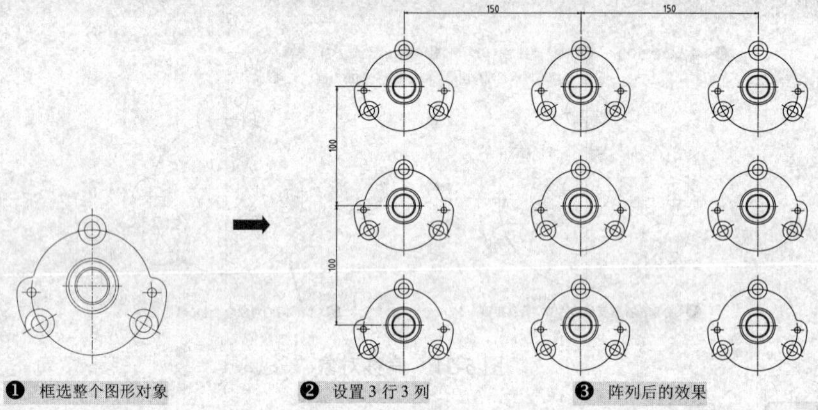

图 5-33　矩形阵列

➢ 路径（PA）：或者单击“路径阵列”按钮，沿着指定的路径曲线创建阵列，并设置阵列的数量（表达式）或方向，如图 5-34 所示。

```
类型 = 路径  关联 = 是
选择路径曲线:
输入沿路径的项数或 [方向(O)/表达式(E)] <方向>: 6
```

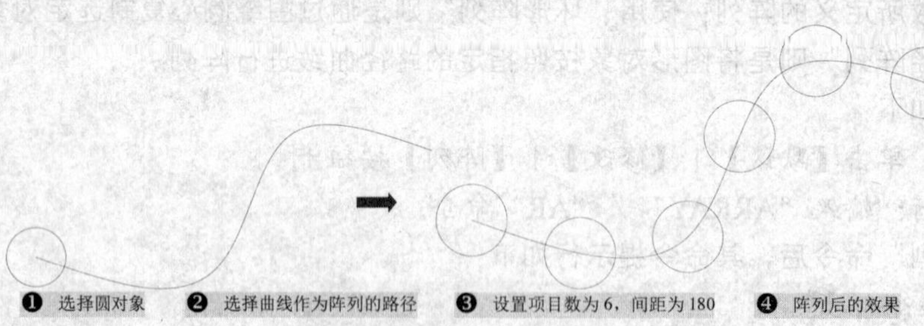

图 5-34　路径阵列

➢ 极轴（PO）：或者单击“环形阵列”按钮，以指定的中心点或路径对象进行阵列，并设置阵列的数量及填充角度，默认填充角度为 360°（即“修改”面板中的“环形阵列”），如图 5-35 和图 5-36 所示。

```
类型 = 极轴  关联 = 是
指定阵列的中心点或 [基点(B)/旋转轴(A)]:
选择夹点以编辑阵列或 [关联(AS)/基点(B)/项目(I)/项目间角度(A)/填充角度(F)/行(ROW)/层(L)/旋转项目(ROT)/退出(X)] <退出>:
```

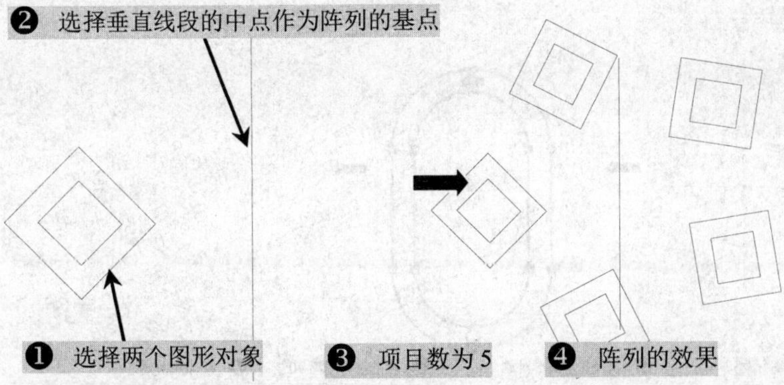

图 5-35　极轴阵列

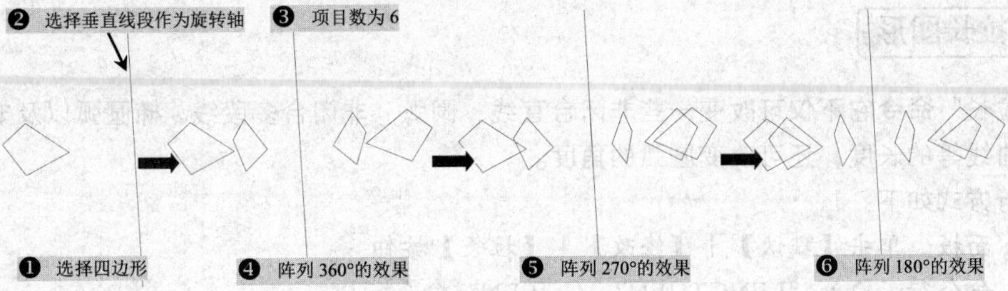

图 5-36　极轴阵列

5.4　图形的其他编辑操作

本节讲解对图形的一些其他编辑操作，其中包括拉伸图形、拉长图形、延伸图形、缩放图形等。

5.4.1　拉伸图形

拉伸是对图形对象的拉伸、缩短和移动，可以直接对图形的形状进行改变。

执行方式如下：

➢ 面板：单击【默认】|【修改】|【拉伸】按钮。

➢ 命令行：输入“STRETCH” / “S”命令。

启动“拉伸”命令后，根据命令行的提示进行操作，即可拉伸图形对象，如图 5-37 所示。

```
命令：S/STRETCH
以交叉窗口或交叉多边形选择要拉伸的对象...
选择对象：指定对角点：找到 3 个
选择对象：
指定基点或 [位移(D)] <位移>:
指定第二个点或 <使用第一个点作为位移>: 40
```

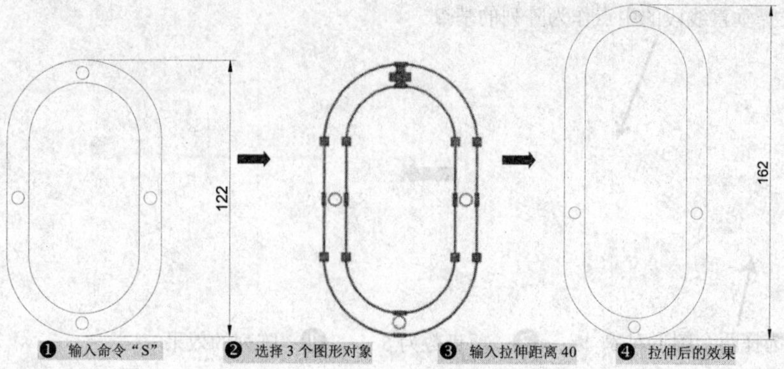

图 5-37 拉伸对象

5.4.2 拉长图形

“拉长”命令它不仅可改变一些非闭合直线、圆弧、非闭合多段线、椭圆弧以及非闭合的样条曲线等的长度，还可改变圆弧的角度。

执行方式如下：

- 面板：单击【默认】|【修改】|【拉长】按钮。
- 命令行：输入“LENGTHEN”/“LEN”命令。

启动“拉长”命令后，根据命令行的提示进行操作，即可拉长图形对象，如图 5-38 所示。

```
命令：_lengthen
选择要测量的对象或 [增量(DE)/百分比(P)/总计(T)/动态(DY)] <增量(DE)>:
当前长度：50.0000
选择要测量的对象或 [增量(DE)/百分比(P)/总计(T)/动态(DY)] <增量(DE)>:
输入长度增量或 [角度(A)] <50.0000>: 40
选择要修改的对象或 [放弃(U)]:
```

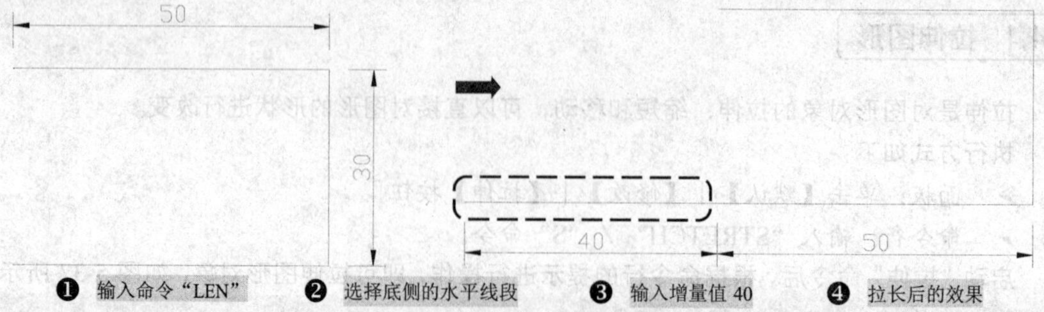

图 5-38 拉长对象

执行“拉长”命令后，命令行提示信息的含义如下：

- [增量(DE)]：用指定增量来改变图形对象的长度或角度，如图 5-39 所示。

```
当前长度：74.7497，夹角：121
选择要测量的对象或 [增量(DE)/百分比(P)/总计(T)/动态(DY)] <增量(DE)>: de
```

```
输入长度增量或 [角度(A)] <30.0000>: A
输入角度增量 <0>: 35
选择要修改的对象或 [放弃(U)]:                          //选择圆弧对象右端
选择要修改的对象或 [放弃(U)]:
```

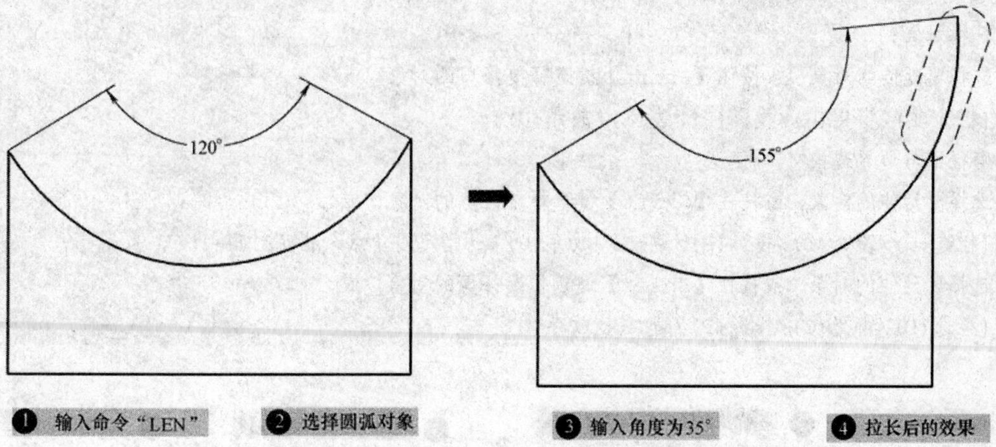

图 5-39　"角度"拉长对象

➢ [百分比(P)]：用指定占百分比的方法来改变图形对象的长度或弧度，如图 5-40 所示。

```
选择要测量的对象或 [增量(DE)/百分比(P)/总计(T)/动态(DY)] <百分比(P)>: P
输入长度百分数 <100.0000>:300 //原长度为 50，百分数 300 拉长后，变成 150
选择要修改的对象或 [放弃(U)]:
```

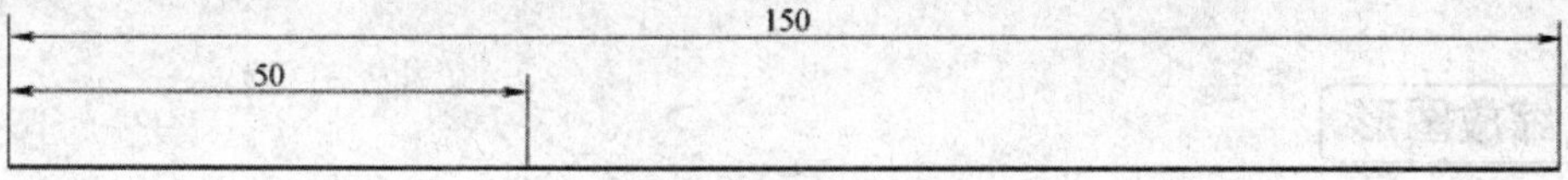

图 5-40　"百分比"拉长对象

➢ [总计(T)]：用指定总长度或总角度的方法成功改变图形对象的长度或角度。
➢ [动态(DY)]：直接用鼠标指针移动来指定图形对象的新位置。

专家提醒

拉长对象只能是开放的线段和圆弧等对象；而拉伸对象即可以是开放的线段和圆弧等对象，也可以是封闭的图形。

5.4.3 延伸图形

延伸是将未闭合的直线、圆等图形对象延伸到一个边界对象，使其与边界相交。

执行方式如下：

➢ 面板：单击【默认】|【修改】|【延伸】按钮 --/ 。
➢ 命令行：输入"EXTEND" / "EX"命令。

在执行“延伸”命令时，可直接选择相应的边界对象进行延伸连接即可，如图 5-41 所示。

```
命令: EX EXTEND
当前设置:投影=UCS, 边=无
选择边界的边...
选择对象或 <全部选择>: 找到 1 个
选择对象:
选择要延伸的对象，或按住【Shift】键选择要修剪的对象，或
[栏选(F)/窗交(C)/投影(P)/边(E)/放弃(U)]:
路径不与边界边相交。
选择要延伸的对象，或按住【Shift】键选择要修剪的对象，或
[栏选(F)/窗交(C)/投影(P)/边(E)/放弃(U)]: 指定对角点: 指定对角点:
选择要延伸的对象，或按住【Shift】键选择要修剪的对象，或
[栏选(F)/窗交(C)/投影(P)/边(E)/放弃(U)]:
```

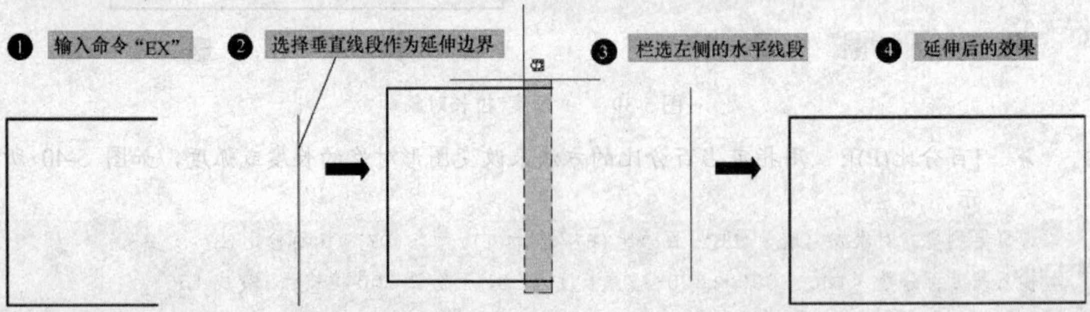

图 5-41　延伸对象

5.4.4 缩放图形

使用“缩放”命令可以将选定的图形对象进行等比例放大或缩小，使用此命令可以创建形状相同、大小不同的图形结构。

执行方式如下：

- 面板：单击【默认】|【修改】|【缩放】按钮。
- 命令行：输入“SCALE” / “SC”命令。

使用“缩放”命令可以将对象按指定的比例因子相对于基点进行尺寸缩放。首先选择需要进行缩放的对象，然后再指定基点，如图 5-42 所示为缩放前后的效果对比，其命令提示行如下：

```
命令: SC/SCALE
选择对象: 指定对角点: 找到 1 个
选择对象:
指定基点:指定比例因子或 [复制(C)/参照(R)]: 0.5
```

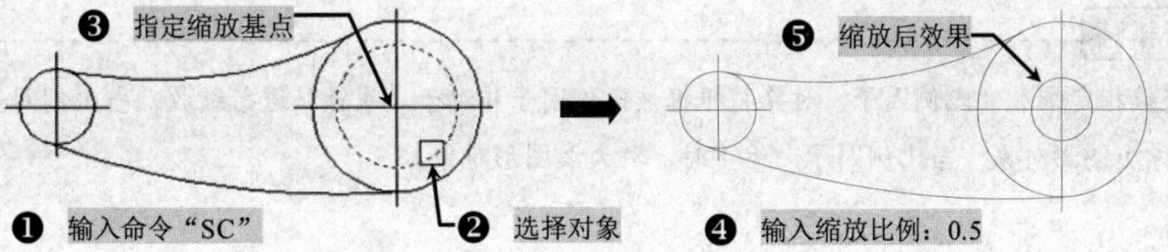

图 5-42　缩放对象

执行“缩放”命令后，命令行提示信息的含义如下：

➢ [复制(C)]：缩放并保留源图形对象，如图 5-43 所示。

```
指定比例因子或 [复制(C)/参照(R)]: C 缩放一组选定对象。    // 启动“复制”功能
指定比例因子或 [复制(C)/参照(R)]: 1.5
```

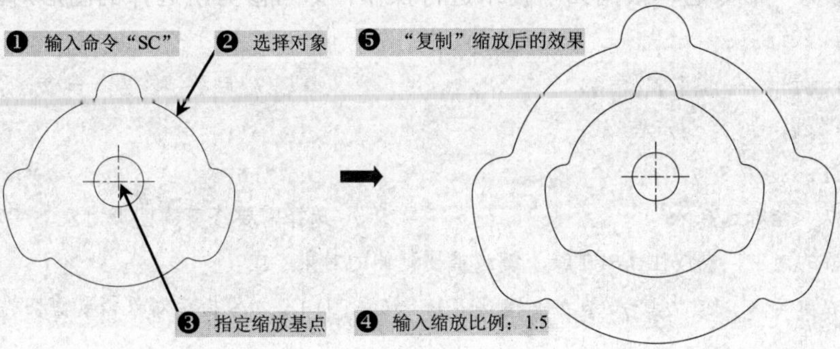

图 5-43　“复制”缩放对象

➢ [参照(R)]：以参照的长度与新长度之间的比值来作为比例因子，从而缩放对象，如图 5- 44 所示。

```
指定比例因子或 [复制(C)/参照(R)]: R// 启动“参照”功能
指定参照长度 <100.0000>: 76
指定新的长度或 [点(P)] <100.0000>: 126
```

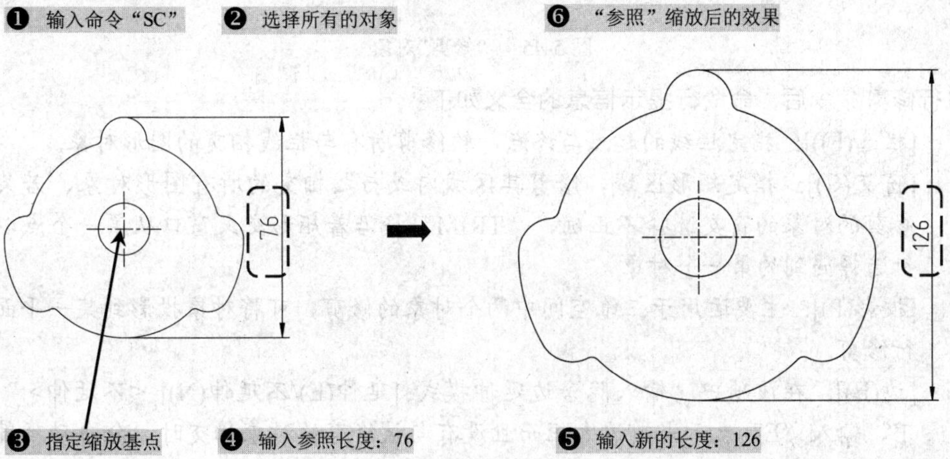

图 5-44　“参照”缩放对象

专家提醒

如果直接指定缩放的比例因子，对象将根据该比例因子相对于“基点”进行缩放。当比例因子大于 0 且小于 1 时，缩小图形对象；当比例因子大于 1 时，放大该图形对象。

5.4.5 修剪图形

修剪命令是对当前所绘制的图形对象多余或不需要的部分进行剪切操作。

执行方式如下：

- 面板：单击【默认】|【修改】|【修剪】按钮 。
- 命令行：输入“TRIM” / “TR”命令。

启动“修剪”命令后，根据如下提示进行操作，即可修剪所选择的图形对象，如图 5-45 所示。

```
命令: _trim                                    // 启动“修剪”命令
当前设置:投影=UCS, 边=无
选择剪切边...
选择对象或 <全部选择>:                          //选择需要修剪的图形对象，可以执行多次选择
选择要修剪的对象，或按住【Shift】键选择要延伸的对象，或
[栏选(F)/窗交(C)/投影(P)/边(E)/删除(R)/放弃(U)]: // 指定对象需要剪切的部分
```

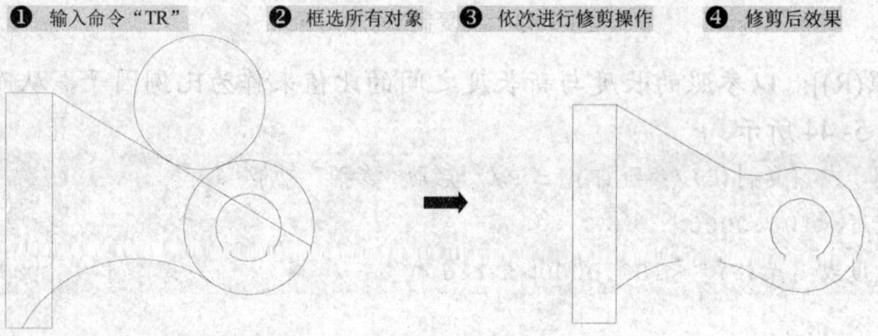

图 5-45 “修剪”对象

执行修剪命令后，命令行提示信息的含义如下：

- [栏选(F))]：指定栏线的起点与终点，软修剪所有与栏线相交的图形对象。
- [窗交(C)]：指定矩形区域，修剪其区域内或与之相交的所有图形对象，若某些要修剪的对象的窗交选择不正确，“TRIM”将沿着矩形交叉窗口从第一个点以顺时针选择遇到的第一个对象。
- [投影(P)]：主要运用于三维空间中两个对象的修剪，可将对象投影到某一平面上执行修剪。
- [边(E)]：在该项中“输入隐含边延伸模式 [延伸(E)/不延伸(N)] <不延伸>:”提示下，输入“E”表示当前边太短而且没有与被修剪的对象相交时，会自动延伸至修剪边，然后进行修剪；输入“N”表示只有当剪切边与被修剪边对象真正相交时才能执行修剪命令。

> **专家提醒**
>
> 在进行修剪操作时按住【Shift】键，可转换执行延伸“Extend”命令。当选择要修剪的对象时，若某条线段未与修剪边界相交，则按住【Shift】键后单击该线段，可将其延伸到最近的边界。

5.4.6 圆角图形

圆角是将两个图形对象以指定半径的圆弧平滑地相连接。

执行方式如下：

- 面板：单击【默认】|【修改】|【圆角】按钮▢。
- 命令行：输入“FILLET” / “F”命令。

启动“圆角”命令后，根据如下提示即可对图形对象进行圆角操作，如图 5-46 所示：

```
命令: _fillet
当前设置: 模式 = 修剪, 半径 = 0.0000
选择第一个对象或 [放弃(U)/多段线(P)/半径(R)/修剪(T)/多个(M)]: R
指定圆角半径 <0.0000>: 15
选择第一个对象或 [放弃(U)/多段线(P)/半径(R)/修剪(T)/多个(M)]:
选择第二个对象，或按住【Shift】键选择对象以应用角点或 [半径(R)]:
```

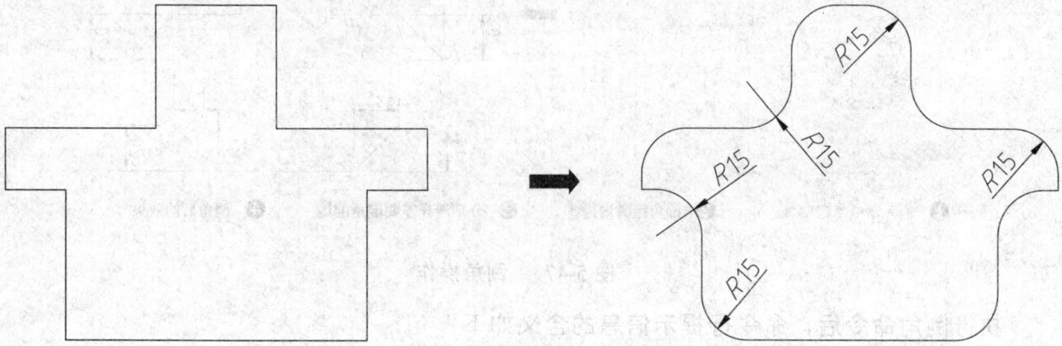

❶ 输入命令“F” ❷ 分别选择需要圆角的边 ❸ 圆角半径为 15 ❹ 圆角后的效果

图 5-46 圆角操作

执行圆角命令后，命令行提示信息的含义如下：

- [放弃（U]：取消圆角命令。
- [多段线(P)]：以当前设置的圆角大小来对多段线执行圆角命令。
- [半径(R)]：设置圆角的半径。
- [修剪(T)]：圆角后是否保留原拐角边。在“输入修剪模式选项 [修剪(T)/不修剪(N)] <修剪>:”的提示下，输入“N”表示不进行修剪，输入“T”表示进行修剪。
- [多个(M)]：对多个图形对象进行圆角。

5.4.7 倒角图形

倒角是将两个图形对象用指定长度或角度的线段进行连接。

执行方式如下：

➢ 面板：单击【默认】|【修改】|【倒角】按钮。

➢ 命令行：输入“CHAMFER” / “CHA”命令。

启动“倒角”命令后，根据如下提示即可对图形对象进行倒角操作，如图 5-47 所示：

```
命令: CHA/CHAMFER
("修剪"模式) 当前倒角距离 1 = 0.0, 距离 2 = 0.0
选择第一条直线或 [放弃(U)/多段线(P)/距离(D)/角度(A)/修剪(T)/方式(E)/多个(M)]: D
指定 第一个 倒角距离 <0.0>: 20
指定 第二个 倒角距离 <2.0>: 20
选择第一条直线或 [放弃(U)/多段线(P)/距离(D)/角度(A)/修剪(T)/方式(E)/多个(M)]:
选择第二条直线, 或按住【Shift】键选择直线以应用角点或 [距离(D)/角度(A)/方法(M)]:
```

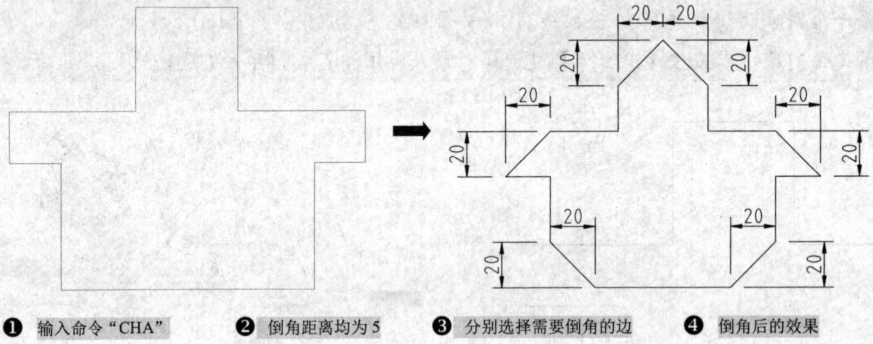

图 5-47 倒角操作

执行倒角命令后，命令行提示信息的含义如下：

➢ [放弃(U)]：取消倒角命令。

➢ [多段线(P)]：以当前设置的倒角大小来对多段线执行倒角命令。

➢ [距离(D)]：设置倒角的距离尺寸。

➢ [角度(A)]：设置倒角的角度。

➢ [修剪(T)]：倒角后是否保留原拐角边。在“输入修剪模式选项 [修剪(T)/不修剪(N)] <修剪>:”的提示下，输入“N”表示不进行修剪，输入“T”表示进行修剪。

➢ [方式(E)]：设置倒角的模式，在命令行的“输入修剪方法 [距离(D)/角度(A)] <距离>:”的提示下，输入“D”时，将以两条边的倒角距离来倒角，输入“A”时，将以一条边的距离以及相应的角度来倒角。

➢ [多个(M)]：对多个图形对象进行倒角。

专家提醒

用户进行“倒角”操作时，设置倒角的距离或角度不能太大，否则将会失效。若倒角距离均为 0，则倒角命令将延伸两条直线使之相交，不产生倒角操作。

5.4.8 分解图形

用户若要对一些像多边形等由多个对象组合而成的整体图形对象的某单个对象进行编辑，就需要使用分解命令将其先解体。

执行方式如下：

- 面板：单击【默认】|【修改】|【分解】按钮。
- 命令行：输入“EXPLODE” / “X”命令。

启动“分解”命令后，根据如下提示即可对图形对象进行分解操作，如图 5-48 所示：

```
命令：X/EXPLODE
选择对象：指定对角点：找到 2 个
选择对象：
```

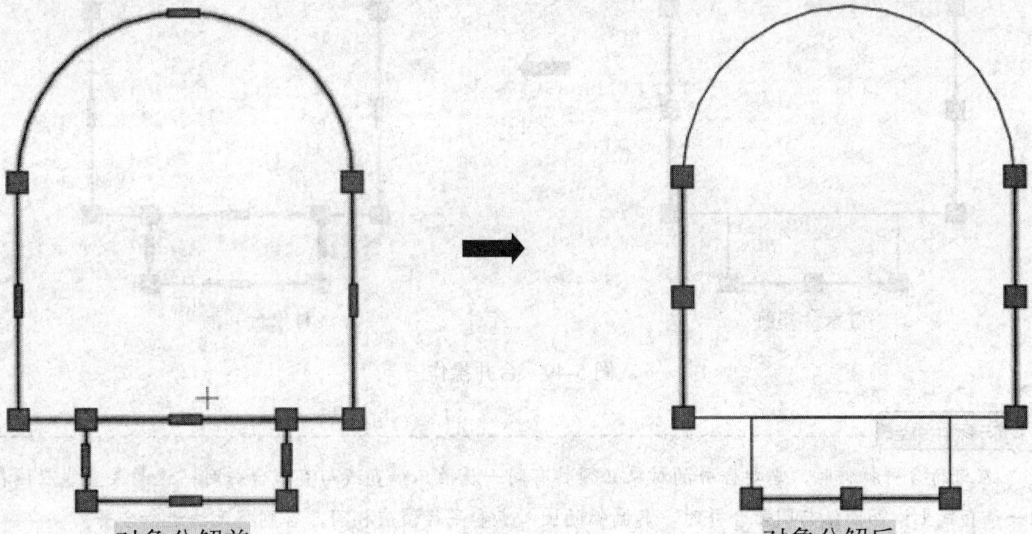

图 5-48　分解操作

专家提醒

分解对象只针对一个完整的整体对象，如多边形、多段线等，单一的个体对象进行分解是没有任何意义的。

5.4.9 合并图形

合并是将相似的图形对象延长或延伸，形成一个完整的图形对象。

执行方式如下：

➢ 面板：单击【默认】|【修改】|【合并】按钮 ⧟。

➢ 命令行：输入“JOIN” / “J”命令。

启动“合并”命令后，根据如下提示即可对选定的图形对象进行合并操作，如图 5-49 所示。

```
命令：J/JOIN
选择源对象或要一次合并的多个对象：指定对角点：找到 8 个
选择要合并的对象：
8 个对象已转换为 2 条多段线
```

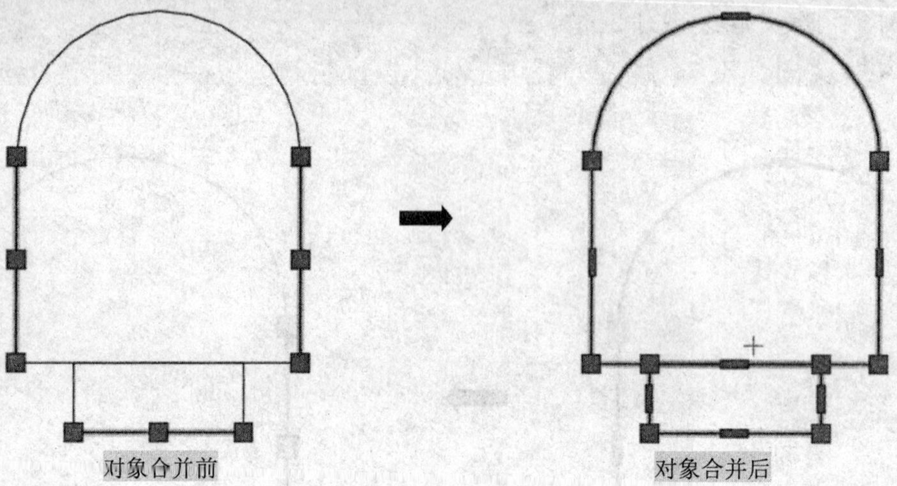

图 5-49 合并操作

专家提醒

在进行合并操作时，需要合并的对象必须具有同一属性，如直线与直线合并时，这两条直线应该在同一条直线上；而圆弧与圆弧合并时，其圆弧的圆心点和半径值应相同，否则将无法进行合并。

第 6 章

应用文字与表格

本章导读

文字与表格是机械制图和工程制图中不可缺少的组成部分，用于各种注释说明、零件明细等。本章介绍有关文字与表格的知识，包括设置文字样式、创建单行文字与多行文字、编辑文字、创建表格和编辑表格。

精彩看点

- 初识文字与表格
- 创建文字与表格
- 编辑文字
- 编辑表格

6.1 初识文字与表格

在机械工程制图中，一般都需要标注图形的技术要求、装配要领等说明，以及材料说明、施工要求等。在制图完成后，一般需要填写制图者、审核者、日期、负责人、图号、比例、工程名称、制造单位等，此时利用表格功能，就可以快速地绘制相应的表格对象。

6.1.1 概述文字

文字对象是 AutoCAD 图形中很重要的图形元素，是工程制图中不可缺少的组成部分，通常用于表达一些与图形相关的重要信息，效果如图 6-1 所示。

技术要求：

1. 铸件不得有气孔、裂纹等缺陷，内开孔⌀50。
2. 粗加工后进行人工时效处理。
3. 加工面线性尺寸未注公差按GB1804－m。

图 6-1　文字效果

6.1.2 概述表格

表格作为一种信息的简洁表达方法，常用于如材料清单、零件尺寸一览表等有许多组件的图形对象中，效果如图 6-2 所示。

填料压盖				
部 门			件 数	
制 图			材 料	
审 核			图 号	
日 期			比 例	

图 6-2　表格效果

6.1.3 认识“文字样式”对话框

在 AutoCAD 2016 中，所有的文字都有与之相对应的文字样式，系统将其一般使用的“Standard”样式置为当前，用户也可修改文字样式中的内容。

执行方式如下：

- 面板 1：单击【默认】|【注释】|【文字样式】按钮。
- 面板 2：单击【注释】|【文字】|【文字样式】按钮。
- 命令行：输入“STYLE”/“ST”命令。

执行“文字样式”命令后，弹出“文字样式”对话框，单击“新建”按钮，将弹出“新建文字样式”对话框，如图 6-3 所示，在“样式名”后的文本框中输入样式的名称，最后单击“确定”按钮，在“文字样式”对话框的“样式”列表中，就出现了新建的文字样式“工程字”。

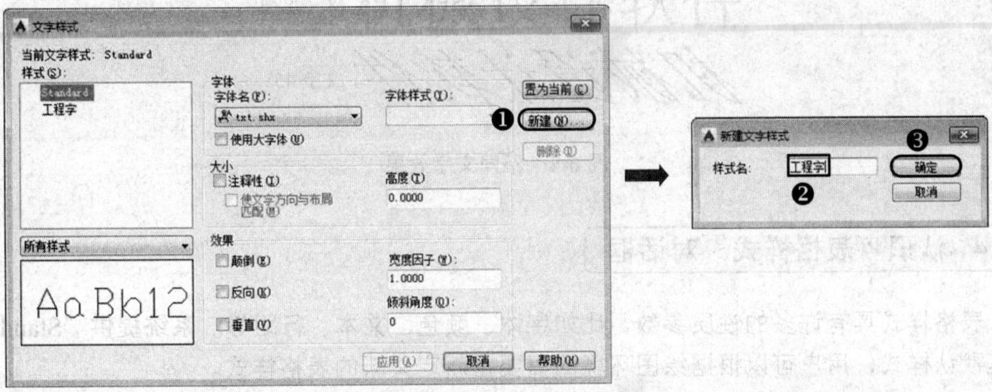

图 6-3　创建文字样式

在“文字样式”对话框中各选项的功能与含义如下：

- “样式”：当选择样式列表框下方的下拉列表中的“所有样式”时，样式列表框中显示当前图形文件中所有定义的文字样式，选择“当前样式”时，样式列表框中只显示当前使用的文字样式。
- “字体名”：在其下拉列表中选择文字样式所使用的字体
- “字体样式”：在其下拉列表中选择字体的格式。
- “使用大字体”：勾选该复选框，“字体样式”的下拉列表框变为“大字体”下拉列表框，用于选择大字体文件。
- “注释性”：勾选该复选框，文字被定义为可注释的对象。
- “使文字方向与布局匹配”：勾选该复选框，则注释方向与布局对齐。
- “高度”：指定文字的高度，系统将按此高度来显示文字，而不再提示高度设置。
- “颠倒”：勾选该复选框，系统会上下颠倒显示输入的文字。
- “反向”：勾选该复选框，系统将左右反转地显示输入的文字。
- “垂直”：勾选该复选框，系统将垂直显示输入的文字，但其功能对汉字无效。
- “宽度因子”：在其文本框中，设置文字字符的高度与宽度之比。当输入值小于 1

时，会压缩文字，大于 1 时，将会扩大文字。

- “倾斜角度”：在其文本框中，设置文字的倾斜的角度。设置为 0 时是不倾斜的，角度大于 0 时向右倾斜，角度小于 0 时向左倾斜。
- “置为当前”：将在“样式”列表框中选中的文字样式置为当前使用样式。
- “删除”：删除在“样式”列表框中选中的文字样式。

如图 6-4 所示为各种不同的文字效果。

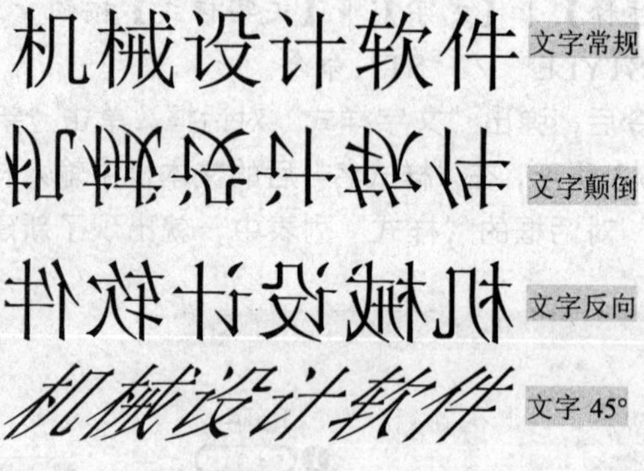

图 6-4　不同文字效果

6.1.4 认识“表格样式”对话框

表格样式具有许多的性质参数，比如字体、颜色、文本、行距等。系统提供“Standard”为其默认样式，用户可以根据绘图环境的需要重新定义新的表格样式。

执行方式如下：

- 面板 1：单击【默认】|【注释】|【表格样式】按钮。
- 面板 2：单击【注释】|【表格】|【表格样式】按钮。
- 命令行：输入“TABLESTYLE”命令。

执行“创建表格”命令后，系统将弹出“表格样式”对话框，然后再单击“新建”按钮，即可打开“创建新的表格样式”对话框，创建新的表格样式如图 6-5 所示。

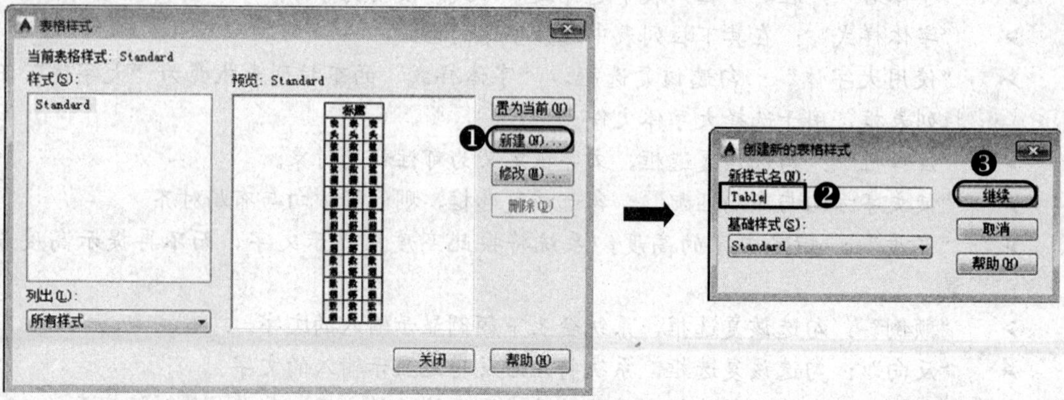

图 6-5　创建新的表格

在“新样式名”的文本框中输入新建表格样式的名称（如 Table），并在“基础样式”的下拉列表中选择默认的表格样式“Standard”或者其他的已被定义的表格样式。单击“继续”按钮，将弹出“新建表格样式”对话框，如图 6-6 所示。用户可以在此对话框中设置表格的各种参数，如方向、格式、对齐等。

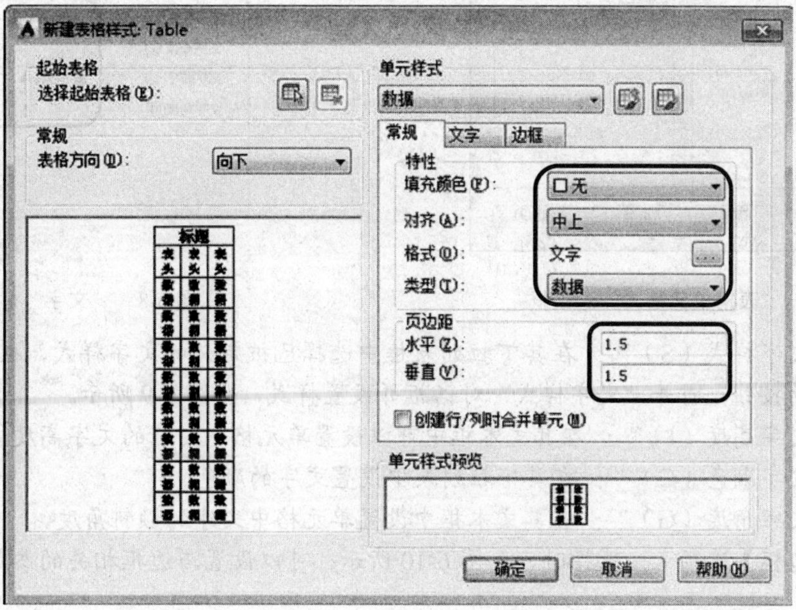

图 6-6　“新建表格样式”对话框

在“新建表格样式”对话框中，各选项的功能与含义如下：

- “起始表格（E）”：单击按钮，将在绘图区选择一个表格作为将新建的表格样式的起始表格。
- “表格方向(D)”：当表格的方向选择“向上”时，将创建由下而上读取的表格；选择“向下”时，将创建由上而下读取的表格。
- “单元样式”：其下拉列表中有“标题”“表头”和“数据”三种选项。三种选项的表格设置内容基本相似，都要对其“常规”“文字”“边框”三个选项卡进行设置。
- “填充颜色（F）”：在其下拉列表中设置表格的背景颜色。
- “对齐（A）”：调整表格单元格中的文字的对齐方式。
- “格式（O）”：单击[...]，打开“表格单元格式”对话框，如图 6-7 所示。用户可可在此对话框中设置单元格的数据格式。
- “类型（T）”：其下拉列表框中，设置是“数据”类型还是“标签”类型。
- “页边距”：在“水平”和“垂直”的文本框中，分别设置表格单元内容距连线的水平和垂直距离。
- “创建行/列时合并单元（M）”：勾选该复选框，则在修建表格时，将使用当前单元样式创建的所有新行或新列合并为一个单元。
- “文字”选项卡：选择时，，如图 6-8 所示，可以设置与文字相关的参数。

图 6-7 “表格单元格式”对话框

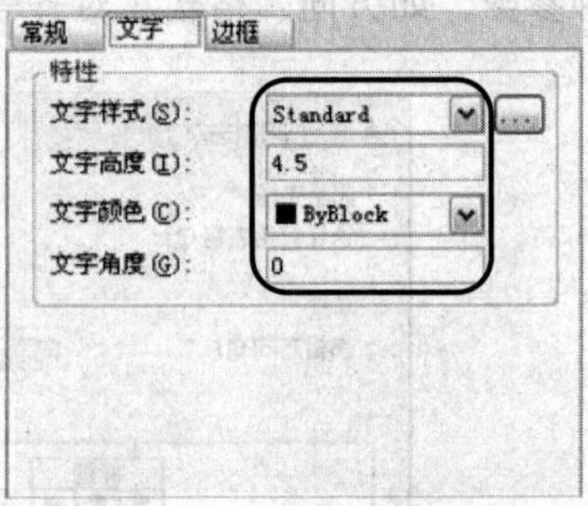

图 6-8 “文字”选项卡

- “文字样式（S）”：在其下拉列表框中选择已被定义的文字样式，也可以单击其后的按钮，打开“文字样式”对话框并设置样式，如图 6-9 所示。
- “文字高度（I）”：在其文本框中可以设置单元格中内容的文字高度。
- “文字颜色（C）”：在其下拉列表中设置文字的颜色。
- “文字角度（G）”：在其文本框中设置单元格中文字的倾斜角度。
- 【边框】选项卡：选择时，如图 6-10 所示，可以设置与边框相关的参数。

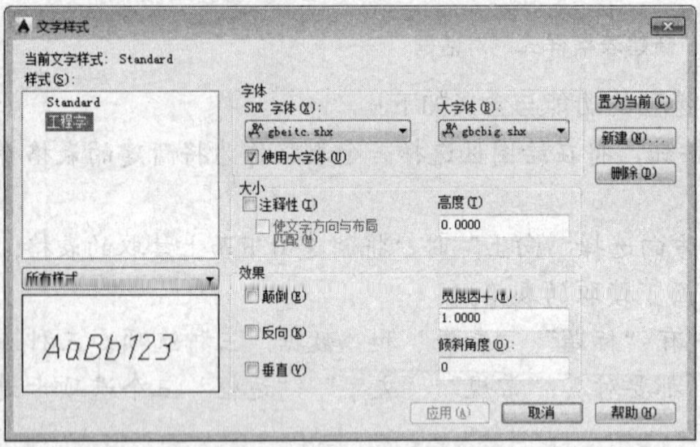

图 6-9 “文字样式”对话框

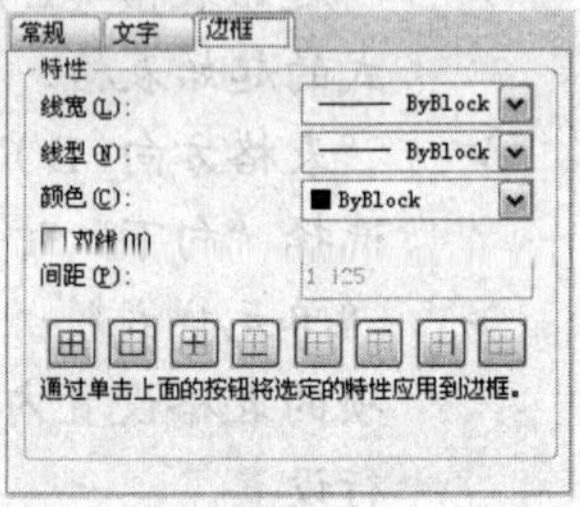

图 6-10 “边框”选项卡

- “线宽（L）”：在其下拉列表中选择线宽的样式。
- “线型（N）”：在其下拉列表中选择线型。
- “颜色（C）”：在其下拉列表中选择线的颜色。
- “双线（U）”：勾选该复选框，并在“间距”后的文本框中输入偏移的距离。

专家提醒

同一表格内的文字内容与该表格是一个整体，表格内的文字大小与单元格要相匹配，不能过大，可以利用“文字”选项卡进行文字大小的设置。

6.2　创建文字与表格

前面了解了文字与表格及其相应的样式，接下来我们创建文字与表格对象。

6.2.1　单行文字

单行文字可以用来创建一行或多行文字，所创建的每行文字都是独立的、可被单独编辑的对象。

执行方式如下：

- 面板 1：单击【默认】|【注释】|【单行文字】按钮。
- 面板 2：单击【注释】|【文字】|【单行文字】按钮。
- 命令行：输入“DTEXT”/“DT”命令。

执行了“单行文字”命令后，根据如下命令行提示，即可创建单行文字内容，如图 6-11 所示。

```
命令: _text                                             \\ 执行“单行文字”命令
当前文字样式:  "Standard"  文字高度: 884.8150  注释性: 否        \\ 当前设置
指定文字的起点或 [对正(J)/样式(S)]:                          \\ 指定文字的起点
指定高度 <>:2.5                                          \\ 设置文字的字高
指定文字的旋转角度 <>: 0                                    \\ 在光标闪烁处输入文字
输入文字: 机械设计软件                                      \\ 输入文字并按【Enter】键
```

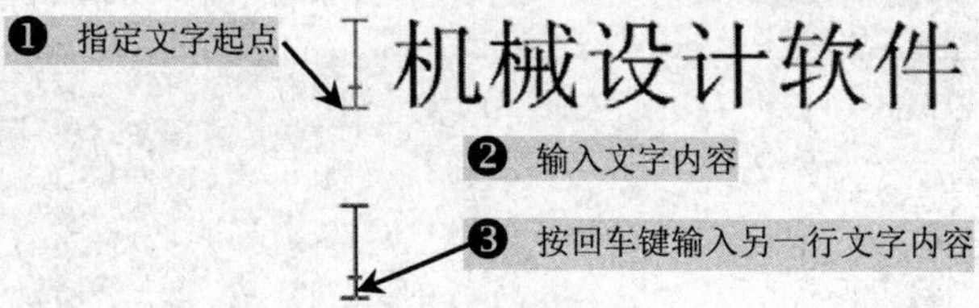

图 6-11　创建单行文字

在执行“单行文字”命令时，其命令行中各选项的功能与含义如下：

- “起点”：选中该项时，用户可使用鼠标来捕捉或指定视图中单行文字的起点位置。
- “对正(J)”：此项用来确定单行文字的排列方向，在选择该项后，命令提示会出现如下内容：

```
[对齐(A)/布满(F)/居中(C)/中间(M)/右对齐(R)/左上(TL)/中上(TC)/右上(TR)/左中(ML)/
正中(MC)/右中(MR)/左下(BL)/中下(BC)/右下(BR)]:                    \\ 输入对正选项
```

具体位置参考图 6-12 所示的文本对正参考线以及图 6-13 所示的文本对齐方式。

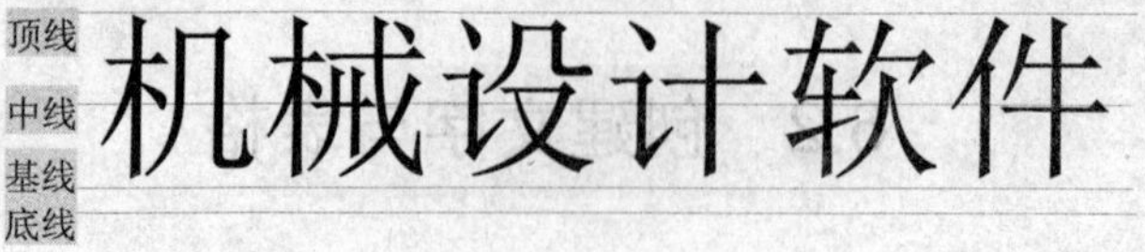

图 6-12　文本对正参考线

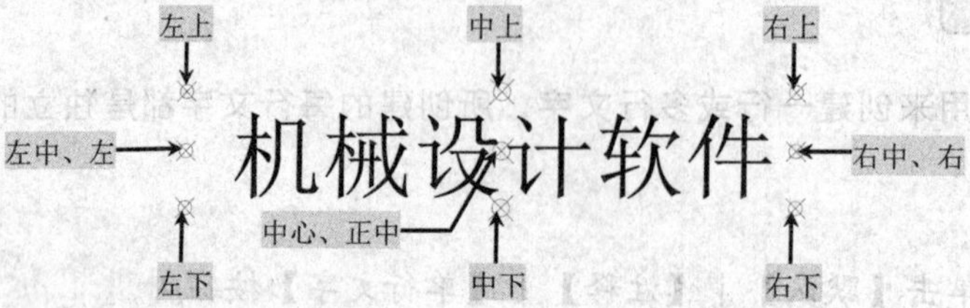

图 6-13　文本对齐方式

专家提醒

单行文字的对齐参考方式可根据输入的文字内容的相应位置来进行参考。

➢　"样式（S）"：此项用来选择已被定义的文字样式，选择该项后，命令行出现如下提示：

```
输入样式名或 [?] <Standard>:                            \\ 输入文字样式名
```

用户可直接在命令行输入"？"，再按【Enter】键；或者按【F2】键，则会在视图窗口中弹出当前图形已有文字样式，如图 6-14 所示。

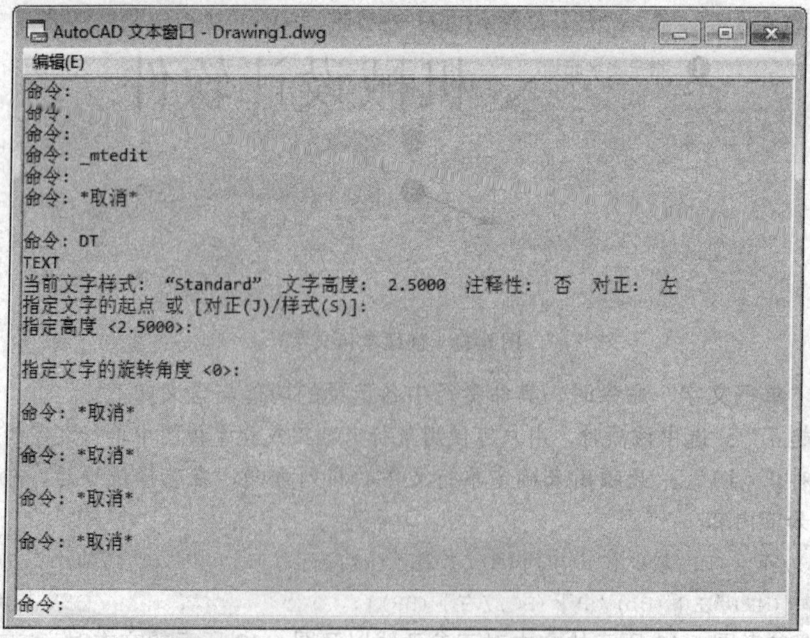

图 6-14　显示当前文字样式

6.2.2 多行文字

多行文字是一种更加易于管理与操作的文字对象，可以用来创建两行或两行以上的文字，且每行文字都是独立的、可被单独编辑的整体。

执行方式如下：

➢ 面板 1：单击【默认】|【注释】|【多行文字】按钮A。

➢ 面板 2：单击【注释】|【文字】|【多行文字】按钮A。

➢ 命令行：输入“METEXT” / “T”命令。

执行了“多行文字”命令后，根据如下命令行提示确定其多行文字的文字矩形编辑框后，将弹出“文字格式”工具栏，根据要求设置格式及输入文字,并单击“确定”按钮即可，如图 6-15 所示。

```
命令：_mtext                                         \\ 执行多行文字命令
当前文字样式："Standard"  文字高度：500  注释性：否    \\ 当前默认设置
指定第一角点：                                        \\ 指定文字矩形编辑框的第一个角点
指定对角点或 [高度(H)/对正(J)/行距(L)/旋转(R)/样式(S)/宽度(W)/栏(C)]：\\ 指定第二个角点
```

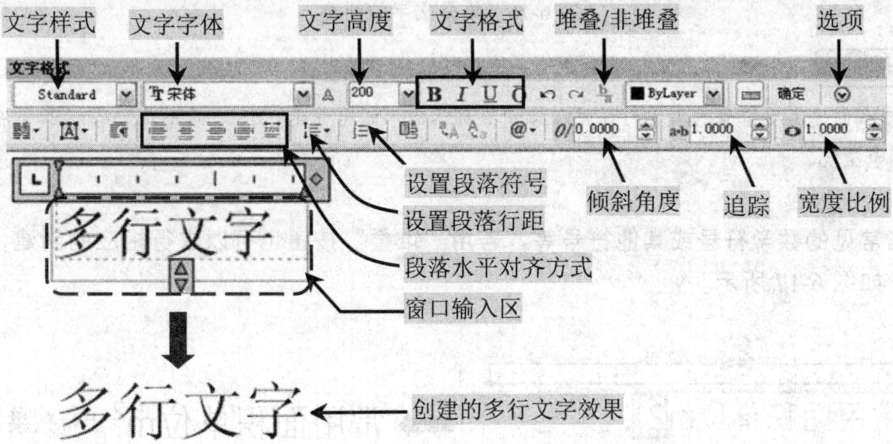

图 6-15　创建多行文字

专家提醒

对于多行文字的创建，在 CAD 中需要给其创建一个输入区域，并再对其他参数进行设置后，才可输入文字内容。

在创建多行文字时其命令提示行中各选项的主要功能与含义如下：

➢ “高度（H）”：指定其文本框的高度值。

➢ “对正（J）”：用于确定所标注文字的对齐方式，是指定文字的某一点与插入点对齐。

➢ “行距(L)”：设置多行文本的行间距，是指相邻两个文本基线之间的垂直距离。

➢ “旋转（R）”：设置其文本的倾斜角度。

➢ “样式（S）”：指定当前文本的样式。

➢ “宽度（W）”：指定其文本编辑框的宽度值。

➢ “栏（C）”：用于设置文本编辑框的尺寸。

在“文字格式”工具栏中，有许多的设置选项与 Word 文字处理软件的设置相似，下面介绍一些常用的选项：

➢ “堆叠”：是数学中分子/分母形式，其间使用符号“/”和“^”来分隔，然后选择这一部分文字，再单击该按钮即可，其操作步骤如图 6-16 所示。

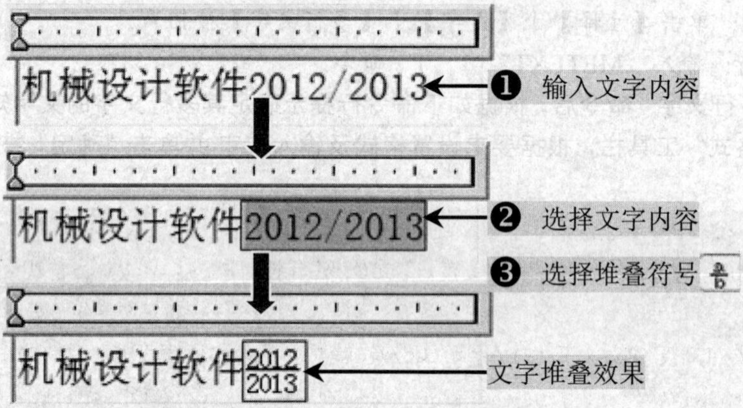

图 6-16　堆叠文字的创建

专家提醒

用户在创建需要堆叠的文字内容时，必须要确保输入的符号是“/”，而不是“\”，否则在进行堆叠时将不予呈现。

一些常见的数学符号或其他符号等，若用“堆叠”按钮也可以进行相应的创建，如上标和下标，如图 6-17 所示。

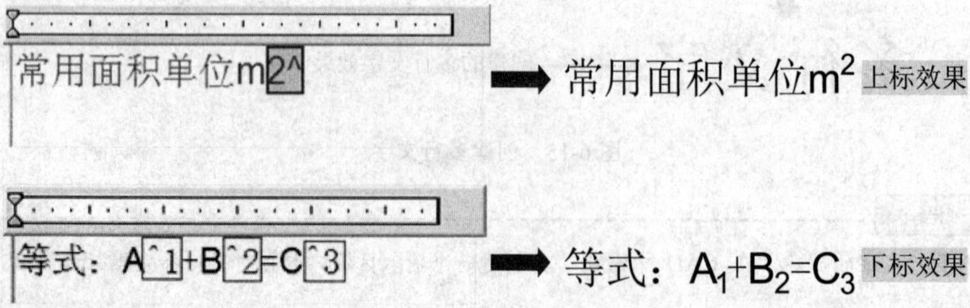

图 6-17　创建上、下标符号

专家提醒

同样，用户在创建上标、下标时，符号“^”的先后顺序决定上、下标的正确表示方式。

➢ “选项”：单击该按钮时，可打开多行文字的选项菜单，可对多行文字进行更多的设置，如图 6-18 所示。

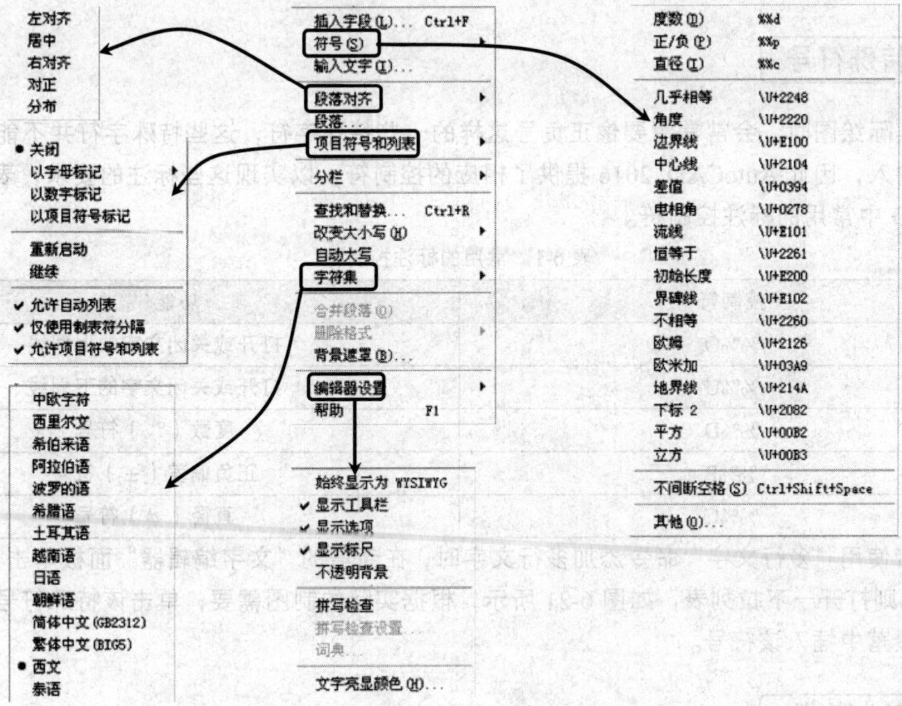

图 6-18 “文字格式”对话框的“选项”按钮

➢ “段落”：单击该按钮时，将弹出“段落”对话框，可以设置其制表位、段落对齐方式等，如图 6-19 所示。

➢ “插入字段”：单击该按钮，将弹出“字段”对话框，可在当前光标处插入字段域，包括打印域、日期或图纸集域、文档域等，如图 6-20 所示。

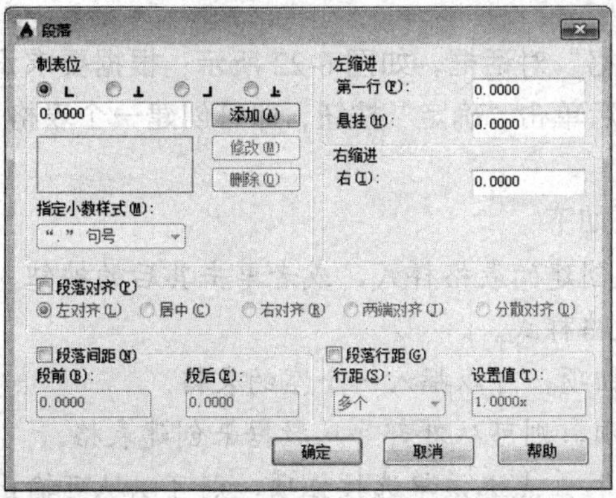

图 6-19 “段落”对话框

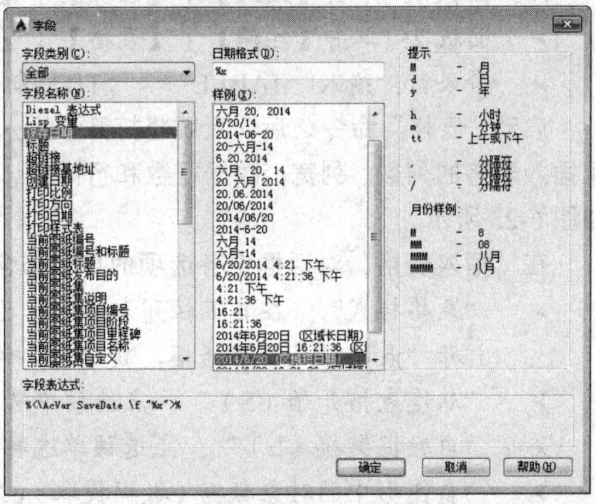

图 6-20 “字段”对话框

专家提醒

如果当前文字内容过多，这时可先将文字内容保存为一个“TXT”格式的字段，然后再用“插入字段”命令将其插入到 CAD 文件中。

6.2.3 特殊符号

在实际绘图时，会常常需要像正负号这样的一些特殊字符，这些特殊字符并不能在键盘上直接输入，因此 AutoCAD 2016 提供了相应的控制符，以实现这些标注的要求，表 6-1 为 AutoCAD 中常用的标注控制符。

表 6-1 常用的标注控制符

控制符	功能
%%O	打开或关闭文字的上划线
%%U	打开或关闭文字的下划线
%%D	度数（° ）符号
%%P	正负偏差（±）符号
%%C	直径（ϕ）符号

或者使用“多行文字”命令添加多行文字时，在新增的“文字编辑器”面板单击“符号”按钮@，则打开一下拉列表，如图 6-21 所示，根据实际的制图需要，单击该特殊符号，即可在文字段落中插入该符号。

6.2.4 绘制表格

表格的创建有多种方法，可以通过 AutoCAD 2016 自身提供的创建表格功能进行创建，也可以将“Excel”或“Word”软件中制作的表格粘贴到 AutoCAD 中，还可以直接从外部导入表格对象。

执行方式如下：

- 面板 1：单击【默认】|【注释】|【表格】按钮▦。
- 面板 2：单击【注释】|【表格】|【表格】按钮▦。
- 命令行：输入“TABLE”/“TB”命令。

启动“表格”命令之后，系统将打开“插入表格”对话框，如图 6-22 所示；根据要求设置插入表格的列数、列宽、数据行数和行高等，然后单击“确定”按钮，即可创建一个表格，如图 6-23 所示。

在“插入表格”对话框中各选项的功能与含义如下：

- “表格样式”：在其下拉列表中选择已被创建的表格样式，或者单击其后的按钮，打开“表格样式”对话框，新建需要的表格样式。
- “从空表格开始（S）”：点选该单选按钮项，可以插入一个空的表格。
- “自数据链接（L）”：点选该单选按钮项，则可从外部导入数据来创建表格。
- “自图形中的对象数据（数据提取）(X)”：点选该单选按钮项，则可以从可输出到表格或外部文件的图形中提取数据来创建表格。
- “预览（P）”：勾选该复选框，可在其下的预览框中预览所要插入的表格样式。
- “指定插入点（I）”：点选该单选按钮项，则可以在绘图区中指定的点上插入固定大小的表格。
- “指定窗口（W）”：点选该单选按钮项，则可以在绘图区中通过移动表格的边框来创建任意大小的表格。

- “列数（C）”：在其下的文本框中设置表格的列数。
- “列宽（D）”：在其下的文本框中设置表格的列宽
- “数据行数（R）”：在其下的文本框中设置行数。
- “行高（G）”：在其下的文本框中按照行数来设置行高。
- “第一行单元样式”：设置第一行单元样式为“标题”“表头”“数据”中的任意一个。
- “第二行单元样式”：设置第二行单元样式为“标题”“表头”“数据”中的任意一个。
- “所有其他行单元样式”：设置其他行单元样式为“标题”“表头”“数据”中的任意一个。

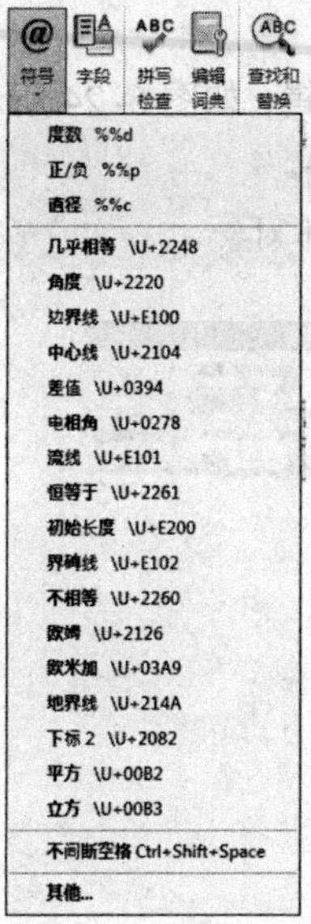

图 6-21　“符号”列表

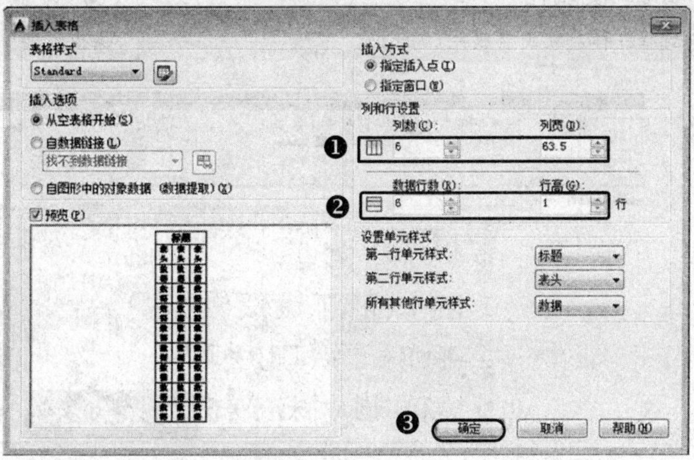

图 6-22　“插入表格”对话框

生产计划表					
零件名称	技术要求	生产数量	合格率	实际领取	签字

图 6-23　创建表格的效果

6.3 编辑文字

当文字创建完成后，用户可以对其内容进行修改编辑，以满足精确绘图的需要。AutoCAD 提供了多种创建和编辑文字的方法，如对正文字、缩放文字、设置字体等，下面对其详细讲解。

6.3.1 对正文字

编辑文字的执行方式如下：

- 命令行：输入“DDEDIT” / “ED”命令。
- 鼠标键：选定需要编辑的注释对象，直接双击鼠标。

在执行了“文本编辑”命令后，根据如下命令行提示进行当前文字的编辑，如图 6-24 所示。

```
命令：ddedit                                  \\执行“文本编辑”命令
选择注释对象或 [放弃(U)]:                      \\指定需要被编辑的文本对象
```

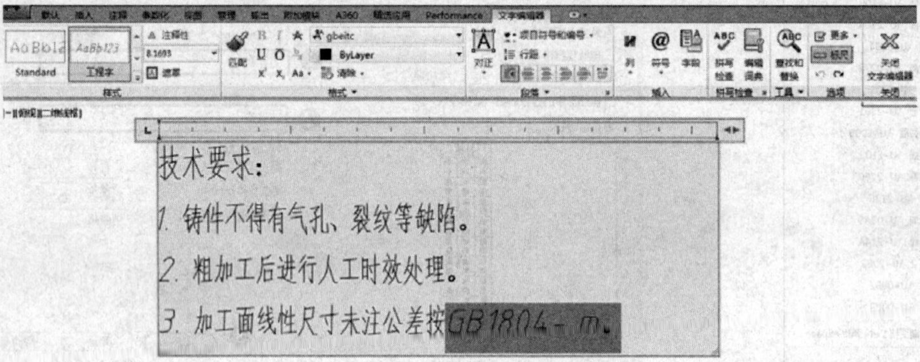

图 6-24　文字编辑状态

在 AutoCAD 2016 中，如果需要在视图中选择编辑的文字对象，也可直接按【Ctrl+1】组合键打开对象“特性”面板，同样可以对其文字的内容和特性进行修改，如图 6-25 所示。

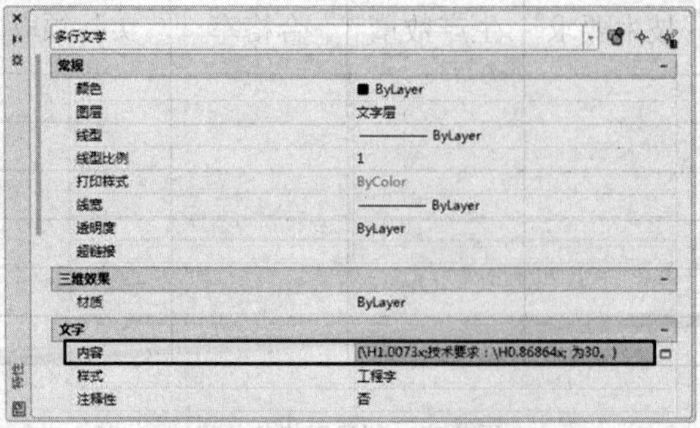

图 6-25　文字“特性”面板

对正是保持选定文字对象位置不变，只更改其对正点，其效果如图 6-26 所示。

执行方式如下：

- 面板：单击【注释】|【文字】|【对正】按钮。
- 命令行：输入 JUSTIFYTEXT 命令。

```
命令：_justifytext                                          \\ 启动对正命令
选择对象：                                                  \\ 选择文本对象
选择对象：                                                  \\ 确定选择
输入对正选项：［左对齐(L)/对齐(A)/布满(F)/居中(C)/中间(M)/右对齐(R)/左上(TL)/中上(TC)/右上(TR)/
左中(ML)/正中(MC)/右中(MR)/左下(BL)/中下(BC)/右下(BR)]<左对齐>:        \\ 选择对正方式
```

或者双击需要对正的文字对象，在“文字编辑器”面板中，单击“对正”按钮，则打开“对正”下拉列表，在下拉列表中可进行相应的设置，如图 6-27 所示。

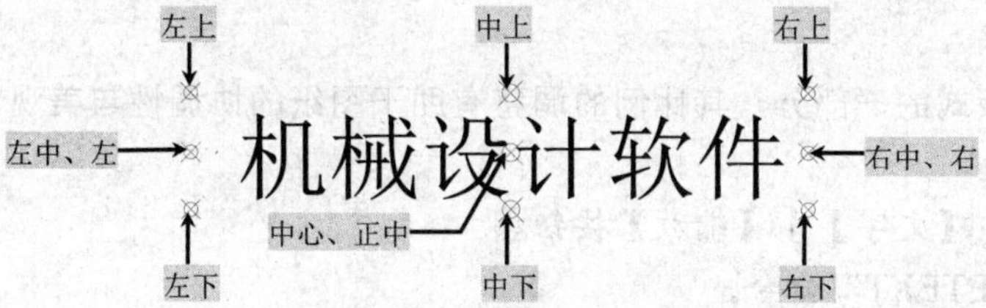

图 6-26　文本对正方式

图 6-27　“对正”列表

在“对正”命令行各选项的功能与含义如下：

- “对齐（A）”：拾取文字基线的起点和终点后，系统会根据起点和终点的距离自动计算字高。
- “布满（F）”：拾取文字基线的起点与终点，系统会以两点之间的距离来自动调整宽度，但不改变其字高。
- “居中（M）”：拾取文字的中心点，此点就是文字基线的中点，即以基线的中点来对齐文字。
- “右对齐（R）”：拾取一点作为文字基线的右端点后，并以基线的右端点来对齐文字。
- “左上（TL）”：拾取文字的左上点，此点就是文字顶线的左端点，即以顶线的左端点来对齐文字。
- “中上（TC）”：拾取文字的中上点，此点就是文字顶线的中点，即以顶线的中点来对齐文字。
- “右上（TR）”：拾取文字的右上点，此点就是文字顶线的右端点，即以顶线的右端点来对齐文字。

- “左中（ML）”：拾取文字的左中点，此点就是文字中线的左端点，即以中线的左端点来对齐文字。
- “正中（MC）”：拾取文字的中间点，此点就是文字中线的中点，即以中线的中点来对齐文字。
- “右中（MR）”：拾取文字的右中点，此点就是文字中线的右端点，即以中线的右端点来对齐文字。
- “左下（BL）”：拾取文字的左下点，此点就是文字的底线的左端点，即以底线的左端点来对齐文字
- “中下（BC）”：拾取文字的中下点，此点就是文字的底线的中点，即以底线的中点来对齐文字。
- “右下（BR）”：拾取文字的右下点，此点就是文字的底线的右端点，即以底线的右端点来对齐文字。

专家提醒

根据当前文字内容的需要，如弧形文字、圆环文字等，它们的对正方式可进行相应的调整。

6.3.2 缩放文字

图纸中的文字比例是图纸版式的一部分，其比例的调整有助于图纸的协调性与美观性。执行方式如下：

- 面板：单击【注释】|【文字】|【缩放】按钮。
- 命令行：输入“SCALETEXT”命令。

在执行了“文字比例”命令后，根据如下提示进行操作即可调整文字的比例，如图 6-28 所示。

```
命令：_scaletext                                        \\ 执行“文字比例”命令
选择对象：找到 1 个                                      \\ 选择文本对象
选择对象：                                               \\ 确定选择
输入缩放的基点选项
[现有(E)/左对齐(L)/居中(C)/中间(M)/右对齐(R)/左上(TL)/中上(TC)/右上(TR)/左中(ML)/正中(MC)/右中(MR)/左下(BL)/中下(BC)/右下(BR)] <左对齐>: L\\ 选择“左对齐”
指定新模型高度或 [图纸高度(P)/匹配对象(M)/比例因子(S)] <2.5>: S        \\设置比例缩放
指定缩放比例或 [参照(R)] <0>:0.5                                   \\ 指定比例缩放值
```

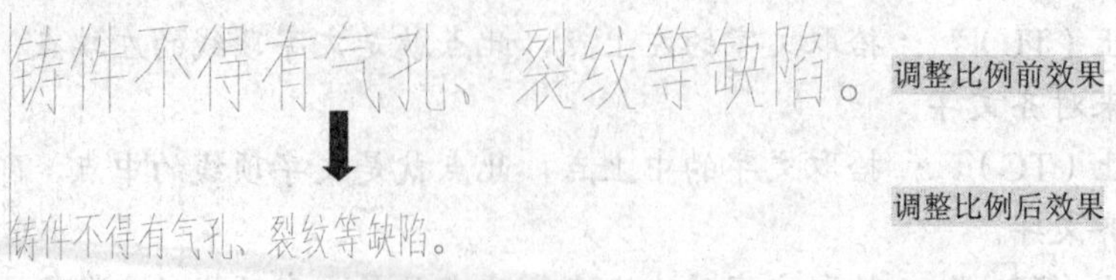

图 6-28　文字比例的调整

6.3.3　对齐文字

文字对齐是指对齐并间隔排列选定的文字对象。

执行方式如下：

- 面板：单击【注释】|【文字】|【对齐】按钮。
- 命令行：输入“TEXTALIGN”命令。

```
命令：_textalign                                              \\执行“文本对齐”命令
当前设置：对齐 = 左对齐，间距模式 = 当前垂直
选择要对齐的文字对象 [对齐(I)/选项(O)]：指定对角点：找到 3 个   \\指定需要被编辑的文本对象
选择要对齐的文字对象 [对齐(I)/选项(O)]：
选择要对齐到的文字对象 [点(P)]：
间距模式：当前垂直
拾取第二个点或 [选项(O)]： <正交 开>
```

执行了“文字对齐”命令后，根据如下提示进行操作即可调整文字的位置，前后对比如图 6-29 和图 6-30 所示。

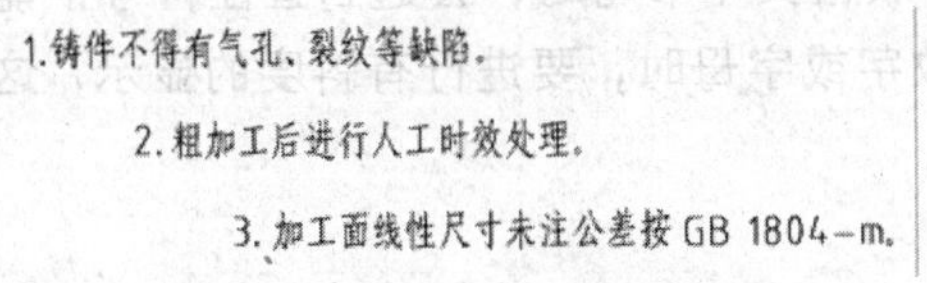

图 6-29　未对齐前的效果

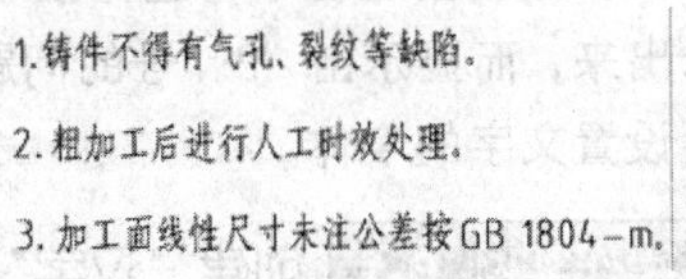

图 6-30　对齐之后的效果

6.3.4　显示文字信息

文字显示的执行方式如下：

- 命令行：输入“LIST”命令。

首先使用“文字”命令输入一段文字信息，在命令行输入“LIST”命令后，将打开一文本窗口，出现该段文字的相关信息，包括坐标位置、旋转度数、文字高度、对正方式、行距、宽度等，如图 6-31 和图 6-32 所示。

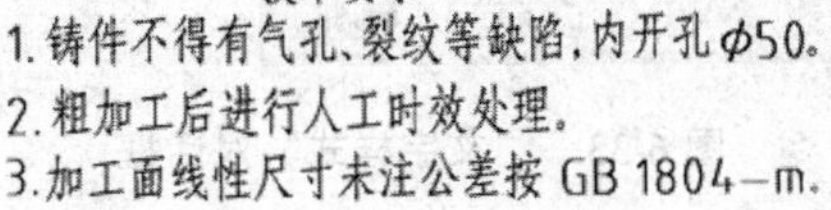

图 6-31　文字内容

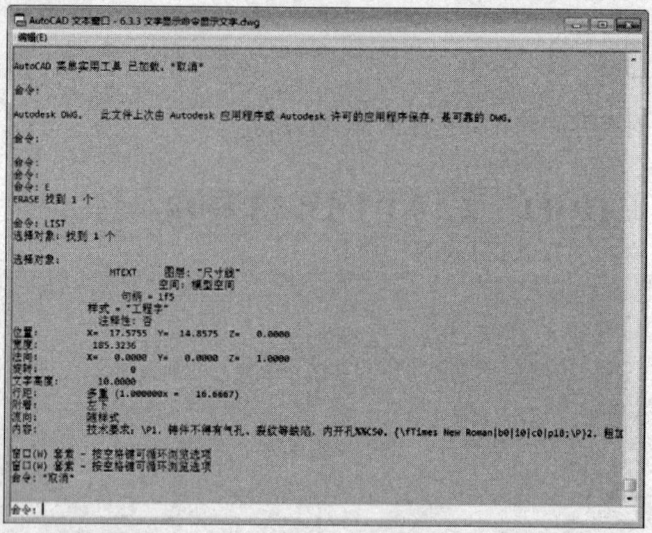

图 6-32　文本窗口

6.3.5 设置文字字体

在机械制图过程中，进行技术要求 / 说明、表格文字书写时，会遇到直径符号不能正确显示出来，而显示出“?”号的问题；或者输入数字或字母时，要进行有斜度的显示，这时就需要设置文字的字体。

操作实例 6-1 创建“汉字”字体

01 单击【默认】|【注释】|【文字样式】按钮，将打开“文字样式”对话框。

02 在该对话框中，单击“新建”按钮，弹出“新建文字样式”对话框，在“样式名：”文本框中，输入名称“工程字”，然后单击“确定”按钮，如图 6-33 所示。

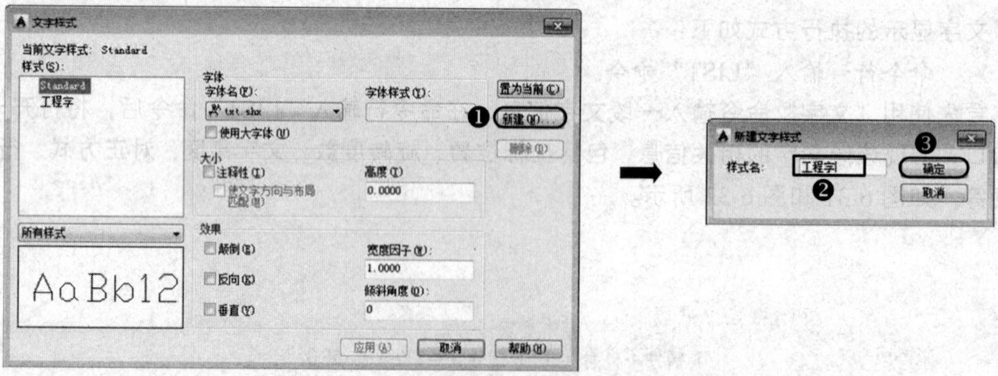

图 6-33　“文字样式”对话框

03 在“文字样式”对话框中，在“SHX 字体”下拉列表中选择“gbeitc.shx”；勾选“使用大字体”复选框，在“大字体”下拉列表中选择“gbcbig.shx”，如图 6-34 所示。

04 最后单击“应用（A）”按钮，从而完成“工程字”字体的设置。

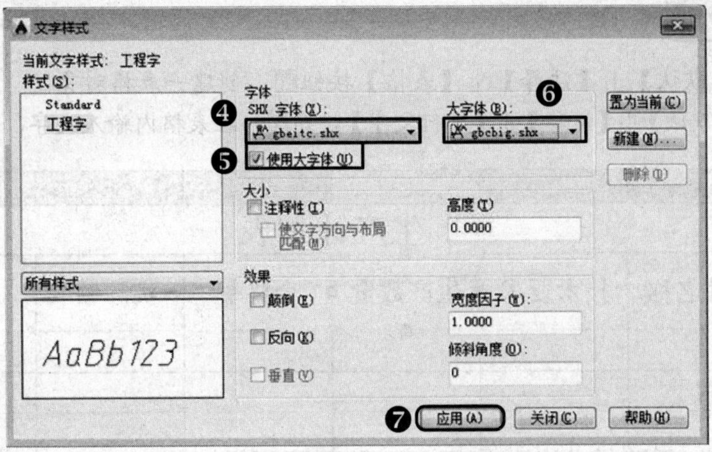

图 6-34　创建“工程字”字体

05 使用默认的“Standard”样式，设置文字大小为 10，效果如图 6-35 所示；设置“工程字”字体后，设置文字大小为 10，效果如图 6-36 所示。

技术要求

1.铸件不得有气孔、裂纹等缺陷，内开孔 φ50。

2.粗加工后进行人工时效处理。

3.加工面线性尺寸未注公差按 GB 1804 - m。

图 6-35　“Standard”样式

技术要求

1. 铸件不得有气孔、裂纹等缺陷，内开孔 φ50。

2. 粗加工后进行人工时效处理。

3. 加工面线性尺寸未注公差按 GB 1804–m。

图 6-36　“工程字”字体

6.4　编辑表格

当表格创建完成后，用户可以对其内容进行修改编辑，以满足精确绘图的需要。

AutoCAD 提供了多种创建和编辑表格的方法，如对齐表格、合并表格、设置表格颜色、线型、底纹等，下面对其详细讲解。

6.4.1　添加行/列

在机械制图中，有时需要对已经创建好的表格进行“添加行 / 列”操作。

操作实例 6-2 添加行 / 列

01 单击【默认】|【注释】|【表格】按钮，创建一表格对象。

02 单击【默认】|【注释】|【单行文字】按钮，在表格内输入文字，如图 6-37 所示。

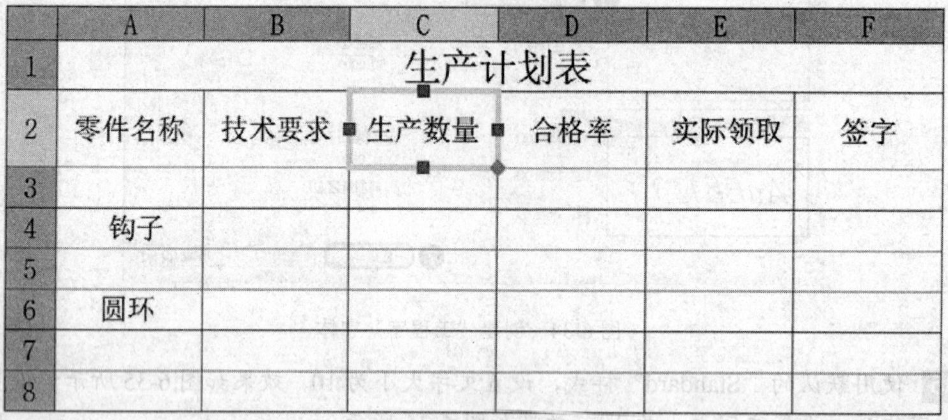

图 6-37　创建表格

03 选中“生产数量”单元格，此时在顶侧将新增一“表格单元”面板，如图 6-38 所示。

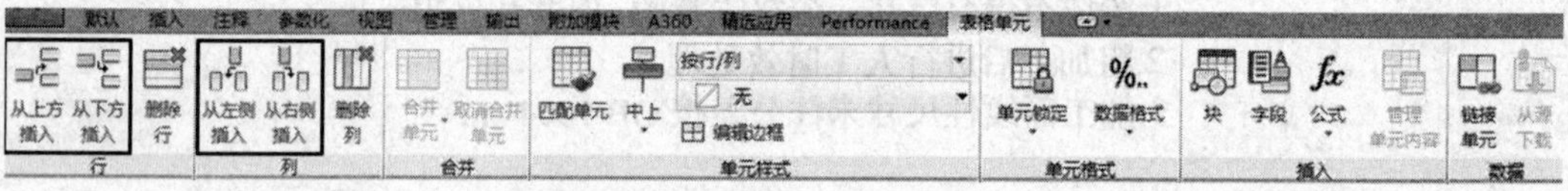

图 6-38　新增“表格单元”面板

04 单击“从左侧插入”按钮，此时在“生产数量”左侧新增一空白列，如图 6-39 所示。

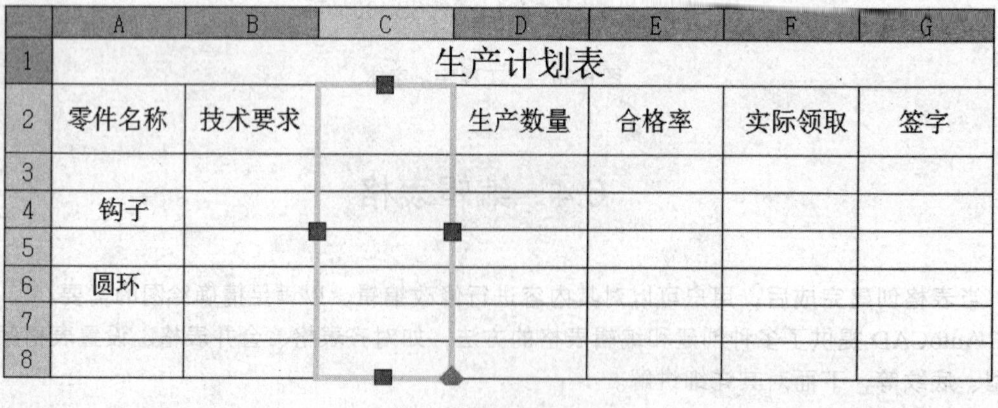

图 6- 39　新增一空白列

05 选中“圆环”单元格，在新增的“表格单元”面板中，单击左侧的“从上方插入”按钮，此时在“圆环”上方则新增一空白行，这样“圆环”与“钩子”单元格对象之间就相距 2 行，如图 6-40 所示。

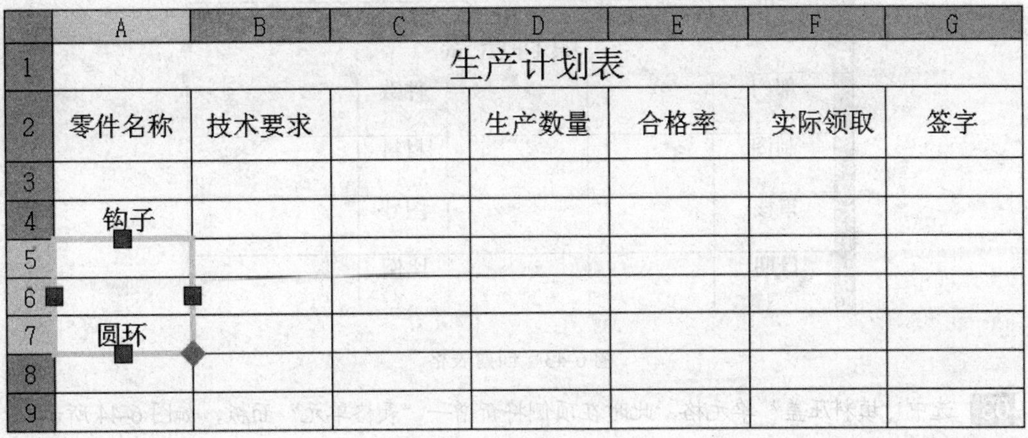

图 6-40 新增一空白行

专家提醒

在编辑表格对象时，如果需要选中多个对象，此时可按住【Shift】键，在任意表格位置单击，则可快速选中多个对象，从而进行相应的操作。

06 首先选中“圆环”单元格，按住【Shift】键不放，在“生产数量”单元格处单击鼠标左键，如图 6-41 所示，即可快速选中以“圆环”和“生产数量”为对角的区域内的对象，如图 6-42 所示。

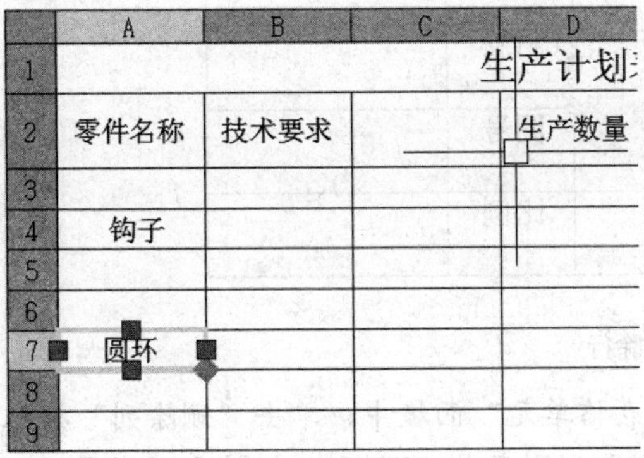

图 6-41 选择单个单元格

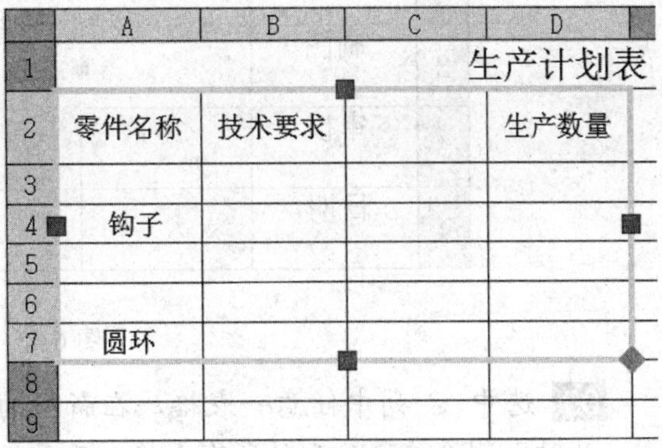

图 6-42 选择多个单元格

6.4.2 删除行/列

在机械制图中，既可以对创建好的表格进行“添加行 / 列”操作，也可以进行“删除行 / 列”操作。

操作实例 6-3 删除行 / 列

01 单击【默认】|【注释】|【表格】按钮，创建一表格对象。

02 单击【默认】|【注释】|【单行文字】按钮A，在表格内输入文字，如图 6-43 所示。

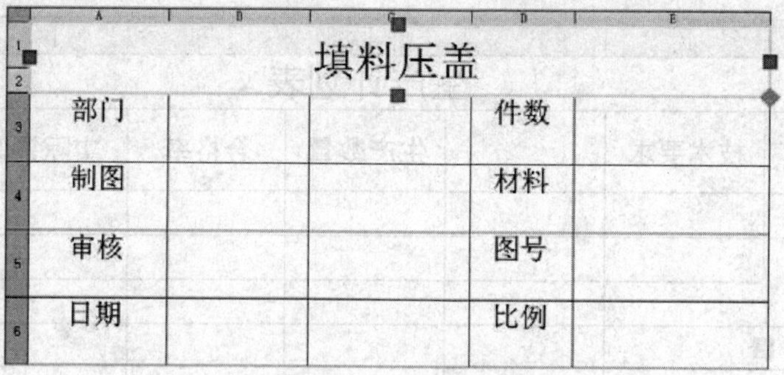

	A	B	C	D	E
1	填料压盖				
2					
3	部门			件数	
4	制图			材料	
5	审核			图号	
6	日期			比例	

图 6-43 创建表格

03 选中“填料压盖”单元格，此时在顶侧将新增一“表格单元”面板，如图 6-44 所示。

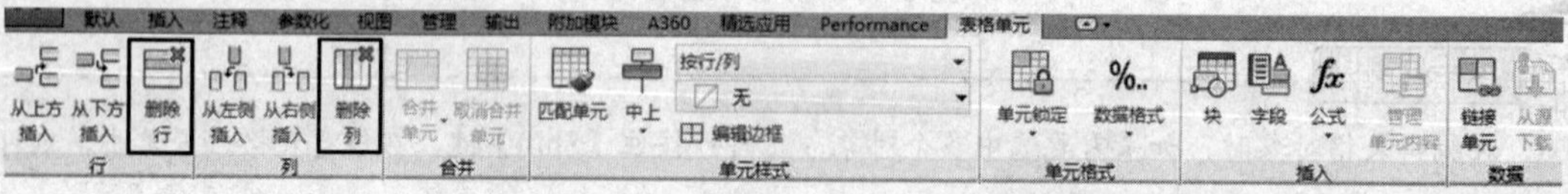

图 6-44 新增“表格单元”面板

04 单击“删除行”按钮，此时“填料压盖”已经删除掉，结果如图 6-45 所示。

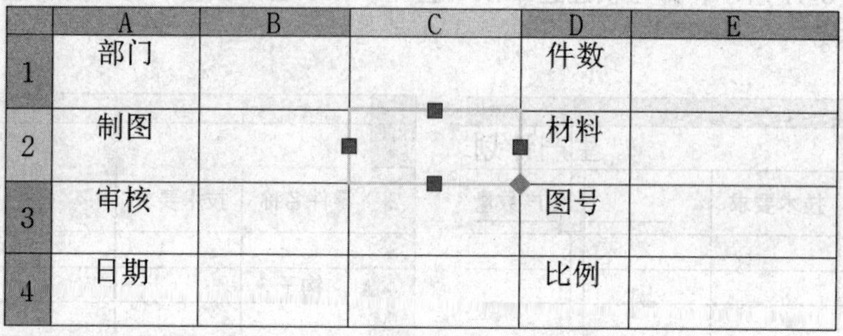

	A	B	C	D	E
1	部门			件数	
2	制图			材料	
3	审核			图号	
4	日期			比例	

图 6-45 删除行

05 选中 C 列中任意一表格，在新增的“表格单元”面板中，单击“删除列”按钮，此时则删除掉原 C 列的所有表格，后面的“D”列则变成“C”列，如图 6-46 所示。

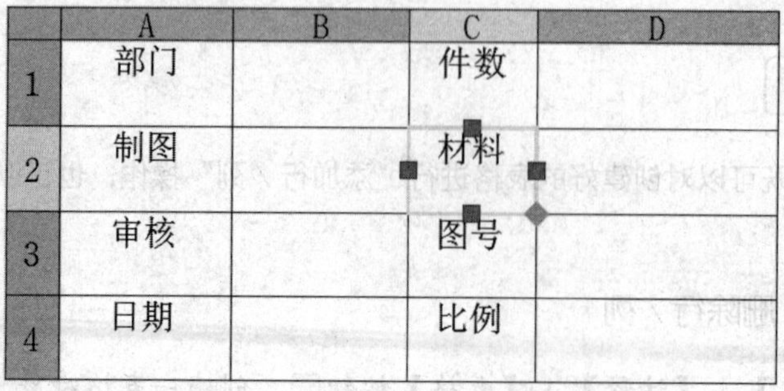

	A	B	C	D
1	部门		件数	
2	制图		材料	
3	审核		图号	
4	日期		比例	

图 6-46 删除列

6.4.3 对齐表格

创建表格和输入文字后，需要对表格内的文字对象进行对齐操作，从而使表格更加美观、整齐。

操作实例 6-4 对齐表格

01 单击快速访问工具栏中“打开”按钮，将“案例\06\6.4.3 对齐命令对齐表格.dwg”文件打开，如图 6-47 所示。

02 在表头“C”位置单击，此时则选中整个“C”列的单元格对象，如图 6-48 所示。

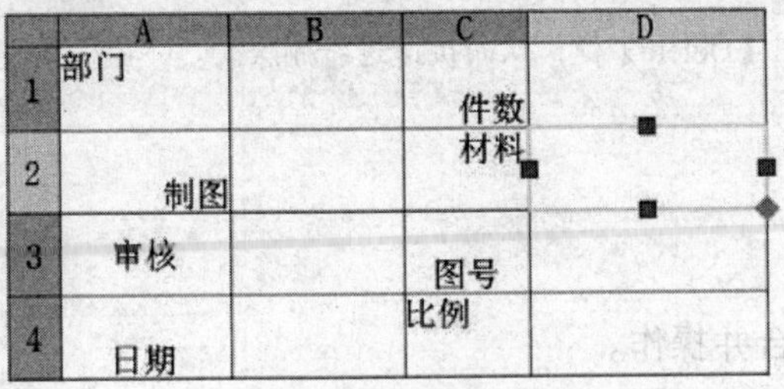

图 6-47 创建表格

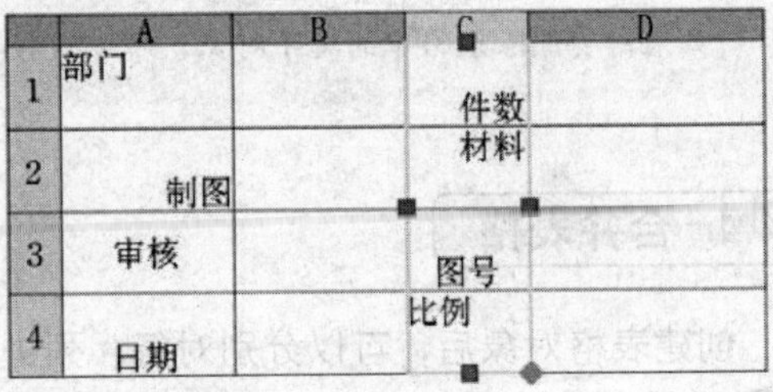

图 6-48 选中整个“C”列

03 在新增的“表格单元”面板中，单击“对齐”按钮，在出现的下拉列表中，选择“正中”按钮，如图 6-49 所示。

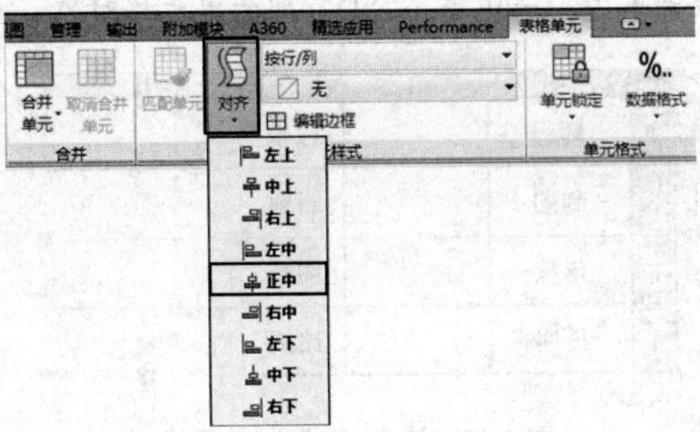

图 6-49 新增“表格单元”面板

04 对齐 C 列后的结果如图 6-50 所示。

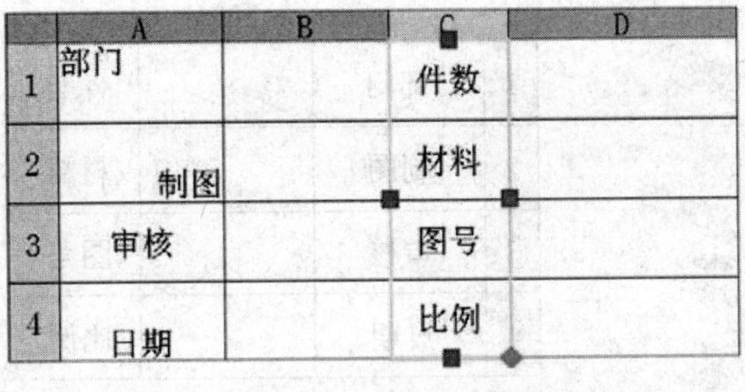

图 6-50 对齐“C”列单元格

05 使用相同的方法，选择“A”列表格对象，进行“右下”对齐操作，结果如图 6-51 所示。

图 6-51　对齐“A”列表格

专家提醒

如果需要删除表格中的文字对象，可以直接按下【Delete】键，从而快速进行删除。

6.4.4 合并表格

创建表格对象后，可以分别对行、列进行合并操作。

操作实例 6-5 合并表格

01 单击快速访问工具栏中“打开”按钮，将“案例\06\6.4.4 合并命令合并表格.dwg”文件打开。

02 在表头“D”位置单击，选中整个“D”列的单元格对象，如图 6-52 所示。

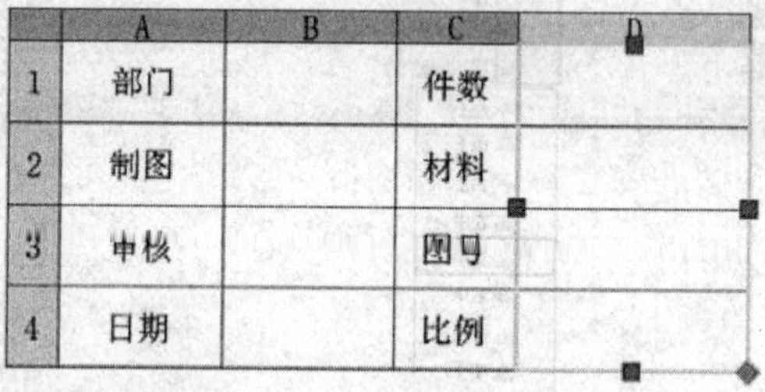

图 6-52　选择“D”列单元格

03 在新增的“表格单元”面板中，单击“合并单元”按钮，在出现的下拉列表中，选择“按列合并”按钮，如图 6-53 和图 6-54 所示。

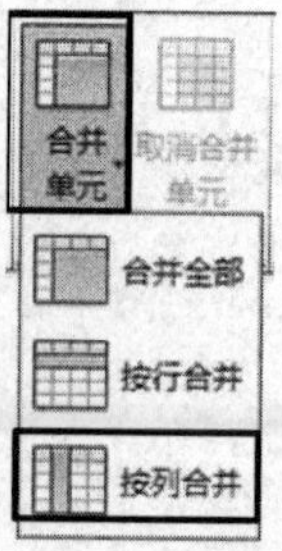

图 6-53　选择“D 列”单元格

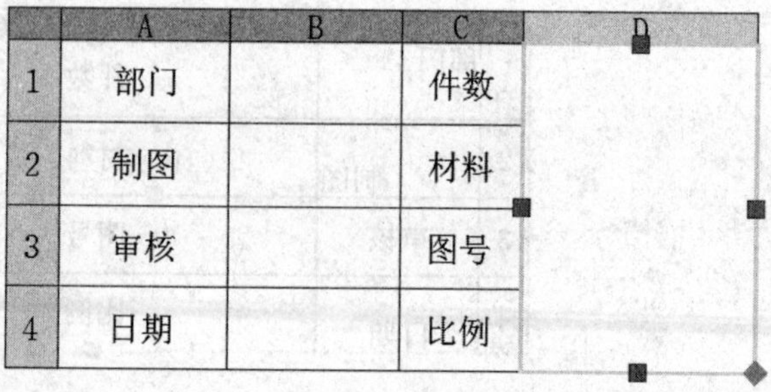

图 6-54　合并“D 列”

专家提醒

对表格进行合并操作后，可以单击“取消合并单元”按钮，或者按下【Ctrl+Z】组合键，取消对表格的合并。

04 如果选中下图的单元格对象，并且包含多个文字对象，单击“合并全部”按钮，此时将弹出“表格-合并单元”对话框，用户可根据实际需要选择“是(Y)”/“否(N)”，如图 6-55 和图 6-56 所示。

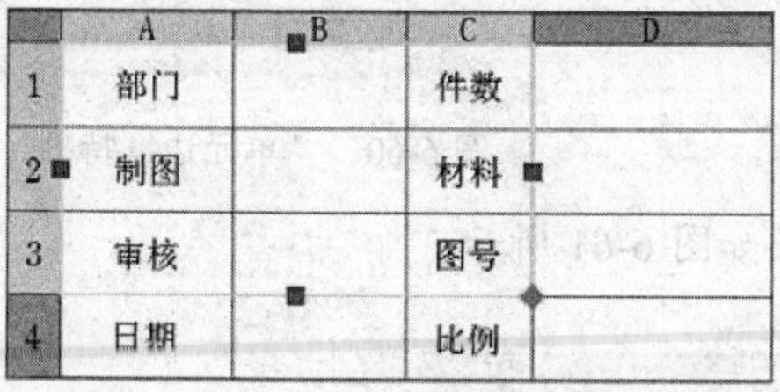

图 6-55　选择需要合并的单元格

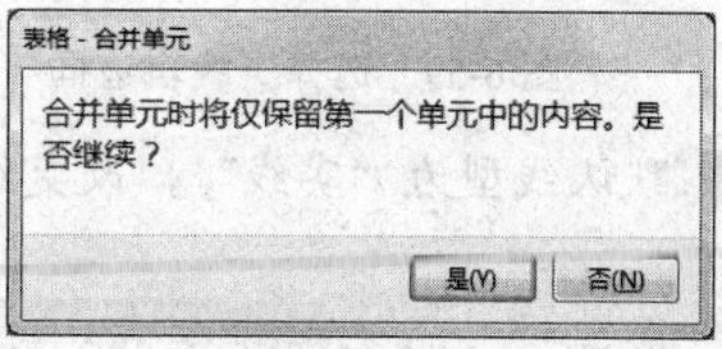

图 6-56　“表格-合并单元”对话框

05 选中“否（N）”，则取消对单元格的合并操作；选中“是（Y）”，则只保留第一个单元中的内容，如图 6-57 所示。

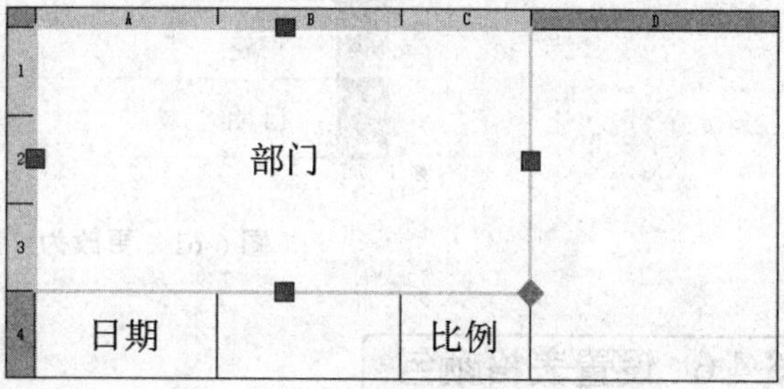

图 6-57　多个单元格进行合并

6.4.5 设置表格线型

操作实例 6-6　设置表格线型

01 单击快速访问工具栏中“打开”按钮，将“案例\06\6.4.5 设置表格线型.dwg”文件打开。

02 单击表格的左上角，选中整个表格对象，如图 6-58 所示。

03 在“表格单元”面板中，单击“编辑边框”按钮，将打开“单元边框特性”对话框，在“线型”下拉列表中选择“DASHED”，如图 6-59 和图 6-60 所示。

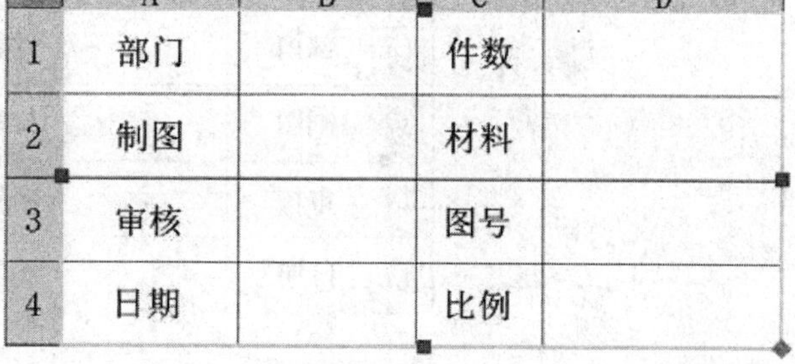

图 6-58　选择“D 列”单元格

图 6-59 选择“编辑边框”

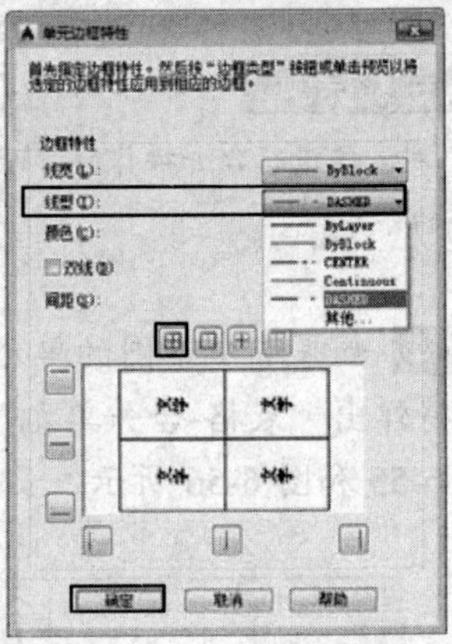

图 6-60 “单元边框特性”对话框

04 默认线型为“实线”，改变线型的结果如图 6-61 所示。

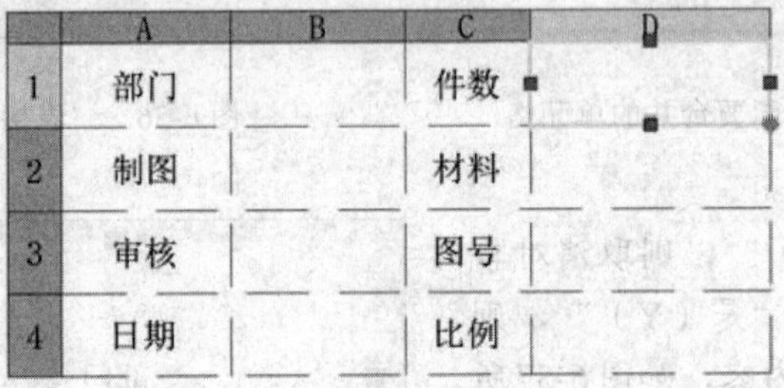

图 6-61 更改为“DASHED”线型

6.4.6 设置表格颜色

操作实例 6-7 设置表格颜色

01 单击快速访问工具栏中“打开”按钮，将“案例\06\6.4.6 设置表格颜色.dwg”文件打开。

02 单击表格的左上角，选中整个表格对象，如图 6-62 所示。

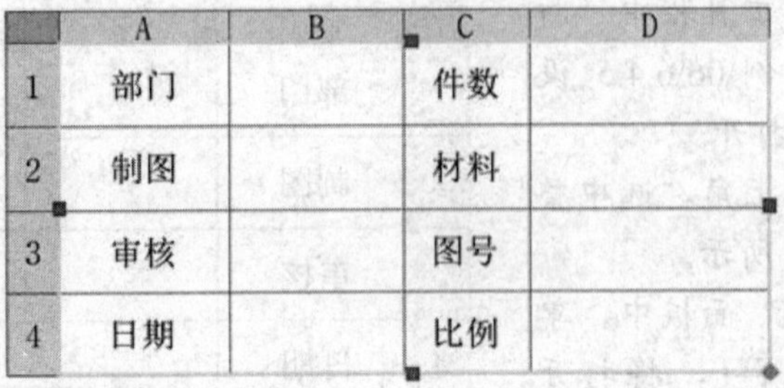

图 6-62 选择整个表格对象

03 在新增的“表格单元”面板中，单击“编辑边框”按钮，将打开“单元边框特性”对话框，在“颜色”下拉列表中选择“红色”，如图 6-63 和图 6-64 所示。

图 6-63　选择“编辑边框”

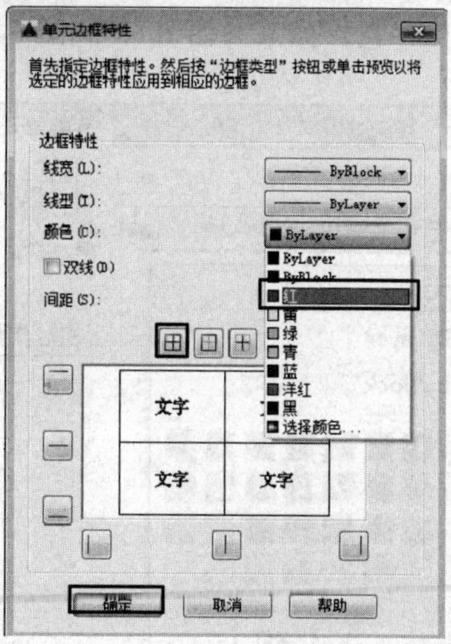

图 6-64　“单元边框特性”对话框

04 更改为红色的结果如图 6-65 所示。

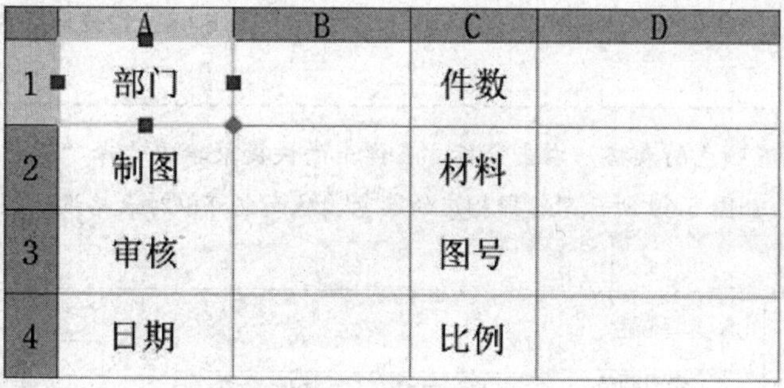

	A	B	C	D
1	部门		件数	
2	制图		材料	
3	审核		图号	
4	日期		比例	

图 6-65　更改为红色

6.4.7　设置表格底纹

操作实例 6-8　设置表格底纹

01 单击快速访问工具栏中“打开”按钮，将“案例\06\6.4.7 设置表格底纹.dwg”文件打开。

02 选中“C”列所有的单元格对象，如图 6-66 所示。

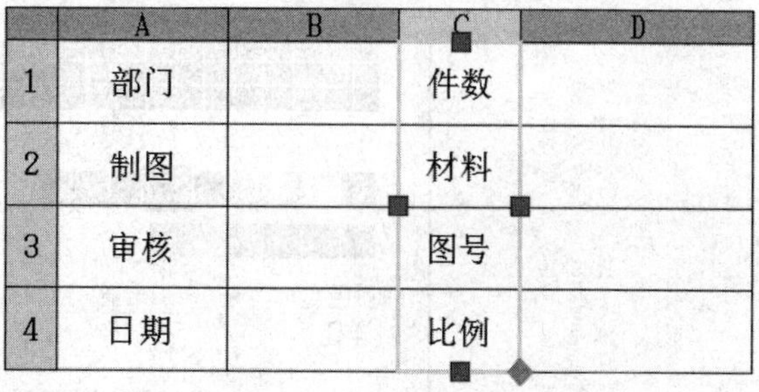

	A	B	C	D
1	部门		件数	
2	制图		材料	
3	审核		图号	
4	日期		比例	

图 6-66　选择“C”列单元格

03 在新增的“表格单元”面板的“单元格式”位置单击，在出现的颜色面板中，选择“洋红”色，结果如图 6-67 和图 6-68 所示。

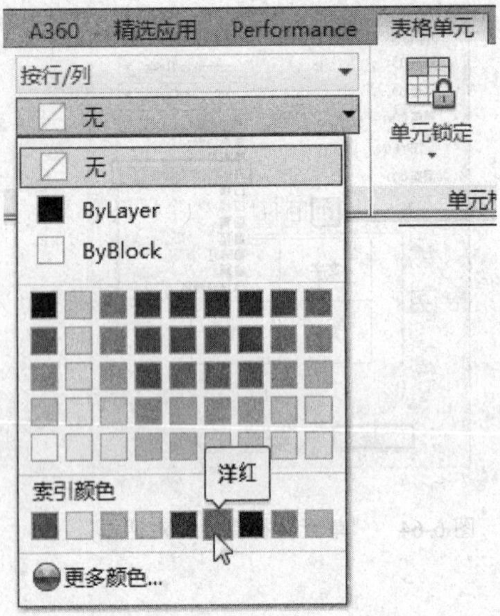

图 6-67 选择“洋红”色

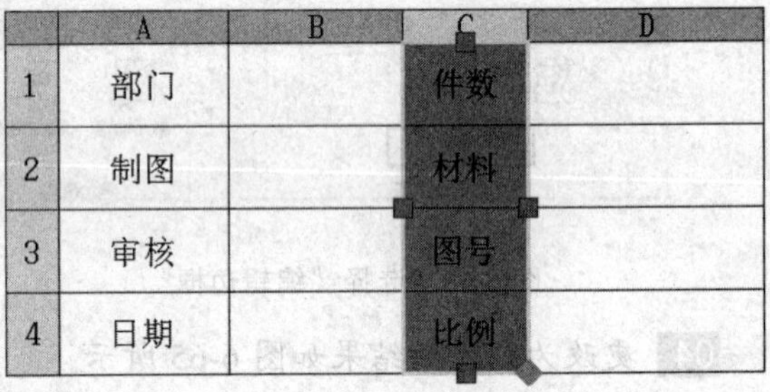

图 6-68 设置洋红色的效果

专家提醒

或者选中需要设置颜色的表格，右击鼠标，在弹出的快捷菜单中选择“背景填充”命令，将打开“选择颜色”对话框，如图 6-69 所示，选择相应的颜色，从而也可以对表格设置颜色。

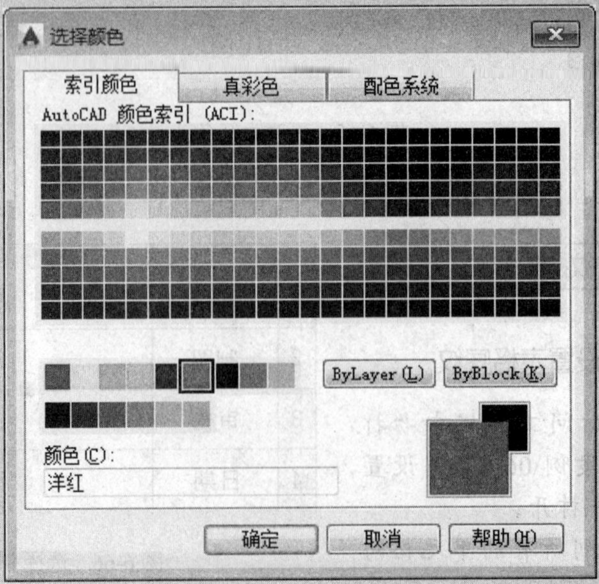

图 6-69 “选择颜色”对话框

第 7 章

创建机械制图尺寸

本章导读

零件图上的尺寸是加工和检验零件的重要依据，是零件图的重要内容之一，是图样中指令性最强的部分。在零件图上标注尺寸，必须做到：正确、完善、清晰、合理。而尺寸标注的合理性，就是要求图样上所标注的尺寸既要符合零件的设计要求，又要符合实际生产需要，方便加工和测量，并有利于装配。

精彩看点

- 初识机械尺寸标注
- 创建长度类尺寸
- 创建引线类尺寸
- 创建圆类和公差尺寸
- 修改机械尺寸标注

7.1 初识机械尺寸标注

在 CAD 中对图形进行尺寸标注，首先要对尺寸标注有一定的认识，这样有助于我们在设置标注样式的时候，更清楚地知道样式里面各个选项的含义，从而方便制图。

7.1.1 概述尺寸标注

绘制图形的根本目的就是反映对象的大小，而图形中各个对象的真实大小和相互位置只有经过尺寸标注后才能确定。在图形设计中，尺寸标注是其中的一项重要内容，是零件加工、制造、装配、工程设计的重要依据。

7.1.2 了解尺寸标注组成

AutoCAD 的尺寸标注采用半自动方式，系统按图形的测量值和标注样式进行标注，此外，它还提供了很强的尺寸编辑功能。一个完整的尺寸标注通常由尺寸线、尺寸界线、尺寸箭头和尺寸文本 4 个部分组成，如图 7-1 所示。

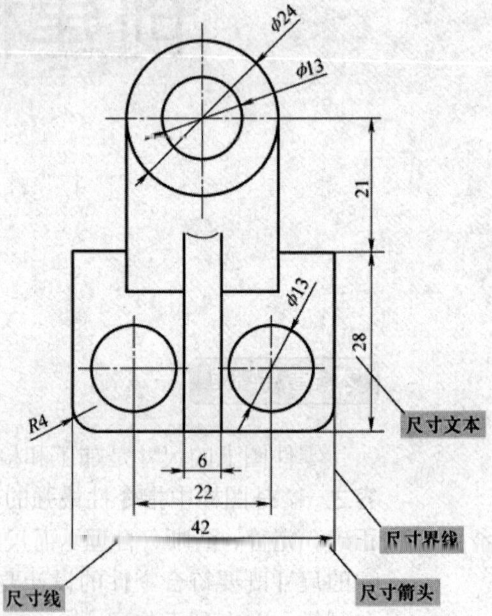

图 7-1 尺寸标注

下面就针对尺寸标注各部分的含义进行讲解。

- “尺寸线”：一般由一条两端带双箭头的直线段组成，有时也由两条单箭头的线段组成。当进行角度标注时，也可以是一条两端带箭头的弧或两条每端带单箭头的弧。它是用来表明标注的范围的，AutoCAD 通常将尺寸线放置在测量区域中。如果空间不足，则将尺寸线或文字移到测量区域的外部，这取决于标注样式的放置规则。
- “尺寸界线”：通常出现在要标注尺寸物体的两端，表示尺寸线的开始和结束。尺寸界线用细实线绘制，并应由图形的轮廓线、轴线或对称中心线引出。也可用轮廓线、轴线或对称中心线直接作为尺寸界线
- “尺寸箭头”：箭头显示在尺寸线的末端，用于指出测量的开始和结束位置。AutoCAD 默认使用闭合的填充箭头符号。此外，系统还提供了多种箭头符号，如建筑标记、小斜线箭头、点或斜杠等。
- “尺寸文本”：用于表明零件的实际测量值。尺寸文本应按标准字体书写，在同一张图纸上的字高要一致。尺寸文本不可被任何图线所通过，否则必须将该图线

断开。如图线断开影响图形表达时，需调整尺寸标注的位置。尺寸文本可以是基本尺寸，也可以是极限尺寸或带公差的尺寸。

7.1.3 了解尺寸标注相关规定

在进行尺寸标注时，不论是机械制图，还是建筑制图，它们都有着自己的规定。大家在进行尺寸标注时，应遵循以下规则。

- 物体的真实大小一切应以图样上所标注的尺寸数值为依据，与图形的大小及绘图的准确度关系不大。
- 图样中的尺寸以 mm 为单位时，不需要标注计量单位的代号或名称。如果采用其他单位时，则必须标明相应计量单位的代号或名称，如度“°”、千米“km”、厘米“cm”。
- 图样中所标注的尺寸为该图形所表示的物体的最后完工尺寸，否则应另加说明。
- 尺寸线要尽量在一条线上，尽量对齐；临近的尺寸线间距应当是固定的。
- 尺寸线最好连续，并且尽量与轴线发生关系；小尺寸在里，大尺寸在外。
- 图样中所标注的尺寸为该图样所示机件的最后完工尺寸。
- 机件的每一尺寸，一般只标注一次，并应标注在反映该结构最清晰的图形上。

7.1.4 各类基本尺寸标注规定

本节讲解各类基本尺寸的标注规定，标注尺寸的符号及缩写词规定见表 7-1。

表 7-1 标注尺寸的符号及缩写词规定

含义	符号或缩写词	含义	符号或缩写词
直径	□	深度	↧
半径	R	沉孔或锪平	⌴
球直径	S□	埋头孔	∨
球半径	SR	弧长	⌒
厚度	t	斜度	∠
均布	EQS	锥度	▷
45° 倒角	C	展开长	○
正方形	□	型材截面形状	按 GB/T 4656.1—2000

接下来了解各类尺寸标注的规定：

- 尺寸线必须与所标注线段平行。
- 标注一组平行尺寸时，应将小尺寸标在内，大尺寸标在外；且尺寸线间隔应≥7mm，同一图样中间距应取一致。
- 尺寸文本一般应注写在尺寸线上方。
- 尺寸文本方向：按图示方向注写，竖直尺寸字头朝左。应尽可能避免在图示 30°范围内标注尺寸，当无法避免时可按引出形式标注，如图 7-2 所示。

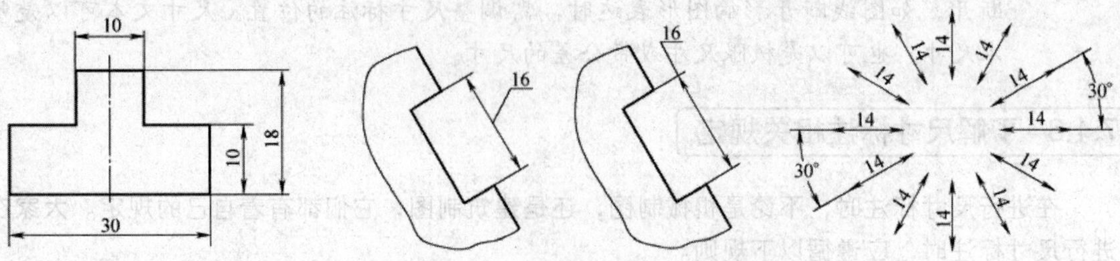

图 7-2　尺寸标注的效果

7.1.5　认识“标注样式管理器”对话框

进行尺寸标注样式设置后，如果需要进行修改，用户只需对其标注样式的格式和外观进行修改，可以设置不同的尺寸标注样式，即可改变图形对象的标注。

执行方式如下：

➢ 面 板 1：单击【默认】|【注释】|【标注样式】按钮。
➢ 面 板 2：单击【注释】|【标注】|【标注样式】按钮。
➢ 命令行：输入“DIMSTYLE” / “D”命令。

启动“标注样式”命令之后，系统将弹出“标注样式管理器”对话框，单击“新建”按钮，将弹出“创建新标注样式”对话框，然后在“新样式名”文本框中输入样式的名称，然后单击“继续”按钮，如图 7-3 所示。

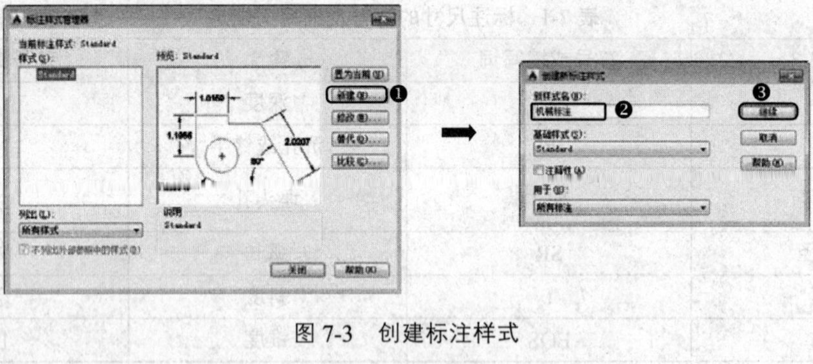

图 7-3　创建标注样式

在“标注样式管理器”对话框中，各选项的功能与含义如下：

➢ “置为当前（U）”：将当前选中的标注样式置为当前使用，并运用于当前创建的标注中。此时在“注释 | 标注”面板中，将显示当前标注样式为“机械标注”，如图 7- 4 所示。

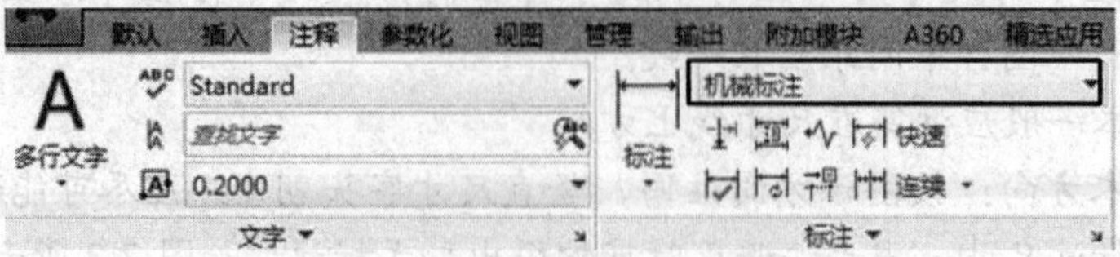

图 7-4　当前的标注样式

➢ “新建（N）”：单击该按钮，将打开“创建新标注样式”对话框，从而定义新的标注样式。

➢ “修改（M）”：单击该按钮，将打开“修改标注样式：机械标注”对话框，如图 7-5 所示，从而修改当前选中的标注样式。

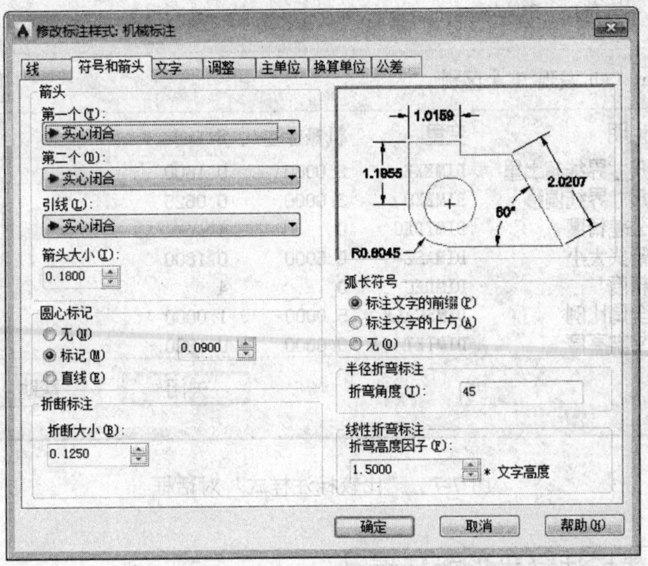

图 7-5　“修改标注样式：机械标注”对话框

➢ “替代（O）”：单击该按钮，将打开“替代当前样式：机械标注”对话框，如图 7-6 所示，从中可设置当前标注样式的临时替代值，这种修改只对当前选中的标注起作用。

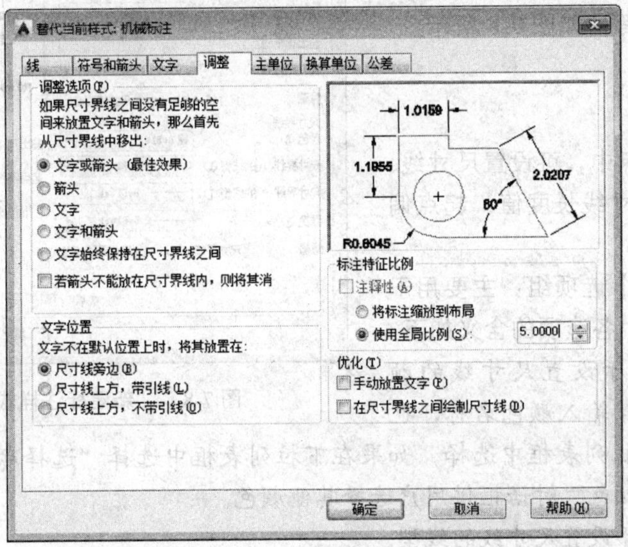

图 7-6 “替代当前样式：机械标注”对话框

➢ “比较（C）”：单击该按钮，将打开“比较标注样式”对话框，如图 7-7 所示，从中可以比较两个标注样式的所有特性或列出一个标注样式的所有特性。

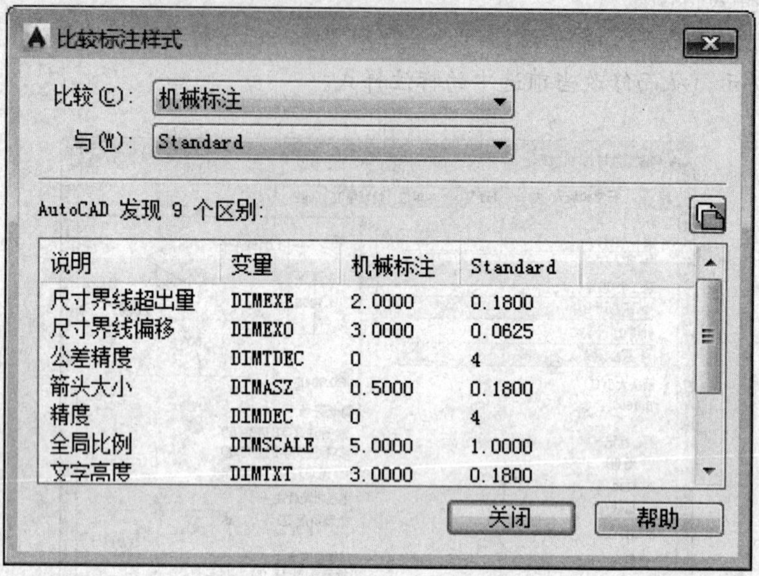

图 7-7 “比较标注样式”对话框

7.1.6 认识“新建标注样式”对话框

当用户在新建并命名标注样式后，单击“继续”按钮将弹出“新建标注样式：XXX”对话框，从而可以根据需要来设置标注样式的线、箭头和符号、文字、调整、主单位等，如图 7-8 所示。

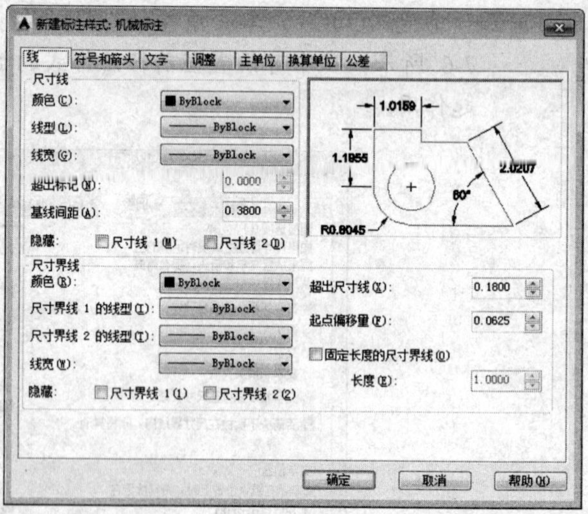

图 7-8 “新建标注样式：XXX”对话框

1. 线

在“线”选项卡中，可设置尺寸线、尺寸界线、超出尺寸线长度值、起点偏移量等。

（1）【尺寸线】选项组：主要用于设置尺寸线的特性，各选项的含义如下：

- 颜色：用于设置尺寸线的颜色。可直接输入颜色名称，也可以从下拉列表框中选择，如果在下拉列表框中选择“选择颜色”选项，系统打开“选择颜色”对话框供用户选择其他颜色。
- 线型：用于设置尺寸线的线型。
- 线宽：用于设置尺寸线的线宽，下拉列表框中列出了各种线型的名称和宽度。

专家提醒

为了实现绘图的一些特定要求，AutoCAD 还允许将图形对象的颜色、线型、线宽设置成 BYLOCK(随块)和 BYLAYER(随层)两种逻辑值。BYLAYER(随层)是指图形对象与图层的颜色设置一致，BYLOCK(随块)是指图形对象与图块的颜色设置一致随图块定义的图层。

- 超出标注：当尺寸箭头设置为短斜线、短波浪线等，或尺寸线上无箭头时，可利用此微调框设置尺寸线超出尺寸延伸线的距离。
- 基线间距：设置以基线方式标注尺寸时，相邻两尺寸线之间的距离。
- 隐藏：确定是否隐藏尺寸线及相应的箭头。勾选“尺寸线 1”复选框，表示隐藏第一段尺寸线；勾选“尺寸线 2”复选框，表示隐藏第二段尺寸线。

（2）【尺寸界线】选项组：主要用于确定尺寸界线的形式，各选项的含义如下：

- 颜色：用于设置尺寸界线的颜色。
- 尺寸界线 1 的线型：用于设置第一条尺寸界线的线型（Dimltext1 系统变量）。
- 尺寸界线 2 的线型：用于设置第二条尺寸界线的线型（Dimltext2 系统变量）。
- 线宽：用于设置尺寸界线的线宽。
- 超出尺寸线：用于确定尺寸界线超出尺寸线的距离。
- 起点偏移量：用于确定尺寸界线的实际起始点相对于指定尺寸界线起始点的偏移量。
- 隐藏：确定是否隐藏尺寸界线。勾选“ 尺寸界线 1”复选框，表示隐藏第一段尺寸界线；勾选“ 尺寸界线 2”复选框，表示隐藏第二段尺寸界线。
- 固定长度的尺寸界线：勾选该复选框，系统以固定长度的尺寸界线标注尺寸，可以在其下面的“长度”文本框中输入长度值。

2. 符号和箭头

在如图 7-9 所示的“符号和箭头”选项卡中，用户可以设置箭头的类型、大小、引线类型、圆心标记、折断标注等。

（1）【箭头】选项组：主要用于设置尺寸箭头的形式。AutoCAD 提供了多种箭头形式，这些箭头形式列在“第一个”和“第二个”下拉列表框中。另外，还允许采用用户自定义的箭头形式，两个尺寸箭头可以采用相同的形式，也可以采用不同的形式。

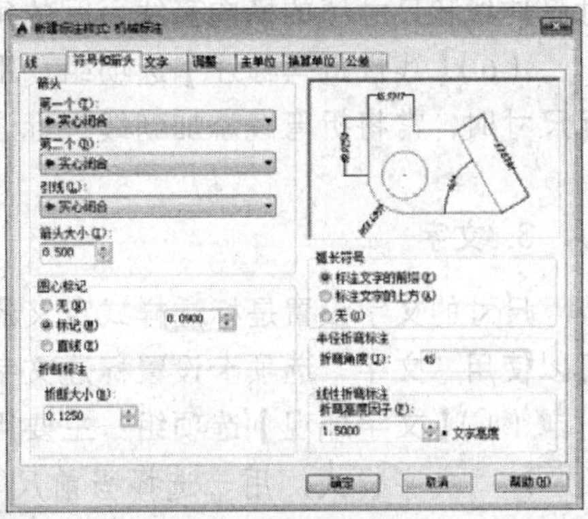

图 7-9　“符号和箭头”选项卡

- 第一个：用于设置第一个尺寸箭头的形式。单击此下拉列表框，打开各种箭头形式，其中列出了各类箭头的形状即名称。

一旦选择了第一个箭头的形式，第二个箭头则自动与其匹配，要想第二个箭头取不同的形式，可在“第二个”下拉列表框中设定。

专家提醒

如果在列表框中选择了“用户箭头”选项，则打开“选择自定义箭头块”对话框，可以事先把自定义的箭头保存为一个图块，在此对话框中输入该图块名称即可，如图 7-10 所示。

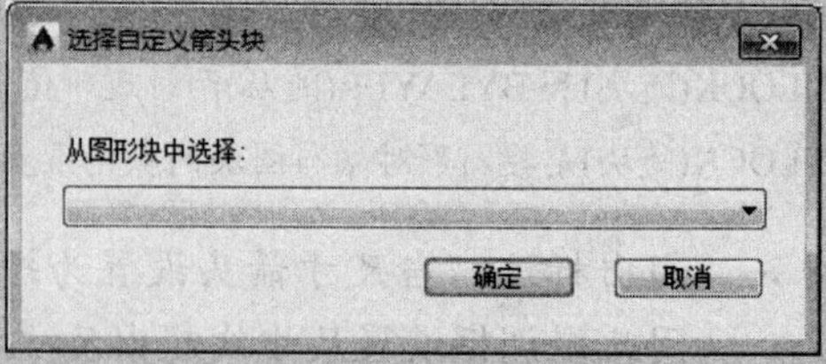

图 7-10 “选择自定义箭头块”对话框

- 第二个：用于设置第二个尺寸箭头的形式，可与第一个箭头形式不同。
- 引线：确定引线箭头的形式，与“第一个”设置类似。
- 箭头大小：用于设置尺寸箭头的大小。

（2）【圆心标记】选项组：用于设置半径标注、直径标注和中心标注中的中心标记和中心线形式，各选项的含义如下：

- 无：选择该项，即不产生中心标记，也不产生中心线。
- 标记：选择该项，中心标记为一个点记号。
- 直线：选择该项，中心标记采用中心线的形式。
- 大小：用于设置中心标记和中心线的大小和粗细。

（3）【折断标注】选项组：用于控制折断标注的间距宽度。

（4）【弧长符号】选项组：用于控制弧长标注中圆弧符号的显示。

- 标注文字的前缀：选择该项，将弧长符号放在标注文字的左侧。
- 标注文字的上方：选择该项，将弧长符号放在标注文字的上方。
- 无：选择该项，不显示弧长符号。

（5）【半径折弯标注】选项组：用于控制折弯（Z 字形）半径标注的显示。折弯半径标注通常在中心点位于页面外部时创建。在“折变角度”文本框中可以输入连接半径标注的尺寸延伸线和尺寸线的横向直线之间的角度。

（6）【线性折弯标注】选项组：用于控制折弯线性标注的显示。当标注不能精确表示实际尺寸时，常将折弯线添加到线性标注中。通常，实际尺寸比所需值小。

3. 文字

尺寸的文字设置是标注样式定义的一个很重要的内容。在“新建标注样式”对话框中，可以使用“文字”选项卡设置标注文字的外观、位置和对齐方式，如图 7-11 所示。

（1）【文字外观】选项组：主要用于设置标注文字的样式、颜色、大小等。

- 文字样式：用于选择当前尺寸文本采用的文字样式。单击此下拉列表框，可以从中选择一种文字样式，也可以单击右侧的按钮[...]，打开“文字样式”对话框以创建新的文字样式，或对文字样式进行修改。

- 文字颜色：用于设置尺寸文本的颜色，其操作方法与设置尺寸线颜色的方法相同。
- 填充颜色：用于设置标注中文字背景的颜色。如果选择“选择颜色”选项，系统打开“选择颜色”对话框，可以从 255 种 AutoCAD 索引（ACI）颜色、真彩色和配色系统颜色中选择颜色。
- 文字高度：用于设置尺寸文本的字高。如果选用的文本样式中已设置了具体的字高（不是 0），则此处的设置无效；如果文本样式中设置的字高为 0，才以此处设置为准。

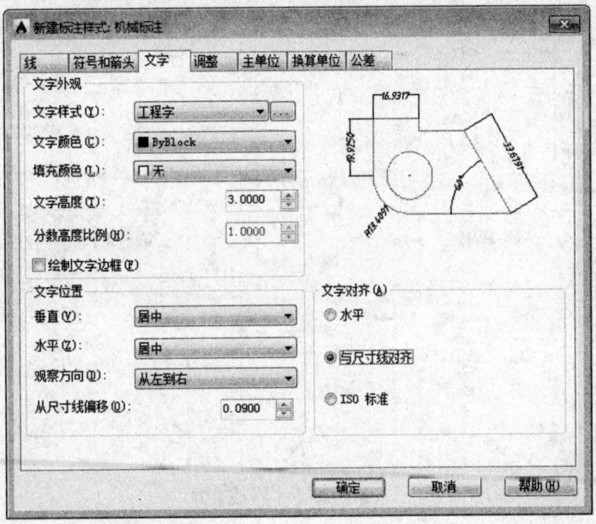

图 7-11 “文字”选项卡

- 分数高度比例：用于确定尺寸文本的比例系数。
- 绘制文字边框：勾选该复选框，AutoCAD 在尺寸文本的周围加上边框。

（2）【文字位置】选项组：主要用于设置标注文字的位置。

- 垂直：用于确定尺寸文本相对于尺寸线在垂直方向的对齐方式。单击此下拉列表框，可以从中选择“居中”“上”“外部”“下”“JIS”等 5 种选项。这 5 种文本布置方式效果，如图 7-12 所示。

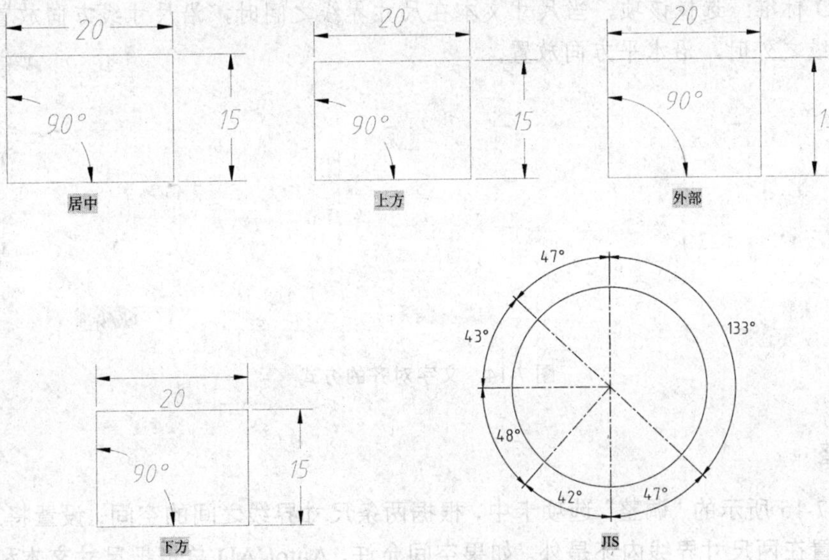

图 7-12 尺寸文本在垂直方向的位置

- 水平：用于确定尺寸文本相对于尺寸线和尺寸界线在水平方向的对齐方式。单击此下拉列表框，可以从中选择“居中”“第一条尺寸界线”“第二条尺寸界线”“第一条尺寸界线上方”“第二条尺寸界线上方”等 5 种样式，如图 7-13 所示。

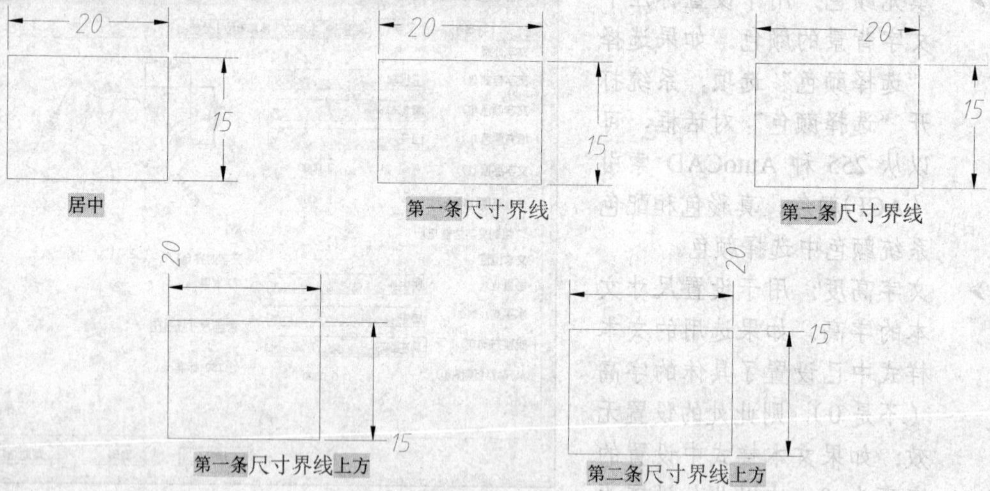

图 7-13　尺寸文本在水平方向的位置

➢ 观察方向：用于控制标注文字的观察方向，包括从左到右和从右到左。
➢ 从尺寸线偏移：当尺寸文本放在断开的尺寸线中间时，此微调框用来设置尺寸文本与尺寸线之间的距离。

（3）【文字对齐】选项组：用于控制尺寸文本的排列方向，其排列效果如图 7-14 所示。

➢ 水平：选择该项，尺寸文本沿水平方向放置。不论标注什么方向的尺寸，尺寸文本总保持水平。
➢ 与尺寸线对齐：选择该项，尺寸文本沿尺寸线方向放置。
➢ ISO 标准：选择该项，当尺寸文本在尺寸界线之间时，沿尺寸线方向放置；在尺寸界线之外时，沿水平方向放置。

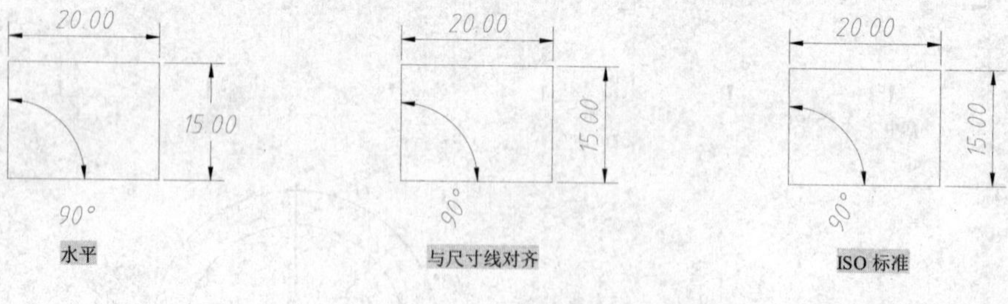

图 7-14　文字对齐的方式

4. 调整

在如图 7-15 所示的“调整”选项卡中，根据两条尺寸界线之间的空间，设置将尺寸文本、尺寸箭头放置在两尺寸界线内还是外。如果空间允许，AutoCAD 总是把尺寸文本和箭头放置在尺寸界线的里面，如果空间不够，则根据本选项卡的各项设置放置。

- 【调整选项】栏：当尺寸界线之间没有足够的空间同时放置尺寸文本和箭头时，可通过“调整选项”选项组设置来移出到尺寸界线的外面。
- 【文字位置】栏：当尺寸文本不能按“文字”选项卡设定的位置放置时，尺寸文本按这里设置的调整“文字位置”放置。选择“尺寸线旁边”调整方式时，标注的尺寸文本容易和其他尺寸文本混淆，建议不要使用。在实际绘图时，一般可以选择在“尺寸线上方，带引线”调整方式。

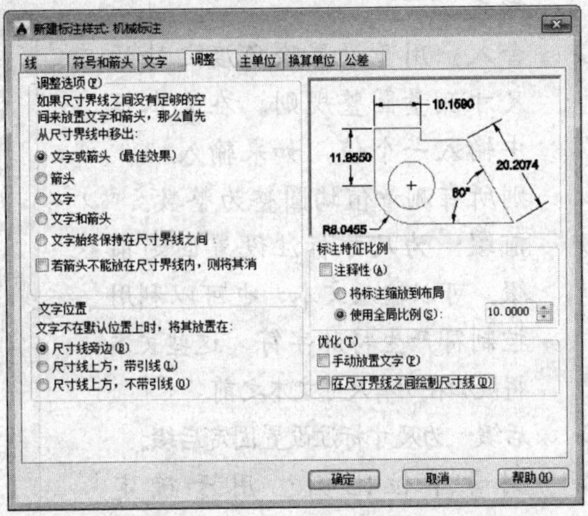

图 7-15　“调整”选项卡

- 注释性：注释性标注时需要勾选。
- 将标注缩放到布局：在布局卡上激活视口后，在视口内进行标注，按此项设置。标注时，尺寸参数将自动按所在视口的视口比例放大。
- 使用全局比例：全局比例因子的作用是把标注样式中的所有几何参数值都按其因子值放大后，再绘制到图形中，如文字高度为 3.5，全局比例因子为 10，则图形内尺寸文字高度为 35。在模型卡上进行尺寸标注时，应按打印比例或视口比例设置此项参数值。
- 【优化】栏：用于设置附加的尺寸文本布置选项。选择“手动放置文字”复选框时，标注尺寸时尺寸文本的放置位置由用户确定，忽略前面的对齐设置；选择“在尺寸界线之间绘制尺寸线”复选框时，不论尺寸文本在尺寸界线里面还是外面，AutoCAD 均在两尺寸界线之间绘出一尺寸线，否则当尺寸界线内放不下尺寸文本而将其放在外面时，尺寸界线之间无尺寸线。

5. 主单位

如图 7-16 所示的“主单位”选项卡用来设置尺寸标注的主单位和精度，以及为尺寸文本添加固定的前缀或后缀。

（1）【线性标注】选项组：用来设置标注长度型尺寸时采用的单位和精度。

- 单位格式：用于确定标注尺寸时使用的单位制（角度型尺寸除外）。在其下拉列表框中提供了“科学”“小数”“工程”“建筑”“分数”和“Windows”桌面 6 种单位制，用户可根据需要进行选择。
- 精度：用于确定标注尺寸时的精度，也就是精确到小数点后几位。
- 分数格式：用于设置分数的形式，AutoCAD 2016 提供了“水平”“对角”和“非堆叠”3 种形式供用户选择。
- 小数分隔符：用于确定十进制单位的分隔符，AutoCAD 2016 提供了有 “.” （句

➢ 点）、“,”（逗点）和空格 3 种形式。

➢ 舍入：用于设置除角度之外的尺寸测量圆整规则。在文本框中输入一个值，如果输入 1，则所有测量值均圆整为整数。

➢ 前缀：为尺寸标注设置固定前缀。可以输入文本，也可以利用控制符产生特殊字符，这些文本将被加在所有尺寸文本之前。

➢ 后缀：为尺寸标注设置固定后缀。

➢ 测量单位比例：用于确定 AutoCAD 自动测量尺寸时的比例因子。其中“比例因子”微调框用来设置除角度之外所有尺寸测量的比例因子。例如，用户确定比例因子为 2，AutoCAD 则把实际测量为 10 的尺寸标注为 20。如果勾选“仅应用到布局标注”复选框，则设置的比例因子只适用于布置标注。

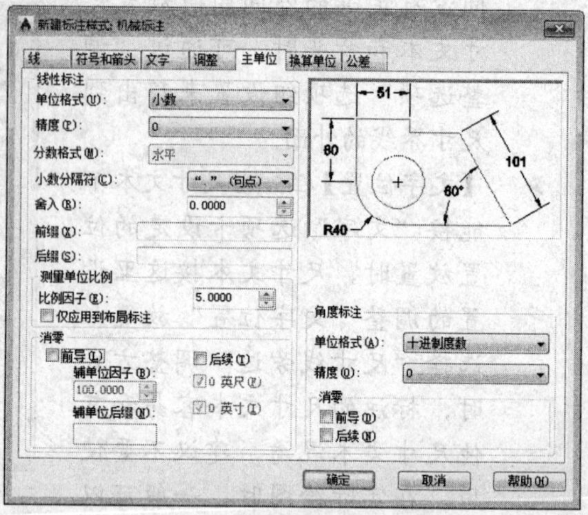

图 7-16 “主单位”选项卡

➢ 消零：用于设置是否省略标注尺寸时的 0。

➢ 前导：勾选此复选框，省略尺寸值处于高位的 0。例如，0.5000 标注为.5000。

➢ 后续：勾选此复选框，省略尺寸值小数点后末尾的 0。例如，8.5000 标注为 8.5，而 20.000 标注为 20。

➢ 0 英尺：勾选此复选框，采用“工程”和“建筑”单位制时，如果尺寸值小于 1 尺时，省略尺。例如 0'-6 1/2"标注为 6 1/2"。

➢ 0 英寸：勾选此复选框，采用“工程”和“建筑”单位制时，如果尺寸值是整数尺时，省略寸。例如，1'-0"标注为 1'。

（2）【角度标注】选项组：用于设置标注角度时采用的角度单位。

➢ 单位格式：用于设置角度单位制。AutoCAD 提供了“十进制度数”“度/分/秒”“百分度”和“弧度”4 种单位。

➢ 精度：用于设置角度型尺寸标注的精度。

➢ 消零：用于设置是否省略标注角度时的 0。

6. 换算单位

如图 7-17 所示的“换算单位”选项卡用于对替换单位的设置。

（1）【显示换算单位】复选框：勾选此复选框，则替换单位的尺寸值也同时显示在尺寸文本上。

（2）【换算单位】选项组：用于设置替换单位。

➢ 单位格式：用于选择替换单位采用的单位制。

➢ 精度：用于设置替换单位的精度。
➢ 换算单位倍数：用于指定主单位和替换单位的转换因子。
➢ 舍入精度：用于设定替换单位的圆整规则。
➢ 前缀：用于设置替换单位文本的固定前缀。
➢ 后缀：用于设置替换单位文本固定后缀。

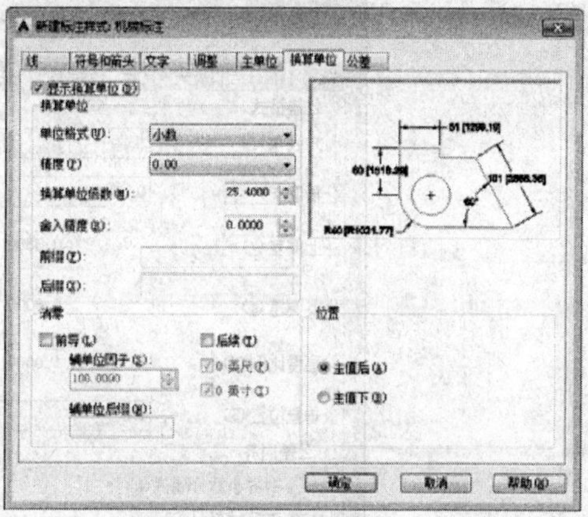

图 7-17　“换算单位”选项卡

专家提醒

常用的长度单位英制与公制的换算关系如下：

1 千米(公里) = 2 市里 = 0.6241 英里 = 0.540 海里

1 米 = 3 市尺 = 3.281 英尺

1 海里 = 1.852 千米（公里）= 3.074 市里 = 1.150 英里

1 市尺 = 0.333 米 = 1.094 英尺

1 英里 = 1.609 千米（公里）= 3.219 市里

1 英尺 = 12 英寸 = 0.914 市尺

（3）【消零】选项组：与“主单位”中的“消零”选项组相同。

（4）【位置】选项组：用于设置替换单位尺寸标注的位置，如图 7-18 所示。

➢ 主值后：选择该项，把替换单位尺寸标注放在主单位标注的后面。
➢ 主值下：选择该项，把替换单位尺寸标注放在主单位标注的下面。

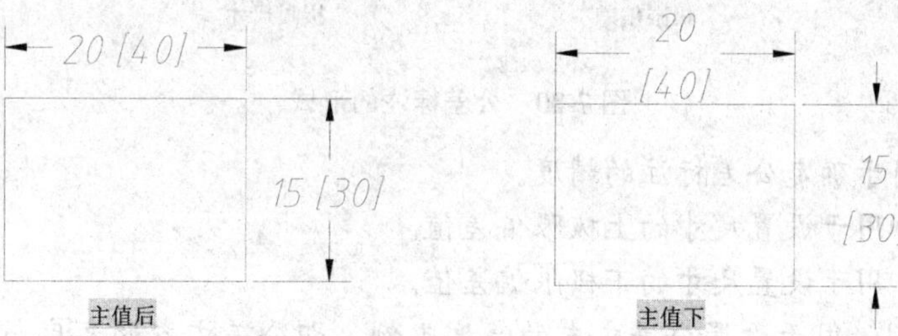

图 7-18　换算值在主值的位置

7. 公差

如图 7-19 所示的“公差”选项卡用于确定标注公差的方式。

（1）【公差格式】选项组：用于设置公差的标注格式。

➢ 方式：用于设置公差标注的方式。AutoCAD 2016 提供了 5 种标注公差的方式，分别是“无”“对称”“极限偏差”“极限尺寸”和“基本尺寸”，其中“无”表示不标注公差，其余 4 种标注情况如图 7-20 所示。

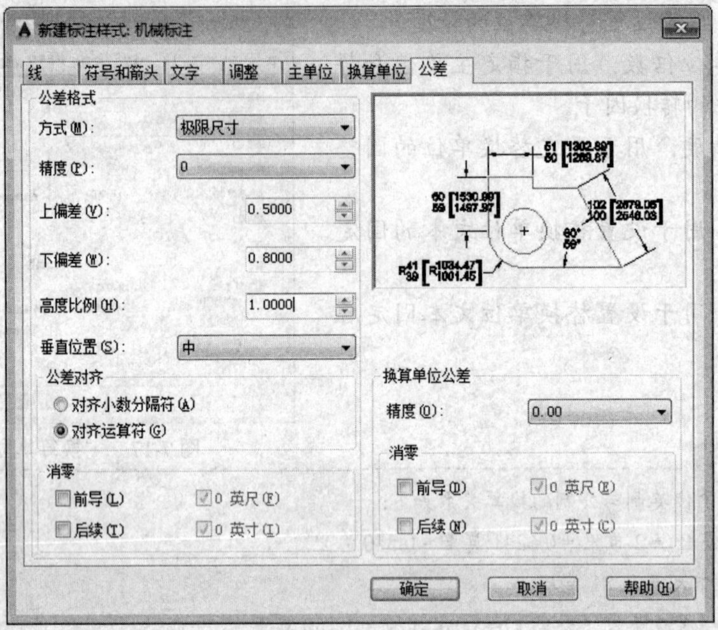

图 7-19 “公差”选项卡

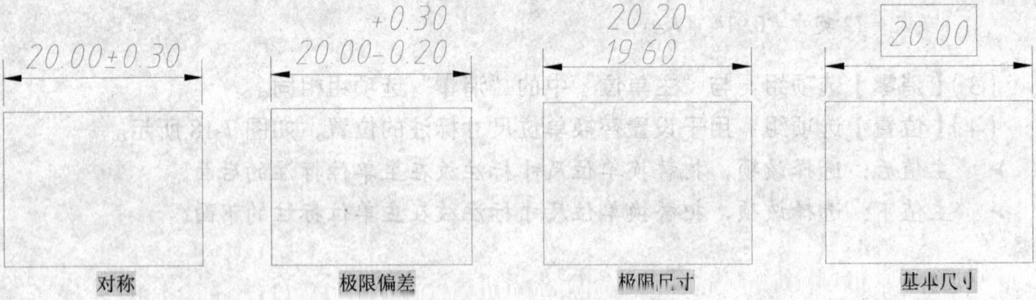

图 7-20 公差标注的形式

➢ 精度：用于确定公差标注的精度。
➢ 上偏差：用于设置尺寸的上极限偏差值。
➢ 下偏差：用于设置尺寸的下极限偏差值。
➢ 高度比例：用于设置公差文本的高度比例，即公差文本的高度与一般尺寸文本的高度之比。
➢ 垂直位置：用于控制“对称”和“极限偏差”形式公差标注的文本对齐方式，如图 7-21 所示。

（2）【公差对齐】选项组：用于在堆叠时，控制上极限偏差值和下极限偏差值的对齐。

➢ 对齐小数分隔符：选择该项，通过值的小数分割符堆叠值。
➢ 对齐运算符：选择该项，通过值的运算符堆叠值。

（3）【消零】选项组：用于控制是否禁止输出前导 0 和后续 0，以及 0 英尺和 0 英寸部分。

（4）【换算单位公差】选项组：该选项组只有在“换算单位”选项卡中勾选了“显示换算单位”复选框才可使用，它主要对几何公差标注的替换单位进行设置。

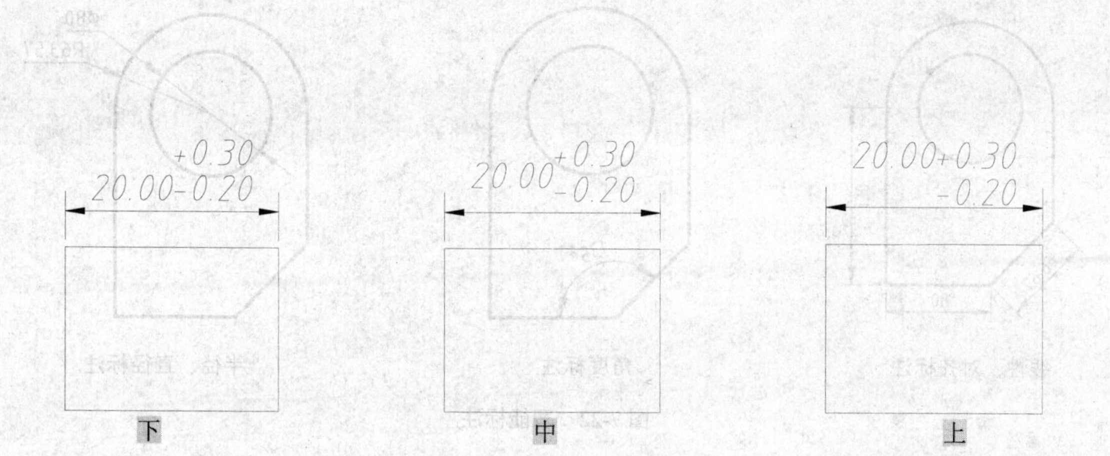

图 7-21　公差文本的对齐方式

7.1.7 AutoCAD 2016 新功能——智能标注

智能标注命令为 AutoCAD 2016 的新增功能，可以根据选定的对象类型自动创建相应的标注。可自动创建的标注类型包括垂直标注、水平标注、对齐标注、旋转的线性标注、角度标注、半径标注、直径标注、折弯半径标注、弧长标注、基线标注和连续标注等。如果需要，可以使用命令行选项更改标注类型。

执行“智能标注”命令有以下几种方式：

- ➢ 面板：单击【默认】|【注释】|【线性】按钮。
- ➢ 命令行：输入“DIM”命令。

使用上面任一种方式可启动“智能标注”命令，具体操作命令行提示如下：

```
命令: _dim
选择对象或指定第一个尺寸界线原点或 [角度(A)/基线(B)/连续(C)/坐标(O)/对齐(G)/分发(D)/图层(L)/放弃(U)]:                    //选择图形或标注对象
```

命令行中各选项的含义说明如下。

- ➢ 角度(A)：创建一个角度标注来显示三个点或两条直线之间的角度，操作方法基本同角度标注。
- ➢ 基线(B)：从上一个或选定标注的第一条尺寸界线创建线性、角度或坐标标注，操作方法基本同基线标注。
- ➢ 连续(C)：从选定标注的第二条尺寸界线创建线性、角度或坐标标注，操作方法基本同连续标注。
- ➢ 坐标(O)：创建坐标标注，提示选取部件上的点，如端点、交点或对象中心点。
- ➢ 对齐(G)：将多个平行、同心或同基准的标注对齐到选定的基准标注。
- ➢ 分发(D)：指定可用于分发一组选定的孤立线性标注或坐标标注的方法。
- ➢ 图层(L)：为指定的图层指定新标注，以替代当前图层。输入 Use Current 或"." 以使用当前图层。

将鼠标置于对应的图形对象上，就会自动创建出相应的标注，如图 7-22 所示。

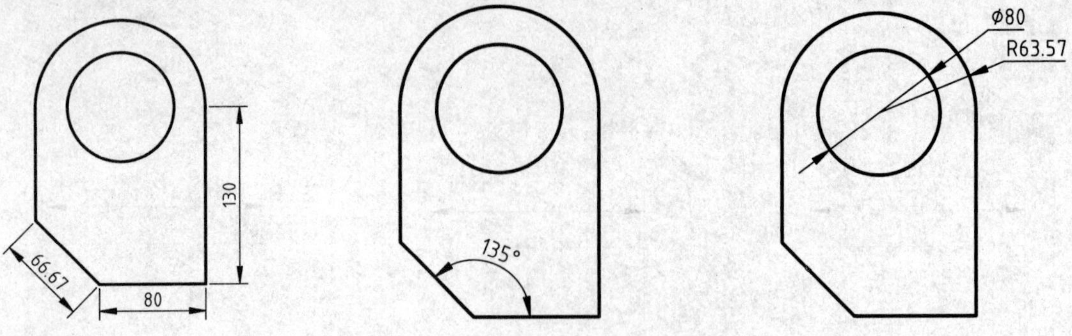

线性、对齐标注　　角度标注　　半径、直径标注

图 7-22　智能标注

7.2 创建长度类尺寸

本节主要讲解创建长度类尺寸的一些相关知识及技巧，其中包括通过“线性”命令创建尺寸、通过对齐命令创建尺寸、通过“快速”命令创建尺寸、通过“基线”命令创建尺寸、通过“连续”命令创建尺寸等知识。

7.2.1 线性标注

线性标注指标注图形对象在水平方向、垂直方向或指定方向上的尺寸，可以水平、垂直或对齐放置。需要说明的是，水平标注、垂直标注并不是只标注水平边或垂直边的尺寸。

执行方式如下：

- 面板 1：单击【默认】|【注释】|【线性】按钮⊢⊣。
- 面板 2：单击【注释】|【标注】|【线性】按钮⊢⊣。
- 命令行：输入“DIMLINEAR” / “DLI” 命令。

启动“线性”命令后，根据如下提示进行操作，即可对图形对象进行线性标注，如图 7-23 所示。

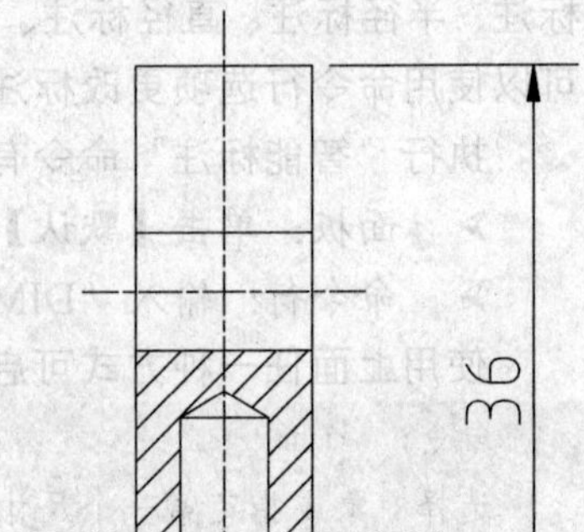

图 7-23　线性标注

```
命令：_dimlinear
指定第一个尺寸界线原点或 <选择对象>:
指定第二条尺寸界线原点:
指定尺寸线位置或
[多行文字(M)/文字(T)/角度(A)/水平(H)/垂直(V)/旋转(R)]:
标注文字 = 36
```

在“线性”命令行中各选项的提示如下：

- “多行文字（M）”：选择该项后，进入多行文字编辑状态，可输入文字或修改标注文字。文字窗口中的“〈 〉”内表示系统测量值。
- “文字（T）”：以单行文字的状态输入文字。

➢ “角度（A）”：设置标注文字的旋转角度，如图 7-24 所示。
➢ “水平（H）”：创建水平线性标注。
➢ “垂直（V）”：创建垂直线性标注。
➢ “旋转（R）”：旋转标注对象的尺寸线，如图 7-25 所示。

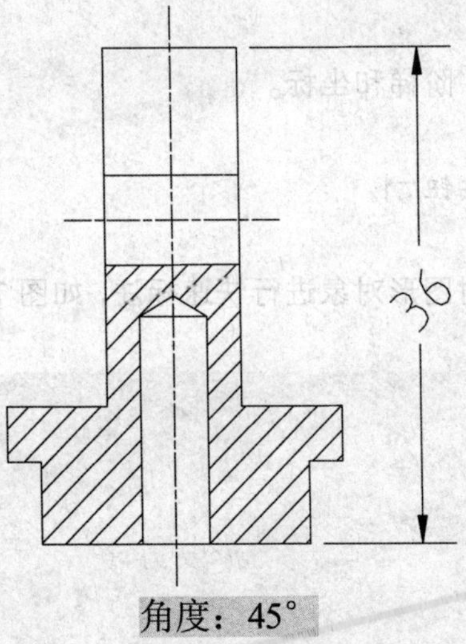

图 7-24　旋转文字

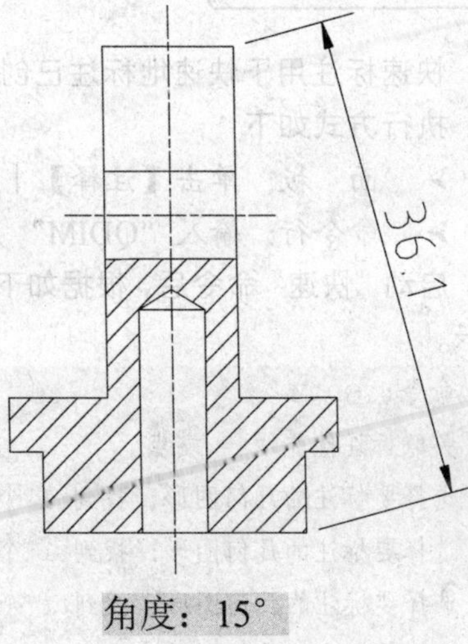

图 7-25　旋转尺寸线

7.2.2 对齐标注

对齐标注用于标注图形中的斜线或斜面的尺寸。

执行方式如下：

➢ 面板 1：单击【默认】|【注释】|【对齐】按钮。
➢ 面板 2：单击【注释】|【标注】|【对齐】按钮。
➢ 命令行：输入“DIMALIGNED”/“DAL”命令。

启动“对齐标注”命令后，根据如下提示进行操作，即可对图形对象进行对齐标注，如图 7-26 所示。

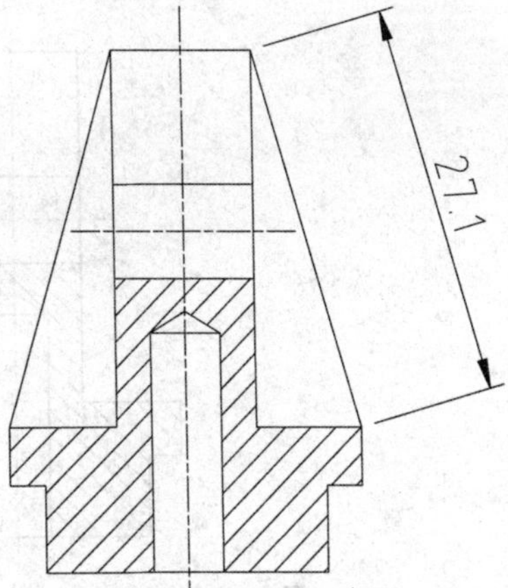

图 7-26　对齐标注

```
命令：_dimaligned
指定第一条尺寸界线原点或 <选择对象>:
指定第二条尺寸界线原点：
指定尺寸线位置或
[多行文字(M)/文字(T)/角度(A)]:
标注文字 = 27.1
```

专家提醒

线性标注与对齐标注时，所标注的数据是不一样的，只有对齐标注时，才是斜线段的真实长度。

7.2.3 快速标注

快速标注用于快速地标注已创建成组的基线、连续、阶梯和坐标。

执行方式如下：

➢ 面　板：单击【注释】|【标注】|【快速】按钮。

➢ 命令行：输入“QDIM”/“QD”命令。

启动“快速”命令后，根据如下提示进行操作，即可对图形对象进行快速标注，如图 7-27 所示。

```
命令：QDIM
关联标注优先级 = 端点
选择要标注的几何图形：找到 1 个
选择要标注的几何图形：找到 1 个，总计 2 个
选择要标注的几何图形：找到 1 个，总计 3 个
选择要标注的几何图形：找到 1 个，总计 4 个
选择要标注的几何图形：指定尺寸线位置或 [连续(C)/并列(S)/基线(B)/坐标(O)/半径(R)/直径(D)/基准点(P)/编辑(E)/设置(T)] <连续>:
```

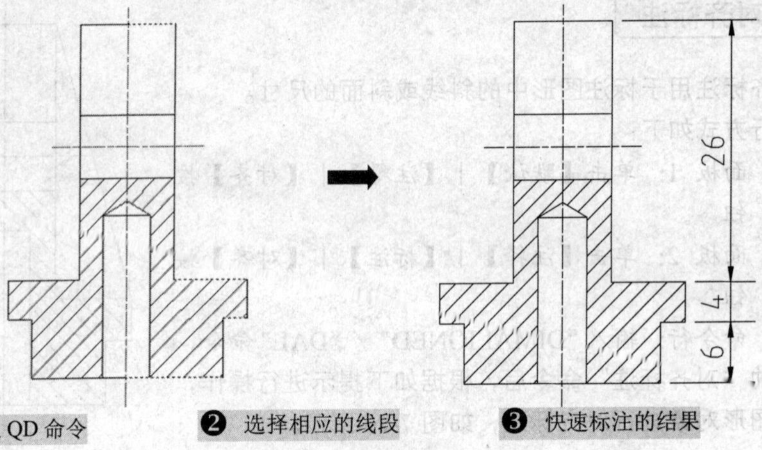

图 7-27　快速标注

7.2.4 基线标注

基线标注用于标注可创建一系列由相同的标注原点测量出来的尺寸。首先应创建(或选择)一个线性、角度、坐标、对齐等标注来作为基准标注。

执行方式如下：

➢ 面板：单击【注释】|【标注】|【基线】按钮。

➢　命令行：输入 "DIMBASELINE" / "DBA" 命令。

启动 "基线" 命令后，根据如下提示进行操作，即可对图形对象进行基线标注，如图 7-28 所示。

```
命令: DIMBASELINE
指定第二条尺寸界线原点或 [放弃(U)/选择(S)] <选择>:
标注文字 = 36
指定第二条尺寸界线原点或 [放弃(U)/选择(S)] <选择>:
```

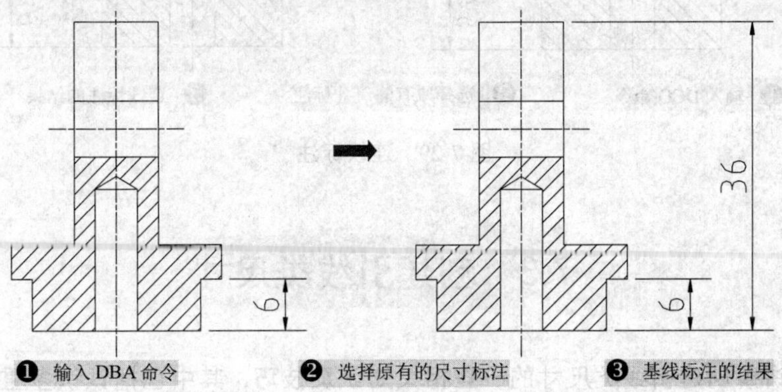

图 7-28　基线标注

7.2.5 连续标注

连续标注用于对图形对象中首尾相连的多个连续尺寸进行标注。首先应创建(或选择)一个线性、角度、坐标、对齐等标注来作为基准标注。

执行方式如下：

➢　面　板：单击【注释】|【标注】|【连续】按钮。

➢　命令行：输入 "DIMCONTINUE" / "DCO" 命令。

启动 "连续" 命令后，根据如下提示进行操作，即可对图形对象进行连续标注，如图 7-29 所示。

```
命令: _dimcontinue
选择连续标注:
指定第二条尺寸界线原点或 [放弃(U)/选择(S)] <选择>:
标注文字 = 6
指定第二条尺寸界线原点或 [放弃(U)/选择(S)] <选择>:
标注文字 = 14.3
指定第二条尺寸界线原点或 [放弃(U)/选择(S)] <选择>:
标注文字 = 6.5
指定第二条尺寸界线原点或 [放弃(U)/选择(S)] <选择>:
标注文字 = 9.3
指定第二条尺寸界线原点或 [放弃(U)/选择(S)] <选择>:
```

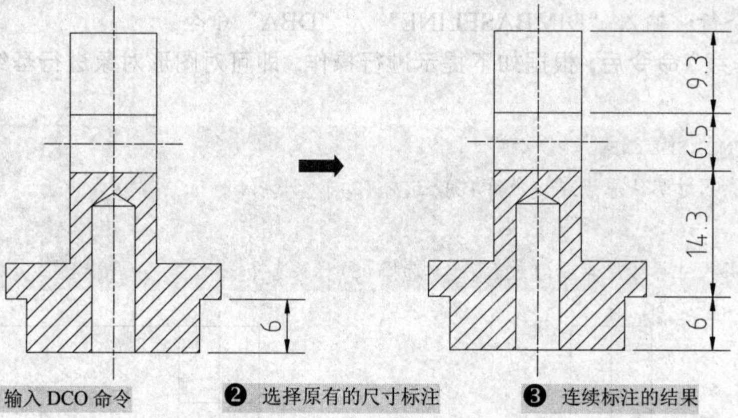

图 7-29　连续标注

7.3　创建引线类尺寸

本节主要讲解创建引线类尺寸的一些相关知识及技巧，其中包括认识多重引线、“引线”命令创建尺寸、“多重引线”命令创建尺寸等知识。

7.3.1　认识多重引线

引线对象是一条线或样条曲线，其一端带有箭头，另一端带有多行文字对象或块。在某些情况下，有一条短水平线（又称为基线）将文字或块和特征控制框连接到引线上，如图 7-30 所示。

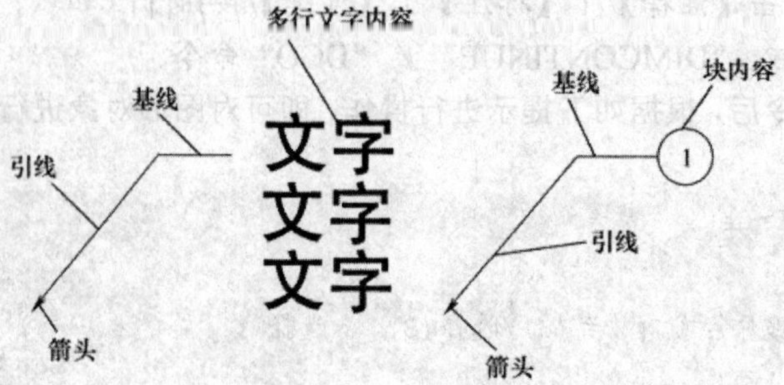

图 7-30　引线的结构

“多重引线样式”命令与“标注样式”命令一样，也可以创建新的样式来对不同的图形进行引线标注。

执行方式如下：

- 面板 1：单击【默认】|【注释】|【多重引线样式】按钮。
- 面板 2：单击【注释】|【引线】|【多重引线样式】按钮。
- 命令行：输入 MLEADERSTYLE 命令。

将弹出“多重引线样式管理器”对话框，在“样式”列表框中列出了已有的多重引线样式，并在右侧的“预览”框中看到该多重引线样式的效果。如果用户要创建新的多重引线样式，可单击“新建”按钮，将弹出“创建新多重引线样式”对话框，在“新样式名”文本框中输入新的多重引线样式的名称，如图 7-31 所示。

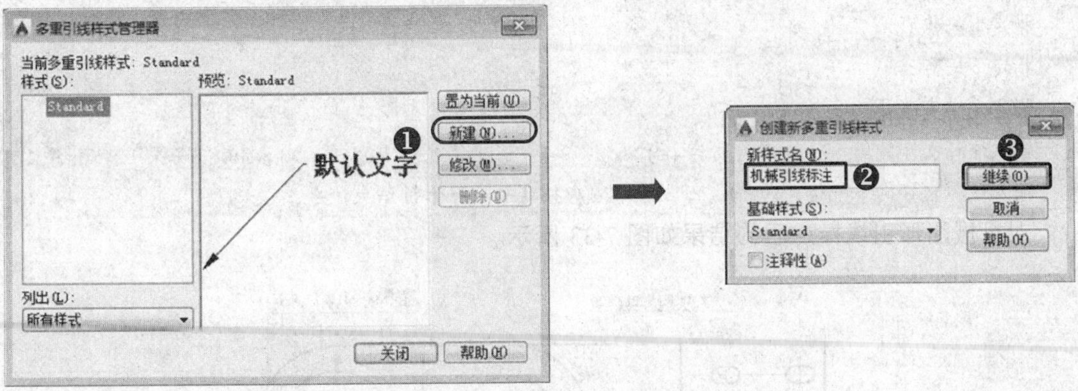

图 7-31　创建新的多重引线样式

当单击“继续”按钮后，系统将弹出“修改多重引线样式：XXX”对话框，从而用户可以根据需要来对其引线的格式、结构和内容进行修改，如图 7-32 所示。

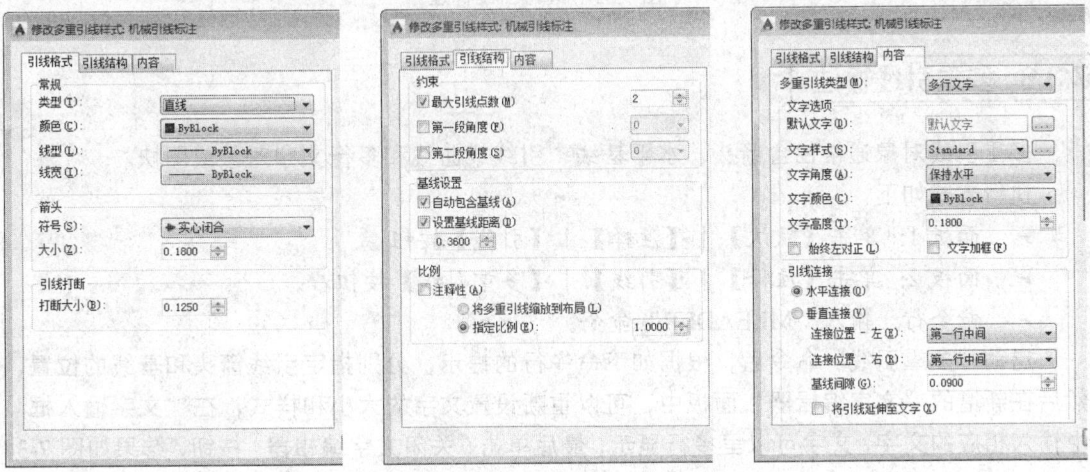

图 7-32　修改多重引线样式

专家提醒

在“修改多重引线样式：XXX”对话框中，各选项的设置方法与“新建标注样式：XXX”对话框中的设置方法大致相同，在这里就不再重复讲解了。

7.3.2　引线标注

引线标注用于对图形对象进行引线标注和注释，可设置引线箭头的形状、大小；设置引线的形状为有/无箭头的直线/样条曲线；在文字格式框中设置注释文本的格式/颜色/大小等。

执行方式如下：

➢ 命令行：输入“QLEADER”/“QL”/“LE”命令。

启动“引线”命令后，命令行的提示如下：

```
命令：_qleader
指定第一个引线点或 [设置(S)] <设置>:
指定下一点:
指定下一点:
指定文字宽度 <0>:                    //指定文字宽度 17
输入注释文字的第一行 <多行文字(M)>: // “4×长圆孔 13×20” 或 “8×M8×6H 深 12，孔深 15”
输入注释文字的下一行:                // 按【Enter】键结束命令
```

对机械图形引线标注后的结果如图 7-33 所示。

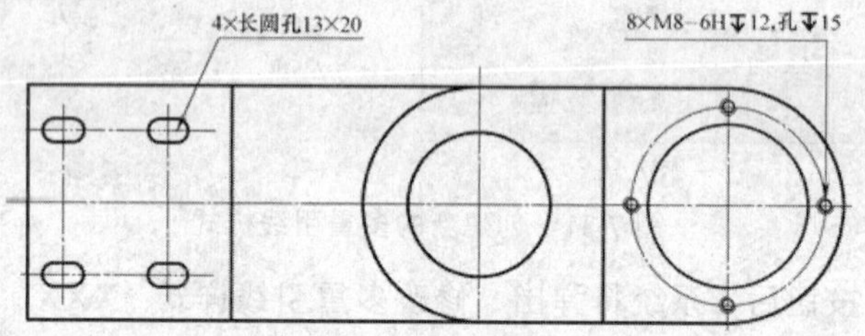

图 7-33　进行引线标注

7.3.3 多重引线标注

多重引线对象通常包含箭头、水平基线、引线或曲线和多行文字对象或图块。

执行方式如下：

➢ 面板 1：单击【默认】|【注释】|【引线】按钮。

➢ 面板 2：单击【注释】|【引线】|【多重引线】按钮。

➢ 命令行：输入“MLEADER”命令。

启动“多重引线”命令后，根据如下命令行的提示，分别指定引线箭头和基线的位置，然后在新增的“文字编辑器”面板中，可以重新设置文字的大小和样式，在“文字输入框”中输入相应的文字，文字可以呈多行显示，最后单击“关闭文字编辑器”按钮，结果如图 7-34 所示。

```
命令：_mleader
指定引线箭头的位置或 [引线基线优先(L)/内容优先(C)/选项(O)] <选项>:
指定引线基线的位置:
```

专家提醒

引线标注分为引线和注释文字两部分，其中文字可以多行；而多重引线标注中引线与注释文字是一个整体，还可以修改其引线样式。

另外，还可以对多重引线标注的引线添加和删除，这里暂不做讲解。

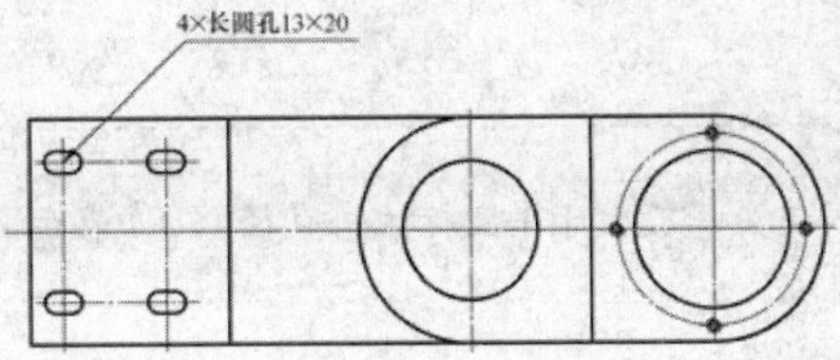

图 7-34　进行多重引线标注

7.4　创建圆类和公差尺寸

本节主要讲解创建圆类和公差尺寸的一些相关知识及技巧，其中包括“半径”命令创建尺寸、“直径”命令创建尺寸、“弧长”命令创建尺寸、“角度”命令创建尺寸、“圆心”命令创建尺寸、“几何公差”命令创建尺寸等内容。

7.4.1 半径标注

“半径”命令用于标注圆或圆弧的半径，并显示前面带有半径符号（*R*）的标注文字。

执行方式如下：

- 面板 1：单击【默认】|【注释】|【半径】按钮。
- 面板 2：单击【注释】|【标注】|【半径】按钮。
- 命令行：输入“DIMRADIUS”/“DRA”命令。

启动“半径”命令后，结果如图 7-35 所示。

7.4.2 直径标注

“直径”命令用于标注圆或圆弧的直径，并显示前面带有直径符号（ϕ）的标注文字。

执行方式如下：

- 面板 1：单击【默认】|【注释】|【直径】按钮。
- 面板 2：单击【注释】|【标注】|【直径】按钮。
- 命令行：输入“DIMDIAMETER”/“DDI”命令。

启动“直径”命令后，结果如图 7-36 所示。

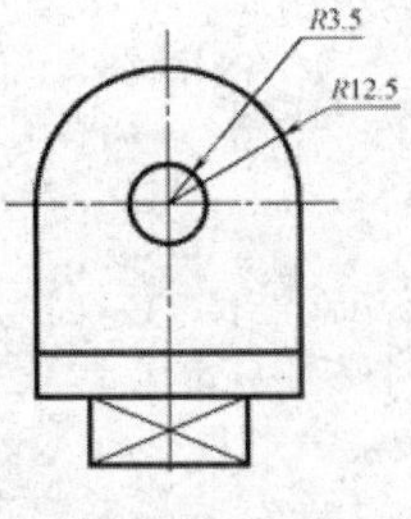

图 7-35　进行半径标注

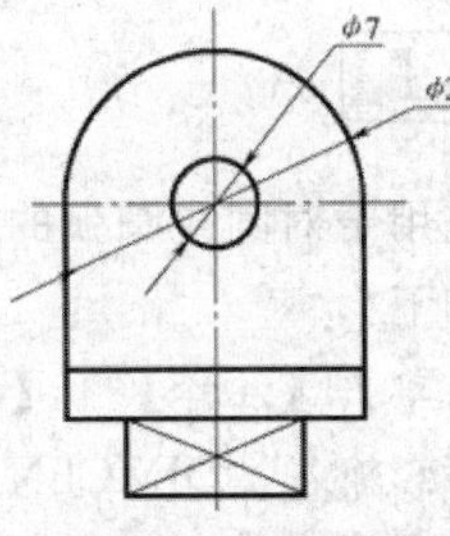

图 7-36　进行直径标注

专家提醒

在标准的机械图样中规定，一般大于半圆标注用直径（ϕ）表示，小于半圆标注用半径（R）表示。

7.4.3 弧长标注

“弧长”命令用于标注圆弧或多段线弧线段上的距离。在标注的弧度值中，其数值的上方多了一段弧形线段，而尺寸线为一弧形。

执行方式如下：

- 面板 1：单击【默认】|【注释】|【弧长】按钮。
- 面板 2：单击【注释】|【标注】|【弧长】按钮。
- 命令行：输入“DIMARC”/“DAR”命令。

启动“弧长”命令后，结果如图 7-37 所示。

7.4.4 角度标注

“角度”命令可以用于对两条相交直线的角度或者三点间的角度等进行标注。

执行方式如下：

- 面板 1：单击【默认】|【注释】|【角度】按钮。
- 面板 2：单击【注释】|【标注】|【角度】按钮。
- 命令行：输入“DIMANGULAR”/“DAN”命令。

启动“角度”命令后，结果如图 7-38 所示。

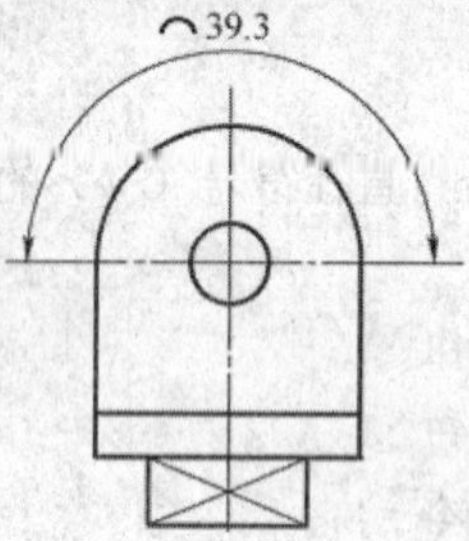

图 7-37　进行弧长标注

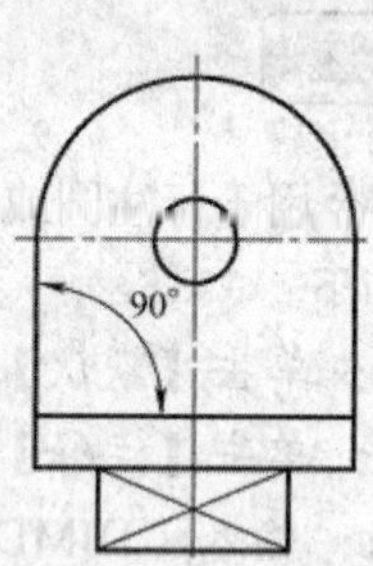

图 7-38　进行角度标注

7.4.5 圆心标注

圆心标注是用于对圆或圆弧的圆心或中心线进行标注。

执行方式如下：

- 面板：单击【注释】|【标注】|【圆心】按钮。
- 命令行：输入“DIMCENTER”/“DCE”命令。

打开“修改标注样式：XXX”对话框中的“符号和箭头”选项卡，在“圆心标记”区域设定圆心标记相关的值，如图 7-39 所示。

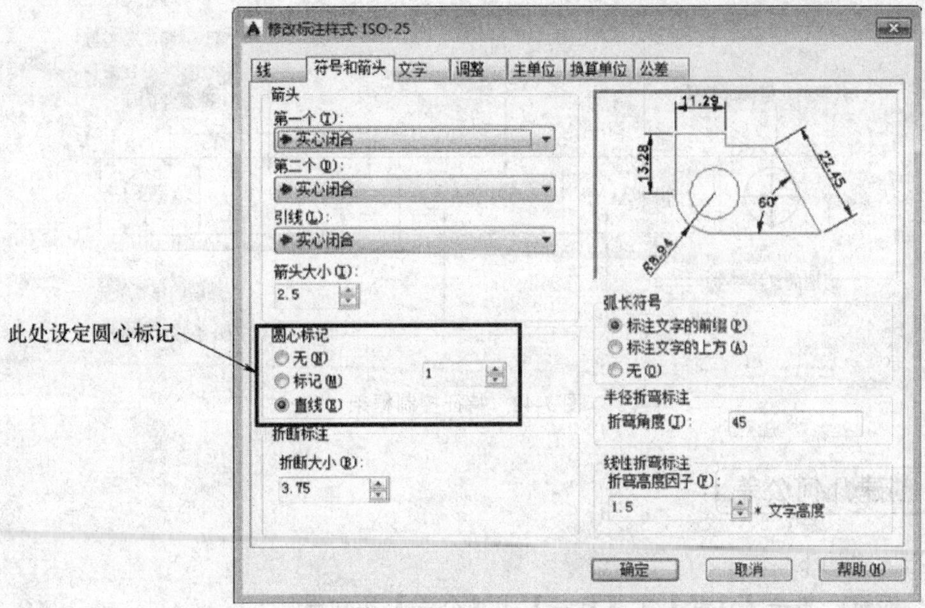

图 7-39　设定圆心标记的参数

启动“圆心”命令后，分别选择“标记”和“直线”，大小均设为 2.5，其结果如图 7-40 和图 7-41 所示。

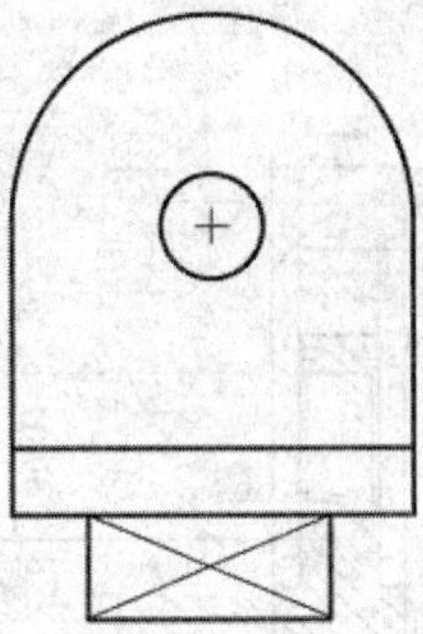

图 7-40　进行圆心标注（标记）

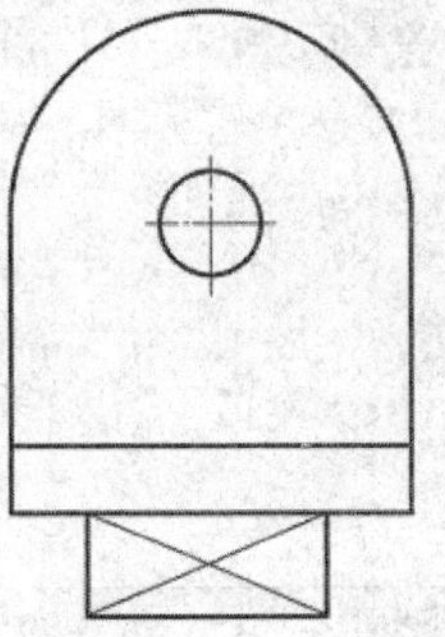

图 7-41　进行圆心标注（直线）

专家提醒

圆心标记的形式可以由系统变量 DIMCEN 设定。当此变量值>0 时，作圆心标记，且此值是圆心标记线长度的一半；当此变量值<0 时，将画出中心线，且此值是圆心处小十字线长度的一半。

7.4.6　认识几何公差

可以通过特征控制框架来表示几何公差的形状、方向、轮廓、位置和跳动的允许偏差。特征控制框架主要用在机械图形中，而公差标注则可以用于设置公差的各种符号、值和基准等参数，它是指导机械生产、检验产品、控制质量的技术依据，如图 7-42 所示。

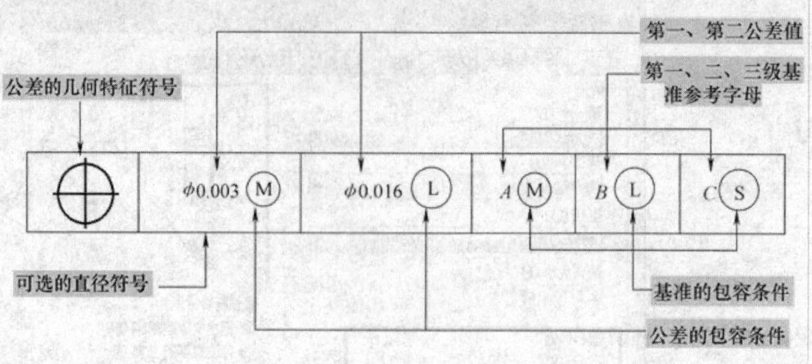

图 7-42 特征控制框架

7.4.7 创建几何公差

执行方式如下：

- 面板：单击【注释】|【标注】|【公差】按钮。
- 命令行：输入"TOLERANCE"/"TOL"命令。

启动"公差"命令后，打开"形位公差"对话框，设置相应的参数，在命令行的提示下指定公差的位置，从而完成对图形对象的公差标注，如图 7-43 和图 7-44 所示。

```
命令: _tolerance
输入公差位置:
```

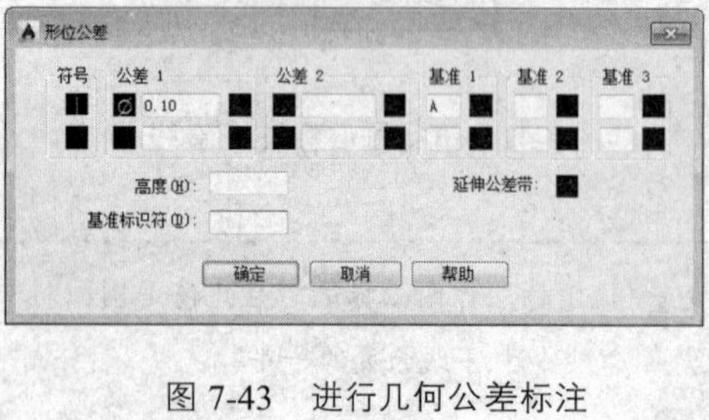

图 7-43 进行几何公差标注

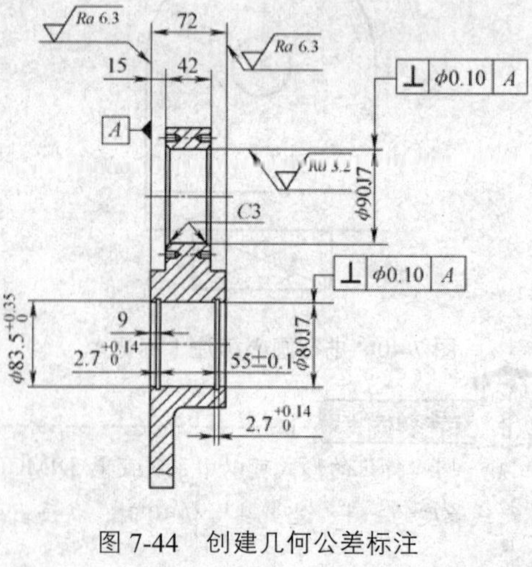

图 7-44 创建几何公差标注

其各选项的含义如下：

- "符号"选项：单击该列的■框，可以设定或显示所要标注几何公差的几何特征符号，如图 7-45 所示。
- "公差 1"和"公差 2"选项区域：单击该列的■框，将插入一个直径符号"φ"；在中间的文本框中，可以输入公差值；单击该列的■图样框，从而可以为公差选择包容条件符号，如图 7-46 所示。

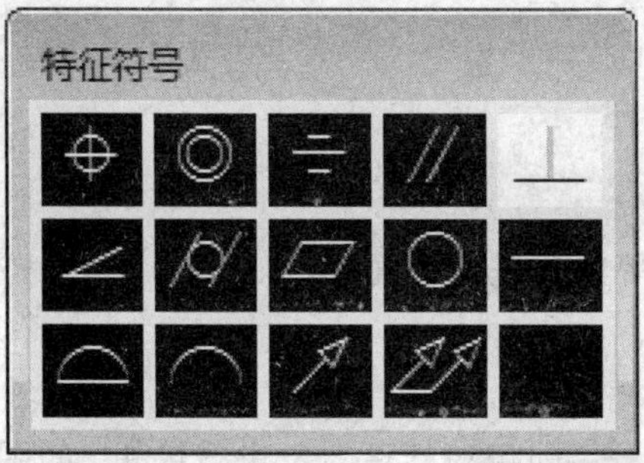

图 7-45　[特征符号]对话框

图 7-46　[附加符号]对话框

几何公差符号及其含义，如图 7-47 所示。

符　号	含　义	符　号	含　义
⏤	直线度	○	圆度
⌒	线轮廓度	⌓	面轮廓度
//	平行度	⊥	垂直度
⌯	对称度	◎	同轴度
⌭	圆柱度	∠	倾斜度
▱	平面度	⌖	位置度
▱	平面度	⌖	位置度

图 7-47　几何公差符号及其含义

附加符号及其含义，如图 7-48 所示。

符　号	含　义
Ⓜ	材料的一般状况
Ⓛ	材料的最大状况
Ⓢ	材料的最小状况

图 7-48　附加符号及其含义

- "基准 1" "基准 2" "基准 3" 选项区域：设定公差基准和包容条件等相关的参数。
- "高度（H）" 文本框：设定投影公差带的值。投影公差带控制固定垂直部分延伸区的高度变化，并以位置公差控制公差精度。
- "延伸公差带"：单击旁边的■框，可在投影公差带的后面插入投影公差带符号。
- "基准标识符" 文本框：可创建由参照字母组成的基准标识符号。

7.5　修改机械尺寸标注

本节主要讲解修改机械尺寸标注的一些相关知识及技巧，其中包括利用“编辑标注”命令修改尺寸、利用“调整”命令调整尺寸、利用“更新”命令更新尺寸等知识。

7.5.1 编辑标注

1. 编辑标注对象

针对已存在尺寸标注中的文字、延伸线、位置等内容进行快速修改。

执行方式如下：

➢ 命令行：输入“DIMEDIT”命令。

启动“编辑标注”命令后，根据如下提示进行操作，即可对标注对象进行编辑，如图 7-49 所示。

```
命令：_dimedit
输入标注编辑类型 [默认(H)/新建(N)/旋转(R)/倾斜(O)] <默认>：r
指定标注文字的角度：15
选择对象：找到 1 个
选择对象：
命令：_dimedit
输入标注编辑类型 [默认(H)/新建(N)/旋转(R)/倾斜(O)] <默认>：o
选择对象：找到 1 个
选择对象：
输入倾斜角度 (按 ENTER 表示无)：30
```

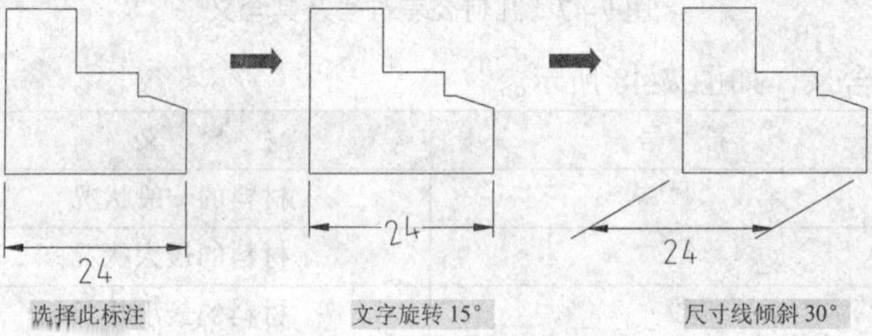

图 7-49 编辑标注对象

命令行中提示信息的各项含义如下：

➢ “默认（H）”选项：选择此选项并选择尺寸对象，可以按默认位置和方向旋转尺寸文本。

➢ “新建（N）”选项：选择此选项可以修改尺寸文字，此时系统将显示“文字格式”工具栏和文字输入窗口。修改和输入尺寸文字后，选择需要修改的尺寸对象即可。

➢ “旋转（R）”选项：选择此选项可以将尺寸文字旋转一定的角度，同样是先设置角度值，再选择尺寸对象。

➢ “倾斜（O）”选项：选择此选项可以使非角度标注的尺寸界线倾斜一角度。这时需要先选择尺寸对象，再设置倾斜角度值。

专家提醒

“旋转”是先设置旋转的角度值，后选择尺寸对象；而“倾斜”是先选择尺寸对象，后设置倾斜的角度值。

2. 编辑标注文字

用于调整已创建好的标注文字，可以移动和旋转其标注文字，重新定位尺寸线和文字位置。

执行方式如下：

➢ 命令行：输入“DIMTEDIT”命令。

启动“编辑标注文字”命令后，根据如下提示进行操作，即可对标注文字对象进行编辑，如图 7-50 所示。

```
命令：_dimtedit
选择标注：
为标注文字指定新位置或 [左对齐(L)/右对齐(R)/居中(C)/默认(H)/角度(A)]: l
命令：_dimtedit
选择标注：
为标注文字指定新位置或 [左对齐(L)/右对齐(R)/居中(C)/默认(H)/角度(A)]: a
指定标注文字的角度: 30
命令：_dimtedit
选择标注：
为标注文字指定新位置或 [左对齐(L)/右对齐(R)/居中(C)/默认(H)/角度(A)]: R
命令：_dimtedit
选择标注：
为标注文字指定新位置或 [左对齐(L)/右对齐(R)/居中(C)/默认(H)/角度(A)]: H
```

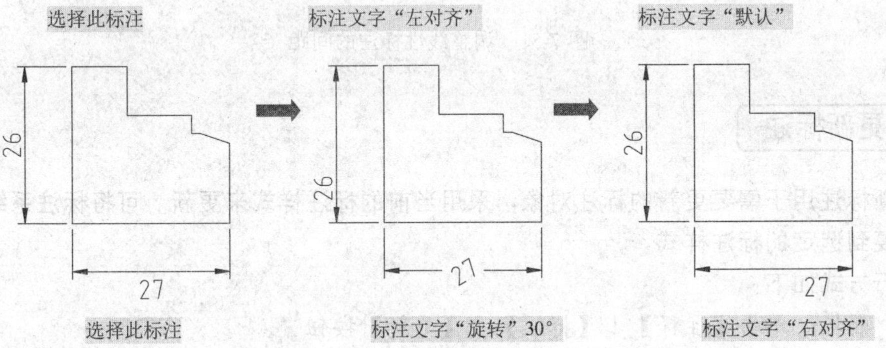

图 7-50　编辑标注文字的位置

7.5.2 调整标注间距

调整间距，也就是对线性标注或角度标注之间的间距进行调整。平行尺寸线之间的间距将设为相等，也可以通过使用间距值 0 使一系列线性标注或角度标注的尺寸线齐平。

执行方式如下：

➢ 面板：单击【注释】|【标注】|【调整】按钮。

➢ 命令行：输入“DIMSPACE”命令。

启动“调整”命令后，根据如下提示进行操作，即可对线性标注的间距进行调整，如图 7-51 所示。

```
命令: dimspace
选择基准标注:
选择要产生间距的标注:找到 1 个
选择要产生间距的标注:找到 1 个, 总计 2 个
选择要产生间距的标注:
输入值或 [自动(A)] <自动>: 50
```

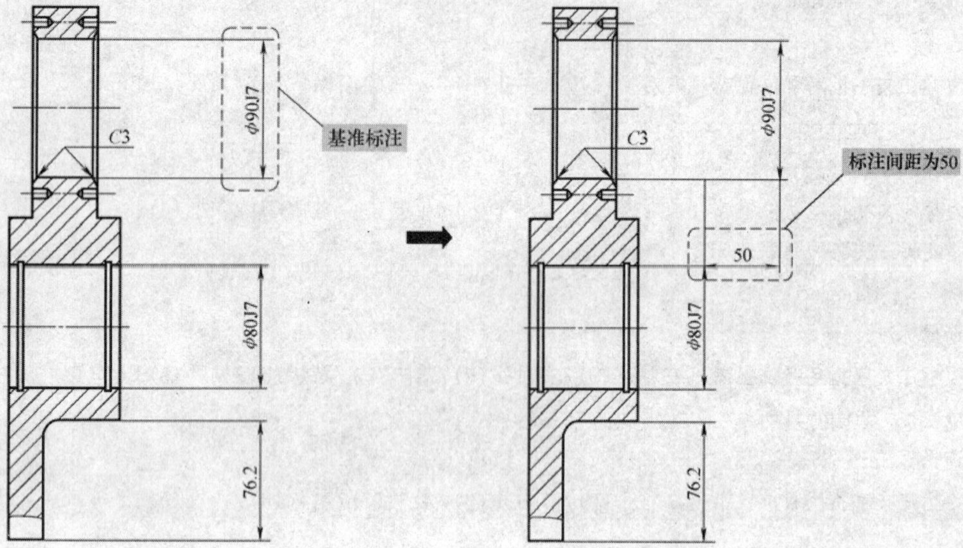

图 7-51 调整线性标注的间距

7.5.3 更新标注

更新标注用于需要更新的标注对象，采用当前的标注样式来更新。可将标注系统变量保存或恢复到选定的标注样式。

执行方式如下：

➢ 面板：单击【注释】|【标注】|【更新】按钮。

➢ 命令行：输入“DIMSTYLE”命令。

启动“更新”命令后，根据如下提示进行操作，即可对标注对象进行更新，如图 7-52 所示。

```
命令: _dimstyle
当前标注样式: 机械标注    注释性: 否
输入标注样式选项
[注释性(AN)/保存(S)/恢复(R)/状态(ST)/变量(V)/应用(A)/?] <恢复>: _apply
选择对象: 找到 3 个
选择对象:
```

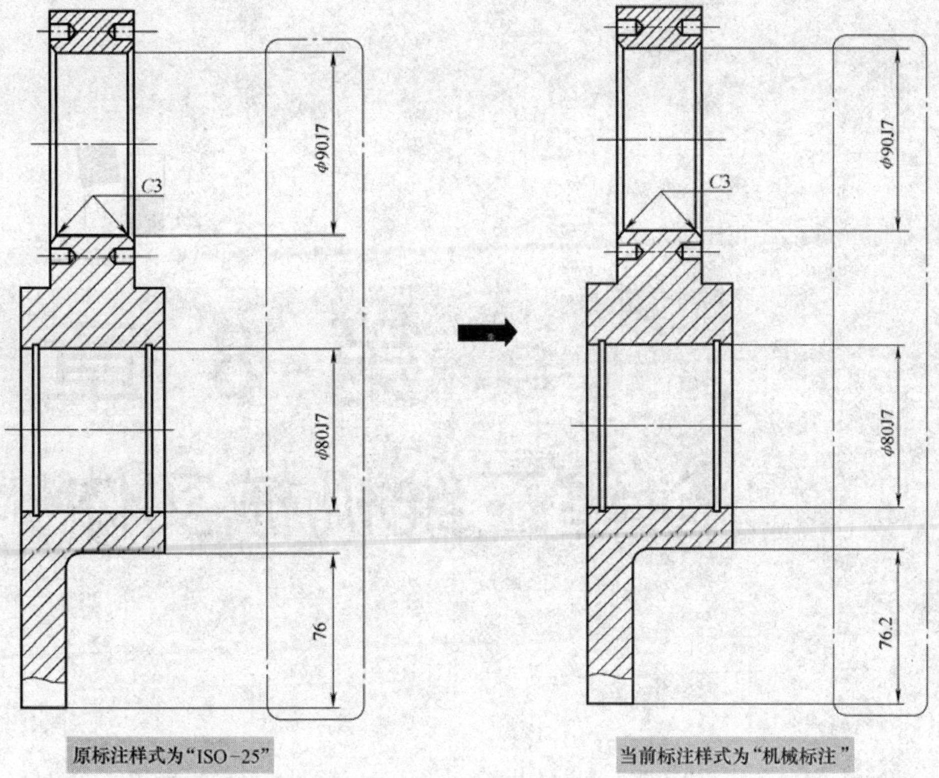

图 7-52　更新当前标注

在该命令提示中，各选项的功能如下：

➢ "注释性（AN）"：将当前尺寸系统变量的设置另存为一种尺寸标注样式，且重新命名，并设置是/否为注释性标注样式。
➢ "保存（S）"：将当前尺寸系统变量的设置作为一种尺寸标注样式来命名保存。
➢ "恢复（R）"：将用户保存的某一尺寸标注样式恢复到当前样式。
➢ "状态（ST）"：查看当前尺寸样式系统变量的状态。选择此选项，可切换到文本窗口，并显示各尺寸系统变量及其当前设置。
➢ "变量（V）"：显示指定标注样式或对象的全部或部分尺寸系统变量及其设置。
➢ "应用（A）"：可以根据当前尺寸系统变量的设置更新指定的尺寸对象。
➢ "？"：显示当前图形中命名的尺寸标注样式。

第 8 章 创建三维机械实体

本章导读

在 AutoCAD 中，不仅可以绘制二维图形，还可以绘制三维图形。AutoCAD 提供了强大的三维绘图功能，通过三维模型可以直观地表现出物体的实际形状。设计产品模型的人员经常会使用该功能，可根据不同的视图设置进行多个面的旋转来观察图形，使设计的模型更加形象。

本章节将“草图与注释”二维空间切换到“三维建模”三维空间。

精彩看点

- 应用三维坐标系和视图
- 创建基本实体
- 创建转换实体

8.1　应用三维坐标系和视图

在 AutoCAD 中，要创建和观察三维图形，就必须使用三维坐标系统和三维坐标。因此，掌握三维坐标系统，树立正确的空间观念，是学习整个三维图形绘制的基础。

三维实体模型需要在三维实体坐标系下进行操作，在三维坐标系下，可使用直角坐标或极坐标方法来定义点。此外，在绘制三维图形时，还可使用柱坐标和球坐标方法来定义点。

用户在创建三维实体模型前，应先了解一些基本术语。

- XY 平面：它是 X 轴垂直于 Y 轴组成的一个平面，此时 Z 轴的坐标值为 0。
- Z 轴：Z 轴是一个三维坐标系的第三轴，它总是垂直于 XY 平面。
- 高度：主要是 Z 轴上坐标值。
- 厚度：主要是 Z 轴的长度。
- 相机位置：在观察三维模型时，相机的位置相当于视点。
- 目标点：当用户眼睛通过相机看某物体时，用户聚焦在一个清晰点上，该点就是所谓的目标点。
- 视线：假想的线，它是将视点和目标点连接起来的线。
- 和 XY 平面的夹角：即视线与其在 XY 平面的投影线之间的夹角。
- XY 平面角度：即视线在 XY 平面的投影线与 X 轴之间的夹角。

前面几章节讲解的都是二维图形的绘制，它采用直角坐标系，即输入坐标时只需要输入 X 轴和 Y 轴的值（实际上二维坐标轴的 Z 轴值为 0）；在三维空间上绘制图形采用三维空间坐标系统（笛卡儿坐标系），在输入坐标时需要输入 X、Y、Z 轴的值，如图 8-1 所示。

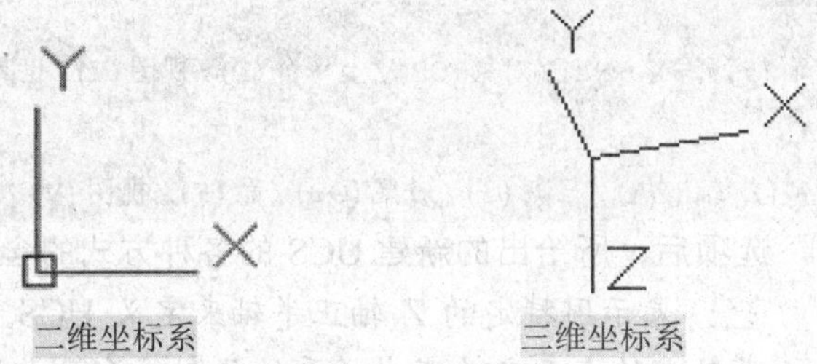

图 8-1　坐标系对比

用户在三维空间坐标系中绘制图形时，应遵循右手定则，即伸出右手，使其右手的大拇指、食指、中指两两互相垂直，并且大拇指代表 X 轴、食指代表 Y 轴、中指（掌心）代表 Z 轴。

在三维直角坐标系中，手指的指向代表坐标轴的正向。如果大拇指的指向代表中轴的指向，其余的四指并拢弯曲，则弯曲的方向为坐标系旋转角度的正向。

在 AutoCAD 中的三维坐标系有世界坐标系和用户坐标系两种形式，下面将做详细的讲解。

8.1.1 世界坐标系

在 AutoCAD 中，三维世界坐标系是在二维坐标系的基础上根据右手定则增加 Z 轴而形成的。同二维世界坐标系一样，三维世界坐标系是其他三维坐标系的基础，不能对其重新定义。

执行方式：

- 面板：单击【常用】|【坐标】|【世界】按钮。
- 命令行：输入“UCS”命令。

```
命令：_ucs
当前 UCS 名称：*世界*
指定 UCS 的原点或 [面(F)/命名(NA)/对象(OB)/上一个(P)/视图(V)/世界(W)/X/Y/Z/Z 轴(ZA)]
<世界>：W
```

8.1.2 用户坐标系

用户坐标系为坐标输入、操作平面和观察提供一种可变动的坐标系。定义一个用户坐标系即可改变原点（0，0，0）的位置及 XY 平面和 Z 轴的方向，也可在 AutoCAD 的三维空间任何位置定位和定向 UCS，还可随时定义、保存和复用多个用户坐标系。

执行方式如下：

- 面板：单击【常用】|【坐标】|相应按钮。
- 命令行：输入“UCS”命令。

```
命令：_ucs
当前 UCS 名称：*世界*
指定 UCS 的原点或 [面(F)/命名(NA)/对象(OB)/上一个(P)/视图(V)/世界(W)/X/Y/Z/Z 轴(ZA)]
<世界>：N
指定新 UCS 的原点或 [Z 轴(ZA)/三点(3)/对象(OB)/面(F)/视图(V)/X/Y/Z] <0,0,0>:
```

当选择“新建（n）”选项后，所给出的新建 UCS 的各种方式的含义如下：

- “Z 轴（ZA）”：表示用特定的 Z 轴正半轴来定义 UCS。通过指定新的原点和位于新建 Z 轴正半轴上的点来定义新坐标系的 Z 轴方向，如图 8-2 所示。

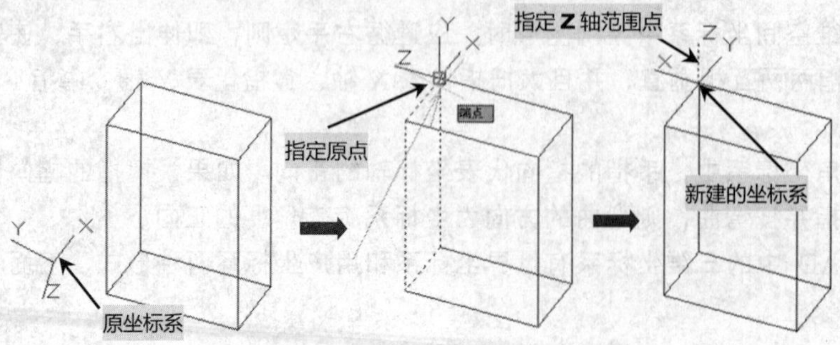

图 8-2 通过原点与 Z 轴点建立 UCS

➢ “三点（3）”：表示通过 3 点的方式来定义新的 UCS，此时需要指定新的 UCS 原点、X 轴和 Y 轴的正方向，如图 8-3 所示。

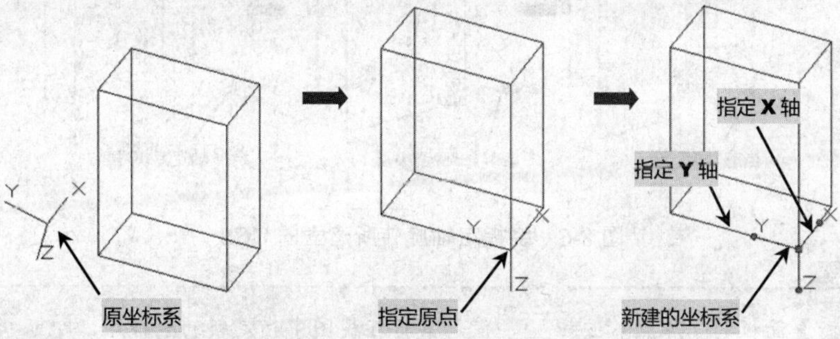

图 8-3　通过 3 点来建立 UCS

➢ “对象（OB）”：表示根据选定的三维对象来定义新的坐标系，其新 UCS 的拉伸方向为选定对象的方向（X 轴），如图 8-4 所示。

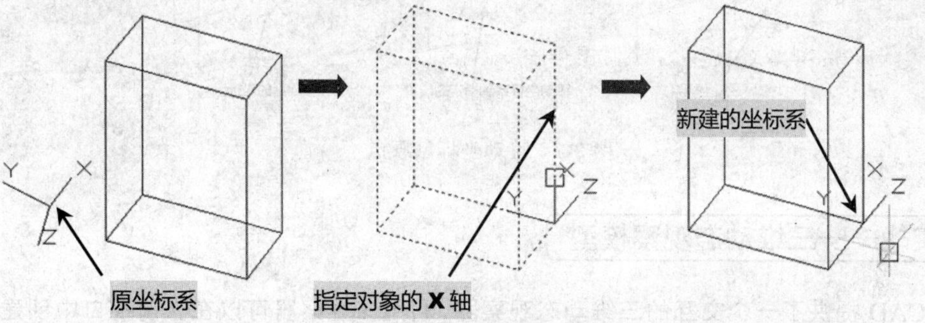

图 8-4　指定对象的 X 轴来建立 UCS

➢ “面（F）”：表示将 UCS 与三维对象的选定面对齐，如图 8-5 所示。

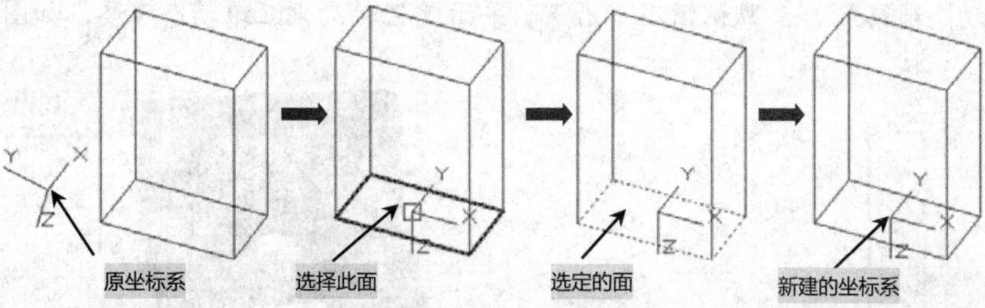

图 8-5　指定对象的面来建立 UCS

➢ “视图（V）”：表示以平行于屏幕的平面为 XY 平面建立新的坐标系，但 UCS 的原点将保持不变。

➢ “X/Y/Z”：表示绕指定的 X 轴｜Y 轴｜Z 轴来旋转当前 UCS，如图 8-6 所示。

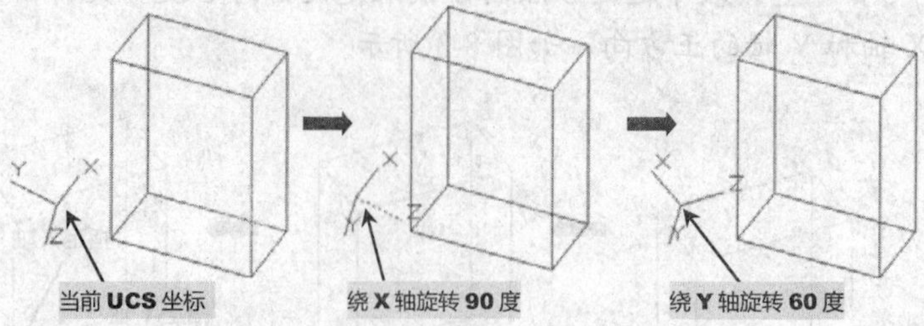

图 8-6　绕指定轴旋转所建立的 UCS

专家提醒

单击【坐标】面板的“原点”按钮，使用鼠标在视图中指定新的坐标点，即可“移动”坐标原点，从而使所建立的 UCS 坐标系的 XY 平面保持不变，Z 轴方向也不变，如图 8-7 所示。

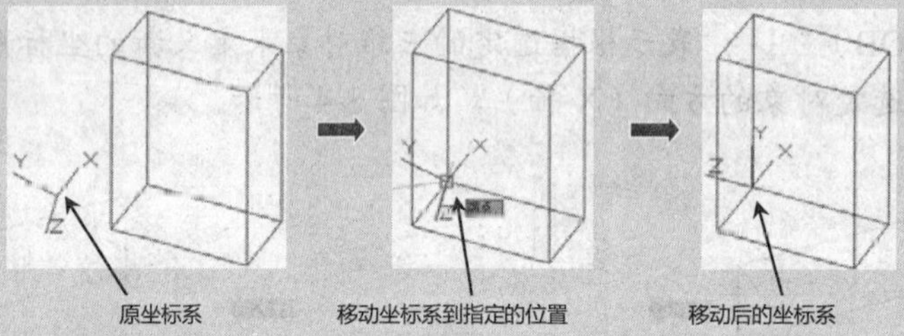

图 8-7　移动坐标系原点

8.1.3 实战——三维动态观察模型

AutoCAD 提供了一个交互的三维动态观察器，利用该观察器可以在当前视口中创建一个三维视图，用户可以使用鼠标来实时地控制和改变这个视图，以得到不同的观察效果。使用三维动态观察器，不但可以查看整个图形，而且还可以查看模型中任意的图形对象。

执行方式：

➢ 面板：在“动态观察器”面板中单击相应的按钮，如图 8-8 所示。
➢ “动态观察”：默认情况下沿 XY 平面或 Z 轴约束三维动态观察，如图 8-9 所示。

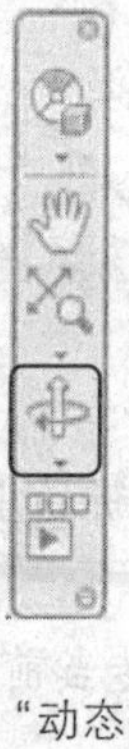

图 8-8　“动态观察”

图 8-9　动态观察

- “自由动态观察”：不参照平面，在任意方向上进行动态观察。沿 XY 平面和 Z 轴进行动态观察时，视点不受约束，如图 8-10 所示。
- “连续动态观察”：连续地进行动态观察。在要使连续动态观察移动的方向上单击并拖动，然后松开鼠标按钮即可，如图 8-11 所示。

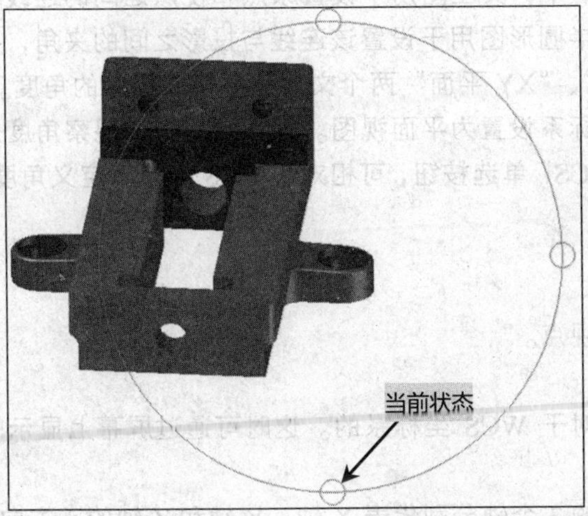

图 8-10　自由动态观察

图 8-11　连续动态观察

8.1.4　视点预设观察模型

用户在绘制与编辑三维视图时，经常需要改变三维空间的视图面，或者采用动态观察的方式来观察三维视图，同时可应用不同的视觉样式显示图形。

视点是指观察图形的方向。比如：绘制正方体时，如果使用平面坐标系，则 Z 轴垂直于屏幕，此时只能看到物体在 XY 平面上的投影；如果调整视点，将看到一个三维物体，如图 8-12 所示。

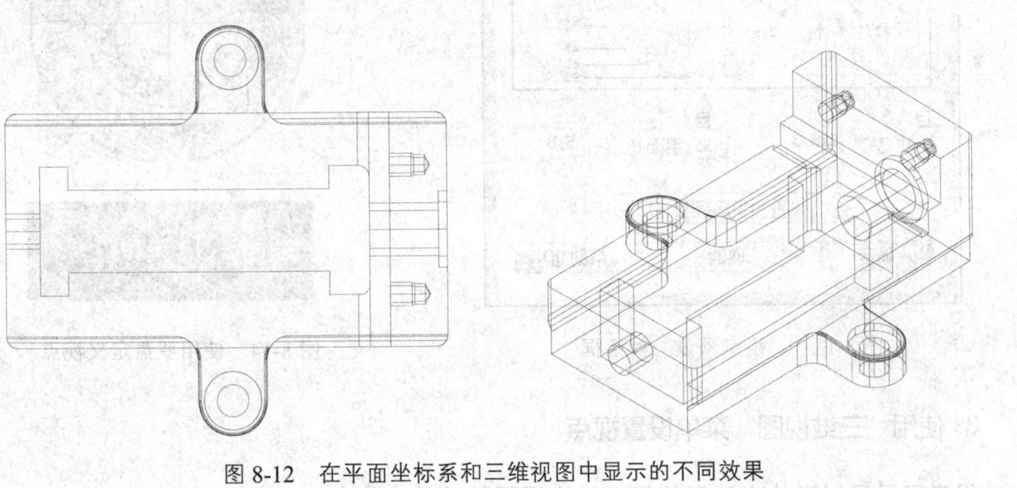

图 8-12　在平面坐标系和三维视图中显示的不同效果

1. 使用对话框设置视点

使用命令来利用对话框来设置视点，可为当前视口设置视点。

➢ 命令行：输入“DDVPOINT”命令。

在如图 8-13 所示的“视点预设”对话框中，其左图用于设置原点和视点之间的连线在 XY 平面的投影与 X 轴正向的夹角，右面的半圆形图用于设置该连线与投影之间的夹角，在图上直接拾取即可完成设置，也可在“X 轴”、“XY 平面”两个文本框内输入相应的角度。

单击“设置为平面视图”按钮，可将坐标系设置为平面视图。默认情况下，观察角度是相对于 WCS 世界坐标系的。选择“相对于 UCS”单选按钮，可相对于 UCS 坐标系定义角度。

2. 使用罗盘设置视点

用户可采用以下的方法来使用罗盘设置视点。

➢ 命令行：输入命令 VPOINT。

可为当前视口设置视点，该视点均是相对于 WCS 坐标系的。这时可通过屏幕上显示的罗盘定义视点，如图 8-14 所示。

在图所示的坐标球和三轴架中，三轴架的 3 个轴分别代表 X 轴、Y 轴和 Z 轴的正方向。当光标在坐标球范围内移动时，三维坐标系通过绕 Z 轴旋转可调整 X、Y 轴的方向。坐标球中心及两个同心圆可定义视点和目标点连线与 X、Y、Z 轴之间的角度。

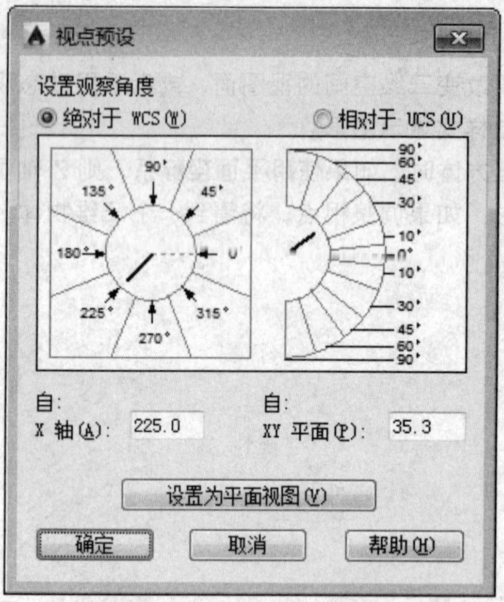

图 8-13 “视点预设”对话框

图 8-14 使用罗盘定义视点

3. 使用“三维视图”菜单设置视点

用户可采用以下的方法来使用“三维视图”菜单，从多个方向来观察图形。

➢ 面板：单击【可视化】|【视图】中相应的按钮，如图 8-15 所示。

用户可打开“案例\08\联轴.dwg”文件作为操作对象，观察其在不同的视图中所显示的三维模型效果，如图 8-16 所示。

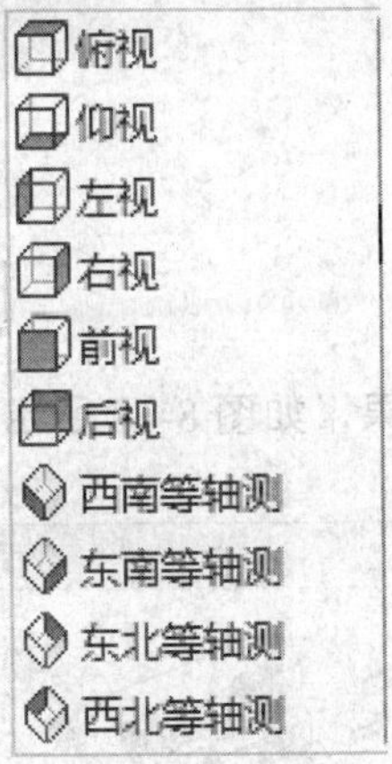

图 8-15 “三维视图”列表

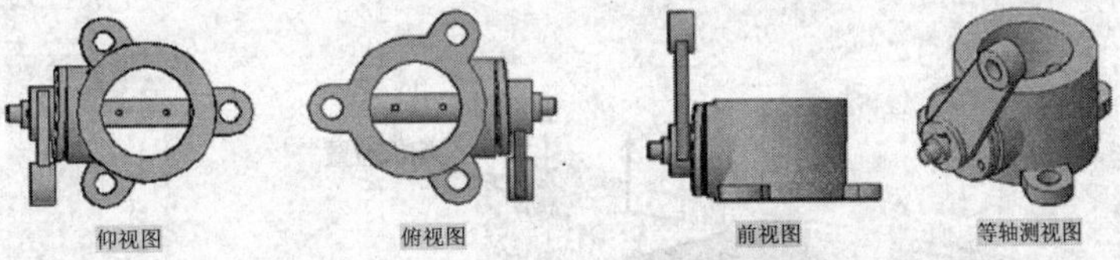

图 8-16 不同视图的模型效果

8.1.5 使用相机观察三维模型

用户在 AutoCAD 三维模型空间中，可以放置一台或多台相机来定义三维透视图。为达到理想的效果（视图），首先应明确当前对象的观察位置、目标位置，通过使用相机，不断地调整相机观察点和摄像目标点。

1. 创建相机

- 面板：单击【可视化】|【相机】|【创建相机】按钮。
- 命令行：输入“CAMERA”命令。

用户可采用以上的方法在当前视图中创建相机。当指定了新的相机位置和目标位置后，结果如图 8- 17 所示。其命令行显示如下提示信息。

```
命令：_camera
当前相机设置：高度=0 焦距=50 毫米
指定相机位置：
指定目标位置：
INTERSECT 所选对象太多
输入选项 [?/名称(N)/位置(LO)/高度(H)/坐标(T)/镜头(LE)/剪裁(C)/视图(V)/退出(X)] <
退出>:
```

命令行各选项的含义如下：

- “指定相机位置”：通过指定点或输入值来设定相机的位置。
- “指定目标位置”：通过指定点或输入值来设定相机镜头的目标位置
- “名称（N）”：给相机重新命名。
- “位置（LO）”：指定相机的位置。

- “高度（H）”：更改相机的高度。
- “坐标（T）”：指定相机的坐标点。
- “镜头（LE）”：更改相机的焦距，单位为毫米。
- “剪裁（C）”：定义前后剪裁平面并设定它们的值。
- 用前向剪裁平面：输入从目标平面到前向剪裁平面的值。
- 用后向剪裁平面：输入从目标平面到后向剪裁平面的值。
- “视图（V）”：设定当前视图是否匹配相机设置。
- “退出”：取消该命令。

选中相机后，将打开“相机预览”对话框，以显示相机视图效果，如图 8-18 所示。

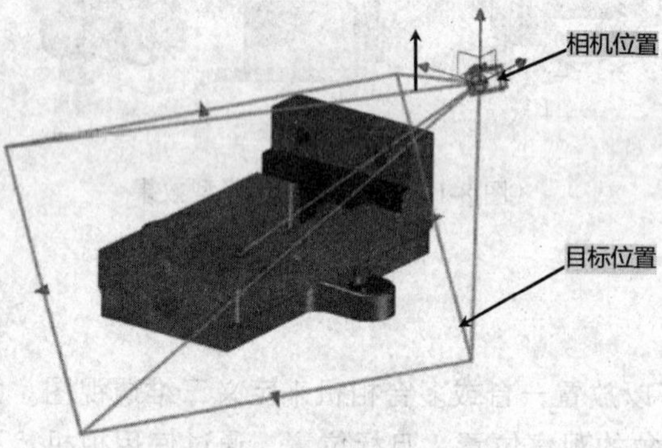

图 8-17　创建的相机

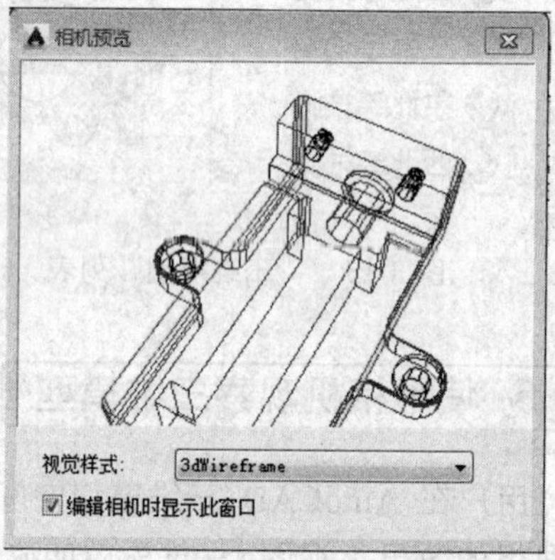

图 8-18　“相机预览”对话框

2. 设置相机

当用户为对象创建好相机后，选中相机，然后可通过相机的控制点来更改相机的位置。

- 通过控制夹点：单击并拖动控制夹点来调整焦距或视野大小，也可对相机进行重新定位，如图 8-19 所示。
- 动态输入：按【F12】键来开启动态输入功能，使用动态输入工具提示来输入 X、Y、Z 坐标的值，如图 8-20 所示。

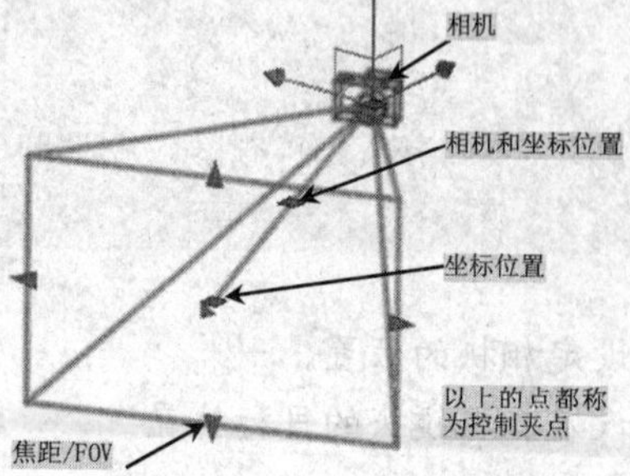

图 8-19　通过控制夹点

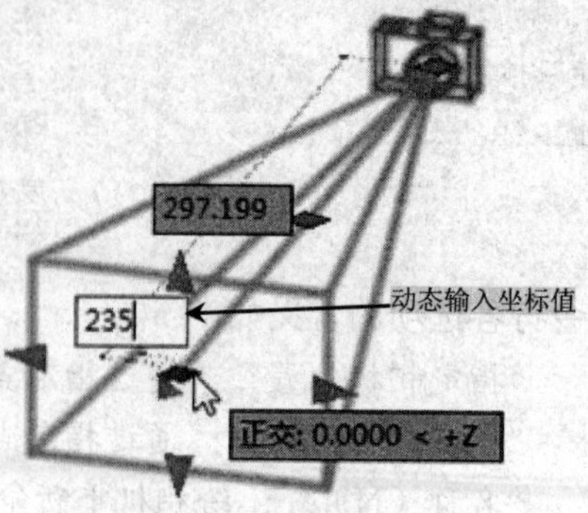

图 8-20　动态输入

➢ “特性”面板：选中相机，鼠标右击，在弹出的快捷菜单中选择“特性”命令，将打开“特性”面板，可在其中对相机进行相关参数的设置，如图 8-21 所示。

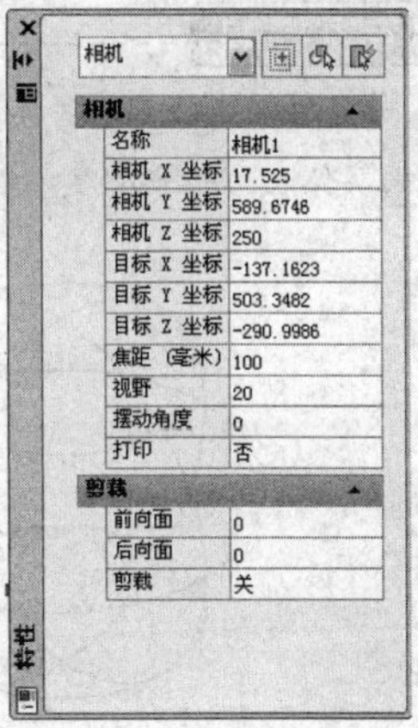

图 8-21　相机“特性”面板

8.2　创建基本实体

在 AutoCAD 中，三维实体是最能够完整表达对象几何形状和物体特征的空间模型。实体模式是一种高级的三维模型，它包含对象的信息量多，应用也广泛。

8.2.1　球体

用户可采用以下的方法来绘制实心球体。

➢ 面板 1：单击【常用】|【建模】|【球体】按钮。

➢ 面板 2：单击【实体】|【图元】|【球体】按钮。

➢ 命令行：输入 SPHERE 命令。

启动该命令后，可选择以下任意一个选项来创建球体。

➢ “三点（3P）”：通过在三维空间的任意位置指定三个点来定义球体的圆周，这三个指定点还定义了圆周平面。

➢ “两点（2P）”：通过在三维空间的任意位置指定两个点来定义球体的圆周，圆周平面由第一个点的 Z 值定义。

➢ “切点、切点、半径（T）”：定义具有指定半径，且与两个对象相切的球体，指定的切点投影在当前 UCS 上。

将视图切换到“西南等轴测”视图，按照如下的提示进行操作，即可创建球体，如图 8-22 所示。

```
命令: _sphere
指定中心点或 [三点(3P)/两点(2P)/切点、切点、半径(T)]:
指定半径或 [直径(D)] <100.0000>:
```

绘制好球体对象后，当前显示为“二维线框”。可单击【常用】|【视图】|【视觉样式】，在打开的列表中，选择“概念”样式，则可显示图 8-22 所示右部分的效果。

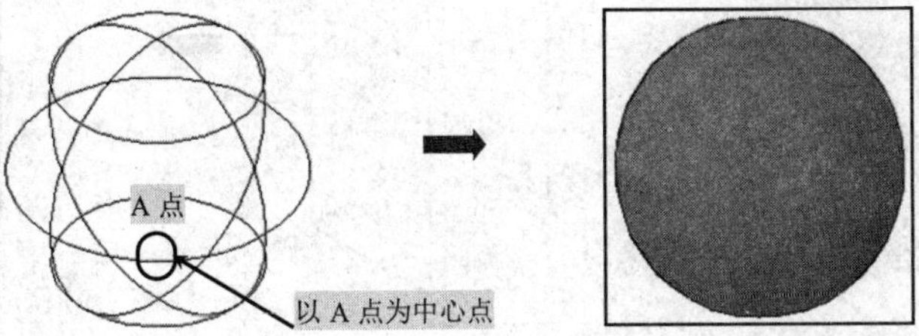

图 8-22　创建的球体

专家提醒

用户所创建的三维实体，可通过 ISOLINES 系统变量来设置。该变量只决定实体的显示效果，并不会影响实体表面的平滑度，其默认值为 4，如图 8-23 所示。

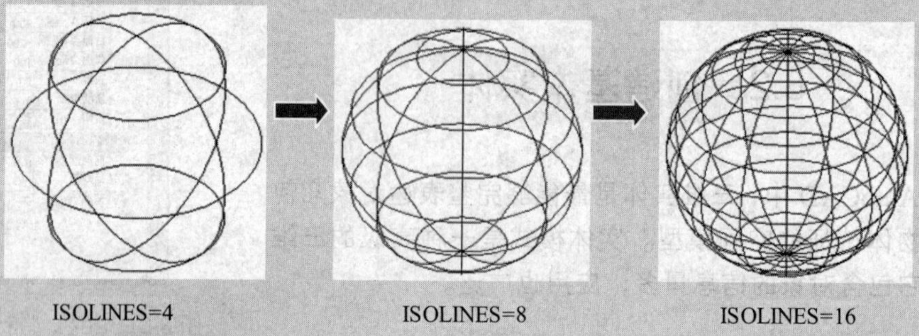

图 8-23 改变线框的密度

8.2.2 长方体

用户可采用以下的方法来创建三维实心长方体。

- 面板 1：单击【常用】|【建模】|【长方体】按钮。
- 面板 2：单击【实体】|【图元】|【长方体】按钮。
- 命令行：输入 BOX 命令。

启动该命令后，可选择以下任意一个选项来创建长方体。

- 基于一个中心点、底面角点、高度来创建长方体。
- 基于长度、宽度、高度来创建长方体。
- 基于两点和一个高度来创建长方体。

将视图切换到“西南等轴测”视图，按照如下提示进行操作，即可创建长方体，如图 8-24 所示。

```
命令: _box
指定第一个角点或 [中心(C)]: 0,0,0
指定其他角点或 [立方体(C)/长度(L)]: @50,50
指定高度或 [两点(2P)] <50.0000>: 80
```

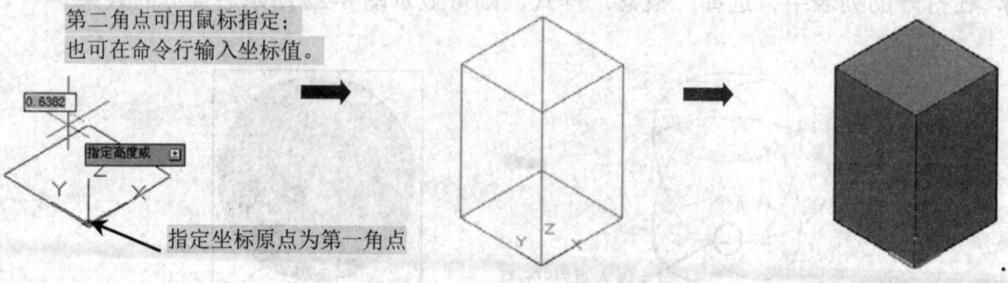

图 8-24 创建的长方体

专家提醒

在创建长方体时，如果选择“立方体（C）”选项，将创建实心正方体，即长、宽、高均相等的实心长方体。

另外，长方体的每边分别与当前UCS坐标的X轴、Y轴、Z轴平行，在输入长方体的长度、宽度、高度时，可以输入正、负值。通过在命令行输入数值，用户可精确控制长方体的底面长与宽。

8.2.3 圆柱体

用户可采用以下的方法来创建三维圆柱实体。

- 面板 1：单击【常用】|【建模】|【圆柱体】按钮。
- 面板 2：单击【实体】|【图元】|【圆柱体】按钮。
- 命令行：输入“CYLINDER”命令。

启动该命令后，可选择以下任意一个选项来创建圆柱体。

- “三点（3P）”：通过在三维空间的任意位置指定三个点来定义圆柱体的圆周，这三个指定点还定义了圆周平面。
- “两点（2P）”：通过在三维空间的任意位置指定两个点来定义圆柱体的圆周，圆周平面由第一个点的Z值定义。
- “切点、切点、半径（T）”：定义具有指定半径，且与两个对象相切的圆柱体，指定的切点投影在当前UCS上。

将视图切换到“西南等轴测”视图，按照如下的提示进行操作，即可创建圆柱体，如图8-25所示。

```
命令: _cylinder
指定底面的中心点或 [三点(3P)/两点(2P)/切点、切点、半径(T)/椭圆(E)]:
指定底面半径或 [直径(D)] <451.1387>: 100
指定高度或 [两点(2P)/轴端点(A)] <-80.0000>: 200
```

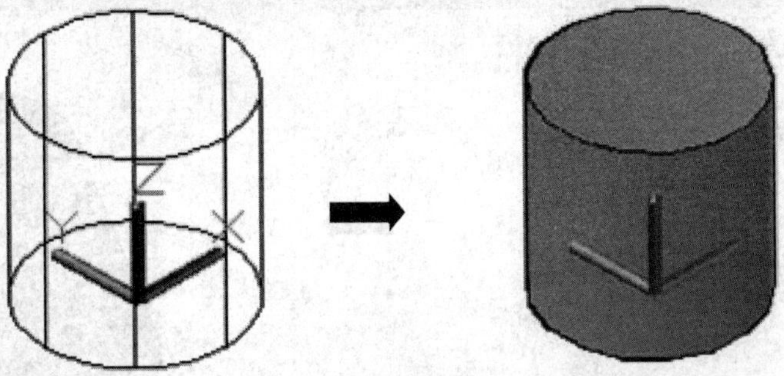

图 8-25　创建的圆柱体

专家提醒

用户所创建的三维实体，可通过ISOLINES系统变量来改变线框的数量，其值越大，对象越平滑，如图8-26所示。

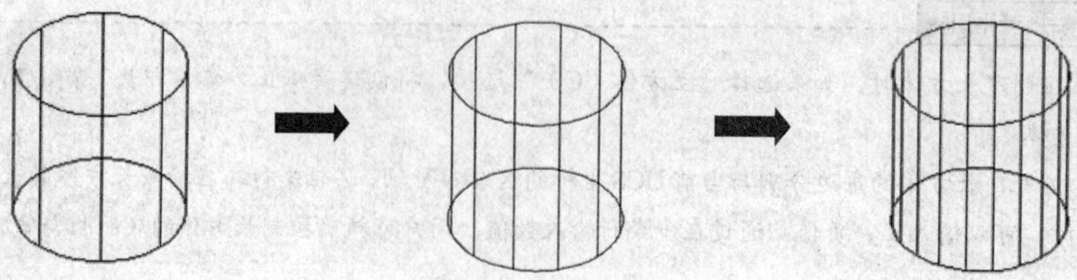

图 8-26　改变线框的密度

8.2.4　圆锥体

用户可采用以下的方法来创建圆锥实体。

- 面板 1：单击【常用】|【建模】|【圆锥体】按钮。
- 面板 2：单击【实体】|【图元】|【圆锥体】按钮。
- 命令行：输入“CONE”命令。

启动该命令后，可按照以下任意一个选项来创建圆锥体。

- 以圆作为底面创建圆锥体。
- 以椭圆作为底面创建圆锥体。
- 创建实体圆台。

将视图切换到“西南等轴测”视图，按照如下提示进行操作，创建的圆台如图 8- 27 所示。

```
命令: _cone
指定底面的中心点或 [三点(3P)/两点(2P)/切点、切点、半径(T)/椭圆(E)]:
指定底面半径或 [直径(D)] <50.0000>: 100
指定高度或 [两点(2P)/轴端点(A)/顶面半径(T)] <30.0000>: t
指定顶面半径<20.0000>: 40
指定高度或 [两点(2P)/轴端点(A)] <30.0000>: 100
```

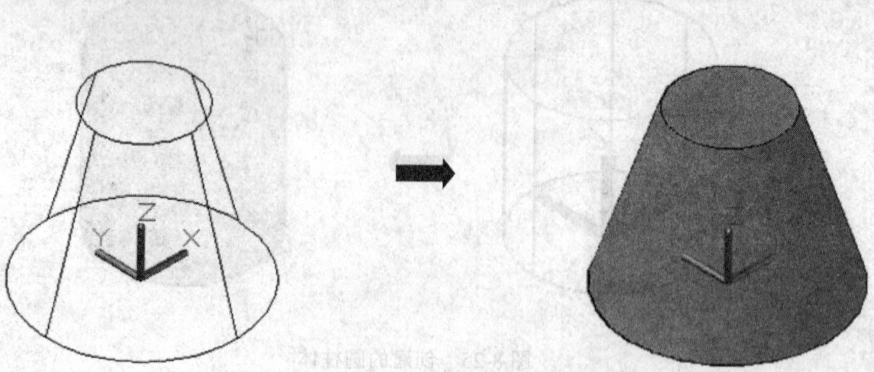

图 8-27　创建的圆台

专家提醒

在创建圆锥体时，其圆锥体的底面与当前 UCS 坐标的 XY 平面平行，圆锥体的高度方向与 Z 轴方向一致。

8.2.5 多段体

用户可采用以下的方法来创建多段体。

➢ 面板 1：单击【常用】|【建模】|【多段体】按钮。
➢ 面板 2：单击【实体】|【图元】|【多段体】按钮。
➢ 命令行：输入"POLYSOLID"命令。

启动该命令后，可以创建具有固定高度和宽度的直线段和曲线段的墙状对象。

将视图切换到"西南等轴测"视图，打开正交模式，按照如下提示进行操作，创建的多段体如图 8-28 所示。

```
命令： _Polysolid
高度 = 80.0000, 宽度 = 5.0000, 对正 =居中
指定起点或 [对象(O)/高度(H)/宽度(W)/对正(J)] <对象>:
指定下一个点或 [圆弧(A)/放弃(U)]: 100
指定下一个点或 [圆弧(A)/放弃(U)]:  <正交开> 300
指定下一个点或 [圆弧(A)/闭合(C)/放弃(U)]: 200
指定下一个点或 [圆弧(A)/闭合(C)/放弃(U)]:
```

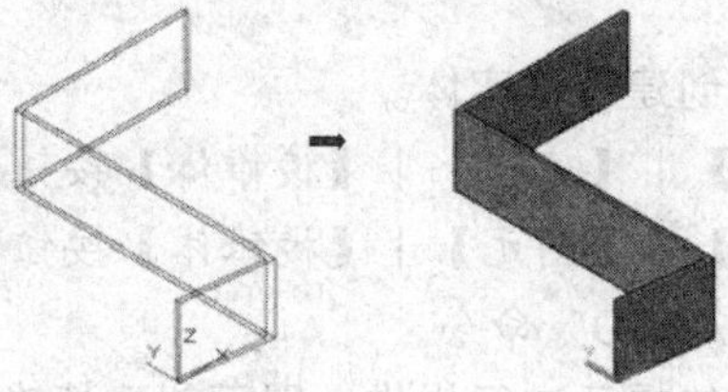

图 8-28　创建的多段体

8.2.6 楔体

可采用以下的方法来创建实心楔体。

➢ 面板 1：单击【常用】|【建模】|【楔体】按钮。
➢ 面板 2：单击【实体】|【图元】|【楔体】按钮。
➢ 命令行：输入"WEDGE"命令。

启动该命令后，将视图切换到"西南等轴测"视图，按照以下的提示进行操作，即可创建楔体，如图 8-29 所示。

```
命令： _wedge
指定第一个角点或 [中心(C)]:
指定其他角点或 [立方体(C)/长度(L)]: 200
```

```
指定高度或 [两点(2P)] <92.5087>: 100
```

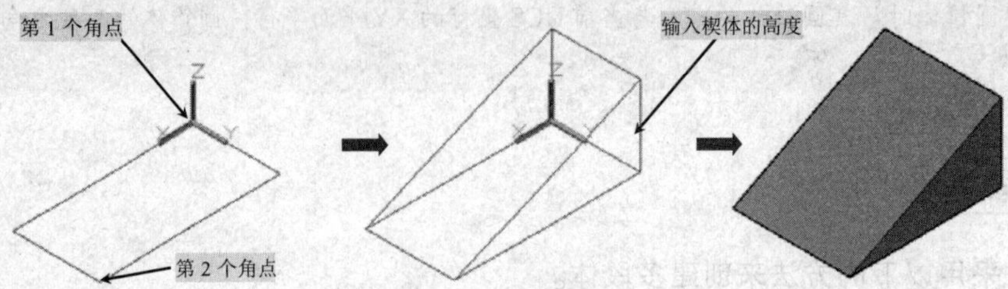

图 8-29　创建的楔体

专家提醒

在创建楔体时，如果选择“立方体（C）”选项，将创建等边楔体，即长、宽、高均相等的楔体。在创建楔体时，楔体的底面与当前 UCS 坐标的 XY 平面平行，斜面正对第一角点，楔体的高度方向与 Z 轴方向一致，如图 8-30 所示。

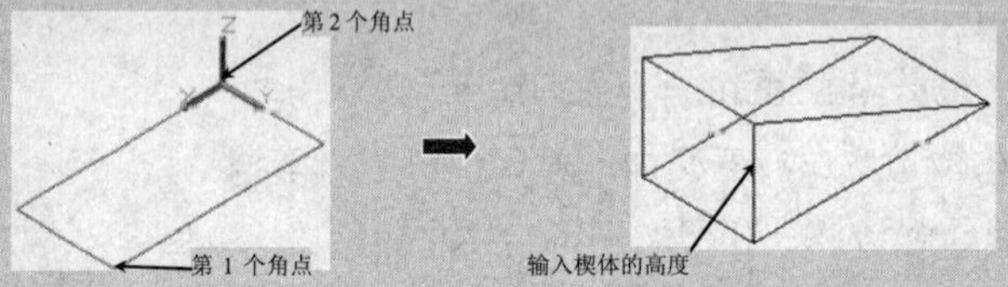

图 8-30　创建的楔体

8.2.7 棱锥体

用户可采用以下的方法来创建棱锥实体。

- 面板 1：单击【常用】|【建模】|【棱锥体】按钮。
- 面板 2：单击【实体】|【图元】|【棱锥体】按钮。
- 命令行：输入“PYRAMID”命令。

启动该命令后，按照如下的提示进行操作，即可创建棱锥体，如图 8-31 所示。

```
命令: _pyramid
 4 个侧面外切
指定底面的中心点或 [边(E)/侧面(S)]:
指定底面半径或 [内接(I)] <100.0000>: 200
指定高度或 [两点(2P)/轴端点(A)/顶面半径(T)] <200.0000>: 400
```

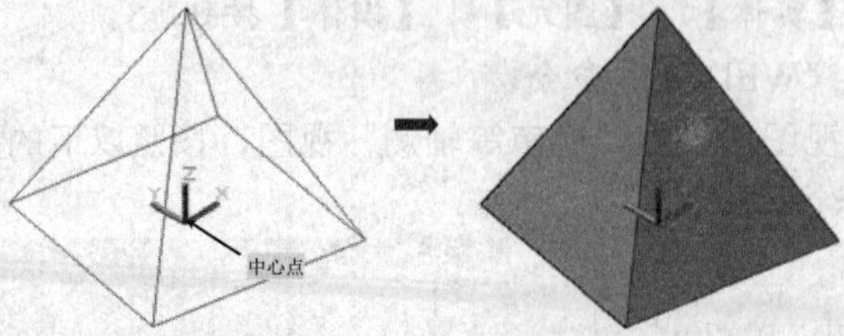

图 8-31　创建的棱锥体

如果在确定棱锥体的底面半径后，选择“顶面半径（T）”选项，即可创建棱锥台，如图 8-32 所示。

```
命令：_pyramid
4 个侧面外切
指定底面的中心点或 [边(E)/侧面(S)]:
输入侧面数<4>: 8
指定底面的中心点或 [边(E)/侧面(S)]:
指定底面半径或 [内接(I)] <100.0000>: 100
指定高度或 [两点(2P)/轴端点(A)/顶面半径(T)] <200.0000>: t
指定顶面半径<0.0000>: 40
指定高度或 [两点(2P)/轴端点(A)] <200.0000>: 80
```

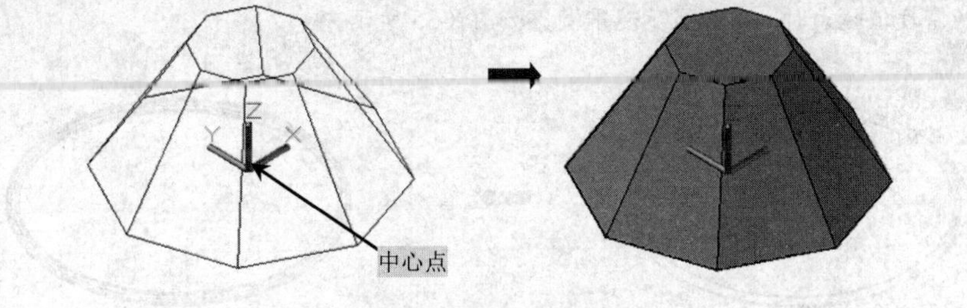

图 8-32　创建的棱锥台

8.2.8 圆环体

用户可采用以下的方法来创建圆环实体。

➢ 面板 1：单击【常用】|【建模】|【圆环体】按钮◎。
➢ 面板 2：单击【实体】|【图元】|【圆环体】按钮◎。
➢ 命令行：输入“TORUS”命令。

启动该命令后，将视图切换到“西南等轴测”视图，按照如下的提示进行操作，即可创建圆环体，如图 8-33 所示。

```
命令：_torus
指定中心点或 [三点(3P)/两点(2P)/切点、切点、半径(T)]:
指定半径或 [直径(D)] <100.0000>: 100
指定圆管半径或 [两点(2P)/直径(D)]: 20
```

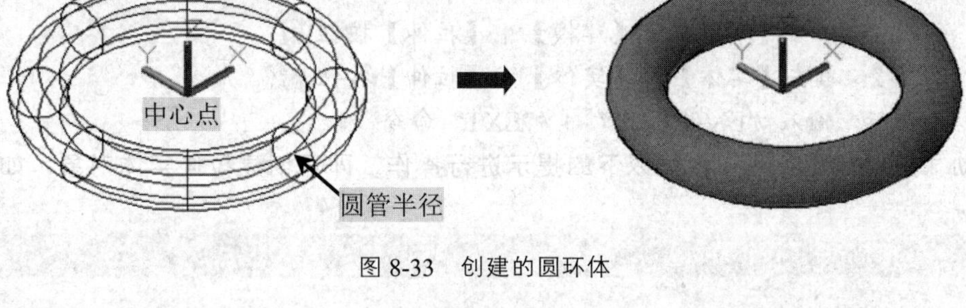

图 8-33　创建的圆环体

专家提醒

圆环体可能是自交的，自交的圆没有中心孔，因为圆管半径比圆环半径的绝对值大。如图 8-34 所示的圆环的半径值为 100，而圆管的半径值为 130。

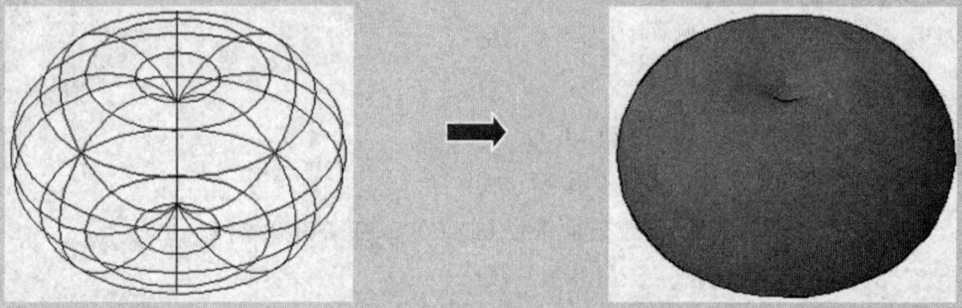

图 8-34　创建自交的圆环体

当线框的密度值越大时，实体显示越平滑，如图 8-35 所示。

图 8-35　改变线框的密度

8.3　创建转换实体

在 AutoCAD 中，系统提供了由二维图形来创建三维实体的各种方法，包括拉伸、放样、扫掠、旋转等，就是将二维轮廓曲线沿指定的路径进行操作，来创建三维实体。

8.3.1　拉伸

将二维图形对象通过拉伸的方法来创建实体或曲面，用户可将选择的二维图形对象沿着路径进行拉伸，或者指定拉伸实体的倾斜角度，或者改变拉伸的方向来创建拉伸实体。

二维图形在拉伸前，可先进行面域操作。

执行方式：

- 面板 1：单击【常用】|【建模】|【拉伸】按钮。
- 面板 2：单击【实体】|【实体】|【拉伸】按钮。
- 命令行：输入“EXTRUDE”|“EXT”命令。

启动“拉伸”命令后，根据以下的提示进行操作，即可创建拉伸实体对象，如图 8-36 所示。

```
命令：_extrude
```

```
当前线框密度： ISOLINES=4，闭合轮廓创建模式 = 实体
选择要拉伸的对象或 [模式(MO)]: _MO
闭合轮廓创建模式 [实体(SO)/曲面(SU)] <实体>: SO
选择要拉伸的对象或 [模式(MO)]: 找到 1 个
选择要拉伸的对象或 [模式(MO)]:
指定拉伸的高度或 [方向(D)/路径(P)/倾斜角(T)/表达式(E)] <100.0000>: 30
```

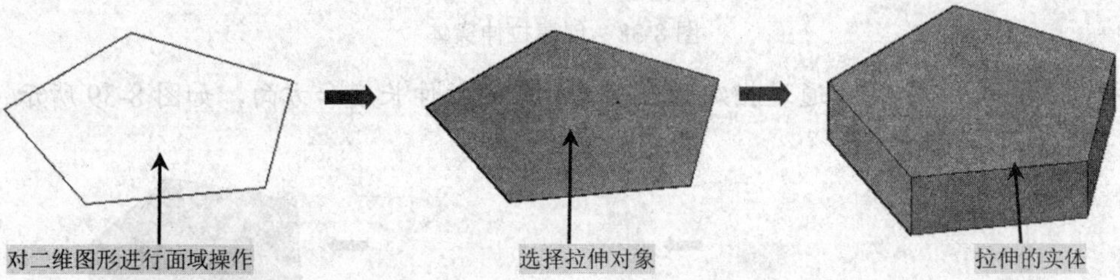

图 8-36　创建拉伸实体

在创建拉伸实体时，其各选项的具体含义如下：

- “模式（MO）”：设定拉伸的是创建曲面还是实体。默认模式为实体。
- “曲面（SU）”创建曲面，其命令行提示如下，结果如图 8-37 所示。

```
命令: _extrude
当前线框密度： ISOLINES=4，闭合轮廓创建模式 = 曲面
选择要拉伸的对象或 [模式(MO)]: MO
闭合轮廓创建模式 [实体(SO)/曲面(SU)] <实体>: SU
选择要拉伸的对象或 [模式(MO)]: 找到 1 个
选择要拉伸的对象或 [模式(MO)]:
指定拉伸的高度或 [方向(D)/路径(P)/倾斜角(T)/表达式(E)] <-30.0000>: 30
```

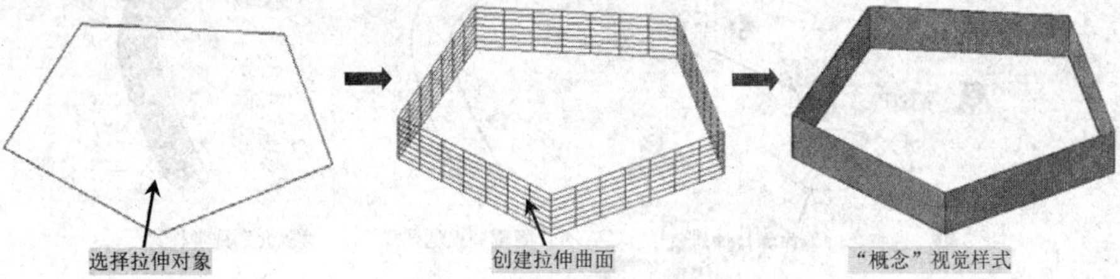

图 8-37　创建拉伸曲面

- “实体（SO）”创建实体，其命令行提示如下，结果如图 8-38 所示。

```
命令: _extrude
当前线框密度： ISOLINES=4，闭合轮廓创建模式 = 曲面
选择要拉伸的对象或 [模式(MO)]: MO
闭合轮廓创建模式 [实体(SO)/曲面(SU)] <实体>: SO
选择要拉伸的对象或 [模式(MO)]: 找到 1 个
选择要拉伸的对象或 [模式(MO)]:
```

```
指定拉伸的高度或 [方向(D)/路径(P)/倾斜角(T)/表达式(E)] <-30.0000>: 50
```

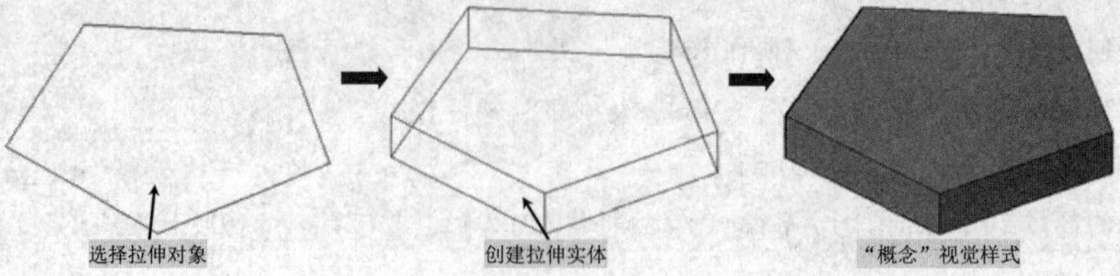

图 8-38　创建拉伸实体

➢　“方向（D）”：通过指定两点确定对象的拉伸长度和方向，如图 8-39 所示。

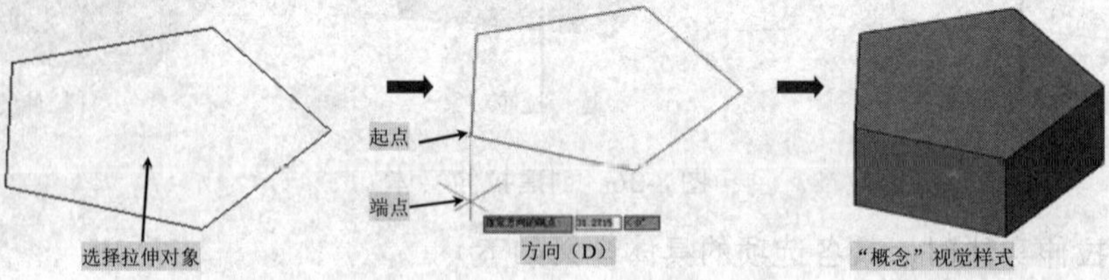

图 8-39　创建拉伸实体

➢　“路径（P）”：用于选择拉伸路径。拉伸路径可以是直线、圆、圆弧、椭圆、椭圆弧、二/三维多段线、二/三维样条曲线、螺旋等，如图 8-40 所示。

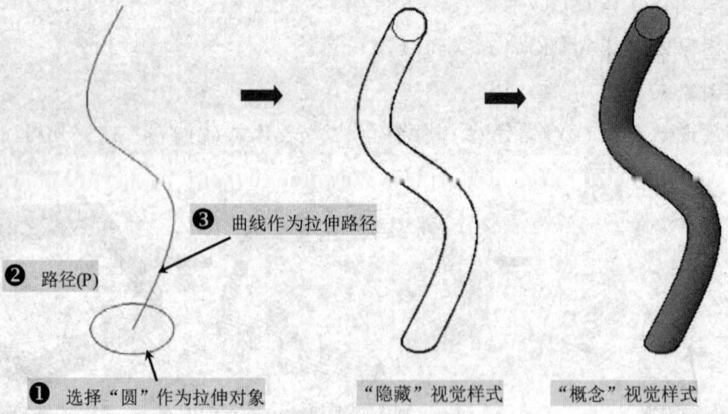

图 8-40　创建拉伸实体

专家提醒

在绘制拉伸路径时，绘制路径的平面应与拉伸对象的平面垂直，否则将无法进行拉伸操作。

“倾斜角（T）”：确定对象拉伸的倾斜角度。在定义要求成一定角度的零件方面，倾斜拉伸是非常有用的，如铸造车间用来制造金属产品的铸模。“正角度”表示基准对象逐渐变“细”的拉伸，如图 8-41 所示，而“负角度”则表示从基准对象逐渐变“粗”的拉伸，如图 8-42 所示。

```
命令: extrude
```

```
当前线框密度: ISOLINES=4, 闭合轮廓创建模式 = 实体
选择要拉伸的对象或 [模式(MO)]: 找到 1 个
选择要拉伸的对象或 [模式(MO)]:
指定拉伸的高度或 [方向(D)/路径(P)/倾斜角(T)/表达式(E)] <50.0000>: t
指定拉伸的倾斜角度或 [表达式(E)] <300>: -45
指定拉伸的高度或 [方向(D)/路径(P)/倾斜角(T)/表达式(E)] <50.0000>: 10
```

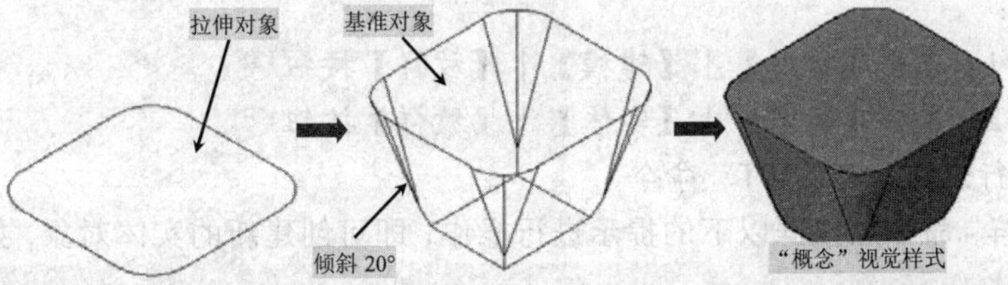

图 8-41　倾斜 20°后拉伸的实体

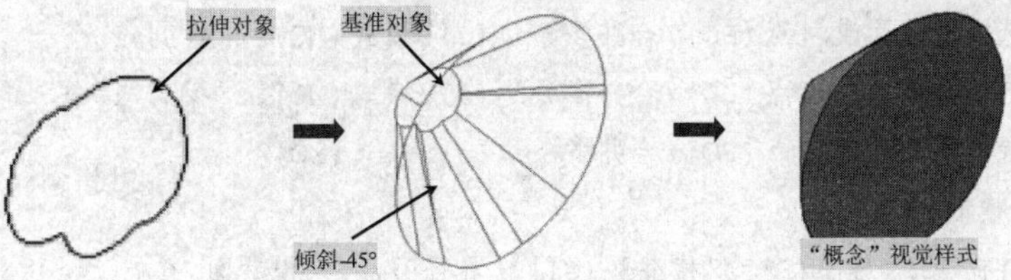

图 8-42　倾斜-45°后拉伸的实体

专家提醒

若相对于当前拉伸对象而言，输入过大的倾斜角度，将导致对象或对象的一部分在到达高度之前就已汇聚为一点，如图 8-43 所示。

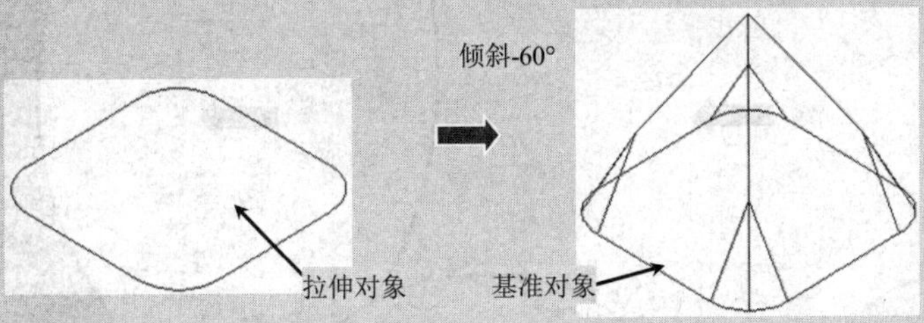

图 8-43　倾斜为一点的拉伸效果

若拉伸闭合对象，生成的对象为实体；若拉伸开放对象，则生成的对象为曲面，如图 8-44 所示。

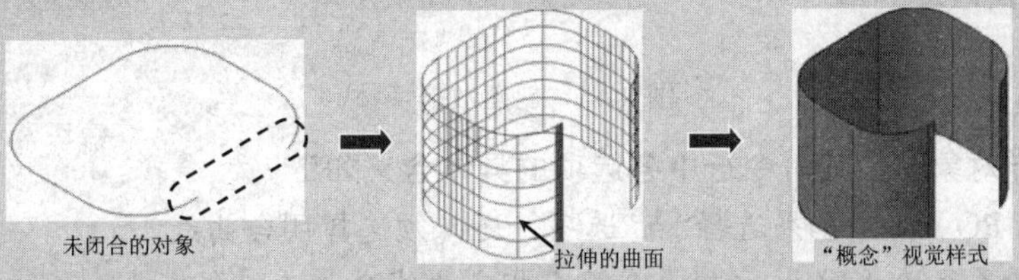

图 8-44　创建拉伸曲面

8.3.2 放样

可通过对包含两条或两条以上横截面曲线的一组曲线进行放样（绘制实体或曲面）来创建新的实体或曲面。在进行放样操作时，必须至少指定两个横截面。横截面决定了结果实体或曲面的形状。

如果对一组闭合的横截面曲线进行放样，则生成实体。

执行方式：

- 面板 1：单击【常用】|【建模】|【放样】按钮。
- 面板 2：单击【实体】|【实体】|【放样】按钮。
- 命令行：输入“LOFT”命令。

启动“放样”命令后根据以下的提示进行操作，即可创建新的实体对象，如图 8-45 所示。

```
命令: _loft
当前线框密度: ISOLINES=4，闭合轮廓创建模式 = 实体
按放样次序选择横截面或 [点(PO)/合并多条边(J)/模式(MO)]: 找到 1 个
按放样次序选择横截面或 [点(PO)/合并多条边(J)/模式(MO)]: 找到 1 个
按放样次序选择横截面或 [点(PO)/合并多条边(J)/模式(MO)]: 找到 1 个，总计 3 个
按放样次序选择横截面或 [点(PO)/合并多条边(J)/模式(MO)]:
选中了 3 个横截面
输入选项 [导向(G)/路径(P)/仅横截面(C)/设置(S)] <仅横截面>: c
```

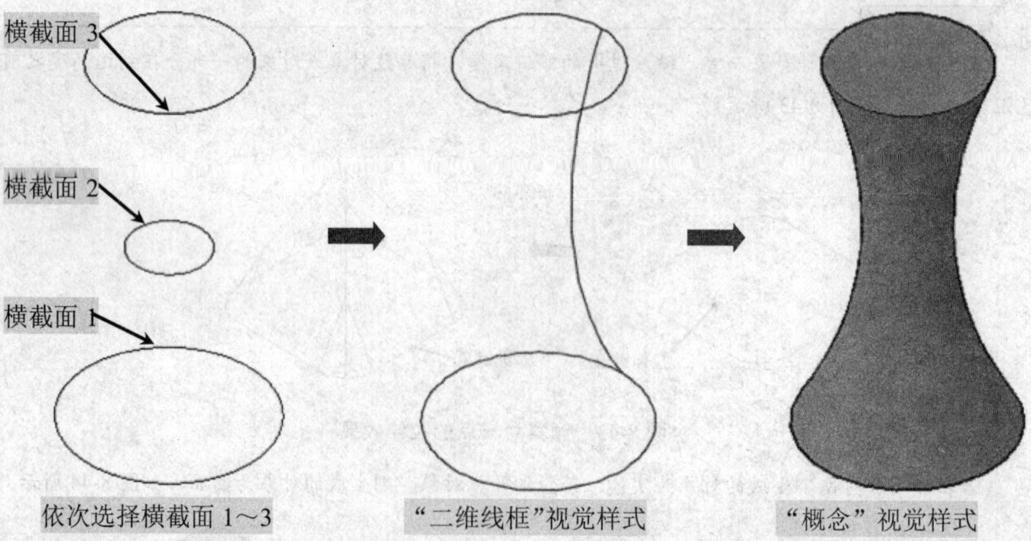

图 8-45　创建放样实体

在创建放样对象时，其命令行中各选项的具体含义如下：

- “点（PO）”：如果选择“点”选项，还必须选择闭合曲线。
- “合并多条边（J）”：将多个端点相交曲线合并为一个横截面。
- “模式（MO）”：控制放样对象是实体还是曲面。

➢　“导向（G）”：指定控制放样实体或曲面形状的导向曲线。可以使用导向曲线来控制如何匹配相应的横截面以防止出现不希望看到的效果（例如结果实体或曲面中的皱褶）。

➢　“路径（P）”：指定放样实体或曲面的单一路径。路径曲线必须与横截面的所有平面相交。

➢　“仅横截面（C）”：在不使用导向或路径的情况下，创建放样对象。

➢　“设置（S）”：打开一对话框，如图 8-46 所示。

在“放样设置”对话框中选择不同的选项将创建不同的放样效果，如图 8-47 所示。

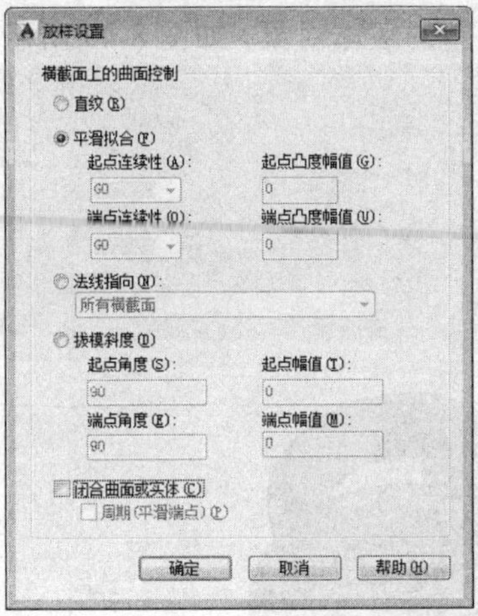

图 8-46　“放样设置”对话框

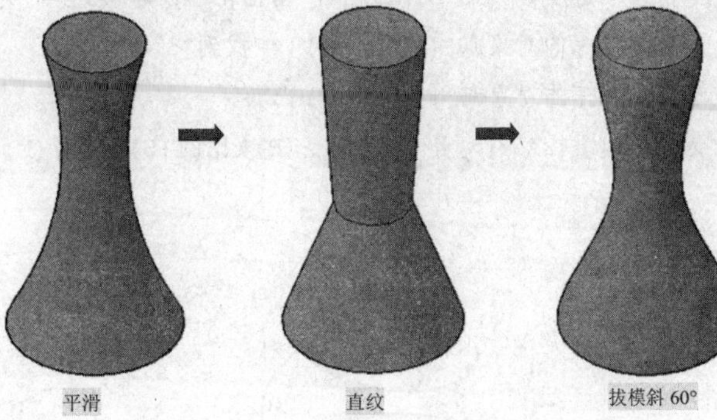

图 8-47　不同的放样效果

专家提醒

在选择放样横截面时，如果选择的是未封闭的横截面，将放样成曲面，如图 8-48 所示。

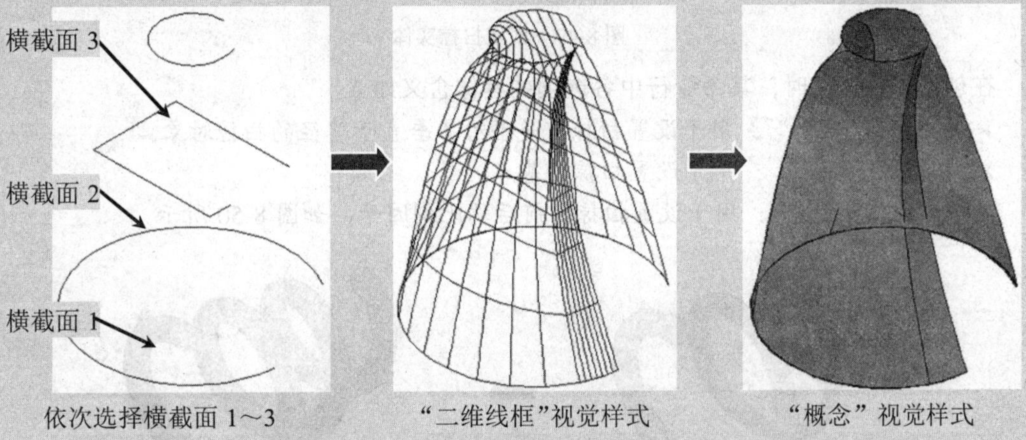

图 8-48　创建放样曲面

8.3.3 扫掠

可通过沿开放或闭合的二维或三维路径扫掠开放或闭合的平面曲线（轮廓）来创建新的实体或曲面。

执行方式：

- 面板 1：单击【常用】|【建模】|【扫掠】按钮。
- 面板 2：单击【实体】|【实体】|【扫掠】按钮。
- 命令行：输入“SWEEP”/“SW”命令。

启动“扫掠”命令后，根据以下提示进行操作，即可创建新的实体对象，如图 8-49 所示。

```
命令: sw/SWEEP
当前线框密度: ISOLINES=4, 闭合轮廓创建模式 = 实体
选择要扫掠的对象或 [模式(MO)]: 找到 1 个
选择要扫掠的对象或 [模式(MO)]:
选择扫掠路径或 [对齐(A)/基点(B)/比例(S)/扭曲(T)]:
```

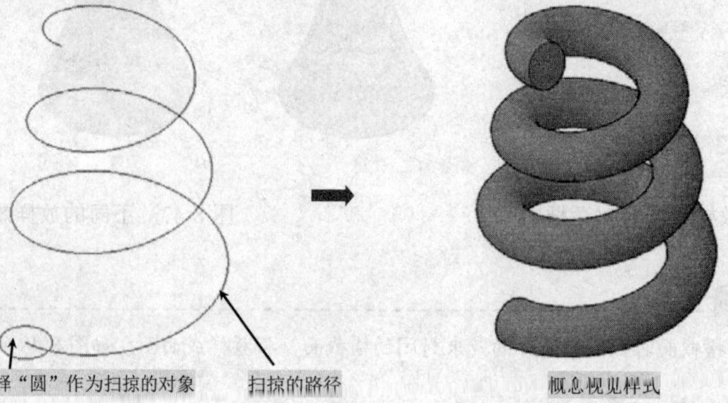

图 8-49　创建扫掠实体

在创建扫掠对象时，其命令行中各选项的具体含义如下：

- “对齐（A）”：用于设置扫掠前是否对齐垂直于路径的扫掠对象。
- “基点（B）”：用于设置扫掠的基点。
- “比例（S）”：用于设置扫掠的前后端比例因子，如图 8-50 所示。

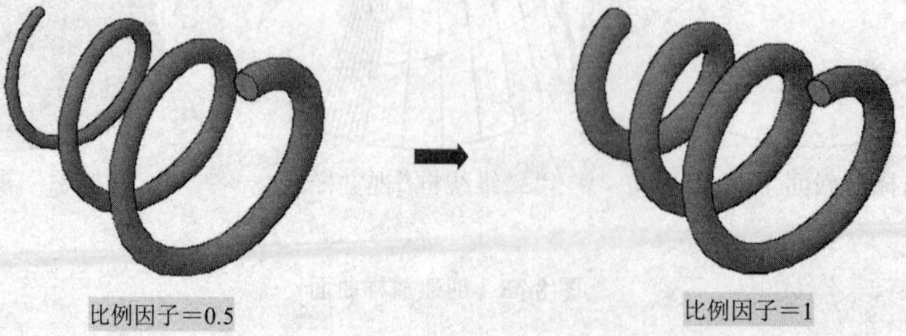

图 8-50　不同的比例因子效果

➢　“扭曲（T）”：用于设置扭曲角度或允许非平面扫掠路径倾斜。

专家提醒

在选择扫掠对象时，如果选择的是未封闭的图形对象，将扫掠成曲面，如图 8-51 所示。

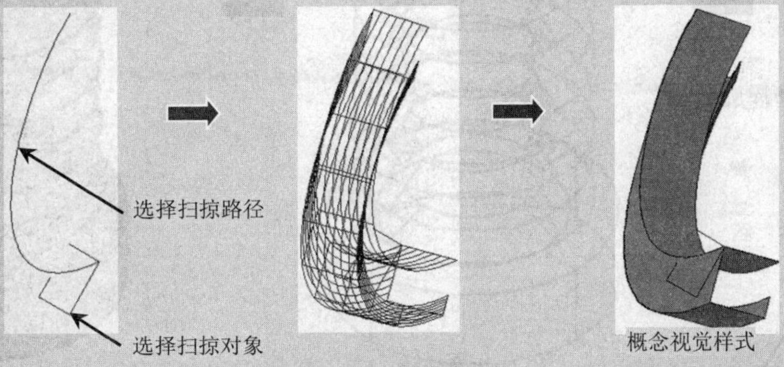

图 8-51　创建扫掠曲面

8.3.4 旋转

可通过绕轴旋转开放或闭合的对象来创建实体或曲面。

执行方式：

➢　面板 1：单击【常用】|【建模】|【旋转】按钮。
➢　面板 2：单击【实体】|【实体】|【旋转】按钮。
➢　命令行：输入“REVOLVE”/“REV”命令。

启动“旋转”命令后根据以下的提示进行操作，即可创建旋转实体对象，如图 8-52 所示。

```
命令: rev/REVOLVE
当前线框密度:  ISOLINES=4, 闭合轮廓创建模式 = 实体
选择要旋转的对象或 [模式(MO)]: 找到 1 个
选择要旋转的对象或 [模式(MO)]:
指定轴起点或根据以下选项之一定义轴 [对象(O)/X/Y/Z] <对象>:
指定轴端点:
指定旋转角度或 [起点角度(ST)/反转(R)/表达式(EX)] <360>: 360
```

专家提醒

在绘制旋转路径（建议绘制旋转轴时切换到前视图）时，其绘制路径的平面应与旋转对象的平面垂直，否则将无法进行旋转操作。

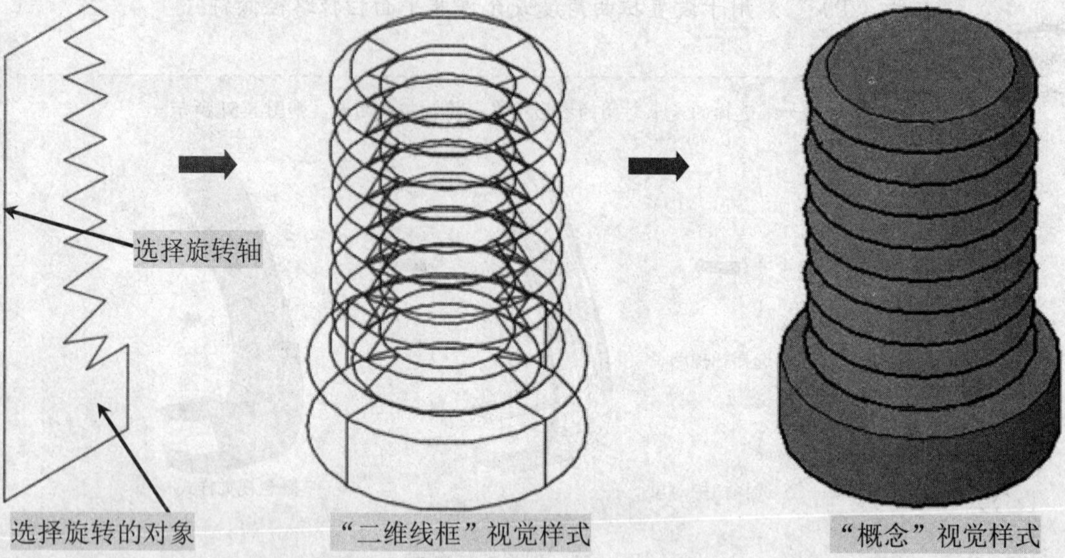

图 8-52　创建旋转实体

第 9 章

编辑三维机械实体

本章导读

在创建了基本的模型实体后，使用三维“实体编辑”命令，可对实体进行三维移动、剖切、三维阵列、三维镜像、三维旋转等操作；还可对其进行抽壳、编辑边、编辑面、布尔运算等操作。

为了使实体符合用户的需要、更加形象逼真，可以隐藏图形对象的隐藏线，对三维实体进行灯光、材质等渲染效果设置，增加色泽感。

精彩看点

- 编辑三维模型
- 应用光源和材质
- 渲染三维模型

9.1 编辑三维模型

本节主要讲解对三维模型进行相应的编辑，其中包括使用“三维移动”按钮移动模型，“剖切”按钮剖切模型，“三维旋转”按钮旋转模型，三维镜像按钮镜像模型等内容。

9.1.1 三维移动

对选择的对象在三维空间内通过指定的距离或位移进行移动操作。

执行方式：

- 面板：单击【常用】|【修改】|【三维移动】按钮。
- 命令行：输入 3DMOVE 命令。

启动该命令后，按照如下的提示进行三维移动操作，结果如图 9-1 所示。

```
命令：_3dmove
选择对象：找到 1 个
选择对象：
指定基点或 [位移(D)] <位移>:
指定第二个点或 <使用第一个点作为位移>:
```

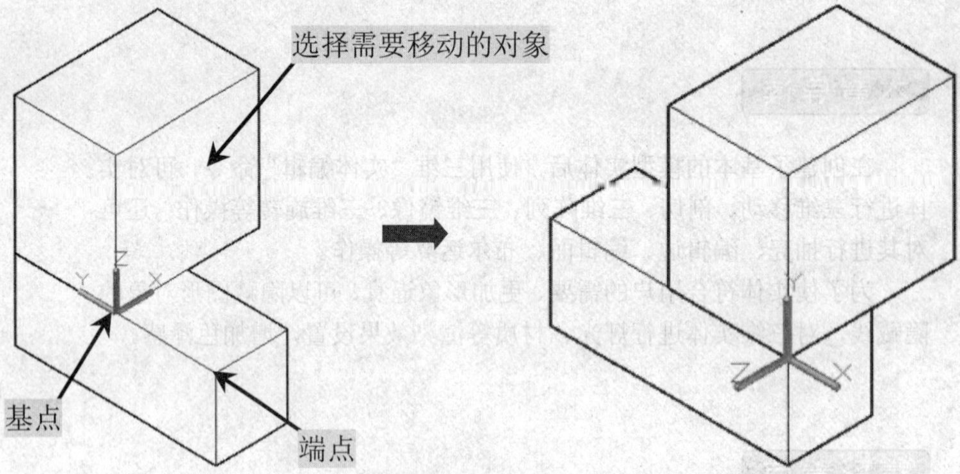

图 9-1　三维移动操作

- “位移”：在命令提示下输入坐标值来指定选中的三维对象位置移动的相对距离和方向，如图 9-2 所示。

```
命令：_3dmove
选择对象：找到 1 个
选择对象：
指定基点或 [位移(D)] <位移>:
指定第二个点或 <使用第一个点作为位移>: @200，200，0
```

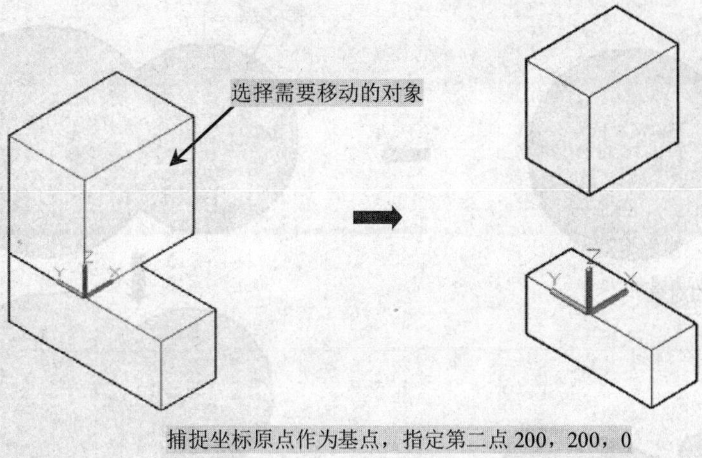

图 9-2　三维移动操作

9.1.2 剖切

将对象从指定的平面处进行剖切来创建新的三维实体和曲面。剖切三维实体不保留创建它们的原始形式的历史记录。但是，它们会保留原对象的图层和颜色特性。

进行剖切三维实体时，可以通过多种方法定义剖切面。例如，可以指定三个点、一条轴、一个曲面或一个平面对象以用作剖切面。可以保留剖切对象的一半，或两半均保留。如果选择网格对象，则可以先将其转换为实体或曲面，然后再进行剖切操作。

执行方式：

- 面板 1：单击【常用】|【实体编辑】|【剖切】按钮。
- 面板 2：单击【实体】|【实体编辑】|【剖切】按钮。
- 命令行：输入 SLICE | SL 命令。

命令行提示选项的具体含义：

- 指定剖切平面的起点、指定平面上的第二个点：设置用于定义剖切平面的角度的两个点中的第一点、第二点。剖切平面与当前 UCS 的 XY 平面垂直，从而进行剖切操作。

启动该命令后，按照如下的提示进行操作，结果如图 9-3 所示。

```
命令: _slice
选择要剖切的对象: 找到 1 个
选择要剖切的对象:
指定切面的起点或 [平面对象(O)/曲面(S)/z 轴(Z)/视图(V)/xy(XY)/yz(YZ)/zx(ZX)/三点(3)] <三点>:
INTERSECT 所选对象太多
指定平面上的第二个点:
INTERSECT 所选对象太多
在所需的侧面上指定点或 [保留两个侧面(B)] <保留两个侧面>:
```

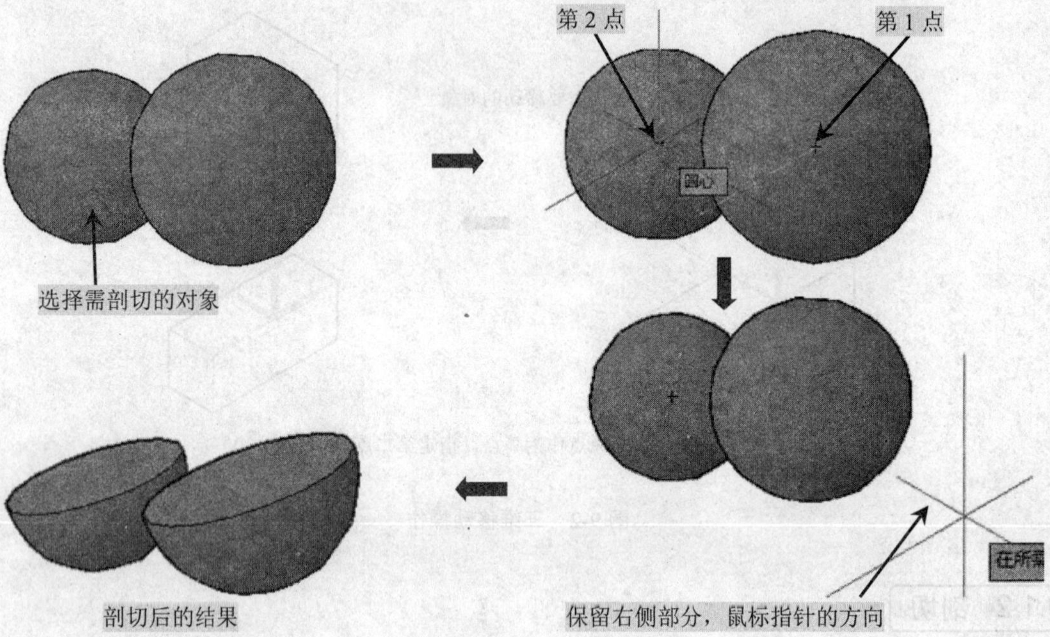

图 9-3　剖切操作

➢ 平面对象：将剖切面与包含选定的圆、椭圆、圆弧、椭圆弧、二维样条曲线或二维多段线线段的平面对齐，指定要用于对齐的对象，进行剖切操作。

专家提醒

另外，用户所选择的剖切面必须与被剖切实体相交。将剖切面与包含选定的圆、椭圆、圆弧、椭圆弧、二维样条曲线或二维多段线线段的平面对齐。

➢ 曲面：将剖切面与曲面对齐。
➢ Z 轴：通过平面上指定一点和在平面的 Z 轴（法向）上指定另一点来定义剖切面。
➢ 指定截面平面上的点：设置剖切平面上的点。
➢ 指定平面 Z 轴（法向）上的点：指定用于定义垂直于剖切平面的轴的点。
➢ 视图：将剖切面与当前视口的视图平面对齐。指定要剖切对象上的一点来定义剖切面的位置。
➢ XY：将剖切面与当前用户坐标系(UCS)的 XY 平面对齐。指定一点定义剖切面的位置。
➢ YZ：将剖切面与当前 UCS 的 YZ 平面对齐。指定一点定义剖切面的位置。
➢ ZX：将剖切面与当前 UCS 的 ZX 平面对齐。指定一点定义剖切面的位置。
➢ 三点：用三点定义剖切面。
➢ 在所需的侧面上指定点：定义一点从而确定图形将保留剖切实体的哪一侧。该点不能位于剖切面上。
➢ 保留两个侧面：剖切实体的两侧均保留。把单个实体剖切为两块，从而在平面的两边各创建一个实体。对于每个选定的实体，SLICE 决不会创建超过两个的新复合实体。

专家提醒

如果将单个对象剖切为两个以上的对象，那么一个实体或曲面将从平面一侧的对象创建，另一个实体或曲面从另一侧的对象创建。

9.1.3 三维旋转

将选择的对象在三维空间内绕指定的轴进行旋转操作。

执行方式：

- 面板：单击【常用】|【修改】|【三维旋转】按钮。
- 命令行：输入“3DROTATE”命令。

启动该命令后，按照如下的提示进行操作，结果如图 9-4 所示。

```
命令：_3drotate
UCS 当前的正角方向： ANGDIR=逆时针  ANGBASE=0
选择对象：找到 1 个
选择对象：
指定基点：
拾取旋转轴：
指定角的起点或键入角度：90
正在重生成模型。
```

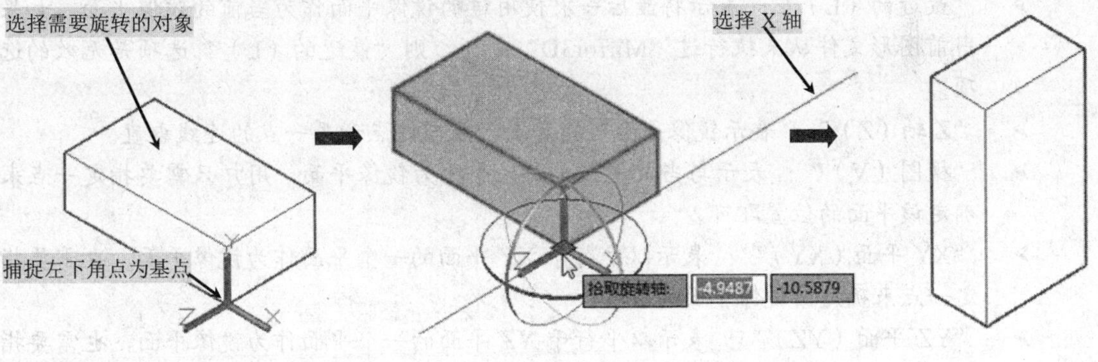

图 9-4 三维旋转操作

9.1.4 三维镜像

就是将选择的对象按照指定的对象、轴、平面、确定点来进行镜像操作，从而得到一个新的三维实体。

执行方式：

- 面板：单击【常用】|【修改】|【三维镜像】按钮。
- 命令行：输入“MIRROR3D”命令。

启动该命令后，按照如下的提示进行操作，如图 9-5 所示。

```
命令: _mirror3d
选择对象: 找到 1 个
选择对象:
指定镜像平面 (三点) 的第一个点或
  [对象(O)/最近的(L)/Z 轴(Z)/视图(V)/XY 平面(XY)/YZ 平面(YZ)/ZX 平面(ZX)/三点(3)]
<三点>: XY
指定 XY 平面上的点 <0,0,0>:
是否删除源对象? [是(Y)/否(N)] <否>:
```

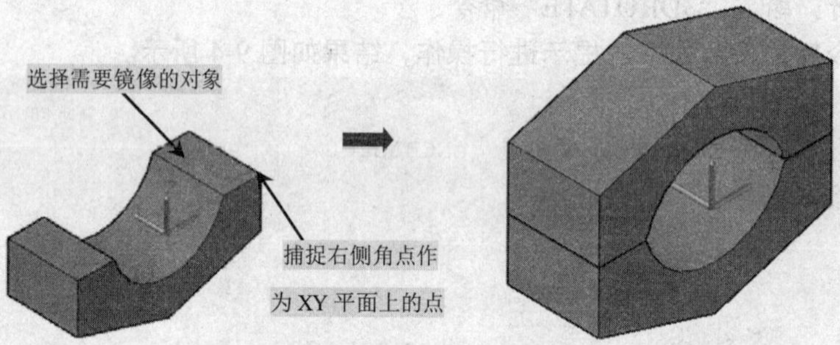

图 9-5　三维镜像操作

- “对象（O）”：表示选择已有的图形对象作为镜像平面。
- “最近的（L）”：表示将最后一次使用过的镜像平面作为当前的镜像平面。如果当前图形文件从未执行过“Mirror3D”命令，则“最近的（L）”选项是无效的选项。
- “Z 轴（Z）”：表示镜像平面过指定点，且与该点和另一点的连线垂直。
- “视图（V）”：表示与当前视图平行的平面为镜像平面，用户只需要指定一点来确定该平面的位置即可。
- “XY 平面（XY）”：表示以平行于 XY 平面的一个平面作为镜像平面，也需要指定一点来确定该镜像平面的位置。
- “YZ 平面（YZ）”：表示以平行于 YZ 平面的一个平面作为镜像平面，也需要指定一点来确定该镜像平面的位置
- “ZX 平面(ZX)”：表示以平行于 ZX 平面的一个平面作为镜像平面，也需要指定一点来确定该镜像平面的位置
- “三点（3）”：表示在视图中以指定的 3 点所组成的平面作为镜像平面。

9.1.5 抽壳

抽壳操作就是以指定的厚度在实体对象上创建中空的薄壁。

执行方式：

- 面板 1：单击【常用】|【实体编辑】|【抽壳】按钮。
- 面板 2：单击【实体】|【实体编辑】|【抽壳】按钮。

➢ 命令行：输入 SOLIDEDIT 命令。

启动该命令后，按照如下提示进行操作，结果如图 9-6 所示。

```
命令: _solidedit
实体编辑自动检查:  SOLIDCHECK=1
输入实体编辑选项 [面(F)/边(E)/体(B)/放弃(U)/退出(X)] <退出>: _body
输入体编辑选项
[压印(I)/分割实体(P)/抽壳(S)/清除(L)/检查(C)/放弃(U)/退出(X)] <退出>: _shell
选择三维实体:
删除面或 [放弃(U)/添加(A)/全部(ALL)]: 找到一个面，已删除 1 个。
删除面或 [放弃(U)/添加(A)/全部(ALL)]:
输入抽壳偏移距离: 5
已开始实体校验。
已完成实体校验。
输入体编辑选项
[压印(I)/分割实体(P)/抽壳(S)/清除(L)/检查(C)/放弃(U)/退出(X)] <退出>:
实体编辑自动检查:  SOLIDCHECK=1
输入实体编辑选项 [面(F)/边(E)/体(B)/放弃(U)/退出(X)] <退出>:
```

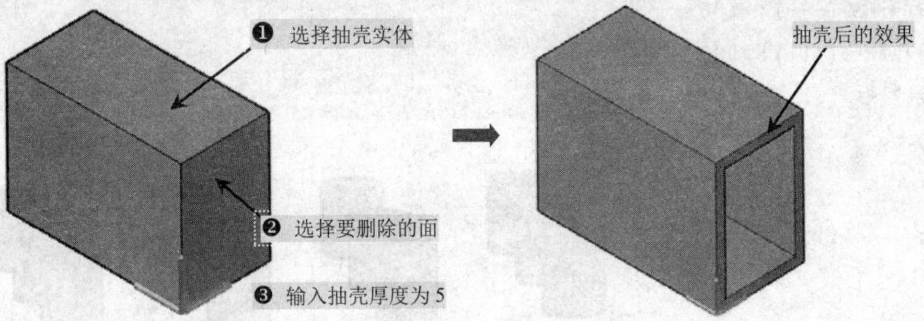

图 9-6　抽壳操作

当抽壳厚度为正值时，实体表面向内偏移形成壳体；为负值时，向外偏移形成壳体，如图 9-7 所示。

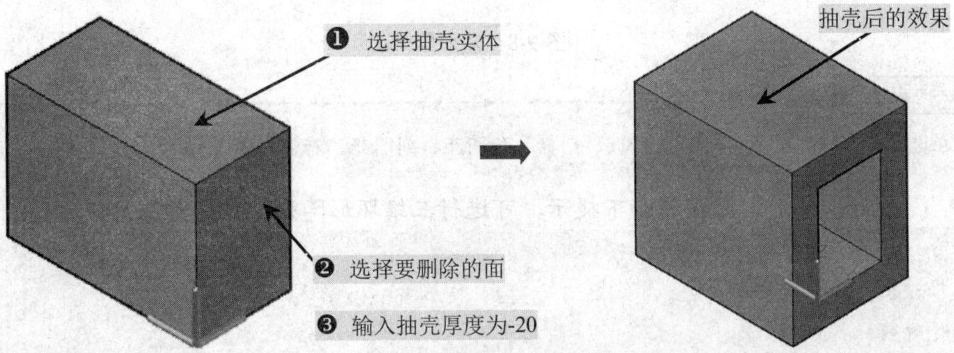

图 9-7　抽壳（负值）

9.1.6 三维阵列

将实体对象在三维空间中按矩形、极轴排列方式创建对象的三维矩阵。对于三维矩形阵列，除行数和列数外，用户还可以指定 Z 方向的层数，对于三维环形阵列，用户可通过空间中的任意两点指定旋转轴。

执行方式：

➢ 命令行：输入“3DARRAY”命令。

启动“阵列”命令后，命令出现以下提示信息，输入阵列的类型：

```
选择对象： 输入阵列类型 [矩形(R)/环形(P)] <矩形>:
```

➢ “矩形（R）”：按照如下提示，可进行三维矩形阵列操作，如图 9-8 所示。

```
命令: 3DARRAY
选择对象: 找到 1 个
选择对象:
输入阵列类型 [矩形(R)/环形(P)] <矩形>:R
输入行数 (---) <1>: 3
输入列数 (|||) <1>: 4
输入层数 (...) <1>: 2
指定行间距 (---): 100
指定列间距 (|||): 100
指定层间距 (...): 100
```

图 9-8　矩形阵列

专家提醒

在进行矩形阵列时，需要输入行数、列数、行间距、列间距、标高增量等。

➢ “环形（P）”：按照如下提示，可进行三维环形阵列操作，如图 9-9 所示。

```
命令: 3DARRAY
选择对象: 找到 1 个
选择对象:
输入阵列类型 [矩形(R)/环形(P)] <矩形>:P
```

```
输入阵列中的项目数目: 10
指定要填充的角度 (+=逆时针, -=顺时针) <360>: 360
旋转阵列对象? [是(Y)/否(N)] <Y>: Y
指定阵列的中心点:                                        //捕捉圆心
指定旋转轴上的第二点:
```

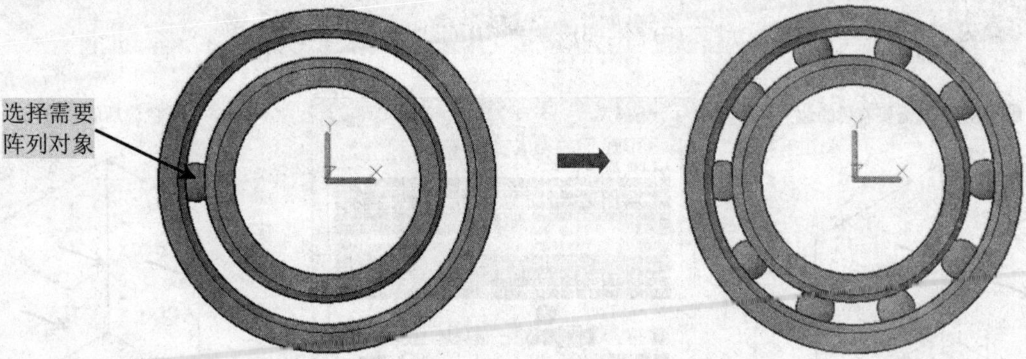

图 9-9　环形阵列

9.1.7 编辑边

在创建了三维对象后，用户可使用 AutoCAD 提供的编辑功能对实体的边进行编辑，包括提取边、偏移边、着色边、复制边、压印等。

执行方式：

- ➢ 面板：单击【常用】|【实体编辑】|相应的“边”按钮。
- ➢ 命令行：输入“SOLIDEDIT”命令选择相应的选项。

启动该命令后，命令行的提示信息如下，输入边编辑选项：

```
命令: _solidedit
实体编辑自动检查: SOLIDCHECK=1
输入实体编辑选项 [面(F)/边(E)/体(B)/放弃(U)/退出(X)] <退出>: _edge
输入边编辑选项 [复制(C)/着色(L)/放弃(U)/退出(X)] <退出>:
```

1. 着色边

着色边就是将指定的轮廓线框按照指定的颜色进行着色，可更改三维实体上选定边的颜色。可将着色边用于亮显相交、干涉或重要清除。按【Ctrl】键并单击以选择边。

执行方式：

- ➢ 面板：单击【常用】|【实体编辑】|【着色边】按钮。
- ➢ 命令行：输入“SOLIDEDIT”命令选择“着色（L）”选项。

启动该命令后，按照如下提示进行操作，结果如图 9-10 所示。

```
命令: _solidedit
实体编辑自动检查: SOLIDCHECK=1
输入实体编辑选项 [面(F)/边(E)/体(B)/放弃(U)/退出(X)] <退出>: _edge
```

```
输入边编辑选项 [复制(C)/着色(L)/放弃(U)/退出(X)] <退出>: _color
选择边或 [放弃(U)/删除(R)]:
选择边或 [放弃(U)/删除(R)]:
选择边或 [放弃(U)/删除(R)]:
输入边编辑选项 [复制(C)/着色(L)/放弃(U)/退出(X)] <退出>:
实体编辑自动检查: SOLIDCHECK=1
输入实体编辑选项 [面(F)/边(E)/体(B)/放弃(U)/退出(X)] <退出>:
```

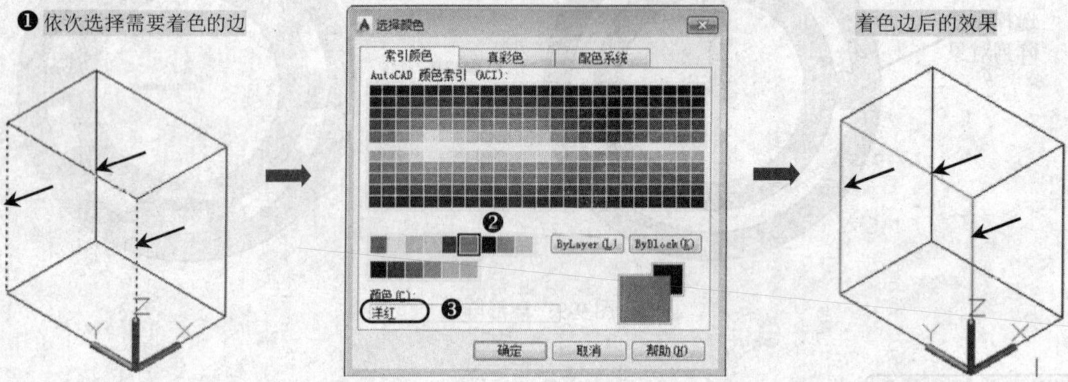

图 9-10 着色边

2. 复制边

复制边就是将选择实体对象的边进行复制操作。

执行方式：

- 面板：单击【常用】|【实体编辑】|【复制边】按钮。
- 命令行：输入“SOLIDEDIT”命令选择“复制（C）”选项。

启动该命令后，按照如下提示进行操作，结果如图 9-11 所示。

```
命令: _solidedit
实体编辑自动检查: SOLIDCHECK=1
输入实体编辑选项 [面(F)/边(E)/体(B)/放弃(U)/退出(X)] <退出>: _edge
输入边编辑选项 [复制(C)/着色(L)/放弃(U)/退出(X)] <退出>: _copy
选择边或 [放弃(U)/删除(R)]:
选择边或 [放弃(U)/删除(R)]:
选择边或 [放弃(U)/删除(R)]:
选择边或 [放弃(U)/删除(R)]:
指定基点或位移:
指定位移的第二点: <正交 开> 100
输入边编辑选项 [复制(C)/着色(L)/放弃(U)/退出(X)] <退出>:
实体编辑自动检查: SOLIDCHECK=1
输入实体编辑选项 [面(F)/边(E)/体(B)/放弃(U)/退出(X)] <退出>:
```

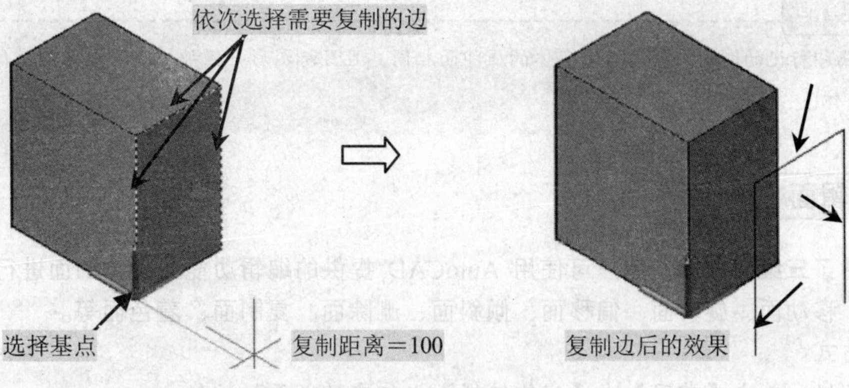

图 9-11　复制边

3．压印

在三维实体上做压印标记，实质上就是不改变基本形状和体积的情况下，在其实体的表面增加或刻画一些图形。将二维几何图形压印到三维实体上，从而在平面上创建更多的边。

位于某个面上的二维几何图形，或三维几何实体与某个面相交获得的形状，可以与这个面合并，从而创建其他边。这些边可以提供视觉效果，并可进行压缩或拉长以创建缩进和拉伸。

为了使压印操作成功，被压印的对象必须与选定对象的一个或多个面相交。“压印”仅限对象：圆弧、圆、直线、二维和三维多段线、椭圆、样条曲线、面域、体和三维实体。

执行方式：

- 面板：单击【常用】|【实体编辑】|【压印】按钮。
- 命令行：输入“IMPRINT”命令。

启动该命令后，按照如下提示进行操作，结果如图 9-12 所示。

```
命令: _imprint
选择三维实体或曲面:
选择要压印的对象:
是否删除源对象 [是(Y)/否(N)] <N>: n
选择要压印的对象:
```

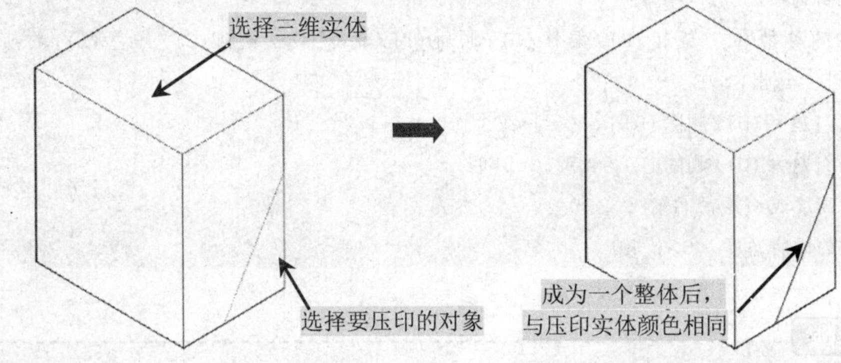

图 9-12　压印边

专家提醒

作为压印标记的图形必须与三维实体的压印面相同，且目标图形一旦被“刻”在三维实体上，都将成为一个整体。

9.1.8 编辑面

在创建了三维对象后，用户可使用 AutoCAD 提供的编辑功能对实体的面进行编辑，包括拉伸面、移动面、旋转面、偏移面、倾斜面、删除面、复制面、着色面等。

执行方式：

- 面板：单击【常用】|【实体编辑】|相应的“面”按钮。
- 命令行：输入“SOLIDEDIT”命令选择相应的选项。

启动该命令后，按命令行的提示信息输入面编辑选项：

```
命令：_solidedit
实体编辑自动检查： SOLIDCHECK=1
输入实体编辑选项 [面(F)/边(E)/体(B)/放弃(U)/退出(X)] <退出>: _face
输入面编辑选项
[拉伸(E)/移动(M)/旋转(R)/偏移(O)/倾斜(T)/删除(D)/复制(C)/颜色(L)/材质(A)/放弃(U)/退出(X)] <退出>:
```

1. 拉伸面

拉伸面就是将指定的实体表面按指定的长度或沿指定的路径进行拉伸。

执行方式：

- 面板：单击【常用】|【实体编辑】|【拉伸面】按钮。
- 命令行：输入“SOLIDEDIT”命令选择“拉伸（E）”选项。

启动该命令后，按照如下提示进行操作，结果如图 9-13 所示。

```
命令：_solidedit
实体编辑自动检查： SOLIDCHECK=1
输入实体编辑选项 [面(F)/边(E)/体(B)/放弃(U)/退出(X)] <退出>: F
输入面编辑选项
[拉伸(E)/移动(M)/旋转(R)/偏移(O)/倾斜(T)/删除(D)/复制(C)/颜色(L)/材质(A)/放弃(U)/退出(X)] <退出>: E
选择面或 [放弃(U)/删除(R)]: 找到 2 个面。
选择面或 [放弃(U)/删除(R)/全部(ALL)]:
指定拉伸高度或 [路径(P)]: 200
指定拉伸的倾斜角度 <0>: 30
```

专家提醒

在输入倾斜角度时，范围为 0°~90°。

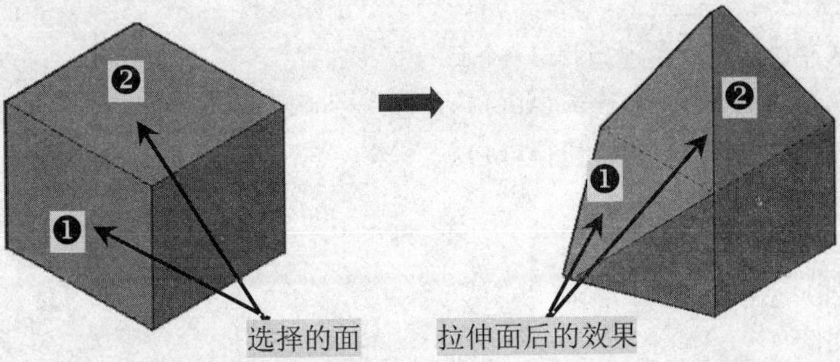

图 9-13 拉伸实体面

在拉伸实体面时有 3 个选项，其含义如下：

- 放弃（U）：取消最后一次所选择的实体表面。
- 删除（R）：用户可将已选择的实体面取消选择。
- 全部（ALL）：就是选择实体的所有表面。

专家提醒

如果选择“路径（P）”选项来选择拉伸的路径，此时 AutoCAD 将不会提示输入拉伸的倾斜角度，如图 9-14 所示。

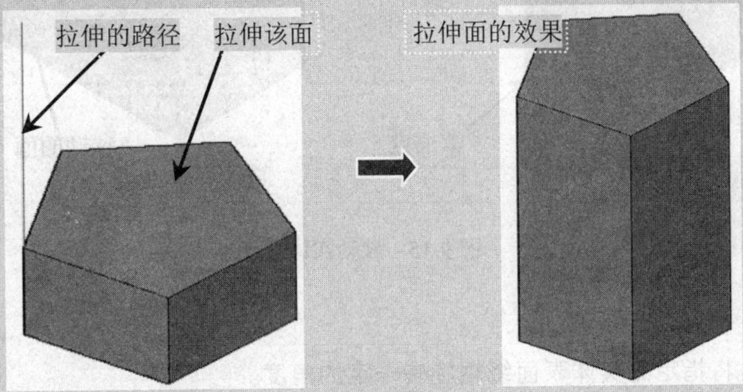

图 9-14 沿路径拉伸面

2. 移动面

移动面就是将指定的实体表面按指定的距离进行移动。

执行方式：

- 面板：单击【常用】|【实体编辑】|【移动面】按钮。
- 命令行：输入“SOLIDEDIT”命令选择“移动（M）”选项。

启动该命令后，按照如下提示进行操作，结果如图 9-15 所示。

```
命令： _solidedit
实体编辑自动检查： SOLIDCHECK=1
输入实体编辑选项 [面(F)/边(E)/体(B)/放弃(U)/退出(X)] <退出>: _face
输入面编辑选项
[拉伸(E)/移动(M)/旋转(R)/偏移(O)/倾斜(T)/删除(D)/复制(C)/颜色(L)/材质(A)/放弃
```

```
(U)/退出(X)] <退出>: _move
    选择面或 [放弃(U)/删除(R)]: 找到一个面。
    选择面或 [放弃(U)/删除(R)/全部(ALL)]: 找到一个面。
    选择面或 [放弃(U)/删除(R)/全部(ALL)]:
    指定基点或位移:
    指定位移的第二点:
    已开始实体校验。
    已完成实体校验。
    输入面编辑选项
    [拉伸(E)/移动(M)/旋转(R)/偏移(O)/倾斜(T)/删除(D)/复制(C)/颜色(L)/材质(A)/放弃(U)/退出(X)] <退出>: X
    实体编辑自动检查: SOLIDCHECK=1
    输入实体编辑选项 [面(F)/边(E)/体(B)/放弃(U)/退出(X)] <退出>: X
```

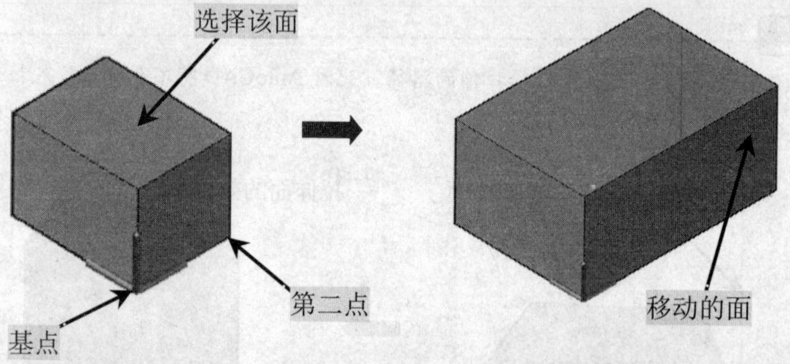

图 9-15 移动实体面

3. 旋转面

旋转面就是将指定的实体表面绕轴旋转一定的角度。

执行方式:

- 面板: 单击【常用】|【实体编辑】|【旋转面】按钮。
- 命令行: 输入"SOLIDEDIT"命令选择"旋转(R)"选项。

启动该命令后，按照如下提示进行操作，结果如图 9-16 所示。

```
    命令: _solidedit
    实体编辑自动检查: SOLIDCHECK=1
    输入实体编辑选项 [面(F)/边(E)/体(B)/放弃(U)/退出(X)] <退出>: _face
    输入面编辑选项
    [拉伸(E)/移动(M)/旋转(R)/偏移(O)/倾斜(T)/删除(D)/复制(C)/颜色(L)/材质(A)/放弃(U)/退出(X)] <退出>:
    _rotate
    选择面或 [放弃(U)/删除(R)]: 找到一个面。
    选择面或 [放弃(U)/删除(R)/全部(ALL)]:
```

```
指定轴点或 [经过对象的轴(A)/视图(V)/X 轴(X)/Y 轴(Y)/Z 轴(Z)] <两点>: z
指定旋转原点 <0,0,0>:
指定旋转角度或 [参照(R)]: 45
已开始实体校验。
已完成实体校验。
输入面编辑选项
[拉伸(E)/移动(M)/旋转(R)/偏移(O)/倾斜(T)/删除(D)/复制(C)/颜色(L)/材质(A)/放弃(U)/退出(X)] <退出>:
实体编辑自动检查: SOLIDCHECK=1
输入实体编辑选项 [面(F)/边(E)/体(B)/放弃(U)/退出(X)] <退出>:
```

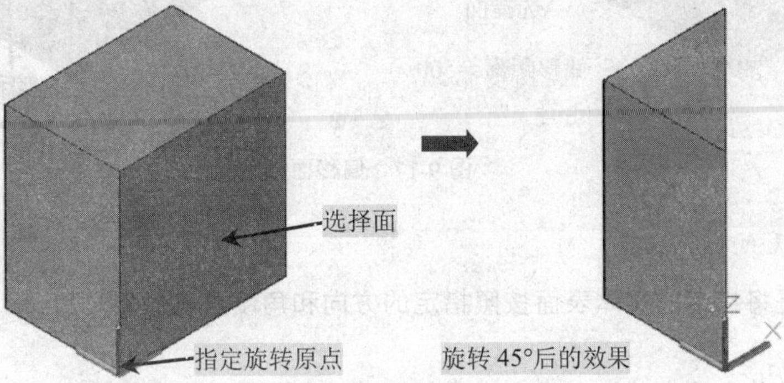

图 9-16　旋转面

4. 偏移面

偏移面就是将指定的实体表面进行一定距离的偏移。

执行方式：

- 面板：单击【常用】|【实体编辑】|【偏移面】按钮。
- 命令行：输入“SOLIDEDIT”命令选择“偏移（O）”选项。

启动该命令后，按照如下提示进行操作，结果如图 9-17 所示。

```
命令: _solidedit
实体编辑自动检查: SOLIDCHECK=1
输入实体编辑选项 [面(F)/边(E)/体(B)/放弃(U)/退出(X)] <退出>: _face
输入面编辑选项
[拉伸(E)/移动(M)/旋转(R)/偏移(O)/倾斜(T)/删除(D)/复制(C)/颜色(L)/材质(A)/放弃(U)/退出(X)] <退出>:
_offset
选择面或 [放弃(U)/删除(R)]: 找到一个面。
选择面或 [放弃(U)/删除(R)/全部(ALL)]:
指定偏移距离: 500
已开始实体校验。
已完成实体校验。
```

输入面编辑选项

[拉伸(E)/移动(M)/旋转(R)/偏移(O)/倾斜(T)/删除(D)/复制(C)/颜色(L)/材质(A)/放弃(U)/退出(X)] <退出>:

实体编辑自动检查: SOLIDCHECK=1

输入实体编辑选项 [面(F)/边(E)/体(B)/放弃(U)/退出(X)] <退出>:

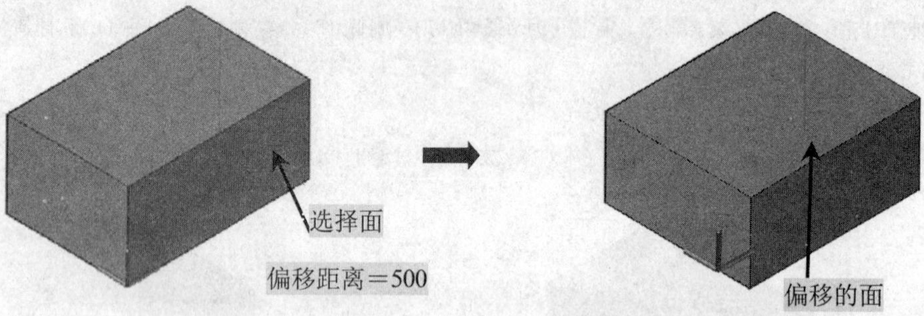

图 9-17 偏移面

5. 倾斜面

倾斜面就是将指定的实体表面按照指定的方向和角度进行倾斜。

执行方式:

- 面板: 单击【常用】|【实体编辑】|【倾斜面】按钮。
- 命令行: 输入"SOLIDEDIT"命令选择"倾斜(T)"选项。

启动该命令后,按照如下提示进行操作,结果如图 9-18 所示。

命令: _solidedit

实体编辑自动检查: SOLIDCHECK=1

输入实体编辑选项 [面(F)/边(E)/体(B)/放弃(U)/退出(X)] <退出>: _face

输入面编辑选项

[拉伸(E)/移动(M)/旋转(R)/偏移(O)/倾斜(T)/删除(D)/复制(C)/颜色(L)/材质(A)/放弃(U)/退出(X)] <退出>: _taper

选择面或 [放弃(U)/删除(R)]: 找到一个面。

选择面或 [放弃(U)/删除(R)/全部(ALL)]:

指定基点:

指定沿倾斜轴的另一个点:

指定倾斜角度: 30

已开始实体校验。

已完成实体校验。

输入面编辑选项

[拉伸(E)/移动(M)/旋转(R)/偏移(O)/倾斜(T)/删除(D)/复制(C)/颜色(L)/材质(A)/放弃(U)/退出(X)] <退出>: *取消*

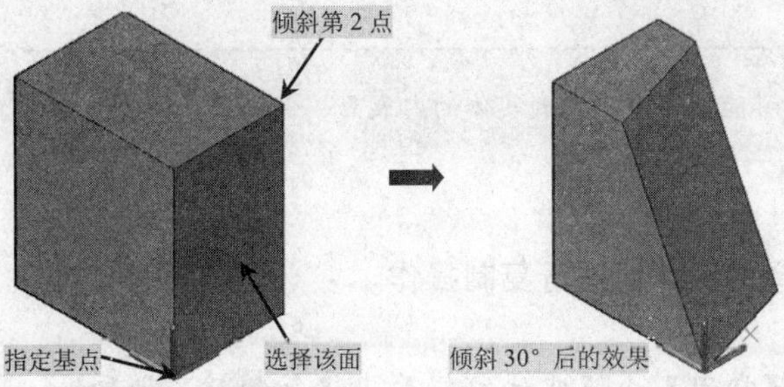

图 9-18　倾斜面

6. 删除面

删除面就是将指定的实体表面进行删除。

执行方式：

- ➢ 面板：单击【常用】|【实体编辑】|【删除面】按钮。
- ➢ 命令行：输入"SOLIDEDIT"命令选择"删除（D）"选项。

启动该命令后，按照如下提示进行操作，结果如图 9-19 所示。

```
命令：_solidedit
实体编辑自动检查： SOLIDCHECK=1
输入实体编辑选项 [面(F)/边(E)/体(B)/放弃(U)/退出(X)] <退出>: _face
输入面编辑选项
[拉伸(E)/移动(M)/旋转(R)/偏移(O)/倾斜(T)/删除(D)/复制(C)/颜色(L)/材质(A)/放弃(U)/退出(X)] <退出>:
_delete
选择面或 [放弃(U)/删除(R)]：找到一个面。
选择面或 [放弃(U)/删除(R)/全部(ALL)]：
已开始实体校验。
已完成实体校验。
输入面编辑选项
[拉伸(E)/移动(M)/旋转(R)/偏移(O)/倾斜(T)/删除(D)/复制(C)/颜色(L)/材质(A)/放弃(U)/退出(X)] <退出>:
实体编辑自动检查： SOLIDCHECK=1
输入实体编辑选项 [面(F)/边(E)/体(B)/放弃(U)/退出(X)] <退出>:
```

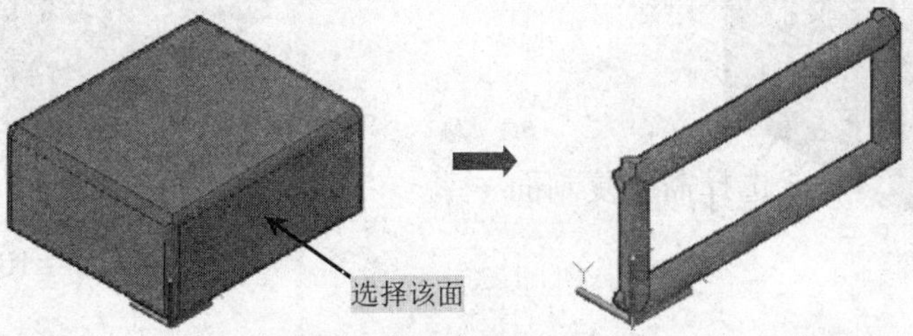

图 9-19　删除面

专家提醒

并非所有的实体面都能够删除，只有实体的内表面、倒圆角、倒直角形成的面才能删除。

7. 复制面

复制面就是将选择的实体面进行复制操作。

执行方式：

- 面板：单击【常用】|【实体编辑】|【复制面】按钮。
- 命令行：输入“SOLIDEDIT”命令选择“复制（C）”选项。

启动该命令后，按照如下提示进行操作，结果如图 9-20 所示。

```
命令：_solidedit
实体编辑自动检查： SOLIDCHECK=1
输入实体编辑选项 [面(F)/边(E)/体(B)/放弃(U)/退出(X)] <退出>: _face
输入面编辑选项
[拉伸(E)/移动(M)/旋转(R)/偏移(O)/倾斜(T)/删除(D)/复制(C)/颜色(L)/材质(A)/放弃(U)/退出(X)] <退出>: _copy
选择面或 [放弃(U)/删除(R)]: 找到一个面。
选择面或 [放弃(U)/删除(R)/全部(ALL)]:
指定基点或位移:
指定位移的第二点： <正交 开> 100
输入面编辑选项
[拉伸(E)/移动(M)/旋转(R)/偏移(O)/倾斜(T)/删除(D)/复制(C)/颜色(L)/材质(A)/放弃(U)/退出(X)] <退出>:
实体编辑自动检查： SOLIDCHECK=1
输入实体编辑选项 [面(F)/边(E)/体(B)/放弃(U)/退出(X)] <退出>:
```

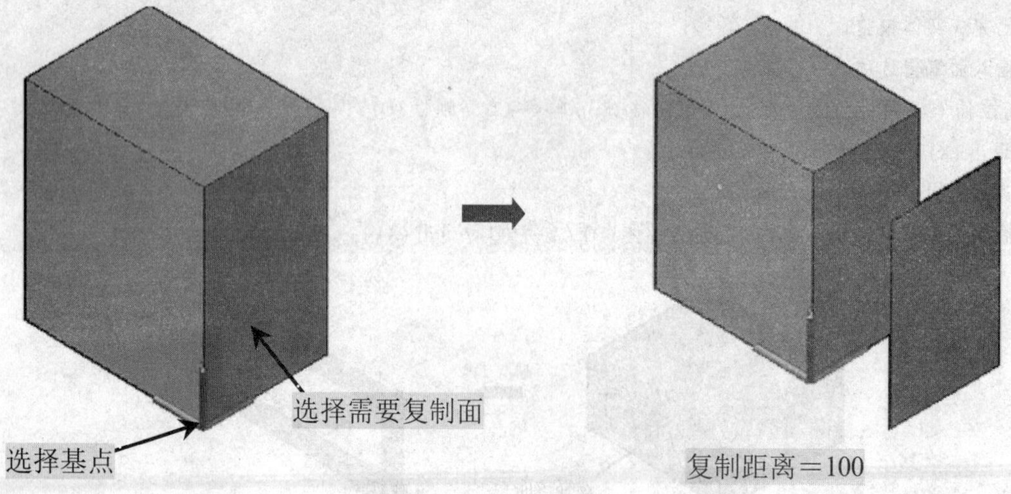

图 9-20 复制面

8. 着色面

着色面就是将指定的实体表面按照指定的颜色进行着色。

执行方式：

- ➢ 面板：单击【常用】|【实体编辑】|【着色面】按钮。
- ➢ 命令行：输入“SOLIDEDIT”命令选择“颜色（L）”选项。

启动该命令后，按照如下提示进行操作，结果如图 9-21 所示。

```
命令: _solidedit
实体编辑自动检查:  SOLIDCHECK=1
输入实体编辑选项 [面(F)/边(E)/体(B)/放弃(U)/退出(X)] <退出>: _face
输入面编辑选项
[拉伸(E)/移动(M)/旋转(R)/偏移(O)/倾斜(T)/删除(D)/复制(C)/颜色(L)/材质(A)/放弃(U)/退出(X)] <退出>: _color
选择面或 [放弃(U)/删除(R)]: 找到一个面。
选择面或 [放弃(U)/删除(R)/全部(ALL)]:
输入面编辑选项
[拉伸(E)/移动(M)/旋转(R)/偏移(O)/倾斜(T)/删除(D)/复制(C)/颜色(L)/材质(A)/放弃(U)/退出(X)] <退出>:
实体编辑自动检查:  SOLIDCHECK=1
输入实体编辑选项 [面(F)/边(E)/体(B)/放弃(U)/退出(X)] <退出>:
```

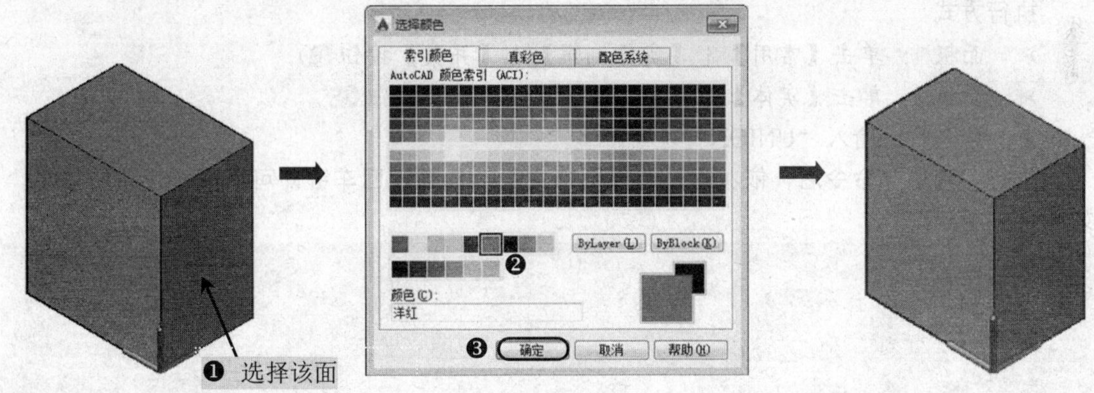

图 9-21　着色面

专家提醒

当实体表面被修改为某种颜色后，该表面的线框也被改变为用户指定的颜色，如图 9-22 所示。

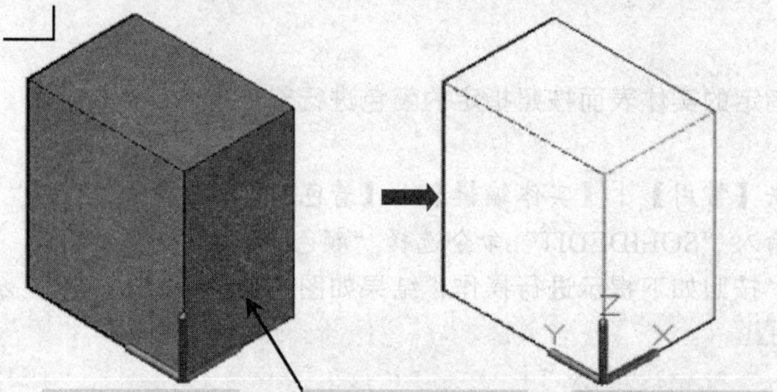

图 9-22　着色面的线框颜色

9.1.9 布尔运算

在 AutoCAD 中，布尔运算实质上就是在多个物体合并在一起的情况下对其进行相加减或是合并的操作，主要包括并集、差集、交集，从而创建更为复杂的实体。

布尔运算不仅可以对三维实体进行编辑，还可以对二维平面图进行相应的编辑，如创建闭合的圆、多边形图形，但简单的一些线条则无法进行运算。

1. 并集

并集是将两个或两个以上的多个相交的物体合并在一起，使之成为一个整体的方法。

执行方式：

- 面板 1：单击【常用】|【实体编辑】|【并集】按钮。
- 面板 2：单击【实体】|【布尔值】|【并集】按钮。
- 命令行：输入"UNION"命令。

执行"并集"命令后，依次逐个选择图形中的对象并按回车键即可形成一个整体效果，如图 9-23 所示。

```
命令：_union
选择对象：找到 1 个
选择对象：找到 1 个，总计 2 个
选择对象：
```

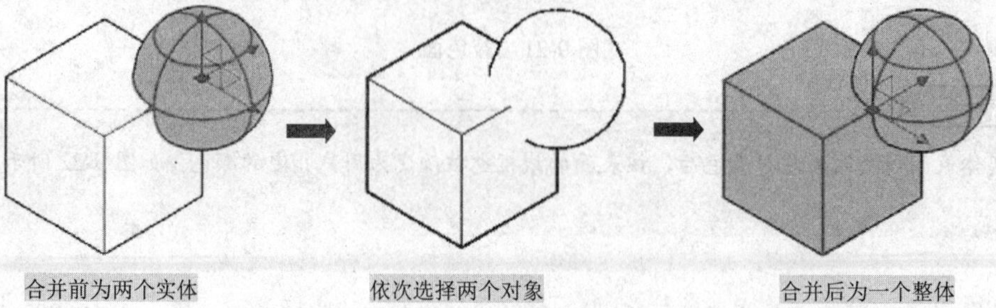

图 9-23　并集操作

2. 差集

差集是用一个物体减去另一物体的操作方法，在最后将自动删除被减物体的部分。

执行方式：

➢ 面板 1：单击【常用】|【实体编辑】|【差集】按钮。

➢ 面板 2：单击【实体】|【布尔值】|【差集】按钮。

➢ 命令行：输入“SUBTRACT”命令。

执行差集命令后，先选择“减”的物体并按回车键，再选择“被减”的物体并按回车键结束操作，结果如图 9-24 所示。

```
命令: _subtract 选择要从中减去的实体、曲面和面域...
选择对象: 找到 1 个
选择对象:  选择要减去的实体、曲面和面域...
选择对象: 找到 1 个
选择对象:
```

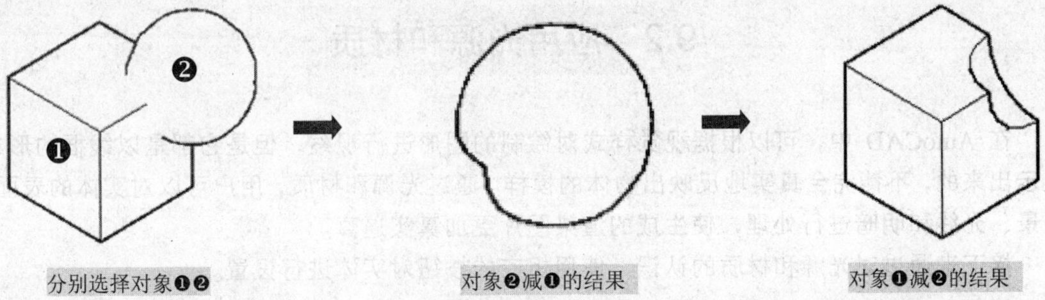

图 9-24　“差集”操作

专家提醒

进行“差集”操作时，必须先确定“减”与“被减”的对象，再选择对象并回车，从而进行差集运算。

3. 交集

交集是将两个或两个以上的多个相交的物体提取它们共有的部分（即公共部分）。

执行方式：

➢ 面板 1：单击【常用】|【实体编辑】|【交集】按钮。

➢ 面板 2：单击【实体】|【布尔值】|【交集】按钮。

➢ 命令行：输入“INTERSECT”命令。

执行“交集”命令后，依次逐个选择图形中的对象并按回车键即可删除其他多余部分，最终只保留公共部分，如图 9-25 所示。

```
命令: _ intersect                          //执行“交集”命令
选择对象: 找到 1 个                         //选择对象
选择对象: 找到 1 个，总计 2 个               //选择另一对象
选择对象:                                   //按回车键结束选择
```

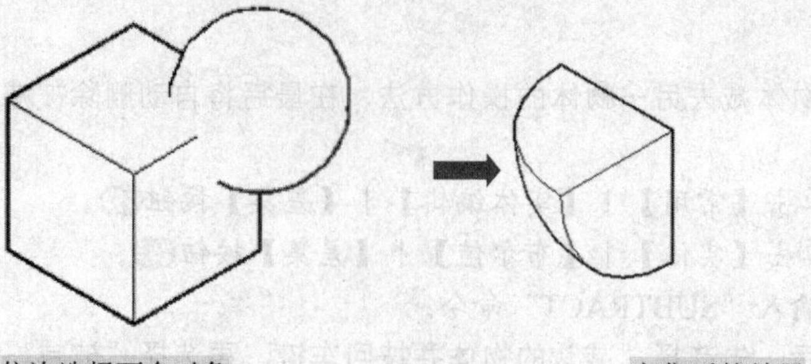

图 9-25　交集操作

专家提醒

如果两个实体没有相交或重叠在一起，进行“交集”操作后，命令行则提示“创建了空实体 - 已删除”信息，从而“删除”掉进行操作的对象。

9.2　应用光源和材质

在 AutoCAD 中，可以根据视觉样式对绘制的图形进行观察，但是它都是以线框的形式显示出来的，不能完全真实地反映出物体的模样。通过光源和材质，用户可以对实体的表面、场景、光线和明暗进行处理，使生成的渲染图片更加真实逼真。

接下来通过对光源和材质的认识，使用相应的按钮对实体进行设置。

9.2.1　认识光源

在渲染图形过程中，光源的应用是非常重要的，它是由强度和颜色两个因素决定。在 AutoCAD 中，不但可以使用自然光（环境光），也可以使用点光源、平行光源、聚光灯光源及光域网光源，用以照亮物体的特殊区域。

单击面板【可视化】|【光源】中任意一个光源按钮，如图 9-26 所示，将打开“光源-光度控制平行光”对话框，用以控制光源的相关特性设置，如图 9-27 所示。

图 9-26　光源列表

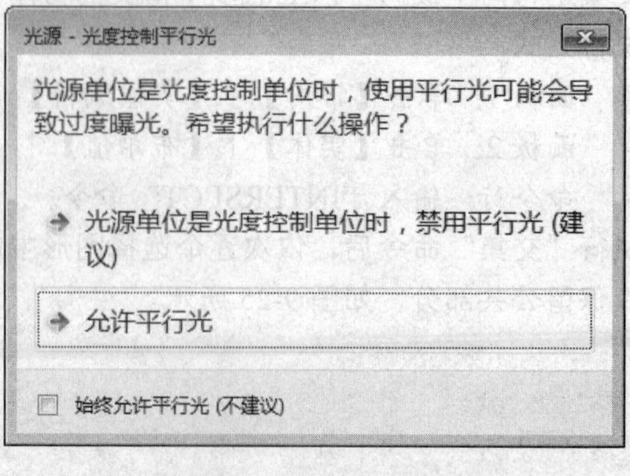

图 9-27　“光源-光度控制平行光”对话框

9.2.2 认识材质

材质，也就是对象所使用的“材料”，它决定了对象的透明度、表面颜色、纹理、对光线的反射程度、发光度等。材质详细地描述对象如何反射或透射灯光，可以使模型的场景更加具有真实感。

当用户单击“材质浏览器”按钮后，将打开一选项板，如图 9-28 所示，该选项板显示了当前 AutoCAD 库中可使用的材质和用户收藏的材质。右击任意一材质，则弹出快捷菜单，如图 9-29 所示，选择“选择要应用到的对象”命令，即可对当前窗口中选中的实体进行材质操作。

双击材质，将打开“材质编辑器”选项板，显示了当前材质的名称、路径、凹凸、透明度等相关信息，如图 9-30 所示。

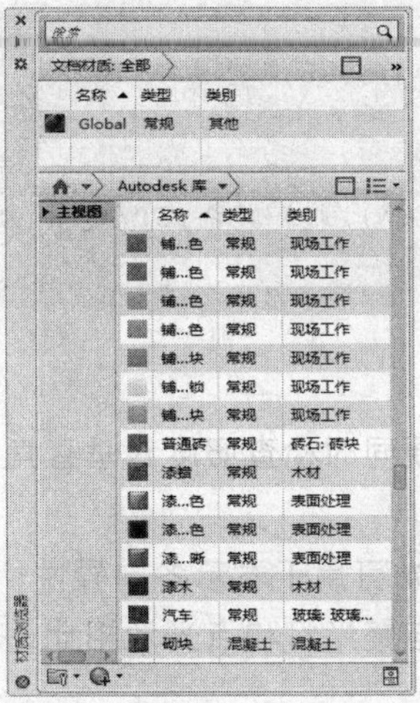

图 9-28 “材质浏览器”选项板

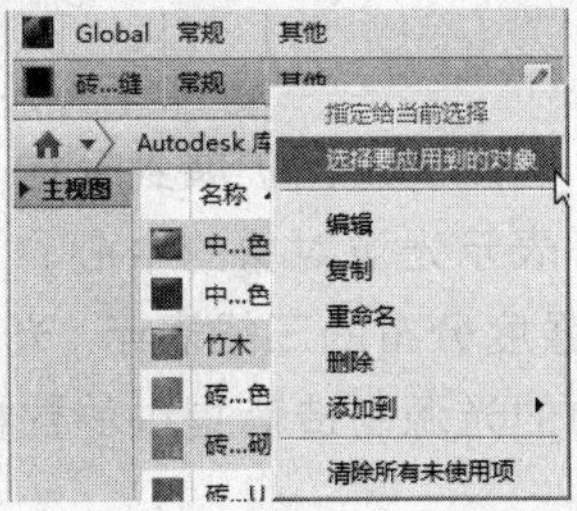

图 9-29 “材质”快捷菜单

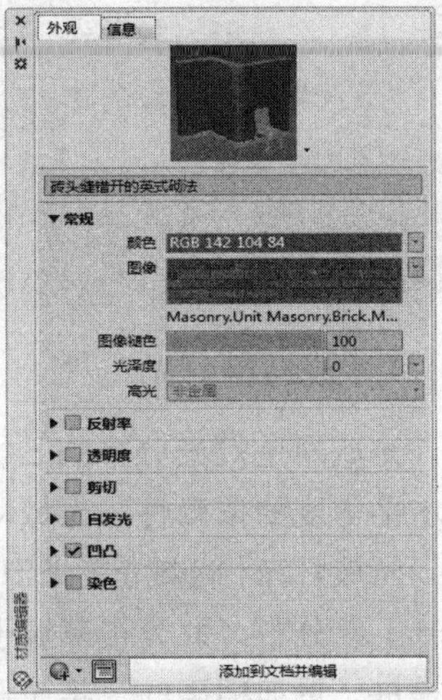

图 9-30 “材质编辑器”选项板

9.2.3 添加光源

执行方式：

➢ 面板：单击【可视化】|【光源】|相应的光源按钮。

列表中光源的具体含义：

1.“点”

当指定了光源位置后，还可设置光源的名称、强度、状态、阴影、过滤颜色等选项，此时命令行的提示信息如下：

```
命令: _pointlight
指定源位置 <0,0,0>:
输入要更改的选项 [名称(N)/强度因子(I)/状态(S)/光度(P)/阴影(W)/衰减(A)/过滤颜色(C)/退出(X)] <退出>:
```

2. “聚光灯”

当指定了光源位置和目标位置后，还可以设置光源的名称、强度、状态、聚光角、阴影、衰减、过滤颜色等选项，此时命令行的提示信息如下：

```
命令: _spotlight
指定源位置 <0,0,0>:
指定目标位置 <0,0,-10>:
输入要更改的选项 [名称(N)/强度因子(I)/状态(S)/光度(P)/聚光角(H)/照射角(F)/阴影(W)/衰减(A)/过滤颜色(C)/退出(X)]
```

3. “平行光”

当指定了光源的矢量方向后，还可以设置光源的名称、强度、状态、阴影、过滤颜色等选项，此时命令行的提示信息如下：

```
命令: _distantlight
指定光源来向 <0,0,0> 或 [矢量(V)]:
指定光源去向 <1,1,1>:
输入要更改的选项 [名称(N)/强度因子(I)/状态(S)/光度(P)/阴影(W)/过滤颜色(C)/退出(X)]<退出>:
```

4. “光域网灯光”

光域网是灯光分布的三维表示。它将测角图扩展到三维，以便同时检查照度对垂直角度和水平角度的依赖性。光域网的中心表示光源对象的中心。

光域灯光（光域）是光源的发光强度分布的三维表示。光域灯光可用于表示各向异性（非统一）光分布，此分布来源于现实中的光源制造商提供的数据。与聚光灯和点光源相比，这样提供了更加精确的渲染光源表示。

任何给定方向中的照度与光域网和光度控制中心之间的距离成比例，沿离开中心的特定方向的直线进行测量。

专家提醒

当执行“光域网灯光”命令后，命令行出现如下的提示：

“_WEBLIGHT 该命令不允许在 LIGHTINGUNITS＝0 时使用”

9.2.4 添加材质

➢ 面板：单击【可视化】|【材质】|【材质浏览器】按钮。

操作实例 9-1 添加材质

01 首先用户打开一三维实体，将对象设置为“真实”视觉样式；然后在打开的“材质浏览器”选项板中选择“L...亮”红色，单击右侧的按钮，将选中的材质添加到选项板上方的文档中，如图 9-31 和图 9-32 所示。

图 9-31　“真实”视觉样式

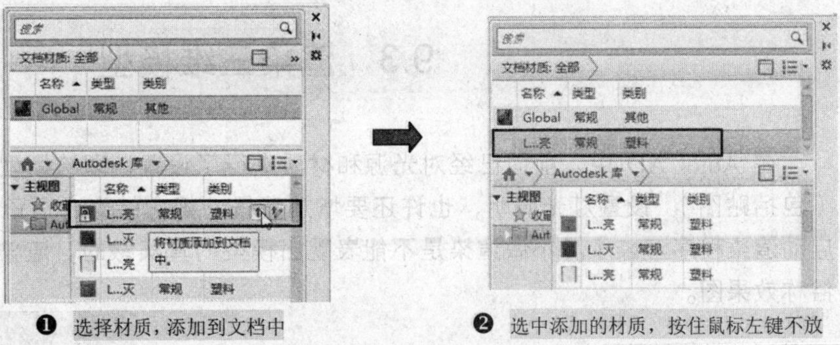

图 9-32　选择材质

02 在上方材质列表中，选择“L...亮”红色材质，按住鼠标左键不放，待鼠标显示为形状时，将其拖曳到实体，添加小部分的材质；再使用相同的方法，分别为实体对象添加该材质，如图 9-33 和图 9-34 所示。

图 9-33　添加材质的效果

图 9-34　添加材质的效果

03 选择“L...亮”绿色材质，添加到上方列表中，然后选中它，并按住鼠标左键不放，待鼠标显示为形状时，进行拖曳，添加材质到实体的中心和外圈，如图 9-35 和图 9-36 所示。

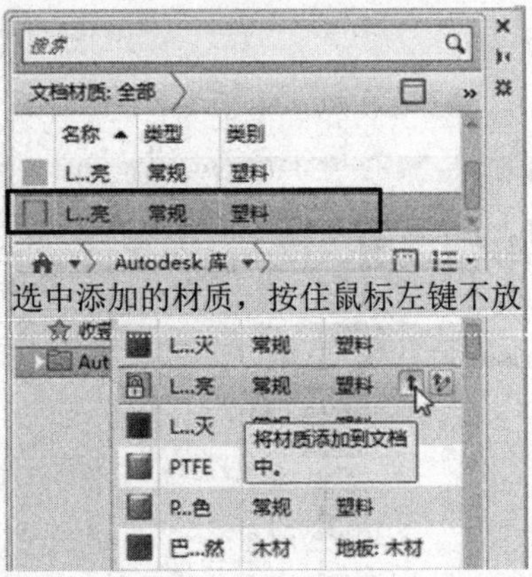

图 9-35　选择材质

图 9-36　添加材质的效果

9.3 渲染三维模型

在 AutoCAD 中，前面已经对光源和材质进行了设置，即给模型的各个外表面赋予材质（包括贴图），设置灯光照明，也许还要增加背景，把它转为合适角度的透视图，下面就要启动渲染程序渲染了。不做渲染是不能表现出模型的真实感的。渲染之后的材质可以打印，俗称效果图。

9.3.1 渲染环境

在渲染对象时，可将对象进行雾化处理。用户可采用以下的方法来打开“渲染环境”对话框，如图 9-37 所示。

- 面板：单击【可视化】|【渲染】|【环境】按钮。
- 命令行：输入“renderenvironment”命令。

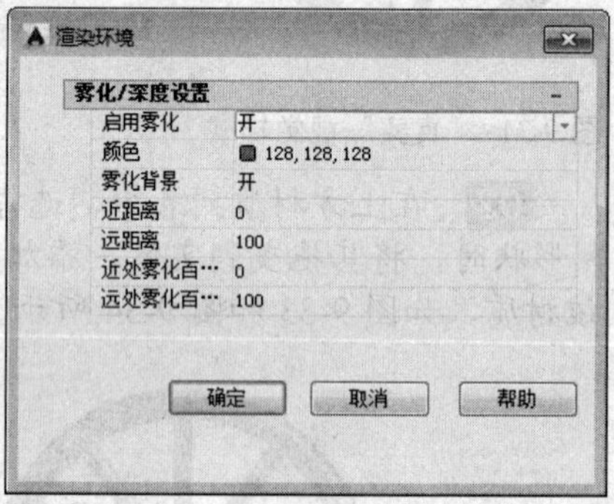

图 9-37 “渲染环境”对话框

操作实例 9-2 渲染环境

01 在“启用雾化”下拉列表中选择“开”选项后，可利用该对话框来设置是否使用雾化背景、颜色、雾化的近距离、远距离、近处雾化百分率及远处雾化百分率等雾化格式。

02 当启动该命令后，将打开“高级渲染设置”选项板，如图 9-38 所示。在“选择渲染预设”下拉列表框中，可选择预设的渲染类型，这时在参数区中，可设置该渲染类型的光线跟踪、间接发光、诊断、处理等参数。

03 当在“选择渲染预设”下拉列表中选择“管理渲染预设”选项时，将打开“渲染预设管理器”对话框，可在其中自定义渲染预设，如图 9-39 和图 9-40 所示。

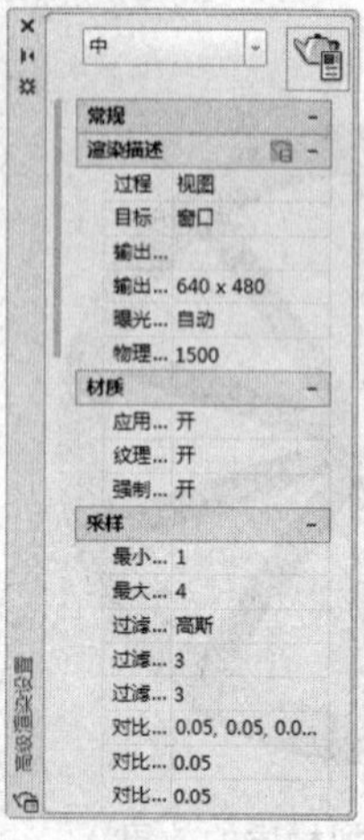

图 9-38 “高级渲染设置”选项板

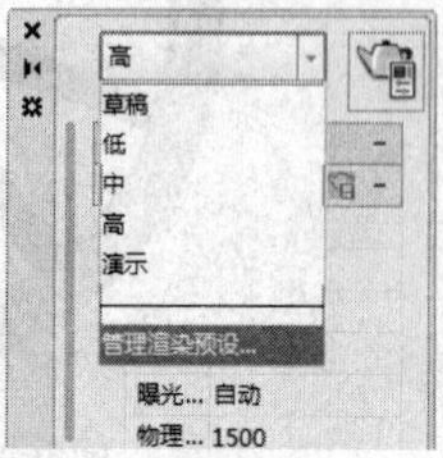

图 9-39 选择渲染预设

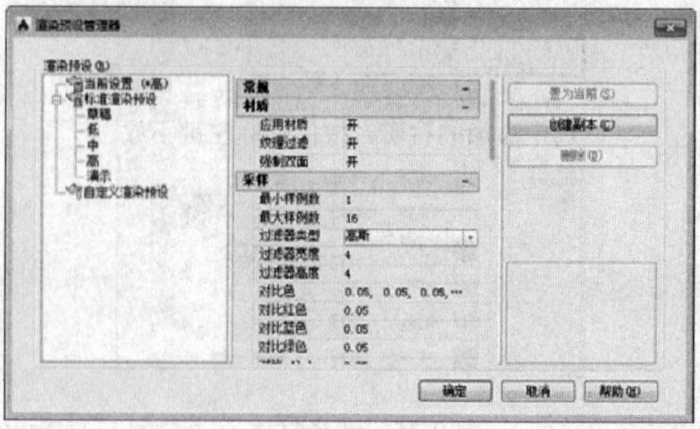

图 9-40 “渲染预设管理器”对话框

9.3.2　渲染模型

- 面板：单击【可视化】|【渲染】|【渲染】按钮。
- 命令行：输入“render”命令。

操作实例 9-3　渲染模型

01 用户首先打开一三维实体，然后单击“渲染”按钮，弹出一对话框，如图 9-41 所示。在渲染窗口中显示了当前视图中图形的渲染效果。在其右边的列表中，显示了图像的质量、光源和材质等详细信息；在其下面的文件列表中，显示了当前渲染图像的文件名称、大小、渲染时间等信息。用户可以在“输入文件名称”文本区域右击某一渲染图形，这时将弹出一快捷菜单，可以选择其中的命令保存、清理渲染图像。

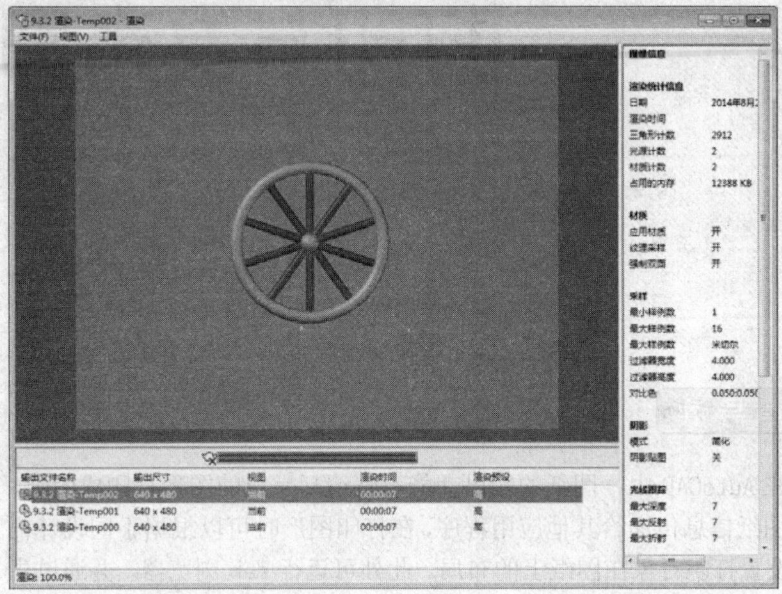

图 9-41　渲染窗口

02 渲染前后图形的对比如图 9-42 所示。

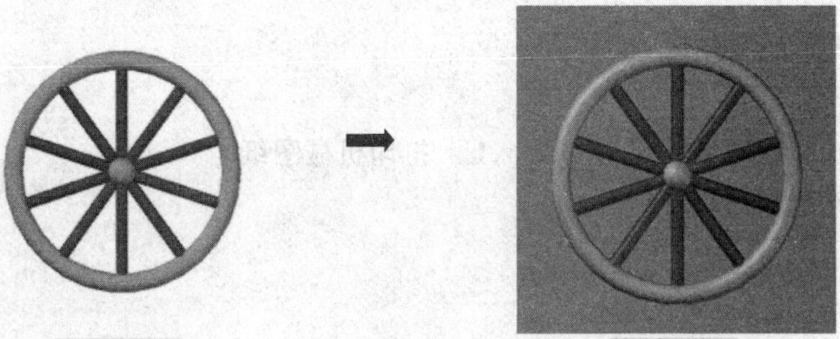

渲染前的效果　　渲染后的效果

图 9-42　渲染图形

第 10 章
打印与发布图纸

本章导读

在 AutoCAD 中，图纸的输出功能可将绘制完成的图形打印成图纸，或将图纸信息传递给其他应用程序，在打印图形时可以根据不同设计需要，设置打印对象在图纸上的布局。此外可运行 Web 浏览器，并通过生成的 DWF 文件进行浏览和打样，将创建的图形分布为 Web 页。

精彩看点

- 输出机械图纸
- 打印机械图纸
- 发布机械图纸

10.1 输出机械图纸

在 AutoCAD 环境中绘制的图形，不但可以保存为 dwg 格式的文件，还可以将其输出为其他格式的文档，以便其他软件调用；同时，用户也可以在 AutoCAD 环境中调用其他软件绘制的文件来使用。

10.1.1 输出 DXF 图形

DXF 是 Autodesk 公司开发的用于 AutoCAD 与其他软件之间进行 CAD 数据交换的 CAD 数据文件格式。

DXF 是一种开放的矢量数据格式，可以分为两类：ASCII 格式和二进制格式。ASCII 具有可读性好，但占有空间较大；二进制格式占有空间小、读取速度快。DXF 文件是标准的 ASCII 码文本文件，它是由标题段、表段、块段、实体段和结束段组成的。

执行方式：

- 下拉菜单：单击左上角的图标，在出现的下拉菜单中，选择“另存为”命令；再选择“其他格式”选项。
- 工具栏：单击快速访问工具栏中“另存为”按钮。
- 命令行：输入“Saves”命令并按【Enter】键。
- 组合键：【Ctrl+Shift+S】。

如果要将当前图形文件以 DXF 格式输出，执行命令后，在弹出的“图形另存为”对话框的“文件类型”下拉列表框中选择“DXF 格式”，输入新的文件名，最后单击“保存”按钮，如图 10-1 所示。

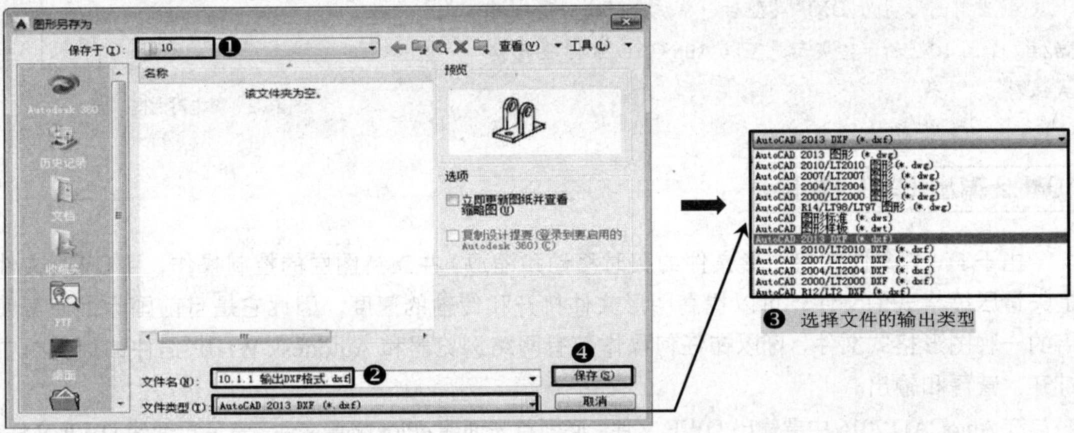

图 10-1　输出 DXF 文件

在“输出数据”对话框，记录并存储上一次使用的文件格式选择，以便在当前绘图认为中或绘图认为之间使用。在“输出数据”对话框的“文件类型”下拉列表框中，列出了一些可以输出的文件格式，见表 10-1。

表 10-1　AutoCAD 中输出的文件格式

格式	说明	相关命令
三维 DWF (*.dwf) 3D DWFx (*.dwfx)	Autodesk Web 图形格式	3DDWF
ACIS (*.sat)	ACIS 实体对象文件	ACISOUT
位图 (*.bmp)	与设备无关的位图文件	BMPOUT
块 (*.dwg)	图形文件	WBLOCK
DXX 提取 (*.dxx)	属性提取 DXF™ 文件	ATTEXT
封装的 PS (*.eps)	封装的 PostScript 文件	PSOUT
IGES (*.iges; *.igs)	IGES 文件	IGESEXPORT
FBX 文件 (*.fbx)	Autodesk® FBX 文件	FBXEXPORT
平版印刷 (*.stl)	实体对象光固化快速成型文件	STLOUT
图元文件 (*.wmf)	Microsoft Windows® 图元文件	WMFOUT
V7 DGN (*.dgn)	MicroStation DGN 文件	DGNEXPORT
V8 DGN (*.dgn)	MicroStation DGN 文件	DGNEXPORT

二进制格式的 DXF 文件包括 ASCII 格式的 DXF 文件的全部信息，但它更为紧凑，AutoCAD 对它的读写速度也有很大的提高。此外，可通过此对话框确定是否将指定的对象以 DXF 格式保存，以及是否保存微缩预览图像。如果图形以 ASCII 格式保存，还能够设置小数的保存精度。

专家提醒

保存后 DXF 图形的图标为▣，而 DWG 图形的图标为▣。

将当前图形存为 DXF 类型后，系统会弹出一警告对话框，如图 10-2 所示，提示是否以 AutoCAD 2013 图形格式保存。

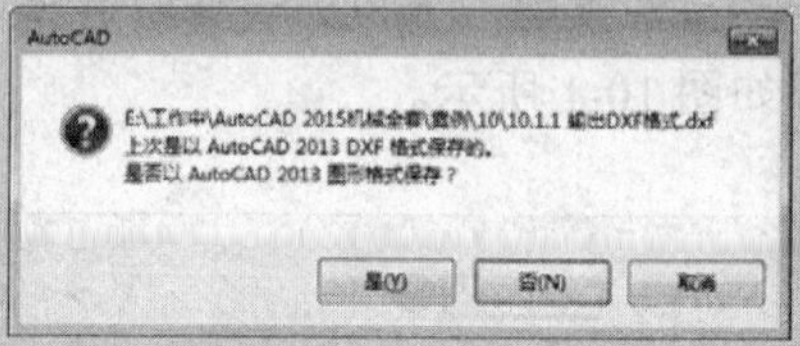

图 10-2　警告对话框

10.1.2 输出 DWF 图形

由于 DWF 文件支持图形文件的实时移动和缩放，并支持图层的控制操作，且 DWF 文件是矢量压缩格式的文件，可以提高图形文件打开和传输的速度，因此它是目前国际上通常使用的一种图形格式文件，可以在任何操作装有网络浏览器和 Autodesk WHIP 插件的计算机中打开、查看和输出。

在 AutoCAD 2016 中要输出 DWF 文件，必须首先创建 ePlot 配置文件，然后再创建 DWF 文件。

执行方式：

➢ 下拉菜单：单击左上角的▲图标，在出现的下拉菜单中，选择“输出”命令；再选择“DWF”选项。
➢ 面板：单击【输出】|【输出为 DWF/PDF】|【DWF】按钮。

➢　命令行：输入“Export”命令。

例如，打开“案例\10\轴支架.dwg”文件，单击【DWF】按钮，在弹出的“另存为 DWF”对话框中，选择保存的路径和名称，最后单击“保存”按钮，如图 10-3 所示。

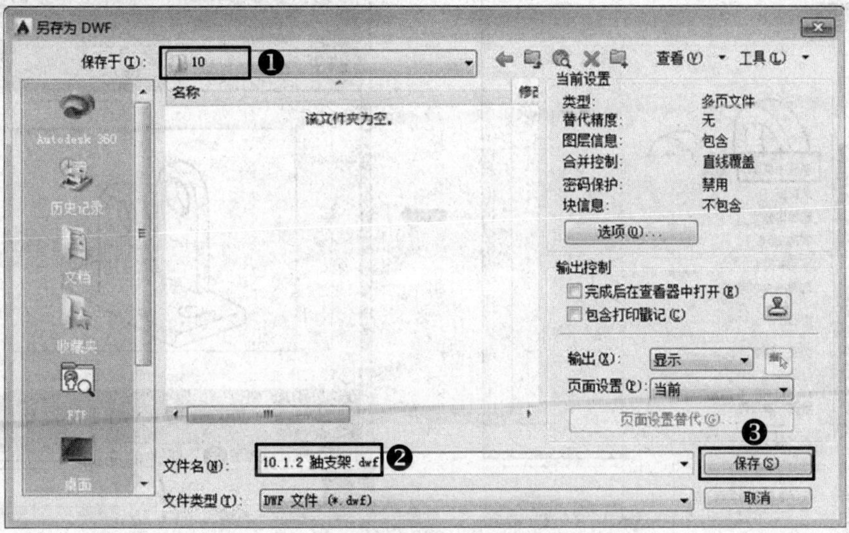

图 10-3　输出为 DWF 文件

10.2 打印机械图纸

完成图形的绘制后，剩下的操作便是对图形进行输出和打印。使用 AutoCAD 强大的打印输出功能，可以将图形输出到图纸上，也可以将图形输出为其他格式的文件，以支持多种类型的绘图仪和打印机。

10.2.1 布局空间与图纸的打印

布局的功能是布局新图纸空间中的出图规划，在 AutoCAD 中可以创建多个布局，每个布局都可以包含不同的打印设置和图纸设置。

默认情况下，用户在建立新图形的时候，AutoCAD 会自动建立一个“模型”选项卡和两个“布局”选项卡（即 Layout1 和 Layout1）。其“模型”选项卡不能删除，也不能重命名；而“布局”选项卡用来编辑打印图形的图纸，其个数没有限制，且可以重命名。

1. 新建布局

当用户选择了“插入 | 布局 | 新建布局”命令后，在命令行中将显示如下提示：

```
命令: _layout                                                   //启动“布局”命令
输入布局选项 [复制(C)/删除(D)/新建(N)/样板(T)/重命名(R)/另存为(SA)/设置(S)/?] <设
置>: _new                                                       //选择“新建(N)”选项
输入新布局名<布局 3>:                                            //输入新的布局名称
```

用户也可以使用鼠标在绘图区底部右击，从弹出的快捷菜单中选择“新建布局”命令，此时系统将自动创建“布局 1”“布局 2”等方式对布局命名，如图 10-4 所示。

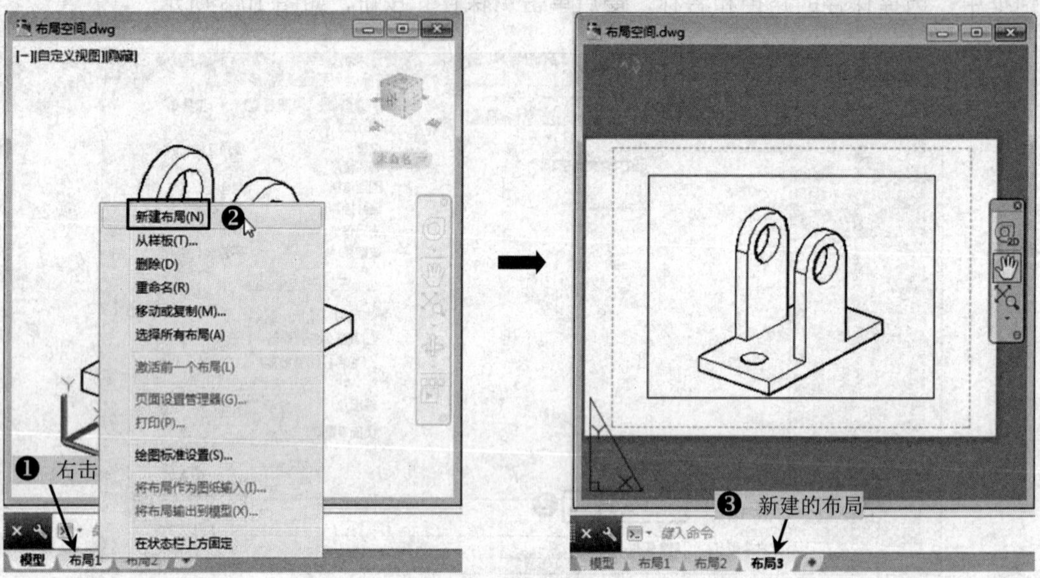

图 10-4　新建布局

2．使用样板

在 AutoCAD 2016 中，用户可通过系统提供的样板来创建布局。这是基于样板、图形或图形交换文件中出现的布局去创建新的布局选项卡。

同样，使用鼠标在绘图区底部右击，从弹出的快捷菜单中选择“从样板（T---）”命令，将弹出“从文件选择样板”对话框，在文件列表中选择相应的样板文件，并依次单击“打开”和“确定”按钮，即可通过选择的样板文件来创建新的布局，如图 10-5 所示。

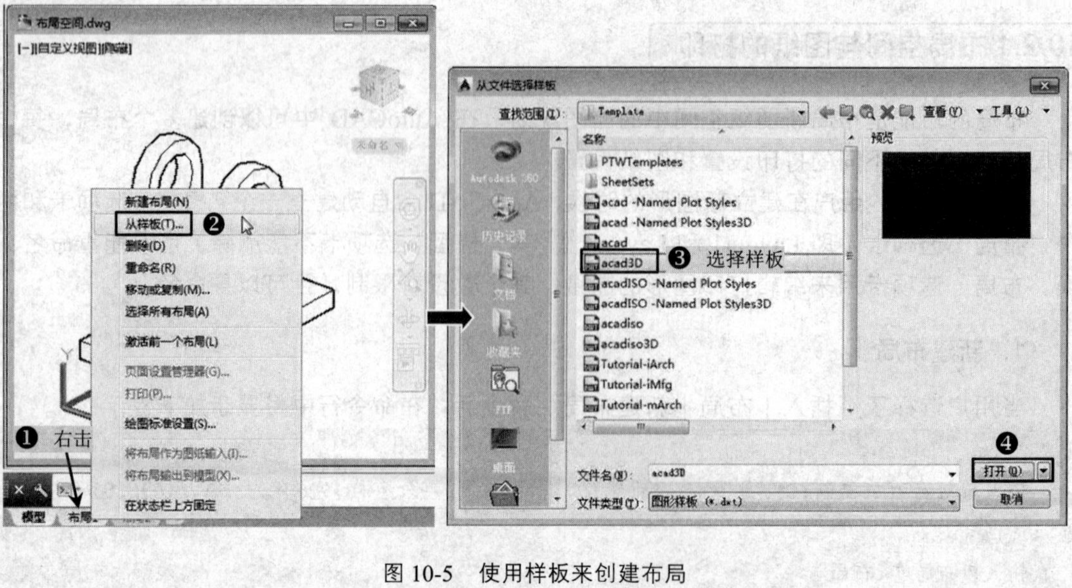

图 10-5　使用样板来创建布局

3. 创建布局向导

在 AutoCAD 2016 中，系统为用户提供了一种可以逐步完成新布局的创建方法，即可以从头开始创建新布局，也可以基于现有的布局样板创建新布局。

根据当前配置的打印设备，从可用的图纸尺寸中选择一种图纸尺寸。可以选择预定义标题栏应用于新的布局。“预览”区显示选定标题栏的预览图像。

使用向导完成指定布局设置后，可从新布局内使用“ PAGESETUP” 命令来修改任何设置。

输入“LAYOUTWIZARD”命令，然后根据提示来设置布局名称、打印机、图纸尺寸、方向、标题栏、定义视口、拾取位置等，如图 10-6 ~ 图 10-13 所示。

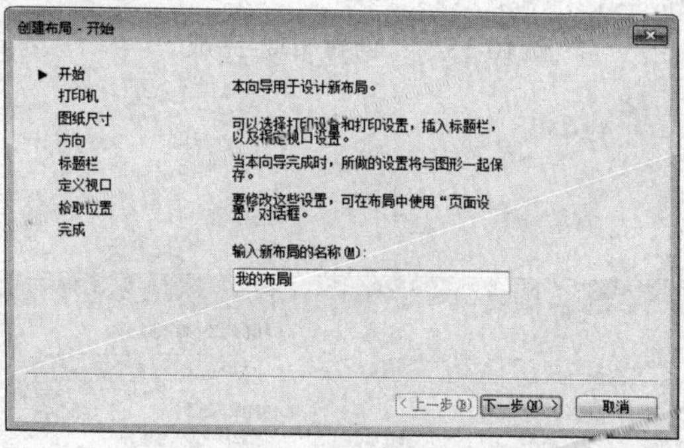

图 10-6 “创建布局-开始”

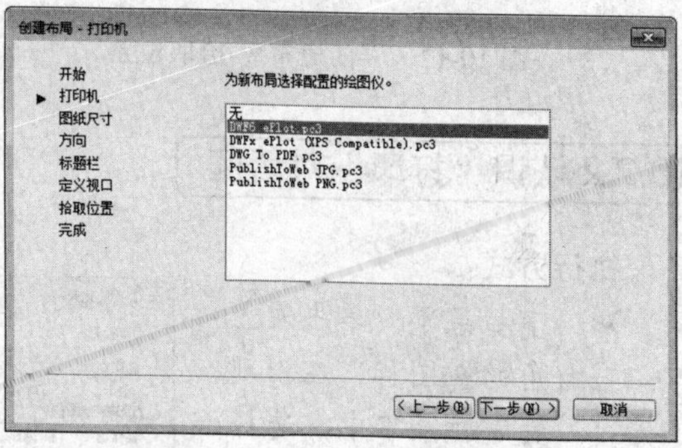

图 10-7 “创建布局-打印机”

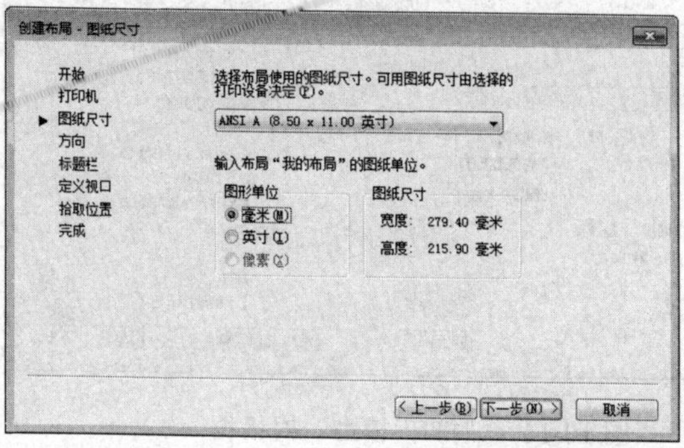

图 10-8 “创建布局-图纸尺寸”

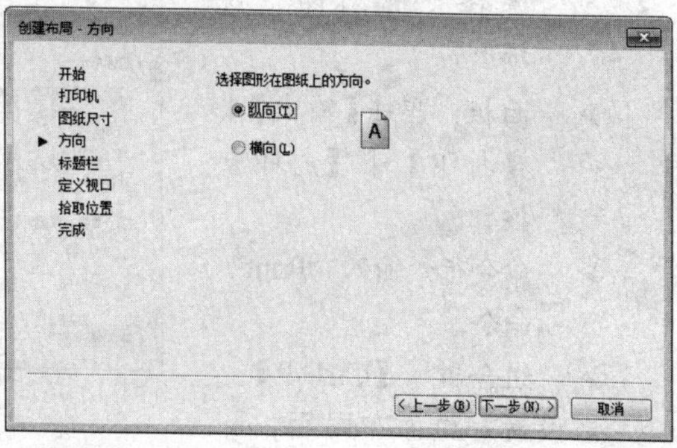

图 10-9 “创建布局-方向”

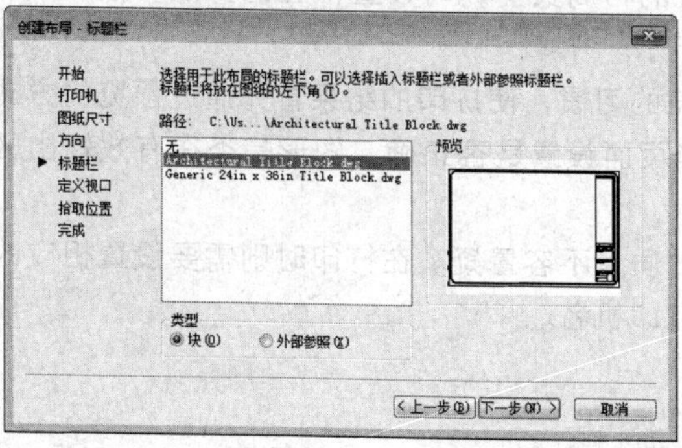

图 10-10 “创建布局-标题栏”

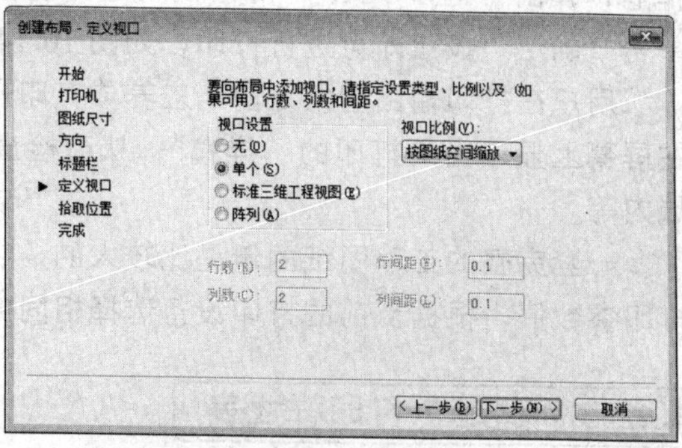

图 10-11 “创建布局-定义视口”

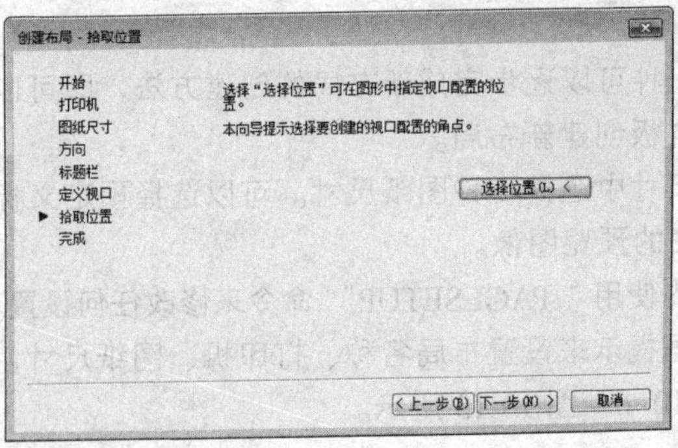

图 10-12 “创建布局-拾取位置”

图 10-13 “创建布局-完成”

10.2.2 认识“打印”对话框

执行方式：

➢ 下拉菜单：单击左上角的图标，在出现的下拉菜单中，选择“打印”命令，再选择“打印”选项。

➢ 面板：单击【输出】|【打印】|【打印】按钮。

➢ 命令行：输入“Print”命令。

➢ 组合键：【Ctrl+P】。

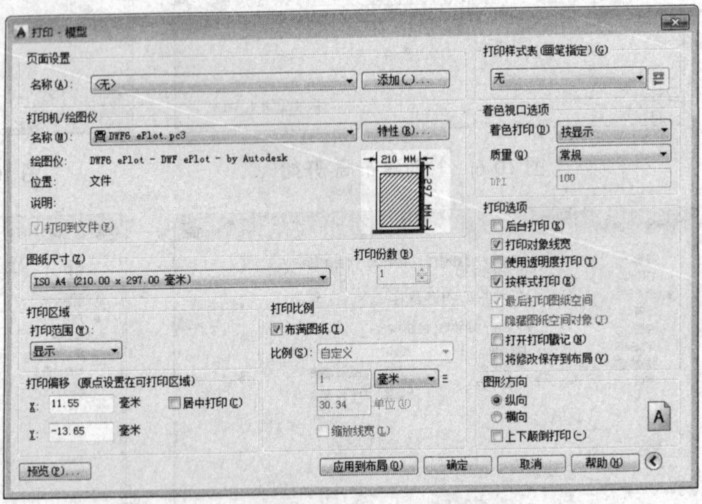

图 10-14 “打印-模型”对话框

当设置好页面布局后，即可将其打印出来。执行打印操作后，弹出“打印-XXX”对话框，选择设置好的布局页面，再设置相应的打印参数，然后单击“确定”按钮即可进行打印，如图 10-14 所示。

用户在打印输出图纸之前，应养成打印预览的习惯，使打印的结果首先通过预览的方式在屏幕上显示出所打印的“样稿”，从而检查其页面设置是否正确、图形是否在有效输出区域内等。

一套完整的工程图纸的量是比较大的，它的质量不容置疑。在打印时则需要设置相应的打印参数值，根据当前的打印设备选择相同的打印机名。

10.2.3 创建颜色打印样式表

打印样式表是指定给布局选项卡或“模型”选项卡的打印样式的集合。打印样式表有两种类型：颜色相关打印样式表和命名打印样式表。

“颜色相关打印样式表”(CTB)：用对象的颜色来确定打印特征（如线宽）。例如，图形中所有红色的对象均以相同方式打印。可以在颜色相关打印样式表中编辑打印样式，但不能添加或删除打印样式。颜色相关打印样式表中有256 种打印样式，每种样式对应一种颜色。

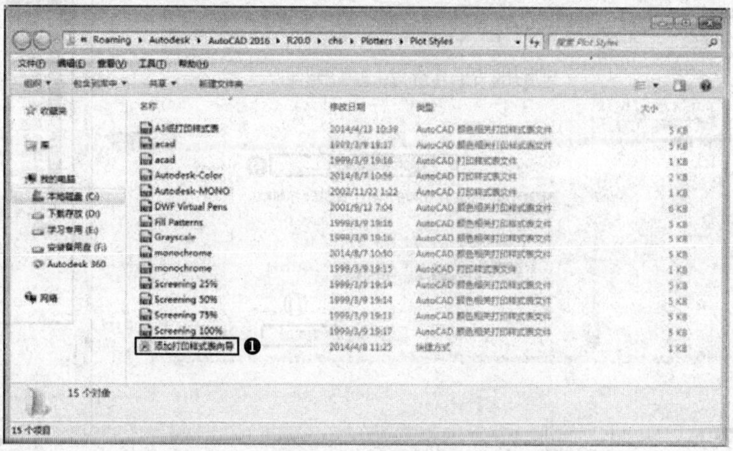

图 10-15　选择“添加打印样式表向导”选项

“命名打印样式表”(STB)：包括用户定义的打印样式。使用命名打印样式表时，具有相同颜色的对象可能会以不同方式打印，这取决于指定给对象的打印样式。命名打印样式表中打印样式的数量取决于用户的需要量。可以将命名打印样式像所有其他特性一样指定给对象或布局。

单击左上角的图标，在出现的下拉菜单中，选择“打印”命令，再选择“管理打印样式”选项，将打开一对话框，在底侧选择“添加打印样式表向导”选项，如图 10-15 所示。然后打开“添加打印样式表”对话框，按照相应的步骤，创建“轴支架”样式表，如图 10-16 所示。

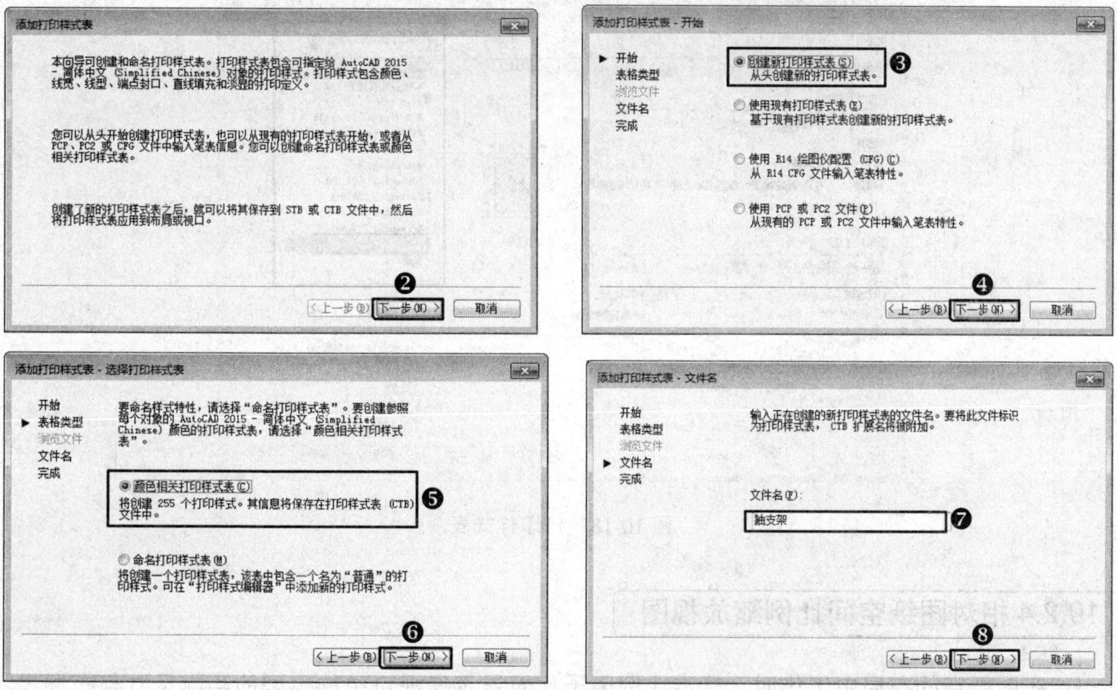

图 10-16　创建打印样式表

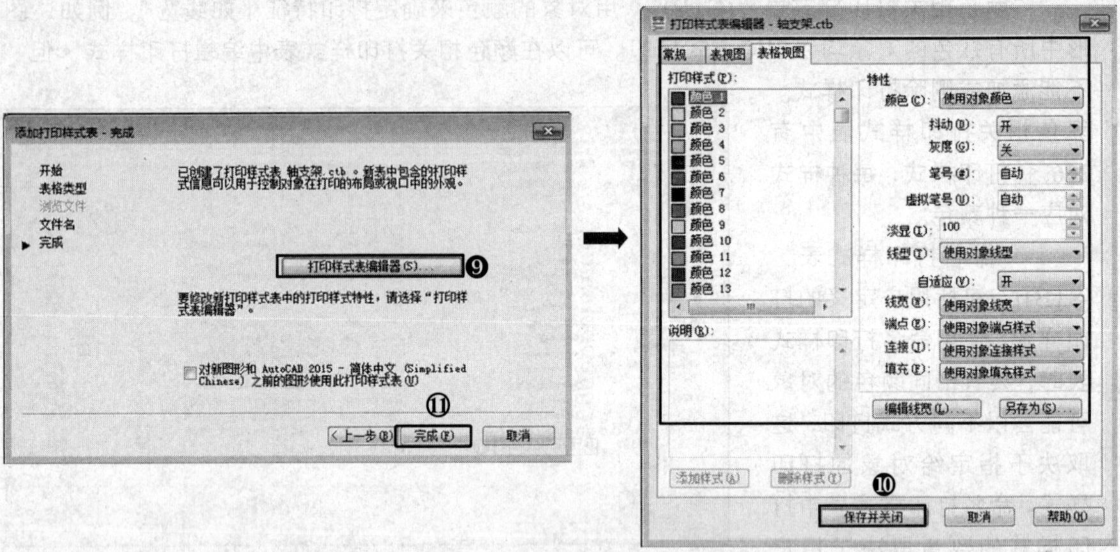

图 10-17　创建打印样式表（续）

可以使用打印样式管理器来添加、删除、重命名、复制和编辑打印样式表。默认情况下，颜色相关打印样式表和命名打印样式表都存储在 Plot Styles 文件夹中。

前面已经创建好了“轴支架”打印样式，此时执行打印命令，在打开的“打印-XXX”对话框中，在右上角的“打印样式表”区域的样式列表中，出现了上一步创建的“轴支架”样式，如图 10-17 所示。

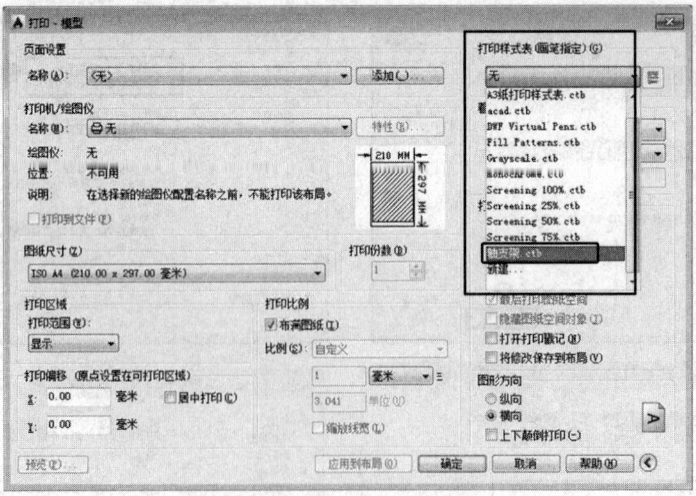

图 10-18　打印样式表

10.2.4 相对图纸空间比例缩放视图

在图纸空间布局中工作时，标准比例因子代表显示在视口中的模型的实际尺寸与布局尺寸的比率，通常该比例为 1:1，即模型在模型空间和图纸空间具有相同的尺寸。如果需要精确的比例缩放所打印的视图，则可改变该比例，具体方法为：选择“Properties（特性）”窗口中的“StandardScale（标准比例）”选项。

在“特性”面板的“标准比例”下拉列表框中选择某一比例，然后对其他的所有浮动视口执行同样的操作，就可以设置一个相同的比例值。如图 10-18 所示是将 4 个视口的比例均设置为 1:2 的效果。如果布局中使用了多个浮动视口时，就可以为这些视口中的视图建立相同的缩放比例，这时可选择要修改其缩放比例的浮动视口。

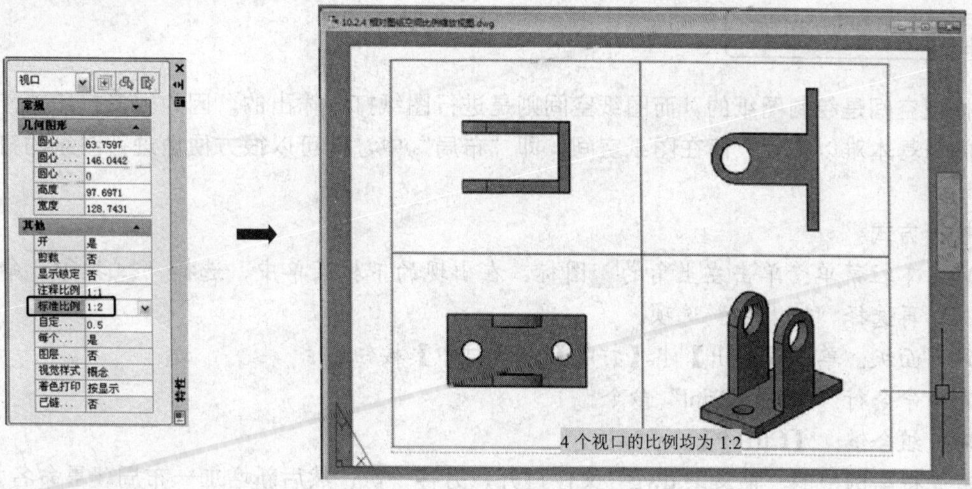

图 10-19　比例缩放视图

10.2.5 浮动视口旋转视图

不但在模型空间中可以创建平铺视口，同样，在图纸空间中也可以创建视口。在图纸空间中创建的视口称为浮动视口。与平铺视口不同，浮动视口可以重叠或进行编辑。

在图纸空间中无法编辑模型空间中的对象，如果要编辑模型中的对象，必须激活浮动视口，即进入浮动模型空间。双击浮动视口区域中的任意位置即可激活乳动视口，其激活的视口将以粗边框显示。

在构造布局时，可以将视口视为模型空间中的视图对象，对它进行移动和调整大小。浮动视口可以相互重叠或者分离。因为浮动视口是 AutoCAD 对象，所以在图纸空间中排放布局时不能编辑模型。要编辑模型必须切换到模型空间。

将布局中的视口设为当前后，就可以在浮动视口中处理模型空间对象。在模型空间中的所有修改都将反映到所有图纸空间视口中。

使用浮动视口的好处之一是：可以在每个视口中选择性地冻结图层。冻结图层后，就可以查看每个浮动视口中的不同几何对象。通过在视口中平移和缩放，还可以指定显示不同的视图。

专家提醒

只有在图纸空间中才能创建和操作浮动视口，但是在浮动视口中不能编辑模型。如果冻结非矩形视口的边界图层，将不显示边界，也不剪裁视口。如果关闭边界图层而不是冻结它，视口仍会被剪裁。

10.3 发布机械图纸

发布提供了一种简单的方法来创建图纸图集或电子图形集。电子图形集是打印图形集的数字形式，它是通过将图形发布至相关的DSD文件来创建的。

10.3.1 打印发布图纸

模型空间是绘制图纸的，而图纸空间则是进行图纸打印输出的。因为很多打印功能在模型空间中基本难以实现，而在图纸空间，即“布局”中，则可以很方便地进行图纸的打印输出。

执行方式：

- 下拉菜单：单击左上角的图标，在出现的下拉菜单中，选择“打印”命令；再选择“打印”选项。
- 面板：单击【输出】|【打印】|【打印】按钮。
- 命令行：输入“Print”命令。
- 组合键：【Ctrl+P】。

首先将案例中的“轴支架.dwg”文件打开，另存一份，然后新增加一布局，重命名为“4个视图”，效果如图10-19所示。

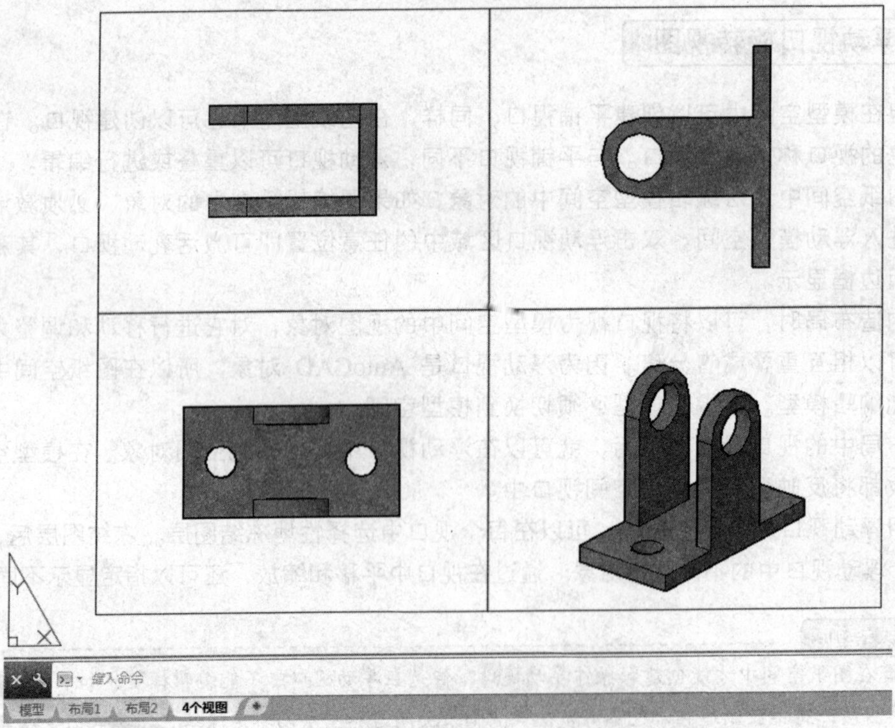

图10-19　布局效果

执行“打印”操作后，打开“打印-4 个视图”对话框，如果当前没有配置打印机，则在“打印机/绘图仪”选择“PublishToWed PNG.pc3”；此时弹出“打印-未找到图纸尺寸”对话框，选中第一个选项“使用默认图纸尺寸 Sun Hi-Res(1600.00×1280.00 像素)”，返回到“打印-4 个视图”对话框；在“图纸尺寸”区域则显示“Sun Hi-Res(1600.00×1280.00 像素)”，然后再单击“应用到布局”按钮。此时用户可以单击“预览”按钮，预览查看在当前布局中图形打印时的效果。最后单击“确定”按钮，则打开“浏览打印文件”对话框，选择保存的目录和输入文件名，再单击“保存”按钮，如图 10-20～图 10-23 所示。

此时视图中出现“打印作业速度”对话框，显示图纸的打印速度，从而完成在布局中打印图纸，如图 10-24 所示。

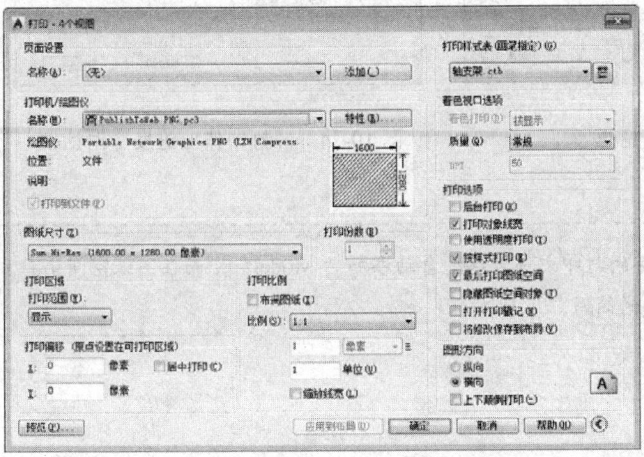

图 10-20　“打印-4 个视图”对话框

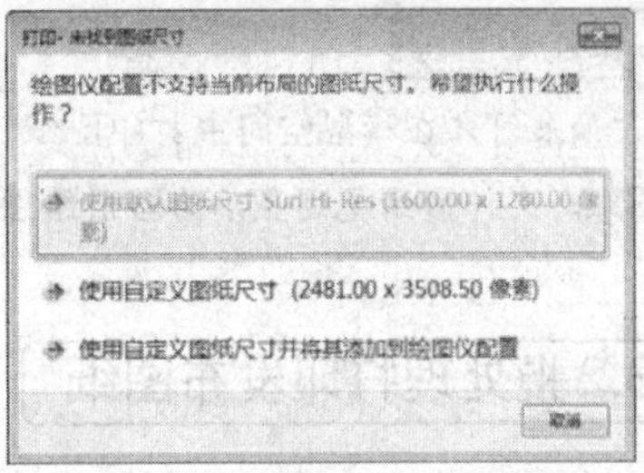

图 10-21　“打印-未找到图纸尺寸”对话框

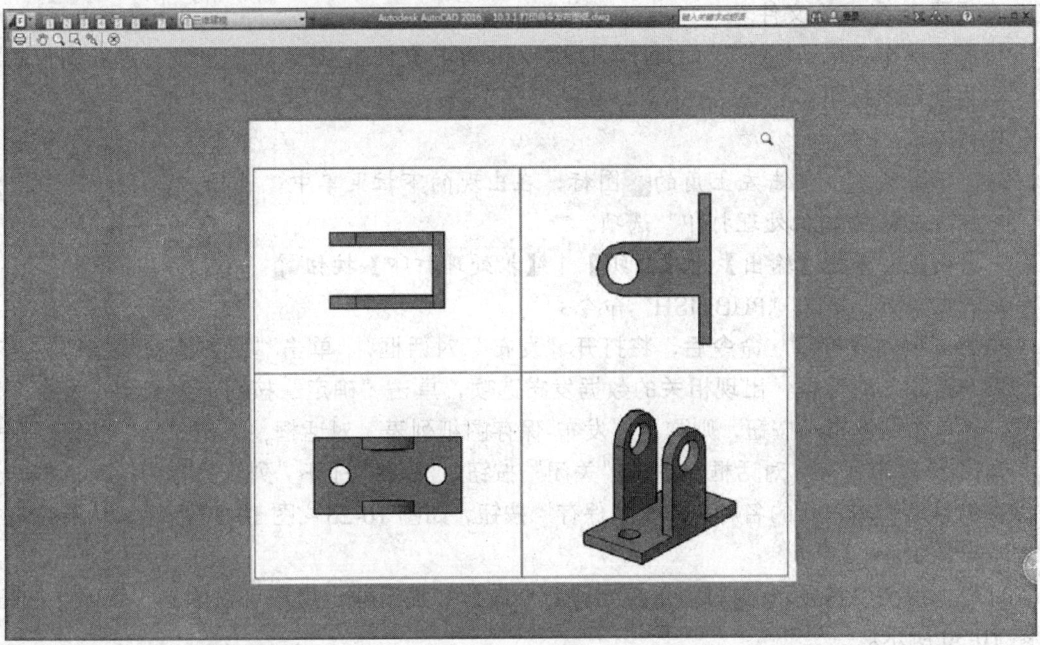

图 10-22　打印预览

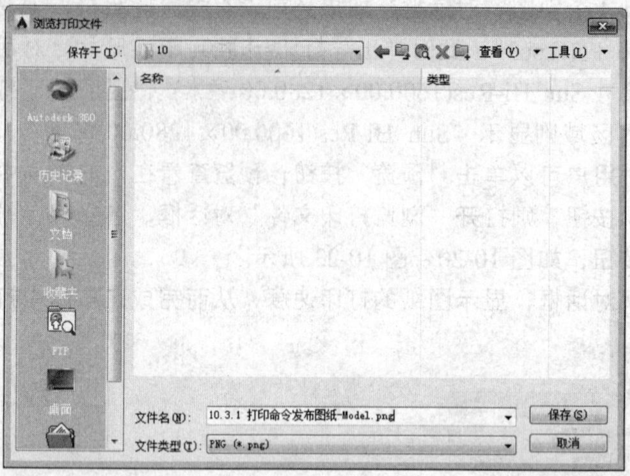

图 10-23 “浏览打印文件”对话框

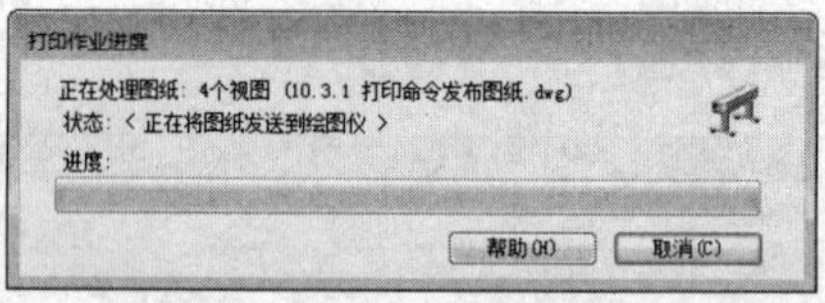

图 10-24 “打印作业进度”对话框

专家提醒

如果用户在模型空间中打印图纸，保存的打印文件名结尾自动添加“-Model”；而在图纸空间中打印图纸，文件名结尾则显示为当前绘图设备的简写。

10.3.2 批处理打印发布图纸

用户可以合并图形集、创建图纸或电子图形集。其电子图形集另存为 DWF、DWFx 和 PDF 文件，可以使用 Autodesk Design Review 查看或打印 DWF 和 DWFx 文件；也可以使用 PDF 查看器查看 PDF 文件。

将图形发布为电子图形集（DWF、DWFx 和 PDF 文件），或者将图形发布到绘图仪的操作，均为批处理打印。

执行方式：

➢ 下拉菜单：单击左上角的图标，在出现的下拉菜单中，选择“打印”命令；再选择“批处理打印”选项。
➢ 面板：单击【输出】|【打印】|【批处理打印】按钮。
➢ 命令行：输入“PUBLISH”命令。

执行“批处理打印”命令后，将打开“发布”对话框，单击“发布选项”按钮，则打开“发布选项”对话框，出现相关的数据发布选项，单击“确定”按钮；返回到“发布”对话框，再单击“发布”按钮，则弹出“发布-保存图纸列表”对话框；单击“是”按钮，则弹出“输出-更改未保存”对话框；单击“关闭”按钮，然后则打开“列表另存为”对话框，选择保存的目录和输入新的名称，单击“保存”按钮，如图 10-25 ~ 图 10-29 所示，从而完成批处理发布图纸。

此时，视图中将显示“打印-正在处理后台作业”提示框，用户可以单击“关闭”按钮，如图 10-30 所示。

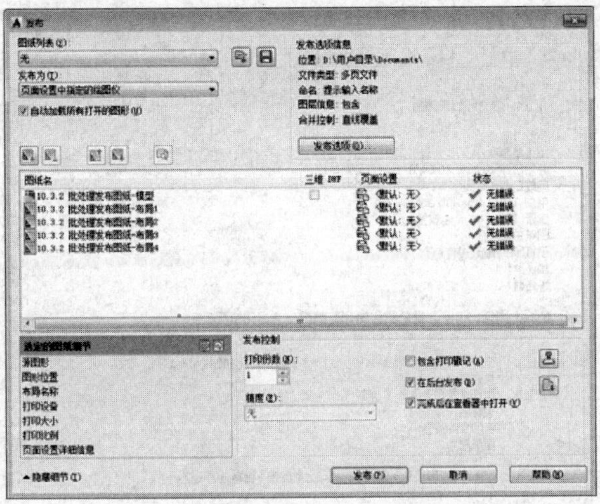

图 10-25　“发布”对话框

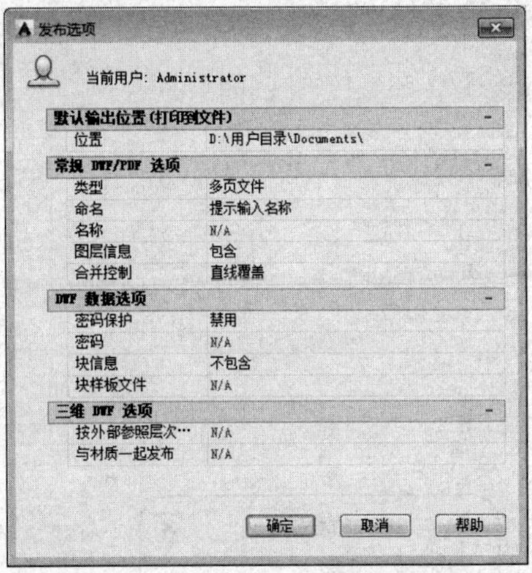

图 10-26　“发布选项”对话框

图 10-27　“发布-保存图纸列表”对话框

图 10-28　“输出-更改未保存”对话框

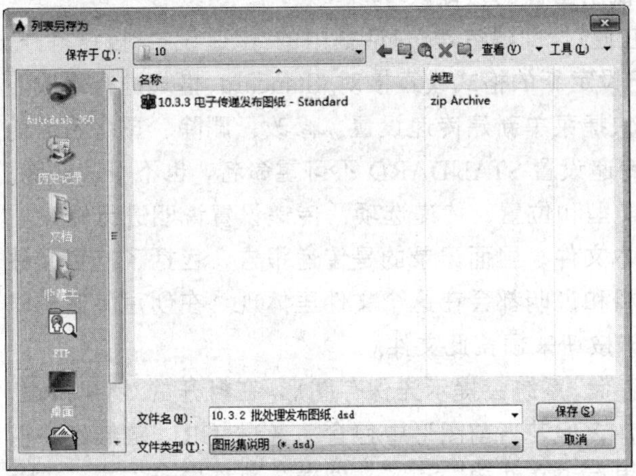

图 10-29　“列表另存为”对话框

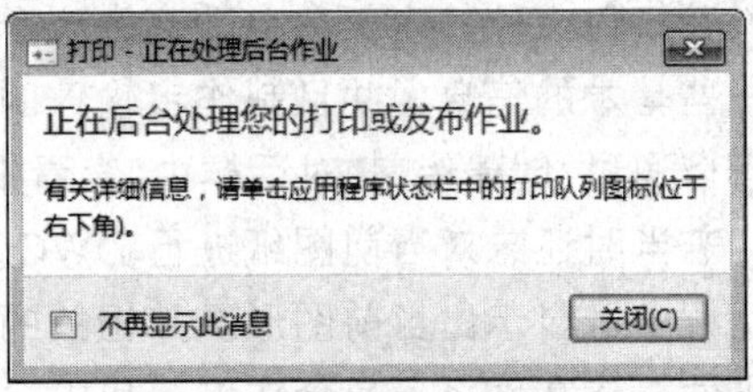

图 10-29　“打印—正在处理后台作业”对话框

此时用户可以在底端状态栏右侧用鼠标指向“🖨”按钮，则出现“正在执行发布作业”提示信息。隔几秒钟后，则出现一警告框，如图 10-31 所示，提示“发现错误和警告”信息。若单击“🖨”该按钮，则出现“打印和发布详细信息”对话框，由于没有安装打印机，则出现信息“错误：无打印设备。请在进行打印之前配置一台有效的设备”，如图 10-32 所示。

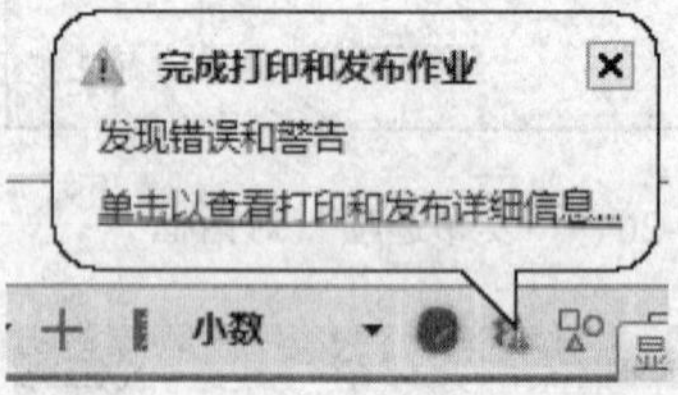

图 10-30 “打印-正在处理后台作业”对话框

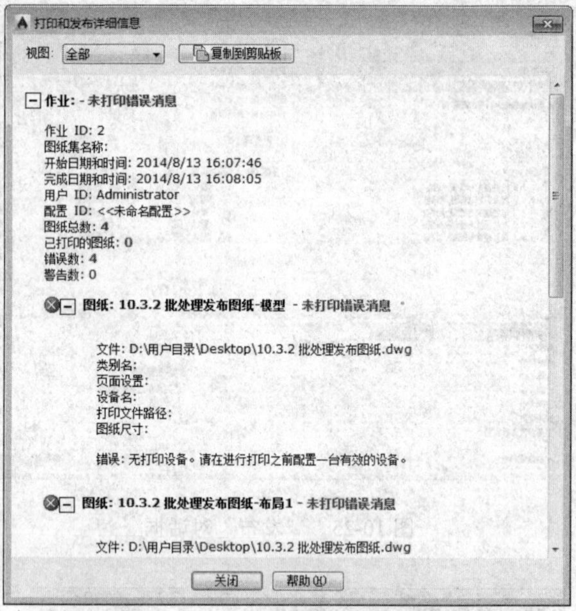

图 10-31 “打印和发布详细信息”对话框

10.3.3 电子传递发布图纸

AutoCAD2016 的电子传递功能，不仅仅把需要传递的图纸进行打包，而且把图纸所依赖的相关文件自动包含在文件包内，从而降低了出错的可能。

传递设置可以用来指定打包的格式，它通过“创建传递”对话框中的“传递设置”按钮打开，默认的设置为“Standard”，使用者可以自己设定新的格式或直接对 Standard 格式进行修改。可在传递设置上单击鼠标右键，通过右键快捷菜单新建传递设置，修改、删除、重命名当前选定的传递设置。但要注意的是，默认的传递设置 STANDARD 不可重命名，也不可被删除。在“修改传递设置”的对话框中可以对传递类型和位置、传递选项、传递设置说明进行修改。

在打包文件的内部会自动产生一个文本文件，里面记录的是传递报告，包括了打包文件的一些基本的信息，并且制作者输入的注释和说明都会在这个文件里体现。在创建传递的时候可以通过“创建传递”对话框中“查看报告”按钮来预览此文件。

若当时还未对当前图纸进行 DWG 的存储，系统会提示先保存图形。在打开的“创建传递”对话框中，显示出当前图形及其相关的文件，但若当前图形中包含了通过 URL 链接到的相关文件，该文件将不包含在传递包中。这里有“文件树”和“文件表”两种显示方式，推荐用“文件树”的方式，因为可以直观地看到文件的相互依赖关系。在每个文件前面都有一个复选框，用户可以根据需要选择要进行打包的文件，这些复选框的默认状态都是选中的。还可以通过“添加文件”按钮，把其他文件也包含进来。

执行方式：

- 下拉菜单：单击左上角的图标，在出现的下拉菜单中，选择“发布”命令；再选择“电子传递”选项。
- 命令行：输入“ETRANSMIT”命令。

执行电子传递命令后，将打开“创建传递”对话框，如图 10-33 所示；单击“添加文件”按钮，打开“添加要传递的文件”对话框，选中需要传递的文件，单击“打开”按钮，返回到“创建传递”对话框，则需要传递的文件添加到“文件树”列表中，如图 10-34 所示。

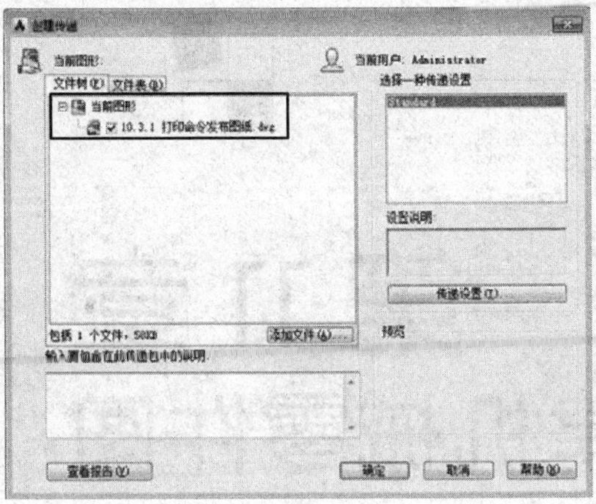

图 10-32　“创建传递”对话框 1

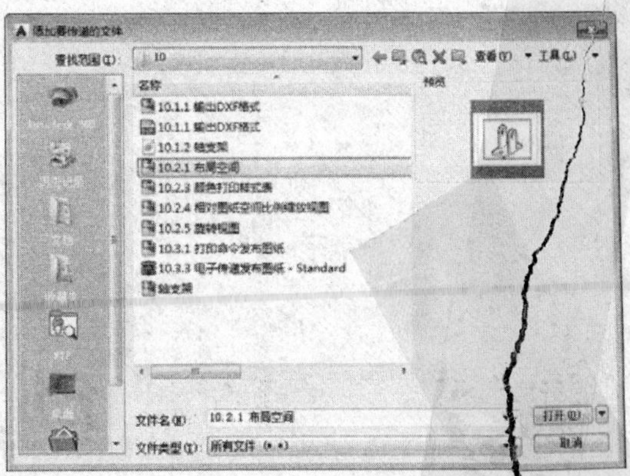

图 10-33　“添加要传递的文件”对话框

在“创建传递”对话框中，单击“查看报告”按钮，则弹出“查看传递报告”对话框，出现相关的信息，单击“关闭”按钮，如图 10-35 所示。再返回到“创建传递”对话框，“文件树”列表中出现 2 个需要传递的文件，最后单击“确定”按钮，如图 10-36 所示，从而完成传递图纸。

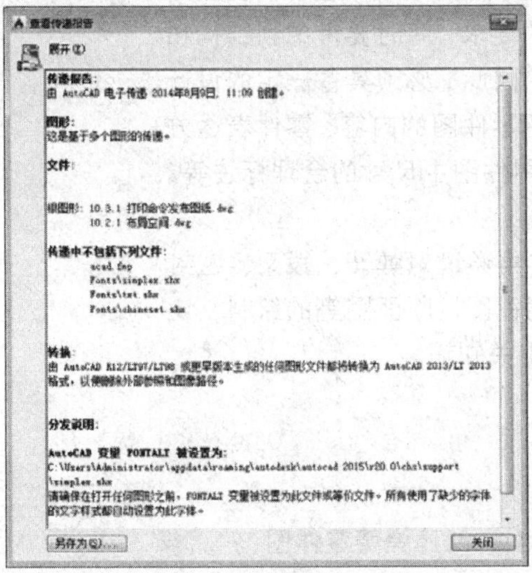

图 10-34　“查看传递报告”对话框

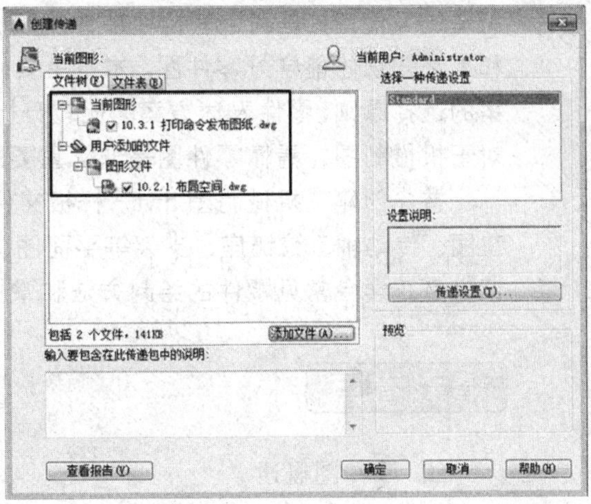

图 10-35　“创建传递”对话框 2

第 2 篇　二维机械设计篇

第 11 章 创建机械零件图

本章导读

接下来进入机械基础篇，了解机械设计中零件图的概念、分类、绘制方法、技术要求、尺寸标注，以及典型零件的表达方法。

零件图是设计部门提交给生产部门的重要技术文件，它应该反映出设计者的意图，表达出机器或部件对零件的要求，同时要考虑到结构和制造的可能性，是制造和检验零件的依据。因此，必须具备一定的设计和工艺知识才能学好零件图。本章主要介绍零件图的内容、零件表达方案的选择原则、零件表达方案的比较分析、零件图中尺寸的合理标注等。对于机械制图，看懂零件图是非常重要的。

首先创建"机械制图.dwt"样板文件，再通过对弹簧、拨叉、密封垫圈、传动轴、铰链座、支架等平面图、剖视图、断面图等的绘制，让读者真正学会常见零件的绘制方法和掌握相关知识。

精彩看点

- 零件图概述
- 创建阀体零件图
- 创建传动轴零件图
- 创建阀盖零件图
- 创建弹簧零件图
- 创建拨叉零件图
- 创建支架零件图
- 创建蜗轮零件图

11.1 零件图概述

任何机器或部件都由零件装配而成。制造机器首先要依据零件图加工零件，而表达单一零件的图样则称为零件图。

对机器或部件整体进行表达的图样就是装配图，而对每个分立零件进行表达的图样就是零件图。从整体上看，零件图是作为直接指导制造和检验零件的图样。

零件图和装配图是产品设计时最常用的图样表达方式，它对产品零部件的表达最简洁、最直观，技术要求则是对零件图及装配图等图样中视图的补充。装配图表达机器或部件的工作原理、零件间的装配关系和技术要求。零件图则表达零件的结构、大小和有关技术要求，并根据它加工制造零件。

11.1.1 零件图的组成和识图

零件图是表达单个零件形状、大小和特征的图样，也是在制造和检验机器零件时所用的图样，又称零件工作图。在生产过程中，根据零件图样和图样的技术要求进行生产准备、加工制造及检验。因此，它是指导零件生产的重要技术文件。

零件图的基本要求应遵循 GB/T 17451-1998《技术制图　图样画法　视图》的规定。该标准明确指出：绘制技术图样时，应首先考虑看图方便。根据物体的结构特点选用适当的表达方法，在完整、清晰地表达物体形状的前提下，力求制图简便，如图 11-1 所示。

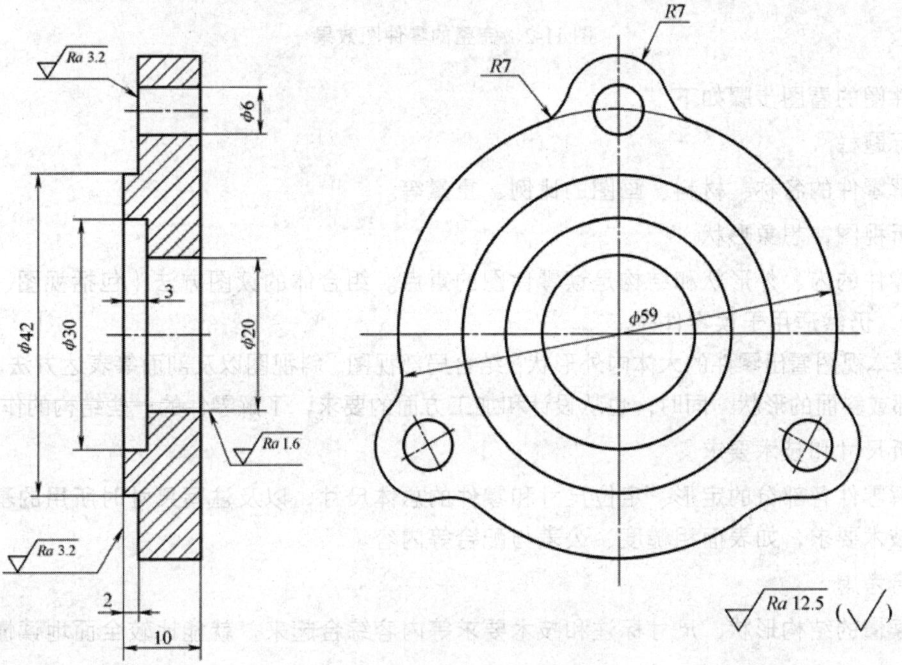

图 11-1　零件图效果

而一幅完整的零件图包括标题栏、零件的形状图形、技术要求、相关的尺寸标注等，如图 11-2 所示。

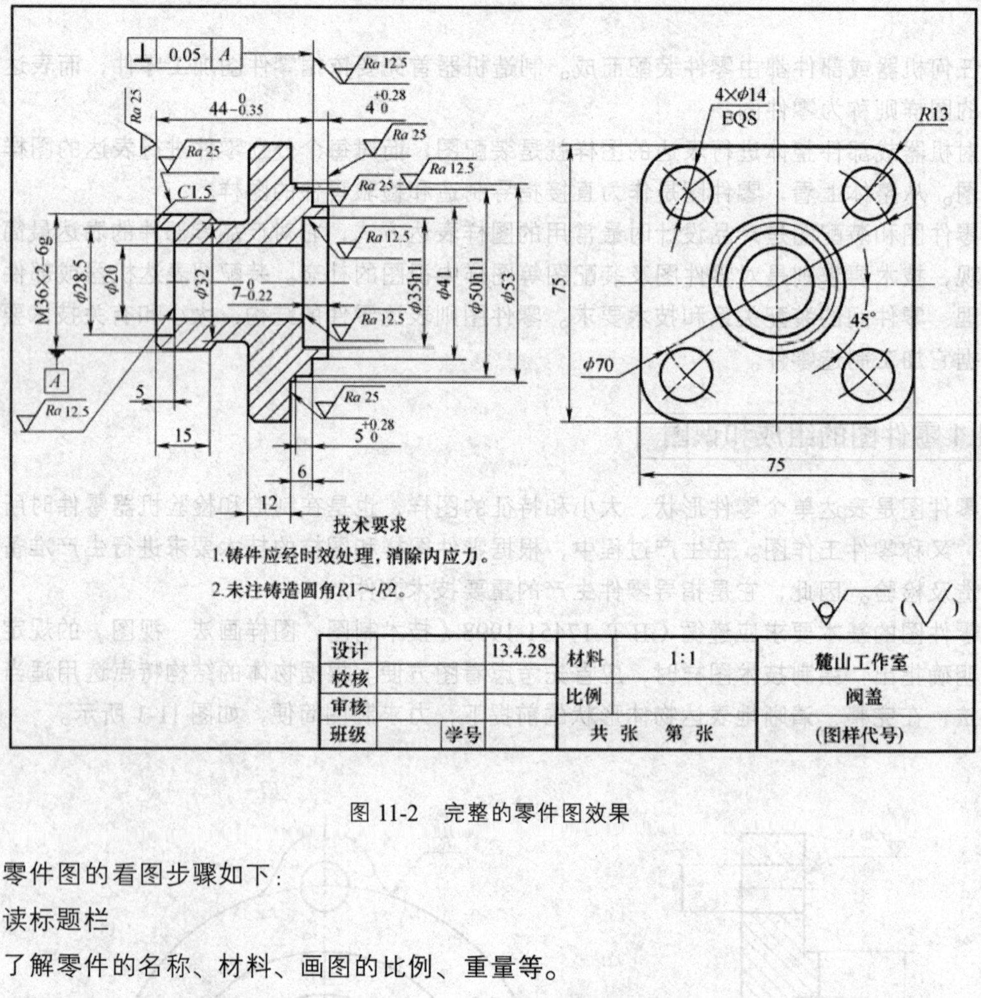

图 11-2 完整的零件图效果

零件图的看图步骤如下：

- 读标题栏

了解零件的名称、材料、画图的比例、重量等。

- 分析视图，想象形状

读零件的内、外形状和结构是读零件图的重点。组合体的读图方法（包括视图、剖视、剖面等），仍然适用于读零件图。

从基本视图看出零件的大体内外形状；结合局部视图、斜视图以及剖面等表达方法，读懂零件的局部或斜面的形状；同时，也从设计和加工方面的要求，了解零件的一些结构的作用。

- 分析尺寸和技术要求

了解零件各部分的定形、定位尺寸和零件的总体尺寸，以及注写尺寸时所用的基准。还要读懂技术要求，如表面粗糙度、公差与配合等内容。

- 综合考虑

把读懂的结构形状、尺寸标注和技术要求等内容综合起来，就能比较全面地读懂这张零件图。

有时为了读懂比较复杂的零件图，还需参考有关的技术资料，包括零件所在部件的装配图以及与它有关的零件图。

11.1.2 零件图的分类

图 11-3 所示为齿轮减速器中各零件的示意。而机械中零件根据其作用及结构，通常可分为以下几类：

- 轴套类：轴套类零件在机械中主要起连接和传动作用，在机械内部相对来说比其他零件要求要高一些，比如它的尺寸精确度、表面光滑度、配合等。
- 盘盖类：盘盖类零件多用于机箱的上盖位置处，主要起保护作用，这类零件大多以圆形结构为主。
- 叉架类：叉架类零件主要包括拨叉、连杆、支架和支座等。该类零件在机器或零部件中主要是起操纵、连接、传动或支承作用。因此，它们的结构及轮廓也就相应地较为复杂。
- 箱体类：箱体类零件是机器或部件中的主要零件，在日常生活中常见的箱体类零件有减速器箱体、泵体、阀体等。由于箱体类零件的结构复杂，它在传动机械中的作用与支架类零件相似，主要是容纳和支承传动件，又是保护机器中其他零件的外壳，有利于安全生产。
- 标准件：标准件是指结构、尺寸、画法、标记等各个方面已经完全标准化，并由专业厂生产的常用的零(部)件，如螺纹件、键、销、滚动轴承等。 广义包括标准化的紧固件、连结件、传动件、密封件、液压元件、气动元件、轴承、弹簧等机械零件。 而狭义仅包括标准化紧固件。 国内俗称的标准件是标准化紧固件的简称，是狭义概念，但不能排除广义概念的存在。 此外还有行业标准件，,如汽车标准件、模具标准件等，也属于广义标准件。

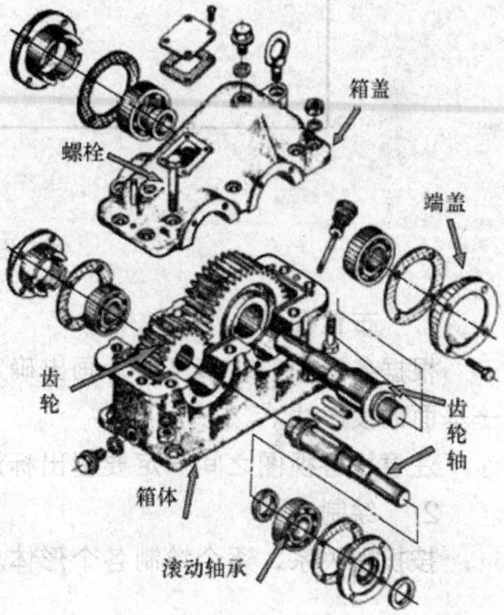

图 11-3　齿轮减速器

11.1.3 零件图绘制方法

零件图的绘制方法需要有以下几个步骤：

- 前期准备
  - 了解零件的用途、结构特点、材料及相应的加工方法。
  - 分析零件的结构形状，确定零件的视图表达方案。
- 绘制方法及步骤
  - 定图幅，根据视图数量和大小，选择适当的绘图比例，确定图幅大小。
  - 绘制图框和标题栏，如图 11-4 所示。

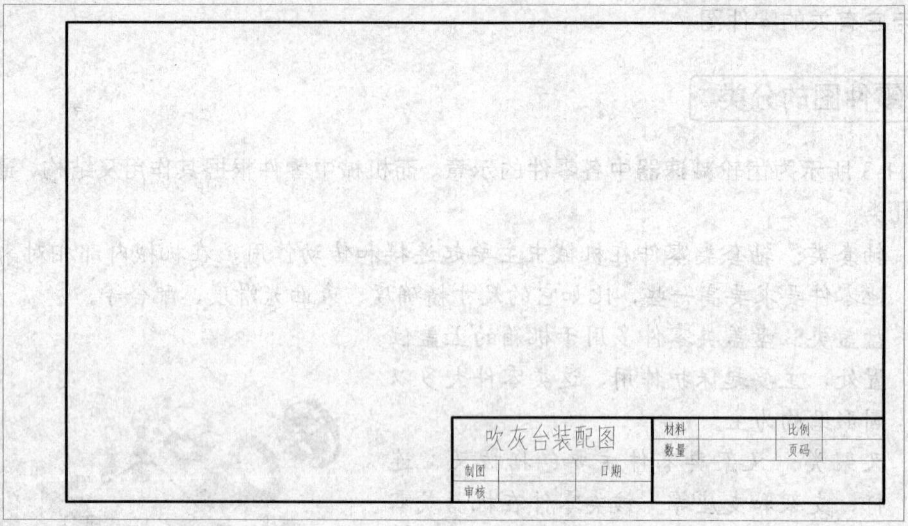

图 11-4　图幅和标题栏

1.　布置视图

根据各视图的轮廓尺寸，画出确定各视图位置的基线。基线一般包括对称线、轴线、某一基面的投影线。

注意：各视图之间一定要留出标注尺寸的位置。

2.　绘制底稿

按投影关系，逐个绘制各个形体。接下来学习端盖零件图的绘制，如图 11-5 所示。

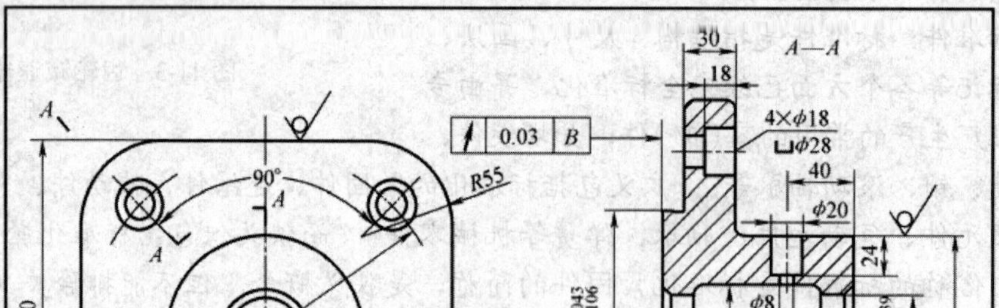

图 11-5　端盖零件图

其步骤：先绘制主要形体，后绘制次要形体。先确定位置，后确定形状。先绘制主要轮廓，后绘制细节部分。

3. 加深

检查无误后，加深并绘制剖面线。

4. 完成零件图

标注尺寸、表面粗糙度、尺寸公差等，填写技术要求和标题栏。

11.1.4 零件图表达方案

零件的视图选择就是选用一组合适的视图表达出零件的内、外结构形状及其各部分的相对位置关系。

一个好的零件视图表达方案是：表达正确、完整、清晰、简练，同时易于看图。

由于零件的结构形状是多种多样的，所以在画图前应对零件进行结构形状分析，并针对不同零件的特点选择主视图及其他视图，确定最佳表达方案。

零件的形状结构要用一组视图来表示，这一组视图并不只限于三个基本视图，可采用各种手段，以最简明的方法将零件的形状和结构表达清楚。

1. 主视图的选择

选择主视图就是要确定零件的摆放位置和主视图的投射方向。在选择主视图时，要考虑以下原则：

- 形状特征最明显。能将组成零件的各形体间的相互位置和主要形体的形状、结构表达得最清楚。
- 以加工位置为主视图。按照零件在主要加工工序中的装夹位置选取主视图。
- 以工作位置选取主视图。按工作位置选取主视图，容易想象零件在机器或部件中的作用。

2. 其他视图的选择

其他视图的选择原则是：配合主视图，在完整、清晰地表达出零件结构形状的前提下，视图数尽可能少。所以，配置其他视图时应注意以下几个问题：

- 每个视图都有明确的表达重点，各个视图互相配合、互相补充，表达内容尽量不重复。
- 根据零件的内部结构选择恰当的剖视图和断面图。
- 对尚未表达清楚的局部形状和细小结构，补充必要的局部视图和局部放大图。
- 能采用省略、简化画法表达的要尽量采用。

选择视图的原则是：在完整、清晰的表达零件内、外形状的前提下，尽量减少图形数量，以方便画图和看图。

11.1.5 零件图技术要求

零件图的技术要求是指制造和检验该零件时应达到的质量要求。主要包含以下内容：

- 零件的材料及毛坯要求。
- 零件的表面粗糙度要求。
- 零件的尺寸公差、几何公差。

- 零件的热处理、涂镀、修饰、喷漆等要求。
- 零件的检测、验收、包装等要求。

1. 表面粗糙度

表面粗糙度是指零件的加工表面上具有的较小间距和峰谷所形成的微观几何形状误差。它是评定零件表面质量的一项技术指标，它对零件的配合性质、耐磨性、耐蚀性、接触刚度、疲劳强度、密封性和外观等都有影响。

零件表面粗糙度值的选用，可参照生产中的实例用类比法确定，同时注意下列问题：

- 在满足功用的前提下，尽量选用较大的表面粗糙度参数值，以降低生产成本。
- 在同一零件上，工作表面的表面粗糙度参数值应小于非工作表面的表面粗糙度参数值。
- 受循环载荷的表面及容易引起应力集中的表面，其工作表面的表面粗糙度参数值要小。
- 配合性质相同时，零件尺寸小的比尺寸大的工作表面的表面粗糙度参数值要小；同一公差等级，小尺寸比大尺寸、轴比孔的表面粗糙度参数值要小。
- 运动速度高、单位压力大的摩擦表面比运动速度低、单位压力小的摩擦表面粗糙度参数值要小。
- 尺寸和表面形状要求精确程度高的表面，其表面的表面粗糙度参数值要小。
- 图样中表示零件表面粗糙度的符号，其含义见表 11-1 所。

表 11-1　表面粗糙度符号的含义

符号	意义	符号	意义
	基本符号，不单独使用		基本符号上加一小圆圈，表示表面粗糙度是用不去除材料的方法获得，如铸、锻、冲压
	基本符号加一短划，表示表面粗糙度是用去除材料的方法获得，如车、铣加工		

表面粗糙度高度参数轮廓算术平均偏差 *Ra* 的标注含义见表 11-2。

表 11-2　表面粗糙度值的含义

符号	意义	符号	意义
	用任何方法获得的表面，*Ra* 是最大允许值为 3.2μm	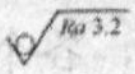	用不去除材料方法获得的表面，*Ra* 的最大允许值为 3.2μm
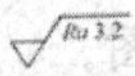	用去除材料方法获得的表面，*Ra* 是最大允许值为 3.2μm		用去除材料方法获得的表面，*Ra* 的最大允许值为 3.2μm，最小允许值为 1.6μm

2. 尺寸公差

在成批量生产、装配机器时，要求一批相配合的零件只需要按图样加工出来，不经选择而装配就能达到设计要求和使用要求。零件间的这种性质称为互换性。零件的互换性大大简化了零、部件的制造和维修工作，使产品的生产周期缩短，生产率提高，成本降低。

如果要求零件制造加工的尺寸绝对准确，实际上是做不到的，但是为了保证零件的互换性，设计时可根据零件的使用要求而制定允许尺寸的变动量。该变动量称为尺寸公差，简称公差。

公差包括以下几项：

➢ 基本尺寸：根据零件设计要求所确定的尺寸。
➢ 实际尺寸：通过测量得到的尺寸。
➢ 极限尺寸：允许尺寸变动的两个界限值。
➢ 上、下极限偏差：上极限尺寸、下极限尺寸与基本尺寸的代数差分别称为上极限偏差、下极限偏差。国标规定：孔的上、下极限偏差代号分别用 ES、EI 表示；轴的上、下极限偏差代号分别用 es、ei 表示。
➢ 尺寸公差：允许尺寸的变动量。它等于上、下极限尺寸之差或上、下极限偏差之差。
➢ 尺寸公差带：在公差图中由代表上、下极限偏差的两条直线限定的区域。
➢ 零线：在公差图中表示基本尺寸或零偏差的一条直线。
➢ 标准公差和公差等级：国标中规定的，用以确定公差带大小的任一公差称为标准公差。
➢ 基本偏差：基本偏差为用以确定公差带相对于零线位置的上极限偏差或下极限偏差，即基本偏差系列中靠近零线的那个偏差。

而配合是指基本尺寸相同的、相互结合的孔或轴公差带之间的关系。由于孔或轴的实际尺寸不同，装配后可以产生不同的配合形式，分为以下 2 种：

➢ 间隙配合——孔的公差带在轴的公差带之上，孔与轴装配时，具有间隙（包括最小间隙为零）的配合。
➢ 过盈配合——孔的公差带在轴的公差带之下，孔与轴装配时，具有间隙（包括最小过盈为零）的配合。

这些内容有的按规定符号或代号标注在图上，有的用文字注写在图样的右下方，详见图 11-6 所示的零件图。

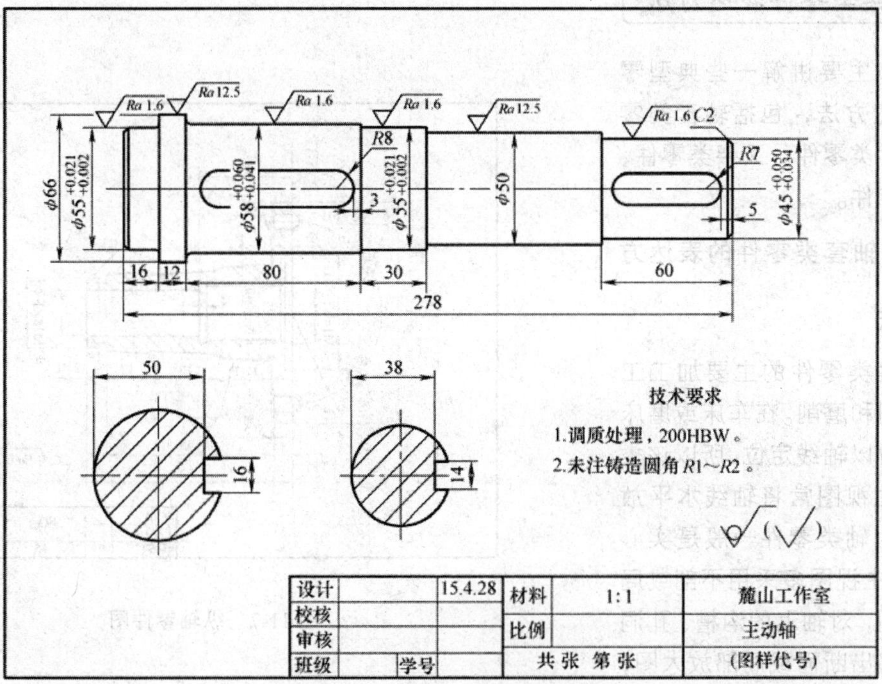

图 11-6　主动齿轮轴零件图

11.1.6 零件图尺寸标注

零件图中的图形，只是用来表达零件的形状，而零件各部分的真实大小及相对位置，则靠标注尺寸来确定。 零件图上所标注的尺寸不但要满足设计要求，还应满足生产要求。零件图上的尺寸要标注得完整、清晰、符合国标规定。

1. 尺寸基准

度量尺寸的起点称为尺寸基准。要把尺寸注得合理，就是要选择恰当的尺寸基准。在选择尺寸基准时，必须根据零件在机器中的作用、装配关系以及零件的加工方法、测量方法等情况来确定。尺寸基准有两种：

- 设计基准——根据零件的设计要求所选定的基准。
- 工艺基准——根据零件的加工、测量要求所选定的基准。

每个零件都有长、宽、高三个方向的尺寸，每个方向上都应有一个主要基准。标注尺寸时，既要考虑设计要求，又要考虑工艺要求。

2. 合理标注尺寸的原则

- 主要尺寸应从设计基准出发直接标注。
- 一般尺寸应从工艺基准出发标注。
- 不重要尺寸作为尺寸链的封闭环，不注尺寸。
- 毛坯面与加工面应分别标注。

11.1.7 典型零件表达方法

本节主要讲解一些典型零件的表达方法，包括轴套类零件、盘套类零件、叉架类零件、箱体类零件。

1. 轴套类零件的表达方法

轴套类零件的主要加工工序是车削和磨削。在车床或磨床上装夹时以轴线定位，所以该类零件的主视图常将轴线水平放置。因为轴类零件一般是实心的，所以主视图多采用不剖或局部剖视图，对轴上的沟槽、孔洞可采用移出断面或局部放大图，如图 11-7 所示。

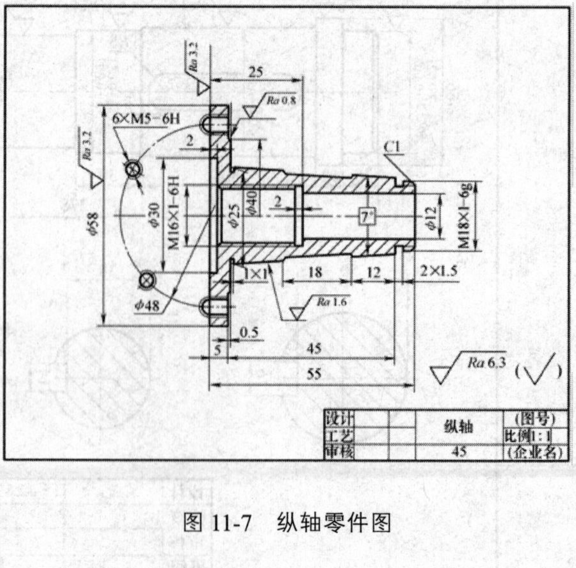

图 11-7 纵轴零件图

2. 盘套类零件的表达方法

盘套类零件一般是空心的，所以主视图多采用全剖视图或半剖视图，并且绘出反映圆的视图，如图 11-8 所示。

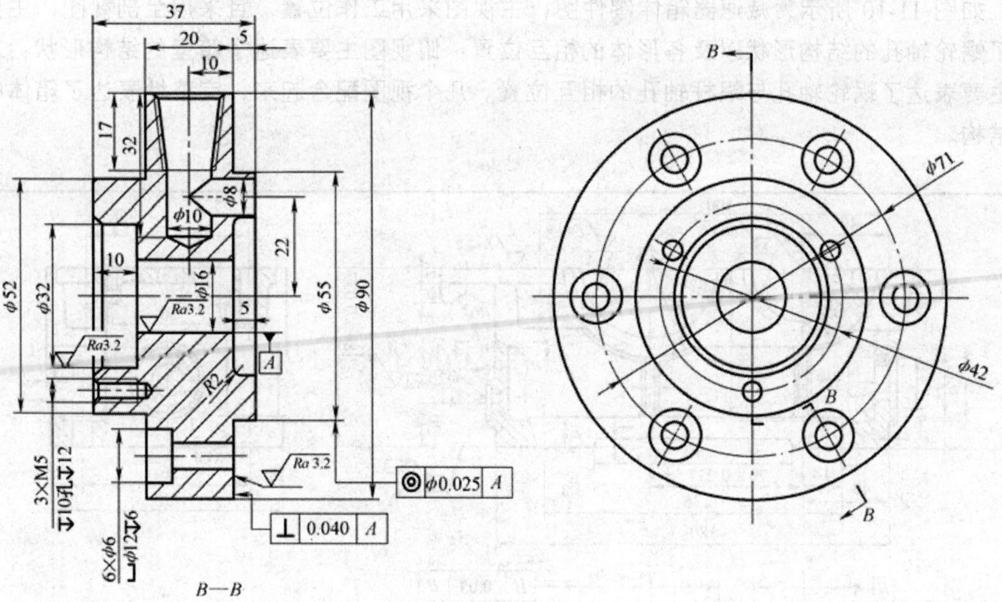

图 11-8　法兰盘零件图

3. 叉架类零件的表达方法

叉架类零件的结构形状一般比较复杂，主视图的选择要能够反映零件的形状特征，其他视图要配合主视图，在主视图没有表达清楚的结构上采用移出断面、局部视图和斜视图等。如图 11-9 所示为支架零件图，主视图和左视图采用了局部剖视图，此外采用了一个局部视图和一个移出断面来表达凸台和肋板的形状。

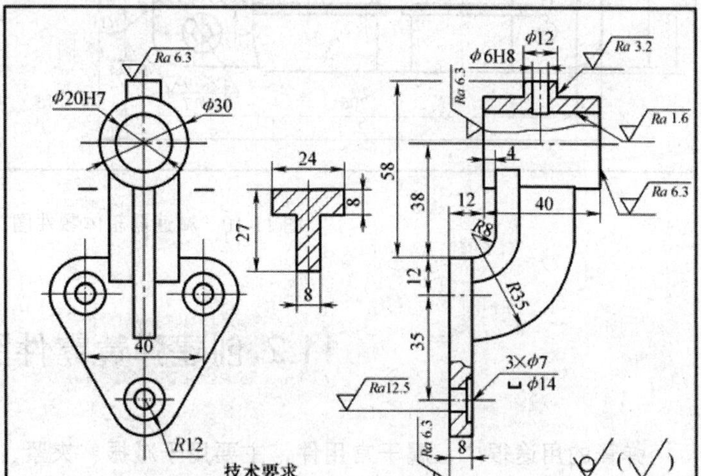

图 11-9　支架零件图

4．箱体类零件的表达方法

箱体类零件的结构一般均比较复杂，毛坯多采用铸件，工作表面采用铣削或刨削，箱体上的孔系多采用钻、扩、铰、镗。所以，主视图可采用工作位置或主要表面的加工位置，表达方法可采用全剖视图、局部剖视图等。

如图 11-10 所示为减速器箱体零件图，主视图采用工作位置，且采用全剖视图，主要表达了蜗轮轴孔的结构形状以及各形体的相互位置；俯视图主要表达了箱壁的结构形状；左视图主要表达了蜗轮轴孔与蜗杆轴孔的相互位置。几个视图配合起来，完整地表达了箱体的复杂结构。

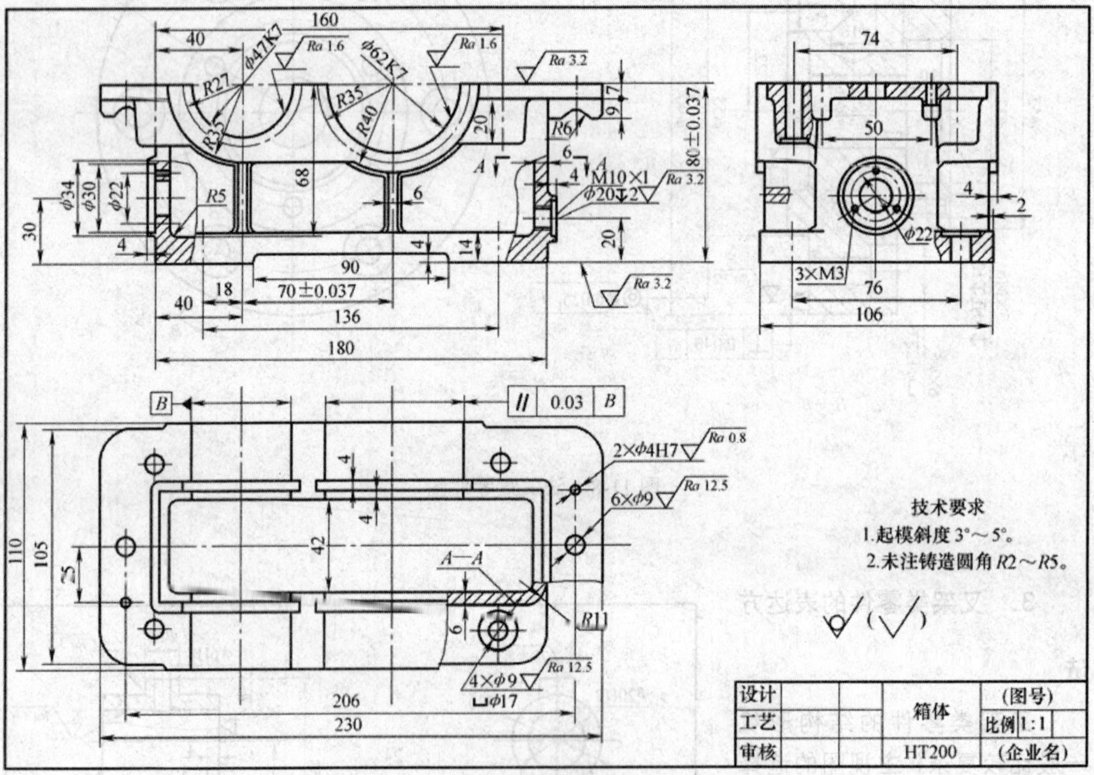

图 11-10　减速器箱体零件图

11.2 创建弹簧零件图

弹簧的用途很广，属于常用件，主要用于减振、夹紧、储存能量和测力等方面。其特点是：去掉外力后，弹簧能立即恢复原状。其应用最多的是圆柱形螺旋弹簧，它可分为压缩弹簧、拉伸弹簧和扭转弹簧等。具体见表 11-3。

表 11-3 弹簧的基本类型

按载荷分 / 按形状分	拉伸	压缩			扭转	弯曲
螺旋形	圆柱螺旋拉伸弹簧	圆柱螺旋压缩弹簧	圆锥螺旋压缩弹簧		圆柱螺旋扭转弹簧	—
			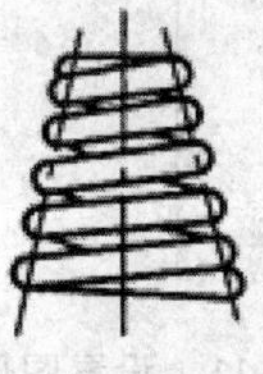		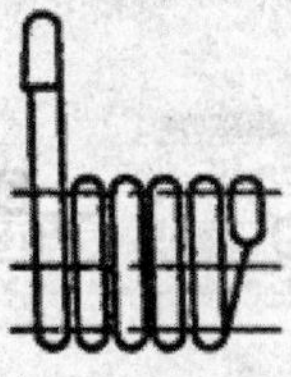	
其他形	—	环形弹簧	碟形弹簧	气体弹簧	平面涡卷弹簧	板簧
		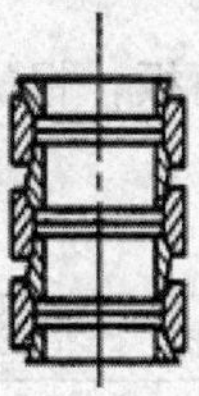	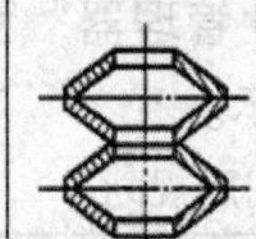		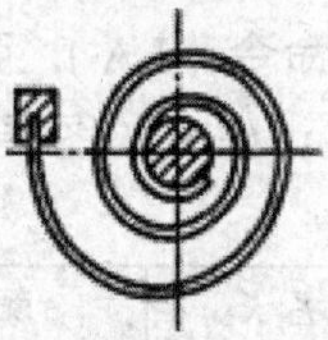	

在绘制零件图之前，首先创建一样板文件。所谓样板文件，就是创建一些固定图层、线型、图幅、标题栏等的空文件，这样可以不用每次都花时间去重复创建相同的内容。

在 AutoCAD 中，样板就是一个绘图文件，其默认的样板图都存储在系统的 Template 文件夹中（当然，用户也可以将其样板文件保存在自己所需要的位置，以便随时调用）。

样板文件是工程图纸的初始化，一般包括以下内容：图幅比例、单位类型和精度、图层、标题栏、绘图辅助命令、文字标注样式、尺寸标注样式、常用图形符号图块（如表面粗糙度、标准件等）等。

11.2.1 创建机械样板

在本实例中，以 A4 图纸为实例，讲解如何利用 AutoCAD 2016 软件来创建一机械样板文件。

1. 设置绘图环境

- 正常启动 AutoCAD 2016 软件，从而新建一个空白文件。
- 输入“UNIT”命令，将弹出“图形单位”对话框，在“长度”区域中的“类型”列表框中，选择“小数”，在“精度”列表框中选择“0.0000”；在“角度”区域中的“类型”列表框中选择“十进制度数”，“精度”选择“0”；其他内容默认系统原有设置。再单击“方向”按钮，在“方向控制”对话框中将“基准角度”设为“东”；然后单击“确定”按钮，再单击“图形单位”对话框中的“确定”按钮，如图 11-11 所示。
- 输入“LIMITS”命令，依照命令行的提示，设定图形界限的左下角为（0，0），右上角为（297，210），从而设定 A4 幅面的横向界限。
- 在命令行输入命令<Z>→<空格>→<A>，使输入的图形界限区域全部显示在图形窗口内。

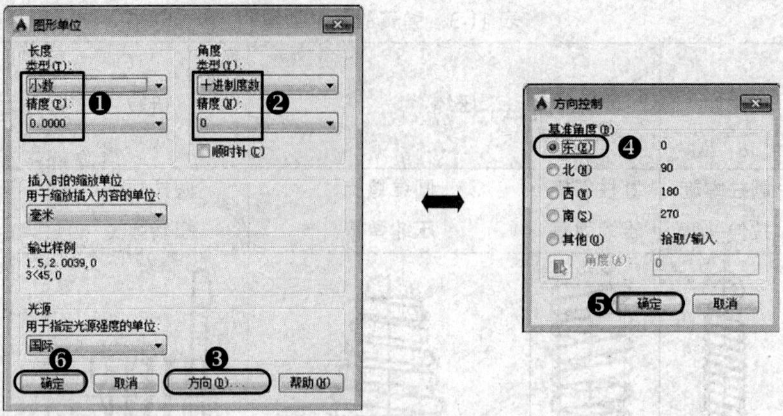

图 11-11 设置图形单位

2. 设置图层

使用“图层”命令（LA），弹出“图层特性管理器”面板，根据机械制图的实际需要，按表 11-4 建立图层，建立的图层如图 11-12 所示。

表 11-4 图层规划

序号	图层名	颜色	线型	线宽	打印模式
1	粗实线	白色	Continuous	0.30mm	打印
2	中心线	红色	Center	默认	打印
3	虚线	绿色	hidden	默认	打印
4	细实线	白色	Continuous	默认	打印
5	文本	白色	Continuous	默认	打印
6	剖面线	青色	Continuous	默认	打印
7	尺寸与公差	蓝色	Continuous	默认	打印

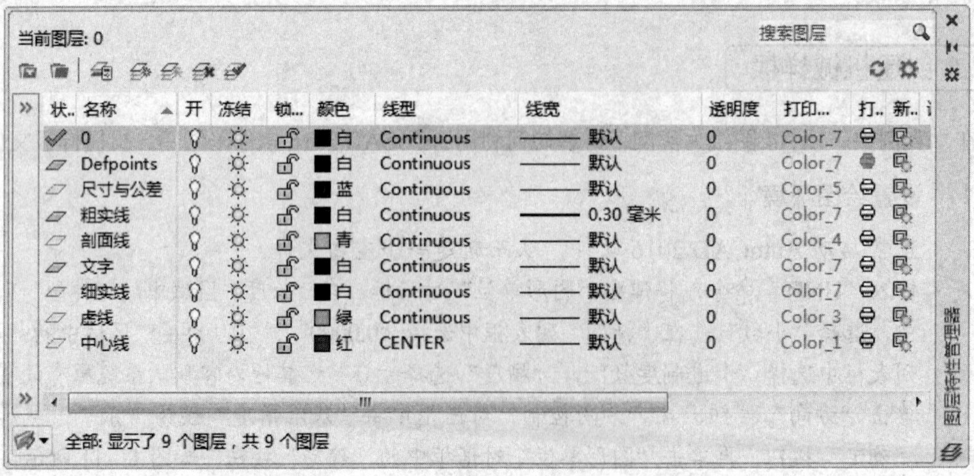

图 11-12 设置的图层

3. 设置文本标注样式

使用“文字样式”命令（ST），系统弹出“文字样式”对话框。单击“新建”按钮则弹出的“新建文字样式”对话框，在“样式名”文本框中输入“标注文字”，然后单击“确定”按钮，返回到“文字样式”对话框；在“SHX 字体”下拉列表框中选择“gbenor.shx”，并勾选“使用大字体”，选择“gbcbig.shx”；单击“应用”按钮，最后单击“关闭”按钮，完成文本标注样式的设置，如图 11-13 所示。

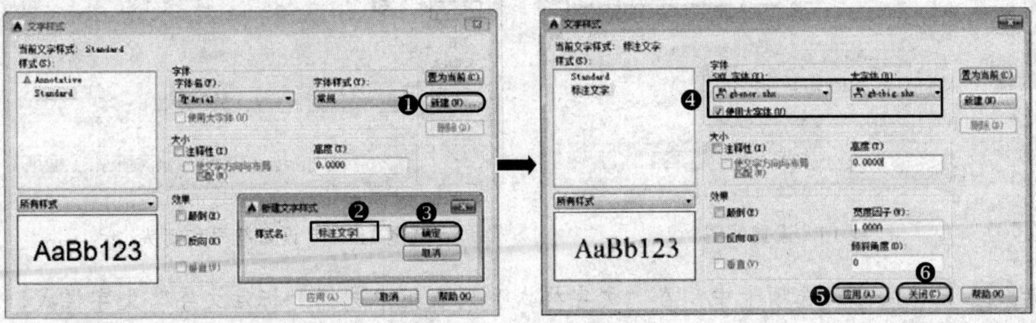

图 11-13　设置文字样式

4. 设置尺寸标注样式

01 输入“标注样式”命令（D），系统将弹出“标注样式管理器”对话框，单击“新建”按钮，将弹出“创建新标注样式”对话框，在“新样式名”文本框中输入“机械标注”，其余设置为默认项，然后单击“继续”按钮，则打开“新建标注样式：机械标注”对话框，如图 11-14。

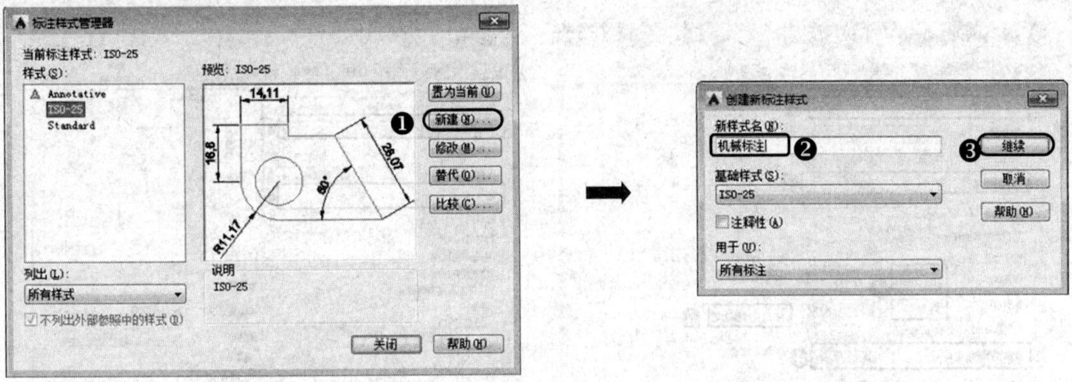

图 11-14　新建标注样式名称

02 在“新建标注样式：机械标注”对话框的“线”选项卡中，在“颜色”“线型”和“线宽”列表框中均选择“随层”（ByLayer），在“基线间距”编辑框中输入“7”，在“超出尺寸线”编辑框中输入“1”，在“起点偏移量”编辑框中输入“2”，其他内容默认系统原有设置，如图 11-15 所示。

03 在“符号和箭头”选项卡中，设置“第一个 / 第二个 / 引线”均为“实心闭合”箭头符号，在“箭头大小”编辑框中输入“2.5”，在“圆心标记”列表框中选择“无”选项，其他内容默认系统原有设置，如图 11-16 所示。

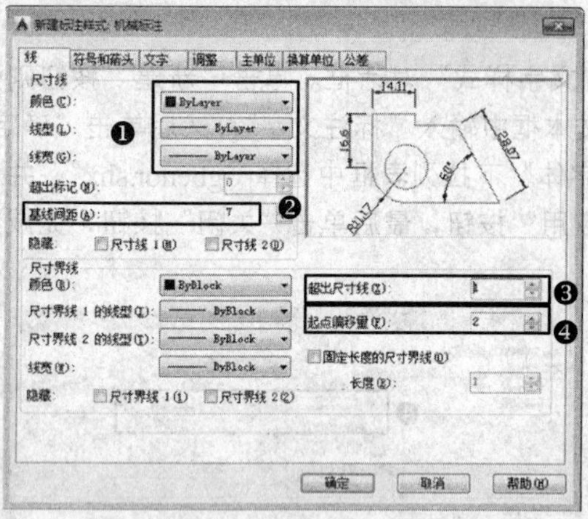

图 11-15　设置线图

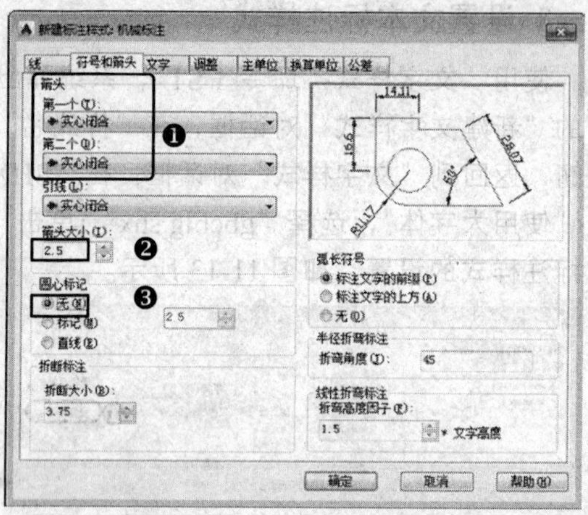

图 11-16　设置符号和箭头

04 在“文字”选项卡中，在“文字样式”列表框中选择“标注文字”文字样式，在“文字高度”编辑框中输入“3”，然后在“垂直”编辑框中选择“上”选项，在“水平”列表框中选择“居中”，在“从尺寸线偏移”编辑框中输入“0.3”，在“文字对齐”区域选择“与尺寸线对齐”项，其余内容默认系统原有设置，如图 11-17 所示。

05 在“调整”选项卡中，默认为系统原有设置。

06 在“主单位”选项卡中，在“精度”列表框中选择“0.0”，然后在“舍入”编辑框中输入“0”，其余内容默认系统原有设置，如图 11-18 所示。

07 单击“确定”按钮，返回到“标注样式管理器”对话框，再单击“关闭”按钮，从而完成机械标注样式的设置。

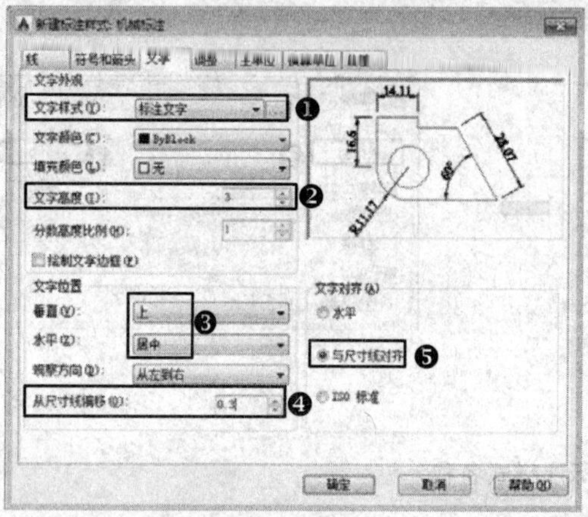

图 11-17　设置文字

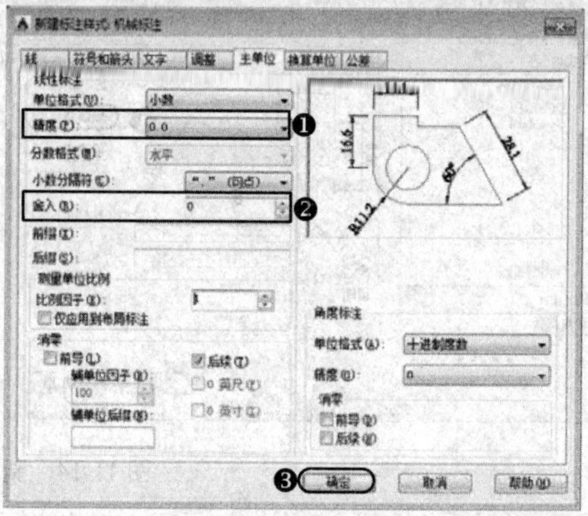

图 11-18　设置主单位

5.　定义表面粗糙度图块

由于在 AutoCAD 中没有表面粗糙度的尺寸标注命令，而该项标注又是机械图样中必不可少的重要内容。因此，可将其设置为一个图块，利用图块的插入命令来进行标注。

01 将 “0” 图层置为当前，使用“直线”“修剪”等命令，绘制如图 11-19 所示的表面粗糙度符号。

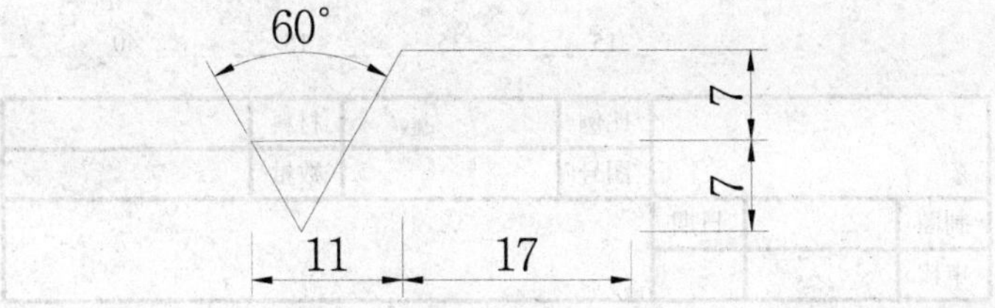

图 11-19　绘制的粗糙度符号

02 使用“创建块”命令（B），将弹出“块定义”对话框，在“名称”文本框中输入“粗糙度符号”，单击“快速选择”按钮，在视图中选择整个符号对象后返回“块定义”对话框，再单击“拾取点”按钮，在视图中选择符号对象下侧的基点后返回“块定义”对话框，然后单击“确定”按钮，如图 11-20 所示。

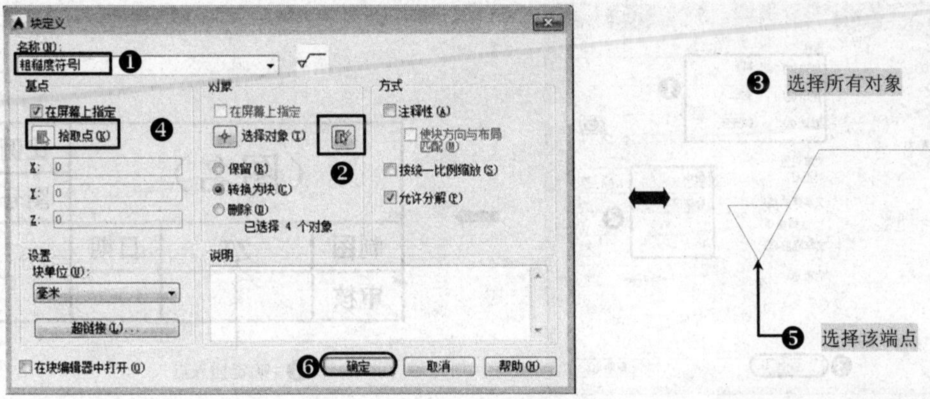

图 11-20　定义图块

11.2.2 定义标题栏图块

在绘制好机械图形后，还应布置相应的图纸幅面及标题栏，才能使绘制的工程图更加完善。

01 使用“直线”（L）、“修剪”（TR）等命令，绘制如图 11- 21 所示的标题栏对象。

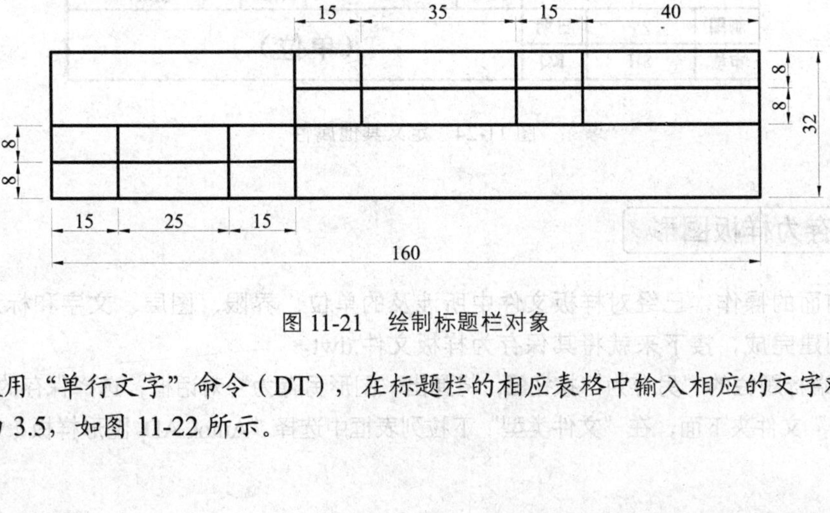

图 11-21　绘制标题栏对象

02 使用“单行文字”命令（DT），在标题栏的相应表格中输入相应的文字对象，其文字的大小为 3.5，如图 11-22 所示。

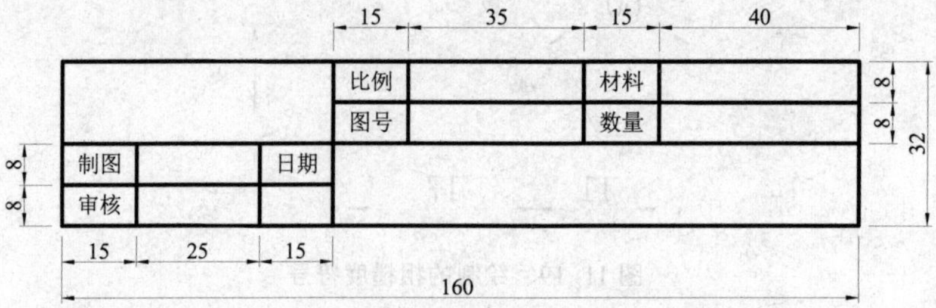

图 11-22　输入文字对象

03 使用“定义属性”命令（ATT），将弹出“属性定义”对话框，设置属性及文字选项，再单击“确定”按钮，然后在相应的位置栏确定插入点，如图 11- 23 所示。

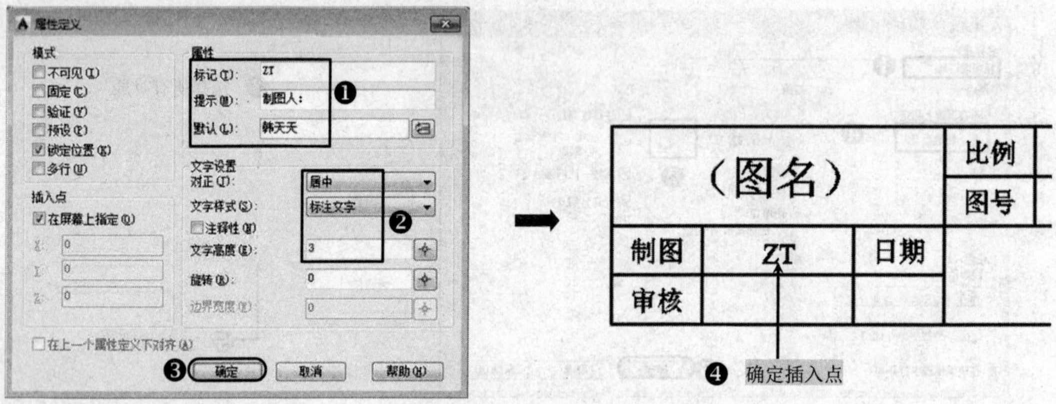

图 11-23　定义属性

04 使用相同的方法，分别对其他栏设置相应的属性值，如图 11-24 所示。

05 使用“创建块”命令（B），将弹出“块定义”对话框，按照前面的方法，将所绘制的标题栏对象保存为“标题栏”图块对象。

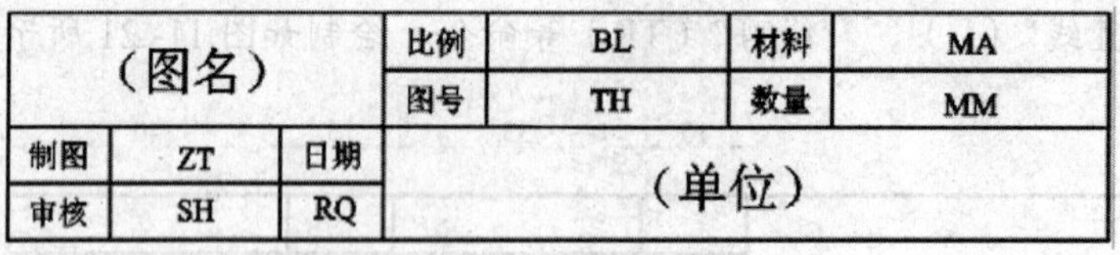

图 11-24　定义其他属性

11.2.3 保存为样板图形

通过前面的操作，已经对样板文件中所涉及的单位、界限、图层、文字和标注样式、图块等已经创建完成，接下来就将其保存为样板文件.dwt。

单击顶端标题栏的“另存为”按钮，将弹出“图形另存为”对话框，选择保存的位置，此处为“案例\11”文件夹下面，在“文件类型”下拉列表框中选择“AutoCAD 图形样板（*.dwt）”项，再在“文件名”文本框中输入“机械样板”，再单击“保存”按钮，将弹出“样板选项”对话框，在“说明”文本框中输入相应的文字说明，最后单击“确定”按钮即可，如图 11-25 所示。

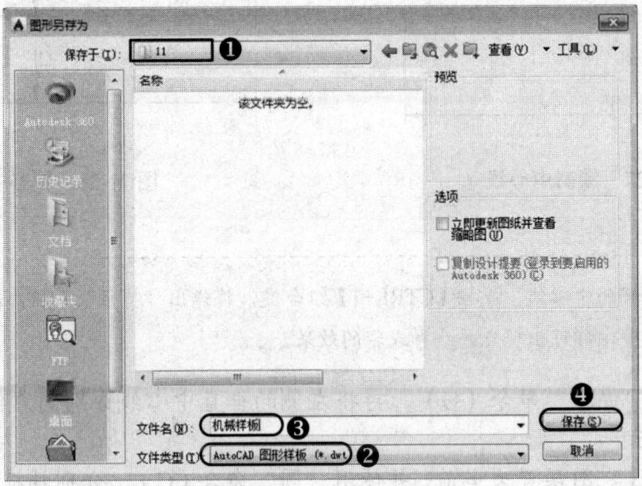

图 11-25　保存样板文件

11.2.4 创建弹簧平面图

扭转弹簧在日常生活中用得也较多，它与压缩弹簧、拉伸弹簧都是不一样的。扭转弹簧多用于开启与闭合的自动合并位置处，它由两边向中间合并，且弹簧两端成一定夹角。

在绘制时，主视图与其他两种弹簧没有多大区别，主要是左视图有一定角度且开口较大，这也是区分弹簧类型的一个重要特征，绘制好的扭转弹簧效果如图 11-26 所示。

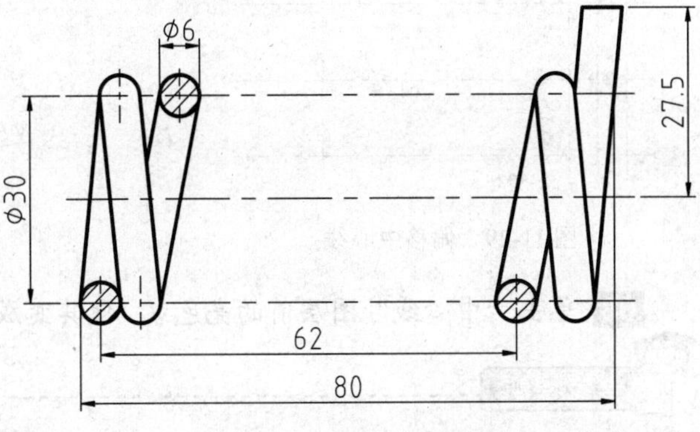

图 11-26　弹簧平面图效果

❑　绘制步骤：

01 正常打开 AutoCAD 2016 软件，选择“快捷工具访问栏”中的“打开”按钮，将“案例\11\机械样板.dwt”文件打开，此时则新建一“drawing1.dwg”图形文件。

02 再单击“另存为”按钮，将其另存为“案例\11\弹簧零件图.dwg”文件。

03 单击【常用】|【图层】|【图层】下拉列表，选择“中心线”图层，将其置为当前，【图层】面板则显示 中心线。

04 使用“直线”命令（L），在绘图区域的空白位置处绘制一条长度为 85 的水平中心线，然后再在垂直方向上绘制一条长度为 38 的垂直中心线，如图 11-27 所示。

05 使用“偏移”命令（O），将绘制的水平中心线向两侧偏移 15，如图 11-28 所示。

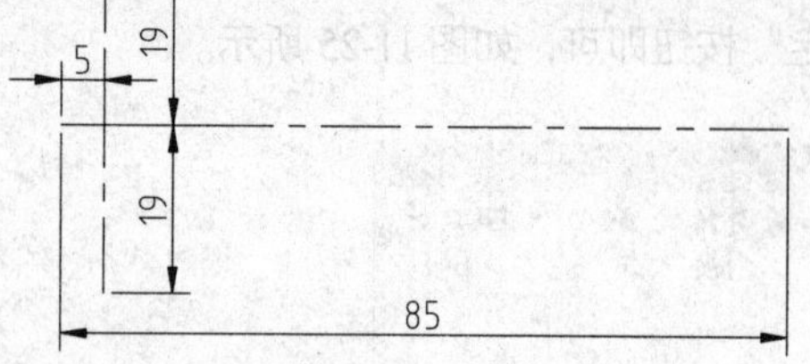

图 11-27 绘制中心线

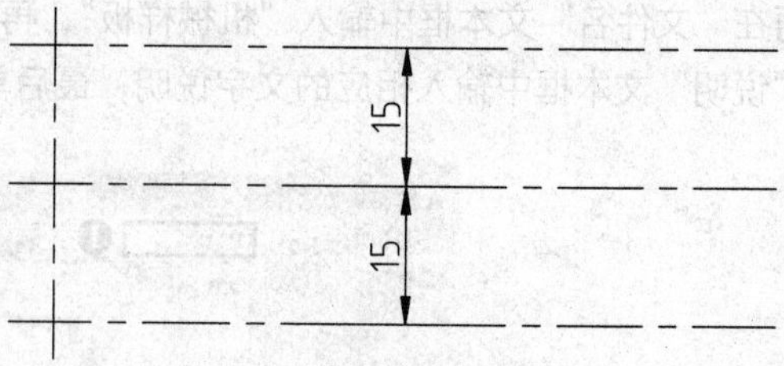

图 11-28 偏移中心线

专家提醒

用户可双击绘制好的中心线，或按【CTRL+1】组合键，将弹出“特性”面板，在“线型比例”列表框中将其比例进行调整，即可出现点画线稀或密的效果。

06 继续使用“偏移”命令（O），再将左侧的垂直中心线分别向右侧偏移 3、3、6 和 50，如图 11-29 所示。

07 将“粗实线”图层置为当前，并使用“圆”命令（C），分别捕捉偏移中心线交点，绘制直径为 6 的圆，如图 11-30 所示。

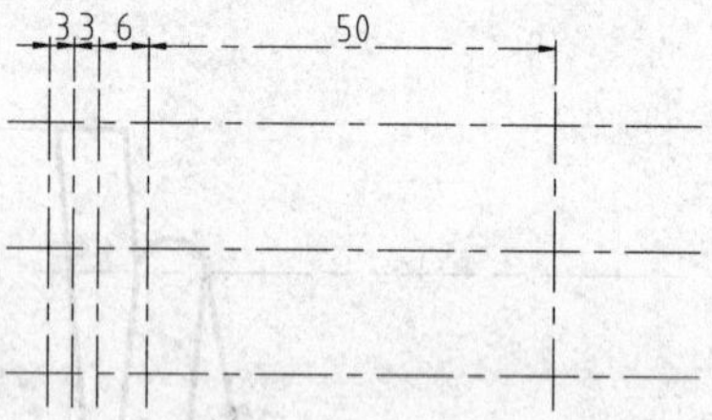

图 11-29 偏移中心线

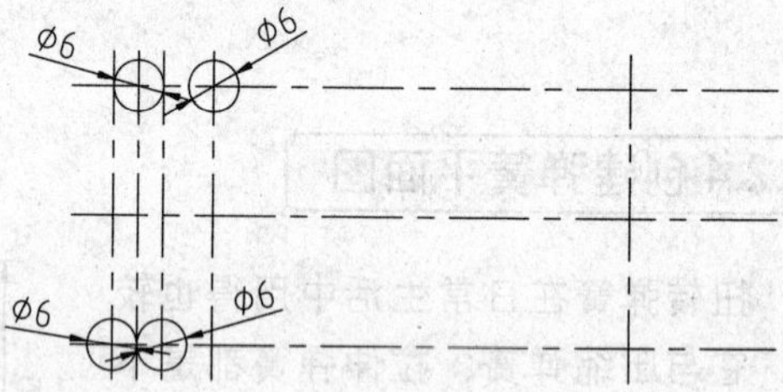

图 11-30 绘制圆

08 单击“中心线”图层前的亮色💡，使其变成灰色💡，从而将“中心线”图层关闭。

专家提醒

若将当前层“粗实线”关闭，当单击亮色💡，使其变成灰色💡时，则弹出“图层-关闭当前图层”警告框，如图 11-31 所示，警告用户是否真地关闭当前图层。

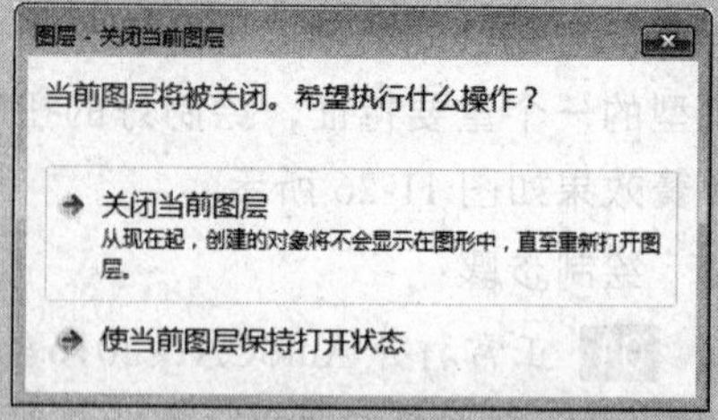

图 11-31 “图层—关闭当前图层”警告框

09 使用“直线”命令（L），过绘制圆的两侧象限点位置进行直线连接，如图 11-32 所示。

10 使用“修剪”命令（TR），再将连接的多余直线和相应中心线进行修剪，如图 11-33 所示。

11 将“剖面线”图层置为当前。使用“图案填充”命令（H），设置比例为 0.5，选择样例为“ANSI31”，对圆对象进行图案填充，如图 11-34 所示。

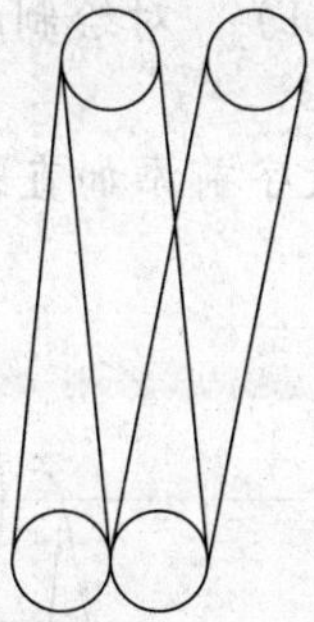

图 11- 32　直线连接

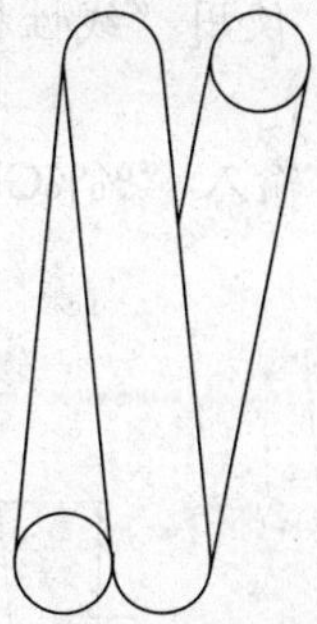

图 11- 33　修剪直线效果

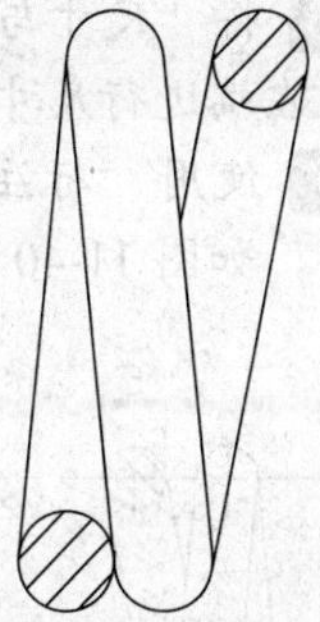

图 11- 34　图案填充

12 使用“复制”命令（CO），将创建好的轮廓对象向右侧的空白区域复制一份，并使用“旋转”命令（RO），以相应的基点旋转 180°，如图 11-35 所示。

13 打开关闭的“中心线”图层，并使用“移动”命令（M），将旋转后的轮廓对象以左下侧剖面小圆的中心点为基点与右侧相应的中心点重合，再执行“修剪”命令（TR），对垂直中心线进行长度调整，如图 11-36 所示。

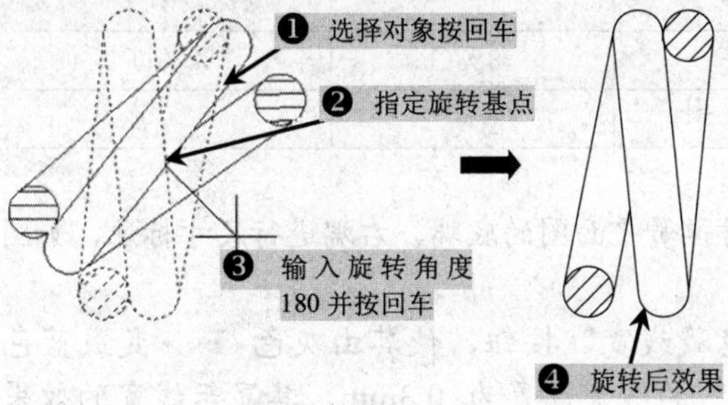

图 11-35　复制并旋转轮廓

图 11-36　移动轮廓

14 使用“偏移”命令（O），将水平上侧的中心线再向上偏移 12.5，再使用“偏移”命令（O），将图中相应的斜线段向左偏移 6，然后使用“延伸”命令（EX），将图中相应的直线进行延伸操作，如图 11-37 所示。

15 使用“修剪”命令（TR），将多余的线条进行修剪操作，然后将上侧圆的剖面线进行删除，如图 11-38 所示。

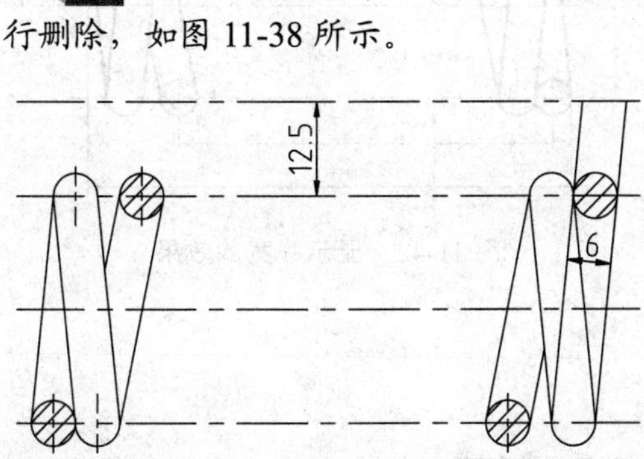

图 11-37　直线偏移并延伸

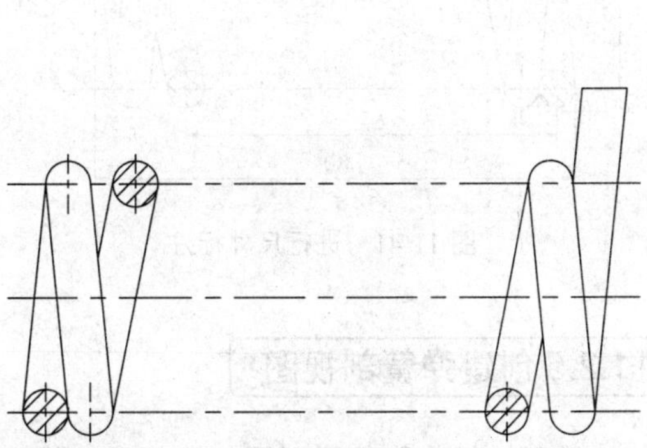

图 11-38　直线修剪

16 将“尺寸与公差”图层置为当前。使用“线性标注”命令（DLI），对绘制的弹簧平面图左端进行尺寸标注，如图 11-39 所示。

17 使用“标注编辑”命令（ED），输入“%%C”后，在尺寸数字前添加直径符号“ϕ”，如图 11-40 所示。

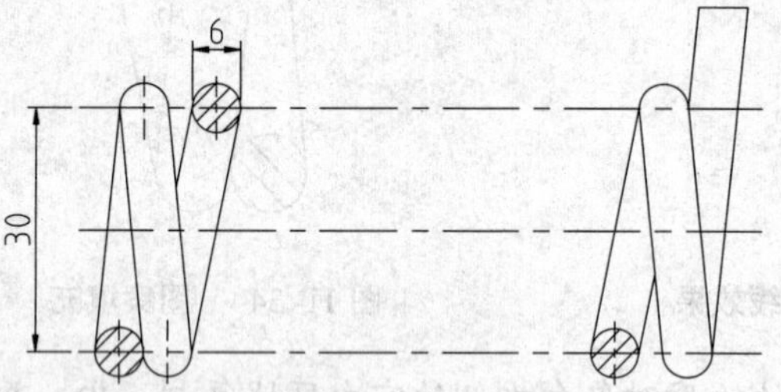

图 11-39　进行尺寸标注

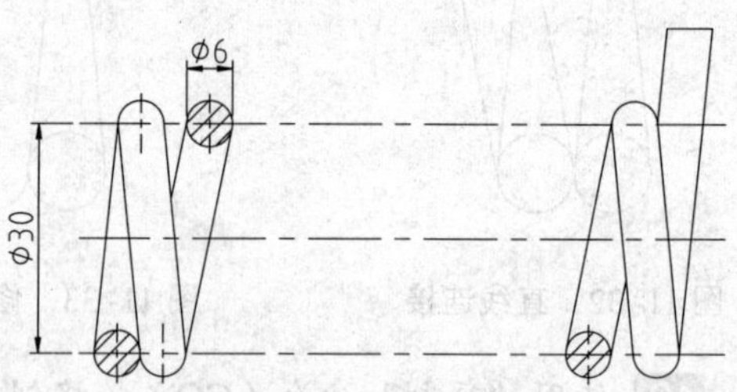

图 11-40　编辑尺寸标注

专家提醒

在 CAD 中进行标注时，常用到的符号如下：

直径	度数	正负号	上划线	下划线
%%C	%%D	%%P	%%O	%%U
ϕ	°	±	¬	_

18 继续使用“线性标注”命令（DLI），对弹簧平面图的底端、右端进行尺寸标注，如图 11-41 所示。

19 单击视图窗口底侧状态栏的“显示/隐藏线宽”按钮，使其由灰色 ☰▾ 变成蓝色 ☰▾，由于在“机械样板”中已经将“粗实线”的线宽设置为 0.3mm，其显示线宽的效果如图 11-42 所示。

20 此时已将弹簧平面图绘制好了。

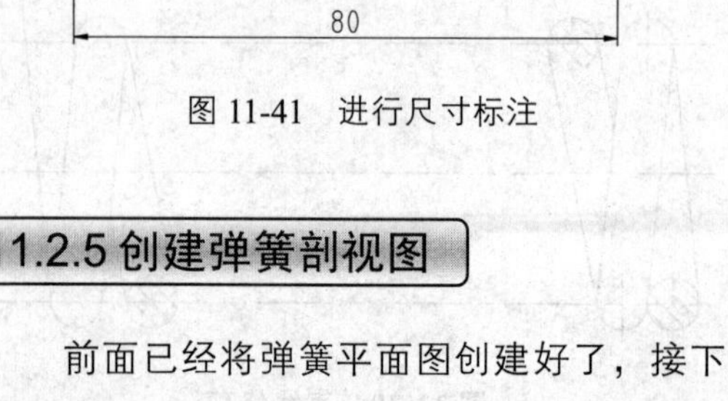

图 11-41　进行尺寸标注

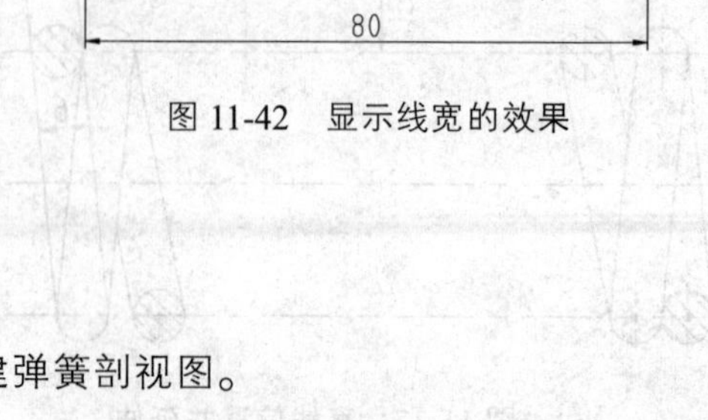

图 11-42　显示线宽的效果

11.2.5 创建弹簧剖视图

前面已经将弹簧平面图创建好了，接下来创建弹簧剖视图。

专家提醒

如果机件的内部结构比较复杂，视图上就会出现许多虚线。这些虚线和其他图线重叠往往会影响图形的清晰，给看图带来困难，也不便于尺寸标注。为了清晰地表达机件的内部结构，经常采用剖视的表达方法。

假想用剖切面（平面或柱面）剖开机件，移去观察者和剖切面之间的部分，将其余部分向投影面投影所得到的图形称为剖视图，简称剖视。剖视图主要用于表达机件的内部结构。剖视图的形成过程如图 11-43 ~ 图 11-45 所示。

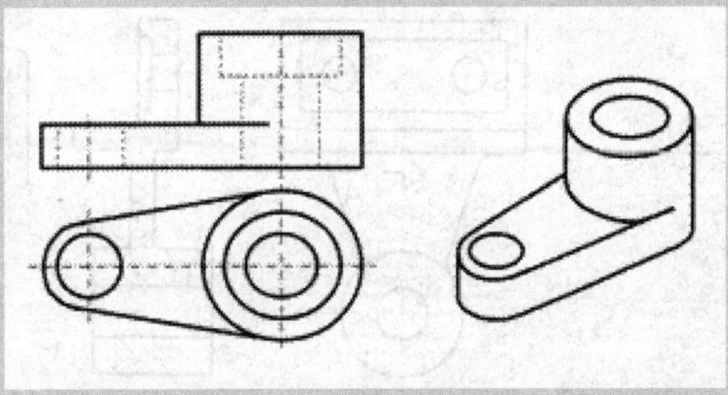

图 11-43　用视图表达

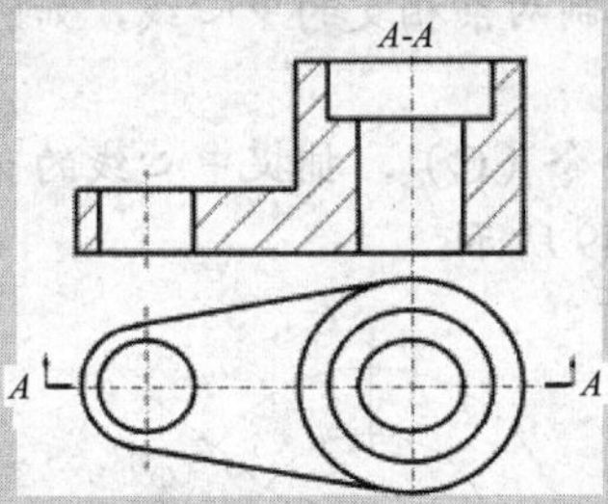

图 11-45　把主视图画成剖视图

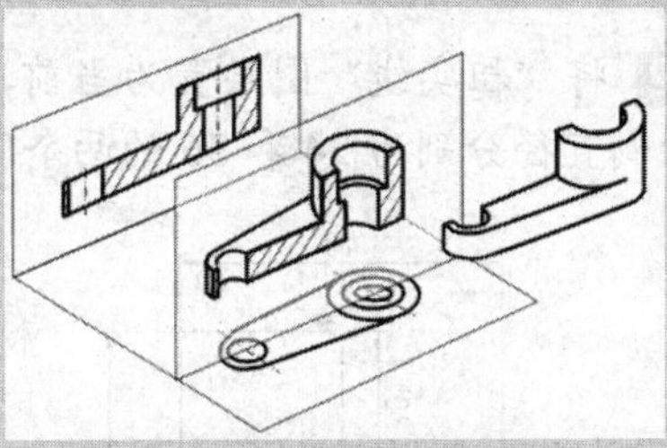

图 11-44　用剖视图表达

按剖切面剖开机件范围大小的不同，剖视图分为全剖视图、半剖视图和局部剖视图。

全剖视图主要用于表达内部结构复杂、外形比较简单的机件；或者用于外形虽然复杂但已在其他视图上表达清楚的机件，如图 11-46 所示。

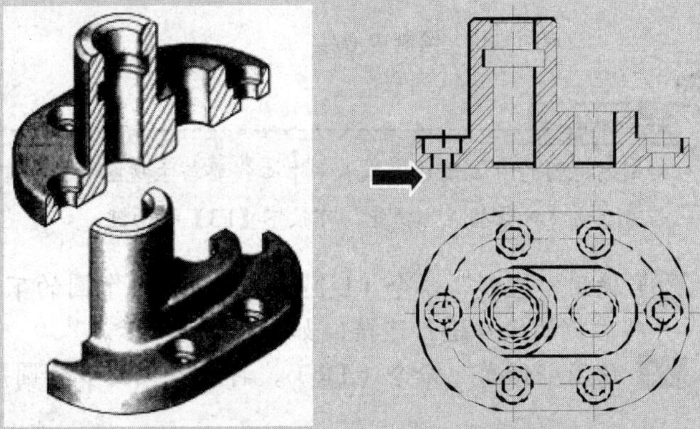

图 11-46　全剖视图

局部剖视是一种比较灵活的表达方法，不受图形是否对称的限制，剖切位置及剖切范围的大小可以根据需要来决定。

半剖视图主要用于内、外结构形状都需要表达的对称机件。当机件的形状接近于对称，且不对称部分已另有图形表达清楚时，也可以画成半剖视图。

阶梯剖属于平行剖的一种，如图 11-47 所示。

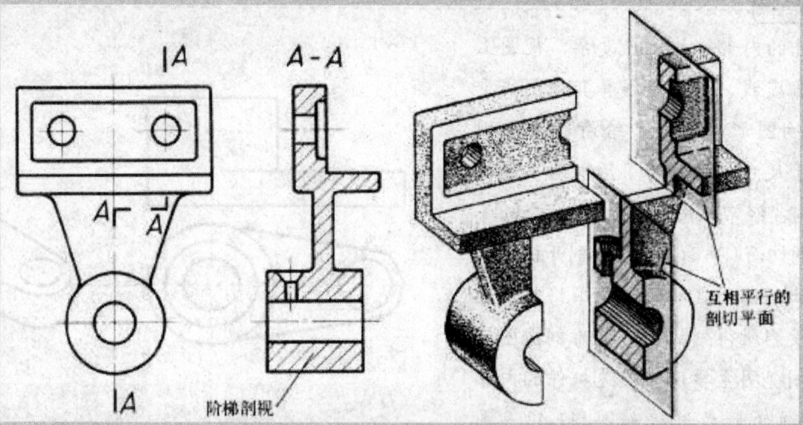

图 11-47 阶梯剖视图

21 将“中心线”图层置为当前，在图形的右侧绘制两条相交的中心线，如图 11-48 所示。

22 将“粗实线”图层置为当前，并使用“圆”命令（C），捕捉中心线的交点作为圆心，绘制直径分别为 24 和 36 的两个同心圆，如图 11-49 所示。

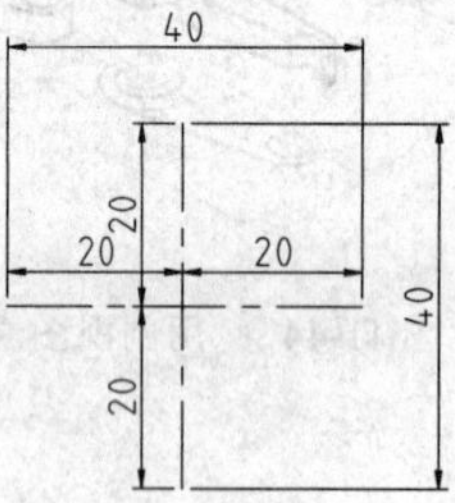

图 11-48 绘制中心线

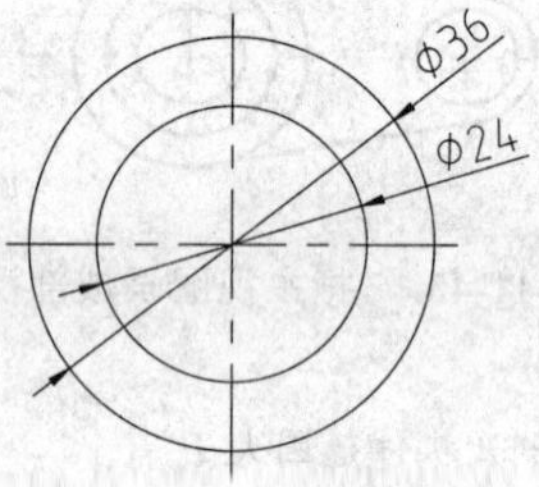

图 11-49 绘制同心圆

专家提醒

绘制剖视图的中心线时，其水平中心线要与主视图的水平中心线保持在同一直线上，且保留一定间距。若需启动“对象捕捉”功能，可按下【F3】帮助键。

23 使用“直线”命令（L），分别捕捉两个圆的下侧象限点，向右绘制长度为 40 的直线，并将右侧的缺口进行连接，如图 11-50 所示。

24 使用“修剪”命令（TR），再将下侧的多余圆弧进行修剪，如图 11-51 所示。

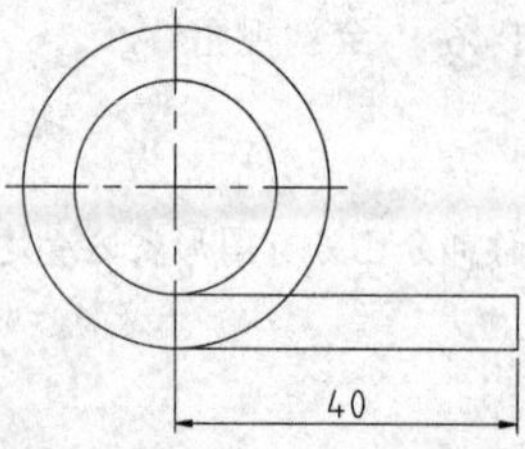

图 11-50 绘制直线

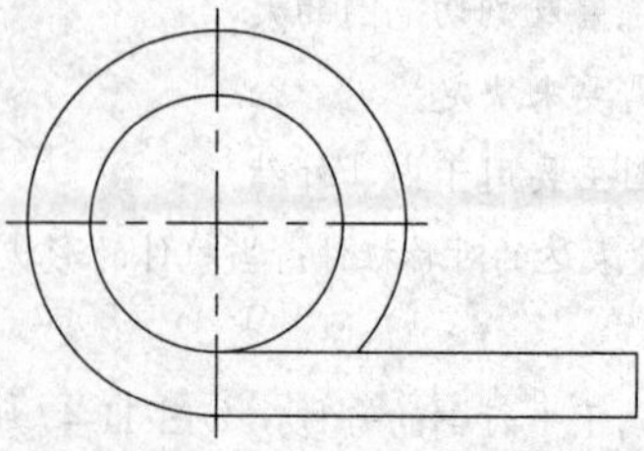

图 11-51 修剪圆弧

专家提醒

如果用户无法快速捕捉圆的象限点，可使用“SE”命令，在打开的“草图设置”对话框的“对象捕捉”选项卡，勾选“象限点（Q）”选项，最后单击“确定”按钮，如图 11- 52 所示，从而返回到视图中，进行相应的操作。

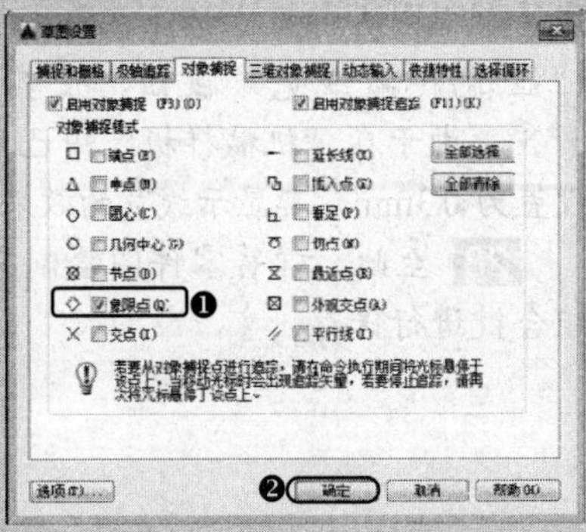

图 11- 52　“草图设置”对话框

25 使用“偏移”命令（O），再将中心线向上偏移 27.5，并使用“构造线”命令（XL），过圆心位置绘制一条与水平中心线成 105°夹角的构造线，如图 11-53 所示。

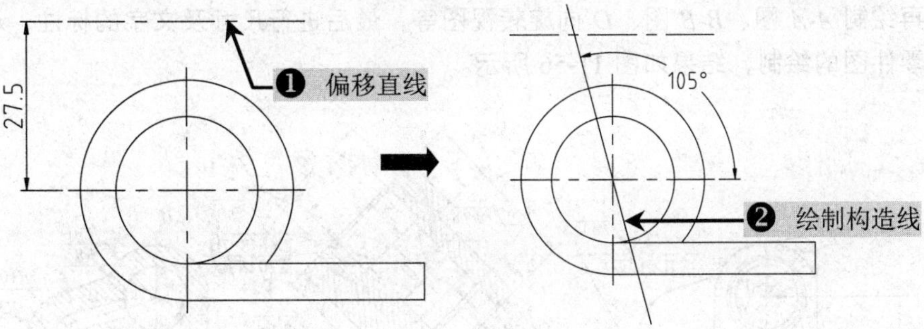

图 11-53　偏移直线并创建构造线

26 使用“偏移”命令（O），将上一步创建的构造线向左侧分别偏移 12 和 18，并使用“修剪”（TR）、“删除”（E）等命令，将多余的线进行修剪删除，再执行“直线”命令（L），对图形的上侧位置进行封口，如图 11-54 所示。

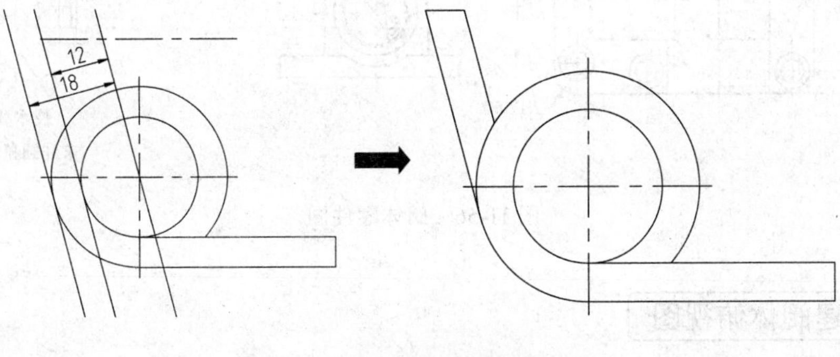

图 11-54　偏移并修剪直线

27 将“尺寸与公差”图层置为当前。使用“线性标注”（DLI）、“角度标注”（DAN）等命令，对绘制的弹簧剖视图进行尺寸标注，单击视图窗口底侧状态栏的“显示/隐藏线宽”按钮，使其由灰色 变成蓝色 ，由于在“机械样板”中已经将“粗实线”的线宽设置为0.3mm，其显示线宽的效果如图11-55所示。

28 至此，弹簧零件图绘制完成，直接按【Ctrl+S】组合键进行保存。

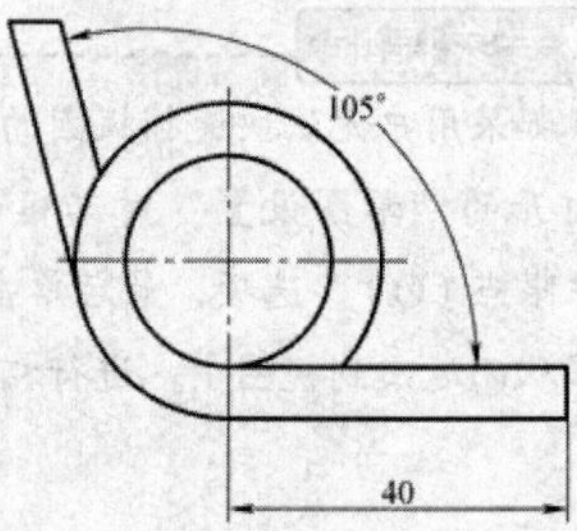

图 11-55　进行尺寸标注并显示线宽

11.3 创建阀体零件图

根据图例可看出阀体零件的视图较多，主要由俯视图、主视图、向视图等组成。在绘制该零件图时，用户可以首先绘制出俯视图，使其作为其他零件图的绘制基准，然后绘制主视图，接着再绘制 *A-A* 图、*B-B* 图、*D* 向旋转视图等，最后进行尺寸及文字的标注，从而完成整个阀体零件图的绘制，结果如图11-56所示。

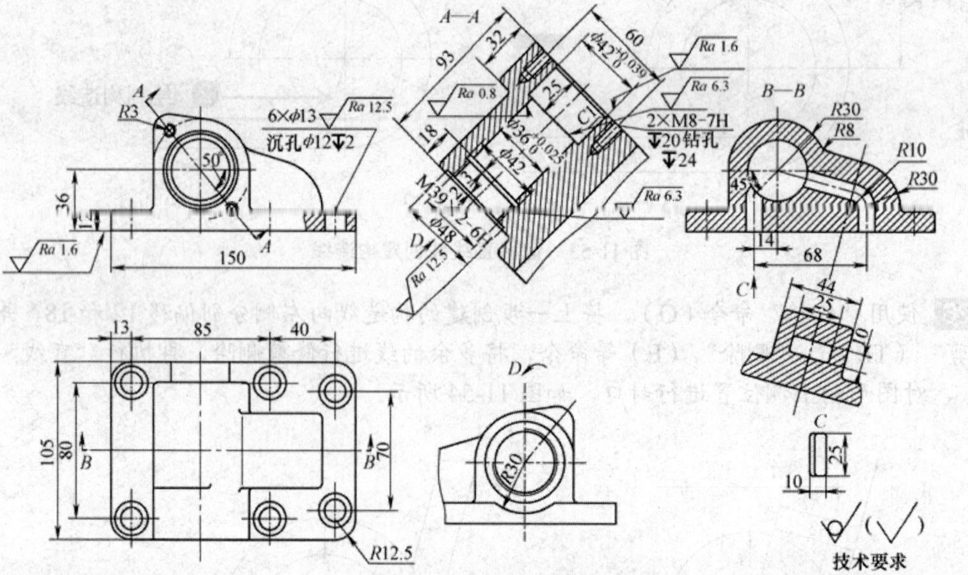

图 11-56　阀体零件图

11.3.1 创建阀体俯视图

本节讲解创建阀体的俯视图，其具体操作步骤如下：

➢　向视图需在图形上方中间位置处标注视图名称“×”（“×”为大写拉丁字母，并按

A、*B*、*C*……顺次使用，下同），并在相应的视图附近用箭头指明投射方向，注上同样的字母。

➢ 向视图应用应注意以下两点：
六个基本视图中，优先选择主、俯、左三个视图。
向视图是基本视图的一种表达形式，其主要区别在于视图的配置方面，表达方向的箭头应尽可能配置在主视图上。

➢ 向视图的名称“X”为大写拉丁字母，方向应与正常的读图方向一致。

➢ 向视图是可以配置的视图，必须对其进行标注。如图 11-57 所示。

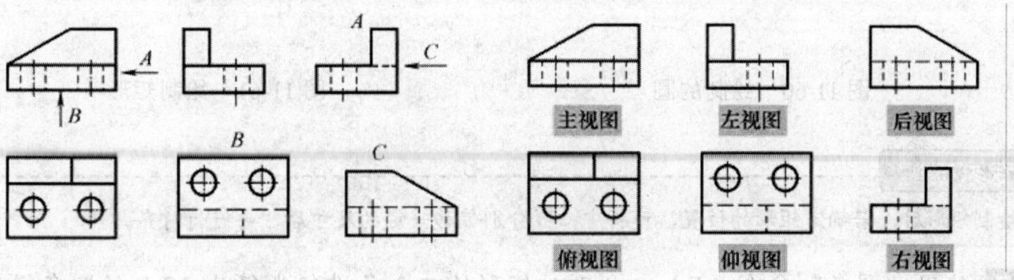

图 11-57 阀体的视图

专家提醒

向视图是人为假想按指定的方向进行投射而形成的视图，具有一定的方向性，由方向符号和图名组成。当某视图不能按投影关系配置时，可按向视图绘制。

01 正常打开 AutoCAD 2016 软件，选择“快捷工具访问栏”中的“打开”按钮，将“案例\11\机械样板.dwt”文件打开，此时则新建一“drawing1.dwg”图形文件。

02 再单击“另存为”按钮，将其另存为“案例\11\阀体零件图.dwg”文件。

03 将“中心线”图层置为当前。首先创建俯视图。使用“直线”命令（L），绘制互相垂直的中心线段，如图 11-58 所示。

04 继续使用“直线”命令（L），再次绘制中心线，如图 11-59 所示。

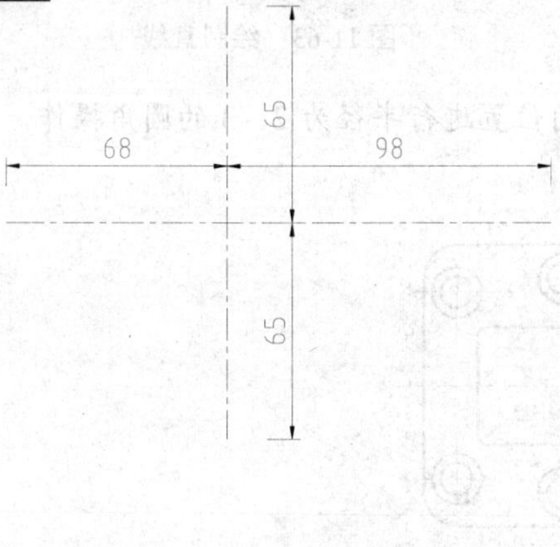

图 11-58 绘制中心线

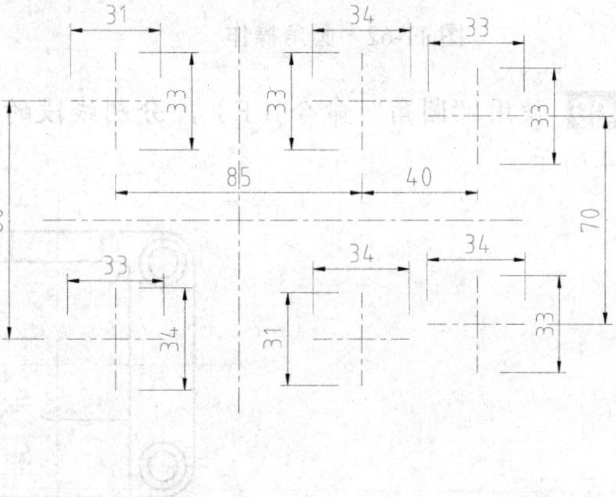

图 11-59 绘制中心线

05 将“粗实线”图层置为当前。使用“圆”命令（C），捕捉线段的交点，分别绘制直径为 13 和 20 的圆，如图 11-60 所示。

06 使用“矩形”命令（REC），绘制 150×105 的矩形，如图 11-61 所示。

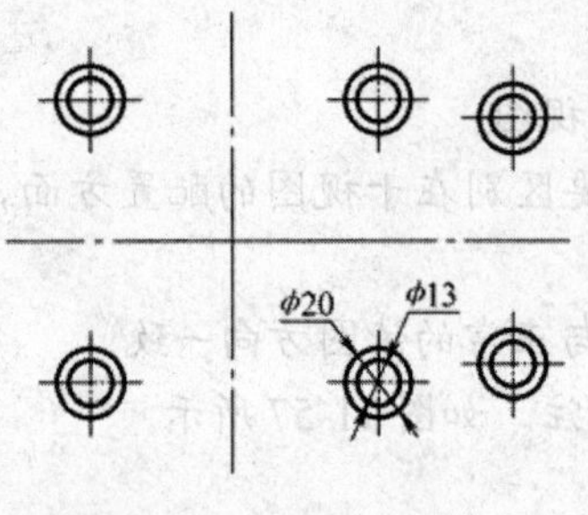

图 11-60　绘制的圆

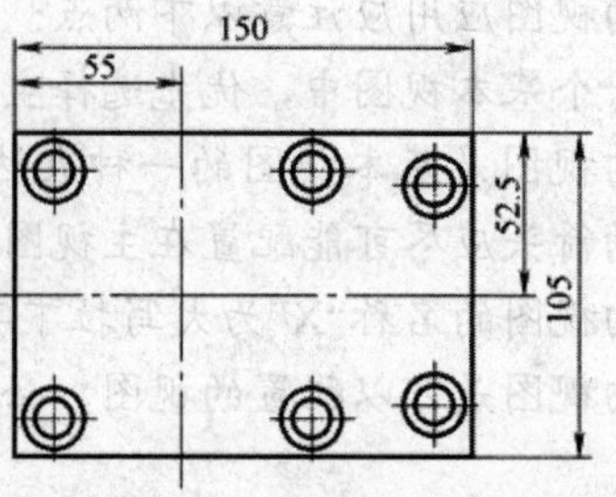

图 11-61　绘制矩形

专家提醒

绘制矩形后，若确定矩形的位置，可将中心线分别偏移一定的尺寸后，再进行对齐。

07 使用“圆角”命令（F），分别对矩形的四个角进行半径为 12.5 的圆角操作，如图 11-62 所示。

08 使用“直线”命令（L），绘制一些水平和垂直线段，如图 11-63 所示。

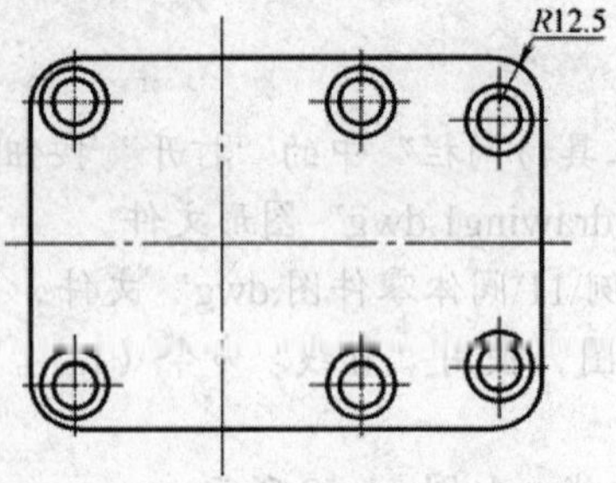

图 11-62　圆角操作

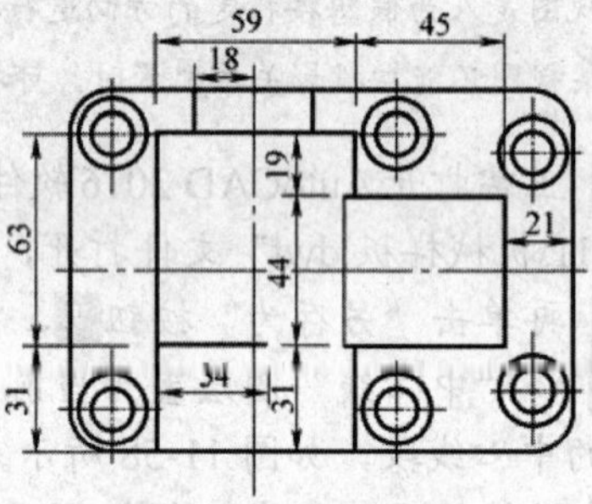

图 11-63　绘制直线

09 使用“圆角”命令（F），分别线段的转角位置进行半径为 2、3 的圆角操作，如图 11-64 所示。

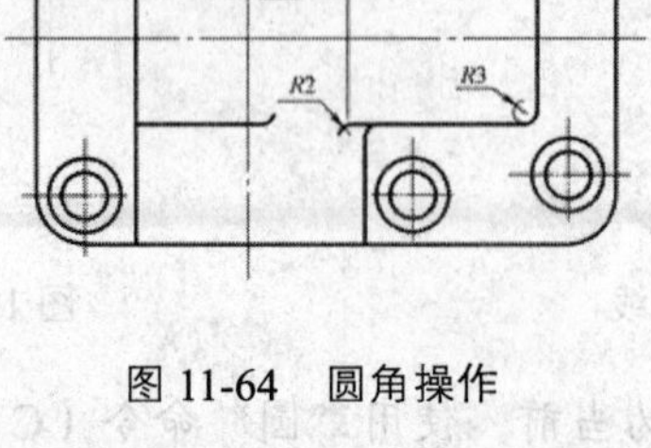

图 11-64　圆角操作

10 此时已将阀体俯视图绘制好了。

11.3.2 创建阀体主视图

本节讲解创建阀体的主视图，其具体操作步骤如下：

01 使用“构造线”命令（XL），通过俯视图绘制垂直引伸线段，如图 11-65 所示。

02 使用“直线”命令（L），绘制长度为 150 的水平线段，如图 11-66 所示。

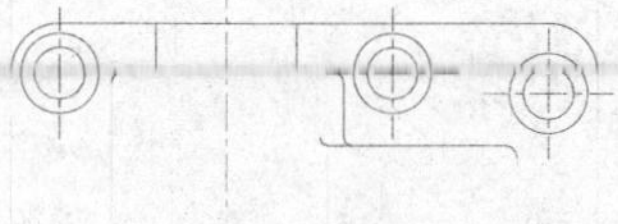

图 11- 65　绘制引伸线

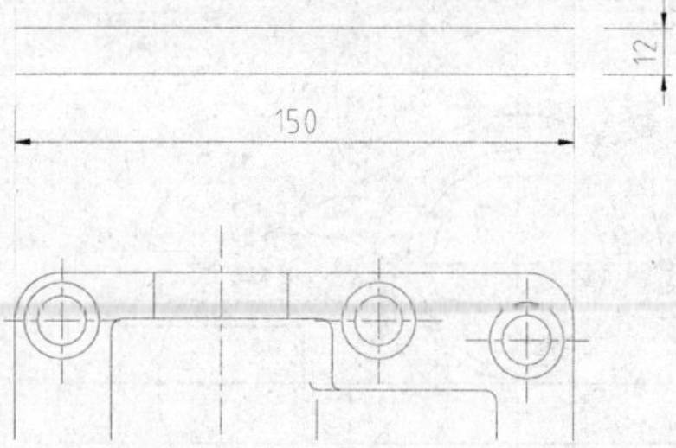

图 11- 66　绘制水平线段

03 将“中心线”图层置为当前。使用“直线”命令（L），绘制中心线，如图 11-67 所示。

04 将“粗实线”图层置为当前。使用“圆”命令（C），捕捉交点，分别绘制直径为 36、42、46、60 的圆，如图 11-68 所示。

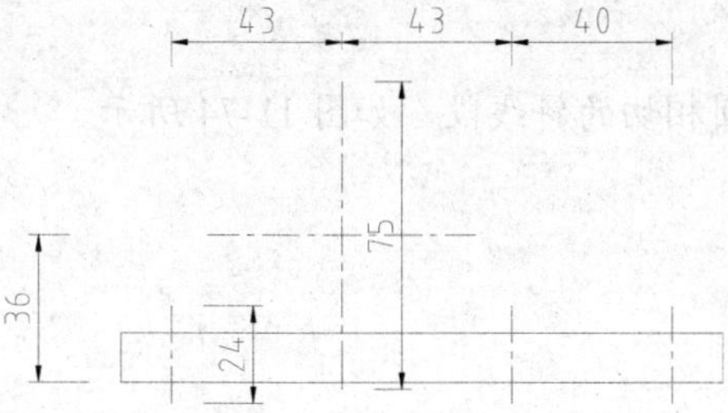

图 11-67　绘制中心线

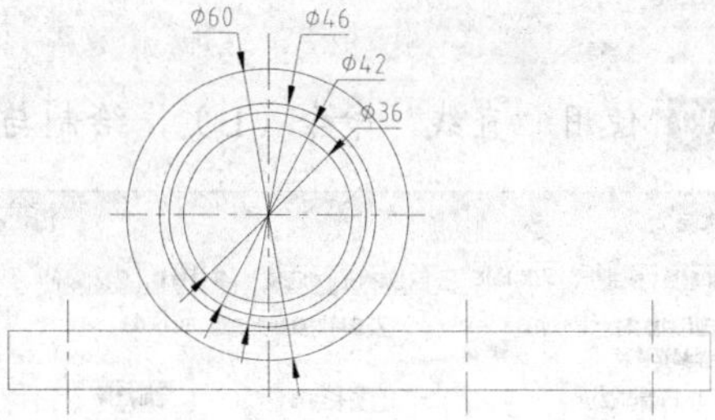

图 11-68　绘制的圆

05 使用“直线”命令（L），绘制角度为 50°的斜线段，如图 11-69 所示。

06 使用“圆”命令（C），捕捉斜线与 ϕ60 圆的交点，分别绘制直径为 6 和 8 的圆，如图 11-70 所示。

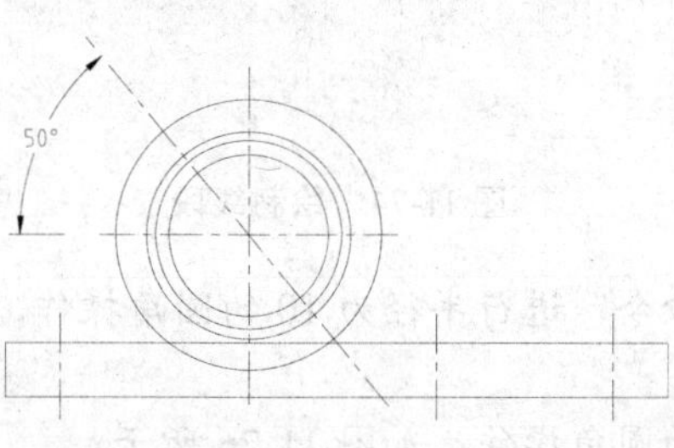

图 11-69　绘制斜线

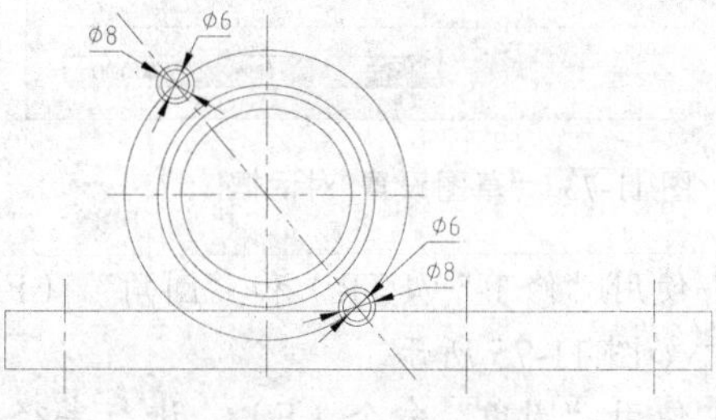

图 11-70　绘制的圆

专家提醒

此处选中绘制斜线段，将其转换到“中心线”图层。

07 使用“偏移”命令(O)，将图中相应的垂直中心线向右偏移 2 复制，再使用“圆”命令（C），捕捉偏移垂直中心线与上侧水平线段相交的点为圆心，绘制半径为 30 的圆，并使用“直线”命令（L），绘制与半径为 30 的两个圆相切的斜线段，斜线段与水平方向的角度为 152°，如图 11-71 所示。

08 使用“修剪”命令（TR），修剪掉多余的线段，如图 11-72 所示。

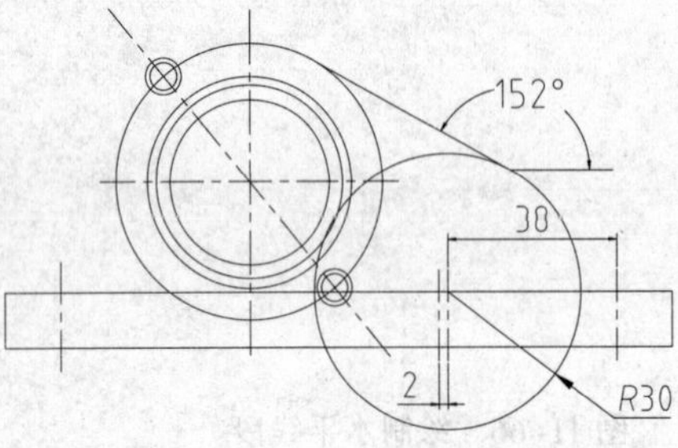

图 11-71　绘制圆与切线

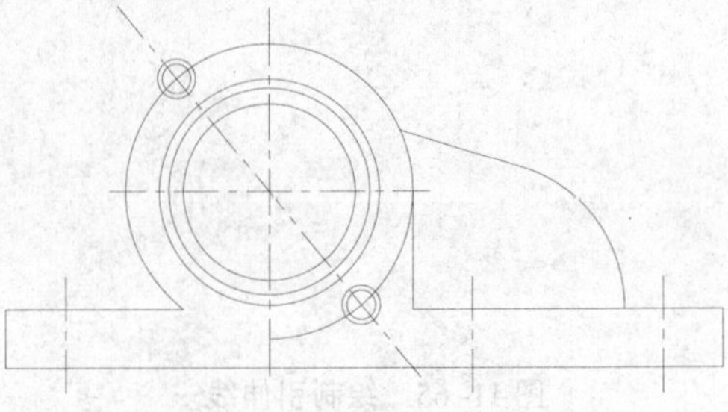

图 11-72　修剪线段

专家提醒

绘制斜线时，为了快速找到切点，在“草图设置”对话框中，只勾选“切点”选项，如图 11- 73 所示。

09 使用“直线”命令（L），绘制与 ϕ60 圆相切的斜线段，如图 11-74 所示。

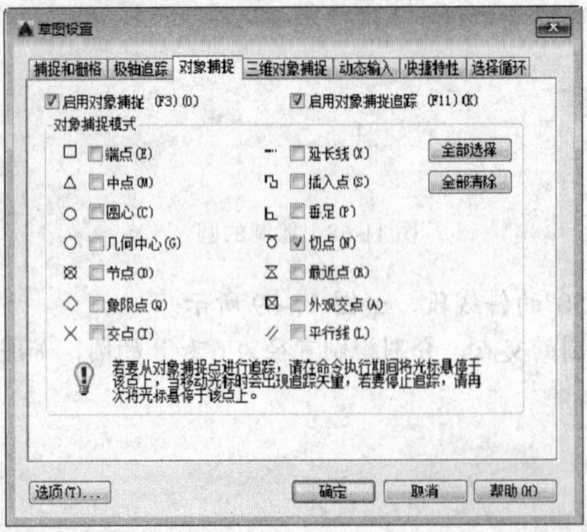

图 11-73　“草图设置”对话框

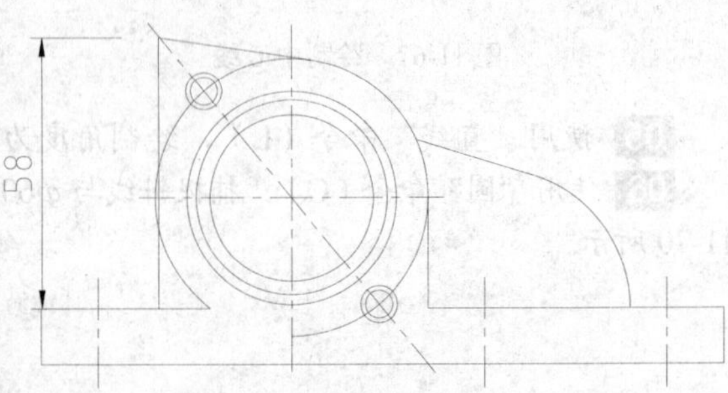

图 11-74　绘制线段

10 使用“修剪”（TR）和“圆角”（F）等命令，进行半径为 10 的圆角操作，并修剪掉线段，如图 11-75 所示。

11 使用“圆角”命令（F），进行半径为 8 的圆角操作，如图 11-76 所示。

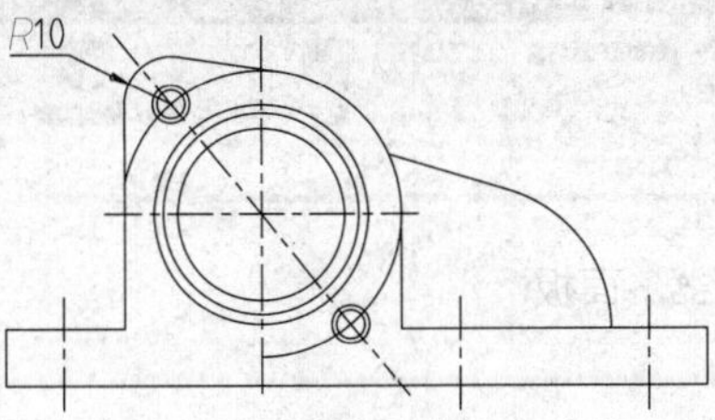

图 11-75 圆角操作

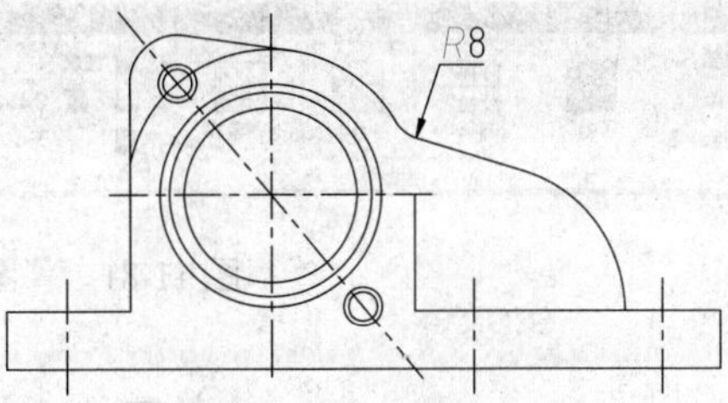

图 11-76 圆角操作

专家提醒

由于当前为“修剪”（T）模式，所以进行圆角操作时，会修剪掉一部分圆弧。

12 使用“延伸”命令（EX），选择长的垂直中心线，将圆弧进行延伸，如图 11-77 所示。

13 使用“打断”命令（BR），对 $\phi 60$ 的圆弧进行打断操作，如图 11-78 所示。

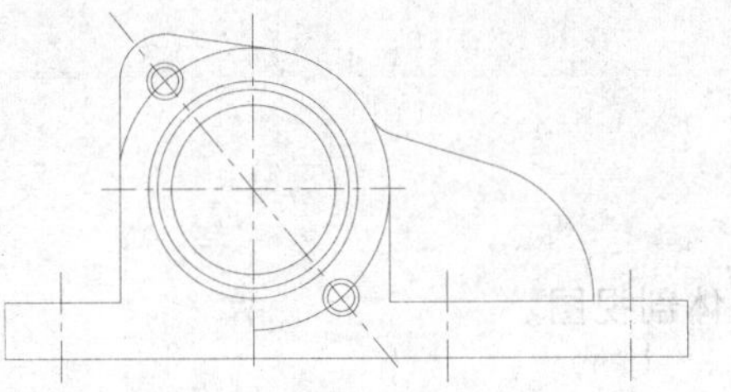

图 11-77　延伸圆弧

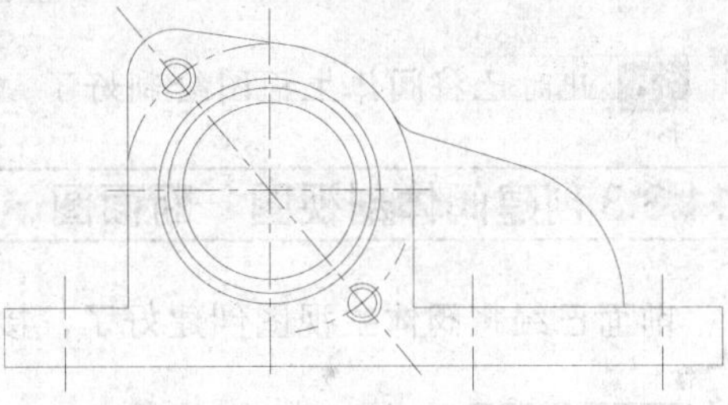

图 11-78　打断圆弧

专家提醒

此处选中打断后的圆弧对象，将其转换到“中心线”图层。

14 使用“圆角”命令（F），分别进行半径为 2、3 的圆角操作，如图 11-79 所示。

15 使用“直线”（L）、“偏移”（O）、“修剪”（TR）等命令，在图形右下角绘制相应的线段，并做修剪操作，如图 11-80 所示。

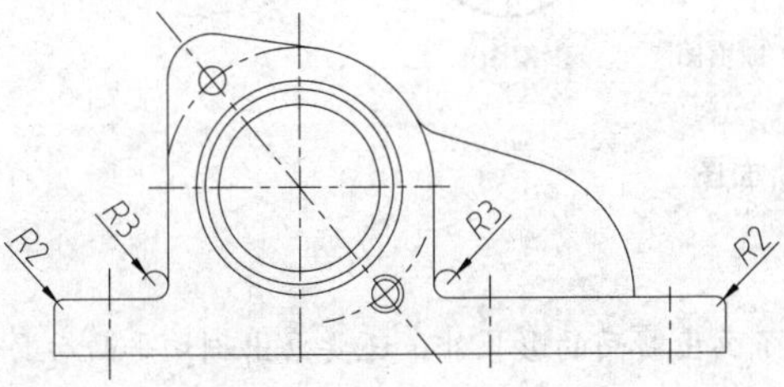

图 11-79　圆角操作

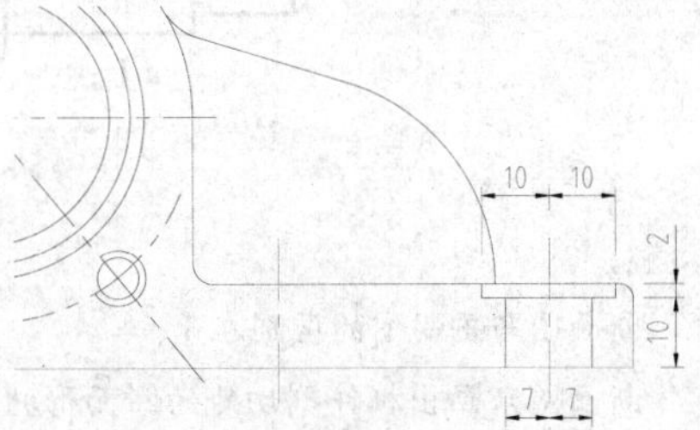

图 11-80　绘制线段

16 使用“样条曲线”命令（SPL），在上一步绘制图形的左侧，绘制一样条曲线。

17 使用“图案填充”命令（H），在新增的“图案填充编辑器”面板中，选择“ANSI31”,设置比例为 1，如图 11- 81 和图 11-82 所示。

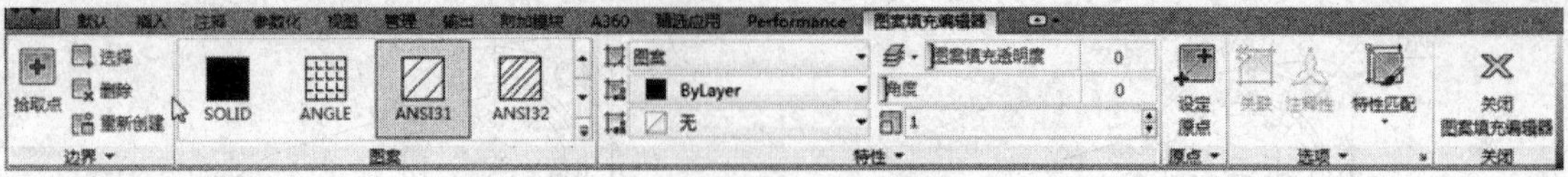

图 11-81 “图案填充编辑器”面板

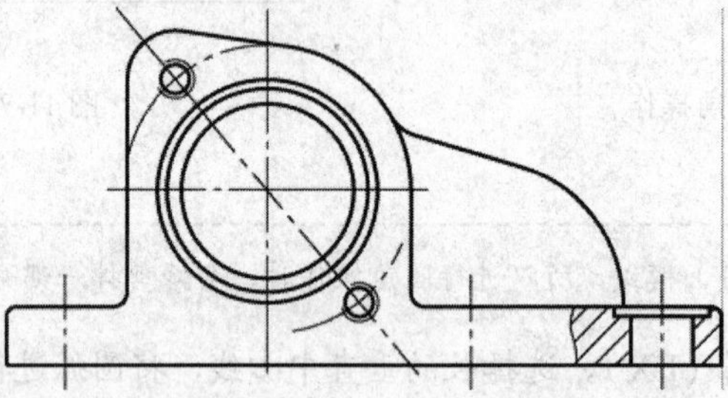

图 11-82 图案填充

18 此时已将阀体主视图绘制好了。

11.3.3 创建阀体剖视图、断面图、向视图

前面已经将阀体主视图创建好了，接下来创建阀体剖视图。

专家提醒

假想用剖切面把机件的某处切断，仅画出剖切面与机件接触部分的图形称为断面图，也可简称为断面，如图 11-83 所示。

断面图常用来表达机件某一部分的断面形状。如机件上的肋板、轮辐、孔、键槽、杆件和型材的断面等。一般情况下，剖切面应垂直于机件的主要轮廓或轴线。

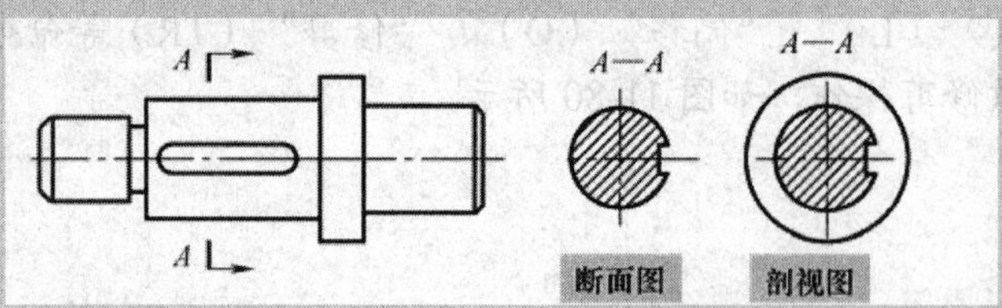

图 11-83 断面图

断面图与剖视图的区别在于:

断面图只画出机件剖切处的断面形状，而剖视图除了画出断面的形状外，还要画出剖切平面后面部分的机件轮廓投影，如图 11-83（右部分）所示的视图对比。

断面图的断面轮廓线用粗实线绘制，断面轮廓线范围内也要绘出材料图例，画法同剖视图。

断面图的剖切符号一般由剖切位置线和编号两部分组成，如图 11-83 所示。

视图中，在断面图的上方一般应注写相应的编号，如“A－A”。

01 绘制 *A—A* 图。将“中心线”图层置为当前。使用“直线”命令（L），绘制中心线段，如图 11-84 所示。

02 使用“旋转”命令（RO），选择绘制的中心线段，捕捉中间位置垂直线段的顶点，旋转 135°，从而与平面形成 45°的夹角效果，如图 11-85 所示。

图 11-84　绘制垂直线段

图 11-85　旋转操作

03 将“粗实线”图层置为当前。使用“偏移”（O）、“直线”（L）、“修剪“（TR）等命令，参照相应的尺寸，从而绘制图形，如图 11-86 所示。

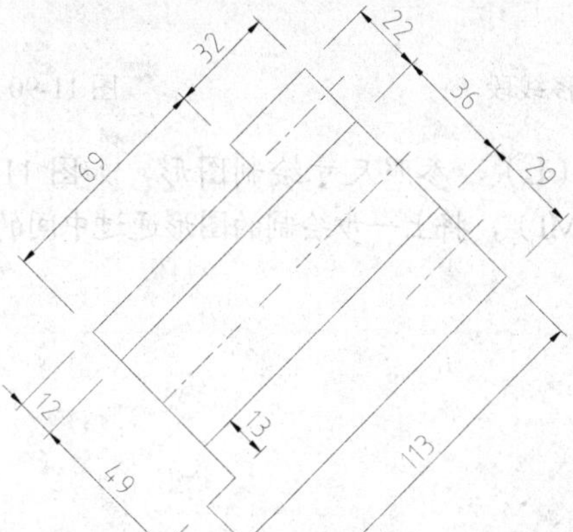

图 11-86　绘制线段

专家提醒

此处可以将中心线进行相应尺寸的偏移操作，然后再将其转换为“粗实线”图层。

04 使用“圆角”命令（F），进行半径为 2、3 的圆角操作，如图 11-87 所示。

05 使用“偏移”（O）、“修剪”（TR）等命令，偏移和修剪线段，如图 11-88 所示。

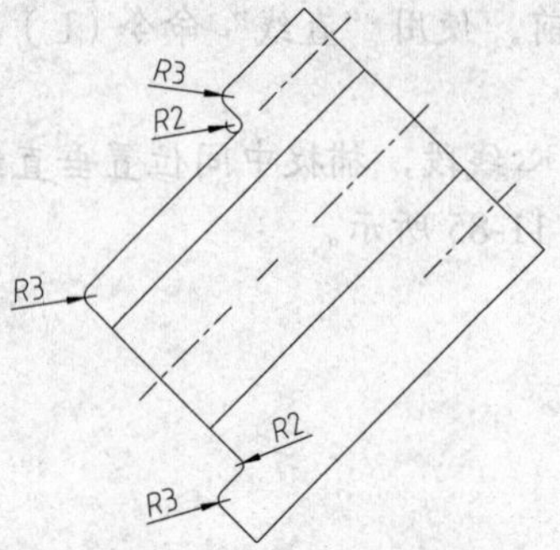

图 11-87　圆角操作

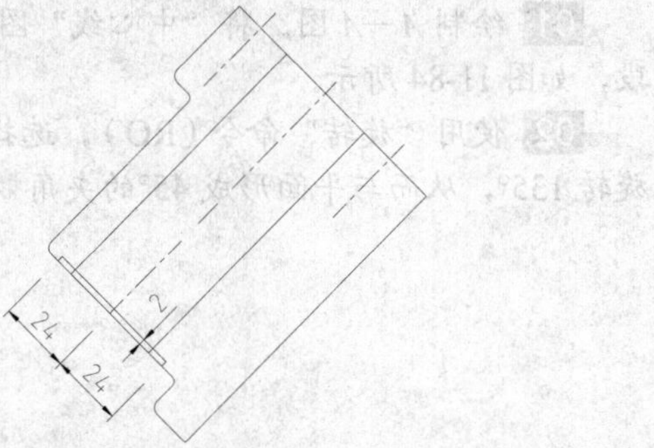

图 11-88　偏移线段

06 使用“偏移”（O）、“修剪“（TR）等命令，偏移和修剪线段，如图 11-89 所示。

07 使用“样条曲线”（SPL）、“延伸“（EX）等命令，绘制一样条曲线，并将斜线段延伸到样条曲线上，如图 11-90 所示。

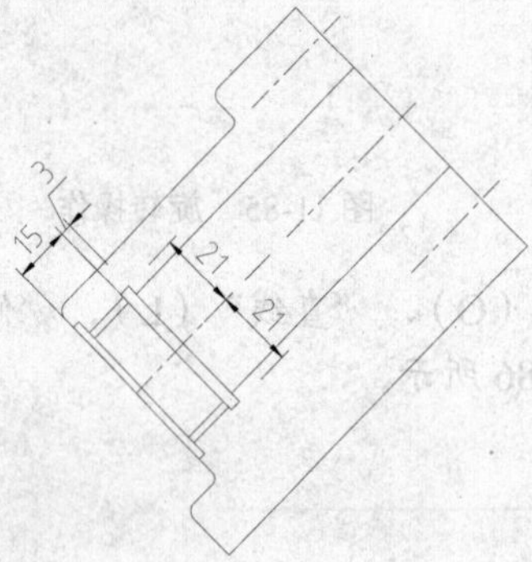

图 11-89　偏移线段

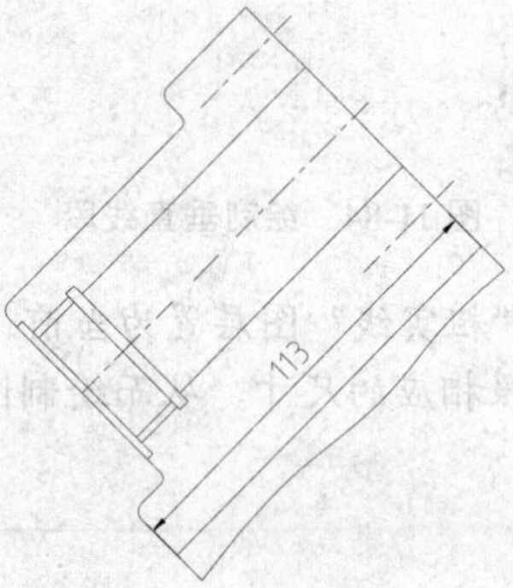

图 11-90　绘制样条曲线

08 使用“直线”命令（L），参照尺寸绘制图形，如图 11-91 所示。

09 使用“镜像”命令（MI），将上一步绘制的图形通过中间的中心线向右侧镜像一份，如图 11-92 所示。

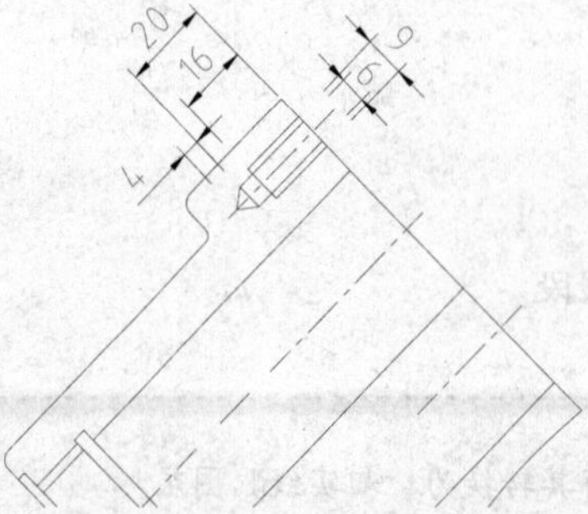

图 11-91　绘制线段

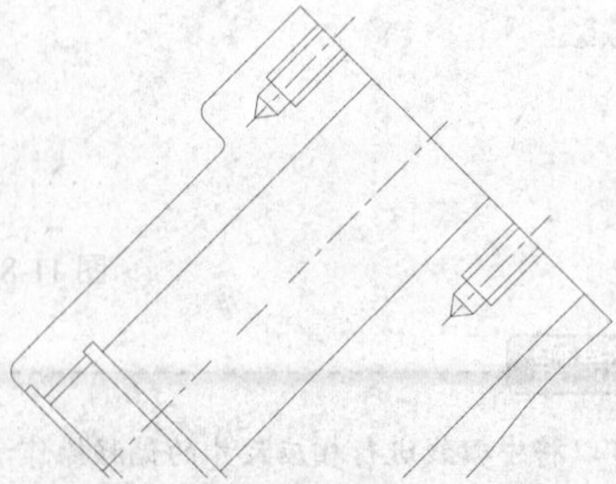

图 11-92　镜像操作

专家提醒

在进行内螺纹轮廓的创建时，螺纹的直径是按照外侧的细实线来进行测量尺寸的。

在加工螺纹或孔时，实际加工的尺寸要比标注的尺寸要大些。这是加工工艺的需要，因此在绘制这里没有给出具体尺寸，用户可以在螺纹具体尺寸的基础上适当地进行调整即可。

10 使用“偏移”（O）、“修剪”（TR）等命令，偏移和修剪线段，如图 11-93 所示。

11 将“剖面线”图层置为当前。使用“图案填充”命令（H），进行设置比例为 1、选择样例为“ANSI31”、角度为 40°的填充操作，如图 11-94 所示。

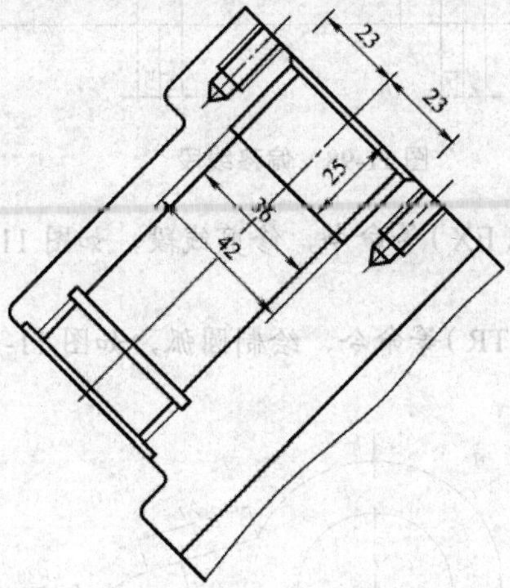

图 11-93　绘制线段

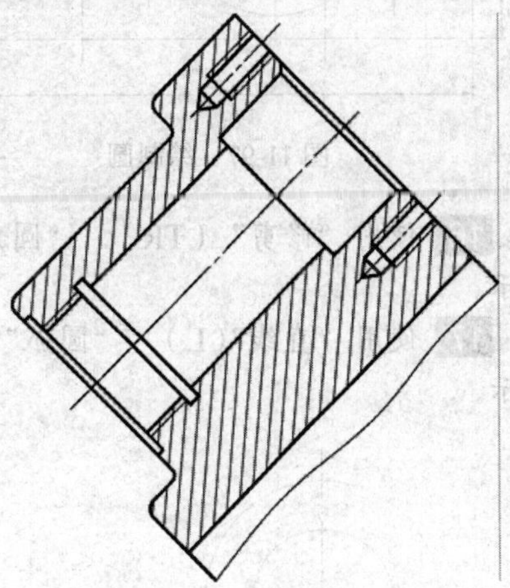

图 11-94　图案填充

12 接下来绘制 *B*—*B* 图。将“中心线”图层置为当前。使用“直线”命令（L），绘制互相垂直的线段，如图 11-95 所示。

13 使用“直线”（L）、“旋转”（RO）、“圆角”（F）等命令，绘制中心线段，如图 11-96 所示。

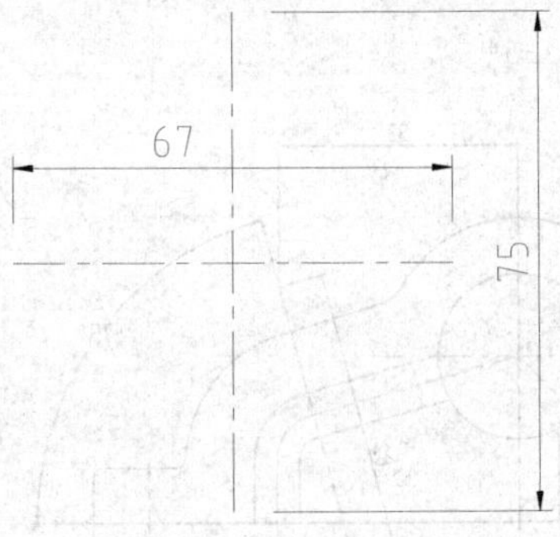

图 11-95　绘制线段

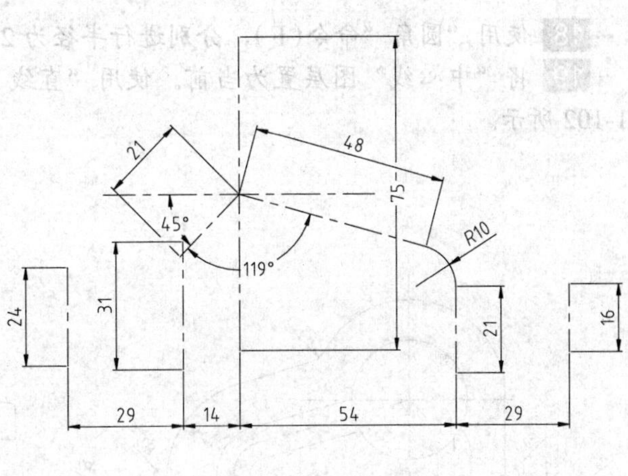

图 11-96　绘制线段

14 将“粗实线”图层置为当前。使用“矩形”（REC）、“旋转”（RO）、“圆角”（F）等命令，绘制互相垂直的线段，如图 11-97 所示。

15 使用“偏移”命令（O），将中心线段向左、右各偏移 5，并将偏移得到的线段转换为“粗实线”，如图 11-98 所示。

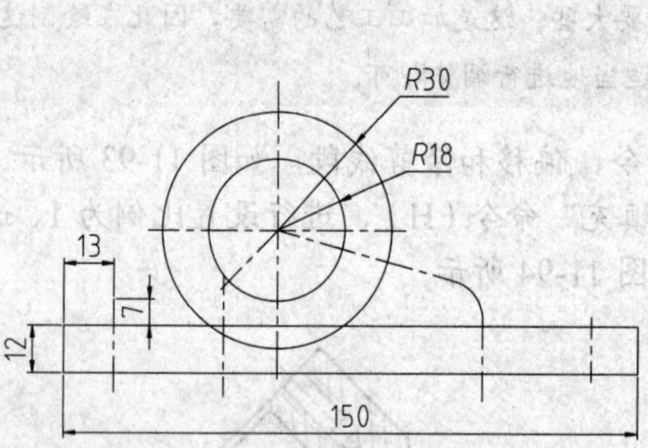

图 11-97　绘制圆

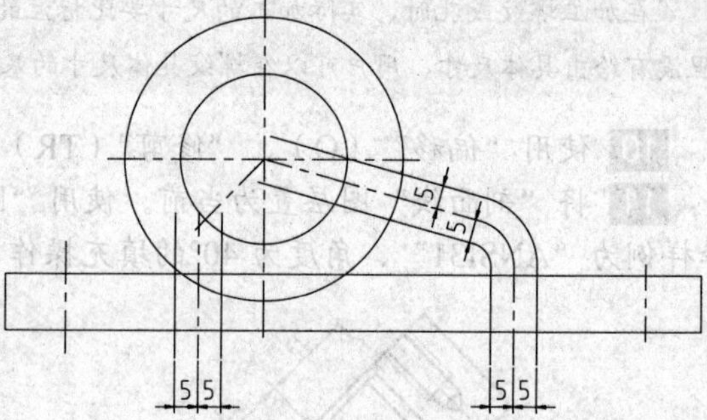

图 11-98　偏移线段

16 使用“修剪”（TR）、“圆角”（F）、“延伸”（EX）等命令，修剪线段，如图 11-99 所示。

17 使用“直线”（L）、“圆弧”（A）、“修剪”（TR）等命令，绘制圆弧，如图 11-100 所示。

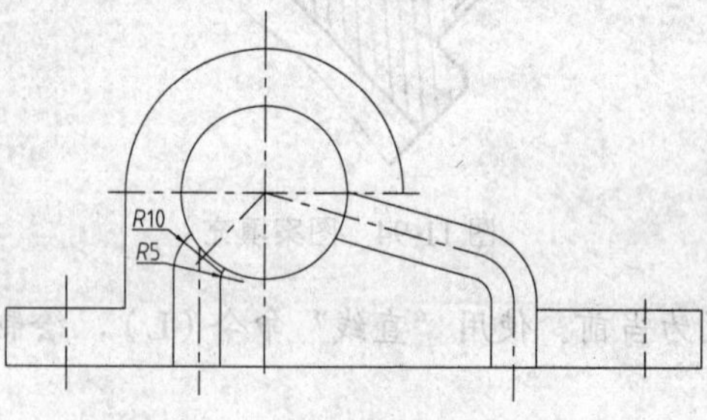

图 11-99　修剪线段

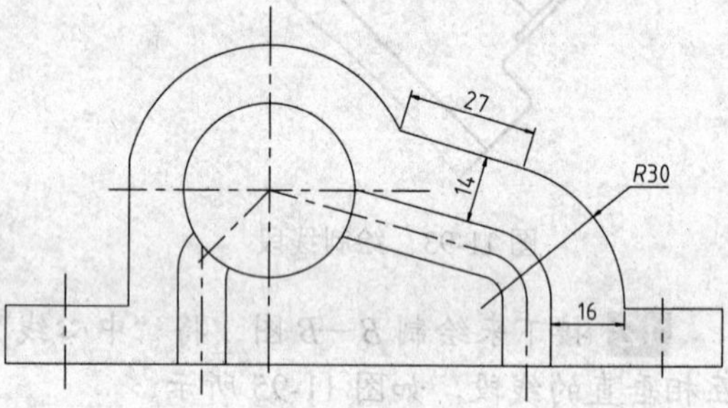

图 11-100　绘制圆弧

18 使用“圆角“命令(F)，分别进行半径为 2、3、8 的圆角操作，如图 11-101 所示。

19 将“中心线”图层置为当前。使用“直线“命令（L），绘制 75°的斜线段，如图 11-102 所示。

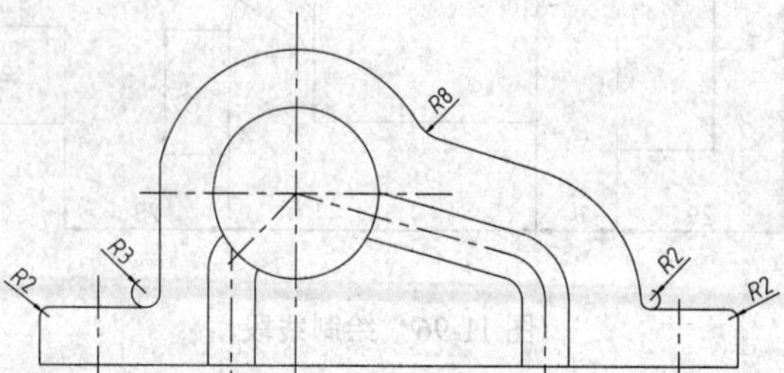

图 11-101　圆角操作

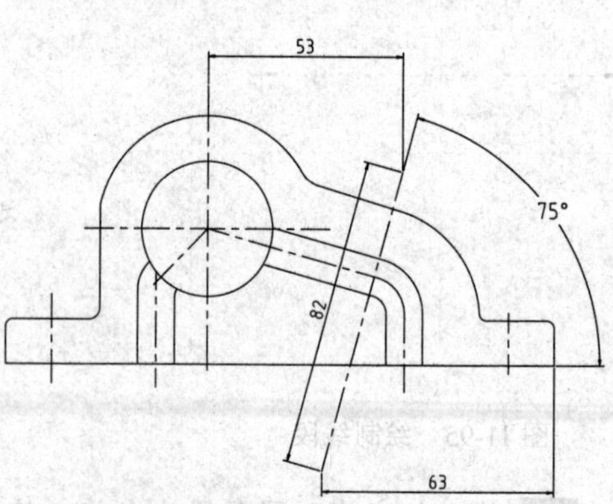

图 11-102　绘制斜线段

20 将“剖面线”图层置为当前。使用“图案填充”命令（H），选择样例为“ANSI31”，设置比例为 1，进行填充操作，如图 11-103 所示。

21 将“粗实线”图层置为当前。使用“矩形”（REC）、“直线“（L）等命令，绘制如图 11-104 所示的图形。

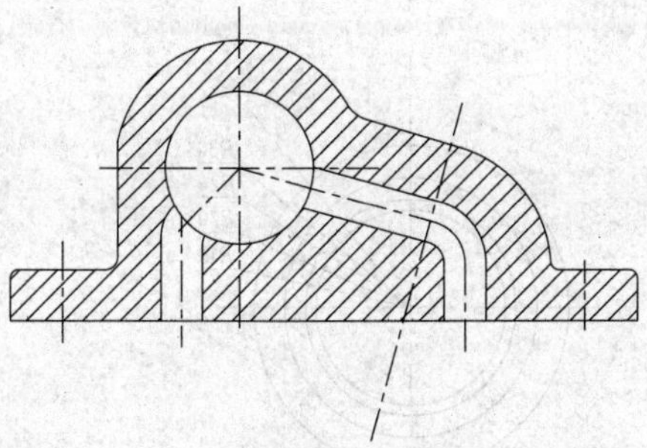

图 11-103　图案填充

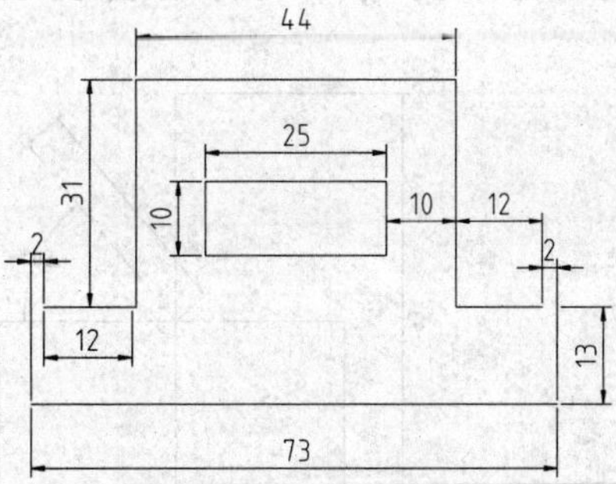

图 11-104　绘制图形

22 使用“样条曲线”（SPL）、“圆角“（F）等命令，在图形左下、右下位置分别绘制一曲线，并对外侧图形进行半径为 3，内部矩形半径为 2 的圆角操作，如图 11-105 所示。

23 将“中心线”图层置为当前。使用“直线”命令（L），过相应水平线段的中点绘制一条垂直中心线，如图 11-106 所示。

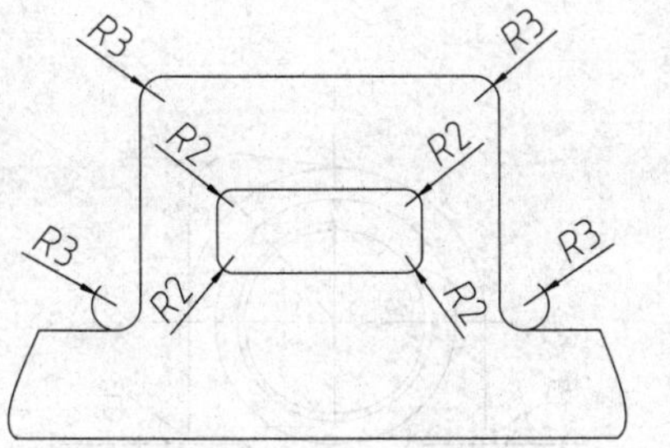

图 11-105　圆角操作

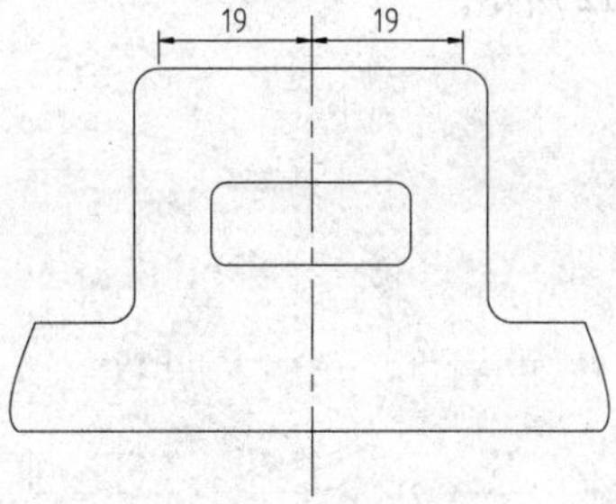

图 11-106　绘制垂直中心线

24 将“剖面线”图层置为当前。使用“图案填充”命令（H），选择样例为“ANSI31”，设置比例为 1，角度为 180°，对相应位置进行图案填充，如图 11-107 所示。

25 使用“旋转”命令（RO），将整个图形旋转-15°，如图 11-108 所示。

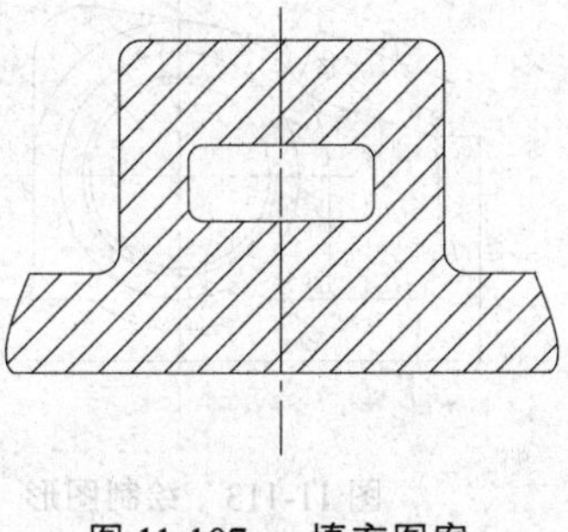

图 11-107　填充图案

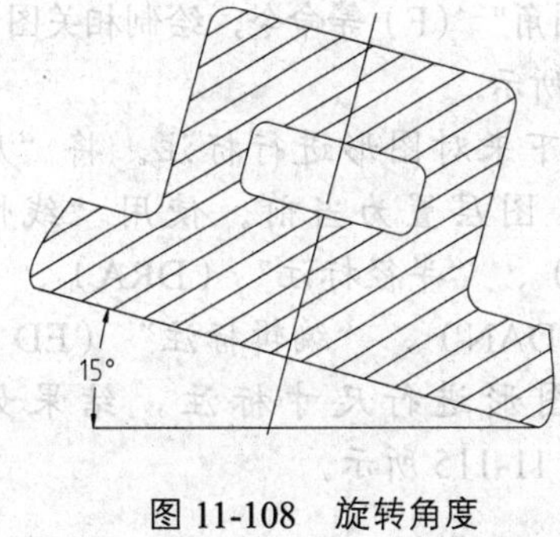

图 11-108　旋转角度

26 接下来绘制D向旋转视图，将“中心线”图层置为当前。使用“直线”命令(L)，绘制两条互相垂直的线段，再以两条线段的交点为起点绘制一条与水平中心线成 50°角的斜线段，如图 11-109 所示。

27 将“粗实线”图层置为当前。使用“圆”命令（C），捕捉交点，分别绘制半径为 18、20、24、30 的同心圆，如图 11-110 所示。

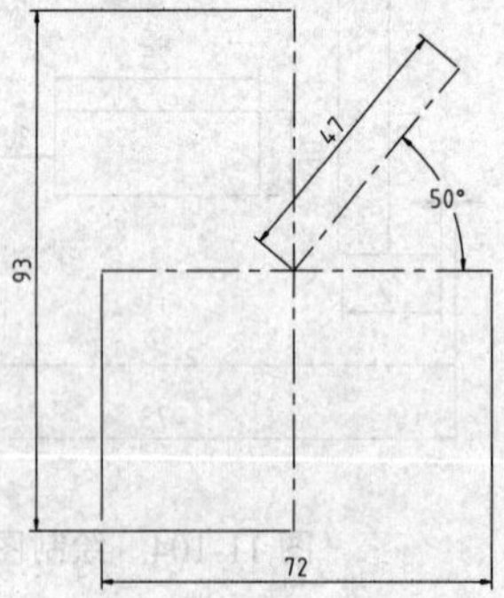

图 11-109 绘制中心线段

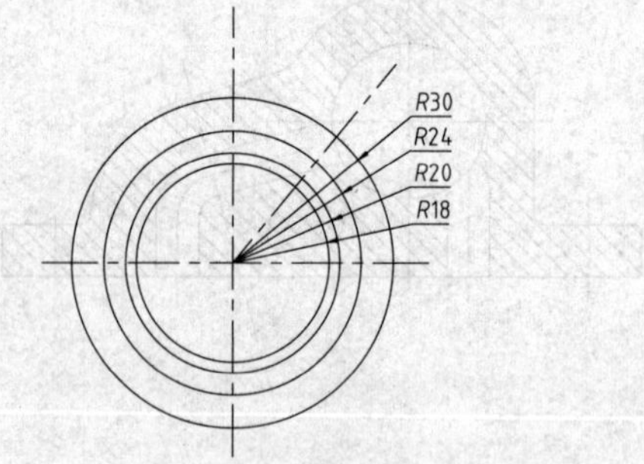

图 11-110 绘制同心圆

28 使用“直线”（L）、“修剪”（TR）等命令，绘制如图 11-111 所示的线段。

29 使用“圆角”（F）、“修剪”（TR）等命令，在图形左下、右下位置分别绘制一曲线，如图 11-112 所示。

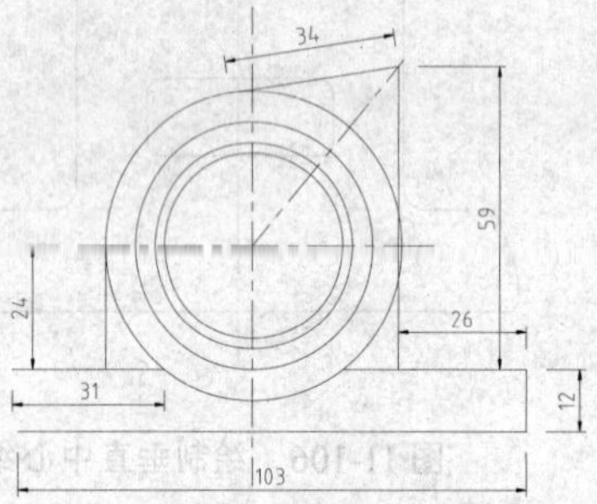

图 11-111 绘制线段

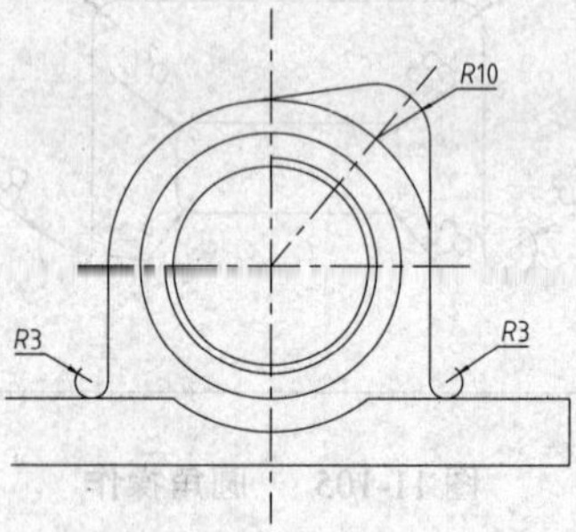

图 11-112 圆角操作

30 结合“样条曲线”（SPL）、“直线”（L）、“圆角”（F）等命令，绘制相关图形，如图 11-113 所示。

31 接下来对图形进行标注。将“尺寸线与公差”图层置为当前。使用“线性标注”（DLI）、“半径标注”（DRA）、“角度标注”（DAN）、“编辑标注”（ED）等命令，对图形进行尺寸标注，结果如图 11-114 和图 11-115 所示。

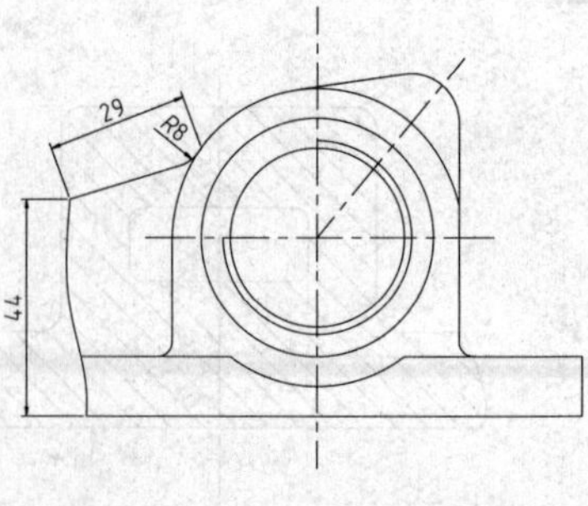

图 11-113 绘制图形

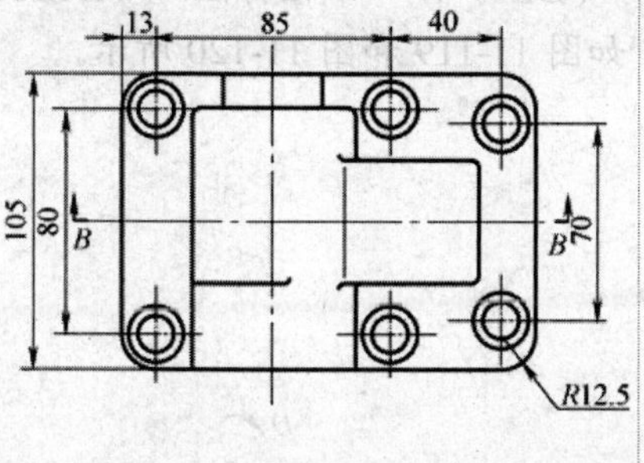

图 11-114　进行尺寸标注

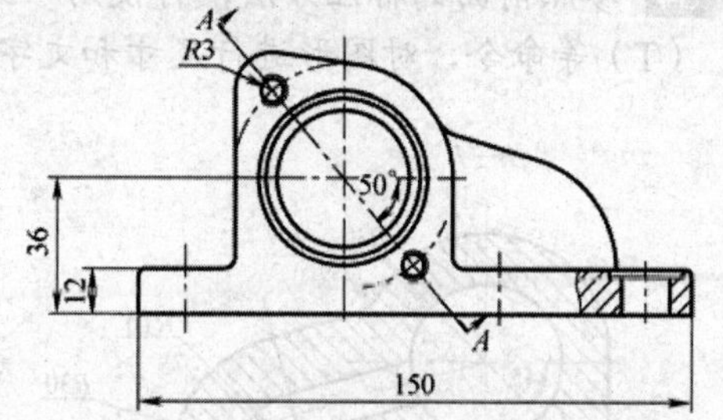

图 11-115　进行尺寸标注

32 使用“插入”命令（I），将机械样板中内部图块“粗糙度符号”插入到相应的位置，并修改其属性值，并使用“文字”（T）命令进行文字标注，如图 11-116 和图 11-117 所示。

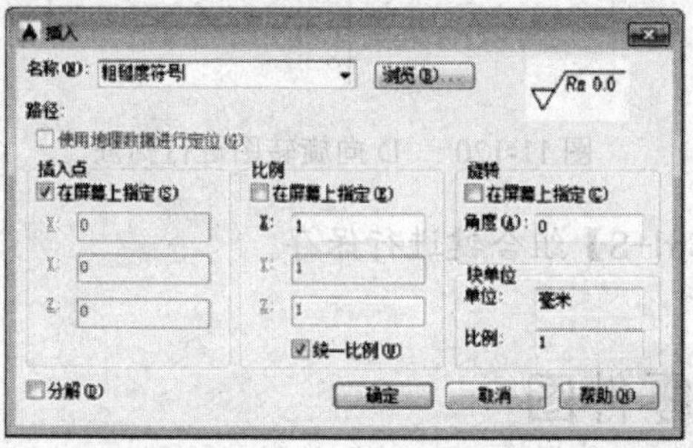

图 11-116 “插入”对话框

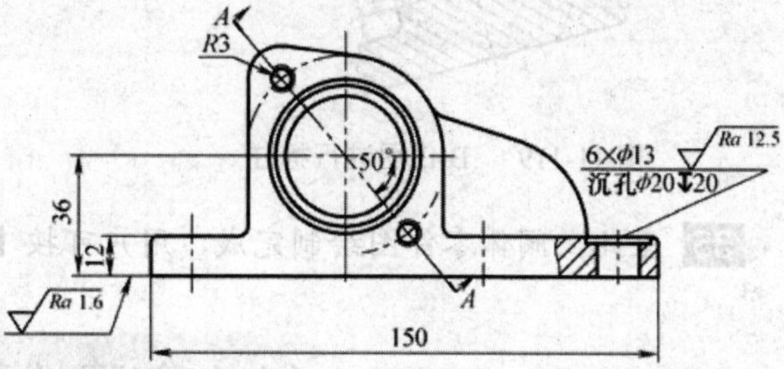

图 11-117　插入的粗糙度符号

33 参照前面的标注方法，再使用“线性标注”（DLI）、“半径标注”（DRA）、“角度标注”（DAN）、“编辑标注”（ED）、“文字”（T）、“插入”（I）等命令，进行尺寸和文字的标注，再插入“粗糙度符号”图块并修改其属性值，如图 11-118 所示。

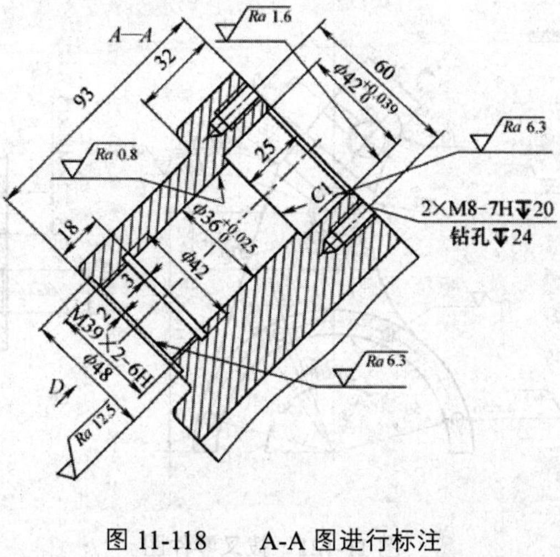

图 11-118　A-A 图进行标注

34 参照前面的标注方法，再使用“线性标注”（DLI）、“半径标注”（DRA）、文字”（T）等命令，对图形进行尺寸和文字的标注，如图 11-119 和图 11-120 所示。

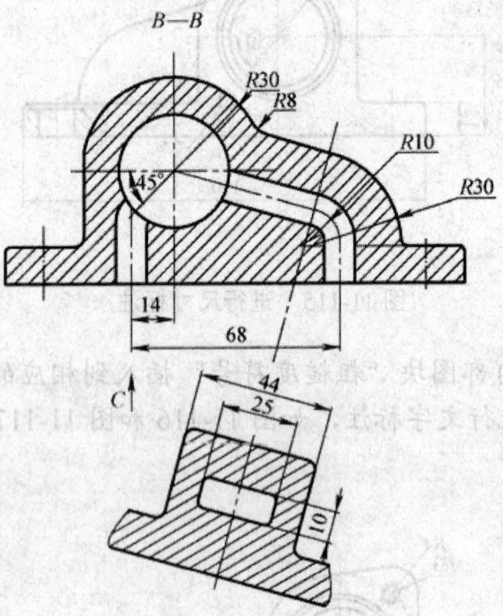

图 11-119　B-B 图进行标注

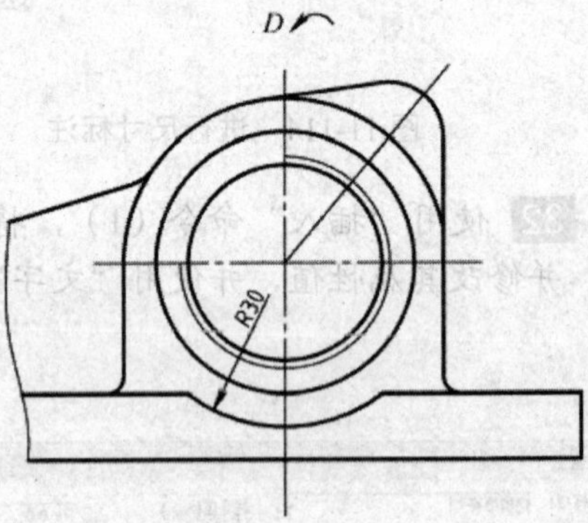

图 11-120　D 向旋转图进行标注

35 至此，阀体零件图绘制完成，用户可按【Ctrl+S】组合键进行保存。

11.4 创建拨叉零件图

根据图例可看出拨叉零件图由主视图、左视图、剖视图组成。在绘制该零件图时，用户可以首先绘制出主视图，使其作为其他零件图的绘制基准，然后绘制左视图，再用所掌握的绘制技巧绘制出其他的视图；再绘制 A-A 视图，最后进行尺寸的标注，从而完成整个拨叉零件图的绘制，结果如图 11-121 所示。

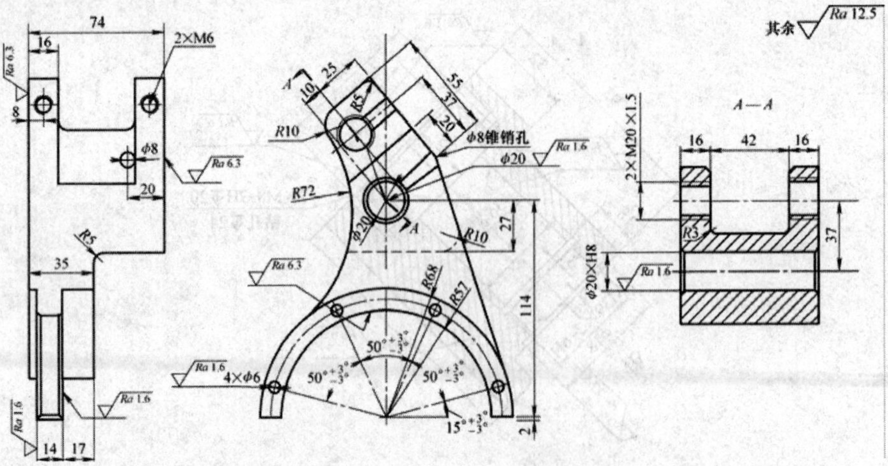

图 11-121　拨叉零件图

11.4.1 创建拨叉主视图

本节讲解创建拨叉的主视图，其具体操作步骤如下：

01 正常打开 AutoCAD 2016 软件，选择“快捷工具访问栏”中的“打开”按钮，将“案例\11\机械样板.dwt”文件打开，此时则新建一“drawing1.dwg”图形文件。

02 再单击“另存为”按钮，将其另存为“案例\11\拨叉零件图.dwg”文件。

03 将“中心线”图层置为当前。使用“直线”命令（L），绘制夹角为 25°、50°的中心线段，如图 11-122 所示。

04 将“粗实线”图层置为当前。使用“圆”命令（C），捕捉交点，分别绘制直径为 113、124.5、136 的同心圆，并配合使用“直线”（L）、“修剪”（TR）等命令，在水平位置将圆进行修剪，结果如图 11-123 所示。

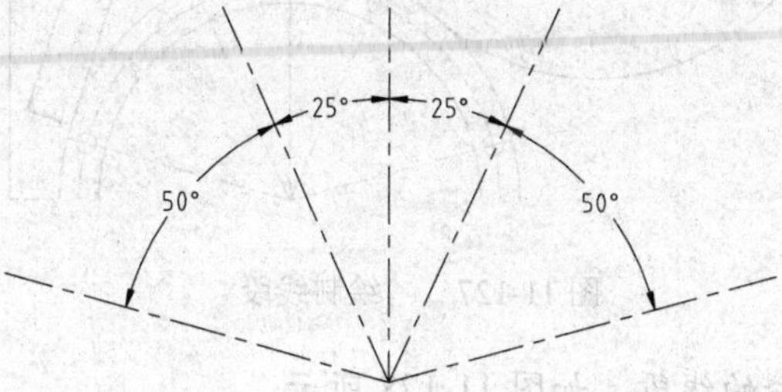

图 11-122　绘制中心线

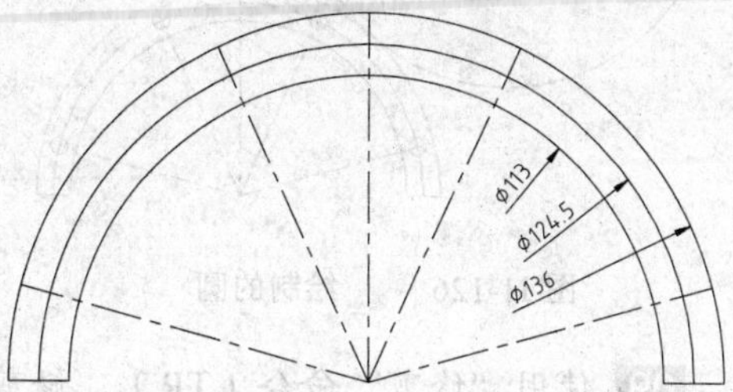

图 11-123　修剪的圆弧

05 将中间的“圆弧”转换到“中心线”图层。再使用“圆”命令（C），分别捕捉斜线与圆弧的交点，绘制直径为 6 的小圆，如图 11-124 所示。

06 将“中心线”图层置为当前。使用“直线”命令(L)，绘制中心线段，如图 11-125 所示。

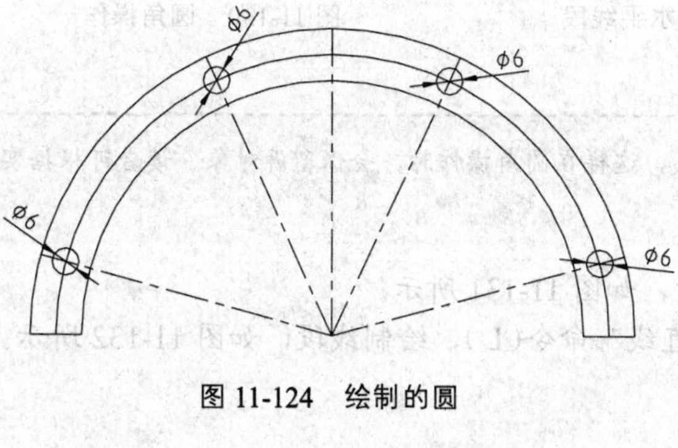

图 11-124　绘制的圆

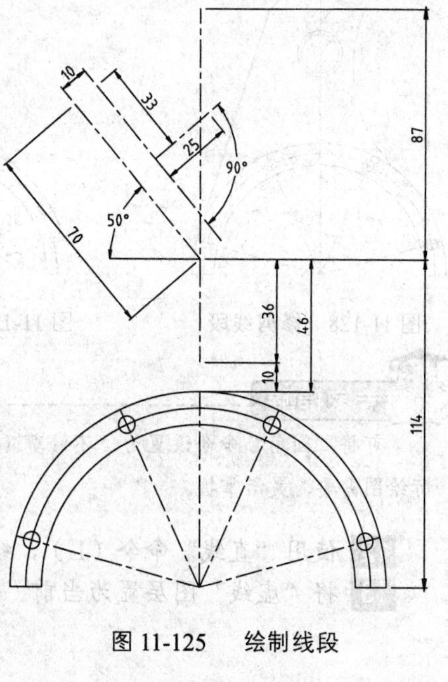

图 11-125　绘制线段

07 将“粗实线”图层置为当前。再使用“圆”命令（C），捕捉交点，分别绘制半径为 10、12、8.5、72 的圆，如图 11-126 所示。

08 使用“直线”命令（L），绘制线段，如图 11-127 所示。

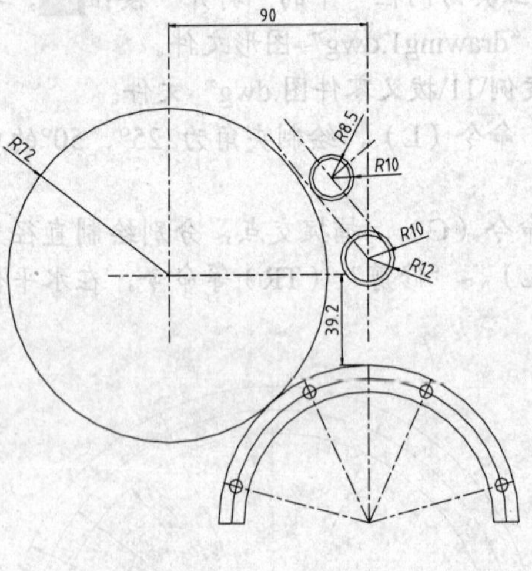

图 11-126　绘制的圆

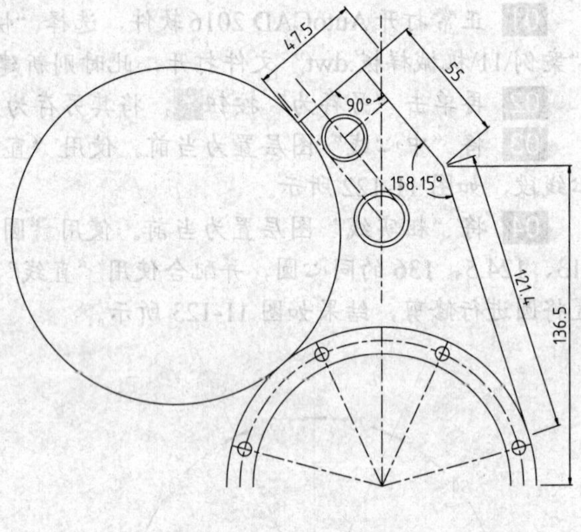

图 11-127　绘制线段

09 使用“修剪”命令（TR），修剪掉多余的线段，如图 11-128 所示。

10 使用“直线”命令(L)，绘制水平线段，并将其转换为细虚线，如图 11-129 所示。

11 使用“圆角”命令（F），分别进行半径为 5、10 的圆角操作，如图 11-130 所示。

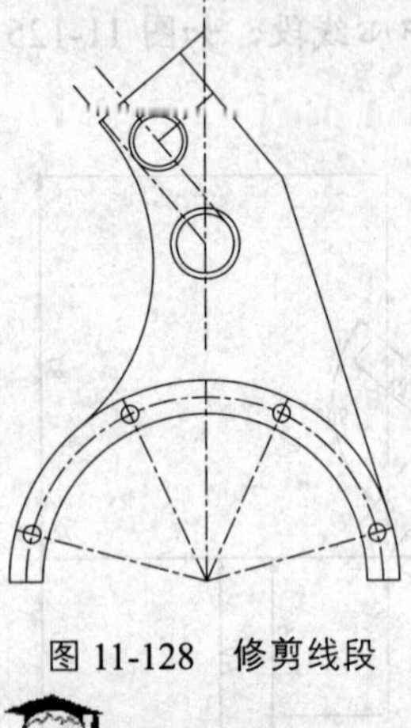

图 11-128　修剪线段

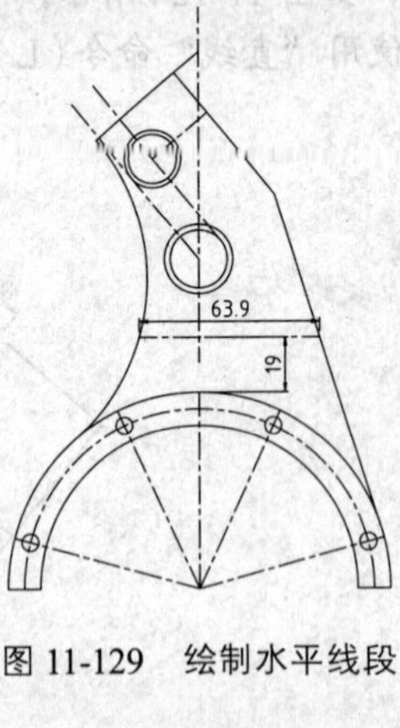

图 11-129　绘制水平线段

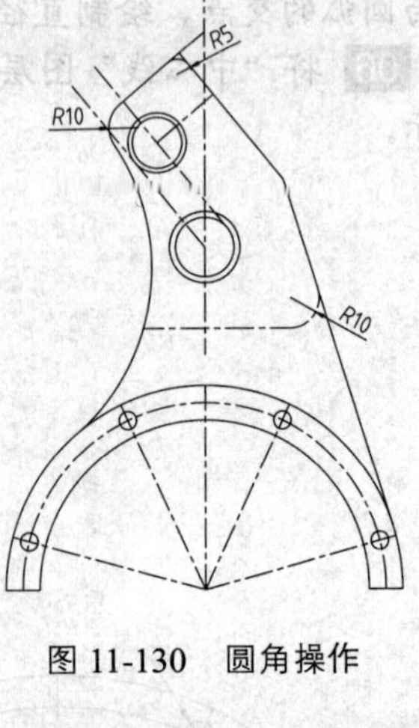

图 11-130　圆角操作

专家提醒

可将“圆角”命令设置为“不修剪（T)”模式，这样在圆角操作时，会保留源对象。读者可根据实际绘图需要，灵活掌握。

12 使用“直线”命令（L），绘制线段，如图 11-131 所示。

13 将“虚线”图层置为当前。使用“直线”命令(L)，绘制线段，如图 11-132 所示。

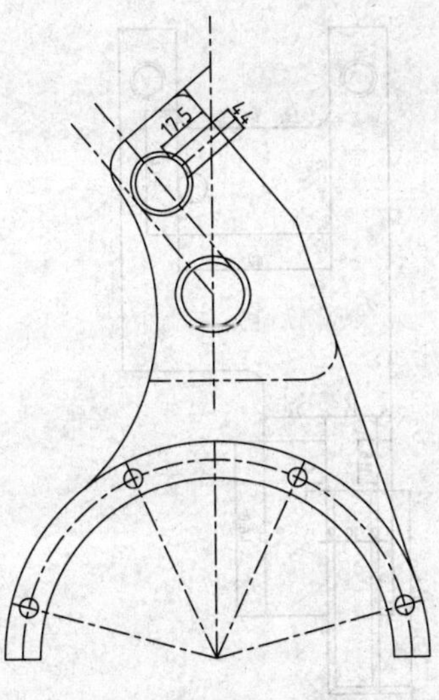

图 11-131　绘制线段

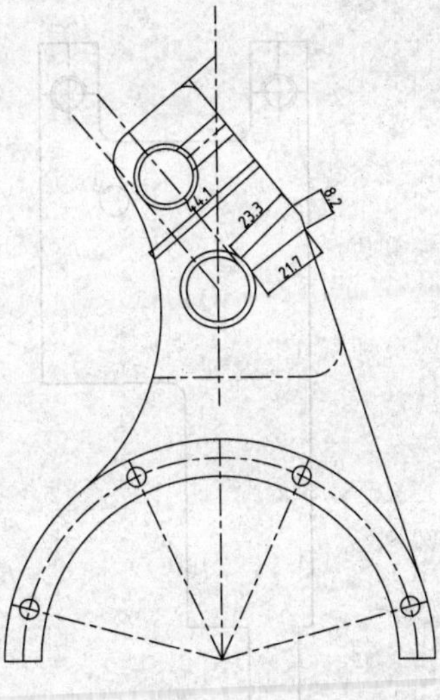

图 11-132　绘制线段

14 此时已将拨叉的主视图绘制好了。

11.4.2 创建拨叉右视图、剖视图

本节讲解创建拨叉的右视图、剖视图，其具体操作步骤如下：

01 将“粗实线”图层置为当前。使用“多段线”命令（PL），绘制线段，如图 11-133 所示。

02 使用“圆角”命令（F），进行半径为 5 的圆角操作，如图 11-134 所示。

03 使用“圆”命令（C），分别绘制半径为 4、5 的圆，如图 11-135 所示。

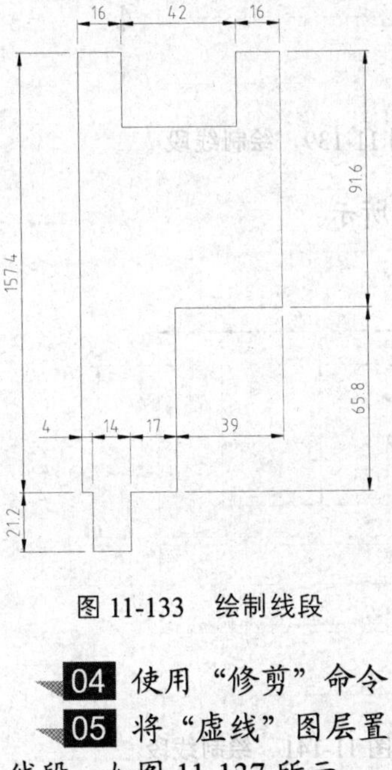

图 11-133　绘制线段

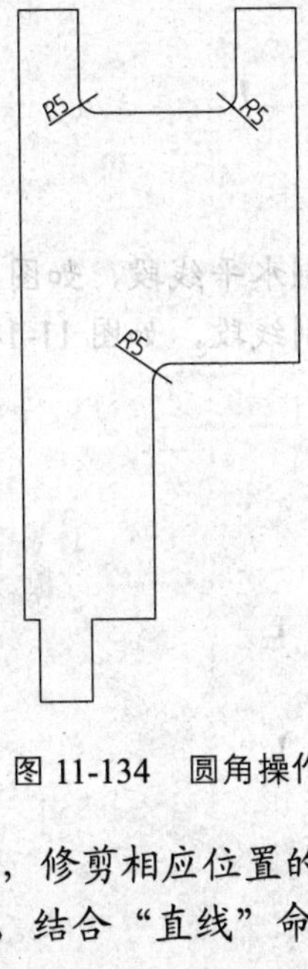

图 11-134　圆角操作

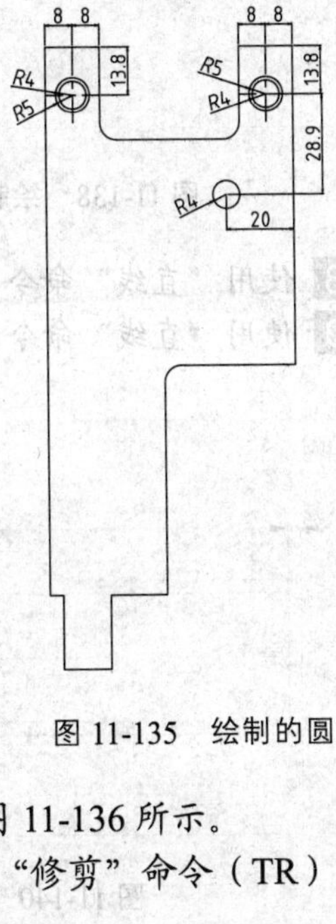

图 11-135　绘制的圆

04 使用“修剪”命令（TR），修剪相应位置的圆弧，如图 11-136 所示。

05 将“虚线”图层置为当前，结合“直线”命令（L）、“修剪”命令（TR），绘制线段，如图 11-137 所示。

图 11-136　修剪圆弧

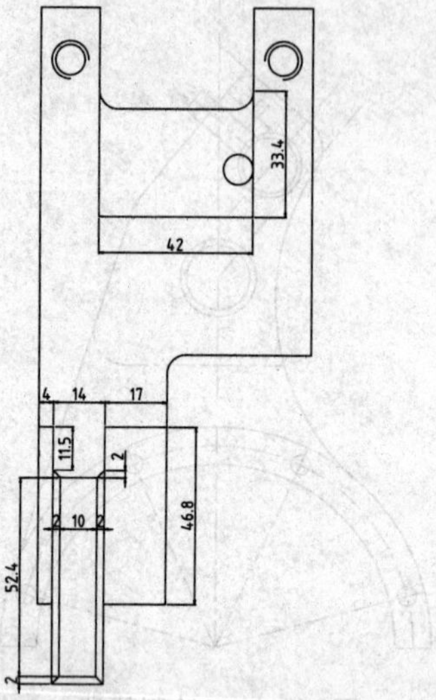

图 11-137　绘制线段

06 接下来绘制 *A—A* 图。将“中心线”图层置为当前。使用“直线”命令（L），绘制水平线段，如图 11-138 所示。

07 将“粗实线”图层置为当前。使用“直线”命令（L），绘制线段，如图 11-139 所示。

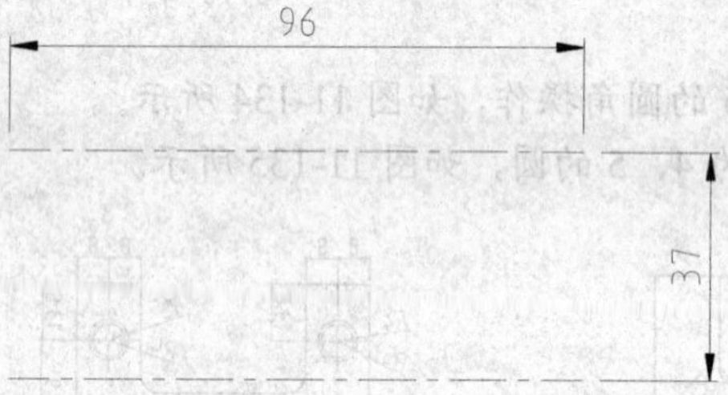

图 11-138　绘制线段

图 11-139　绘制线段

08 使用“直线”命令（L），绘制水平线段，如图 11-140 所示。

09 使用“直线”命令（L），绘制线段，如图 11-141 所示。

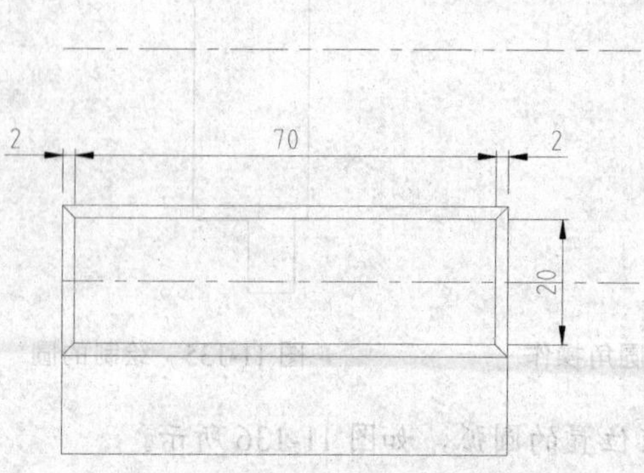

图 11-140　绘制线段

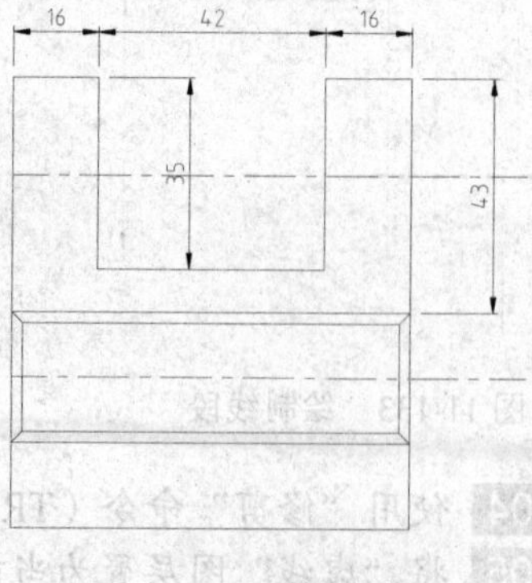

图 11-141　绘制线段

10 使用“倒角”命令（CHA），进行距离为 3 的倒角操作，如图 11-142 所示。

11 使用“圆角”命令（F），进行半径为 3 的圆角操作，如图 11-143 所示。

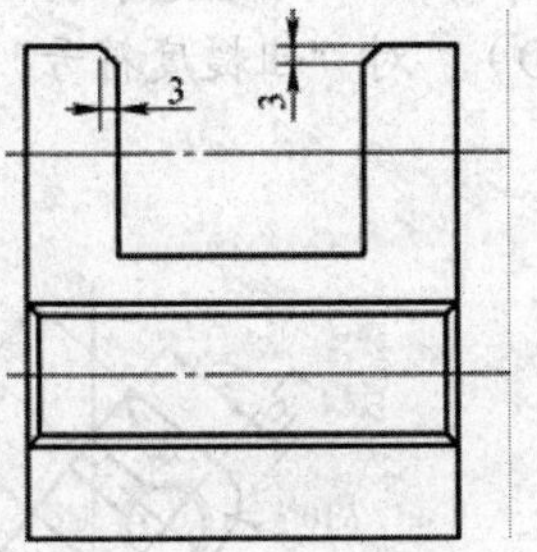

图 11-142　倒角操作

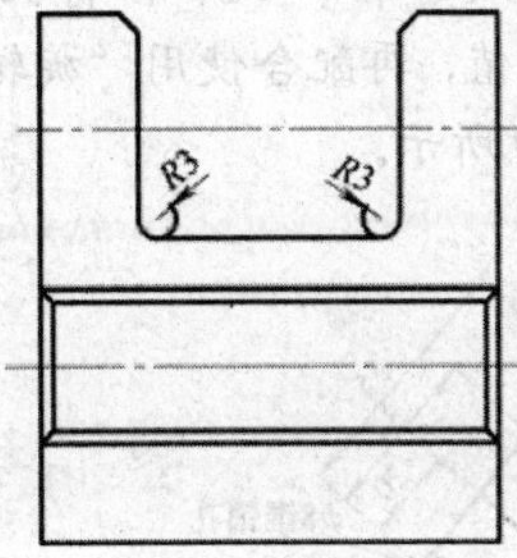

图 11-143　圆角操作

12 使用“直线”命令（L），绘制水平线段，再使用“修剪”命令（TR）、“图案填充”命令（H），结果如图 11-144 所示。

13 将“尺寸线与公差”图层置为当前。使用“角度标注”命令（DAN），分别进行角度标注，如图 11-145 所示。

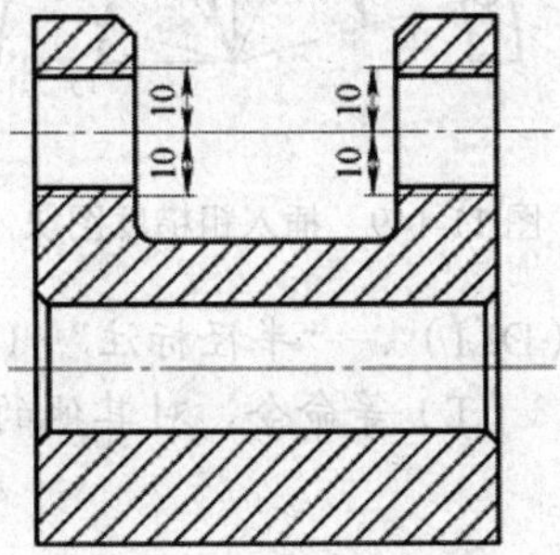

图 11-144　倒角操作

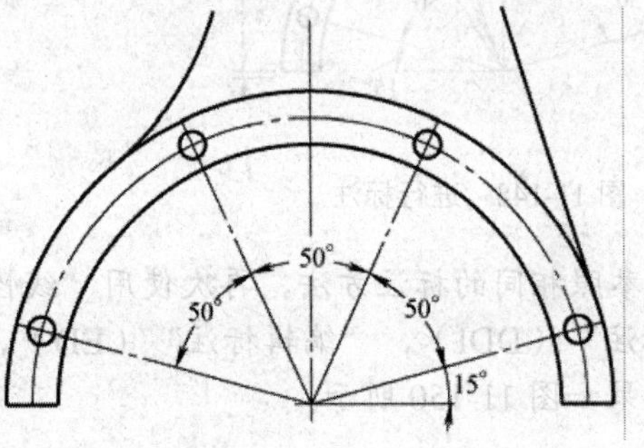

图 11-145　进行角度标注

14 使用“D”命令，打开标注样式管理器，单击“修改”按钮，打开“修改标注样式：××”对话框，选择“公差”选项卡，选择“极限偏差”，设置值为 3，高度比例为 1，结果如图 11-146 和图 11-147 所示。

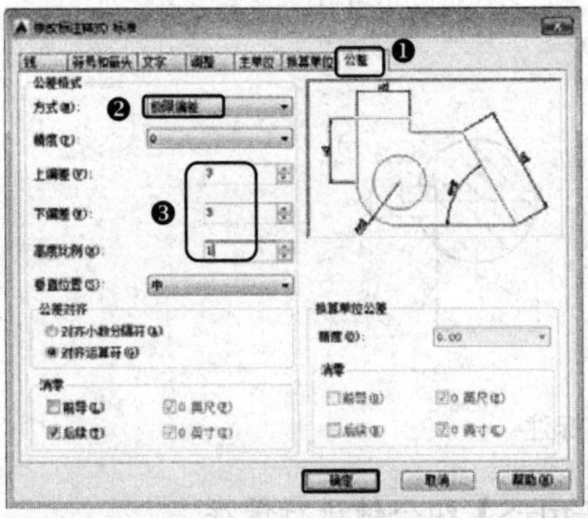

图 11-146　选择“公差”选项卡

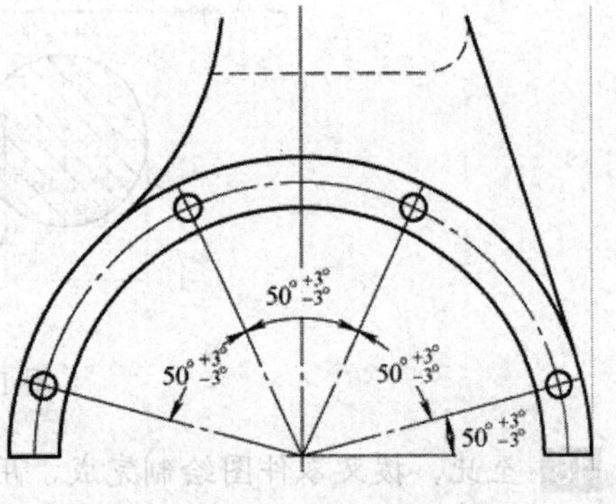

图 11-147　进行偏差标注

15 使用“线性标注”（DLI）、“半径标注”（DRA）、“直径标注”（DDI）、“编辑标注”（ED）、“文字”（T）等命令，对图形进行尺寸、文字标注，结果如图 11-148 所示。

16 使用“插入”命令（I），将机械样板中内部图块“粗糙度符号”插入到相应的位置，并修改其属性值，再配合使用“旋转”命令（RO），对“粗糙度符号”图块的角度进行调整，如图 11-149 所示。

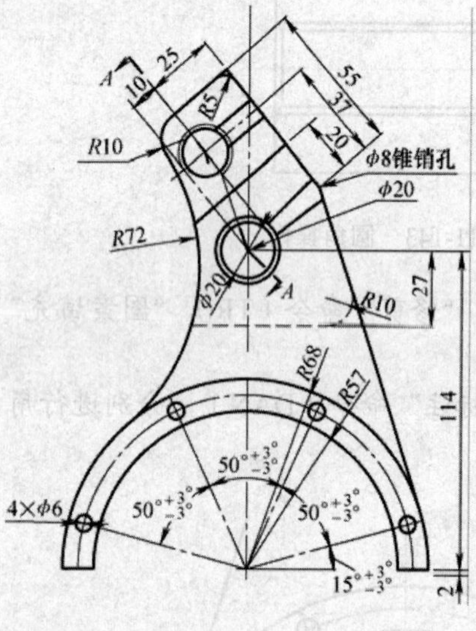

图 11-148　进行标注

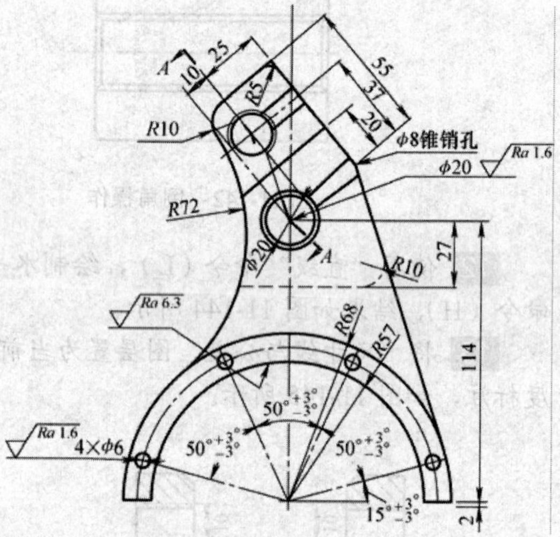

图 11-149　插入粗糙度图块

17 参照相同的标注方法，再次使用“线性标注”（DLI）、“半径标注”（DRA）、“直径标注”（DDI）、“编辑标注”（ED）、“文字”（T）等命令，对其他的图形进行标注，结果如图 11-150 所示。

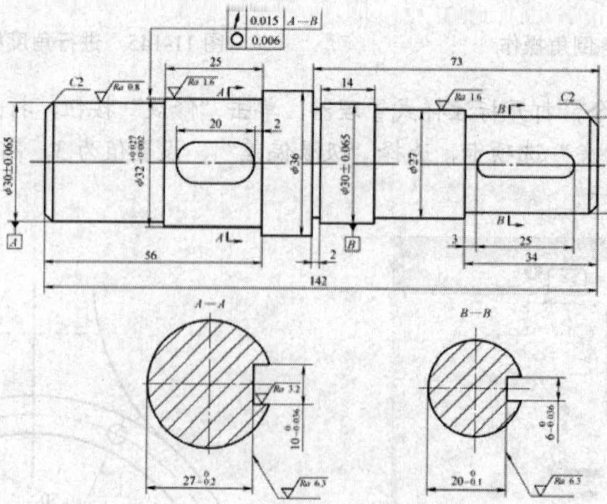

图 11-150　进行标注

18 至此，拨叉零件图绘制完成，用户可按【Ctrl+S】组合键进行保存。

11.5 创建传动轴零件图

传动轴由轴管、伸缩套和万向节组成。它连接或装配各项配件，而又可移动或转动的圆形物体配件，一般均使用轻而抗扭性佳的合金钢管制成。传动轴是一个高转速、少支承的旋转体，因此它的动平衡是至关重要的。一般传动轴在出厂前都要进行动平衡试验，并在平衡机上进行了调整。

绘制传动轴零件图过程中，可发现该零件图是由多个矩形对象相互连接在一起的，因此在绘制时可以先用“矩形”命令绘制出多个矩形对象，再使用移动方法将这些矩形对象移动至同一条轴上并彼此相连接，然后进行局部的创建，最后再进行尺寸标注。在标注轴承零件时，由于其在装配上精度要求比较高，因此在标注时也出现了新的标注内容，如几何公差、极限偏差、表面粗糙度等，效果如图 11-151 所示。

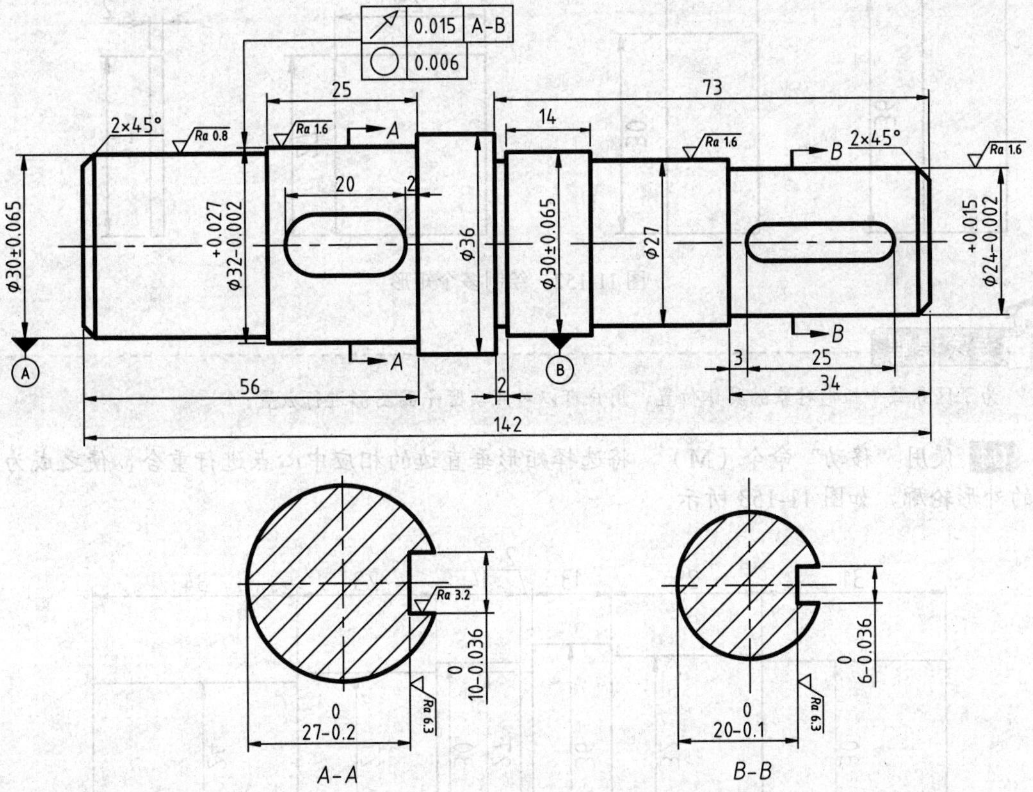

图 11-151　传动轴零件图

11.5.1 创建传动轴主视图

本小节讲解绘制传动轴的主视图。

01 正常打开 AutoCAD 2016 软件，选择“快捷工具访问栏”中的“打开”按钮，将“案例\11\机械样板.dwt”文件打开，此时则新建一“drawing1.dwg”图形文件。

02 再单击“另存为”按钮，将其另存为“案例\11\传动轴零件图.dwg”文件。

03 将“粗实线”图层置为当前。使用“矩形”命令（REC），在绘图区域绘制如图 11-152 所示的多个矩形对象。

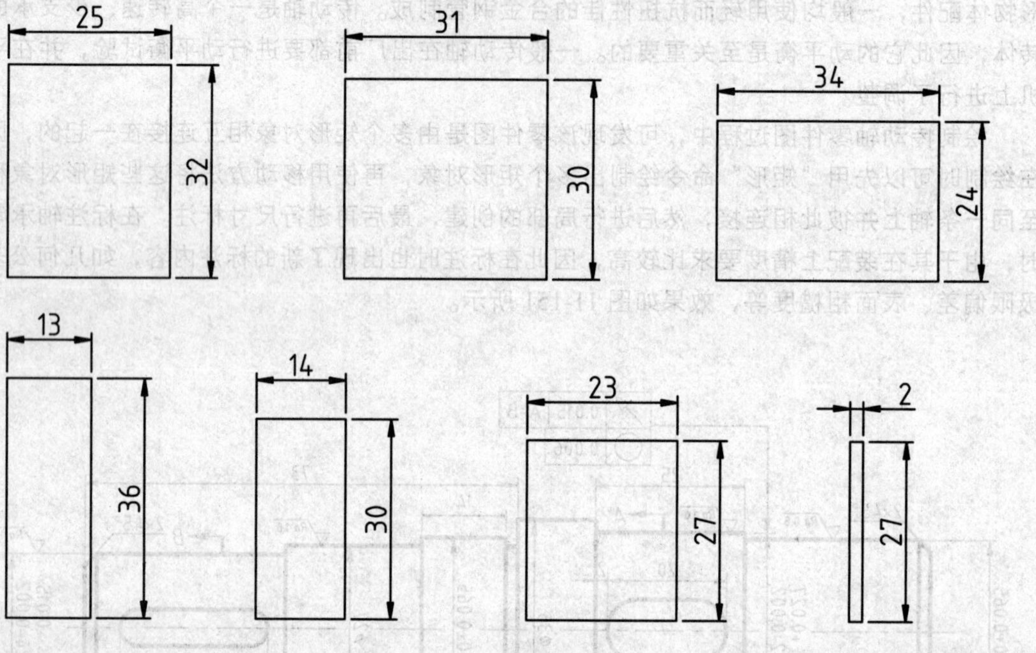

图 11-152 绘制多个矩形

专家提醒

为了区分每个矩形对象的具体位置，用户可以对照实际平面图形进行放置。

04 使用“移动”命令（M），将选择矩形垂直边的相应中心点进行重合，使之成为轴承的外形轮廓，如图 11-153 所示。

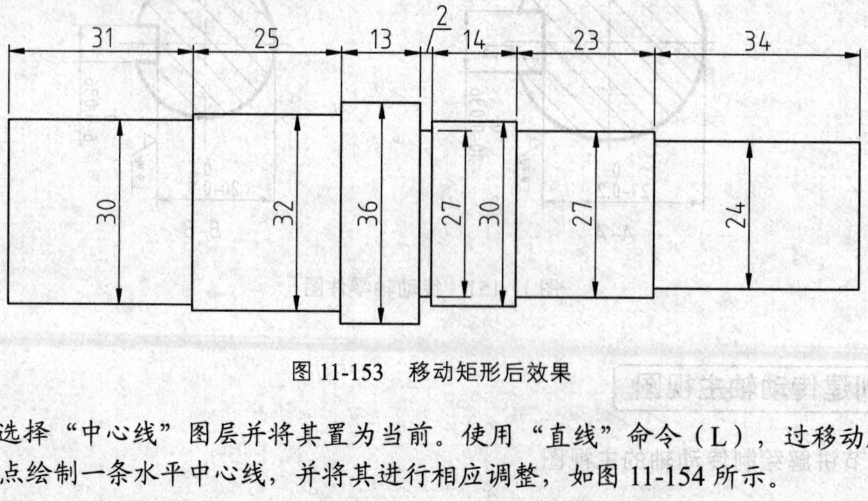

图 11-153 移动矩形后效果

05 选择“中心线”图层并将其置为当前。使用“直线”命令（L），过移动后的矩形水平中心点绘制一条水平中心线，并将其进行相应调整，如图 11-154 所示。

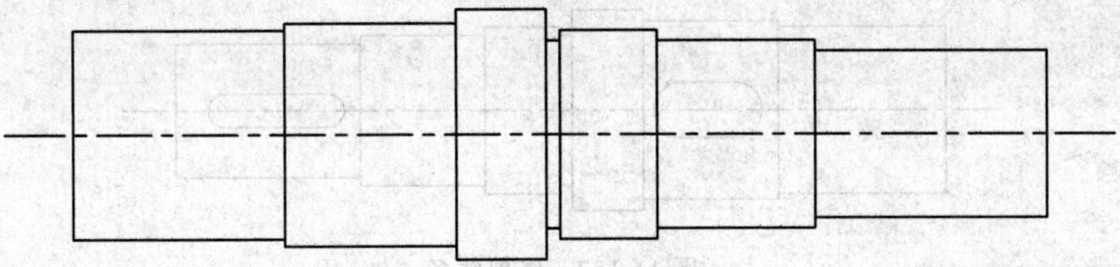

图 11-154 绘制水平中心线

06 使用“分解”命令（X），将绘制的所有矩形对象进行分解操作。

07 然后使用“偏移”命令（O），将打散后的相应矩形的垂直边向右侧偏移相应的距离，再将中心线向上下两侧分别偏移 3 及 5，并将偏移后得到的水平线段转换为“粗实线”图层，偏移后的效果如图 11-155 所示。

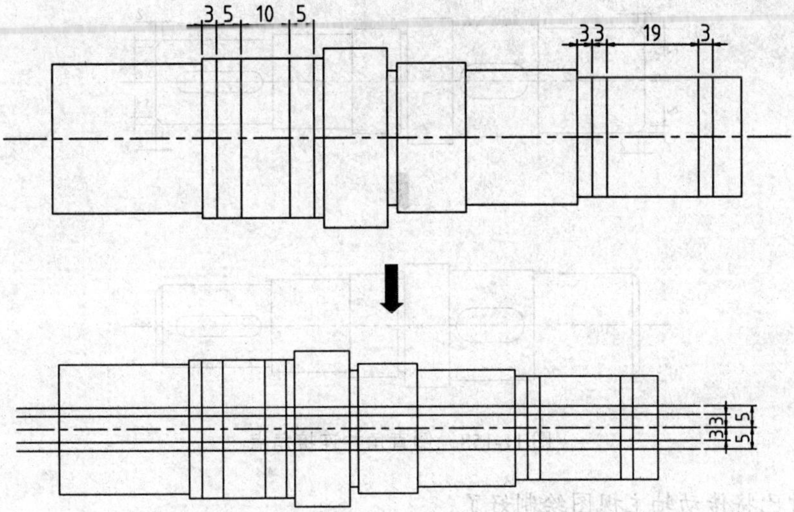

图 11-155 偏移线段

08 选择“粗实线”图层并将其置为当前。使用“圆”命令（C），捕捉偏移线条的交点作为圆心，绘制直径为 10、6 的圆对象，如图 11-156 所示。

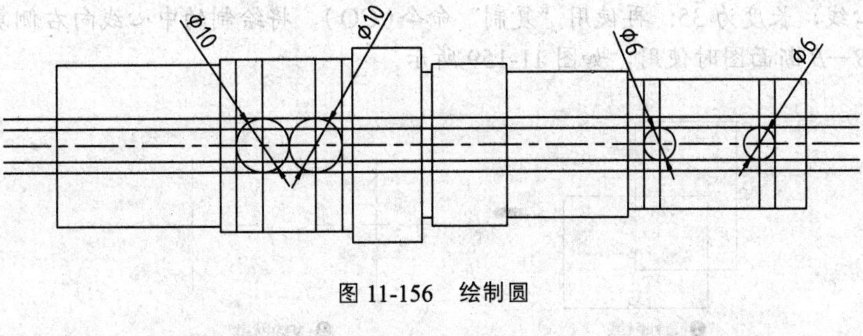

图 11-156 绘制圆

09 使用“修剪”命令（TR），将偏移和绘制的多余线条对象进行修剪操作，从而形成轴承上的键槽效果，如图 11-157 所示。

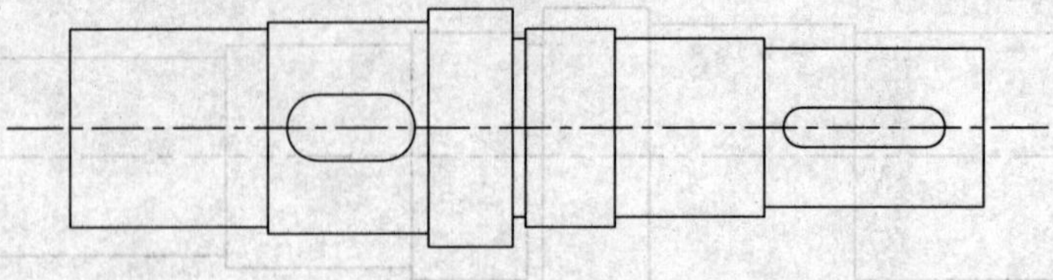

图 11-157　修剪线条

专家提醒

键槽是轴承上的特有标准轮廓，它主要与一个标准平键组合。

10 使用“倒角”命令（CHA），将左右两端位置处进行倒角操作，设置倒角距离为 2，再使用“直线”命令（L），将倒角后的角点用直线连接起来，如图 11-158 所示。

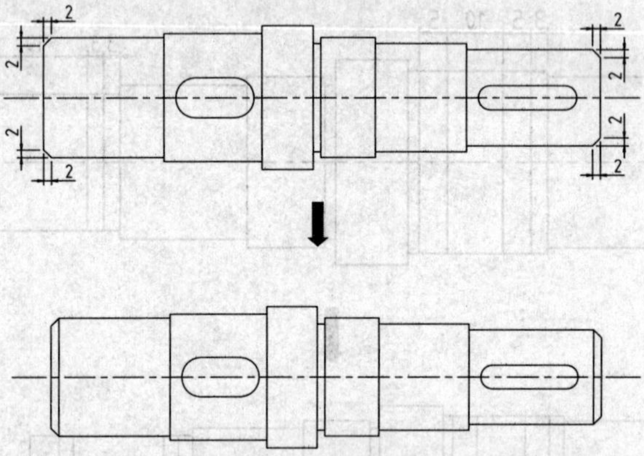

图 11-158　倒直角并连接角点

11 此时已将传动轴主视图绘制好了。

11.5.2 创建传动轴断面图

前面已经绘制完成传动轴主视图，接下来绘制断面图。

01 将“中心线”图层置为当前。使用“直线”命令（L），绘制两条中点相交且互相垂直的中心线，长度为 35；再使用“复制”命令（CO），将绘制的中心线向右侧复制一份，方便绘制 *B*—*B* 断面图时使用，如图 11-159 所示。

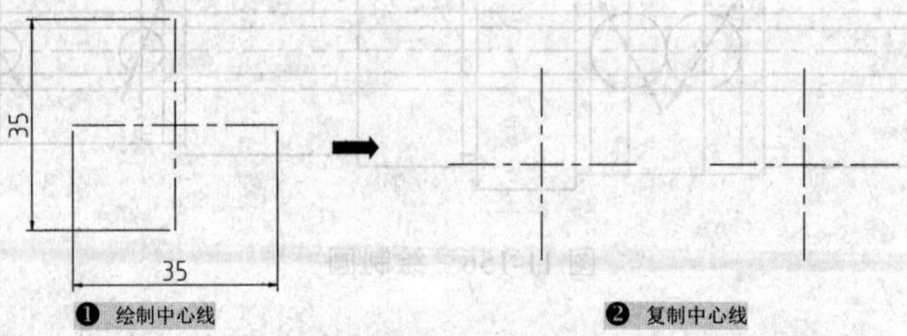

图 11-159　创建中心线

02 将“粗实线”图层置为当前。使用“圆”命令（C），捕捉中心线的交点为圆心绘制一个直径为 32 的圆对象，如图 11-160 所示。

03 使用“偏移”命令（O），将水平中心线向上下两侧各偏移 5，再将垂直中心线向右侧偏移 11，并将偏移后得到的中心线转换为“粗实线”图层，如图 11-161 所示。

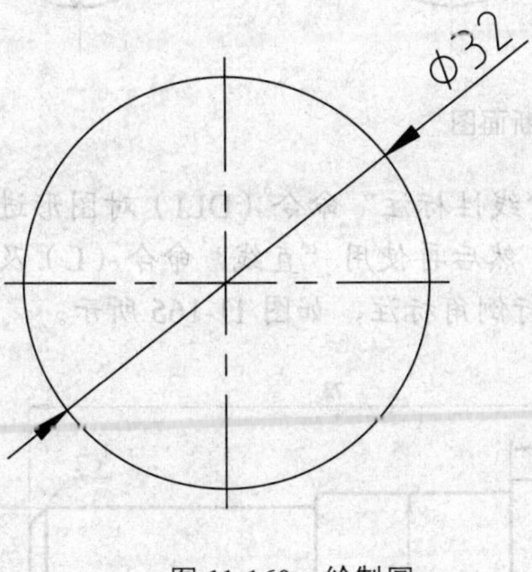

图 11-160　绘制圆

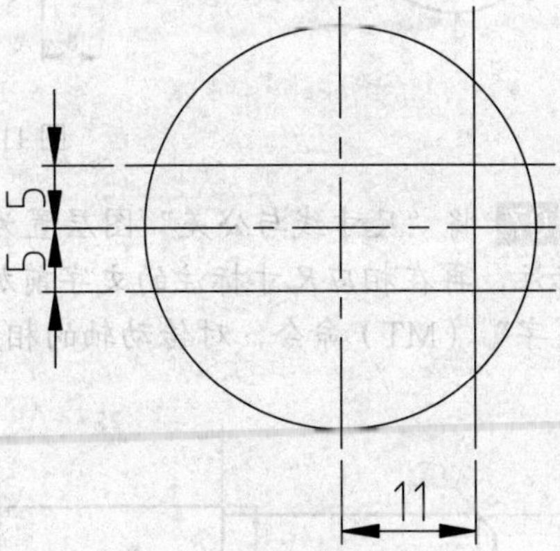

图 11-161　偏移直线

04 使用“修剪”命令（TR），将偏移的直线和部分圆弧对象进行修剪操作，从而形成轴承的断面图轮廓，如图 11-162 所示。

05 将“剖面线”图层置为当前，然后使用“图案填充”命令（H），设置比例为 1，选择样例“ANSI31”，对其相应位置内部进行图案填充，如图 11-163 所示。

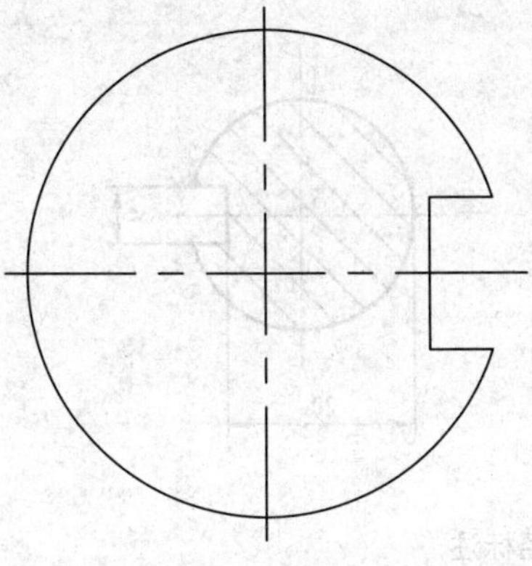

图 11-162　修剪效果

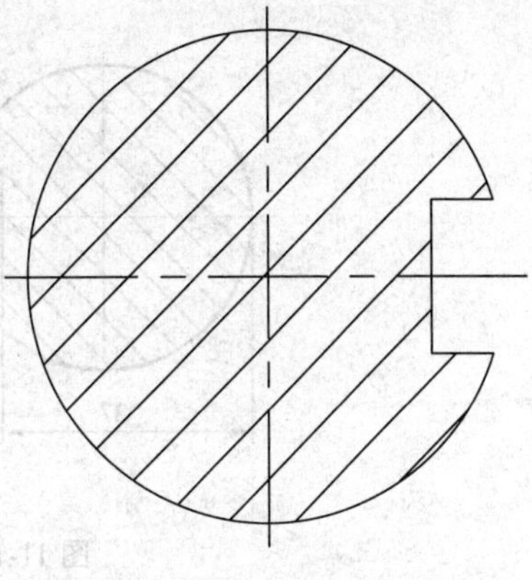

图 11-163　图案填充

专家提醒

在绘制轴承零件时，都要将键槽位置处进行剖面绘制，从而可以清楚地看键的深度和开口的具体尺寸。它可以是移出断面绘制也可以剖面绘制。

轴承内的键槽位置处的尺寸是通过《机械零件设计手册》查阅的，而不是人为随意确定的。

06 参照 *A-A* 断面图绘制的方法，再次使用“圆”（C）、“偏移”（O）、“修剪”（TR）等命令，修剪出右侧键的断面图效果，如图 11-164 所示。

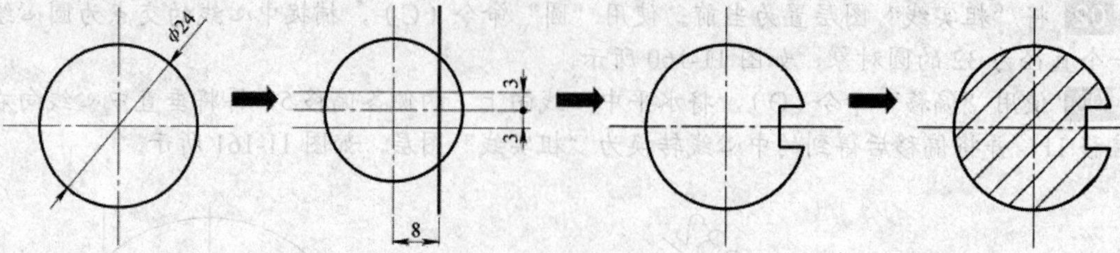

图 11-164　绘制 B-B 断面图

07 将“尺寸线与公差”图层置为当前。使用“线性标注”命令（DLI）对图形进行尺寸标注，再在相应尺寸标注的文字前加上直径符号，然后再使用“直线”命令（L）及“多行文字”（MT）命令，对传动轴的相应倒角位置进行倒角标注，如图 11-165 所示。

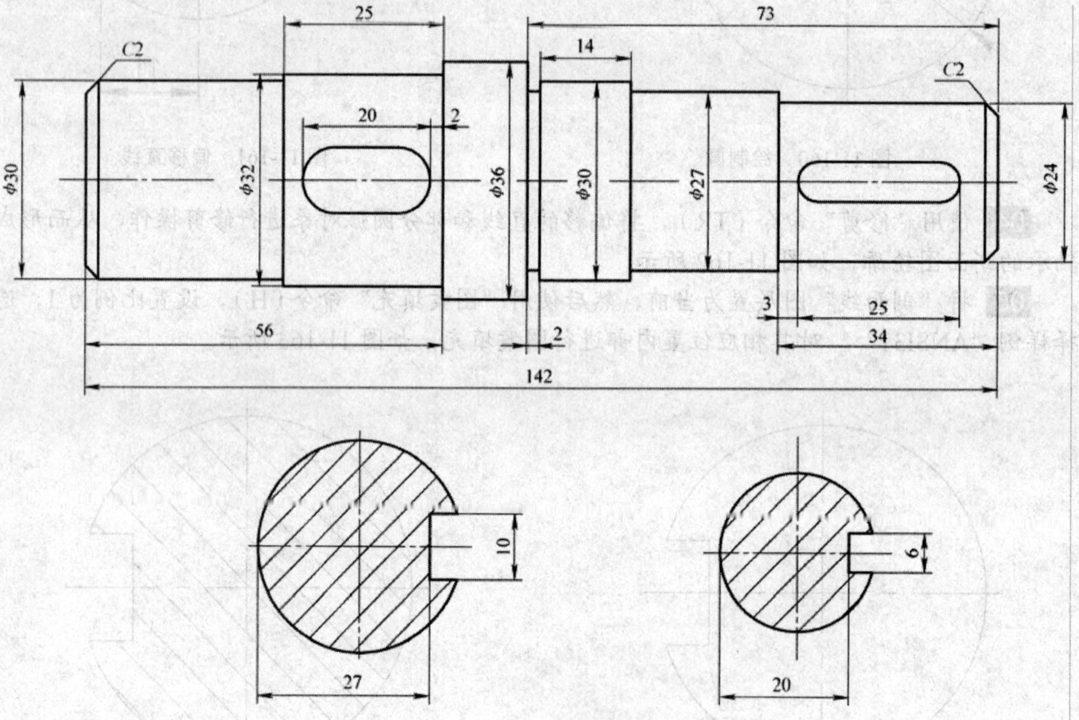

图 11-165　进行尺寸及直径标注

专家提醒

进行直径标注时，首先对标注样式进行相应的设置。在“标注样式管理器”的“主单位”选项中的“前缀”下拉列表框内输入“%%C”即可。

08 使用“插入”命令（I），将机械样板中内部图块“粗糙度符号”插入到相应的位置，并修改其属性值，再配合使用“旋转”命令（RO），对“粗糙度符号”图块的角度进行调整，如图 11-166 所示。

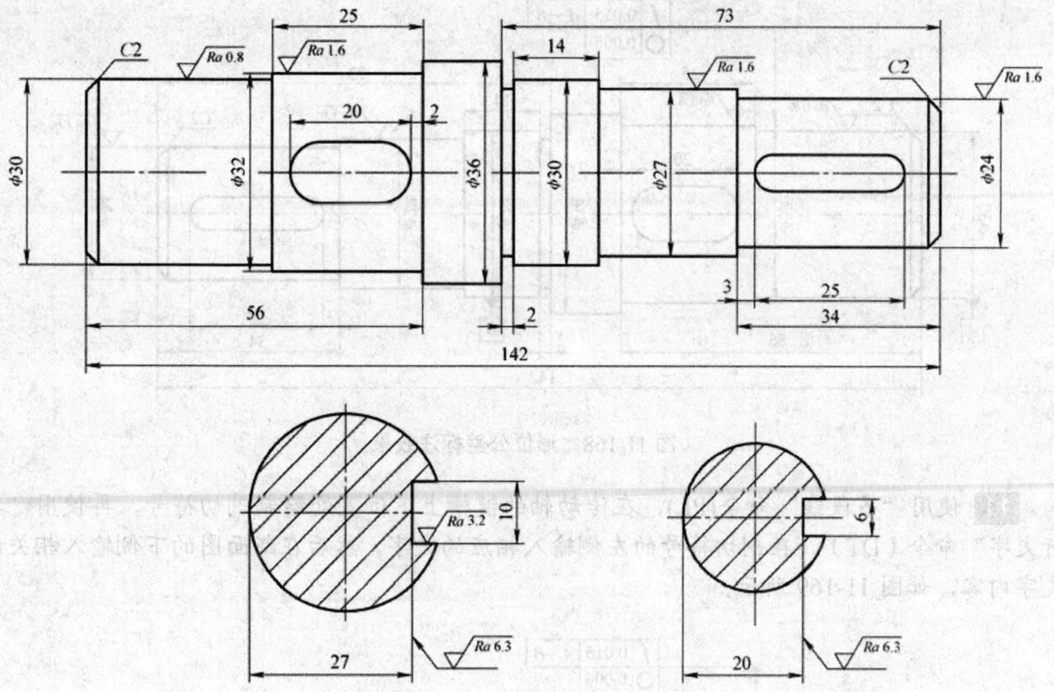

图 11-166　插入粗糙度图块

09 继续使用“插入”命令（I），将“基准符号”插入到相应位置处，如图 11-167 所示。

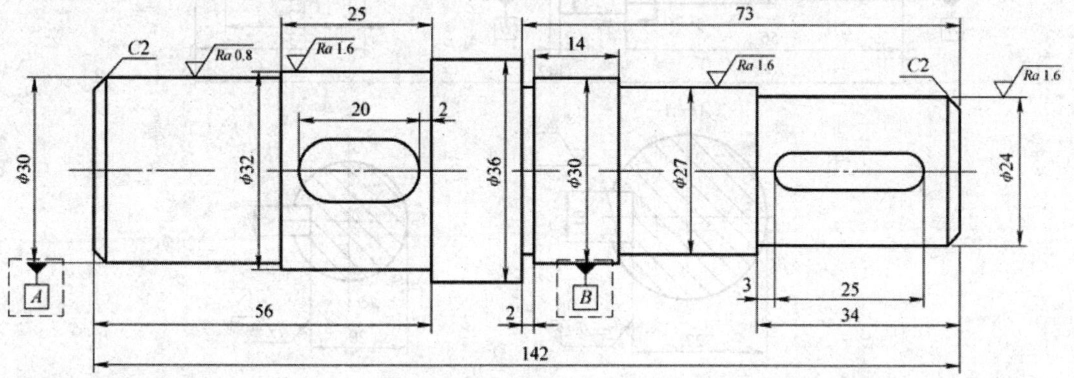

图 11-167　基准符号的插入

专家提醒

表面粗糙度是指物体表面光滑程度的一种表示方法。在插“的粗糙度符号”的值时用户可参考以下常用的表面粗糙度值 0.4、0.8、3.2、6.3、12.5。其中数值越大表示越粗糙。

10 选择“标注”面板中的“形位公差”，在弹出的“形位公差”对话框中选择相应的“公差符号”和“公差值”等参数，然后对传动轴进行几何公差标注，如图 11-168 所示。

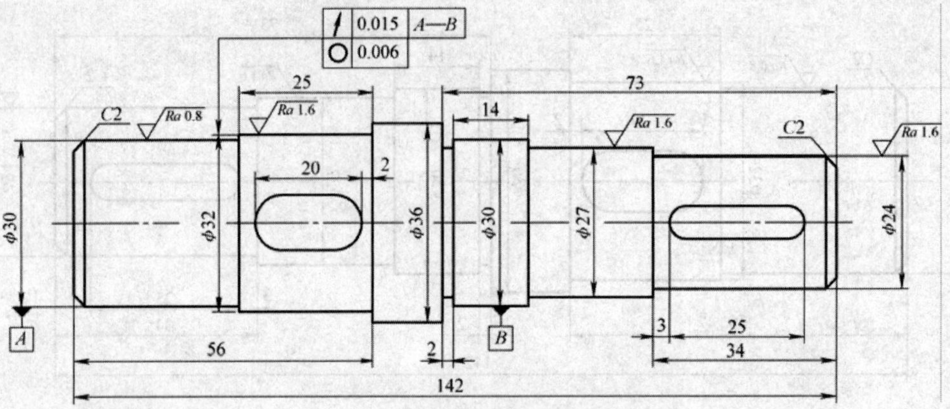

图 11-168　形位公差标注效果

11 使用“多段线”命令(PL)，在传动轴的键槽上下位置处绘制剖切符号，再使用“单行文字”命令（DT），在剖切符号的左侧输入相应的文字，然后在断面图的下侧输入相关的文字内容，如图 11-169 所示。

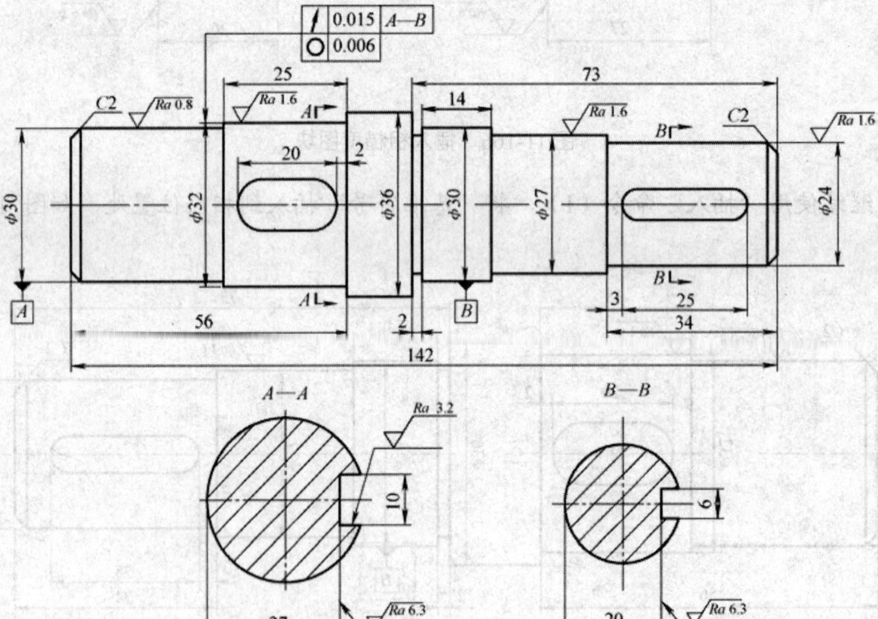

图 11-169　进行剖切符号及文字标注

专家提醒

剖视图和断面图在视图中一般要用相应的剖切符号和名称进行表示，且所绘制的图形要与剖切位置相符合。剖切名称只能是大写拉丁字母，其中剖切一处的位置字母只能使用一次，不能重复使用。

12 双击某些尺寸对象，系统将弹出“特性”面板，用户可将一些标注尺寸进行修改，如添加极限偏差值等，修改效果如图 11-170 所示。

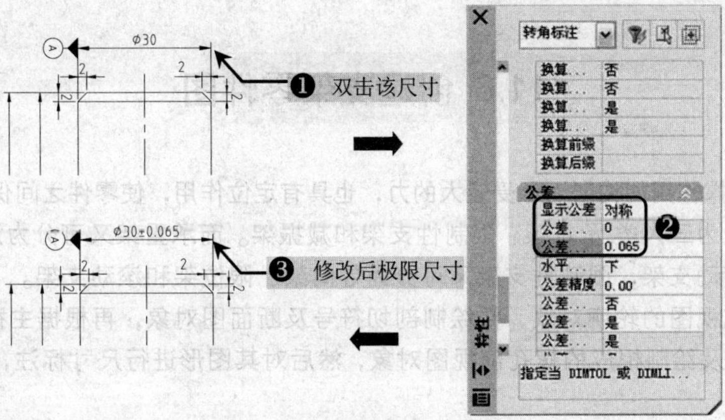

图 11-170　修改尺寸标注

专家提醒

用户在修改尺寸时，一定要注意对所选尺寸要精确的小数位数进行设置，可以设置为小数后三位。进行极限偏差修改时，要注意偏差的种类，如对称、极限，而上极限偏差总是大于下极限偏差。

13 按照相同方法，对其他极限尺寸进行相应的修改，再单击视图窗口底侧状态栏的“显示/隐藏线宽”按钮，使其由灰色变成蓝色，其显示线宽的效果如图 11-171 所示。

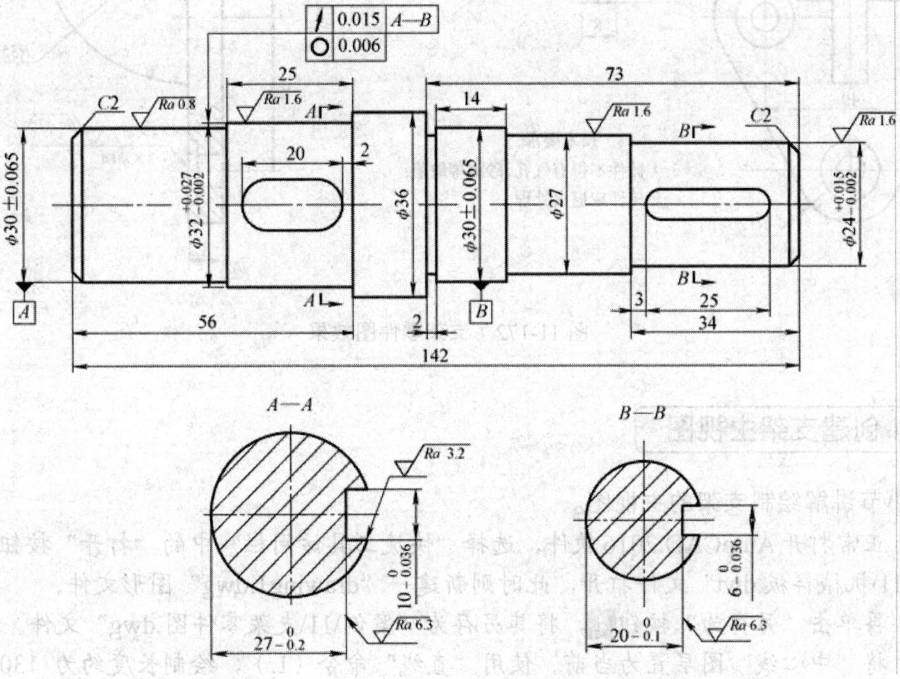

图 11-171　极限尺寸修改效果

14 至此，传动轴零件图绘制完成，用户可按【Ctrl+S】组合键进行保存。

11.6 创建支架零件图

支架是起支撑作用的构架，承受较大的力，也具有定位作用，使零件之间保持正确的位置。

支架可以分为三大类:承重架、限制性支架和减振架。而承重架又可分为滑动架、杆式吊架、恒力架和滚动支架，限制性支架又可分为导向架、限位架和滚动支架。

绘制支架前视图的轮廓对象，并绘制剖切符号及断面图对象，再根据主视图绘制左视图的轮廓对象，以及绘制相应的螺孔剖视图对象，然后对其图形进行尺寸标注，如图 11-172 所示。

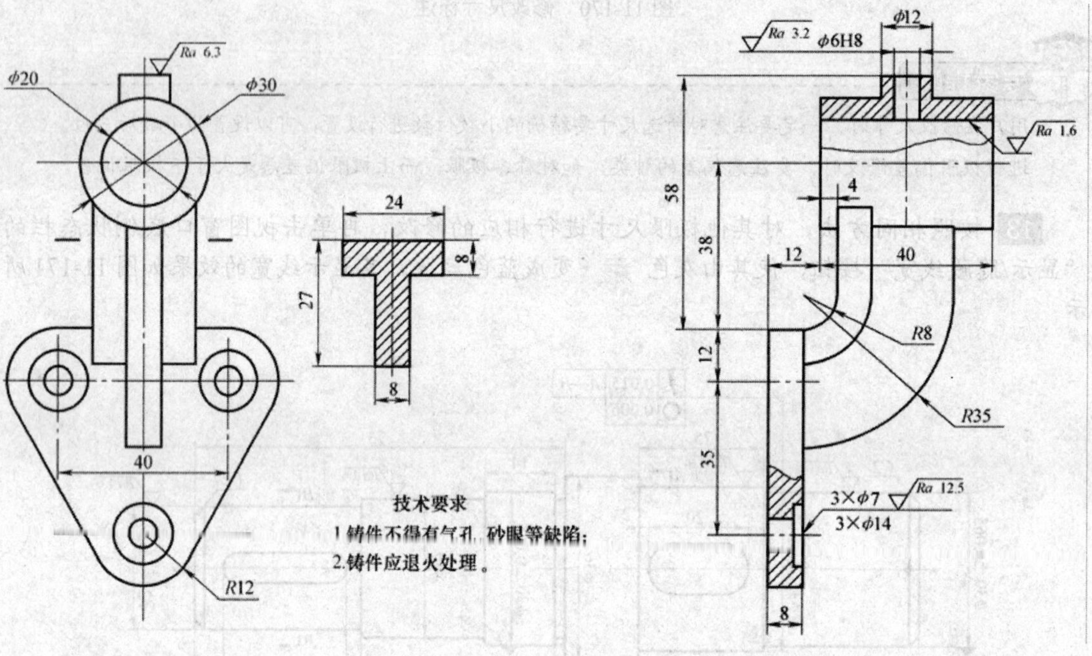

图 11-172　支架零件图效果

11.6.1 创建支架主视图

本小节讲解绘制支架的主视图。

01 正常打开 AutoCAD 2016 软件，选择“快捷工具访问栏”中的“打开”按钮，将“案例\11\机械样板.dwt”文件打开，此时则新建一“drawing1.dwg”图形文件。

02 再单击“另存为”按钮，将其另存为“案例\11\支架零件图.dwg”文件。

03 将“中心线”图层置为当前。使用“直线”命令（L），绘制长度约为 130 的垂直中心线，再绘制长度约为 50 的水平中心线。

04 使用“偏移”命令（O），将垂直中心线向左、右两侧各偏移 20，再将水平中心线向上偏移 35 和 50，如图 11-173 所示。

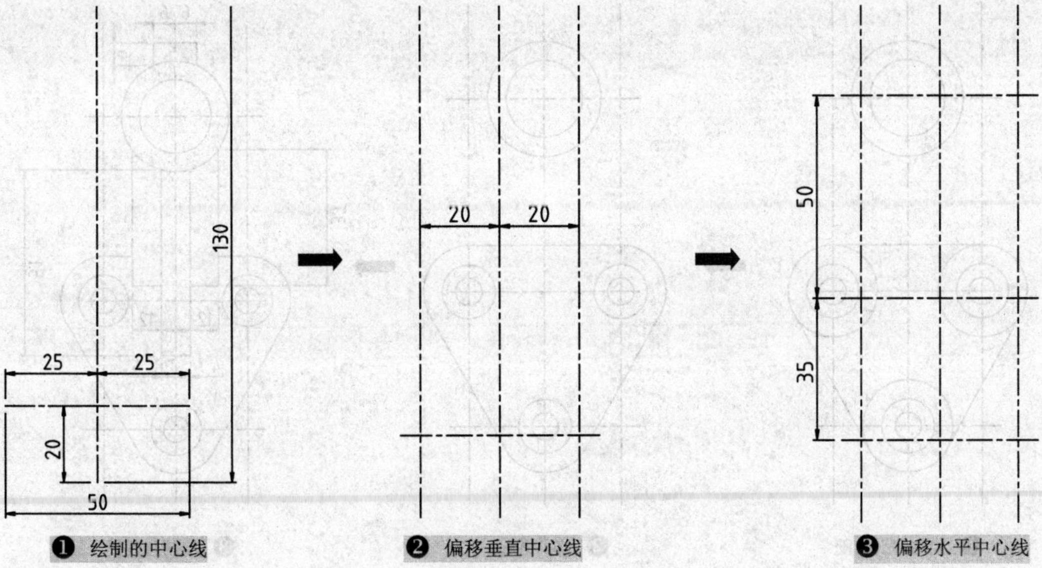

图 11-173　绘制并偏移线段

05 将“粗实线”图层置为当前。使用“圆”命令（C），在上侧绘制直径为 20 和 30 的两个同心圆，在下侧绘制直径为 7、14 和 24 的三个同心圆；使用“复制”命令（CO），再将下侧的三个同心圆复制到中间相应的交点位置，如图 11-174 所示。

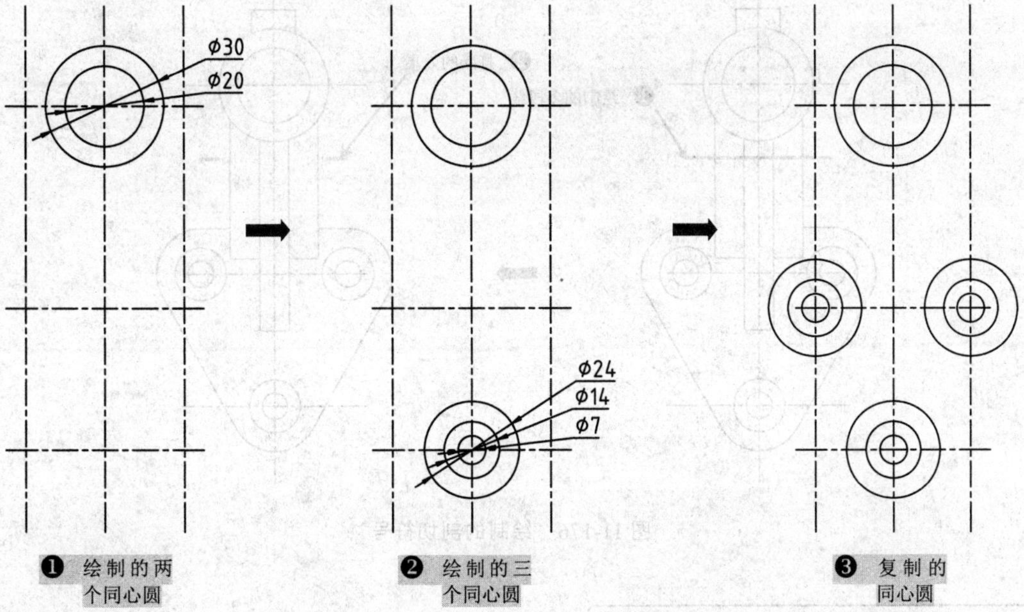

图 11-174　绘制同心圆

06 使用“直线”命令（L），分别绘制两个圆之间的相切线段，再使用“修剪”命令（TR），将多余的圆弧进行修剪，然后根据要求绘制相应的直线段，从而完成支架主视图，如图 11-175 所示。

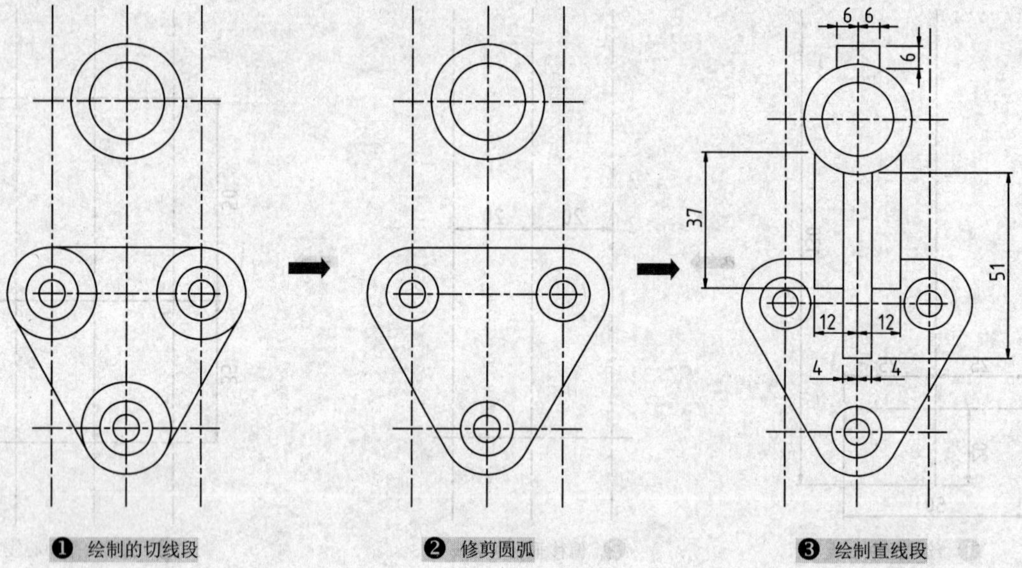

图 11-175 绘制并修剪线段

07 使用“多段线”命令（L），在指定的位置绘制一条长约 40mm 的水平线段，且设置该多段线的宽度为 0.5，再使用“打断”命令（BR），将该多段线进行打断处理，只保留左、右两端的线段即可，从而形成剖切符号，如图 11- 176 所示。

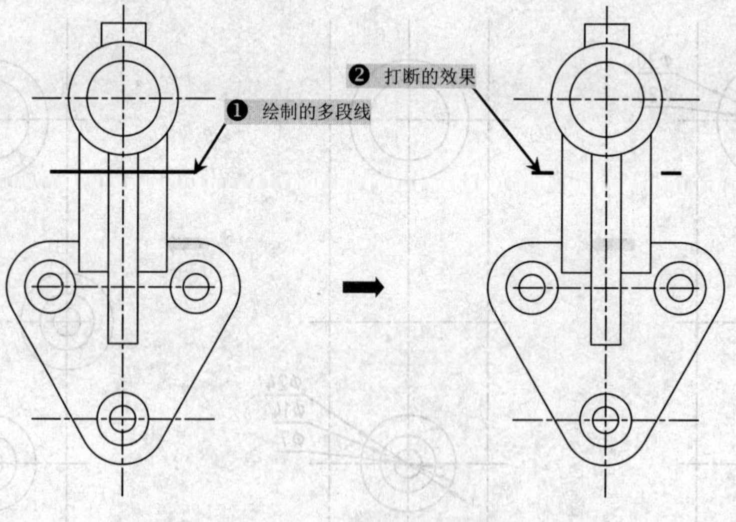

图 11-176 绘制的剖切符号

11.6.2 创建支架断面图、左视图

本节主要讲解创建支架的左视图。

01 使用“直线”命令（L），在支架主视图的右侧水平位置绘制详图，并绘制相应的垂直中心线；使用“图案填充”命令（H），设置比例为 0.5，选择样例“ANSI31”，然后对其进行图案填充，如图 11-177 所示。

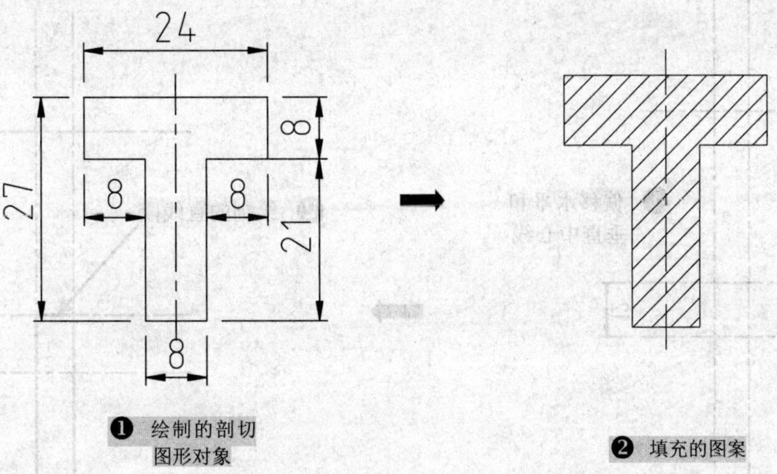

图 11-177　绘制的剖切图形对象

专家提醒

由于绘制俯视图时当前图层处于“粗实线”图层，所以在绘制好图形和进行图案填充后，应将部分线型转换到“中心线”“剖面线”图层。

02 按下【F8】键，打开正交模式。使用“复制”命令（CO），将主视图中的中心线水平向右侧进行复制，如图 11-178 所示。

图 11-178　复制的中心线

03 使用“偏移”命令（O），将下侧的中心线向下偏移 12，将中间的中心线向上偏移 12，将垂直中心线向右偏移 8。

04 将“粗实线”图层置为当前。再使用“直线”命令（L），捕捉相应的交点来绘制直线段，如图 11-179 所示。

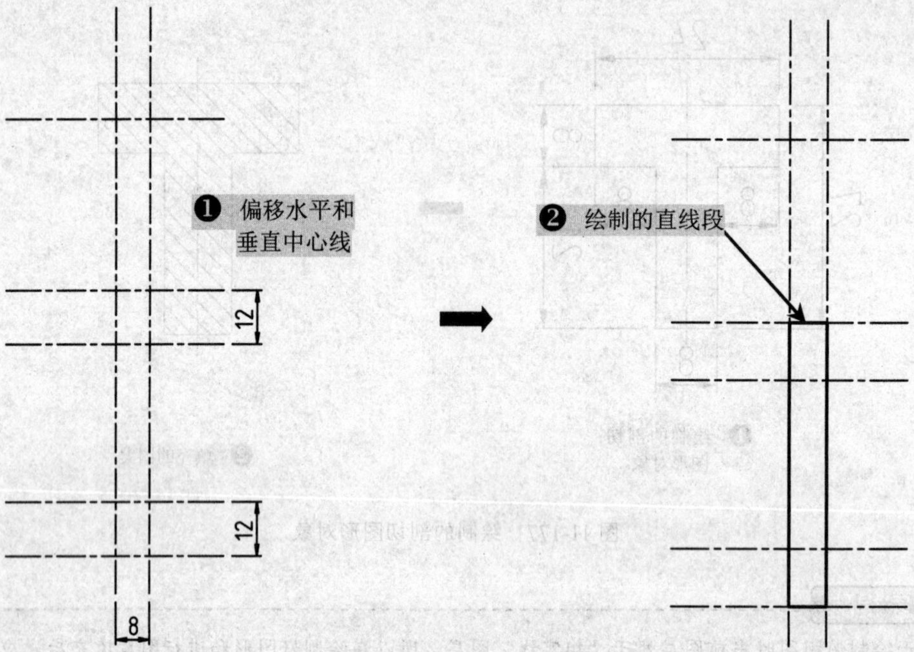

图 11-179　偏移中心线并绘制直线段

05 使用“直线”（L）、“偏移”（O）等命令，绘制螺孔剖视图，再使用“样条曲线”命令（SPL），绘制一条样条曲线，然后使用“图案填充”命令（H），设置比例为 0.5，选择样例“ANSI31”，最后对其进行图案填充，并将右侧多余的垂直中心线删除掉，如图 11-180 所示。

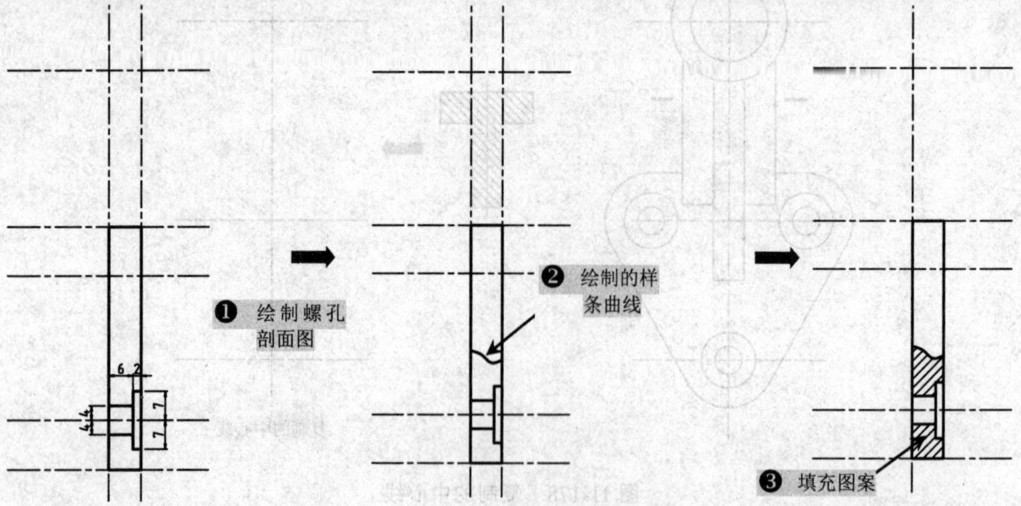

图 11-180　螺孔剖视图的绘制

06 使用“偏移”命令（O），将垂直中心线向右侧偏移 32，再将偏移的垂直中心线向左、右两侧各偏移 20，将最上侧的水平中心线向上、下各偏移 15，然后使用“直线”命令（L），捕捉相应的交点来绘制直线段，如图 11-181 所示。

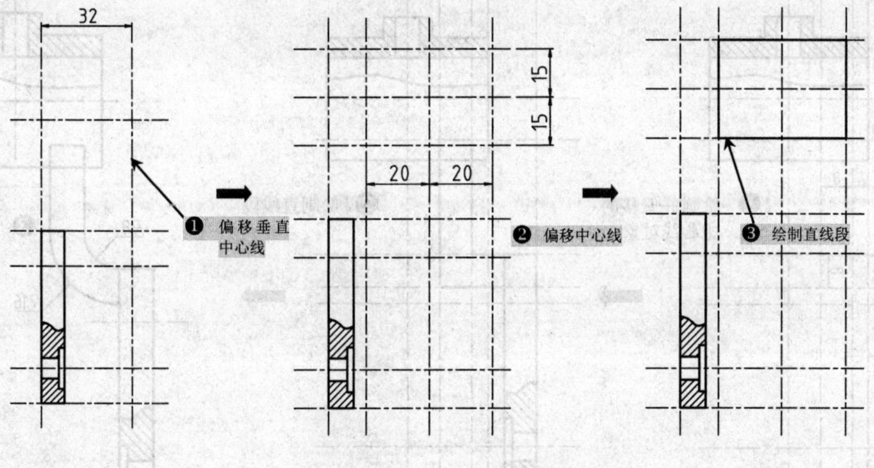

图 11-181　偏移中心线并绘制直线段

07 使用“偏移”命令（O），将相应的水平线段向下偏移 5，再使用“直线”命令（L），绘制相应的螺孔轮廓对象，然后使用“修剪”命令（TR），修剪掉多余的线段，如图 11-182 所示。

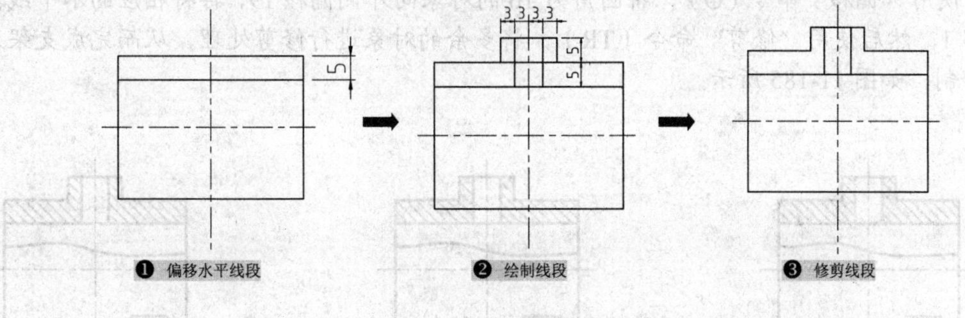

图 11-182　绘制螺孔轮廓

08 使用“图案填充”命令（H），设置比例为 0.5，选择样例“ANSI31”，然后对其进行图案填充；使用“样条曲线”命令（SPL），在图中相应位置绘制样条曲线，如图 11-183 所示。

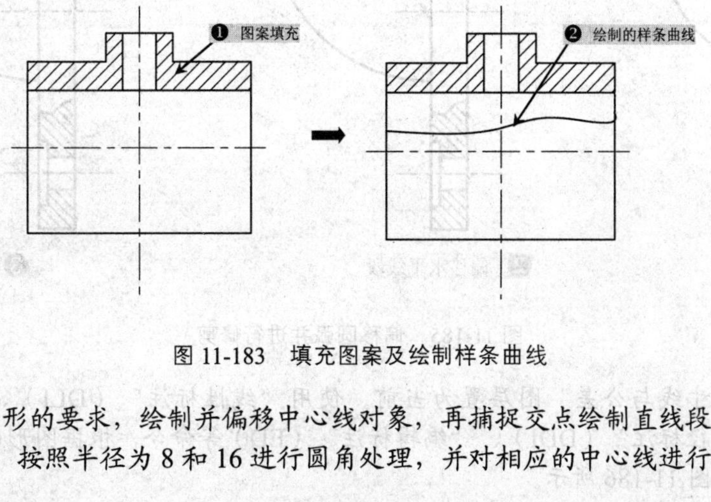

图 11-183　填充图案及绘制样条曲线

09 根据图形的要求，绘制并偏移中心线对象，再捕捉交点绘制直线段，然后使用“圆角”命令（F），按照半径为 8 和 16 进行圆角处理，并对相应的中心线进行删除及编辑，如图 11-184 所示。

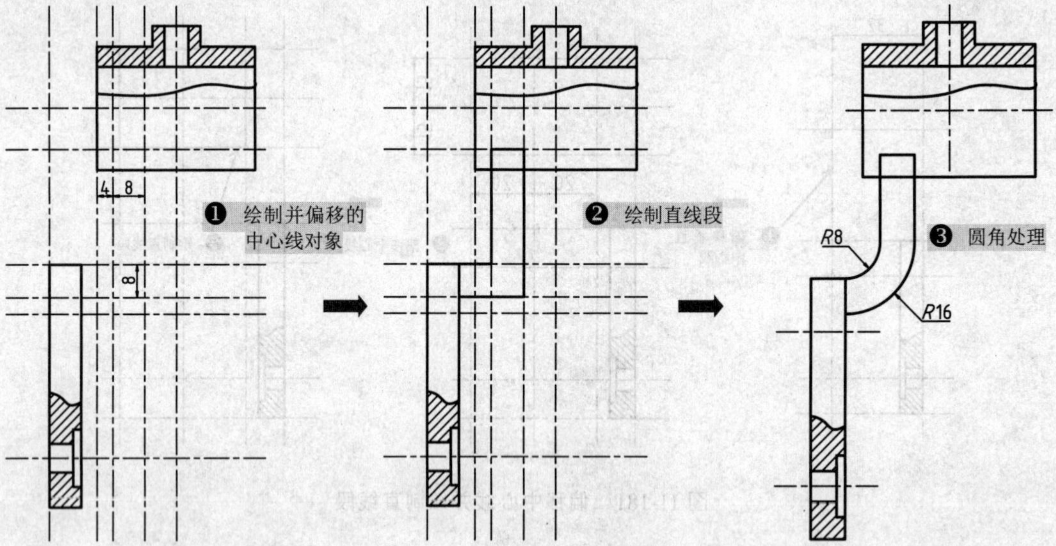

图 11-184 绘制直线并圆角处理

10 使用“偏移”命令（O），将圆角为 16 的对象向外侧偏移 19，再将相应的水平线段向上偏移 1，然后使用“修剪”命令（TR），将多余的对象进行修剪处理，从而完成支架左视图的绘制，如图 11-185 所示。

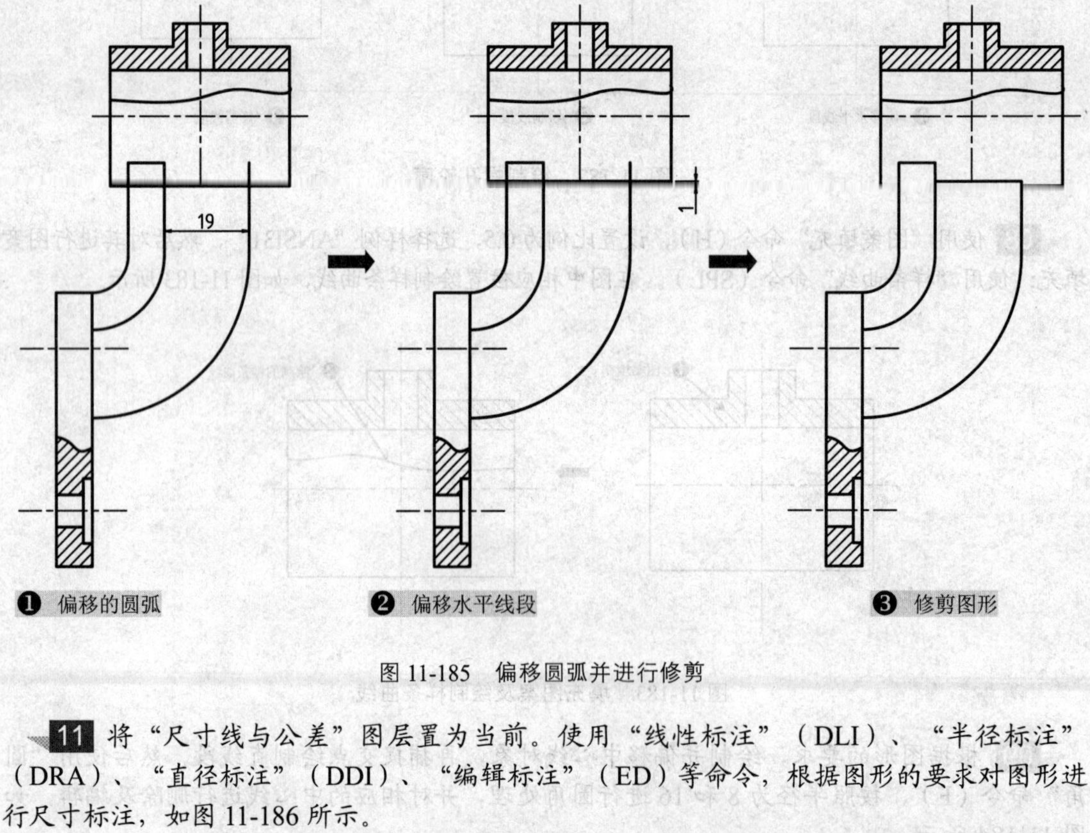

图 11-185 偏移圆弧并进行修剪

11 将“尺寸线与公差”图层置为当前。使用“线性标注”（DLI）、“半径标注”（DRA）、“直径标注”（DDI）、“编辑标注”（ED）等命令，根据图形的要求对图形进行尺寸标注，如图 11-186 所示。

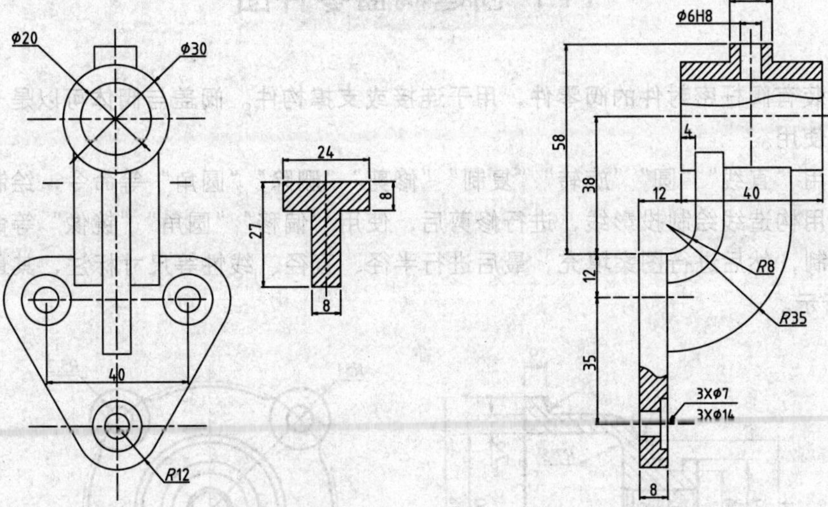

图 11-186 进行尺寸标注

12 使用“插入”命令（I），将机械样板内部的“粗糙度符号”图块分别插入到相应的位置，并修改其属性值。

13 将“文本”图层置为当前。使用“文字”命令（T），输入“技术要求”相关的文字说明，再单击视图窗口底侧状态栏的“显示/隐藏线宽”按钮，使其由灰色变成蓝色，其显示线宽的效果如图 11-187 所示。

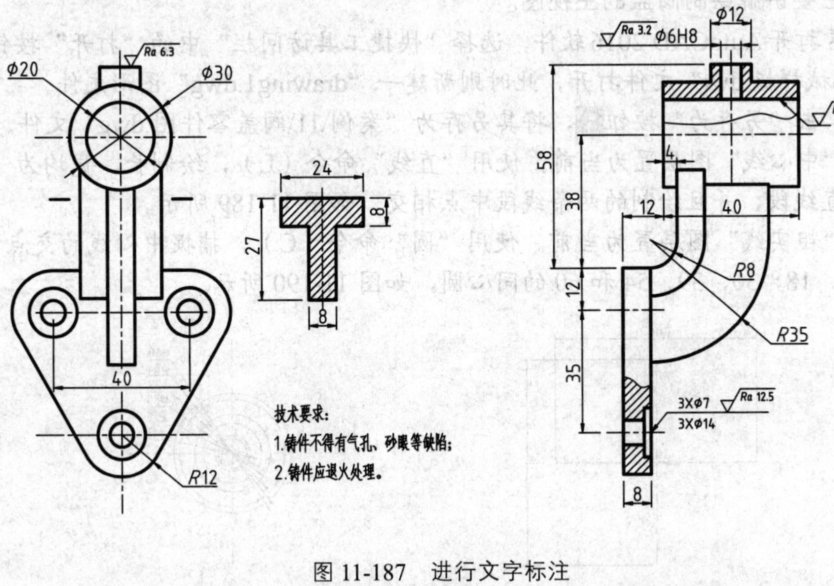

图 11-187 进行文字标注

14 至此，该支架零件图绘制完毕，用户可按【Ctrl+S】组合键进行保存。

11.7 创建阀盖零件图

阀盖是装有阀杆密封件的阀零件，用于连接或支撑构件。阀盖与阀体可以是一个整体，也可以分开使用。

首先使用“直线”“圆”“旋转”“复制”“修剪”“删除”“圆角”等命令，绘制阀盖的俯视图，再使用构造线绘制投影线，进行修剪后，使用“偏移”“圆角”“镜像”等命令，完成阀盖图形绘制，然后进行图案填充，最后进行半径、直径、线性等尺寸标注，其最终结果如图 11-188 所示。

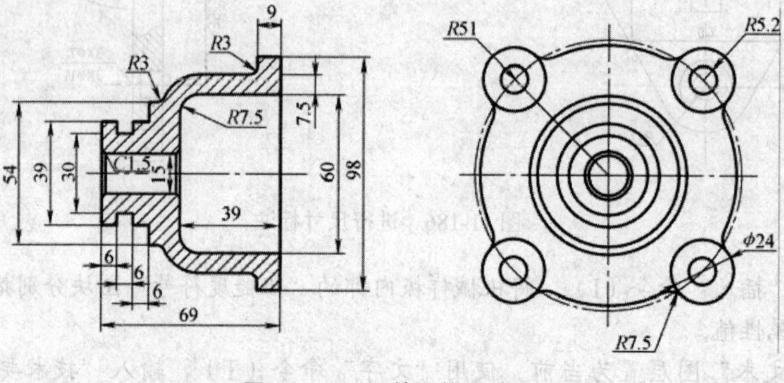

图 11-188　阀盖零件图效果

11.7.1 创建阀盖主视图

本小节主要讲解绘制阀盖的主视图。

01 正常打开 AutoCAD 2016 软件，选择“快捷工具访问栏”中的“打开”按钮，将“案例\11\机械样板.dwt”文件打开，此时则新建一“drawing1.dwg”图形文件。

02 再单击“另存为”按钮，将其另存为“案例\11\阀盖零件图.dwg”文件。

03 将“中心线”图层置为当前。使用“直线”命令（L），绘制长、宽均为 114 的水平线段和垂直线段，并且绘制的两条线段中点相交，如图 11-189 所示。

04 将“粗实线”图层置为当前。使用“圆”命令（C），捕捉中心线的交点，分别绘制直径为 15、18、30、39、54 和 60 的同心圆，如图 11-190 所示。

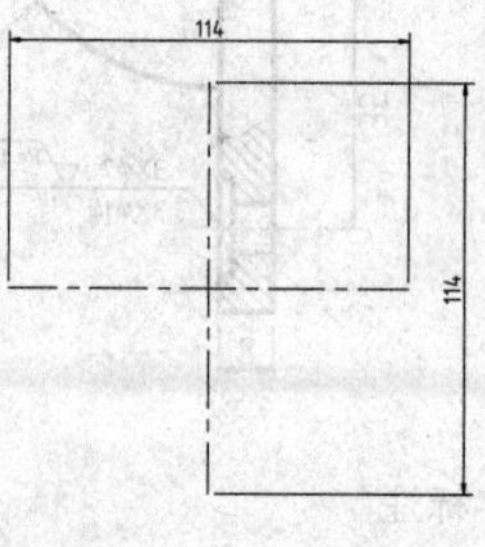

图 11-189　绘制中心线

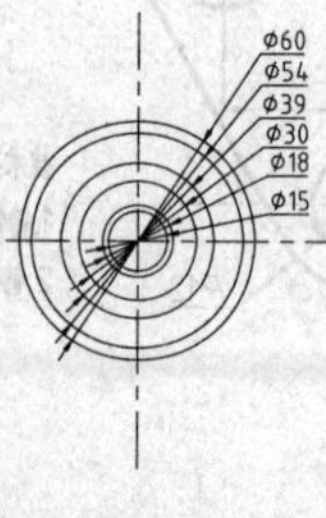

图 11-190　绘制同心圆

05 使用“旋转”命令（RO），将水平线段以中点为基点，采用“复制”的方式，分别旋转 45°、–45°，如图 11-191 所示。

06 使用“圆”命令（C），捕捉圆心，绘制直径为 98 的圆，如图 11-192 所示。

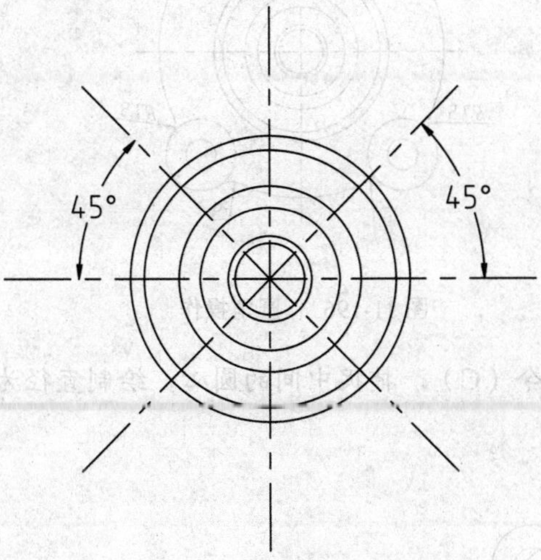

图 11-191　旋转复制线段

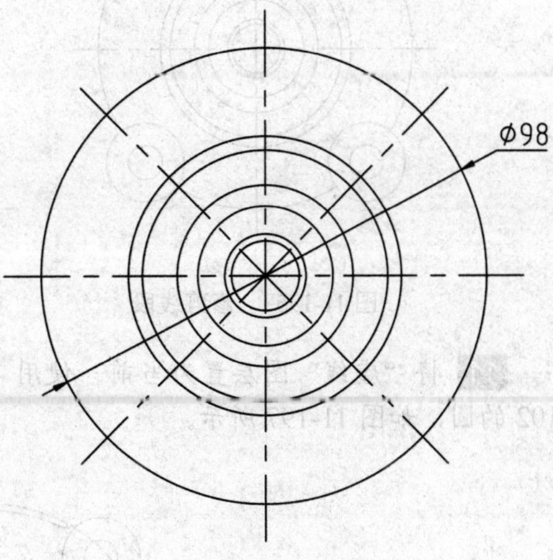

图 11-192　绘制的圆

07 使用“圆”命令（C），捕捉直径为 98 的圆与斜线段的交点作为圆心，分别绘制直径为 10.4、24 的两个同心圆，如图 11-193 所示。

08 使用“复制”命令（CO），将上一步绘制的同心圆向其余的圆与斜线段的交点处进行复制操作，如图 11-194 所示。

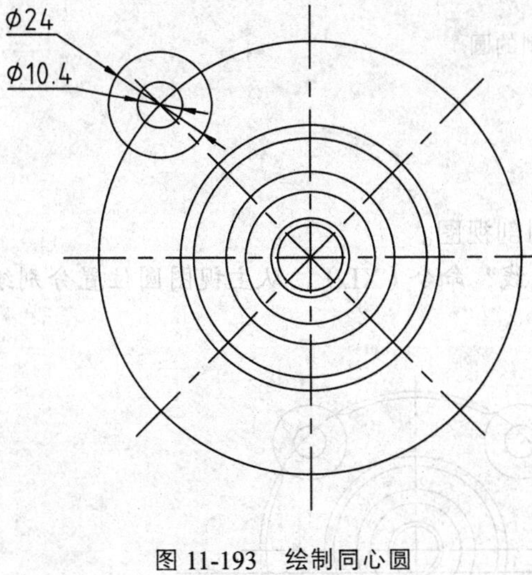

图 11-193　绘制同心圆

图 11-194　复制操作

09 使用“修剪”命令（TR），对最外侧的大圆进行修剪，再使用“删除”命令（E），删除掉前面旋转复制的斜线段，如图 11-195 所示。

10 使用“圆角”命令（F），分别对最外侧大圆与两个同心圆相交的左、右位置，进行半径为 7.5 的圆角操作，如图 11-196 所示。

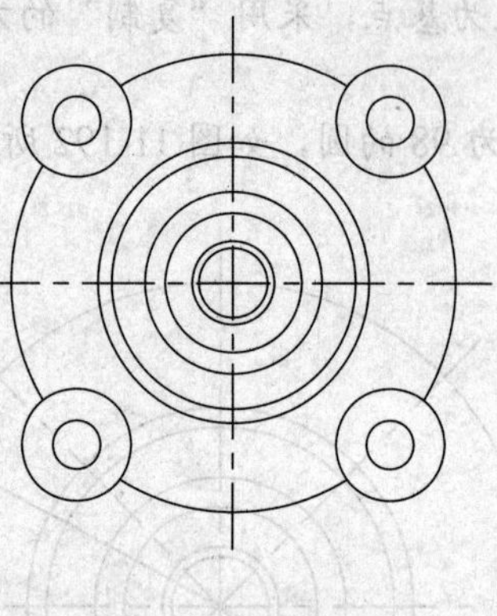

图 11-195　修剪线段

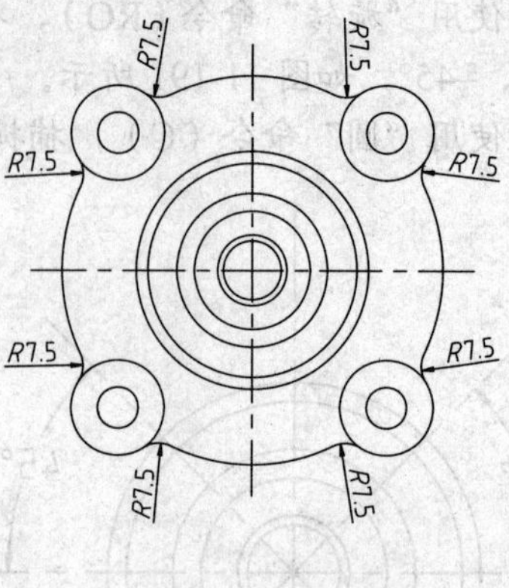

图 11-196　圆角操作

11 将“虚线”图层置为当前。使用“圆”命令（C），捕捉中间的圆心，绘制直径为102的圆，如图 11-197 所示。

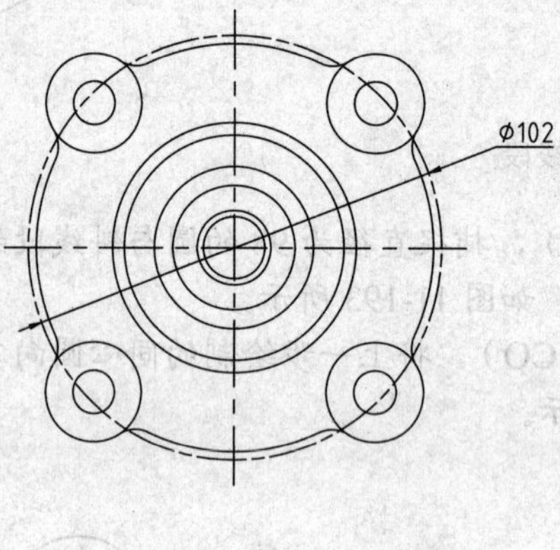

图 11-197　绘制的圆

11.7.2 创建阀盖剖视图

前面已经绘制完成阀盖的主视图，接下来绘制剖视图。

01 将“粗实线”图层置为当前。使用“构造线”命令（XL），从主视图圆位置分别绘制水平投影线段，如图 11-198 所示。

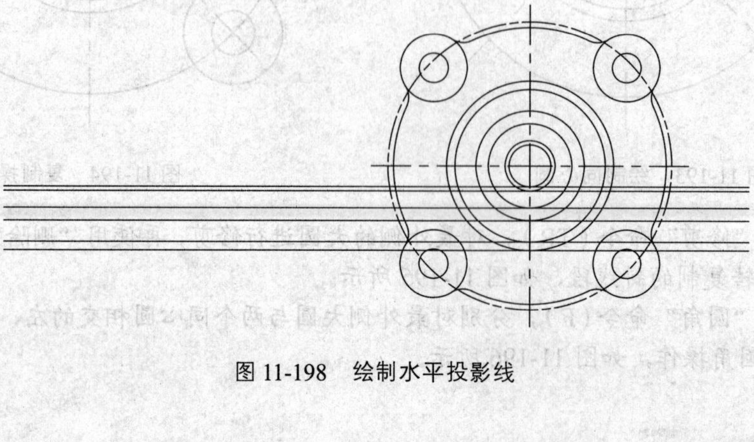

图 11-198　绘制水平投影线

02 使用“构造线”（XL）、“偏移”（O）等命令，绘制和偏移垂直投影线段，如图 11-199 所示。

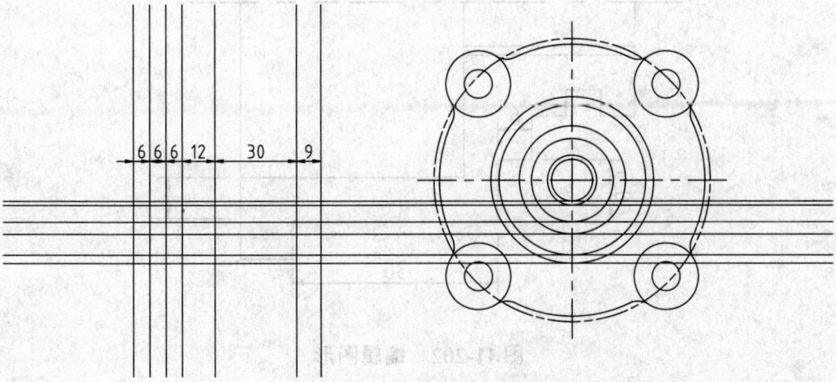

图 11-199　绘制及偏移垂直投影线

03 使用“偏移”命令（O），将顶侧的水平线段向上偏移 7.5，底端的水平线段向下偏移 14，如图 11-200 所示。

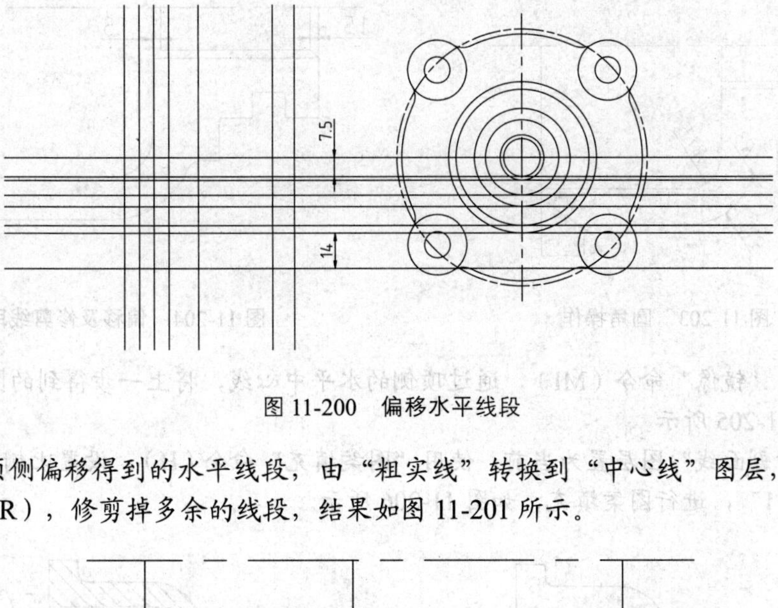

图 11-200　偏移水平线段

04 将顶侧偏移得到的水平线段，由“粗实线”转换到“中心线”图层，再使用“修剪”命令（TR），修剪掉多余的线段，结果如图 11-201 所示。

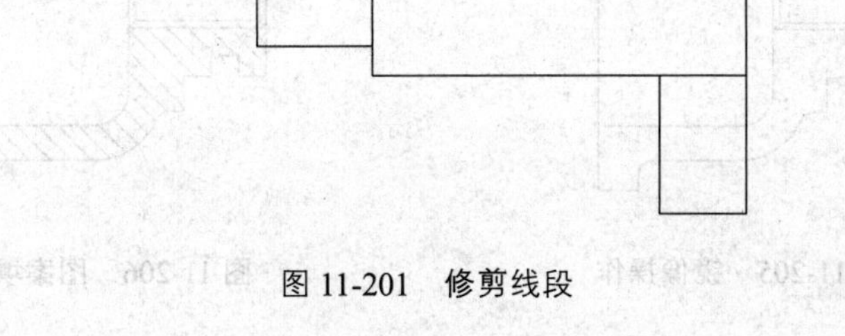

图 11-201　修剪线段

05 使用“偏移”（O）、“延伸”（EX）、“修剪”（TR）等命令，对线段进行延伸、修剪操作，如图 11-202 所示。

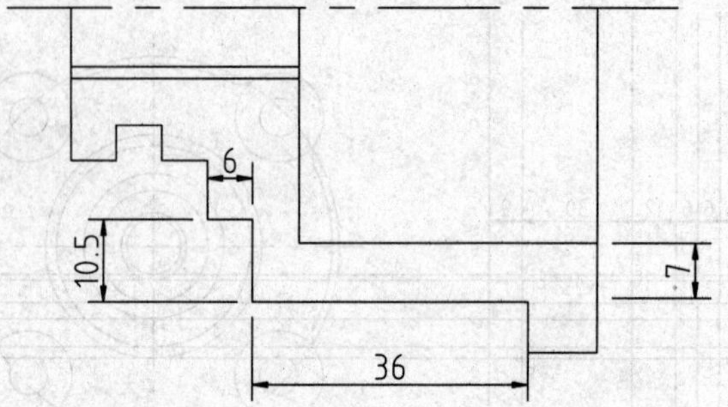

图 11-202　编辑图形

06 使用“圆角”命令（F），分别图中相应的转角位置进行半径为 3、7.5、15 的圆角操作，如图 11-203 所示。

07 使用“偏移”（O）、“修剪”（TR）等命令，对线段进行偏移及修剪操作，再使用“直线”命令（L），捕捉相应的端点绘制斜线段，如图 11-204 所示。

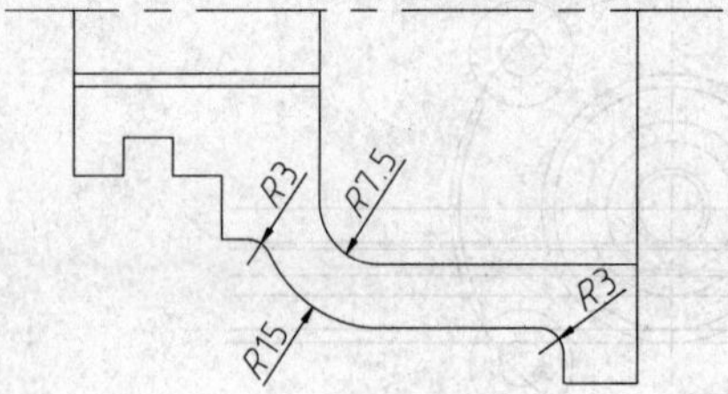

图 11-203　圆角操作

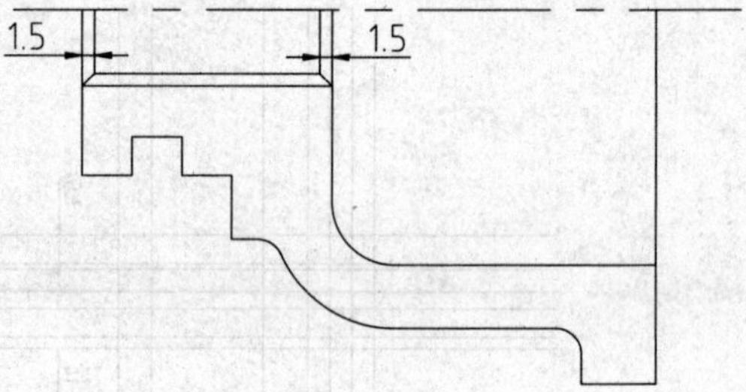

图 11-204　偏移及修剪线段

08 使用“镜像”命令（MI），通过顶侧的水平中心线，将上一步得到的图形向上镜像一份，如图 11-205 所示。

09 将“剖面线”图层置为当前。使用“图案填充”命令（H），设置比例为 1，选择样例为“ANSI31”，进行图案填充，如图 11-206 所示。

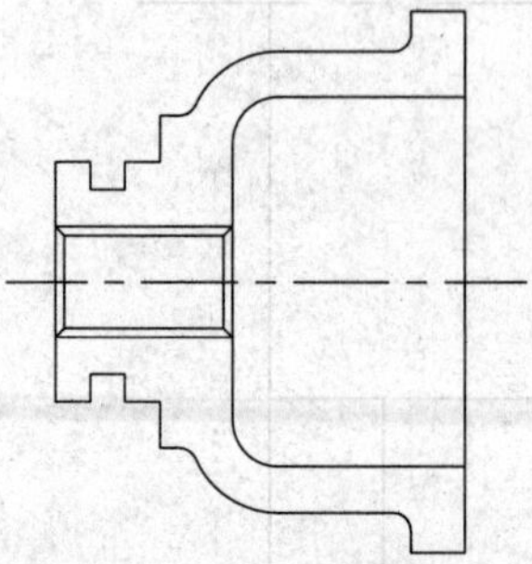

图 11-205　镜像操作

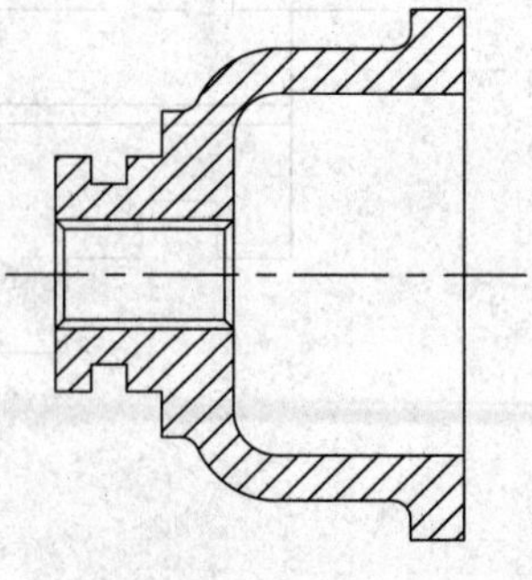

图 11-206　图案填充

10 将“尺寸线与公差”图层置为当前。使用“线性标注”（DLI）、“半径标注”（DRA）、“直径标注”（DDI）等命令，对绘制好的图形进行相关的标注，再单击视图窗口底侧状态栏的“显示/隐藏线宽”按钮，使其由灰色变成蓝色，其显示线宽的效果如图 11-207 所示。

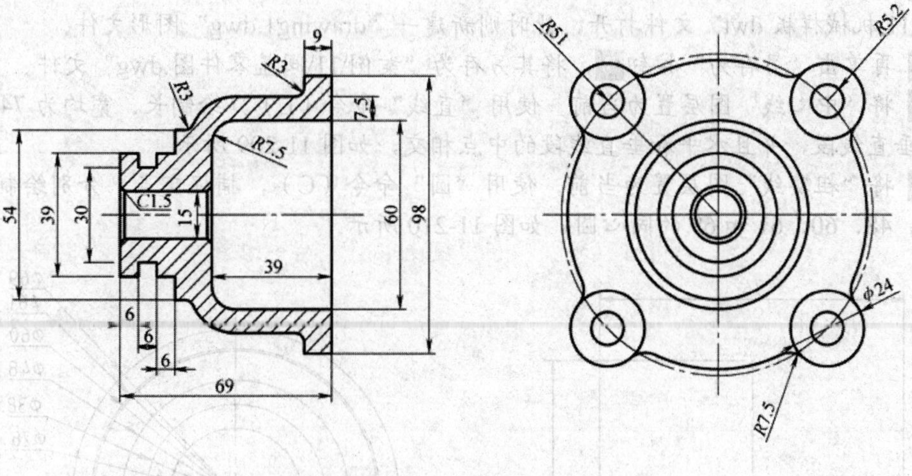

图 11-207　进行相关标注

11 至此，该阀盖零件图绘制完毕，用户可按【Ctrl+S】组合键进行保存。

11.8 创建蜗轮零件图

蜗轮蜗杆机构常用来传递两交错轴之间的运动和动力。蜗轮与蜗杆在其中间平面内相当于齿轮与齿条，蜗杆又与螺杆形状相似。本节讲解绘制蜗轮的零件图，其最终绘制完成的效果如图 11-208 所示。

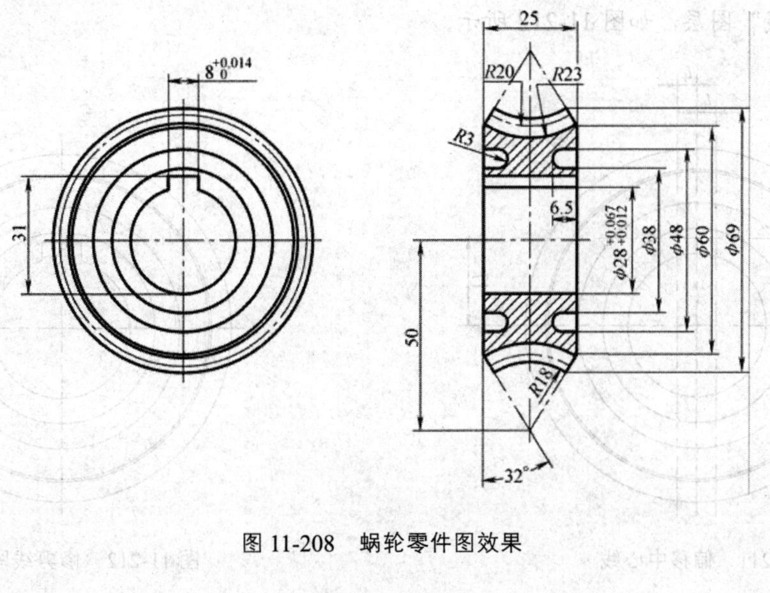

图 11-208　蜗轮零件图效果

11.8.1 创建蜗轮主视图

本小节讲解如何绘制蜗轮的主视图。

01 正常打开AutoCAD 2016软件，选择“快捷工具访问栏”中的“打开”按钮，将“案例\11\机械样板.dwt”文件打开，此时则新建一“drawing1.dwg”图形文件。

02 再单击“另存为”按钮，将其另存为“案例\11\阀盖零件图.dwg”文件。

03 将“中心线”图层置为当前。使用“直线”命令（L），绘制长、宽均为74的水平线段和垂直线段，并且水平和垂直线段的中点相交，如图11-209所示。

04 将“粗实线”图层置为当前。使用“圆”命令（C），捕捉交点，分别绘制直径为28、38、48、60、61和69的同心圆，如图11-210所示。

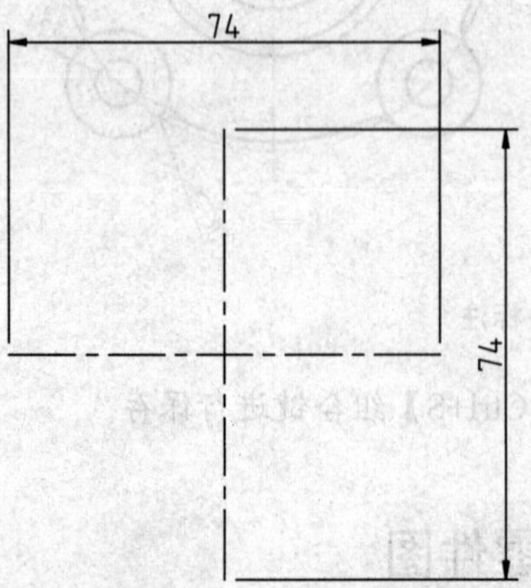

图11-209　绘制中心线

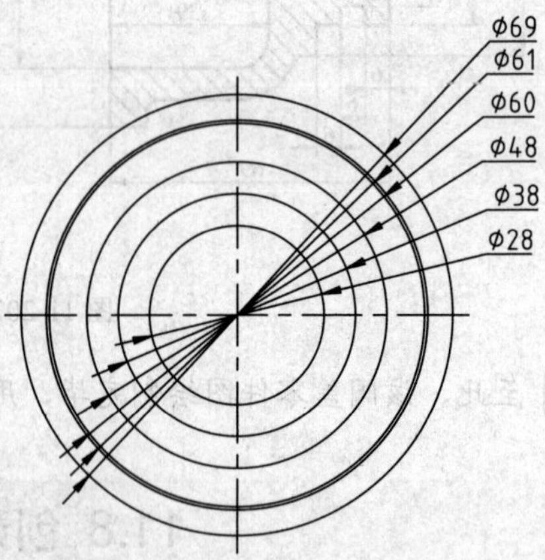

图11-210　绘制同心圆

05 使用“偏移”命令（O），将绘制的水平中心线向上偏移17，垂直中心线向左及向右分别偏移4，如图11-211所示。

06 使用“修剪”命令（TR），对图中相应的线段进行修剪，并将修剪后的相应线段转换为“粗实线”图层，如图11-212所示。

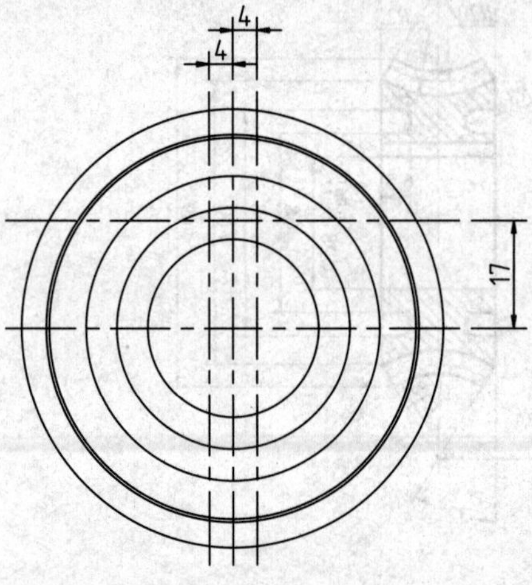

图11-211　偏移中心线

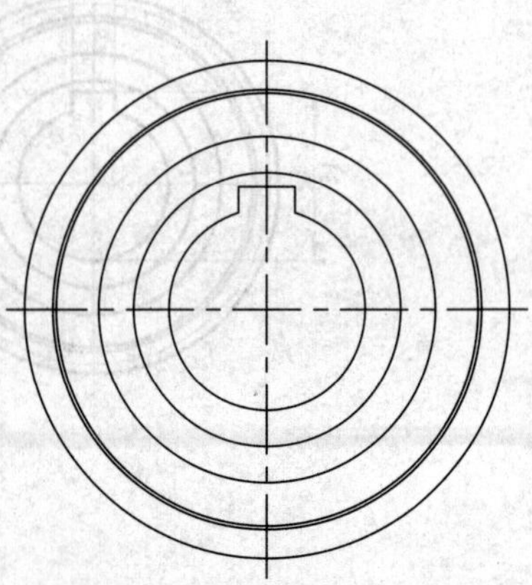

图11-212　修剪线段

07 将“虚线”图层置为当前。使用“圆”命令（C），捕捉交点，绘制直径为 66 的圆，如图 11-213 所示。

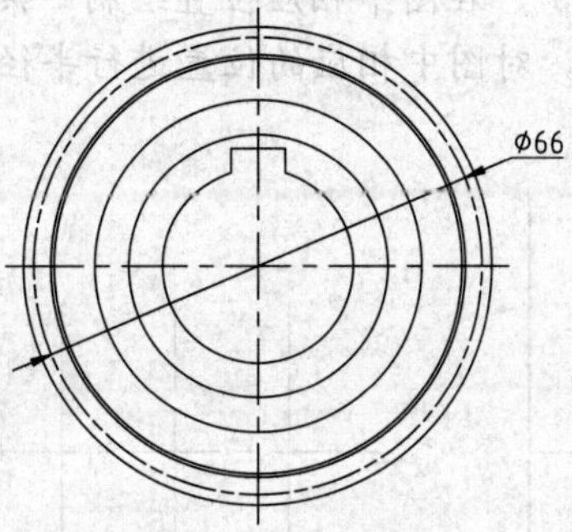

图 11-213　绘制同心圆

11.8.2 创建蜗轮剖视图

前面已经绘制完成蜗轮的俯视图，接下来绘制其剖视图。

01 将“粗实线”图层置为当前。使用“构造线”命令（XL），从主视图圆位置分别绘制水平投影线段，如图 11-214 所示。

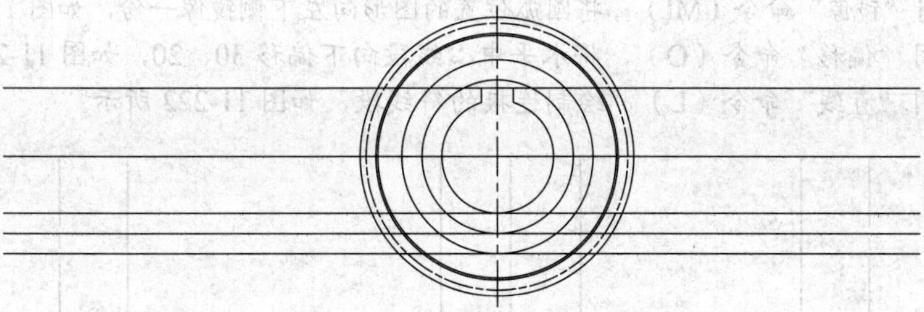

图 11-214　绘制水平投影线

02 使用“构造线”命令（XL），绘制一垂直线段，再使用“偏移”命令（O），将垂直线段依次向右偏移 12.5、12.5，如图 11-215 所示。

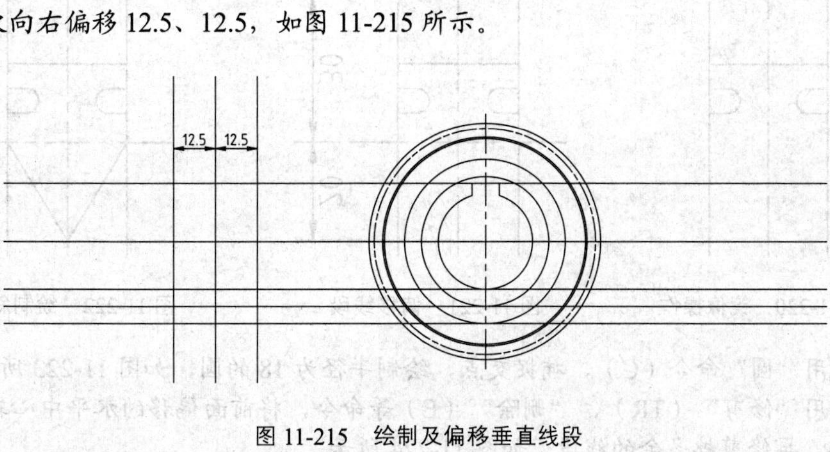

图 11-215　绘制及偏移垂直线段

03 使用“修剪”命令（TR），修剪掉多余的线段，如图 11-216 所示。

04 将中间相交的线段由“粗实线”转换到“中心线”图层，如图 11-217 所示。

05 使用“直线”命令（L），在图中相应位置绘制一条垂线段，如图 11-218 所示。

06 使用“圆角”命令(F)，对图中相应的位置进行半径为 2.5 的圆角操作，如图 11-219 所示。

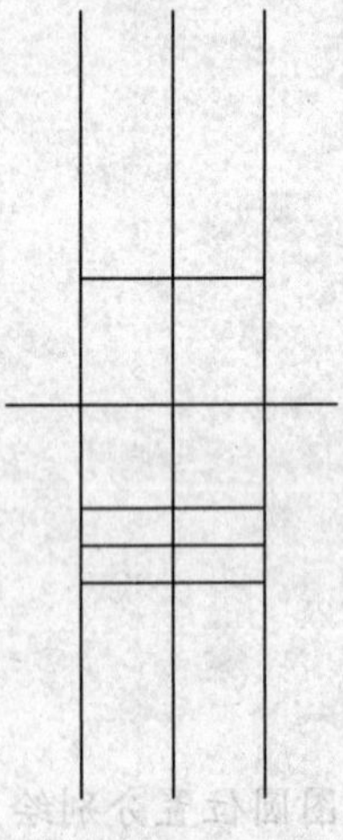

图 11-216 修剪线段

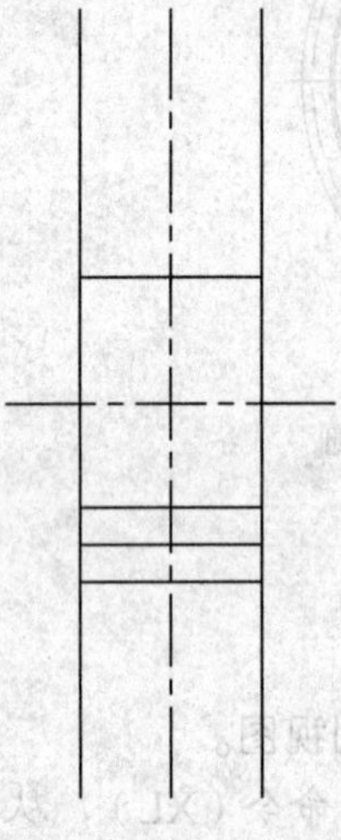

图 11-217 转换线图层

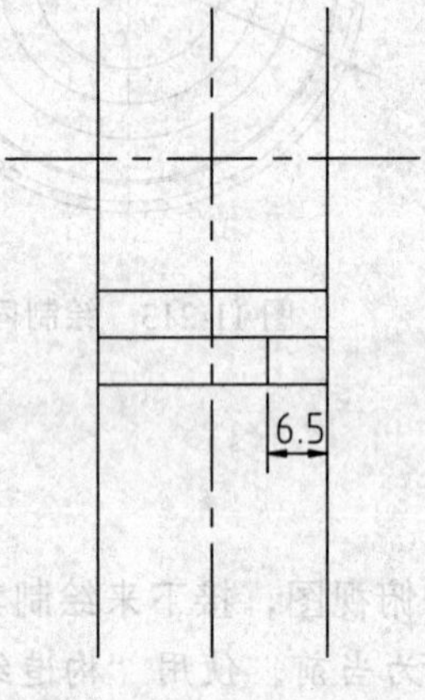

图 11-218 绘制垂线段

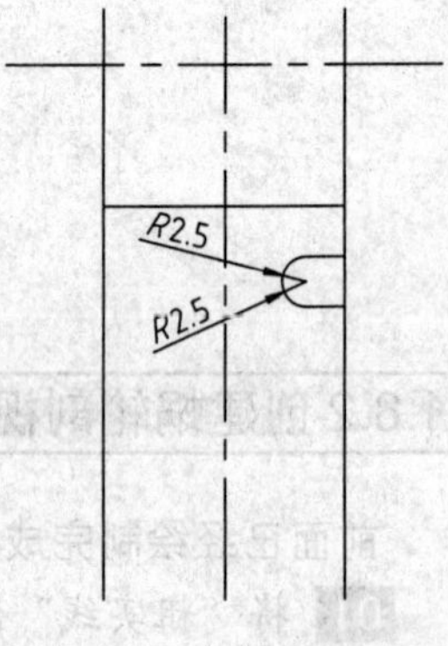

图 11- 219 圆角操作

07 使用“镜像”命令（MI），将圆弧位置的图形向左下侧镜像一份，如图 11-220 所示。

08 使用“偏移”命令（O），将水平中心线段向下偏移 30、20，如图 11-221 所示。

09 使用“直线”命令（L），绘制连接的斜线段，如图 11-222 所示。

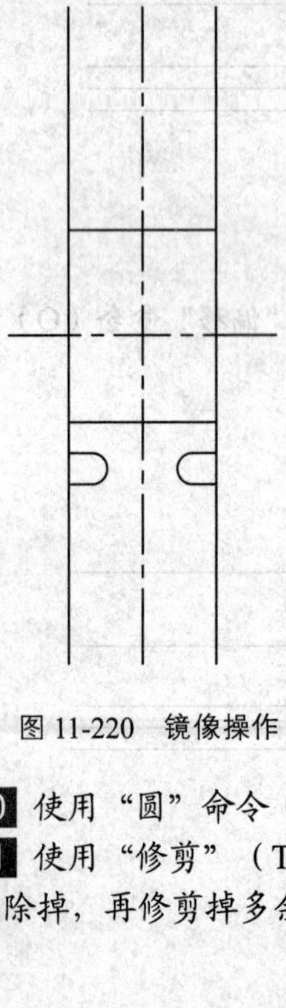

图 11-220 镜像操作

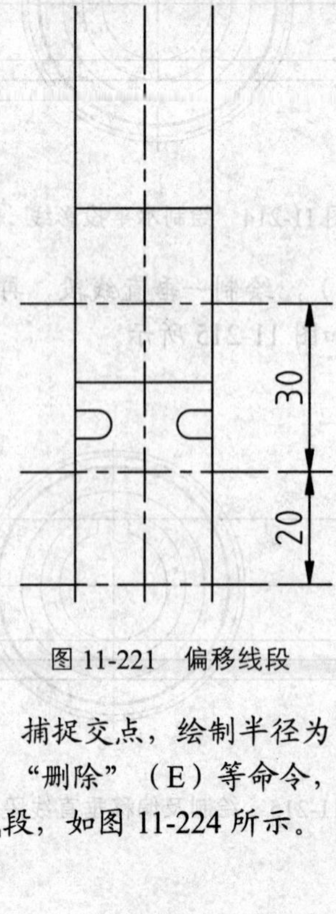

图 11-221 偏移线段

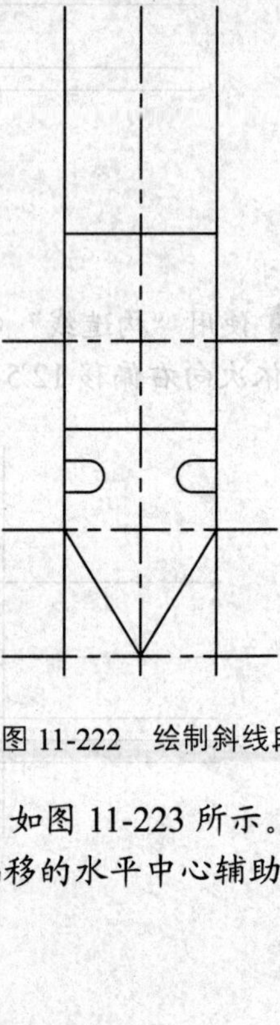

图 11-222 绘制斜线段

10 使用“圆”命令（C），捕捉交点，绘制半径为 18 的圆，如图 11-223 所示。

11 使用“修剪”（TR）、“删除”（E）等命令，将前面偏移的水平中心辅助作用的线段删除掉，再修剪掉多余的线段，如图 11-224 所示。

12 使用“偏移”命令（O），将修剪得到的圆弧依次向上偏移 2、3，如图 11-225 所示。

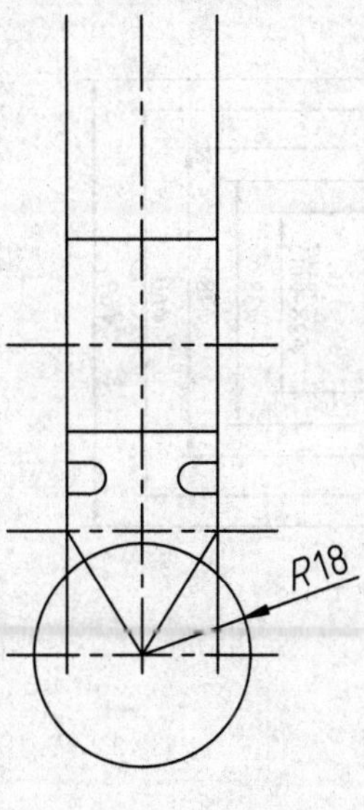

图 11-223 绘制的圆

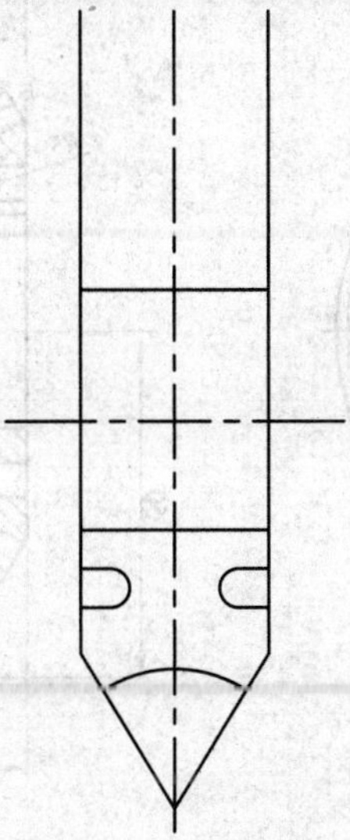

图 11-224 修剪线段

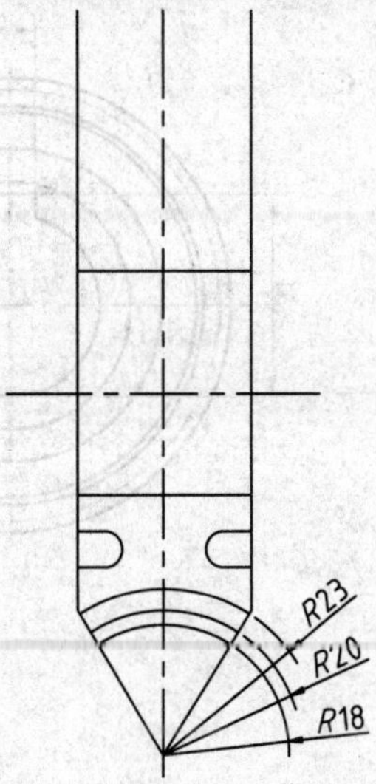

图 11-225 偏移圆弧

13 使用“镜像”命令（MI），将底侧的图形通过水平中心线，向上镜像一份，再使用“修剪”命令（TR），修剪掉多余的线段，如图 11-226 所示。

14 将图中相应的线段修改为“中心线”图层，如图 11-227 所示。

15 将“剖面线”图层置为当前。使用“图案填充”命令（H），设置比例为 1，选择样例为“ANSI31”，对图中相应位置进行图案填充，如图 11-228 所示。

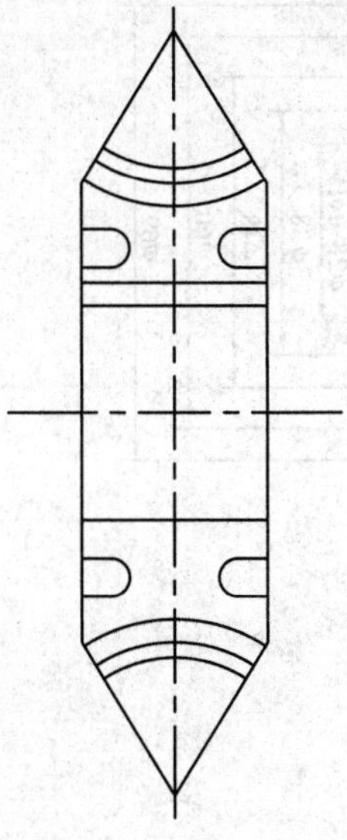

图 11-226 镜像操作

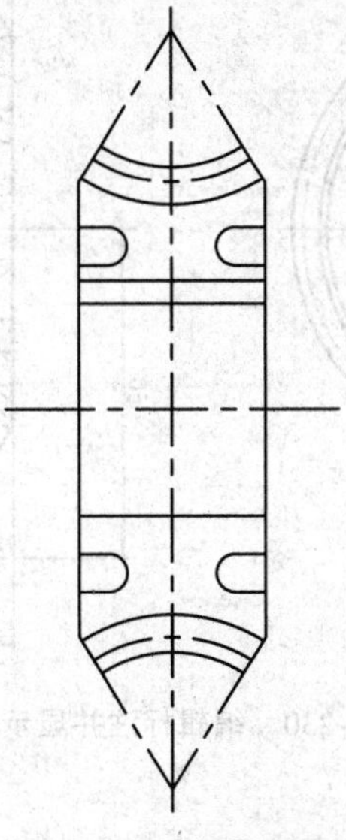

图 11-227 修改图层

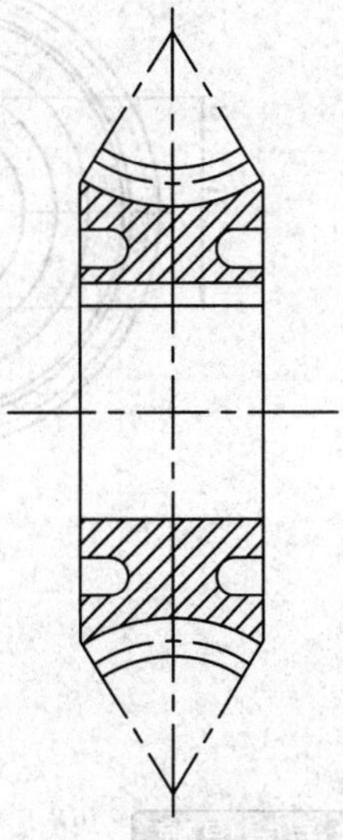

图 11-228 图案填充

16 将“尺寸线与公差”图层置为当前。使用“线性标注”（DLI）、“角度标注”（DAN）、“半径标注”（DRA）等命令，对绘制好的图形进行相关的标注，如图 11-229 所示。

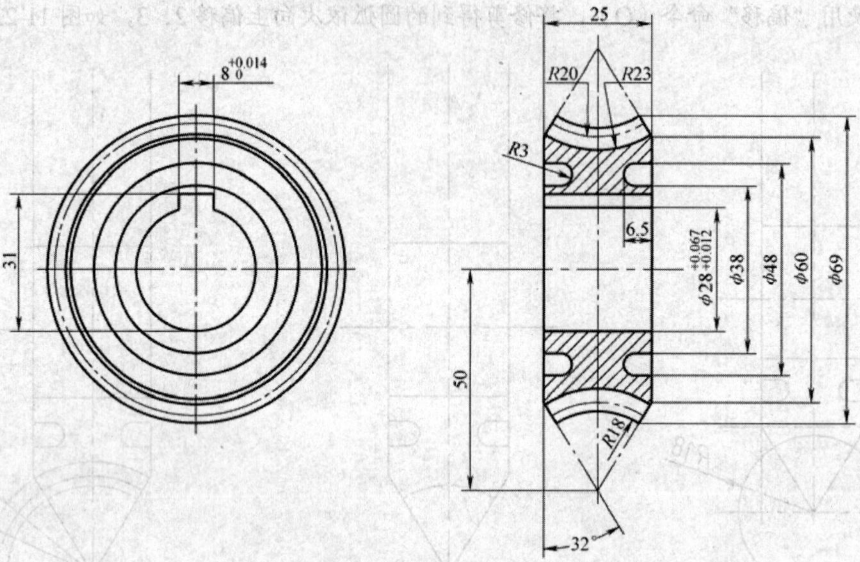

图 11-229　进行标注的效果

17 使用“编辑标注”命令（ED），分别对部分线性标注添加直径符号“φ”，再单击视图窗口底侧状态栏的“显示/隐藏线宽”按钮，使其由灰色 变成蓝色，其显示线宽的效果如图 11-230 所示。

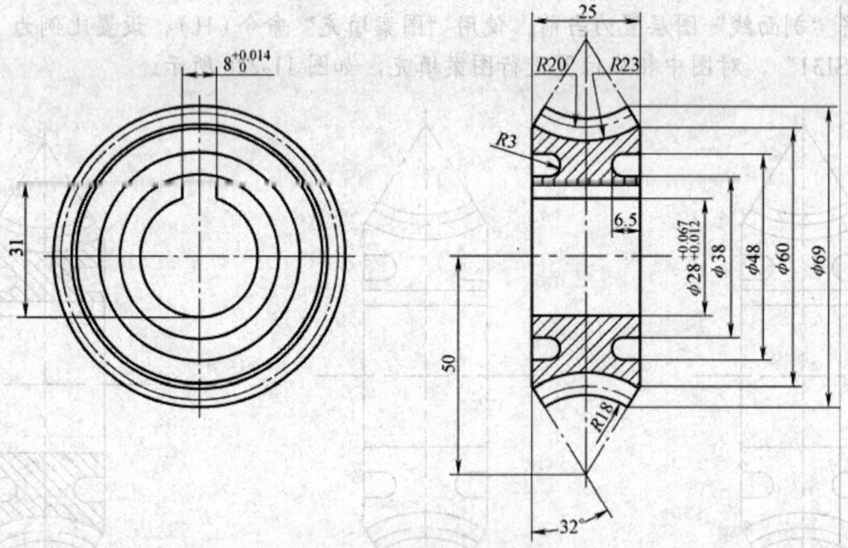

图 11-230　编辑标注并显示线宽

专家提醒

在 CAD 图形标注中，若需要显示“φ”直径符号，则需要输入“%%C”；“°”度数符号，则输入“%%D”；“±”正负符号，则输入“%%P”。

18 至此，该蜗轮零件图绘制完毕，用户可按【Ctrl+S】组合键进行保存。

第 12 章 创建机械轴测图

本章导读

用平行投影法，将物体连同确定该物体的直角坐标系，一起沿不平行于任一坐标平面的方向投射到一个投影面上，所得到的图形称为轴测图。由于轴测图是用平行投影法得到的，因此，空间相互平行的直线，它们的轴测投影互相平行；立体上凡是与坐标轴平行的直线，在其轴测图中也必与轴测轴互相平行；立体上两平行线段或同一直线上的两线段长度之比，在轴测图上保持不变。

轴测图是一种单面投影图，在一个投影面上能同时反映出物体三个坐标面的形状，并接近于人们的视觉习惯，形象、逼真，富有立体感。但是轴测图一般不能反映出物体各表面的实形，因而度量性差，同时作图较复杂。因此，在工程上常把轴测图作为辅助图样，来说明机器的结构、安装、使用等情况，在设计中，用轴测图帮助构思、想象物体的形状，以弥补正投影图的不足。

精彩看点

- 轴测图概述
- 创建底座轴测图
- 创建机件轴测图
- 创建螺纹轴测图
- 创建连接轴测图

12.1 轴测图概述

轴测图是反映物体三维形状的二维图形，它富有立体感，能帮人们更快捷更清楚地认识产品结构。绘制一个零件的轴测图是在二维平面图中完成的，相对三维图形更简洁方便。

在工程上应用正投影法绘制的多面正投影图，可以完全确定物体的形状和大小，且作图简便，度量性好，依据这种图样可制造出所表示的物体。但它缺乏立体感，直观性较差，要想象物体的形状，需要运用正投影原理把几个视图联系起来看，缺乏读图知识的人难以看懂。

12.1.1 轴测图形成

将物体连同其参考直角坐标系沿不平行于任一坐标平面的方向，用平行投影法投射在单一投影面上所得到的图形称为轴测图，如图 12-1 所示。

由于轴测图能同时反映出物体长、宽、高三个方向的尺度，尽管物体的一些表面形状有所改变，但仍富有立体感，所以轴测图常用作帮助读图的辅助性图样。

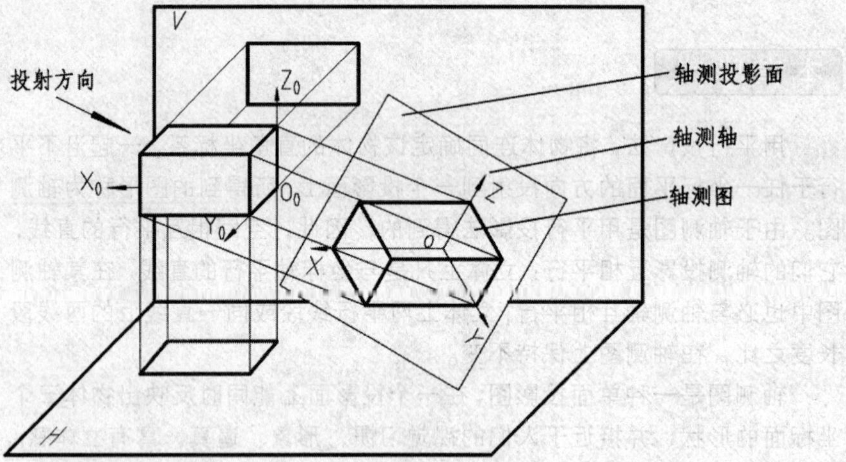

图 12-1　轴测图的形成

轴测轴上的单位长度与相应空间直角坐标轴上的单位长度之比，称为轴向伸缩系数。X、Y、Z 方向的轴向伸缩系数分别用 p、q、r 表示。

如图 12-1 所示，设空间 O_0X_0 轴上单位长度为 O_0A_0，其相应轴测轴上的单位长度为 OA，则有 X 轴向伸缩系数 $p=OA/O_0A_0$。同理，可得到 Y 轴向伸缩系数和 Z 轴向伸缩系数。

多面正投影图能够准确而完整地表达物体的形状和大小，可度量性好，而且作图简便，如图 12- 2 a 所示，因而在机械制造、工程建设中得到广泛使用。但是，它缺乏立体感，直观性差。为了弥补它的不足，工程上常采用轴测投影图作为辅助图样，来帮助理解较复杂的结构，在设计中也可以借助于轴测图更有效地进行空间构思。如图 12-2b 所示，即为如图 12-2a 所示中物体的轴测投影图（简称轴测图），其直观性强，但作图过程较繁，度量性差。

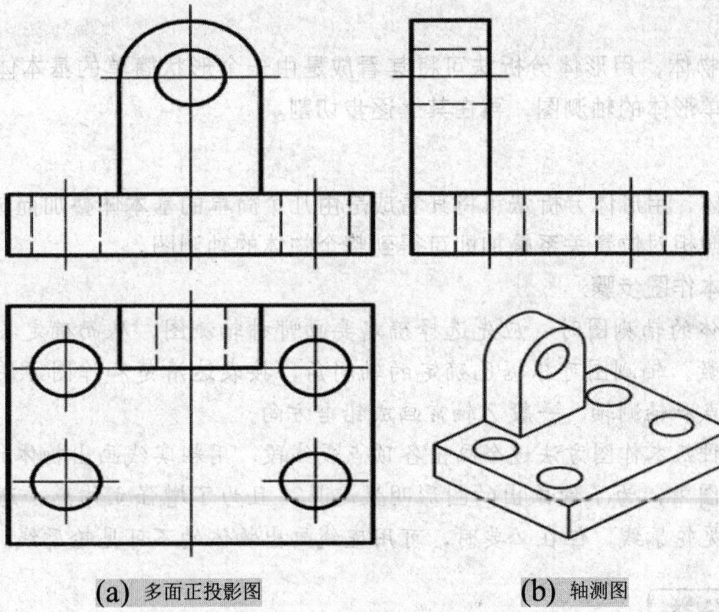

图 12-2　多面正投影图与轴测图的比较

一个实体的轴测投影只有三个可见平面，为了便于绘图，应将这三个面作为画线、找点等操作的基准平面，并称它们为轴测平面，根据其位置的不同，分别称为左轴测面、右轴测面和顶轴测面。当激活轴测模式之后，就可以分别在这三个面间进行切换。

12.1.2 轴测图特点

由于轴测图是用平行投影法得到的，因此它必然具有平行投影的投影规律：

- 物体上互相平行的线段，在轴测图上仍然互相平行。
- 物体上两平行线段或同一直线上的两线段长度之比值，在轴测图上保持不变。
- 物体上平行于轴测投影面的直线和平面，在轴测图上反映实际形状和大小。
- 物体上平行于轴测轴的线段，在轴测轴上的长度等于沿该轴的轴向伸缩系数与该线段的长度之积。

由上可知，在轴测图中只有沿着轴测轴方向测量的长度才与原坐标轴方向的长度有成定比的对应关系，“轴测投影”由此得名。因此在画轴测图时，只需将与坐标轴平行的线段乘以相应的轴向伸缩系数，再沿相应的轴测轴方向上量画即可。

凡是与坐标轴平行的线段，都可以沿轴向进行作图和测量，“轴测”一词就是“沿轴测量”的意思。而空间不平行于坐标轴的线段在轴测图上的长度不具备上述特性。

轴测图的基本作图方法:

轴测图的基本作图方法有坐标法、叠加法和切割法，其中坐标法是最基本的方法。

❑　坐标法

对较简单的物体，可根据物体上一些关键点（如平面立体的顶点、曲线上的控制点）的坐标值做出这些点的轴测投影，再依次连线成图。

❑ 切割法

对较复杂的物体，用形体分析法可将其看成是由一个形状简单的基本体逐步切割而成的，先画出该简单形体的轴测图，再在其上逐步切割。

❑ 叠加法

对较复杂立体，用形体分析法可将其看成是由几个简单的基本体叠加而成的，把这些基本体的轴测图按照相对位置关系叠加即可得到整个物体的轴测图。

轴测图的基本作图步骤:

- 绘制物体的轴测图时，应先选择确定要画哪种轴测图，从而确定各轴间角和轴向伸缩系数。轴测图可根据已确定的轴间角，按表达清楚和作图方便来安排，画出坐标原点和轴测轴，一般 Z 轴常画成铅垂方向。
- 利用三种基本作图方法逐个画出各顶点或线段，用粗实线画出物体的可见轮廓线。在轴测图中，为了使画出的图形明显起见，且为了增强立体感，通常不画出物体的不可见轮廓线，但在必要时，可用虚线画出物体的不可见轮廓线。

12.1.3 轴测图分类

根据投影方向的不同，轴测图可分为两类，即正轴测图和斜轴测图。

根据轴向伸缩系数的不同，轴测图又可分为等测、二测和三测轴测图。以上两种分类方法相结合，可得到六种轴测图。

- 正轴测图（投影方向垂直于轴测投影面）。
- 正等轴测图（简称正等测）：轴向伸缩系数 $p = q = r$。
- 正二等轴测图（简称正二测）：轴向伸缩系数 $p = r = 2q$。
- 正三测轴测图（简称正三测）：轴向伸缩系数 $p \neq q \neq r$。
- 斜轴测图（投影方向倾斜于轴测投影面）。
- 斜等轴测图（简称斜等测）：轴向伸缩系数 $p = q = r$。
- 斜二等轴测图（简称斜二测）：轴向伸缩系数 $p = r = 2q$。
- 斜三测轴测图（简称斜三测）：轴向伸缩系数 $p \neq q \neq r$。

一般工程中主要使用的是正等测图和斜二测图，本章节也只讲解这两种轴测图的画法。

12.1.4 正等测图形成

当三根坐标轴与轴测投影面倾斜的角度相同时，用正投影法得到的投影图称为正等轴测图，简称正等测，如图 12-3 所示。

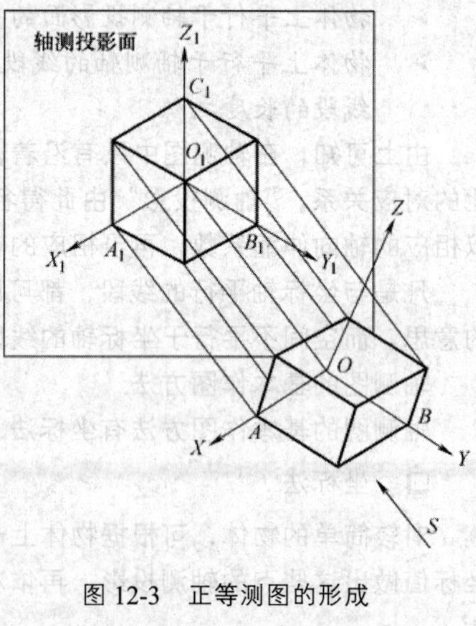

图 12-3 正等测图的形成

12.1.5 正等测图特点

正等测的轴间角：由于三根坐标轴与轴测投影面倾斜的角度相同，因此，三个轴间角∠XOY、∠YOZ和∠ZOX相等，都是 120°，并规定 OZ 轴画成铅垂方向，如图 12-4 所示。

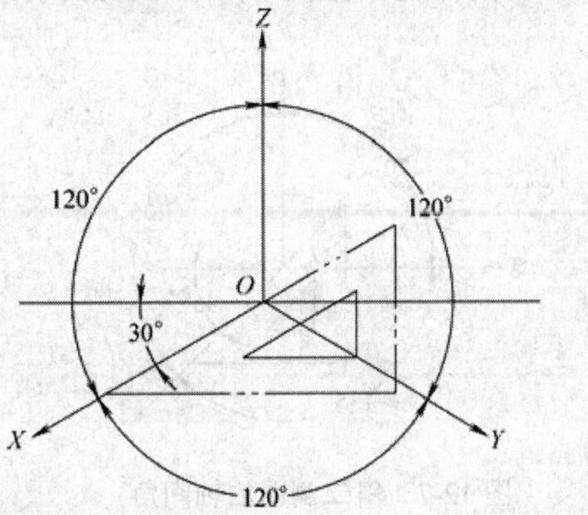

图 12-4　正等测图的轴间角

正等测的轴向伸缩系数：正等测沿三根坐标轴的轴向伸缩系数相等，根据计算，约为 0.82。为了作图简便起见，取轴向伸缩系数为 1，这样画出的正等轴测图就比采用轴向伸缩系数为 0.82 的轴测图在线性尺寸上放大了 1/0.82≈1.22 倍，但是如图 12-5 所示，正等测的轴间角形状不变，而且作图简便，只需将物体沿各坐标轴的长度直接度量到相应轴测轴方向上即可。如图 12- 4 所示 b、c 所示为分别用这两种轴向伸缩系数画出的长方体的轴测图。

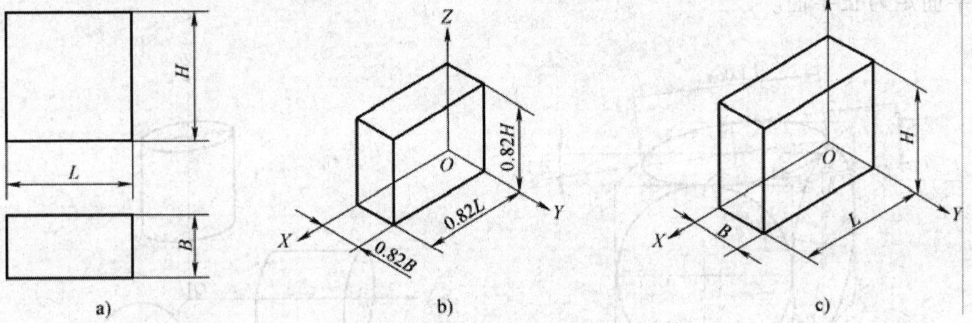

图 12-5　长方体的正等测图

12.1.6 斜二测图形成

斜二测图是由斜投影方式获得的。当选定的轴测投影面平行于 V 面，投射方向倾斜于轴测投影面，并使 OX 轴与 OY 轴夹角为 135°，沿 OY 轴的轴向伸缩系数为 0.5 时，所得的轴测图就是斜二等轴测图，简称斜二测图，如图 12-6 所示。

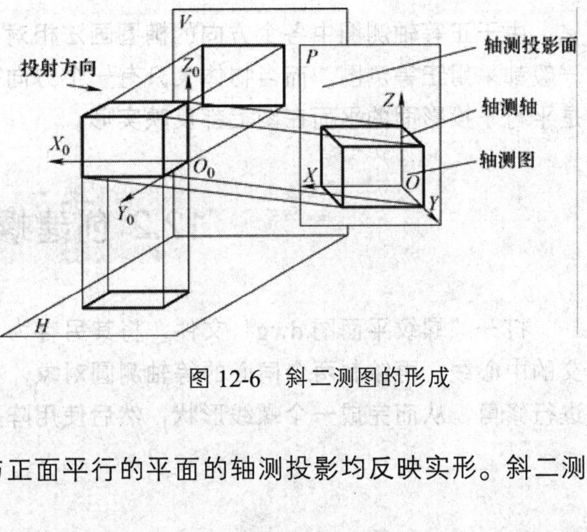

图 12-6　斜二测图的形成

12.1.7 斜二测图特点

由于斜二轴测图的 XOZ 面与物体参考坐标系的 $X_0O_0Z_0$ 面平行，所以物体上与正面平行的平面的轴测投影均反映实形。斜二测图的轴间角是：∠XOY=∠YOZ=135°，∠ZOX=90°。如图 12-7 所示在沿 OX、OZ 方向上，其轴向伸缩系数是 1，沿 OY 方向则为 0.5。如图 12-8 所示是一个长方体的斜二轴测图。

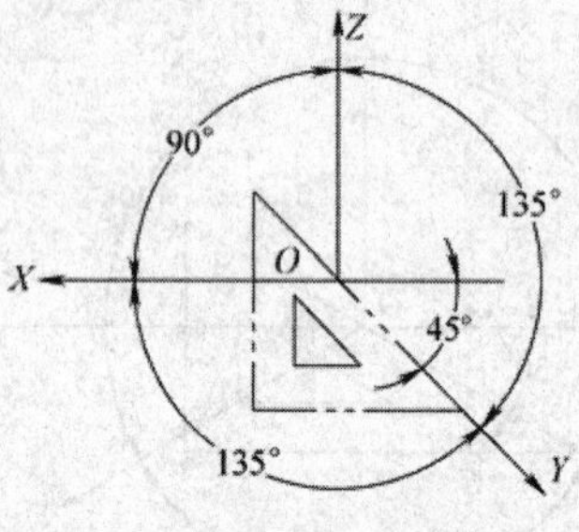

图 12-7　斜二测图的轴间角

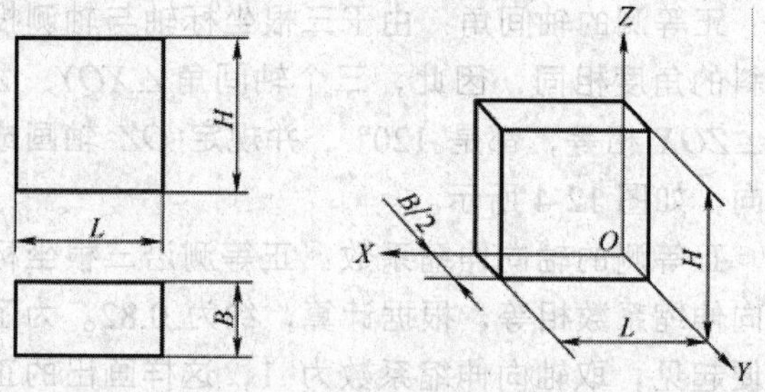

图 12-8　斜二测图的轴向伸缩系数

由斜二测图的特点可知，立体上平行于正面的圆，经斜二测投影后保持不变，而平行于水平面和侧面的圆则无此特点，它们投影后变为椭圆，并且短轴不与相应的轴测轴平行，如图 12-9 所示.这些椭圆的作图过程也很繁琐，为作图方便起见，对于那些在相互平行的平面内有较多曲线（如圆或圆弧等）、形状复杂的立体，常采用斜二轴测投影，并且作图时总把这些平面定为正平面。

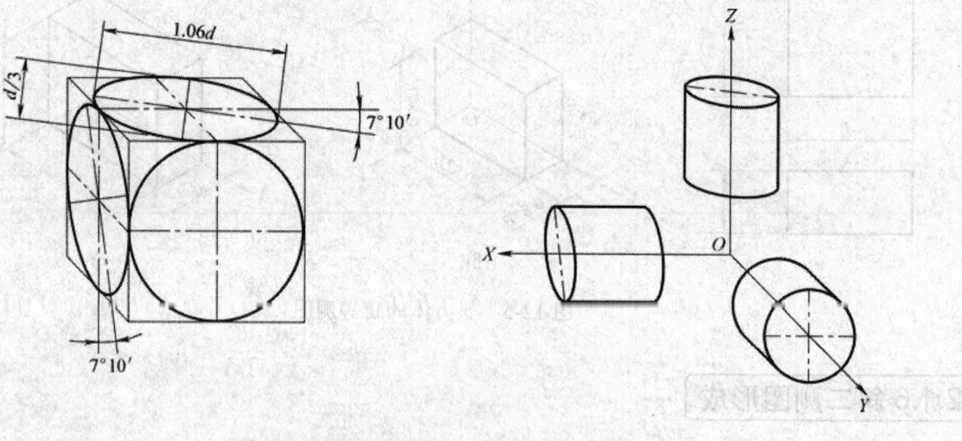

图 12-9　平行于坐标面的圆的斜二测图

由于正等轴测图中各个方向的椭圆画法相对比较简单，所以当物体各个方向都有圆时，一般都采用正等测图。而当物体上只有一个方向有圆时，采用斜二测图，其优点是物体上凡是平行于投影面的平面在图上都反映实形。

12.2 创建螺纹轴测图

打开“螺纹平面图.dwg”文件，将其另存为“螺纹轴测图.dwg”文件。首先绘制 3 条相交的中心线，再绘制两个同心的等轴测圆对象，将小等轴测圆对象向右移动，将多余的圆弧进行修剪，从而完成一个螺线形状，然后使用阵列命令，将螺线阵列 20 次操作，绘制好整个螺纹，最后在右侧绘制六角螺母，从而完成螺纹轴测图的绘制，效果如图 12-10 所示。

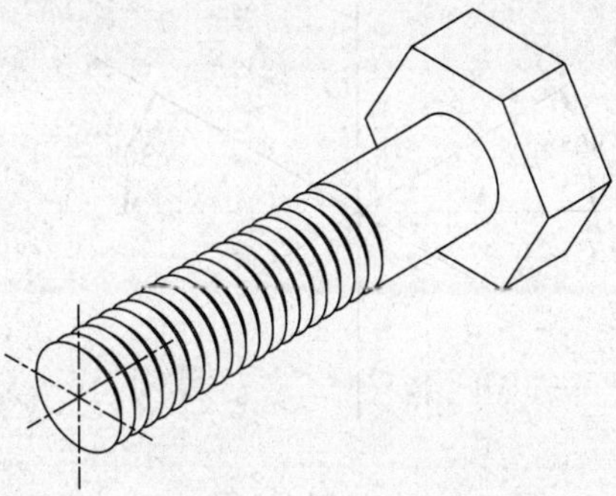

图 12-10　螺纹轴测图的效果

12.2.1 创建主体

本节主要讲解创建螺纹的主体，其操作步骤如下：

01 正常启动 AutoCAD 2016 软件，选择“快捷工具访问栏”中的“打开”按钮，打开“案例\12\螺纹平面图.dwg”文件，如图 12-11 所示。

02 再单击“另存为”按钮，将其另存为“案例\12\螺纹轴测图.dwg”文件。

03 使用“设置”命令（SE），打开“草图设置”对话框，在“捕捉和栅格”选项卡，选择“捕捉类型”中“等轴测捕捉”选项，最后单击“确定”按钮，从而启动等轴测捕捉功能，如图 12-12 所示。

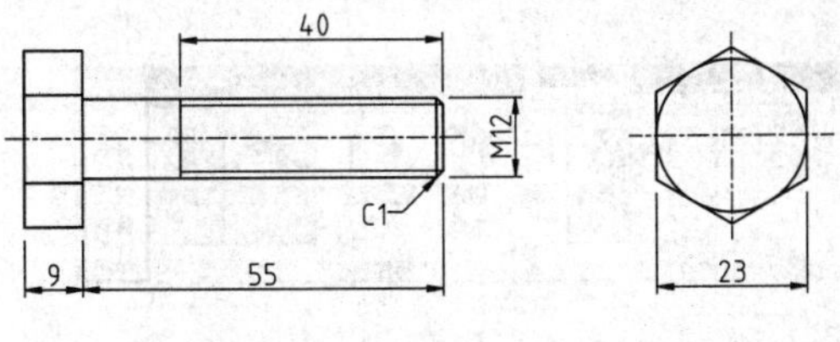

图 12-11　打开的文件

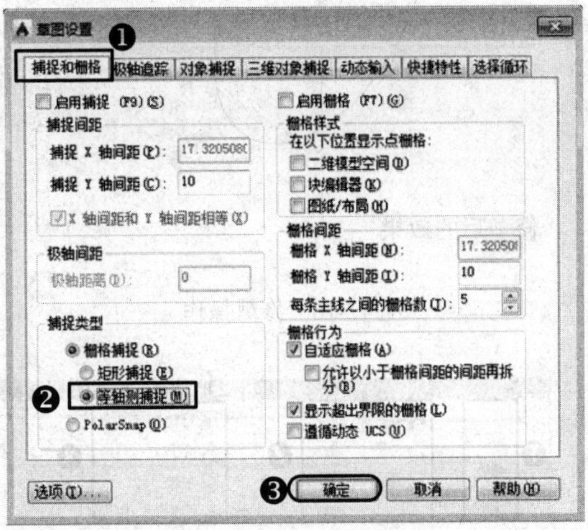

图 12-12　“草图设置“对话框

04 将“中心线”图层置为当前图层。使用“直线”命令（L），绘制 3 条中心线段，如图 12-13 所示。

05 将“粗实线”图层置为当前图层。按【F5】键转换至左轴测图，使用“椭圆”命令（EL），并选择“等轴测圆（I）”选项，绘制等轴测圆的直径为 10 和 12 的同心轴测圆对象，如图 12-14 所示。

06 再使用“移动”（M），将直径为 10 的等轴测圆对象向右移动，移动的距离为 1，如图 12-15 所示。

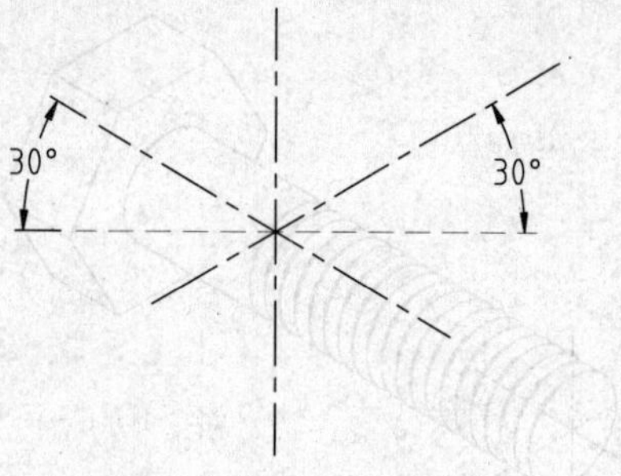

图 12-13　绘制中心线

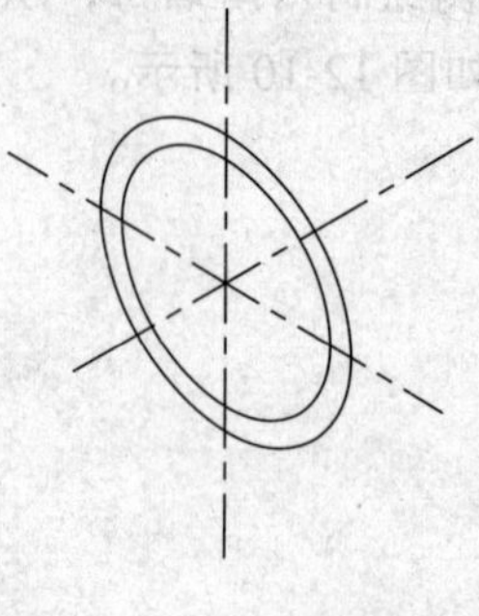

图 12-14　绘制同心轴测圆

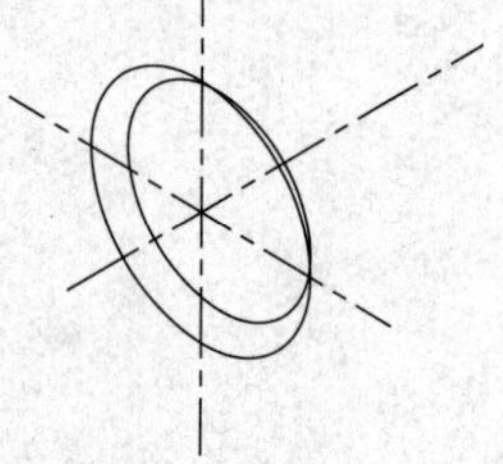

图 12-15　移动操作

07 再使用“修剪”命令（TR），将多余的圆弧进行修剪，从而完成牙顶圆和牙底圆的效果，如图 12-16 所示。

08 使用“阵列”命令（AR），选中牙底圆和牙顶圆对象，根据命令行的提示选择“路径阵列”选项，在新增“阵列创建”面板中，设置列数为 20，列间距为 2；行数为 1，行间距为 1，然后单击“关闭阵列”按钮，如图 12-17 和图 12-18 所示。

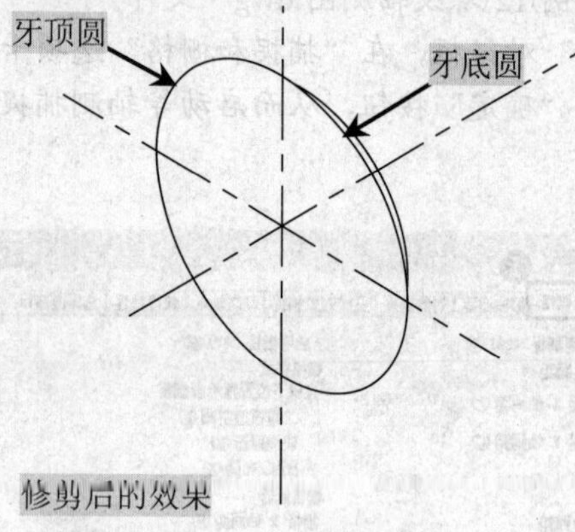

图 12-16　修剪操作

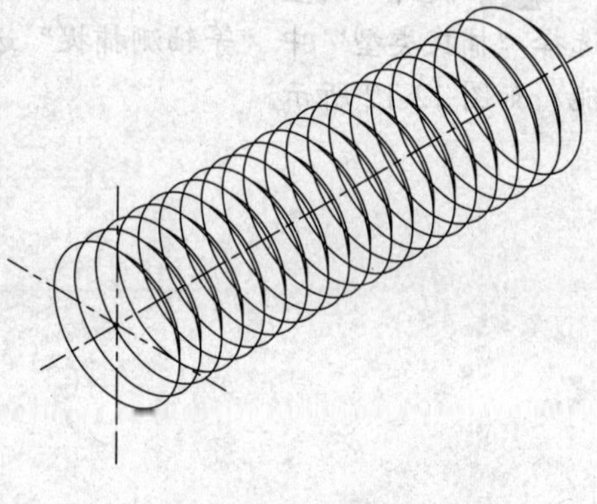

图 12-17　阵列操作

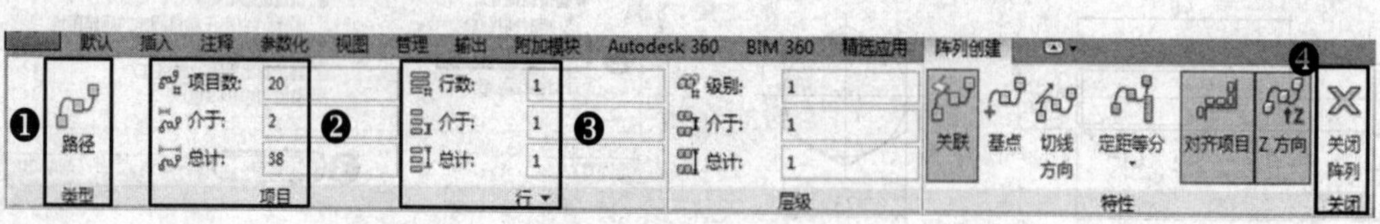

图 12-18　新增“阵列创建”面板

12.2.2 创建细节

本节主要讲解创建螺纹的其他细节，其操作步骤如下：

01 使用“修剪”命令（TR），将多余的圆弧对象进行修剪操作，如图 12-19 所示。

02 使用“复制”命令(CO)，将中心线向右侧进行复制，复制的距离为 55，如图 12-20 所示。

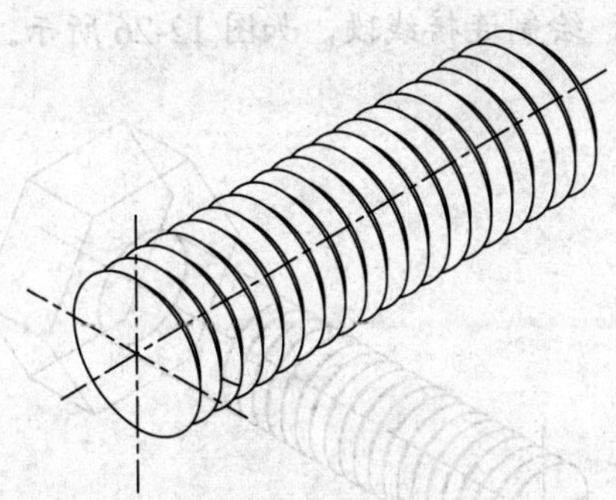

图 12-19　修剪多余的圆弧

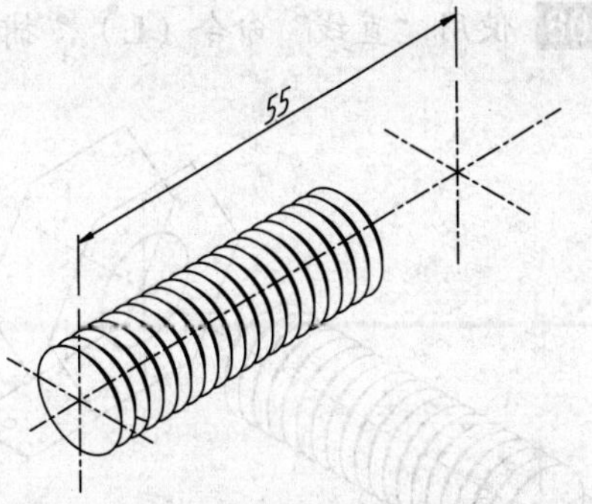

图 12-20　复制中心线

03 使用“椭圆”命令（EL），选择“等轴测圆（I）”选项，捕捉上一步复制中心线的交点作为圆心，再次绘制直径为 12 和 26.6 的两个同心等轴测圆对象，如图 12-21 所示。

04 再使用“复制”命令（CO），将右侧的相应中心线分别向上及向下复制 11.5，再将另一条中心线向左及向右复制 13.3，如图 12-22 所示。

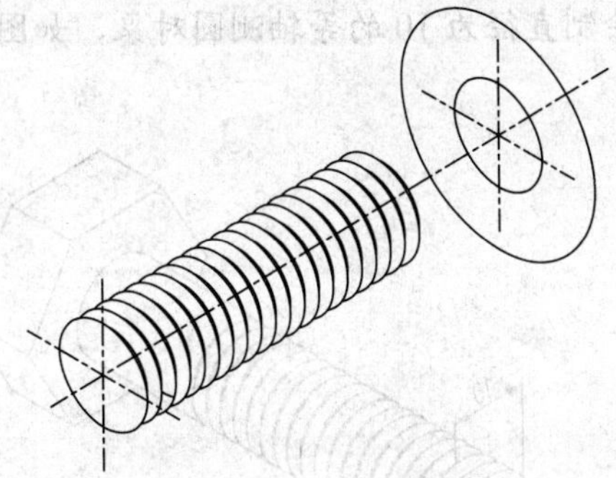

图 12-21　绘制的等轴测圆

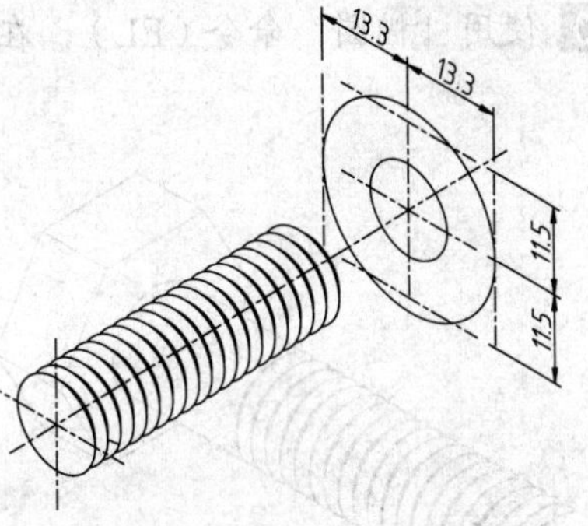

图 12-22　复制中心线

05 使用“多段线”命令（PL），捕捉相应的交点连接多段线，如图 12-23 所示。

06 使用“删除”（E）命令，将多余的圆及直线段进行删除，形成螺母的形状，如图 12-24 所示。

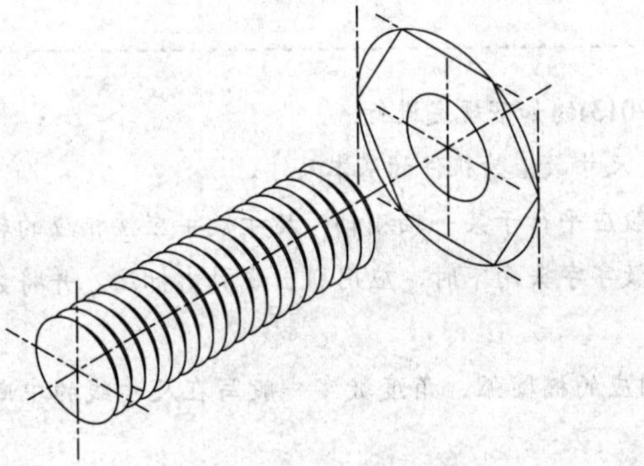

图 12-23　绘制多段线

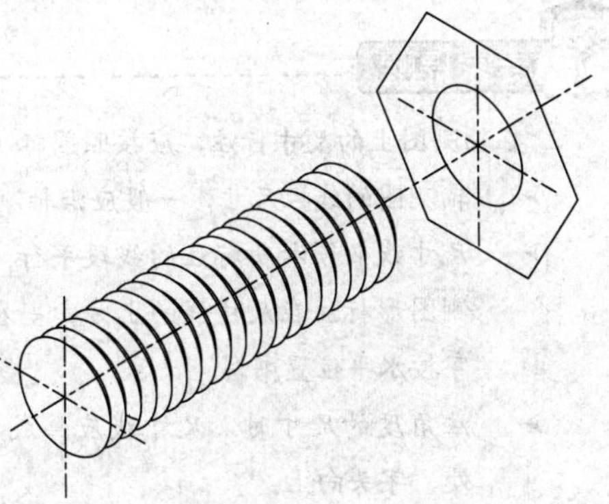

图 12-24　修剪后的效果

07 使用“复制”命令（CO），将绘制的闭合多段线对象向右复制，复制的距离为 9，如图 12-25 所示。

08 使用“直线”命令（L），捕捉相应的交点，绘制连接线段，如图 12-26 所示。

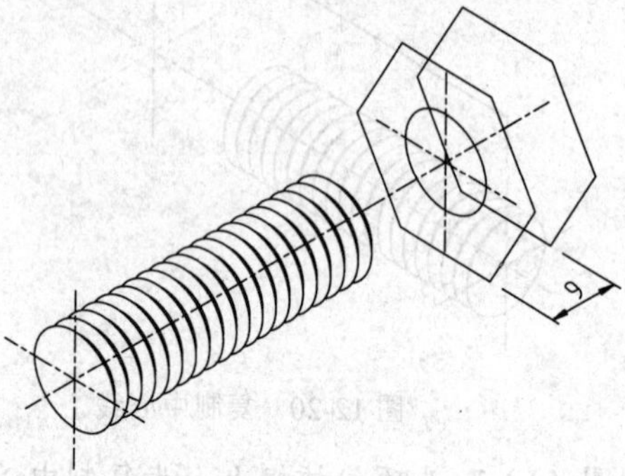

图 12-25　复制操作

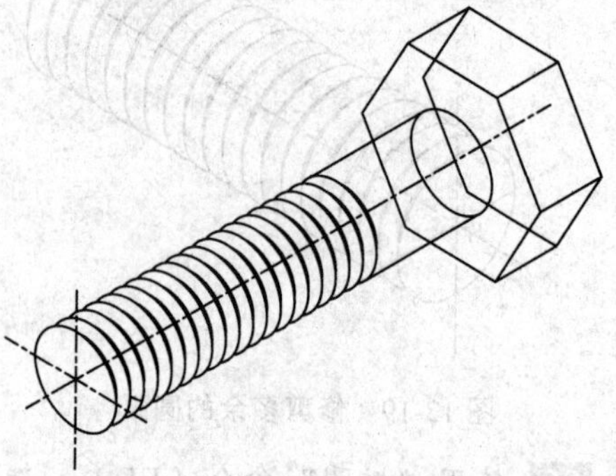

图 12-26　绘制连接线段

09 使用“修剪”（TR）、“删除”（E）等命令，将多余的圆弧、线段修剪掉，右侧的中心线删除掉，如图 12-27 所示。

10 使用“椭圆”命令（EL），在螺纹左端绘制直径为 10 的等轴测圆对象，如图 12-28 所示。

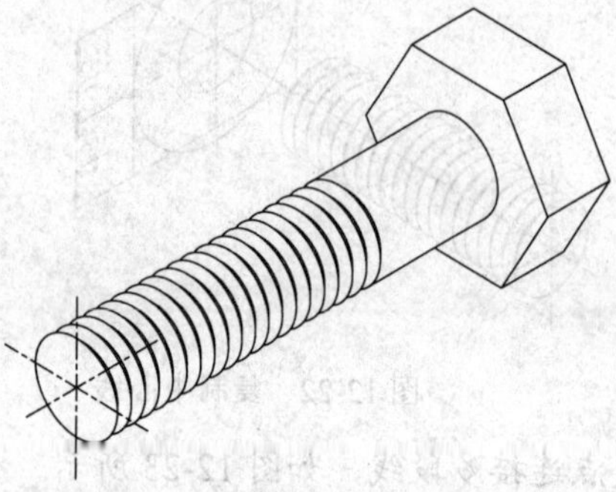

图 12-27　修剪后的效果

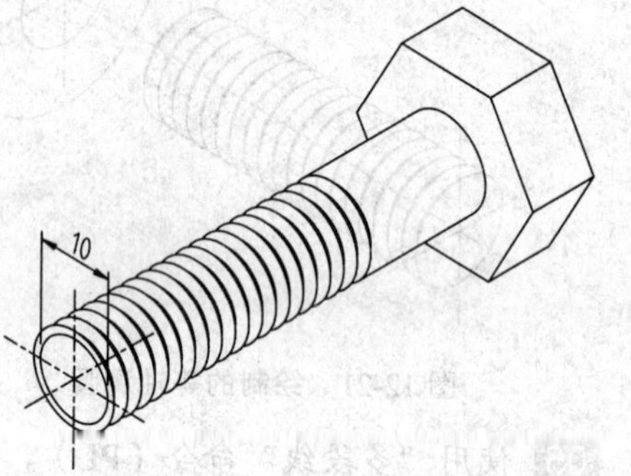

图 12-28　绘制等轴测圆

11 至此，该螺纹轴测图绘制完成，用户可按【Ctrl+S】组合键进行保存。

专家提醒

在轴测图上的尺寸标注，应按照国标（GB4458.3—2013)的如下规定进行:

- 轴测图的线性尺寸，一般应沿轴测轴方向标注，尺寸数值为机件的基本尺寸。
- 尺寸线必须和所标注的线段平行；尺寸界线一般应平行于某一轴测轴；尺寸数字应按相应的轴测图形标注在尺寸线的上方。当在图形中出现数字字头向下时，应用引出线引出标注，并将数字按水平位置书写。
- 注角度的尺寸时，尺寸线应画成与坐标平面相应的椭圆弧，角度数字一般写在尺寸线的中断处，字头向上。
- 注圆的直径时，尺寸线和尺寸界线应分别平行于圆所在平面内的轴测轴。标注圆弧半径或较小圆的直径时，尺寸线可从（或通过）圆心引出标注，但注写尺寸数字的横线必须平行于轴测轴。

12.3 创建底座轴测图

打开“底座平面图.dwg”文件，将其另存为新的“底座轴测图.dwg”文件。首先根据要求绘制两个长方体效果以及键槽效果，再绘制圆管筒效果，然后移至相应的位置，并进行修剪操作，最终效果如图 12-29 所示。

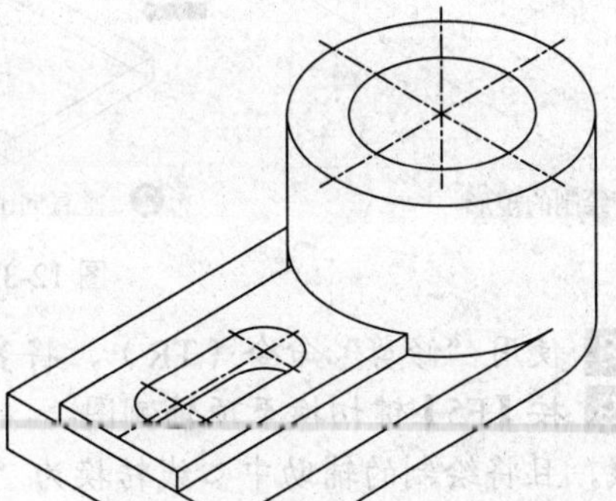

图 12-29　底座轴测图的效果

12.3.1 创建主体

本节主要讲解创建底座的主体，其操作步骤如下：

01 正常启动 AutoCAD 2016 软件，选择“快捷工具访问栏”中的“打开”按钮，打开“案例\12\底座平面图.dwg”文件，如图 12-30 所示。

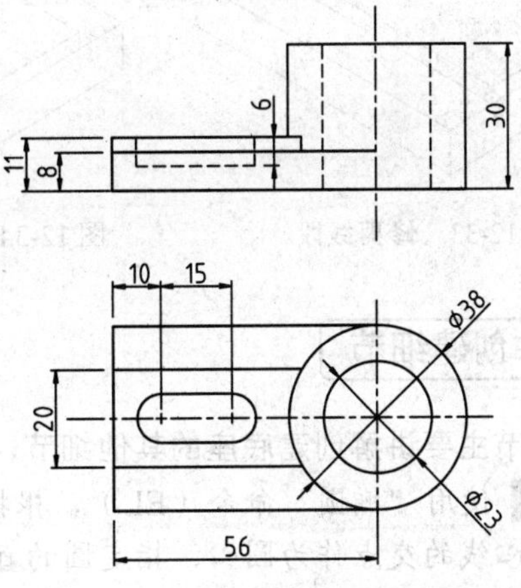

图 12-30　打开的文件

02 再单击“另存为”按钮，将其另存为“案例\12\底座轴测图.dwg”文件。

03 参考前面绘制“螺纹轴测图.dwg”文件中设置“等轴测捕捉”选项的方法，开启等轴测捕捉功能。

04 将“粗实线”图层置为当前，按【F5】键切换至顶轴测图，按【F8】键切换到“正交”模式。使用“直线”命令（L），绘制 38×56 的矩形对象。

05 按【F5】键切换至右轴测图，使用“复制”命令（CO），将绘制的对象垂直向上复制，复制的距离为 8。

06 使用“直线”命令（L）来连接直线段，从而绘制长方体对象，如图 12-31 所示。

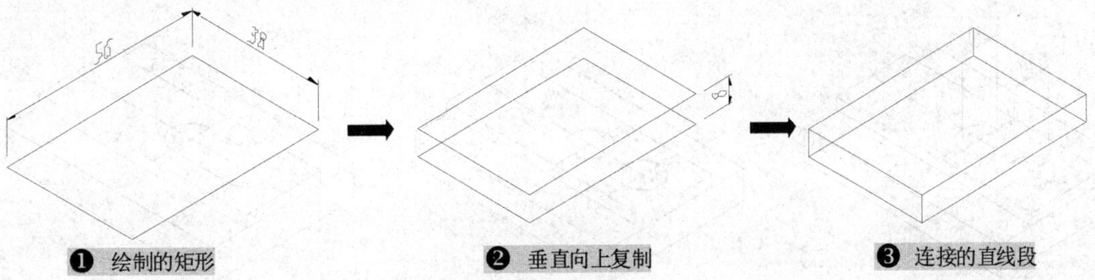

图 12-31　绘制的长方体

07 参照上一步同样的方法，绘制 20×56×3 的小长方体对象；然后使用“移动”命令（M），将绘制的小方长体移至相应的中点位置，如图 12-32 所示。

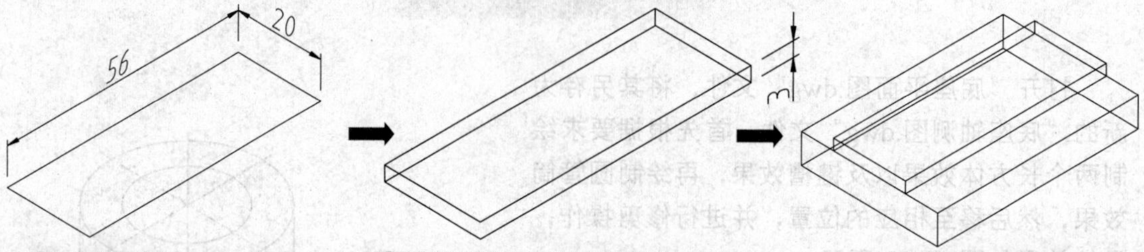

❶ 绘制的矩形　❷ 垂直向上复制，并绘制连接的直线段　❸ 移动两个长方体

图 12-32　绘制的小长方体

08 使用“修剪”命令（TR），将多余的线段进行修剪，如图 12-33 所示。

09 按【F5】键切换至顶轴测图。使用“直线”命令（L），过相应的中点绘制辅助中心线，且将绘制的辅助中心线转换为“中心线”图层，如图 12-34 所示。

10 再使用“复制”命令（CO），将指定直线段水平向右复制 10 和 15，且将复制得到的线段转换为“中心线”图层，如图 12-35 所示。

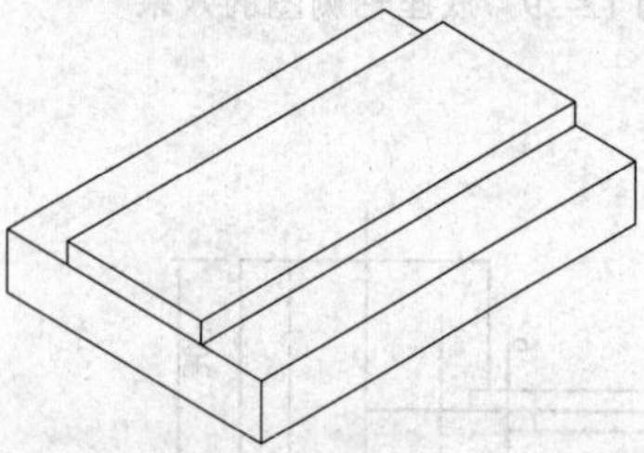

图 12-33　修剪线段

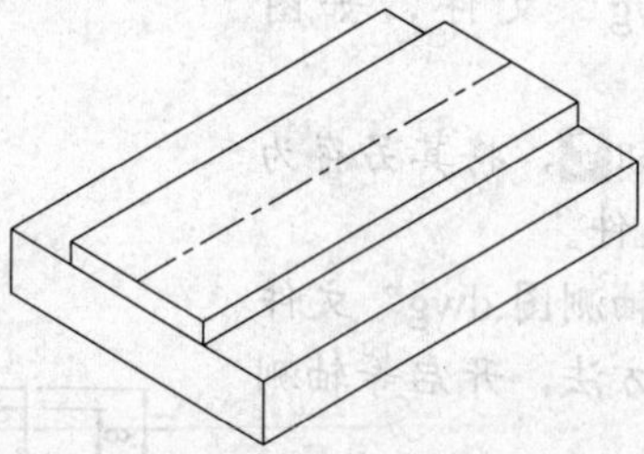

图 12-34　绘制辅助中心线

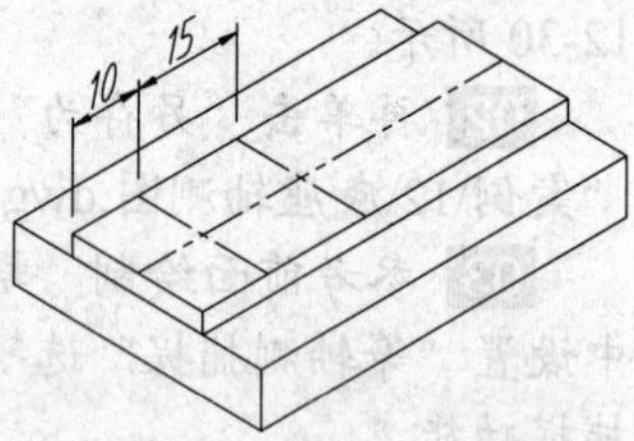

图 12-35　复制线段并转换图层

12.3.2 创建细节

本节主要讲解创建底座的其他细节，其操作步骤如下：

01 使用“椭圆”命令（EL），根据命令行的提示选择“等轴测圆（I）”选项，分别捕捉中心线的交点作为圆心，指定圆的直径值为 10，绘制两个等轴测圆对象，如图 12-36 所示。

02 使用“直线”命令（L），捕捉两个圆的象限点绘制连接线段，如图 12-37 所示。

03 使用“修剪”命令（TR），进行修剪操作，形成椭圆效果，如图 12-38 所示。

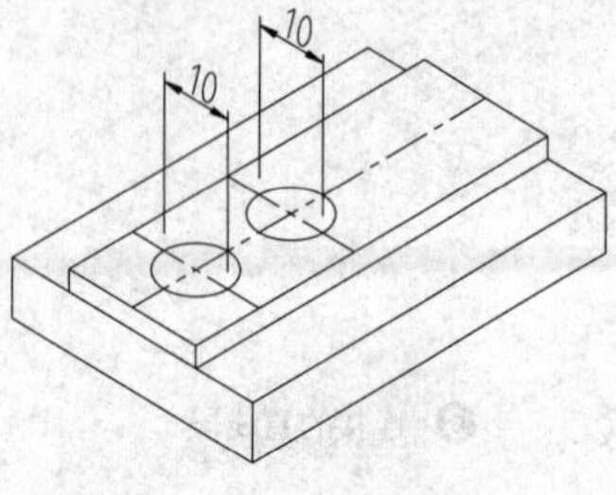

图 12-36　绘制等轴测圆

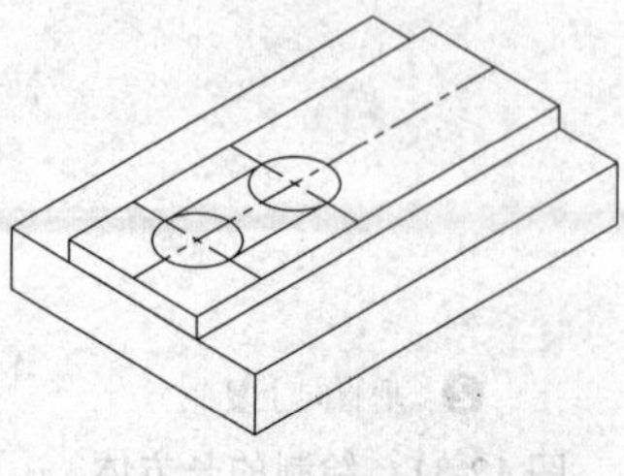

图 12-37　绘制连接线段

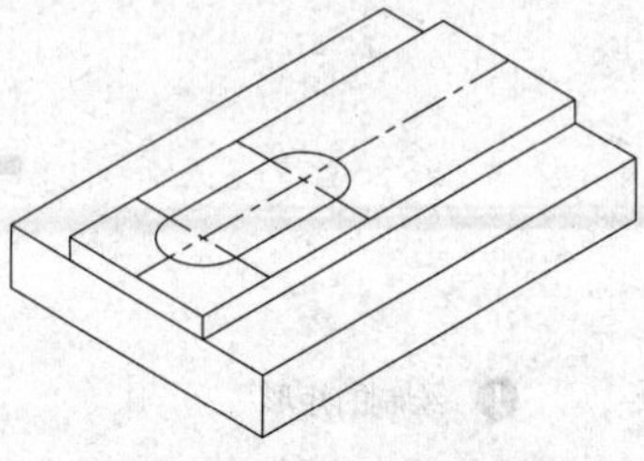

图 12-38　修剪图形

04 按【F5】键转换至右轴测图，再使用“复制”命令（CO），将该椭圆效果垂直向下复制，复制的距离为 6，然后使用“修剪”命令（TR），将多余的线段修剪掉，从而形成键槽的效果，如图 12-39 所示。

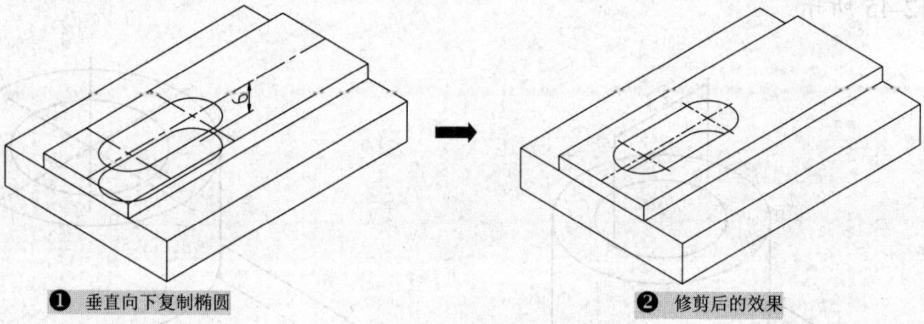

图 12-39　形成的键槽效果

05 使用“复制”命令（CO），将相应的线段进行复制，并将其转换为“中心线”图层，如图 12-40 所示。

06 按【F5】键切换至顶轴测图，使用“椭圆”命令（EL），根据命令行的提示选择“等轴测圆（I）”选项，分别捕捉中心线的交点作为圆心点，指定圆的半径值为 19，绘制一个等轴测圆，如图 12-41 所示。

07 使用“复制”命令（CO），按【F5】键转换至右轴测图，将该等轴测圆对象垂直向上复制，复制的距离分别为 8、3 和 19，如图 12-42 所示。

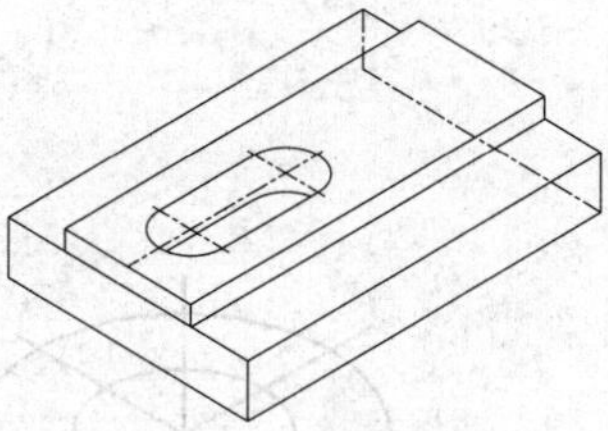

图 12-40　绘制辅助线段

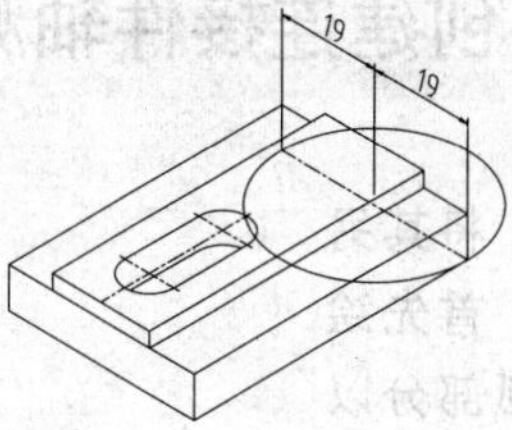

图 12-41　绘制等轴测圆

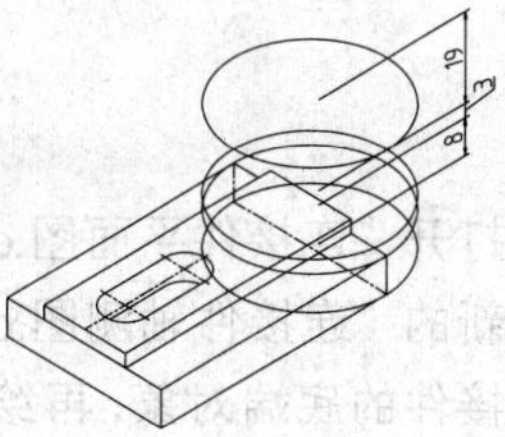

图 12-42　复制等轴测圆

08 使用“直线”命令（L），捕捉相应的交点绘制连接线段，再使用“修剪”命令（TR），将多余的圆弧和直线段进行修剪，如图 12-43 所示。

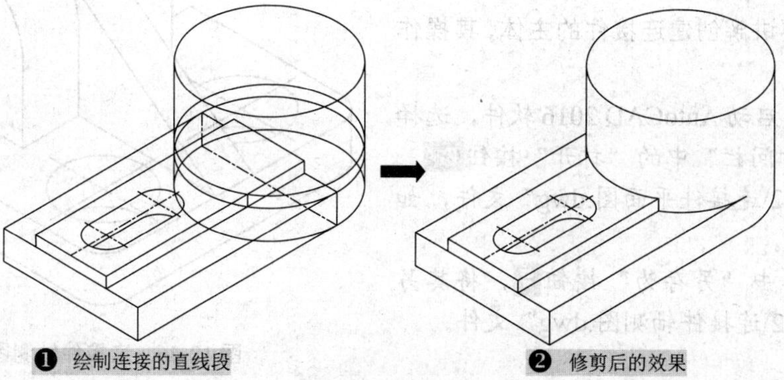

图 12-43　绘制连接线段并修剪

09 使用“椭圆”命令（EL），捕捉上侧圆的圆心，绘制直径为 23 的等轴测圆对象，如图 12-44 所示。

10 使用“直线”命令（L），捕捉上侧等轴测圆的中心点，绘制三条互相垂直的中心线，如图 12-45 所示。

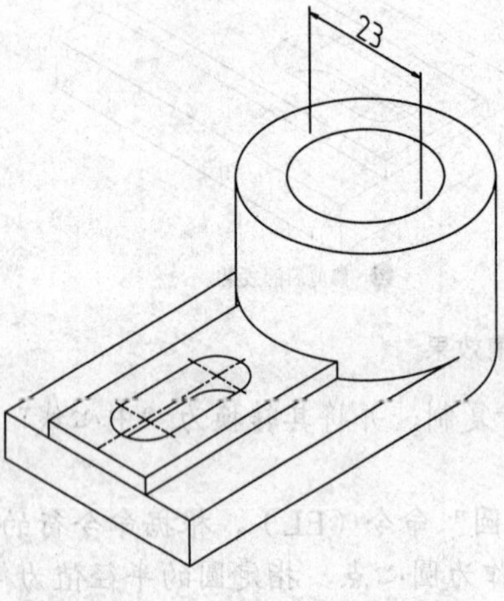

图 12-44　绘制的等轴测圆

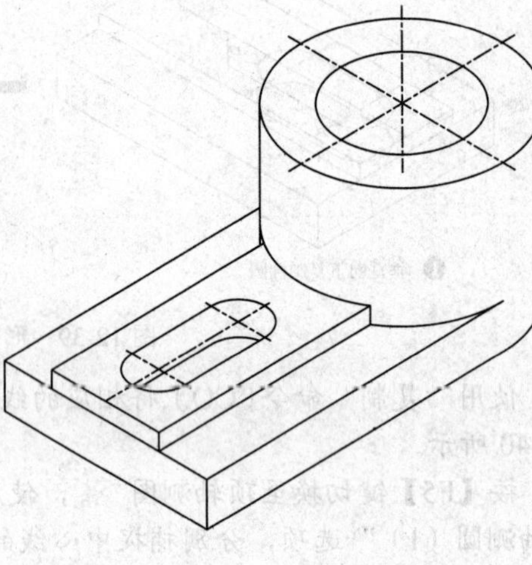
图 12-45　绘制中心线

11 至此，该底座轴测图绘制完成，用户可按【Ctrl+S】组合键进行保存。

12.4 创建连接件轴测图

打开“连接件平面图.dwg”文件，将其另存为新的“连接件轴测图.dwg”文件。首先绘制连接件的底端对象，再绘制轴测圆弧部分以及连接斜件，然后绘制右顶端的对象，最终效果如图 12-46 所示。

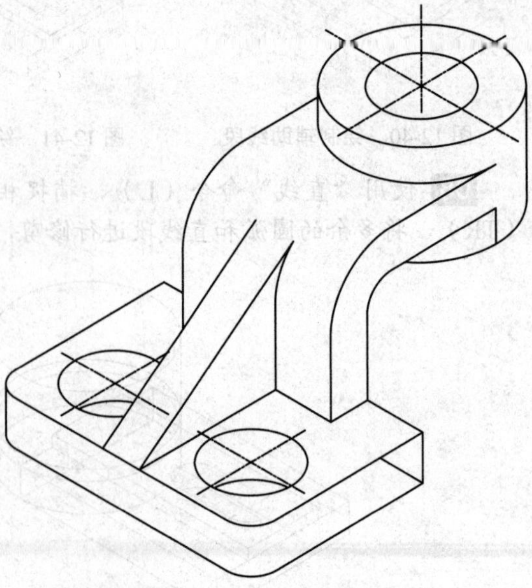
图 12-46　连接件轴测图的效果

12.4.1 创建主体

本节主要讲解创建连接件的主体，其操作步骤如下：

01 正常启动 AutoCAD 2016 软件，选择“快捷工具访问栏”中的“打开”按钮，打开“案例\12\连接件平面图.dwg”文件，如图 12-47 所示。

02 再单击“另存为”按钮，将其另存为“案例\12\连接件轴测图.dwg”文件。

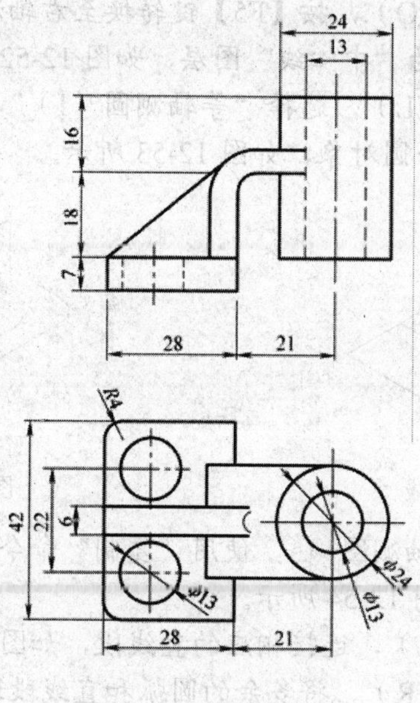

图 12-47　打开的文件

03 参考前面绘制“螺纹轴测图.dwg”文件中设置“等轴测捕捉”选项的方法，开启等轴测捕捉功能。

04 将“粗实线”图层置为当前，按【F5】键切换至顶轴测图，按【F8】键切换到“正交”模式。

05 使用“直线”命令（L），绘制 42×28 的矩形对象，如图 12-48 所示。

06 使用“复制”命令（CO），按【F5】键转换至右轴测图，将相应的线段进行复制，并将复制得到的线段转换为“中心线”图层，如图 12-49 所示。

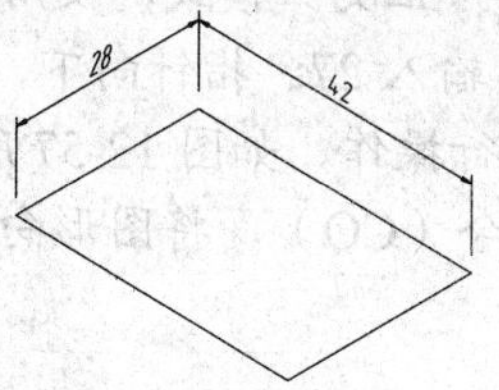

图 12- 48　绘制矩形

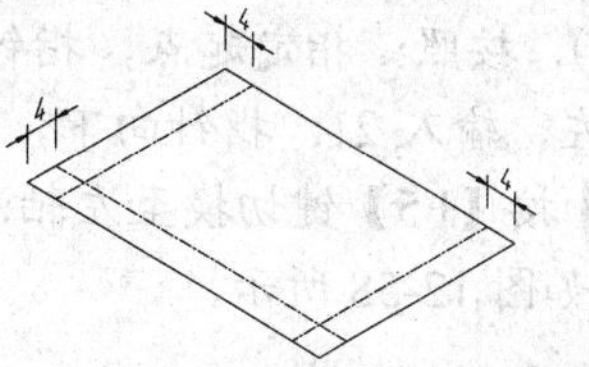

图 12- 49　复制线段并转换图层

07 使用“椭圆”命令（EL），选择“等轴测圆（I）”选项，捕捉中心线的交点作为圆心点，绘制半径为 4 的两个圆对象，如图 12-50 所示。

08 使用“修剪”命令（TR），将多余的线段和圆弧进行修剪，从而进行圆角的效果，如图 12-51 所示。

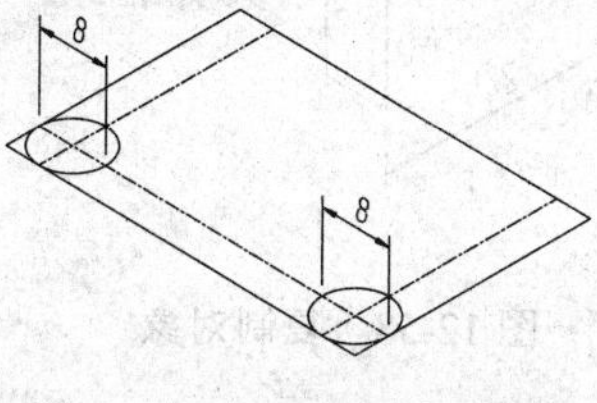

图 12- 50　绘制等轴测圆

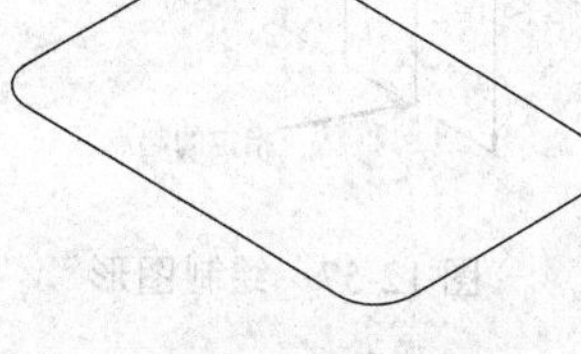

图 12- 51　编辑图形

09 使用“复制”命令（CO），按【F5】键转换至右轴测图，将相应的线段进行复制，且将复制得到的线段转换为“中心线”图层，如图 12-52 所示。

10 使用“椭圆”命令（EL），选择“等轴测圆（I）”选项，捕捉中心线的交点作为圆心点，绘制半径为 6.5 的两个圆对象，如图 12-53 所示。

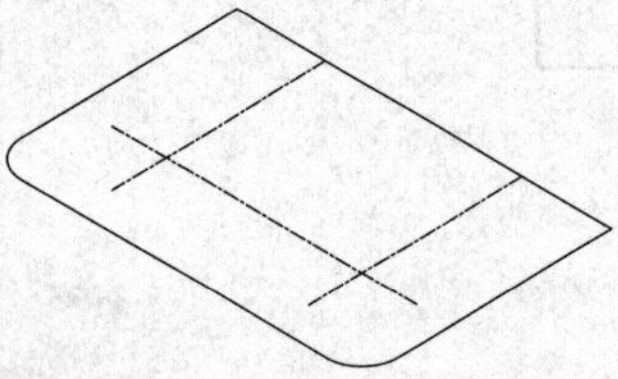

图 12-52　复制的中心线

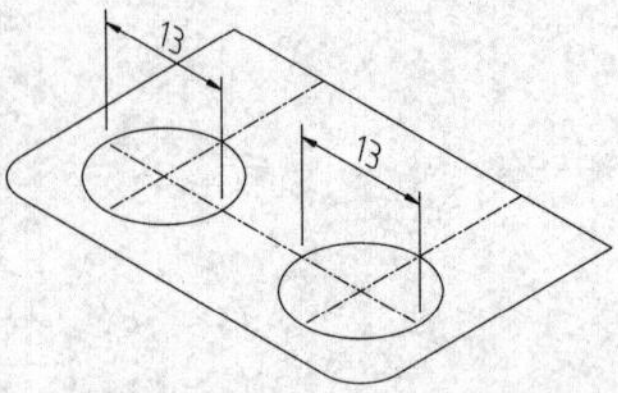

图 12-53　绘制等轴测圆

11 按【F5】键切换至右轴测图，使用“复制”命令（CO），将绘制的对象垂直向上复制，复制的距离为 7，如图 12-54 所示。

12 使用“直线”命令（L），连接相应的直线段，如图 12-55 所示。

13 使用“修剪”命令（TR），将多余的圆弧和直线段进行修剪，如图 12-56 所示。

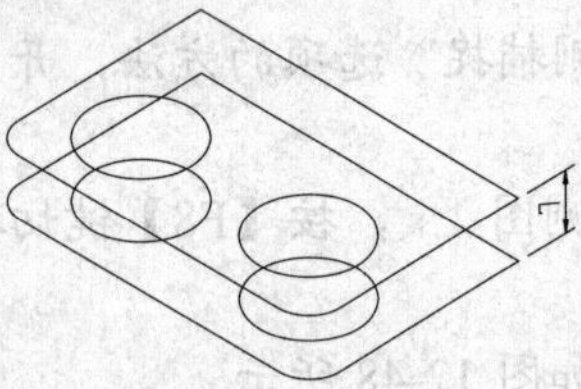

图 12-54　复制对象

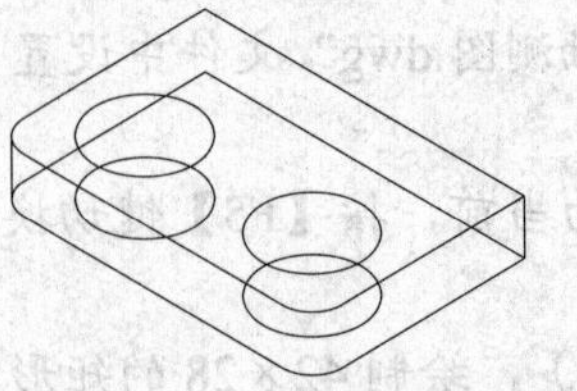

图 12-55　绘制连接线

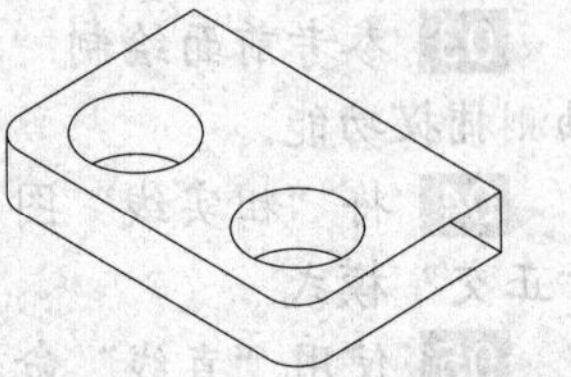

图 12-56　修剪图形

14 按【F5】键切换至右轴测图，按【F8】键切换到“正交”模式，使用“直线”命令(L)，按照：指定起点，指针向上，输入 22；指针向右，输入 27；指针向下，输入 6；指针向左，输入 21；指针向下，输入 16；最后输入 C 闭合进行操作，如图 12-57 所示。

15 按【F5】键切换至左轴测图。再使用“复制”命令（CO），将图形向右下侧复制 24，如图 12-58 所示。

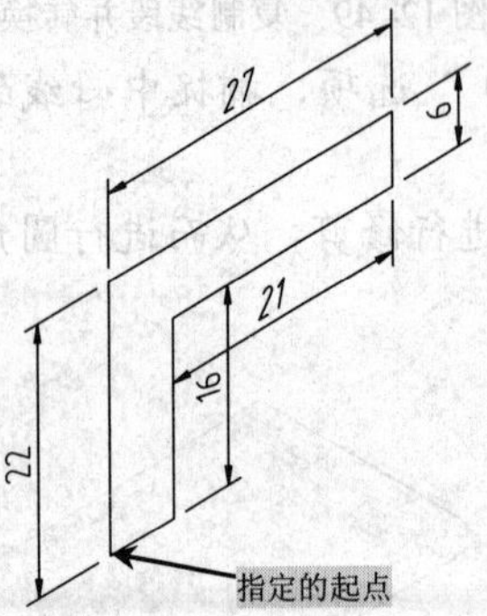

图 12-57　绘制图形

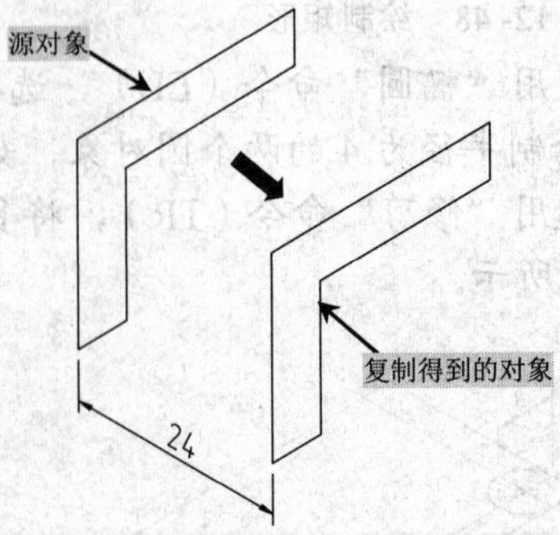

图 12-58　复制对象

16 按【F5】键切换至顶轴测图。使用“直线”命令（L），捕捉相应的交点进行连接，如图 12-59 所示。

17 使用“删除”命令(E)，将多余的线段进行删除，如图 12-60 所示。

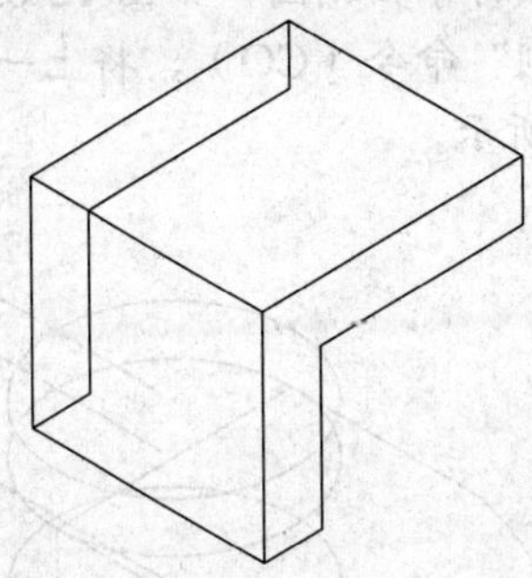

图 12-59　连接线段

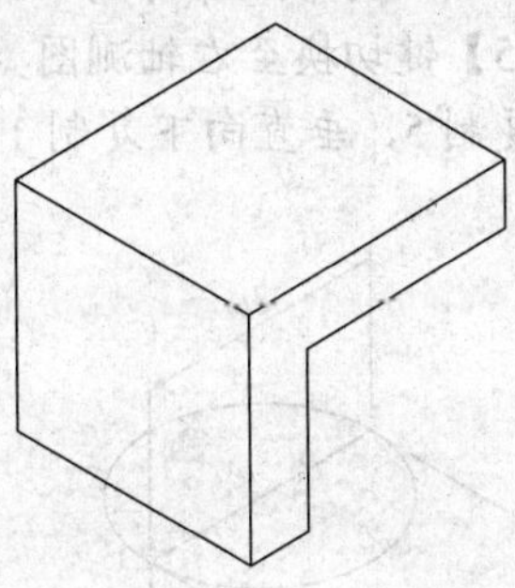

图 12-60　删除线段

18 按【F5】键切换至右轴测图，使用“复制”命令（CO），将指定的线段进行复制，距离为 4，且将复制的对象转换为“中心线”图层，如图 12-61 所示。

19 使用“椭圆”命令（EL），选择“等轴测圆（I）”选项，捕捉中心线的交点作为圆心，分别绘制半径为 4、10 的等轴测同心圆，如图 12-62 所示。

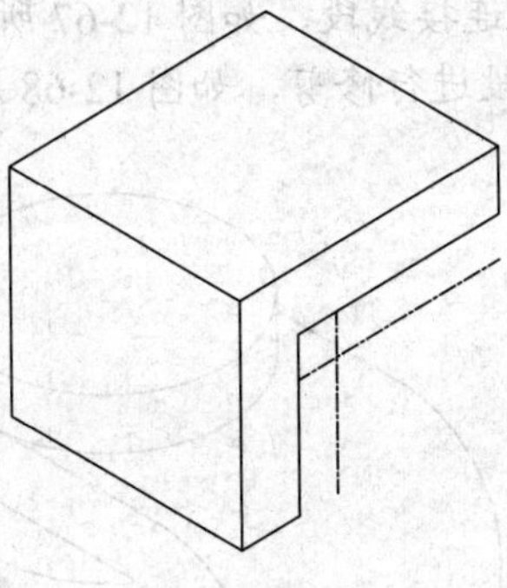

图 12-61　复制线段并转换图层

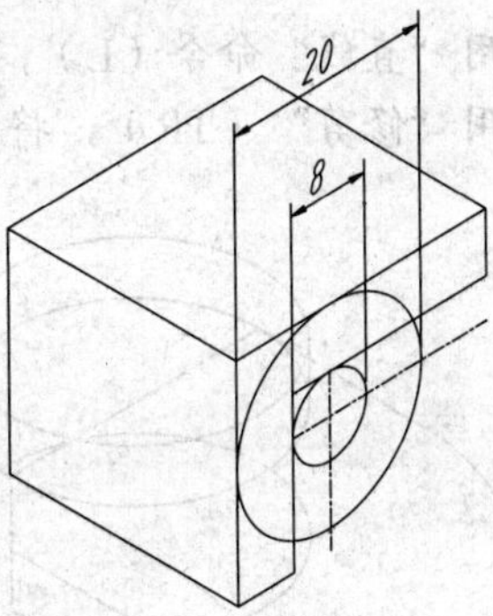

图 12-62　绘制等轴测圆

20 按【F5】键切换至左轴测图。使用“复制”命令（CO），将半径为 10 的等轴测圆向左上进行复制，距离为 24，如图 12-63 所示。

21 使用“修剪”命令（TR），将多余的圆弧和直线段进行修剪，如图 12-64 所示。

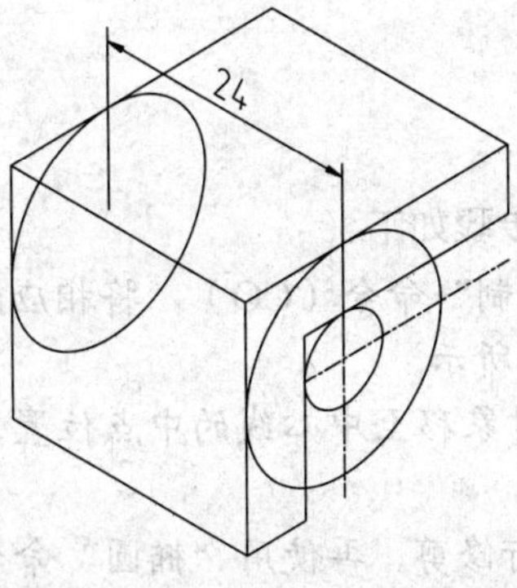

图 12-63　复制等轴测圆

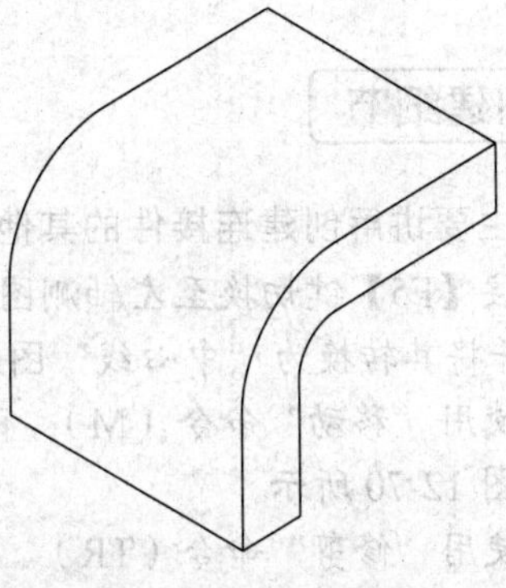

图 12-64　修剪图形

22 按【F5】键切换至顶轴测图。使用“椭圆”命令（EL），选择“等轴测圆（I）”选项，捕捉右上线段的中点作为圆心，绘制半径为 12 的等轴测圆，如图 12-65 所示。

23 按【F5】键切换至右轴测图。使用“复制”命令（CO），将上一步绘制的等轴测圆垂直向上复制 5，垂直向下复制 11，如图 12-66 所示。

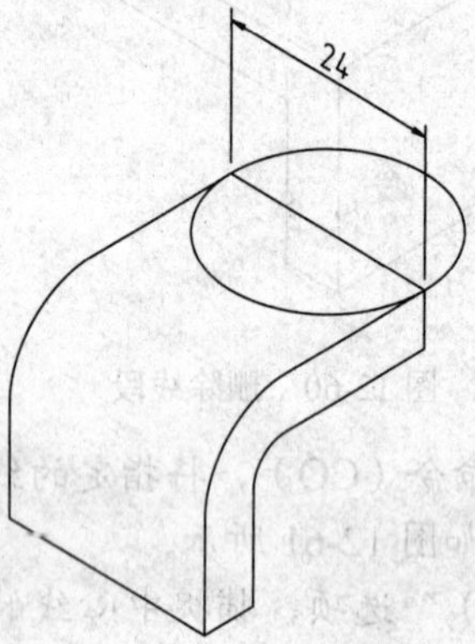

图 12-65　绘制等轴测圆

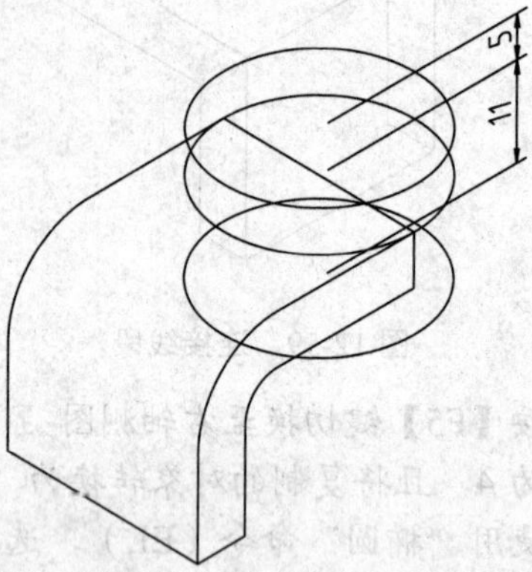

图 12-66　复制等轴测圆

24 使用“直线”命令（L），捕捉相应的点绘制连接线段，如图 12-67 所示。

25 使用“修剪”（TR），将多余的圆弧和直线段进行修剪，如图 12-68 所示。

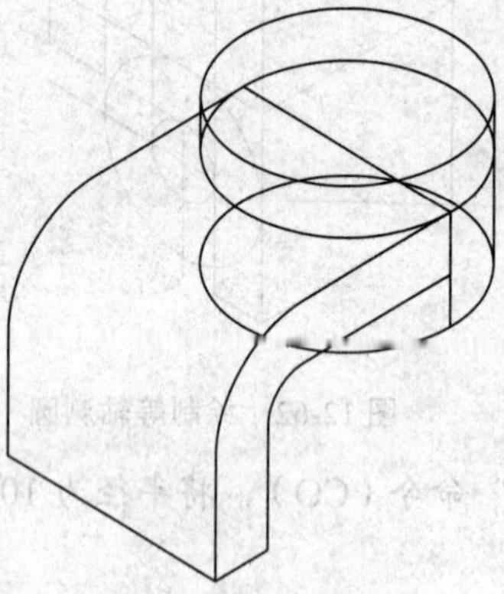

图 12-67　绘制连接线段

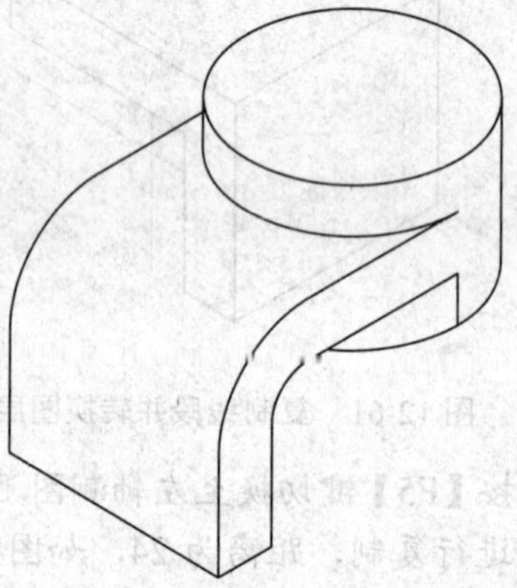

图 12-68　修剪图形

12.4.2 创建细节

本节主要讲解创建连接件的其他细节，其操作步骤如下：

01 按【F5】键切换至左轴测图。使用“复制”命令（CO），将相应的线段向左侧复制 6，并将其转换为“中心线”图层，如图 12-69 所示。

02 使用“移动”命令（M），将前面绘制的对象移至中心线的中点位置，进行图形的组合，如图 12-70 所示。

03 使用“修剪”命令（TR），将多余线段进行修剪，再使用“椭圆”命令（EL），捕捉上侧圆的圆心绘制直径为 13 的等轴测圆对象，如图 12-71 所示。

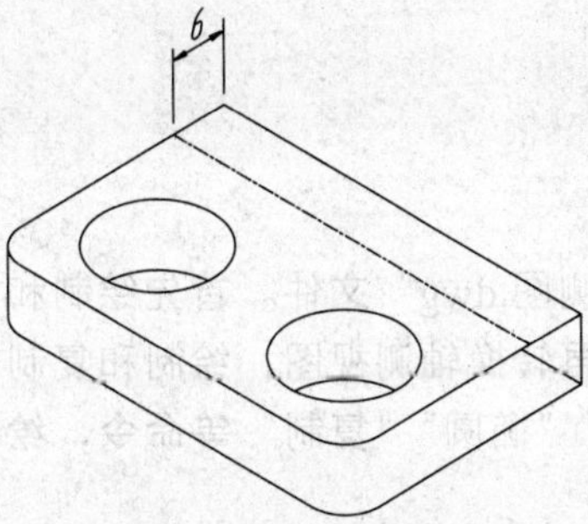

图 12-69　复制线段并转换图层

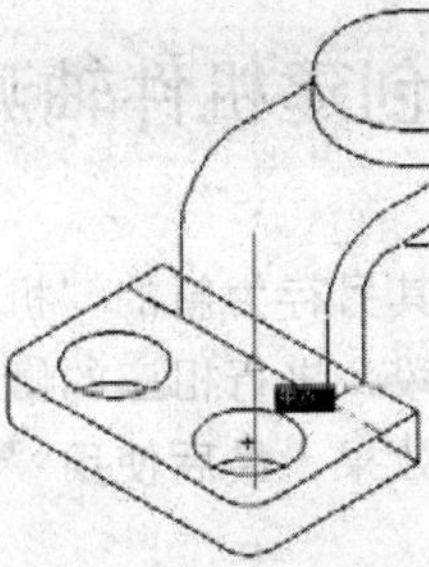

图 12-70　组合图形

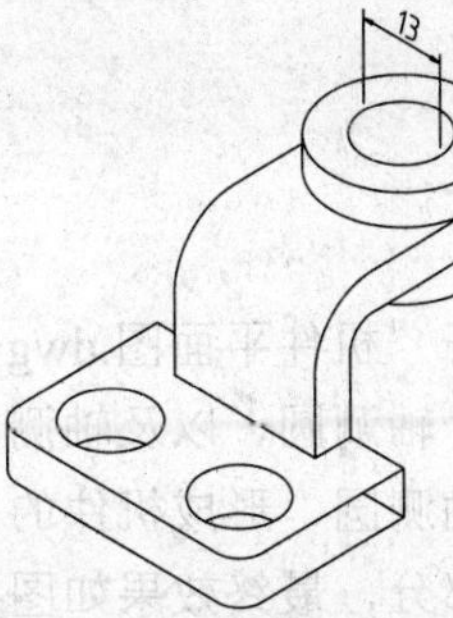

图 12-71　修剪图形并绘制等轴测圆

04 按【F5】键切换至顶轴测图，使用“复制”命令（CO），将指定的直线和圆弧进行复制，复制的距离为 9，如图 12-72 所示。

05 使用“直线”命令（L），捕捉相应的交点绘制直线段，如图 12-73 所示。

06 使用“直线”命令（L），捕捉相应的点绘制连接线段，如图 12-74 所示。

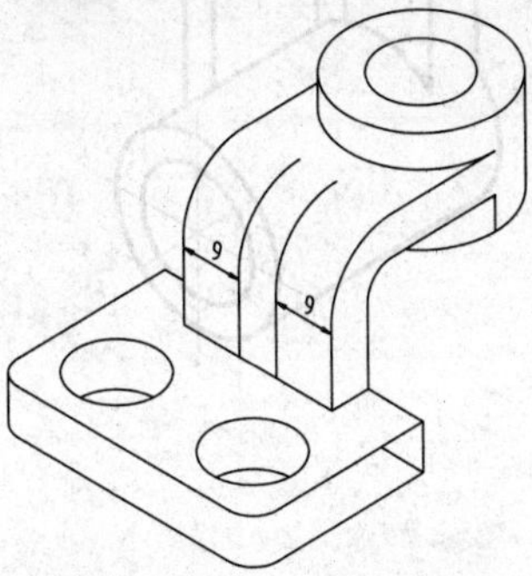

图 12-72　复制直线及圆弧

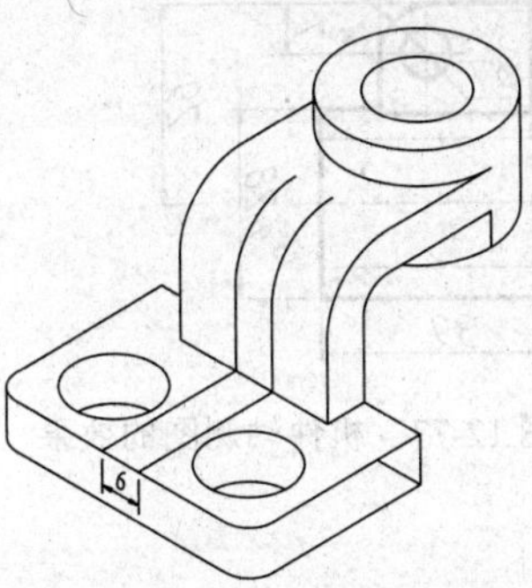

图 12-73　绘制线段

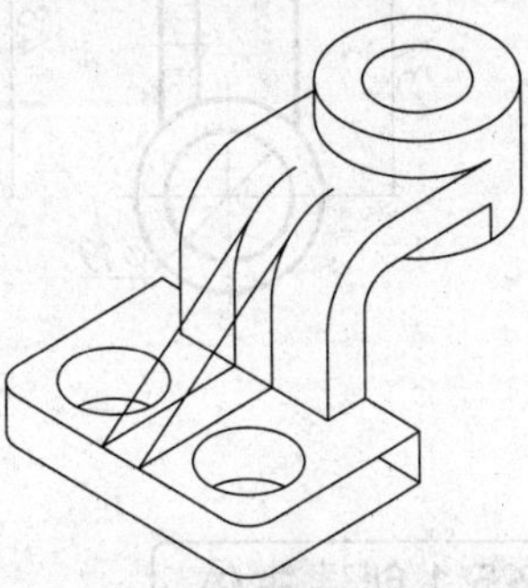

图 12-74　绘制连接线段

07 使用“修剪”命令（TR）及“删除”命令(E)，对相应的线段及圆弧进行修剪及删除，如图 12-75 所示。

08 将“中心线”图层置为当前，使用“直线”命令（L），捕捉图中三个等轴测圆的中心点，绘制三条互相垂直的中心线，如图 12-76 所示。

图 12-75　修剪图形

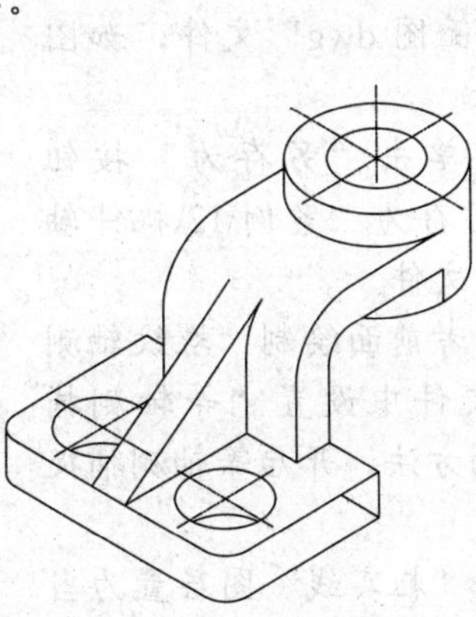

图 12-76　绘制中心线

09 至此，该连接件轴测图绘制完成，用户可按【Ctrl+S】组合键进行保存。

12.5 创建机件轴测图

打开“机件平面图.dwg”文件，将其另存为新的“机件轴测图.dwg”文件。首先绘制和复制 4 个轴测圆，以及轴测圆的连接线段，进行相应的修剪，再转换轴测视图，绘制和复制线段和轴测圆，形成机件的立柱及开孔效果，最后使用“直线”“椭圆”“复制”等命令，绘制连接部分，最终效果如图 12-77 所示。

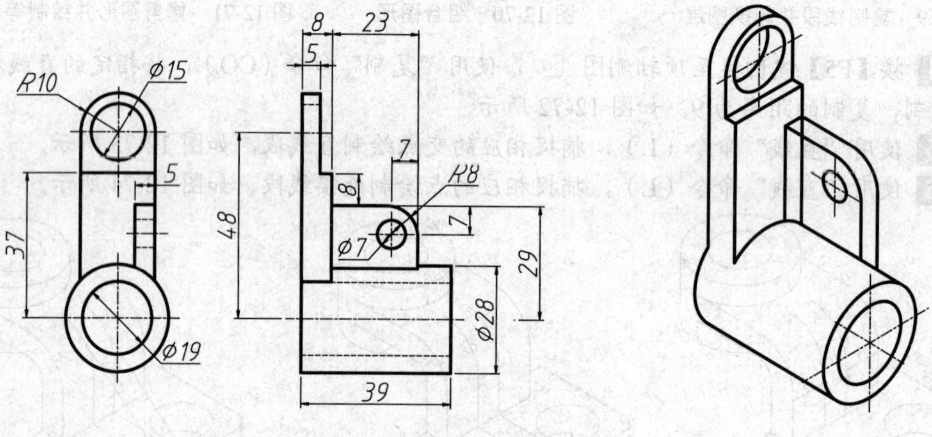

图 12-77　机件轴测图的效果

12.5.1 创建主体

本节主要讲解创建机件的主体，其操作步骤如下：

01 正常启动 AutoCAD 2016 软件，选择“快捷工具访问栏”中的“打开”按钮，打开“案例\12\机件平面图.dwg”文件，如图 12-78 所示。

02 再单击“另存为”按钮，将其另存为“案例\12\机件轴测图.dwg”文件。

03 参考前面绘制“螺纹轴测图.dwg”文件中设置“等轴测捕捉”选项的方法，开启等轴测捕捉功能。

04 将“粗实线”图层置为当前，按【F5】键切换至右轴测图。

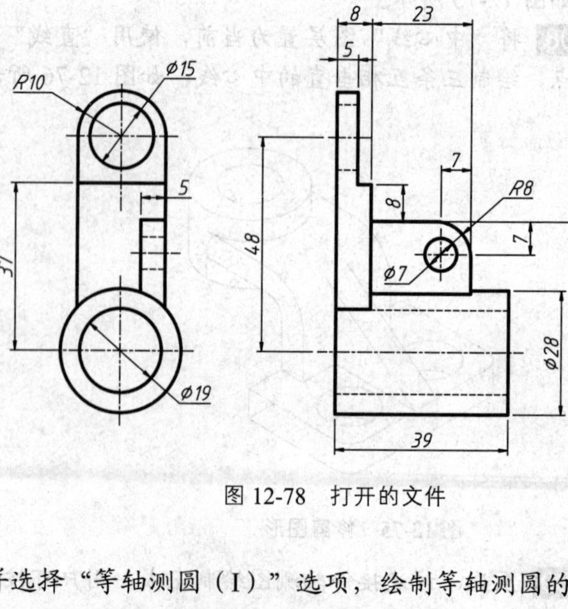

图 12-78　打开的文件

05 使用“椭圆”命令（EL），并选择“等轴测圆（I）”选项，绘制等轴测圆的直径为 19 和 28 的同心轴测圆对象，如图 12-79 所示。

06 按【F5】键切换至左轴测图，按【F8】键切换到“正交”模式。使用“直线”命令（L），捕捉外侧轴测圆的上、下端点，绘制长度为 39 的直线，如图 12-80 所示。

07 使用“复制”命令（CO），选择外侧的轴测圆，分别向左上位置进行距离为 31 和 39 的复制操作，如图 12-81 所示。

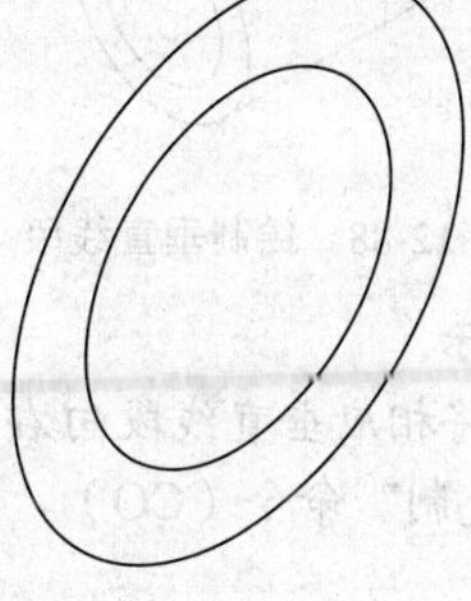

图 12-79　绘制同心轴测圆

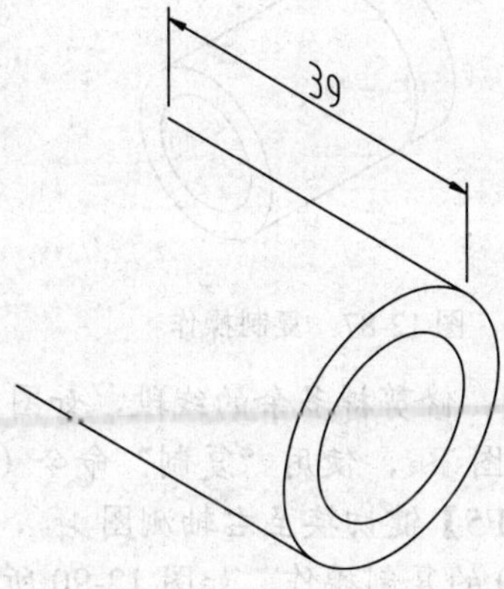

图 12-80　绘制水平线段

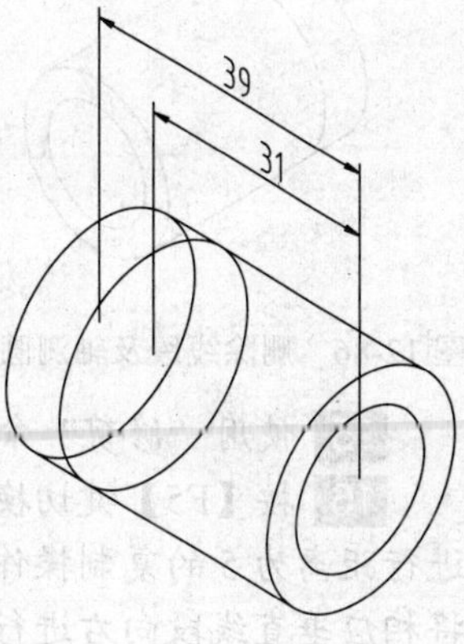

图 12-81　复制操作

08 使用“修剪”命令（TR），修剪掉多余的线段，如图 12-82 所示。

09 使用“复制”命令（CO），选择外侧的轴测圆，向左上位置进行距离为 34 的复制操作，如图 12-83 所示。

10 使用“直线”命令（L），过轴测圆的圆心，绘制一水平线段；捕捉从左往右数第二个轴测圆的圆心，向上绘制一垂直线段；再将水平线段向上偏移 48，如图 12-84 所示。

11 使用“延伸”命令（EX），将上一步偏移的水平线段延伸至垂直线段上；按【F5】键切换至右轴测图，再使用“椭圆”命令（EL），捕捉线段的交点，分别绘制直径为 15 和 20 的轴测圆，如图 12-85 所示。

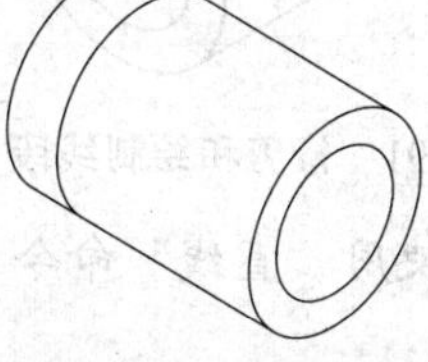

图 12-82　修剪线段

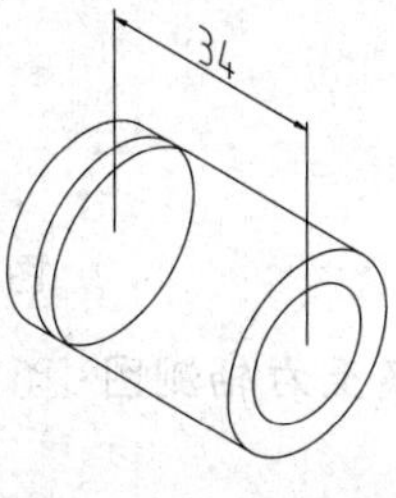

图 12-83　复制轴测圆

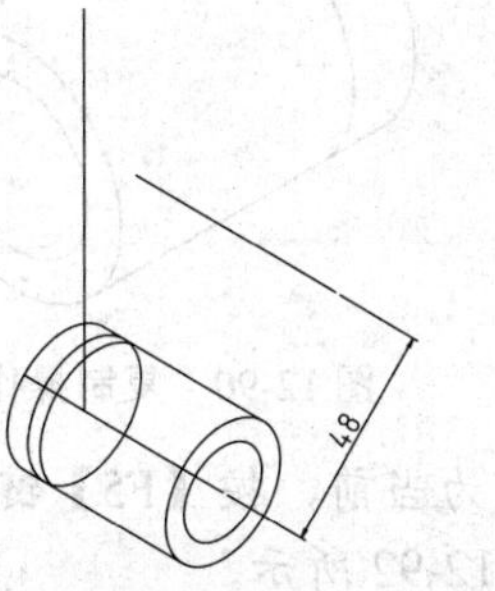

图 12-84　绘制和偏移线段

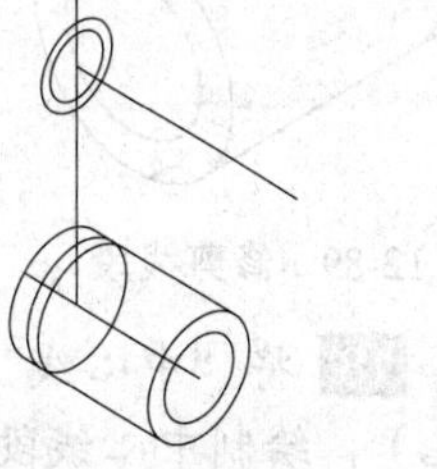

图 12-85　延伸线段并绘制轴测圆

12 使用“删除”命令（E），删除掉多余的线段及轴测圆，如图 12-86 所示。

13 按【F5】键切换至左轴测图，使用“复制”命令（CO），将顶端的轴测圆向左上侧进行距离为 5 的复制操作，如图 12-87 所示。

14 使用“直线”命令（L），捕捉相应圆弧上的点绘制一垂直线段，如图 12-88 所示。

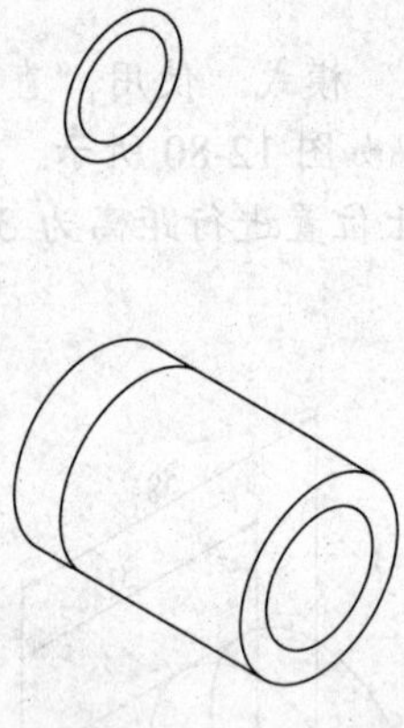

图 12-86　删除线段及轴测圆

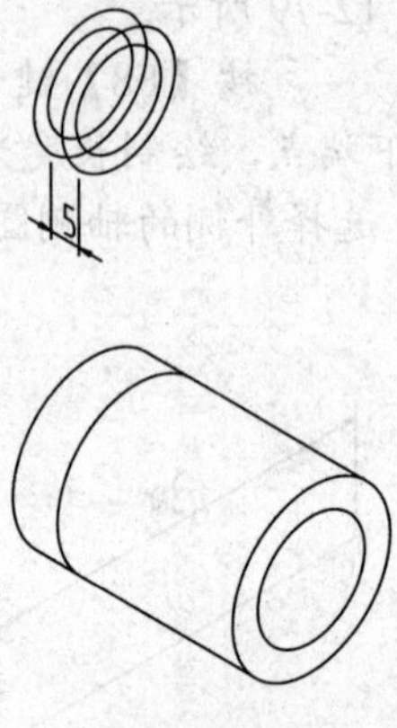

图 12-87　复制操作

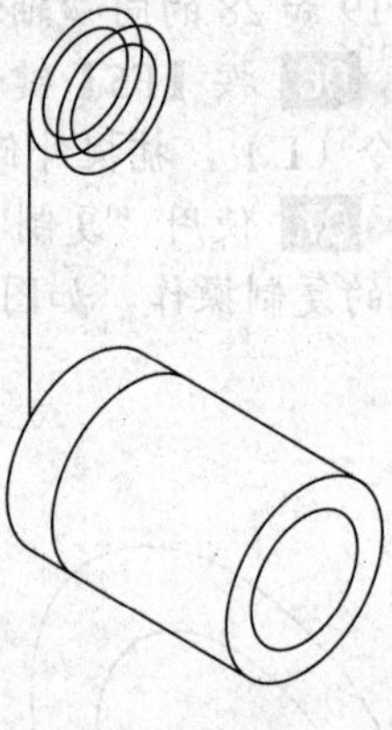

图 12-88　绘制垂直线段

15 使用“修剪”命令（TR），修剪掉多余的线段，如图 12-89 所示。

16 按【F5】键切换至左轴测图，使用“复制”命令（CO），将相应垂直线段向右进行距离为 5 的复制操作，再按【F5】键切换至右轴测图，使用“复制”命令（CO），将相应垂直线段向右进行距离为 20 的复制操作，如图 12-90 所示。

17 使用“修剪”命令（TR），修剪掉多余的线段及圆弧，再使用“直线”命令（L），捕捉相应圆弧上的点绘制线段，如图 12-91 所示。

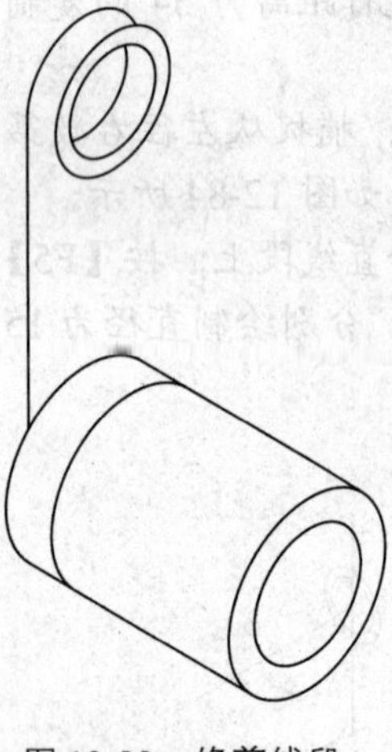

图 12-89　修剪线段

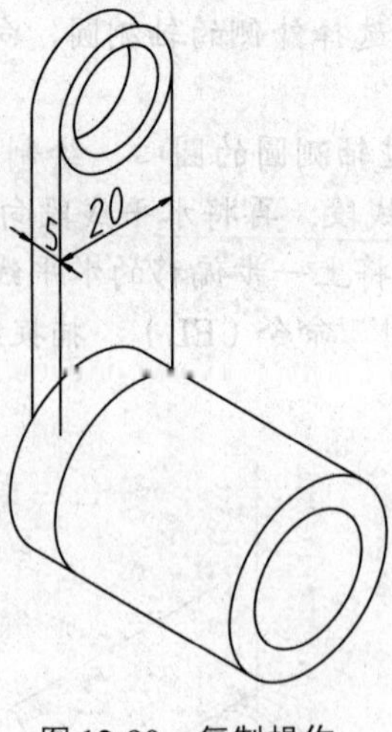

图 12-90　复制操作

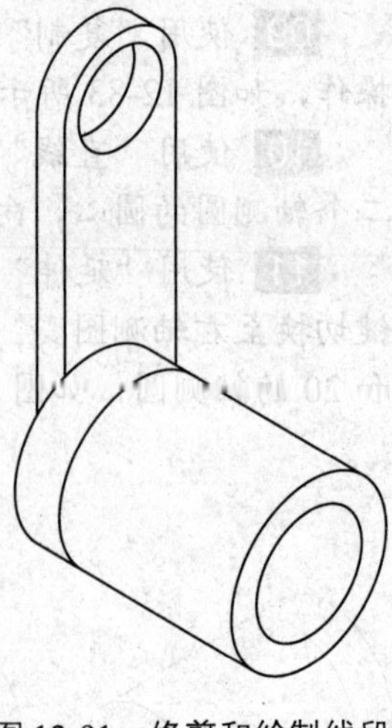

图 12-91　修剪和绘制线段

18 将“中心线”图层置为当前，按【F5】键切换至右轴测图。使用“直线”命令（L），绘制中心线段，如图 12-92 所示。

19 使用“复制”（CO）、“修剪”（TR）等命令，将顶端的水平中心线段向下进行距离为 10 的复制操作，并进行修剪，然后将其转换为“粗实线”，如图 12-93 所示。

20 按【F5】键切换至顶轴测图，使用“复制”命令（CO），将相应垂直线段向右侧进行距离为 3 的复制操作，再将复制得到的垂直线段，向左进行距离为 20 的复制操作，如图 12-94 所示。

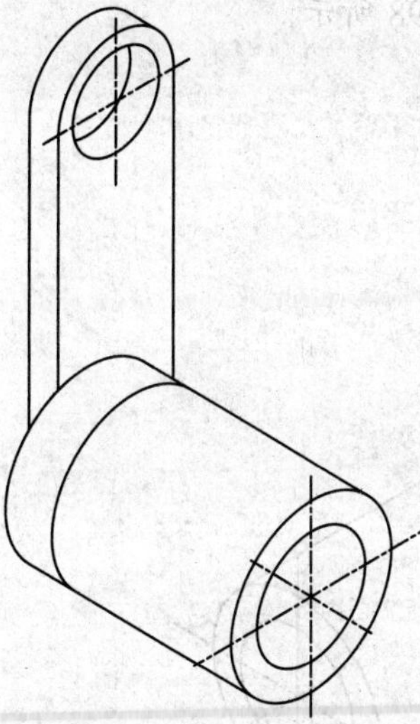

图 12-92　绘制中心线

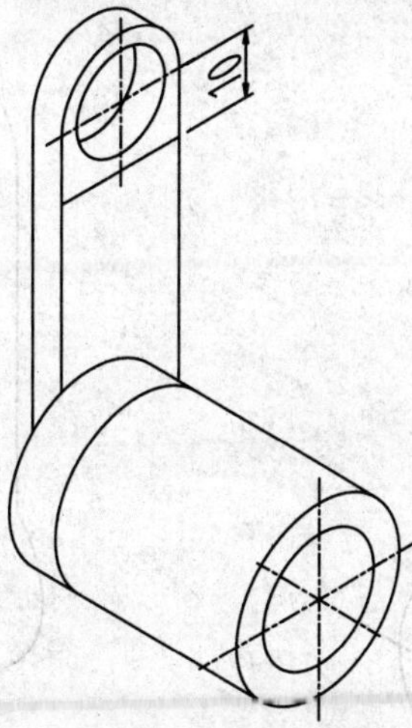

图 12-93　复制操作

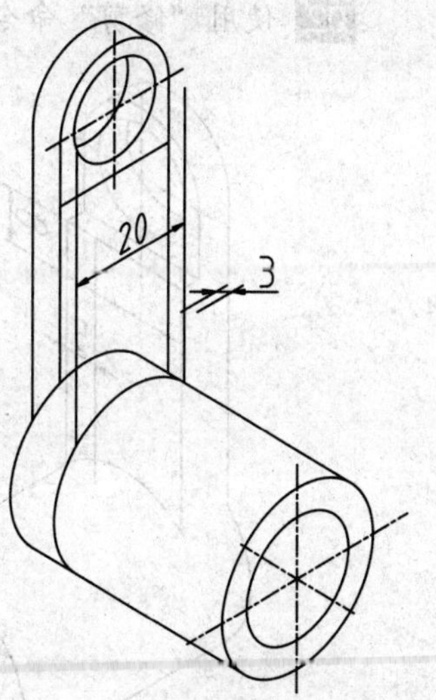

图 12-94　复制操作

21 使用“复制”命令（CO），将相应水平线段向右侧进行距离为 3 的复制操作，再使用“直线”命令（L），绘制连接线段，如图 12-95 所示。

22 使用“修剪”命令（TR），修剪掉多余的线段，如图 12-96 所示。

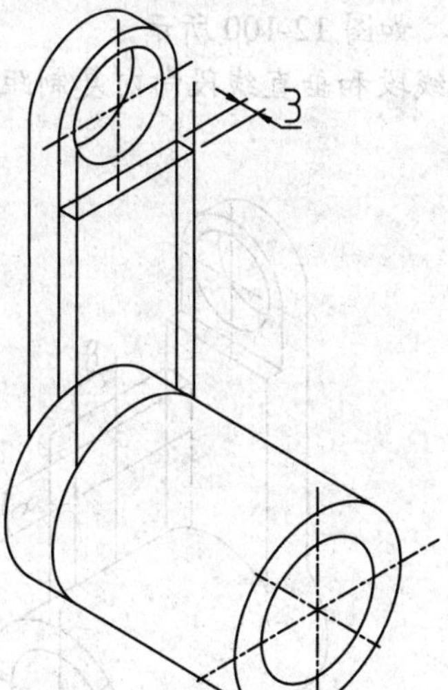

图 12-95　复制和绘制线段

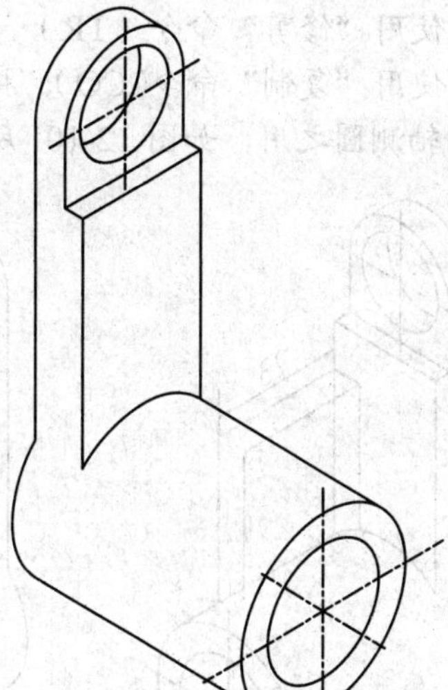

图 12-96　修剪线段的效果

12.5.2 创建细节

本节主要讲解创建机件的其他细节，其操作步骤如下：

01 将“粗实线”图层置为当前，按【F5】键切换至顶轴测图，使用“复制”命令（CO），将相应垂直线段向左侧进行距离为 5 的复制操作；按【F5】键切换至右轴测图，将相应水平线段向下侧进行距离为 8 的复制操作，如图 12-97 所示。

02 使用“修剪”命令（TR），修剪掉多余的线段，如图 12-98 所示。

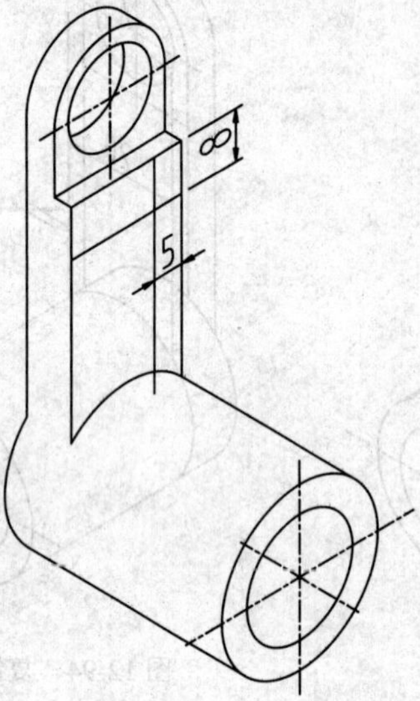

图 12-97　复制线段

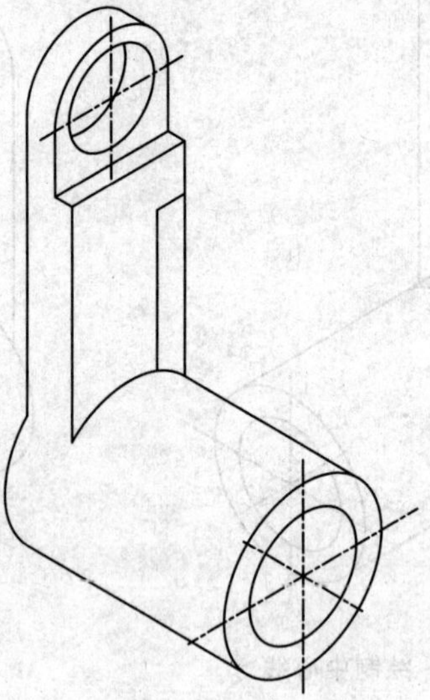

图 12-98　修剪线段

03 按【F5】键切换至左轴测图，使用“复制”命令（CO），将相应两条垂直线段向右复制 23 的距离，再使用“直线”命令（L），绘制连接线段，如图 12-99 所示。

04 使用“修剪”命令（TR），修剪掉多余的线段，如图 12-100 所示。

05 使用“复制”命令(CO)，将上一步绘制的水平线段和垂直线段向内复制距离为 8，用作绘制轴测圆之用，如图 12-101 所示。

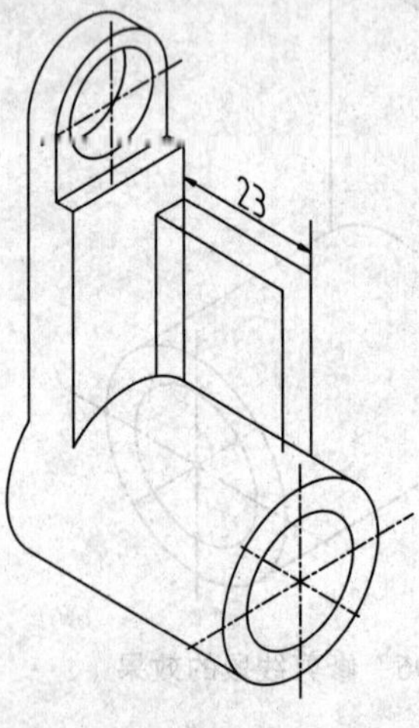

图 12-99　复制和绘制线段

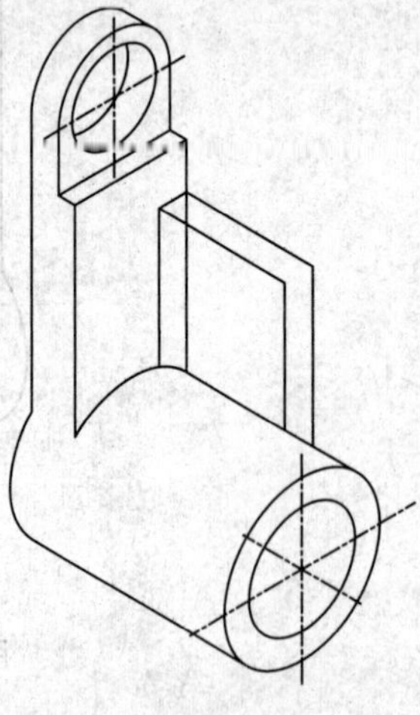

图 12-100　修剪线段

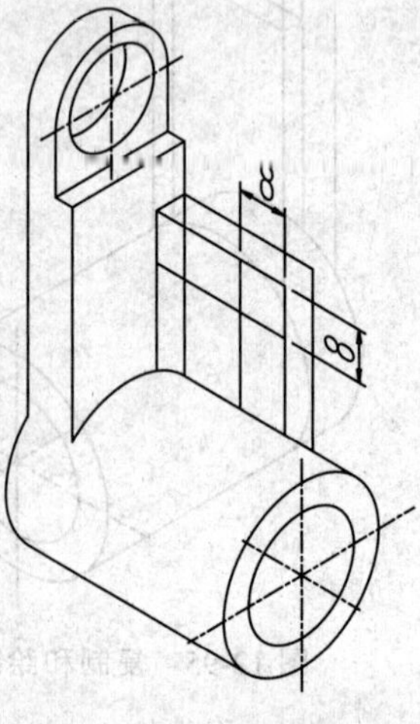

图 12-101　复制线段

06 使用“椭圆”命令（EL），捕捉线段的交点，绘制直径为 16 的轴测圆对象，如图 12-102 所示。

07 使用“修剪”命令(TR)，修剪掉多余的线段，并将椭圆内的线段转换为“中心线”图层，如图 12-103 所示。

08 按【F5】键切换至右轴测图，使用“复制”命令（CO），将上一步修剪得到的圆弧向右上进行距离为 5 的复制，如图 12-104 所示。

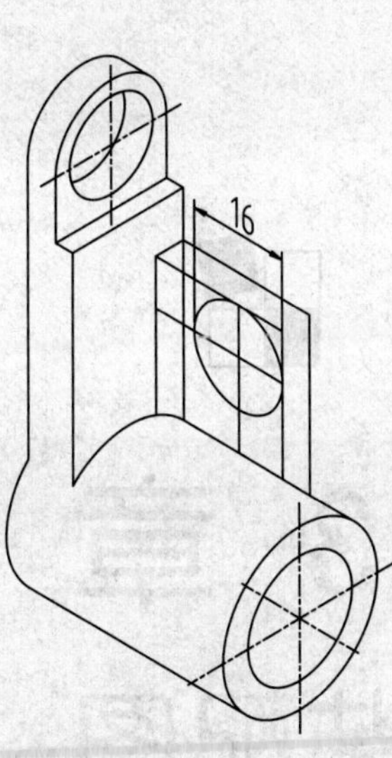

图 12-102　绘制轴测圆

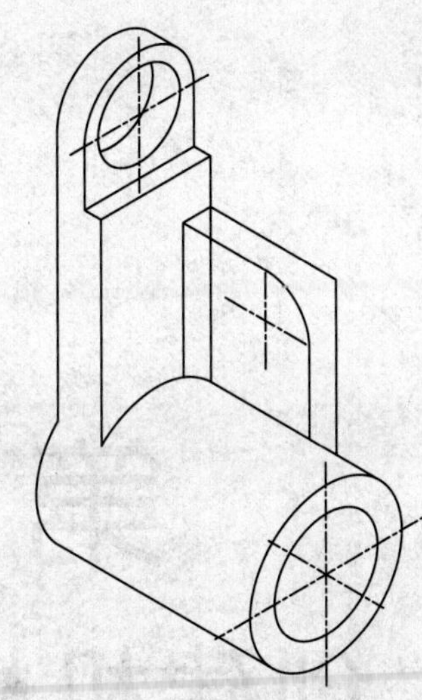

图 12-103　修剪线段的效果

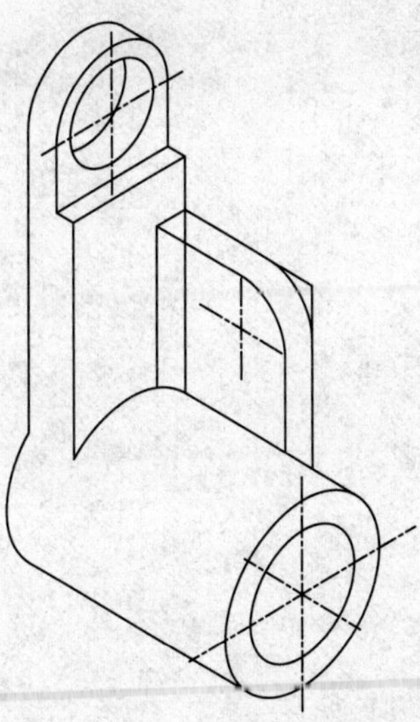

图 12-104　复制轴测圆弧

09 使用“修剪”命令（TR），修剪掉多余的线段，如图 12-105 所示。

10 按【F5】键切换至左轴测图，使用“椭圆”命令（EL），捕捉交点，绘制直径为 7 的轴测圆对象，如图 12-106 所示。

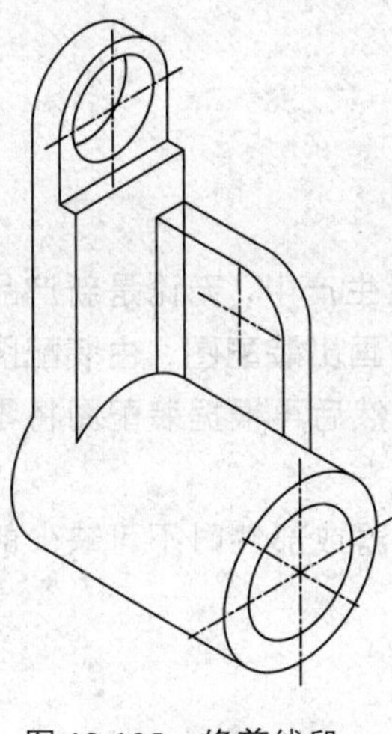

图 12-105　修剪线段

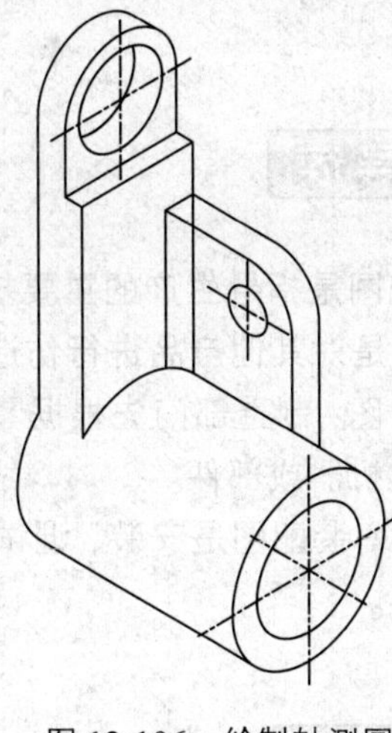

图 12-106　绘制轴测圆

11 至此，该机件轴测图绘制完成，用户可按【Ctrl+S】组合键进行保存。

第 13 章 创建机械装配图

本章导读

装配图是指导生产的重要技术文件。在工业生产中，无论是新产品开发，还是对其他产品进行仿造、改制，都要先画出装配图，由装配图画出零件图；制造部门先根据零件图制造零件，然后再根据装配图将零件装配成机器或部件。

因此，装配图是安装、调试、操作和检修机器或部件时不可缺少的标准资料。

精彩看点

- 装配图概述
- 绘制凸缘联轴器装配图
- 绘制台式虎钳装配图

13.1 装配图概述

任何比较复杂的机器设备，均由许多个部件组成，而部件又由许多零件装配而成。如图 13-1 所示是滑动轴承的轴测图，它是由 8 个零件组成的。

如图 13-2 所示则是表示该部件的装配图，下面就以滑动轴承为例来学习装配图的基本知识内容。

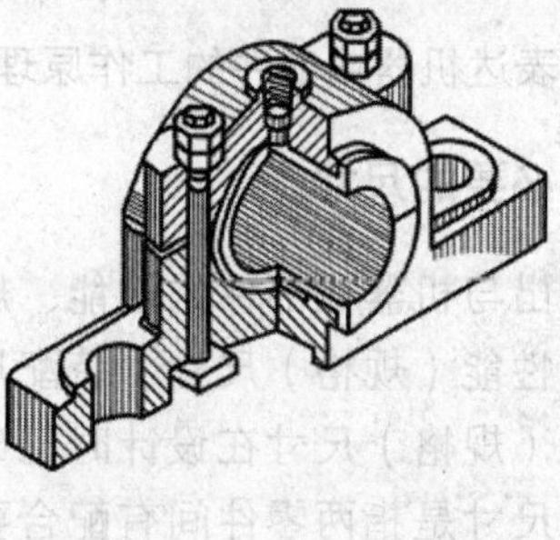

图 13-1　滑动轴承轴测图

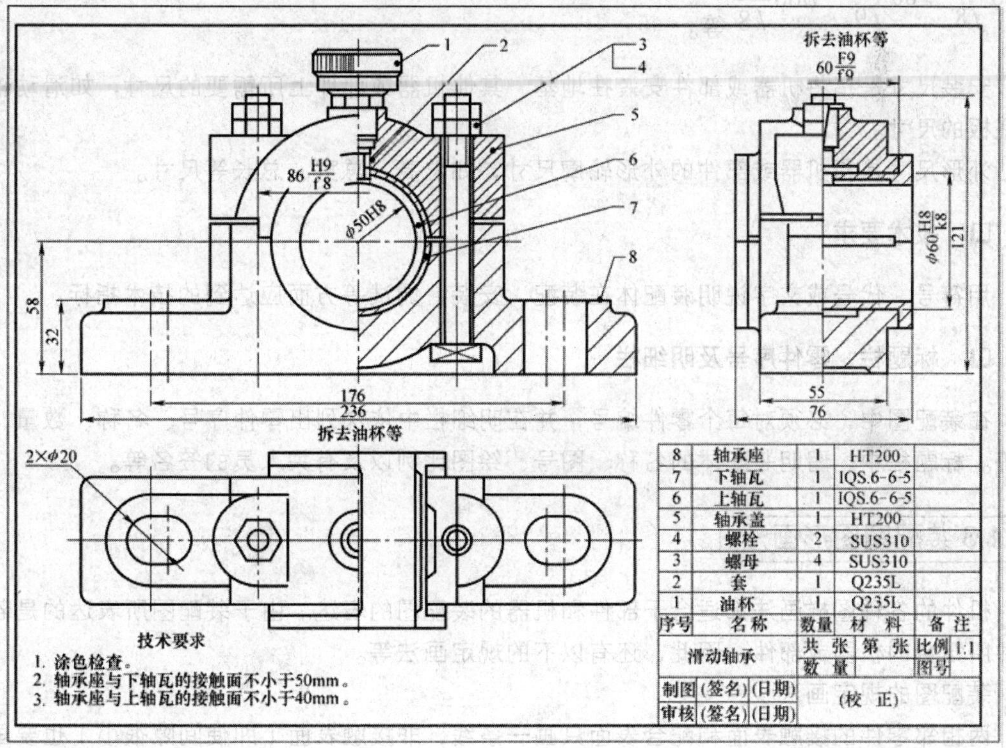

图 13-2　滑动轴承装配图

13.1.1 装配图作用

装配图是用来表达机器或部件的工作原理、各组成部分的相对位置及装配关系，制定装配工艺规程，进行装配、检验、安装及维修的技术文件。

13.1.2 装配图内容

一张完整的装配图主要包括以下四方面内容：

❑ **一组视图**

用来表达机器或部件的工作原理、零件间的装配关系、连接方式及主要零件的结构形状等。

❑ **必要的尺寸**

标注出与机器或部件的性能、规格、装配和安装有关的尺寸。装配图上只需要标注机器或部件的性能（规格）尺寸、装配尺寸、安装尺寸、外形尺寸、检验尺寸等。

性能（规格）尺寸在设计时已确定，它是设计机器和选用机器的重要依据。

装配尺寸是指两零件间有配合要求的尺寸，一般要标注出尺寸和配合代号，如滑动轴承中 $86\dfrac{H9}{f8}$、$60\dfrac{F9}{f9}$、$\phi60\dfrac{H8}{k8}$ 等。

安装尺寸是指将机器或部件安装在地基、其他机器或部件上所需要的尺寸，如滑动轴承中底板的尺寸。

外形尺寸是指机器或部件的外形轮廓尺寸，如总高、总宽、总长等尺寸。

❑ **技术要求**

用符号、代号或文字说明装配体在装配、安装、调试等方面应达到的技术指标。

❑ **标题栏、零件序号及明细栏**

在装配图中，必须对每个零件编号，并在明细栏中依次列出零件序号、名称、数量、材料等。标题栏中，写明装配体的名称、图号、绘图比例以及有关人员的签名等。

13.1.3 装配图图形画法

机件的各种图样画法都适合于部件和机器的装配图的表达。由于装配图所表达的是若干零件所组合的机器或部件，因此，还有以下的规定画法等。

装配图的规定画法

两相邻零件的接触表面和配合表面只画一条线，非接触表面（即使间隙很小）也要画成两条线，如图 13-3 所示。

同一个零件所有视图上的剖面线方向相同、间隔相等，相邻两个或多个零件的剖面线方向相反或方向相同而间隔不相等。其目的是有利于找出同一零件的各个视图，想象其形状和装配关系，如图 13-4 所示。

对于紧固件以及实心的球、轴、键等零件，若剖切平面通过其对称平面或基本轴线，则这些零件均按不剖绘制，如图 13-5 所示。如需要表达这些零件上的孔槽等构造时，可用局部剖视图表示。

❑ **装配图的特殊表达方法**

1. 假想画法

如选择的视图已将大部分零件的形状、结构表达清楚，但仍有少数零件的某些方面还未表达清楚时，可单独画出这些零件的视图或剖视图。当需要表示某些零件的位置或运动范围和极限位置时，可用细双点画线画出该零件的轮廓线。假想轮廓的剖面区域内不画剖面线，如图 13-6 和图 13-7 所示。

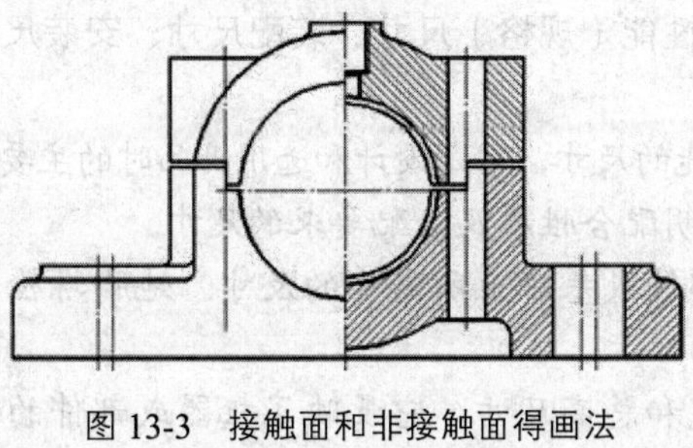

图 13-3　接触面和非接触面得画法

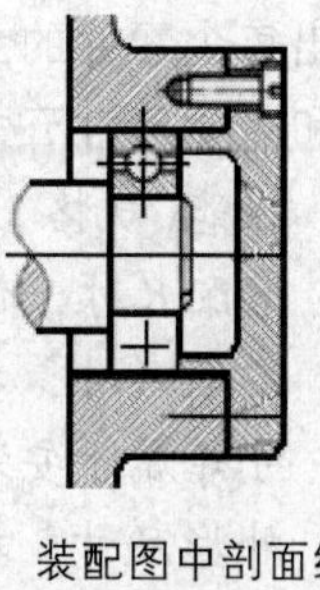

图 13-4　装配图中剖面线画法

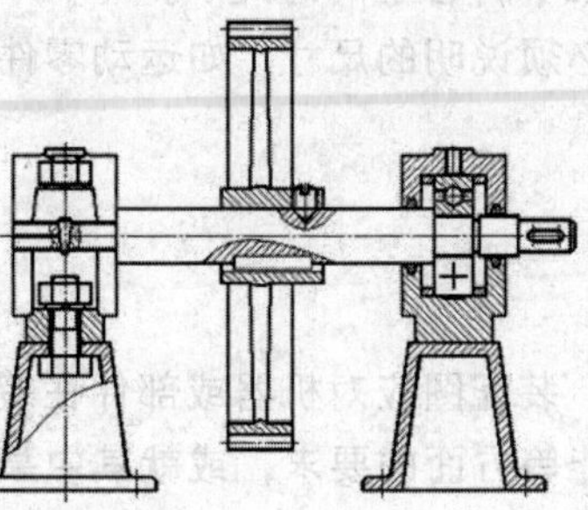

图 13-5　装配图中不剖零件的画法

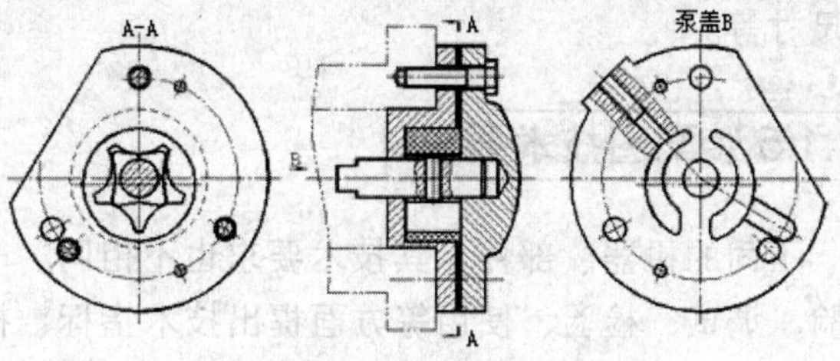

图 13-6　假想画法

2. 拆卸画法

当某些零件的图形遮住了其后的需要表达的零件，或在某一视图上不需要画出某些零件时，可拆去某些零件后绘制，也可选择沿零件结合面进行剖切的画法。如图 13-2 所示滑动轴承装配图中的俯视图和左视图，是拆去了油杯等零件后绘制的。

3. 简化画法

对装配图中若干相同的零件和部件组，如螺栓连接等，可详细地画出一组，其余只须用点画线表示其位置即可。对薄的垫片等不易画出的零件，可将其涂黑。零件的工艺结构，如小圆角、倒角、退刀槽、起模斜度等，可不画出，如图 13-6 所示。

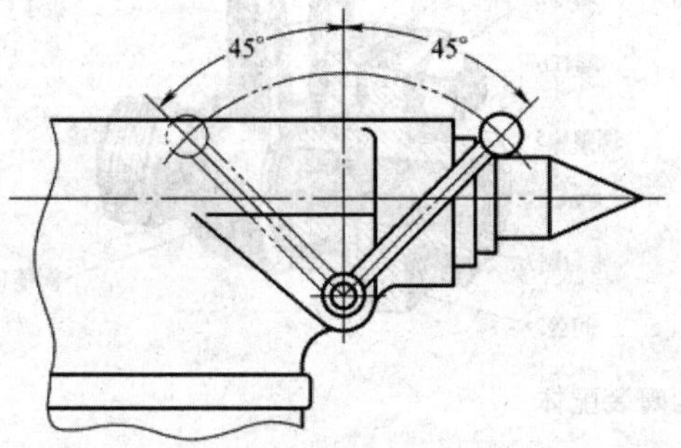

图 13-7　运动零件的极限位置

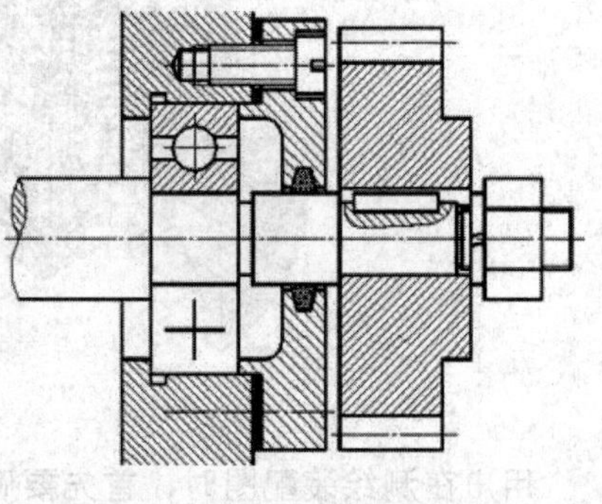

图 13-8　装配图中的简化画法

13.1.4 装配图尺寸标注

装配图的作用是表达零、部件的装配关系，因此，其尺寸标注的要求不同于零件图，不需要注出每个零件的全部尺寸，一般只需标注性能（规格）尺寸、装配尺寸、安装尺寸、外形尺寸和重要尺寸五大类尺寸。

- 性能（规格）尺寸：说明部件规格或性能的尺寸，它是设计和选用产品时的主要依据。
- 装配尺寸：保证部件正确装配，并说明配合性质及装配要求的尺寸。
- 安装尺寸：将部件安装到其他零、部件或基础上所需要的尺寸。地脚螺栓孔的尺寸等属于安装尺寸。
- 外形尺寸：机器或部件的总长、总宽和总高尺寸，它反映了机器或部件的体积大小，以确定该机器或部件在包装、运输和安装过程中所占空间的大小。

其他重要尺寸：除以上四类尺寸外，在装配或使用中必须说明的尺寸，如运动零件的位移尺寸等。

13.1.5 装配图技术要求

不同的机器、部件，其技术要求也不相同。一般来讲，装配图应对机器或部件在装配、试验、调试、检验、使用等方面提出技术指标、措施、性能等方面的要求，或就其中某项提出要求。

技术要求一般注写在明细栏的上方或标题栏的左边，也可以另编写技术文件附于图样。

13.1.6 装配图绘制方法

对已有的部件（或机器）进行测量，并画出其装配图和零件图的过程称为部件（或机器）测绘。在实际生产中，无论是仿制某种先进设备，还是对旧设备进行革新改造或修配，测绘工作总是必不可少的。下面就结合如图 13-9 所示的安全阀介绍部件测绘的方法和步骤。

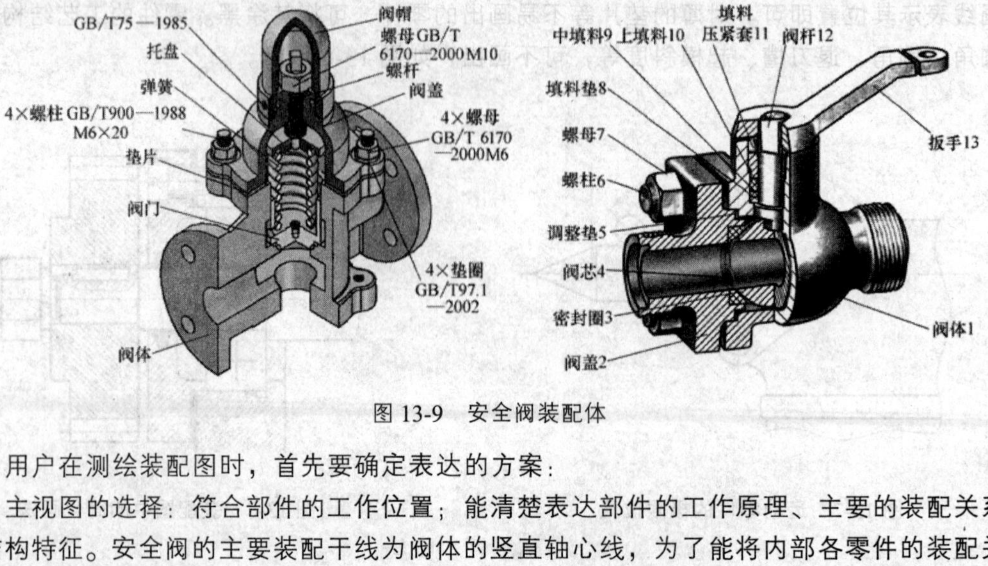

图 13-9 安全阀装配体

用户在测绘装配图时，首先要确定表达的方案：

主视图的选择：符合部件的工作位置；能清楚表达部件的工作原理、主要的装配关系或其结构特征。安全阀的主要装配干线为阀体的竖直轴心线，为了能将内部各零件的装配关系反映出来，主视图采用全剖视图。

其他视图的选择：分析主视图尚未表达清楚的装配关系或主要零件的结构形状，选择适当的表达方法表示清楚。考虑到阀体、阀盖、阀帽的外形以及阀体与阀盖间的螺柱连接关系还未表达，左视图可采用局部视图来表达。为了表达阀体与阀盖的安装面形状，可将俯视图画出。

那么，用户在绘制装配图时，可按照以下五个步骤来绘制：

01 根据确定的表达方案、部件的大小、视图的数量，选取适当的绘图比例和图幅，画出各视图的主要基准线，如图 13-10 所示。

02 绘制主体零件和与它直接相关的重要零件，如图 13-11 所示。

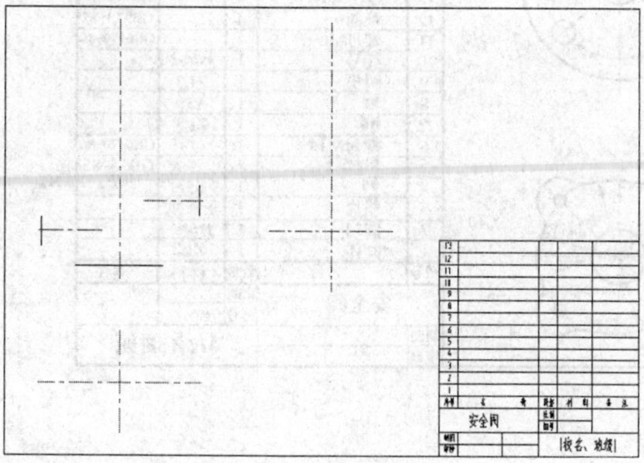

图 13-10　步骤(1)

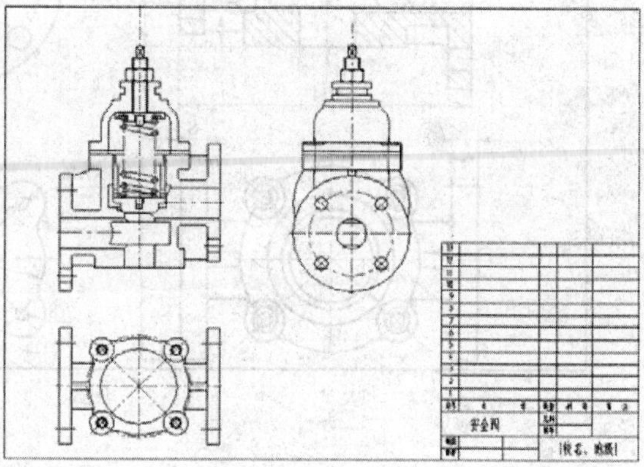

图 13-11　步骤(2)

03 绘制其他零件和细部结构，如图 13-12 所示。

04 检查核对底稿，加深图线，画剖面线，如图 13-13 所示。

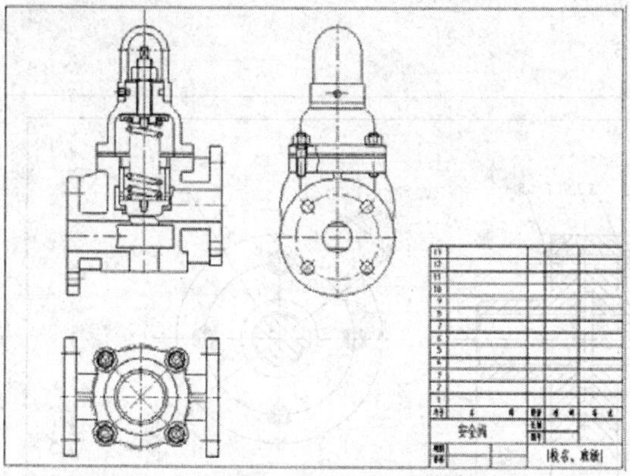

图 13-12　步骤(3)

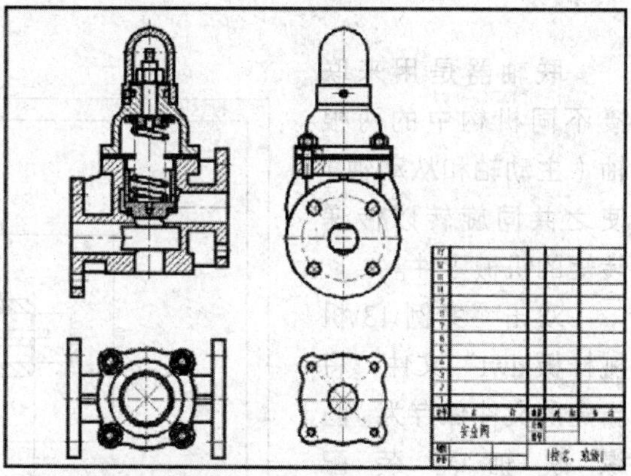

图 13-13　步骤(4)

05 标注尺寸，编写零件序号，画标题栏、明细栏，注写技术要求，完成全图如图 13-14 所示。

专家提醒

装配图上的某些尺寸有时兼有几种意义，而且每一张图上也不一定都具有上述五类尺寸。在标注尺寸时，必须明确每个尺寸的作用，对装配图没有意义的结构尺寸不需注出。

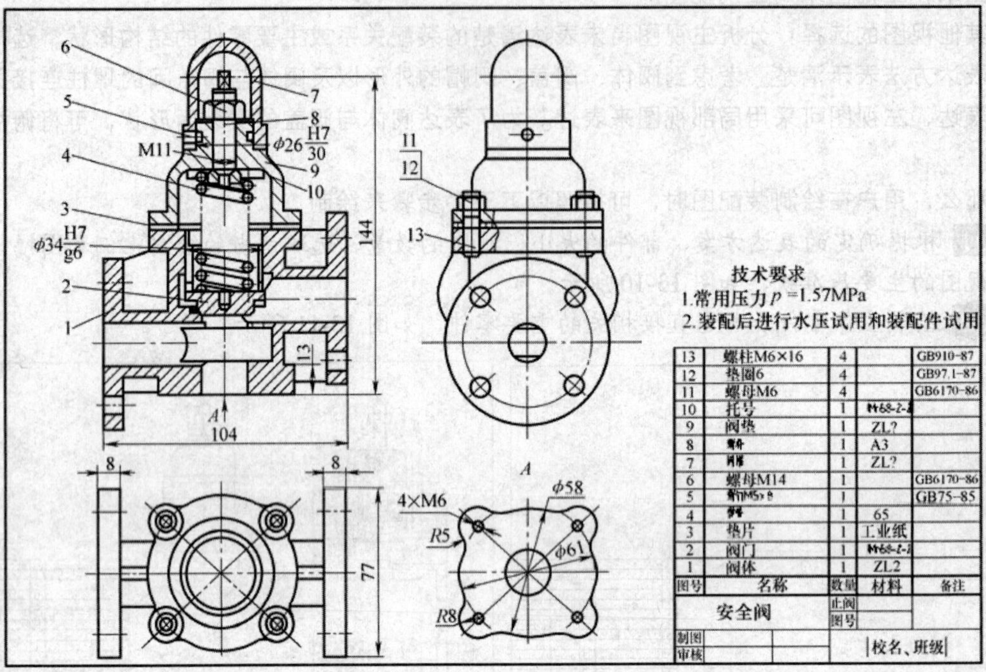

图 13-14　步骤(5)

13.2 绘制凸缘联轴器装配图

联轴器是用来联接不同机构中的两根轴（主动轴和从动轴）使之共同旋转以传递转矩的机械零件。

双击“案例\13\机械样板.dwt”文件，将新建的文件保存为“凸缘联轴器装配图.dwg”。首先分别绘制左半联轴器、右半联轴器、螺母、螺栓等零件图样，再使用“移动”命令，以基点的方式将其移动到相应的位置，再将多余的线段

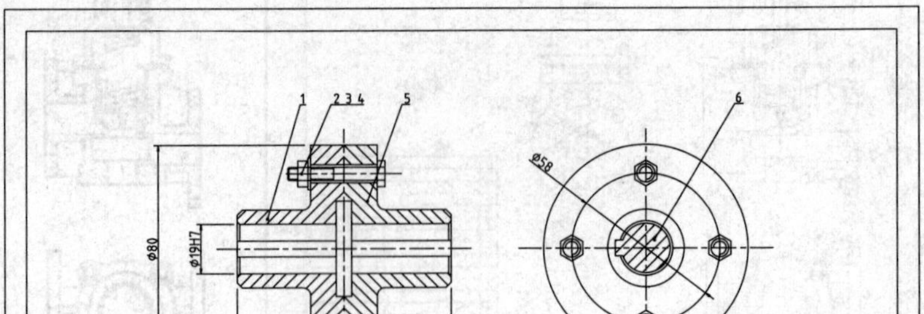

图 13-15　凸缘联轴器装配图的效果

进行修剪操作，以及进行主要的尺寸标注、序号标注，从而完成凸缘联轴器主视图的装配，然后水平向右复制辅助中心线，绘制水平投影线段，从而绘制圆、螺母等图形，并进行修改等操作，完成凸缘联轴器俯视图的装配，最后绘制明细栏以及标题栏等，最终效果如图 13-13 所示。

13.2.1 绘制零件图

本节主要讲解绘制零件图，其操作步骤如下：

01 选中案例下的“机械样板.dwt”样板文件，进行双击，将新建一“drawing1.dwg”文件，再单击“保存”按钮，将文件保存为“案例\13\凸缘联轴器装配图.dwg”。

02 将“粗实线”图层置为当前。使用“矩形”命令（REC），分别绘制尺寸为 13×80、3×37 的矩形，使其垂直中心对齐，如图 13-16 所示。

03 使用“分解”命令（X），将外侧矩形进行分解。使用“偏移”命令（O），将左侧的垂直线段依次向左偏移 28、1 的距离，如图 13-17 所示。

04 使用“直线”命令（L），过垂直线段的中点，绘制一水平线段，再使用“偏移”命令（O），将绘制的水平线段分别向上、下各偏移 3、9.5、10.5、15，如图 13-18 所示。

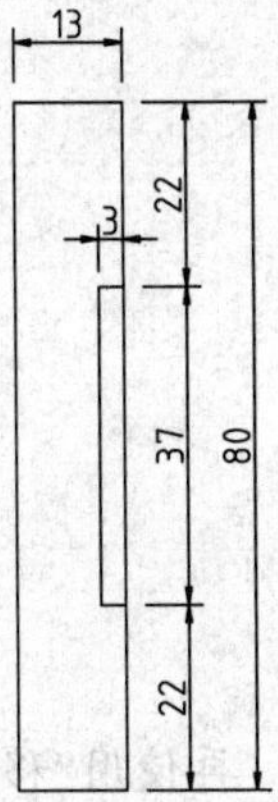

图 13-16　绘制矩形

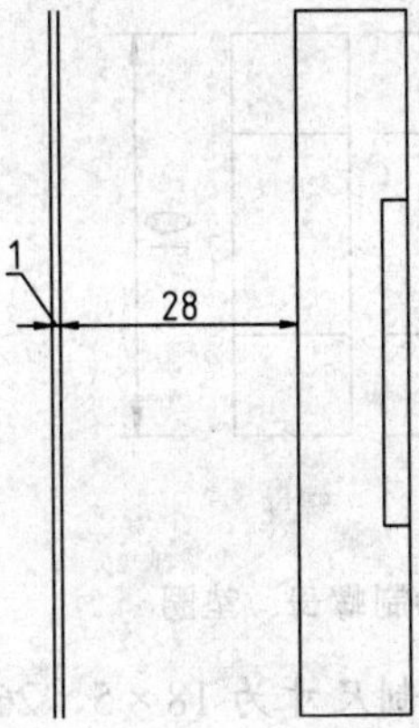

图 13-17　偏移垂直线段

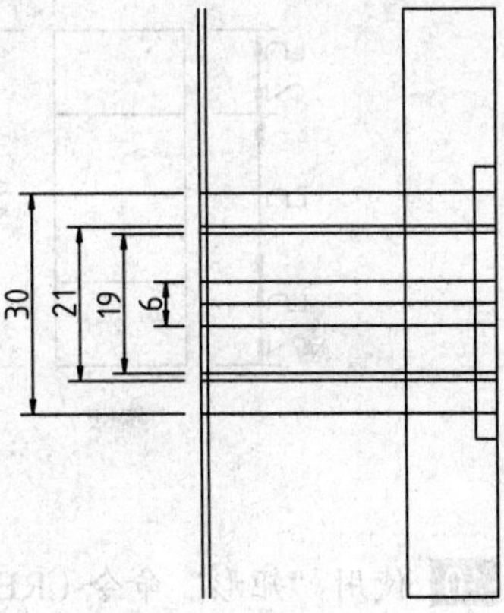

图 13-18　绘制和偏移水平线段

05 执行“直线”命令（L），捕捉相应线段上的点绘制两条斜线段，结果如图 13-19 所示。

06 使用“修剪”（TR）、“删除”（E）等命令，修剪和删除掉多余的线段，结果如图 13-20 所示。

07 使用“圆角”命令（F），分别进行半径为 3 的圆角操作，如图 13-21 所示。

08 使用“倒角”命令（CHA），根据命令行提示设置倒角距离为 2，对图形的相应位置进行倒角操作，到此左半联轴器图形就绘制好了，结果如图 13-22 所示。

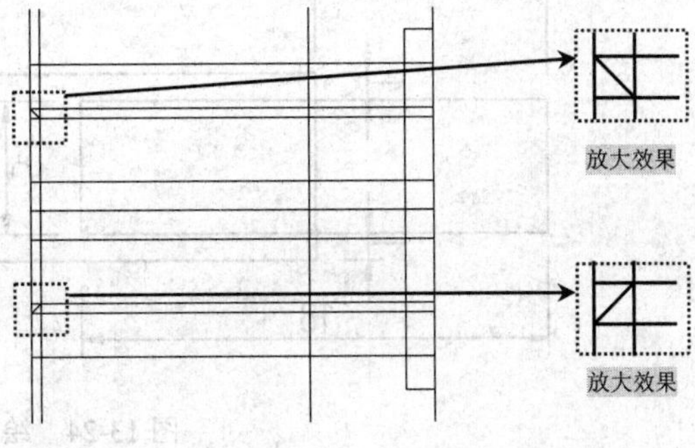

图 13-19　修剪多余线段

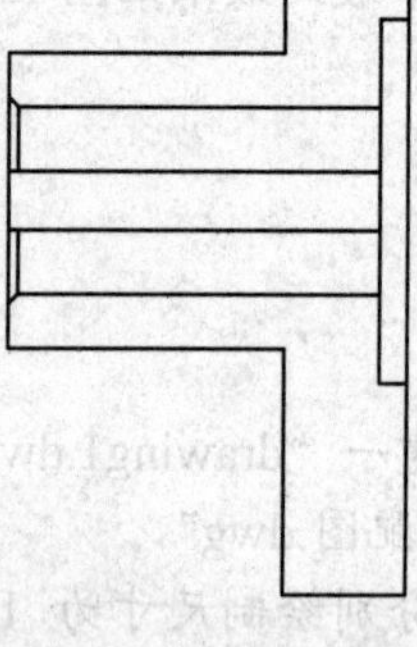

图 13-20　修剪多余线段

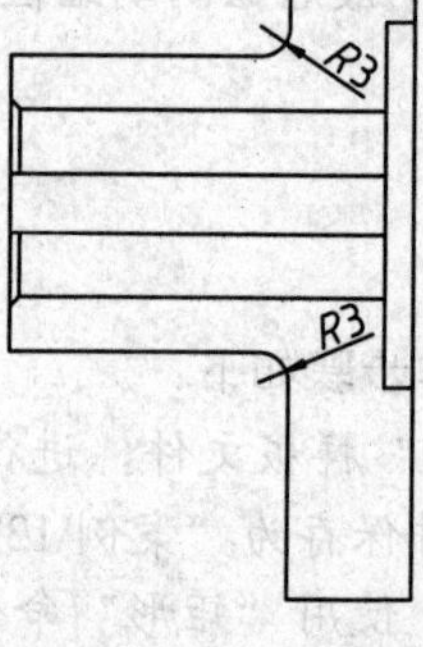

图 13-21　圆角操作

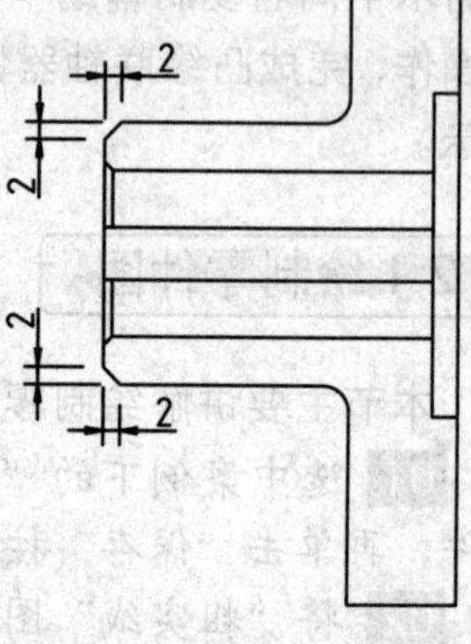

图 13-22　倒角操作

09 使用“矩形”（REC）、“分解”（X）、“偏移”（O）等命令，绘制螺母及垫圈对象，如图 13-23 所示。

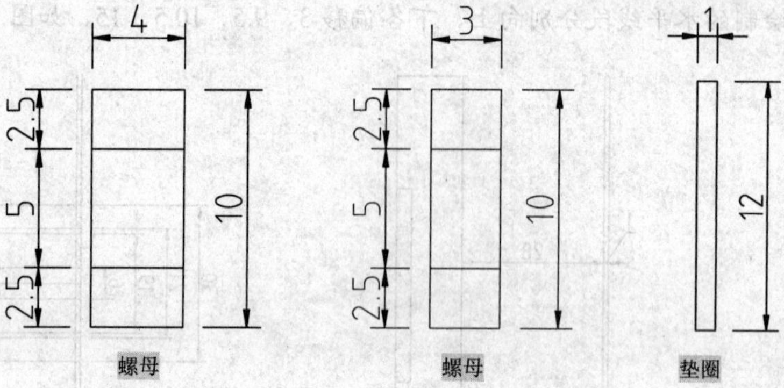

图 13-23　绘制螺母、垫圈

10 使用“矩形”命令（REC），分别绘制尺寸为 18 × 5、26 × 7 的矩形，再使用“移动”命令(M)，对绘制的两个矩形进行组合，如图 13-24 所示。

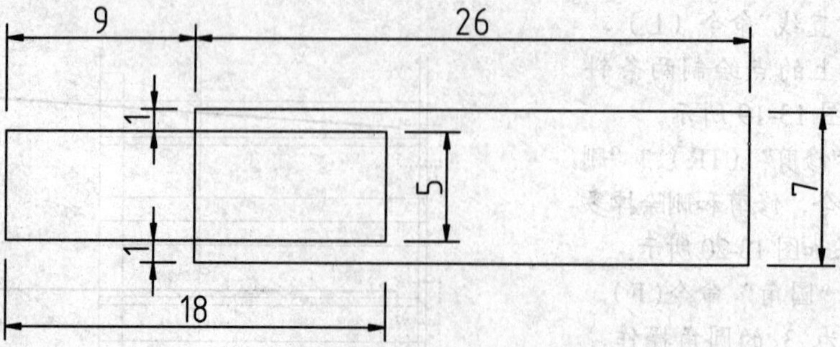

图 13-24　绘制矩形

11 使用“分解”命令(X)，将绘制的两个矩形进行分解，再使用“偏移”命令(O)，将图中相应的线段进行偏移，如图 13-25 所示。

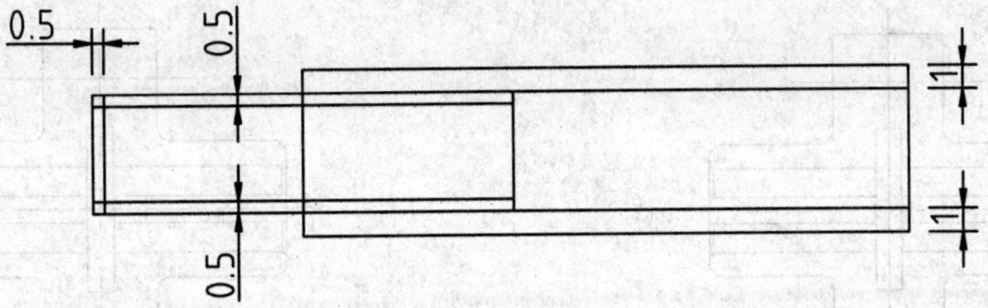

图 13-25 偏移线段

12 使用“倒角”（CHA）命令，根据命令行提示设置倒角距离为 0.5，对图形相应的位置进行倒角操作，则螺栓图形绘制好了，其倒角后的结果如图 13-26 所示。

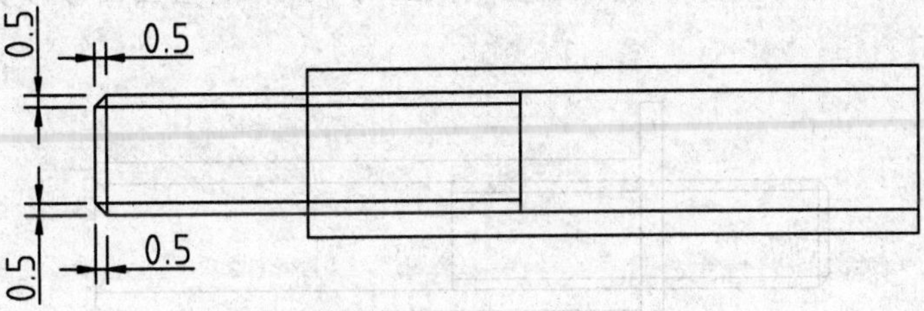

图 13-26 倒角操作

13.2.2 复制图形

本节主要讲解复制相关的一些图形，其操作步骤如下：

01 将“中心线”图层置为当前，使用“直线”命令（L），分别绘制如图 13-27 所示尺寸的中心线段。

02 使用“移动”命令（M），将绘制的左半联轴器图形移动到中心线段的中点位置，如图 13-28 所示。

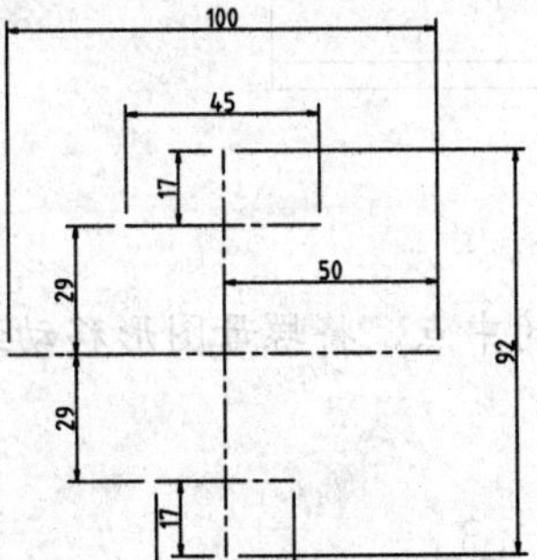

图 13-27 绘制中心线段

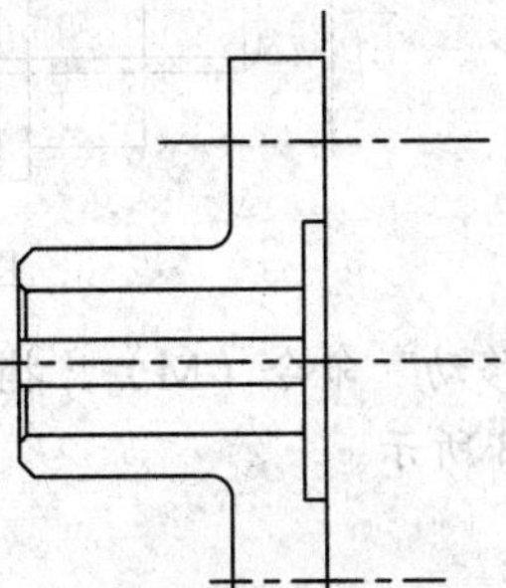

图 13-28 移动左半联轴器

03 使用“移动”命令（M），将绘制的右半联轴器图形移动到中心线段的中点位置，如图 13-29 所示。

04 使用“删除”命令(E)，将联轴器中间的一条垂线段删除掉，如图 13-30 所示。

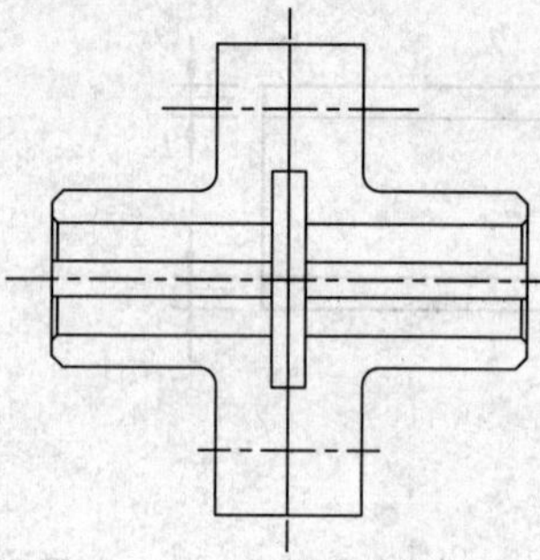

图 13-29　移动右半联轴器

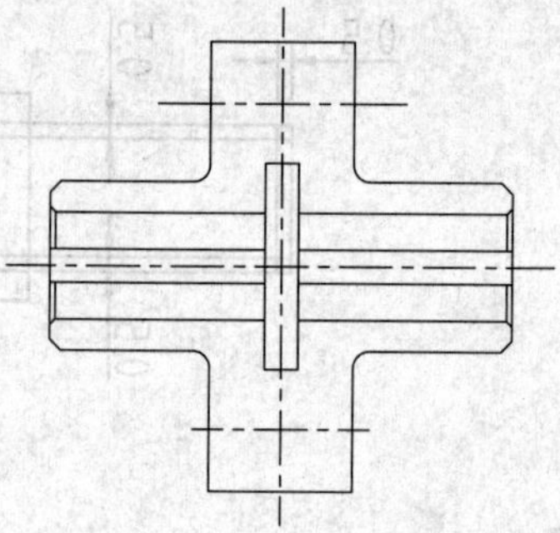

图 13-30　删除垂直线段

05 使用“移动”命令（M），捕捉垂直线段上的中点，将垫圈图形移动到螺栓图形上，如图 13-31 所示。

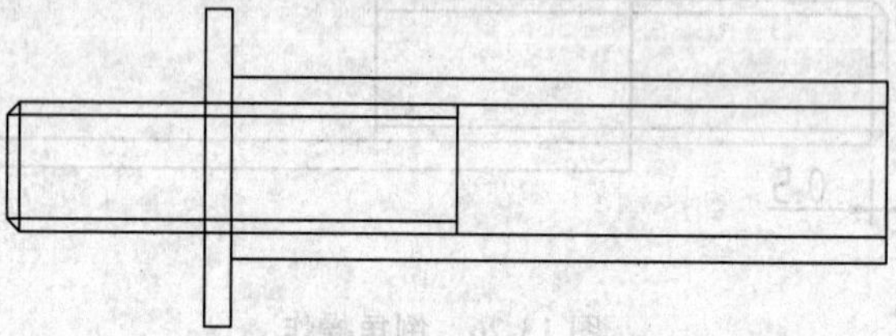

图 13-31　移动垫圈

06 使用“移动”命令（M），捕捉相应垂直线段上的中点，将螺母图形移动到螺栓图形上，如图 13-32 所示。

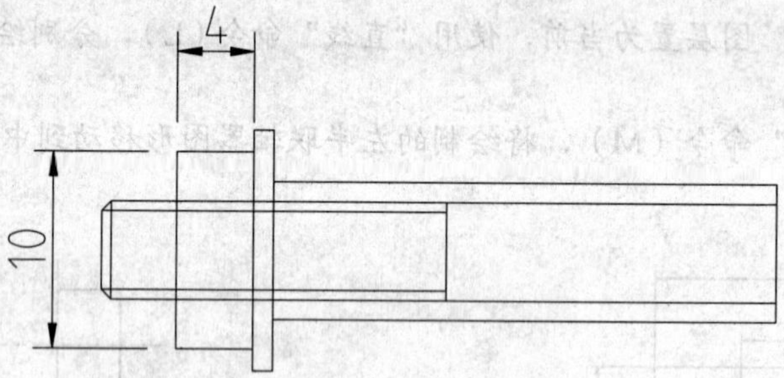

图 13-32　移动螺母

07 使用“移动”命令（M），捕捉相应垂直线段上的中点，将螺母图形移动到螺栓图形上，如图 13-33 所示。

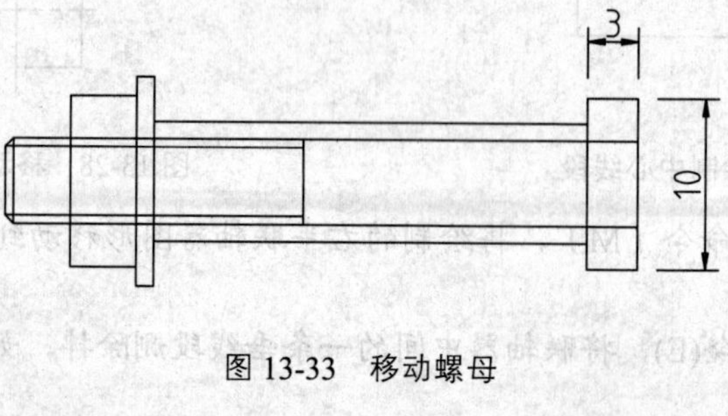

图 13-33　移动螺母

08 使用“移动”命令（M），捕捉垂直线段上的中点，将装配的螺母、螺栓图形再次移动到联轴器的主视图上，如图 13-34、图 13-35、图 13-36 所示。

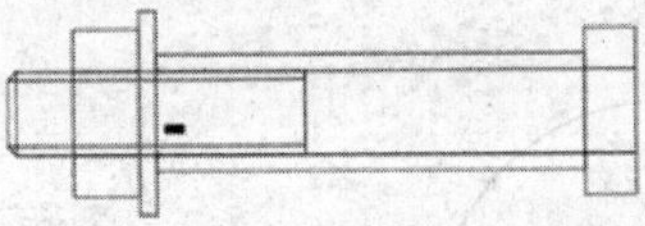

图 13-34　选中图形

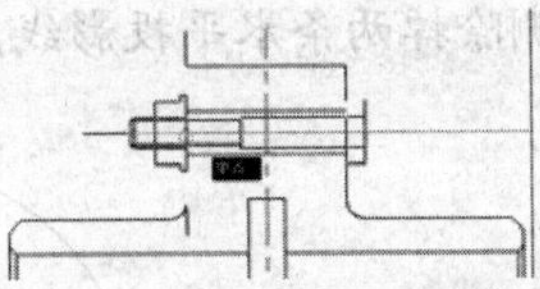

图 13-35　捕捉中点

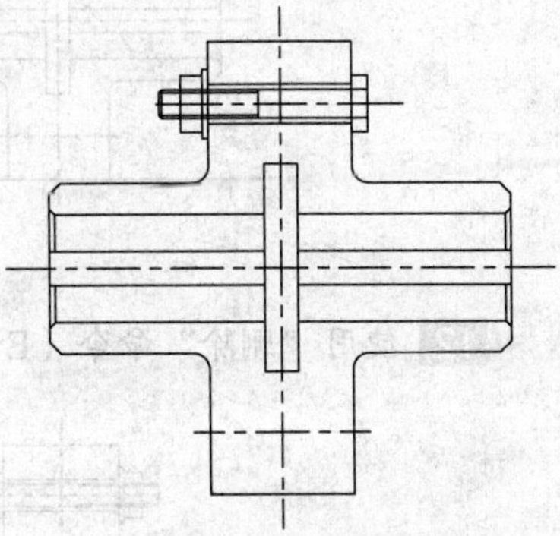

图 13-36　移动的图形

09 接是来绘制联轴器的俯视图。使用“复制”命令（CO），将联轴器主视图中的中心线向右复制一份，如图 13-37 所示。

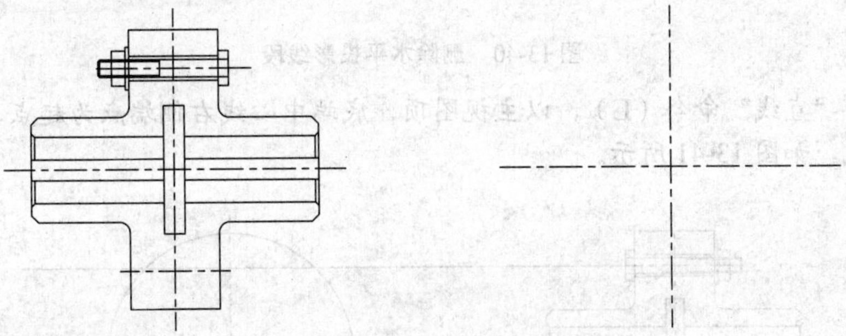

图 13-37　复制中心线

10 将“粗实线”图层置为当前。使用“构造线”命令（XL），分别捕捉联轴器主视图图形的上、下端点，绘制两条水平投影线，如图 13-38 所示。

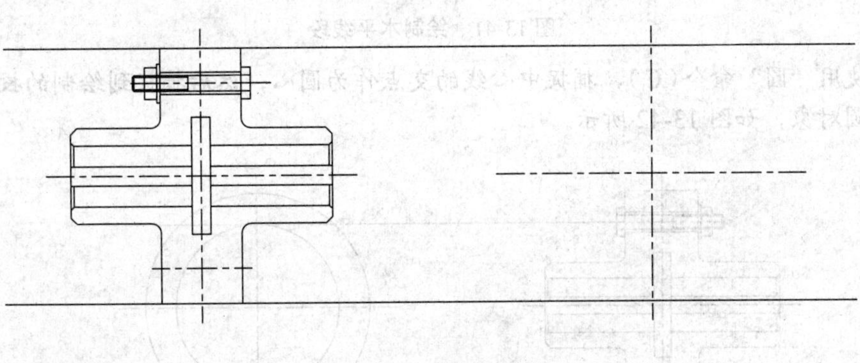

图 13-38　复制中心线

11 使用“圆”命令（C），捕捉中心线的交点作为圆心，然后捕捉到绘制的投影线上，绘制一个圆对象，如图 13-39 所示。

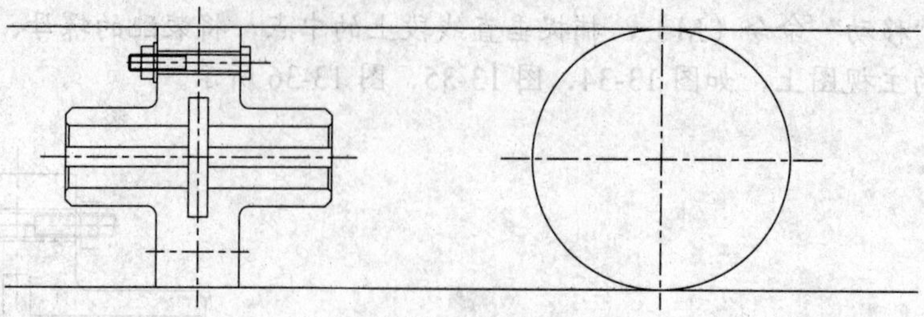

图 13-39　绘制的圆

12 使用“删除”命令（E），删除掉两条水平投影线，如图 13-40 所示。

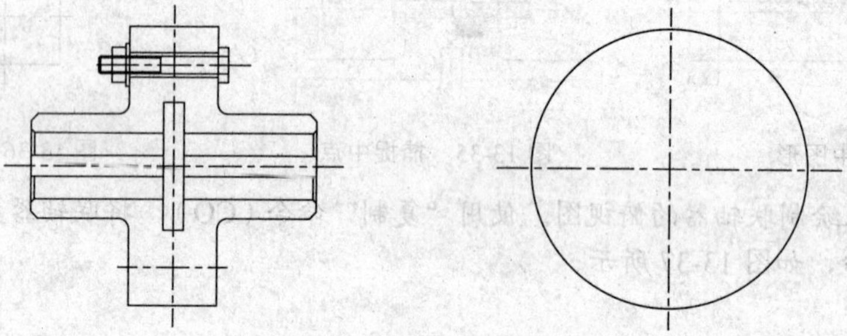

图 13-40　删除水平投影线段

13 使用“直线”命令（L），以主视图顶、底端中心线右侧端点为起点，向右绘制两条水平投影线，如图 13-41 所示。

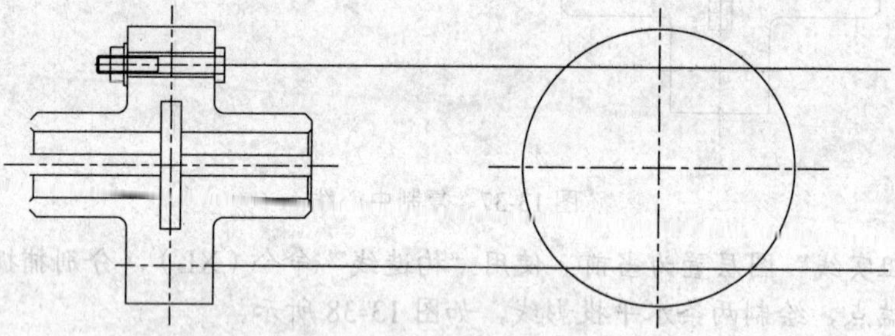

图 13-41　绘制水平线段

14 使用“圆”命令（C），捕捉中心线的交点作为圆心，然后捕捉到绘制的投影线上，绘制一个圆对象，如图 13-42 所示。

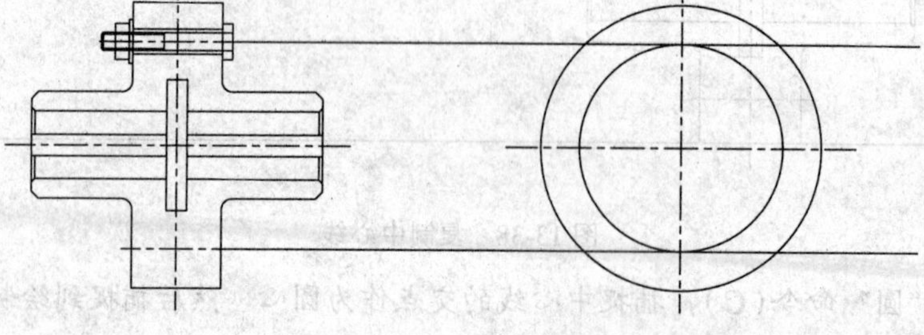

图 13-42　绘制的圆

15 使用“删除”命令（E），删除掉水平投影线，如图 13-43 所示。

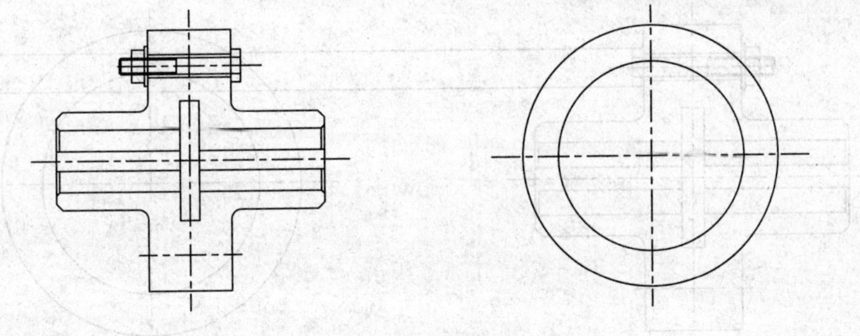

图 13-43　删除水平投影线段

16 使用“直线”命令（L），过螺栓图形，绘制水平投影线，如图 13-44 所示。

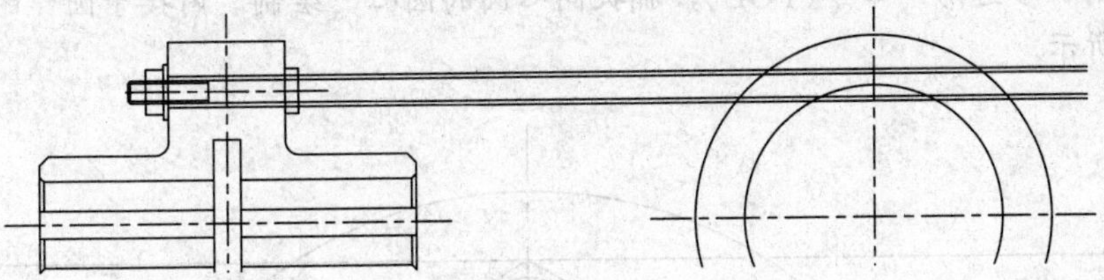

图 13-44　绘制水平线段

17 使用“圆”命令（C），捕捉中心线的交点作为圆心，绘制两个同心圆对象，如图 13-45 所示。

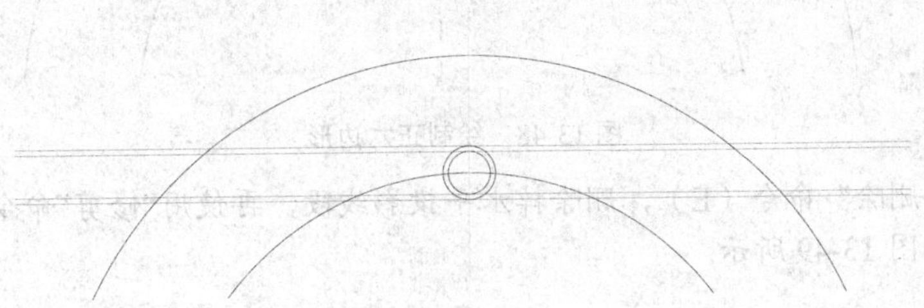

图 13-45　绘制的同心圆

18 使用“删除”命令（E），删除掉水平投影线，如图 13-46 所示。

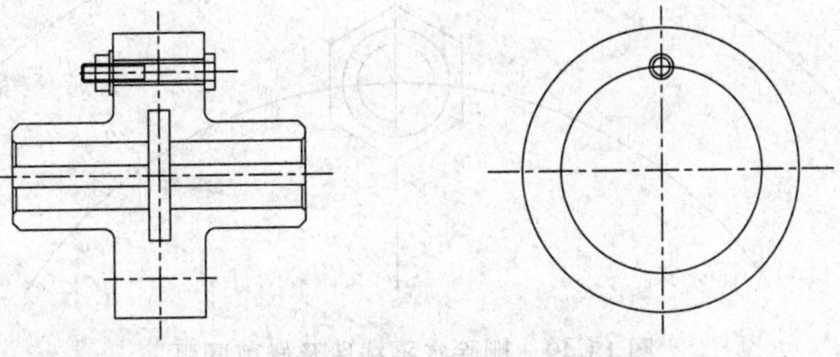

图 13-46　删除水平投影线段

19 使用“直线”命令（L），过螺栓图形，绘制水平投影线，如图 13-47 所示。

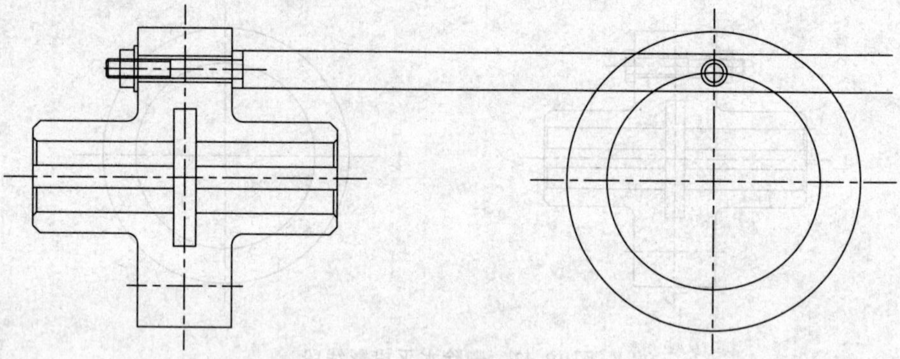

图 13-47　绘制水平线段

20 使用“多边形”命令(POL)，捕捉同心圆的圆心，绘制“内接于圆”的正六边形，如图 13-48 所示。

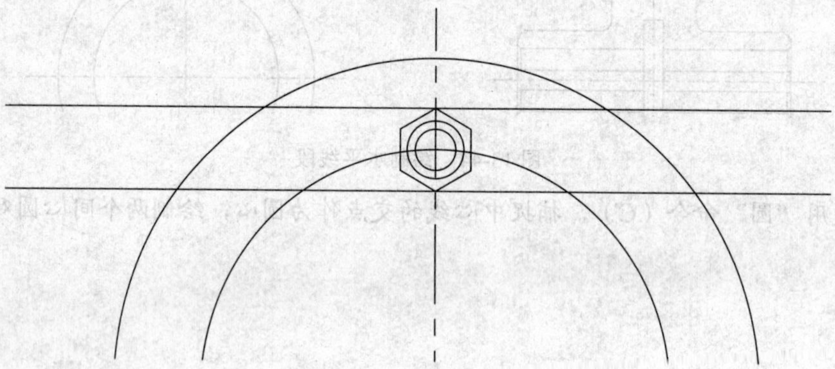

图 13-48　绘制正六边形

21 使用“删除”命令（E），删除掉水平投影线段，再使用“修剪”命令（TR），修剪相应的圆弧，如图 13-49 所示。

图 13-49　删除水平线段及修剪圆弧

22 执行“复制”命令（CO）,将图中相应的图形进行复制操作，如图 13-50 所示。

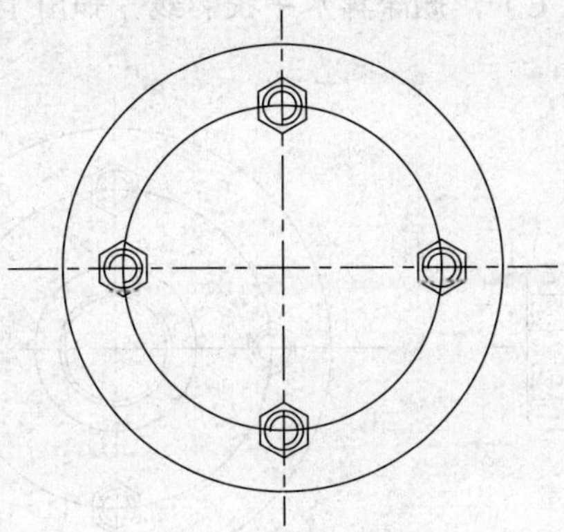

图 13-50　复制操作

23 使用“直线”命令（L），绘制水平投影线，如图 13 51 所示。

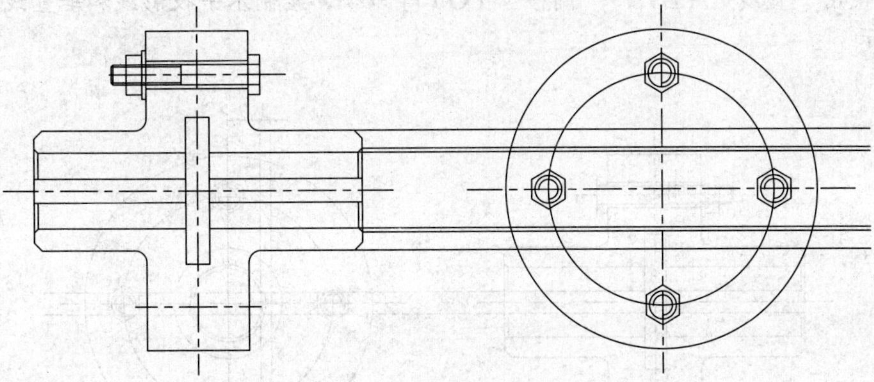

图 13-51　绘制水平线段

24 使用“圆”命令（C），捕捉中心线的交点作为圆心，绘制三个同心圆对象，如图 13-52 所示。

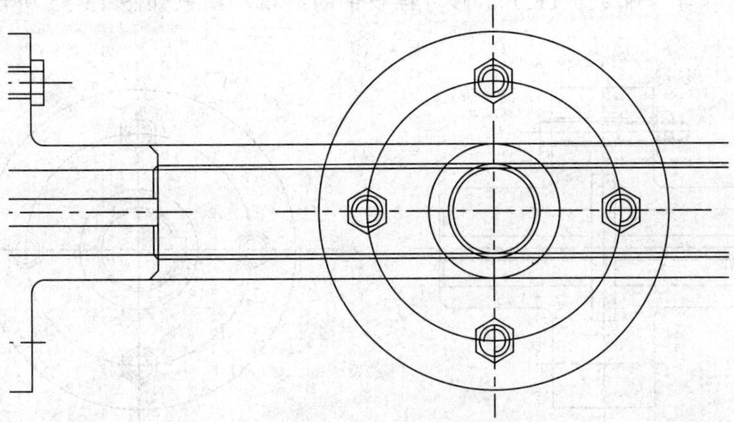

图 13-52　绘制同心圆

25 使用“删除”命令（E），删除掉水平投影线，如图 13-53 所示。

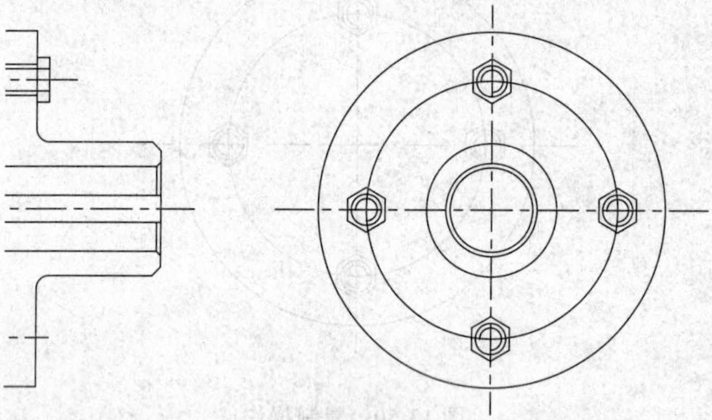

图 13-53　删除水平线段

26 使用“直线”（L）、“偏移”（O）等命令，绘制水平投影线和垂直线段，如图 13-54 所示。

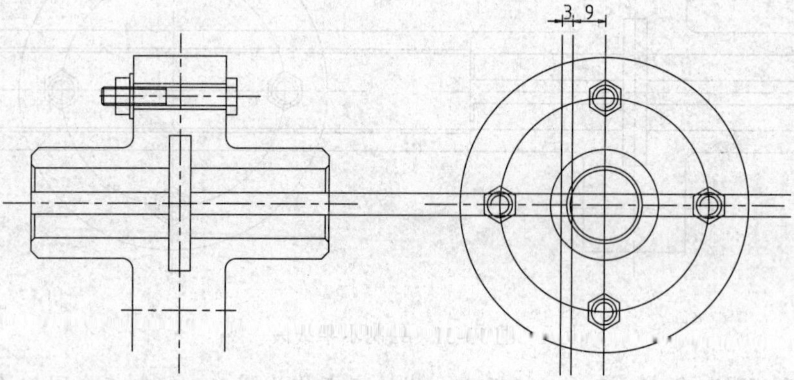

图 13-54　绘制和偏移线段

27 使用“修剪”命令（TR），修剪掉多余的线段，结果如图 13-55 所示。

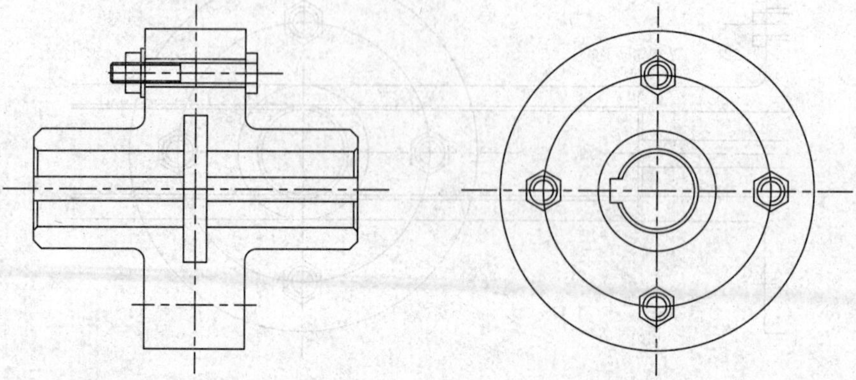

图 13-55　修剪多余的线段

13.2.3 修改图形和填充图案

本节主要讲解修改相关图形以及对相应位置进行图案填充，其操作步骤如下：

01 使用“修剪”命令（TR），修剪掉联轴器主视图顶端螺母与零件装配后图形之间多余的线段，结果如图 13-56 所示。

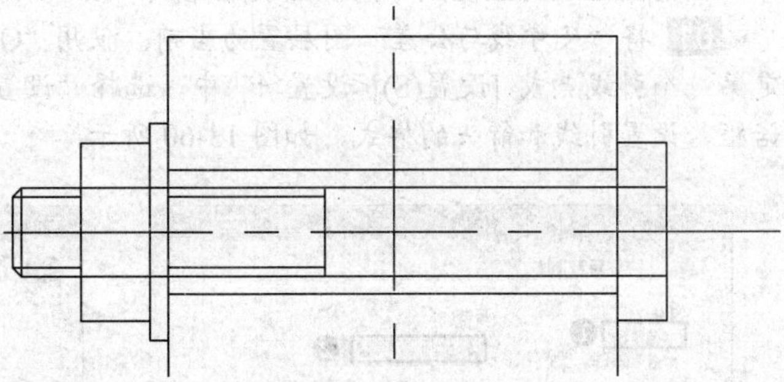

图 13-56　修剪多余的线段

02 将“剖面线”图层置为当前。使用“图案填充”命令（H），选择样例“ANSI31”，比例为 1，角度为 0°，对图形相应位置内部进行图案填充，如图 13-57 所示。

03 再次使用“图案填充”命令（H），选择样例“ANSI31”，比例为 1，角度为 90，对图形右侧相应位置内部进行图案填充，如图 13-58 所示。

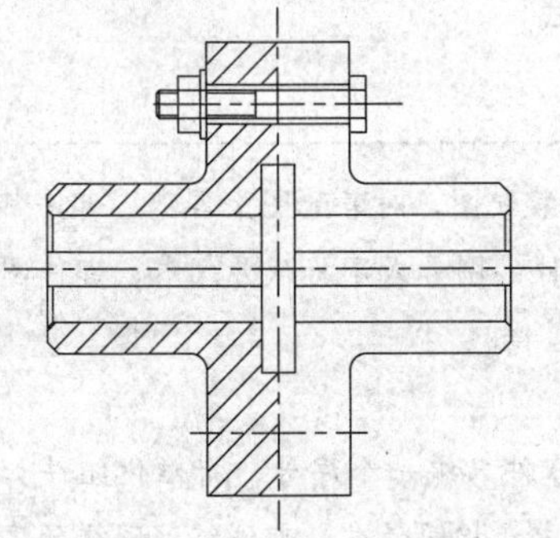

图 13-57　图案填充

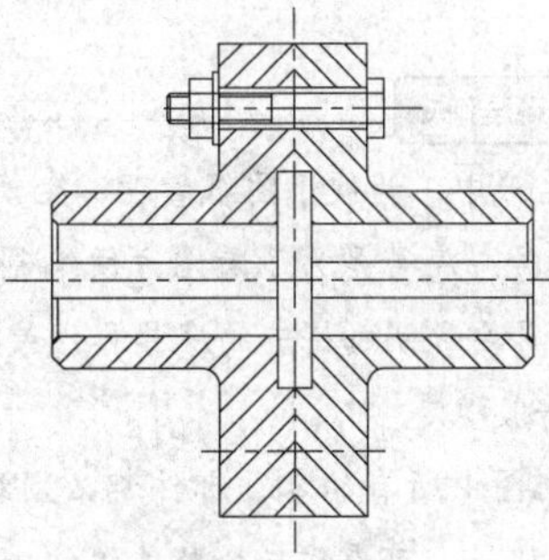

图 13-58　图案填充

04 使用“图案填充”命令（H），选择样例“ANSI31”，比例为 1，角度为 0，对俯视图相应位置内部进行图案填充，如图 13-59 所示。

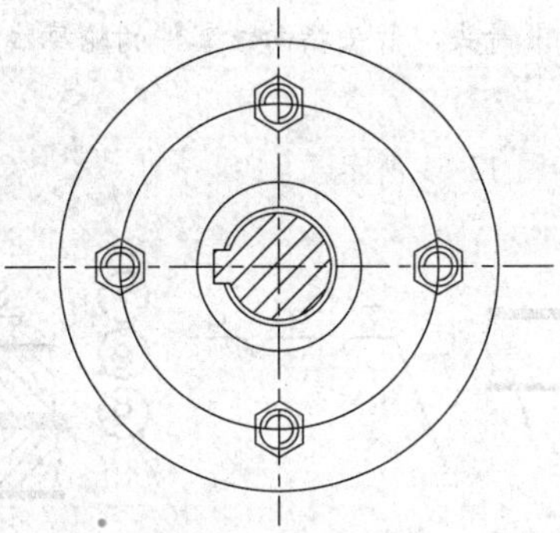

图 13-59　图案填充

13.2.4 编写零件序号和标注尺寸

在前面已经将主视图、俯视图装配完成，接下来对装配图进行序号标注及尺寸标注。

01 将“尺寸线与公差”图层置为当前。使用“Qleader”命令,在命令行出现的提示“指定第一个引线点或 [设置(S)]<设置>:”中，选择“设置（S）”选项，则打开“引线设置”对话框，设置引线和箭头的样式，如图 13-60 所示。

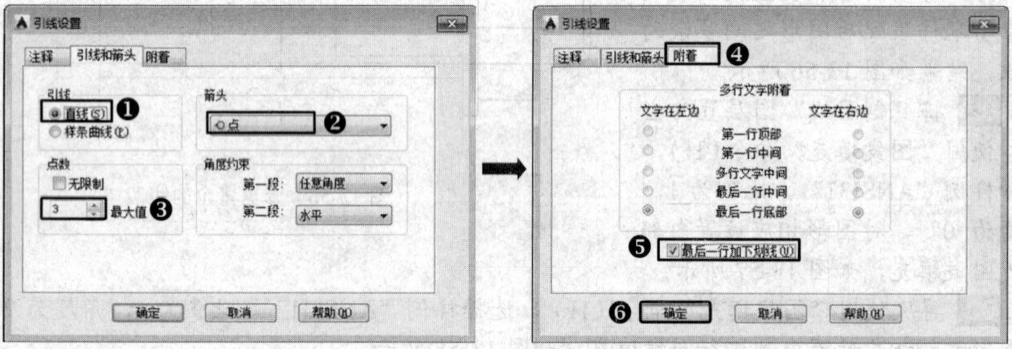

图 13-60 设置引线样式

专家提醒

在生产中，为便于图纸管理、生产准备、机器装配和看懂装配图，对装配图上各零、部件都要编注序号和代号。序号是为了看图方便编制的，代号是该零件或部件的图号或国标代号。零、部件图的序号和代号序号要和明细栏中的序号和代号序号相一致，不能产生差错。

①一般规定

装配图中所有的零、部件都必须编注序号，规格相同的零件只编一个序号，标准化组件如滚动轴承、电动机等，可看作一个整体编注一个序号；同一张装配图中，相同的零、部件编注同样的序号。装配图中零件序号应与明细栏中的序号一致。

②序号的组成

装配图中的序号一般由指引线（细实线）、圆点（或箭头）、横线（或圆圈）和序号数字组成。指引线不要与轮廓线或剖面线等图线平行，指引线之间不允许相交，但指引线允许弯折一次。指引线末端不便画出圆点时，可在指引线末端画出箭头，箭头指向该零件的轮廓线。序号数字比装配图中的尺寸数字大一号或大两号。

其零、部件序号的编注形式如图 13-61 所示。

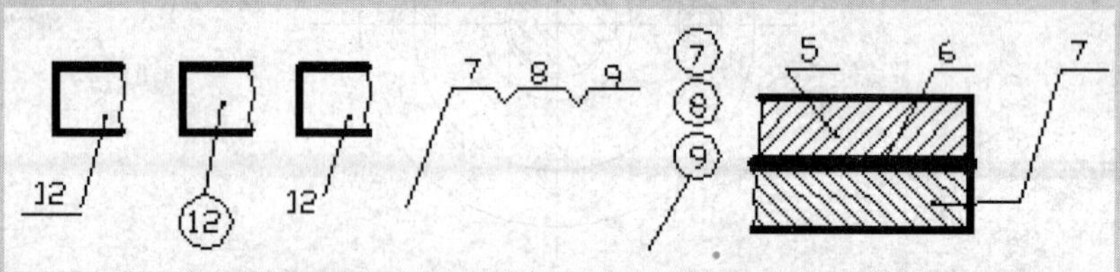

图 13-61 零、部件序号的编注形式

02 分别在指定的位置绘制相应的引线，并输入序号，文字高度为 4.5，结果如图 13-62 所示。

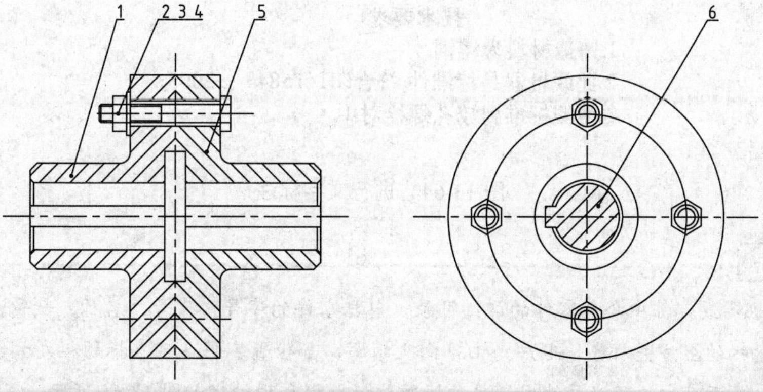

图 13-62　进行引线序号标注

专家提醒

在进行引线序号标注时，用户最好在其上侧绘制一条水平的参考辅助线，将其所有的引线序号都标注在此位置，以作为参考之用，然后将该参考辅助线删除。

03 使用“线性标注”（DLI）、“直径标注”（DDI）、“编辑标注”（ED）等命令，对联轴器装配图进行尺寸标注，结果如图 13-63 所示。

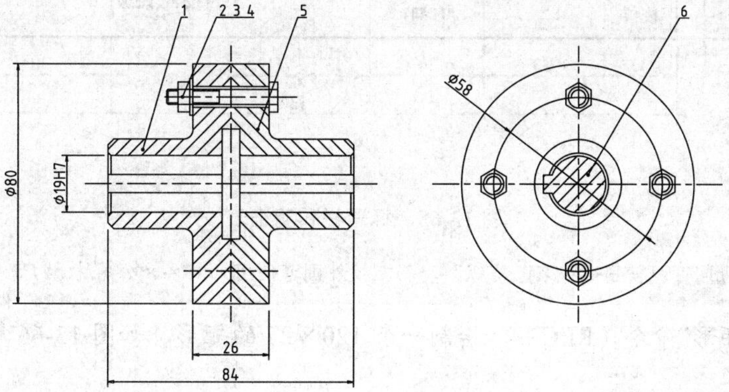

图 13-63　进行尺寸标注

专家提醒

由于进行“线性标注”后尺寸上没有直径符号，使用“编辑标注”后，输入“%%C”则出现直径符号。

13.2.5 填写明细栏、标题栏和技术要求

本节主要讲解填写相应的明细栏、标题栏和技术要求等内容，其操作步骤如下：

01 将“文本”图层置为当前。使用多行“文字”命令(MT),选择“标注文字”样式,设置文字大小为6,输入相应的技术要求内容,如图13-64所示。

技术要求:
1.铸造材料为铸钢;
2.此联轴器是标准件,符合GB/T5843—2003;
3.使图标准到铰孔螺栓对中。

图 13-64　进行文字标注

专家提醒

明细栏是机器或部件中全部零件的详细目录,包括零件的序号、代号、名称、数量、材料等。明细栏应紧接在标题栏的上方并对齐,顺序是由下向上填写,如位置不够,可在标题栏左方继续列表,若零件过多,在图中写不下时,可以另外用纸单独填写,标题栏和明细栏如图13-65所示。

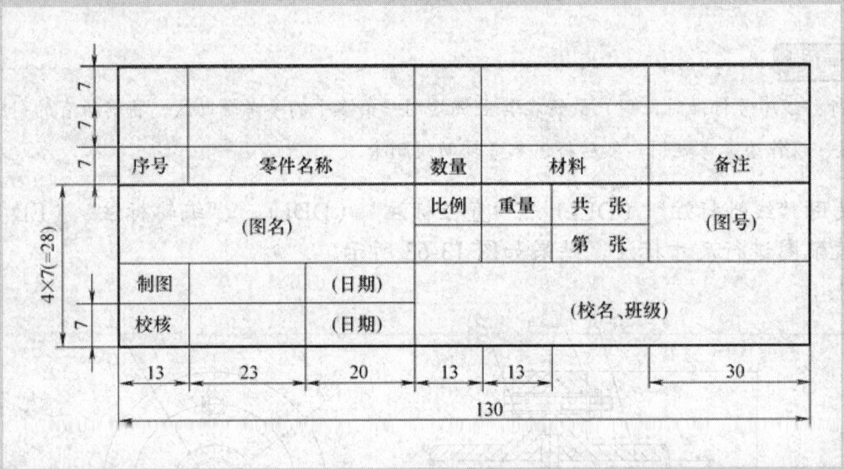

图 13-65　标题栏和明细表

在学校学习期间可以使用“校名、班级”,而在校外则可使用“×××公司/机械厂”等。

02 使用“矩形”命令(REC),绘制一个120×27的矩形,如图13-66所示。

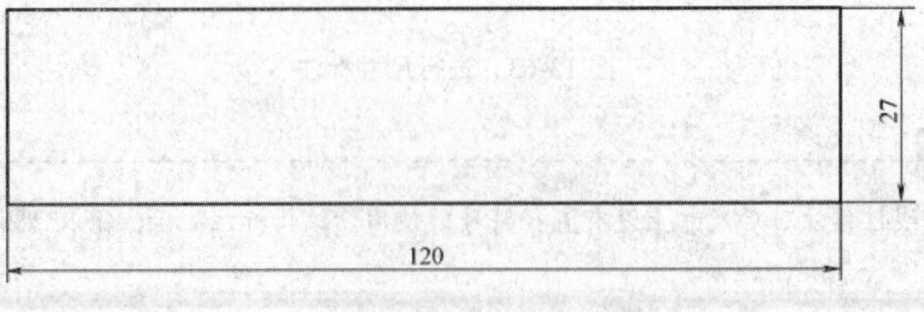

图 13-66　绘制矩形

03 使用“分解”命令(X),将绘制的矩形分解,再结合“偏移”命令(O)及“修剪”命令(TR),对矩形上的线段进行偏移及修改操作,其编辑后的效果如图13-67所示。

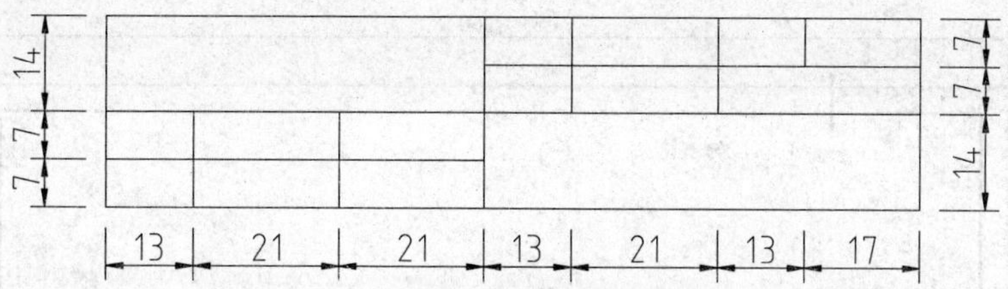

图 13-67　偏移及修改线段

04 使用单行“文字”命令（DT），在表框内输入相应的文字内容，文字高度为 4，如图 13-68 所示。

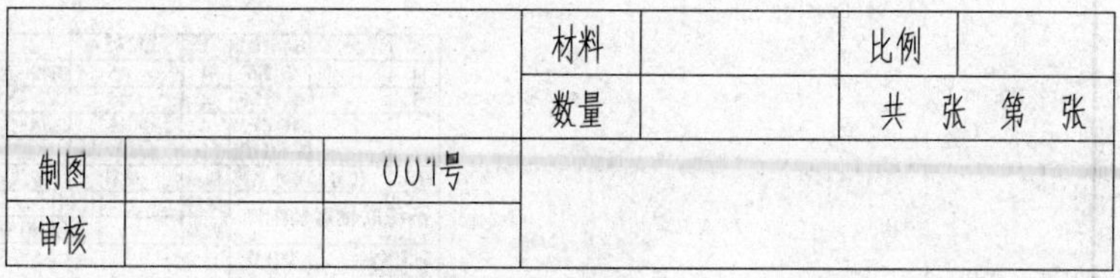

图 13-68　输入文字

05 再次使用单行“文字”命令（DT），输入装配图名称，文字高度为 8，如图 13-69 所示。

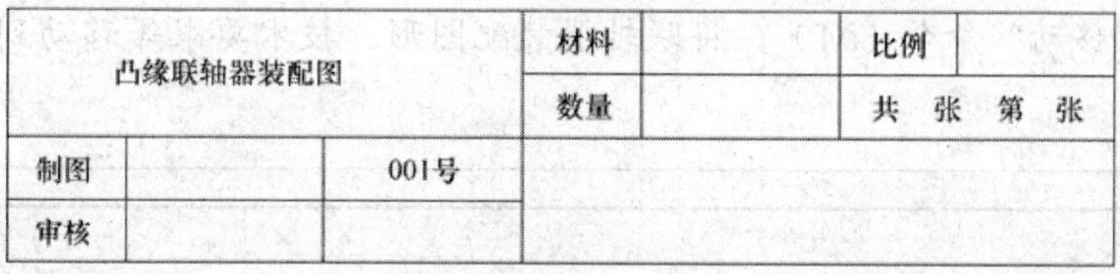

图 13-69　输入文字

06 同样，再绘制相应的表格，然后输入装配零件的明细信息，如图 13-70 所示。

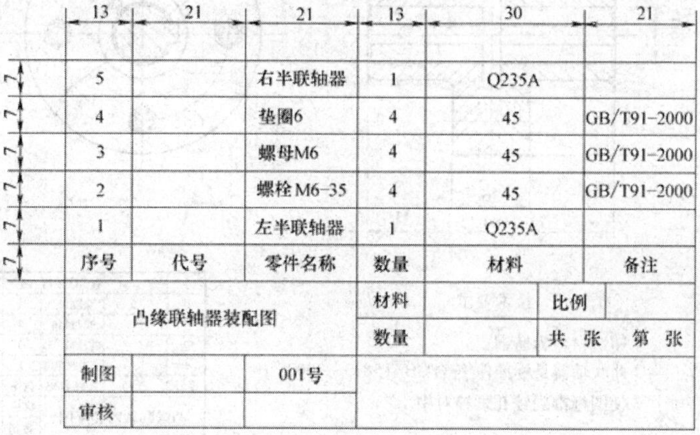

图 13-70　装配零件的明细信息

07 使用“矩形”命令（REC），绘制内外两个矩形对象，形成图纸的表框，如图 13-71 所示。

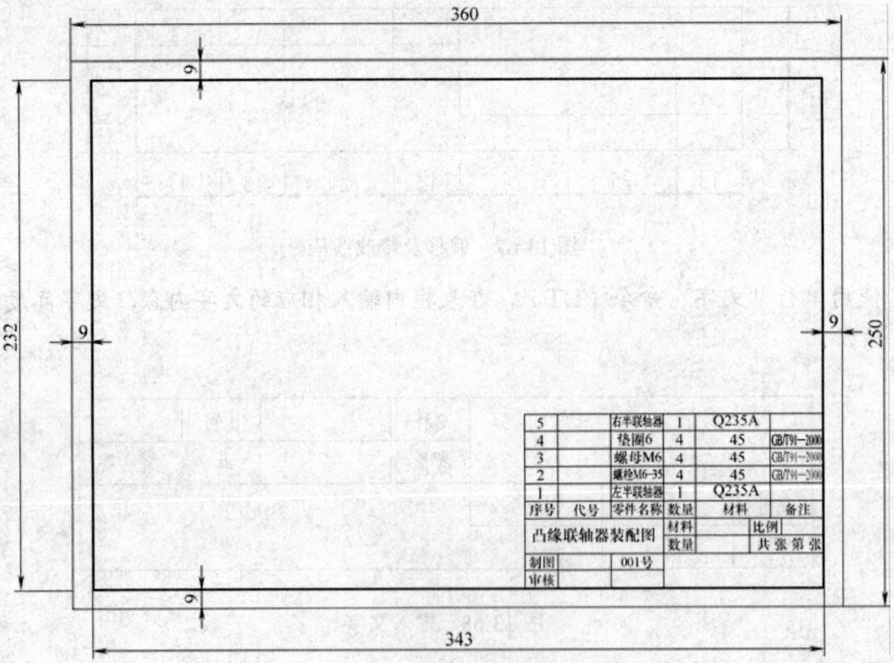

图 13-71　绘制的矩形

08 使用“移动”命令（M），将联轴器装配图形、技术要求等移动到图框内，如图 13-72 所示。

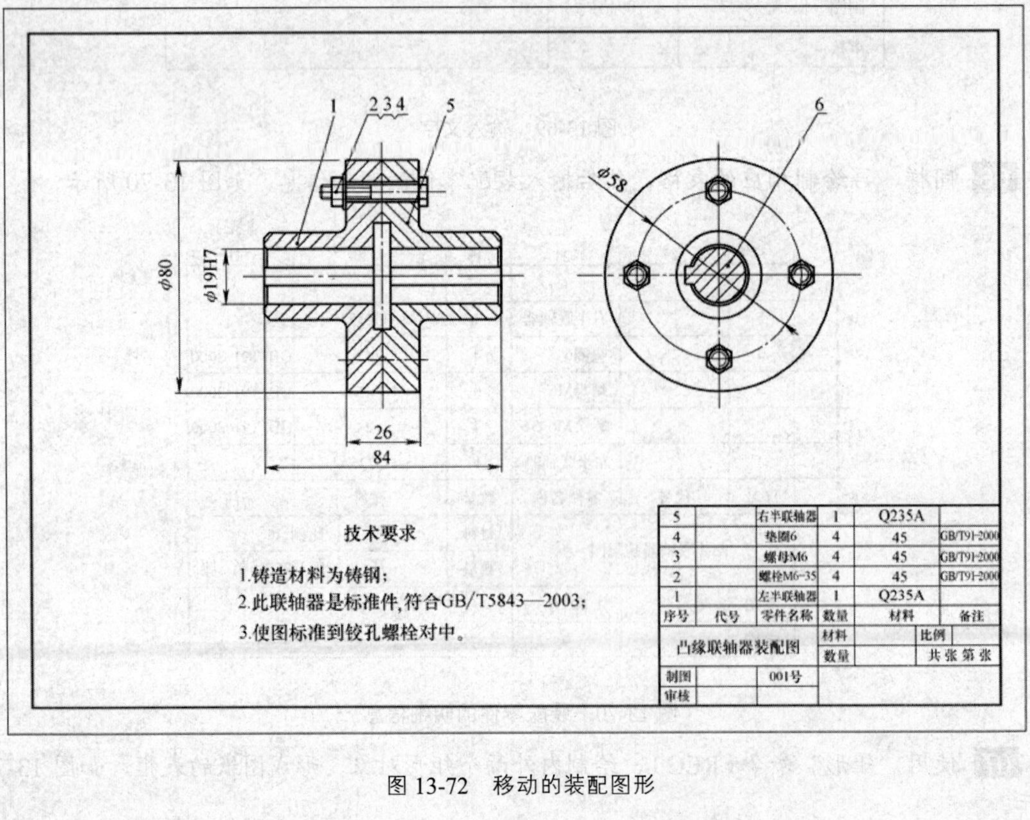

图 13-72　移动的装配图形

09 该凸缘联轴器装配图绘制完毕，用户可按【Ctrl+S】组合键进行保存。

13.3 绘制台虎钳装配图

首先打开已准备好的“台虎钳装配图素材.dwg”文件，将相应的图形对象保存为不同的图块，利用“机械样板”新建一个图形文件，分别将不同的图块插入到当前新的视图，并指定精确的插入基点，再将多余的线段进行修剪操作，以及进行主要的尺寸标注、序号标注，从而完成台虎钳主视图的装配，然后垂直向下复制辅助中心线，并插入相应的图块对象，进行修改等操作，完成台式虎钳俯视图的装配，最后绘制明细栏以及标题栏等，最终效果如图 13-73 所示。

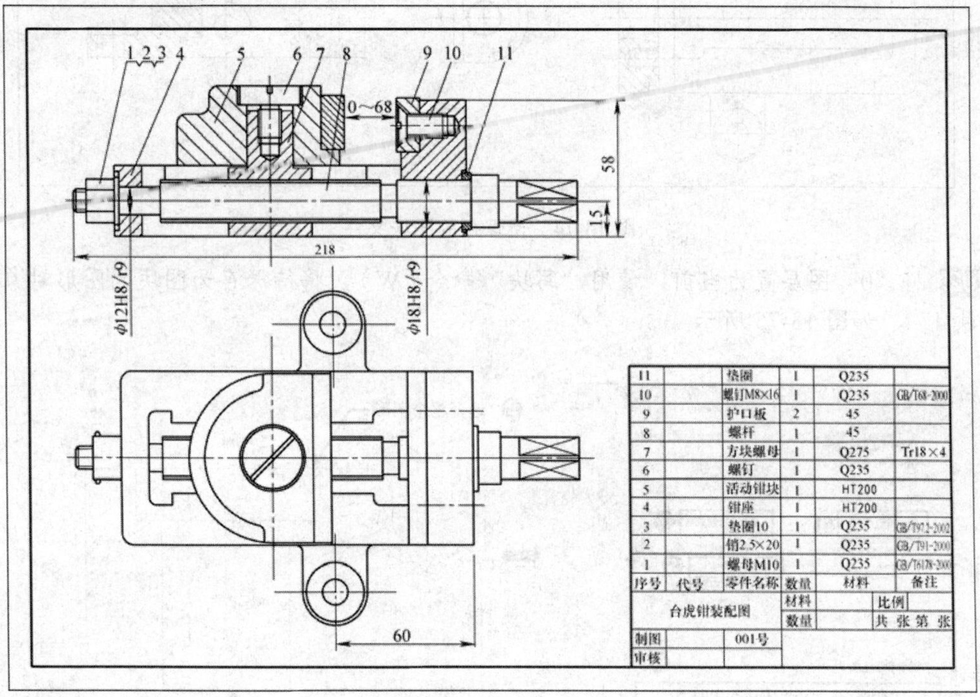

图 13-73　台式虎钳装配图的效果

13.3.1 绘制零件图

本节主要讲解绘制零件图，其操作步骤如下：

01 正常启动 AutoCAD 2016 软件，执行“文件｜打开”菜单命令，打开“案例\13\台虎钳装配图素材.dwg”文件，该文件为事先准备好的待保存的图块文件，如图 13-74 所示。

专家提醒

由于台式虎钳装配图的绘制比较复杂，此处用户可借助事先准备好的相应单个零件图，使用插入图块的方式，从而进行装配图的绘制。

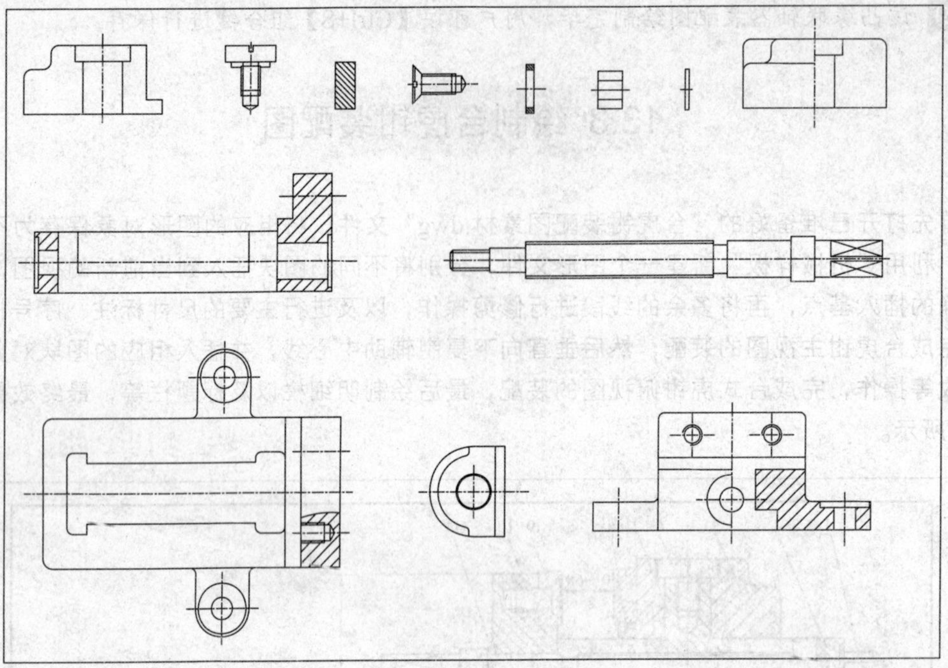

图 13-74　待保存的图块文件

02 将“0”图层置为当前。使用“写块”命令（W），将待保存为图块的图形对象保存为“块 1”，如图 13-75 所示。

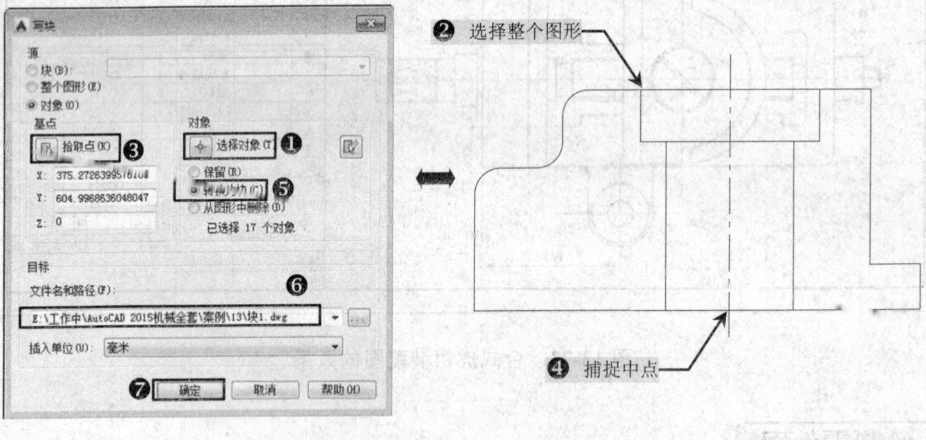

图 13-75　保存为“块 1”对象

03 参照“块 1”的方法，将其他的图形对象分别保存为块 2 ~ 块 13，如图 13-76 所示。

专家提醒

由于使用“插入”命令所插入的图块是一个整体，此处需要将图块进行分解后，再进行相应的操作。因而在“插入”对话框中，应勾选“分解（D）”复选框，这样图块插入到当主视图之后，则直接成为单个对象。

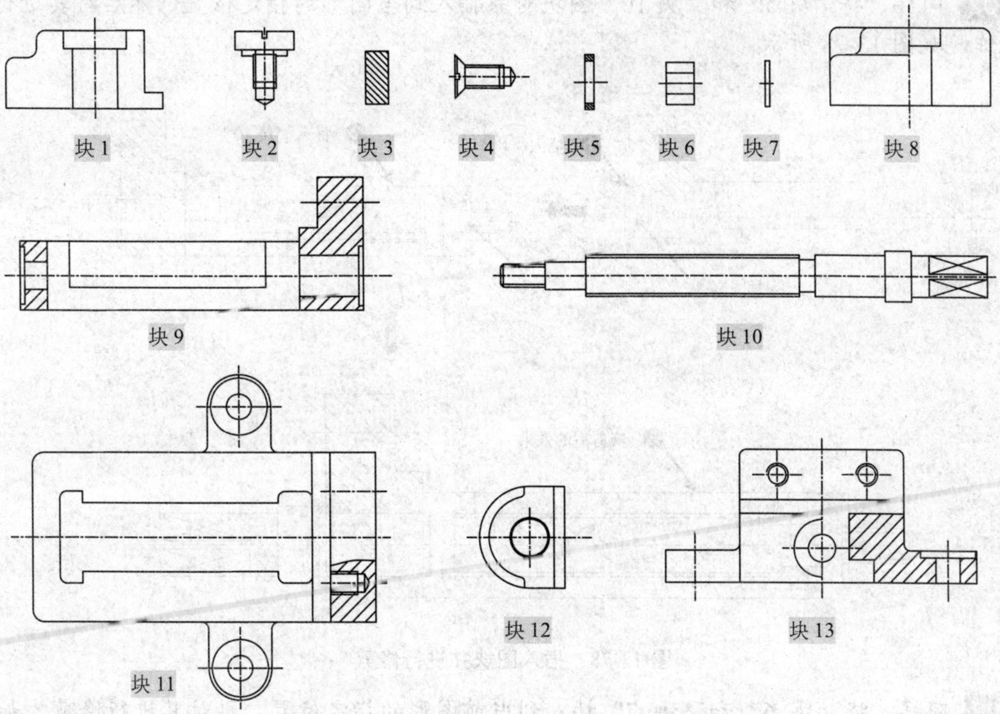

图 13-76 保存的其他图块

04 执行“文件 | 关闭”菜单命令，将当前打开的装配图素材文件关闭，再执行“文件 | 新建”菜单命令，选择“机械样板.dwt”样板文件，保存为“案例\13\台虎钳装配图.dwg”文件。

13.3.2 插入图块

本节主要讲解插入相应的图块，其操作步骤如下：

01 使用“插入块”命令（I），将“块 9”对象插入到视图的空白位置，并进行分解操作，如图 13-77 所示。

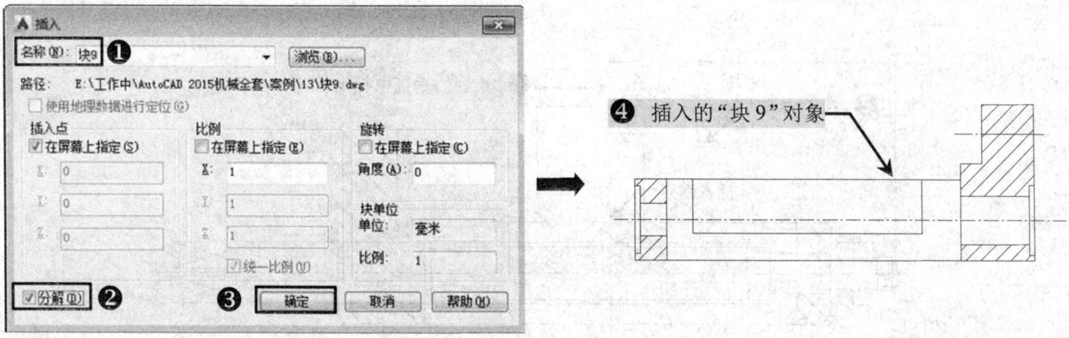

图 13-77 插入的“块 9”对象

02 同样，将“块 5”和“块 10”图块对象插入到当图形的指定位置，然后对其进行修剪操作，如图 13-78 所示。

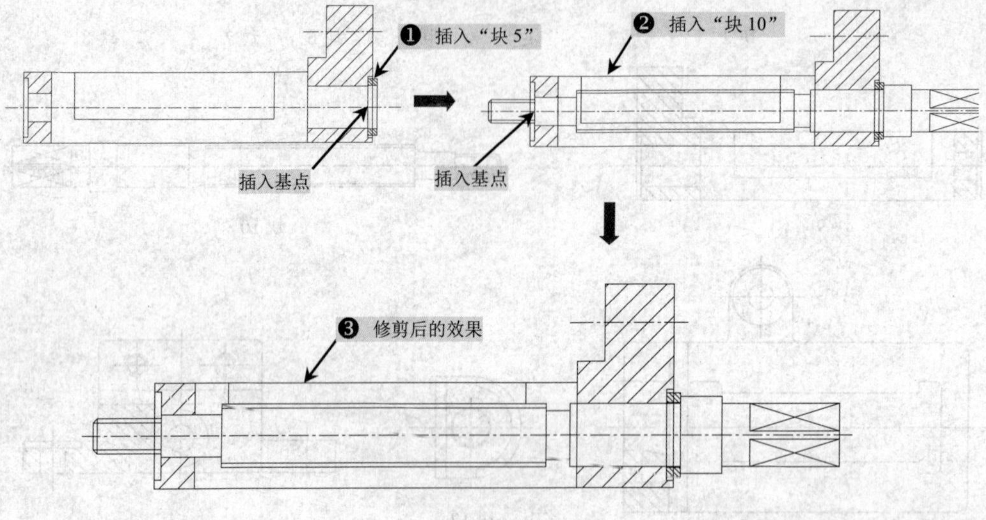

图 13-78　插入图块并进行修剪

03 同样，将“块 6”和“块 7”插入到当前图形的指定位置，再对其进行修剪，如图 13-79 所示。

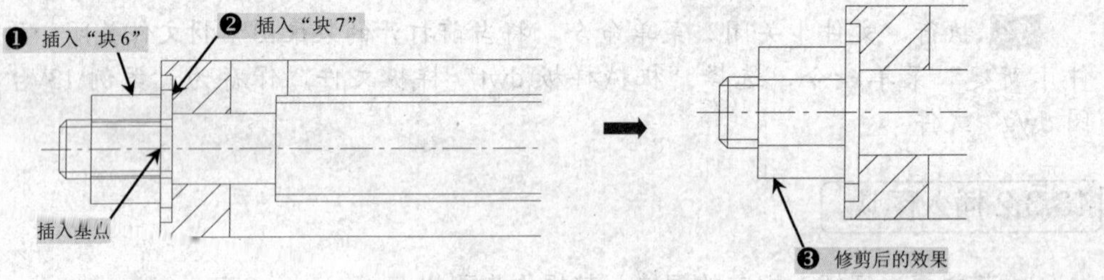

图 13-79　插入图块并进行修剪

04 使用“直线”命令（L），绘制一条过指定点的垂直中心线，再使用“插入块”命令（I），将“块 1”插入到指定的位置，如图 13-80 所示。

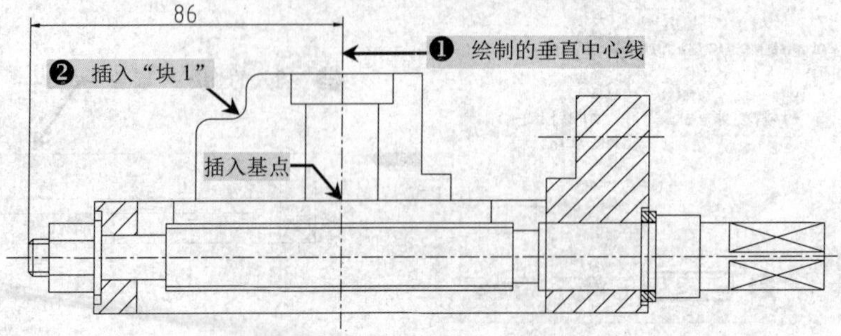

图 13-80　绘制垂直中线及插入“块 1”

05 同样，将“块 2”和“块 3”插入到当前图形的指定位置，如图 13-81 所示。

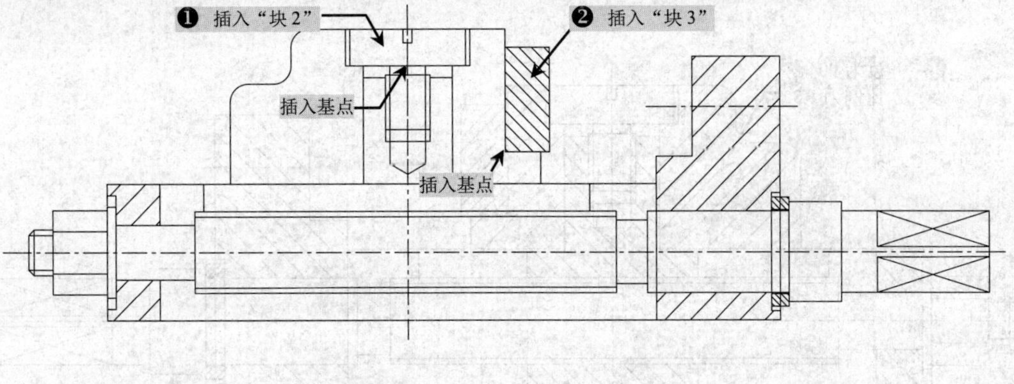

图 13-81　插入“块 2”和“块 3”

13.3.3 修改图形和填充图案

本节主要讲解修改图形及对相应的位置进行图案填充，其操作步骤如下：

01 使用“偏移”命令（O），将绘制的垂直中心线向左及向右两侧各偏移 18，将上侧指定的水平线段向上偏移 5.4，再根据相应的要求绘制直线段，然后进行修剪操作，如图 13-82 所示。

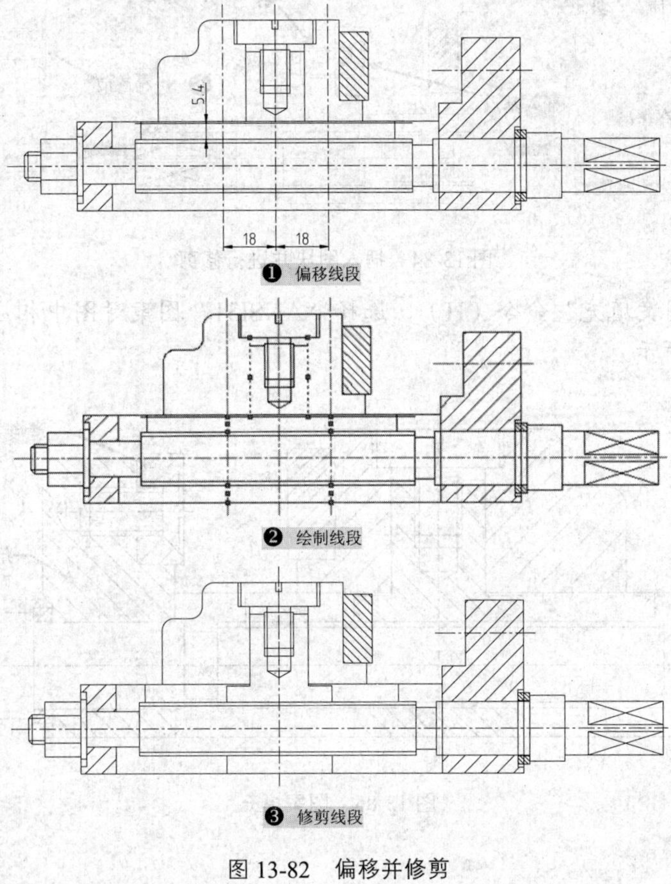

图 13-82　偏移并修剪

02 使用“图案填充”命令（BH），分别对指定的区域填充“ANSI31”图案，如图13-83所示。

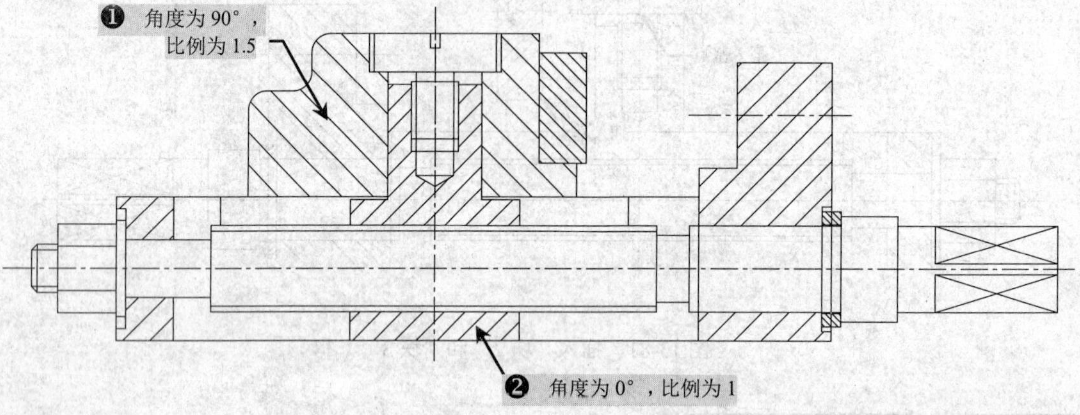

图13-83 进行图案填充

03 将“块3”和“块4”插入到当前图形的指定位置，并将图中相应的填充图案删除，再使用“修剪”命令（TR）,对图形的相应位置进行修剪，如图13-84所示。

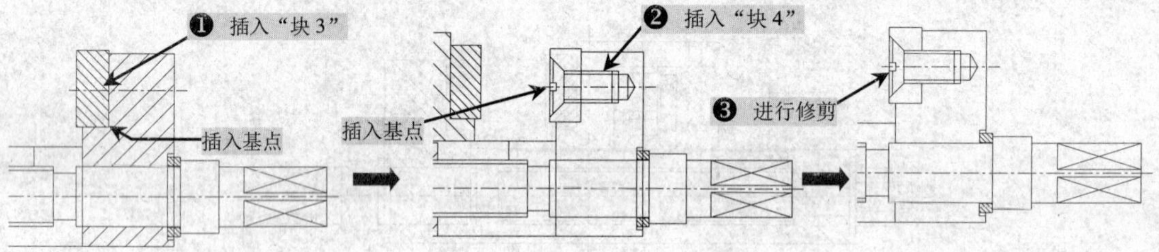

图13-84 插入图块并进行修剪

04 使用“图案填充”命令（H），选择“ANSI31”图案对图中相应位置进行图案填充，如图13- 85所示。

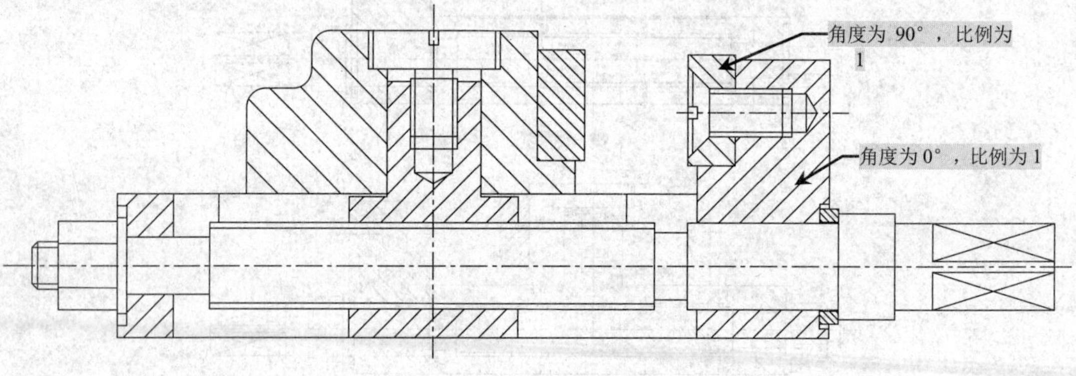

图13-85 图案填充

13.3.4 编写零件序号和标注尺寸

前面已经将主视图进行了装配，接下来对每一个装配的图块进行序号标注。

01 将“尺寸线与公差”图层置为当前。使用“Qleader”命令,在命令行出现的提示“指定第一个引线点或 [设置(S)] <设置>:”中，选择“设置（S）”选项，则打开“引线设置”对话框，设置引线和箭头的样式，如图 13-86 所示。

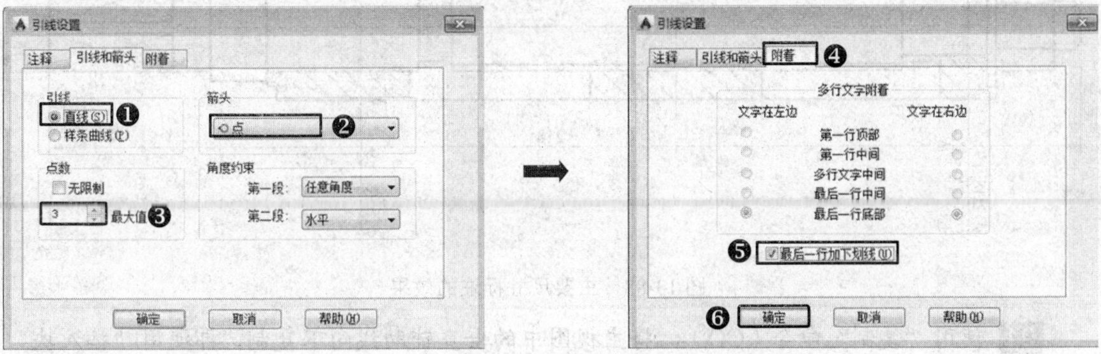

图 13-86　设置引线样式

02 分别在指定的位置绘制相应的引线，并输入序号，文字高度为 4.5，结果如图 13-87 所示。

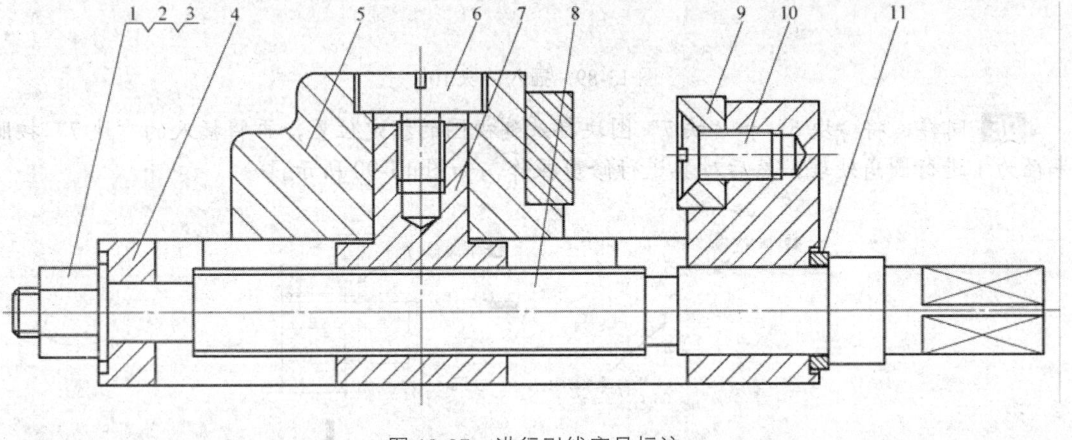

图 13-87　进行引线序号标注

专家提醒

在进行引线序号标注时，用户最好在其上侧绘制一条水平的参考辅助线，将其所有的引线序号都标注在此位置，以作为参考之用，然后将该参考辅助线删除。

03 台虎钳的主装配图已经绘制完成。使用“线性标注”命令（DLI），对图形进行尺寸标注，效果如图 13-88 所示。

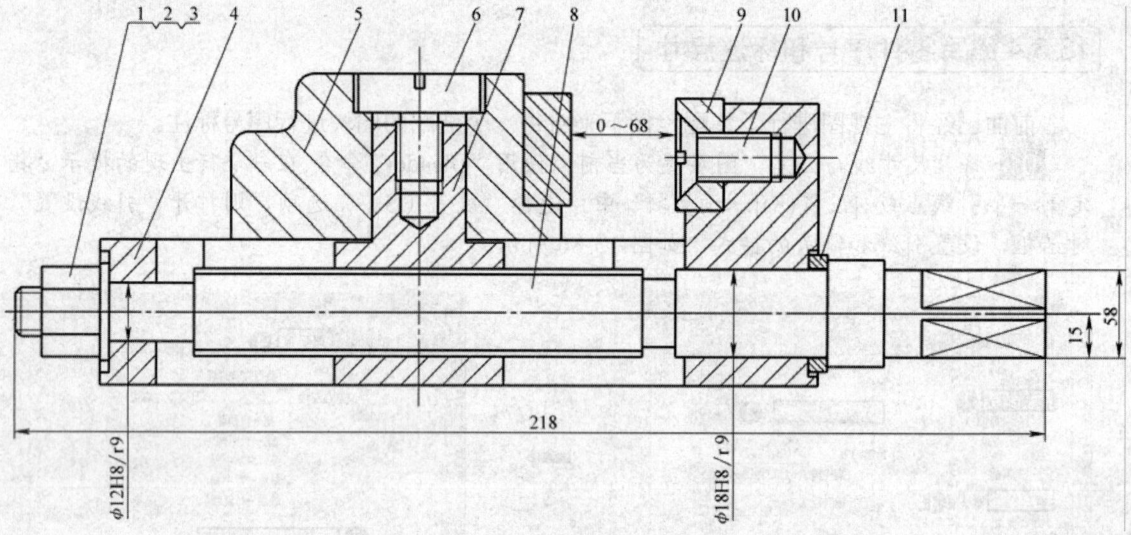

图 13-88　主要尺寸标注的效果

04 使用“复制”命令（CO），将主视图中的垂直辅助线向下复制，再使用“插入块”命令（I），将“块 10”插入到视图中，如图 13-89 所示。

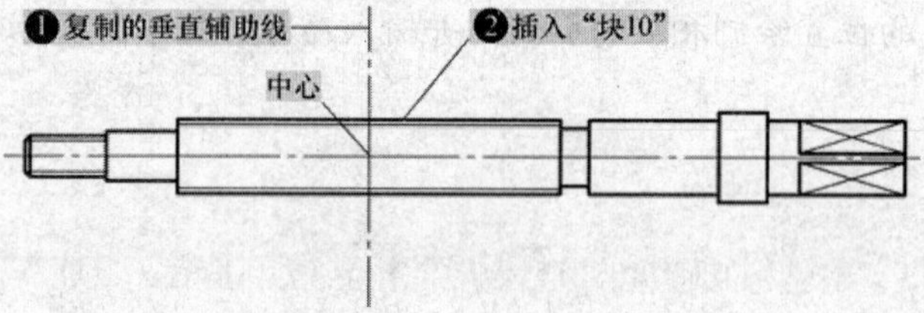

图 13-89　插入“块 10”

05 同样，将“块 6”和“块 7”图块插入到视图的指定位置，再将插入的“块 7”按照半径为 1 进行圆角处理，然后对其进行修剪操作，如图 13-90 所示。

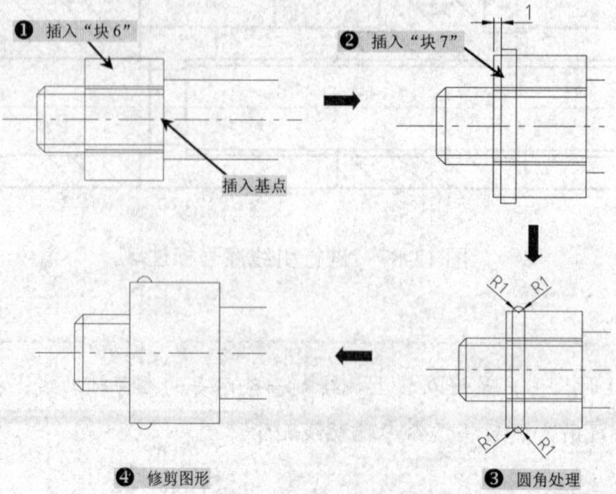

图 13-90　插入图块并进行修剪

06 同样，将“块 11”图块插入到视图的指定位置，并对其进行修剪操作，如图 13-91 所示。

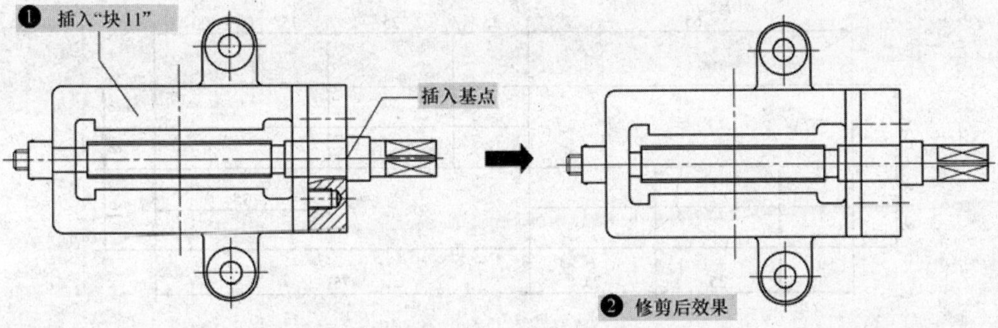

图 13-91 插入"块 11"并进行修剪

07 使用"插入块"命令（I），将"块 12"图块插入到视图的指定位置，并且不进行分解，再使用"缩放"（SC）、"修剪"（TR）、"直线"（L）等命令，将该图块以圆心点作为中心点缩放 1.6 倍，然后对其进行修剪操作，最后过圆心点绘制两条斜线段，如图 13-92 所示。

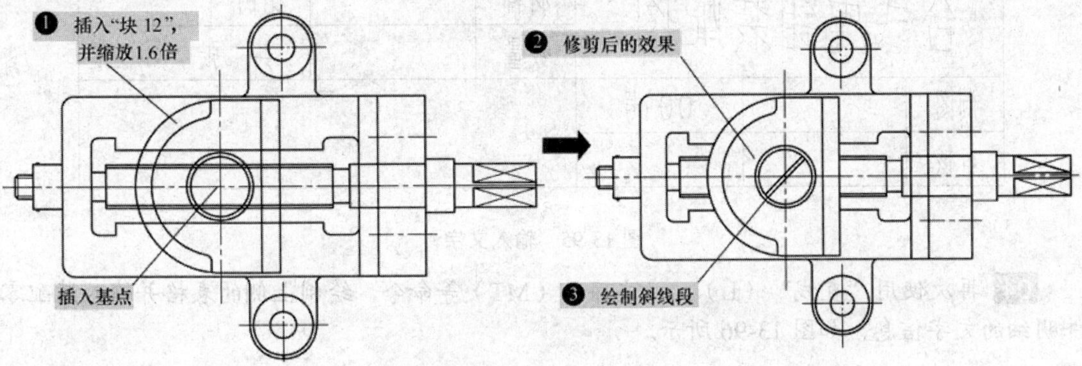

图 13-92 插入图块并进行修剪

13.3.5 填写明细栏、标题栏和技术要求

本节主要讲解填写相应的明细栏、标题栏和技术要求等内容，其操作步骤如下：

01 执行"矩形"命令（REC），绘制一个 140 × 32 的矩形，如图 13-93 所示。

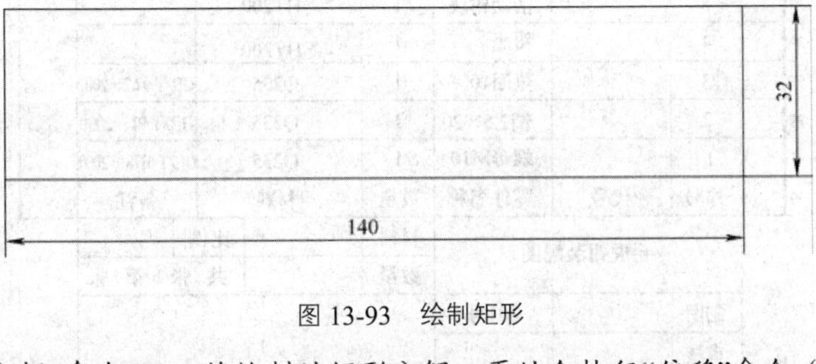

图 13-93 绘制矩形

02 执行"分解"命令(X)，将绘制的矩形分解，再结合执行"偏移"命令（O）及"修剪"命令（TR），对分解后的线段进行相应的编辑，从而完成表框的绘制，如图 13-94 所示。

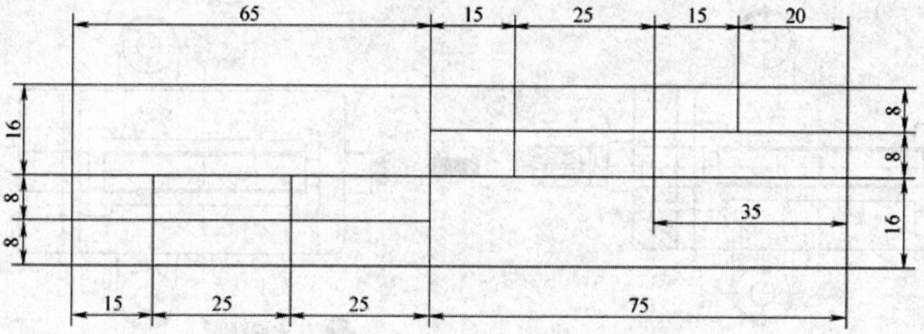

图 13-94　绘制的表框

03 将“文本”图层置为当前。使用“文字”命令（MT）,选择“标注文字”样式，设置文字大小为 5，输入相应的技术要求内容，再设置文字大小为 10，输入相应的图名，如图 13-95 所示。

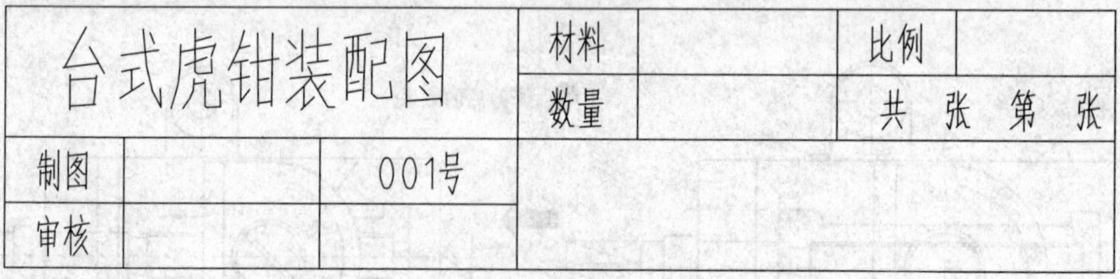

图 13-95　输入文字

04 再次使用“直线”（L）、“文字”（MT）等命令，绘制上侧的表格并输入装配零件明细的文字信息，如图 13-96 所示。

图 13-96　装配零件的明细信息

05 使用“矩形”命令(REC)，绘制内外两个矩形对象，形成图纸的表框，如图 13-97 所示。

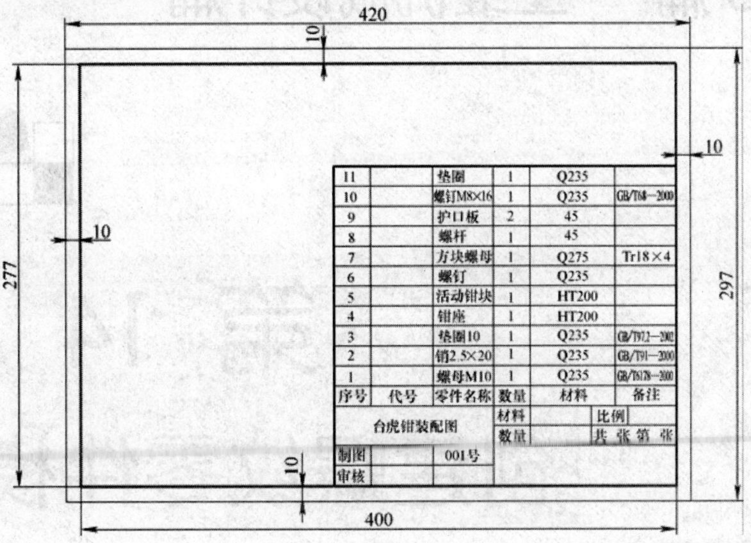

图 13-97　绘制的矩形

06 使用“移动”命令（M），将前面装配的主视图和俯视图移至表框内；再使用“线性标注”命令（DLI），进行底端的尺寸标注，如图 13-98 所示。

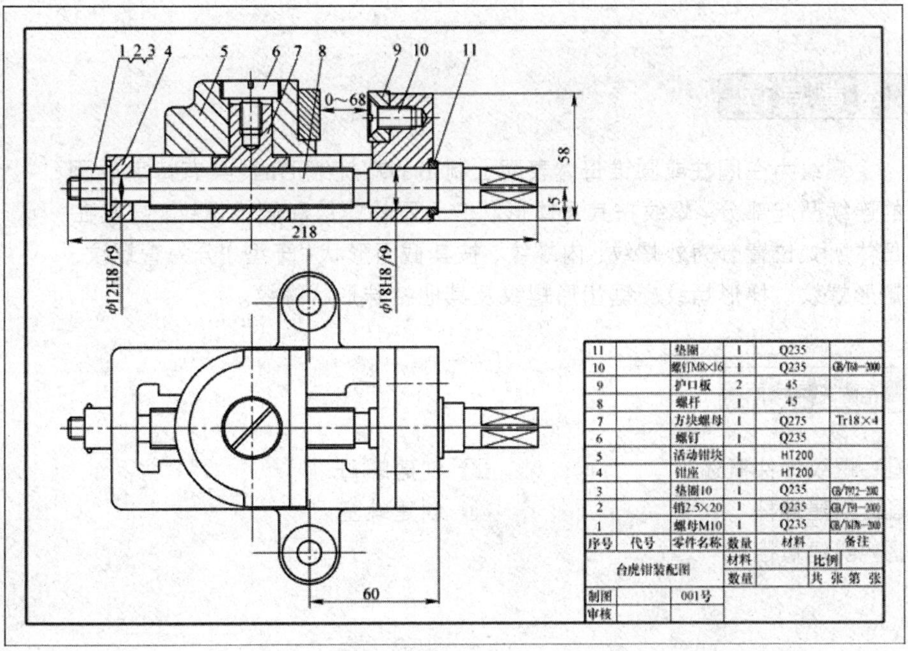

图 13-98　移动的装配图形

07 至此，该台虎钳装配图绘制完毕，用户可按【Ctrl+S】组合键进行保存。

第 3 篇　三维机械设计篇

第 14 章

创建螺纹零件模型

本章导读

螺纹为在圆柱或圆锥母体表面上制出的螺旋线形的、具有特定截面的连续凸起部分。螺纹按其母体形状分为圆柱螺纹和圆锥螺纹，按其在母体所处位置分为外螺纹、内螺纹，按其截面形状（牙型）分为管螺纹、矩形螺纹、梯形螺纹、锯齿形螺纹及其他特殊形状螺纹。

精彩看点

- 螺纹零件概述
- 创建螺杆
- 创建螺栓
- 创建螺母
- 创建螺塞

14.1 螺纹零件概述

螺纹是一种在固体外表面或内表面的截面上，有均匀螺旋线凸起的形状，或者是在圆柱（圆锥）表面上的沿螺旋线有规定牙型的连续凸起（又称为牙）。在圆柱（圆锥）外表面上的螺纹称为外螺纹。在圆柱(圆锥)内表面上的螺纹称为内螺纹。

14.1.1 螺纹零件的概念

在机械加工中，螺纹是在一根圆柱形的轴上（或内孔表面）用刀具或砂轮切成的，此时工件转一转，刀具沿着工件轴向移动一定的距离，刀具在工件上切出的痕迹就是螺纹。在外圆表面形成的螺纹称外螺纹。在内孔表面形成的螺纹称内螺纹。

螺纹的基础是圆轴表面的螺旋线。螺旋线原理：如果一根线用较平坦的斜角围住圆筒旋转，那么这样形成的物体叫作螺旋线。螺纹零件示意图如图 14-1 所示。

常见具有螺纹的零件如图 14-2 所示。

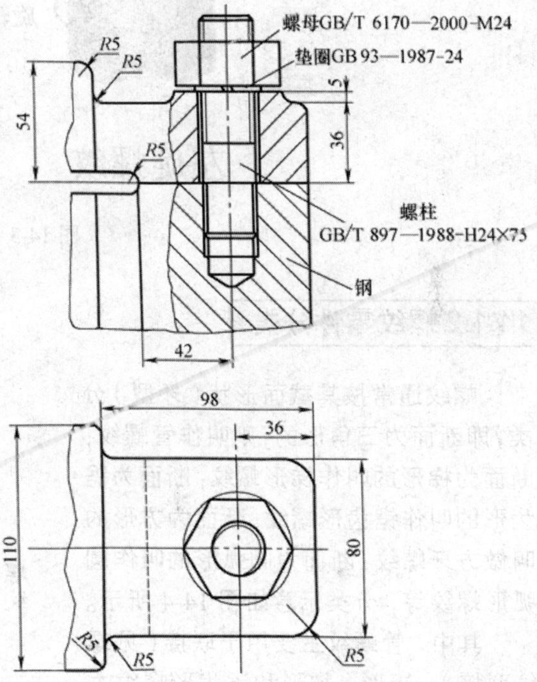

图 14-1　螺纹零件图

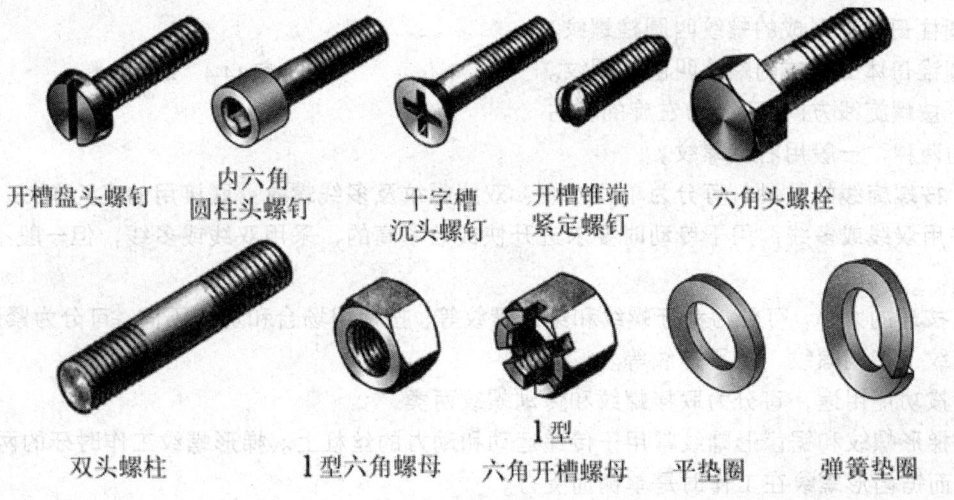

图 14-2　螺纹零件图

逆时针旋转时旋入的螺纹称为左旋螺纹，顺时针旋转时旋入的螺纹称为右旋螺纹，如图 14-3 所示。

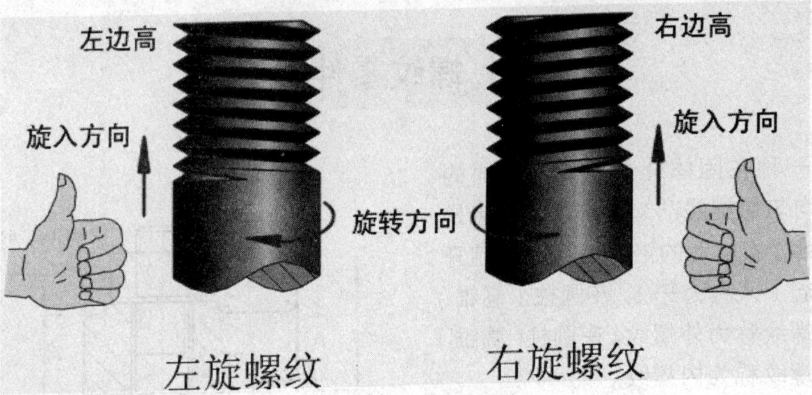

图 14-3　螺纹旋向

14.1.2 螺纹零件分类

螺纹通常按其截面形状（牙型）分类，即断面为三角形的，则叫作管螺纹；断面为梯形的叫作梯形螺纹；断面为锯齿形的叫作锯齿形螺纹；断面为方形的叫做方牙螺纹；断面为圆弧形的叫作圆弧形螺纹等，分类示意如图 14-4 所示。

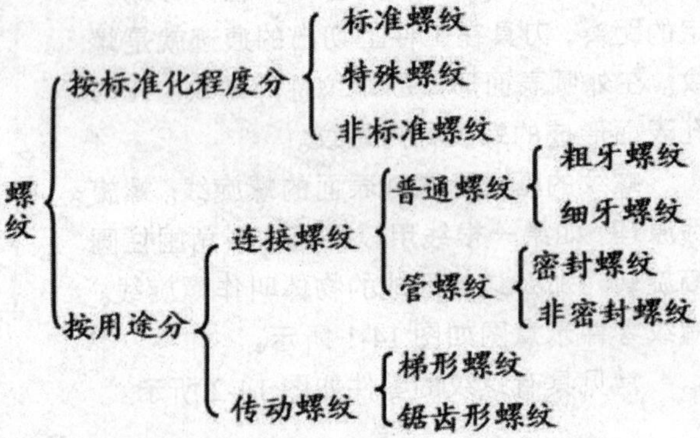

图 14-4　螺纹分类

其中，管螺纹主要用于联接（见螺纹联接），矩形、梯形和锯齿形螺纹主要用于传动。螺纹分布在母体外表面的叫外螺纹，在母体内表面的叫内螺纹。在圆柱母体上形成的螺纹叫圆柱螺纹，在圆锥母体上形成的螺纹叫圆锥螺纹。

按螺旋线方向，可分为左旋的和右旋的两种，一般用右旋螺纹。

按螺旋线的数量，可分为单线螺纹、双线螺纹及多线螺纹；联接用的多为单线，传动用的采用双线或多线；用于传动时要求进升快或效率高的，采用双线或多线，但一般不超过 4 线。

按牙的大小，可分为粗牙螺纹和细牙螺纹等；按使用场合和功能不同，可分为紧固螺纹、管螺纹、传动螺纹、专用螺纹等。

按功能用途，可分为联接螺纹和传动螺纹两类，

梯形螺纹和锯齿形螺纹常用于传递运动和动力的丝杠上。梯形螺纹工作时牙的两侧均受力，而锯齿形螺纹在工作时是单侧面受力。

圆柱螺纹中，管螺纹自锁性能好。它分粗牙和细牙两种，一般联接多用粗牙螺纹。细牙的螺距小，升角小，自锁性能更好，常用于细小零件薄壁管中，有振动或变载荷的联接以及微调装置等。管螺纹用于管件紧密联接。矩形螺纹效率高，但因不易磨制，且内外螺纹旋合

定心较难，故常为梯形螺纹所代替。锯齿形螺纹牙的工作边接近矩形直边，多用于承受单向轴向力。

圆锥螺纹的牙型为三角形，主要靠牙的变形来保证螺纹副的紧密性，多用于管件。

而圆弧螺纹则用于经常与污物接触和易生锈的场合，如水管闸门的螺旋导轴等。

螺纹的类型、特征代号及用途说明等，见表 14-1。

表 14-1　螺纹分类及说明

类型		特征代号	用途及说明
普通螺纹	粗牙	M	最常用的一种联接螺纹，直径相同时，细牙螺纹的螺距比粗牙螺纹的螺距小，粗牙螺纹不标注螺距
	细牙		
管螺纹	非螺纹密封	G	管道联接中的常用螺纹，螺距及牙型均较小，其尺寸代号以 in 为单位，近似地等于管子的孔径
	螺纹密封	RcRp R	螺纹的大径应从有关标准中查出，代号 R 表示圆锥外螺纹，Rc 表示圆锥内螺纹，Rp 表示圆柱内螺纹
梯形螺纹		Tr	常用的两种传动螺纹，用于传递运动和动力，梯形螺纹可传递双向动力，而锯齿形螺纹则用来传递单向动力
锯齿形螺纹		B	

14.1.3 螺纹几何参数

这里，主要讲解圆柱螺纹的几何参数：

01 外径（大径），与外螺纹牙顶或内螺纹牙底相重合的假想圆柱体直径。螺纹的公称直径即大径。

02 内径（小径），与外螺纹牙底或内螺纹牙顶相重合的假想圆柱体直径，如图 14-5 所示。

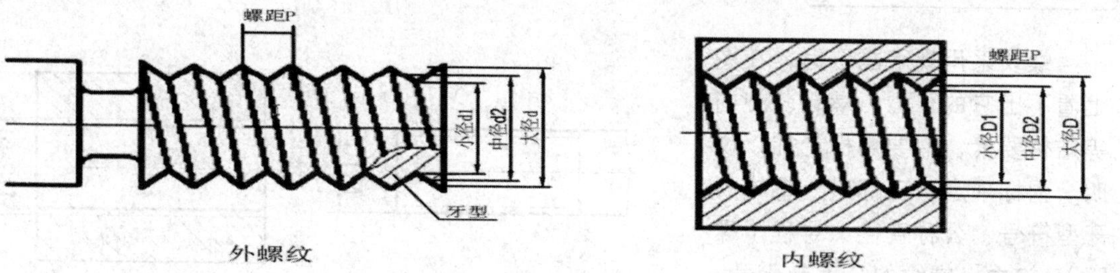

图 14-5　内螺纹与外螺纹

03 中径，素线通过牙型上凸起和沟槽两者宽度相等的假想圆柱体直径。

04 螺距，相邻牙在中径线上对应两点间的轴向距离。

05 导程，同一螺旋线上相邻牙在中径线上对应两点间的轴向距离。

06 牙型角，螺纹牙型上相邻两牙侧间的夹角，如图 14-6 所示。

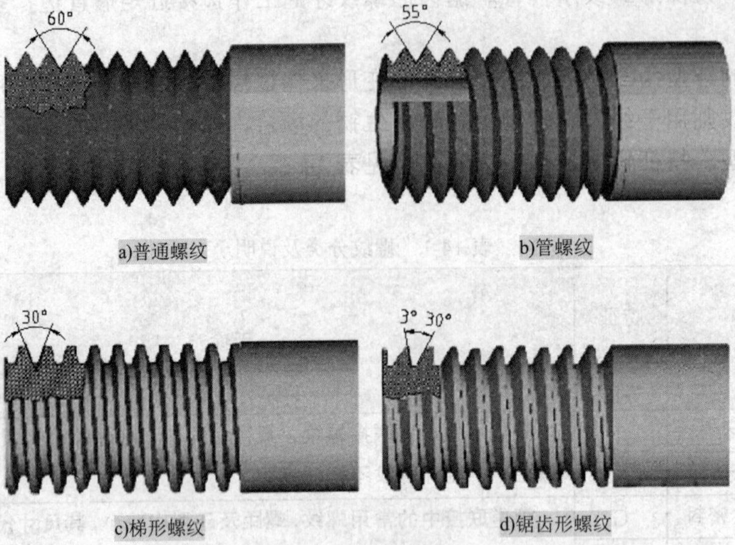

图 14-6　不同螺纹的牙型角

07 螺纹升角，中径圆柱上螺旋线的切线与垂直于螺纹轴线的平面之间的夹角。

08 工作高度，两相配合螺纹牙型上相互重合部分在垂直于螺纹轴线方向上的距离。

除管螺纹以管子内径为公称直径外，其余螺纹都以外径为公称直径。螺纹已标准化，有米制和英制两种。国际标准采用米制，中国也采用米制。

螺纹升角小于摩擦角的螺纹副，在轴向力作用下不松转，称为自锁，其传动效率较低。

圆柱螺纹中，管螺纹自锁性能好。它分粗牙和细牙两种，一般联接多用粗牙螺纹。细牙的螺距小，升角小，自锁性能更好，常用于细小零件薄壁管中，有振动或变载荷的联接，以及微调装置等。

锥螺纹的牙型为三角形，主要靠牙的变形来保证螺纹副的紧密性，多用于管件。

14.1.4 螺纹标注说明

螺纹采用规定画法后，在图上看不出它的牙型、螺距、旋向等结构要素，需要用标记加以说明。国标规定，应标出：螺纹的牙型符号、公称直径×导程（螺距）、旋向、螺纹的公差带代号、螺纹旋合长度代号。螺纹标注如图 14-7 所示。

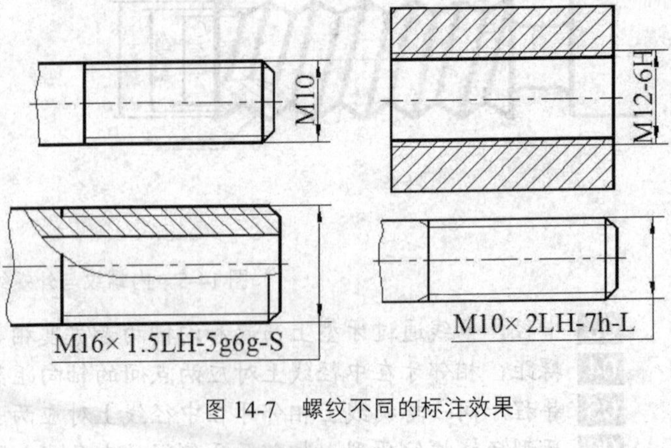

图 14-7　螺纹不同的标注效果

相关含义如下：

- 右旋螺纹省略不注，左旋用“LH”表示。
- M16－5g6g：表示粗牙

普通螺纹，公称直径16mm，右旋，螺纹公差带中径5g，大径6g，旋合长度按中等长度考虑。

- M16 × 1LH－6G：表示细牙普通螺纹，公称直径16mm，螺距1mm，左旋，螺纹公差带中径、大径均为6G，旋合长度按中等长度考虑。
- G1：表示英制55°非密封管螺纹，尺寸代号1in，右旋。
- Rc1/2：表示英制60°密封管螺纹，尺寸代号1/2in，右旋。
- Tr20 × 8(P4)：表示梯形螺纹，公称直径20mm，双线，导程8mm，螺距4mm，右旋。
- B20 × 2LH表示锯齿形螺纹，公称直径20mm，单线，螺距2mm，左旋。

14.2 创建螺母

螺母是具有内螺纹并与螺栓配合使用的紧固件,具有内螺纹并与螺杆配合使用用以传递运动或动力的机械零件。螺母就是与螺栓或螺杆拧在一起用来起紧固作用的零件，所有生产制造机械必须用的一种元件.螺母的种类繁多,我们常见的有国标、英标、美标、日标的螺母。螺母根据材质的不同,分为碳钢螺母、高强度螺母、不锈钢螺母、塑钢螺母等几大类型。

六角螺母与螺栓、螺钉配合使用，起连接紧固机件的作用。其中1型六角螺母应用最广，C级螺母用于表面比较粗糙、对精度要求不高的机器、设备或结构上；A级和B级螺母用于表面比较光洁、对精度要求较高的机器、设备或结构上。2型六角螺母的厚度 *m* 较大，多用于经常需要装拆的场合。六角薄螺母的厚度 *m* 较小，多用于被连接机件的表面空间受限制的场合。

首先绘制一正六边形、圆对象，并进行拉伸操作、差集运算，再绘制一圆锥体，进行并集运算，然后绘制齿状图形，进行360°的旋转，将旋转得到的图形三维移动到螺母中心，最后进行差集运算，从而完成螺母的绘制，其最终效果如图14-8所示。

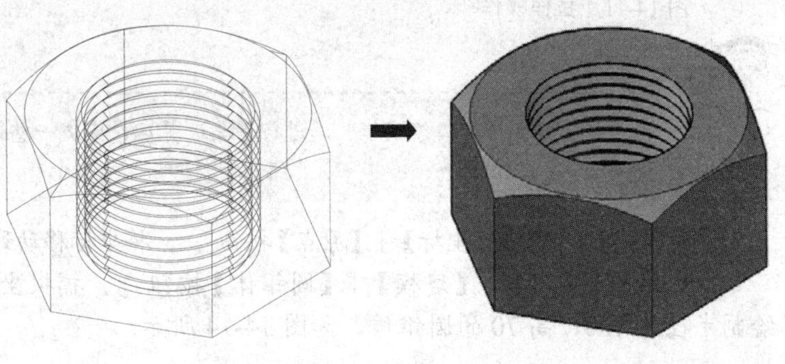

图 14-8　螺母模型的效果

14.2.1 创建螺母主体

.本节主要讲解创建螺母的主体，其操作步骤如下：

01 正常启动AutoCAD 2016软件，选择“快捷工具访问栏”中的“打开”按钮，将“案例\14\机械样板.dwt”文件打开。

02 单击“保存”按钮，将其保存为“案例\14\螺母模型.dwg”文件。

03 使用“多边形”命令(POL)，绘制半径为100，且内接于圆的正六边形-，如图14-9所示。

04 按键盘上的【F11】键打开“对象捕捉追踪”功能，再使用“圆”命令（C），借助“对象捕捉追踪”功能捕捉正六边形的中心点为圆的圆心，绘制半径为50的圆，如图14-10所示。

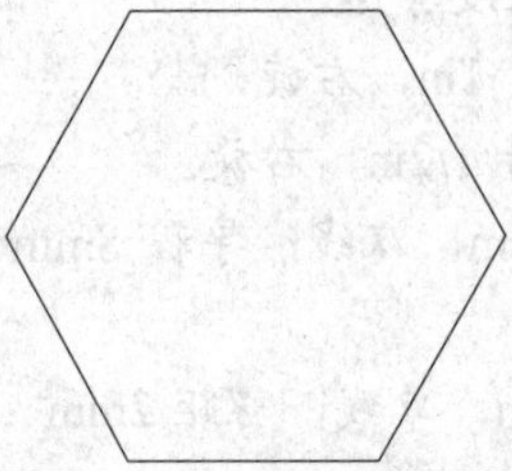
图 14-9 绘制正六边形

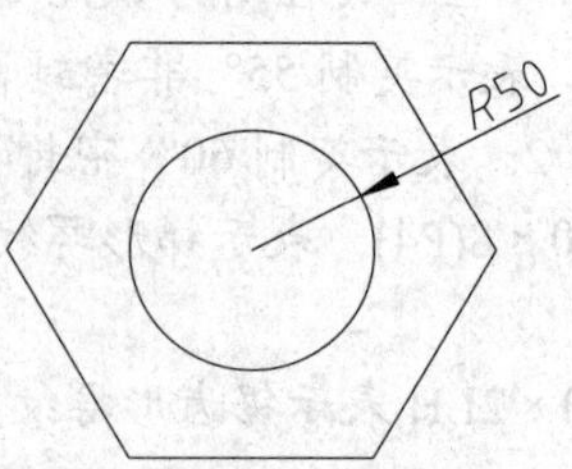

图 14-10 绘制圆

05 单击【常用】|【视图】|【西南等轴测】按钮，切换到“西南等轴测”视图。

06 单击【常用】|【建模】|【拉伸】按钮，框选所有对象，垂直向上拉伸25，如图14-11所示。

07 使用“差集”命令（SUB），用拉伸六边体减去圆柱体，进行差集运算，如图14-12所示。

图 14-11 拉伸操作

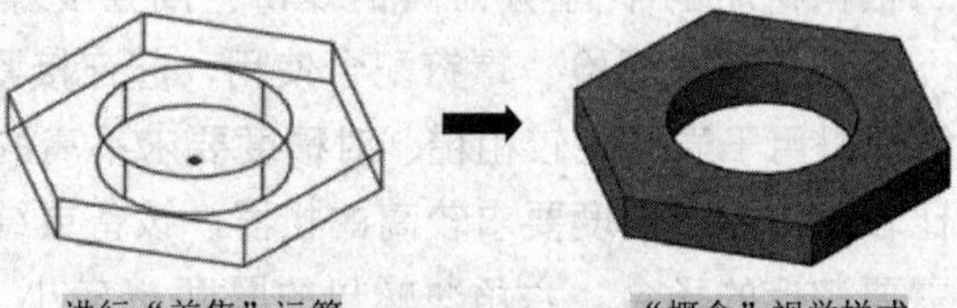

图 14-12 差集运算

专家提醒

由于当前视觉样式为“二维线框”，进行差集运算后，变成一整体。为了便于观察差集后的效果，可切换到“概念”视觉样式。

08 单击【常用】|【坐标】|【原点】按钮，将坐标移动到对象的中心，如图14-13所示。

09 单击【常用】|【建模】|【圆锥体】按钮，捕捉坐标原点作为圆锥底面中心点，绘制半径为100、高70的圆锥体，如图14-14所示。

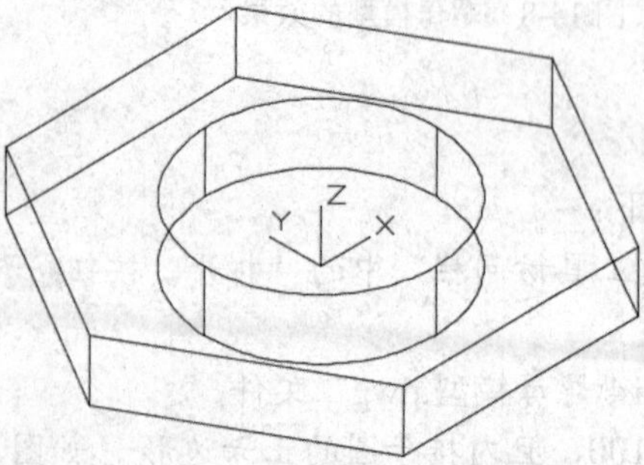

图 14-13 移动坐标原点

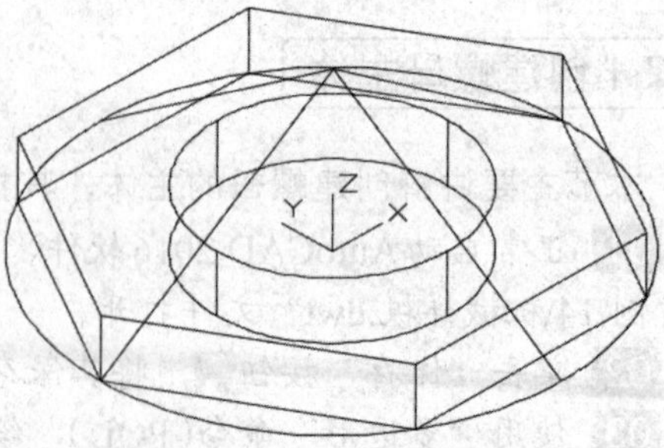

图 14-14 绘制圆锥体

10 单击【常用】|【修改】|【三维移动】按钮，将圆锥体向 Z 轴正方向移动 15，即垂直向上移动 15，如图 14-15 所示。

11 单击【常用】|【实体编辑】|【交集】按钮，将圆锥体与六边体进行交集运算，如图 14-16 所示。

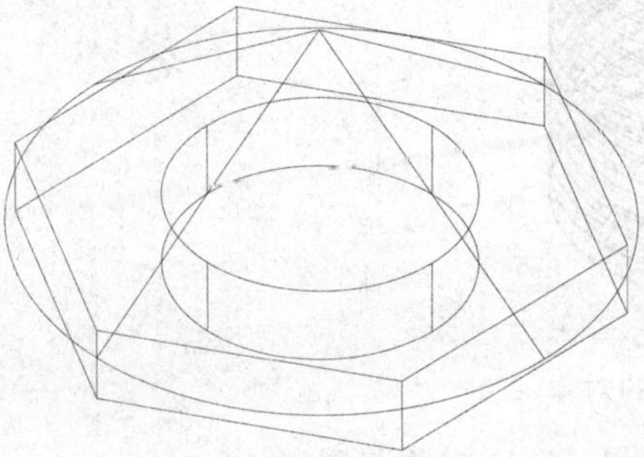

图 14-15　三维移动

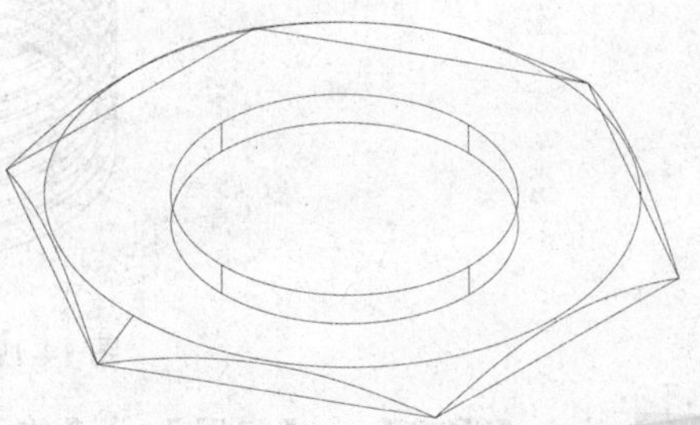

图 14-16　交集运算

12 单击【常用】|【实体编辑】|【拉伸面】按钮，选择六角螺母底面，根据命令行的提示，指定拉伸高度为 80，倾斜角度为 0°，如图 14-17 所示。

14.2.2 创建螺母细节

接下来绘制螺母内侧的细节效果，其操作步骤如下：

01 单击【常用】|【视图】|【前视】按钮，切换到前视图。使用“直线”命令(L)，绘制表示螺纹的图形，如图 14-18 所示。

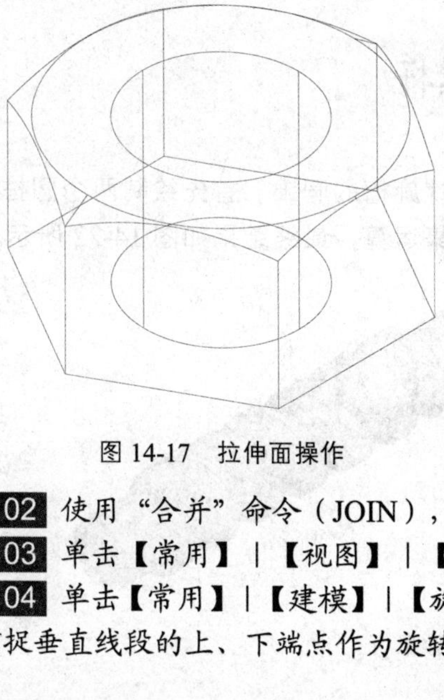

图 14-17　拉伸面操作

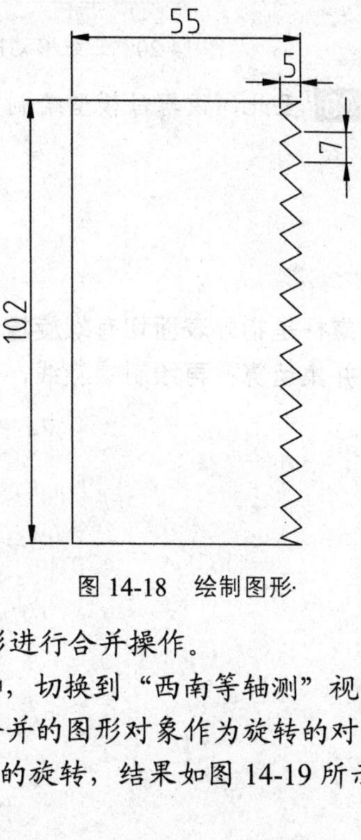

图 14-18　绘制图形

02 使用“合并”命令（JOIN），将上一步绘制的图形进行合并操作。

03 单击【常用】|【视图】|【西南等轴测】按钮，切换到“西南等轴测”视图。

04 单击【常用】|【建模】|【旋转】按钮，选择合并的图形对象作为旋转的对象，再捕捉垂直线段的上、下端点作为旋转的路径，进行 360° 的旋转，结果如图 14-19 所示。

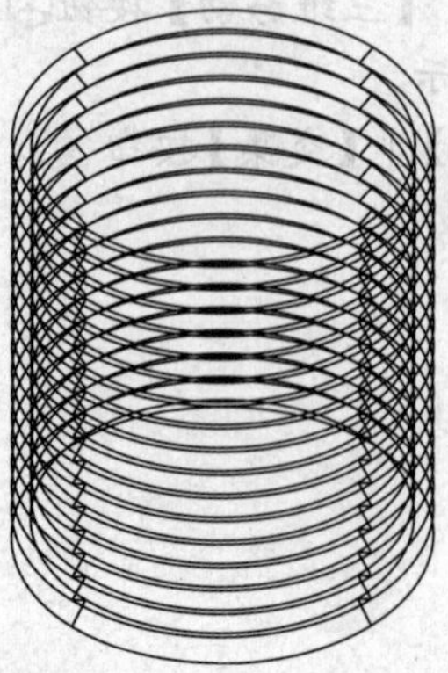

图 14-19　旋转后的对象

05 单击【常用】|【视图】|【前视】按钮，切换到前视图。

06 单击【常用】|【修改】|【三维移动】按钮，选择旋转后的对象底侧的中心点与螺母的底面中心点重合，如图 14-20 所示。

07 使用“差集”命令（SUB），用六角螺母模型减去螺纹，进行差集运算，如图 14-21 所示。

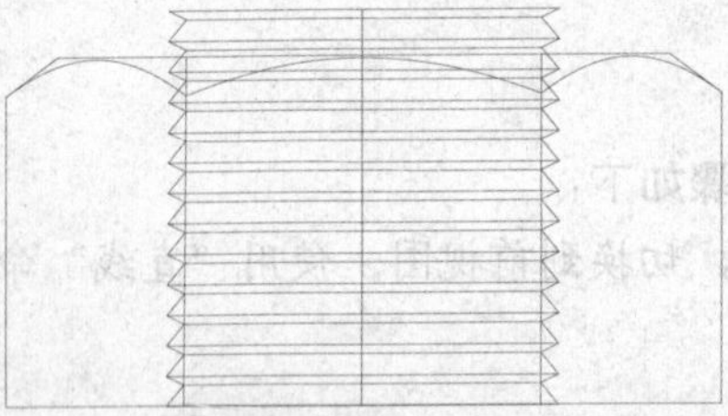

图 14-20　三维移动操作

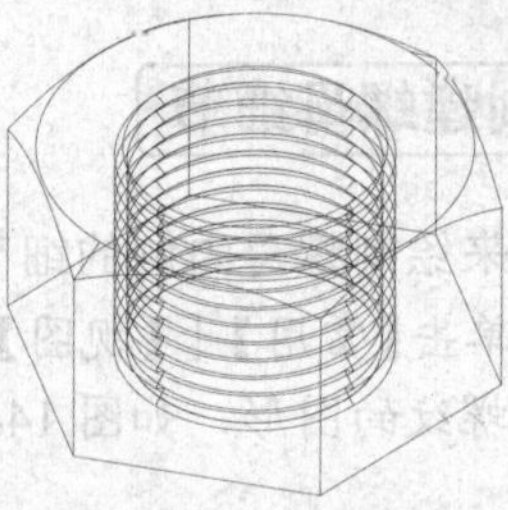

图 14-21　差集运算

08 至此，该螺母模型绘制完成，用户可按【Ctrl+S】组合键进行保存。

14.3 创建螺杆

螺杆是指外表面切有螺旋槽的圆柱或者切有锥面螺旋槽的圆锥。首先绘制两个圆柱体，进行并集运算；再绘制螺旋线，进行扫掠后再进行差集运算，最终结果如图 14-22 所示。

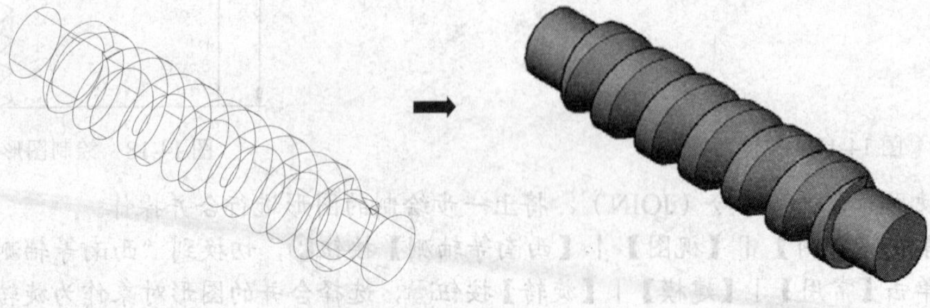

图 14-22　螺杆模型的效果

14.3.1 创建螺杆主体

本小节主要讲解创建螺杆的主体，其绘制步骤如下：

01 正常启动 AutoCAD 2016 软件，选择“快捷工具访问栏”中的“打开”按钮，打开“案例\14\机械样板.dwt”样板文件。

02 再单击“保存”按钮，将其保存为“案例\14\螺杆模型.dwg”文件。

03 单击【常用】|【建模】|【圆柱体】按钮，绘制半径为 6、高度为 80 的圆柱体，如图 14-23 所示。

04 单击【常用】|【建模】|【圆柱体】按钮，捕捉圆柱体底面的中心，再次绘制半径为 8、高度为 60 的圆柱体，如图 14-24 所示。

05 使用“移动”命令（M），将半径为 8 的圆柱体向 Z 轴正方向，即向上移动 10，如图 14-25 所示。

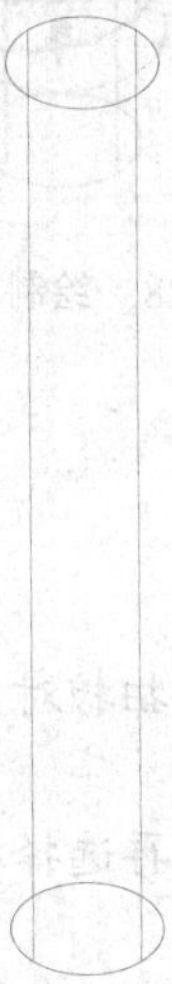

图 14-23 绘制圆柱体

图 14-24 绘制圆柱体

图 14-25 移动圆柱体

06 使用“并集”命令（UNION），对两个圆柱体进行并集运算，变成一个整体，如图 14-26 所示。

07 单击【常用】|【绘图】|【螺旋】按钮，根据如下命令行的提示，捕捉半径为 8 的圆柱体顶面中心点作为螺旋的中心点，分别指定螺旋的底面半径和顶面半径为 8 和 8；选择“圈高”选项，将值设置为 15，并设置螺旋的高度为 60，结果如图 14-27 所示。

```
命令: HELIX
圈数 = 3.0000     扭曲=CCW
指定底面的中心点:
指定底面半径或 [直径(D)] <1.0000>: 8
指定顶面半径或 [直径(D)] <0.6000>: 8
指定螺旋高度或 [轴端点(A)/圈数(T)/圈高(H)/扭曲(W)] <1.0000>: H
指定圈间距<0.2500>: 15
指定螺旋高度或 [轴端点(A)/圈数(T)/圈高(H)/扭曲(W)] <1.0000>: 60
```

08 使用“多边形”命令（POL），捕捉螺旋线顶端点作为中心点，绘制外切于圆、半径为2的三角形，如图14-28所示。

图14-26　并集运算

图14-27　绘制螺旋线

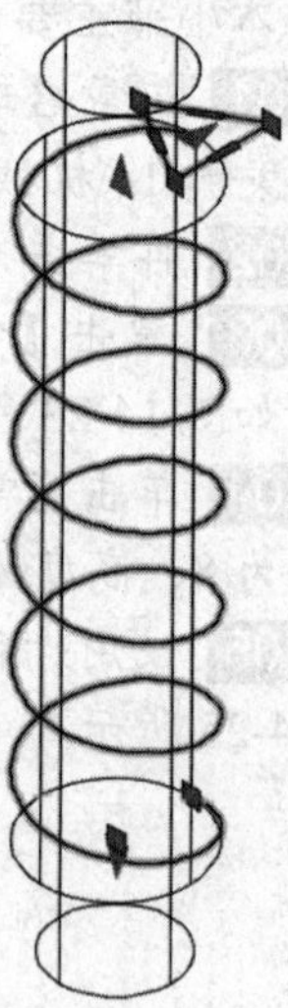
图14- 28　绘制三角形

14.3.2 创建螺杆细节

接下来绘制螺杆模型的螺纹部分，其操作步骤如下：

01 单击【常用】|【建模】|【扫掠】按钮，将绘制的三角形作为扫掠对象，绘制的螺旋线作为扫掠路径，如图14-29所示。

02 使用“差集”命令（SUB），首先选择并集的圆柱体对象，确认后再选择扫掠得到的实体，从组合中减去，组合成一个整体，如图14-30所示。

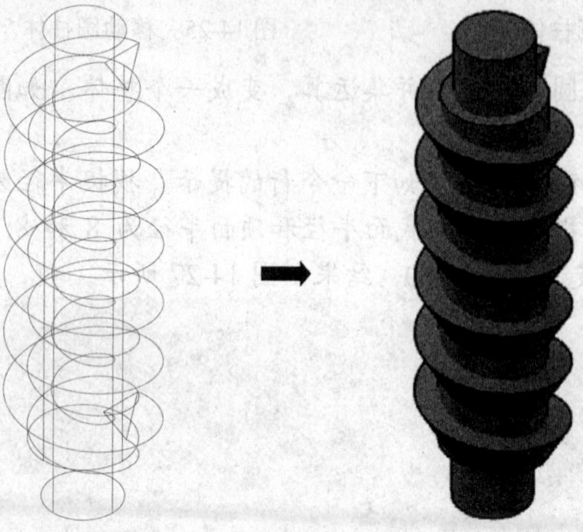
图14-29　扫掠操作

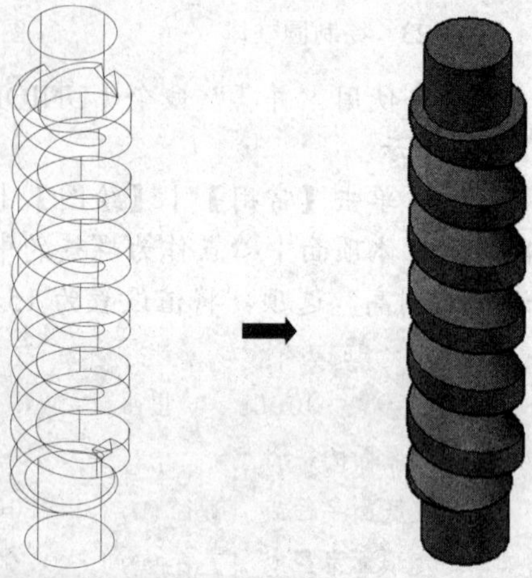
图14-30　差集运算

03 使用“UCS”命令，将Y轴旋转90°。使用“旋转”命令（RO），选择花键轴模型，将其旋转–90°，结果如图14-31所示。

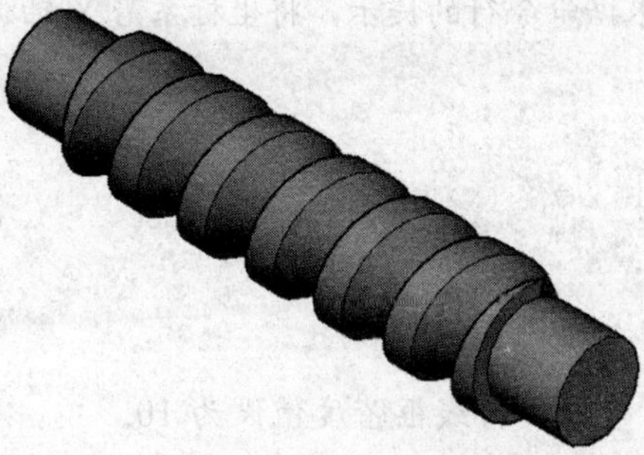

图 14-31 旋转操作

04 至此，该螺杆模型绘制完成，用户可按【Ctrl+S】组合键进行保存。

14.4 创建螺塞

常见有内六角螺塞、外六角螺塞、外四方螺塞等，它由螺塞体、六角外套、凸轮组成，锁栓与螺塞体成轴线垂直安装在螺塞体上，锁栓的上端安装有一只垫片和弹簧，它的下端与凸轮相接，锁芯与凸轮成止口连接，六角外套内孔左端设有一条环槽，并通过滚珠和堵销与螺塞体成活动连接而不分离。

外六角螺塞，经常用于固定、密封等。首先绘制六边形、拉伸操作、圆柱体，再绘制一多段线，旋转、阵列后成为一圈圈螺纹的效果，最后进行并集运算，将所有的对象合并为一个整体，最终结果如图 14-32 所示。

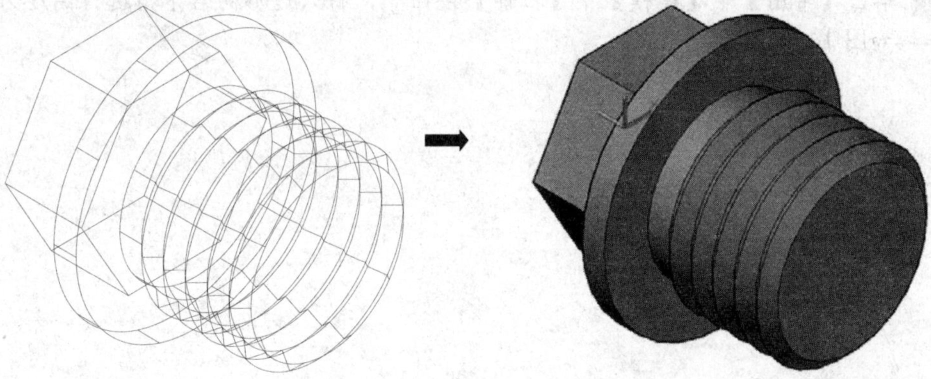

图 14-32 螺塞模型的效果

14.4.1 创建螺塞主体

.本小节主要讲解创建螺塞的主体，其操作步骤如下：

01 正常启动 AutoCAD 2016 软件，选择“快捷工具访问栏”中的“打开”按钮，打开“案例\14\机械样板.dwt”样板文件。

02 再单击“保存”按钮，将其保存为“案例\14\螺塞模型.dwg”文件。

03 使用“UCS”命令，根据命令行的提示，将坐标系沿 X 轴旋转 90°，如图 14-33 所示。

```
命令：UCS
当前 UCS 名称：*世界*
指定 UCS 的原点或 [面(F)/命名(NA)/对象(OB)/上一个(P)/视图(V)/世界(W)/X/Y/Z/Z 轴(ZA)] <世界>：X
指定绕 X 轴的旋转角度 <90>：90
```

04 使用 “ISOLINES” 命令，将线框密度值设为 10。

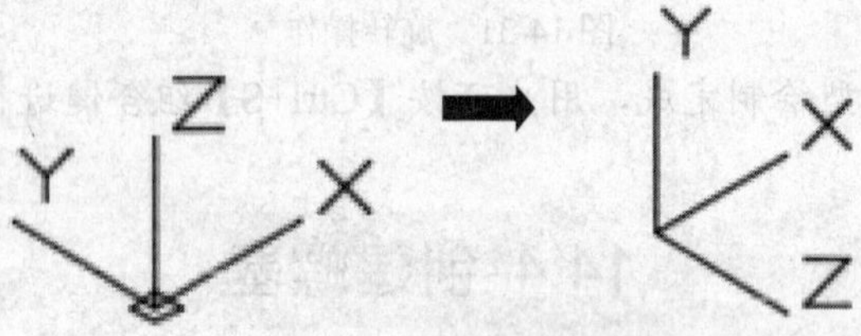

图 14-33 坐标变化

专家提醒

线框密度值越高，图形曲面部分越光滑，运行图形的内存要求也变大，速度较慢；反之亦然。

05 单击【常用】|【视图】|【西南等轴测】按钮，将视图切换到“西南等轴测”。视图

06 使用 “多边形” 命令（POL），以 0，0，0 为中心点，绘制半径为 8.5，且内接于圆的六边形，如图 14-34 所示。

07 单击【常用】|【建模】|【拉伸】按钮，将六边形向右下角进行高度为 8 的拉伸操作，如图 14-35 所示。

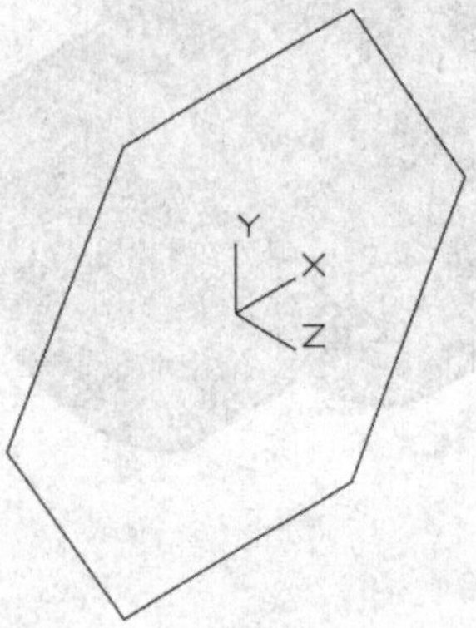

图 14-34 绘制的六边形

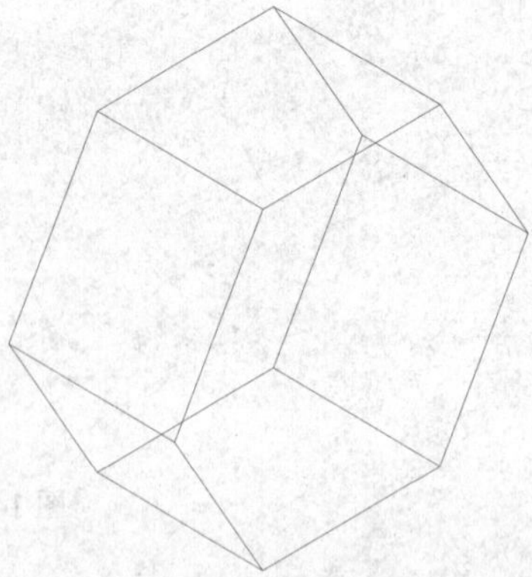

图 14-35 拉伸操作

08 单击【常用】|【建模】|【圆柱体】按钮，以（0，0，7）为中心点，向右下角绘制半径为 11、高度为 2 的圆柱体，如图 14-36 所示。

09 单击【常用】|【建模】|【圆柱体】按钮，以（0，0，9）为中心点，向右下角绘制半径为 7、高度为 2 的圆柱体，如图 14-37 所示。

图 14-36　绘制圆柱体

图 14-37　绘制圆柱体

10 单击【常用】|【视图】|【俯视】按钮，切换到俯视图，如图 14-38 所示。

11 使用“多段线”命令（PL），根据命令行的提示，在图形的底端右侧绘制一多段线，如图 14-39 所示.

```
命令: PLINE
指定起点: 0,-11
当前线宽为 0.0000
指定下一个点或 [圆弧(A)/半宽(H)/长度(L)/放弃(U)/宽度(W)]: @7,0
指定下一点或 [圆弧(A)/闭合(C)/半宽(H)/长度(L)/放弃(U)/宽度(W)]: @1,-1
指定下一点或 [圆弧(A)/闭合(C)/半宽(H)/长度(L)/放弃(U)/宽度(W)]: @-1,-1
指定下一点或 [圆弧(A)/闭合(C)/半宽(H)/长度(L)/放弃(U)/宽度(W)]: @-7,0
指定下一点或 [圆弧(A)/闭合(C)/半宽(H)/长度(L)/放弃(U)/宽度(W)]: C
```

图 14-38　切换到俯视图

图 14-39　绘制多段线

14.4.2　创建螺塞细节

本小节主要讲解创建螺塞的细节部分，其操作步骤如下：

01 单击【常用】|【视图】|【西南等轴测】按钮，将视图切换到“西南等轴测”视图，如图 14-40 所示。

02 单击【常用】|【建模】|【旋转】按钮，选择上一步创建的多段线对象，将 Y 轴旋转 360°，如图 14-41 所示。

03 单击【常用】|【修改】|【阵列】按钮，选择旋转后的对象，在新增的“阵列创建”面板（见图 14-42）中，设置列数为 1，行数为 5，间距为–2，从而进行阵列操作，如图 14-43 所示。

图 14-40　切换到西南等轴测视图

图 14-41　旋转操作

专家提醒

在“阵列创建”面板中，在“特性”位置，若“关联”按钮亮显，则所有阵列的对象成为一个整体；在进行并集运算时，则无法将所有的对象合并为一个整体，始终是两部分。

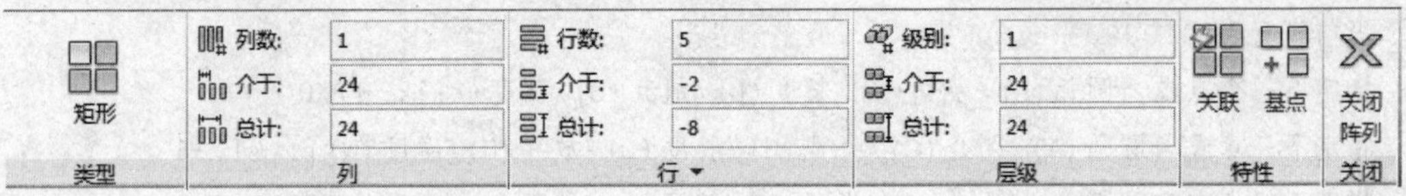

图 14-44　“阵列创建”面板

04 单击【常用】|【实体编辑】|【并集】按钮，对所有的对象进行并集运算，合并在一起，如图 14-45 所示。

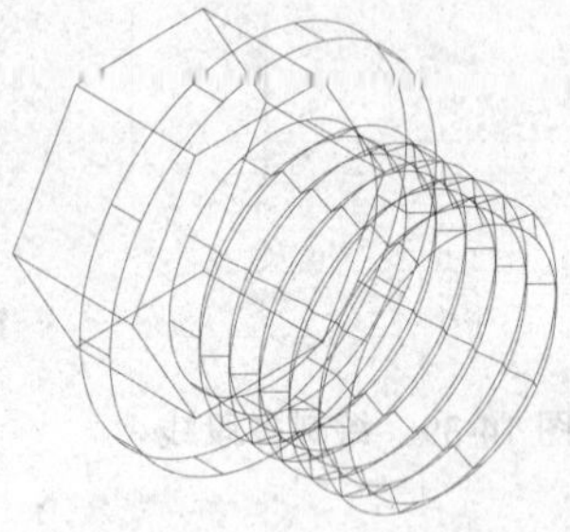

图 14-42　阵列操作

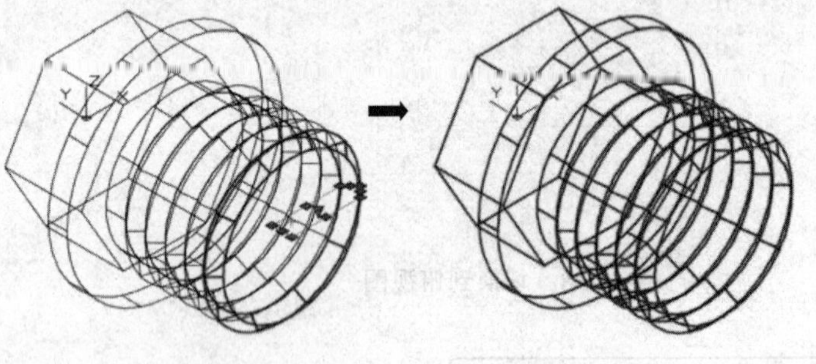

图 14-43　并集运算

05 至此，该螺塞模型绘制完成，用户可按【Ctrl+S】组合键进行保存。

14.5 创建螺栓

螺栓按连接的受力方式可分为：普通的和铰制孔用的。普通的主要承载轴向的受力，也可以承载要求不高的横向受力。铰制孔用的螺栓要和孔的尺寸配合，用于受横向力时。

螺栓按头部形状可分为六角头、圆头、方形头、沉头的等。其中六角头是最常用的。一般沉头用在要求连接螺栓后表面光滑没突起的地方，因为沉头可以拧到零件里。圆头也可以拧进零件里。方头的拧紧力可以大些，但是尺寸很大。

由头部和螺杆（带有外螺纹的圆柱体）两部分组成的一类紧固件，其与螺母配合，紧固连接两个带有通孔的零件，这种连接形式称螺栓连接。如把螺母从螺栓上旋下，又可以使这两个零件分开，故螺栓连接是属于可拆卸连接。

首先通过“六边形”“拉伸”等命令，形成六角螺母外形，再使用“圆柱体”“多段线”“扫掠”“阵列”等命令，形成螺纹，最后使用“并集”“圆柱体”命令，进行细节部分绘制，最终结果如图 14-46 所示。

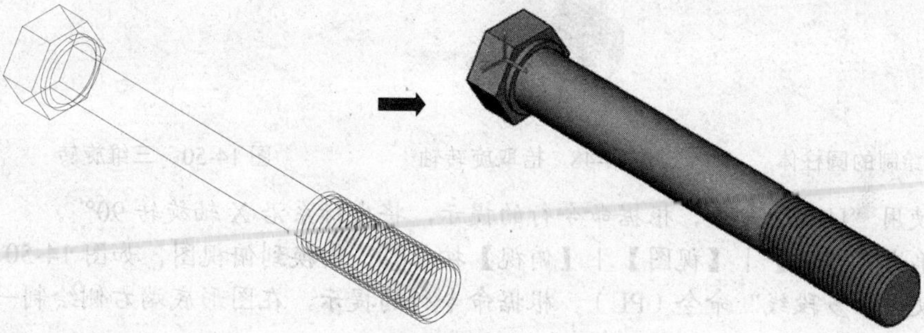

图 14-44　螺栓模型的效果

14.5.1　创建螺栓主体

.本小节主要讲解创建螺栓的主体，其操作步骤如下：

01 正常启动 AutoCAD 2016 软件，选择“快捷工具访问栏”中的“打开”按钮，打开“案例\14\机械样板.dwt”样板文件。

02 再单击“保存”按钮，将其保存为“案例\14\螺栓模型.dwg”文件。

03 单击【常用】|【视图】|【西南等轴测】按钮，将视图切换到“西南等轴测”视图。

04 使用“多边形”命令（POL），以 0，0，0 为中心点，绘制半径为 8、内接于圆的六边形，如图 14-47 所示。

05 单击【常用】|【建模】|【拉伸】按钮，将六边形向上进行高度为 6 的拉伸操作，如图 14-48 所示。

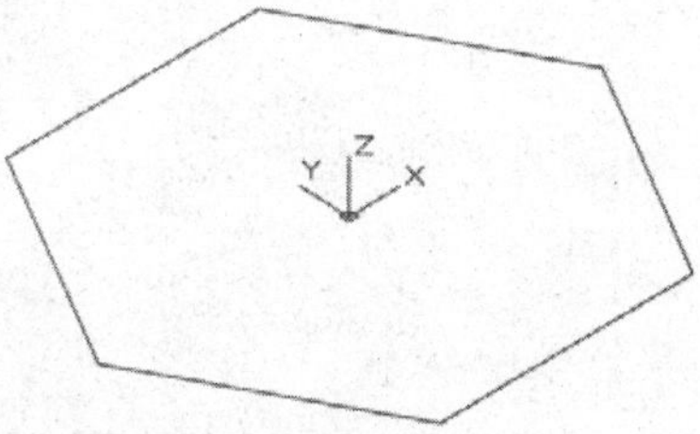

图 14-45　绘制的六边形

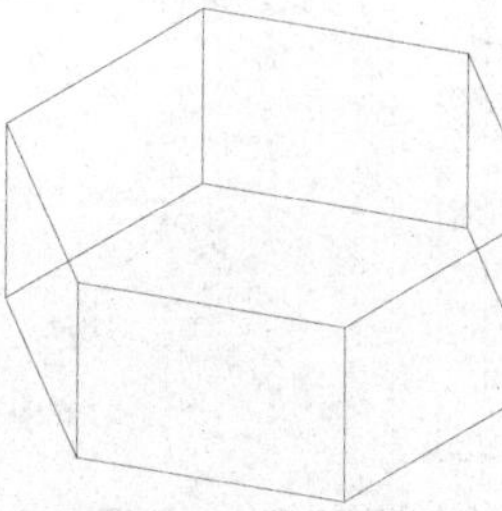

图 14-46　拉伸操作

06 单击【常用】|【建模】|【圆柱体】按钮，以 0，0，6 为中心点，向上绘制半径为 5、高度为 54 的圆柱体，如图 14-49 所示。

07 单击【常用】|【修改】|【三维旋转】按钮，选中绘制的对象，以（0，0，0）

为旋转基点，当旋转轴呈红色右上时，输入旋转角度 90°，结果如图 14- 49 和图 14-50 所示。

图 14-47　绘制的圆柱体

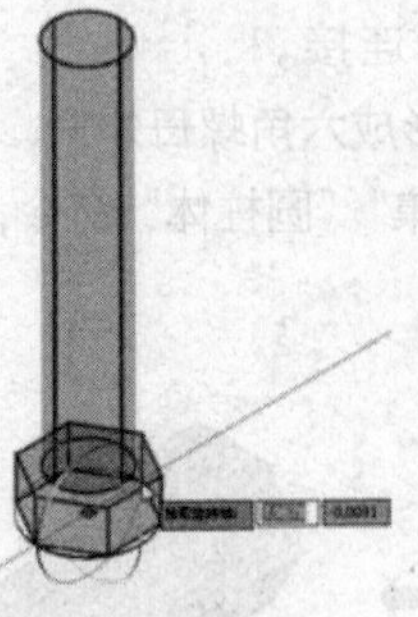

图 14-48　拾取旋转轴

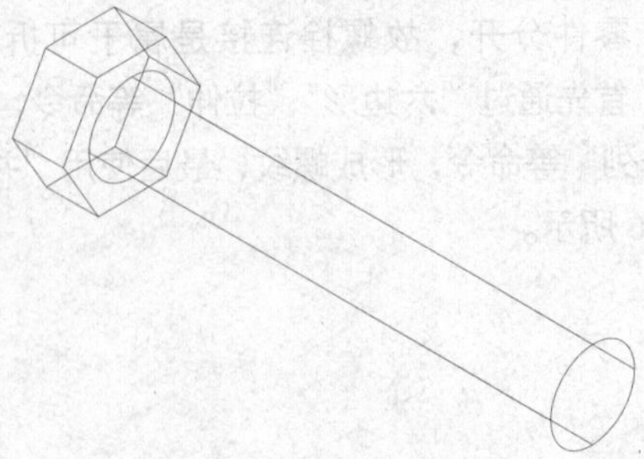

图 14-50　三维旋转

08 使用“UCS”命令，根据命令行的提示，将坐标系沿 X 轴旋转 90°。

09 单击【常用】|【视图】|【俯视】按钮，切换到俯视图，如图 14-50 所示。

10 使用“多段线”命令（PL），根据命令行的提示，在图形底端右侧绘制一多段线，如图 14-51 所示。

```
命令: PLINE
指定起点: 0,-60
当前线宽为 0.0000
指定下一个点或 [圆弧(A)/半宽(H)/长度(L)/放弃(U)/宽度(W)]: @5,0
指定下一点或 [圆弧(A)/闭合(C)/半宽(H)/长度(L)/放弃(U)/宽度(W)]: @-0.5,-0.5
指定下一点或 [圆弧(A)/闭合(C)/半宽(H)/长度(L)/放弃(U)/宽度(W)]: @-0.5,-0.5
指定下一点或 [圆弧(A)/闭合(C)/半宽(H)/长度(L)/放弃(U)/宽度(W)]: @-3.5,0
指定下一点或 [圆弧(A)/闭合(C)/半宽(H)/长度(L)/放弃(U)/宽度(W)]: C
```

11 单击【常用】|【视图】|【西南等轴测】按钮，将视图切换到“西南等轴测”视图，如图 14-52 所示。

图 14-51　切换到俯视图

图 14-49　绘制多段线

图 14-50　切换到“西南等轴测”视图

14.5.2　创建螺栓细节

本小节主要讲解创建螺栓的细节部分，其操作步骤如下：

01 单击【常用】|【建模】|【旋转】按钮，选择上一步创建的多段线对象，将 *Y* 轴旋转 360°，如图 14-53 所示。

02 单击【常用】|【修改】|【阵列】按钮，选择旋转后的对象，在新增的“阵列创建”面板中，设置列数为 1，行数为 26，间距为–1，从而进行阵列操作，如图 14-54 所示。

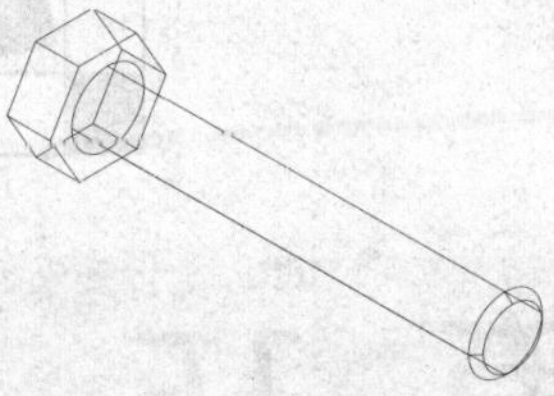

图 14-51　Y 轴旋转

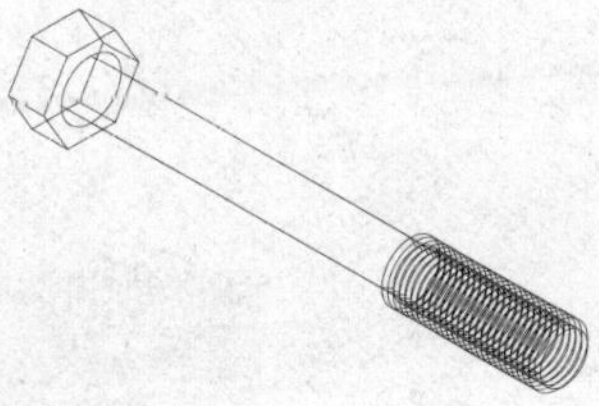

图 14-52　阵列操作

03 单击【常用】|【实体编辑】|【并集】按钮，对当前所有的对象进行并集运算，如图 14-55 所示。

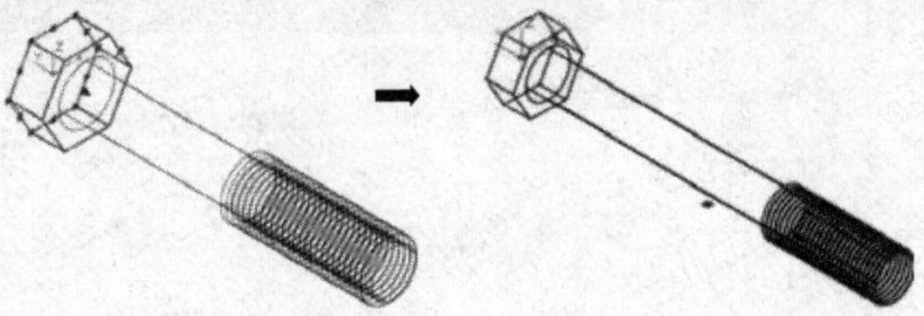

图 14-53　并集运算

04 单击【常用】|【视图】|【俯视】按钮，切换到俯视图。

05 单击【常用】|【建模】|【圆柱体】按钮，以（0，0，0）为中心点，在图形顶端位置，绘制半径为 6、高度为 7 的圆柱体，如图 14-56 所示。

06 单击【常用】|【视图】|【西南等轴测】按钮，将视图切换到“西南等轴测”视图。

07 单击【常用】|【实体编辑】|【并集】按钮，对绘制的圆柱体和主体对象进行并集运算，如图 14-57 所示。

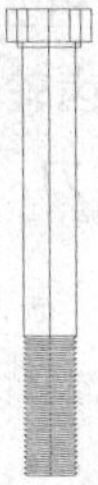

图 14-54　绘制圆柱体

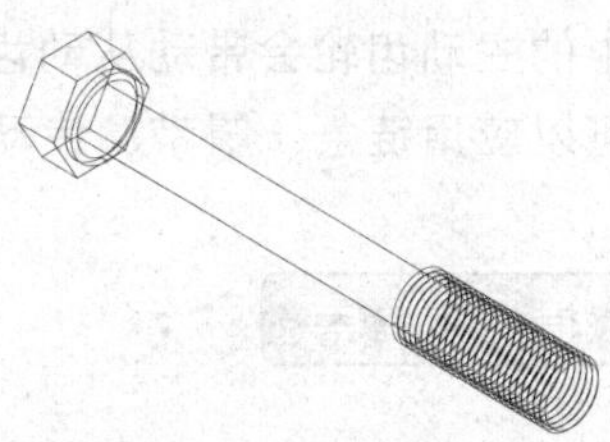

图 14-55　并集运算

08 至此，该螺栓模型绘制完成，用户可按【Ctrl+S】组合键进行保存。

第 15 章 创建齿轮零件模型

本章导读

齿轮，是指依靠齿的啮合传递转矩的轮状机械零件。齿轮通过与其他齿状机械零件（如另一齿轮、齿条、蜗杆）传动，可实现改变转速与转矩、改变运动方向和改变运动形式等功能。由于传动效率高、传动比准确、功率范围大等优点，齿轮机构在工业产品中广泛应用，其设计与制造水平直接影响到工业产品的质量。两个齿轮通过轮齿相互扣住，其中的主动齿轮会带动从动齿轮转动来传送动力。 将两个齿轮分开，也可以应用链条、履带、传动带来带动两边的齿轮而传送动力。

精彩看点

- 齿轮零件概述
- 创建直齿轮
- 创建棘轮
- 创建变速器齿轮

15.1 齿轮零件概述

齿轮用途很广，是各种机械设备中的重要零件，如机床、飞机、轮船及日常生活中用的手表、电扇等都要使用各种齿轮。齿轮的种类很多，有直齿圆柱齿轮、圆柱斜齿轮、直齿锥齿轮、弧齿锥齿轮、蜗轮等。

15.1.1 齿轮零件的概念

齿轮也是轮缘上有齿、能连续啮合传递运动和动力的机械零件。其各部分名称如图 15-1 所示。

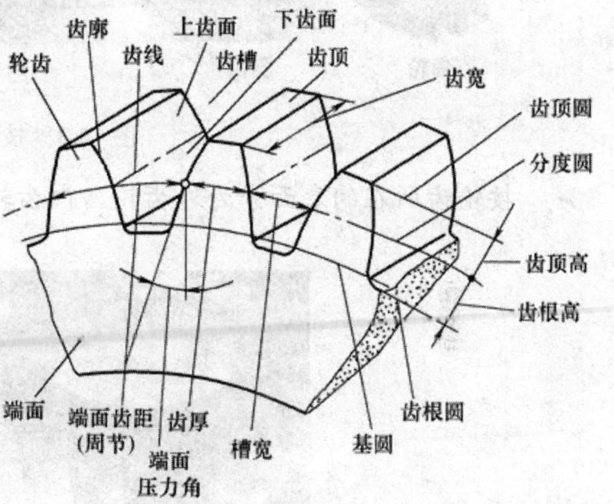

图 15-1　齿轮各部分名称

齿轮主要的用途就是传递动力。齿轮传动的主要分类有平行轴齿轮传动、相交轴齿轮传动和交错轴齿轮传动。齿轮传动的特点主要有：传动的速度和功率范围很大，传动效率高，接触强度高，磨损小且均匀，传动比大，工作平稳，噪声小。

15.1.2 齿轮零件种类

齿轮可按齿形、齿轮外形、齿线形状、轮齿所在的表面和制造方法等分类。

齿轮的齿形包括齿廓曲线、压力角、齿高和变位。渐开线齿轮比较容易制造，因此现代使用的齿轮中，渐开线齿轮占绝对多数，而摆线齿轮和圆弧齿轮应用较少。

在压力角方面，小压力角齿轮的承载能力较小，而大压力角齿轮，虽然承载能力较强，但在传递转矩相同的情况下轴承的负荷增大，因此仅用于特殊情况。

齿轮的齿高已标准化，一般均采用标准齿高。变位齿轮的优点较多，已遍及各类机械设备中。

➢　按其外形分为圆柱齿轮、锥齿轮、非圆齿轮、齿条、蜗杆蜗轮，如图 15-2 所示。

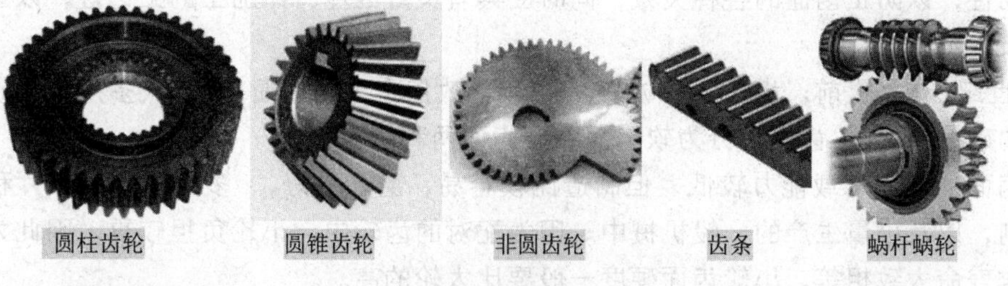

图 15-2　按齿轮外形

➢　按齿线的形状分为直齿轮、斜齿轮、曲线齿轮、人字齿轮，如图 15-3 所示。

图 15-3　按齿线形状

➢　按轮齿所在的表面分为外齿轮、内齿轮，如图 15-4 所示。

图 15-4　按轮齿所在的表面

➢　按制造方法可分为铸造齿轮、切制齿轮、轧制齿轮、烧结齿轮等，如图 15-5 所示。

图 15-5　按制造方法

对于齿轮材料的选择，一定要保证齿轮工作的可靠性，提高其使用寿命，应根据工作的条件和材料的特点来进行选取。齿轮的制造材料和热处理过程对齿轮的承载能力和尺寸重量有很大的影响。对于齿轮材料的基本要求是：应使齿面具有足够的硬度和耐磨性，齿心具有足够的韧性，以防止齿面的各种失效，同时应具有良好的冷、热加工的工艺性，以达到齿轮的各种技术要求。

20 世纪 50 年代前，齿轮多用碳钢，60 年代改用合金钢，而 70 年代多用表面硬化钢。按材料的硬度情况 ，齿面可分为软齿面和硬齿面两种。

软齿面的齿轮承载能力较低，但制造比较容易，磨合性好， 多用于传动尺寸和重量无严格限制，以及小量生产的一般机械中。因为配对的齿轮中，小轮负担较重，因此为使大小齿轮工作寿命大致相等，小轮齿面硬度一般要比大轮的高。

硬齿面的齿轮承载能力高，它是在齿轮精切之后 ，再进行淬火、表面淬火或渗碳淬火处理，以提高硬度。但在热处理中，齿轮不可避免地会产生变形，因此在热处理之后须进行磨削、研磨或精切，以消除因变形产生的误差，提高齿轮的精度。

根据以上所述，齿轮常用的材料有：各种牌号的优质结构钢、合金铸钢、铸铁和非金属材料等，一般多采用锻件和轧制钢材。

15.1.3 齿轮零件结构

齿轮零件一般包括轮齿、齿槽、端面、法面、齿顶圆、齿根圆、基圆、分度圆等，如图15-6所示。

- 轮齿（齿）——齿轮上的每一个用于啮合的凸起部分。一般说来，这些凸起部分呈辐射状排列。配对齿轮上轮齿互相接触，实现齿轮的持续啮合运转。
- 齿槽——齿轮上两相邻轮齿之间的空间。
- 端面——在圆柱齿轮或圆柱蜗杆上垂直于齿轮或蜗杆轴线的平面。
- 法面——在齿轮上垂直于轮齿齿线的平面。

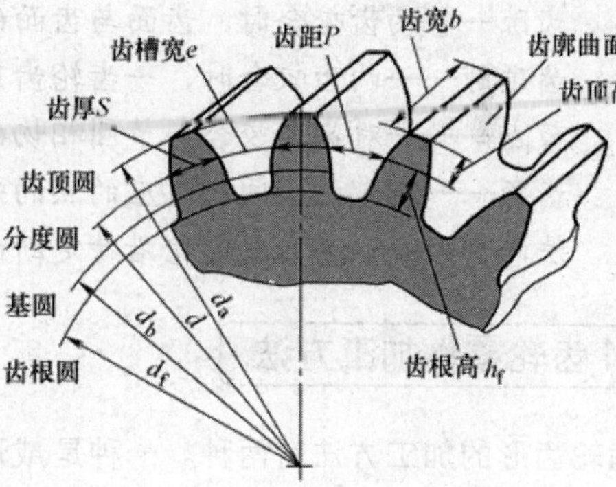

图 15-6　齿轮结构图

- 齿顶圆——齿顶端所在的圆。
- 齿根圆——槽底所在的圆。
- 基圆——形成渐开线的发生线在其上作纯滚动的圆。
- 分度圆——在端面内计算齿轮几何尺寸的基准圆，对于直齿轮，在分度圆上模数和压力角均为标准值。
- 齿面——轮齿上位于齿顶圆柱面和齿根圆柱面之间的侧表面。
- 齿廓——齿面被一指定曲面（对圆柱齿轮是平面）所截的截线。
- 齿线——齿面与分度圆柱面的交线。
- 端面齿距 p_t——相邻两同侧端面齿廓之间的分度圆弧长。
- 模数 m——齿距除以圆周率π所得到的商，以毫米计。
- 径节 p——模数的倒数，以英寸计。
- 齿厚 s——在端面上一个轮齿两侧齿廓之间的分度圆弧长。
- 槽宽 e——在端面上一个齿槽的两侧齿廓之间的分度圆弧长。
- 齿顶高 h_a——齿顶圆与分度圆之间的径向距离。
- 齿根高 h_f——分度圆与齿根圆之间的径向距离。
- 全齿高 h——齿顶圆与齿根圆之间的径向距离。
- 齿宽 b——轮齿沿轴向的尺寸。
- 端面压力角 α_t—— 过端面齿廓与分度圆的交点的径向线与过该点的齿廓切线所夹的锐角。

- 基准齿条——指基圆，齿形，全齿高，齿冠高及齿厚等尺寸均合乎标准直齿轮规格的齿条。
- 基准节圆——用来决定齿轮各部分尺寸的基准圆，为齿数×模数。
- 基准节线——齿条上一条特定节线，或沿此线测定的齿厚为齿距二分之一。
- 作用节圆——一对正齿轮咬合作用时，各有一相切做滚动的圆。
- 基准齿距——以选定标准齿距做基准者,与基准齿条齿距相等。
- 节圆——两齿轮连心线上咬合接触点在各齿轮上留下的轨迹。
- 节径——节圆直径。
- 有效齿高——一对正齿轮齿冠高和，又称工作齿高。
- 齿冠高——齿顶圆与节圆半径差。
- 齿隙——两齿咬合时，齿面与齿面的间隙。
- 齿顶隙——两齿咬合时，一齿轮齿顶圆与另一齿轮底间的空隙。
- 节点——一对齿轮咬合与节圆相切的点。
- 齿距——相邻两齿间相对应的点的弧线距离。
- 法向齿距——渐开线齿轮沿特定断面同一垂线所测的齿距。

15.1.4 齿轮零件加工方法

齿轮齿形的加工方法有两种。一种是成形法，就是利用与被切齿轮的齿槽形状完全相符的成形铣刀切出齿形的方法，如铣齿。下面简单了解圆柱直齿轮的铣削加工方法。

圆柱直齿轮可以在卧式铣床上用盘状铣刀或立式铣床上用指形齿轮铣刀进行切削加工。现以在卧式铣床上加工一只 z=16(即齿数为 16)、m=2(即模数为 2mm)的圆柱直齿轮为例，介绍齿轮的铣削加工过程。

1. 检查齿坯尺寸

主要检查齿顶圆直径，便于在调整切削深度时，根据实际齿顶圆直径予以增减，以保证分度圆齿厚准确。

2. 齿坯装夹和校正

直齿轮有轴类齿坯和盘类坯。如果是轴类齿坯，一端可以直接由分度头的自定心卡盘夹住，另一端由尾座顶尖顶紧即可；如果是盘类齿坯，首先把齿坯套在心轴上，心轴一端夹在分度头自定心卡盘上，另一端由尾顶尖顶紧即可。

校正齿坯很重要。首先校正圆度，如果圆度不好，会影响分度圆齿厚尺寸，再校正直线度，即分度头自定心卡盘的中心与尾座顶尖中心的连线一定要与工作台纵向进给方向平行，否则铣出来的齿是斜的，最后校正高低，即分度头自定心卡盘的中心至工作台面距离与尾座顶尖中心至工作台面距离应一致，如果高低尺寸超差，铣出来的齿就深浅差距较大。

另一种是展成法，它是利用齿轮刀具与从动齿轮的相互啮合运动而切出齿形的加工方法，如滚齿和插齿（用滚刀和插刀进行示范），相关知识如下：

- 滚齿机滚齿：可以加工模数 8mm 以下的斜齿。
- 铣床铣齿：可以加工直齿条。

- 插床插齿：可以加工内齿。
- 冷打机打齿：可以无屑加工。
- 刨齿机刨齿：可以加工模数 16mm 大齿轮。
- 精密铸齿：可以大批量加工廉价小齿轮。
- 磨齿机磨齿：可以加工精密母机上的齿轮。
- 压铸机铸齿：多数加工有色金属齿轮。
- 剃齿机：是一种齿轮精加工用的金属切削机床。

15.2 创建直齿轮

直齿轮，就是轮齿平行于轴线的齿轮。首先使用“圆”“直线”“偏移”“修剪”“矩形”等命令，绘制直齿轮的平面图形；再使用拉伸、差集运算，并切换相应的视图，从而完成直齿轮的绘制，最终效果如图 15-7 所示。

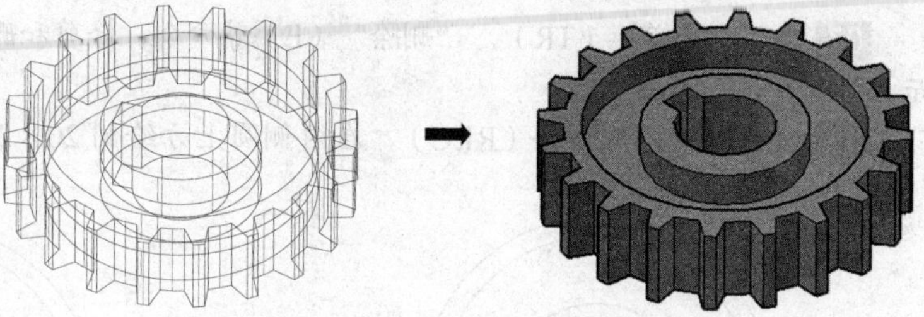

图 15-7　直齿轮模型效果

15.2.1 创建直齿轮主体

本节主要讲解创建直齿轮的主体部分，其操作步骤如下：

01 正常启动 AutoCAD 2016 软件，选择“快捷工具访问栏”中的“打开”按钮，将“案例\15\机械样板.dwt”文件打开。

02 单击“保存”按钮，将其保存为“案例\15\直齿轮模型.dwg”文件。

03 使用“圆”命令（C），分别绘制直径为 60、100、170、190、220 的同心圆，如图 15-8 所示。

04 使用“直线”命令(L)，捕捉最大直径圆的象限点，绘制水平和垂直线段，如图 15-9 所示。

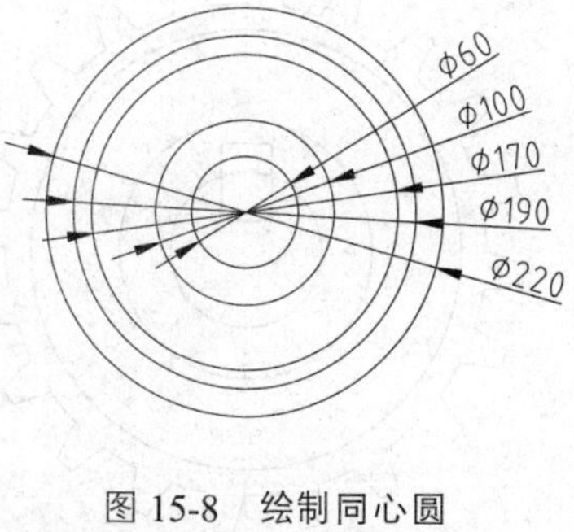

图 15-8　绘制同心圆

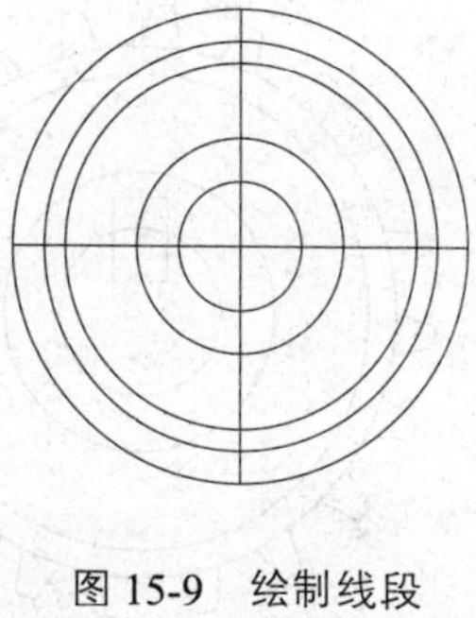

图 15-9　绘制线段

05 使用“旋转”命令（RO），将垂直线段按顺时针旋转 81°，如图 15-10 所示。

06 使用“偏移”（O），将旋转后的斜线段向下偏移 5，将水平线段向上偏移 5，再使用“直线”命令（L），捕捉线段与圆的交点，绘制连接线段，如图 15-11 所示。

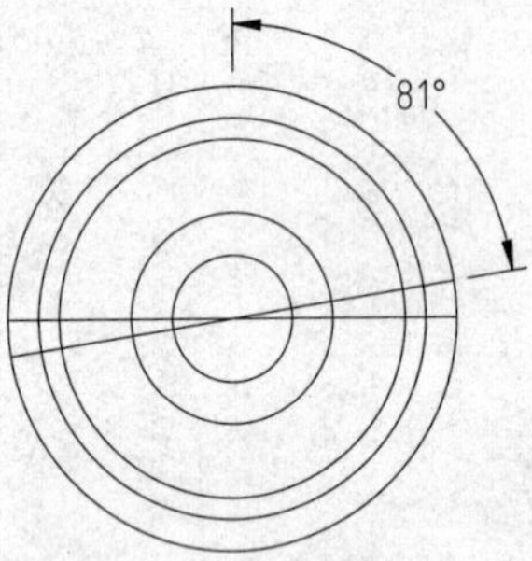

图 15-10　旋转线段

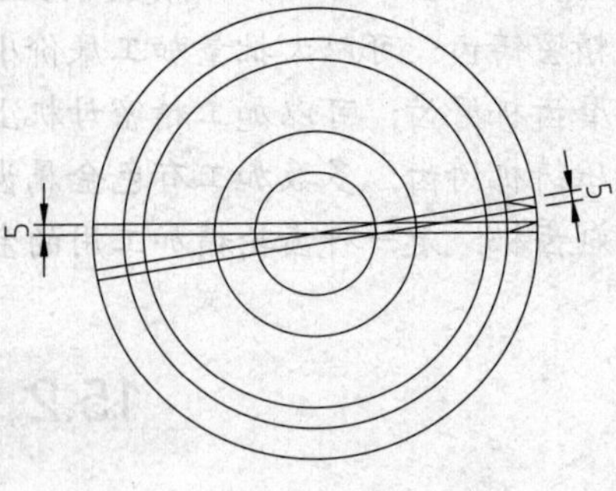

图 15-11　偏移及绘制线段

07 使用“修剪”（TR）、“删除”（E）等命令，修剪和删除多余的线段，如图 15-12 所示。

08 使用“矩形”命令（REC），在内侧圆上方绘制 20×30 的矩形，如图 15-13 所示。

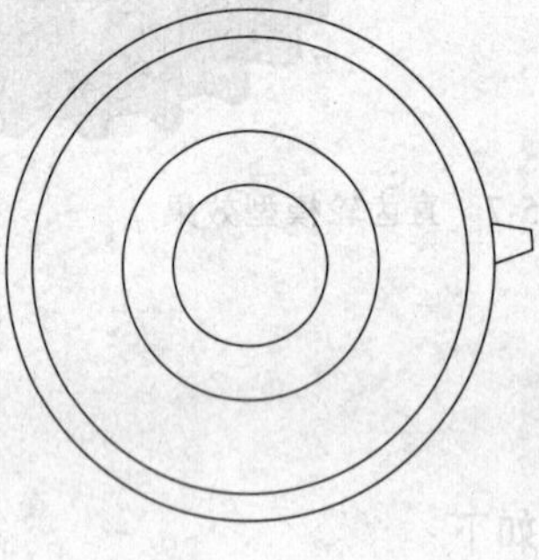

图 15-12　修剪线段

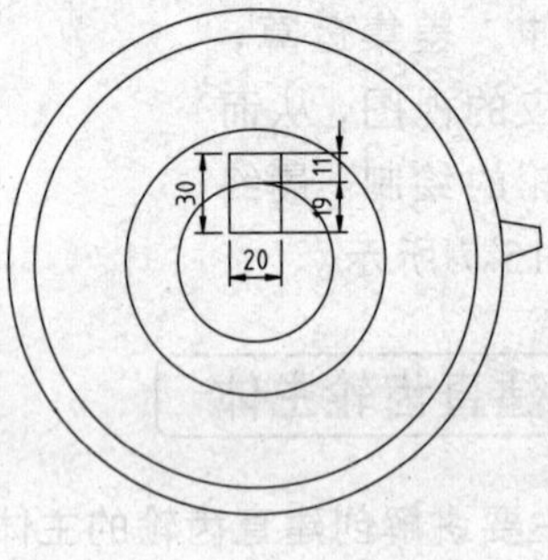

图 15-13　绘制矩形

09 单击【默认】|【修改】|【环形阵列】按钮，选中齿轮形状的对象，再捕捉圆心作为阵列的中心，在新增的“阵列创建”面板中，输入“项目数”为 20，进行阵列操作，如图 15-14 所示。

10 使用“修剪”命令（TR），修剪多余的线段，如图 15-15 所示。

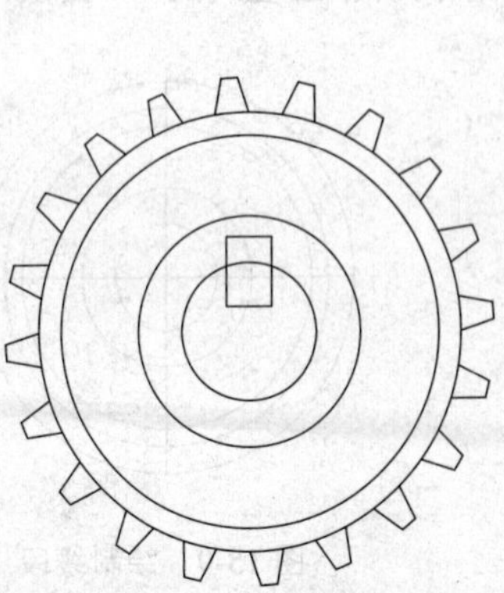

图 15-14　环形阵列

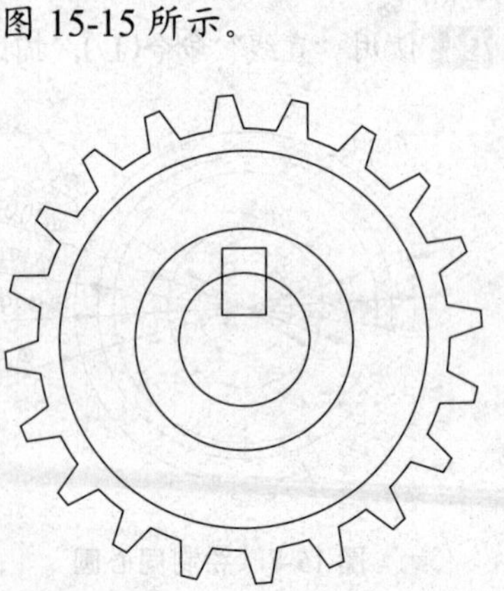

图 15-15　修剪多余的线段

11 使用“合并”命令（J），将边沿的齿轮合并为一条多段线，使其首尾相连，如图 15-16 所示。

12 单击【常用】|【视图】|【西南等轴测】按钮，切换到“西南等轴测”视图。

13 单击【常用】|【建模】|【拉伸】按钮，将齿轮向 Z 轴正方向拉伸 50，如图 15-17 所示。

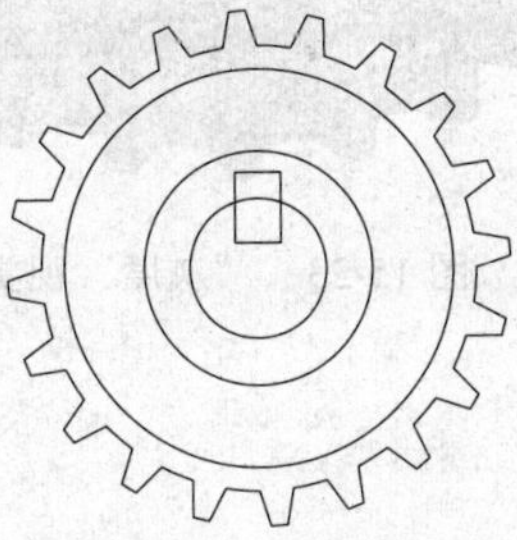

图 15-16　合并操作

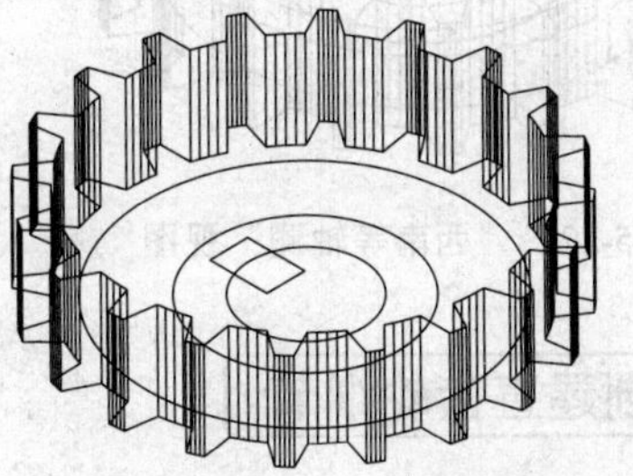

图 15-17　拉伸操作

14 单击【常用】|【建模】|【拉伸】按钮，将齿轮旁的圆向 Z 轴正方向拉伸 30，如图 15-18 所示。

15 单击【常用】|【视图】|【前视】按钮，切换为前视图，如图 15-19 所示。

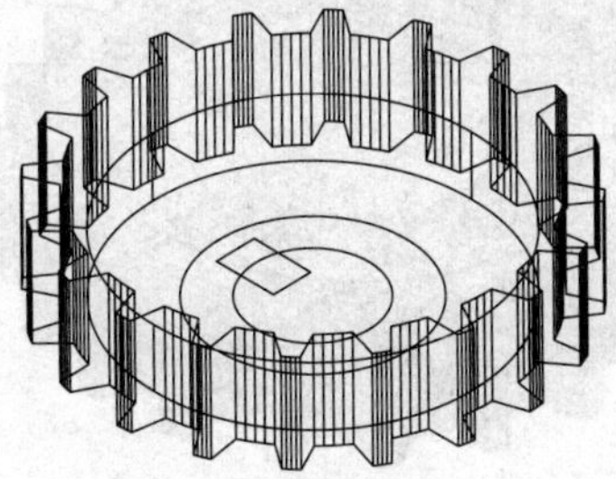

图 15-18　拉伸圆

图 15-19　前视图效果

16 结合使用“移动”（M）、“复制”（CO）等命令，将中间的圆柱体进行相应的操作，如图 15-20 所示。

17 单击【常用】|【实体编辑】|【差集】按钮，用齿轮减去两个圆柱体，进行差集运算，如图 15-21 所示。

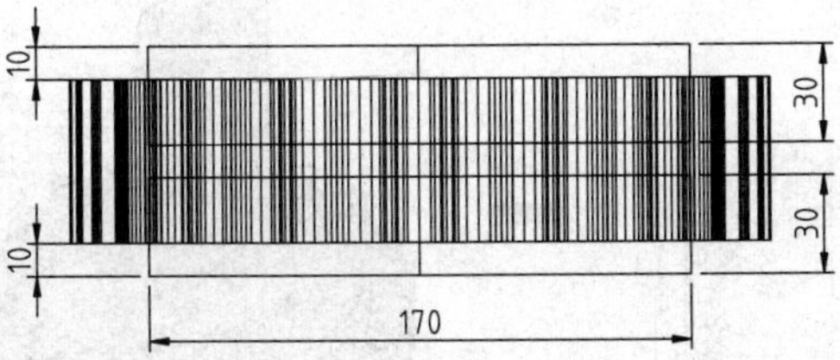

图 15-20　复制圆柱

图 15-21　差集运算

18 单击【常用】|【视图】|【西南等轴测】按钮，切换到“西南等轴测”视图，再单击【常用】|【视图】|【灰度】样式按钮，由“二维线框”切换到“灰度”视觉样式，如图 15-22 和图 15-23 所示。

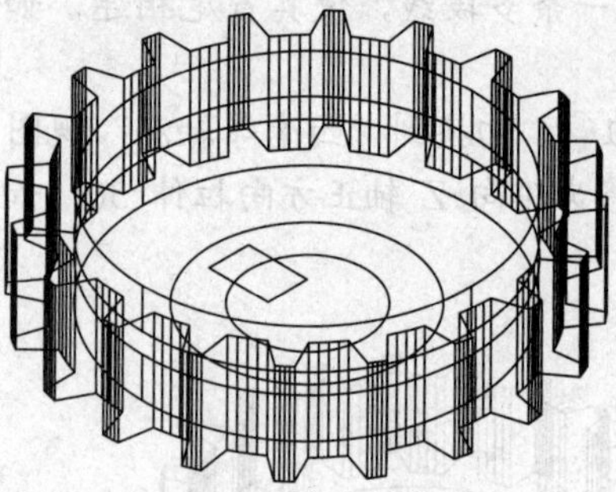

图 15-22　“西南等轴测”视图

图 15-23　“灰度”视觉样式

15.2.2 创建直齿轮细节

本节主要讲解创建直齿轮的细节部分，其操作步骤如下：

01 单击【常用】|【建模】|【拉伸】按钮，将齿轮位置第三个圆向 Z 轴正方向拉伸 50，如图 15-24 所示。

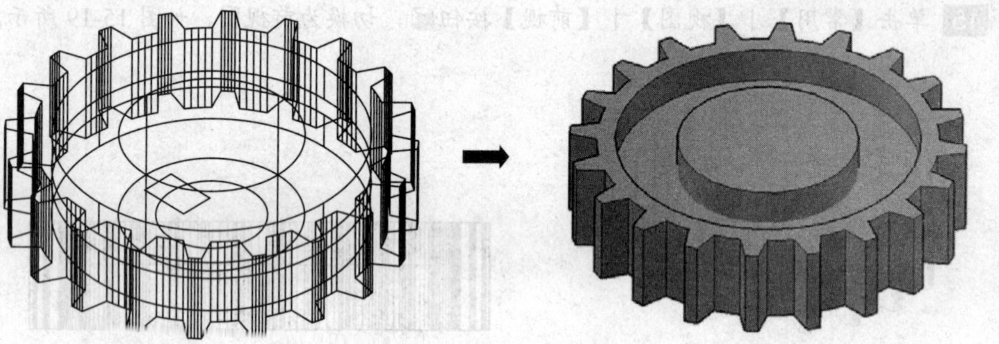

图 15- 24　拉伸圆

02 使用“并集”命令（UNION），将所有的对象进行并集运算。

03 单击【常用】|【建模】|【拉伸】按钮，将最内侧的圆和矩形对象向 Z 轴正方向拉伸 200，如图 15-25 和图 15-26 所示。

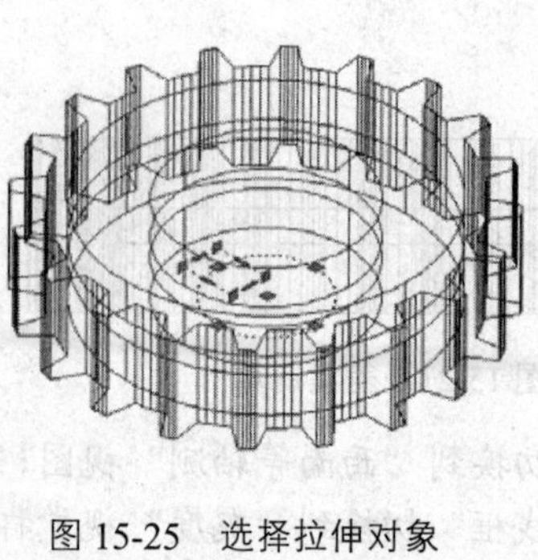

图 15-25　选择拉伸对象

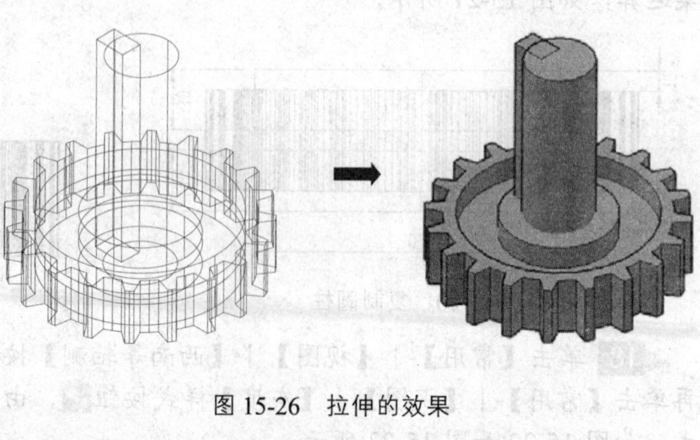

图 15-26　拉伸的效果

04 使用“差集”命令（SUB），用前面进行并集操作后的对象减去拉伸的圆柱和长方体，从而进行差集运算，效果如图 15-27 所示。

05 至此，直齿轮模型绘制完成，用户可按【Ctrl+S】组合键进行保存。

图 15-27　差集运算

15.3 创建棘轮

棘轮，就是具有齿形表面或摩擦表面的轮子，由棘爪推动做步进运动。

首先使用“圆”“直线”“偏移”“旋转”“阵列”“圆角”等命令，绘制棘轮的平面图形，再进行拉伸、差集运算等操作，最后绘制圆柱体及进行差集运算，从而完成棘轮的绘制，最终效果如图 15-28 所示。

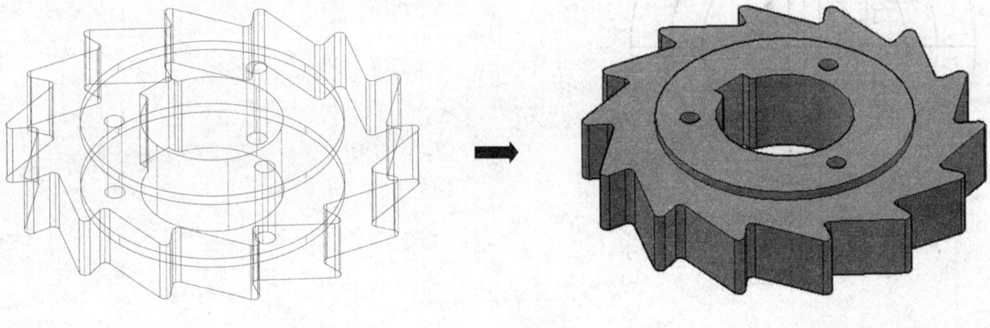

图 15-28　棘轮模型效果

15.3.1 创建棘轮主体

本节主要讲解创建棘轮的主体部分，其操作步骤如下：

01 正常启动 AutoCAD 2016 软件，选择“快捷工具访问栏”中的“打开”按钮，将“案例\15\机械样板.dwt”文件打开。

02 单击“保存”按钮，将其保存为“案例\15\棘轮模型.dwg”文件。

03 使用“圆”命令（C），分别绘制直径为 70、130、170、220 的同心圆，如图 15-29 所示。

04 使用“直线”命令（L），捕捉最外侧圆上的象限点，绘制水平和垂直线段，如图 15-30 所示。

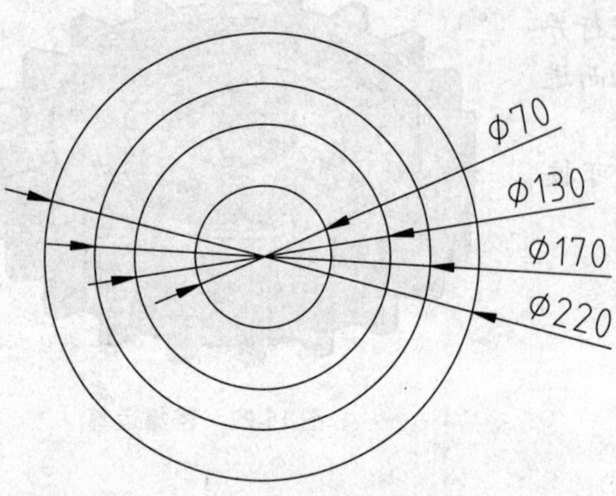

图 15-29 绘制同心圆

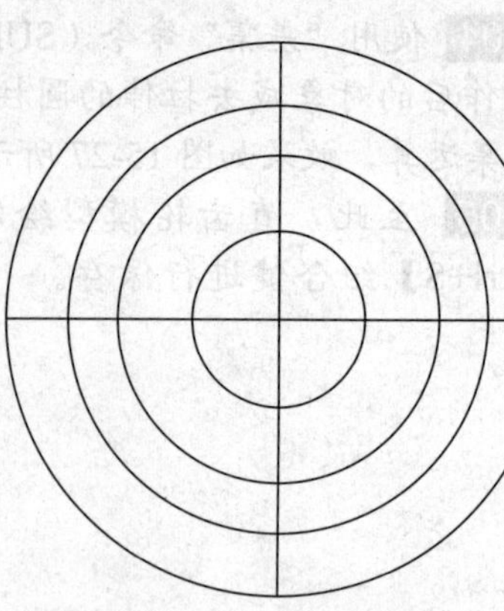

图 15-30 绘制线段

05 使用“偏移”命令(O)，将垂直线段向左、右各偏移 10，将水平线段向上偏移 40，如图 15-31 所示。

06 使用“修剪”命令（TR），修剪掉多余的线段，如图 15-32 所示。

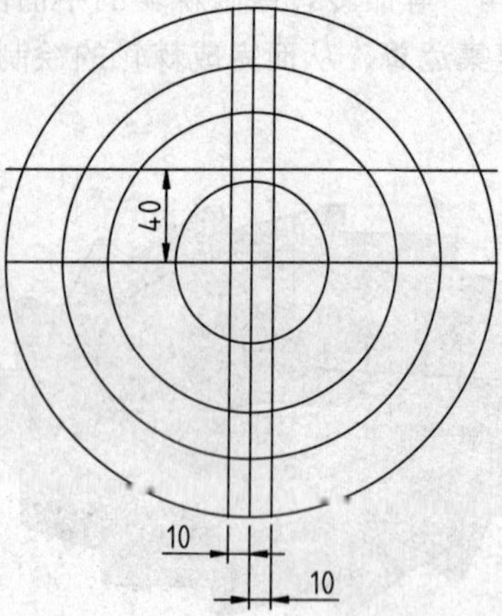

图 15-31 偏移线段

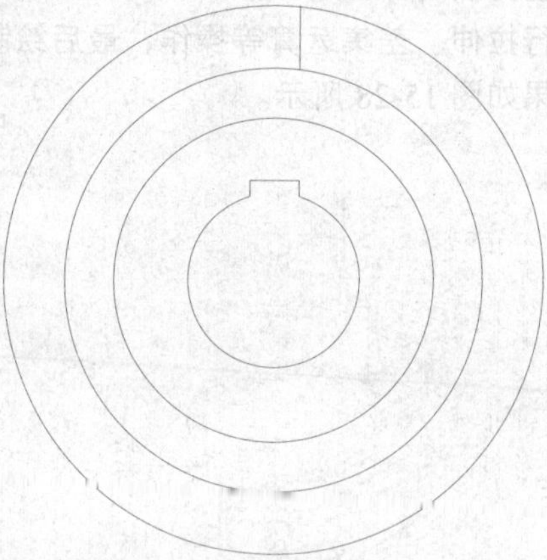

图 15-32 修剪线段

07 使用“旋转”（RO）命令，根据命令行提示将垂直线段旋转复制 73°，其旋转复制后的效果如图 15-33 所示。

```
命令: RO
ROTATE
UCS 当前的正角方向:  ANGDIR=逆时针   ANGBASE=0
找到 1 个                                          // 选择垂直线段
指定基点:                                          // 指定垂直线段的下侧端点为旋转基点
指定旋转角度，或 [复制(C)/参照(R)] <4>: c           // 选择“复制（C)”选项
旋转一组选定对象。
指定旋转角度，或 [复制(C)/参照(R)] <4>: 73          // 输入旋转角度
```

08 使用“延伸”（EX)命令，将旋转复制后的斜线段延伸到最外侧的圆上，如图 15-34 所示。

09 使用“删除”命令（E），删除掉斜线段上、下位置的圆，如图 15-35 所示。

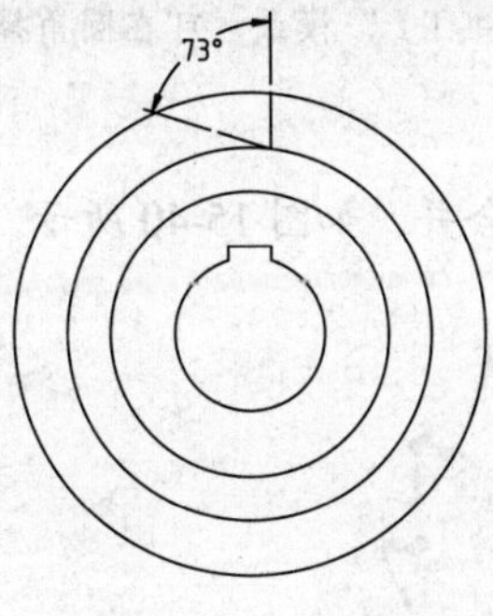

图 15-33　旋转复制线段

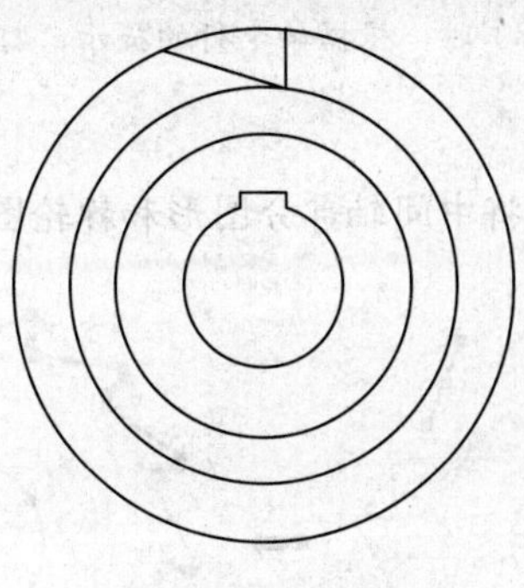

图 15-34　延伸线段

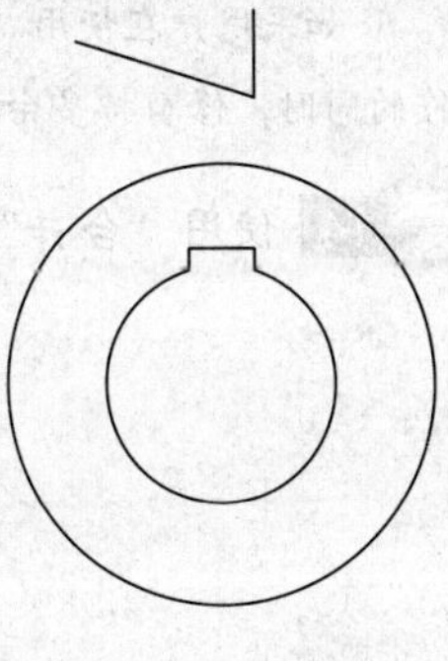

图 15-35　删除圆

10 使用“圆角”命令(F)，对相应线段的转角处进行半径为 3 的圆角操作，如图 15-36 所示。

11 单击【默认】|【修改】|【环形阵列】按钮，选中轮齿形状的对象，再捕捉圆心作为阵列的中心，在新增的“阵列创建”面板中，输入“项目数”为 14，进行阵列操作，如图 15-37 所示。

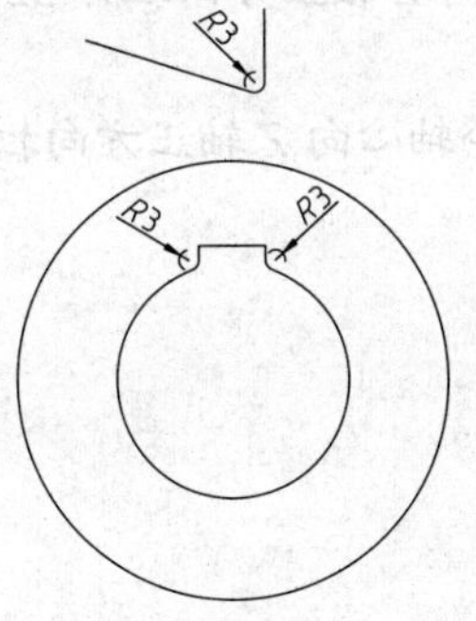

图 15-36　圆角操作

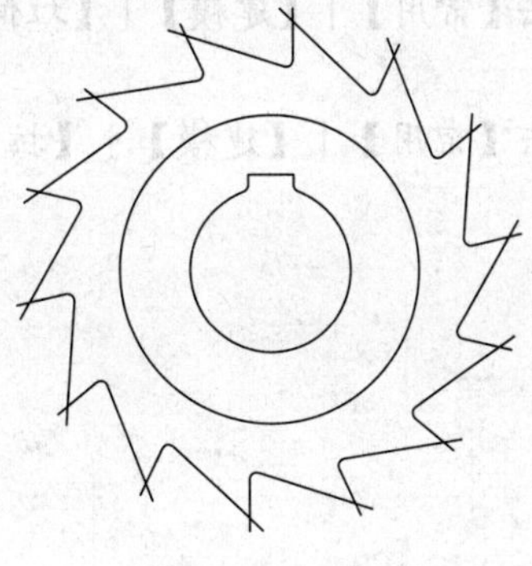

图 15-37　环形阵列

12 使用“分解”命令（X），将阵列后的轮齿进行分解，以方便后面的圆角操作，如图 15-38 所示。

13 使用“圆角”命令（F），对齿尖进行半径为 3 的圆角操作，如图 15-39 所示。

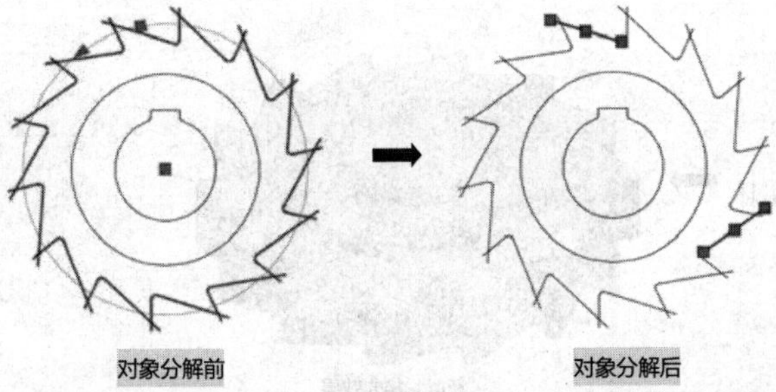

图 15-38　分解对象

图 15-39　圆角操作

专家提醒

如果用户在使用“圆角”命令（F）时，根据命令行的提示，打开“修剪（T）”模式，可在圆角操作的同时，修剪掉多余的线段。

14 使用“合并”命令（J），将中间轴部分图形和棘轮图形进行合并，如图 15-40 所示。

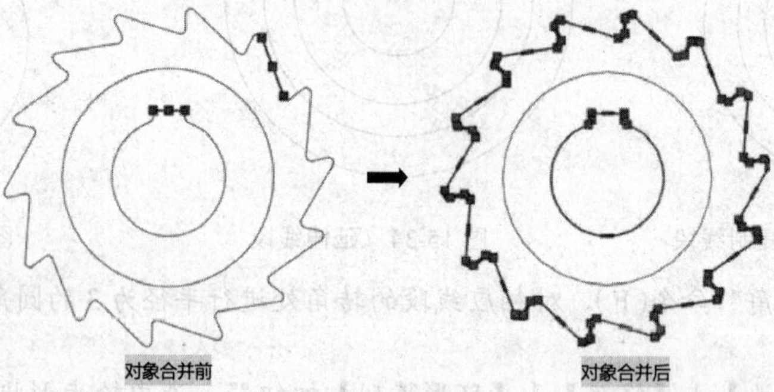

图 15-40 合并操作

15 单击【常用】|【视图】|【西南等轴测】按钮，切换到“西南等轴测”视图。

16 单击【常用】|【建模】|【拉伸】按钮，将齿向 Z 轴正方向拉伸 32，如图 15-41 所示。

17 单击【常用】|【建模】|【拉伸】按钮，将轮轴心向 Z 轴正方向拉伸 52，如图 15-42 所示。

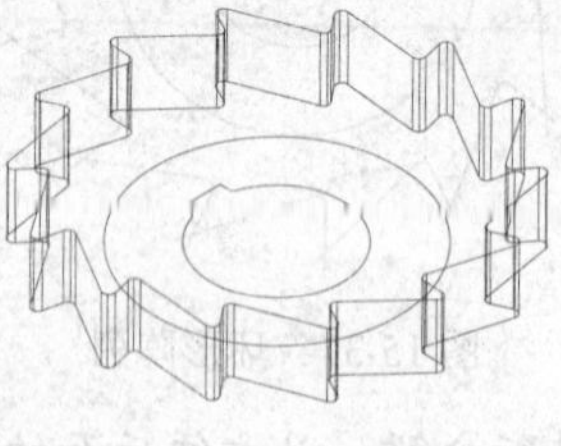

图 15-41 拉伸操作 1

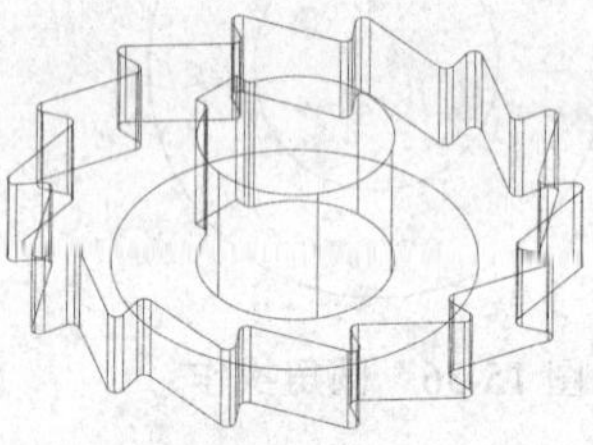

图 15-42 拉伸操作 2

18 单击【常用】|【建模】|【拉伸】按钮，将中间的圆向 Z 轴正方向拉伸 42，如图 15-43 所示。

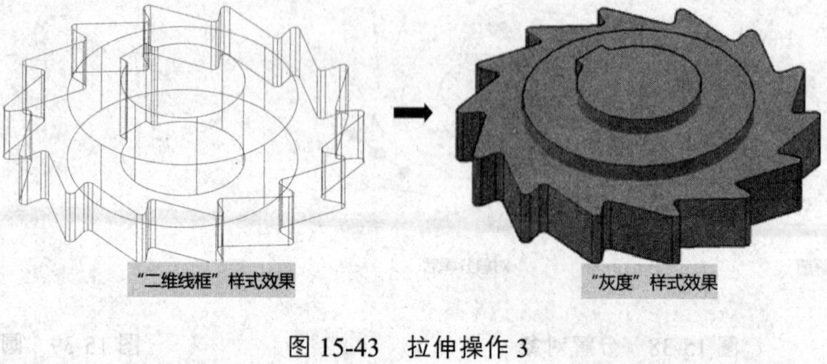

图 15-43 拉伸操作 3

15.3.2 创建棘轮细节

本节主要讲解创建棘轮的细节部分，其操作步骤如下：

01 单击【常用】|【视图】|【前视】按钮，切换到前视图，如图 15-44 所示。

图 15-44　切换到前视图

02 使用“移动”命令（M），将对象按照如图 15-45 所示的尺寸进行相应的操作。

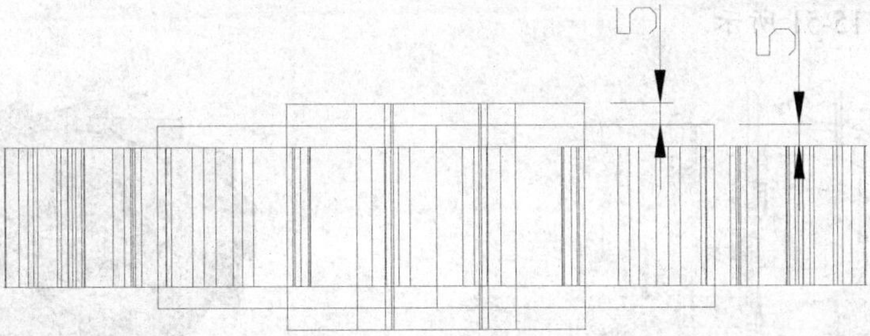

图 15-45　移动操作

03 单击【常用】|【视图】|【西南等轴测】按钮，切换到“西南等轴测”视图，如图 15-46 所示。

04 单击【常用】|【实体编辑】|【差集】按钮，用棘轮、圆柱减去轴心，进行差集运算，如图 15-47 所示。

图 15-46　移动后

图 15-47　差集运算

05 单击【常用】|【视图】|【俯视】按钮，切换到俯视图。

06 单击【常用】|【建模】|【圆柱体】按钮，绘制半径为 5、高度为 42 的圆柱体，如图 15-48 所示。

07 单击【默认】|【修改】|【环形阵列】按钮，选中小圆柱体，再捕捉圆心作为阵列的中心，在新增的“阵列创建”面板中，输入“项目数”为 3，进行阵列操作，如图 15-49 所示。

图 15-48 绘制圆柱体

图 15-49 阵列操作

08 单击【常用】|【视图】|【西南等轴测】按钮，切换到“西南等轴测”视图，如图 15-50 所示。

09 使用“移动”命令（M），将阵列后的 3 个圆柱体向 Z 轴负方向移动 42。

10 使用“分解”命令（X），将阵列后的对象变成单个圆柱体，以方便后面的差集运算。

11 单击【常用】|【实体编辑】|【差集】按钮，用棘轮减去 3 个小圆柱体，进行差集运算，如图 15-51 所示。

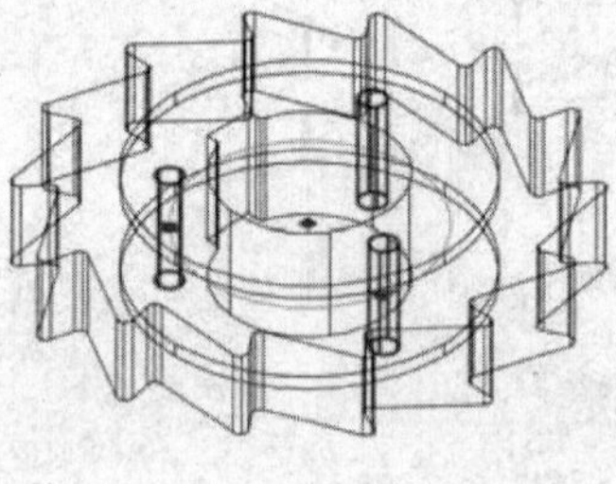

图 15-50 “西南等轴测”效果

图 15-51 差集运算

12 至此，棘轮模型绘制完成，用户可按【Ctrl+S】组合键进行保存。

15.4 创建变速器齿轮

变速器齿轮经常在高转速、高负荷、转速和负荷不断交变的情况下工作。参照前面直齿轮的绘制方法，绘制变速器齿轮的主体部分，再绘制内部齿轮的部分，从而完成模型的绘制，最终效果如图 15-52 所示。

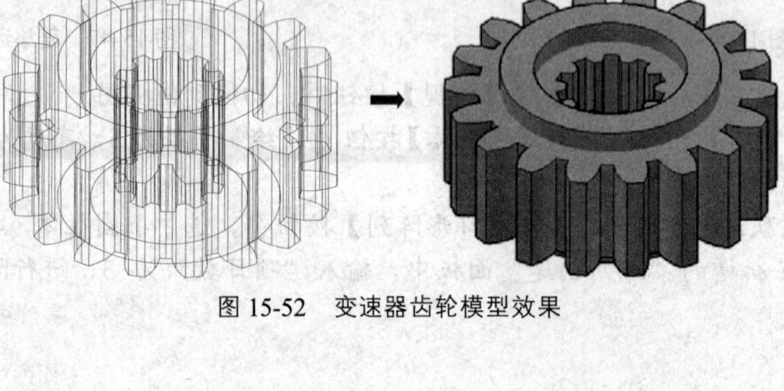

图 15-52 变速器齿轮模型效果

15.4.1 创建变速器齿轮主体

本节主要讲解创建变速器齿轮的主体部分，其操作步骤如下：

01 正常启动 AutoCAD 2016 软件，选择“快捷工具访问栏”中的“打开”按钮，将“案例\15\机械样板.dwt”文件打开。

02 单击“保存”按钮，将其保存为“案例\15\变速器齿轮模型.dwg”文件。

03 使用“圆”命令（C），绘制直径为 120、150 的同心圆，如图 15-53 所示。

04 输入“Ddptype”命令，在“点样式”对话框中，选择一种点样式，单击“确定”按钮，如图 15-54 所示。

05 使用“定数等分”命令（DIV），选择直径为 120 的圆对象，进行数目为 25 的等分操作，如图 15-55 所示。

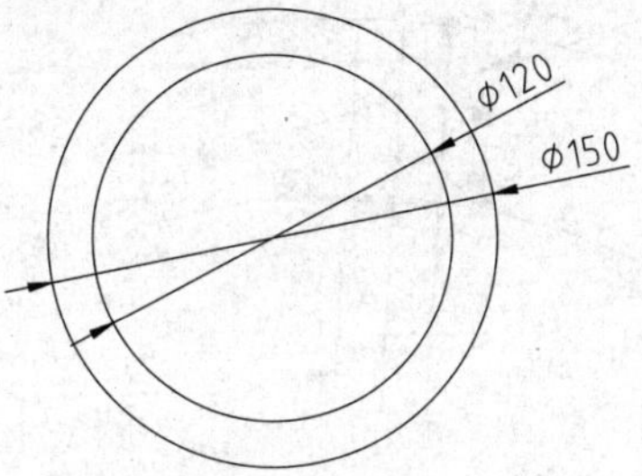

图 15-53 绘制同心圆

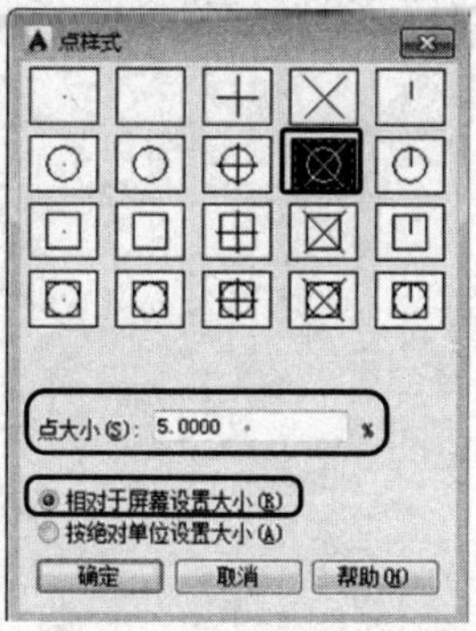

图 15-54 设置点样式

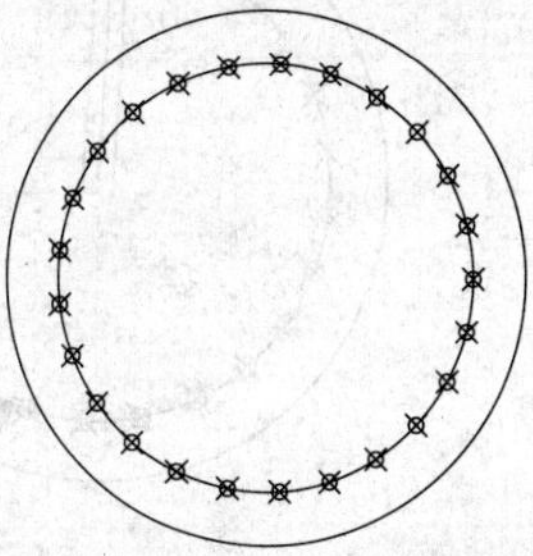

图 15-55 定数等分

06 使用“直线”命令（L），捕捉图中相应的等分点绘制一条斜线段，如图 15-56 所示。

07 使用“直线”命令（L），分别捕捉上一步绘制斜线段的中点及圆的圆心，绘制一条线段，如图 15-57 所示。

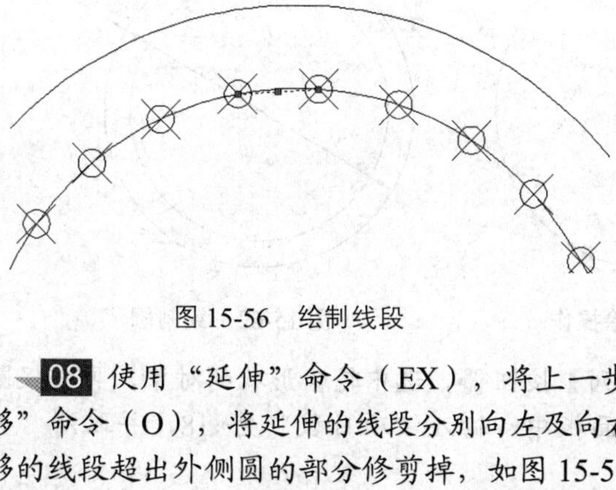

图 15-56 绘制线段

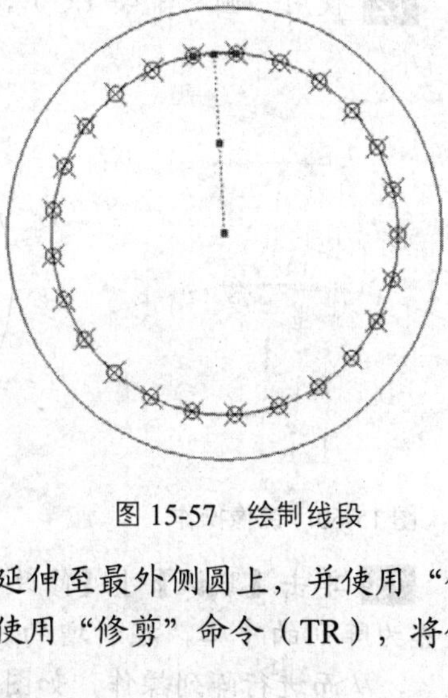

图 15-57 绘制线段

08 使用“延伸”命令（EX），将上一步绘制的线段延伸至最外侧圆上，并使用“偏移”命令（O），将延伸的线段分别向左及向右偏移 4，再使用“修剪”命令（TR），将偏移的线段超出外侧圆的部分修剪掉，如图 15-58 所示。

09 使用“圆弧”命令（A），根据命令行提示绘制一条圆弧对象，其绘制的圆弧如图 15-59 所示。

```
命令: A
ARC
圆弧创建方向: 逆时针(按住【 Ctrl】键可切换方向)。
指定圆弧的起点或 [圆心(C)]:                           //捕捉偏移线段的上侧端点为起点
指定圆弧的第二个点或 [圆心(C)/端点(E)]: e             //选择“端点”选项(E)
指定圆弧的端点:                                       //选择下侧相应的等分点为端点
指定圆弧的圆心或 [角度(A)/方向(D)/半径(R)]: r         //选择“半径”选项(R)
指定圆弧的半径: 24                                    //输入圆弧的半径
```

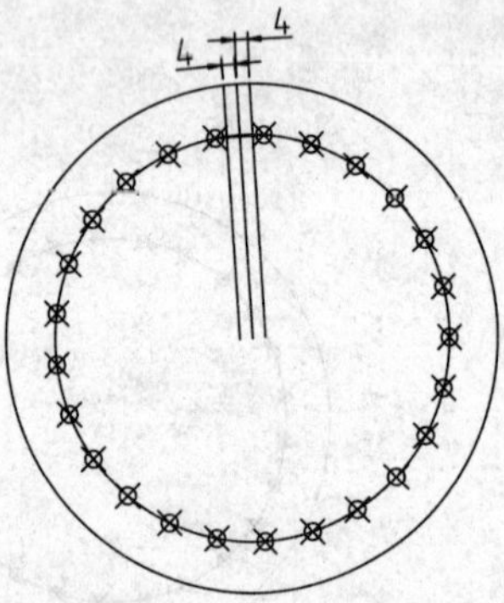

图 15-58　延伸、偏移及修剪操作

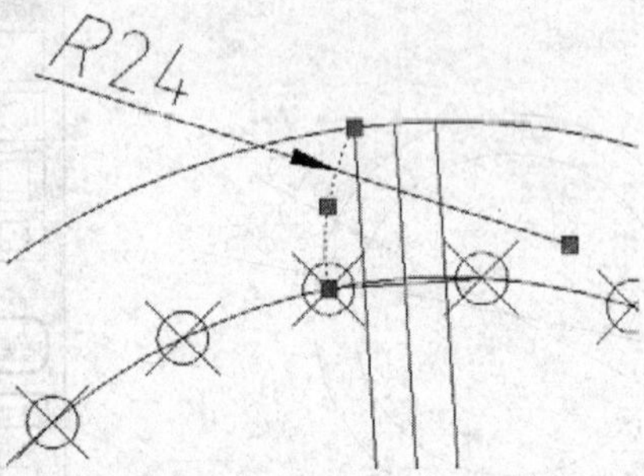

图 15-59　绘制圆弧

10 使用“镜像”命令(MI)，以中间一条直线段为镜像轴，将上一步绘制的圆弧向右镜像复制一份，如图 15-60 所示。

11 结合使用“删除”命令（E）及“修剪”命令（TR），删除掉图中相应的线段、圆弧及辅助作图用的等分点，如图 15-61 所示。

12 使用“圆”命令（C），绘制直径为 100 的同心圆，如图 15-62 所示。

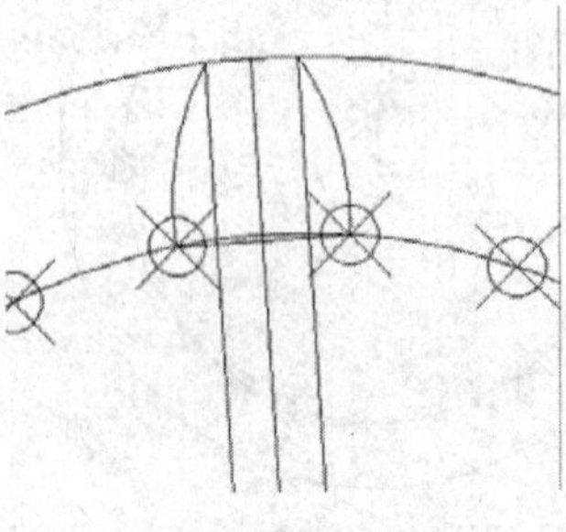

图 15-60　镜像操作

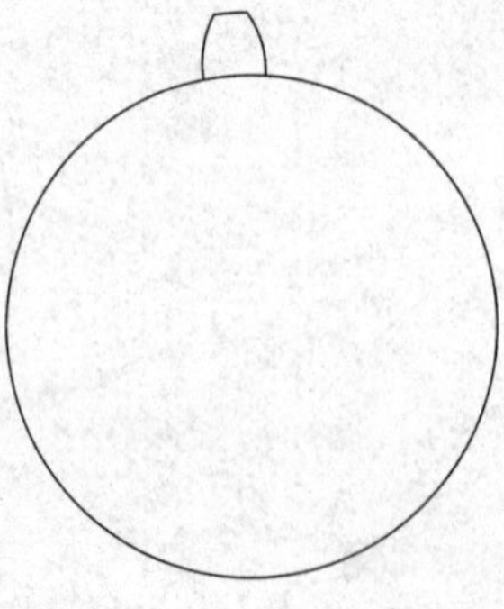

图 15-61　删除操作

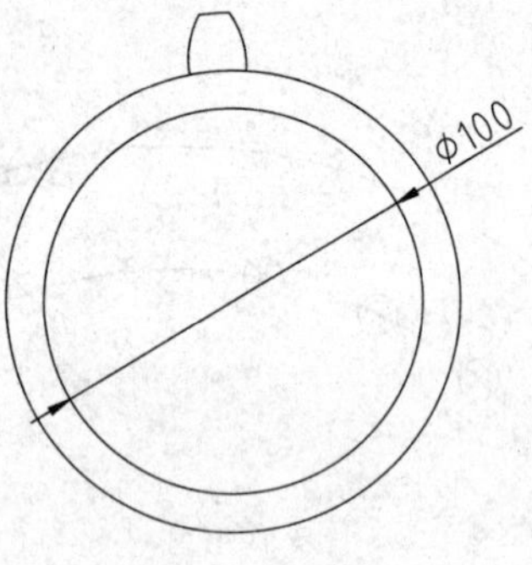

图 15-62　绘制圆

13 单击【默认】|【修改】|【环形阵列】按钮，选中轮齿形状的对象，再捕捉圆心作为阵列的中心，在新增的“阵列创建”面板中，输入“项目数”为 18，并取消“关联”，从而进行阵列操作，如图 15-63 所示。

14 使用“修剪”命令（TR），修剪掉多余的线段，如图 15-64 所示。

图 15-63　阵列操作

图 15-64　修剪后的效果

15 使用“合并”命令（J），将所有的齿轮图形合并成一条首尾相连的多段线，如图 15-65 所示。

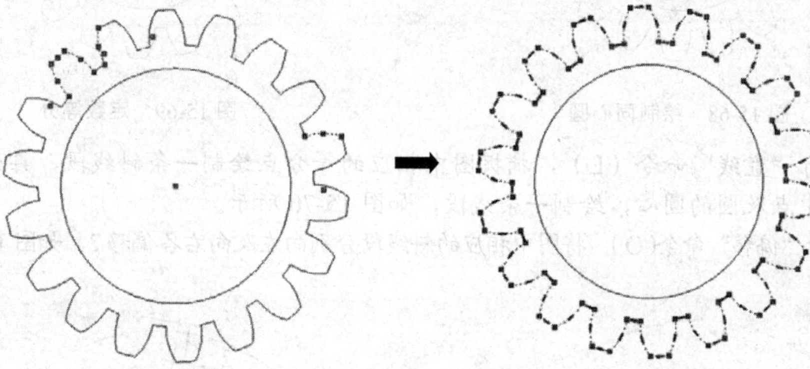

图 15-65　合并操作

16 单击【常用】|【视图】|【西南等轴测】按钮，切换到“西南等轴测”视图。

17 使用“面域”命令（REG），将齿轮图形进行面域操作，其“灰度”样式效果如图 15-66 所示。

18 单击【常用】|【建模】|【拉伸】按钮，将齿轮向 Z 轴正方向拉伸 50，如图 15-67 所示。

图 15-66　面域操作

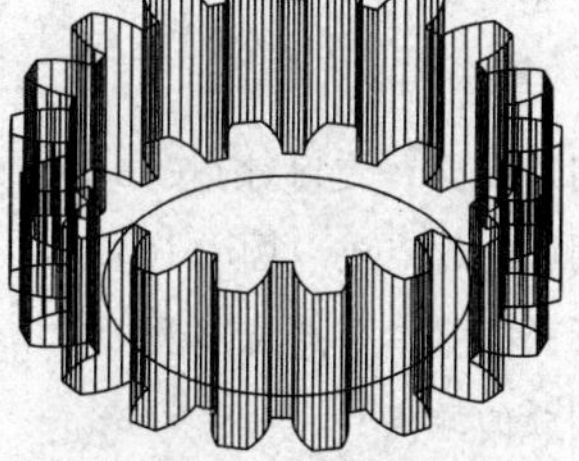

图 15-67　拉伸齿轮

15.4.2 创建变速器齿轮细节

本节主要讲解创建变速器齿轮的细节部分，其操作步骤如下：

01 单击【常用】|【视图】|【俯视】按钮，切换到俯视图。

02 使用“圆”命令（C），捕捉圆心，绘制直径为 40、50、70 的同心圆，如图 15-68 所示。

03 使用“定数等分”命令（DIV），选择直径为 50 的圆对象，进行数目为 20 的等分操作，如图 15-69 所示。

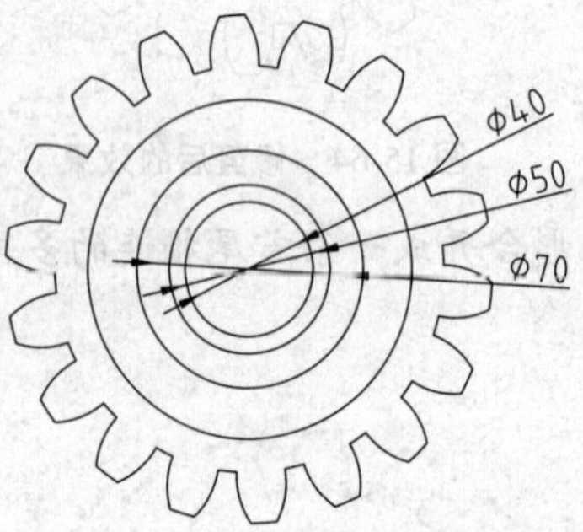

图 15-68　绘制同心圆

图 15-69　定数等分

04 执行“直线”命令（L），捕捉图中相应的等分点绘制一条斜线段，再分别捕捉绘制斜线段的中点及圆的圆心，绘制一条线段，如图 15-70 所示。

05 执行“偏移”命令（O），将图中相应的斜线段分别向左及向右各偏移 2，如图 15-71 所示。

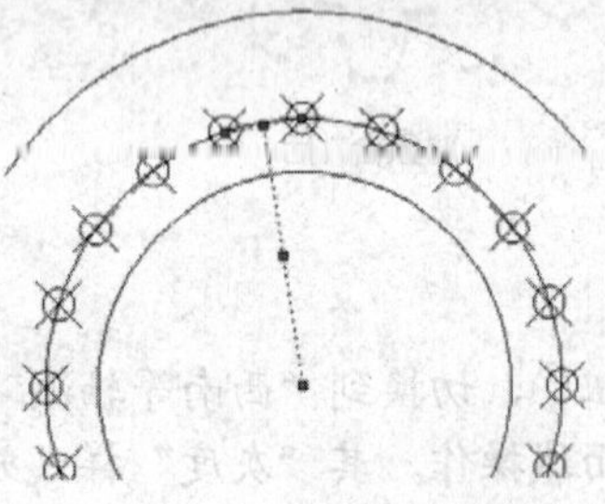

图 15-70　绘制线段

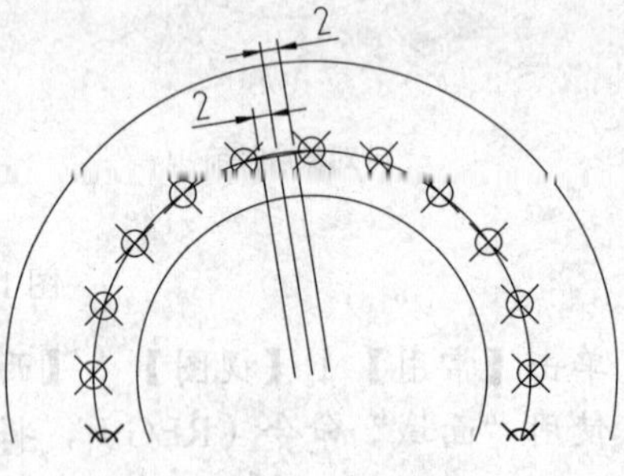

图 15-71　偏移线段

06 使用“圆弧”命令（A），根据命令行提示绘制一条圆弧对象，其绘制的圆弧如图 15-72 所示。

```
命令: A
ARC
圆弧创建方向: 逆时针(按住【Ctrl】键可切换方向)。
指定圆弧的起点或 [圆心(C)]:                        //捕捉上侧相应的等分点为起点
指定圆弧的第二个点或 [圆心(C)/端点(E)]: e          //选择“端点”选项(E)
指定圆弧的端点:                                    //选择偏移线段与圆弧的交点为端点
指定圆弧的圆心或 [角度(A)/方向(D)/半径(R)]: r      //选择“半径”选项(R)
指定圆弧的半径: 14                                 //输入圆弧的半径
```

07 使用“镜像”命令(MI)，以中间一条斜线段为镜像轴将上一步绘制的圆弧向右镜像复制一份，如图 15-73 所示。

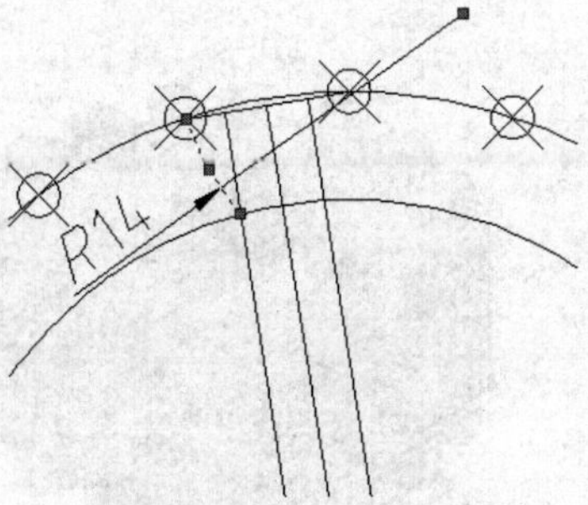

图 15-72 绘制圆弧

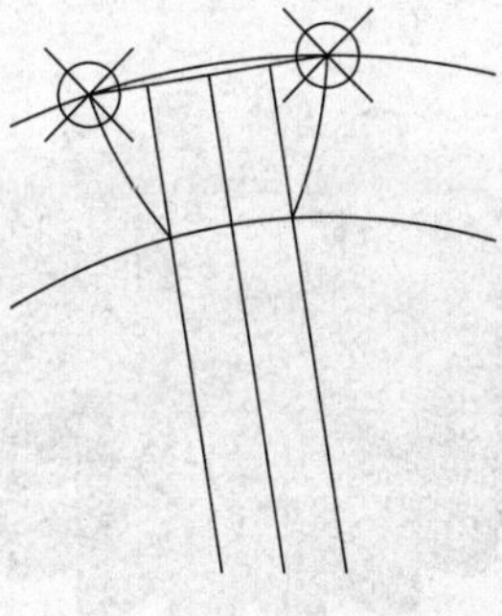

图 15-73 镜像圆弧

08 结合使用“修剪”命令（TR）及“删除”命令(E)，删除掉多余的线段，形成内部的花键形状，如图 15-74 所示。

09 单击【默认】|【修改】|【环形阵列】按钮，选中内部的齿轮形状图形，再捕捉圆心作为阵列的中心，在新增的“阵列创建”面板中，输入“项目数”为 10，并取消“关联”，从而进行阵列操作，如图 15- 75 所示。

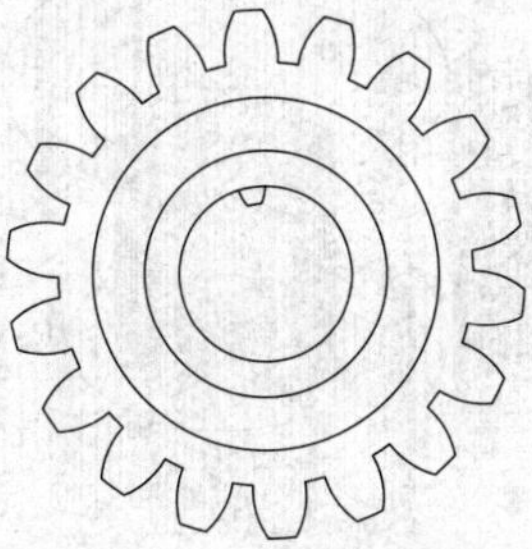

图 15-74 修剪线段

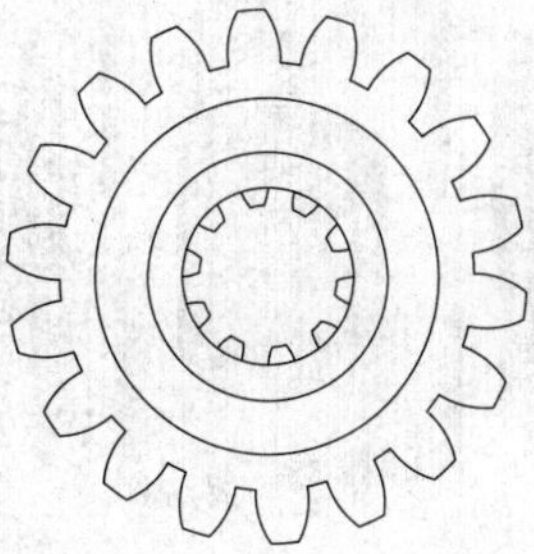

图 15-75 阵列操作

10 使用“修剪”命令（TR），修剪掉多余的线段，如图 15-76 所示。

11 使用“面域”命令（REG），将内部齿轮图形进行面域操作。

12 单击【常用】|【建模】|【拉伸】按钮，将内部齿轮向 Z 轴负方向拉伸 70，如图 15-77 所示。

图 15-76 修剪线段

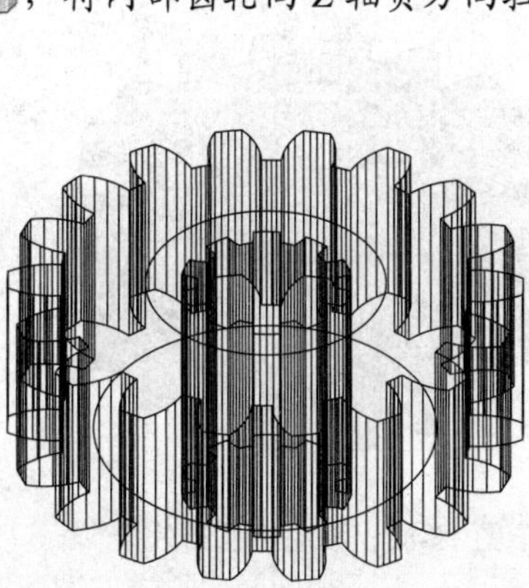

图 15-77 拉伸操作

13 使用“移动”命令(M)，将内部齿轮对象向 Z 轴正方向移动 10，如图 15-78 所示。

14 单击【常用】|【实体编辑】|【差集】按钮，用外侧大齿轮减去内部小齿轮，进行差集运算，如图 15-79 所示。

图 15-78 移动对象

图 15-79 差集运算

15 使用“移动”命令（M），将顶部的圆对象移动 50 到底部，如图 15-80 所示。

16 单击【常用】|【建模】|【拉伸】按钮，将两个圆分别向 Z 轴正方向拉伸 70；并向下移动 10，如图 15-81 和图 15-82 所示。

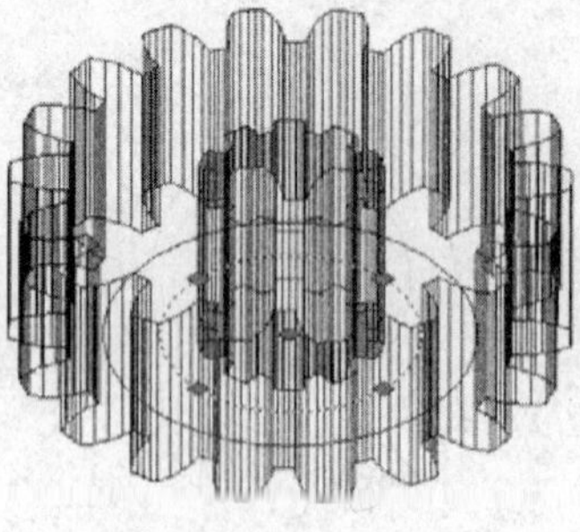

图 15-80 移动对象

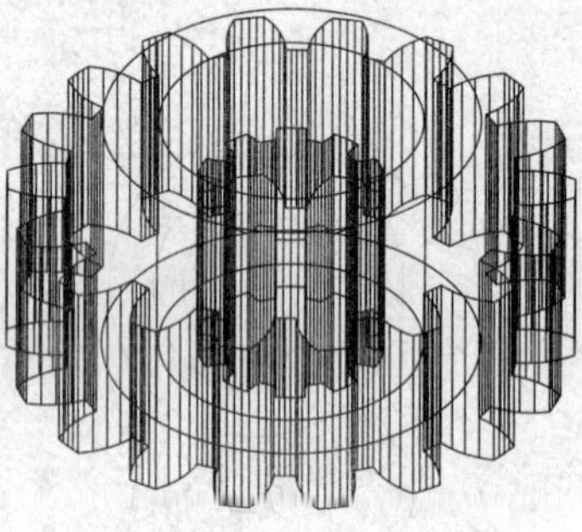

图 15-81 拉伸操作

17 单击【常用】|【实体编辑】|【差集】按钮，用大圆柱体减去小圆柱体，进行差集运算，如图 15-83 所示。

图 15-82 移动后视觉效果

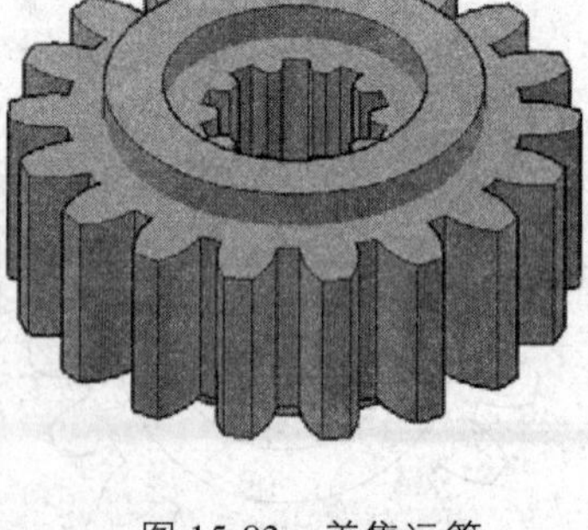

图 15-83 差集运算

18 至此，变速器齿轮模型绘制完成，用户可按【Ctrl+S】组合键进行保存。

第 16 章 创建轴类零件模型

本章导读

轴是组成机器的一种非常重要的零件，一般用来支撑旋转的机械零件（如带轮、齿轮等）、传递运动和动力。本章将详细介绍轴类零件的概念、特点以及各类轴零件图的绘制。

精彩看点

- 轴类零件概述
- 创建花键轴
- 创建支撑轴
- 创建机床轴

16.1 轴类零件概述

轴类零件是五金配件中经常遇到的典型零件之一，它主要用来支承传动零部件，传递转矩和承受载荷。按轴类零件结构型式不同，一般可分为光轴、阶梯轴和异形轴三类；或分为实心轴、空心轴等。它们在机器中用来支承齿轮、带轮等传动零件，以传递转矩或运动。轴类零件是旋转体零件，其长度大于直径，一般由同心轴的外圆柱面、圆锥面、内孔和螺纹及相应的端面所组成。根据结构形状的不同，轴类零件可分为光轴、阶梯轴、空心轴和曲轴等。

常见轴类零件如图 16-1 所示。。

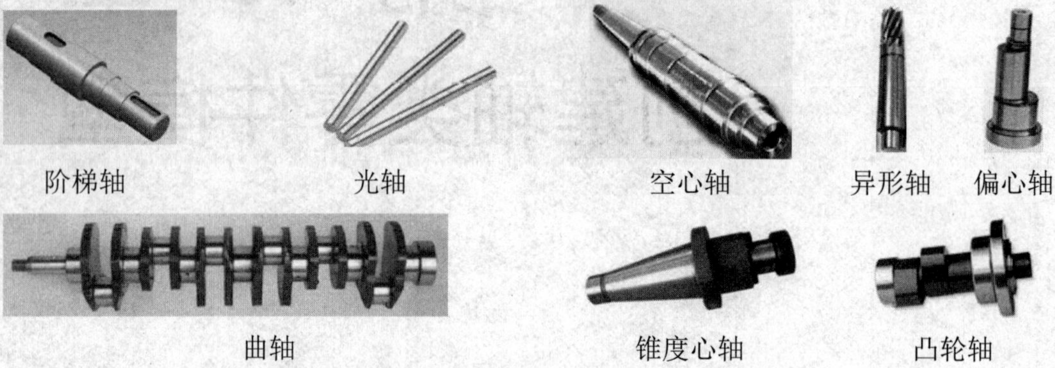

图 16-1　轴的结构示意图

16.1.1 轴的材料及性能

轴的材料种类很多，选用时主要根据对轴的强度、刚度、耐磨性等要求，以及为实现这些要求而采用的热处理方式，同时考虑制造工艺问题加以选用，力求经济合理。

轴的常用材料是优质碳素钢 35、45、50，最常用的是 45 和 40Cr 钢。对于受载较小或不太重要的轴，也常用 Q235 或 Q275 等普通碳素钢。对于受力较大，尺寸和重量受到限制，以及有某些特殊要求的轴，可采用合金钢，常用的有 40Cr、40MnB、40CrNi 等钢。

球墨铸铁和一些高强度铸铁，由于其铸造性能好，容易铸成复杂形状，且减振性能好，应力集中敏感性低，支点位移的影响小，故常用于制造外形复杂的轴。

特别是我国研制成功的稀土-镁球墨铸铁，冲击韧性好，同时具有减摩、吸振和对应力集中敏感性小等优点，已用于制造汽车、拖拉机、机床上的重要轴类零件，如曲轴等。

根据工作条件要求，轴都要整体热处理，一般是调质，对不重要的轴采用正火处理。对要求高或要求耐磨的轴或轴段要进行表面处理，以及表面强化处理(如喷丸、辐压等)和化学处理(如渗碳、渗氮、氮化等)，以提高其强度（尤其疲劳强度）和耐磨、耐蚀等性能。

在一般工作温度下，合金钢的弹性模量与碳素钢相近，所以只为了提高轴的刚度而选用合金钢是不合适的。

轴一般由轧制圆钢或锻件经切削加工制造而成。轴的直径较小时，可用圆钢棒制造；对于重要的，大直径或阶梯直径变化较大的轴，多采用锻件。为节约金属和提高工艺性，直径大的轴还可以制成空心的，并且带有焊接的或者锻造的凸缘。

对于形状复杂的轴（如凸轮轴、曲轴）可采用铸造。

16.1.2 轴的结构

轴的结构一般包括轴头、轴颈、轴身、轴肩（轴环）四部分。其中，轴头是轴和旋转零件的配合部分；轴颈是轴和轴承的配合部分；轴身是连接轴颈与轴头的部分；轴肩是指轴的直径变化所形成的阶梯部分，如图 16-2 所示。

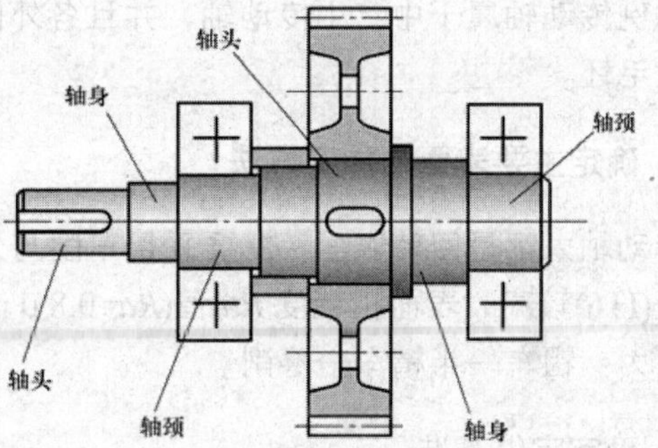

图 16-2　轴的结构示意图

轴结构的设计要求，一般包括以下几点：

- 制造工艺性要求：轴应有良好的制造工艺，便于加工。
- 装拆要求：轴上零件要易于装拆、调整。
- 定位和固定要求：轴与轴上零件要有准确的工作位置，并牢固地保持这一位置。
- 尽量减少应力集中，改善轴的受力状态。

16.1.3 轴的加工

轴类零件在机器中用来支承齿轮、带轮等传动零件，以传递转矩或运动。

台阶轴的加工工艺较为典型，反映了轴类零件加工的大部分内容与基本规律。下面就以减速器中的传动轴为例，介绍一般台阶轴的加工工艺，如图 16-3 所示。

1. 轴零件图样分析

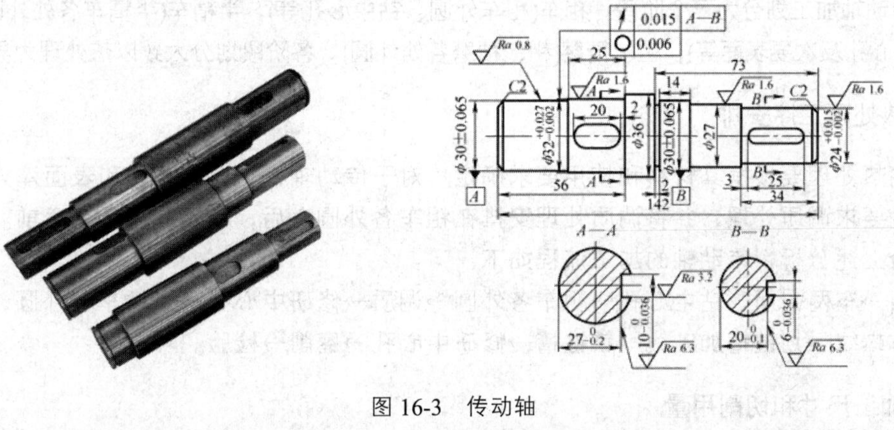

图 16-3　传动轴

如图 16-3 所示零件是减速器中的传动轴。它属于台阶轴类零件，由圆柱面、轴肩、砂轮越程槽和键槽等组成。轴肩一般用来确定安装在轴上零件的轴向位置，各环槽的作用是使零件装配时有一个正确的位置，并使加工中磨削外圆或车螺纹时退刀方便；键槽用于安装键。

根据工作性能与条件，该传动轴图样(见图 16-3)规定了主要轴颈、外圆以及轴肩有较高的尺寸、位置精度和较小的表面粗糙度值，并有热处理要求。这些技术要求必须在加工中给予保证。因此，该传动轴的关键工序是轴颈和外圆的加工。

2. 确定毛坯

该传动轴材料为 45 钢，因其属于一般传动轴，故选 45 钢可满足其要求。

本例传动轴属于中、小传动轴，并且各外圆直径尺寸相差不大，故选择 ¢60mm 的热轧圆钢做毛坯。

3. 确定主要表面的加工方法

传动轴大都是回转表面，主要采用车削与外圆磨削成形。由于该传动轴的主要表面的公差等级(IT6)较高，表面粗糙度 *Ra* 值(*Ra*=0.8 μ m)较小，故车削后还需磨削。外圆表面的加工方案可为：粗车→半精车→磨削。

4. 确定定位基准

合理地选择定位基准，对于保证零件的尺寸和位置精度有着决定性的作用。由于该传动轴的几个主要配合表面及轴肩面对基准轴线均有径向圆跳动和轴向圆跳动的要求，它又是实心轴，所以应选择两端中心孔为基准，采用双顶尖装夹方法，以保证零件的技术要求。

粗基准采用热轧圆钢的毛坯外圆。中心孔加工采用自定心卡盘装夹热轧圆钢的毛坯外圆，车端面、钻中心孔。但必须注意，一般不能用毛坯外圆装夹两次来钻两端中心孔，而应该以毛坯外圆做粗基准，先加工一个端面，钻中心孔，车出一端外圆，然后以已车过的外圆做基准，用自定心卡盘装夹(有时在上工步已车外圆处搭中心架)来车另一端面，钻中心孔。如此加工中心孔，才能保证两中心孔同轴。

5. 划分阶段

对精度要求较高的零件，其粗、精加工应分开，以保证零件的质量。

该传动轴加工划分为三个阶段：粗车(粗车外圆、钻中心孔等)，半精车(半精车各处外圆、台阶和修研中心孔及次要表面等)，粗、精磨(粗、精磨各处外圆)。各阶段划分大致以热处理为界。

6. 热处理工序安排

轴的热处理要根据其材料和使用要求确定。对于传动轴，正火、调质和表面淬火用得较多。该轴要求调质处理，并将调质处理安排在粗车各外圆之后，半精车各外圆之前。

综合上述分析，传动轴的加工流程如下：

下料→车两端面，钻中心孔→粗车各外圆→调质→修研中心孔→半精车各外圆，车槽，倒角→车螺纹→划键槽加工线→铣键槽→修研中心孔→磨削→检验。

7. 加工尺寸和切削用量

传动轴磨削余量可取 0.5mm，半精车余量可选用 1.5mm。加工尺寸可由此而定，见该轴加工工艺卡的工序内容。

车削用量的选择，单件、小批量生产时，可根据加工情况由工人确定；一般可在《机械加工工艺手册》或《切削用量手册》中选取。

8. 拟定工艺过程

定位精基准面中心孔应在粗加工之前加工，在调质之后和磨削之前各需安排一次修研中心孔的工序。调质之后修研中心孔是为了消除中心孔的热处理变形和氧化皮，磨削之前修研中心孔是为了提高定位精基准面的精度和减小锥面的表面粗糙度值。拟定传动轴的工艺过程时，在考虑主要表面加工的同时，还要考虑次要表面的加工。三个键槽应在半精车后以及磨削之前铣削加工出来，这样可保证铣键槽时有较精确的定位基准，又可避免在精磨后铣键槽时破坏已精加工的外圆表面。

在拟定工艺过程时，应考虑检验工序的安排、检查项目及检验方法的确定。

16.2 创建花键轴

花键轴属于机械传动零件，与平键、半圆键、斜键作用一样，都是传递机械转矩的。其结构：在轴的外表有纵向的键槽。套在轴上的旋转件也有对应的键槽，可保持跟轴同步旋转。在旋转的同时，有的还可以在轴上做纵向滑动，如变速器换档齿轮等。

还有一种是可伸缩的轴，由内外管组成，外管有内齿，内管有外齿，套在一起，使用时在传递旋转转矩的同时，在长度方向可以伸缩，经常应用在制动器、转向机构中。

首先绘制 4 个同心圆，使用“直线”“圆弧”“修剪”“阵列”等命令，形成齿轮的效果；将齿轮拉伸后移动到圆柱的中间位置，将外围两个圆拉伸后，进行差集运算，然后在轴上绘制小圆柱体，并进行阵列、复制操作，最后进行差集运算，形成退槽效果，最终效果如图 16-4 所示。

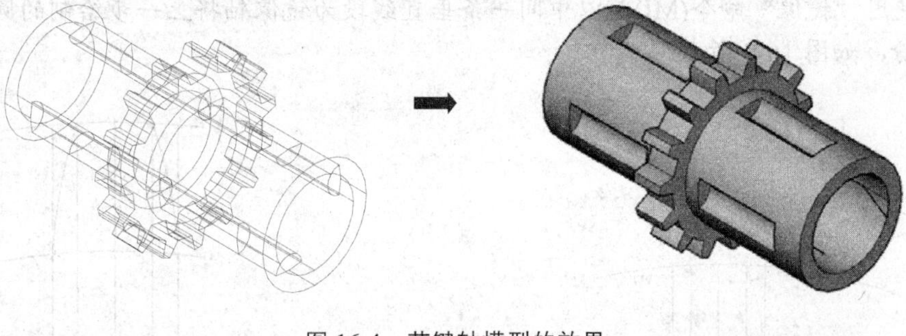

图 16-4　花键轴模型的效果

16.2.1 创建花键轴主体

本节主要讲解创建花键轴的主体部分，其操作步骤如下：

01 正常启动 AutoCAD 2016 软件，选择“快捷工具访问栏”中的“打开”按钮，打开“案例\16\机械样板.dwt”样板文件。

02 再单击“保存”按钮，将其保存为“案例\16\花键轴模型.dwg”文件。

03 使用“圆”命令（C），绘制直径为 30、40、50、60 的同心圆，如图 16-5 所示。

04 使用“直线”（L）命令，过圆心绘制一垂直线段，将其捕捉到最外侧圆上，如图 16-6 所示。

05 执行“偏移”命令（O），将上一步绘制垂直线段分别向左及向右偏移 1.5 及 2.5，如图 16-7 所示。

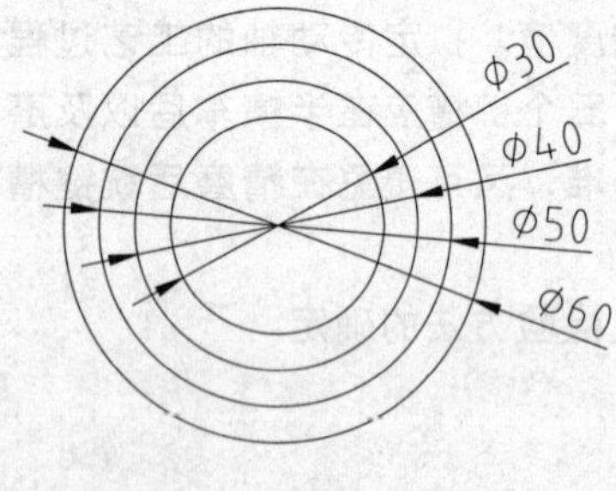

图 16-5 绘制同心圆

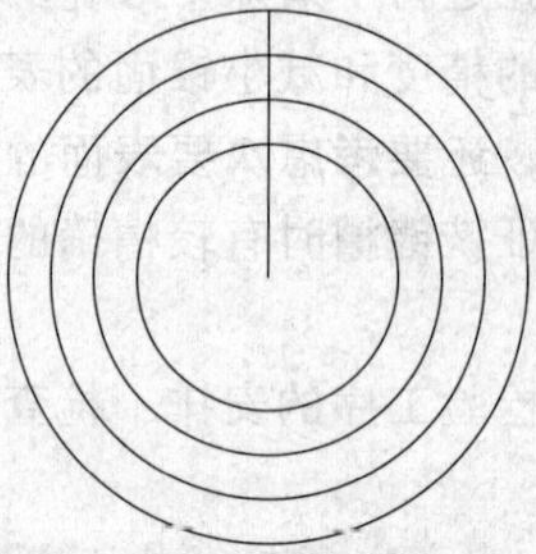
图 16-6 绘制垂线段

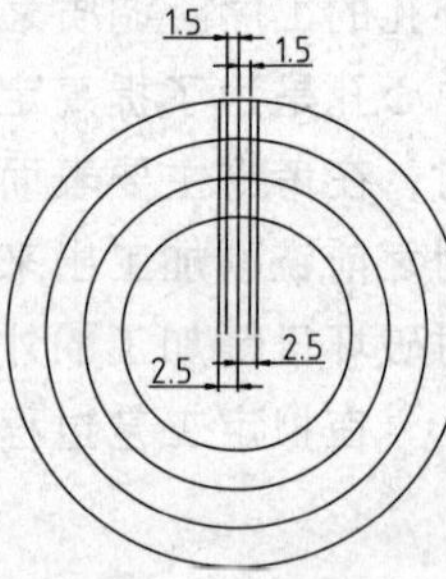

图 16-7 偏移线段

06 使用“圆弧”命令（A），根据命令行提示绘制一条圆弧对象，其绘制的圆弧如图 16-8 所示。

```
命令: A
ARC
圆弧创建方向: 逆时针(按住 Ctrl 键可切换方向)。
指定圆弧的起点或 [圆心(C)]:                          //捕捉相应垂线与圆弧的交点为起点
指定圆弧的第二个点或 [圆心(C)/端点(E)]: e             //选择“端点”选项（E）
指定圆弧的端点:                                      //选择相应垂线与圆弧的交点为端点
指定圆弧的圆心或 [角度(A)/方向(D)/半径(R)]: r         //选择“半径”选项（R）
指定圆弧的半径: 19                                   //输入圆弧的半径
```

07 使用“镜像”命令(MI)，以中间一条垂直线段为镜像轴将上一步绘制的圆弧向右镜像复制一份，如图 16-9 所示。

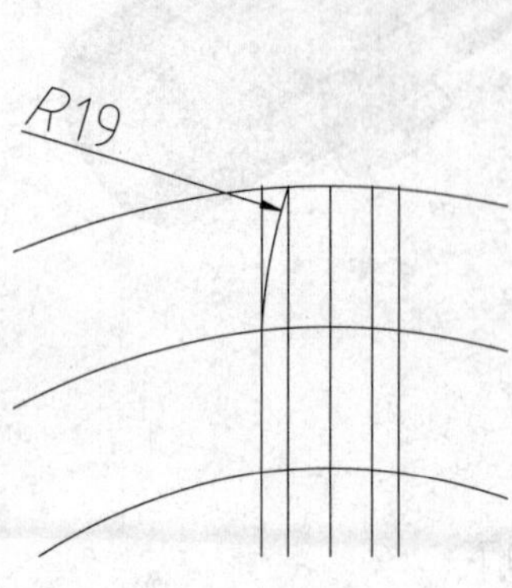

图 16-8 绘制圆弧

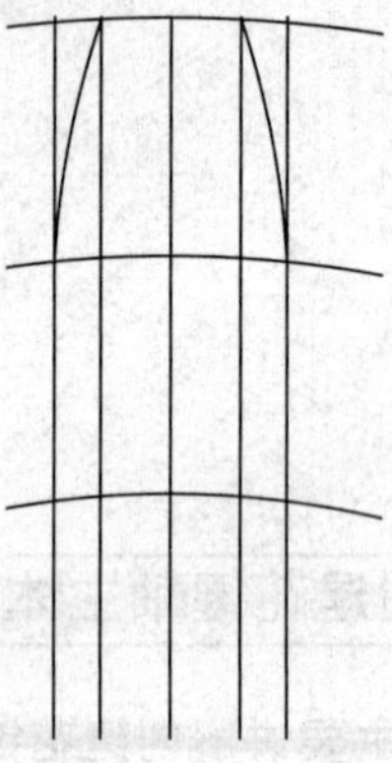
图 16-9 镜像圆弧

08 使用“修剪”命令（TR），修剪掉多余的线段，如图 16-10 所示。

09 单击【默认】|【修改】|【环形阵列】按钮，选中齿轮形状的对象，再捕捉圆

心作为阵列的中心，在新增的“阵列创建”面板中，输入“项目数”为 15，进行阵列操作，并使用“分解”命令(X)，将阵列的对象进行分解，如图 16-11 所示。

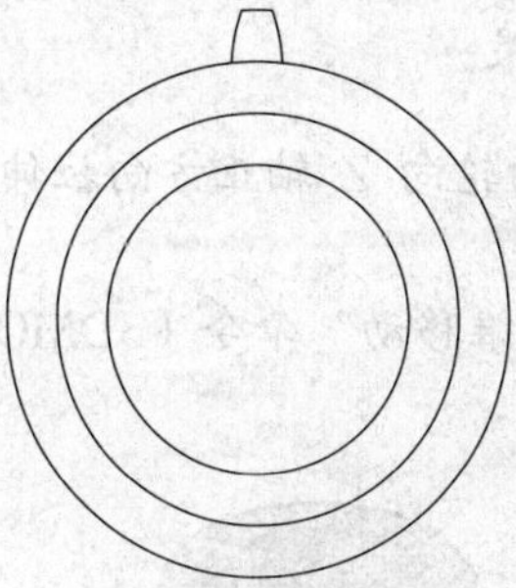
图 16-10　修剪线段

图 16-11　阵列操作

10 使用“修剪”命令（TR），修剪掉多余的线段，如图 16-12 所示。

11 使用“合并”命令（J），将齿轮形状图形首尾相连成一整体，如图 16-13 所示。

图 16-12　修剪线段

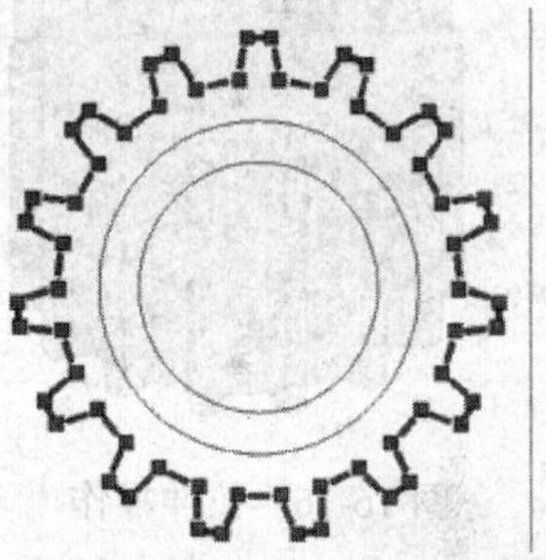
图 16-13　合并操作

12 单击【常用】|【视图】|【西南等轴测】按钮，切换到西南等轴测视图。

13 单击【常用】|【建模】|【拉伸】按钮，将两个圆柱体向 Z 轴正方向拉伸 100，如图 16-14 所示。

14 使用“差集”命令(SUB)，用大圆柱减去小圆柱，进行差集运算，然后切换到“灰度”样式，如图 16-15 所示。

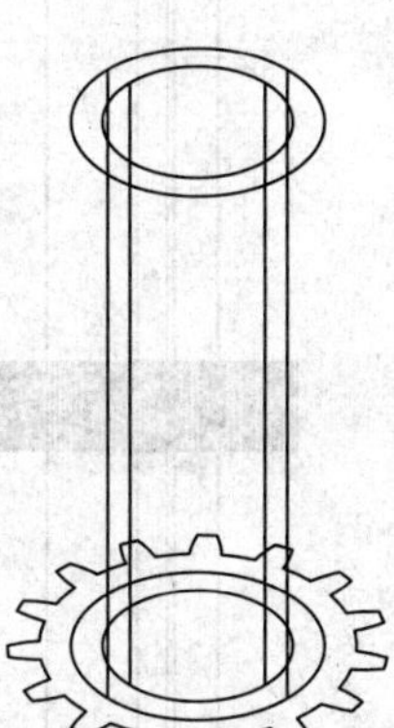
图 16-14　拉伸操作

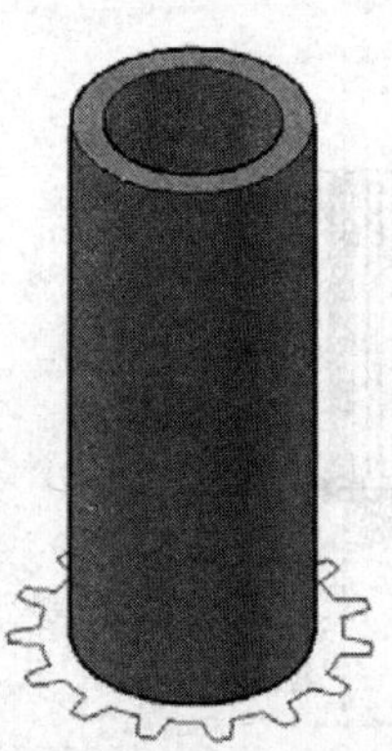
图 16-15　差集运算

专家提醒

绘制过程中，一般采用默认的“二维线框”和“灰度”视觉样式，可根据实际绘图需要，在不同的样式之间相互切换，以直观了解零件的效果。

15 单击【常用】|【建模】|【拉伸】按钮，将齿轮向 Z 轴正方向拉伸 40，如图 16-16 所示。

16 使用“UCS”命令，将 Y 轴旋转 90°。再使用“三维移动”命令（3DMOVE），将齿轮图形向上移动 30，如图 16-17 所示。

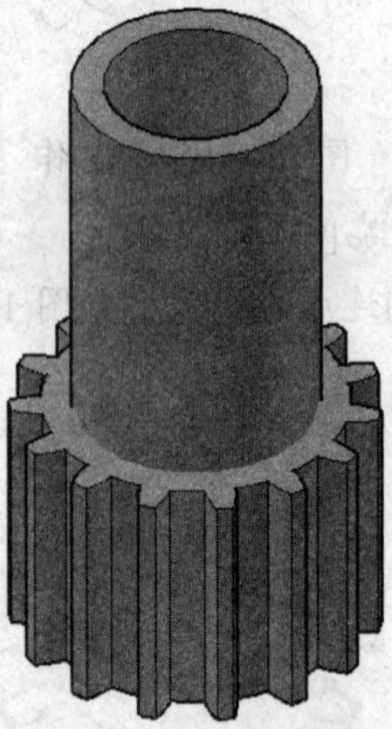

图 16-16　拉伸操作

图 16-17　移动操作

17 单击【常用】|【视图】|【左视】按钮，切换为左视图。选中齿轮图形，鼠标指向出现的向上三角形形状的箭头，然后鼠标向下，在出现的文本框中将原来的拉伸高度 40 修改为 10，如图 16-18 所示。

18 使用“三维移动”命令(3DMOVE)，将拉伸后的齿轮图形向上移动 15，如图 16-19 所示。

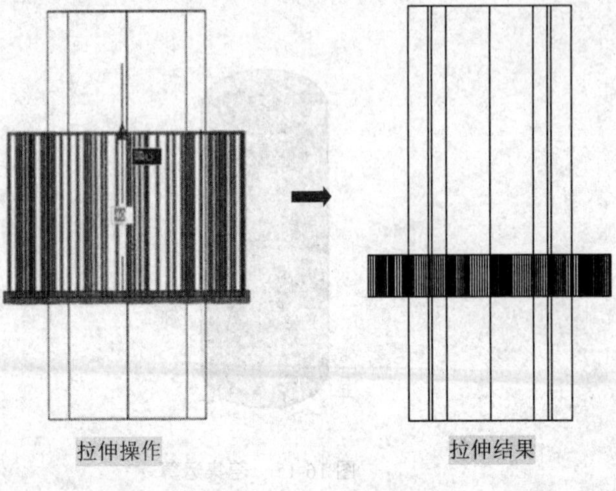

图 16-18　拉伸操作

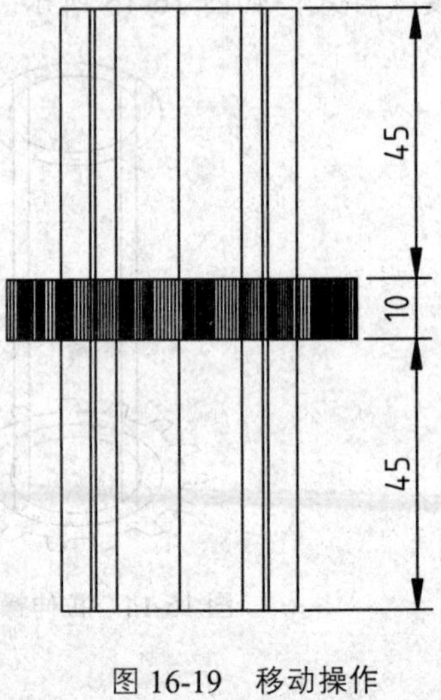

图 16-19　移动操作

16.2.2 创建花键轴细节

本节主要讲解创建花键轴的细节部分，其操作步骤如下：

01 单击【常用】|【视图】|【西南等轴测】按钮，切换到“西南等轴测”视图。

02 使用“UCS”命令，将Y轴旋转-90°。单击【常用】|【建模】|【圆柱体】按钮，捕捉底侧圆的右象限点作为圆心，绘制半径为5、高度为30的圆柱体，如图16-20所示。

03 使用“移动”命令（M），将绘制的圆柱体向上移动10，如图16-21所示。

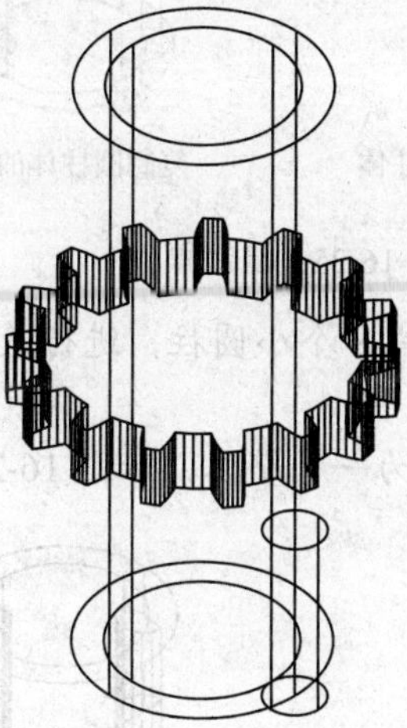
图16-20　绘制圆柱体

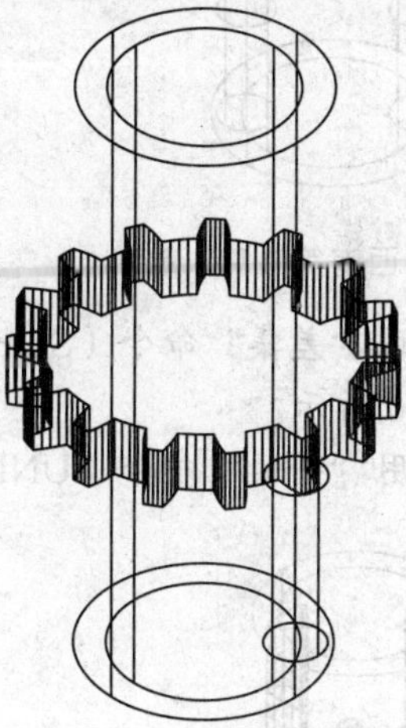
图16-21　移动操作

04 单击【常用】|【视图】|【俯视】按钮，切换到俯视图，如图16-22所示。

05 单击【默认】|【修改】|【环形阵列】按钮，选中小圆柱体，再捕捉圆心作为阵列的中心，在新增的“阵列创建”面板中，输入“项目数”为4，进行阵列操作，如图16-23所示。

图16-22　俯视图效果

图16-23　阵列操作

06 单击【常用】|【视图】|【西南等轴测】按钮，切换到“西南等轴测”视图，如图16-24所示。

07 使用“UCS”命令，将*Y*轴旋转90°。再使用“复制”命令（CO），将阵列后的4个圆柱体向*Y*轴正方向进行距离为50的复制操作，如图16-25所示。

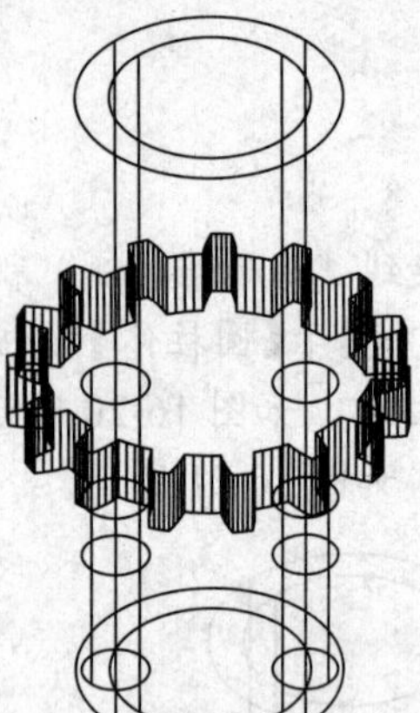

图 16-24 “西南等轴测”效果

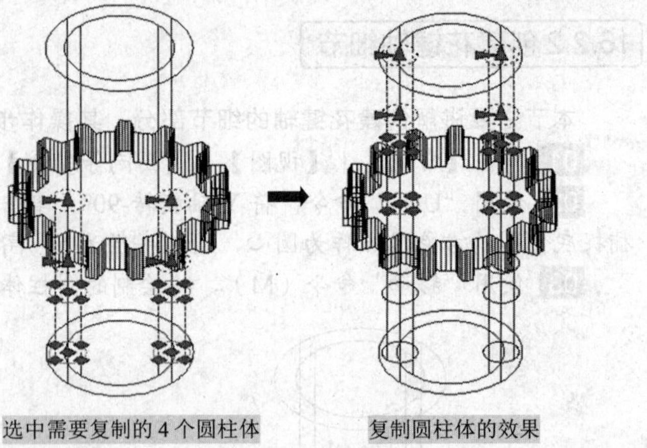

图 16-25 复制操作

08 使用“差集”命令（SUB），用轴心图形减去顶端 8 个小圆柱，进行差集运算，结果如图 16-26 所示。

09 使用“并集”命令（UNION），将所有对象合并为一个整体，如图 16-27 所示。

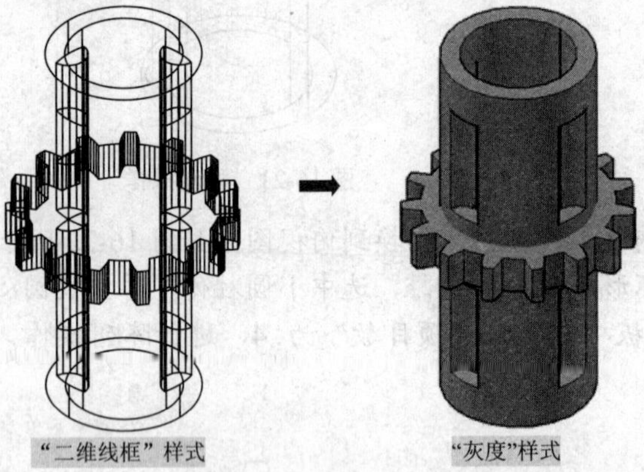

图 16-26 差集运算

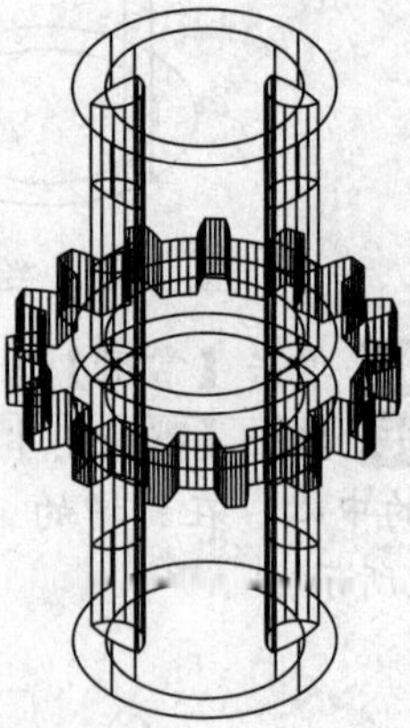

图 16-27 并集运算

10 使用“旋转”命令(RO)，选择花键轴模型，将其旋转–90°，结果如图 16-28 所示。

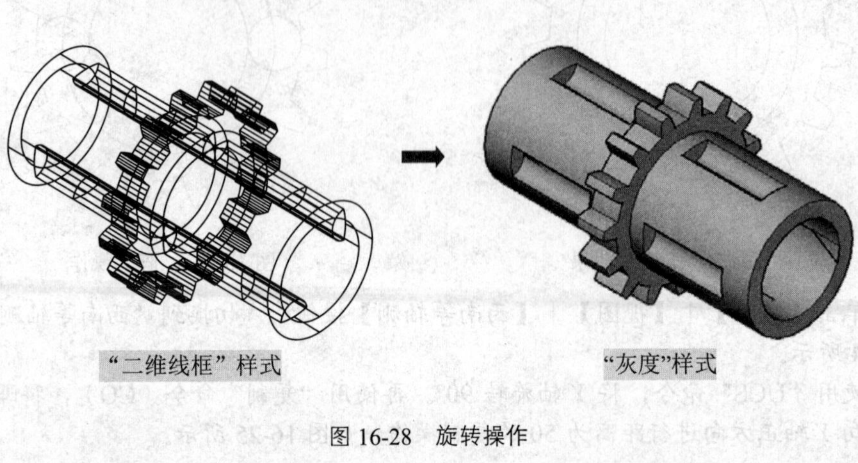

图 16-28 旋转操作

11 至此，花键轴模型绘制完成，用户可按【Ctrl+S】组合键进行保存。

16.3 创建支撑轴

支撑轴一般用于零件之间起稳定作用。首先绘制几个同心圆，使用“直线”“圆弧”“修剪”“阵列”等命令，形成齿轮的形状，再使用拉伸、并集等操作，完成支撑轴的主要部分，然后切换视图来绘制并拉伸圆，进行差集运算，最后将所有的对象进行并集运算，从而完成支撑轴的绘制，最终效果如图 16-29 所示。

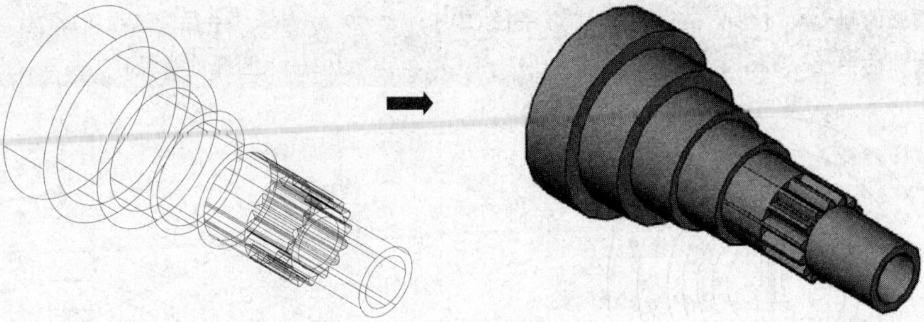

图 16-29　支撑轴模型的效果

16.3.1 创建支撑轴主体

本节主要讲解创建支撑轴的主体部分，其操作步骤如下：

01 正常启动 AutoCAD 2016 软件，选择“快捷工具访问栏”中的“打开”按钮，打开“案例\16\机械样板.dwt”样板文件。

02 再单击“保存”按钮，将其保存为“案例\16\支撑轴模型.dwg”文件。

03 使用“圆”命令（C），绘制直径为 30、40、50、60、70、90、110 的同心圆，如图 16-30 所示。

04 使用“直线”命令（L），分别捕捉圆心及相应圆上的象限点，绘制一条垂直线段，如图 16-31 所示。

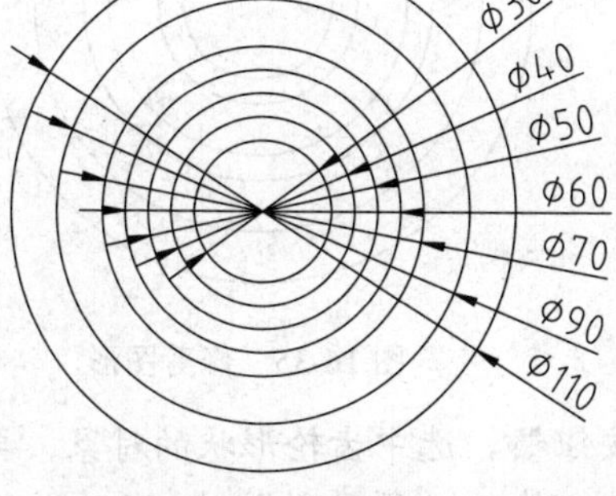

图 16-30　绘制同心圆

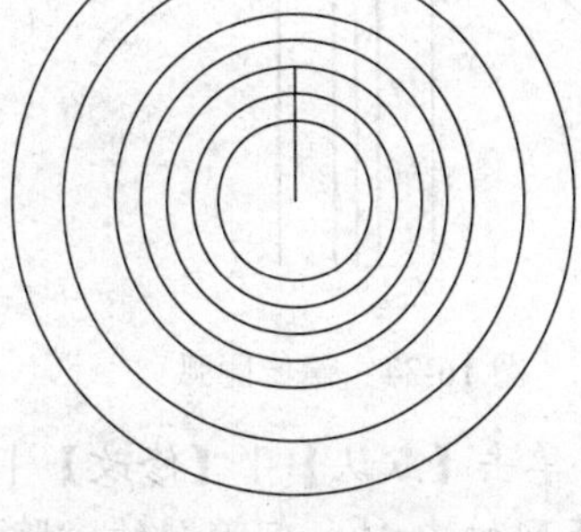

图 16-31　垂直垂线段

05 使用“偏移”命令（O），将上一步绘制的垂直线段分别向左及向右各偏移 1 及 4，如图 16-32 所示。

06 使用“圆弧”命令（A），根据命令行提示绘制一条圆弧对象，其绘制的圆弧如图 16-33 所示。

```
命令：A
ARC
圆弧创建方向：逆时针(按住 Ctrl 键可切换方向)。
指定圆弧的起点或 [圆心(C)]:                    //捕捉上侧相应偏移垂线与圆弧的交点
指定圆弧的第二个点或 [圆心(C)/端点(E)]: e      //选择“端点”选项（E）
指定圆弧的端点:                                //选择下侧相应偏移垂线与圆弧的交点
指定圆弧的圆心或 [角度(A)/方向(D)/半径(R)]: r  //选择“半径”选项（R）
指定圆弧的半径: 16                             //输入圆弧的半径
```

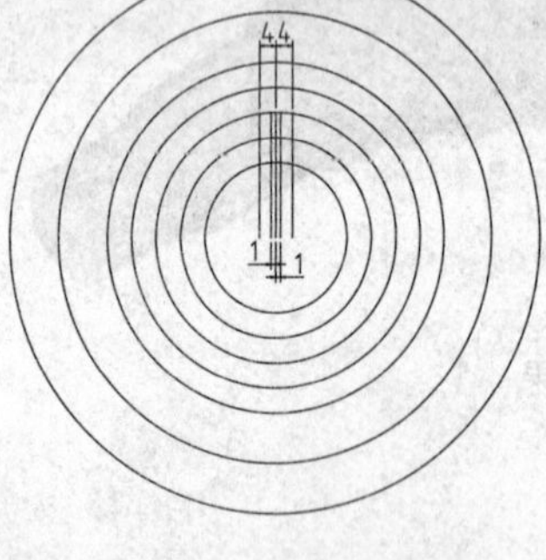

图 16-32　偏移垂线段

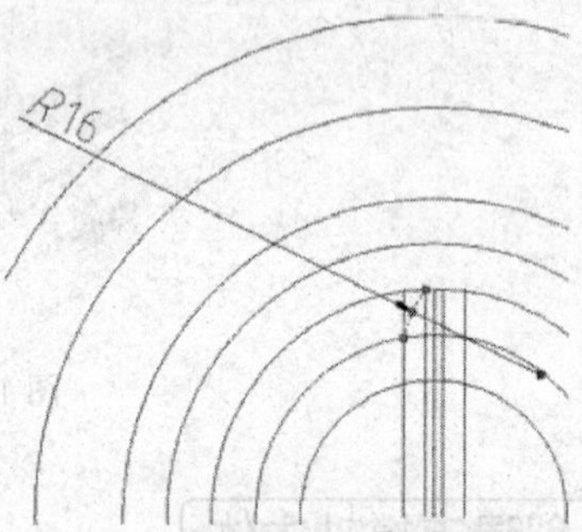

图 16-33　绘制圆弧

07 使用“镜像”命令(MI)，以中间一条垂线段为镜像轴将上一步绘制的圆弧向右镜像复制一份，如图 16-34 所示。

08 使用“修剪”命令（TR），对图中相应的线段进行修剪操作，形成齿轮形状的图形，如图 16-35 所示。

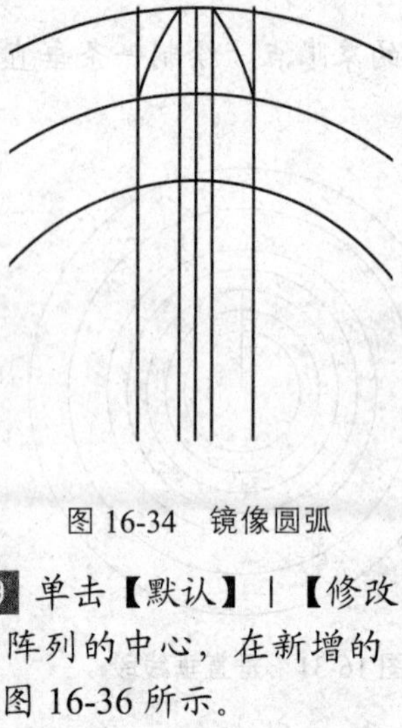
图 16-34　镜像圆弧

图 16-35　修剪图形

09 单击【默认】|【修改】|【环形阵列】按钮，选中齿轮形状的对象，再捕捉圆心作为阵列的中心，在新增的“阵列创建”面板中，输入“项目数”为 15，进行阵列操作，如图 16-36 所示。

10 使用“修剪”命令（TR），修剪掉多余的线段，如图 16-37 所示。

图 16-36　阵列操作

图 16-37　修剪线段

11 使用“合并”命令（J），将齿轮形状图形首尾相连成一整体，如图 16-38 所示。

12 使用“圆”命令（C），捕捉圆心，再次绘制直径为 50 的圆，如图 16-39 所示。

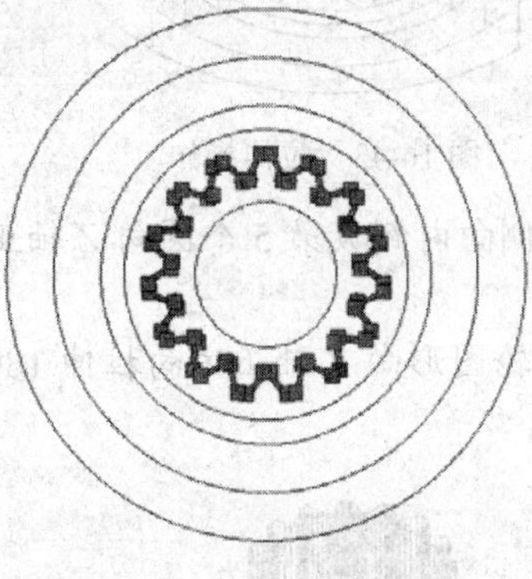

图 16-38　合并操作

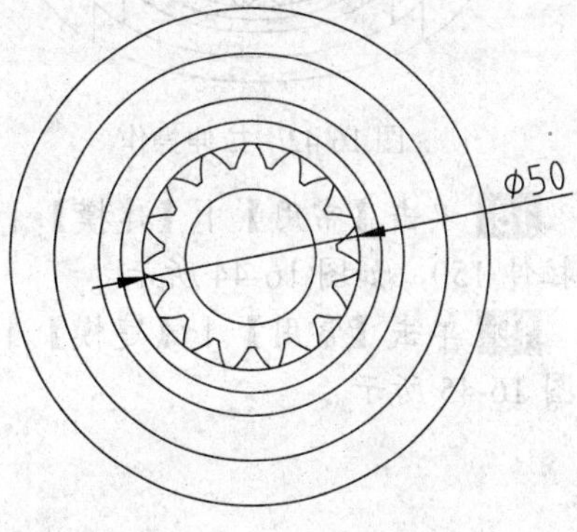

图 16-39　绘制圆

13 单击【常用】|【视图】|【西南等轴测】按钮，切换到“西南等轴测”视图。

14 单击【常用】|【建模】|【拉伸】按钮，将最外侧的圆向 Z 轴正方向拉伸 30，如图 16-40 所示。

15 单击【常用】|【建模】|【拉伸】按钮，将外侧向内倒数第 2 个圆向 Z 轴正方向拉伸 60，如图 16-41 所示。

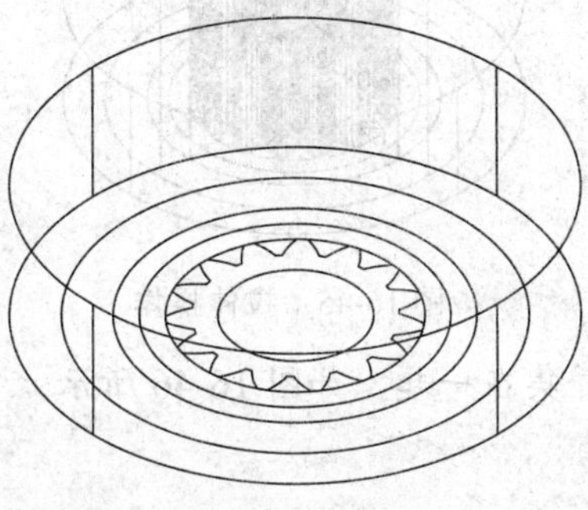

图 16-40　拉伸操作

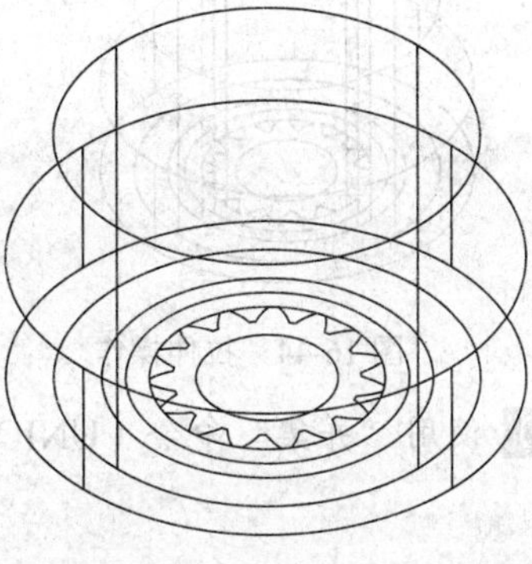

图 16-41　拉伸操作

16 单击【常用】|【建模】|【拉伸】按钮，将外侧向内倒数第 3 个圆向 Z 轴正方向拉伸 90，如图 16-42 所示。

17 单击【常用】|【建模】|【拉伸】按钮，将外侧向内倒数第 4 个的圆向 Z 轴正方向拉伸 120，如图 16-43 所示。

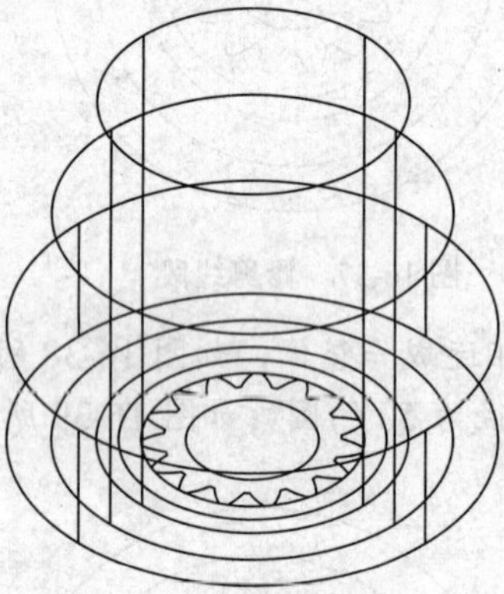

图 16-42 拉伸操作

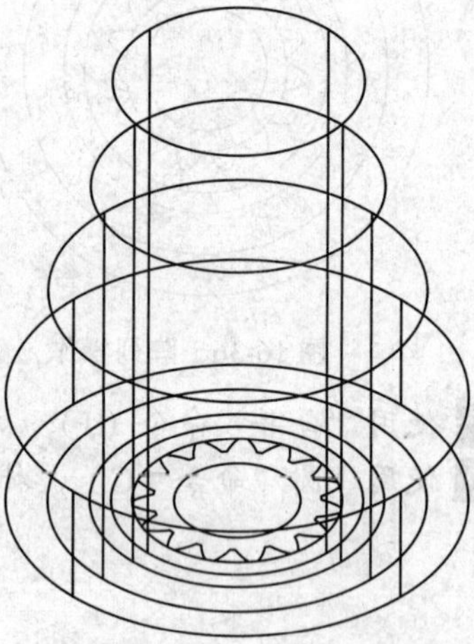

图 16-43 拉伸操作

18 单击【常用】|【建模】|【拉伸】按钮，将外侧向内倒数第 5 个圆向 Z 轴正方向拉伸 150，如图 16-44 所示。

19 单击【常用】|【建模】|【拉伸】按钮，将齿轮图形向 Z 轴正方向拉伸 180，如图 16-45 所示。

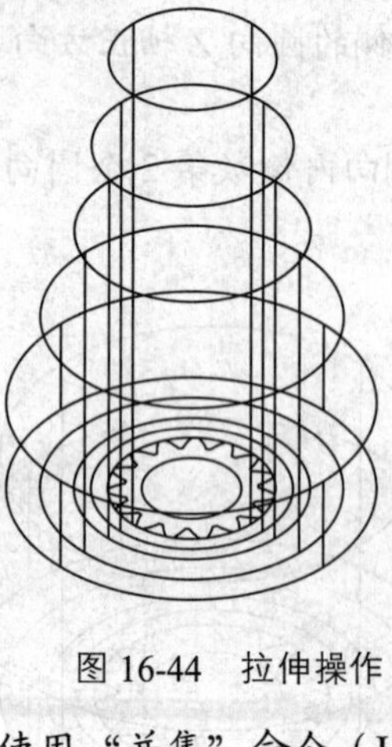

图 16-44 拉伸操作

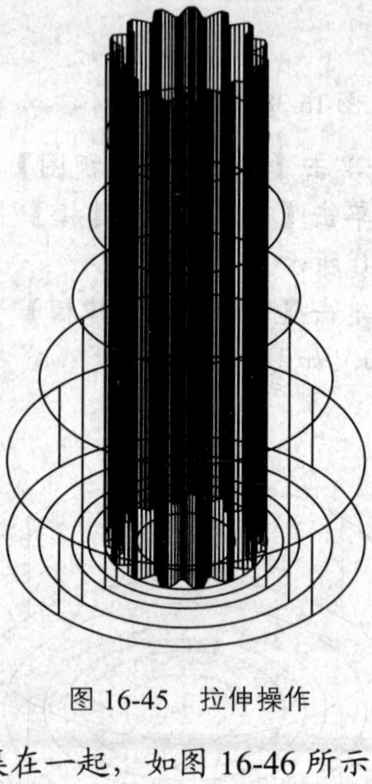

图 16-45 拉伸操作

20 使用“并集”命令（UNION），将所有对象并集在一起，如图 16-46 所示。

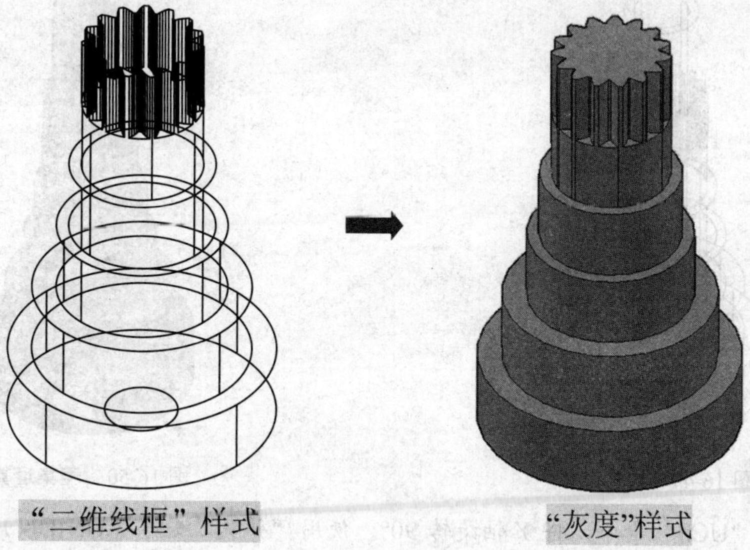

图 16-46　并集运算

16.3.2 创建支撑轴细节

本节主要讲解创建支撑轴的细节部分，其操作步骤如下：

01 单击【常用】|【视图】|【俯视】按钮，切换到俯视图。

02 使用“圆”命令（C），捕捉圆心，再次绘制直径为 40 的圆，如图 16-47 所示。

03 单击【常用】|【视图】|【西南等轴测】按钮，切换到“西南等轴测”视图，如图 16-48 所示。

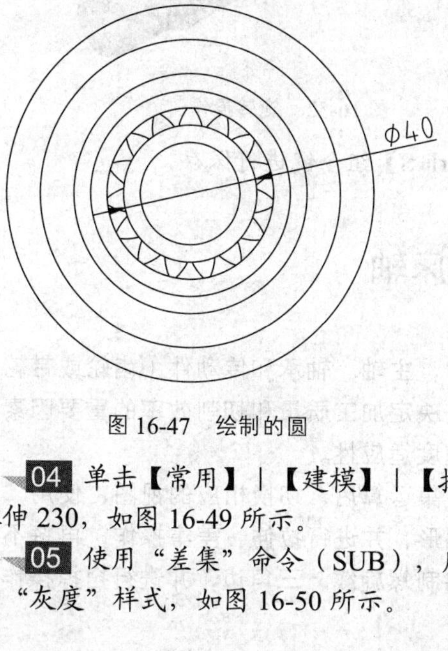

图 16-47　绘制的圆

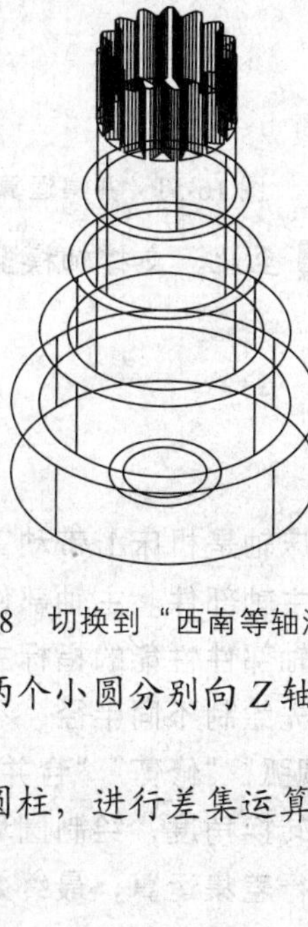

图 16-48　切换到“西南等轴测”视图

04 单击【常用】|【建模】|【拉伸】按钮，将内侧的两个小圆分别向 Z 轴正方向拉伸 230，如图 16-49 所示。

05 使用“差集”命令（SUB），用稍微大的圆柱减去最小圆柱，进行差集运算；切换到“灰度”样式，如图 16-50 所示。

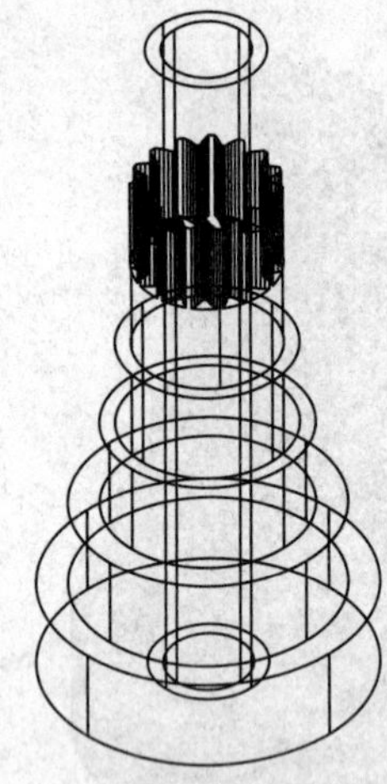

图 16-49　拉伸操作

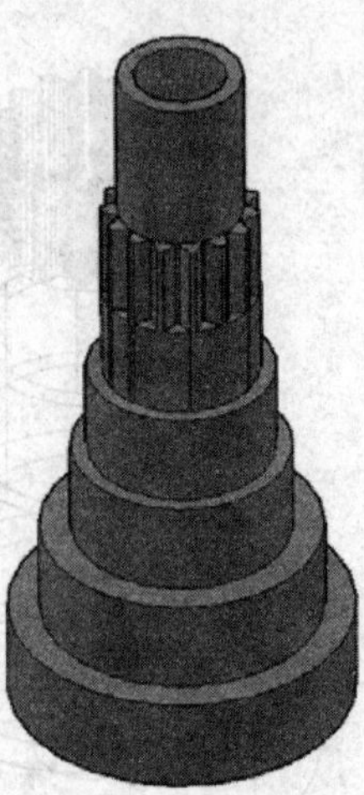

图 16-50　差集运算

06 使用“UCS”命令，将 *Y* 轴旋转 90°。使用“并集”命令（UNION），将所有对象并集在一起，如图 16-51 所示。

07 使用“旋转”命令（RO），将图形旋转 90°，如图 16-52 所示。

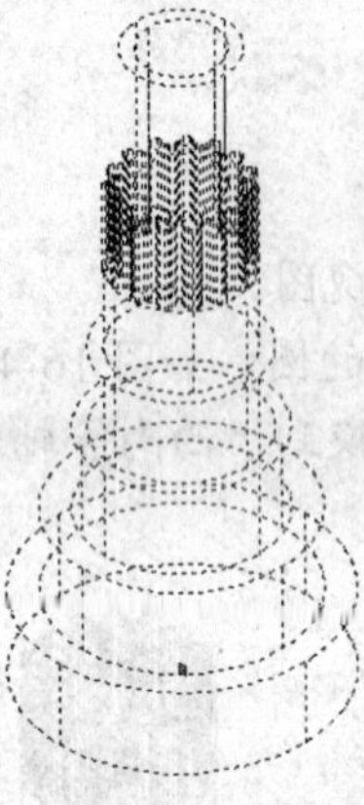

图 16-51　并集运算

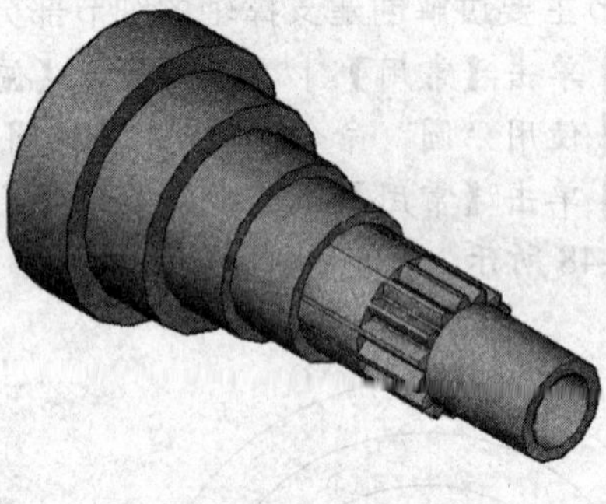

图 16-52　旋转操作

08 至此，支撑轴模型绘制完成，用户可按【Ctrl+S】组合键进行保存。

16.4 创建机床轴

机床轴是机床上带动工件或刀具旋转的轴。通常，主轴、轴承和传动件（齿轮或带轮）等组成主轴部件。主轴部件的运动精度和结构刚度是决定加工质量和切削效率的重要因素。衡量主轴部件性能的指标主要是旋转精度、刚度和速度适应性。

首先绘制不同半径、不同高度的几个圆柱体，并集运算后，切换相应的视图，使用“矩形”“圆弧”“修剪”“合并”“移动”等命令，绘制图形，并进行拉伸、差集操作，再将不同的坐标转换角度，绘制圆环并进行差集运算，然后绘制螺旋线、三角边，并进行扫掠操作，最后进行差集运算，最终效果如图 16-53 所示。

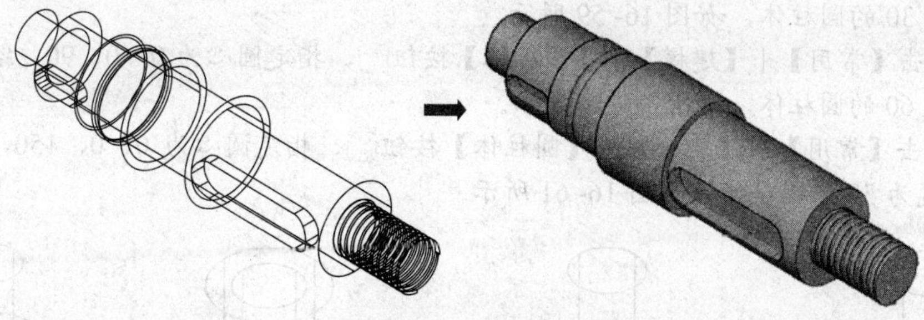

图 16-53　机床轴模型的效果

16.4.1 创建机床轴主体

本节主要讲解创建机床轴的主体部分，其操作步骤如下：

01 正常启动 AutoCAD 2016 软件，选择“快捷工具访问栏”中的“打开”按钮，打开“案例\16\机械样板.dwt”样板文件。

02 再单击“保存”按钮，将其保存为“案例\16\机床轴模型.dwg”文件。

03 单击【常用】|【视图】|【西南等轴测】按钮，切换到“西南等轴测”视图。

04 单击【常用】|【建模】|【圆柱体】按钮，绘制半径为 10、高度为 150 的圆柱体，如图 16-54 所示。

05 单击【常用】|【建模】|【圆柱体】按钮，捕捉圆柱体的底面圆心，绘制半径为 16、高度为 20 的圆柱体，如图 16-55 所示。

06 使用“移动”命令（CO），将上一步绘制的半径为 16 的圆柱体向 Z 轴正方向进行距离为 15 的移动操作，如图 16-56 所示。

07 单击【常用】|【坐标】|【原点】按钮，捕捉高度为 150 圆柱体的底面圆心，作为新的坐标原点，如图 16-57 所示。

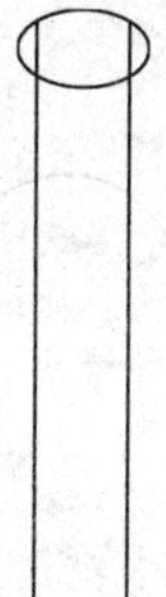

图 16-54　绘制圆柱体

图 16-55　绘制圆柱体

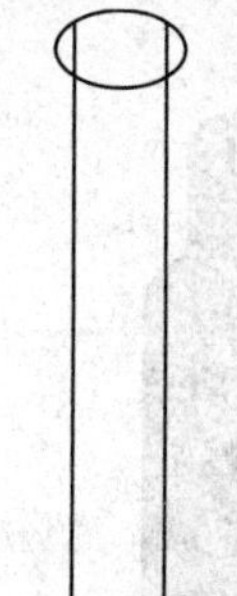

图 16-56　移动操作

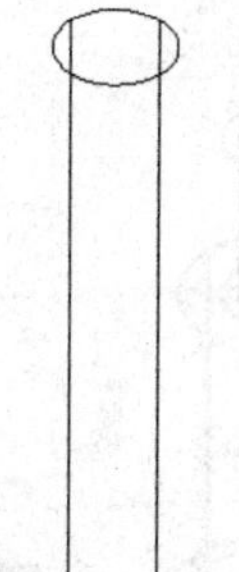

图 16-57　移动坐标

08 单击【常用】|【建模】|【圆柱体】按钮，指定圆心为 0，0，35，绘制半径为 17、高度为 25 的圆柱体，如图 16- 58 所示。

09 单击【常用】|【建模】|【圆柱体】按钮，指定圆心为 0，0，60，绘制半径为

20、高度为30的圆柱体，如图16-59所示。

10 单击【常用】|【建模】|【圆柱体】按钮，指定圆心为0，0，90，绘制半径为17、高度为60的圆柱体，如图16-60所示。

11 单击【常用】|【建模】|【圆柱体】按钮，指定圆心为0，0，150，绘制半径为10、高度为30的圆柱体，如图16-61所示。

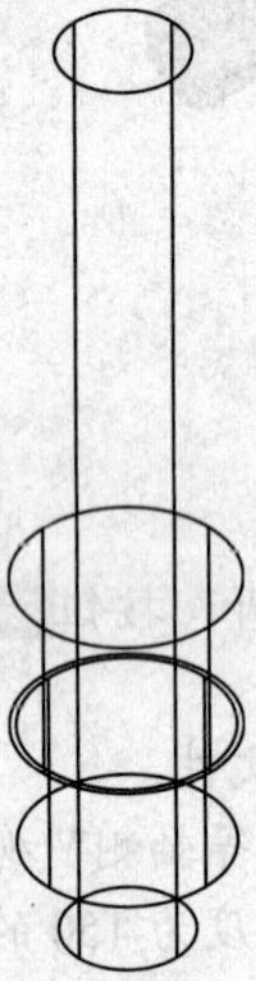

图16-58 绘制圆柱体

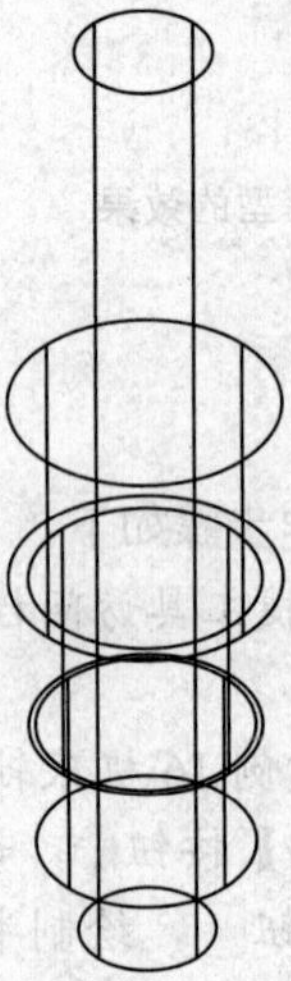

图16-59 绘制圆柱体

图16-60 绘制圆柱体

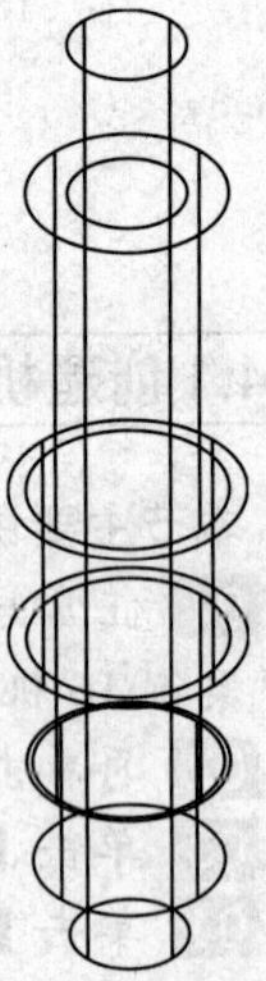

图16-61 绘制圆柱体

12 使用"并集"命令（UNION），将所有的圆柱体合并为一个整体，并将其切换到"灰度"样式，如图16-62所示。

13 使用"矩形" 命令（REC），绘制一个14×40的矩形，再使用"圆"命令（C），分别以矩形的上下侧水平边的中点为圆心绘制直径为14的圆，然后使用"修剪" 命令（TR）对相应的线段进行修剪，并使用"合并"命令（J），将修剪后的图形进行合并操作，如图16-63所示。

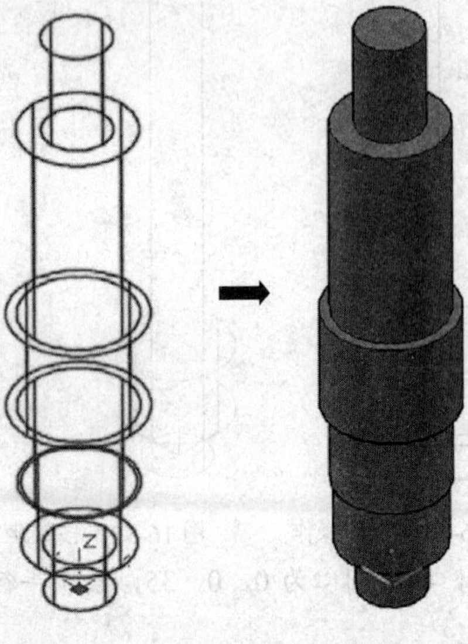

图16-62 并集操作

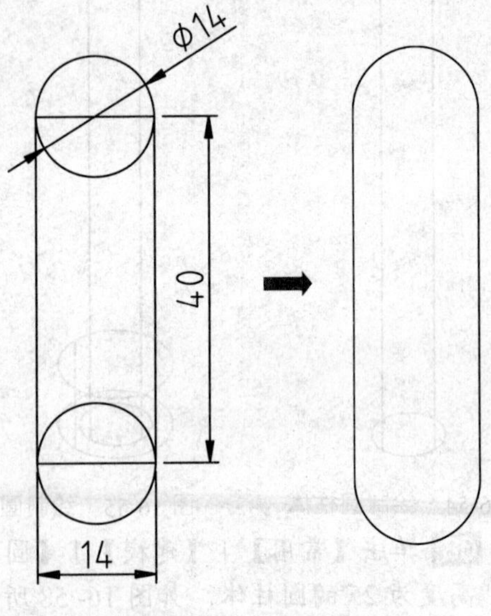

图16-63 绘制图形

14 单击【常用】|【视图】|【左视】按钮，切换到左视图，如图 16-64 所示。

15 使用“移动”命令（M），将图形移动到从上往下数第二个圆柱上，如图 16-65 所示。

16 单击【常用】|【视图】|【前视】按钮，切换到前视图。

17 使用“移动”命令（M），将图形与从上往下数第二个圆柱进行对齐，如图 16-66 所示。单击【常用】|【视图】|【西南等轴测】按钮，切换到“西南等轴测”视图。

18 单击【常用】|【建模】|【拉伸】按钮，将图形向右上方拉伸 6，如图 16-67 所示。

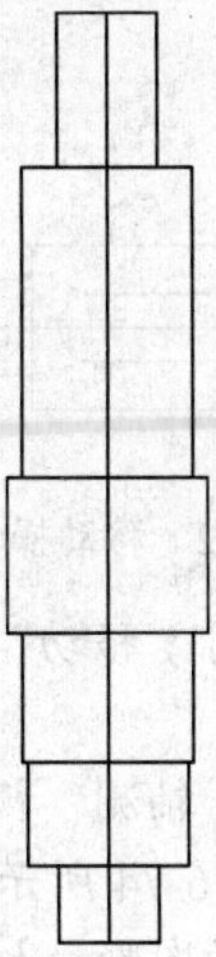
图 16-64　左视图效果

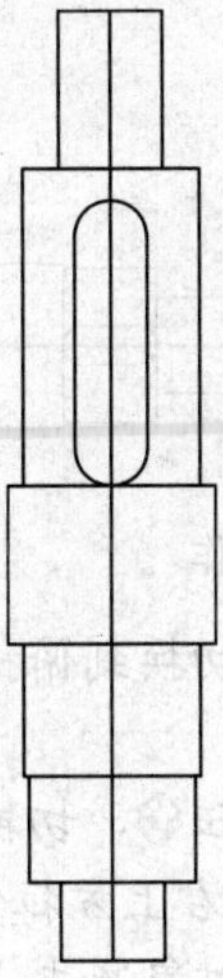
图 16-65　移动操作

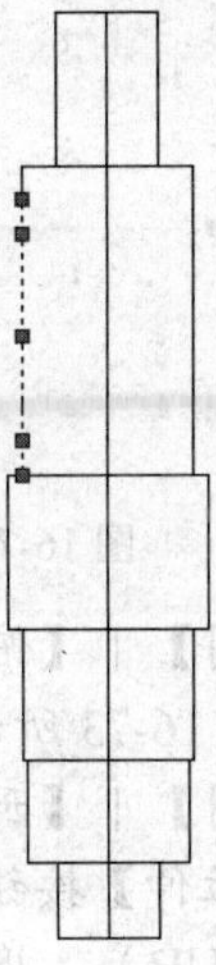
图 16-66　移动操作

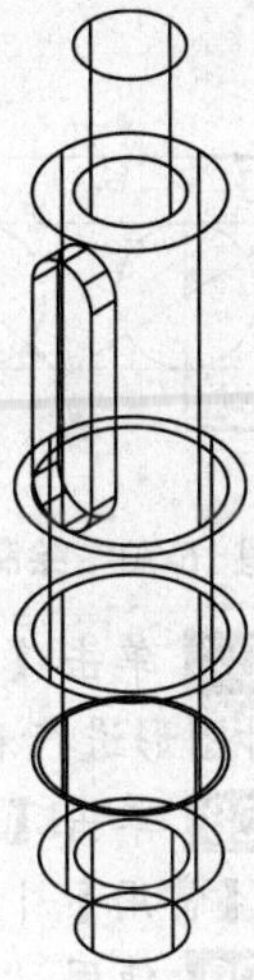
图 16-67　拉伸操作

16.4.2 创建机床轴细节

本节主要讲解创建机床轴的细节部分，其操作步骤如下：

01 使用“UCS”命令，将 Y 轴旋转 90°。使用“旋转”命令（RO），将图形旋转 90°，如图 16-68 所示。

02 使用“差集”命令（SUB），用并集后的圆柱对象减去上一步拉伸的对象，切换到“灰度”样式，效果如图 16-69 所示。

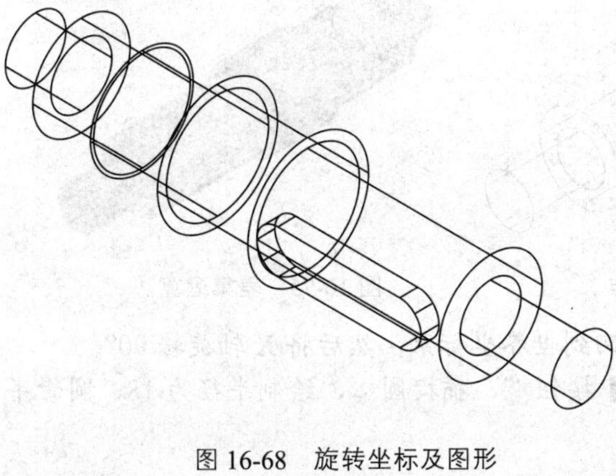
图 16-68　旋转坐标及图形

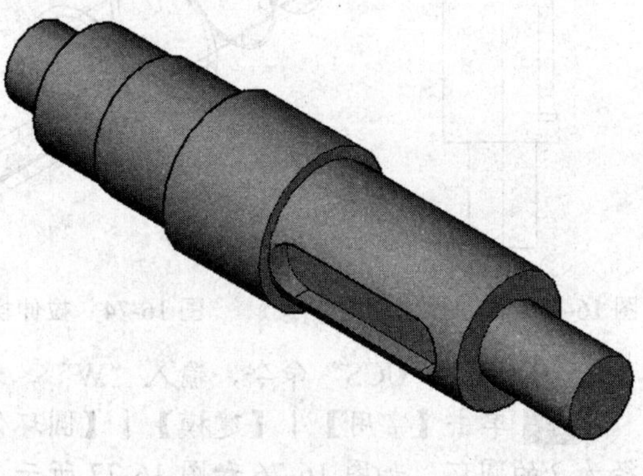
图 16-69　差集操作

03 单击【常用】|【视图】|【左视】按钮，切换到左视图。

04 使用“矩形”命令（REC），绘制一个 20×8 的矩形，再使用“分解”命令(X)，将绘制的矩形进行分解，然后使用“偏移”命令（O），将矩形的左右侧垂直边均向内偏移 4，最后使用“圆”命令（C），以偏移线段的中点为圆心绘制直径为 8 的圆，如图 16-70 所示。

05 使用“修剪”命令（TR），对相应的图形进行修剪，并使用“合并”（J）命令，将修剪后的图形进行合并操作，如图 16-71 所示。

06 使用“移动”（M）命令，将图形移动到从左向右数的第二个圆柱上，如图 16-72 所示。

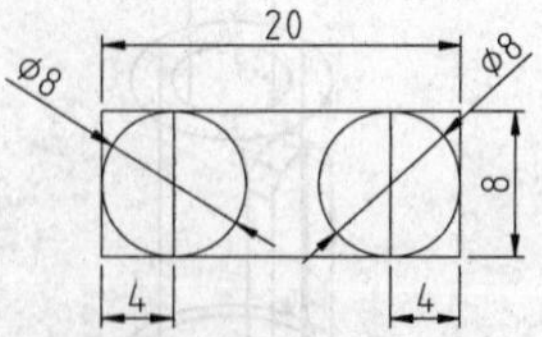

图 16-70　绘制图形

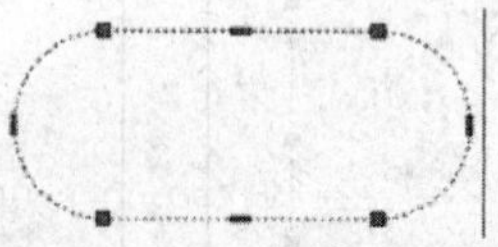

图 16-71　修剪及合并操作

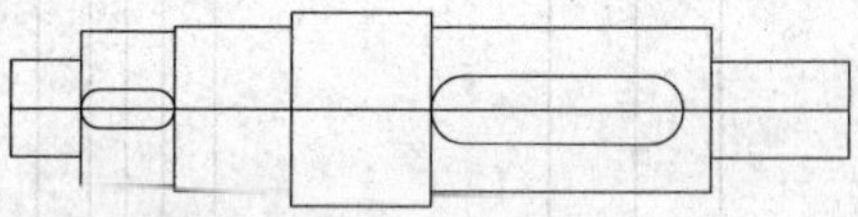

图 16-72　移动操作

07 单击【常用】|【视图】|【俯视】按钮，切换到俯视图，并使用“移动”命令(M)对图形进行移动操作，如图 16-73 所示。

08 单击【常用】|【视图】|【西南等轴测】按钮，切换到“西南等轴测”视图，单击【常用】|【建模】|【拉伸】按钮，将图形向右上方拉伸 5，如图 16-74 所示。

09 使用“差集”命令（SUB），将并集后的圆柱对象减去上一步拉伸的图形，切换到“灰度”样式，效果如图 16-75 所示。

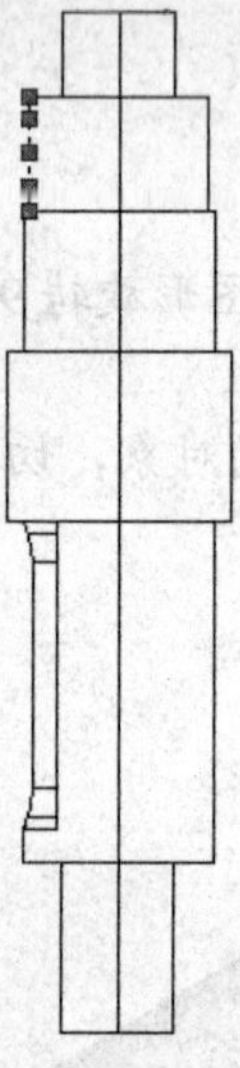

图 16-73　移动操作

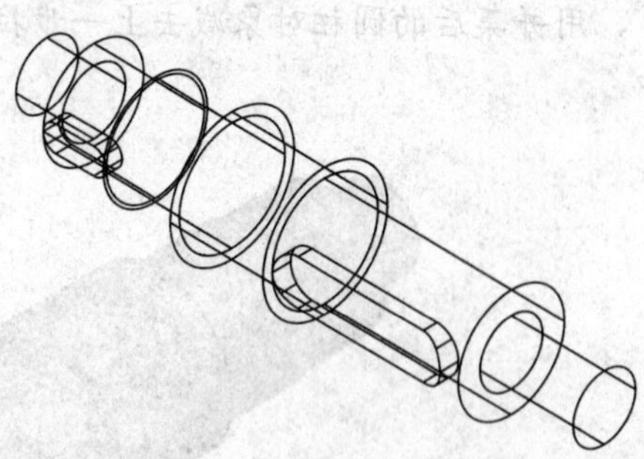

图 16-74　拉伸操作

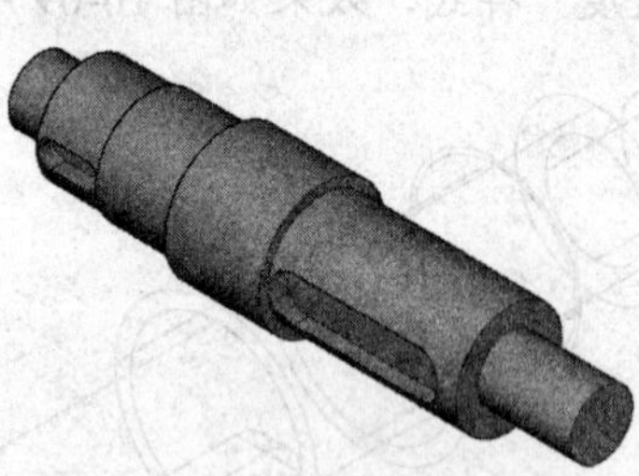

图 16-75　差集运算

10 使用“UCS”命令，输入“W”，返回到世界坐标系，然后将 X 轴旋转 90°。

11 单击【常用】|【建模】|【圆环体】按钮，捕捉圆心，绘制半径为 18、圆管半径为 2 的圆环，如图 16-76 和图 16-77 所示。

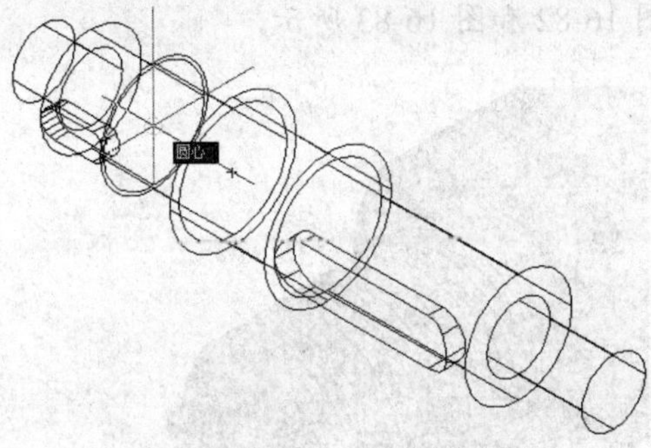

图 16-76　捕捉圆心

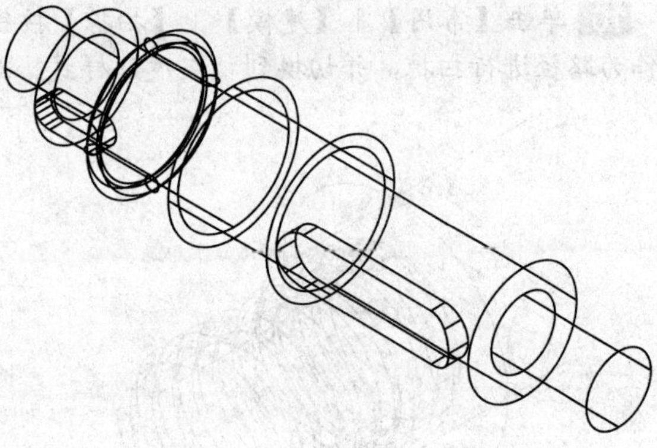

图 16-77　绘制圆环

12 使用“移动”命令（M），将圆环对象向右下方移动 10，如图 16-78 所示。

13 使用“差集”命令（SUB），将机床轴对象减去圆环，如图 16-79 所示。

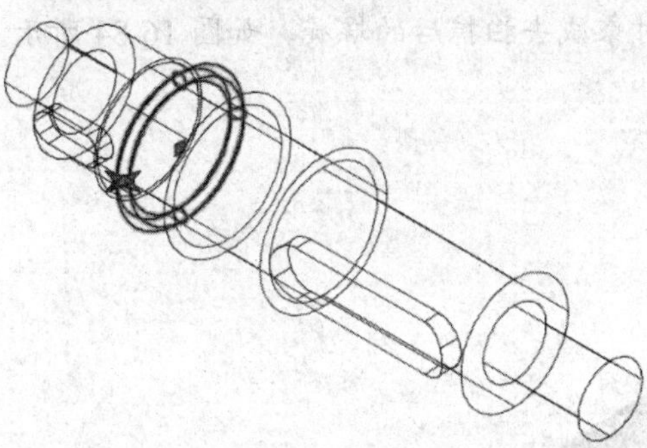

图 16-78　移动操作

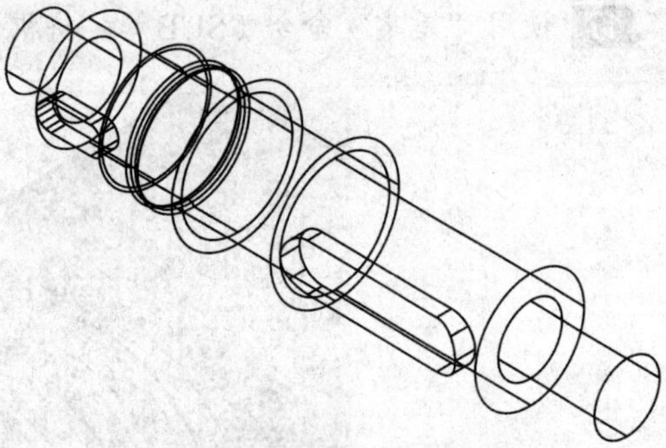

图 16-79　差集运算

14 单击【常用】|【绘图】|【螺旋】按钮，根据命令行提示，捕捉右下位置第一个圆柱的圆心，作为螺旋的中心点，分别指定螺旋的底面半径和顶面半径为 10 和 10；选择“圈高”选项，将值设置为 3，并设置螺旋的高度为 30，如图 16-80 所示。

15 使用“多边形”命令（POL），捕捉螺旋线的左端点，绘制外切于圆、半径为 0.7 的三角形，如图 16-81 所示。

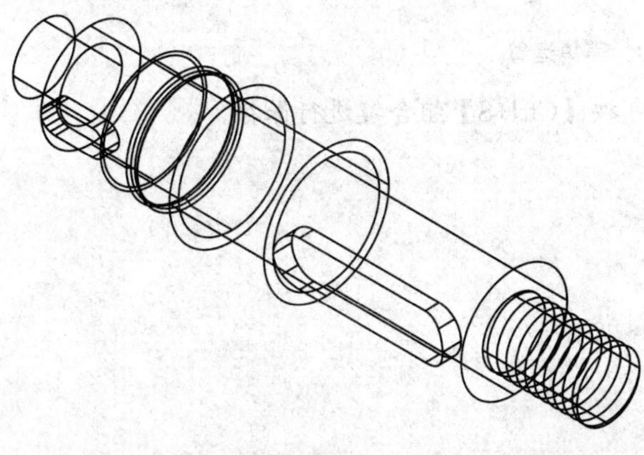

图 16-80　绘制螺旋线

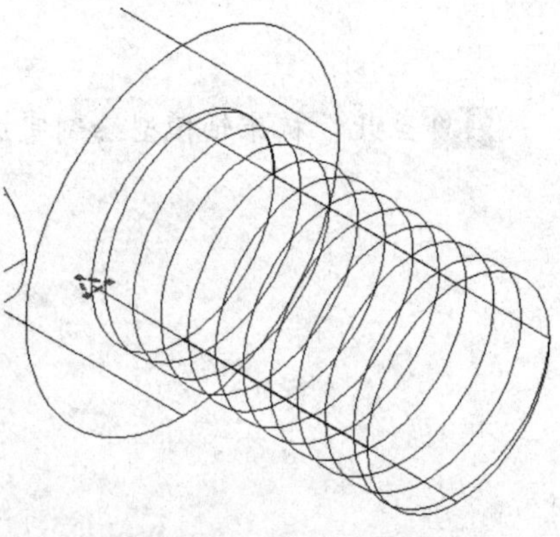

图 16-81　绘制三角形

16 单击【常用】|【建模】|【扫掠】按钮，将绘制的三角形作为扫掠对象，螺旋线作为路径进行扫掠，并切换到"灰度"样式，如图16-82和图16-83所示。

图16-82 扫掠操作

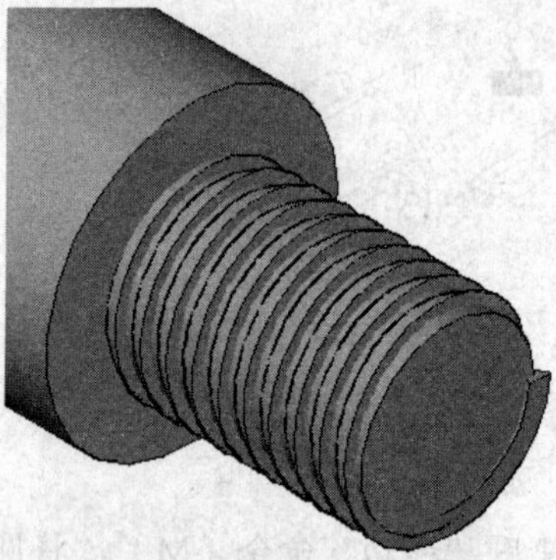

图16-83 灰度样式效果

17 使用"差集"命令（SUB），将机床轴对象减去扫掠后的螺旋，如图16-84所示。

图16-84 差集运算

18 至此，机床轴模型绘制完成，用户可按【Ctrl+S】组合键进行保存。

第 17 章 创建盘盖类零件模型

本章导读

盘盖类零部件主要起传动、连接、支承、密封等作用，如手轮、法兰盘、各种端盖等。盘盖类零件的主体一般为回转体或其他平板型，厚度方向的尺寸比其他两个方向的尺寸小，其上常有凸台、凹坑、螺孔、销孔、轮辐等局部结构。

精彩看点

- 盘盖类零件概述
- 创建法兰盘
- 创建泵盖
- 创建透盖

17.1 盘盖类零件概述

盘盖类零件包括法兰盘、透盖、轴承盖、圆盘、泵盖、法兰盘等，这类零件主要起压紧、密封、支承、连接、分度及防护等作用。

17.1.1 盘盖类零件的概念

盘盖类零件多为扁平的圆形或方形盘状结构，轴向尺寸相对于径向尺寸小很多。常见的零件主体一般由多个同轴的回转体，或由一正方体与几个同轴的回转体构成，在主体上常带有均匀分布的凸缘、肋条、光孔、销孔、凹坑、螺纹孔等局部结构。盘盖类零件常用作法兰盘、齿轮、带轮、链轮、压盖等，其制造材料一般多为灰铸铁，如图 17-1 所示。

图 17-1　常见盘盖类零件

盘类零件主要起到传递动力和固定作用，法兰也俗称法兰片或法兰盘，是管道、容器或其他结构中做可拆连接时最重要的零件；端盖是产品的密封和支承以及轴向定位的重要零件，在电动机、减速器等产品中起到非常关键的作用。如图 17-2 所示法兰盘是球阀结构中的一个典型应用。

图 17-2　盘盖类零件的应用示例

17.1.2 盘盖类零件种类

盘类：法兰盘、齿轮、齿圈、手轮、拨叉轮、各类盘状接头等。

盖类：(轴承、发动机)端盖、透盖、后盖等。

17.2 创建泵盖

泵盖在油泵中起密封作用，中间有两个孔用于支撑齿轮轴，其结构特点呈椭圆形，一端有凸台，有两个支撑孔、两个定位孔和六个连接孔。

在绘制泵盖模型时，首先使用“二维直线”“圆”等命令来创建外围粗实线，然后使用三维实体中的“拉伸”“布尔运算”等命令来创建泵盖内部粗实线，最后进行圆角边操作，从而完成模型的绘制，如图 17-3 所示。

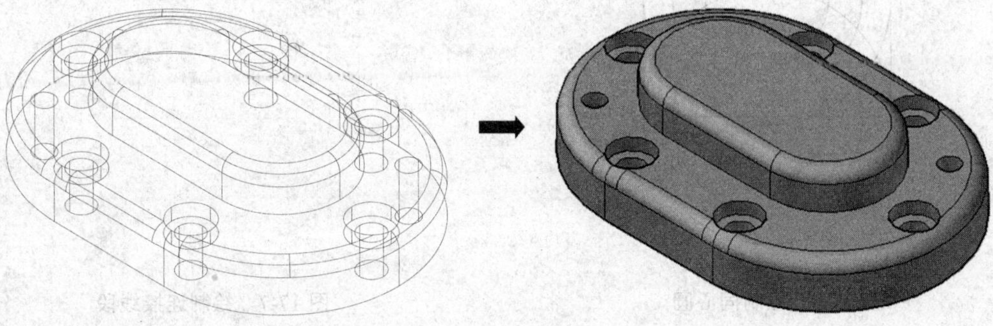

图 17-3　泵盖效果图

17.2.1 创建泵盖主体

本节主要讲解怎样创建泵盖的主体，其操作步骤如下：

01 正常启动 AutoCAD 2016 软件，选择“快捷工具访问栏”中的“打开”按钮，将“案例\17\机械样板.dwt”文件打开，再执行“另存为”按钮，将其另存为“案例\17\泵盖模型.dwg”文件。

02 将“粗实线”图层置为当前。使用“矩形”命令（REC），在绘图区域绘制一个 60 × 28 的矩形对象，如图 17-4 所示。

03 使用“圆”命令（C），以矩形上、下边中点作为圆心，绘制两个半径为 30 的圆对象，如图 17-5 所示。

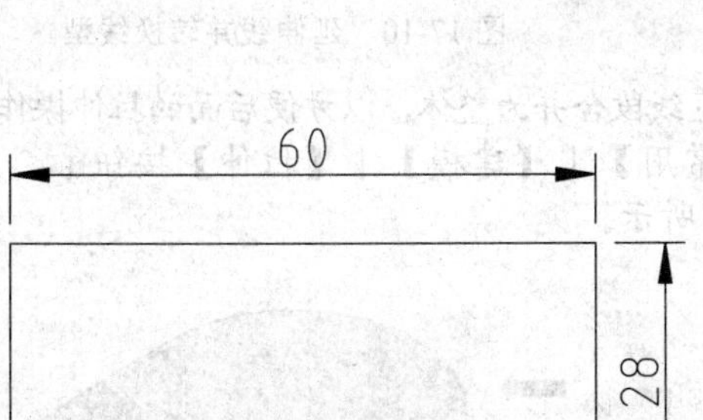

图 17-4　绘制的矩形

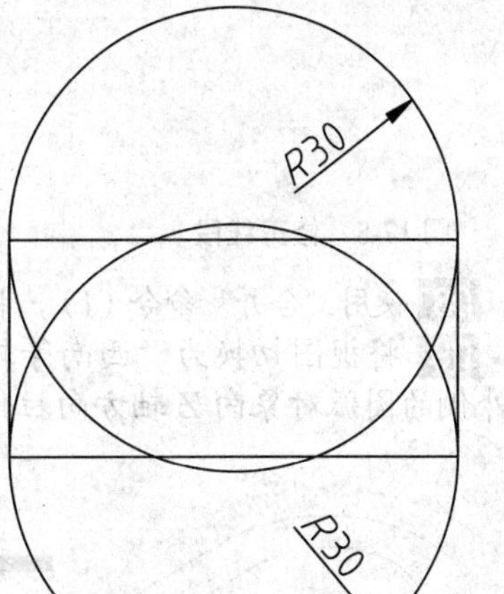

图 17-5　绘制的圆

04 使用“圆”命令（C），再次捕捉相同的圆心点，分别绘制半径为 15、23 的同心圆，如图 17-6 所示。

05 使用“直线”命令（L），过两边圆外侧切点位置处进行直线连接，如图 17-7 所示。

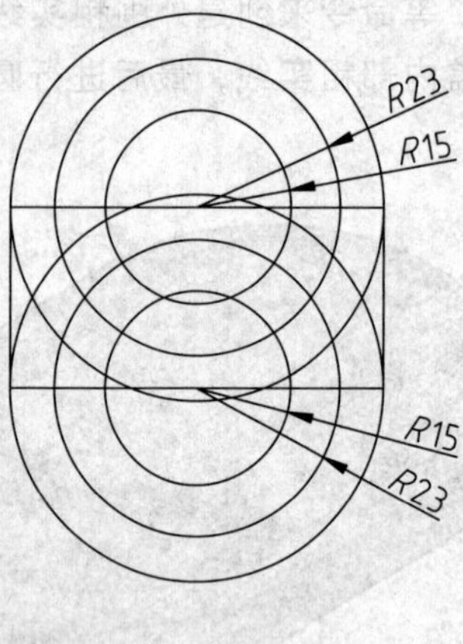

图 17-6 绘制同心圆

图 17-7 绘制连接线段

06 使用“修剪”命令（TR），将多余的圆弧对象进行修剪，并将中间线段转换为点画线效果，如图 17-8 和图 17- 9 所示。

07 使用“直线”（L）、“分解”（X）、“延伸”（EX）等命令，过中点绘制一中垂线并超出两端，并将水平的两条直线向左右进行延伸 3；将水平与垂直线段可转换为“中心线”图层，用作辅助线段，如图 17-10 所示。

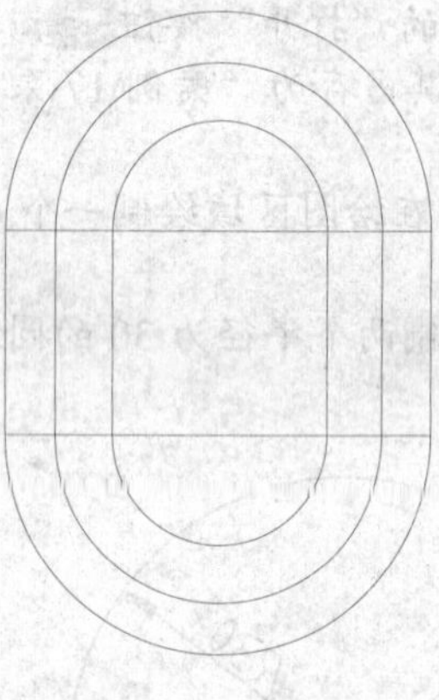

图 17-8 修剪线段

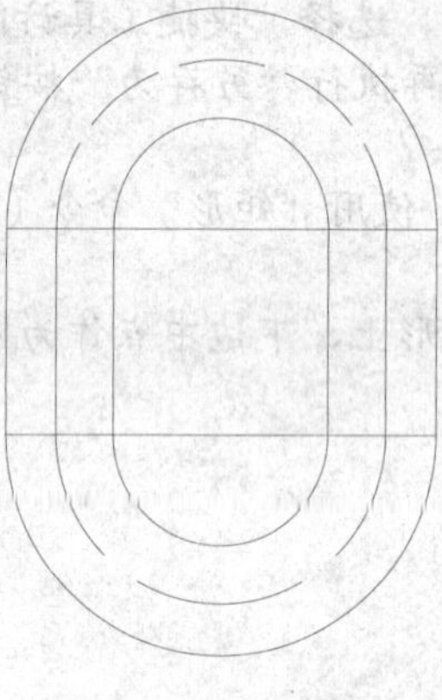

图 17-9 转换线型

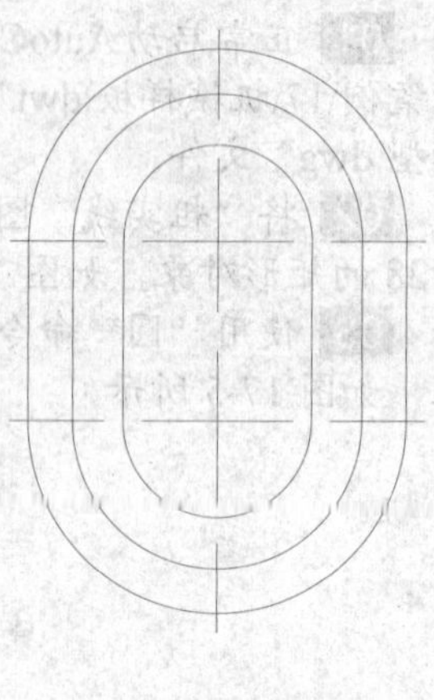

图 17-10 延伸线并转换线型

08 使用“合并”命令（J），将圆弧状图形与垂直线段合并为整体，以方便后面的拉伸操作。

09 将视图切换为“西南等轴测”。单击【常用】|【建模】|【拉伸】按钮，将最外侧的圆弧对象向 Z 轴方向拉伸 11，如图 17-11 所示。

图 17-11 外粗实线拉伸

专家提醒

为了便于选择内部的轮廓，可以将“灰度”样式转换为“二维线框”样式效果。在进行实体拉伸时，可暂时将“中心线”图层进行关闭，单击“中心线”图层前的💡，使其变成💡。

10 单击【常用】|【建模】|【拉伸】按钮，将内侧粗实线向 Z 轴方向拉伸 20，效果如图 17-12 所示。

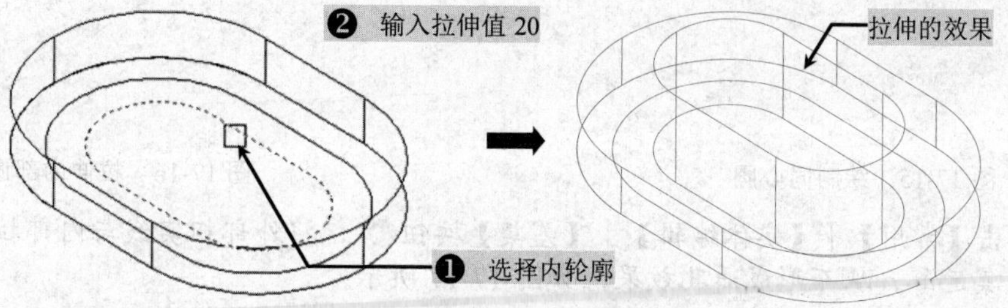

图 17-12　内粗实线拉伸

11 单击【常用】|【实体编辑】|【并集】按钮，将两个拉伸的对象进行合并运算，如图 17-13 所示；对象合并前后对比效果如图 17-14 所示。

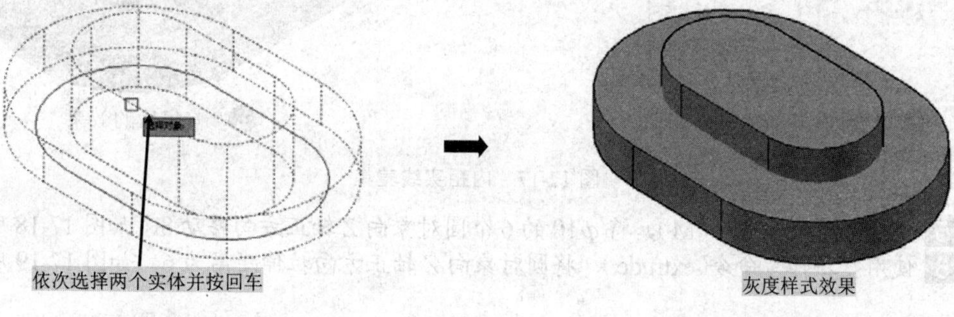

图 17-13　合并运算

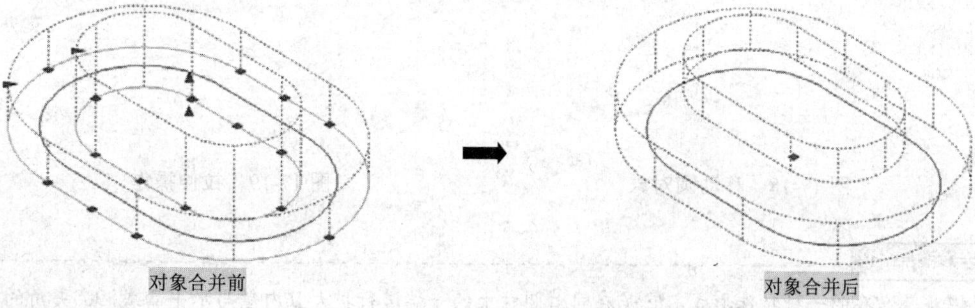

图 17-14　合并前后对比

12 切换到“二维线框”样式，并打开“中心线”图层。使用“圆”命令（C），捕捉第二道圆弧的交点绘制两个同心圆，其直径分别为 6 和 10，如图 17-15 所示。

13 使用“拉伸”命令（extrude），先将内部 $\phi6$ 的 6 个小圆向 Z 轴正方向拉伸距离为 15 进行拉伸，如图 17-16 所示。

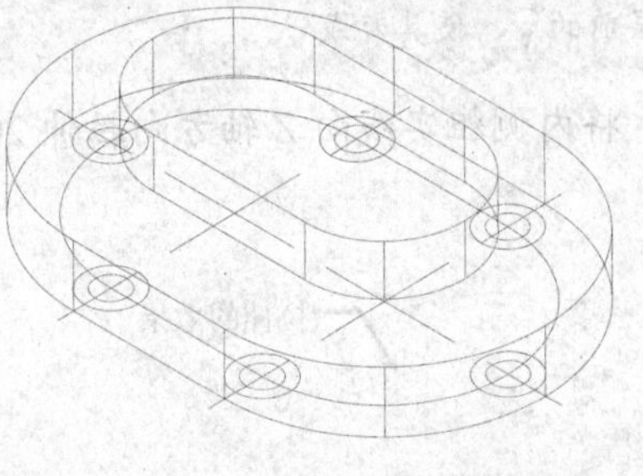

图 17-15　绘制同心圆

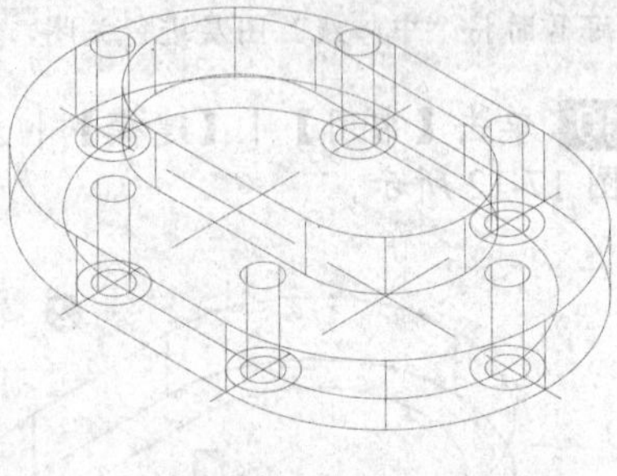

图 17-16　拉伸内部圆

14 单击【常用】|【实体编辑】|【差集】按钮，将外部粗实线与内部拉伸的圆柱对象进行差集运算，从而形成通孔效果，如图 17-17 所示。

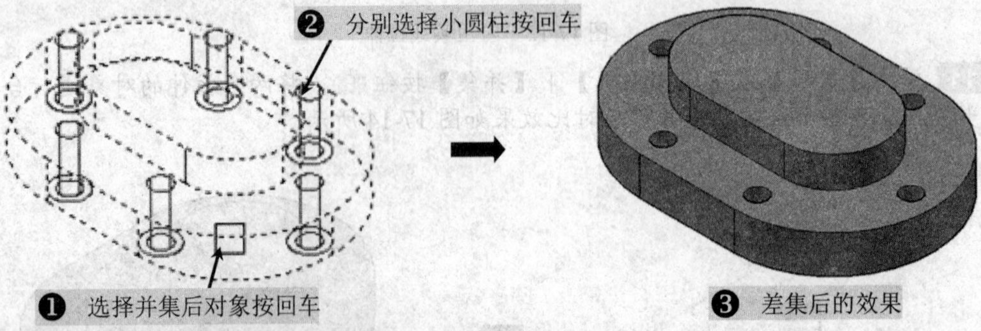

图 17-17　内粗实线差集

15 使用“移动”命令(M)，将 $\phi10$ 的 6 个圆对象向 Z 轴正方向移动 8，如图 17-18 所示。

16 使用“拉伸”命令(extrude)，将圆对象向 Z 轴正方向拉伸距离为 6，如图 17-19 所示。

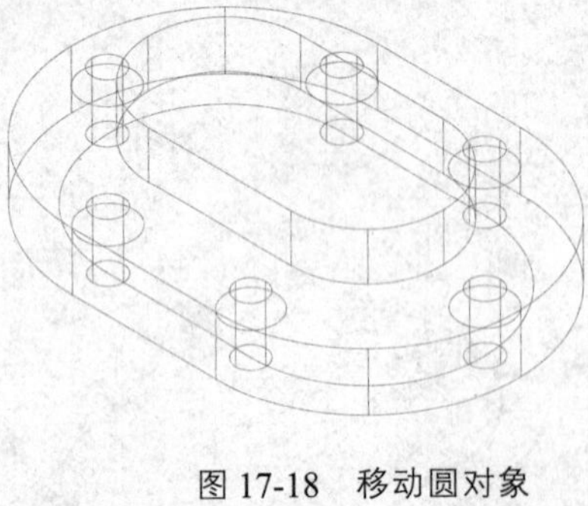

图 17-18　移动圆对象

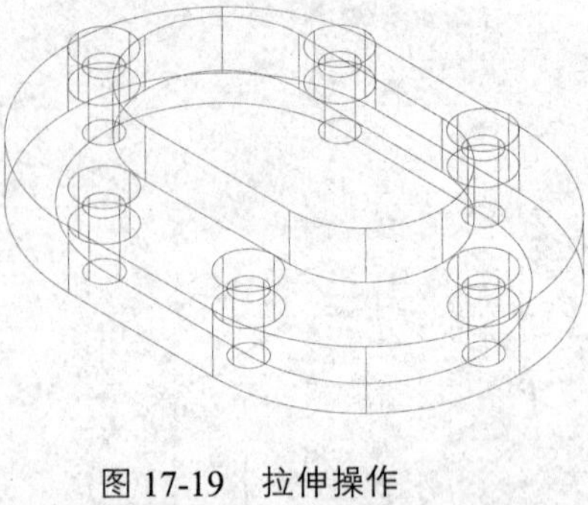

图 17-19　拉伸操作

专家提醒

锪孔是沉孔的一种特殊形式，它是在同心圆柱上的一端进行扩大且内壁与水平面成 90°夹角的孔。在移动圆时，按下【F8】键，把“正交”模式开启。

17 单击【常用】|【实体编辑】|【差集】按钮，将外部粗实线与外侧同心圆柱进行差集运算，从而形成锪孔效果，如图 17-20 所示。

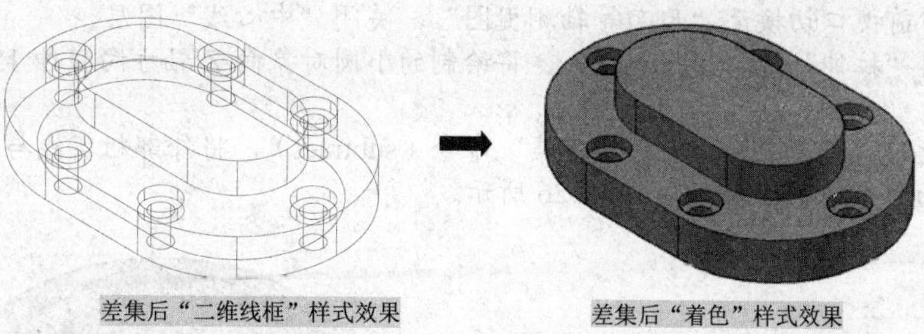

图 17-20　差集运算

17.2.2 创建泵盖细节

本节主要讲解怎样创建泵盖的细节，其操作步骤如下：

01 切换至"二维线框"样式，再选择俯视图。

02 使用“构造线”命令（XL），以上侧水平中心线的中点为基点，绘制角度为 135°的构造辅助线，如图 17-21 所示。

03 使用“复制”命令(CO)，将绘制的构造辅助线向下侧复制一份，如图 17-22 所示。

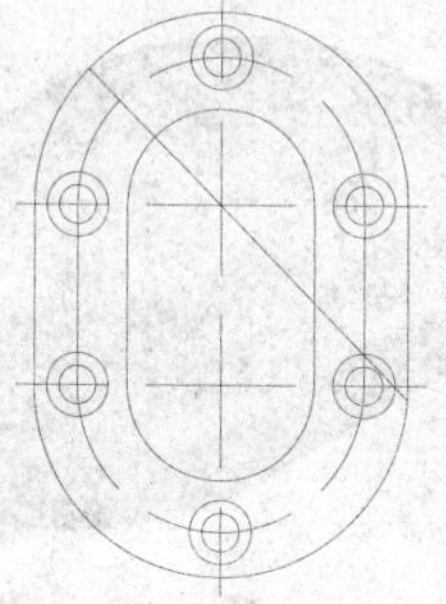

图 17-21　绘制构造线

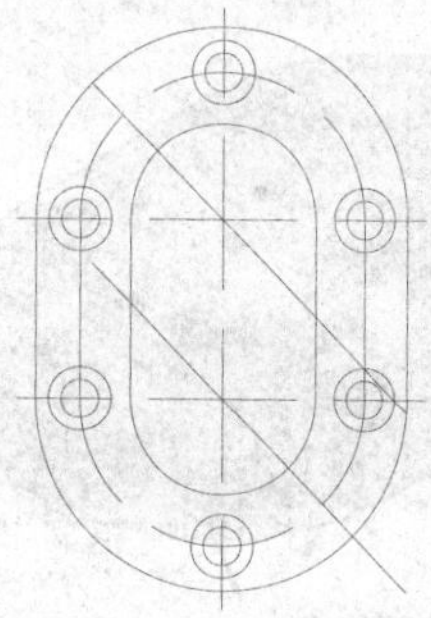

图 17-22　复制构造线

04 使用“修剪”命令（TR），将构造线多余部分进行修剪操作，并将转换为“中心线”图层，如图 17-23 所示。

05 使用“圆”命令（C），在以构造线与的相应交点位置处，绘制两个直径为 5 的小圆对象，如图 17-24 所示。

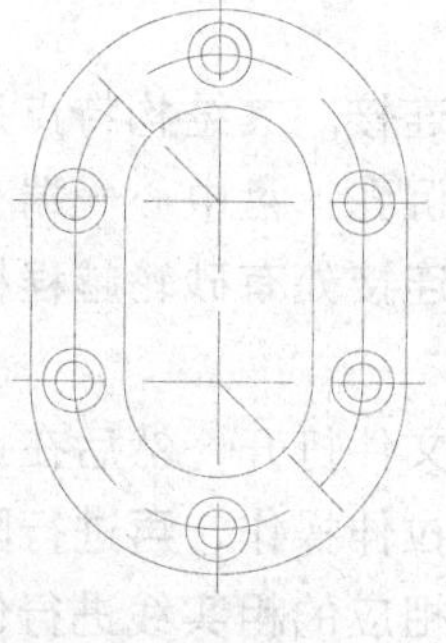

图 17-23　修剪构造线

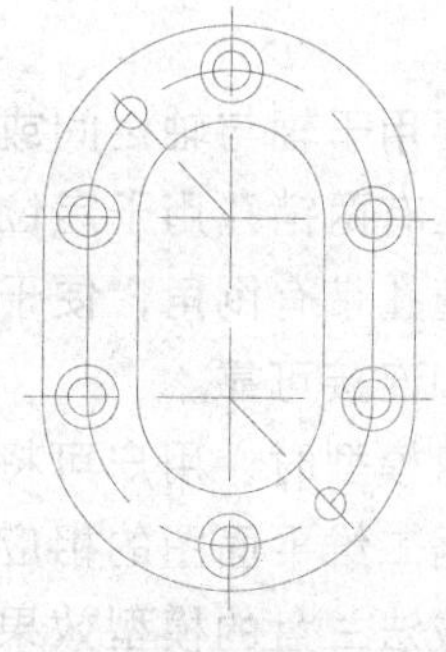

图 17-24　绘制小圆

06 将当前视口切换至“西南等轴测视图”，关闭“中心线”图层。

07 使用“拉伸”命令（extrude），将绘制的小圆对象向Z轴方向拉伸15，如图17-25所示。

08 再使用“布尔运算”中的“差集”命令（subtract），将外部粗实线与小圆柱进行差集运算，从而形成通孔效果，如图17-26所示。

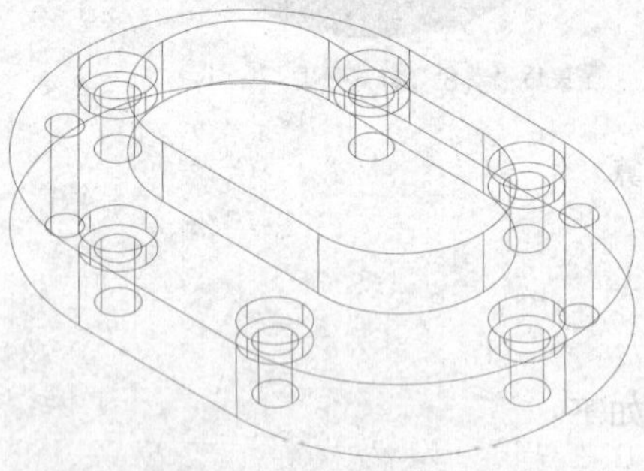

图17-25　拉伸小圆柱

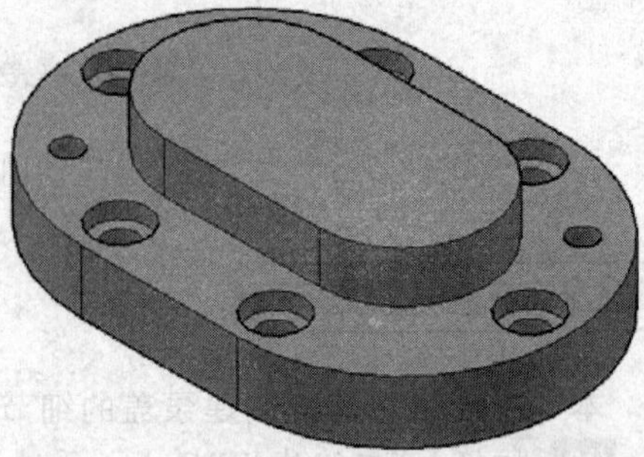

图17-26　差集小圆柱

09 单击【实体】|【实体编辑】|【圆角边】按钮，选择相应边的粗实线，进行半径为3的圆角操作，效果如图17-27所示。

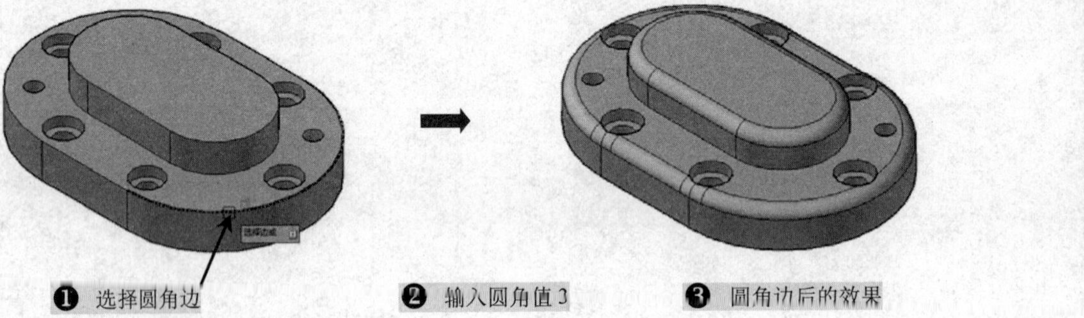

图17-27　实体倒圆角

10 至此，该泵盖模型绘制完成，按【Ctrl+S】组合键进行保存。

17.3 创建法兰盘

法兰盘主要用于轴与轴之间或轴与轴上的零件之间的连接。其结构特点是呈圆形薄盘，两边被削；盘上有两销孔用于定位，四个均匀分布的连接沉孔；盘中心一端有凸台，另一端有圆柱，中心通孔带有倒角，便于装配；圆盘与中心圆柱连接处有砂轮越程槽，便于圆柱外表面的精加工和连接可靠。

绘制法兰盘模型时，用户可将“法兰盘平面图.dwg”文件打开，然后在此基础上进行模型的创建。根据二维平面图的相应粗实线，直接将其进行拉伸操作，再进行阵列操作或布尔运算，使之形成法兰盘的模型效果，然后对其内部或其他相应的粗实线进行创建，整个法兰盘模型绘制完成，最后渲染一下，效果如图17-28所示。

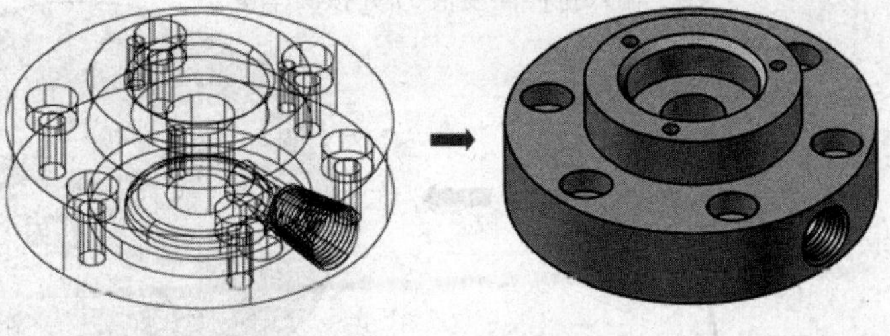

图 17-28　法兰盘效果图

17.3.1 创建法兰盘主体

本节主要讲解怎样创建法兰盘的主体，其操作步骤如下：

01 正常打开 AutoCAD 2016 软件，选择“快捷工具访问栏”中的“打开”按钮，将前面章节所绘制的“案例\17\法兰盘.dwg”文件打开，如图 17-29 所示。

02 再执行“另存为”按钮，将其另存为“案例\17\法兰盘模型.dwg”文件。

03 将“法兰盘”图形中的其他图层对象进行关闭，只保留“粗实线”图层，如图 17-30 所示。

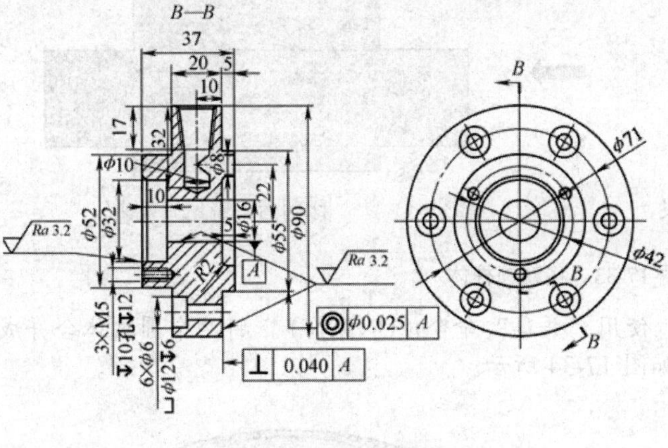

图 17-29　打开的文件

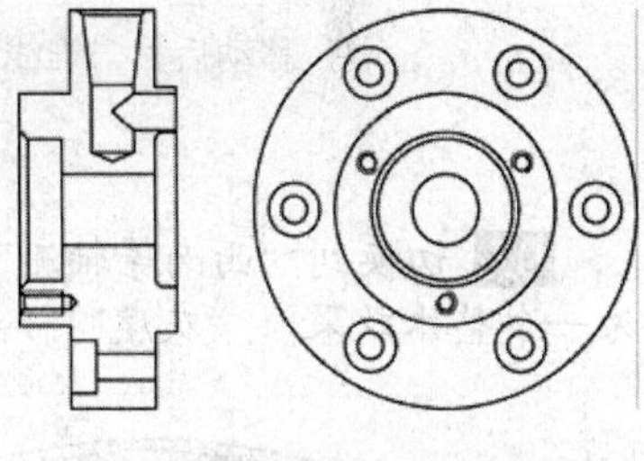

图 17-30　关闭部分图层

04 切换到“西南等轴测”视图。使用“拉伸”命令（EXT），将选择最外侧的大圆对象进行拉伸，拉伸的距离为 20，如图 17-31 所示。

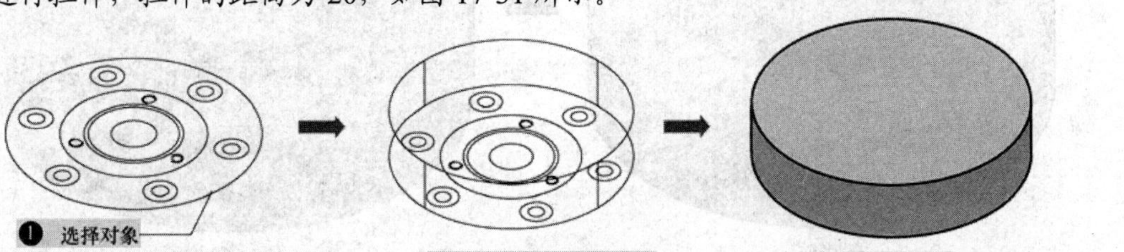

图 17-31　拉伸圆柱体

05 切换至“二维线框”样式。继续使用“拉伸”命令（EXT），再将另一圆对象进行拉伸，拉伸高度为 37，如图 17-32 所示。

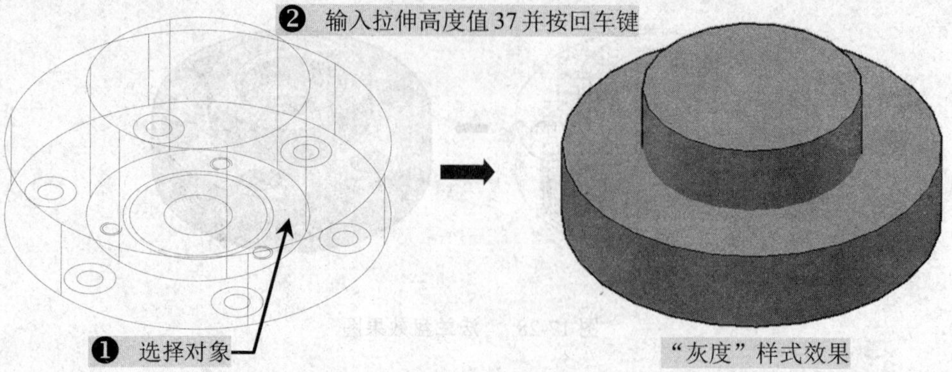

图 17-32 拉伸另一圆柱体

专家提醒

用户使用命令"ISOLINES"，可以对二维线框的密度进行设置。

06 切换到前视图。使用"移动"命令（M），将大圆柱体向上移动 5，或将中间圆柱体向下移动 5，如图 17-33 所示。

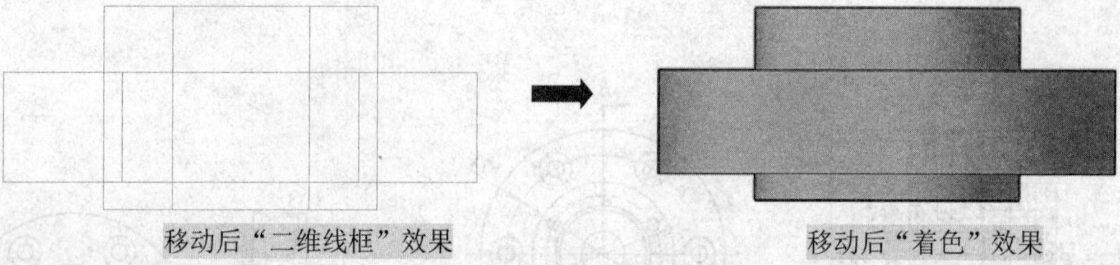

图 17-33 移动圆柱体

07 切换到"西南等轴测"视图。使用"并集"命令（UNION），将两个圆柱体合并成为一个整体效果，"灰度"样式效果如图 17-34 所示。

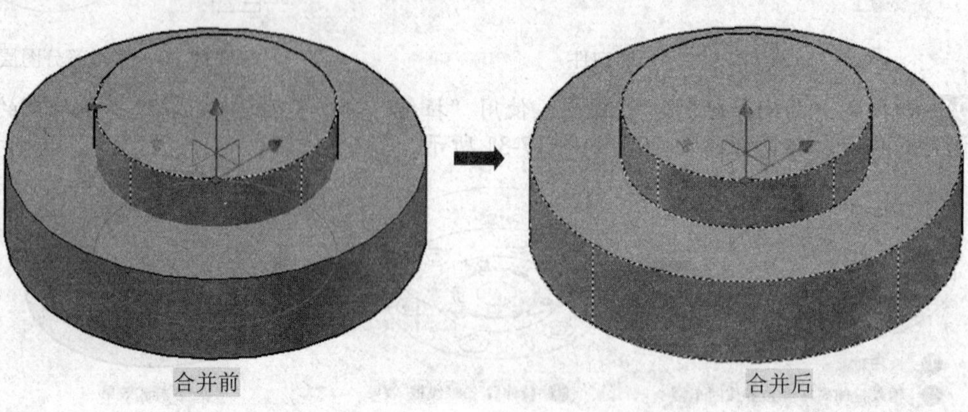

图 17-34 并集运算

08 切换到"二维线框"样式。使用"拉伸"命令（EXT），选择最里面的圆对象进行拉伸，拉伸距离为 40，如图 17-35 所示。

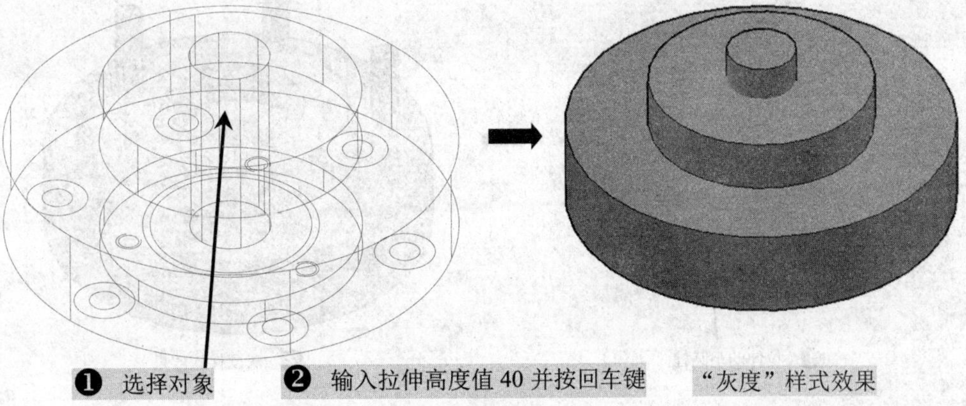

图 17-35　拉伸小圆柱体

09 使用“移动”命令（M），将上一步拉伸的小圆柱体向下移动 6。

10 使用“差集”命令（SU），用前面并集的大对象减去拉伸的小圆柱对象，形成空洞效果，如图 17-36 所示。

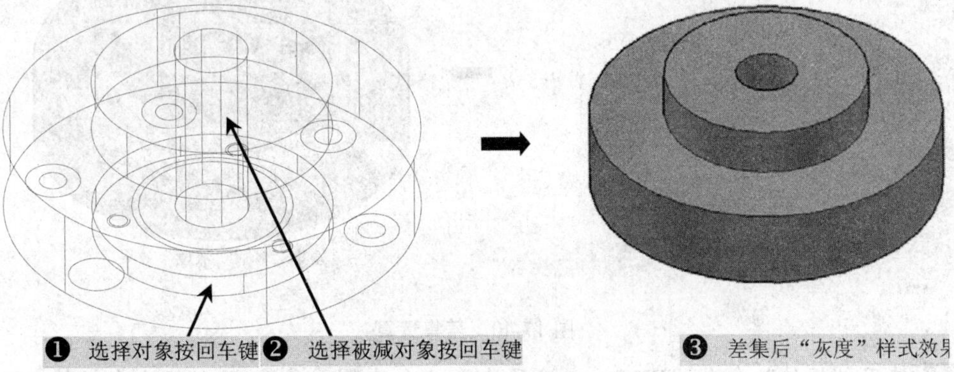

图 17-36　差集小圆柱体

11 再次使用“拉伸”（EXT）、“移动”（ M）、差集”（SUB）等命令，选择最内侧位置第二个圆对象，向 Z 轴正方向拉伸 10，再将其向上移动 22，然后进行差集运算，用前面差集得到的大实体对象，减去创建的圆柱，使之形成凹陷的效果，如图 17-37 和图 17-38 所示。

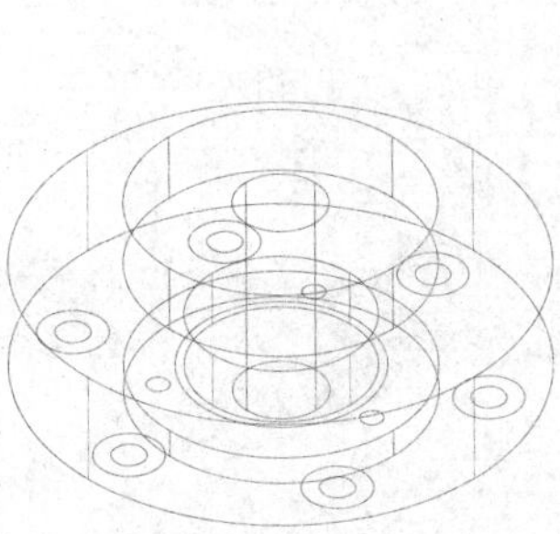

图 17-37　拉伸操作

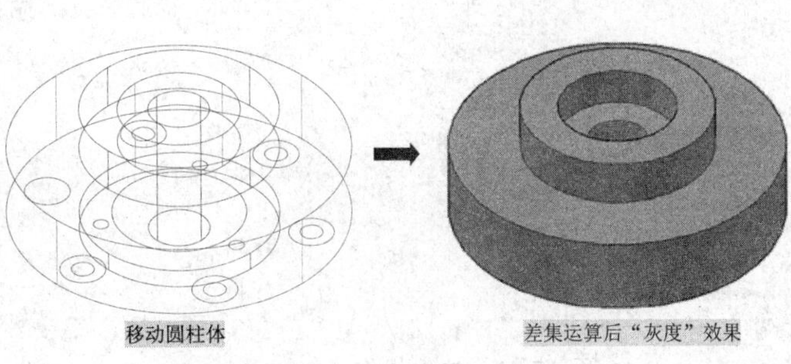

图 17-38　创建内部凹陷轮廓

12 接下来创建圆盘上的阶梯孔。使用“拉伸”命令（EXT），将圆盘周围的最小圆对象向 Z 轴正方向拉伸 37，如图 17-39 所示。

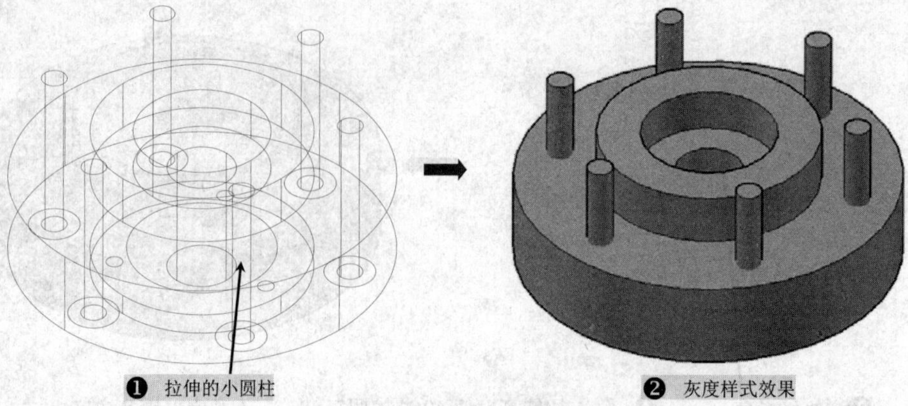

图 17-39　拉伸操作

13 使用“差集”命令（SUB），用大实体对象减去 6 个拉伸的小圆柱对象，如图 17-40 所示。

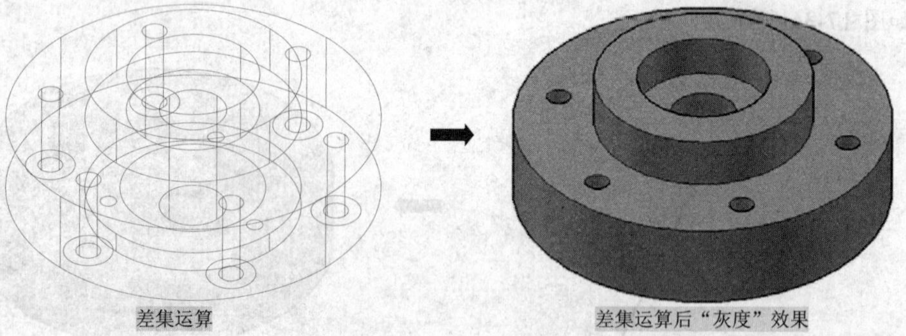

图 17-40　差集运算

14 使用“拉伸”命令（EXT），将另外 6 个较大圆对象向 Z 轴正方向拉伸 10，如图 17-41 所示。

15 使用“移动”命令（M），将拉伸后的 6 个圆柱体向上移动 15，如图 17-42 所示。

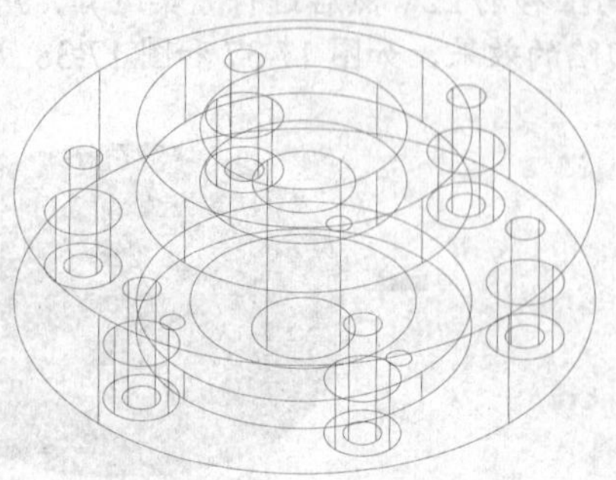

图 17-41　拉伸操作

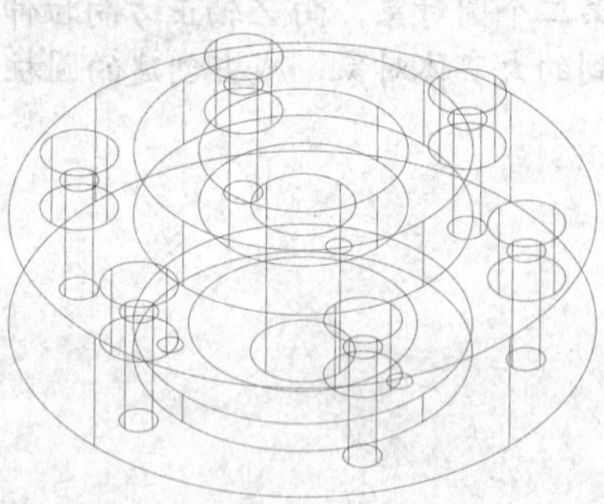

图 17-42　移动操作

16 使用“差集”命令（SUB），用大实体对象减去 6 个拉伸的较大圆柱体对象，如图 17-43 所示。

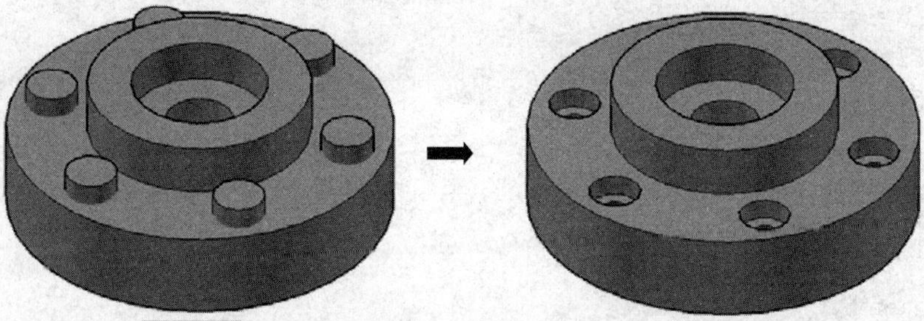

差集运算前　　　　差集运算后

图 17-43　差集运算

专家提醒

在进行移动实体时，一定要将正交模式打开，否则将会发生移位。在创建阶梯孔轮廓时，用户可以将尺寸线打开，以确定拉伸和移动相应的距离。

17 使用“拉伸”命令（EXT），对中间圆盘 3 个最小的圆对象向 Z 轴正方向拉伸 40，如图 17-44 所示。

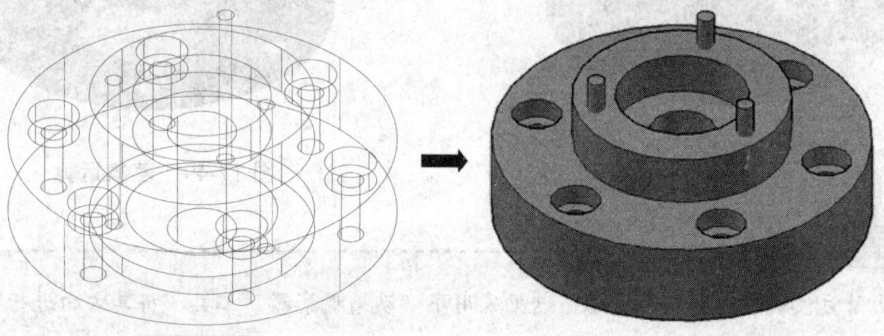

拉伸的圆柱体　　　　“灰度”效果

图 17-44　拉伸操作

18 使用“差集”命令（SUB），用大实体对象减去 3 个拉伸的小圆柱体对象，形成三个螺纹孔，如图 17-45 所示。

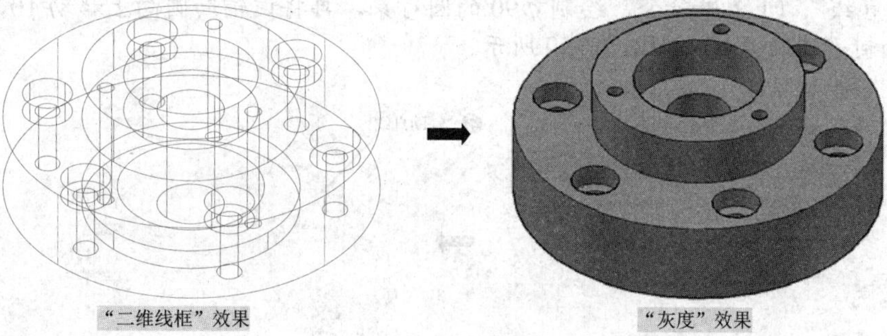

“二维线框”效果　　　　“灰度”效果

图 17-45　差集运算

19 创建法兰盘底端的凹陷效果。使用“拉伸”（EXT）、“移动”（M）等命令，将底端的圆对象向 Z 轴正方向拉伸 20，再将拉伸得到的圆柱体向下移动 10，如图 17-46 和图 17-47 所示。

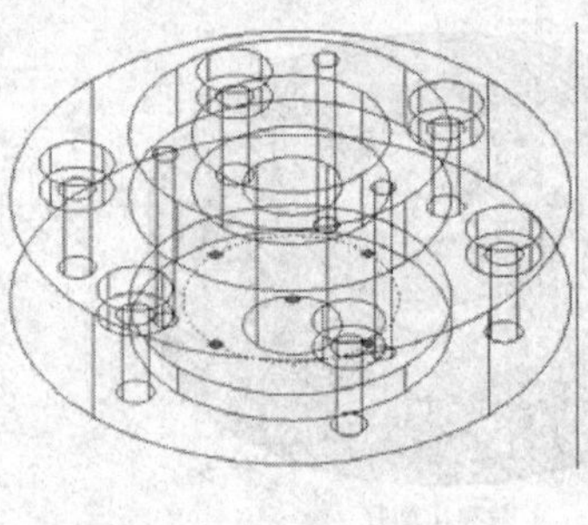
图 17-46　选择对象

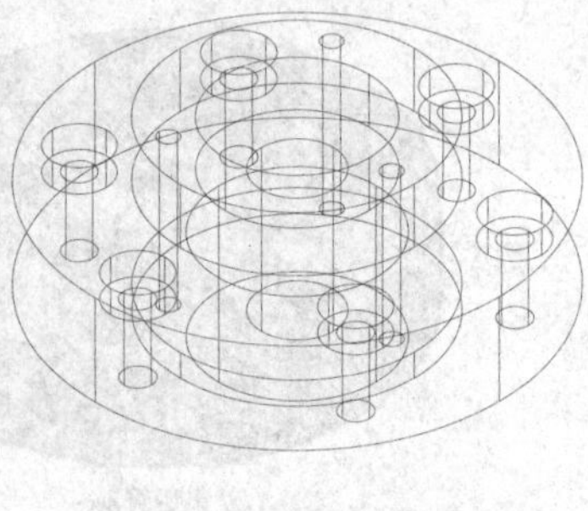
图 17-47　拉伸及移动操作

20 单击窗口右侧的“动态观察器”按钮，此时模型周围出现，拖动它将当前模型的底端对象显示出来，如图 17-48 所示。

21 继续使用“差集”命令（SUB），从而形成凹陷的效果，如图 17-49 所示。

图 17-48　动态观察

图 17-49　差集运算

专家提醒

另外，为了方便用户看到实际轮廓，这里采用了“动态观察器”工具，将其方向进行了调整。

17.3.2 创建法兰盘细节

本节主要讲解怎样创建法兰盘的细节，其操作步骤如下：

01 先选择俯视图，然后再选择“西南等轴测”视图。使用“圆”（C）、“移动”（M）、“直线”（L）等命令，绘制 $\phi 90$ 的圆对象，再将该辅助圆向上移动 10，然后过相应象限点绘制一辅助直线，如图 17-50 所示。

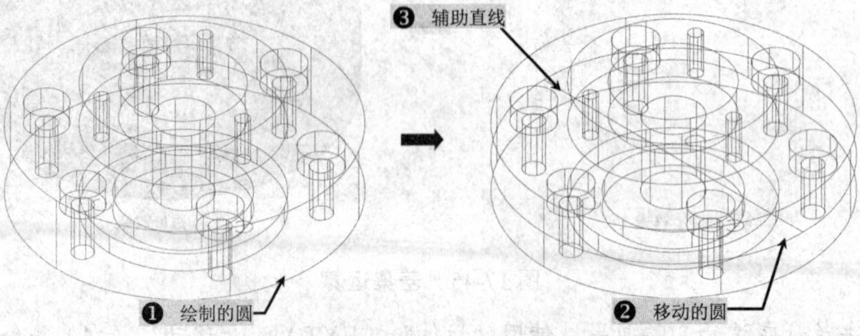

图 17-50　绘制辅助圆和直线

专家提醒

在移动圆时，先根据圆的方向选择相应的视图再进行移动。

02 切换到“西南等轴测”视图。使用“圆”命令（C），捕捉辅助圆与直线的交点，绘制 ϕ10 的圆对象，如图 17-51 所示。

03 使用“拉伸”命令（EXT），将绘制的圆对象拉伸–16，如图 17-52 所示。

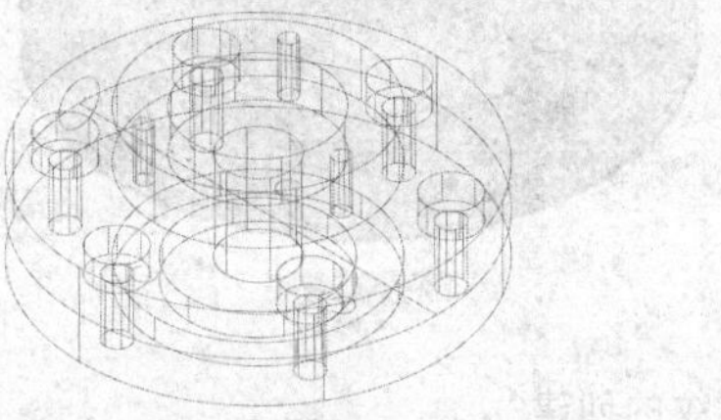

图 17-51　绘制的圆

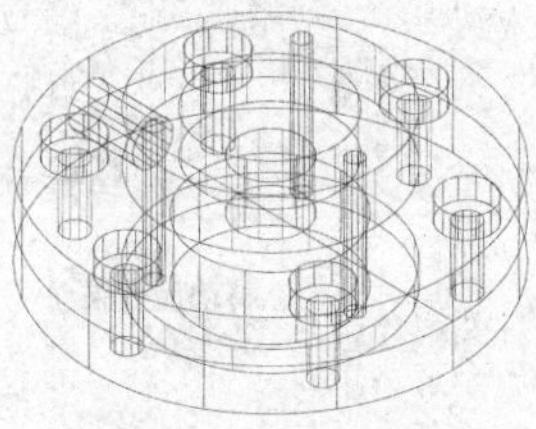

图 17 52　拉伸操作

04 使用“拉伸”（EXT）、“移动”（M）、“差集”（SUB）等命令，将创建的小圆对象拉伸–16，并将其移动 17，然后将其进行修剪，形成一盲孔实体效果，如图 17-53 和图 17-54 所示。

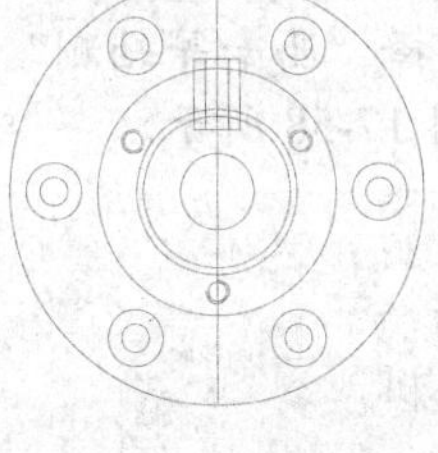

图 17-53　俯视图的效果

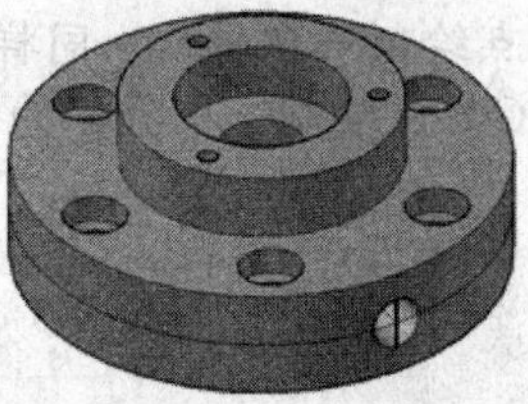

图 17-54　差集运算

专家提醒

可使用 ISOLINE 系统变量，设置线框数量，数量值越大，对象越圆滑。此处移动的圆柱体由默认值 4 设置为 12。

05 选择俯视图，并使用“复制”（CO）、“修剪”（TR）等命令，将视图中的锥齿形粗实线进行创建，如图 17-55 所示。

06 使用“面域”命令（REG），将对创建的螺纹齿粗实线进行面域，然后再执行“旋转”命令(REV)，从而创建内螺纹轮齿效果，如图 17-56 所示。

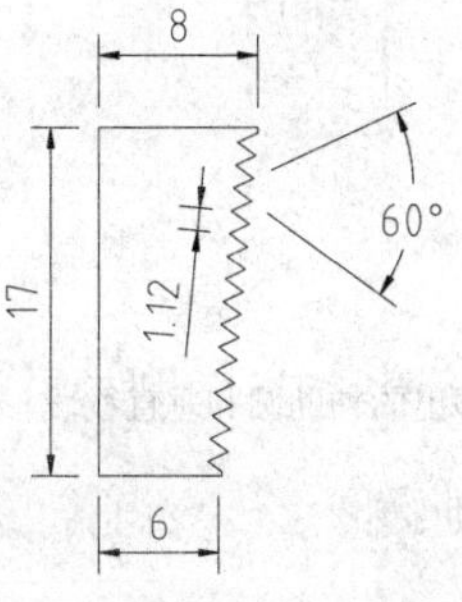

图 17-55　螺纹齿粗实线的创建

图 17-56　实体螺纹齿的创建

07 使用“移动”命令（M），将创建好的螺纹齿粗实线移动至盲孔位置处，再使用“差集”命令（SUB），进行差集运算，从而创建内侧锥形螺纹的效果，如图 17-57 所示。

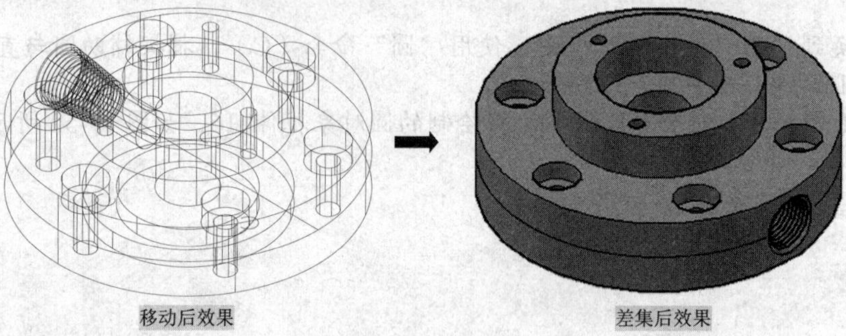

图 17-57 锥形螺纹的创建

专家提醒

在移动该实体时，用户可以将其他捕捉对象进行关闭，只选择圆心进行相应的捕捉移动。

在创建好锥形螺纹后，将前面建立的辅助线对象进行删除。

08 再分别选择主视图，然后选择“西南等轴测”视图，使用“直线”命令（L），在过圆柱的中心点绘制一中轴线。同样再选择俯视图，然后选择“西南等轴测”视图，再使用“圆”命令（C），绘制一个直径为 40 的辅助圆对象，如图 17-58 所示。

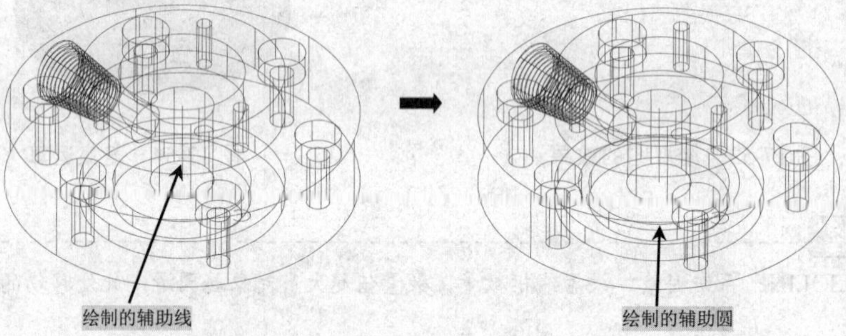

图 17-58 辅助线的创建

09 使用“移动”命令（M），先将辅助圆向下移动 5，然后再将辅助线向锥形螺纹方向移动 20，两辅助对象将会有一交点，如图 17-59 所示。

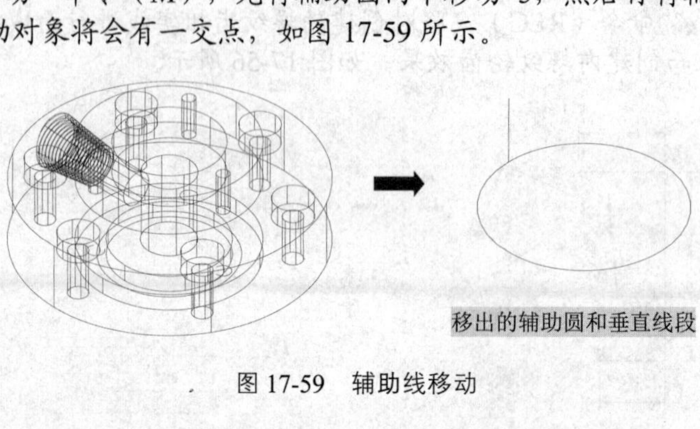

图 17-59 辅助线移动

专家提醒

另外，在移动该辅助线时，一定要选择不同的视图再进移动。

10 选择俯视图，然后选择“西南等轴测”视图。使用“圆”（C）、“拉伸”（EXT）、“差集”（SUB）等命令，在辅助线交点位置处绘制一直径为 10 的小圆；再将其拉伸 15，最后进行差集运算，从而创建一圆柱孔效果，如图 17-60 所示。

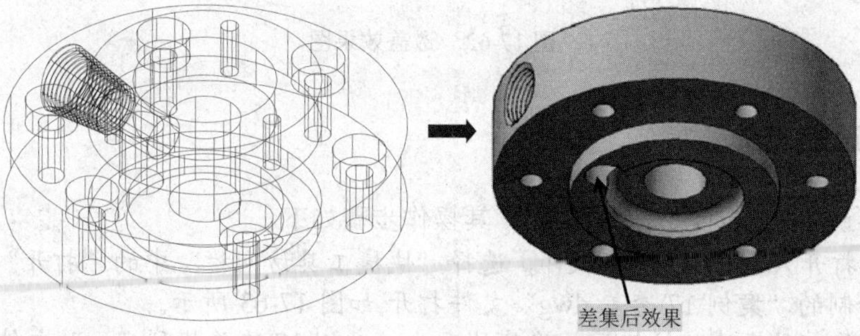

图 17-60　圆柱孔的创建

专家提醒

在创建该圆柱孔时，用户也可以先在空白区域创建好圆柱实体，然后移动至辅助交点位置处，再进行差集运算即可。该圆柱孔的方向在另一面，并与锥形位置处的圆柱孔是相通的。

11 使用“三维圆角”命令，对创建好的实体对象的相应粗实线位置处进行圆角处理，半径为 3，可采用“动态观察器”工具，观察法兰盘底侧，效果如图 17-61 所示。

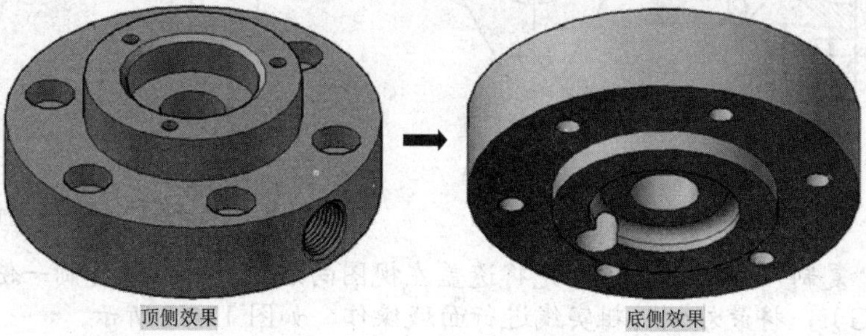

图 17-61　倒角效果

12 至此，法兰盘模型绘制完成，用户可按【Ctrl+S】组合键进行保存。

17.4 创建透盖

透盖由四条圆弧和四条直线组成的长圆形薄盘，其两端有两个通孔，用于定位或固定，正居中是一圆柱孔凸台和带锥度的通孔，起支撑和定位作用。

绘制透盖模型时，绘制的基本步骤与前面的模型创建方法是相同的，需要注意的是选择基准视图时，应根据两个视图的相应关系，从不同的视图方向来创建不同的实体粗实线，然后进行并集或差集操作，最后形成了一透盖模型效果，如图 17-62 所示。

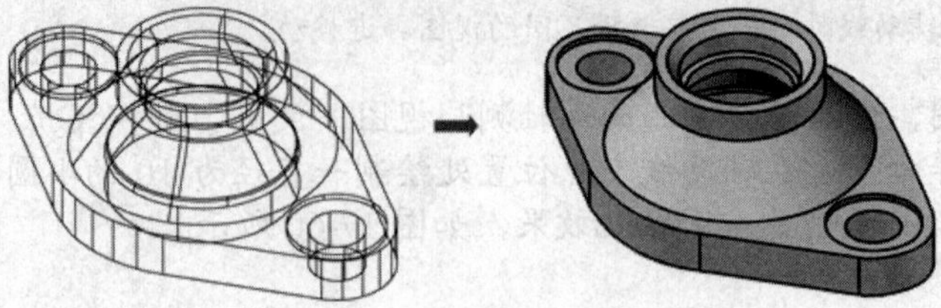

图 17-62　透盖效果图

17.4.1 创建透盖主体

本节主要讲解怎样创建头盖的主体，其操作步骤如下：

01 正常打开 AutoCAD 2016 软件，选择“快捷工具访问栏”中的“打开”按钮，将前面章节所绘制的“案例\17\透盖.dwg”文件打开,如图 17-63 所示。

02 再执行“另存为”按钮，将其另存为“案例\17\透盖模型.dwg”文件。

03 切换到俯视图，将“透盖”图形对象中的其他图层对象进行关闭，只保留“粗实线”和“中心线”图层，如图 17-64 所示。

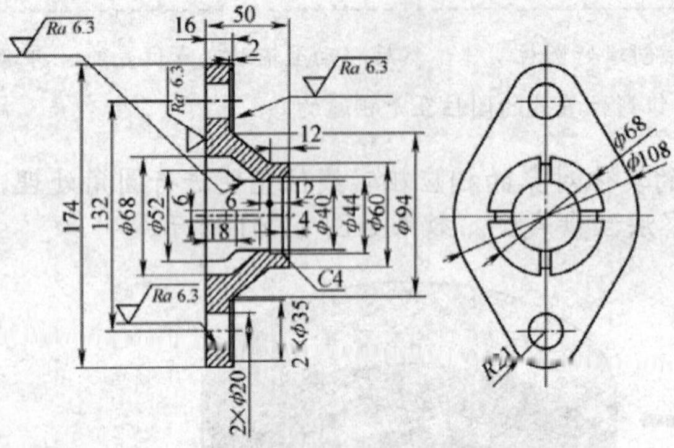

图 17-63　打开的文件

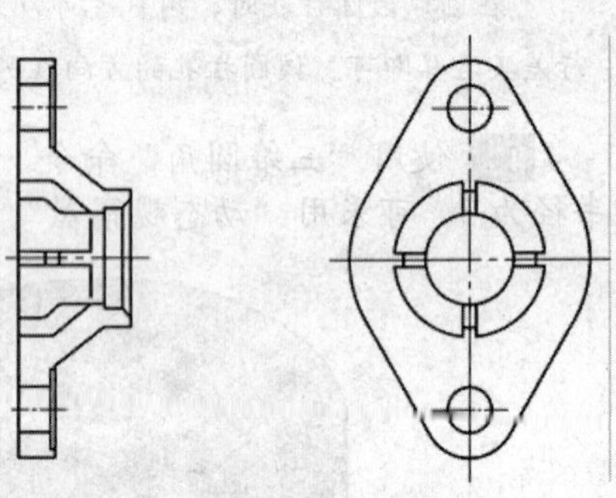

图 17-64　保留的图形

04 使用“复制”命令（CO），先将透盖左视图向右侧空白位置复制一份，再使用“面域”命令（REG），将最外侧的粗实线进行面域操作，如图 17-65 所示。

05 切换到“西南等轴测”视图。使用“拉伸”命令（EXT），将面域的外侧粗实线拉伸 16，如图 17-66 所示。

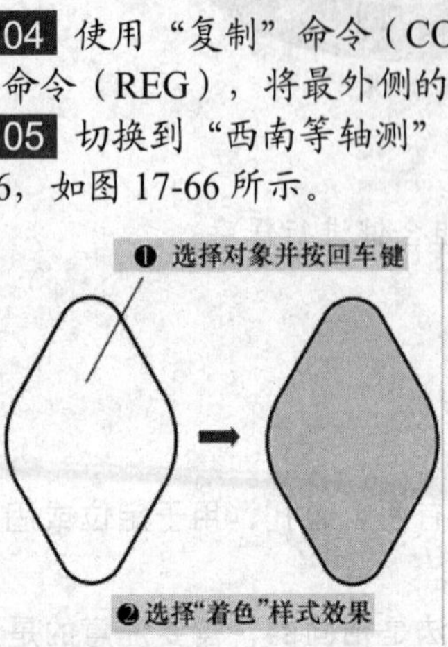

图 17-65　粗实线面域

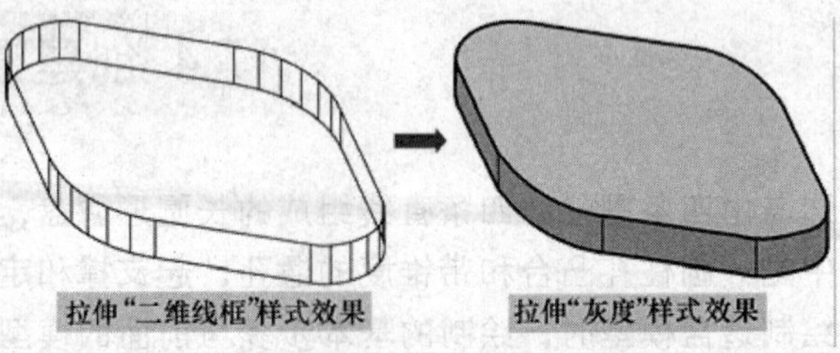

图 17-66　粗实线拉伸

专家提醒

对轮廓进行面域时，如果该轮廓内部出现了多余的线条或者没有完全封闭，“面域”操作将会无效。

在进行拉伸时，尽量将当前的视图转换成“轴测投影”图，这样在看实物时就比较直观一些。

06 使用“复制”命令（CO），将圆等部分对象复制到前面拉伸的图形内，如图 17-67 所示。

07 使用“拉伸”命令(EXT)，将两边的小圆对象拉伸 20,并使用“差集”命令(SUB)，进行差集运算，将形成通孔的效果，如图 17-68 和图 17-69 所示。

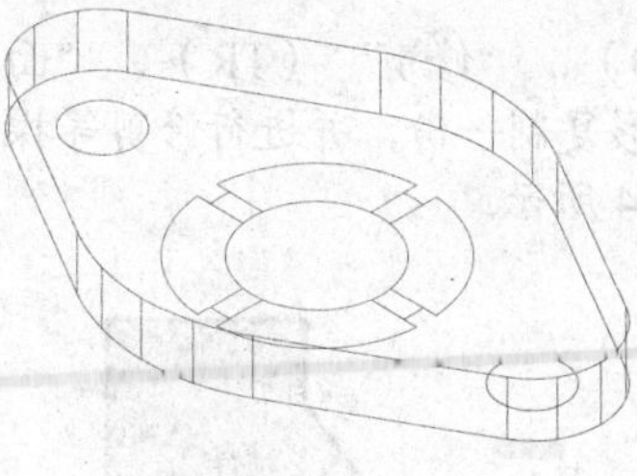

图 17-67 复制对象

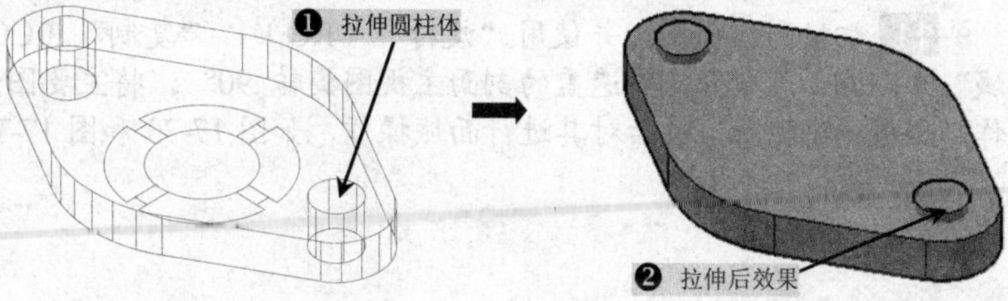

图 17-68 拉伸操作

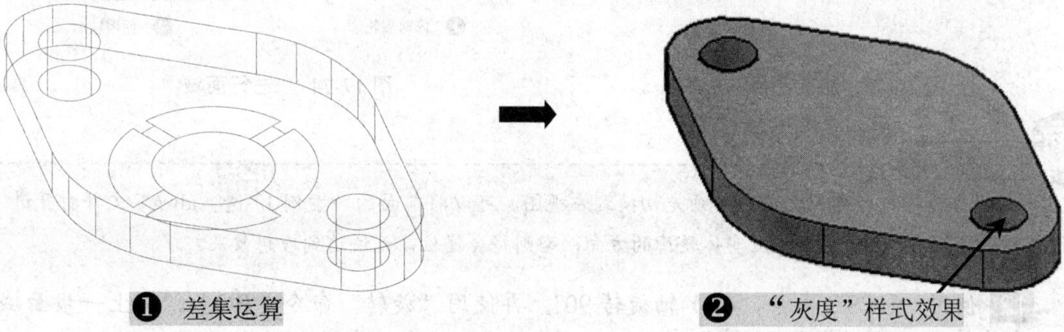

图 17-69 差集运算

08 切换至“二维线框”视觉样式。使用“圆”命令（C），在创建的通孔的上侧圆心位置处绘制直径为 35 的圆，如图 17-70 所示。

09 使用“拉伸”命令（EXT），将绘制的两个圆对象进行拉伸 5，并使用“移动”命令（M），将两个圆柱体分别移动–2，如图 17-71 所示。

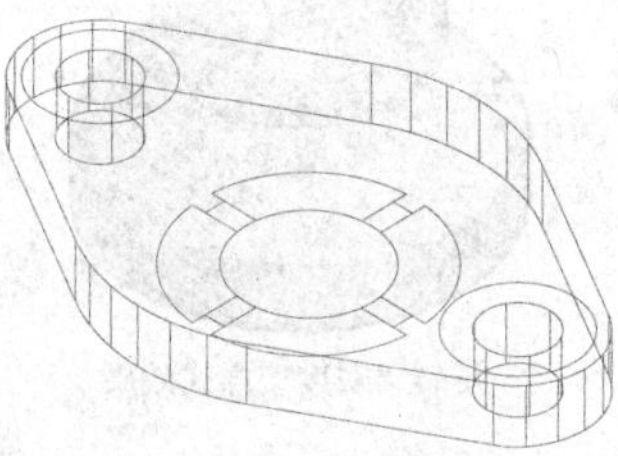

图 17-70 绘制圆

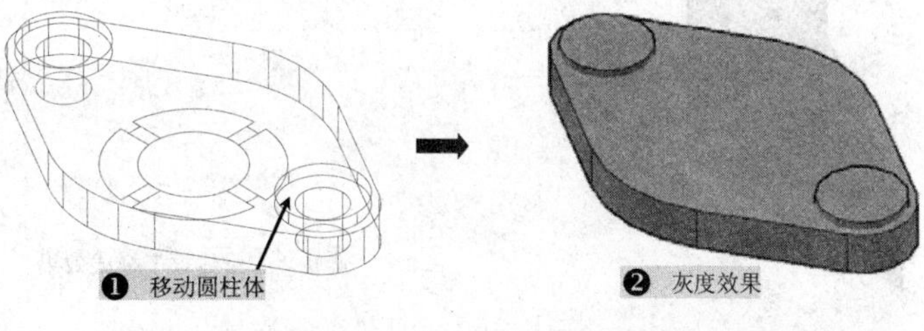

图 17-71 拉伸及移动操作

10 使用“差集”命令(SUB)，进行差集运算，形成阶梯孔的效果，如图 17-72 所示。

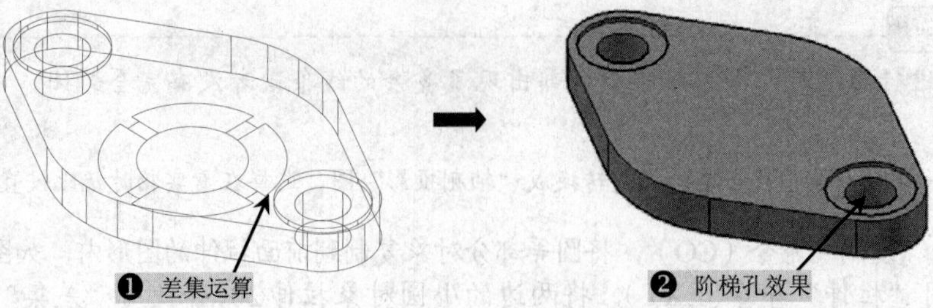

图 17-72　差集运算

11 切换到俯视图，并使用“旋转”（RO）、“复制”（CO）、“修剪”（TR）、“面域”（REG）等命令，将透盖的剖面主视图旋转 90°；将主要图形复制一份，并进行修剪等操作，形成一个轮廓，最后对其进行面域操作，如图 17-73 和图 17-74 所示。

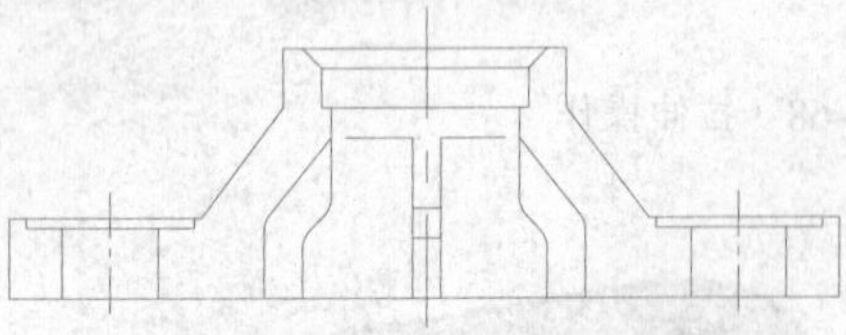

图 17-73　旋转图形

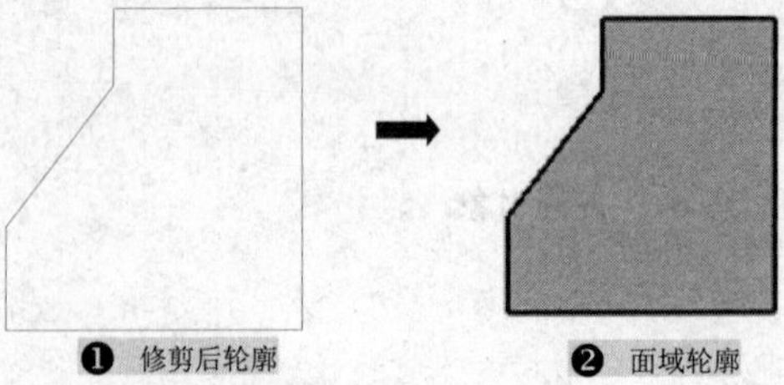

图 17-74　进行面域

专家提醒

对内部轮廓进行复制之前，必须先切换到左视图。可以将前面的“案例\17\透盖.dwg”文件打开进行复制操作。一定要确定好相应实体轮廓的方向，否则将会错位，无法达到理想效果。

12 使用“UCS”命令，将 Y 轴旋转 90°。再使用“旋转”命令（RO），将上一步面域的对象旋转 90°，如图 17-75 所示。

13 切换至“西南等轴测”视图。单击【常用】|【建模】|【旋转】按钮，将上一步所面域的对象，捕捉垂直线段位置的两点，进行 360°的三维旋转操作，如图 17-76 所示。

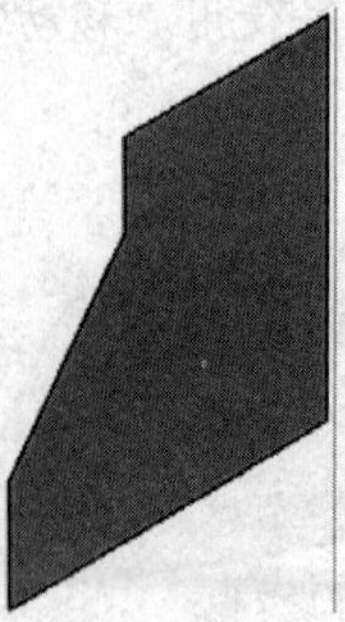

图 17-75　旋转操作

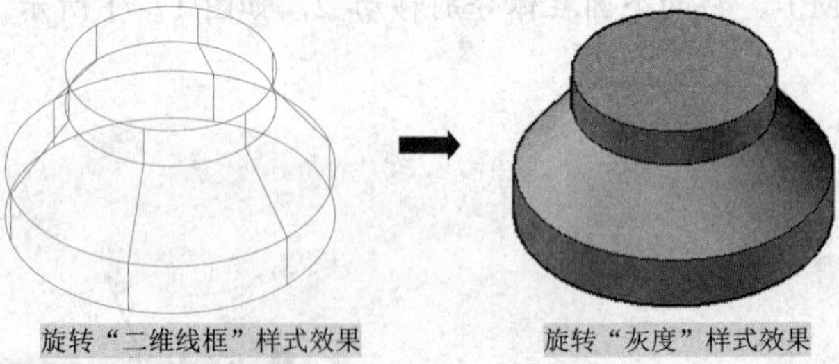

图 17-76　三维旋转实体

14 切换至左视图。使用“移动”命令（M），将创建的内部实体粗实线与前面所旋转的实体进行重合，再切换到“西南等轴测”视图，如图 17-77 和图 17-78 所示。

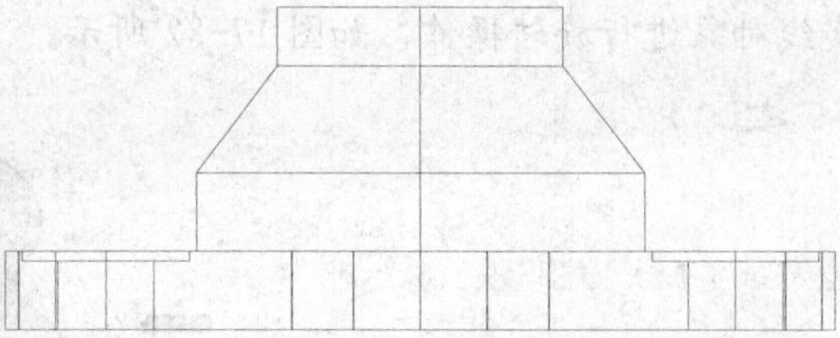

图 17-77　移动操作

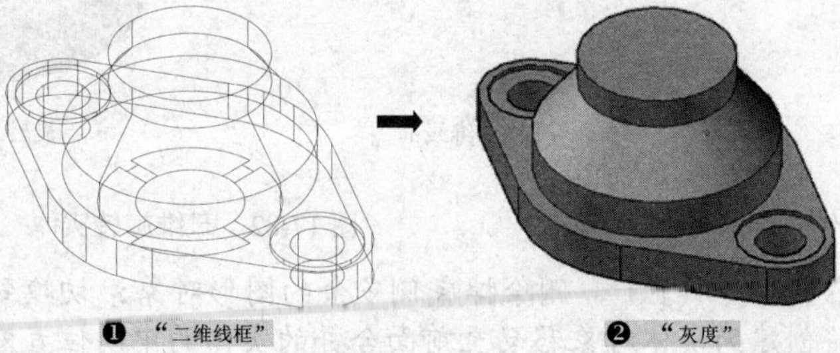

图 17-78　"西南等轴测"效果

15 使用"并集"命令（UNION），将两个实体对象进行合并操作，使之形成一个整体效果，如图 17-79 所示。

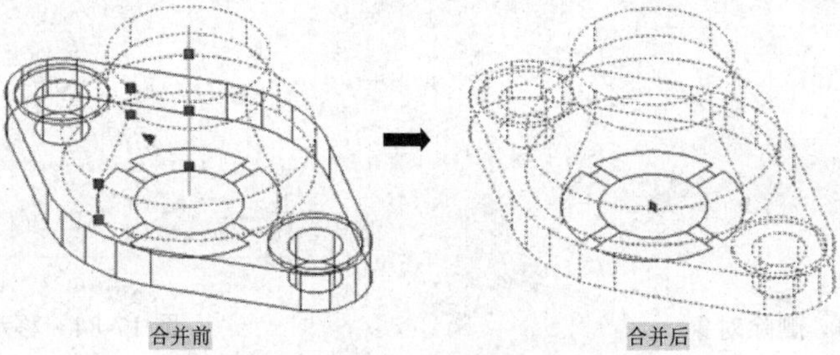

图 17-79　合并运算

17.4.2 创建透盖细节

本节主要讲解怎样创建透盖的细节，其操作步骤如下：

01 切换到左视图。参照前面的方法，首先将图形旋转 90°，再进行修剪操作，最后进行面域操作，如图 17-80 所示。

02 使用"UCS"命令，将 *Y* 轴旋转 90°，再使用"旋转"命令（RO），将上一步面域的对象旋转 90°，如图 17-81 所示。

03 再切换至"西南等轴测"视图。单击【常用】|【建模】|【旋转】按钮，

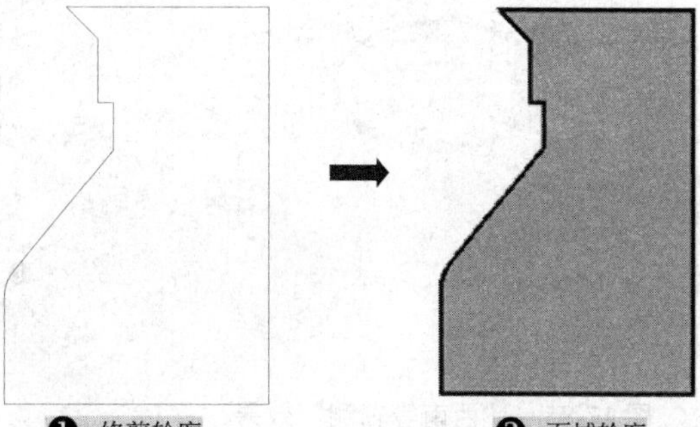

图 17-80　创建模型

将对上一步所面域的粗实线对象进行旋转操作，如图 17-82 所示。

图 17-81　旋转操作

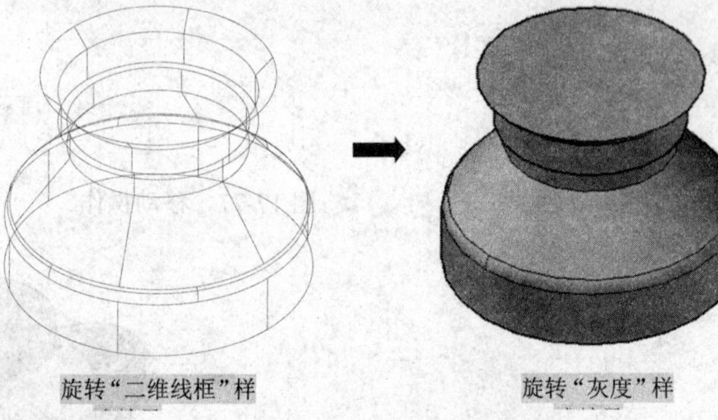

图 17-82　三维旋转实体

04 使用“删除”命令（E），删除掉底侧多余的图形对象；切换到左视图，使用“移动”命令（M），将创建的实体对象移动至前面合并的实体的中间位置处，如图 17-83 和图 17-84 所示。

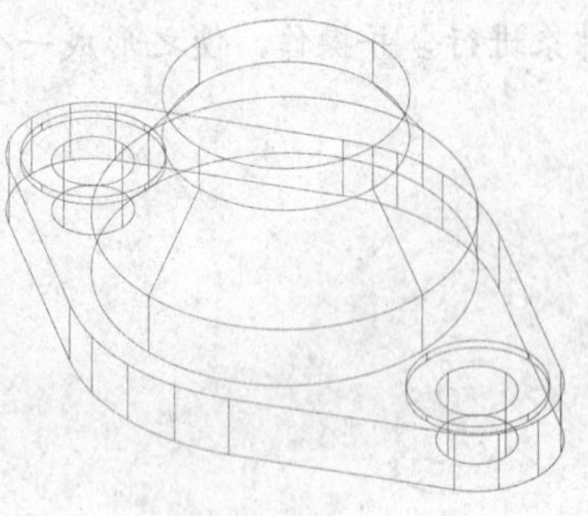

图 17-83　删除对象

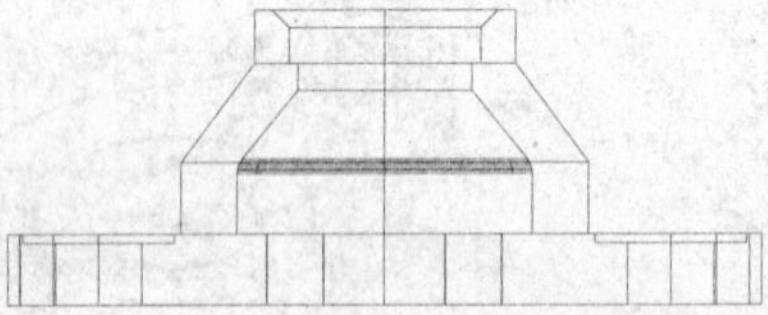

图 17-84　移动操作

05 切换到“西南等轴测”视图，使用“差集”（SUB）命令，用较大实体对象减去上一步旋转的实体，使之形成空洞效果，如图 17-85 和图 17-86 所示。

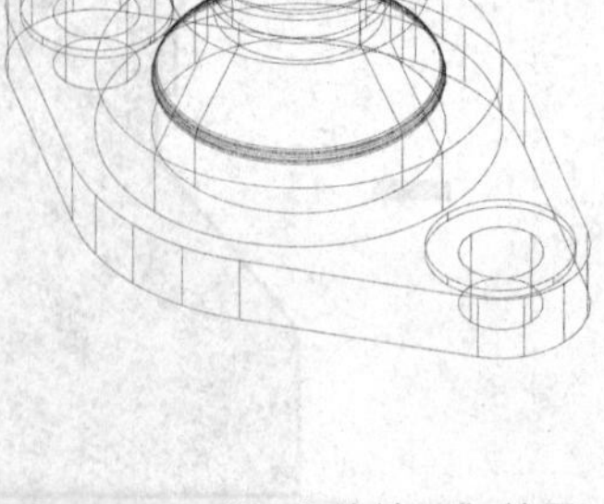

图 17-85　“西南等轴测”效果

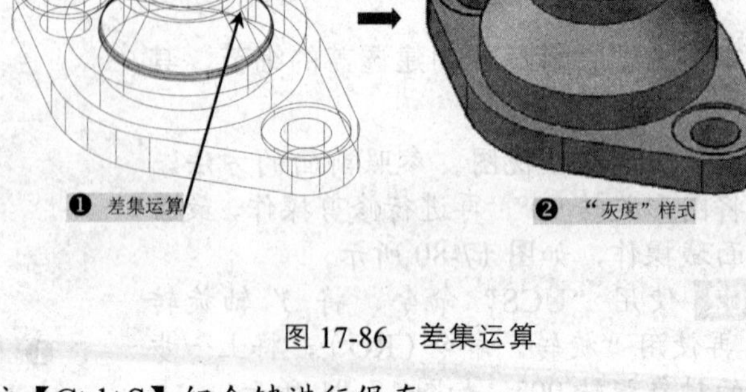

图 17-86　差集运算

06 透盖模型绘制完成，用户可按【Ctrl+S】组合键进行保存。

第 18 章 创建支架类零件模型

本章导读

支架类零件主要起连接、拨动、支承等作用，其结构形状多样，差别较大，但都是由支承部分、工作部分和连接部分组成，多数为不对称零件，具有凸台、凹坑、铸（锻）造圆角、起模斜度等常见结构。这类零件结构较复杂，需经多种加工，常以工作位置或自然位置放置，主视图主要由形状特征和工作位置来确定。

精彩看点

- 支架类零件概述
- 创建支撑架
- 创建轴支架
- 创建条形支架

18.1 支架零件概述

支架，主要是指起支撑作用的构架。支架应用极其广泛，比如汽车、航天、机械等，工作生活中随处可以遇见。

18.1.1 支架零件的概念

进行机械设计时，如飞机的操作系统中，大量的拉杆和钢索等零件都是通过支架将其位置固定在飞机的相应部位，并在支架上安装有轴、套、滑轮等零件，所以支架的作用，是保持拉杆与各钢索等零件正确位置并使其协调灵活地运动。

因此，支架类零件的加工质量对飞机操纵系统的寿命、可靠性及安全性都有直接的影响，常见的支架结构型式如图 18-1 所示。

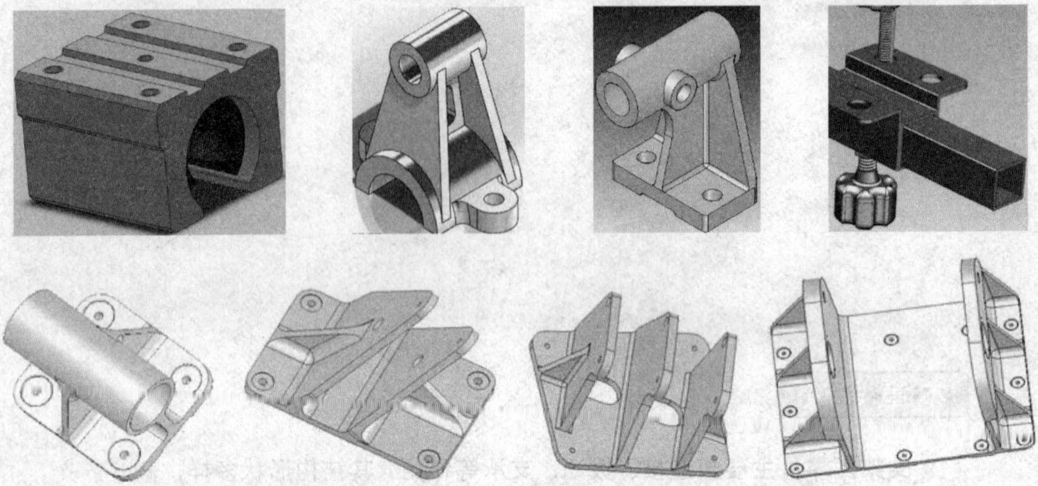

图 18-1　支架模型图

从图 18-1 可见，支架类零件的结构型式虽然随着支架的功用不同而变化，但仍有许多共同的特点：零件的结构型式一般都比较复杂，零件壁厚较薄，加工时容易变形，支架上有许多孔、斜面、加强筋、圆弧等表面需要加工，在加工中要经常使用夹具、样板等工装来保证孔、斜面、加强筋、圆弧等表面之间的相互位置，各表面之间虽然其加工精度要求不是很高，但其协调性要求特别高，否则会影响其安装协调性，因此，看似简单，但加工难度一般较大，工序较多。

18.1.2 支架类零件种类

按材质可分为塑料、不锈钢、铁、木板。

按支架的类型可分为承重架、限制性支架、减振架。而承重架可分为滑动架、杆式吊架、恒力架和滚动支架；限制性支架可分为导向架、限位架和滚动支架，如图 18-2 所示。

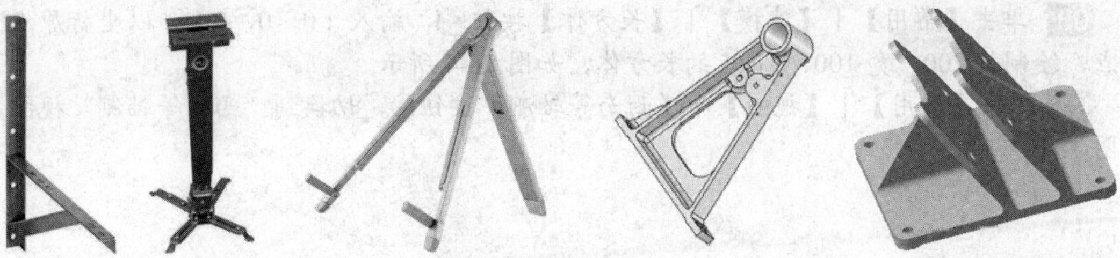

图 18-2　支架种类

例如，根据飞机设计的要求及支架的功用不同，支架类零件常用材料如下：

➢ 锻造铝合金：对于一些受力较大的支架类零件，其零件材料一般选用锻造铝合金。如 LD5 或 LD10 等。
➢ 铸造铝合金：对于一些受力不大或对其力学性能要求不高但结构复杂的零件，其材料一般选用铸造铝合金。如 ZL101、ZL205A 等。

18.2 创建轴支架

轴支架就是两个构件之间起连接、固定作用的零件。首先绘制长方体、圆柱体，转换 Y 轴 90°后，再绘制一长方体、圆柱体，并集运算后，再三维镜像一份，最后进行差集运算，从而完成轴支架模型的绘制，最终效果如图 18-3 所示。

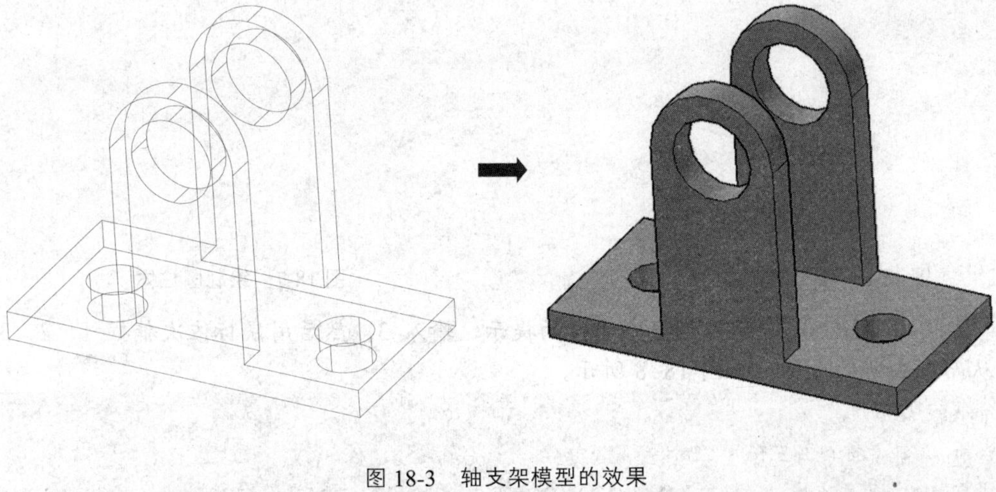

图 18-3　轴支架模型的效果

18.2.1 创建轴支架主体

本节主要讲解创建轴支架的主体部分，其操作步骤如下。

01 正常启动 AutoCAD 2016 软件，选择“快捷工具访问栏”中的“打开”按钮，打开“案例\18\机械样板.dwt”样板文件。

02 再单击“保存”按钮，将其保存为“案例\18\轴支架模型.dwg”文件。

03 单击【常用】|【建模】|【长方体】按钮，输入（0，0，0），以坐标原点为基点，绘制长 200、宽 100、高 15 的长方体，如图 18-4 所示。

04 单击【常用】|【视图】|【西南等轴测】按钮，切换到“西南等轴测”视图，如图 18-5 所示。

图 18-4　绘制长方体

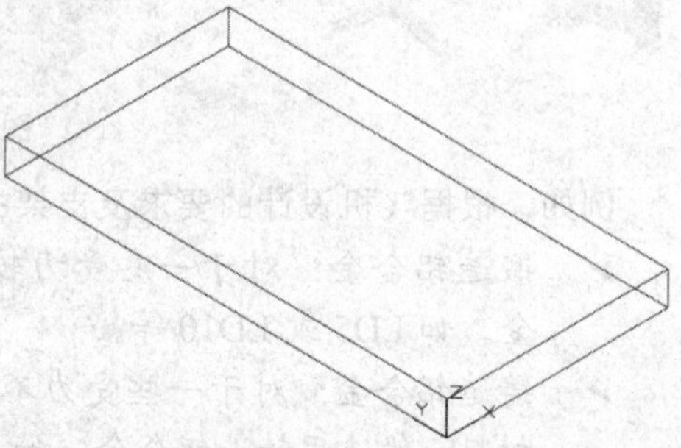

图 18-5　西南等轴测效果

05 单击【常用】|【建模】|【圆柱体】按钮，指定圆心为（50，35），绘制半径为 15、高度为 15 的圆柱体，如图 18-6 所示。

06 单击【常用】|【建模】|【圆柱体】按钮，指定圆心为（50，165），绘制半径为 15、高度为 15 的圆柱体，如图 18-7 所示。

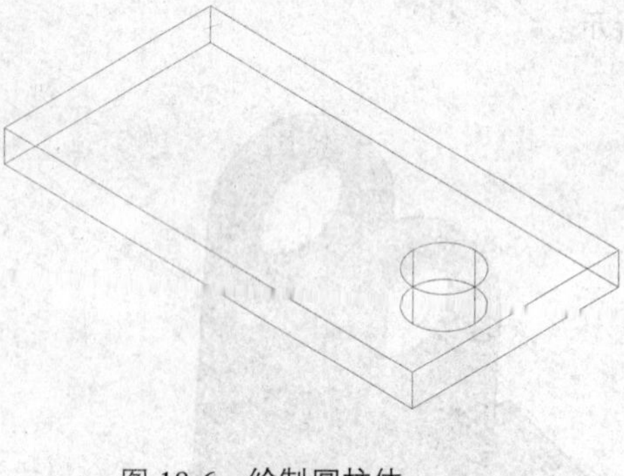

图 18-6　绘制圆柱体

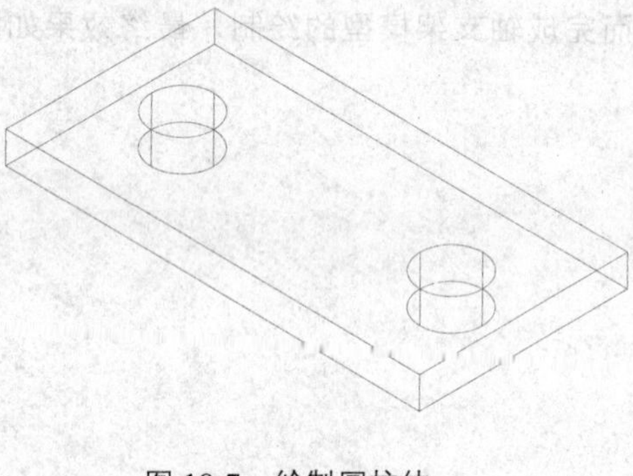

图 18-7　绘制圆柱体

07 使用“UCS”命令，根据命令行的提示，输入 3，然后用鼠标依次捕捉 1、2、3 端点，从而形成新的坐标，如图 18- 8 所示。

```
命令: UCS
当前 UCS 名称: ×左视×
指定 UCS 的原点或 [面(F)/命名(NA)/对象(OB)/上一个(P)/视图(V)/世界(W)/X/Y/Z/Z 轴(ZA)] <世界>:3
指定新原点 <0,0,0>:                                          //捕捉第 1 点
在正 X 轴范围上指定点 <-4.4428,0.0000,-57.0658>:               //捕捉第 2 点
在 UCS XY 平面的正 Y 轴范围上指定点 <-6.4428,0.0000,-57.0658>://捕捉第 3 点
```

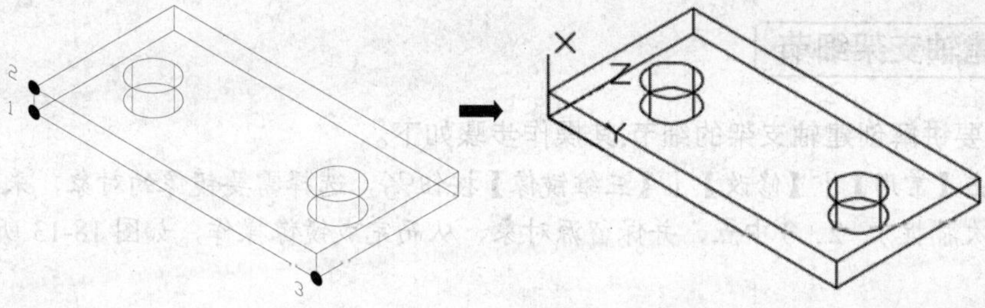

图 18-8　移动坐标

08 单击【常用】|【建模】|【长方体】按钮，捕捉新的坐标原点为基点，根据命令行的提示，输入“长度（L）”，绘制 70×120×16 的长方体，如图 18-9 所示。

```
命令: _box
指定第一个角点或 [中心(C)]:
指定其他角点或 [立方体(C)/长度(L)]:          //1
指定长度:                                    //70
指定宽度:                                    //120
指定高度或 [两点(2P)] <16.0000>:             //16
```

09 使用“移动”命令（M），将上一步绘制的长方体，采用中点对齐的方式，移动到大长方体中点位置，如图 18-10 所示。

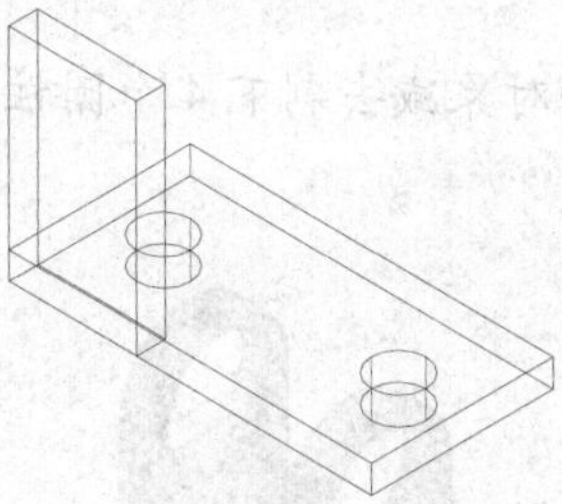

图 18-9　绘制长方体

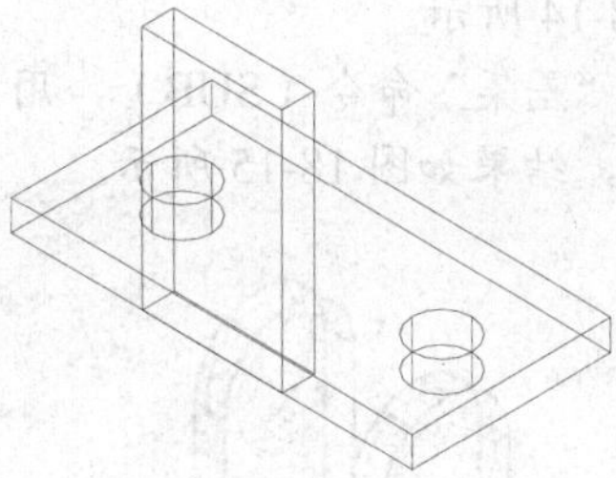

图 18-10　移动长方体

10 单击【常用】|【建模】|【圆柱体】按钮，捕捉移动后长方体的顶点中点，绘制半径为 28、高度为 16 的圆柱体，如图 18-11 所示。

11 单击【常用】|【建模】|【圆柱体】按钮，捕捉移动后长方体的顶点中点，绘制半径为 35、高度为 16 的圆柱体，如图 18-12 所示。

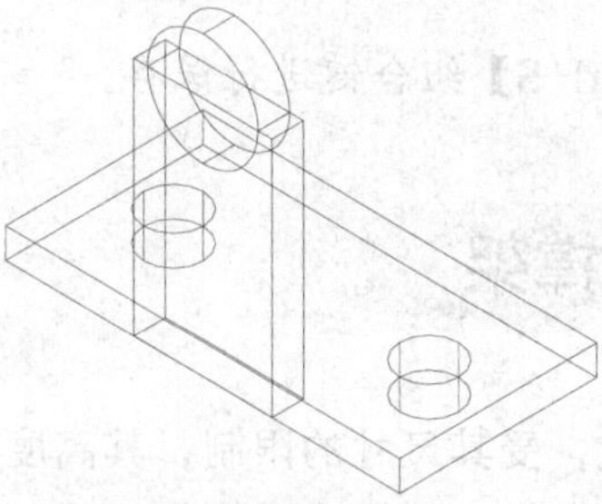

图 18-11　绘制圆柱体

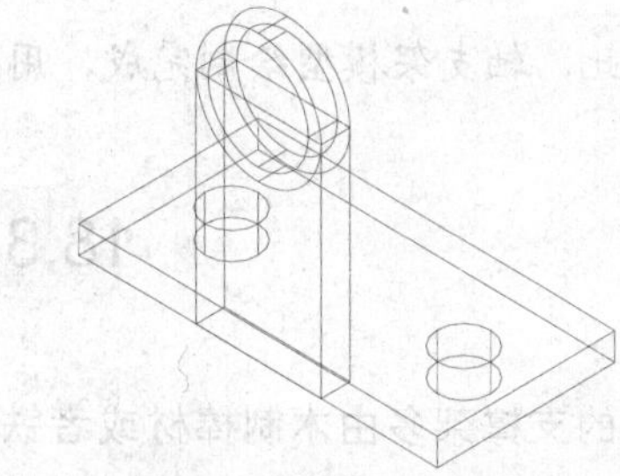

图 18-12　绘制圆柱体

18.2.2 创建轴支架细节

本节主要讲解创建轴支架的细节,其操作步骤如下。

01 单击【常用】|【修改】|【三维镜像】按钮，选择需要镜像的对象，采用“三点”的方式，依次捕捉1、2、3中点，并保留源对象，从而完成镜像操作，如图18-13所示。

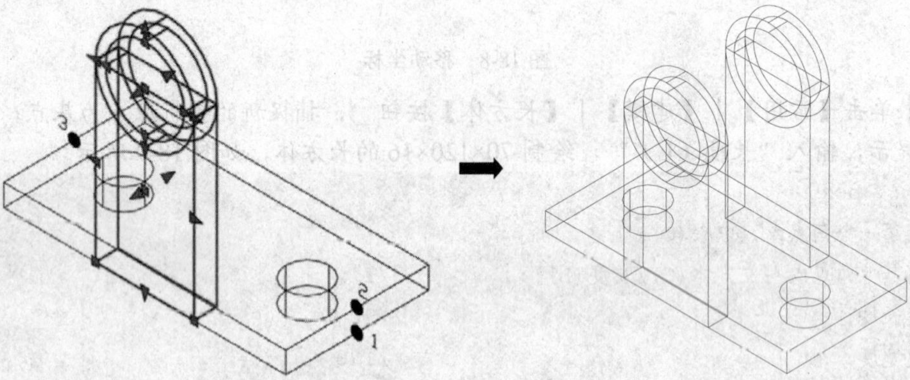

图 18-13　三维镜像

02 使用“并集”命令（UNION），将3个长方体、2个半径为35的圆柱体，进行并集运算，如图18-14所示。

03 使用“差集”命令（SUB），用上一步并集的对象减去剩下4个圆柱体；并切换到“灰度”样式，结果如图18-15所示。

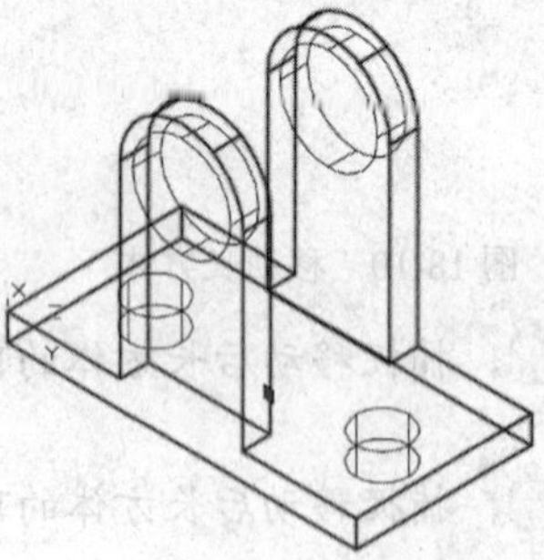

图 18-14　并集运算

图 18-15　差集运算

04 至此，轴支架模型绘制完成，用户可按【Ctrl+S】组合键进行保存。

18.3 创建支撑架

广义上的支撑架多由木制棒材或者铁制管材制成，受其尺寸的限制，其高度不具有可调性。为解决上述问题，本模板支撑架包括伸缩套管、螺杆、螺纹座和插销，螺纹座套接或者插接并周向滑配于伸缩套管的末端；螺杆与螺纹座中心的螺纹通孔互配；伸缩套管的管壁上开有多个纵向分布的通孔，通孔内径大于插销的外径。采用上述方案后，伸缩套管及通孔和插销为其一级伸缩，通过三者的配合，可粗调其高度；螺杆和螺纹座为其二级伸缩，通过两者的配合，可精调其高度。因其高度可调，故适应各种地貌的要求，地基松软下沉时，只需转动螺纹座便可重新调整模板及其内混凝土的高度，广泛适用于不同地貌、地质条件下的各种混凝土的浇筑中。

首先使用“直线”“圆角”“合并”“圆”“拉伸”“差集运算”等命令，完成支撑架的底座部分，再切换到左视图，使用“直线”“圆弧”“偏移”“修剪合并”“面域”等命令，绘制左视图下的支撑图形，再切换到“西南等轴测”视图，使用“拉伸”“移动”“并集”等命令，完成中间的支撑部分，然后切换到左视图，绘制一辅助垂直线段，最后切换到“西南等轴测”视图，绘制一辅助水平线段，绘制两个圆柱体后，进行差集运算，从而完成支撑架的绘制，最终效果如图 18-16 所示。

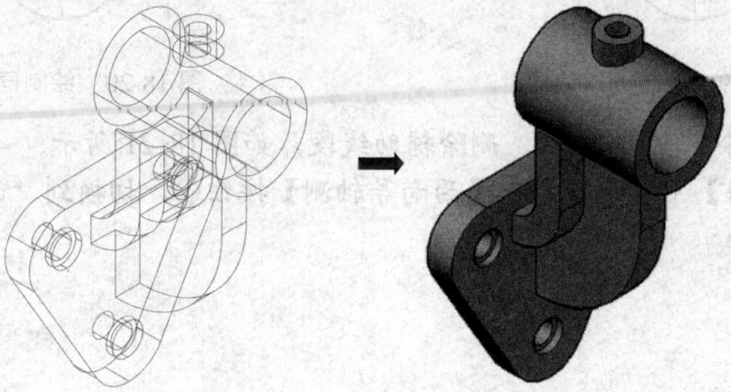

图 18-16　支撑架模型的效果

18.3.1 创建支撑架主体

本节主要讲解创建支撑架的主体，其操作步骤如下。

01 正常启动 AutoCAD 2016 软件，选择“快捷工具访问栏”中的“打开”按钮，打开“案例\18\机械样板.dwt”样板文件。

02 再单击“保存”按钮，将其保存为“案例\18\支撑架模型.dwg”文件。

03 使用“直线”命令（L），绘制如图 18-17 所示的三角形。

04 使用“圆角”命令（F），对三角形进行半径为 12 的圆角操作，如图 18-18 所示。使用“合并”命令（J），选择圆角后的图形，对图形进行合并操作。

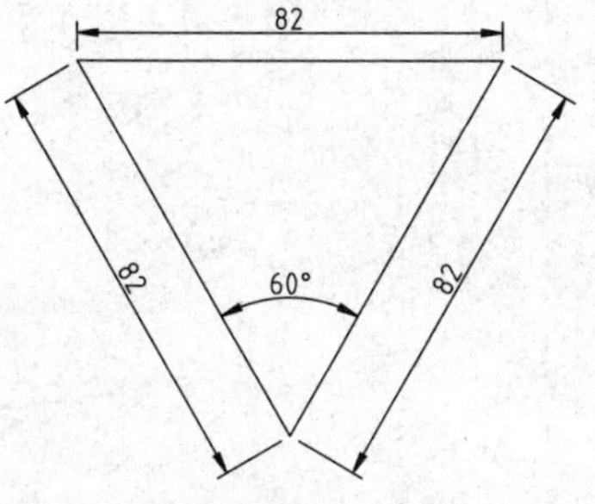

图 18-17　绘制三角形

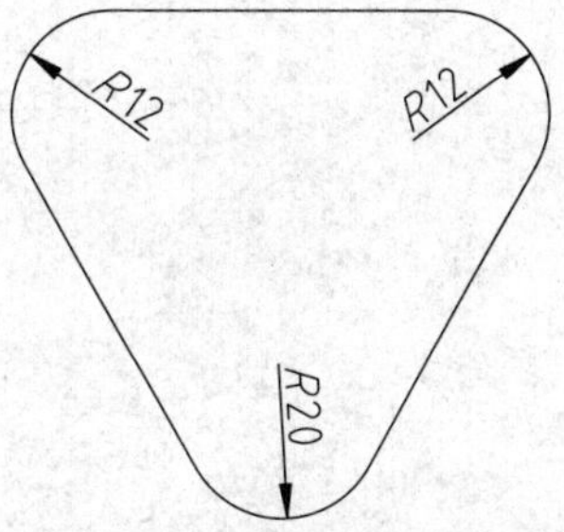

图 18-18　圆角操作

05 使用“直线”命令（L），捕捉上侧水平线段中点为起点向下绘制一条垂直线段，再按照如图 18-19 所示尺寸，绘制其他几条线段。

06 使用“圆”命令（C），分别捕捉相应线段的交点作为圆心，绘制直径为 7、14 的同心圆，如图 18-20 所示。

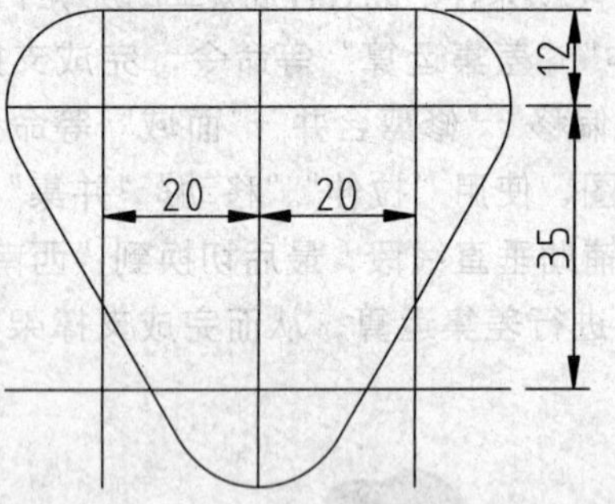

图 18-19　绘制辅助线段

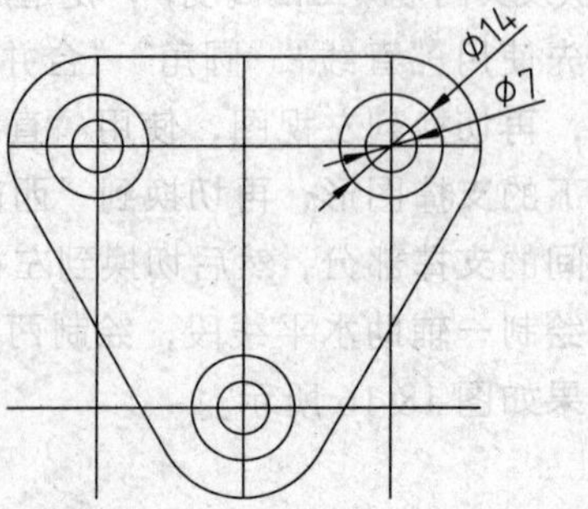

图 18-20　绘制同心圆

07 使用“删除”命令（E），删除辅助线段，如图 18-21 所示。

08 单击【常用】|【视图】|【西南等轴测】按钮，切换到“西南等轴测”视图，如图 18-22 所示。

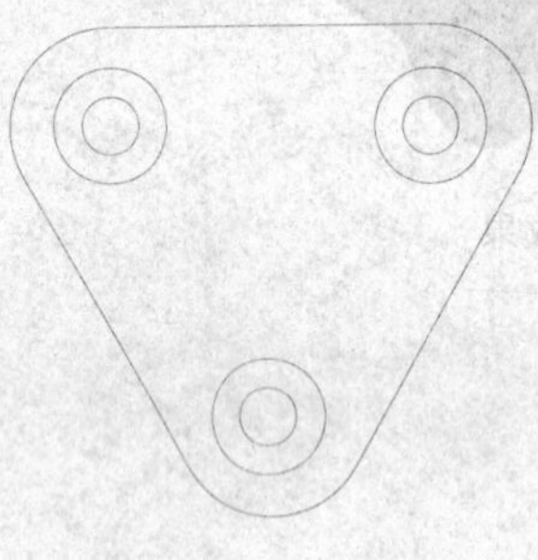

图 18-21　删除辅助线段

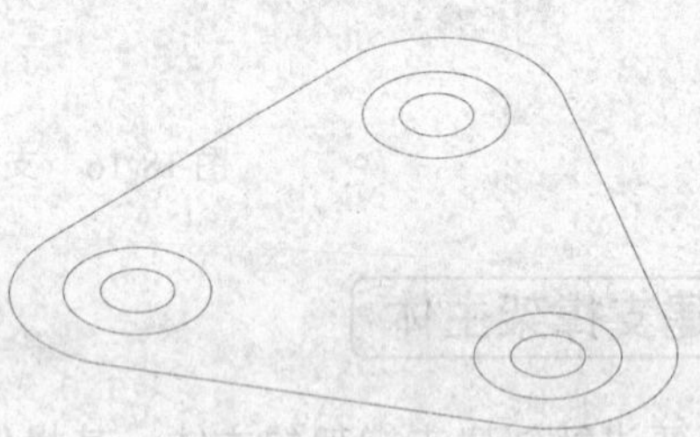

图 10-22　“西南等轴测”效果

09 单击【常用】|【建模】|【拉伸】按钮，将外侧弧形图形向 Z 轴正方向拉伸 8，如图 18-23 所示。

10 单击【常用】|【建模】|【拉伸】按钮，同时选中 $\phi 7$、$\phi 14$ 的圆，向 Z 轴正方向拉伸 8，如图 18-24 所示。

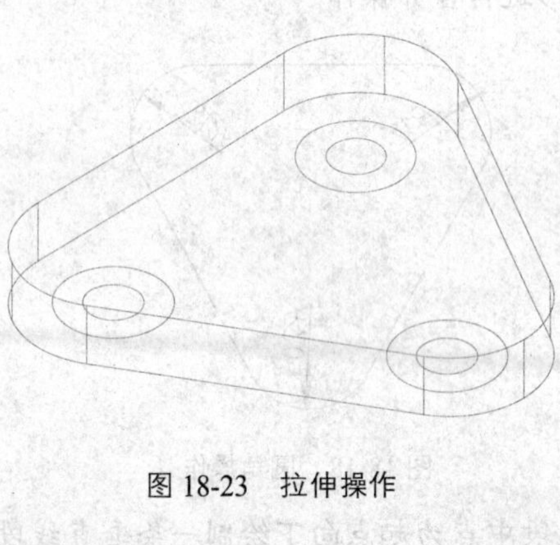

图 18-23　拉伸操作

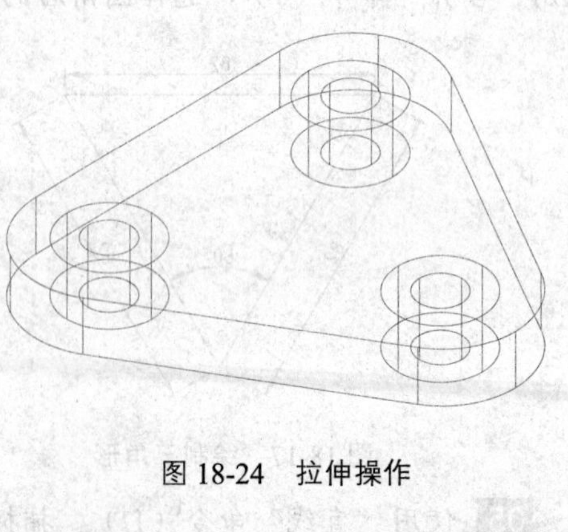

图 18-24　拉伸操作

11 单击【常用】|【视图】|【俯视】按钮，切换到俯视图。

12 使用“圆”命令（C），捕捉圆心，绘制直径为10的圆，如图18-25所示。

13 单击【常用】|【视图】|【西南等轴测】按钮，切换到“西南等轴测”视图。

14 单击【常用】|【建模】|【拉伸】按钮，将$\phi10$的圆向Z轴正方向拉伸4，切换到“灰度”样式，如图18-26和图18-27所示。

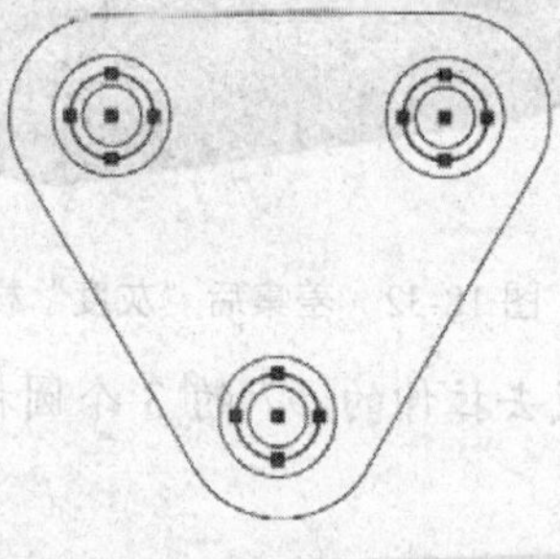

图18-25 绘制的圆

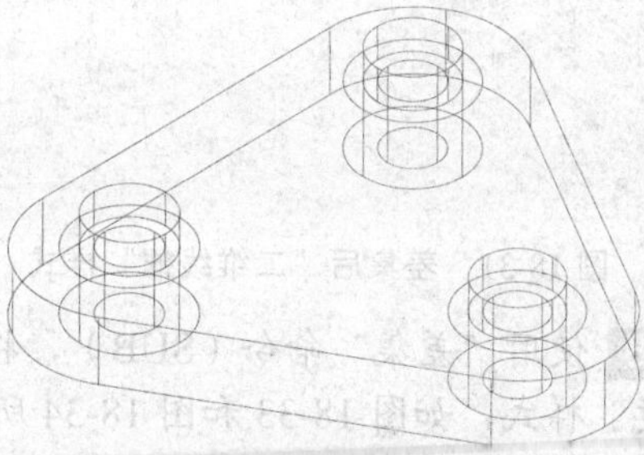

图18-26 拉伸操作

专家提醒

将视图切换到俯视图后，所绘制的圆对象位于前面绘制圆柱体的顶面。

15 使用“移动”命令（M），将直径为10的圆柱向Z轴负方向移动2，如图18-28所示。

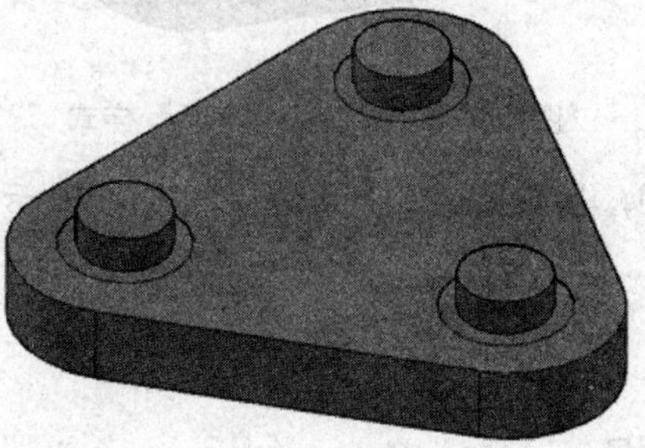

图18-27 “灰度”样式

图18-28 移动圆柱体

16 使用“并集”命令（UNION），将外侧圆弧图形与$\phi14$的3个圆柱体进行并集运算，如图18-29和图18-30所示。

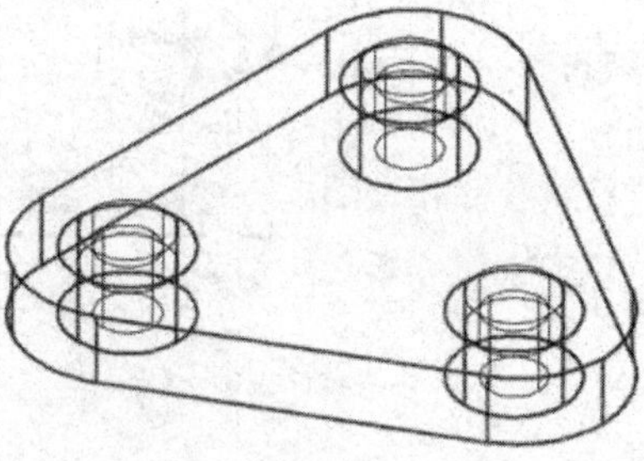

图18-29 选择需要并集的对象

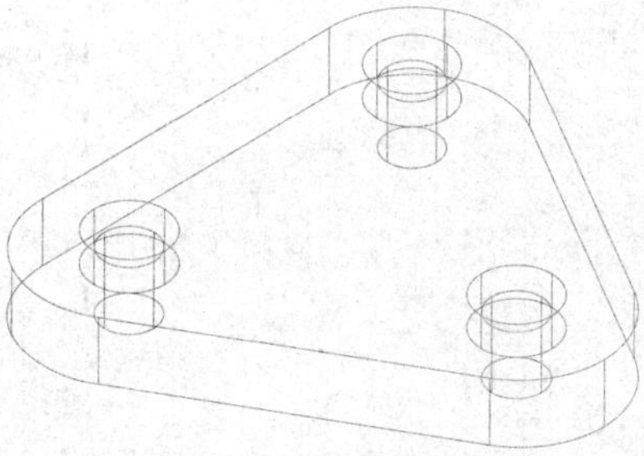

图18-30 并集运算

17 使用“差集”命令（SUB），将并集后的对象减去拉伸的$\phi10$的3个圆柱，可切换到“灰度”样式，如图 18-31 至图 18-32 所示。

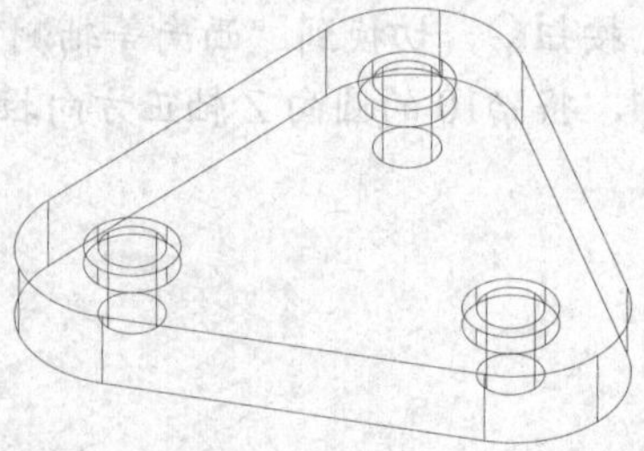

图 18-31　差集后“二维线框”样式

图 18-32　差集后“灰度”样式

18 使用“差集”命令（SUB），将差集后的对象减去拉伸的 ϕ7 的 3 个圆柱，切换到“灰度”样式，如图 18-33 和图 18-34 所示。

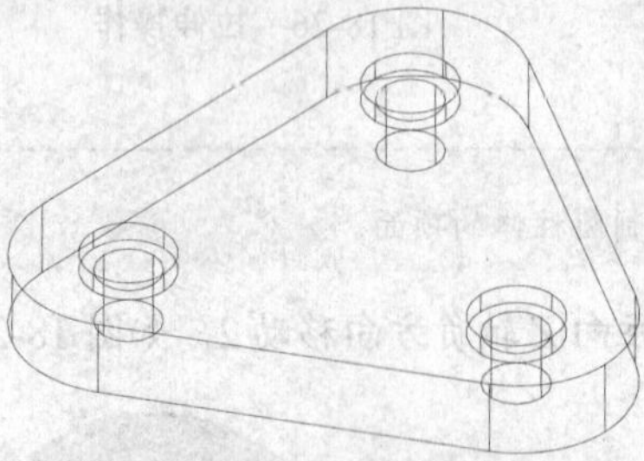

图 18-33　差集后“二维线框”样式

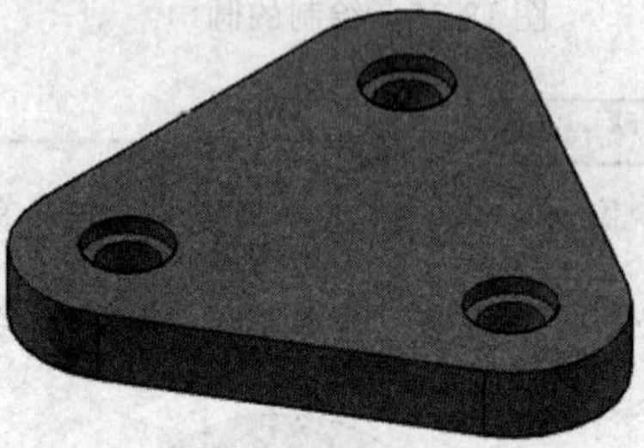

图 18-34　差集后“灰度”样式

19 单击【常用】|【视图】|【左视】按钮，切换为左视图，如图 18-35 所示。

图 18-35 左视图效果

20 使用“旋转”命令（RO），将图形旋转 90°，如图 18-36 所示。

21 使用“直线”命令（L），在图形顶端绘制水平辅助线段，如图 18-37 所示。

22 使用“直线”命令（L），在图形顶端绘制垂直辅助线段，如图 18-38 所示。

图 18-36　旋转图形

图 18-37　绘制水平线段

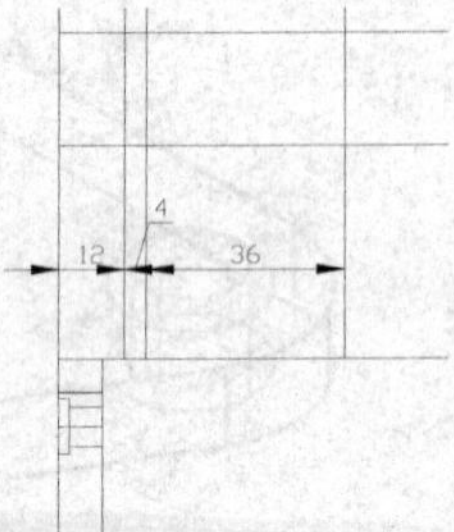

图 18-38　绘制垂直线段

23 使用“偏移”命令(O)，将水平辅助线段偏移 5、8、8、8、19，如图 18-39 所示。

24 使用“圆弧”（A）、“修剪”（TR）等命令，绘制半径为 8 的圆弧，并修剪掉多余的线段，结果如图 18-40 所示。

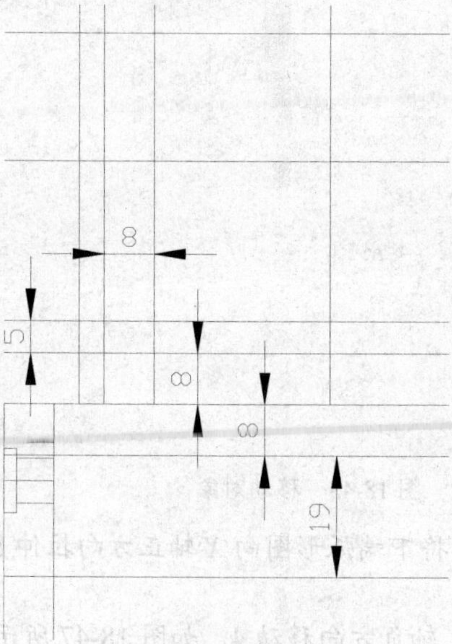

图 18-39　偏移线段

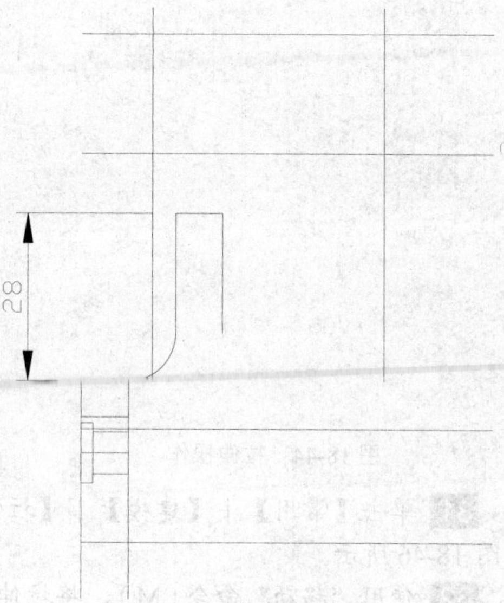

图 18-40　修剪线段

25 使用“偏移”（O）、“修剪”（TR）、“删除”（E）等命令，将圆弧和线段向外各偏移 8、19，并修剪删除多余的线段，如图 18-41 所示。

26 使用“合并”命令（J），将圆弧和线段进行合并操作。

27 使用“面域”命令（REG），对圆弧等对象进行面域操作。

28 单击【常用】|【视图】|【西南等轴测】按钮，切换到“西南等轴测”视图，其如图 18-42 和图 18-43 所示。

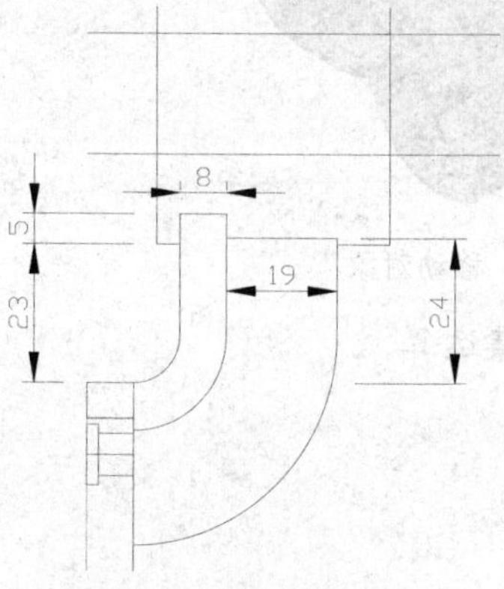

图 18-41　偏移及修剪线段

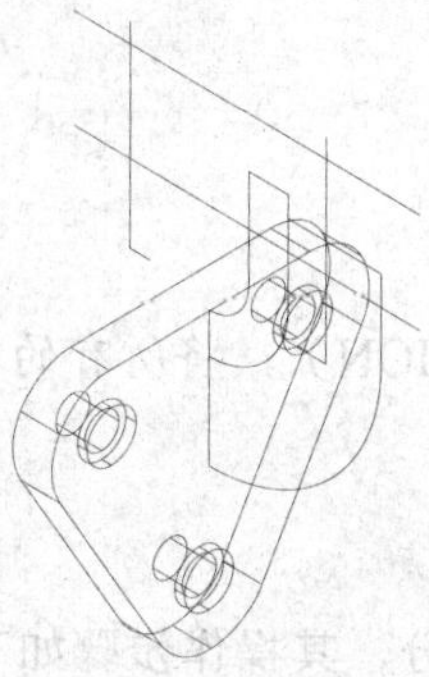

图 18-42　合并线段

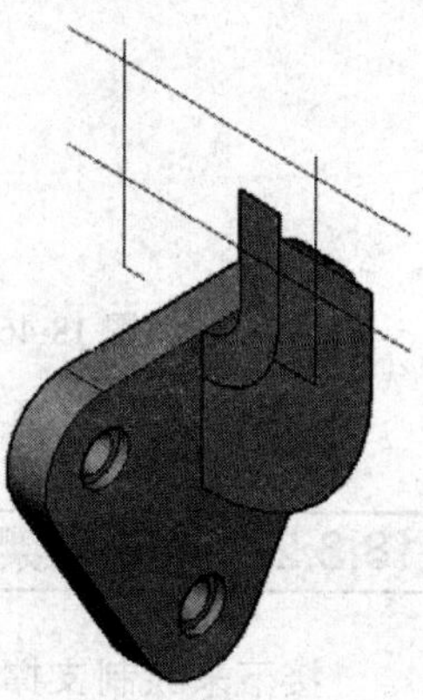

图 18-43　“灰度”样式

29 单击【常用】|【建模】|【拉伸】按钮，将弧形图向 X 轴正方向拉伸 24，如图 18-44 所示。

30 使用“移动”命令(M)，将拉伸后的对象向 X 轴负方向移动 12，如图 18-45 所示。

图 18-44　拉伸操作

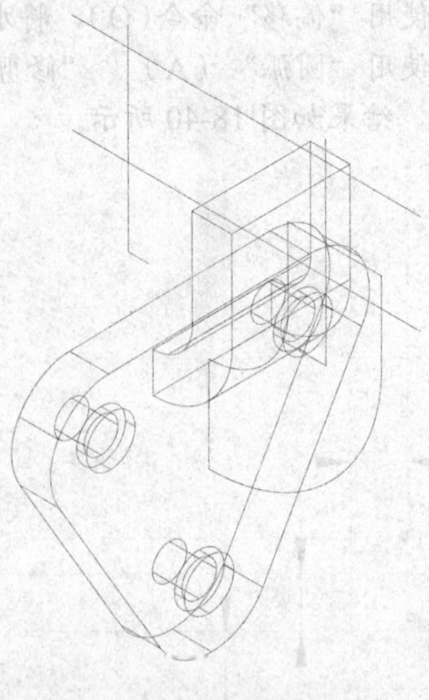

图 18-45　移动对象

31 单击【常用】|【建模】|【拉伸】按钮，将下端弧形图向 *X* 轴正方向拉伸 8，如图 18-46 所示。

32 使用“移动”命令（M），将拉伸后的对象向 *X* 轴负方向移动 4，如图 18-47 所示。

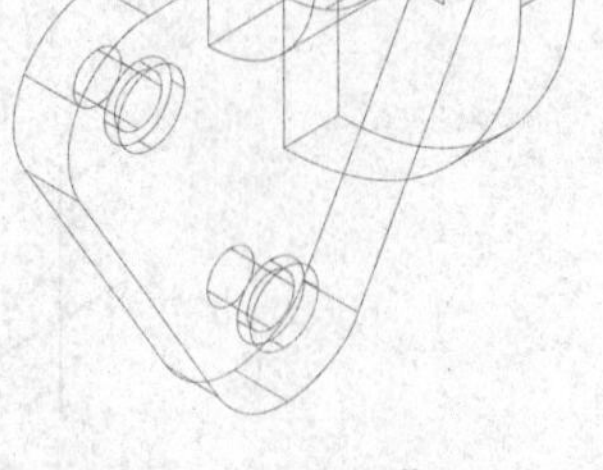

图 18-46　拉伸操作

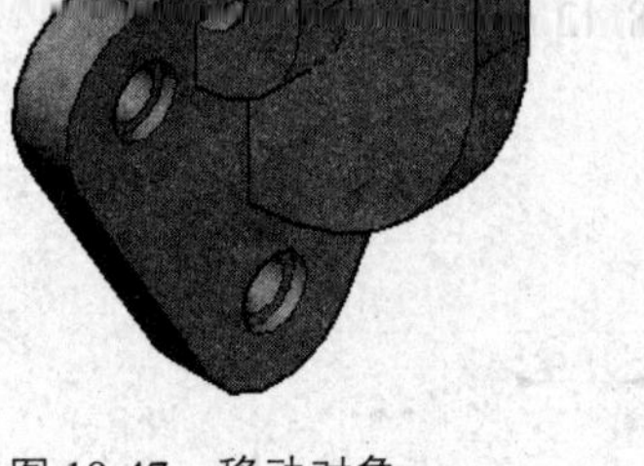

图 18-47　移动对象

33 使用“并集”命令（UNION），将所有的对象进行并集运算。

18.3.2 创建支撑架细节

接下来绘制支撑架的细节部分，其操作步骤如下。

01 单击【常用】|【建模】|【圆柱体】按钮，捕捉前面绘制辅助线段的交点作为圆心，绘制 ϕ30、高度为 40 的圆柱体，如图 18-48 所示。

02 单击【常用】|【建模】|【圆柱体】按钮，捕捉辅助线段交点作为圆心，绘制 ϕ20、高度为 60 的圆柱体，如图 18-49 所示。

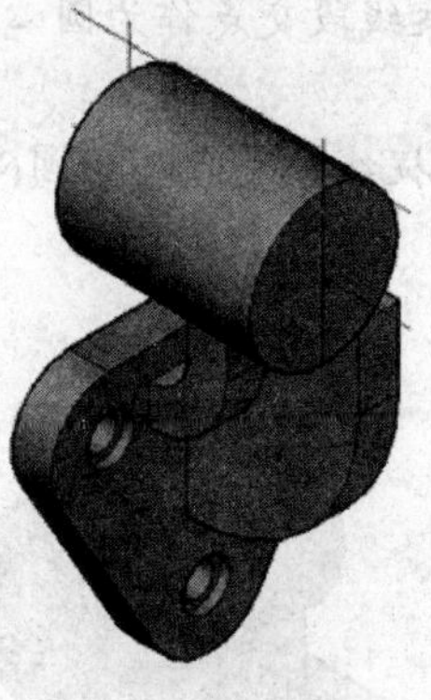

图18-48　绘制圆柱体

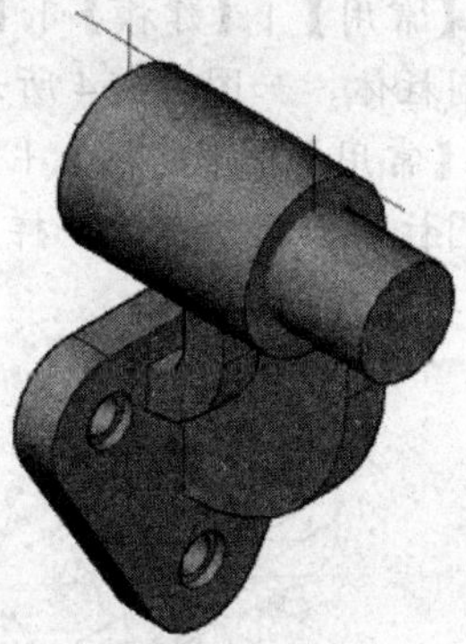

图18-49　绘制圆柱体

03 使用“差集”命令(SUB)，用 $\phi30$ 的圆柱体减去 $\phi20$ 的圆柱体，如图18-50所示。

04 使用“移动”（M）、“删除”（E）等命令，将差集后的对象移动，并删除掉作图辅助线段。

05 再使用“并集”命令（UNION），将所有的对象进行并集运算，如图18-51所示。

图18-50　差集运算

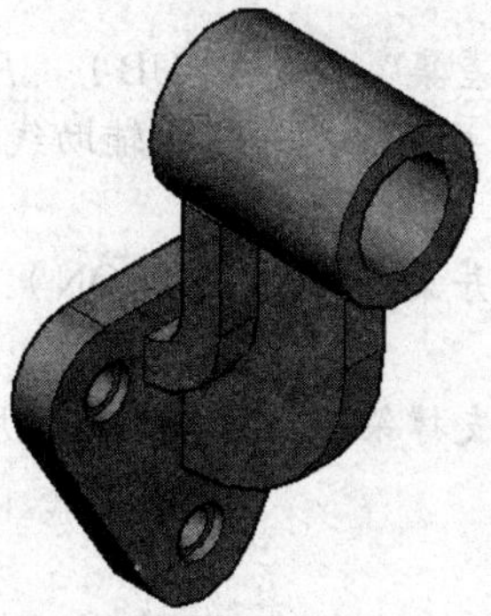

图18-51　并集运算

06 单击【常用】|【视图】|【左视】按钮，切换为左视图。

07 使用“直线”命令（L），在顶端圆柱体位置绘制一垂直线段，如图18-52所示。

08 单击【常用】|【视图】|【西南等轴测】按钮，切换到“西南等轴测”视图。

09 使用“直线”命令（L），过圆柱体的两点圆心，绘制一水平线段，如图18-53所示。

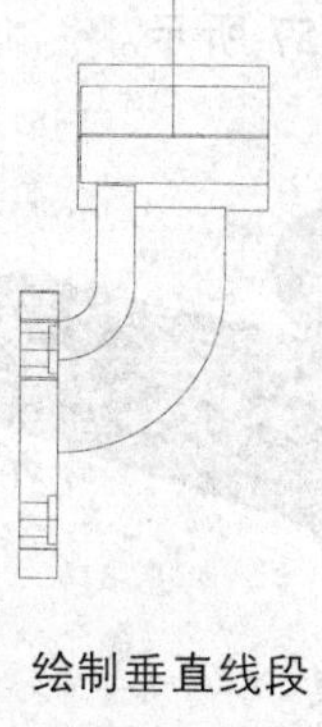

图18-52　绘制垂直线段

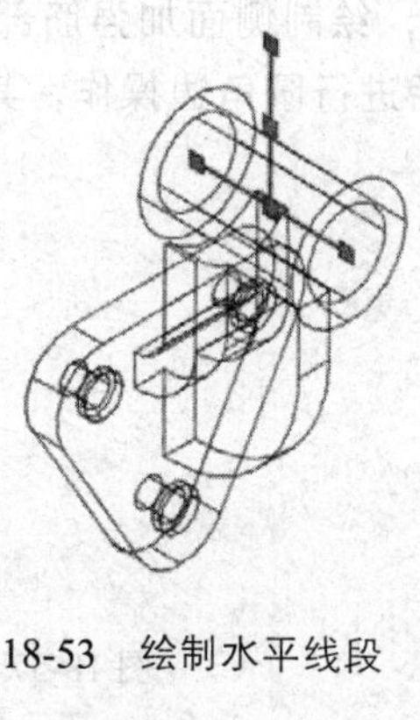

图18-53　绘制水平线段

10 单击【常用】|【建模】|【圆柱体】按钮，捕捉线段交点作为圆心，绘制 ϕ12、高度为 10 的圆柱体，如图 18-54 所示。

11 单击【常用】|【建模】|【圆柱体】按钮，捕捉线段交点作为圆心，绘制 ϕ6、高度为 20 的圆柱体，其“灰度”样式如图 18-55 所示。

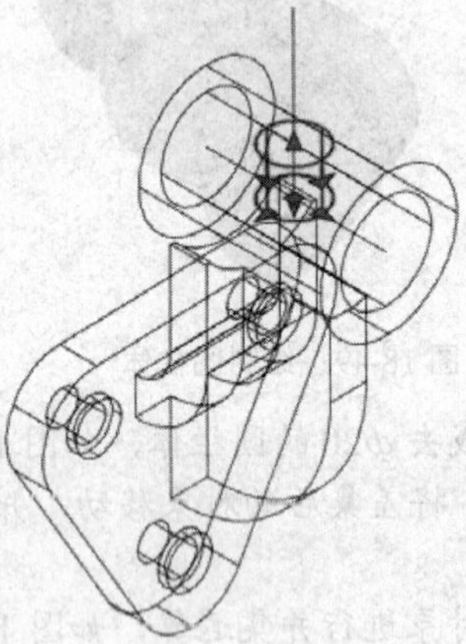

图 18-54 绘制圆柱体

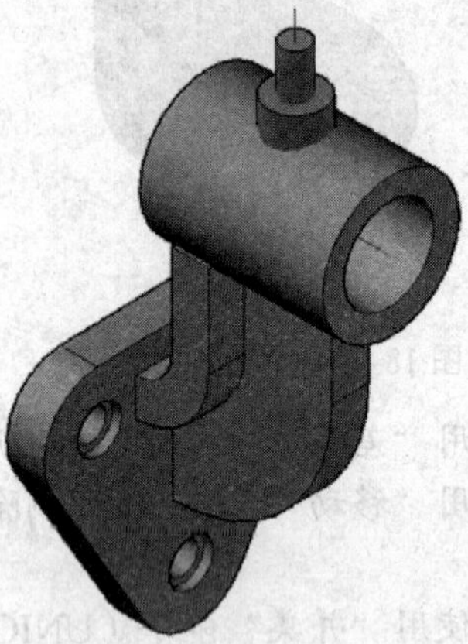

图 18-55 绘制圆柱体

12 使用“差集”命令（SUB），用 ϕ12 的圆柱体减去 ϕ6 的圆柱体，并删除掉作图的辅助线段，结果如图 18-56 所示。

13 使用“并集”命令（UNION），将所有的对象进行并集运算。

14 至此，支撑架模型绘制完成，用户可按【Ctrl+S】组合键进行保存。

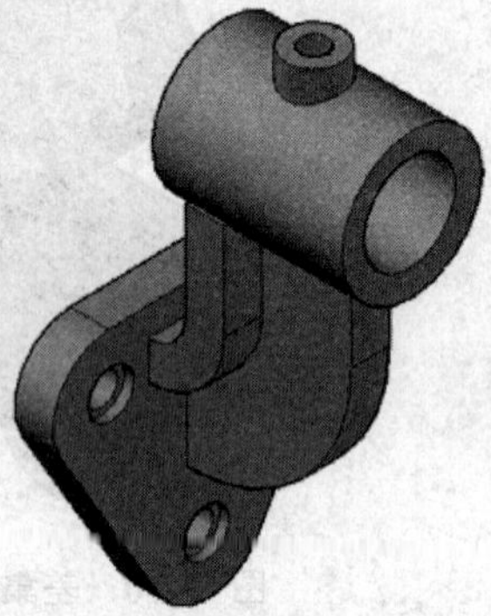

图 18-56 差集运算

18.4 创建条形支架

条形支架在机械实际应用中主要起连接作用。首先使用“直线”“圆”“修剪”“拉伸”“差集”等命令，绘制支架的主体部分，再使用“圆”“修剪”“面域”“拉伸”“并集”等命令，绘制支架侧面部分，再使用“直线”“圆弧”“面域”“拉伸”“并集”等命令，绘制侧面加强筋部分，然后绘制并旋转长方体，移动到相应的位置，进行并集运算，最后进行圆角边操作，其最终效果如图 18-57 所示。

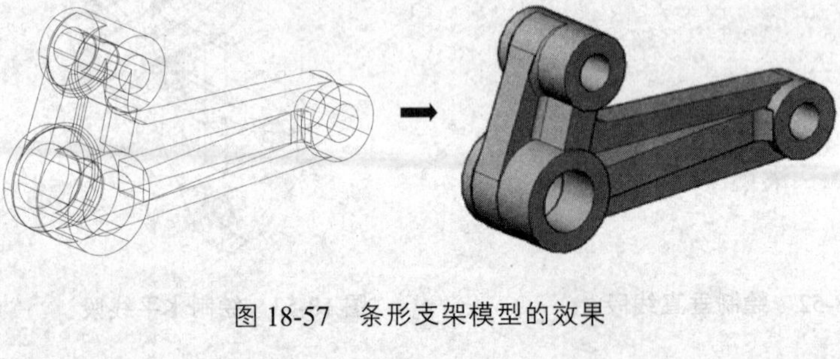

图 18-57 条形支架模型的效果

18.4.1 创建条形支架主体

本节主要讲解创建条形支架的主体，其操作步骤如下：

01 正常启动AutoCAD 2016软件，选择“快捷工具访问栏”中的“打开”按钮，打开“案例\18\机械样板.dwt”样板文件。

02 再单击“保存”按钮，将其保存为“案例\18\条形支架模型.dwg”文件。

03 使用“直线”命令（L），绘制如图18-58所示的辅助线段。

04 使用“圆”命令（C），分别捕捉交点，绘制直径为6、12、9、10、16的圆，如图18-59所示。

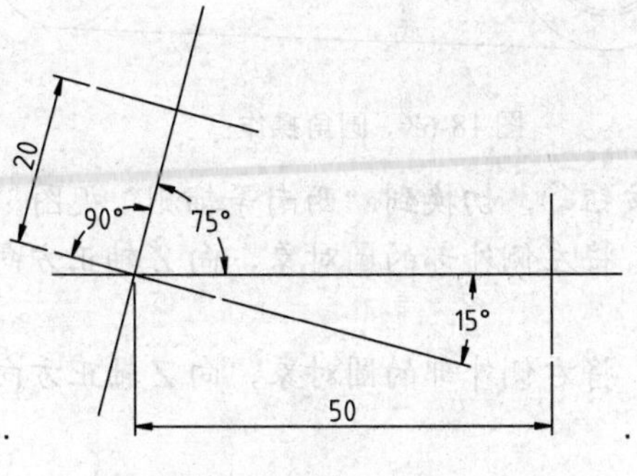

图18-58 绘制辅助线段

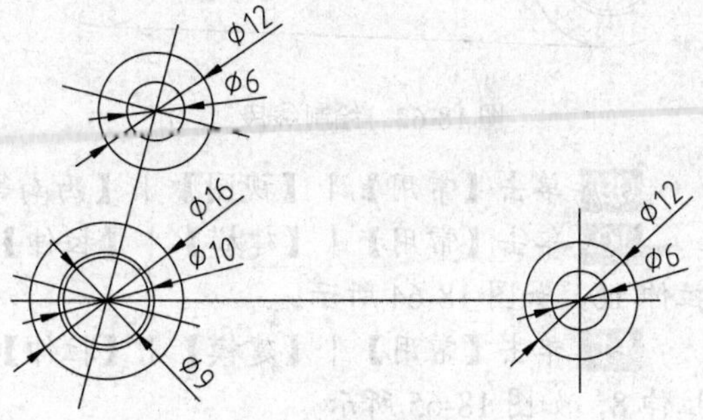

图18-59 绘制同心圆

05 使用“偏移”（O）、“修剪”（TR）等命令，在圆对象位置处绘制线段，如图18-60所示。

06 使用“设置”命令（SE），在“草图设置”对话框中，只勾选“切点（N）”选项，单击“确定”按钮，如图18-61所示。

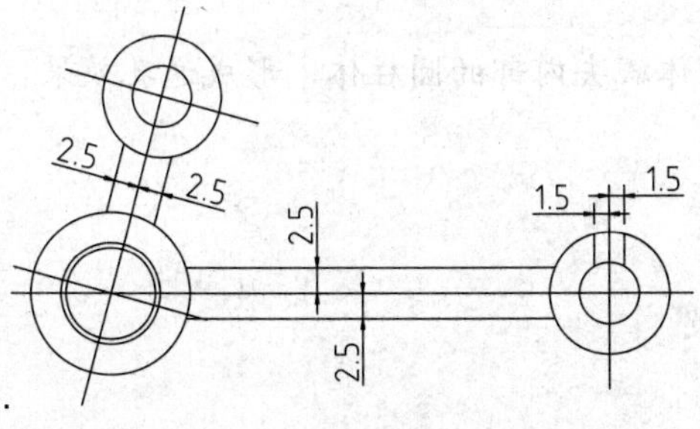

图18-60 偏移线段

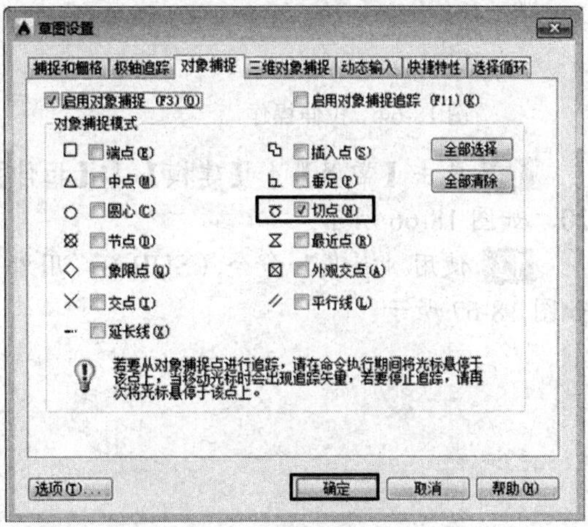

图18-61 “草图设置”对话框

专家提醒

此处仅仅勾选“切点（N）”选项，是为了方便下一步绘制线段时，快速捕捉到切点。

07 -使用“直线”命令（L），当出现切点符号时，分别在两圆对象之间绘制连接线段，再执行“删除”命令(E)，删除掉之前辅助作图的线段，如图 18-62 所示。

08 -使用“圆角”命令（F），对图中相应位置进行半径为 4 的圆角操作，如图 18-63 所示。

图 18-62　绘制线段

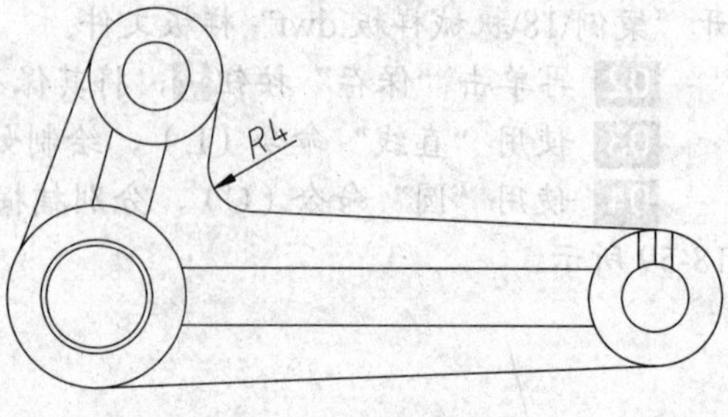

图 18-63　圆角操作

09 单击【常用】|【视图】|【西南等轴测】按钮，切换到“西南等轴测”视图。

10 单击【常用】|【建模】|【拉伸】按钮，将左侧外部的圆对象，向 *Z* 轴正方向拉伸 16，如图 18-64 所示。

11 单击【常用】|【建模】|【拉伸】按钮，将右侧外部的圆对象，向 *Z* 轴正方向拉伸 8，如图 18-65 所示。

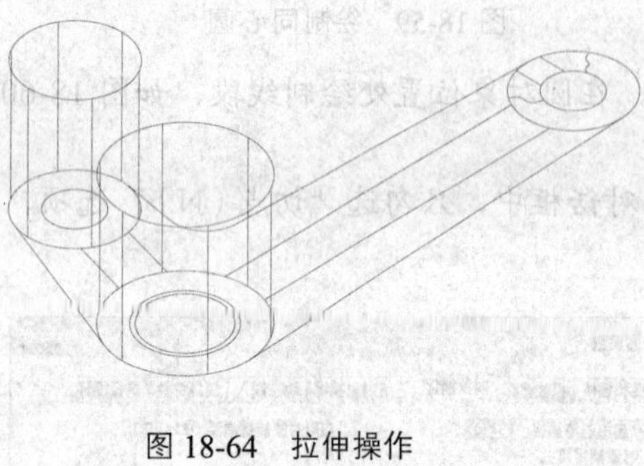

图 18-64　拉伸操作

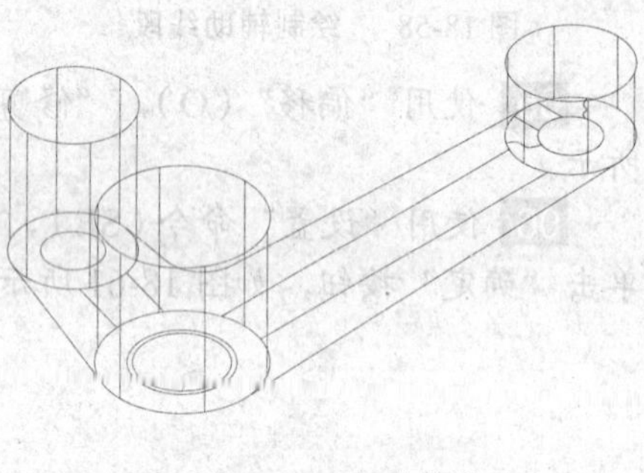

图 18-65　拉伸操作

12 单击【常用】|【建模】|【拉伸】按钮，将内部的圆对象，向 *Z* 轴正方向拉伸 20，如图 18-66 所示。

13 使用“差集”命令（SUB），用外部的圆柱体减去内部的圆柱体，形成通孔效果，如图 18-67 所示。

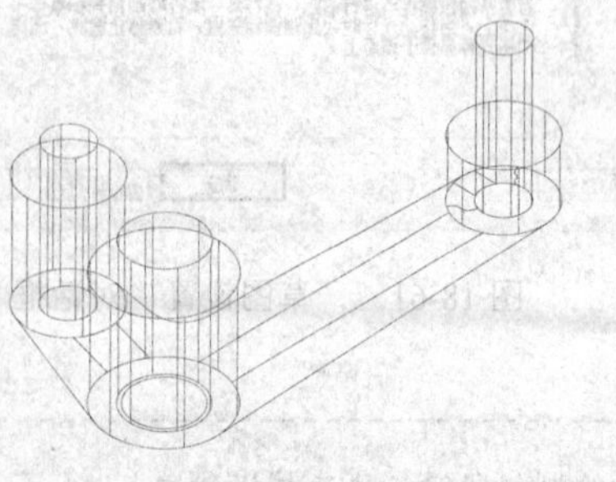

图 18-66　拉伸操作

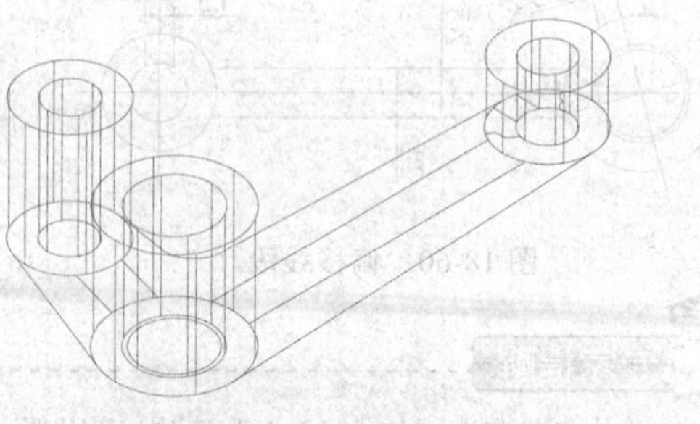

图 18-67　差集运算

专家提醒

在进行差集运算时，可分别对 3 个圆柱体进行单独地运算，这样运算后，变成 3 个对象。如果一起进行运算，则运算后的对象是一个整体，不方便单独操作。

14 使用“UCS”命令，将 Y 轴旋转 90°，将整个图形进行旋转，如图 18-68 所示。

15 使用“移动”命令（M），将右侧的通孔圆柱向右下侧移动 3，如图 18-69 所示。

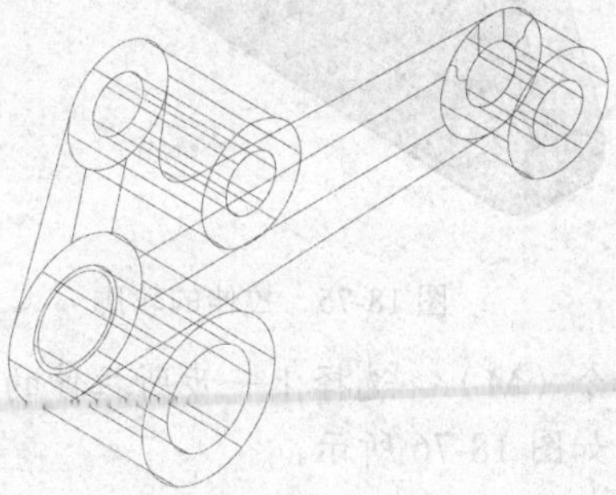

图 18-68　旋转 Y 轴

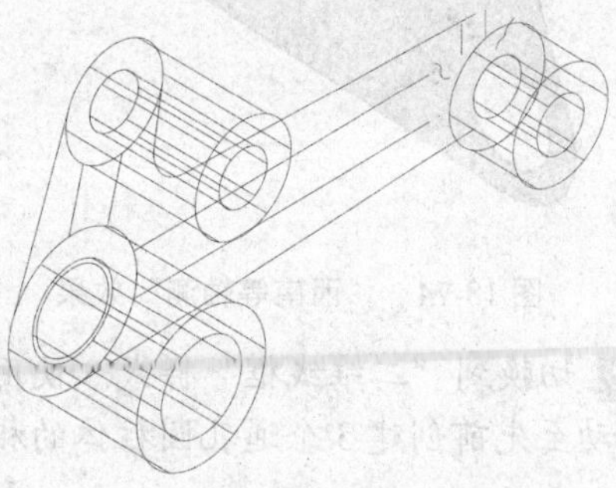

图 18-69　移动右侧的通孔圆柱

16 单击【常用】|【视图】|【前视】按钮，切换为前视图，如图 18-70 所示。

17 使用“圆”（C）、“复制”（CO）、“修剪”（TR）、“合并”（J）等命令，在前视图的轮廓上捕捉圆心，绘制与通孔圆柱外侧圆直径相同的圆，再向空白区域复制一份，并进行修剪与合并操作，如图 18-71 所示。

图 18-70　前视图效果

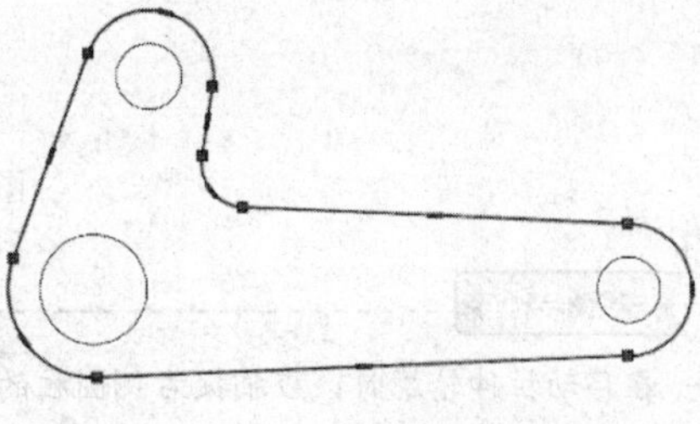

图 18-71　复制的轮廓

18 使用“面域”(REG)等命令，对上一步复制的所有轮廓进行面域操作，切换到“灰度”样式，如图 18-72 所示。

19 使用“差集”命令（SUB），用外部的圆弧图形减去 3 个圆对象，进行差集运算，结果如图 18-73 所示。

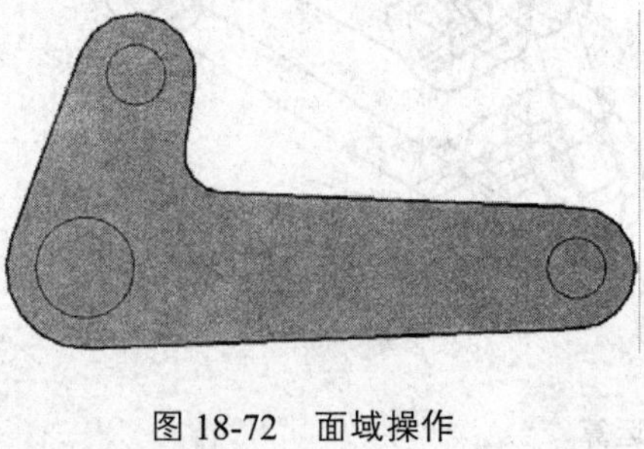

图 18-72　面域操作

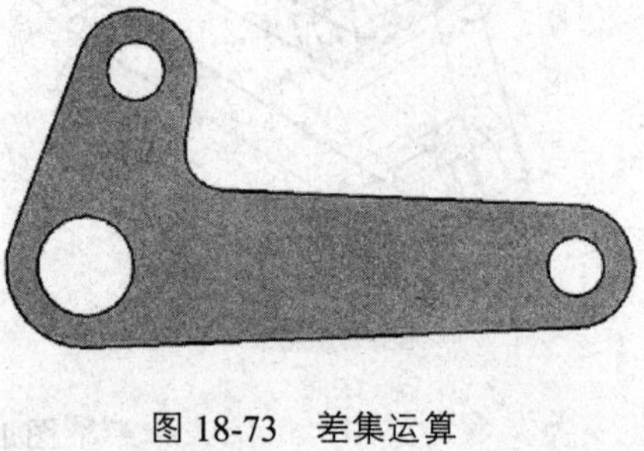

图 18-73　差集运算

20 单击【常用】|【视图】|【西南等轴测】按钮，切换到“西南等轴测”视图，如图 18-74 所示。

21 使用“拉伸”命令（EXT），将创建的面域轮廓向右下侧拉伸 5.5，如图 18-75 所示。

图 18-74 “西南等轴测”效果

图 18-75 拉伸的轮廓

22 切换到“二维线框”样式。使用“移动”命令（M），选择上一步所拉伸的轮廓，将其移动至先前创建 3 个通孔圆柱体的相应位置处，如图 18-76 所示。

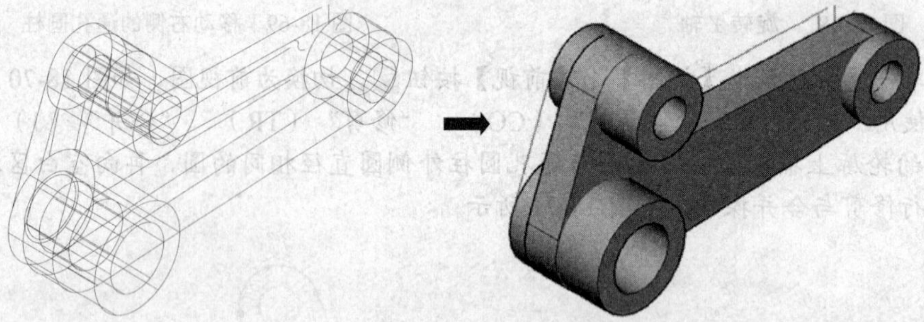

图 18-76 移动对象

专家提醒

在移动拉伸轮廓时，应捕捉右侧圆柱的圆心为基点，从而进行移动操作。

23 使用“删除”命令（E），将除了实体外的线段全部删除掉。

24 使用“并集”命令（UNION），将移动后的所有实体对象进行合并操作，使之形成一个整体效果，如图 18-77 所示。

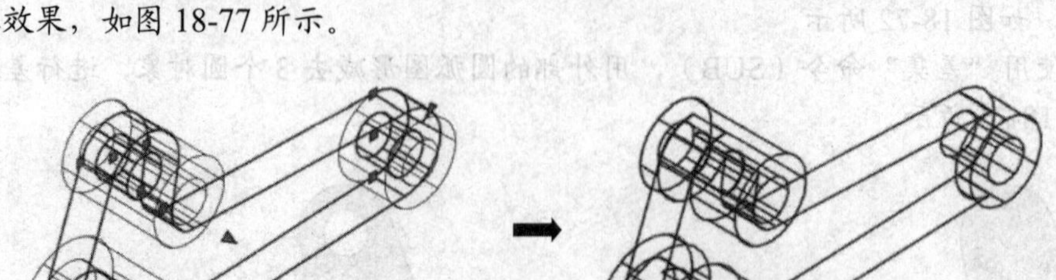

图 18-77 并集运算

18.4.2 创建条形支架细节

接下来绘制条形支架的细节部分，其操作步骤如下：

01 单击【常用】|【视图】|【俯视】按钮，切换到俯视图。

02 使用“直线”（L）、“圆弧”（A）、“修剪”（TR）等命令，绘制下面的图形，并进行相应的修剪，如图 18-78 所示。

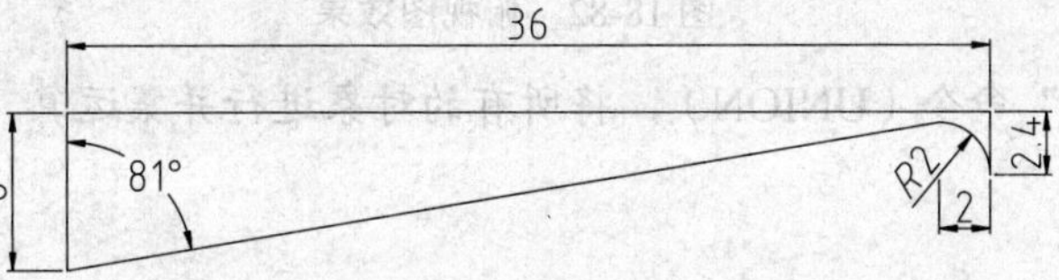

图 18-78 绘制图形

03 使用“面域”命令（REG），将上一步绘制的图形进行面域操作，使之形成轮廓的效果，如图 18-79 所示。

图 18-79 面域操作

04 单击【常用】|【视图】|【西南等轴测】按钮，切换到“西南等轴测”视图。

05 切换到“二维线框”样式。使用“拉伸”命令（EXT），将面域后的轮廓向 Z 轴正方向拉伸 5，形成加强筋的效果，如图 18-80 所示。

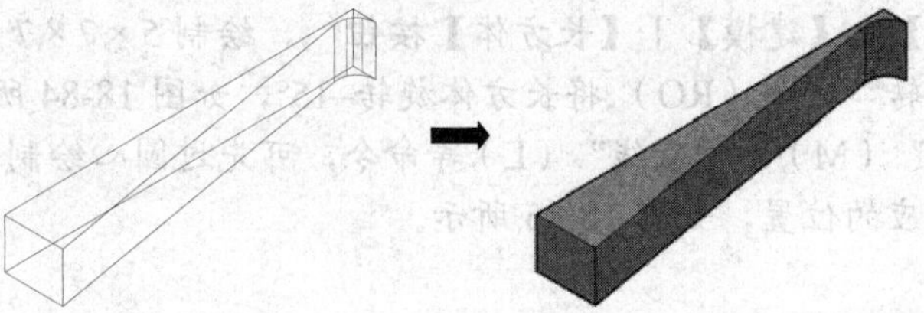

图 18- 80 拉伸操作

06 单击【常用】|【视图】|【前视】按钮，切换为前视图。使用“移动”命令（M），将上一步拉伸的实体进行移动操作，如图 18-81 所示。

图 18-81 前视图效果

07 单击【常用】|【视图】|【俯视】按钮，切换到俯视图。再使用“移动”命令（M），将上一步拉伸的实体再次进行移动操作，如图 18-82 所示。

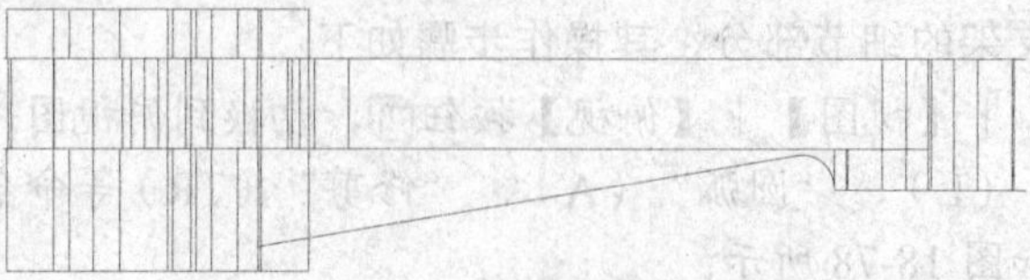

图 18-82 俯视图效果

08 使用“并集”命令（UNION），将所有的对象进行并集运算，使之形成一个整体，如图 18-83 所示。

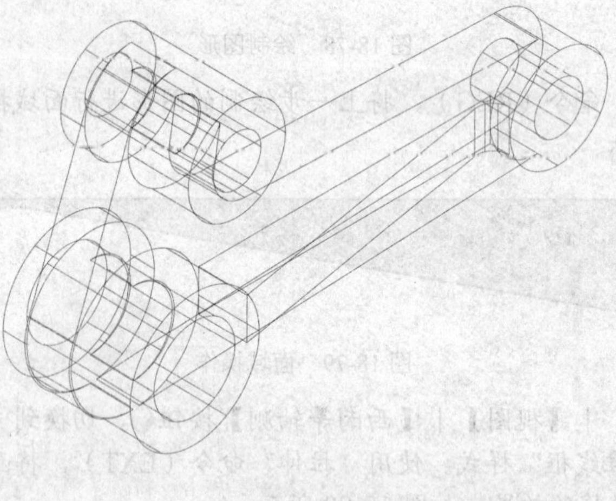

图 18-83 并集运算

00 单击【常用】|【建模】|【长方体】按钮，绘制 5×7×7 的长方体，并切换到前视图，再使用“旋转”命令（RO），将长方体旋转–15°，如图 18-84 所示。

10 使用“移动”（M）、“直线”（L）等命令，可先过圆心绘制一斜线段；再将旋转后的长方体移动到相应的位置，如图 18-85 所示。

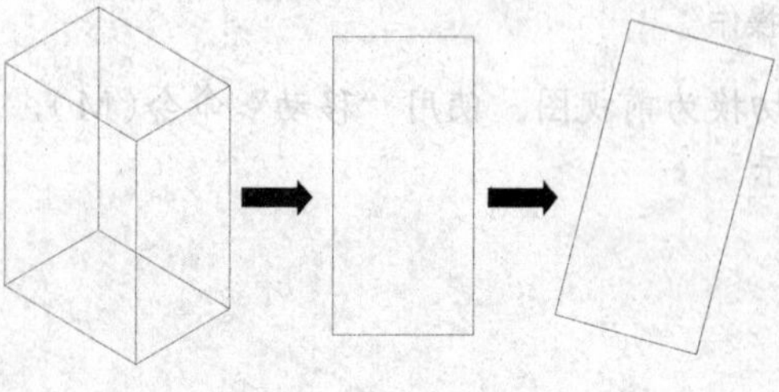

图 18-84 绘制长方体

图 18-85 移动操作

11 切换到左视图。配合使用“移动”命令（M），再将长方体进行移动，如图 18-86 所示。

12 切换到“西南等轴测”视图。使用“移动”（M）、“直线”（L）等命令，可先过圆心绘制一斜线段，再将旋转后的长方体移动到相应的位置，如图 18-87 所示。

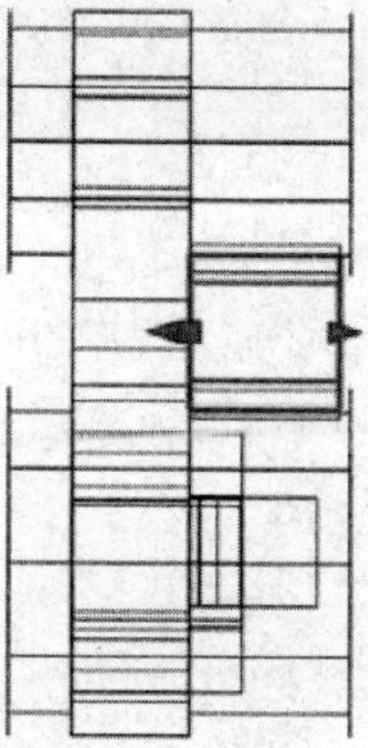

图 18-86 移动操作

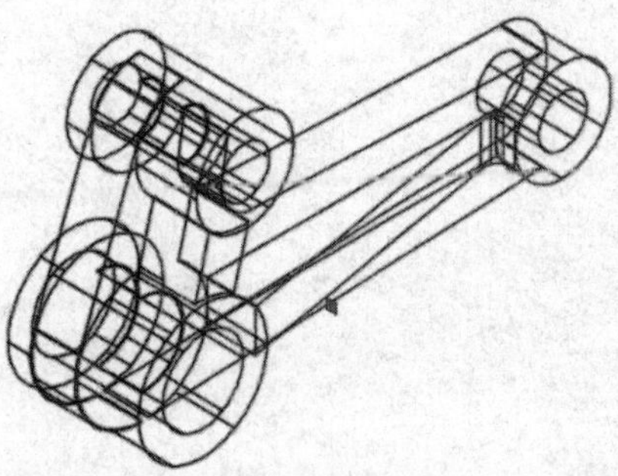

图 18-87 并集运算

13 单击【实体】|【实体编辑】|【圆角边】按钮，对模型的顶端的通孔圆柱位置进行半径为 2 的圆角操作，如图 18-88 所示。

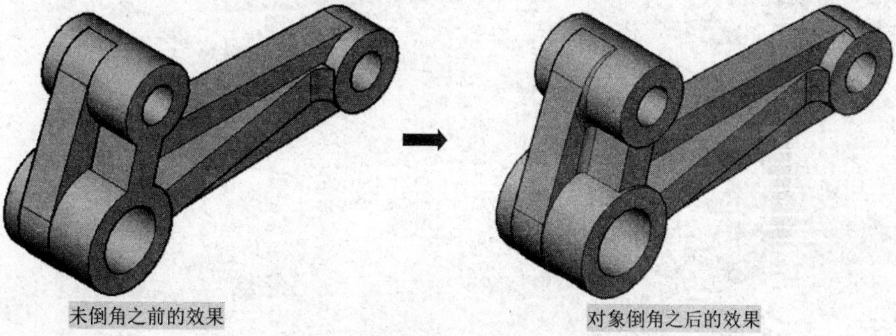

图 18-88 圆角边操作

14 单击窗口右侧的“动态观察器”按钮，将当前模型旋转方位，再次进行半径为 2 的圆角边操作，如图 18-89 所示。

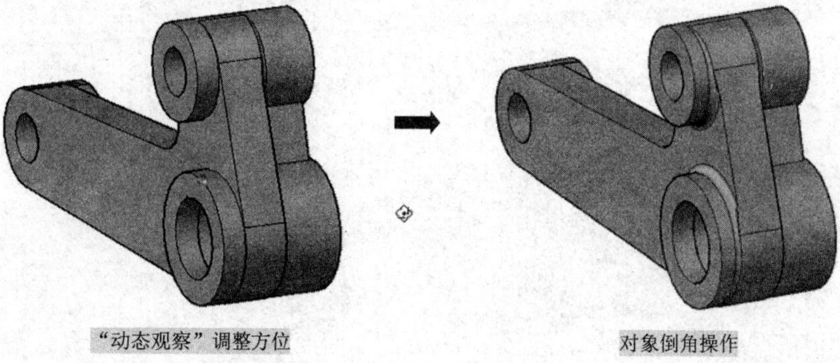

图 18-89 圆角边操作

15 至此，条形支架模型绘制完成，用户可按【Ctrl+S】组合键进行保存。